Lacquer in the Americas

Lacquer in the Americas

Guest Editors

Lucia Burgio
Dana Melchar
Monica Katz

MDPI

Basel • Beijing • Wuhan • Barcelona • Belgrade • Novi Sad • Cluj • Manchester

Guest Editors
Lucia Burgio
Conservation Department,
Collections Care and Access
Victoria and Albert Museum
London
UK

Dana Melchar
Conservation and Science
Department
Rijksmuseum
Amsterdam
Netherlands

Monica Katz
Hispanic Society Museum &
Library
New York
United States

Editorial Office
MDPI AG
Grosspeteranlage 5
4052 Basel, Switzerland

This is a reprint of the Special Issue, published open access by the journal *Heritage* (ISSN 2571-9408), freely accessible at: https://www.mdpi.com/journal/heritage/special_issues/lacquer_americas.

For citation purposes, cite each article independently as indicated on the article page online and as indicated below:

Lastname, A.A.; Lastname, B.B. Article Title. *Journal Name* **Year**, *Volume Number*, Page Range.

ISBN 978-3-7258-3909-4 (Hbk)
ISBN 978-3-7258-3910-0 (PDF)
https://doi.org/10.3390/books978-3-7258-3910-0

Cover image courtesy of Victoria and Albert Museum

Contents

About the Editors

Lucia Burgio

Lucia Burgio is Lead Conservation Scientist at the Victoria and Albert Museum, London, where she heads the Science laboratory and steers the scientific analysis of museum objects. She assists colleagues at the V&A and other institutions worldwide in the examination and understanding of the collections, providing information on materials and techniques, methods of construction, date and provenance. She has published extensively on her special interests (historical pigments, and Asian and Indigenous American lacquer).

She has a degree in Chemistry from the University of Palermo, Italy, and a PhD in Chemistry from University College London. She is a Fellow of the Royal Society of Chemistry, where she chairs the Analytical Methods Committee's Heritage Science Expert Working Group. She uses her position as chair to promote the importance of analytical science in the cultural heritage sector and disseminate heritage science to various audiences.

Dana Melchar

Dana Melchar, an ICON-accredited conservator, is a furniture and wood conservator at the Rijksmuseum, Amsterdam, and was previously a senior conservator at the Victoria and Albert Museum, London. She trained in furniture and cabinet making at the North Bennet Street School, Boston, MA, and graduated with a Master of Science in Art Conservation, with a specialisation in furniture, from the Winterthur/University of Delaware Program in Art Conservation. She works on many different types of wooden objects and decorative coatings, including South American and Asian lacquers, carrying out both preventive and interventive conservation treatments as well as object-based research.

Monica Katz

Monica Katz is a conservator emerita at the Hispanic Society Museum & Library, New York, where she was a conservator from 2001 to 2022. While she was responsible for a wide variety of objects ranging from textiles, stone, metal, ceramic as well as furniture, her research and publications are focused on the Hispanic Society's collection of seventeenth- and eighteenth-century South American lacquers. She is currently pursuing a graduate degree in history at Rutgers University.

Preface

Indigenous American lacquers are captivating subjects that have recently begun to receive international recognition. While this Special Issue stands alone, it is a direct result of the success of *Lacquer in the Americas*, the first international conference on this topic, held at the Victoria and Albert Museum (V&A), London, on the 13th and 14th of April 2023, and preceded by a study day on the 12th April. This volume continues the conversation, bringing the lacquer community together again and bridging geographical and language divides. Published in both English and Spanish, the contributions focus on a diverse range of lacquer traditions, including *barniz de Pasto* and *mopa mopa*, Mexican lacquer (or *maque*), and *cumatê*. **All Spanish texts can be found at the end of the corresponding English articles.**

This Special Issue serves as a multidisciplinary research resource, offering scientific and historical reviews, case studies, and articles that explore sociological, anthropological, and cross-cultural perspectives, examining exchanges between Asia, Europe, and the Americas. The approach taken in compiling this volume goes beyond traditional European and North American viewpoints, and includes voices that represent the genesis and context of Indigenous American lacquer objects more faithfully and objectively.

This collection was made possible by the extraordinary contribution of all the authors and translators, and their enthusiasm in participating in this endeavour.

The Victoria and Albert Museum was instrumental in setting the scene for the conference and study day. These events were realised at the V&A with the support of Evgeniya Ravtsova, International Programmes Manager; Tristram Hunt, Director of the Victoria and Albert Museum; Nick Marchand, formerly Head of International Programmes; Pedro Gaspar, Head of Conservation; Nick Humphrey, Curator of Furniture and Woodwork; Tom Windross, then Head of Content, now Head of Publishing and Commercial Content; Charlie Snuggs, formerly Audiovisual Technician. We would also like to thank The Hispanic Society Museum & Library, The Royal Academy and The British Museum for enriching the study day by granting access to their spaces and objects. In particular: at the Hispanic Society Museum & Library, Margaret McQuade, formerly Deputy Director; Hélène Fontoira Marzin, Head of Conservation; and Katia Azze, Registrar; at the Royal Academy, London, Adrian Locke, Chief Curator; and at the British Museum, London, Danny Zbrover, Head of the Americas Section.

The conference benefited from the generous support from the Embassy of Colombia in the United Kingdom, the Spanish Agency for International Development Cooperation, and the Embassy of Spain in London. Special mentions are due to Adriana Sandoval Trujillo, Cultural Attaché, and Nancy Benites Paez, Deputy Head of Mission, Embassy of Colombia; and José Pascual Marco Martinez, Ambassador, and José Maria Robles Fraga, Cultural Attaché, Embassy of Spain.

For the indispensable logistical support during the conference, our thanks go to Valentina Risdonne, formerly V&A Conservation Scientist, Kirstin Kennedy, V&A Metalwork Curator, and students Fiorella Lavado, Julieta Herrera, and Florencia Denti.

The successful dual-language nature of the Conference was facilitated by Ben Denness and his team, from M&R Communications Ltd., who provided live interpretation as well as the audio of the recordings which are available online.

The translation of the original articles into either Spanish or English in this Special Issue were realised with the selfless help of many people from around the globe: Adriana Francescutto Miró, Maria Mieites Alonso, Valeria Orlandini, Lucia Pereira Pardo, Maria Sanchez Carvajal, and

Carmen Vida. Special thanks for their continued support go to Laura Ramirez Polo, Assistant Teaching Professor and Coordinator of the Translation and Interpreting Program at the Department of Spanish and Portuguese, Rutgers, The State University of New Jersey, and Robert Esposito and Natasha Vargas from her team; and to Olivia Cockburn, Associate Professor of Translation & Historical Linguistics, Centre for Translation Studies (CenTraS), University College London, and her students Sonali Arora, Irene Collazo Lugo, Clemency Connolly-Linden, Rory Hancock, Chiara Perera Jayasekarage, Toni Roberts, and Izzy Seah.

From the very beginning of this endeavour, we were supported by many collaborators, colleagues, and friends, not mentioned here by name, to whom we are grateful. This has been a truly extraordinary journey, which we are pleased to be able to share with you and which we look forward to continuing.

Lucia Burgio, Dana Melchar, and Monica Katz
Guest Editors

heritage

MDPI

Editorial

Lacquer in the Americas: Building Bridges

Lucia Burgio [1,*], Dana Melchar [2,*] and Monica Katz [3,*]

1 Science Section, Conservation Department, Collection Care and Access, Victoria and Albert Museum, South Kensington, London SW7 2RL, UK
2 Rijksmuseum, Museumstraat 1, 1071 XX Amsterdam, The Netherlands
3 Hispanic Society Museum & Library, 613 W. 155th Street, New York, NY 10032, USA
* Correspondence: l.burgio@vam.ac.uk (L.B.); dana.melchar@rijksmuseum.nl (D.M.); katz@hispanicsociety.org (M.K.)

Abstract: This Special Issue brings the Indigenous American lacquer community together, building bridges and overcoming the existing geographical and language obstacles. With dual-language (English and Spanish) articles focusing on *barniz de Pasto* and *mopa mopa*, Mexican lacquer (or *maque*) and *cumatê*, this collection includes contributions covering a number of disciplines. This volume is a 'go-to' research resource encompassing scientific and historical reviews, case studies, articles focusing on sociological and anthropological perspectives, and on cross-cultural contact and exchanges between Asia, Europe and the 'New World'. The approach used to compile this Special Issue goes beyond European and North American perspectives, and includes voices that represent the genesis and context of Indigenous American lacquer objects more faithfully and objectively.

Keywords: *barniz de Pasto*; *mopa mopa*; Indigenous American lacquer; Mexican lacquer; *maque*; lacquer; chia oil; *aje*; *cumatê*; *cuias*

1. Introduction

One sunny morning in 2015, two conservators, a conservation scientist and a curator gathered in a conservation studio at the Victoria and Albert Museum (V&A) to examine a potential donation to the V&A's collection. The object was a beautifully decorated early-seventeenth-century *escritorio* and was described at the time as being made of a lacquer-like material. The cabinet was to become one of the subjects of the V&A's research on *barniz de Pasto* featured in this Special Issue. We were captivated by the cabinet's finish, the skill of the decorative technique and its unusual ingredients, which offered tantalising glimpses into Indigenous knowledge and life, and revealed similarities with and contrasts to better-known Asian lacquer techniques. Lacquer, now an over-arching term that has come to denote a shiny surface, once specifically alluded to the particular sheen and raw material used in a specific type of Asian decorative coating. For the conservation scientist, Lucia Burgio, and the conservators Dana Melchar and Monica Katz from the V&A and the Hispanic Society Museum & Library's conservation departments, respectively, this coming together, exchange of knowledge and enthusiasm for the material marked the beginning of a journey.

The intellectual seed for this Special Issue, "Lacquer in the Americas" was indeed planted that day, but the specific form this Special Issue has taken was informed by our individual experiences during both joint and separate research projects. Katz had been studying the Hispanic Society's collection of South American lacquers for over twenty years and had run into obstacles with which all authors of this Special Issue are familiar:

Received: 22 December 2024
Accepted: 29 January 2025
Published: 24 February 2025

Citation: Burgio, L.; Melchar, D.; Katz, M. Lacquer in the Americas: Building Bridges. *Heritage* **2025**, *8*, 92. https://doi.org/10.3390/heritage8030092

there was a paucity of written sources, existing scientific analyses were not comprehensive, the raw materials were not completely understood, and there were virtually no reference samples of them. Most striking of all were the obstacles to disseminating information. Research was being conducted in museums and universities in the US, Latin America and Europe by art historians, historians, scientists, curators, conservators, archaeologists, sociologists, and anthropologists. Additionally, researchers were separated by language and geography, and they were also impeded by the lack of resources allocated to what had historically been considered "popular arts", therefore less visible in the mainstream museum world.

The Guest Editors of this Special Issue endeavour to bring the Indigenous American lacquer community together, building bridges and overcoming the existing obstacles. With the assistance of Evgeniya Ravtsova, International Programmes Manager at the V&A, and the support of Tristram Hunt, Director of the V&A, we organised the first international conference on Indigenous American lacquers (Figure 1), which took place at the V&A in April 2023 and featured presentations on *mopa mopa* and *barniz de Pasto*, Mexican lacquer, and a lacquer from the Amazonas. The conference was hybrid, to facilitate the attendance of people from around the world, and offered live interpretation in both Spanish and English. We were also able to invite contemporary *barniz de Pasto maestros* and host their live demonstrations. All this was enabled by generous support from the Embassy of Colombia in the United Kingdom, the Spanish Agency for International Development Cooperation, and the Embassy of Spain in London. As a result, recordings of the two-day event are available on the V&A website: https://www.vam.ac.uk/blog/museum-life/lacquer-in-the-americas (accessed on 22 December 2024).

Figure 1. The speakers of the first international *Lacquer in the Americas* conference, held at the V&A in April 2023.

This Special Issue was born from the desire to consolidate and make more permanent the knowledge exchanged at the conference. It was also envisaged as a way to begin to address the communication obstacles we had encountered in our research. Therefore, each article is presented in both English and Spanish—the Spanish text can be found in the Supplementary Materials, including the translation of this Editorial, available in Supplementary Material S1. With this compilation of contributions covering a number of specialisms, this volume is a "go-to" research resource encompassing multiple disciplines. We invited scholars from disciplines not always seen as related to summarise previous findings and offered them the opportunity to publish data that might otherwise have been excluded in a different format. We also wanted to promote an approach that went beyond European and North American perspectives, and wished to invite a plurality of voices that represented the genesis and context of these objects more faithfully and objectively.

2. Contributions to This Special Issue

In our search for as many forms of Indigenous American "lacquer" as possible, we were introduced to Renata de Almeida Martins, whose work spotlights one type of Amazonian lacquer, which continues to be produced to this day using the century-old methods perfected by the women in Grão-Pará, present-day Brazil [1]. This type of lacquer is typically found in Portuguese collections, as a consequence of the country's colonial past, and is experiencing a surge in interest [2]. The lacquered objects in de Almeida Martin's article have not yet been subjected to the materials characterisation techniques used for other lacquer traditions in this volume, and we are thrilled to have been able to highlight the needs of these collections.

To contextualise much of the research being carried out worldwide on Indigenous American lacquer, this Special Issue contains two historical articles that provide an overview of our current understanding of these materials from two different perspectives. The first is a seminal contribution by Newman et al., providing a historic review of the scientific analysis of objects decorated with *Elaeagia* resins [3]. Setting the stage for understanding the *barniz de Pasto* technique and its historical context at a fundamental level, the authors provide an in-depth analysis of the *Elaeagia* resin's composition, its physical properties, and its fascinating history of use, from pre-Colonial beads to seventeenth-century writing desks. In the second review-like paper, referencing the extensive Central and South American collection at the Hispanic Society Museum & Library (HSML), Mitchell Codding groups South American objects through their decorative vocabulary and materials to provide a framework contextualising the lacquer objects and their evolution over time [4]. He provides a thorough review of extant primary sources that mention lacquered objects and analyses stylistic details that support the dating sequence of the earliest viceregal pieces from the seventeenth century.

This Special Issue also addresses the question of cross-cultural contacts and exchanges. In the first of her papers, Yayoi Kawamura highlights the Asian and European influences that shaped the decorative tradition of *mopa mopa* production [5]. Visual references on *barniz de Pasto* objects include silver leaf incorporated within *mopa mopa*, both reminiscent of Japanese export lacquerware *maki-e* decoration and stylistic motifs, and the use of metal leaf in Spanish polychrome sculpture. These links to far-away cultures shed light on the global influences found in this group of objects; they also emphasise the artists' skills in incorporating these elements into their own tradition.

The majority of the case study papers included in this Special Issue focus on *barniz de Pasto*, reflecting the relative abundance of research on this art form compared to that focusing on other types of Indigenous American lacquers. Thus, from the United Kingdom, we have an overview from Burgio et al., an extensive multidisciplinary piece of research on *barniz* objects from the V&A collections that provides new insights into their composition and manufacture [6]. The research activities began in 2015, with the authors studying the materiality and context of these objects using advanced analytical techniques. Notably, in a world first, the study identified mercury white (calomel) regularly and extensively used as a pigment in many of the objects. A novel adaptation of gel-based cleaning methods also revealed original surfaces under discoloured varnish and overpainting from the mid-twentieth century, unveiling a complex scene with a central skeleton in a setting which is clearly Latin American.

These findings highlight the importance of interdisciplinary collaboration and suggest that there is still much to learn about *mopa mopa*. The new V&A discoveries and treatment methodologies precipitated the wave of enthusiasm and search for knowledge about *barniz* objects, leading to the rediscovery of a *barniz brillante* casket in the National Trust collection. By revealing the object's true materiality, the National Trust introduced new opportunities for interpretation at Bateman's, the family home of Rudyard Kipling. The work by Geminiani et al. focuses on this casket and advances the comparative study of *barniz brillante* objects, documenting the art form, paving the way for identifying workshops and for compiling a more detailed timeline for *barniz brillante* techniques [7]. This paper also shows the benefits of the collaboration and of the sharing of resources and expertise between institutions, exemplifying how centrally funded equipment can act as a catalyst for new discoveries and in-depth investigations into collections. In this case, the National Trust co-authors were given access to the V&A scientific equipment purchased through the Arts and Humanities Research Council (AHRC) Capability for Collections Fund (CapCo). The paper also provides a preview of what will be possible in the UK through the new Research Infrastructure for Conservation and Heritage Science programme (RICHeS), which aims to unlock access to heritage science facilities by creating a distributed infrastructure of heritage science collections and equipment.

Using a similar scheme, in the United States, the HSML was able to access scientific expertise at the Metropolitan Museum of Art (The MET) under the auspices of their Network Initiative for Conservation Science group (NICS—since renamed SRP), resulting in the paper by Basso et al. This provides an overview of the detailed analysis of five viceregal *barniz de Pasto* objects from the Hispanic Society, dating from the early to late seventeenth century, employing both non-invasive and micro-invasive techniques [8]. The research performed at The MET enhances our understanding of the materials and techniques used by artisans in creating these intricate and lasting objects, and shows how Indigenous artisans used their tools and techniques to mimic Asian lacquers for European tastes. This contributes to our understanding of the evolution of *barniz de Pasto* techniques and the intersection of Indigenous and colonial influences. The study further developed our understanding of the use of mercury white in *barniz* objects and showed that its use and the use of lead white are not consistent or restricted to specific time periods. Just as the research conducted at the V&A suggests, some objects had only mercury white, some only had lead white, and others had both.

This Special Issue also features work by Ana Zabía de la Mata from Spain, whose article reviews the exceptional *barniz de Pasto* collection at the Museo de America in Madrid, the largest repository of Spanish American art in Spain [9]. Zabía, who heads their Department of Viceregal Art, discusses the history of the collection and provides details of the objects' provenance. Of particular note is the inclusion of less well-known objects such as gourds from Timaná and three pieces acquired since 2020 on which information is being published for the first time in this Special Issue.

From Colombia, López Pérez dissects and compares the designs of a number of *barniz de Pasto* objects, and posits that, like other kinds of artists in the New World, artisans from the sixteenth to nineteenth centuries were trained in draughtsmanship and other artists' skills. She meticulously illustrates her article with schematics of *barniz de Pasto* designs that show the underlying paradigm creating the compositions while naturally including Indigenous stylistic elements [10].

Looking in detail at specific techniques, Maria Cecilia Alvarez-White et al. focus on the *barniz brillante* technique and discuss the historical use of silver and other metallic materials in *barniz de Pasto* [11]. The authors describe how from the early seventeenth century whole silver leaf was sandwiched between *mopa mopa* layers to achieve a shimmering effect, and how from the eighteenth century it was fragmented within *mopa mopa* sheets in a decoration called *venturina*, to achieve an effect similar to that of Japanese *nashiji*. They also show how, by the Republican period in the nineteenth century, brass leaf began to be used to create a coppery finish. Their study aims to understand the role of metal in the evolution of *barniz brillante* by using imaging techniques such as macro photography, infrared and ultraviolet photography, and elemental mapping (SEM-EDS).

This collection of papers includes a shift in perspective from materiality studies to sociology: Arteaga Montes and Figueroa Fernández's contribution stems from a sociological and historical background. Our attention is crucially drawn to the people who made and continue to make the creation of these objects possible, rather than to the objects themselves [12]. This article spotlights the unique culture that gives rise to the *barniz de Pasto* tradition. Through the authors' ethnographic perspective, we are offered valuable insights into the challenges that surround all aspects of *mopa mopa*, including the physical demands of harvesting the buds, the scarcity of natural materials, the resources and skills needed to make the wooden forms, the lacquering techniques, and the human dynamics weaving all of these aspects together. This work, documenting current practices and promoting the tradition, was critical to *Barniz de Pasto mopa mopa* being classified by UNESCO as Intangible Cultural Heritage.

From *barniz de Pasto*, we pivot to Mexican lacquer: in New Spain—present-day Mexico—a decorative tradition evolved by using the fat of a scale insect, chia oil and pigments, giving rise to what is commonly known as Mexican lacquer or *maque*. This, as in the *barniz de Pasto* tradition, continues to be created to the present day. As well as the article by Codding, which discusses both HSML and V&A Peribán lacquerware [4], this Special Issue contains four other papers, detailing different aspects of Mexican lacquer, from its materiality and conservation to its cultural influences.

From Spain, Romero et al. discuss objects that span a relatively wide period of production (sixteenth, eighteenth and nineteenth centuries) and focus on the varying manufacturing processes and local characteristics involved. This article highlights the material and technological innovations of each piece, while also detailing the distinctive stylistic traits of the Mexican lacquer production centres, Peribán and Olinalá [13]. The study concludes with reflections on the Western fascination with Asian lacquer and its global influence on lacquer craftsmanship. These objects, part of the *chinoiserie* or *japanning* trend, reflected a form of proto-globalisation, with styles moving between Asia, Europe, and the Americas over 300 years.

The second paper based on the V&A's collection contributes to the understanding of early-colonial Mexican objects and supports future research and collaboration on these rare items in UK collections [14]. Limited sampling provided a glimpse of the stratigraphy of three seventeenth-century Peribán bateas. While most of the materials identified in this study by Risdonne et al. align with the existing, albeit scarce, literature, the discovery of diatomaceous earth in one *batea* raises questions about its commonality in Mexican lacquer.

Ocaña-Ruiz's article, focusing on the production of *biombos* or folding screens, presents fascinating data from primary sources such as wills and shipping records that detail the trade in folding screens [15]. While the fashion for these objects in New Spain was previously believed to have been influenced by imported Chinese screens, Ocaña-Ruiz shows instead that demand for this type of furniture was a local phenomenon and that, as well as imports from China via the Manila galleons, there was also significant local production in New Spain of objects decorated with Mexican lacquer.

Unlike the other submissions in this Special Issue, Kawamura and Garcia Barrios's article discusses the production of *enconchado* furniture (featuring mother-of-pearl inlay to create a lustrous effect) and explores its connection to lacquered objects made in Japan for the European market—Namban lacquer—as well as to Mexican lacquer [16]. This article serves as an excellent introduction to this under-studied field by comparing the designs, materials and techniques of three pieces of *enconchado* furniture that survive in Spanish collections.

3. Conclusions

With our conference first, and now with this Special Issue, we have begun to move away from the idea that understanding an object means solely finding out what materials were used to make it and what the best way to conserve or preserve it could be. The materiality of an object is just as important as the social, geographical and cultural contexts that engendered it. How many objects have lain misunderstood in collections because we lost sight of their genesis? How much crucial knowledge has been lost or misplaced because it was deemed to be the work of an artisan, 'traditional' and/or 'popular', and therefore considered intrinsically lesser? By seeking to reconnect local practices and traditions with modern analytical techniques, we look at establishing a more holistic and respectful repository of knowledge, unprejudiced by conventional Western perspectives. With this in mind, a note on terminology is due: throughout this Special Issue, we have conserved the nomenclature that each author uses. *Mopa mopa* is an Indigenous term that refers to all *Elaeagia* resins. This includes the resin decorating *qero* cups as well as objects decorated with *barniz de Pasto*, both *brillante* and matte techniques. In Mexico, the term *maque* is used interchangeably with Mexican lacquer.

Our conversations and exchanges with the *maestros* invited to give live demonstrations at the 2023 *Lacquer in the Americas* conference reinforced our belief that we can understand our museum objects better when we see how contemporary practices have evolved. At the same time, artists and designers have confirmed that the recent, more academic scientific investigations are helping them to rediscover recipes, practices and techniques that have been lost over centuries, and that they wish to reclaim. Our efforts to recreate a community focused on Indigenous American lacquers and integrate disparate voices is generating a circular discourse that is self-feeding, and that hopefully will be self-sustaining, in the medium and long term. As Al Carver-Kubik, from the National Endowment for the Humanities, recently commented at the Chia Oil Symposium in New York in October 2024, "heritage science is at its best when the research is truly interdisciplinary, a collaboration among humanists and scientists of all varieties. What is new in heritage science is the integration of source communities. The challenge is not only to acknowledge the needs of source communities, but to involve them as active participants—even partners—in the pursuit of knowledge".

We hope that this Special Issue will act as a catalyst for additional future research and multidisciplinary discourses. The field is opening up to new applications, such as those centred on genomics in general and proteomics in particular. New avenues of research and investigation are unfolding, whether it is on lacquer and dyes in the Amazon, as shown by independent research strands emerging simultaneously, or on newly rediscovered materials, such as mercury white. The preliminary steps of becoming aware of one another's work have been taken—perhaps, the next step is to simply keep talking and sharing.

Supplementary Materials: The following supporting information can be downloaded at https://www.mdpi.com/article/10.3390/heritage8030092/s1: Supplementary Material S1: Spanish translation of this Editorial.

Author Contributions: Conceptualisation, L.B., D.M. and M.K.; writing—original draft preparation, L.B., D.M. and M.K.; writing—review and editing, L.B., D.M. and M.K.; visualisation, L.B., D.M.

and M.K.; project administration, L.B., D.M. and M.K.; funding acquisition, L.B., D.M. and M.K. All authors have read and agreed to the published version of the manuscript.

Data Availability Statement: Not applicable.

Acknowledgments: Our heartfelt thanks go to Maria Mieites Alonso for translating the English version of this Editorial into Spanish.

Conflicts of Interest: The authors declare no conflicts of interest.

References

1. de Almeida Martins, R.M. Lacquers of the Amazon: *Cuias, Cumatê* and Colours by Indigenous Women in Grão-Pará in the 18th Century. *Heritage* **2024**, *7*, 4855–4880. [CrossRef]
2. Puglieri, T.S.; Maccarelli, L. Paint and Coloring Materials from the Brazilian Amazon Forest: Beyond Urucum and Jenipapo. *Heritage* **2023**, *6*, 5883–5898. [CrossRef]
3. Newman, R.; Kaplan, E.; Álvarez-White, M.C. The Story of *Elaeagia* Resin (*Mopa-Mopa*), So Far. *Heritage* **2023**, *6*, 4320–4344. [CrossRef]
4. Codding, M. Methods for Dating the First Spanish American Lacquerwares: Seventeenth-Century *Barniz de Pasto* and Peribán Lacquer. *Heritage* **2024**, *7*, 4323–4353. [CrossRef]
5. Kawamura, Y. The Art of *Barniz de Pasto* and Its Appropriation of Other Cultures. *Heritage* **2023**, *6*, 3292–3306. [CrossRef]
6. Burgio, L.; Humphrey, N.; Melchar, D.; Melita, L.N.; Risdonne, V. *Mopa Mopa* and *Barniz de Pasto* at the Victoria and Albert Museum: Recent Developments. *Heritage* **2024**, *7*, 4592–4616. [CrossRef]
7. Geminiani, L.; Sanchez Carvajal, M.; Schmuecker, E.; Wheeler, M.; Burgio, L.; Melchar, D.; Risdonne, V. A Recently Identified *Barniz Brillante* Casket at Bateman's, the Home of Rudyard Kipling. *Heritage* **2024**, *7*, 1569–1588. [CrossRef]
8. Basso, E.; McGeachy, A.; Mieites Alonso, M.G.; Pozzi, F.; Radpour, R.; Katz, M. Seventeenth-Century *Barniz de Pasto* Objects from the Collection of the Hispanic Society Museum & Library: Materiality and Technology. *Heritage* **2024**, *7*, 2620–2650. [CrossRef]
9. Zabía de la Mata, A. New Contributions Regarding the *Barniz de Pasto* Collection at the Museo de América, Madrid. *Heritage* **2024**, *7*, 667–682. [CrossRef]
10. López Pérez, M.d.P. Reflections on the Forms and Arrangements of Surface Images in the Art of *Barniz de Pasto*, from the 16th to the 19th Century. *Heritage* **2023**, *6*, 5424–5441. [CrossRef]
11. Álvarez-White, M.C.; Cohen, D.; Fernández, M.O. The Splendour of Glitter: Silver Leaf in *Barniz de Pasto* Objects. *Heritage* **2023**, *6*, 6581–6595. [CrossRef]
12. Arteaga Montes, G.P.; Figueroa Fernández, M.M. Beyond *Barniz de Pasto Mopa-Mopa* Objects: Artisans and Harvesters in the 21st Century. *Heritage* **2024**, *7*, 5032–5047. [CrossRef]
13. Romero, R.; Illán, A.; Bondía, C. Three Studies of Luxury Mexican Lacquer Objects from the 16th to the 19th Centuries, Analysis of Materials and Pictorial Techniques. *Heritage* **2023**, *6*, 3590–3605. [CrossRef]
14. Risdonne, V.; Geminiani, L.; Humphrey, N.; Melchar, D.; Burgio, L. Mexican Lacquer at the Victoria and Albert Museum: Analysis of Three *Bateas*. *Heritage* **2024**, *7*, 4647–4665. [CrossRef]
15. Ocaña-Ruiz, S.I. Lacquer and Imitation Lacquer Folding Screens in New Spain. *Heritage* **2023**, *6*, 4282–4299. [CrossRef]
16. Kawamura, Y.; García Barrios, A. Influence of Japanese Namban Lacquer in New Spain, Focusing on *Enconchado* Furniture. *Heritage* **2024**, *7*, 1472–1495. [CrossRef]

heritage

Editorial

Laca en las Américas: Tendiendo Puentes

Lucia Burgio [1,*], Dana Melchar [2,*] y Monica Katz [3,*]

[1] Science Section, Conservation Department, Collection Care and Access, Victoria and Albert Museum, South Kensington, London SW7 2RL, UK
[2] Rijksmuseum, Museumstraat 1, 1071 XX Amsterdam, The Netherlands
[3] Hispanic Society Museum & Library, 613 W 155th Street, New York, NY 10032, USA
* Correspondencia: l.burgio@vam.ac.uk (L.B.); dana.melchar@rijksmuseum.nl (D.M.); katz@hispanicsociety.org (M.K.)

Resumen: Este número especial reúne a la comunidad indígena americana de la laca, tendiendo puentes y superando los obstáculos geográficos y lingüísticos existentes. Con artículos en dos idiomas (inglés y español) centrados en barniz de Pasto y mopa mopa, laca mexicana (o *maque*) y *cumatê*, esta colección incluye contribuciones que abarcan varias disciplinas. Este volumen es un recurso de investigación de referencia que abarca reseñas científicas e históricas, estudios de caso, artículos centrados en perspectivas sociológicas y antropológicas, y en los contactos e intercambios interculturales entre Asia, Europa y el «Nuevo Mundo». El enfoque utilizado para compilar el número especial va más allá de las perspectivas europea y norteamericana, e incluye voces que representan con mayor fidelidad y objetividad la génesis y el contexto de los objetos de laca indígenas americanos. (La versión en inglés de este editorial está disponible en https://www.mdpi.com/2571-9408/8/3/92).

Palabras clave: barniz de Pasto; mopa mopa; laca indígena americana; laca mexicana; *maque*; laca; aceite de Chía; aje; *cumatê*; *cuias*

1. Introducción

Una soleada mañana de 2015, dos conservadores, un científico especializado en conservación y un curador se reunieron en un estudio de conservación del Victoria and Albert Museum (V&A) para examinar una posible donación a la colección del museo. El objeto era un *escritorio de* principios del siglo XVII bellamente decorado y, según se describió entonces, estaba hecho de un material parecido a la laca. El bargueño se convertiría en uno de los temas de la investigación del V&A sobre *Barniz de Pasto* que se presenta en este número especial. Nos cautivó el acabado del mueble, la habilidad de la técnica decorativa y sus inusuales ingredientes, que ofrecían tentadores atisbos del conocimiento y la vida indígenas, y mostraban similitudes y contrastes con técnicas de lacado asiáticas más conocidas. Laca, un término que en la actualidad se ha generalizado para designar una superficie brillante, antes aludía específicamente al brillo y a la materia prima de un tipo concreto de revestimiento decorativo asiático. Para la científica Lucia Burgio y las conservadoras Dana Melchar y Monica Katz, de los departamentos de conservación del V&A y de la Hispanic Society Museum & Library, respectivamente, este encuentro, el intercambio de conocimientos y el entusiasmo por el material marcaron el comienzo de un viaje.

La semilla intelectual de este número especial *Laca en las Américas* se plantó aquel día, pero la forma concreta que ha tomado este número ha sido fruto de nuestras experiencias individuales durante proyectos de investigación conjuntos y separados. Katz llevaba estudiando más de veinte años la colección de lacas sudamericanas de la Hispanic Society y se había encontrado con obstáculos con los que todos los autores de este número están familiarizados: había escasez de fuentes escritas, y los análisis científicos realizados hasta

Recibido: 22 December 2024
Aceptado: 29 January 2025
Publicado: 24 February 2025

Cita: Burgio, L.; Melchar, D.; Katz, M. Lacquer in the Americas: Building Bridges. *Heritage* **2025**, *8*, 92. https://doi.org/10.3390/heritage8030092.

la fecha no eran exhaustivos; las materias primas no se conocían del todo, y prácticamente no existían muestras de referencia de las mismas. Lo más sorprendente de todo eran los obstáculos a la difusión de la información. En museos y universidades de Estados Unidos, América Latina y Europa, historiadores del arte, historiadores, científicos, curadores, conservadores, arqueólogos, sociólogos y antropólogos llevaban a cabo investigaciones. Además, los investigadores estaban separados por el idioma y la geografía, y también se veían obstaculizados por la falta de recursos asignados a lo que históricamente se habían considerado "artes populares", por lo tanto menos visibles en el mundo de los museos convencionales.

Los editores invitados de este número especial nos hemos esforzado por reunir a la comunidad indígena americana de la laca, tendiendo puentes y superando los obstáculos existentes. Con la ayuda de Evgeniya Ravtsova, Directora de Programas Internacionales del V&A, y el apoyo de Tristram Hunt, Director del V&A, organizamos la primera conferencia internacional sobre lacas indígenas americanas (Figura 1), que tuvo lugar en el V&A en abril de 2023, y en la que se presentaron *mopa mopa* y *barniz de Pasto*, laca mexicana, y laca del Amazonas. La conferencia fue híbrida, para facilitar la asistencia de personas de todo el mundo, y ofreció interpretación en directo tanto en español como en inglés. También pudimos invitar a *maestros* contemporáneos del *barniz de Pasto* para realizar sus demostraciones en directo. Todo ello fue posible gracias al generoso apoyo de la Embajada de Colombia en el Reino Unido, la Agencia Española de Cooperación Internacional para el Desarrollo y la Embajada de España en Londres. Como resultado, las grabaciones del evento de dos días están disponibles en la página web de V&A: https://www.vam.ac.uk/blog/museum-life/lacquer-in-the-americas.

Figura 1. Los ponentes de la primera conferencia internacional *Laca en las Américas*, que se celebró en el V&A en abril de 2023.

Este número especial nació del deseo de consolidar y hacer más permanentes los conocimientos intercambiados en la conferencia. También se concibió como una forma de empezar a abordar los obstáculos de comunicación que habíamos encontrado en nuestra investigación. Por ello, cada artículo se ha presentado tanto en inglés como en español - el texto en español se encuentra en los Materiales complementarios. Con esta recopilación de contribuciones que abarcan una serie de especialidades, este volumen es un recurso de investigación de referencia que abarca múltiples disciplinas. Invitamos a especialistas de disciplinas que no siempre se ven juntas a resumir hallazgos anteriores y les ofrecimos la oportunidad de publicar datos que, de otro modo, podrían haber quedado excluidos en un formato diferente. También queríamos promover un enfoque que fuera más allá de las perspectivas europea y norteamericana, y deseábamos invitar a una pluralidad de voces que representaran la génesis y el contexto de estos objetos con mayor fidelidad y objetividad.

2. Contribuciones a este número especial.

En nuestra búsqueda del mayor número posible de formas de "laca" indígena americana, conocimos a Renata de Almeida Martins, cuya obra pone de relieve un tipo de laca amazónica, que sigue produciéndose en la actualidad utilizando los métodos centenarios perfeccionados por las mujeres de Grão-Pará, en el actual Brasil [1]. Este tipo de laca suele encontrarse en colecciones portuguesas, como consecuencia de su pasado colonial, y está experimentando un auge de interés [2]. Los objetos lacados del artículo de Almeida Martin aún no han sido sometidos a la caracterización de materiales de otras tradiciones de lacado en este volumen y nos complace haber podido poner de relieve las necesidades de estas colecciones.

Para contextualizar gran parte de la investigación que se está llevando a cabo en todo el mundo sobre la laca indígena americana, este número especial contiene dos artículos históricos que ofrecen una visión general de nuestra comprensión actual de estos materiales desde dos perspectivas diferentes. El primero es una contribución fundamental de Newman et al., que ofrece una revisión histórica del análisis científico de los objetos decorados con resinas de *Elaeagia* [3]. Sentando las bases para comprender la técnica del *barniz de Pasto* y su contexto histórico a un nivel fundamental, los autores ofrecen un análisis en profundidad de la composición de la resina de *Elaeagia*, sus propiedades físicas y su fascinante historia de uso, desde las cuentas precoloniales hasta los escritorios del siglo XVII. En el segundo artículo, referido a la extensa colección de América Central y del Sur del Hispanic Society Museum & Library (HSML), Mitchell Codding agrupa los objetos sudamericanos por su vocabulario decorativo y sus materiales para ofrecer un marco que contextualice los objetos de laca y su evolución a lo largo del tiempo [4]. Aporta una revisión exhaustiva de las fuentes primarias existentes que mencionan objetos lacados y analiza detalles estilísticos que apoyan la secuencia de datación de las primeras piezas virreinales del siglo XVII.

El número especial también aborda la cuestión de los contactos e intercambios interculturales. En el primero de sus artículos, Yayoi Kawamura destaca las influencias asiáticas y europeas que dieron forma a la tradición decorativa de la producción de *mopa mopa* [5]. Las referencias visuales de los objetos de *barniz de Pasto* incluyen la hoja de plata incorporada al *mopa mopa, que* recuerda tanto a la decoración *maki-e* de la laca de exportación japonesa como a los motivos estilísticos, y el uso de la hoja de metal en la escultura policromada española. Estos vínculos con culturas lejanas arrojan luz sobre las influencias globales que se encuentran en este grupo de objetos; también ponen de relieve las habilidades de los artistas para incorporar estos elementos a su propia tradición.

La mayoría de los casos incluidos en este número especial se centran en *el barniz de Pasto*, lo que refleja la relativa abundancia de investigaciones sobre esta forma de arte en comparación con las que se centran en otros tipos de lacas indígenas americanas. Así, desde el Reino Unido, tenemos una visión general de Burgio et al., un extenso trabajo de investigación multidisciplinar sobre objetos *barniz* de las colecciones V&A que proporciona nuevos conocimientos sobre su composición y fabricación [6]. Las actividades de investigación comenzaron en 2015 estudiando la materialidad y el contexto de estos objetos, utilizando técnicas analíticas avanzadas. En particular, en una primicia mundial, el estudio identificó el blanco de mercurio (calomelano) utilizado habitual y ampliamente como pigmento en muchos de los objetos. Una novedosa adaptación de los métodos de limpieza a base de geles también reveló superficies originales bajo barnices descoloridos y repintes de mediados del siglo XX, desvelando una compleja escena con un esqueleto central en un escenario claramente latinoamericano.

Estos hallazgos ponen de relieve la importancia de la colaboración interdisciplinar y sugieren que aún queda mucho por aprender sobre el *mopa mopa*. Los nuevos descubrimientos y metodologías de tratamiento del V&A precipitaron la oleada de entusiasmo y búsqueda de conocimientos sobre los objetos *barniz*, lo que condujo al redescubrimiento de una arqueta *barniz* brillante en la colección del National Trust. Al revelar la verdadera materialidad del objeto, el National Trust abrió nuevas oportunidades de interpretación en Bateman's, la casa familiar de Rudyard Kipling. El trabajo de Geminiani et al. se centra en esta arqueta y avanza en el estudio comparativo de los objetos de *barniz brillante*, documentando la forma de arte, allanando el camino para identificar talleres y para compilar una cronología más detallada de las técnicas de *barniz* brillante [7]. Este trabajo también muestra los beneficios de la colaboración y el intercambio de recursos y conocimientos entre instituciones, y ejemplifica cómo los equipos financiados a nivel central pueden ser el catalizador de nuevos descubrimientos e investigaciones en profundidad de las colecciones. En este caso, los coautores del National Trust tuvieron acceso al equipo científico del V&A adquirido a través del Capability for Collections Fund (CapCo) del Arts and Humanities Research Council (AHRC). El artículo también ofrece un avance de lo que será posible en el Reino Unido gracias al nuevo programa de Research Infrastructure for Conservation and Heritage Science (RICHeS), cuyo objetivo es desbloquear el acceso a las instalaciones científicas del patrimonio mediante la creación de una infraestructura distribuida de colecciones y equipos científicos para el patrimonio.

Utilizando un esquema similar, en Estados Unidos, el HSML pudo acceder a los conocimientos científicos del Metropolitan Museum of Art (MET) bajo los auspicios de su grupo Network Initiative for Conservation Science (NICS - desde entonces rebautizado SRP), lo que dio lugar al artículo de Basso et al. En él se ofrece una visión general del análisis detallado de cinco objetos virreinales *barniz de Pasto* de la Hispanic Society, fechados entre principios y finales del siglo XVII, empleando técnicas no invasivas y microinvasivas [8]. La investigación realizada en el MET mejora nuestra comprensión de los materiales y técnicas utilizados por los artesanos en la creación de estos intrincados y duraderos objetos, y muestra cómo los artesanos indígenas utilizaron sus herramientas y técnicas para imitar las lacas asiáticas para el gusto europeo. Esto contribuye a nuestra comprensión de la evolución de las técnicas del *barniz de Pasto* y de la intersección de las influencias indígenas y coloniales. El estudio desarrolló aún más nuestra comprensión del uso del blanco de mercurio en los objetos *barniz* y demostró que su uso y el del blanco de plomo son inconsistentes y no se restringen a periodos de tiempo específicos. Tal como sugiere la investigación realizada en el V&A, algunos objetos sólo tenían blanco de mercurio, otros sólo blanco de plomo y otros tenían ambos.

Desde España, nos llega el artículo de Ana Zabía, que analiza la excepcional colección *Barniz de Pasto* del Museo de América de Madrid, el mayor depósito de arte hispanoamericano de España [9]. Zabía, que dirige su Departamento de Arte Virreinal, comenta la historia de la colección y publica detalles sobre la procedencia de los objetos. Destaca la inclusión de objetos menos conocidos como las calabazas de Timaná y tres piezas adquiridas desde 2020 que se publican por primera vez en este número especial.

Desde Colombia, López Pérez disecciona y compara los diseños de una serie de objetos *barniz de Pasto*, y postula que, al igual que otros tipos de artistas en el Nuevo Mundo, los artesanos de los siglos XVI al XIX recibieron formación en dibujo y otras habilidades artísticas. Ilustra meticulosamente su artículo con esquemas de diseños de *barniz de Pasto* que muestran el paradigma subyacente que crea las composiciones, al tiempo que incluyen naturalmente elementos estilísticos indígenas [10].

Profundizando en técnicas concretas, María Cecilia Álvarez-White et al. se centran en la técnica del *barniz brillante* y analizan el uso histórico de la plata y otros materiales metálicos en el *barniz de Pasto* [11]. Las autoras describen cómo desde principios del siglo XVII se intercalaban láminas enteras de plata entre capas de *mopa mopa* para conseguir un efecto brillante, y cómo a partir del siglo XVIII se fragmentaban dentro de láminas de *mopa mopa* en una decoración llamada *venturina*, para conseguir un efecto similar al del *nashiji* japonés. También muestran cómo, en el periodo republicano del siglo XIX, se empezó a utilizar la hoja de latón para crear un acabado cobrizo. Su estudio pretende comprender el papel del metal en la evolución del *barniz brillante* utilizando técnicas de imagen como la macrofotografía, la fotografía infrarroja y ultravioleta, y el mapeo elemental (SEM-EDS).

Nuestra colección de artículos incluye un cambio de perspectiva desde los estudios de materialidad a la sociología: La aportación de Arteaga Montes y Figueroa Fernández parte de un trasfondo sociológico e histórico. Nuestra atención se centra fundamentalmente en las personas que hacen posible la creación de los objetos, más que en los objetos en sí [12]. El artículo pone de relieve la singular cultura que da origen a la tradición del *barniz de Pasto*. A través de la perspectiva etnográfica de los autores, se nos ofrece una valiosa perspectiva de los retos que rodean todos los aspectos de la *mopa mopa*, incluidas las exigencias físicas de la recolección de los brotes, la escasez de materiales naturales, los recursos y habilidades necesarios para fabricar las formas de madera; y también las técnicas de lacado, y la dinámica humana que entreteje estos aspectos. Este trabajo de documentación de las prácticas actuales y de promoción de la tradición fue decisivo para que la *Barniz de Pasto mopa mopa* fuera clasificada por la UNESCO como Patrimonio Cultural Inmaterial.

Del *barniz de Pasto* pasamos a la laca mexicana: en Nueva España -el actual México- se desarrolló una tradición decorativa que utilizaba la grasa de una cochinilla, aceite de chía y pigmentos, dando lugar a lo que comúnmente se conoce como laca mexicana o *maque*. Ésta, al igual que en la tradición del *barniz de Pasto*, sigue creándose hasta nuestros días. Además del artículo de Codding, que analiza la laca del HSML y la del V&A Peribán [4], este número especial contiene otros cuatro artículos en los que se detallan diferentes aspectos de la laca mexicana, desde su materialidad y conservación hasta sus influencias culturales.

Desde España, Romero et al. analizan objetos que abarcan un periodo de producción relativamente amplio (siglos XVI, XVIII y XIX), y se centran en los diversos procesos de fabricación y las características locales. El artículo destaca las innovaciones materiales y tecnológicas de cada pieza, al tiempo que detalla los rasgos estilísticos distintivos de los centros mexicanos de producción de laca, Peribán y Olinalá [13]. El estudio concluye con reflexiones sobre la fascinación occidental por la laca asiática y su influencia global en la artesanía de la laca. Estos objetos, parte de la tendencia *chinoiserie* o *japanning*, reflejaban una protoglobalización, con estilos que se movían entre Asia, Europa y América a lo largo de 300 años.

El segundo trabajo, basado en la colección del V&A, contribuye a la comprensión de los objetos mexicanos de principios de la colonia y apoya futuras investigaciones y colaboraciones sobre estos raros objetos en las colecciones del Reino Unido [14]. Un muestreo limitado permitió vislumbrar la estratigrafía de tres bateas de Peribán del siglo XVII. Si bien la mayoría de los materiales identificados en este estudio concuerdan con la literatura existente, aunque escasa, el descubrimiento de tierra de diatomeas en una *batea* plantea interrogantes sobre su carácter común en la laca mexicana.

El artículo de Ocaña-Ruiz, centrado en la producción de *biombos* o pantallas plegables, presenta datos fascinantes procedentes de fuentes primarias como testamentos y registros de embarque que detallan el comercio de pantallas plegables [15]. Mientras que hasta ahora se creía que la moda de estos objetos en Nueva España estaba influida por los biombos chinos importados, Ocaña-Ruiz demuestra, en cambio, que la demanda de este tipo de muebles era un fenómeno local y que, además de las importaciones de China a través de los galeones de Manila, había también una importante producción local en Nueva España, decorada con laca mexicana.

A diferencia de los demás artículos de este número especial, el de Kawamura y García Barrios aborda la producción de muebles *enconchados* (con incrustaciones de nácar para crear un efecto de brillo) y explora su relación con los objetos lacados fabricados en Japón para el mercado europeo -la laca Namban-, así como con la laca mexicana [16]. El artículo sirve de excelente introducción a este campo poco estudiado al comparar los diseños, materiales y técnicas de tres muebles *enconchados* que se conservan en colecciones españolas.

3. Conclusiones

Con nuestra conferencia primero, y ahora con este número especial, nos alejamos de la idea de que entender un objeto significa únicamente averiguar qué materiales se utilizaron para fabricarlo y cuál podría ser la mejor manera de conservarlo o preservarlo. La materialidad de un objeto es tan importante como el contexto social, geográfico y cultural que lo engendró. ¿Cuántos objetos han permanecido incomprendidos en las colecciones porque hemos perdido de vista su génesis? ¿Cuántos conocimientos cruciales se han perdido o extraviado por considerarse obra de un artesano, "tradicional" y/o "popular", y por tanto considerados intrínsecamente inferiores? Al intentar reconectar las prácticas y tradiciones locales con las técnicas analíticas modernas, buscamos establecer un depósito de conocimientos más holístico y respetuoso, sin prejuicios por las perspectivas occidentales convencionales. Con esto en mente, cabe hacer una nota sobre terminología: a lo largo de este número especial hemos conservado la nomenclatura que utiliza cada autor. *Mopa mopa* es un término indígena que se refiere a todas las resinas de *Elaeagia*. Esto incluye la resina que decora los vasos *qero*, así como los objetos decorados con *barniz de Pasto*, tanto en técnica *brillante* como mate. En México, el término *maque* se utiliza indistintamente con el de laca mexicana.

Nuestras conversaciones e intercambios con los *maestros* invitados a hacer demostraciones en directo en la conferencia *Laca en las Américas* en 2023 reforzaron nuestra convicción de que podemos entender mejor nuestros objetos de museo cuando vemos cómo han evolucionado las prácticas contemporáneas. Al mismo tiempo, artistas y diseñadores han confirmado que las recientes investigaciones científicas, más académicas, les están ayudando a redescubrir recetas, prácticas y técnicas que se perdieron a lo largo de los siglos y que desean recuperar. Nuestros esfuerzos por recrear una comunidad centrada en las lacas indígenas americanas e integrar voces dispares está generando un discurso circular que se autoalimenta, y que esperamos que sea autosuficiente a medio y largo plazo. Como comentó recientemente Al Carver-Kubik, del National Endowment for the Humanities, en el Simposio sobre el Aceite de Chía, celebrado en Nueva York en octubre de 2024, "la ciencia del patrimonio alcanza su máxima expresión cuando la investigación es verdaderamente interdisciplinar, una colaboración entre humanistas y científicos de todas las variedades. Lo nuevo en la ciencia del patrimonio es la integración de las comunidades de origen. El reto no es sólo reconocer las necesidades de las comunidades de origen, sino implicarlas como participantes activos -incluso socios- en la búsqueda del conocimiento".

Esperamos que este número especial sirva de catalizador para futuras investigaciones y discursos multidisciplinares. El campo se está abriendo a nuevas aplicaciones, como las centradas en la genómica en general y la proteómica en particular. Se están abriendo nuevas vías de investigación, ya sea sobre la laca y los tintes en el Amazonas, como demuestran las líneas de investigación independientes que surgen simultáneamente, o sobre materiales recién redescubiertos, como el blanco de mercurio. Ya se han dado los pasos preliminares para conocer el trabajo de los demás; quizá el siguiente paso sea simplemente seguir hablando y compartiendo.

Materiales complementarios: La siguiente información de apoyo puede descargarse en: https://www.mdpi.com/article/10.3390/heritage8030092/s1, Material suplementario S1: traducción al español de este editorial. La versión inglesa de este editorial está disponible en https://www.mdpi.com/2571-9408/8/3/92.

Contribuciones de los Autores: Conceptualización, L.B., D.M. y M.K.; redacción: preparación del borrador original, L.B., D.M. y M.K.; redacción: revisión y edición, L.B., D.M. y M.K.; visualización, L.B., D.M. y M.K.; administración del proyecto, L.B., D.M. y M.K.; adquisición de fondos, L.B., D.M. y M.K. Todos los autores han leído y aceptado la versión publicada del manuscrito.

Declaración de disponibilidad de datos: No aplicable.

Agradecimientos: Nuestro más sincero agradecimiento a Maria Mieites Alonso por la traducción al español de la versión inglesa de este editorial.

Conflictos de intereses: Los autores declaran no tener ningún conflicto de intereses.

Referencias

1. de Almeida Martins, R.M. Lacquers of the Amazon: *Cuias, Cumatê* and Colours by Indigenous Women in Grão-Pará in the 18th Century. *Heritage* **2024**, *7*, 4855–4880. https://doi.org/10.3390/heritage7090230.
2. Puglieri, T.S.; Maccarelli, L. Paint and Coloring Materials from the Brazilian Amazon Forest: Beyond Urucum and Jenipapo. *Heritage* 2023, *6*, 5883–5898.
3. Newman, R.; Kaplan, E.; Álvarez-White, M.C. The Story of *Elaeagia* Resin (*Mopa-Mopa*), So Far. *Heritage* **2023**, *6*, 4320–4344. https://doi.org/10.3390/heritage6050229.
4. Codding, M. Methods for Dating the First Spanish American Lacquerwares: Seventeenth-Century *Barniz de Pasto* and Peribán Lacquer. *Heritage* **2024**, *7*, 4323–4353. https://doi.org/10.3390/heritage7080204.
5. Kawamura, Y. The Art of *Barniz de Pasto* and Its Appropriation of Other Cultures. *Heritage* **2023**, *6*, 3292–3306. https://doi.org/10.3390/heritage6030174.
6. Burgio, L.; Humphrey, N.; Melchar, D.; Melita, L.N.; Risdonne, V. *Mopa Mopa* and *Barniz de Pasto* at the Victoria and Albert Museum: Recent Developments. *Heritage* **2024**, *7*, 4592–4616. https://doi.org/10.3390/heritage7090216.
7. Geminiani, L.; Sanchez Carvajal, M.; Schmuecker, E.; Wheeler, M.; Burgio, L.; Melchar, D.; Risdonne, V. A Recently Identified *Barniz Brillante* Casket at Bateman's, the Home of Rudyard Kipling. *Heritage* **2024**, *7*, 1569–1588. https://doi.org/10.3390/heritage7030075.
8. Basso, E.; McGeachy, A.; Mieites Alonso, M.G.; Pozzi, F.; Radpour, R.; Katz, M. Seventeenth-Century *Barniz de Pasto* Objects from the Collection of the Hispanic Society Museum & Library: Materiality and Technology. *Heritage* **2024**, *7*, 2620–2650. https://doi.org/10.3390/heritage7050125.
9. Zabía de la Mata, A. New Contributions Regarding the *Barniz de Pasto* Collection at the Museo de América, Madrid. *Heritage* **2024**, *7*, 667–682. https://doi.org/10.3390/heritage7020033.
10. López Pérez, M.d.P. Reflections on the Forms and Arrangements of Surface Images in the Art of *Barniz de Pasto,* from the 16th to the 19th Century. *Heritage* **2023**, *6*, 5424–5441. https://doi.org/10.3390/heritage6070286.
11. Álvarez-White, M.C.; Cohen, D.; Fernández, M.O. The Splendour of Glitter: Silver Leaf in *Barniz de Pasto* Objects. *Heritage* **2023**, *6*, 6581–6595. https://doi.org/10.3390/heritage6100344.
12. Arteaga Montes, G.P.; Figueroa Fernández, M.M. Beyond *Barniz de Pasto Mopa-Mopa* Objects: Artisans and Harvesters in the 21st Century. *Heritage* **2024**, *7*, 5032–5047. https://doi.org/10.3390/heritage7090238.
13. Romero, R.; Illán, A.; Bondía, C. Three Studies of Luxury Mexican Lacquer Objects from the 16th to the 19th Centuries, Analysis of Materials and Pictorial Techniques. *Heritage* **2023**, *6*, 3590–3605. https://doi.org/10.3390/heritage6040191.
14. Risdonne, V.; Geminiani, L.; Humphrey, N.; Melchar, D.; Burgio, L. Mexican Lacquer at the Victoria and Albert Museum: Analysis of Three *Bateas*. *Heritage* **2024**, *7*, 4647–4665. https://doi.org/10.3390/heritage7090219.
15. Ocaña-Ruiz, S.I. Lacquer and Imitation Lacquer Folding Screens in New Spain. *Heritage* **2023**, *6*, 4282–4299. https://doi.org/10.3390/heritage6050226.
16. Kawamura, Y.; García Barrios, A. Influence of Japanese Namban Lacquer in New Spain, Focusing on *Enconchado* Furniture. *Heritage* **2024**, *7*, 1472–1495. https://doi.org/10.3390/heritage7030071.

heritage

MDPI

Review

The Story of *Elaeagia* Resin (*Mopa-Mopa*), So Far

Richard Newman [1,*], Emily Kaplan [2] and Maria Cecilia Álvarez-White [3]

1 Scientific Research Lab, Museum of Fine Arts, Boston, MA 02115, USA
2 Smithsonian National Museum of the American Indian Cultural Resources Center, Suitland, MD 20746, USA; kaplane@si.edu
3 Conservator in Private Practice, Bogotá 110221, Colombia; mca4@hotmail.com
* Correspondence: rnewman@mfa.org

Abstract: The unusual resin from some species of *Elaeagia,* a genus now found in certain parts of Central America and South America, was probably first utilized by native peoples in Colombia more than a thousand years ago. It became a crucial part of often elaborately decorated objects made in the southwestern city of Pasto in the colonial period, and it has continued to be used there up to the present, in which it is at the core of a local craft tradition. The resin was also utilized for about 300 years by the Inka, mainly to decorate qeros (ceremonial drinking cups). The resin is often referred to as *mopa-mopa* and, specifically in Colombia, as *barniz de Pasto*. The botany, chemistry, properties, and analysis of *Elaeagia* resin are reviewed, along with a brief survey of the history of its use.

Keywords: *mopa-mopa*; *barniz de Pasto*; qero; Inka; *Elaeagia*

Citation: Newman, R.; Kaplan, E.; Álvarez-White, M.C. The Story of *Elaeagia* Resin (*Mopa-Mopa*), So Far. *Heritage* **2023**, *6*, 4320–4374. https://doi.org/10.3390/heritage6050229

Academic Editors: Lucia Burgio, Dana Melchar and Monica Katz

Received: 31 December 2022
Revised: 17 March 2023
Accepted: 20 March 2023
Published: 12 May 2023

1. Introduction

Elaeagia is a minor plant genus in the very large Rubiaceae family. Its different species are found from central America through parts of South America, most abundantly in the Western Andes of Colombia, Ecuador, and Peru. Resin from the trees, although insoluble, can be softened by mastication or heating in water, mixed with dyes or pigments by kneading, then stretched (while hot) into thin films that can be cut and applied as decoration on wood and other substrates, without the need for an adhesive.

Its historical use is restricted to two separate geographical regions and different cultures that may or may not have been aware of each other's knowledge of the resin. The resin has likely been continually used in the southern part of Colombia for a thousand years or more and is currently utilized by a small group of artisans in Pasto, Colombia. The best-known objects that were decorated with the resin (most of which are considered to have been made in Pasto) are relatively small wooden objects such as portable writing desks, created between the mid-16th century through the 18th century. The "traditional knowledge and techniques associated with Pasto Varnish *mopa-mopa* of Putumayo and Nariño" was inscribed in 2020 on UNESCO's List of Intangible Cultural Heritage in Need of Urgent Safeguarding (https://ich.unesco.org/en/USL/traditional-knowledge-and-techniques-associated-with-pasto-varnish-mopa-mopa-of-putumayo-and-nario-01599 (accessed on 15 March 2023)). Further south in Peru, the Inka utilized the resin over a period of approximately 300 years, throughout the colonial period. The Inka may have begun to use the resin before the arrival of the Spanish in 1532, but this is uncertain. Most of the Inka objects decorated with the resin are small wooden ceremonial cups (qeros). The resin does not seem to have been utilized in Peru since the end of the colonial era. In Colombia, scientists have recently explored its potential use in a biobased composite with fique fibers [1].

This paper reviews the botany, chemistry, and history of use of the resin, and discusses its identification in cultural artifacts. A Spanish translation of this paper is available in Supplementary Materials.

2. *Elaeagia* Species and Their Resin

In his 1849 book based on extensive travels in Peru, Bolivia, and Ecuador, Weddell [2] proposed a new genus, *Elaeagia*, an essential characteristic being the presence of round resin-rich bud scales (stipules) that are hard and protect the leaf buds as they form. Weddell noted that the tree previously named *Condaminea utilis* by Goudot [3] should be placed in this new genus. In 1977, Mora-Osejo [4] proposed a new species, *E. pastoensis*, named after the city of Pasto, Colombia. He indicated that the resin utilized by artisans in Pasto at that time belongs to this new species, not to *E. utilis*, as had previously been thought. (A corollary of this is that some specimens in botanical collections that were accessioned before 1977 could have been misclassified, or another species unless they have been re-examined in more recent years.) 19th-century scientists who studied the resin, some of its chemical properties, and reported about its use in Pasto include Humboldt [5] and Boussingault [6].

Of the *Elaeagia* species, *E. pastoensis* and *E. utilis* are among the most commonly collected and described in herbaria. Both grow in many of the same areas, as indicated by, for example, maps of preserved specimens and sightings in the Global Biodiversity Information Facility (GBIF) online database [7] (Figures 1 and 2).

Figure 1. Occurrences of *Elaeagia utilis*, from the Global Biodiversity Information Facility (GBIF). (Source: https://www.gbif.org [accessed on 22 November 2022]).

Figure 2. Occurrences of *Elaeagia pastoensis*, from the Global Biodiversity Information Facility (GBIF). (Source: https://www.gbif.org [accessed on 22 November 2022]).

In the GBIF database, *E. utilis* is by far the most reported species (over 90% of total compiled occurrences), with remaining occurrences mainly being catalogued as *E. mariae*, *E. karstenii*, *E. pastoensis*, and *E. myriantha*. There is no agreement on the number of species in the genus. While the GBIF database currently lists 28, far fewer are recognized by scientists most familiar with the genus. Steyermark [8] recognized 15. More recently, Maldonado [9] recognized nine. (In Maldonado's classification, *E. karstenii* is considered a variety of *E. mariae*.) Most of the less common species are restricted to specific countries or regions. In 2018, Mendoza-Cifuentes and Aguilar-Cano [10] described a new species from Colombia, one of five rare species the authors note are known to be found only in that country; the five major species noted above, which occur across a broad range of countries, all also occur in Colombia.

While all species produce resin, Taylor [11] noted that only two, *E. utilis* and *E. pastoensis*, produce large amounts. Both are slender trees, up to 30 or more meters tall. In the field, these two species are most readily distinguished from one another by their leaves (Figures 3 and 4). *E. utilis* leaves are on average larger and broader than those of *E. pastoensis* [9]. For the moment, it is assumed that resin utilized to decorate objects probably originated from one of the other of these two species, and only botanical specimens of resin from these species have undergone any scientific analysis to date.

Figure 3. Botanical specimen of *Elaeagia utilis*, from the Field Museum of Natural History. https://db.fieldmuseum.org/65ab1b9b-8653-4cc4-abe3-38b84afbf4eb, FMNH 2193647 (accessed on 16 March 2023).

Figure 4. Botanical specimen of *Elaeagia pastoensis*, from the Field Museum of Natural History. https://db.fieldmuseum.org/d702bd03-2c92-499b-b023-b35dfb6cd9c7, FMNH 2111075 (accessed on 16 March 2023).

The resinous stipules on both species, small rounded buds less than 1 cm in diameter (Figure 5), are very hard and virtually insoluble. Small solid pieces of the resin, as harvested from the trees during the growing seasons, are usually transparent and honey or amber-colored, sometimes tinted green.

Figure 5. Stipules on branch of *Elaeagia pastoensis.* (Photograph: J. Rodrigo Botina).

In the ancient Americas, as in other parts of the world, resins whose solid components are mainly or entirely diterpenoids or triterpenoids have been utilized for a wide range of purposes [12–18]. Specific examples range from the binders of paints on ceramics of the Paracas culture (Ica region, Peru; ca. 800–100 BCE) [16] to raw materials excavated at the Aztec site of Templo Mayor in present-day Mexico City (constructed beginning sometime after 1325, destroyed in 1521) [15]. Less widespread in occurrence than terpenoid resins are types primarily made up of phenolic compounds: by far the best-known resins of this type are the saps which are the raw materials of true Asian lacquers [12]. *Elaeagia* resin is a phenolic resin whose behavior is quite unusual. Softened by chewing or by heating in water, the resin can be formed into thin sheets or long strings without rupturing. Rather astonishingly, it has been reported that a 0.5 kg mass can be stretched into a 3–4 mm diameter string 100 m long [19] (p. 129). The resin hardens relatively rapidly as it cools, losing most of its malleability, but the malleability can be renewed by heating again, at least while it is still relatively fresh. On older objects with resin-containing decorations, the resin can be made at least somewhat malleable with a heated spatula.

As with many materials used in cultural heritage, the earliest history of the use of this resin will probably never be known. One can imagine that people noticed small balls looking almost like berries growing from the ends of branches on certain slender trees during the growing seasons. Chewing the berries would have quickly demonstrated that they were not food, but the chewing would have turned the "berries" into a rubbery substance that likely was rather unique among plant materials available to these people. If many of the small balls were combined and chewed or heated together, and bits of plant material were removed during this simple processing, a large enough mass of the malleable resin could be accumulated that would be useful for shaping into small items. If the rather extreme stretching properties were appreciated, other uses may also have been visualized. The fact that a thin layer of the resin is impervious to water was also probably noted during early experimentation with the resin.

3. Terminology

"*Mopa-mopa*" is a term of unknown origin. The earliest publication using this term (to the best of the authors' knowledge) is by Juan and Ulloa in 1748 [20] in a brief description of objects made in Pasto, Colombia. Jijón y Caamaño and Larrea [21] may be the first publication (1918) to link mopa-mopa with Inka qeros. *Mopa-mopa* is currently a common name for *Elaeagia* resin in both of the cultural contexts in which it has been (or still is) used.

"Barniz de Pasto" is a term that first appeared during the colonial period to refer to objects made in Pasto that were decorated (at least in part) with *Elaeagia* resin [22]. The term now refers to the resin itself and to the objects that are currently made in Pasto and decorated there by local craftspeople. The term is also used to refer to objects made in the Pasto region throughout known history that include the resin. The Spanish word "barniz" means varnish, defined in the dictionary as a sticky liquid applied as a coating on a surface, or a glaze. Early Spanish writers who saw objects decorated with the resin did not know how the raw material was harvested or how it was applied. A surface covered with a thin layer of the resin can appear glossy and could be mistaken for a surface coated with a liquid layer of varnish, thus the understandable early confusion and use of the term "barniz". In 2011, the Superintendencia de Industria y Comercio de Colombia established *"Mopa Mopa Barniz de Pasto"* as a protected name indicating the authentic material utilized in Pasto [23].

In the study of Inka qeros, those decorated with *Elaeagia* resin have sometimes been referred to as "painted", more often as "lacquered". As in the case of "barniz", these are not accurate uses of the words as currently defined. However, Tom Cummins (personal communication 2022) has reasonably argued that in the past "painted" was utilized in a broader sense to indicate different forms of applying color to a surface. In 16th–18th century documents, colonial period Inka qeros were often termed "llimpi" ('llimpi' is a Quechua term that can refer to the colored materials applied to decorate qeros or to the process of applying such colored materials).

4. Composition of *Elaeagia* Resins

The biosynthetic routes by which phenolic resins are produced are complex and not thoroughly understood, but in a simplified view, as outlined by Langenheim [12], two are noted as particularly important: the shikimic acid/phenylpropanoid pathways [24,25] and the malonic acid pathway [26] (Figure 6). The former leads to phenylpropanoids, which represent the basic "monomeric" structural components of the resin. The latter contributes to the production of flavonoids that are responsible for at least part of the color of the raw resin but which would be present as isolated molecules that do not contribute to the structure and behavior of the resin itself.

Biftu and Stevenson [27] carried out exhaustive solvent extracts on a sample of *Elaeagia* resin (identified as *E. utilis* purchased in the commercial market in Pasto, Colombia, but probably *E. pastoensis*) and from those extracts specifically identified several triterpenoids as well as the flavone apigenin, all of which, however, are only minor components of the raw material.

Elaeagia pastoensis resin is virtually inelastic and only slightly malleable at room temperature, with a low tensile strength (7.2 MPa at RH 47%) [28]. The resin absorbs little water, virtually none at 47% RH, 1.5–2.0% at 97% RH. X-ray diffraction indicates that the minimally processed material is semicrystalline. Thermogravimetric analysis (TGA) indicates some loss at 99C (probably residual solvents from the processing in water and alcohol that was carried out on the sample which was tested), then a gradual continual decrease in mass beginning at 200C, with small plateaus at 312C and 378C, culminating in a complete loss at 450C. These observations suggest that the chemistry of the phenolic resin is complex and involves at least somewhat discrete components that degrade at different temperatures. However, these observations have no direct bearing on the degradation of the material through normal processing for use as a decorative material (which is carried out at relatively low temperatures) or to natural aging at ambient temperatures.

The resins from only *E. pastoensis* and *E. utilis* have been subjects of scientific study to date. Newman et al. [29] discussed analyses of resin from botanical specimens of these species by Fourier transform infrared microspectroscopy (FTIR), pyrolysis gas chromatography/mass spectrometry (pyGC/MS), and liquid chromatography/diode-array spectrometry/mass spectrometry (LC/DAD/MS). To date, the physical properties of *E. utilis* have not been addressed, so no comparison can be made to the limited data from *E. pastoensis*.

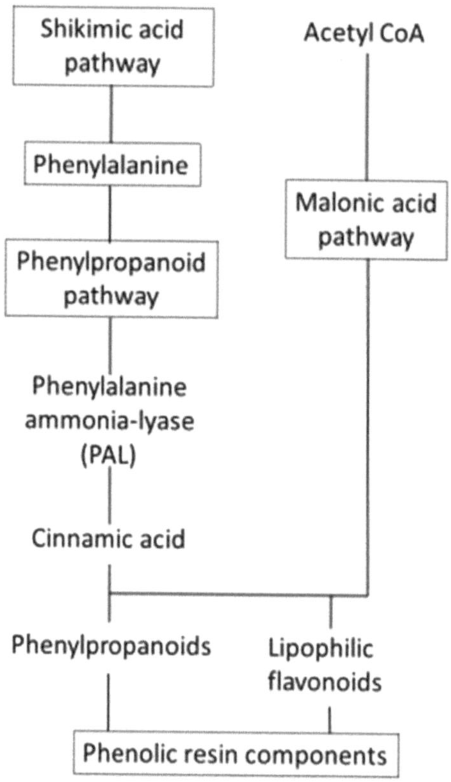

Figure 6. Outline of biosynthetic pathways for production of phenolic resins in plants (Redrawn after Langenheim [12]).

5. Analytical Identification of *Elaeagia* Resins

Elaeagia resin (of the two species studied to date) can be distinguished from other natural resins by FTIR spectrometry (Figure 7); reference spectra of a few *Elaeagia* specimens of these two species are available in the Infrared and Raman Users Group (IRUG) database (www.irug.org (accessed on 27 March 2023)).

In order to compare spectra of resin from *E. utilis* and *E. pastoensis*, an FTIR spectral reference library of 18 specimens of the former and 6 of the latter (Appendix A, Table A1) was prepared and evaluated by principal components analysis (PCA). Although there are subtle differences between the spectra of resin from some samples of the two species, PCA indicates that they cannot be reliably distinguished by this technique.

The two species can be best distinguished in the C=O stretching vibration range (1750–1690 cm^{-1}; Figure 8), but there is an overlap. *E. utilis* specimens often exhibit two overlapping broad peaks, one exhibiting the greatest absorbance at ca. 1705–1715 cm^{-1}, and one exhibiting less absorbance at ca. 1725–1735 cm^{-1}. *E. pastoensis* samples often also exhibit two overlapping peaks in the same general ranges, but the latter frequently shows a greater absorbance than that of the former (Figure 9). The higher wavenumber absorption is due to esters in the resins.

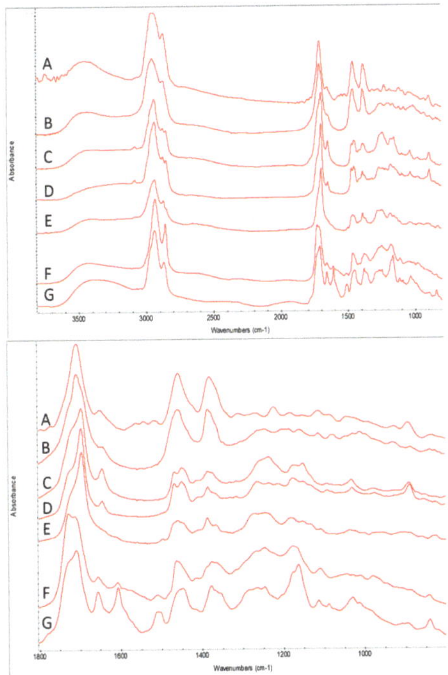

Figure 7. FTIR absorbance spectra of several diterpenoid and triterpenoid resins (A–E, spectra from irug.org database, spectral identification numbers indicated) and reference samples of *Elaeagia pastoensis* (F, Field Museum 2226159) and *Elaeagia utilis* (G, Field Museum 999470) resins. A, dammar (INR00082). B, mastic (INR00067). C, Manila copal (INR00092). D, sandarac (INR00091). E, rosin (pine resin, INR00114). Full spectra in the top panel; spectra between 1800–800 wavenumbers in the bottom panel. Y-axes arbitrarily adjusted for ease of comparison. IRUG spectra source: Price, Beth A., Boris Pretzel and Suzanne Quillen Lomax, eds. Infrared and Raman Users Group Spectral Database. 2007 ed. Vol. 1 & 2. Philadelphia: IRUG, 2009. Infrared and Raman Users Group Spectral Database. Web. 20 June 2014. www.irug.org (spectra C–E, courtesy of the Philadelphia Museum of Art; spectrum A, courtesy of the National Gallery of Art; spectrum B courtesy of the British Museum).

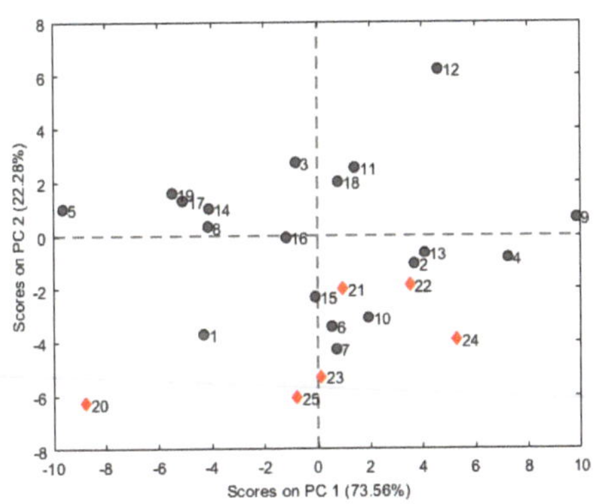

Figure 8. Plot of principal component 1 versus principal component 2 from FTIR spectra of reference resin specimens from *Elaeagia utilis* (18 samples; black dots) and *Elaeagia pastoensis* (6 samples; red triangles). Spectra were evaluated in the 1750–1690 cm^{-1} range.

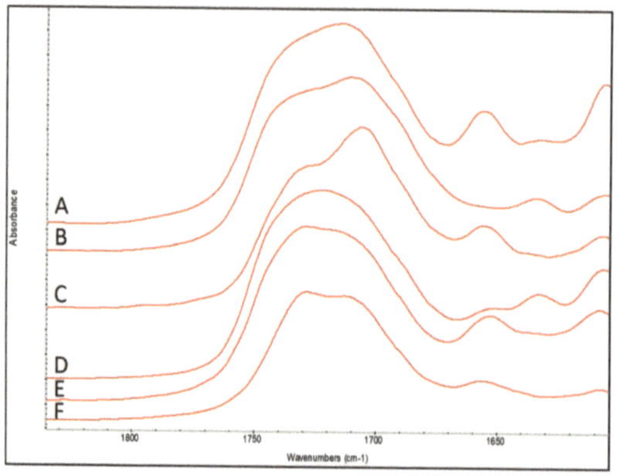

Figure 9. Details of FTIR absorbance spectra from three reference samples of *Elaeagia utilis* resin (A–C) and three of *Elaeagia pastoensis* resin (D–F). A, Smithsonian National Museum of Natural History 2165540. B, Smithsonian National Museum of Natural History 2166582. C, Field Museum 2184875. D, Missouri Botanical Garden 5834698. E, Missouri Botanical Garden 4571036. F, Field Museum 2226159. Y-axes arbitrarily adjusted for ease of comparison.

Py GC/MS analyses of resin from the two species have been undertaken to date by derivatization by a transmethylation reagent, tetramethyl ammonium hydroxide (TMAH), a commonly-utilized reagent for pyrolysis of samples from cultural heritage and other fields [30,31]. Pyrolysis of the resin with this reagent can be expected to give chromatograms that include small, volatile compounds which do not decompose at the pyrolysis temperature, fragments of molecules that did decompose during pyrolysis, and methylated derivatives of some pyrolyzed or derivatized fragments, depending on their structures and compositions. Pyrolysis is a logical methodology to characterize what might be considered "monomers" of the polymeric matrix of the largely-insoluble *Elaeagia* resins, although it provides no information on the structure of the original polymer(s).

Some typical identifiable components in pyrograms of all botanical specimens include glycerol derivatives, fatty acids, and derivatives of flavonoids (particularly trimethyl apigenin). These compounds or their relative amounts cannot be considered diagnostic for these resins [29]. Of most diagnostic value for the presence of *Elaeagia* resins, at first glance, is the presence of p-methoxycinnamic acid and 3,4-dimethoxycinnamic acid. The former is consistently more abundant in *E. utilis* than in *E. pastoensis* (Figure 10). It seems likely that these two compounds are present in the resins in esters, but the compositions of the esters in the two species must differ in certain details (Figure 10). Since the derivatization reagent used for pyrolysis can methylate active hydroxyl groups, it is not certain that the original substituted cinnamic acid components of the resin were in the specific methoxylated forms detected by py GC/MS.

Appendix B compares pyrograms of reference *E. pastoensis* samples by two laboratories utilizing different pyrolyzers.

Little is known regarding chemical or physical changes the resin may undergo in thin decorative layers applied to the surfaces of objects. On qeros that are hundreds of years old, *Elaeagia*-containing layers often exhibit craquelure, perhaps indicating that aging has reduced the original (if slight) malleability of the room-temperature resin [32]. Craquelure is typically not observed on Pasto objects of similar (or somewhat younger) age, however. This may be due to differences in processing and applying the resin, environmental factors in aging processes, or even the original resin source(s). Discoloration of the resin over time has been suggested, but the extent to which this occurs is not known at the moment. FTIR spectra of samples from objects that are hundreds of years old may closely resemble those of herbaria samples, suggesting that chemical changes due to aging may have been relatively minor, and characterization by chromatographic techniques also implies no very extreme alterations. That there are differences in properties of resin harvested from trees of varying age, and that chewing may produce effects not identical to those obtained by boiling resin in water were remarked on by Humboldt [5], but such differences have yet to be addressed by scientific research.

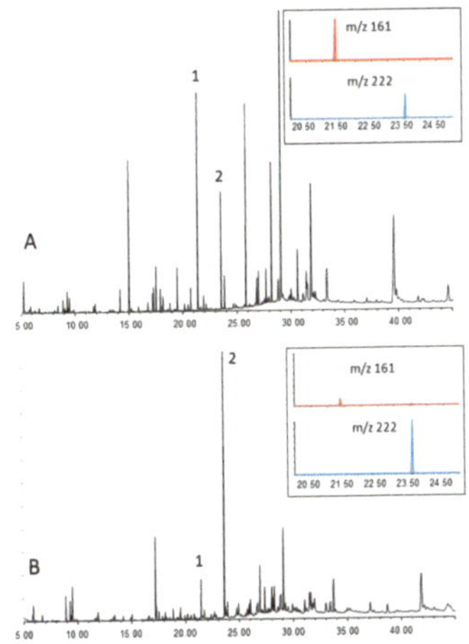

Figure 10. Pyrograms from py GC/MS analyses of *Elaeagia* samples. (**A**). *E. utilis* (Smithsonian National Museum of Natural History 1770637). (**B**). *E. pastoensis* (Missouri Botanical Garden 3012033). Insets: selected ion chromatograms, indicating positions of peaks for methyl esters of p-methoxycinnamic acid (m/z 161, top) and 3,4-dimethoxycinnamic acid (m/z 222, bottom), which are labeled 1 and 2 respectively in the pyrograms.

LC/DAD/MS applied to heated methanol/water extracts from botanical specimens has primarily been useful for identification of the flavonoids. The major one in both species is apigenin (this is the same flavonoid that can be identified, in derivatized form, in pyrograms). A simple distinction between the two species can be made from these chromatograms: luteolin is a minor component of *E. pastoensis* but virtually absent from *E. utilis*, and the monomethyl ether of apigenin (possibly 7-methylapigenin, genkwanin) is a significant component of *E. utilis* but is absent in *E. pastoensis*. The flavonoid content can be considered diagnostic, but it should be kept in mind that flavonoid-containing yellow plant dyes may have been used as colorants in resin applied to certain artifacts, and many of these plant dyes [33] contain some of the same flavonoids that are present in the resin itself.

Although it might be assumed that the flavonoids of the freshly harvested resin were removed, or at least severely depleted, by the extensive processing undergone by the resin before being employed for decorative purposes, analyses of samples of applied decorations on various objects readily detect flavonoids of the same types and relative amounts detected in botanical samples [29].

6. *Elaeagia* Resin in Pre-Colonial Colombia

The earliest known utilization of *Elaeagia* resin is probably in beads made by indigenous people in the southwestern part of present-day Colombia. In excavations completed in 1974–1975 at Alto de Lavapatas within the present-day San Agustín archaeological park, archaeologists reported finding several hundred necklace beads in graves [34,35]. Stated to have "possibly been made with *mopa-mopa*", the beads were described as "made up of hundreds of pieces placed on strings around the necks of dead bodies, harmonious set of bands in gray, brown, and cream, some of them tubular and others round" [28]. The San Agustín site (about 130 km northeast of Pasto) contains burial mounds with megalithic statues, among many other artifacts, dating to the Regional Classic Period (1–900 AD), although the site was continually inhabited until about 1350 AD [36]. Similar beads were reportedly found in graves dating to the 9th–13th century in Miraflores, a region about 55 km south of Pasto [37]. The current locations of beads from these two excavations are unfortunately not known.

About 250 beads were found in a primary burial and a secondary burial during 1992 excavations at Tajumbina [38], a site approximately midway between Pasto and San Agustín. *Elaeagia* has been tentatively identified in samples from these beads, which are currently housed at the Instituto Colombiano de Antropologia e Historia (ICANH).

Most of the resin beads are tubular, typically from 0.5–2 cm in length (Figure 11). They show a narrow range of colors, from black to brown to pale beige or white. The very few that have been studied in some detail come from private collections and have no provenience. Radiocarbon analysis of one such bead indicated a date of 899–1001 AD [39].

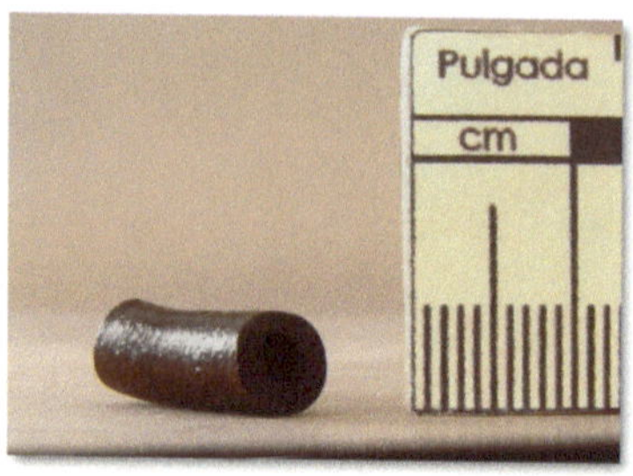

Figure 11. *Elaeagia* resin bead from Colombia, provenance unknown (Sample and photograph: Maria Cecilia Álvarez-White).

The ages of these *Elaeagia* beads could well vary, but if on the order of a thousand years or more, their appearance in graves located as far as 200 km apart (the approximate direct distance between Miraflores, northeastward to San Agustín) could indicate considerable early trade of *Elaeagia* beads, or perhaps widespread early knowledge about the harvesting, processing, and utilization of the resin.

While some beads are uniformly colored (probably simply the brownish color of the resin itself), others show one or two other colors (white and black) in oblique bands. These presumably were made by forming thin sheets of resin (of different colors), placing sheets side by side and adhering cut edges together with heat and pressure, then rolling the multicolored material around a thin cylindrical core to form a tube of resin. After the removal of the core, individual beads could be cut from the long cylinder. The causes of the colors in these beads are uncertain at the moment.

7. *Elaeagia* in Colombia during the Colonial Period

Pasto was established as a town by the Spanish in 1537. Fray Geronimo de Escobar passed through Pasto in 1582. He made a somewhat-confused mention of what is almost certainly *Elaeagia* resin in chronicling the Timaná region, which is several km east of San Agustín, one of the sites from which *Elaeagia* beads have been excavated. He wrote:

> "... with scant indigenous population and no mines nearby, the main farming activity here is making preserves, as there is much honey in the trees of that land and with the fruits they make preserves; also from some seeds that grow there in that land called peanuts, using them as a sort of almonds, they make nougat loaves and with these preserves and some staves the Indians there paint with an elegant varnish of many colors and send all to be sold at the mines of Almaguer and other areas where there is gold ... " [40].

Geronimo made no mention of the resin being used in Pasto itself. Castellvi [41] stated that Indians familiar with the use of barniz for decorative purposes were brought to Pasto shortly after the founding of the town in 1537, but this does not appear to be verifiable.

Humboldt [5] stated that it was said a particular woman who owned parcels of land in the Timaná had "invented the way of varnishing as it is done today [in Pasto]" from the beginning of the conquest.

In 1827, Hamilton [42] briefly noted wooden bowls, "adorned in the most tasteful manner with flowers of very brilliant colors" that were made in the small town of Timaná. He wrote that "a high varnish is laid over the whole, which the Indians of the province of Timaná extract from a plant ... [These bowls] may be used with hot water without injury". Although it is not certain, he was probably referring to bowls decorated with tinted *Elaeagia* resin. If so, there would seem to have been a centuries-long tradition of using the resin in that region. Most surviving decorated objects from Colombia, nearly all of which are considered to have been made in Pasto, have wood substrates. The best-known objects made from wood and decorated with *Elaeagia* resin include portable writing desks, miniature sideboards, trunks, lecterns, and trays, examples of which have been the subject of several recent studies [43–48]. Most surviving objects do not have firm dates but are usually considered to have been made in the mid-17th century or later. On many, resin decorations cover virtually the entire surface.

Gourds were also a common substrate. A recent study of such an object from the Hispanic Society Museum & Library collection included radiocarbon dating, which placed the object in the 1522–1638 range, with 95% probability [33]. Thus this would suggest that the gourd may have been made in the 16th century. As far as is known at the moment, although based on comparatively few analyses, *E. pastoensis* was the specific resin used to decorate colonial-era objects produced in Pasto [29], including the gourd just noted.

In a book published in 1627, Fray Pedro Simón noted that the resin was used in Quito, Ecuador [49]; the book did not mention Pasto. It is thought that some colonial-era objects decorated with *mopa-mopa* may have been made in this city, which is about 200 km directly southwest of Pasto. The history of the use of the resin beyond Pasto during the colonial period is currently unknown.

There is a possible gap of centuries between the *Elaeagia* beads and objects noted by European writers that were made in the Timaná region (of which there are no currently known specimens). Several surveys of historical documents related (or possibly related) to the use of *Elaeagia* resin in Colombia have been published [50–55].

8. Some Characteristics of the Use of *Elaeagia* in the Colonial Period in Pasto

Two broad application techniques have been recognized in colonial-era objects from Pasto: "barniz brillante" and "matte barniz" [43,56]. The former is characterized by a glittering surface, a result of the abundant use of silver leaf with very thin tinted overlaid layers of resin. In the latter technique, silver leaf was not used. Thin layers of unpigmented *Elaeagia* resin are transparent and generally honey-colored (probably, but not necessarily entirely, from small amounts of flavonoids). The addition of colored organic compounds that are transparent or have very fine particle sizes (such as indigo, cochineal, or yellow dyestuffs) creates a tinted but still highly transparent layer, which can be applied over silver, acting much like a glaze applied over metal leaf in an oil painting would. In a study of a gourd from the Hispanic Society Museum & Library collection, Pozzi et al. [33] showed that the layer structures in some areas were quite complex, presumably due to the partial covering of some decorative elements with others as the final design was developed, or perhaps even design modifications in places. Thin transparent red layers (10–20 μm) overlaid silver leaf in two samples, a thicker transparent green layer (100 μm) overlaid silver leaf in another, and a thin transparent blue layer (10–20 μm) overlaid silver leaf in another. In the more complete cross sections, it seems that a thick underlying resin layer (perhaps untinted) served as substrate a the metal leaf.

A portable writing desk from the Hispanic Society Museum & Library is shown in Figure 12. The object is dated (from an inscription) to ca. 1684. Visual examination reveals the basic manner of application of the decorations, although cross sections have not been taken from the object. On the inside of the lid of the desk (Figure 13), the lowest visible layer is opaque beige (containing lead white pigment). All decorations overlie this. The very dark features are a layer containing indigo, which if concentrated enough in the resin, has a nearly black color. The glittering red, green and blue elements all seem to consist of three-layer structures, beginning with an untinted resin layer, adhered to the opaque ground layer. On top of this is silver leaf with an upper transparent tinted layer: an organic red for the red, a fairly large amount of indigo for the blue, and a small amount of indigo for the green. The latter may have a green tint from the resin itself, or perhaps a yellow dyestuff was added to it. These decorations stand somewhat above the background, the slight relief apparently intended: it was made possible by the fairly thick untinted resin layer. The lower layer extends out beyond the upper two, so it would appear that thin sandwiches of silver leaf overlain by a tinted transparent resin layer were cut out and applied to a thick untinted underlayer, which gave relief to the overall decorative elements. Note a tiny sliver of errant silver leaf overlain by the red glaze, attached to the ground layer near one of the decorations. On surviving objects, silver leaf usually remains untarnished if it has been protected by a layer of *Elaeagia* resin.

Figure 12. Portable writing desk, ca. 1684. Height 19 cm. Hispanic Society Museum & Library, LS2000. View of inside of lid below, with blue outline (near feet of bird at right) showing area included in Figure 13. (Photographs: courtesy of Monica Katz).

Figure 13. Detail of decoration on inside of lid of Hispanic Society Museum & Library LS2000 (Figure 12). Detail includes some of bird's green and red feathers, as well as part of one leg. Width of field: 2.5 cm. (Photograph: Richard Newman).

There are a few examples of other types of artifacts in which *Elaeagia* resin was utilized or suggested to have been utilized. The "barniz brillante" technique was utilized to decorate low-relief carved floral patterns on a series of picture frames, probably made in Colombia near the end of the 17th century or shortly thereafter [57]. The technique was used on parts of a small (about 35 cm height) wooden sculpture Wise Man Caspar, probably from the 18th century, in a collection in Bogotá, Colombia. The flesh tones of the figure were executed in oil paint, and all decoration of the clothing and jewelry was done in the "barniz brillante" technique [58].

Stuckart [19] provided a summary of the use of the resin in the early 20th century. A humble example are some very small (ca. 3 cm height) bowls purchased in Pasto in 1929 which contain simple *Elaeagia* decorations, in addition to other materials (Figure 14). These date to just a few years before a revival of the *barniz de Pasto* technique, according to Stuckart's review.

Figure 14. Bowl, collected in Pasto, Colombia in 1929. Decorations are made from tinted *Elaeagia* resin, applied on top of paint or varnish (which is of different composition). Diameter of saucer: 4.5 cm. Smithsonian National Museum of the American Indian 18/2849 (cup) and 18/2848 (saucer). (Photograph: Emily Kaplan).

9. *Elaeagia* Resin in Peru: Qeros and Other Inka Artifacts

Qeros are wooden ceremonial drinking vessels produced and used in pairs for centuries before the arrival of the Spanish in the central and southern Andes [59]. The ritual toasting and drinking of chicha (fermented maize and fruit beer) in matched pairs of qeros served important cultural functions in the establishment and maintenance of reciprocal relations within communities. Under the Inka state the ceremonial drinking of chicha defined and reinforced reciprocal, hierarchical state relations with constituent populations. Qeros produced by specialist artisans (qerocamayoc) were distributed to political elites who cooperated with the Inka Empire. Following the Spanish conquest, qero decorations incorporated European aesthetics, including a wide color palette, depictions of human and animal figures, and European vessel forms.

The earliest decorations on wooden qeros were shallow carved (or incised) geometric designs. It appears, based on a few excavated examples, that close to or soon after the colonial period began, the Inka started to use *Elaeagia* resin in decorations on qeros. In the most typical examples, shallow flat areas carved into the surface were inlaid with resin [60]. The inlays were usually flush with the surrounding wood surface. While the thicknesses of these inlays varied, those used to make the larger fields of color are up to a few hundred microns.

Presumably, the object and resin were heated to aid in the attachment of the decoration to the wood. While sometimes accretions or possibly coatings have been observed over *Elaeagia* layers on qeros, to date there has been no definitive indication that the original decorative layers were ever covered with other materials of any kind. Surviving inlays sometimes exhibit unusual textural features that are currently unexplained [32].

A single recently excavated fragmentary qero from Moqi, a site on the border between Peru and Bolivia, is considered to have been a part of a ritual feasting event [61]. Radiocarbon dating (at 95.4% confidence level) gave a calibrated range of 1407–1443 for the wood and 1473–1600 for the resin. The dating of the decoration falls on the border between the late Imperial period and the arrival of the Spanish in 1532. Qeros not including *Elaeagia* resin were also found at this site. The earlier date for the wood in this qero may be due to the parts of the tree used in the object (and sampled for analysis), and may not indicate the date of carving. There is also the possibility that an older piece of harvested wood could have been used.

A pair of qeros excavated at a grave in the Inka site Ollantaytambo, a site considered to date to 1537–1539, are other early examples of the use of *Elaeagia* resin [62]. The diminutive felines, six on each of the qeros, are expertly executed, suggesting considerable experience with the material on the part of the artisans who carried out the decoration (Figure 15). It would seem there was an earlier period of use of this resin by the Inka, so far unknown, that presumably dates to before the arrival of the Spanish.

Most inlays on qeros are opaque, but some were translucent or even transparent, particularly those tinted with cochineal dye. Inlays tinted only with cochineal tend to appear deep purplish red in situ, the dark color of the wood significantly affecting the inlay color. Details were applied to fields of uniform color by pressing small much thinner tinted pieces of resin into the underlying resin (Figures 16 and 17). Rarely, very thin layers of resin tinted with cochineal have been found attached to surfaces of wood surrounding inlaid decorations on qeros [63]. The layers seem to serve no direct decorative purpose, although they would have created a smooth somewhat glossy surface over the wood, perhaps a desired aesthetic effect.

Figure 15. One of a pair of qeros excavated at Ollantaytambo, Peru, in 1936. Height 15 cm. Museo Inka (Cusco, Peru) 229. Each qero is decorated with small felines (about 3.0 cm in length in this case) made from red, yellow, and black-tinted *Elaeagia* resin. (Photograph: Emily Kaplan).

Figure 16. Qero. Height 20 cm. Top: overall view. Bottom: rollout showing entire design. Smithsonian National Museum of the American Indian 6/5837. (Photographs: Ernest Amoroso).

Figure 17. Detail of decoration on qero shown in Figure 16. Width of field: 6.2 cm. Width of exposed areas of wood surface 1.5–3.0 mm. (Photograph: Emily Kaplan).

The general processing, preparation, and handling of the resin were no doubt similar in their broad strokes to what was carried out in Pasto, as the same steps would have been necessary to collect, initially process, mix in colors, and spread the resin into relatively thin sheets. But the applied decorations were usually considerably thicker and opaque. There are no known contemporary documents that note, let alone discuss, the use of *Elaeagia* by the Inka, although many qeros extensively decorated with *Elaeagia* inlays were created by the Inka during the colonial period. Although the dating of qeros is mainly provisional, as few have been archaeologically excavated, it is thought that the use of *Elaeagia* inlays on individual qeros became more extensive as time passed, and the surfaces of later colonial objects are often nearly entirely covered with inlaid decorations. This more extensive applied decoration coincides with a shift to a narrative style that was influenced by examples of Spanish art with which the Inka artisans became familiar. The provisional dating of qeros described by Rowe [64] remains relevant.

In addition to shallow-carved recesses in qeros, *Elaeagia* resin was also applied directly on top of flat or carved surfaces of three-dimensional objects, a particularly striking example being a tiana in the Field Museum collection [65]. Some qeros also included high-relief carving on which the resin was applied.

Recent research has shown several changes in pigments utilized by the Inca from the early to late colonial periods [66,67]. As far as is known, however, based on a limited number of analyses [68], there were no changes in the resin (binding material) with which they were mixed over the approximately 300-year period in which the decorated qeros were made, although one qero has appeared to be decorated with another (non-*Elaeagia*) medium. Early analyses led to speculation that vegetable oil was intentionally mixed with *Elaeagia* resin during the making of the material to be used as inlays, but this is no longer believed to be the case, and in any event, would be difficult to establish as raw *Elaeagia* resin contains some native oil.

10. A Conundrum: The Relationship between the Inka and Colombia

At first glance, it seems possible that the Inka became aware of *Elaeagia* resin through contact with natives of southern Colombia who were familiar with its collection, preparation, and application to wooden objects. This seems possible given what is known regarding late excursions of the Inka into Colombia and the first appearances of *Elaeagia* resin on qeros.

Inka excursions into the southwestern part of Colombia occurred during the last few years of the empire [69]. The nature of Inka interactions with native peoples in Colombia may have been quite limited [70], and it is possible that there was no opportunity to become aware of *Elaeagia* resin, which, as discussed briefly above, may have been utilized during those years only to the north, somewhat beyond the area with which the Inka were in direct contact.

If the Inka learned about the unusual resin through such contact, a possibility is that the raw material and craftsmen who were well-versed in its manipulation were brought south to the Inka centers in Peru, where their material was repurposed to decorate qeros. Although the dating of the earliest uses of the resin on qeros is not firmly established, some recent radiocarbon dates summarized above suggest that the resin may have been used before the Inka excursions into Colombia took place.

Newman et al. [29] concluded, based on a very limited number of detailed analyses, that the resin used in qero decorations closely resembles botanical specimens of *E. utilis*, a finding that further complicates possible direct connections between the use of the resin by the two widely-separated cultures. This conclusion was based on two types of chromatographic techniques, which have been briefly noted above. Figure 18 shows the ratio of two significant components in *Elaeagia* resins that distinguish between the two species (from py GC/MS analyses); also plotted are ratios from some samples from objects of Colombian origin and Inkan qeros.

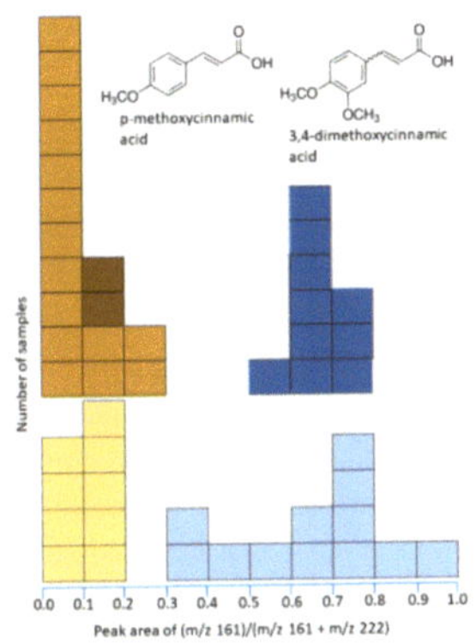

Figure 18. Plot of ratios of intensities of m/z 161/(m/z 161 + m/z 222) from pyrograms of *Elaeagia* botanical and *Elaeagia*-containing samples from artifacts. m/z 161 is a major fragment of p-methoxycinnamic acid methyl ester, m/z 222 of 3,4-dimethoxycinnamic acid methyl ester. Light yellow boxes: botanical specimens of *E. pastoensis* resin. Light blue boxes: botanical specimens of *E. utilis* resin. Dark mustard boxes: samples from colonial era objects made in Pasto, Colombia. Brown boxes: samples from pre-colonial resin beads from Colombia. Dark blue boxes: samples from Inka qeros. (Data source: Newman et al. [24]).

The Colombian botanist J. Rodrigo Botina (unpublished correspondence, 2022) has argued that *E. utilis* resin cannot be successfully manipulated in the same manner as *E. pastoensis* resin and thus could not have been used by the Inka. An intriguing note in Stuckart [19] suggests that *E. utilis* is known to the people who currently collect the resin used in Pasto, but that it was recognized that the resin from this species could not be used for decorating objects. This appears to be the only published statement addressing potentially crucial differences in the behavior of the two resins, assuming that the unsuitable resin did originate from *E. utilis*.

A recent experiment with very small (2–3 mm) pieces of resin from the two species have suggested that it is generally no more difficult to manipulate *E. utilis* than *E. pastoensis*. Repeated heating in boiling water and pressing on the hot resin with a flat steel tool reduced the *E. utilis* lump to a thin sheet about 0.5 mm thick, a simple exercise that was as easy to accomplish as with a similarly-sized piece of *E. pastoensis*. However, there may be differences in the extent to which the two species can be stretched into thin layers, which in effect would have been a limiting factor in how the resin could be utilized on objects, but this remains to be determined. As noted above, inlays on qeros tend to be thicker than the very thin layers featured on "barniz brillante" colonial period objects from Pasto, and at the moment there is no reason to question the hypothesis from analyses that *E. utilis* was utilized by the makers of qeros, who did not need to manipulate the resin into the paper-thin layers that artisans in Colombia needed to at times.

While the types of objects, how the resin was manipulated to create designs, and the roles of the objects which used were quite different in the colonial era Colombia and in Peru, there is one intriguing object, unique to the best of the authors' knowledge. This is a chest, made in Bolivia, dated to the 17th century (Museo "Casa de Murillo", La Paz, Bolivia) [71]. While illustrating an event of Inka history, the object itself is similar to ones being made in Pasto around the same time, and the coverage of the entire outer surfaces with (apparently) *Elaeagia*-based decorations is also similar to that of Pasto objects. The materials used in the decoration of this object have not been studied in detail as yet.

11. Conclusions

Elaeagia resin(s) are unusual natural materials that with some manipulations can be mixed with pigments or dyes, stretched into thin sheets, and applied to surfaces of various materials, wood apparently being the most common historically. While still utilized by artisans in Pasto, Colombia, it has long been out of use in the only other region of South America in which it seems it was ever employed as a decorative material. Objects decorated with *Elaeagia* resin continue to be subjects of study, from cultural, art historical, material, and conservation or preservation points of view. While the story of the resin is known in broad (and some finer) strokes, there are numerous details about material and utilization yet to be researched, and archaeological excavations in the future may reveal more about its history of use. The differences, physical and chemical, between *Elaeagia* from various species warrant further exploration. To date, it appears from limited analyses that the species utilized in Colombia, perhaps throughout history in that region, is *E. pastoensis*. In contrast, the Inka appear to have utilized a different species, whose chemical properties closely resemble those of *E. utilis* (although there are other Elaeagia species that have yet to be studied). This finding may have important implications for how the use of *mopa-mopa* was developed by the Inka, a topic on which future archaeological research will hopefully also shed light.

Supplementary Materials: The following supporting information can be downloaded at: https://www.mdpi.com/article/10.3390/heritage6050229/s1, Supplementary material file: Spanish translation of this paper.

Author Contributions: Writing—original draft preparation, visualization, conceptualization, and analyses unless otherwise noted: R.N. Writing—review & editing: E.K. and M.C.Á.-W. All authors have read and agreed to the published version of the manuscript.

Funding: This research received no external funding.

Data Availability Statement: Datasets discussed in this paper are available from the corresponding author on reasonable request.

Acknowledgments: The authors sincerely thank Lucia Pereira Pardo for the version of this article in Spanish. Botanical reference materials came from the National Museum of Natural History, The Missouri Botanical Garden, and the Field Museum, Chicago, and curators from those collections are gratefully acknowledged for permitting small samples of resin to be taken for analysis. Emily Kaplan collected the samples at the NMNH, and Stephanie Hornbeck collected samples at the Field Museum. Additional samples of *E. pastoensis* were supplied by Ellen Howe and Monica Katz, and a sample collected by Mora-Osejo, who first described *E. pastoensis*, was made available by Jean Portell. Samples from objects were taken by conservators associated or previously associated with the particular collection(s), and Colleen Zori provided samples from a qero she excavated at Moqi. Some of the FTIR analyses noted in this paper were carried out by Michele Derrick. Federica Pozzi shared data files from pyrolysis GC/MS analyses carried out at the Metropolitan Museum of Art. The authors also gratefully acknowledge the many writers who have described early documents related to the history of the use of *mopa-mopa* in Colombia, some of whom have been indicated in the text; only a few highly selective parts of this history could be included in this review paper.

Conflicts of Interest: The authors declare no conflict of interest.

Appendix A

Twenty-four reference samples of *E. utilis* and *E. pastoensis* (Table A1) from three herbaria (Field Museum, Chicago, IL, USA, FM; Missouri Botanical Garden, St. Louis, MO, USA; MO; Smithsonian National Museum of Natural History, NMNH) have been analyzed by FTIR microspectroscopy. Samples that could be taken from herbaria ranged from very small bits of finely powdered resin to larger (one-mm-sized) fragments. Herbaria samples were not necessarily collected at the times optimal for resin production by the trees, nor were samples intended to necessarily include substantial resin. Herbaria samples have not been processed in any way, although some had probably been treated with pesticides. Many were collected decades ago and all are stored attached to branches which were usually taped or sometimes attached with adhesive to paper (as in Figures 3 and 4). Since collection, most of the specimens have been stored in the dark and probably only occasionally examined by researchers.

Two spectra each of a single small sample from each specimen were acquired by transmission analysis on a Thermo iS10 FTIR spectrometer with an attached Thermo Continuµm IR microscope. The analysis area was ca. 50 µm × 50 µm. 100 scans were acquired at 4 cm^{-1} resolution between 4000–650 cm^{-1}. Spectra were acquired and processed with Thermo OMNIC version 9 software. After conversion to absorbance, straight-line corrections were applied to eliminate residual CO_2 bands from the air, and "Autobaseline" was applied. In addition, each spectrum was smoothed to eliminate some background noise and normalized.

The processed absorbance spectra (one from each specimen) were then evaluated by principal components analysis (PCA) in Solo version 9.1.0.0 software (Eigenvector Research Incorporated, Manson, WA, USA). The 18 *E. utilis* specimens served as the model group, and the six *E. pastoensis* specimens were then evaluated against this group. Full spectra (4000–650 cm^{-1}), spectra between 1800–650 cm^{-1}, absorbances at 12 major peaks, and spectra in the 1750–1690 cm^{-1} range were submitted separately to PCA analysis, with the best separation of the two species being achieved in the spectra in the 1750–1690 cm^{-1} range (see Figure 9).

Table A1. Herbaria samples. Species: u, *Elaeagia utilis*; p, *Elaeagia pastoensis*.

Collection	Specimen No.	Species	Collection Date	Country of Collection
FM	1926966	u	1967	Peru
FM	899023	u	1936	Colombia
FM	2110369	p	1988	Colombia
FM	1283354	u	1946	Colombia
FM	2184875	u	1997	Peru
FM	2046939	u	1985	Ecuador
FM	2011061	u	1963	Peru
FM	2260045	u	2002	Peru
FM	2226159	p	1999	Peru
FM	1753291	u	1968	Peru
FM	1142196	u	1943	Ecuador
FM	999470	u	1939	Colombia
MO	3381352	u	1967	Peru
MO	4228268	u	1990	Ecuador
MO	3656206	u	1987	Ecuador
MO	3012033	p	1959	Colombia
MO	5834698	p	1959	Colombia
MO	4571046	p	1993	Colombia
NMNH	1770637	u	1939	Colombia
NMNH	1901587	u	1944	Colombia
NMNH	2165540	u	1943	Colombia
NMNH	2166582	u	1944	Colombia
NMNH	2843435	u	1957	Colombia
NMNH	1661583	p	1935	Colombia

Appendix B

In this appendix, chromatograms from py GC/MS analyses of *E. pastoensis* samples by two laboratories (Museum of Fine Arts, Boston [MFA] and Metropolitan Museum of Art [MMA]) utilizing different analytical equipment are compared. In both laboratories, 25% TMAH in methanol was added to a solid sample prior to pyrolysis. The MMA instrument [33] utilized a Frontier Lab pyrolyzer, while MFA analyses [29] utilized a CDS pyroprobe. Pyrolysis at the MMA was carried out at 550C, at the MFA at 480C.

The MFA samples are "raw" resin from the market in Pasto, Colombia (2010) and a herbarium sample (see Table A1, NMNH 1661583; collected in 1935 in Mocoa, Putumayo Department, Colombia). The MMA samples are "raw" resin collected in 2012 in Pasto and a "processed" sample, prepared at MMA by boiling "raw" material (which had been collected in the market in 2002) in water. All four samples were likely collected from trees growing in the same region near Mocoa in Colombia.

The pyrograms contain many of the same compounds, although relative amounts of these can be quite variable. Figures A1 and A2 show the pyrograms, with some common peaks labeled. Major m/z fragments for these peaks are given in Table A2. Some peaks could be identified through searching the Wiley Registry 10th edition/NIST 2012 Mass Spectral Library; others could not.

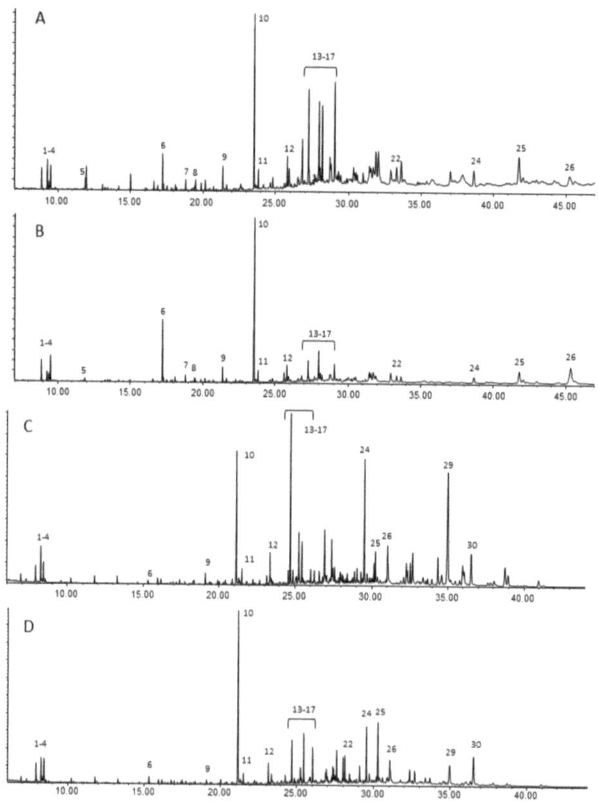

Figure A1. Pyrograms from analyses of *Elaeagia pastoensis* samples. (**A**) and (**B**) from analyses at MFA, (**C**) and (**D**) from analyses at Metropolitan Museum of Art. (**A**): herbarium sample, NMNH 1661583. (**B**): raw resin from Pasto market. (**C**): raw resin from Pasto market. (**D**): "processed" resin from Pasto market. Labels refer to information in Table A2.

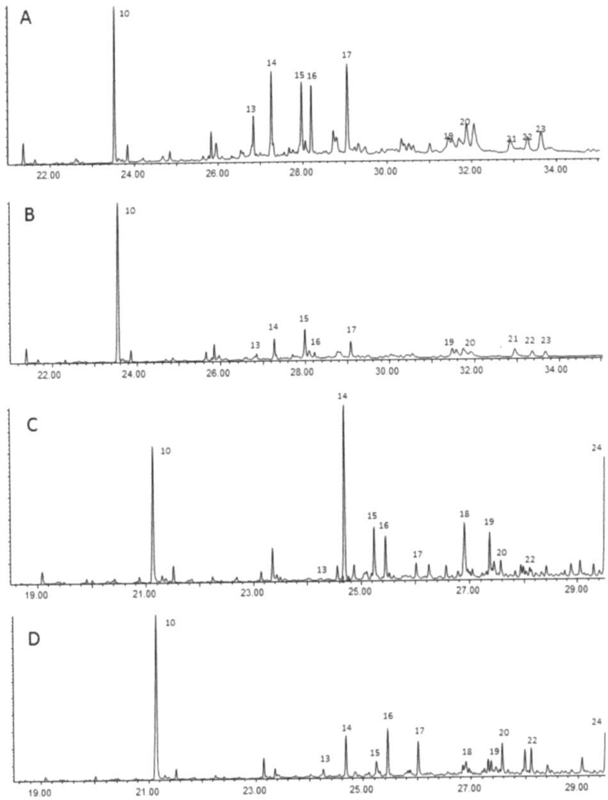

Figure A2. Details of pyrograms shown in Figure A1. (**A**) and (**B**) from analyses at MFA, (**C**) and (**D**) from analyses at Metropolitan Museum of Art. (**A**): herbarium sample, NMNH 1661583. (**B**): raw resin from Pasto market. (**C**): raw resin from Pasto market. (**D**): "processed" resin from Pasto market. Labels refer to information in Table A2.

Differences between the pyrograms could in part reflect real differences in the chemistry of the samples. Instrumentation could lead to differences in results. In particular, the GC/MS temperature program for the MMA samples ended at a higher temperature than the MFA program, and some of the later eluting compounds in the MMA samples were not seen in the MFA pyrograms. These later-eluting compounds include derivatives of flavonoids and triterpenoids. These classes of compounds make up a small proportion of the resin itself but the triterpenoids themselves may be characteristic of *E. pastoensis*. A series of unidentified peaks, probably pyrolytic fragments, in the middle of the pyrograms (peaks 13–25) seem to be characteristic of the resin, although apparent proportions are not the same and not all peaks may be present. If the result of pyrolysis of the insoluble matrix of the resin, these peaks could be expected in processed resin samples (such as the MMA "boiled" sample) as well as "raw" samples, although how processing affects the chemistry of the resin has yet to be addressed in any detail. Pyrolysis temperature differed between the two labs, although this variation was probably not great enough to result in significant differences in the pyrolysis fragments that were generated from the resin samples.

Table A2. Selected peaks in pyrograms of *Elaeagia pastoensis*. Retention times (RT, minutes) for MFA sample NMNH 1661583 and MMA sample "raw resin". Identifications from mass spectral databases are given when possible.

Peak no.	RT (MFA)	RT (MMA)	Mass Spectra Peaks, m/z (Intensity)	Identification
1	8.86	7.90	45 (100), 43 (32), 75 (28)	2-propanol, 1-3-dimethoxy
2	9.25	8.24	59 (100), 89 (85), 45 (57), 102 (43)	propane, 1-2-3-trimethoxy
3	9.36	8.31	45 (100), 43 (48), 75 (43), 61 (25)	1,2-propanediol, 3-methoxy
4	9.48	8.42	45 (100), 58 (89), 75 (67), 43 (55)	2,3-dimethoxypropan-1-ol
5	11.85		122 (100), 91 (51), 77 (33), 79 (28)	benzene, 1-methoxy-3-methyl
6	17.20	15.32	164 (100), 149 (37), 91 (35), 77 (31)	benzene, 4-ethenyl-1,2-dimethoxy
7	18.82		166 (100), 95 (30), 77 (23), 51 (15)	benzaldehdye, 3,4-dimethoxy
8	19.49		152 (100), 55 (92), 74 (81), 83 (70)	nonanedioic acid, methyl ester
9	21.38	19.10	161 (100), 192 (67), 133 (38), 89 (19)	methyl p-methoxycinnamate, cis
10	23.53	21.13	222 (100), 191 (47), 207 (17), 147 (12)	methyl 3,4-dimethoxycinnamate
11	23.84	21.51	74 (100), 87 (85), 270 (22), 143 (19)	hexadecanoic acid, methyl ester
12	25.83	23.36	74 (100), 87 (63), 43 (28), 55 (24)	octadecanoic acid, methyl ester
13	26.84	24.26	248 (100), 55 (96), 98 (78), 81 (72), 67 (69)	
14	27.26	24.68	215 (100), 159 (82), 95 (58), 71 (54), 45 (27)	
15	27.98	25.24	169 (100), 145 (73), 95 (62), 87 (44), 55 (44)	
16	28.21	25.45	215 (100), 173 (67), 141 (58), 81 (48), 187 (44)	
17	29.07	26.01	169 (100), 87 (99), 127 (93), 159 (71), 155 (53)	
18		26.91	215 (100), 71 (81), 135 (59), 201 (52), 67 (49)	
19	31.46	27.37	215 (100), 167 (57), 71 (45), 135 (41), 55 (32)	
20	31.88	27.57	201 (100), 169 (32), 137 (32), 71 (25)	
21	32.93		153 (100), 55 (66), 169 (65), 81 (63), 113 (59)	
22	33.32	28.10	187 (100), 201 (87), 155 (81), 137 (44), 71 (36)	
23	33.64		119 (100), 299 (87), 85 (87), 342 (85), 189 (75)	
24	38.61	29.51	299 (100), 191 (72), 43 (67), 95 (67), 331 (62)	
25	41.75	30.25	299 (100), 43 (84), 95 (74), 207 (72), 317 (70)	
26		31.04	312 (100), 311 (50), 266 (25), 283 (25), 313 (20)	tri-o-methylapigenin
27		32.27	189 (100), 69 (98), 109 (93), 191 (73), 95 (68)	(highest m/z 440)
28		32.69	342 (100), 341 (68), 296 (31), 313 (27), 343 (20)	methylated luteolin derivative?
29		34.97	109 (100), 69 (56), 189 (53), 95 (43), 191 (36)	(highest m/z 440)
30		36.52	109 (100), 69 (60), 95 (46), 189 (38), 207 (35)	lupeol? (highest m/z 426)

References

1. Hernandez, J.; Perea, E.; Mejía, K.; Jacobo, C. Effect of Fique Fibers in the Behavior of a New Biobased Composite from Renewable Mopa-Mopa Resin. *Polymers* **2020**, *12*, 1573. [CrossRef]
2. Weddell, H.A. *Histoire Naturelle des Quinquinas, ou Monograph du Genre Cinchona*; Librairie de Victor Masson: Paris, France, 1849; p. 94.
3. Goudot, M.J. Notice sur une rubiacée du genre Condaminea, et sur le vernis qu'elle produit. *Compte Rendu Des Séances De L'académie Des Sci.* **1844**, *18*, 260–262.
4. Mora-Osejo, L.E. El barniz de Pasto. *Caldasia* **1977**, *11*, 5–31.
5. Von Humboldt, A. Sobre el barniz de Pasto. In *Alexander von Humboldt en Colombia: Extractos de sus Diarios preparados y presentados por la Academia Colombiana de Ciencias Exactas, Físicas y Naturales y la Academia de Ciencias de la República Democrática Alemana*; Translation into Spanish from the Original German and French; Diary VII; Publicismo y Ediciones: Bogotá, Colombia, 1982; pp. 188–189.
6. Boussingault, M. Sobre la Composicion del barniz de los Indios de Pasto. In *Viages Científicos a Los Andes Ecuatoriales ó Coleccion de Memorias sobre Física, Química é Historia Naturel de la Nueva Granada, Ecuador y Venezuela*; Liberia Castellana: Paris, France, 1849; pp. 116–120.
7. Global Biodiversity Information Facility (GBIF). Available online: https://www.gbif.org/occurrence/search?taxon_key=2918905&advanced=1 (accessed on 21 November 2022).
8. Steyermark, J.A. Rubiaceae. In *The Botany of the Guayana Highland, Part VI*; Memoirs of the New York Botanical Garden; Maguire, B., Ed.; Literary Licensing, LLC: Whitefish, MT, USA, 1965; Volume 12, pp. 1–285.
9. Maldonado, C. A Revision of the Genus Elaeagia (Rubiaceae). Master's thesis, Aarhus University, Aarhus, Denmark, 2005.
10. Mendoza-Cifuentes, H.; Aguilar-Cano, J. Una nueva especie de barniz de pasto *Elaeagia* (Rubiaceae) de la cordillera Oriental de Colombia. *Biota Colomb.* **2018**, *19* (Suppl. S1), 3–9. [CrossRef]
11. Taylor, C.M. Rubiacearum Americanarum Magna Hama Pars IV: New taxa and combinations in *Elaeagia* and Warszewiczia (Rondeletieae) from Mexico, Central America, and Colombia. *Novon* **2001**, *11*, 274–279. [CrossRef]
12. Langenheim, J. *Plant Resins: Chemistry, Evolution, Ecology, Ethnobotany*; Timber Press, Inc.: Portland, OR, USA, 2003.
13. De Faria, D.; Edwards, H.; Afonso, M.; Brody, R.; Morais, J. Raman spectroscopic an analysis of a *tembetá*: A resin archaeological artefact in need of conservation. *Spectrochim. Acta Part A* **2004**, *60*, 1505–1513. [CrossRef] [PubMed]

14. Lucero-Gómez, P.; Mathe, C.; Vieillescazes, C.; Bucio-Galindo, L.; Belio-Reyes, I.; Vega-Aviña, R. Archaeobotanic: HPLC molecular profiles for the discrimination of copals in Mesoamerica. Application to the study of resin materials from objects of Aztec offerings. *ArcheoSciences* **2014**, *38*, 119–133. [CrossRef]
15. Piña-Torres, C.; Lucero-Gómez, P.; Nieto, S.; Vázquez, A.; Bucio, L.; Belio, I.; Vega, R.; Mathe, C.; Vieillescazes, C. An analytical strategy based on Fourier transform spectroscopy, principal component analysis and linear discriminant analysis to suggest the botanical origin of resins from *Bursera*. Application to archaeological Aztec samples. *J. Cult. Herit.* **2018**, *33*, 48–59. [CrossRef]
16. Kriss, D.; Howe, E.; Levinson, J.; Rizzo, A.; Carò, F.; DeLeonardis, L. A material and technical study of Paracas painted ceramics. *Antiquity* **2018**, *92*, 1492–1510. [CrossRef]
17. De Faria, D.; Maier, M.; Parera, S.; Afonso, M.; Lima, S.; Edwards, H. Non-invasive and non-destructive Raman spectroscopic characterization of some Brazilian ethnographic resins. *J. Raman Spectrosc.* **2021**, *52*, 2262–2271. [CrossRef]
18. Harrison, A. Recontextualizing Pre-Columbian Gold and Resin Artifacts from Panama in the Smithsonian Collections. In *Contextualizing Museum Collections at the Smithsonian Institution: The Relevance of Collections-Based Research in the Twenty-First Century*; Martinez, M., Sears, E., Sieg, L., Eds.; Smithsonian Contributions to Anthropology 54; Smithsonian Institution Scholarly Press: Washington, DC, USA, 2022; pp. 155–164. [CrossRef]
19. Stuckart, J. Barniz de Pasto: The Impact of Tourism on a Traditional Craft. Ph.D. Dissertation, University of Pittsburgh, Pittsburgh, PA, USA, 1982.
20. Juan, J.; de Ulloa, A. *Voyage to South America, Describing at Large, the Spanish Cities, Towns, Provinces, etc. on That Extensive Continent*, 3rd ed.; Book VI, Chapter III; Adams, J., Translator; Lockyer Davis: London, UK, 1772; pp. 345–346.
21. Jijón y Caamaño, J.; Larrea, C. *Un Cementerio Incásico en Quito y Notas Acerda de los Incas en el Ecuador*; Universidad Central: Quito, Ecuador, 1918; pp. 41–44.
22. Álvarez-White, M. *El barniz de Pasto. Secretos y Revelaciones de la Técnica*; Universidad de los Andes: Bogotá, Colombia, 2023.
23. República de Colombia Superintendencia de Industria y Comercio; Resolución No. 70002; 30 November 2011. Available online: https://www.sic.gov.co/noticias/la-sic-en-el-corazon-de-las-denominaciones-de-origen (accessed on 6 April 2023).
24. Bentley, R. The shikimate pathway—A metabolic tree with many branches. *Crit. Rev. Biochem. Mol. Biol.* **1990**, *25*, 307–384. [CrossRef] [PubMed]
25. Herrmann, K.; Weaver, L. The shikimate pathway. *Annu. Rev. Plant Physiol. Plant Mol. Biol.* **1999**, *50*, 473–503. [CrossRef] [PubMed]
26. Mouradov, A.; Spangenberg, G. Flavonoids: A metabolic network mediating plants adaptation to their real estate. *Front. Plant Sci.* **2014**, *5*, 620. [CrossRef]
27. Biftu, T.; Stevenson, R. Flavone and triterpenoid constituents of *Elaegia utilis*. *J. Chem. Soc. Perkin Trans.* **1978**, *1*, 360–363. [CrossRef]
28. Insuasty, B.; Argoti, J.; Altarejos, J.; Cuenca, G.; Chamorro, E. Caracterización fisicoquímica a preliminar de la resina del mopa-mopa (*Elaeagia* E. pastoensis Mora), barniz de Pasto. *Sci. Et Tech. Año* **2007**, *13*, 365–368.
29. Newman, R.; Derrick, M.; Kaplan, E. Mopa mopa: Scientific analysis and history of an unusual South American resin used by the Inka and artisans in Pasto, Colombia. *J. Am. Inst. Conserv.* **2015**, *54*, 123–148. [CrossRef]
30. Challinor, J. The scope of pyrolysis methylation reactions. *J. Anal. Appl. Pyrolysis* **1991**, *20*, 15–24. [CrossRef]
31. He, Y.; Buch, A.; Szopa, C.; Williams, A.J.; Millan, M.; Guzman, M.; Freissinet, C.; Malespin, C.; Glavin, D.P.; Eigenbrode, J.L.; et al. The search for organic compounds with TMAH thermochemolysis: From earth analyses to exploration experiments. *Trends Anal. Chem.* **2020**, *127*, 115896. [CrossRef]
32. White, H. An Analysis of Unidentified Dark Materials Between Inlaid Motifs on Andean Wooden Qeros. Master's Thesis, University of California, Los Angeles, CA, USA, 2016. Available online: https://escholarship.org/content/qt6g06s31j/qt6g06s31j.pdf?t=ocvfwo (accessed on 7 April 2023).
33. Pozzi, F.; Basso, E.; Katz, M. In search of Humboldt's colors: Materials and techniques of a 17th-century lacquered gourd from Colombia. *Herit. Sci.* **2020**, *8*, 101. [CrossRef]
34. Gómez, L.; Cubillos, J. *Exploraciones Arqueológicas en el Alto de Lavapatas 1974–1975*; (Unpublished Manuscript); Fundación de Investigaciones Arqueológicas Nacionales: San Salvador, El Salvador, 1975; pp. 47, 68.
35. Gómez, L.; Cubillos, J. *Arqueología de San Agustin: Alto de Lavapatas*; Álvarez-White, M.C., Translator; Foundación de Investigaciones Arqueológicas Nacionales, Banco de la República: Bogotá, Colombia, 1988; pp. 7, 8, 95, 183.
36. Velandia, C. The archaeological culture of San Agustín. Towards a new interpretation. In *Archaeology in Latin America*; Politis, G., Alberti, B., Eds.; Routledge: London, UK, 1999; pp. 185–215.
37. Alarcón, M. Pastos y Protopastos: La red regional de intercambio de productos y materias primas de los siglos IX a XVI D.C. *Maguaré* **1986**, *3*, 33–37.
38. Cadavid, G. Excavaciones arqueológicas en Tajumbina (La Cruz-Nariño) Segunda temporada. *Boletín De Arqueol.* **1993**, *8*, 27–33.
39. *Analysis at Keck Carbon Cycle Accelerator Mass Spectrometry Facility*; (Unpublished Report); U. California Irvine: Irvine, CA, USA, 2017.
40. Fray Gerónimo de Escobar (1582). *Paz, O. Granda, Aproximación al barniz de Pasto*; Gomez, E., Translator; Editorial Travesías: Barranquilla, Colombia, 2007; p. 15.
41. Castellvi, M. Reseña crítica sobre el descubrimiento de la región de Mocoa y fundaciones de ciudad del mismo nombre. *Boletín De Hist. Y Antigüedades* **1942**, *29*, 373–380.

42. Hamilton, J. *Through the Interior Provinces of Colombia*; John Murray: London, UK, 1827; Volume 1, pp. 309–310.
43. Katz, M. Colonial Spanish American Lacquered Objects in the Collection at the Hispanic Society of America. In *Wooden Artifacts Group Postprints, Presentations from the 2016 AIC Annual Meeting in Montréal, Canada*; AIC: Montreal, QC, Canada; pp. 37–48. Available online: https://www.culturalheritage.org/docs/default-source/publications/periodicals/wooden-artifacts-group/wooden-artifacts-group-postprints-vol-30-2016.pdf?sfvrsn=2c6b0a20_8 (accessed on 7 April 2023).
44. Sánchez Ledesma, A. Análisis de los materiales de una arqueta decorada con barniz de Pasto, perteneciente a la colección del Museo de América de Madrid. *An. Del Mus. De América* **2020**, *28*, 170–179.
45. Kawamura, Y. El barniz de Pasto y las lacas de Japón: Context histórico de sus encuentros. *An. Del Mus. De América* **2020**, *28*, 99–108.
46. De la Mata, A. El arte del barniz de Pasto en la colección del Museo de América de Madrid. *An. Del Mus. De América* **2020**, *28*, 81–98.
47. Melchar, D.; Keneghan, B.; Burgio, L.; Newman, R.; Fernandez., V. A collaborative, multidisciplinary and multi-analytical approach to the characterisation of *barniz de Pasto* objects from the V&A collections. In *Transcending Boundaries: Integrated Approaches to Conservation*; International Council of Museums: Paris, France, 2021.
48. Humphrey, N.; Burgio, L.; Melchar, D. One small corner of the Viceroyalty in South Kensington: Barniz de Pasto at the Victoria and Albert Museum, London. *An. Del Mus. De América* **2020**, *28*, 147–156.
49. Fray Pedro Simón. *Noticias Historiales de la Conquistas de Tierra Firme en las Indias Occidentales*; Originally Published 1627; Casa Editorial de Medardo Rivas: Bogotá, Colombia, 1891.
50. Zarama Rincón, R. Comercio y producción del barniz de Pasto en los siglos XVIII y XIX. *Acad. Nariñense De Hist. Man. Hist. De Pasto* **2017**, *18*, 53–81.
51. Botina, J. *Barniz o Mopa-Mopa*; Corporacion Autonoma Regional del Putumayo: Putumayo, Colombia, 1990.
52. *Cuaderno de Oficio Según Técnica Mopa-Mopa o Barniz*; Artesanías de Colombia S.A.: Bogotá, Colombia, no date.
53. *Plan Especial de Salvaguardia Conocimientos y Técnicas Tradicionales Asociadas con el Barniz de Pasto Mopa–Mopa Putumayo-Nariño*; Departamento de Cundinamarca: Bogotá, Colombia, 2019.
54. De Friedemann, N. Mopa-mopa o barníz de Pasto. In *Lecciones Barrocas: Pinturas sobre la Vida de la Virgen de la Ermita de Egipto*; Departamento editorial del Banco de la República: Bogota, Colombia, 1990; pp. 40–53.
55. Mora de Jaramillo, Y. Barniz de Pasto, una artesanía colombiana de procedencia aborigen. *Rev. Colomb. De Folc.* **1963**, *3*, 11–48.
56. Codding, M. The Decorative Arts in Latin America. In *The Arts in Latin America 1492–1820*; Rishel, J., Stratton-Pruitt, Eds.; Yale U. Press: New Haven, CT, USA, 2006; pp. 98–113.
57. Álvarez, M. La restauración. In *Lecciones Barrocas: Pinturas sobre la Vida de la Virgen de la Ermita de Egipto*; Departamento editorial del Banco de la República: Bogota, Colombia, 1990; pp. 20–28.
58. Álvarez-White, M.; Fernández-Reguera, M. Case #1: Mopa-Mopa Varnish as Decoration in Colombian Colonial Sculpture. In *Materia Americana: The Body of Spanish American Images (16th to Mid-19th Centuries)*; Siracusano, G., Romero, A.R., Eds.; Universidad Nacional de Tres de Febrero: Sáenz Peña, Argentina, 2020; pp. 91–96.
59. Cummins, T. *Toasts with the Inca: Andean Abstraction and Colonial Images on Quero Vessels*; University of Michigan Press: Ann Arbor, MI, USA, 2002.
60. Pearlstein, E.; Kaplan, E.; Howe, E.; Levinson, J. Technical analyses of painted Inca and Colonial qeros. *Objects Spec. Group Postprints* **1999**, *6*, 94–103.
61. Zori, C. Queros as Inalienable Objects: Ritual Drinking Vessels and the End of the Inka Empire at Moqi (Locumba Valley, Southern Peru). *Lat. Am. Antiq.* **2022**, *33*, 60–78. [CrossRef]
62. Llanos, L.A. Trabajos arqueológicos en el departamento del Cuzco bajo la dirección del Dr. Luis, E. Valcárcel, Informe de Luis Llanos sobre Ollantaytambo. *Rev. Del Mus. Nac.* **1936**, *5*, 123–156.
63. Pearlstein, E.; Mackenzie, M.; Kaplan, E.; Howe, E.; Levinson, J. Tradition and innovation: Cochineal and Andean keros. In *A Red Like No Other: How Cochineal Colored the World: An Epic Story of Art, Culture, Science, and Trade*; Padilla, C., Anderson, B., Eds.; Skia/Rizzoli: NewYork, NY, USA, 2015; pp. 44–51.
64. Rowe, J. The chronology of Inca wooden cups. In *Lothrop, S. and others, Essays in Pre-Columbian Art and Archaeology*; Harvard U. Press: Cambridge, MA, USA, 1961; pp. 317–341.
65. Falcón Huayta, V. Tiana: Asiento Inca. *Rev. Haucaypata. Investig. Arqueol. Del Tahuantinsuyo* **2012**, *4*, 30–46.
66. Howe, E.; Kaplan, E.; Newman, R.; Frantz, J.; Pearlstein, E.; Levinson, J.; Maddon, O. The occurrence of a titanium dioxide/silica white pigment on wooden Andean qeros: A cultural and chronological marker. *Herit. Sci.* **2018**, *6*, 41. [CrossRef]
67. Curley, A.; Thibodeau, A.; Kaplan, E.; Howe, E.; Pearlstein, E.; Levinson, J. Isotopic composition of lead white pigments on qeros: Implications for the chronology and production of Andean ritual drinking vessels during the colonial era. *Herit. Sci.* **2020**, *8*, 72. [CrossRef]
68. Newman, R.; Derrick, M. Painted Qero Cups from the Inka and Colonial Periods in Peru: An Analytical Study of Pigments and Media. In *Materials Issues in Art and Archaeology VI (Symposium held November 26–30, 2001, Boston Massachusetts, USA)*; Vandiver, P., Goodway, M., Mass, J., Eds.; Materials Research Society: Warrendale, PA, USA, 2002; pp. 291–302.

69. D'Altroy, T. *The Incas. The Peoples of America*; Blackwell: Malden, MA, USA, 2002.
70. Salomon, F. A North Andean Status Trader Complex under Inka Rule. *Ethnohistory* **1987**, *34*, 63–77. [CrossRef]
71. Gisbert de Mesa, T. *The Arts in Latin America 1492–1820*; Rishel, J., Stratton-Pruitt, Eds.; Philadelphia Museum of Art: Philadelphia, PA, USA, 2006; catalog entry 129.

heritage

Revisión

La historia de la resina de *Elaeagia* (mopa-mopa), hasta la fecha

Richard Newman[1*] and Emily Kaplan[2] y Maria Cecilia Álvarez-White [3]

[1] Laboratorio de Investigación Científica, Museo de Bellas Artes, Boston, Massachusetts EE.UU.
[2] Centro de Recursos Culturales, Museo Nacional Smithsonian de los Indios Americanos, Suitland, Maryland EE.UU.
[3] Conservadora privada, Bogotá, Colombia
* Correspondencia: rnewman@mfa.org, .

Resumen: La inusual resina de algunas especies de *Elaeagia,* un género que se encuentra actualmente en ciertas partes de América Central y América del Sur, fue probablemente utilizada por primera vez por los pueblos nativos de Colombia hace más de mil años. La resina de *Elaeagia* se convirtió en un elemento esencial de los objetos, a menudo elaboradamente decorados, que se fabricaban durante la época colonial en la ciudad de Pasto, en el suroeste del país, donde se ha seguido utilizando hasta la actualidad, constituyendo la base de una tradición artesanal local. La resina también fue utilizada durante unos 300 años por los Incas, principalmente para decorar vasos ceremoniales llamados "queros". La resina suele denominarse "mopa-mopa" y, concretamente en Colombia, "barniz de Pasto". En este artículo se revisan la botánica, la química, las propiedades y el análisis de la resina de *Elaeagia,* y se hace un breve repaso de la historia de su uso.

Palabras clave: mopa-mopa; barniz de Pasto; quero; Inca; *Elaeagia*

Cita: Newman, R.; Kaplan, E.; Álvarez-White, M.C. la editorial durante la producción, ñ. La historia de la resina de Elaeagia (mopa-mopa), hasta la fecha. Heritage 2023, 6, 4320-4344. https://doi.org/10.3390/heritage6050229

Editor académico: Lucia Burgio, Dana Melchar and Monica Katz

Recibido: 31 de diciembre de 2022
Revisado: 17 de marzo de 2023
Aceptado: 20 de marzo de 2023
Publicado: 12 de mayo de 2023

Introducción

Elaeagia es un género vegetal menor de la gran familia de las Rubiáceas. Sus diferentes especies se encuentran en América Central y partes de América del Sur, con mayor abundancia en los Andes occidentales de Colombia, Ecuador y Perú. La resina de los árboles, aunque insoluble, se ablanda masticándola o calentándola en agua, se puede amasar mezclada con tintes o pigmentos y a continuación se estira (en caliente) para formar películas finas que pueden cortarse y aplicarse como decoración sobre madera y otros sustratos, sin necesidad de aplicar adhesivos.

Su uso histórico se limita a dos regiones geográficas distintas y a dos culturas diferentes que pueden o no haber tenido conocimiento del uso que hacía el otro grupo de la resina. Es probable que la resina se haya utilizado de forma continuada en el sur de Colombia durante más de mil años, y actualmente la utiliza un pequeño grupo de artesanos de Pasto (Colombia). Los objetos más conocidos decorados con la resina (la mayoría de los cuales se considera que se fabricaron en Pasto) son objetos de madera relativamente pequeños, como escritorios portátiles, creados entre mediados del siglo XVI y el siglo XVIII. Los "conocimientos y técnicas tradicionales asociados al barniz de Pasto mopa-mopa de Putumayo y Nariño" fueron inscritos en 2020 en la *Lista del Patrimonio Cultural Inmaterial que requiere medidas urgentes de salvaguardia* de la UNESCO (https://ich.unesco.org/en/USL/traditional-knowledge-and-techniques-associated-with-pasto-varnish-mopa-mopa-of-putumayo-and-nario-01599). Más al sur, en Perú, los Incas utilizaron la resina durante un periodo de aproximadamente 300 años, a lo largo del periodo colonial. Es posible que los Incas empezaran a utilizar la resina antes de la llegada de los españoles en 1532, pero esto es incierto. La mayoría de los objetos Inca decorados con la resina son pequeñas copas ceremoniales de madera (queros). No parece que la resina se haya utilizado en Perú tras el fin de la época colonial. En Colombia, un equipo de científicos ha explorado recientemente el uso potencial de esta resina junto con fibras de fique para fabricar un composite de origen natural [1].

En este artículo se repasan la botánica, la química y la historia del uso de la resina, y se analiza su identificación en artefactos culturales.

Especies de *Elaeagia* y su resina

Weddell, en su libro de 1849 basado en sus extensos viajes por Perú, Bolivia y Ecuador [2], propuso un nuevo género, *Elaeagia*, cuya característica esencial es la presencia de escamas redondas ricas en resina (estípulas) que son duras y protegen los brotes de las hojas en formación. Weddell observó que el árbol anteriormente denominado *Condaminea utilis* por Goudot [3] debería ser incluido en este nuevo género. En 1977, Mora-Osejo [4] propuso una nueva especie, *E. pastoensis*, llamada así por la ciudad de Pasto (Colombia), e indicó que la resina utilizada por los artesanos de Pasto en esa época pertenece a esta nueva especie y no a *E. utilis*, como se pensaba anteriormente. (Como resultado, algunos especímenes incluidos en colecciones botánicas antes de 1977 podrían haber sido clasificados erróneamente como E. *utilis*, u otra especie, a no ser que hayan sido reexaminados en años más recientes). Los científicos del siglo XIX que estudiaron la resina, algunas de sus propiedades químicas e informaron sobre su uso en Pasto incluyen a Humboldt [5] y Boussingault [6].

Entre las especies de *Elaeagia* más comúnmente recolectadas y descritas en los herbarios, se encuentran *E. pastoensis* y *E. utilis*. Con frecuencia ambas especies crecen en las mismas zonas, como indican, por ejemplo, los mapas de especímenes conservados y avistamientos de la base de datos en línea del Global Biodiversity Information Facility (GBIF) [7] (figuras 1-2).

Figura 1. Ocurrencias de *Elaeagia utilis*, del Global Biodiversity Information Facility (GBIF). (Fuente: www. https://www.gbif.org [consultado el 22 de noviembre de 2022]).

Figura 2. Ocurrencias de *Elaeagia pastoensis,* del Global Biodiversity Information Facility (GBIF). (Fuente: www. https://www.gbif.org [consultado el 22 de noviembre de 2022]).

En la base de datos de GBIF, *E. utilis* es con diferencia la especie más citada (más del 90% del total de ocurrencias recopiladas), mientras que el resto de ocurrencias se catalogan principalmente como *E. mariae, E. karstenii, E. pastoensis* y *E. myriantha*. No hay acuerdo sobre el número de especies del género: aunque la base de datos GBIF enumera actualmente 28, los científicos más familiarizados con el género reconocen muchas menos. Steyermark [8] reconoció 15 y, más recientemente, Maldonado [9] reconoció nueve (en la clasificación de Maldonado, *E. karstenii* se considera una variedad de *E. mariae*). La mayoría de las especies menos comunes están restringidas a países o regiones específicas. En 2018, Mendoza-Cifuentes y Aguilar-Cano [10] describieron una nueva especie de Colombia, una de las cinco especies raras que los autores señalan que solo se encuentran en ese país. Las cinco especies principales mencionadas anteriormente, que crecen en una amplia gama de países, se encuentran también todas ellas en Colombia.

Aunque todas las especies producen resina, Taylor [11] observó que sólo dos, *E. utilis* y *E. pastoensis*, producen grandes cantidades. Ambas son árboles esbeltos, de hasta 30 o más metros de altura. En el campo, estas dos especies se distinguen más fácilmente por sus hojas (figuras 3-4). Las hojas de E. *utilis* son, por término medio, más grandes y anchas que las de *E. pastoensis* [9]. Por el momento, se supone que la resina utilizada para decorar objetos procede probablemente de una de estas dos especies y, hasta la fecha, sólo se han analizado científicamente especímenes botánicos de resina de estas especies.

Figura 3. Espécimen botánico de *Elaeagia utilis* del Museo Field de Historia Natural. https://db.fieldmuseum.org/65ab1b9b-8653-4cc4-abe3-38b84afbf4eb, FMNH2193647.

Figura 4. Espécimen botánico de *Elaeagia pastoensis* del Museo Field de Historia Natural. https://db.fieldmuseum.org/d702bd03-2c92-499b-b023-b35dfb6cd9c7, FMNH 2111075.

Las estípulas resinosas de ambas especies, pequeñas protuberancias redondeadas de menos de 1 cm de diámetro (figura 5), son muy duras y prácticamente insolubles. Los pequeños fragmentos sólidos de resina, tal y como se recogen de los árboles durante las estaciones de crecimiento, suelen ser transparentes y de color miel o ámbar, a veces teñidos de verde.

Figura 5. Estípulas en una rama de *Elaeagia pastoensis.* (Fotografía: J. Rodrigo Botina).

Antiguamente en América, como en otras partes del mundo, las resinas cuyos componentes sólidos son principal o totalmente diterpenoides o triterpenoides se han utilizado para una amplia gama de fines [12-18]. Ejemplos concretos van desde los aglutinantes de pinturas sobre cerámica de la cultura Paracas (región de Ica, Perú; ca. 800-100 a.C.) [16] hasta las materias primas excavadas en el yacimiento azteca del Templo Mayor en la actual Ciudad de México (construido a partir de 1325 y destruido en 1521) [15]. Sin embargo, las resinas constituidas principalmente por compuestos fenólicos están menos extendidas que las resinas terpenoides: las resinas fenólicas más conocidas son, con diferencia, las savias que constituyen la materia prima de las lacas asiáticas [12]. La resina *de Elaeagia* es una resina fenólica cuyo comportamiento es bastante inusual. Ablandada al masticarla o calentarla en agua, la resina puede formar finas láminas o largas cuerdas sin romperse. Resulta sorprendente que una masa de 0,5 kg pueda estirarse hasta formar una cuerda de 3-4 mm de diámetro y 100 metros de longitud [19] (p. 129). La resina se endurece con relativa rapidez al enfriarse, perdiendo la mayor parte de su maleabilidad, pero ésta puede renovarse calentándola de nuevo, al menos mientras está relativamente fresca. En objetos antiguos con decoraciones que contienen resina, ésta puede hacerse algo maleable con una espátula térmica.

Como ocurre con muchos materiales utilizados en el patrimonio cultural, probablemente nunca se conocerá la historia más antigua del uso de esta resina. Se puede imaginar que la gente se fijaba en las pequeñas bolas casi parecidas a bayas que crecían de los extremos de las ramas de ciertos árboles esbeltos durante las estaciones de crecimiento. Masticar las bayas habría demostrado rápidamente que no eran comida, pero la masticación habría convertido las "bayas" en una sustancia gomosa que probablemente era bastante única entre los materiales vegetales disponibles para estas personas. Si se combinaban muchas de las bolitas y se masticaban o calentaban juntas, y se eliminaban trozos de material vegetal durante este sencillo proceso, se podría acumular una masa suficientemente grande de resina maleable que sería útil para dar forma a pequeños objetos. Si las extremas propiedades de estiramiento eran apreciadas, otros usos también pudieron haber sido imaginados. El hecho de que una fina capa de la resina es impermeable al agua, probablemente también se observó durante los primeros experimentos con la resina.

Terminología

"Mopa-mopa" es un término de origen desconocido. La publicación más antigua en la que se utiliza este término (que los autores conozcan) es la de Juan y Ulloa en 1748 [20] en una breve descripción de objetos fabricados en Pasto, Colombia. Jijón y Caamaño y Larrea [21] puede ser la primera publicación (1918) que relaciona la mopa-mopa con los queros Incas. Mopa-mopa es actualmente un nombre común para la resina de *Elaeagia* en los dos contextos culturales en los que ha sido (o sigue siendo) utilizada.

"Barniz de Pasto" es un término que apareció por primera vez durante el periodo colonial para referirse a los objetos fabricados en Pasto que estaban decorados (al menos en parte) con resina de *Elaeagia* [22]. Hoy en día, el término se refiere a la resina en sí y a los objetos que actualmente se fabrican en Pasto y son decorados allí por artesanos locales. El término también se utiliza para referirse a los objetos fabricados en la región de Pasto a lo largo de la historia conocida que incluyen la resina. Los primeros escritores españoles que vieron objetos decorados con la resina no sabían cómo se recolectaba la materia prima ni cómo se aplicaba. Una superficie cubierta con una fina capa de la resina puede parecer brillante y podría confundirse con una superficie recubierta con una capa líquida de barniz, de ahí la comprensible confusión temprana y el uso del término "barniz." En 2011, la Superintendencia de Industria y Comercio de Colombia estableció "Mopa Mopa Barniz de Pasto" como nombre protegido que indica el material auténtico utilizado en Pasto [23].

En el estudio de los queros incaicos, los decorados con resina de *Elaeagia* se han calificado a veces de "pintados", más a menudo de "lacados". Como en el caso de "barniz", estos no son usos precisos de las palabras tal como se definen actualmente. Sin embargo, Tom Cummins (comunicación personal 2022) ha argumentado razonablemente que en el pasado "pintado" se utilizaba en un sentido amplio para indicar diferentes formas de aplicar color a una superficie. En documentos de los siglos XVI-XVIII , los queros Incas del periodo colonial eran a menudo denominados "llimpi" ('llimpi' es un término quechua que puede referirse a los materiales coloreados aplicados para decorar los queros o al proceso de aplicación de dichos materiales coloreados).

Composición de las resinas de *Elaeagia*

Las rutas biosintéticas por las que se producen las resinas fenólicas son complejas y no se conocen a fondo, pero en una visión simplificada, como la esbozada por Langenheim [12], se señalan dos como particularmente importantes: las vías del ácido shikímico/fenilpropanoide [24,25] y la vía del ácido malónico [26] (figura 6). La primera conduce a los fenilpropanoides, que representan los componentes estructurales "monoméricos" básicos de la resina. La segunda contribuye a la producción de flavonoides que son responsables de al menos parte del color de la resina cruda, pero que estarían presentes como moléculas aisladas que no contribuyen a la estructura y el comportamiento de la resina en sí.

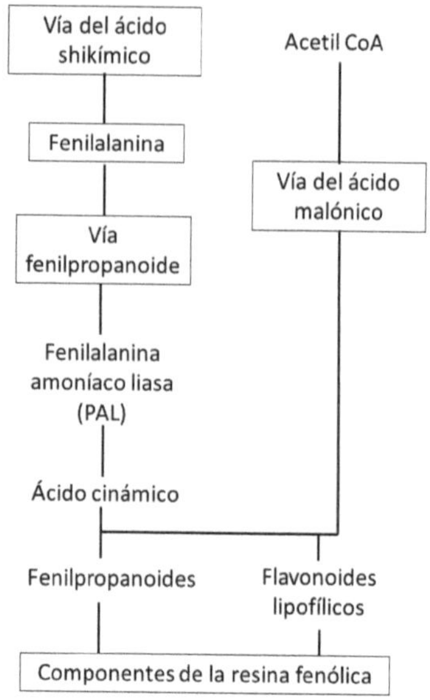

Figura 6. Esquema de las vías biosintéticas para la producción de resinas fenólicas en plantas. (Redibujado según Langenheim [12].).

Biftu y Stevenson [27] realizaron extracciones con solventes exhaustivas de una muestra de resina de *Elaeagia* (identificada como *E. utilis* comprada en el mercado comercial de Pasto, Colombia, pero probablemente *E. pastoensis*) y a partir de esos extractos identificaron específicamente varios triterpenoides así como la flavona apigenina, todos los cuales, sin embargo, son sólo componentes menores de la materia prima.

La resina *Elaeagia pastoensis* es prácticamente inelástica y sólo ligeramente maleable a temperatura ambiente, con una baja resistencia a la tracción (7,2 MPa a 47% HR) [28]. La resina absorbe poca agua, prácticamente ninguna a 47% HR, 1,5-2,0% a 97% HR. La difracción de rayos X indica que el material mínimamente procesado es semicristalino. El análisis termogravimétrico (TGA) indica cierta pérdida a 99°C (probablemente disolventes residuales del procesado en agua y alcohol que se llevó a cabo en la muestra que se probó), luego una disminución gradual y continua de la masa a partir de 200°C, con pequeñas mesetas a 312°C y 378°C, culminando en una pérdida completa a 450°C. Estas observaciones sugieren que la química de la resina fenólica es compleja e implica componentes al menos ligeramente distintos que se degradan a diferentes temperaturas. Sin embargo, estas observaciones no tienen relación directa con la degradación del material por el procesado normal para su uso como material decorativo (que se lleva a cabo a temperaturas relativamente bajas) o su envejecimiento natural a temperatura ambiente.

Sólo las resinas de *E. pastoensis* y *E. utilis* han sido objeto de algún estudio científico hasta la fecha. Newman et al. [29] analizaron la resina de especímenes botánicos de estas especies mediante microespectroscopía infrarroja por transformada de Fourier (FTIR), cromatografía de gases/espectrometría de masas por pirólisis (pyGC/MS) y cromatografía líquida/espectrometría de diodos en fila/espectrometría de masas (LC/DAD/MS). Hasta la fecha, no se han abordado las propiedades físicas de *E. utilis*, por lo que no se pueden comparar con los escasos datos de *E. pastoensis*.

Identificación analítica de las resinas *de Elaeagia*

La resina de *Elaeagia* (de las dos especies estudiadas hasta la fecha) puede distinguirse de otras resinas naturales mediante espectrometría FTIR (figura 7); los espectros de referencia de algunos especímenes de *Elaeagia* de estas dos especies están disponibles en la base de datos del Infrared and Raman Users Group (IRUG) (www.irug.org).

Con el fin de comparar los espectros de la resina de *E. utilis* y *E. pastoensis*, se preparó una biblioteca espectral FTIR de referencia de 18 especímenes de la primera y 6 de la segunda (Apéndice 1, tabla A1) y se evaluó mediante análisis de componentes principales (PCA). Aunque existen sutiles diferencias entre los espectros de la resina de algunas muestras de las dos especies, el PCA indica que no pueden distinguirse de forma fiable mediante esta técnica.

Las dos especies se distinguen mejor en el vibraciones de estiramiento C=O (1750-1690 cm^{-1} ; figura 8), pero hay solapamiento. Los especímenes de *E. utilis* presentan a menudo dos picos amplios superpuestos: el que muestra mayor absorbancia a ca. 1705-1715 cm^{-1} , y otro con menor absorbancia a ca. 1725-1735 cm^{-1} . Las muestras de *E. pastoensis* también presentan a menudo dos picos superpuestos en los mismos rangos generales, pero el último presenta con frecuencia una absorbancia mayor que el segundo (figura 9). La absorción de mayor número de onda se debe a los ésteres de las resinas.

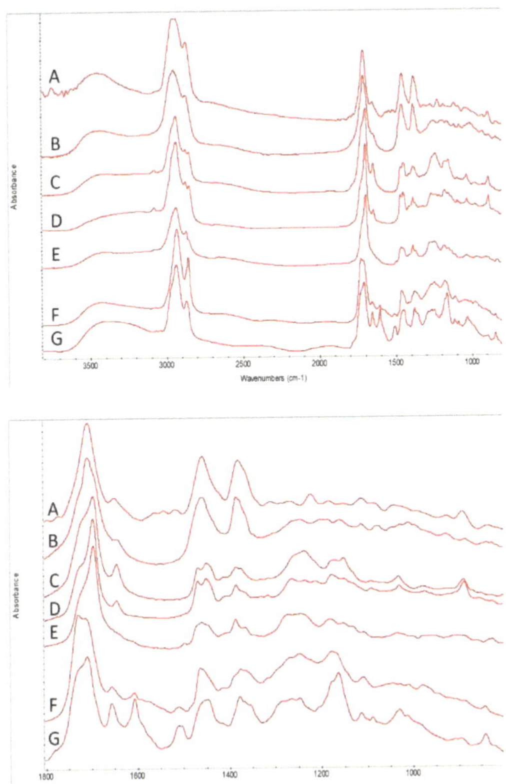

Figura 7. Espectros de absorbancia FTIR de varias resinas diterpenoides y triterpenoides (A-E, espectros de la base de datos irug.org, números de identificación espectral indicados) y muestras de referencia de resinas *Elaeagia pastoensis* (F, Museo Field 22226159) y *Elaeagia utilis* (G, Museo Field 999470). A, damar (INR00082). B, almáciga (o mastic) (INR00067). C, copal de Manila (INR00092). D, sandaraca (INR00091). E, colofonia (resina de pino, INR00114). Espectros completos en el panel

superior; espectros entre 1800-800 números de onda en el panel inferior. Ejes Y ajustados arbitrariamente para facilitar la comparación.

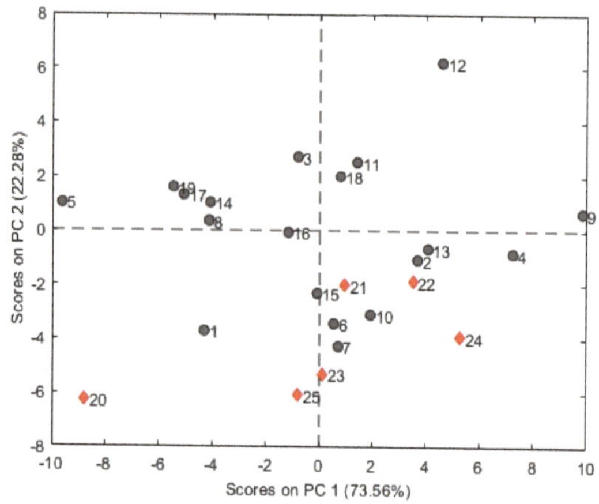

Figura 8. Gráfico del componente principal 1 frente al componente principal 2 de los espectros FTIR de muestras de resina de referencia de *Elaeagia utilis* (18 muestras; puntos negros) y *Elaeagia pastoensis* (6 muestras; triángulos rojos). Los espectros se evaluaron en el intervalo 1750-1690 cm-1.

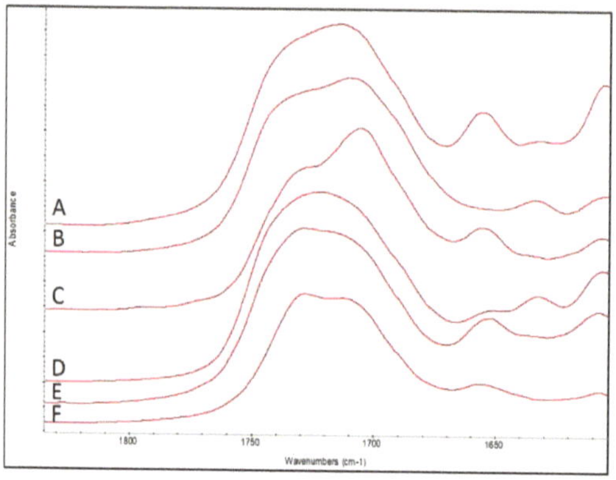

Figura 9. Detalles de los espectros de absorbancia FTIR de tres muestras de referencia de resina de *Elaeagia utilis* (A-C) y tres de resina de *Elaeagia pastoensis* (D-F). A, Museo Nacional Smithsonian de Historia Natural 2165540. B, Museo Nacional Smithsonian de Historia Natural 2166582. C, Museo Field 2184875. D, Jardín Botánico de Missouri 5834698. E, Jardín Botánico de Missouri 4571036. F, Museo Field 22226159. Ejes Y ajustados arbitrariamente para facilitar la comparación.

Los análisis Py GC/MS de resina de las dos especies se han realizado hasta la fecha mediante derivatización por un reactivo de transmetilación, hidróxido de tetrametil amonio (TMAH), un reactivo comúnmente utilizado para la pirólisis de muestras del patrimonio cultural y otros campos [30,31]. Es de esperar que la pirólisis de la resina con este reactivo dé cromatogramas que incluyan compuestos pequeños y volátiles que no se descomponen a la temperatura de pirólisis, fragmentos de moléculas que sí se descompusieron durante la pirólisis y derivados metilados de algunos fragmentos pirolizados o derivatizados, dependiendo de sus estructuras y composiciones. La pirólisis es una metodología lógica para caracterizar lo que podrían considerarse "monómeros" de la matriz polimérica de las resinas de *Elaeaaia,* en gran medida insolubles, aunque no proporciona información sobre la estructura del polímero o polímeros originales.

Algunos componentes típicos identificables en los pirogramas de todos los especímenes botánicos son los derivados del glicerol, los ácidos grasos y los derivados de los flavonoides (en particular la trimetilapigenina). Estos compuestos o sus cantidades relativas no pueden considerarse diagnósticos para estas resinas [29]. De mayor valor diagnóstico para la presencia de resinas de *Elaeagia,* a primera vista, es la presencia de ácido p-metoxicinámico y ácido 3,4-dimetoxicinámico. El primero es sistemáticamente más abundante en *E. utilis* que en *E. pastoensis* (figura 10). Parece probable que estos dos compuestos estén presentes en las resinas en forma de ésteres, pero la composición de los ésteres en las dos especies debe diferir en ciertos detalles (figura 10). Dado que el reactivo de derivatización utilizado para la pirólisis puede metilar grupos hidroxilo activos, no es seguro que los componentes originales de ácido cinámico sustituido de la resina estuvieran en las formas metoxiladas específicas detectadas por pyGC/MS.

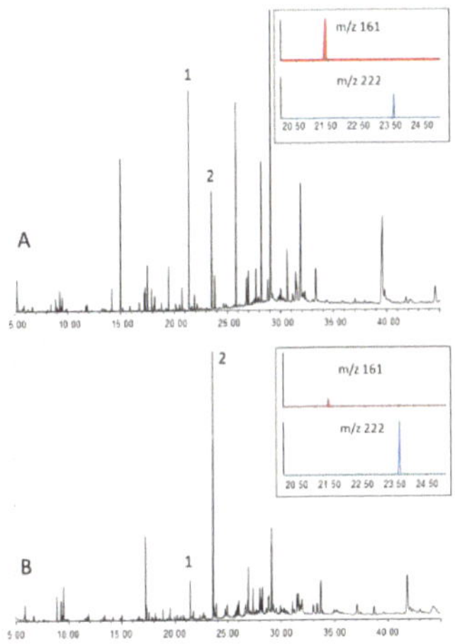

Figura 10. Pirogramas de análisis py GC/MS de muestras de *Elaeagia*. A. *E. utilis* (Museo Nacional Smithsonian de Historia Natural 1770637). B. E. *pastoensis* (Jardín Botánico de Missouri 3012033). Inserciones: cromatogramas de iones seleccionados, indicando las posiciones de los picos para los ésteres metílicos del ácido p-metoxicinámico (m/z 161, arriba) y del ácido 3,4-dimetoxicinámico (m/z 222, abajo), que están etiquetados como 1 y 2 respectivamente en los pirogramas.

En el Apéndice 2 se comparan los pirogramas de muestras de referencia de *E. pastoensis* realizados por dos laboratorios que utilizan pirolizadores diferentes.

Poco se sabe sobre los cambios químicos o físicos que puede sufrir la resina en las finas capas decorativas aplicadas a la superficie de los objetos. En queros de cientos de años de antigüedad, las capas que contienen *Elaeagia* presentan a menudo craquelado, lo que quizá indique que el envejecimiento ha reducido la leve maleabilidad original de la resina a temperatura ambiente [32]. Sin embargo, el craquelado no suele observarse en objetos de Pasto de edad similar (o algo más jóvenes). Esto puede deberse a diferencias en el procesado y la aplicación de la resina, a factores ambientales que influyen en los procesos de envejecimiento o incluso a la(s) fuente(s) original(es) de la resina. Se ha sugerido que la resina puede experimentar decoloración con el paso del tiempo, pero por el momento se desconoce en qué medida esto se produce. Los espectros FTIR de muestras de objetos con cientos de años de antigüedad pueden parecerse mucho a los de las muestras de herbario, lo que sugiere que los cambios químicos debidos al envejecimiento pueden haber sido relativamente menores, y la caracterización mediante técnicas cromatográficas tampoco implica alteraciones muy extremas. Que existen diferencias en las propiedades de la resina recolectada de árboles de distinta edad y que la masticación puede producir efectos no idénticos a los que se obtienen al hervir la resina en agua fue señalado por Humboldt [5], pero tales diferencias aún no han sido abordadas por la investigación científica.

La LC/DAD/MS aplicada a extractos de especímenes botánicos en metanol/agua calentados ha sido útil sobre todo para la identificación de flavonoides. El principal en ambas especies es la apigenina (se trata del mismo flavonoide que puede identificarse, en forma derivatizada, en los pirogramas). A partir de estos cromatogramas se puede hacer una distinción sencilla entre las dos especies: la luteolina es un componente menor de *E. pastoensis* pero está prácticamente ausente de *E. utilis*, y el éter monometílico de la apigenina (posiblemente 7-metilapigenina, genkwanina) es un componente significativo de *E. utilis* pero está ausente en *E. pastoensis*. El contenido en flavonoides puede considerarse diagnóstico, pero debe tenerse en cuenta que tintes vegetales amarillos que contienen flavonoides pueden haber sido utilizados como colorantes en la resina aplicada a ciertos artefactos, y muchos de estos tintes vegetales [33] contienen algunos de los mismos flavonoides que están presentes en la propia resina.

Aunque podría suponerse que los flavonoides de la resina recién recolectada fueron eliminados, o al menos muy mermados, por el extenso procesamiento al que fue sometida la resina antes de ser empleada con fines decorativos, los análisis de muestras de decoraciones aplicadas sobre diversos objetos detectan fácilmente flavonoides de los mismos tipos y cantidades relativas detectados en las muestras botánicas [29].

La resina de *Elaeagia* en la Colombia precolonial

El uso más antiguo que se conoce de la resina de *Elaeagia* es probablemente el de las cuentas fabricadas por los indígenas del suroeste de la actual Colombia. En las excavaciones realizadas en 1974-1975 en el Alto de Lavapatas, dentro del actual parque arqueológico de San Agustín, los arqueólogos informaron del hallazgo de varios cientos de cuentas de collar en tumbas [34,35]. Descritas como "posiblemente hechas con mopa mopa", las cuentas estaban "formadas por cientos de piezas colocadas en cordones alrededor de los cuellos de los cadáveres, un conjunto armonioso de bandas de color gris, marrón y crema, algunas de ellas tubulares y otras redondas" [28]. El yacimiento de San Agustín (a unos 130 km al noreste de Pasto) contiene túmulos funerarios con estatuas megalíticas, entre otros muchos artefactos, que datan del periodo Clásico Regional (1-900 d.C.), aunque el lugar estuvo habitado continuamente hasta aproximadamente 1350 d.C. [36]. Según se informa, se encontraron cuentas similares en tumbas fechadas entre los siglos IX-XIII en Miraflores, una región a unos 55 km al sur de Pasto [37]. Desgraciadamente, se desconoce la ubicación actual de las cuentas de estas dos excavaciones.

Durante las excavaciones de 1992 en Tajumbina [38], un yacimiento situado aproximadamente a medio camino entre Pasto y San Agustín, se encontraron unas 250 cuentas en un enterramiento primario y otro secundario. *Elaeagia* se ha identificado tentativamente en muestras de estas cuentas, que se conservan actualmente en el Instituto Colombiano de Antropología e Historia (ICANH).

La mayoría de las cuentas de resina son tubulares, normalmente de 0,5-2 cm de longitud (figura 11). Presentan una limitada gama de colores, desde el negro al marrón, pasando por el beige pálido o el blanco. Las pocas que se han estudiado con cierto detalle proceden de colecciones privadas y no tienen documentación de procedencia. El análisis radiocarbónico de una de estas cuentas indicó una fecha de 899-1001 d.C. [39].

Figura 11. Cuenta de resina *Elaeagia* de Colombia, procedencia desconocida. (Muestra y fotografía: Maria Cecilia Álvarez-White).

La antigüedad de estas cuentas de *Elaeagia* podría variar, pero si es del orden de mil años o más, su aparición en tumbas situadas a una distancia de hasta 200 km entre sí (la distancia directa aproximada entre Miraflores, hacia el noreste, y San Agustín) podría indicar un considerable comercio temprano de cuentas de *Elaeagia*, o tal vez un amplio conocimiento temprano sobre la recolección, procesamiento y utilización de la resina.

Mientras que algunas cuentas son de color uniforme (probablemente simplemente el color parduzco de la propia resina), otras muestran uno o dos colores más (blanco y negro) en bandas oblicuas. Presumiblemente, se fabricaban formando finas láminas de resina (de distintos colores), colocándolas una al lado de la otra y adhiriendo los bordes cortados con calor y presión, para luego enrollar el material multicolor alrededor de un fino núcleo cilíndrico y formar un tubo de resina. Una vez retirado el núcleo, se podían cortar cuentas individuales del largo cilindro. Las causas de los colores de estas cuentas son inciertas por el momento.

Elaeagia en Colombia durante el periodo colonial

Pasto fue fundada por los españoles en 1537. Fray Gerónimo de Escobar pasó por Pasto en 1582. En su crónica de la región de Timaná, situada a varios kilómetros al este de San Agustín, uno de los yacimientos en los que se han excavado cuentas de *Elaeagia*, hace una mención algo confusa de lo que casi con toda seguridad es resina de *Elaeagia*. Escribió:

"...con escasa población indígena y sin minas cercanas, la principal actividad agrícola aquí es hacer conservas, pues hay mucha miel en los árboles de esa tierra y con los frutos hacen conservas; también de unas semillas que crecen allá en esa tierra llamadas maní, usándolas como una especie de almendras hacen unos panes de turrón, y con estas conservas y unos bordones pintan allí los indios de un betún galano de muchos colores, que todo lo envían a vender los vecinos a las minas de Almaguer y otras partes a do hay oro..."
...." [40] Gerónimo no hizo mención de que la resina se utilizara en el mismo Pasto. Castellvi [42] afirmó que los indios familiarizados con el uso del barniz con fines decorativos fueron traídos a Pasto poco después de la fundación de la ciudad en 1537, pero esto no parece ser verificable. Humboldt [5] afirmó que se decía que una mujer particular que poseía parcelas de tierra en el Timaná había "inventado la manera de barnizar como se hace hoy [en Pasto]" desde el principio de la conquista.

En 1827, Hamilton [41] se refirió brevemente a los cuencos de madera "adornados con flores de colores muy brillantes" que se fabricaban en la pequeña ciudad de Timaná. Escribió que "un alto barniz se coloca sobre el conjunto, que los indios de la provincia de Timaná extraen de una planta....[Estos cuencos] se pueden utilizar con agua caliente sin daño." Aunque no es seguro, probablemente se refería a cuencos decorados con resina de *Elaeagia* teñida. De ser así, parece existir una tradición secular de uso de esta resina en la región.

La mayoría de los objetos decorados que se conservan en Colombia, casi todos los cuales se consideran fabricados en Pasto, tienen sustrato de madera. Entre los objetos de madera decorados con resina de *Elaeagia* más conocidos se encuentran escritorios portátiles, aparadores en miniatura, baúles, atriles y bandejas, ejemplos de los cuales han sido objeto de varios estudios recientes [43-48]. La mayoría de los objetos conservados no están fechados con seguridad, pero se considera que se fabricaron a mediados del siglo XVII o más tarde. En muchos de ellos, las decoraciones de resina cubren prácticamente toda la superficie.

Las calabazas también eran un sustrato habitual. Un estudio reciente de un objeto de este tipo de la colección de la Hispanic Society Museum & Library incluía una datación por radiocarbono que situaba el objeto entre 1522 y 1638, con un 95% de probabilidad [33]. Por tanto, esto sugeriría que la calabaza decorada pudo fabricarse en el siglo XVI . Por lo que se sabe hasta el momento, aunque basado en comparativamente pocos análisis, *E. pastoensis* fue la resina específica utilizada para decorar objetos de la época colonial producidos en Pasto [29], incluyendo la calabaza que acabamos de señalar.

En un libro publicado en 1627, Fray Pedro Simón señaló que la resina se utilizaba en Quito, Ecuador [49]; el libro no mencionaba a Pasto. Se cree que algunos objetos de la época colonial decorados con mopa-mopa pueden haber sido hechos en esta ciudad, que está a unos 200 km al suroeste de Pasto. Actualmente se desconoce la historia del uso de la resina más allá de Pasto durante el periodo colonial.

Existe una posible brecha de siglos entre las cuentas de *Elaeagia* y los objetos señalados por escritores europeos que fueron fabricados en la región de Timaná (de los cuales no se conocen especímenes en la actualidad). Se han publicado varios estudios de documentos históricos relacionados (o posiblemente relacionados) con el uso de la resina *Elaeagia* en Colombia [50-56].

Algunas características del uso de la *Elaeagia* en *el* período colonial en Pasto

Se han reconocido dos amplias técnicas de aplicación en objetos de la época colonial de Pasto: "barniz brillante" y "barniz mate." [43,57]. La primera se caracteriza por el uso abundante de pan de plata con capas muy delgadas de resina tintada. En la segunda técnica no se utiliza pan de plata. Las capas finas de resina de *Elaeagia* sin pigmentar son transparentes y generalmente de color miel (probablemente, aunque no necesariamente en su totalidad, por pequeñas cantidades de flavonoides). La adición de compuestos orgánicos coloreados que son transparentes o tienen partículas de tamaño muy fino (como el índigo, la cochinilla o los colorantes amarillos) crea una capa tintada pero muy transparente, que puede aplicarse sobre la plata, actuando de forma parecida a como lo haría un esmalte aplicado sobre una hoja de metal en una pintura al óleo. En un estudio de una calabaza de la colección de la Hispanic Society Museum & Library, Pozzi et al. [33] mostraron que la estructura de las capas en algunas zonas era bastante compleja, presumiblemente debido al recubrimiento parcial de algunos elementos decorativos con otros a medida que se desarrollaba el diseño final, o quizás incluso a modificaciones del diseño en algunos lugares. En dos muestras, el pan de plata estaba cubierto con finas capas rojas transparentes (10-20 μm); en otra, con una capa verde transparente más gruesa (100 μm); y en otra, con una fina capa azul transparente (10-20 μm). En las secciones transversales más completas, parece que una gruesa capa de resina subyacente (quizás sin tintar) sirve de sustrato para la hoja metálica.

Un escritorio portátil del Hispanic Society Museum & Library se muestra en la figura 12. El objeto está fechado (por una inscripción) hacia 1684 (). El examen visual revela la forma básica de aplicación, aunque no se han tomado secciones transversales de este objeto. En el interior de la tapa del escritorio (figura 13), la capa más baja visible es beige y opaca (con pigmento blanco de plomo) y sirve como base a todas las decoraciones. Las partes más oscuras son una capa que contiene índigo, que si está suficientemente concentrado en la resina, tiene un color casi negro. Los elementos decorativos rojos, verdes y azules brillantes parecen consistir en estructuras de tres capas, empezando por una capa de resina sin tintar, adherida a la capa de fondo opaca. Encima hay una hoja de plata con una capa superior transparente teñida: un rojo orgánico para el rojo, una cantidad bastante importante de índigo para el azul y una pequeña cantidad de índigo para el verde. Este último puede tener un tinte verde procedente de la propia resina, o tal vez se le añadió un colorante amarillo. Estas decoraciones sobresalen un poco por encima del fondo, el ligero relieve aparentemente deliberado, que fue posible gracias a la capa de resina no tintada, bastante gruesa. La capa inferior se extiende más allá de las dos superiores, por lo que parece que se recortaron finos "sándwiches" de pan de plata superpuestos a una capa de resina transparente tintada y se aplicaron a la capa inferior gruesa sin tintar, lo que dio relieve al conjunto de los elementos decorativos. Obsérvese una minúscula astilla de pan de plata errante recubierta por el vidriado rojo, adherida a la capa de fondo cerca de una de las decoraciones. En los objetos que se conservan, el pan de plata suele permanecer intacto si se ha protegido con una capa de resina de *Elaeagia*.

Figura 12. Escritorio portátil, ca. 1684. Altura 19 cm. Hispanic Society Museum & Library, LS2000. Abajo: Vista del interior de la tapa. El recuadro azul (cerca de los pies del pájaro a la derecha) muestra el área incluida en la fig. 13. (Fotografías: cortesía de Monica Katz).

Figura 13. Detalle de la decoración del interior de la tapa del Hispanic Society Museum & Library LS2000 (fig. 12). El detalle incluye algunas plumas verdes y rojas del ave, así como parte de una pata. Anchura del area: 2,5 cm. (Fotografía: Richard Newman).

Hay algunos ejemplos de otros tipos de artefactos en los que se utilizó o se sugiere que se utilizó resina de *Elaeagia*. La técnica del "barniz brillante" se utilizó para decorar motivos florales tallados en bajo relieve en una serie de marcos de cuadros, probablemente fabricados en Colombia hacia finales del siglo XVII o poco después [58]. La técnica se utilizó en partes de una pequeña escultura de madera (de unos 35 cm de altura) del *Rey Mago Gaspar*, probablemente del siglo XVIII, en una colección de Bogotá, Colombia. Los tonos de la carne de la figura se ejecutaron con pintura al óleo y toda la decoración de la ropa y las joyas se realizó con la técnica del "barniz brillante" [59].

Stuckart [19] hizo un resumen del uso de la resina a principios del siglo XX. Un humilde ejemplo son unos cuencos muy pequeños (de unos 3 cm de altura) comprados en Pasto en 1929 que contienen decoraciones sencillas de *Elaeagia*, además de otros materiales (figura 14). Estos cuencos datan de pocos años antes del renacimiento de la técnica del barniz de Pasto, según la reseña de Stuckart.

Figura 14. Cuenco, adquirido en Pasto, Colombia, en 1929. Las decoraciones son de resina de *Elaeagia* tintada, aplicada sobre pintura o barniz (de composición diferente). Diámetro del platillo: 4,5 cm. Museo Nacional Smithsonian de los Indios Americanos 18/2849 (taza) y 18/2848 (platillo). (Fotografía: Emily Kaplan).

Resina de *Elaeagia* en Perú: queros y otros artefactos Incas

Los queros son recipientes ceremoniales de madera para beber, fabricados y utilizados en pares durante siglos antes de la llegada de los españoles a los Andes centrales y meridionales [60]. El ritual de brindar y beber chicha (cerveza fermentada de maíz y frutas) en pares de queros cumplía importantes funciones culturales en el establecimiento y mantenimiento de relaciones recíprocas dentro de las comunidades. Bajo el Estado Inca, la ceremonia de beber chicha definía y reforzaba las relaciones recíprocas y jerárquicas del Estado con las poblaciones que lo componían. Los queros producidos por artesanos especializados (querocamayoc) se distribuían a las élites políticas que cooperaban con el Imperio Inca. Tras la conquista española, la decoración de los queros incorporó la estética europea, incluyendo una amplia paleta de colores, representaciones de figuras humanas y animales y formas de vasijas europeas.

Las primeras decoraciones de los queros de madera eran diseños geométricos tallados (o incisos) poco profundos. Basándose en algunos ejemplos excavados, parece que los Incas empezaron a utilizar resina de *Elaeagia* en la decoración de los queros cerca o poco después del periodo colonial. En los ejemplos más típicos, las áreas planas poco profundas talladas en la superficie estaban incrustadas con resina [61]. Las incrustaciones solían estar enrasadas con la superficie de madera circundante. Aunque el grosor de estas incrustaciones variaba, las que se utilizaban para realizar los campos de color más grandes son de unos cientos de micras de grosor.

Es de suponer que el objeto y la resina se calentaron para facilitar la adhesión de la decoración a la madera. Aunque a veces se han observado acreciones o posibles revestimientos sobre capas de *Elaeagia* en queros, hasta la fecha no ha habido indicios definitivos de que las capas decorativas originales se cubrieran con otros materiales. Las incrustaciones que se conservan presentan a veces características texturales inusuales que actualmente no tienen explicación [32].

Un único quero fragmentario recientemente excavado en Moqi, un yacimiento en la frontera entre Perú y Bolivia, se considera que formó parte de un banquete ritual [62]. La datación por radiocarbono (con un nivel de confianza del 95,4%) dio un rango calibrado de 1407-1443 para la madera y de 1473-1600 para la resina. La datación de la decoración se sitúa en la frontera entre el periodo imperial tardío y la llegada de los españoles en 1532. En este yacimiento también se encontraron queros sin resina de *Elaeagia*. La datación más temprana de la madera de este quero puede deberse a la edad de las partes del árbol utilizadas en el objeto (y de las que se tomaron muestras para el análisis), y no corresponderse con la fecha de talla. También existe la posibilidad de que se haya utilizado una pieza de madera talada con anterioridad.

Un par de queros excavados en una tumba del sitio Inca de Ollantaytambo, sitio que se considera data de 1537-39, son otros ejemplos tempranos del uso de la resina *Elaeagia* [63]. Los diminutos felinos, seis en cada uno de los queros, están ejecutados con maestría, lo que sugiere una considerable experiencia con el material por parte de los artesanos que llevaron a cabo la decoración (figura 15). Al parecer, hubo un periodo anterior de uso de esta resina por parte del Incas, hasta ahora desconocido, que presumiblemente data de antes de la llegada de los españoles.

Figura 15. Uno de un par de queros excavados en Ollantaytambo, Perú, en 1936. Altura 15 cm. Museo Inca (Cuzco, Perú) 229. Cada quero está decorado con pequeños felinos (de unos 3,0 cm de longitud en este caso) hechos de resina de *Elaeagia* teñida de rojo, amarillo y negro. (Fotografía: Emily Kaplan).

La mayoría de las incrustaciones de los queros son opacas, pero algunas eran translúcidas o incluso transparentes, sobre todo las teñidas con cochinilla. Las incrustaciones teñidas sólo con cochinilla tienen un aspecto rojo-violáceo intenso in situ, ya que el color oscuro de la madera afecta significativamente al color de la incrustación. Los detalles se aplicaban a campos de color uniforme presionando pequeños trozos de resina tintada mucho más finos sobre la resina subyacente (figuras 16-17). En raras ocasiones se han encontrado capas muy finas de resina teñida con cochinilla adheridas a superficies de madera que rodean decoraciones incrustadas en queros [64]. Estas capas no parecen tener una finalidad decorativa directa, aunque habrían creado una superficie lisa algo brillante sobre la madera, tal vez un efecto estético deseado.

Figura 16. Quero. Altura 20 cm. Arriba: vista general. Abajo: despliegue que muestra el diseño completo. Museo Nacional Smithsonian de los Indios Americanos 6/5837. (Fotografías: Ernest Amoroso).

Figura 17. Detalle de la decoración del quero mostrado en la fig. 16. Anchura del campo: 6,2 cm. Anchura de las zonas expuestas de la superficie de madera: 1,5-3,0 mm. (Fotografía: Emily Kaplan.).

El procesado general, la preparación y la manipulación de la resina en Perú eran sin duda similares, a grandes rasgos, a los que se llevaban a cabo en Pasto, ya que habrían sido necesarios los mismos pasos para recoger, procesar inicialmente, mezclar con colores y extender la resina en láminas relativamente finas. Pero las decoraciones aplicadas solían ser considerablemente más gruesas y opacas. No se conocen documentos contemporáneos que señalen, y mucho menos discutan, el uso de *Elaeagia* por los Incas, a pesar de que muchos queros ampliamente decorados con incrustaciones de *Elaeagia* fueron creados por los Incas durante el período colonial. Aunque la datación de los queros es fundamentalmente provisional, ya que pocos han sido excavados arqueológicamente, se cree que el uso de incrustaciones de *Elaeagia* en queros individuales se hizo más extenso con el paso del tiempo, y las superficies de los últimos objetos coloniales están a menudo casi totalmente cubiertas con decoraciones incrustadas. Esta decoración más extensa coincide con un cambio a un estilo narrativo que fue influenciado por ejemplos de arte español con los que los artesanos Incas se familiarizaron. La datación provisional de los queros descrita por Rowe [65] sigue siendo pertinente.

Además de en los huecos poco profundos de los queros, la resina *de Elaeagia* también se aplicaba directamente sobre superficies planas o talladas de objetos tridimensionales, siendo un ejemplo particularmente llamativo una tiana o asiento ceremonial de la colección del Museo Field [66]. Algunos queros también incluían tallas en altorrelieve sobre las que se aplicaba la resina.

Investigaciones recientes han mostrado varios cambios en los pigmentos utilizados por los ncas desde los primeros hasta los últimos periodos coloniales [67,68]. Hasta donde se sabe, sin embargo, basándose en un número limitado de análisis [69], no hubo cambios en la resina (material aglutinante) con la que se mezclaron a lo largo del periodo de aproximadamente 300 años en el que se hicieron los queros decorados, aunque un quero ha aparecido decorado con otro medio (no Elaeagia). Los primeros análisis llevaron a especular con la posibilidad de que se hubiera mezclado intencionadamente aceite vegetal con resina de *Elaeagia* durante la fabricación del material que se iba a utilizar como incrustación, pero ya no se cree que esto fuera así y, en cualquier caso, sería difícil de establecer, ya que la resina de *Elaeagia* en bruto contiene algo de aceite entre sus componentes.

Un enigma: la relación entre los Incas y Colombia

A primera vista, parece posible que los Incas conocieran la resina de *Elaeagia* a través del contacto con nativos del sur de Colombia que estaban familiarizados con su recolección, preparación y aplicación a objetos de madera. Esto se basa en lo que se sabe sobre excursiones tardías de los Incas a Colombia y las primeras apariciones de resina de *Elaeagia* en queros.

Las excursiones Incas al suroeste de Colombia ocurrieron durante los últimos años del imperio [70]. Sus interacciones con los pueblos nativos de Colombia pueden haber sido bastante limitadas [71], y es posible que no hubieran oportunidad de conocer la resina de *Elaeagia,* que, como se discutió brevemente más arriba, durante esos años pudo haber sido utilizada sólo en el norte, más allá del área con la que los Incas estuvieron en contacto directo.

Si los Incas conocieron la inusual resina a través de ese contacto, una posibilidad es que la materia prima y los artesanos versados en su manipulación fueran llevados al sur, a los centros Incas en Perú, donde el material fue reutilizado para decorar queros. Aunque la datación de los primeros usos de la resina en queros no está firmemente establecida, algunas fechas recientes de radiocarbono resumidas anteriormente sugieren que la resina pudo haber sido utilizada antes de que tuvieran lugar las excursiones Incas a Colombia.

Newman et al. [29] concluyeron, basándose en un número muy limitado de análisis detallados, que la resina utilizada en las decoraciones de queros se parece mucho a los especímenes botánicos de *E. utilis,* un hallazgo que complica aún más las posibles conexiones directas entre el uso de la resina por parte de las dos culturas tan separadas. Esta conclusión se basó en dos tipos de técnicas cromatográficas, que ya se han señalado brevemente. La figura 18 muestra la proporción de dos componentes significativos en las resinas de *Elaeagia* que distinguen entre las dos especies (a partir de análisis py GC/MS); también se representan las proporciones observadas en muestras de objetos de origen colombiano y de queros Incas.

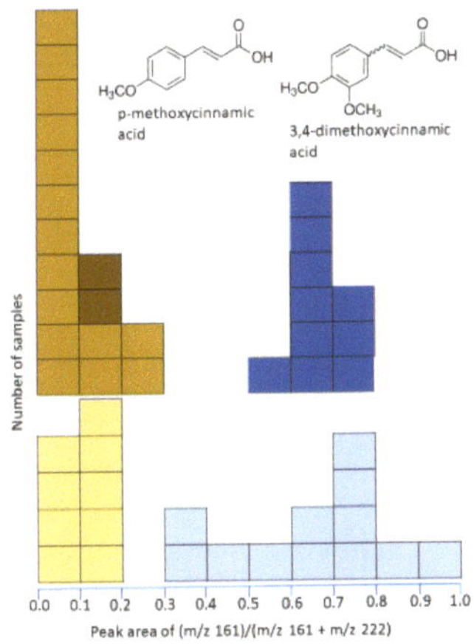

Figura 18. Gráfico de proporciones de intensidades de m/z 161/(m/z 161 + m/z 222) de pirogramas de muestras botánicas de *Elaeagia* y de muestras de artefactos que contienen *Elaeagia*. m/z 161 es un fragmento principal del éster metílico del ácido p-metoxicinámico, m/z 222 del éster metílico del ácido 3,4-dimetoxicinámico. Recuadros amarillo claro: especímenes botánicos de resina de *E. pastoensis*. Recuadros azul claro: muestras botánicas de resina de E. *utilis*. Recuadros mostaza oscuro: muestras de objetos de la época colonial fabricados en Pasto, Colombia. Recuadros marrones: muestras de cuentas de resina precoloniales de Colombia. Recuadros azul oscuro: muestras de queros Incas. (Fuente de los datos: Newman et al. [24]).

El botánico colombiano J. Rodrigo Botina (correspondencia no publicada, 2022) ha argumentado que la resina de E. *utilis* no puede ser manipulada con éxito de la misma manera que la resina de *E. pastoensis* y por lo tanto no pudo haber sido utilizada por los Incas. Una nota intrigante en Stuckart [19] sugiere que E. *utilis* es conocida por las personas que actualmente recolectan la resina usada en Pasto, pero que se reconoció que la resina de esta especie no podía ser usada para decorar objetos. Esta parece ser la única afirmación publicada que aborda diferencias potencialmente cruciales en el comportamiento de las dos resinas, asumiendo que la resina inadecuada provenía de E. *utilis*.

Un experimento reciente con fragmentos muy pequeños (2-3 mm) de resina de las dos especies ha sugerido que, en general, no es más difícil manipular *E. utilis* que *E. pastoensis*. El calentamiento repetido en agua hirviendo y la presión sobre la resina caliente con una herramienta plana de acero redujeron el trozo de E. utilis a una fina lámina de unos 0,5 mm de grosor, un ejercicio sencillo que resultó tan fácil de realizar como con un trozo de *E. pastoensis* de tamaño similar. Sin embargo, puede haber diferencias en la medida en que las dos especies se pueden estirar en capas finas, lo que en efecto habría sido un factor limitante en la forma en que la resina se podría utilizar en los objetos, pero esto aún está por determinar. Como se mencionó anteriormente, las incrustaciones en los queros tienden a ser más gruesas que las capas muy delgadas que aparecen en los objetos con "barniz brillante" del período colonial de Pasto, y por el momento no hay razón para cuestionar la hipótesis basada en los análisis de que *E. utilis* fue utilizada por los fabricantes de queros, quienes no necesitaban manipular la resina en capas tan delgadas como a veces necesitaban hacerlo los artesanos en Colombia.

Aunque los tipos de objetos, la forma en que se manipulaba la resina para crear diseños y las funciones de los objetos en los que se utilizaba eran bastante diferentes en la época colonial de Colombia y Perú, hay un objeto intrigante, único hasta donde llegan los conocimientos de los autores. Se trata de una arqueta, fabricada en Bolivia, fechada en el siglo XVII (Museo Casa de Murillo, La Paz, Bolivia) [72]. Si bien ilustra un acontecimiento de la historia incaica, el objeto en sí es similar a los que se fabricaban en Pasto alrededor de la misma época, y la cobertura de toda la superficie exterior con decoraciones (aparentemente) a base de *Elaeagia* también es similar a la de los objetos de Pasto. Los materiales utilizados en la decoración de este objeto aún no han sido estudiados en detalle.

Conclusiones

La(s) resina(s) de *Elaeagia* son materiales naturales poco comunes que, con algunas manipulaciones, pueden mezclarse con pigmentos o tintes, estirarse en finas láminas y aplicarse a superficies de diversos materiales, siendo la madera, al parecer, el más común históricamente. Aunque los artesanos de Pasto (Colombia) todavía la utilizan, hace tiempo que dejó de usarse en la única otra región de Sudamérica en la que parece que alguna vez se empleó como material decorativo. Los objetos decorados con resina de *Elaeagia* siguen siendo objeto de estudio, desde el punto de vista cultural, histórico-artístico, material y de conservación o preservación. Aunque la historia de la resina se conoce a grandes rasgos (y algunos más finos), aún quedan por investigar numerosos detalles sobre el material y la utilización, y las excavaciones arqueológicas que se realicen en el futuro podrían revelar más datos sobre su historia de uso. Las diferencias, físicas y químicas, entre la *Elaeagia* de varias especies merecen una mayor exploración. Hasta la fecha, de los limitados análisis existentes parece desprenderse que la especie utilizada en Colombia, quizá a lo largo de toda la historia en esa región, es *E. pastoensis*. En cambio, los Incas parecen haber utilizado una especie diferente, cuyas propiedades químicas se asemejan mucho a las de E. *utilis* (aunque hay otras especies de *Elaeagia* que aún no se han estudiado). Este hallazgo puede tener importantes implicaciones sobre cómo se desarrolló el uso de la mopa-mopa por parte de los Incas, un tema sobre el que se espera que futuras investigaciones arqueológicas también arrojen luz.

Contribuciones de los autores: Redacción - preparación del borrador original, visualización, conceptualización y análisis a menos que se indique lo contrario: R. N. Redacción - revisión y edición: E. K. y M. A. Todos los autores han leído y aceptado la versión publicada del manuscrito.

Financiación: Esta investigación no ha recibido financiación externa.

Declaración de disponibilidad de datos: Los conjuntos de datos analizados en este artículo pueden solicitarse al autor correspondiente.

Agradecimientos: Nuestro sincero agradecimiento a Lucía Pereira Pardo en la versión en español de este artículo. Los materiales botánicos de referencia proceden del Museo Nacional de Historia Natural, el Jardín Botánico de Missouri y el Museo Field de Chicago, y se agradece a los conservadores de dichas colecciones que permitieran tomar pequeñas muestras de resina para su análisis. Emily Kaplan recogió las muestras en el NMNH y Stephanie Hornbeck lo hizo en el Museo Field. Ellen Howe y Monica Katz proporcionaron muestras adicionales de *E. pastoensis, y* Jean Portell facilitó una muestra recogida por Mora-Osejo, quien describió por primera vez *E. pastoensis*. Muestras de objetos fueron tomadas por conservadores asociados o previamente asociados con la(s) colección(es) en particular, y Colleen Zori proporcionó muestras de un quero que ella excavó en Moqi. Michele Derrick realizó algunos de los análisis FTIR que se mencionan en este artículo. Federica Pozzi compartió archivos de datos de análisis de pirólisis GC/MS realizados en el Museo Metropolitano de Arte. Los autores también agradecen a los muchos escritores que han descrito documentos tempranos relacionados con la historia del uso de la mopa-mopa en Colombia, algunos de los cuales han sido indicados en el texto; sólo algunas partes muy selectivas de esta historia pudieron ser incluidas en este trabajo de revisión.

Conflictos de intereses: Los autores declaran no tener ningún conflicto de intereses.

Apéndice A

Veinticuatro muestras de referencia de *E. utilis* y *E. pastoensis* (tabla A1) procedentes de tres herbarios (Museo Field, Chicago, IL, EE.UU., FM; Jardín Botánico de Missouri, St. Louis, MO, EE.UU.; MO; Museo Nacional Smithsonian de Historia Natural, NMNH) han sido analizadas mediante microespectroscopía FTIR. Las muestras que podían tomarse de los herbarios iban desde trozos muy pequeños de resina finamente pulverizada hasta fragmentos más grandes (del tamaño de un milímetro). Las muestras de los herbarios no se recogieron necesariamente en los momentos óptimos para la producción de resina por parte de los árboles, ni se pretendía que las muestras incluyeran necesariamente una cantidad considerable de resina. Las muestras de herbario no han sido sometidas a ningún tipo de tratamiento, aunque es probable que algunas hayan sido tratadas con pesticidas. Muchas se recogieron hace décadas y todas están almacenadas sujetas a ramas que normalmente estaban pegadas con cinta adhesiva o a veces sujetas con adhesivo a papel (como en las figuras 3-4). Desde su recogida, la mayoría de los especímenes se han almacenado en la oscuridad y probablemente sólo han sido examinados ocasionalmente por los investigadores.

Se adquirieron dos espectros de una sola muestra pequeña de cada espécimen mediante análisis de transmisión en un espectrómetro FTIR Thermo iS10 con un microscopio IR Thermo Continμum acoplado. El área de análisis era de aproximadamente 50 μm x 50 μm. Se adquirieron 100 barridos con una resolución de 4 cm-1 entre 4000-650 cm^{-1} . Los espectros se adquirieron y procesaron con la versión 9 del software Thermo OMNIC. Tras la conversión a absorbancia, se aplicaron correcciones para eliminar las bandas de CO2 residuales del aire y se aplicó "Autobaseline". Además, cada espectro se suavizó para eliminar parte del ruido de fondo y se normalizó.

A continuación, los espectros de absorbancia procesados (uno de cada espécimen) se evaluaron mediante análisis de componentes principales (PCA) en el programa informático Solo versión 9.1.0.0 (Eigenvector Research Incorporated). Los 18 especímenes de *E. utilis* sirvieron de grupo modelo, y los seis especímenes de *E. pastoensis* se evaluaron a continuación con respecto a este grupo. Espectros completos (4000-650 cm^{-1}), espectros entre 1800-650 cm^{-1} , absorbancias en 12 picos principales y espectros en el intervalo 1750-1690 cm^{-1} se sometieron por separado al análisis PCA, obteniéndose la mejor separación de las dos especies en los espectros en el intervalo 1750-1690 cm^{-1} (véase la figura 9).

Table A1. Muestras de herbarios. Especies: u, *Elaeagia utilis*; p, *Elaeagia pastoensis*.

Colección	Espécimen no.	Especie	Fecha de recogida	País de recogida
FM	1926966	u	1967	Perú
FM	899023	u	1936	Colombia
FM	2110369	p	1988	Colombia
FM	1283354	u	1946	Colombia
FM	2184875	u	1997	Perú
FM	2046939	u	1985	Ecuador
FM	2011061	u	1963	Perú
FM	2260045	u	2002	Perú
FM	2226159	p	1999	Perú
FM	1753291	u	1968	Perú
FM	1142196	u	1943	Ecuador
FM	999470	u	1939	Colombia
MO	3381352	u	1967	Perú
MO	4228268	u	1990	Ecuador
MO	3656206	u	1987	Ecuador
MO	3012033	p	1959	Colombia
MO	5834698	p	1959	Colombia
MO	4571046	p	1993	Colombia
NMNH	1770637	u	1939	Colombia
NMNH	1901587	u	1944	Colombia

NMNH	2165540	u	1943	Colombia
NMNH	2166582	u	1944	Colombia
NMNH	2843435	u	1957	Colombia
NMNH	1661583	p	1935	Colombia

Apéndice B

En este apéndice, se comparan los cromatogramas de los análisis py GC/MS de muestras de *E. pastoensis* realizados por dos laboratorios (Museo de Bellas Artes de Boston [MFA] y Museo Metropolitano de Arte [MMA]) que utilizan equipos analíticos diferentes. En ambos laboratorios, se añadió un 25% de TMAH en metanol a una muestra sólida antes de la pirólisis. El instrumento del MMA [33] utilizó un pirolizador Frontier Lab, mientras que los análisis del MFA [29] utilizaron un piroprobador CDS. La pirólisis en el MMA se llevó a cabo a 550°C, en el MFA a 480°C.

Las muestras del MFA son resina "cruda" del mercado de Pasto, Colombia (2010) y una muestra de herbario (ver tabla A1, NMNH 1661583; recolectada en 1935 en Mocoa, Departamento del Putumayo, Colombia). Las muestras del MMA son resina "cruda" recolectada en 2012 en Pasto y una muestra "procesada", preparada en el MMA hirviendo material "crudo" (recolectado en el mercado en 2002) en agua. Las cuatro muestras fueron probablemente recogidas de árboles que crecen en la misma región cerca de Mocoa en Colombia.

Los pirogramas contienen muchos de los mismos compuestos, aunque las cantidades relativas de éstos pueden ser muy variables. Las figuras A1-A2 muestran los pirogramas, con algunos picos comunes marcados. Los principales fragmentos m/z de estos picos figuran en la tabla A2. Algunos picos pudieron identificarse buscando en la biblioteca de espectros de masas Wiley Registry 10th edition/NIST 2012; otros no.

Las diferencias entre los pirogramas podrían reflejar en parte diferencias reales en la química de las muestras. La instrumentación podría provocar diferencias en los resultados. En particular, el programa de temperatura GC/MS para las muestras MMA terminó a una temperatura más alta que el programa MFA, y algunos de los compuestos de elución más tardía en las muestras MMA no se vieron en los pirogramas MFA. Estos compuestos de elución tardía incluyen derivados de flavonoides y triterpenoides. Estas clases de compuestos constituyen una pequeña proporción de la resina, pero los triterpenoides pueden ser característicos de *E. pastoensis*. Una serie de picos no identificados, probablemente fragmentos pirolíticos, en el centro de los pirogramas (picos 13-25) parecen ser característicos de la resina, aunque las proporciones aparentes no son las mismas y puede que no estén presentes todos los picos. Si son el resultado de la pirólisis de la matriz insoluble de la resina, estos picos podrían esperarse en muestras de resina procesadas (como la muestra "hervida" de MMA), así como en muestras "crudas", aunque todavía no se ha abordado en detalle cómo afecta el procesamiento a la química de la resina. La temperatura de pirólisis difirió entre los dos laboratorios, aunque esta variación probablemente no fue lo suficientemente grande como para dar lugar a diferencias significativas en los fragmentos de pirólisis que se generaron a partir de las muestras de resina.

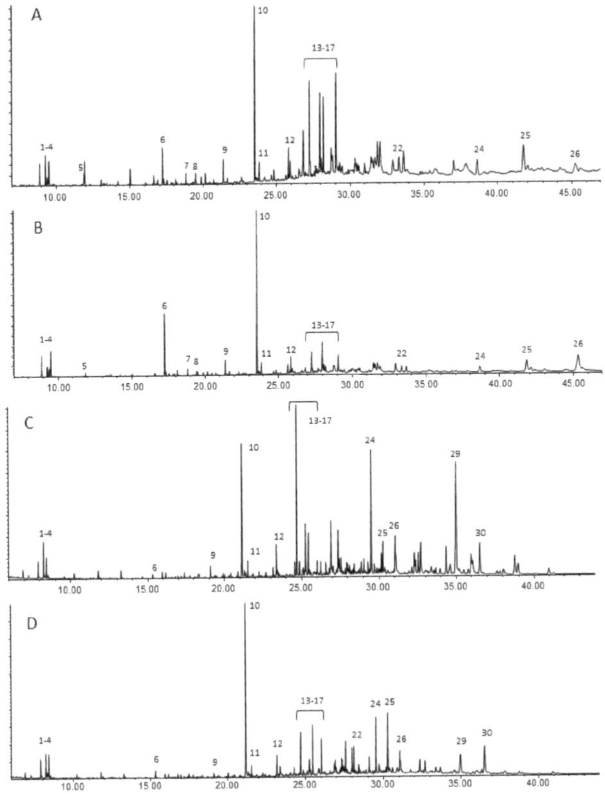

Figura A1. Pirogramas de análisis de muestras de *Elaeagia pastoensis*. A y B de análisis en el MFA, C y D de análisis en el Metropolitan Museum of Art. A: muestra de herbario, NMNH 1661583. B: resina cruda del mercado de Pasto. C: resina cruda del mercado de Pasto. D: resina "procesada" del mercado de Pasto. Las etiquetas se refieren a la información de la tabla A2.

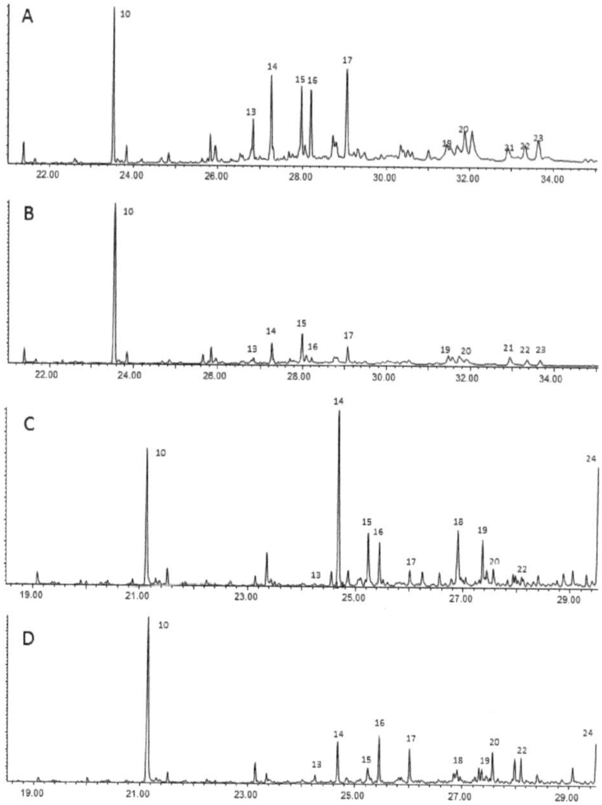

Figura A2. Detalles de los pirogramas mostrados en la figura A1. Las etiquetas hacen referencia a la información de la tabla A2.

Table A2. Picos seleccionados en pirogramas de *Elaeagia pastoensis*. Tiempos de retención (RT, minutos) para la muestra MFA NMNH 1661583 y la muestra MMA "resina cruda". Se indican las identificaciones de las bases de datos de espectros de masas cuando es posible.

Peak no.	RT (MFA)	RT (MMA)	Mass spectra peaks, m/z (intensity)	Identification
1	8.86	7.9	45 (100), 43 (32), 75 (28)	2-propanol, 1-3-dimethoxy
2	9.25	8.24	59 (100), 89 (85), 45 (57), 102 (43)	propane, 1-2-3-trimethoxy
3	9.36	8.31	45 (100), 43 (48), 75 (43), 61 (25)	1,2-propanediol, 3-methoxy
4	9.48	8.42	45 (100), 58 (89), 75 (67), 43 (55)	2,3-dimethoxypropan-1-ol
5	11.85		122 (100), 91 (51), 77 (33), 79 (28)	benzene, 1-methoxy-3-methyl
6	17.2	15.32	164 (100), 149 (37), 91 (35), 77 (31)	benzene. 4-ethenyl-1,2-dimethoxy
7	18.82		166 (100), 95 (30), 77 (23), 51 (15)	benzaldehyde, 3,4-dimethoxy
8	19.49		152 (100), 55 (92), 74 (81), 83 (70)	nonanedioic acid, methyl ester
9	21.38	19.1	161 (100), 192 (67), 133 (38), 89 (19)	methyl p-methoxycinnamate, cis
10	23.53	21.13	222 (100), 191 (47), 207 (17), 147 (12)	methyl 3,4-dimethoxycinnamate
11	23.84	21.51	74 (100), 87 (85), 270 (22), 143 (19)	hexadecanoic acid, methyl ester
12	25.83	23.36	74 (100), 87 (63), 43 (28), 55 (24)	octadecanoic acid, methyl ester
13	26.84	24.26	248 (100), 55 (96), 98 (78), 81 (72), 67 (69)	
14	27.26	24.68	215 (100), 159 (82), 95 (58), 71 (54), 45 (27)	
15	27.98	25.24	169 (100), 145 (73), 95 (62), 87 (44), 55 (44)	
16	28.21	25.45	215 (100), 173 (67), 141 (58) 81 (48), 187 (44)	
17	29.07	26.01	169 (100), 87 (99), 127 (93), 159 (71), 155 (53)	
18		26.91	215 (100), 71 (81), 135 (59), 201 (52), 67 (49)	
19	31.46	27.37	215 (100), 167 (57), 71 (45), 135 (41), 55 (32)	
20	31.88	27.57	201 (100), 169 (32), 137 (32), 71 (25)	
21	32.93		153 (100), 55 (66), 169 (65), 81 (63), 113 (59)	
22	33.32	28.1	187 (100), 201 (87), 155 (81), 137 (44), 71 (36)	
23	33.64		119 (100), 299 (87), 85 (87), 342 (85), 189 (75)	
24	38.61	29.51	299 (100), 191 (72), 43 (67), 95 (67), 331 (62)	
25	41.75	30.25	299 (100), 43 (84), 95 (74), 207 (72), 317 (70)	
26		31.04	312 (100), 311 (50), 266 (25), 283 (25), 313 (20)	tri-o-methylapigenin
27		32.27	189 (100), 69 (98), 109 (93), 191 (73), 95 (68)	(highest m/z 440)
28		32.69	342 (100), 341 (68), 296 (31), 313 (27), 343 (20)	methylated luteolin derivative?
29		34.97	109 (100), 69 (56), 189 (53), 95 (43), 191 (36)	(highest m/z 440)
30		36.52	109 (100), 69 (60), 95 (46), 189)38) 207 (35)	lupeol? (highest m/z 426)

Referencias

1. Hernandez, J.; Perea,E.; Mejía, K.; Jacobo, C. "Effect of Fique Fibers in the Behavior of a New Biobased Composite from Renewable Mopa-Mopa Resin," *Polymers* 12 (2020): 1573.
2. Weddell, H. A. *Histoire Naturelle des Quinquinas, ou monograph du genre Cinchona*. París: Victor Masson, 1849, p. 94.
3. Goudot, M.J., "Notice sur une rubiacée du genre Condaminea, et sur le vernis qu'elle produit", *Compte Rendu des Séances de l'Académie des Sciences* 18 (enero-junio de 1844): 260-262.
4. Mora-Osejo, L.E., "El barniz de Pasto", *Caldasia* 11 (1977): 5-31.
5. Humboldt, A. von. "Sobre el barniz de Pasto", en *Alexander von Humboldt en Colombia: Extractos de sus Diarios preparados y presentados por la Academia Colombiana de Ciencias Exactas, Físicas y Naturales y la Academia de Ciencias de la República Democrática Alemana*, ed. Publicismo y Ediciones. Publicismo y Ediciones. Bogotá, Colombia, 1982; traducción al español de los originales alemán y francés. Diario VII, 188-189.
6. Boussingault, M. *Viages Científicos a Los Andes Ecuatoriales ó Colección de Memorias sobre Física, Química é Historia Naturel de la Nueva Granada, Ecuador y Venezuela,* París: Liberia Castellana, 1849: "Sobre la composición del barniz de los indios de Pasto", pp. 116-120.

7. Global Biodiversity Information Facility (GBIF), https://www.gbif.org/occurrence/search?taxon_key=2918905&advanced=1 (consultado el 21 de noviembre de 2022).
8. Steyermark, J.A. "Rubiaceae". En Maguire, B. (ed.), *The Botany of the Guayana Highland, Part VI.* Memorias del Jardín Botánico de Nueva York 12 (1965): 1-285.
9. Maldonado, C. *Una revisión del género Elaeagia* (Rubiaceae). Tesis de Máster, Universidad de Aarhus, Dinamarca, 2005. 84 pp.
10. Mendoza-Cifuentes, H.; Aguilar-Cano, J. "Una nueva especie de barniz de pasto *Elaeagia* (Rubiaceae) de la cordillera Oriental de Colombia", *Biota Colombiana* 19 suppl. 1 (2018): 3-9.
11. Taylor, C. M. "Rubiacearum Americanarum Magna Hama Pars IV: New taxa and combinations in *Elaeagia* and Warszewiczia (Rondeletieae) from Mexico, Central America, and Colombia," *Novon* 11 (2001): 274-279.
12. Langenheim, J. *Resinas vegetales: Chemistry, Evolution, Ecology, Ethnobotany.* Portland, Oregón: Timber Press, Inc., 2003.
13. De Faria, D.; Edwards, H.; Afonso, M.; Brody, R.; Morais, J. "Raman spectroscopic an analysis of a *tembetá*: a resin archaeological artefact in need of conservation," *Spectrochimica Acta Part A* 60 (2004): 1505-1513.
14. Lucero-Gómez, P.; Mathe, C.; Vieillescazes, C.; Bucio-Galindo, L.; Belio-Reyes, I.; Vega-Aviña, R. "Arqueobotánica: perfiles moleculares de HPLC para la discriminación de copales en Mesoamérica. Aplicación al estudio de materiales resinosos de objetos de ofrendas aztecas", *ArcheoSciences* 38 (2014). http://journals.openedition.org/archeosciences/4204 ; DOI: https://doi.org/10.4000/archeosciences.4204
15. Piña-Torres, C.; Lucero-Gómez, P.; Nieto, S.; Vázquez, A.; Bucio, L.; Belio, I.; Vega, R.; Mathe, C.; Vieillescazes, C. "Una estrategia analítica basada en espectroscopia por transformada de Fourier, análisis de componentes principales y análisis discriminante lineal para sugerir el origen botánico de resinas de *Bursera.* Aplicación a muestras arqueológicas aztecas", *Revista de Patrimonio Cultural* 33 (2018): 48-59.
16. Kriss, D.; Howe, E.; Levinson, J.; Rizzo, A.; Carò, F.; DeLeonardis, L. "Un estudio material y técnico de la cerámica pintada de Paracas", *Antiquity* 92 (2018): 1492-1510.
17. De Faria, D.; Maier, M.; Parera, S.; Afonso, M.; Lima, S.; Edwards, H. "Non-invasive and non-destructive Raman spectroscopic characterization of some Brazilian ethnographic resins", *Journal of Raman Spectroscopy* 52 (2021): 2262-2271.
18. Harrison, A. "Recontextualizing Pre-Columbian Gold and Resin Artifacts from Panama in the Smithsonian Collections". En *Contextualizing Museum Collections at the Smithsonian Institution: The Relevance of Collections-Based Research in the Twenty-First Century*, eds. M. Martinez, E. Sears, L. Sieg, 155-64. Smithsonian Contributions to Anthropology 54. Washington, D.C.: Smithsonian Institution. Washington, D.C.: Smithsonian Institution Scholarly Press, 2022. https://doi.org/10.5479/si.19436615.
19. Stuckart, J. *Barniz de Pasto: The Impact of Tourism on a Traditional Craft.* Tesis doctoral, Universidad de Pittsburgh, 1982.
20. Juan, J.; de Ulloa, A.. *Voyage to South America, Describing at Large, the Spanish Cities, Towns, Provinces, etc. on that extensive Continent,* traducido por J. Adams, 3rd edición, 1777, Capítulo III, pp. 345-346. Edición original española publicada en 1748. "En Pasto...hay ciertos árboles que producen una resina llamada mopa-mopa; y de ella se hace un barniz, que además de su exquisita belleza soporta el agua hirviendo, y aun los ácidos."
21. Jijón y Caamaño, J.; Larrea, C. 1918. *Un cementerio incásico en Quito y notas acerda de los Incas en el Ecuador*. Quito, Ecuador: Universidad Central, 1918: pp. 41-4.
22. Álvarez-White, M. *El barniz de Pasto. Secretos y revelaciones de la técnica*. Bogotá: Universidad de los Andes, 2023.
23. República de Colombia Superintendencia de Industria y Comercio, resolución no. 70002, 30 de noviembre de 2011. https://www.sic.gov.co/sites/default/files/files/Denominacion%20de%20Origen/Resoluci%C3%B3n%2070002%20-%20Mopa%20Mopa%20Barniz%20de%20Pasto.pdf
https://www.sic.gov.co/noticias/la-sic-en-el-corazon-de-las-denominaciones-de-origen
24. Bentley, R. "The shikimate pathway-a metabolic tree with many branches," *Crit. Rev. Biochem. Mol. Biol.* 25 (1990): 307-384.
25. Herrmann, K.; Weaver, L. "The shikimate pathway," *Annual Review of Plant Physiology and Plant Molecular Biology;* 1999; 50, 473-503.

26. Mouradov, A.; Spangenberg, G. "Flavonoides: una red metabólica que media en la adaptación de las plantas a sus bienes inmuebles", *Frontiers in Plant Science* 5 (2014): 620.
27. Biftu, T.; Stevenson, R. "Flavone and triterpenoid constituents of *Elaegia utilis*". *Journal of the Chemical Society, Perkin Transactions* 1 (1978): 360-363.
28. Insuasty, B.; Argoti, J.; Altarejos, J.; Cuenca, G.; Chamorro, E. "Caracterización fisicoquímica a preliminar de la resina del mopa-mopa (*Elaeagia* E. pastoensis Mora), barniz de Pasto," *Scientia et Technica Año* 13 (2007): 365-368.
29. Newman, R.; Derrick, M.; Kaplan, E. "Mopa mopa: Análisis científico e historia de una inusual resina sudamericana utilizada por los Incas y los artesanos de Pasto, Colombia", *Journal of the American Institute for Conservation* 54 (2015): 123-148.
30. Challinor, J. "The scope of pyrolysis methylation reactions," *Journal of Analytical and Applied Pyrolysis* 20 (1991): 15-24.
31. He, Y. et al., "The search for organic compounds with TMAH thermochemolysis: from earth analyses to exploration experiments," *Trends in Analytical Chemistry* 127 (2020): 115896.
32. White, H. "An Analysis of Unidentified Dark Materials Between Inlaid Motifs on Andean Wooden Queros," M.A. in Conservation of Archaeological and Ethnographic Materials, thesis, Univerisyt of California at Los Angeles, 2016, https://escholarship.org/content/qt6g06s31j/qt6g06s31j.pdf?t=ocvfwo.
33. thPozzi, F.; Basso, E.; Katz, M. "En busca de los colores de Humboldt: materiales y técnicas de una calabaza lacada del siglo XVII de Colombia", *Heritage Science* 8 (2020): 101.
34. Gómez, L.; Cubillos, J. *Exploraciones arqueológicas en el Alto de Lavapatas 1974-1975* (manuscrito inédito), pp. 47, 68.
35. Gómez, L.; Cubillos, J. *Arqueología de San Agustin: Alto de Lavapatas*, 1988, pp.7,8,95,183. Traducción de M.C. Álvarez-White.
36. Velandia, C. "La cultura arqueológica de San Agustín. Towards a new interpretation", en G. Politis y B. Alberti, eds., *Archaeology in Latin America* (Londres: Routledge, 1999), pp. 185-215.
37. Alarcón, M. , "Pastos y Protopastos: La red regional de intercambio de productos y materias primas de los siglos IX a XVI D.C . ," *Maguaré* 3 (1986), pp. 33,37.
38. Cadavid, G . , "Excavaciones arqueológicas en Tajumbina (La Cruz-Nariño) Segunda temporada", *Boletín de arqueología* 8 (1993), nº 1.
39. Analysis at Keck Carbon Cycle Accelerator Mass Spectrometry facility, U. California Irvine (informe inédito, 2017).
40. Fray Gerónimo de Escobar, 1582, citado en O. Granda Paz, *Aproximación al barniz de Pasto* (Barranquilla: Editorial Travesías, 2007), p.. 15; traducción de Eleana Gómez.
41. Hamilton, J., *Through the Interior Provinces of Colombia* (Londres, John Murray, 1827), volumen 1, pp. 309-310.Castellvi, M. de, 1942. Citado en Stuckart, p.17.
42. Castellvi, M. "Reseña crítica sobre el descubrimiento de la región de Mocoa y fundaciones de ciudad del mismo nombre", *Boletín de Historia y Antigüedades,* 29 (1942), nos. 330-331, pp. 373-380; citado en Stuckart [19].
43. Katz, M., "Colonial Spanish American Lacquered Objects in the Collection at the Hispanic Society of America," in *Wooden Artifacts Group Postprints, Presentations from the 2016 AIC Annual Meeting in Montréal, Canada,* pp. 37-48. https://www.culturalheritage.org/docs/default-source/publications/periodicals/wooden-artifacts-group/wooden-artifacts-group-postprints-vol-30-2016.pdf?sfvrsn=2c6b0a20_8
44. Sánchez Ledesma, A., "Análisis de los materiales de una arqueta decorada con barniz de Pasto, perteneciente a la colección del Museo de América de Madrid". *Anales del Museo de América* 28 (2020): 170-179.
45. Kawamura, Y., "El barniz de Pasto y las lacas de Japón: contexto histórico de sus encuentros", *Anales del Museo de América* 28 (2020): 99-108.
46. de la Mata, A., "El arte del barniz de Pasto en la colección del Museo de América de Madrid", *Anales del Museo de América* 28 (2020): 81-98.
47. Melchar, D., Burgio et al. "A collaborative, multidisciplinary and multi-analytical approach to the characterisation of *barniz de Pasto* objects from the V&A collections," *Transcending Boundaries: Integrated Approaches to Conservation* (Consejo Internacional de Museos, 2021).

48. Humphrey, N.; Burgio, L.; Melchar, D. "One small corner of the Viceroyalty in South Kensington: barniz de Pasto at the Victoria and Albert Museum, London", *Anales del Museo de América* 28 (2020): 147-156.
49. Fray Pedro Simón, *Noticias historiales de la conquistas de Tierra Firme en las Indias Occidentales* (publicado originalmente en 1627), citado en Stuckart [19].
50. Zarama Rincón, R., "Comercio y producción del barniz de Pasto en los siglos XVIII y XIX", *Academia Nariñense de Historia, Manual Historia de Pasto* 18 (2017): 53-81.
51. Botina, J. *Barniz o Mopa-Mopa* (Putumayo, Colombia: Corporación Autónoma Regional del Putumayo, 1990).
52. Artesanías de Colombia, *Cuaderno de oficio según técnica Mopa-Mopa o Barniz* (2004), 85 pp., INST-D%202016.%2029%20barniz%20de%20Pasto.pdf
53. Departamento de Cundinamarca (Bogotá), *Plan especial de salvaguardia conocimientos y técnicas tradicionales asociadas con el barniz de pasto mopa-mopa putumayo-nariño* (2019), 160 pp., PES%20BARNIZ%20MOPA%20MOPA.pdf
54. De Friedemann, N. "Mopa-mopa o barníz de Pasto", en *Lecciones Barrocas: Pinturas sobre la Vida de la Virgen de la Ermita de Egipto,* Banco de la República, Museo de Arte Religioso, Bogotá (1990), 40-53.
55. de la Mata. A. "El arte del barniz de Pasto en la colección del Museo de América de Madrid", *Anales del Museo de América* 28 (2020): 81-98.
56. Mora de Jaramillo, Y. "Barniz de Pasto, una artesanía colombiana de procedencia aborigen", *Revista Colombiana de Folclor* 3 (1963): 11-48.
57. Codding, M. "The Decorative Arts in Latin America", en J. Newland et al. (eds.), *The Arts in Latin America 1492-1820* (New Haven, CT: Yale U. Press, 2006), pp. 98-113.
58. Álvarez, M. "La restauración", en *Lecciones Burrocas: Pinturas sobre la Vida de la Virgen de la Ermita de Egipto,* Banco de la República, Museo de Arte Religioso, Bogotá (1990), 20, 28.
59. Álvarez-White M.;, Fernández-Reguera, M. "Case #1: Mopa-Mopa Varnish as Decoration in Colombian Colonial Sculpture," in G. Siracusano and A. Rodríguez Romero, eds., *Materia Americana: the Body of Spanish American Images (16th to mid-19th centuries)* (Sáenz Peña: Universidad Nacional de Tres de Febrero, 2020), pp. 91-96.
60. Cummins, T. 2002. *Brindis con el Inca: Andean Abstraction and Colonial Images on Quero Vessels.* Ann Arbor, MI: University of Michigan Press, 2002.
61. Pearlstein, E.; Kaplan, E.; Howe, E.; Levinson, J. "Technical analyses of painted Inca and Colonial queros," in *Objects Specialty Group Postprints, Volume 6, 1999 (Proceedings of the Objects Specialty Group Session, June 11, 1999, 27th AIC Annual Meeting),* pp. 94-103.
62. Zori, C. "Queros as Inalienable Objects: Ritual Drinking Vessels and the End of the Incas Empire at Moqi (Locumba Valley, Southern Peru)", *Latin American Antiquity* 33 (2022): 60-78.
63. Llanos, Luis. A. "Trabajos arqueológicos en el departamento del Cuzco bajo la dirección del Dr. Luis E. Valcárcel, Informe de Luis Llanos sobre Ollantaytambo," *Revista del Museo Nacional* 5(2) (1936): 123- 56. Lámina VII
64. Pearlstein, E.,; Mackenzie, M.; Kaplan, E.; Howe, E.; Levinson, J. "Tradition and innovation: cochineal and Andean keros", en C. Padilla y B. Anderson, eds., *A red like no other: how cochineal colored the world: an epic story of art, culture, science, and trade (*NuevaYork: Skia/Rizzoli, 2015), pp. 44-51.
65. Rowe, J. "The chronology of Inca wooden cups", en S. Lothrop et al., *Essays in Pre-Colombian Art and Archaeology* (Cambridge, MA: Harvard U. Press, 1961), pp. 317-341.
66. Falcón Huayta, V. "Tiana: Asiento Inca", *Revista Haucaypata. Investigaciones Arqueológicas Del Tahuantinsuyo* 4 (2012): 30-46.
67. Howe, E.; Kaplan, E.; Newman, R.; Frantz, J.; Pearlstein, E.; Levinson, J.; Maddon, O. "The occurrence of a titanium dioxide/silica white pigment on wooden Andean queros: a cultural and chronological marker", *Heritage Science* 6 (2018): 41
68. Curley, A.; Thibodeau, A.; Kaplan, E.; Howe, E.; Pearlstein, E.; Levinson, J. "Isotopic composition of lead white pigments on queros: implications for the chronology and production of Andean ritual drinking vessels during the colonial era", *Heritage Science* 8 (2020): 72.
69. Newman, R.; Derrick, M. "Painted Quero Cups from the Incas and Colonial Periods in Peru: An Analytical Study of Pigments and Media," in P. Vandiver et al. (eds.), *Materials Issues in Art and Archaeology VI (Symposium held November 26-30, 2001, Boston Massachusetts, USA)* (Warrendale, PA: Materials Research Society, 2202), pp. 291-302.

70. D'Altroy, T. *Los Incas. Los pueblos de América.* (Malden, MA: Blackwell, 2002).
71. Salomon, F. "A North Andean Status Trader Complex under Incas Rule", *Etnohistoria* 34 (1987): 63-77.
72. Gisbert de Mesa, T. en J. Newland et al., eds., *The Arts in Latin America 1492-1820* (Filadelfia, PA: Museo de Arte de Filadelfia, 2006), entrada de catálogo 129.

heritage

Article

Methods for Dating the First Spanish American Lacquerwares: Seventeenth-Century *Barniz de Pasto* and Peribán Lacquer

Mitchell Codding

The Hispanic Society of America, New York, NY 10032, USA; macodding@gmail.com

Abstract: This article examines the first Spanish American lacquerwares produced by Indigenous artisans in the seventeenth century, *barniz de Pasto* in Colombia and Peribán lacquer in Mexico, and discusses how the evolution of the decorative motifs, techniques, and forms of these lacquerwares can establish an initial dating chronology. Over the last thirty years, a sufficient number of examples of seventeenth-century Spanish American lacquerware have come to light that are datable, whether through provenance, historical references, or radiocarbon dating, and that make possible tentative chronologies for their production. The Hispanic Society of America in New York City holds at present the most significant collection of datable pieces of *barniz de Pasto* and Peribán lacquerware that now provide the key dates that can serve as the basis for establishing dating chronologies.

Keywords: viceregal; Spanish American lacquer; New Granada; New Spain; indigenous lacquer; *barniz de Pasto; mopa mopa; pintura;* Peribán or Mexican lacquer; *maque*

Citation: Codding, M. Methods for Dating the First Spanish American Lacquerwares: Seventeenth-Century *Barniz de Pasto* and Peribán Lacquer. *Heritage* **2024**, *7*, 4323–4387. https://doi.org/10.3390/heritage7080204

Academic Editors: Joanne Dyer, Maurizio Aceto, Lucia Burgio, Dana Melchar and Monica Katz

Received: 14 June 2024
Revised: 17 July 2024
Accepted: 2 August 2024
Published: 13 August 2024

1. Introduction

In the early decades of the seventeenth century, the limited supply and strong demand for the highly prized Asian lacquerware introduced to the Americas and Europe by the Manila Galleons from the Philippines prompted the emergence of two new Spanish American lacquer traditions based upon the ancient Indigenous lacquer traditions of Mesoamerican and Andean civilizations. Indigenous artisans of the modern regions of the department of Putumayo in southern Colombia and the state of Michoacán in Mexico invented the new Spanish American lacquerwares of *barniz de Pasto* produced at Pasto, department of Nariño, Colombia, and at Peribán, state of Michoacán, Mexico. Spanish American *barniz de Pasto* lacquerware uses as its medium *mopa mopa* resin, harvested from the leaf buds of the *mopa mopa* tree (*Elaeagia pastoensis* L. E. Mora), found in the tropical rain forests of the mountains of southwest Colombia near Mocoa, the capital of the Department of Putumayo. Peribán lacquerware employed as its principal medium a mixture of aje fat obtained from the females of a scale insect (*Llaveia axin*), cultivated by the Purépecha People of Michoacán for centuries on acacias, piñon pines, and hog plum trees, combined with chía oil extracteded from the seeds of a native sage plant (*Salvia chian*), which the Aztecs and the Purépecha Peoples had cultivated not just for the oil but as a food crop. The materials and techniques used in producing *barniz de Pasto* and Peribán lacquerware were first generally described in a number of publications, which brought these objects to the attention of a broader public [1–4]. Since 2000, a monograph [5] as well as a number of technical studies have been published mainly on viceregal *barniz de Pasto* objects, for example, identifying the source of the *mopa mopa* resin [6] and identifying many of the colorants used [7,8]. A technical study on Mexican lacquer was published in 2012 [9].

Seventeenth-century *barniz de Pasto* and Peribán lacquerwares were largely unknown until the end of the twentieth century, even in their countries of origin, with the exception of a few art historians, museum professionals, and collectors. No examples of matte *barniz de Pasto* were to be found in public institutions in Colombia, and the same can be said of Peribán lacquerware in Mexico up to the present. When the Hispanic Society began to collect Spanish American viceregal decorative arts in the 1990s, the only resources with images of examples of seventeenth-century lacquerware were publications that could only be found in a few institutional libraries, and fortunately, most of those publications were held by the Hispanic Society. The first important published examples of Peribán lacquerware were two *bufetillos* (table cabinets) and a *batea* (tray), all in convents in Spain, that appeared in *México en el mundo de las colecciones de arte, Nueva España I* (Mexico, 1994) [10]. This publication served as my primary reference when the Hispanic Society acquired an important Peribán *batea* in 1998 (LS1808) and then another in 1999 (LS1978). Before the Hispanic Society acquired its first piece of seventeenth-century *barniz de Pasto* in 2001, the only other pieces that I had seen in person or in a publication were an eighteenth-century *azafate* (tray) from the Museo Jacinto Jijón y Caamaño, Quito, Ecuador, included in the 1992 exhibition at the Americas Society in New York, *Barroco de la Nueva Granada: Colonial Art from Colombia and Ecuador* [11]; and a small seventeenth-century casket and a fine eighteenth-century chest from the collection of Rodrigo Rivero Lake, which were published in his 1997 book *La visión de un anticuario* [12]. The present article seeks to illustrate the evolution of these lacquerwares and to suggest dating methods based on the visual examination of the decorative motifs and the stylistic qualities of the objects. A Spanish translation of this article is available in Supplementary Materials.

2. Materials and Methods

2.1. *Barniz de Pasto, Mopa Mopa Lacquer, or Pasto Varnish: Historical Context*

The earliest Spanish references to the use of *mopa mopa* for decorating objects are associated with the village of Timaná, situated over 170 km northeast of Pasto. In 1582, the Augustinian friar Jerónimo de Escobar noted in his description of the province of Popayán that the Indigenous Peoples of Timaná made long staffs painted with a varnish in bright colors but did not clearly identify the varnish as *mopa mopa* [13]. The Franciscan chronicler Pedro Simón (1581–ca. 1628), writing around 1626, observed that the inhabitants of Timaná, as well as Mocoa, Quito, and other parts of Peru, produced staffs and tobacco boxes that were decorated with a resin of various colors that was obtained from the leaf buds of a tree in the region:

> In this land, certain trees sprout a small ball of resin like a gum, that if not collected, opens in a few days and changes into a leaf. The Indians pick these balls, and making the resin in various colors, they varnish staffs, tobacco containers, flag poles, poles for canopies, and other things made of wood, because on clay or any other thing it does not stick well. They also do this type of work in Mocoa, Quito, and other parts of Peru [14].

During the Spanish American period, the Indigenous Peoples of the Sibundoy Valley (approximately 35 km east of Pasto) supplied the resin-covered leaf buds, pressed into blocks, to the lacquer artisans, who processed and colored the resin for application on a variety of decorative, primarily wood, objects in Pasto. The earliest reference to the production of lacquer objects in Pasto dates from around 1676, yet by this time, *barniz de Pasto* had already enjoyed considerable fame in Europe, according to the Colombian bishop Luca Fernández de Piedrahita (1624–1688) [15]. The Pasto historian José Rafael Sañudo, using manuscript sources not cited, in 1897 provided the name of the earliest known *barnizador* in a rambling history of Pasto in the seventeenth century: "It is in this century that for the first time we have been able to know the name of an artist of varnish painting, a private industry of the city, who was Sébastián de Trejo" [16]. In the second edition of his history, published in 1939, Sañudo clarified the year as 1692 and added two more names: "*pintores de Barniz*", Sebastián Sapillos, and the "indio pastuso" don Marcos Bastides [17].

2.2. *Barniz de Pasto: Techniques, Stylistic Influences, and Dating Methods*

From its beginnings in the first quarter of the seventeenth century, the special properties of *mopa mopa* resin allowed the *barnizadores* of Pasto to produce intricate and highly complex designs with both matte and transparent (*brillante*) *barniz*. To achieve the luminous metallic luster of the *barniz brillante,* lacquer artisans placed silver leaf underneath the highly refined transparent lacquer, creating an effect similar to Asian lacquers that incorporated gold and silver powder or leaf. This required stretching *mopa mopa* resin, natural or colored, into sheets as thin as onion skin. The varied shapes of the design were cut from the center of the sheet, where it was the thinnest, and laminated over the silver leaf. These pieces functioned as independent elements within the overall design or were stacked in multiple layers to create designs in relief. Additional fine details, such as circles, squares, or diamonds, in different transparent or matte colors, were also applied over larger pieces to create more elaborate patterns. In some of the most complex early techniques, minute threads of black or white *mopa mopa* were used to outline figures, to add fine details, or as cross-hatching for shading effects. All of these techniques are found on a very early casket in the collection of The Hispanic Society of America (Figures 1 and 2 LS2067 unicorn), which dates it to ca. 1625[1]. As can be seen in a detail of the unicorn in Figure 2, the body of the unicorn, which was once a luminous silver, is now a dull gray due to air having penetrated below the *barniz* over time, causing the silver leaf to oxidize.

Figure 1. Casket, Pasto, Colombia, ca. 1625. *Barniz de Pasto* on wood, with silver fittings, 19.2 cm × 27.2 cm × 13.7 cm, New York, The Hispanic Society of America, LS2067.

Figure 2. Detail of a unicorn. Casket, Pasto, Colombia, ca. 1625. New York, The Hispanic Society of America, LS2067.

In the seventeenth and eighteenth centuries, *barniz de Pasto* was used by Indigenous artisans to decorate the surfaces of secular and religious wooden objects, ranging from fall-front table cabinets to coffers, chests, caskets, trays, bowls, plates, book stands, picture frames, nesting beakers, as well as calabash gourd (*totuma*) drinking cups and vases (Figure 3). In the first half of the seventeenth century these luxury objects were made in Pasto for the cultural elite of the Spanish market under the supervision and instruction of Catholic missionary orders. They were primarily sent to Europe as gifts for high church officials, nobles, or monarchs or returned to Europe with their owners.

Figure 3. Vase, Pasto, Colombia, before 1644. *Barniz de Pasto* on a calabash gourd (*totuma*), H 12 cm, New York, The Hispanic Society of America, LS2400.

Gourd vases are among the rarest survivors, made from the *totuma* (calabash), obtained from two possible species, *Lagenaria siceraria* or *Crescentia cujete*, both cultivated by the Indigenous Peoples of the Americas for millennia. This gourd vase[2] in the collection of The Hispanic Society of America is one of the earliest datable pieces of viceregal *barniz de Pasto*, based on recent radiocarbon dating that yielded a terminus date of 1644 [7].

Early seventeenth-century examples of *barniz de Pasto*, whether matte or *brillante*, incorporate floral, foliate, and hunting motifs that include dogs, horses, deer, rabbits, foxes, wild boars, and lions, along with legendary beasts such as snailpersons, snailbirds, and snailunicorns, as well as creatures from Greco–Roman mythology, including unicorns, winged horses (Pegasus), double-headed eagles, mermaids, satyrs, sirens, and griffins. The earliest example of *barniz brillante* in the collection of The Hispanic Society of America (Figure 1), and perhaps the earliest extant example, is the ca. 1625 casket (LS2067). The complexity and delicacy of the designs on the casket suggest a date earlier than the gourd vase LS2400, made before 1644.

A griffin included on the back side of the casket LS2067 (Figure 4) exemplifies the complex and minute details that early Indigenous artisans were capable of creating. The figure of the griffin incorporates inset strands of white *barniz de Pasto* less than half a millimeter in width that outline and ornament the figure. Intricate waving bands and whorls ornament the neck, chest, and tail; cross-hatching on the belly emulates shading; and black strands delineate the wings and feathers composed of transparent and colored *barniz* over silver leaf. The inclusion of small squares and rectangles of varied colors combined to produce an iridescent effect on the feathers.

Figure 4. Detail of a griffin. Casket, Pasto, Colombia, ca. 1625. New York, The Hispanic Society of America, LS2067.

Some Indigenous influences appear on early *barniz de Pasto*, both matte and *brillante*, yet Asian influences are largely absent in spite of the fact that Asian lacquers served as the inspiration for the viceregal lacquers. This was probably due to the fact that the Indigenous artisans did not have specimens of the valuable Asian ware for reference at that early date. Most of the early designs were derived from fifteenth- and sixteenth-century European sources, such as illuminated manuscripts, emblem books, prints, and drawings, that were provided by Catholic missionaries to the Indigenous artisans with the idea of applying the Indigenous lacquer techniques to decorative objects that could compete with Asian lacquerwares. The Indigenous artisans often chose to interpret these foreign images within their own cultural heritage, like the snailperson on the Hispanic Society casket (Figure 5), who is depicted with a crown of feathers[3] typical of a Kamëntsa shaman of the Sibundoy Valley [18], being the same location from which *mopa mopa* was sourced for the artisans in Pasto. Snailpersons do not appear in contemporary European printed books or prints, so the images adapted by the artisans in Pasto originated from late fifteenth- or early sixteenth-century illuminated manuscripts, similar to the French and Belgian examples seen here from Late Medieval manuscripts in the collection of the Department of Manuscripts and Rare Books at The Hispanic Society of America (Figures 6 and 7).

A matte *barniz de Pasto* table cabinet[4] and accompanying tabletop[5], acquired in 2019 by The Hispanic Society of America, display equally diverse imagery drawn from Classical mythology, Renaissance, Mannerist, and Indigenous sources (Figures 8–10). The decorative surfaces are populated with Indigenous and Spanish hunters, dogs, wild boars, armadillos, deer, monkeys, birds, rabbits, jaguars, and lions, intermingled with mythological beasts such as satyrs, griffins, and unicorns, along with Mannerist cartouches and grotesque masks, all surrounded by Renaissance foliate and floral rinceaux. Symbols of the Stations of the Cross depicted on the interior of the lid suggest that the table cabinet was made for a member of the clergy (Figures 8 and 10).

Figure 5. Detail of a snailperson. Casket, Pasto, Colombia, ca. 1625. New York, The Hispanic Society of America, LS2067.

Figure 6. Detail of a snailperson. *Black Book of Hours* (*Horae beatae marie secundum usum curie romane*), Circle of Willem Vrelant (active Bruges, Belgium, 1454–1481), Bruges, Belgium, ca. 1458. Illuminated manuscript on vellum painted black, 15.2 cm × 10.7 cm × 2.7 cm, New York, The Hispanic Society of America, B251.

Figure 7. Detail of a snailperson. *Book of the Most Valorous Count Artois, and of His Wife, Daughter of the Count of Boulloigne* (*Livre du tres cheualereux conte d'Artois et de sa femme fille du conte de Boulloigne*), France, ca. 1450. Illuminated manuscript on vellum, 26.9 cm × 19.5 cm × 4.5 cm, New York, The Hispanic Society of America, B1152.

Figure 8. Table cabinet, Pasto, Colombia, ca. 1630–1643. *Barniz de Pasto* on Spanish cedar (*Cedrela odorata*), with silver fittings, 49 cm × 49.4 cm× 47 cm open, New York, The Hispanic Society of America, LS2446.

Figure 9. Tabletop, Pasto, Colombia, ca. 1630–1643. *Barniz de Pasto* on Spanish cedar (*Cedrela odorata*), 43.7 cm × 66 cm × 1.8 cm, New York, The Hispanic Society of America, LS2447.

Figure 10. Detail of the Stations of the Cross on the interior of the lid. Table cabinet, Pasto, Colombia, ca. 1630–1643. New York, The Hispanic Society of America, LS2446.

Of all known examples of *barniz de Pasto* from the earliest period (1625–1650), the silver fittings on this table cabinet are truly exceptional, especially the ornate lock escutcheon and hasp (Figure 11). The lock escutcheon is chased and engraved with a Renaissance-style sculptural hasp with the half figure of a herm, borrowed from ancient Greek sculpture.

Figure 11. Detail of the silver lock escutcheon and hasp with a cast figure of a herm. Table cabinet, Pasto, Colombia, ca. 1630–1643. New York, The Hispanic Society of America, LS2446.

This table cabinet represents the only known example of the incorporation of an owner's name as part of the original surface design on any piece of seventeenth-century *barniz de Pasto*. The ownership inscription appears on the interior front panel above the drawers, which reads in Latin: CAPSULA H(A)EC EST MARTINI DE TOLOSA; in English translation: THIS IS THE BOX OF MARTIN DE TOLOSA (Figure 12). Fortunately, it has been possible to identify the owner and accordingly provide an approximate date for the writing cabinet and tabletop.

Figure 12. Martín de Tolosa ownership inscription on the interior front panel. Table cabinet, Pasto, Colombia, ca. 1630–1643. New York, The Hispanic Society of America, LS2446.

Colombian and Spanish archival sources reveal that Martín de Tolosa was a cleric, priest, chief sacristan, and chapel master of the Cathedral of Popayán from at least 1630 to 1643 [19–22]. Based on this documentation, the table cabinet and tabletop are the earliest known datable examples of seventeenth-century *barniz de Pasto* based on provenance.

Within the array of European mythological creatures that populate the surfaces of early pieces of *barniz de Pasto*, a mythological beast that variably resembles a dragon, winged serpent, sea monster, or seahorse blends in perfectly. However, the beast is not of European origin but is an amaru/amaro of Andean mythology, a serpent creature that inhabited the underworld and was associated with all forms of water. The amaru is depicted in Andean decorative arts with a head similar to a dragon, two bat-like wings, two legs with long claws, and a body and tail covered with scales, although it can also take on the appearance of a sea horse or sea monster. Since depictions of the amaru were uncommon in Andean decorative arts until the seventeenth century, it is difficult to know whether or not the Indigenous artisans were attempting to copy European dragons in their own style or whether they were intentionally substituting a beast from Andean mythology. The Italian Jesuit historian Giovanni Anello Oliva (1572–1642) provided a description of the amaru similar to other contemporary accounts in his important manuscript *Historia del reino y provincias del Perú y vidas de los varones insignes de la Compañía de Jesús* (1625):

> a serpent so ferocious and fearsome . . . as large as the biggest animal on earth, with wings like a bat, short and very thick arms with large nails . . . eyes polluted with fire and blood, the tongue quivering . . . covered with hard scales . . . and from this stupendous animal the Inca took the sobriquet Amaro, as such were these serpents called [23].

At least thirteen *barniz de Pasto* cabinets, coffers, chests, and caskets in public and private collections include depictions of amaru[6]. Most of the pieces are early, 1625–1650, although a few are from later in the seventeenth century. It is useful here to illustrate how the depictions of the amaru vary in a group of early works as a first step in identifying workshops and establishing a chronology for dating pieces. No two depictions of amaru on *barniz brillante* caskets, coffers, or chests are identical, although they are always presented with extended barbed tongues and as opposing pairs on the front, top, or back exterior surfaces. Representations of an amaru similar to the one on the Hispanic Society's casket

LS2067 (Figure 13) can also be found on small coffers, chests, or caskets at the Blanton Museum of Art, Austin, TX (2018.351); the Los Angeles County Museum of Art, Los Angeles, CA (Figure 14); and the Victoria and Albert Museum, London (Figure 15). Conceivably, all four could have been produced in one or two workshops over the span of a few decades.

Figure 13. Detail of an amaru. Casket, Pasto, Colombia, ca. 1625. New York, The Hispanic Society of America, LS2067.

Figure 14. Detail of an amaru. Chest, Pasto, Colombia, ca. 1650. *Barniz de Pasto* on wood, with silver fittings, 17.2 cm × 23.2 cm × 13.3 cm, Los Angeles, Los Angeles County Museum of Art, M.2008.34.

Figure 15. Detail of an amaru. Casket, Pasto, Colombia, ca. 1650. *Barniz de Pasto* on wood, with iron fittings, 13.5 cm × 21.3 cm × 9.5 cm, London Victoria and Albert Museum, W.7-2018.

In general, there is a common evolutionary trait within the decorative arts in viceregal Latin America in which the earliest pieces exhibit the greatest complexity and attention to detail. In the case of *barniz brillante,* this is evidenced in the complex patterns created by overlaying minute colored design elements, such as small squares, triangles, and circles, on individual figures. The same applies to the outlining, cross-hatching, and spirals used to reinforce parts of figures and create shading or create complex patterns using fine strands of black or white *mopa mopa,* as seen earlier in the undulating lines and spirals on the body of the griffin on the casket LS2067 (Figure 4). Based on the visual examination criteria discussed within a range of 1625–1650, The Hispanic Society of America casket (LS2067) would be the earliest, and the Victoria and Albert's would be the latest.

Similar comparisons are possible on three early matte *barniz de Pasto* table cabinets with hinged fall-fronts and hinged lids in the Victoria and Albert Museum, The Hispanic Society of America, and in the collection of Francisco Marcos Manzano, Salamanca, Spain, all dating from 1625 to 1650. All three cabinets show striking similarities in their iconography. Each incorporate an impresa with a motto in the decorative scheme, and one impresa appears on all three with the figure of a crane and a ribbon banner with the motto in Latin "VIGILATE" or "VIGILATE ET ORATE"[7]; in English "Be watchful" or "Watch and pray" (Figures 16–18).

The Hispanic Society's table cabinet (LS2446) includes two variant depictions of an amaru, which would most likely indicate two separate artisans working on the same piece, and the Victoria and Albert's cabinet has still another variant, yet no two amaru are depicted the same on any of the three (Figures 19–21).

Since a date range of 1630–1643 has been established for the Hispanic Society's table cabinet, and given the similarities between all three, they all would fall within the early date range of 1625–1650. The V&A cabinet has a complex and uniform decorative program with imprese on all five exterior sides and two interior sides, which suggests that it was made as a gift for an erudite member of the nobility or religious elite. All of the pieces were either commissioned by the owner or given as gifts. They might have been made in one workshop over time using *barnizadores* of different skill levels based on the price paid, but they clearly represent variations in a specific early design group originating at Pasto.

Another unusual European motif, that of a white hand, only appears on a few early pieces of *barniz de Pasto* dating from the period of 1625–1650. The exact symbolism of the hand is unclear, other than being a clever decorative motif. The Hispanic Society's casket (LS2067) includes seven white or flesh-colored hands, a scalloped sleeve cuff at the base of the hand, and black outlines for the fingernails, all of which are positioned at the bottom center above the border on all four sides, and at bottom front and back center of the domed lid, two on the front and one on the back. The hands in matte *barniz* stand out in high contrast with the *barniz brillante* that covers the rest of the casket. With the thumb and index finger, the hand holds the stem of flowers that rise upward and spread to the sides (Figure 22).

Figure 16. "VIGILATE" impresa. Table cabinet, the left side of the exterior, Pasto, Colombia, ca. 1625–1650. *Barniz de Pasto* on wood, 23.2 cm × 37.7 cm × 27 cm, London, Victoria and Albert Museum, W.5-2015.

Figure 17. "VIGILATE" impresa. Table cabinet, interior of fall-front, Pasto Colombia, ca. 1630–1643. New York, The Hispanic Society of America, LS2446.

Figure 18. "VIGILATE ET ORATE" impresa. Table cabinet, interior of lid. Pasto Colombia, ca. 1625–1650. Collection of Francisco Marcos Manzano, Salamanca, Spain.

Figure 19. Detail of an amaru. Table cabinet, center top of lid, under a silver handle, Pasto, Colombia, ca. 1630–1643. New York, The Hispanic Society of America, LS2446.

Figure 20. Detail of an amaru. Table cabinet, back exterior panel, Pasto, Colombia, ca. 1630–1643. New York, The Hispanic Society of America, LS2446.

Figure 21. Detail of an amaru within a cartouche for an impresa. Table cabinet, exterior of the fall-front, Pasto, Colombia, ca. 1625–1650. London, Victoria and Albert Museum, W.5-2015.

Figure 22. Detail of a hand with cuff. Casket, front of the domed lid, at the bottom right side of a silver hasp, Pasto, Colombia, ca. 1625. New York, The Hispanic Society of America, LS2067.

A similar pair of white matte hands with sleeve cuffs are found on a diminutive perfume sprinkler made from a calabash gourd (*totuma*), decorated entirely in matte *barniz*, with a silver tapered nozzle perforated at the top, in the collection of the Victoria and Albert Museum (Figure 23).

Figure 23. Detail of white hands. Flask and stopper, Pasto, Colombia, ca. 1625–1650. *Barniz de Pasto* on a calabash gourd flask, with a silver stopper and sprinkler, 9.525 cm × 4.76 cm, London, Victoria and Albert Museum, 1577–1902.

The hands are in opposition, with the palms facing up and down, delicately holding with two fingers a heart composed of double white outlines. Classical foliate designs with flowers, combined with birds and a stylized fox or cat, make up the rest of the decoration. The heart possibly represents the symbol for the Augustinian order, which has been in Pasto since the late sixteenth century. In this context, the heart would signify that the perfume sprinkler was commissioned by or for an Augustinian. It should also be noted that the Augustinians probably were the missionaries that furnished the early *barniz de Pasto* Indigenous artisans images of mythological beasts and exotic creatures that served as their inspiration for creating the fantastic figures that populate their lacquerware.

Pieces produced in the second half of the seventeenth century into the early eighteenth century are densely decorated with an eclectic mix of motifs drawn from European, American, and Asian sources: the squirrel-and-grapevine motif common to sixteenth-century Chinese and Japanese decorative painting, as well as seventeenth-century lacquers from the Ryukyu Islands (Okinawa); peonies and carnations from Chinese porcelains and textiles;

parrots, monkeys, jaguars, bears, armadillos, alpacas, giant anteaters, wild boar, palm trees, passion flowers, and fruits native to Colombia; as well as the double-headed eagle of the Hapsburg kings of Spain, horses, lions, griffins, pelicans, and baskets of fruit borrowed from European heraldry, mythology, and still life paintings.

Most of these influences are combined on a table cabinet ca. 1684[8] that, without doubt, was commissioned by the bishop of Popayán, Cristóbal Bernardo de Quirós (1618–1684), as a gift for his brother, Gabriel Bernardo de Quirós, secretary to Charles II, who had been granted the title of Marquis of Monreal on 27 December 1683 [24]. The exterior of this table cabinet exemplifies the fusion of Asian and Indigenous motifs, where the squirrel-and-grapevine motif has been reinterpreted with an endemic monkey-and-passion flower vine motif (Figures 24 and 25).

The subtly curved edges and slightly elevated fall front of the table cabinet more closely resemble early seventeenth-century Japanese Namban-style lacquer cabinets produced for the European market rather than traditional Spanish models (Figure 26). The synthesis of these diverse artistic and cultural traditions is most evident on the interior of the lid (Figures 27 and 28).

Here, the coat-of-arms of the Quirós family is prominently displayed over a basket filled with tropical fruits, flanked by parrots, all set against a rich background of carnations, vines, leaves, and agraz berries[9], reminiscent of contemporary Chinese embroidered textiles. It is worth noting that the brass fittings are not original to the cabinet but are lesser quality replacements for the fine silver fittings that probably were removed to raise money in the eighteenth century when the owner was having financial trouble. Unfortunately, most of the early *barniz de Pasto* cabinets suffered the same fate.

Figure 24. Table cabinet with decoration of flowering vines and monkeys, top exterior, Pasto, Colombia, ca. 1684. *Barniz de Pasto* on wood, with brass fittings, 19 cm × 36 cm × 30.5 cm, New York, The Hispanic Society of America, LS2000.

Figure 25. Writing box with decoration of grapes and squirrels, top exterior, Japan (Ryūkyū Islands), 17th century. Black lacquer with mother-of-pearl inlay and gold painting, 6 × 26.2 × 21.6, New York, The Metropolitan Museum of Art, 2020.323.11a–e.

Figure 26. Table cabinet, closed, Pasto, Colombia, ca. 1684. *Barniz de Pasto* on wood, with brass fittings, 9 cm × 36 cm × 30.5 cm, New York, The Hispanic Society of America, LS2000.

Figure 27. Table cabinet, open, Pasto, Colombia, ca. 1684. Barniz de Pasto on wood, New York, The Hispanic Society of America, LS2000.

Figure 28. Table cabinet, interior of the lid with the coat of arms of the Quirós family, Pasto, Colombia, ca. 1684. Barniz de Pasto sobre madera, New York, The Hispanic Society of America, LS2000.

By the end of the seventeenth century, new designs appeared on some of the finest pieces, in which the overall floral and foliate designs became almost abstracted into a series of intricate swirling geometric designsreminiscent of Islamic interlace patterns. Flowers were more conventionalized and served as the points from which the swirling foliate designs emanated. Three pieces in the Museo de America in Madrid exemplify this style: a large chest with exceptionally intricate overall decoration (inv. no. 06675); a tray with scalloped borders in the form of a seventeenth-century Spanish barber's basin (inv. no. 12242); and a portable writing desk (inv. no. 2015/08/01) [25,26]. The mythological creatures from earlier in the century have disappeared in favor of exotic Indigenous species such as giant anteaters, which stand out in matte black *barniz* on each side of the center roundel of the barber's basin tray, or the matte black alpacas on each side of the center roundel of the interior of the fall front. In contrast with seventeenth-century examples of *barniz* de Pasto, those from the eighteenth century exhibit, in general, a notable decline in quality as the century progressed.

2.3. *Pintura, Barniz, and Peribán Painting: Historical Context*

The first Mexican lacquerware produced as a luxury object was attributed and documented by contemporary historians to Peribán, Michoacán. Unfortunately, since Peribán lacquerware is rare and examples survive in a very limited number of museums and private collections, it has been studied by only a few modern scholars who have direct access to the pieces. Early historical accounts refer to the lacquerware of Michoacán as *pinturas* (paintings) or *barnices* (varnishes). The terms *laca* (lacquer) and *maque* (from the Japanese word *maki-e* for lacquers incorporating gold or silver) did not come into use until the eighteenth century with the introduction of the Chinoiserie style, which emphasized gold in the decoration. Painted and lacquered gourd cups (*jícaras*) and bowls were the staple wares of the Purépecha lacquer artisans in central Mexico throughout the viceregal period, but what may be the earliest firsthand account of Indigenous lacquer being applied to wooden objects for use by Spanish missionaries and settlers comes from Tiripitío in Michoacán, located midway between Morelia (Valladolid) and Pátzcuaro. Pedro Montes de Oca, the chief magistrate of Tiripitío, writing in 1580 in response to a questionnaire on the jurisdiction sent by order of Philip II, described the wooden objects "painted" by the Purépecha artisans:

> Many carts and plows, are made in this town from the oaks and holm oaks; and other things from the pines, a lot of planking for houses, doors, boxes, and desks and table cabinets and tables [and] trays. Large quantities are made of everything, because there are very good and polished Indian carpenters here, and very excellent; and when completed they are given to painters for painting, of which there are in this town the most polished and curious that there are in this New Spain for this purpose; such that the desks and writing cabinets can be given and presented to any prince [27].

The next references to Purépecha lacquer artisans appeared in a history of the Augustinian order in Michoacán, completed in 1644 and published in 1673 by Diego Basalenque (1577–1651). Speaking of the skills of the Purépecha in the villages of San Juan Parangaricutiro and Zacan, Basalenque wrote:

> And in terms of wealth they exceed [Zirosto], because they have a lot of dealings and contracts, taking from the hot lands to Spanish Towns, fruits, brown sugar and honey, because they have many mules, and the things they make in their Towns that they profit from, such as paintings, and trays, inlays, agave fiber rope, are all everyday-wares in Spanish towns [28].

Basalenque went on to describe how the Purépechas of Pátzcuaro came to learn their trades and, in the process, made a clear reference to Indigenous inlaid lacquerwork:

> the Bishop [Vasco de Quiroga]; he, who with his great talent, also ordered that the natives all have their entertainments and trades, and thus there were many

> carpenters who made boxes, desks, writing cabinets, paintings, and other things, which were traded to other cities. There were blacksmiths, tailors, shoemakers for whose works they came for to carry away. Others made shawms, flutes, trumpets, sackbuts, to provide the others singers, others organs, others images, with paint, also painting gourds, trays, making inlays with the colors invented here.

In an eighteenth-century chronicle of the Augustinian order in Michoacán, Matías de Escobar (d. 1749) described how the Augustinians introduced Spanish carpentry skills to the Purépecha of Tiripetío in the sixteenth century and how the Purépecha created their own style by adding Indigenous lacquer:

> They gave them master carpenters because they had enough wood to work with, and they learned the art so well that their writing desks became famous and their coffers received applause, because making a diphthong of what they learned from the Spanish masters with what they knew, they formed a new graft on the woods of the Castilian models, drawers of desks, boxes and writing cabinets, they added their lacquers and their paintings, and made their work unique, because at the same time the Spanish design was dressed in Indian clothing [29].

Although the Indigenous lacquer technique was adapted earlier to wooden objects of Spanish design at Tiripitío, Escobar singles out Peribán lacquerware as the finest:

> The painting of Periban up to today not imitated by any other nation, had its origin in this province, and apart from being so showy, the varnish is so permanent that it stubbornly defends itself against time, because colors having the quality of fading with age, this painting bets, persists, with aging endurance, the color becoming one with the wood, perhaps to further establish its permanence; it is the technique of this work, opening the work with the burin, and embedding the colors in the holes, supplying the variety of shades of those colors, without any wood showing

Escobar clearly makes a point of noting that the earlier lacquerware from Tiripitío did not cover the entire surface of the objects, thus leaving areas of exposed wood, unlike all of the later Spanish American lacquerware beginning with Peribán. Regrettably, no examples of the early utilitarian lacquerware produced at Tiripitío or Pátzcuaro are known to survive. Later in the text, after describing the early lacquerwork at Tiripitío, Escobar describes how the Purépecha had not excelled as traditional painters but how they had triumphed with the lacquerware from Peribán:

> For the most part they do not equal the Europeans as painters, however those who have learned in Mexico, can take up a palette in the workshops of Apeles. They do not take great pains in the work; because they know they will not be paid for it, and so they act as if they will not receive the pay they deserve; they themselves have their paints and oils with which they stain their trays, exquisite gourds, called Peribán; which, not content to be sought after in all of New Spain, for their curiosity, they went on to be celebrated in Spain.

The production of lacquerware at any one village would have waxed and waned over time, so it is logical to assume that given the relatively close proximity of these villages, the Purépecha artisans could easily have moved from one village to another as needed.

2.4. *Peribán Lacquerware: Techniques, Stylistic Influences, and Chronology*

The introduction of Asian lacquerware to the Americas and Europe through the Manila Galleon in the late sixteenth and early seventeenth centuries resulted in the adaptation of the Indigenous Mexican lacquer technique to the decorative arts as luxury goods destined for the Spanish market. In the seventeenth century, Peribán was the principal center of production. Peribán, situated in western Michoacán near the border with Jalisco, was credited by contemporary historians with the establishment of the earliest workshops of Spanish American lacquerware in Mexico. The Franciscan chronicler Alonso de la Rea (ca.

1605–1661), writing in 1639, credited the Purépecha lacquer artisans with having invented in Michoacán the art that he called "Peribán painting [30]". He praised this lacquer not only for its beauty but also for its durability and resistance to hot liquids. De la Rea described their technique and observed that the artisans decorated a variety of fine writing desks, boxes, chests, trays (*bateas*), gourd bowls (*tecomates*) and cups (jícaras), and other curious objects with "figures, mysteries, or landscapes". The earliest and finest examples known of Peribán lacquerware date to ca. 1625–1650, exemplified by an exceptional *batea* ca. 1625 (LS1808) in the collection of The Hispanic Society of America (Figure 29)[10].

Figure 29. Tray (*batea*), Peribán, Michoacán, ca. 1625. Mexican lacquer on wood, 8 cm × 56.5 cm, New York, The Hispanic Society of America, LS1808.

The acquisition of this *batea* serves as an example of how Peribán lacquerware, like early *barniz de Pasto*, went unrecognized by most dealers, museum professionals, collectors, and scholars throughout the twentieth century due to the lack of published images and examples in museum collections in the Americas. I came across this *batea* in 1998 at an antiques fair in New York City and immediately recognized it as an extremely rare example of seventeenth-century Peribán lacquerware. The dealer identified it as being eighteenth- or nineteenth-century Peruvian and said that another dealer had already offered it to the Brooklyn Museum, but they were not interested. We acquired the *batea* after it was examined by the curatorial and conservation staff and approved by the acquisitions committee.

More than five years later, I was showing some visiting researchers in the Department of Manuscripts and Rare Books photos taken in 1925 of the contents of the estate of Arabella Huntington (1850–1924), mother of Archer Milton Huntington, the founder of The Hispanic

Society of America. One inconspicuous photo showed three bowls that appeared to be Mexican lacquerware propped up at the base of a cabinet, and upon examination with a loupe, the *batea* at the far left proved to be the same one that we had acquired in 1998 (Figure 30).

Figure 30. Photo inventory of the estate of Arabella D. Huntington, 1925. Department of Manuscripts and Rare Books, The Hispanic Society of America.

Ironically, it had been in Arabella Huntington's collection for years, possibly even acquired on their trip to Mexico City in 1889. Archer Huntington clearly was unaware that it was Mexican; otherwise, he surely would have donated it to the Hispanic Society. Another enigma is that these *bateas* are not included in the written inventory of the estate and somehow disappear without notice from the Fifth Avenue mansion. The destiny of the other two *bateas* at the center and far right in the photo remains unknown.

The inlay technique of Peribán lacquerware was labor-intensive since each application of lacquer required burnishing with a soft cloth before completely drying, a process that took several days. The same process was applied to incised cross-hatching, which was then filled with lacquer of a contrasting color in order to create a shading effect on figures, a technique clearly borrowed from contemporary engravings (Figure 31).

Figure 31. Details of cross-hatching for shading effects. Tray (*batea*), Peribán, Michoacán, ca. 1625. Mexican lacquer on wood, 8 cm × 56.5 cm, New York, The Hispanic Society of America, LS1808.

Typical motifs on early Peribán *bateas* include a central Mannerist strapwork cartouche that frames allegorical or mythological figures, customarily surrounded by four smaller cartouches of similar theme, as seen on a second *batea* ca. 1625–1650 (LS1978) in The Hispanic Society of America (Figure 32)[11]. The Hispanic Society *batea* ca. 1625 (LS1808,

Figure 29) is unique in having only one central cartouche, which strongly suggests that it predates all other known Peribán *bateas* since it was made before the design format was established with the addition of the four smaller surrounding cartouches.

Figure 32. *Batea* (tray), Peribán, Michoacán, ca. 1650. Mexican lacquer on wood, 10.2 cm × 56.7 cm, New York, The Hispanic Society of America, LS1978.

The cartouches are surrounded by imaginary landscapes populated with courtly figures and rural laborers in late sixteenth-century European dress engaged in all manner of courtly festivities and rural activities, including farming, hunts, and combats. The compulsion to leave no space undecorated in horror vacui, a characteristic of Spanish American seventeenth-century decorative arts, is epitomized by early Peribán lacquerware. A fantastic menagerie of domestic animals, wildlife, and mythical creatures inhabit the scenes—dragons, unicorns, deer, wild boar, eagles, and lions—as well as the occasional New World species, such as the armadillo seen at the top center in the detail of the ca. 1625 *batea* (Figure 31). Dutch and Flemish prints served as the primary source for these images, yet the creativity of the Indigenous artists in their interpretation of European models remains omnipresent.

A very limited number of Peribán pieces survive, consisting primarily of *bateas*, chests, trunks, and fall-front writing cabinets (*bufetillos* and *vargueños*). The seventeenth-century *bateas* from Peribán became so famous that any lacquer tray was called a *peribana* into the nineteenth century. The only known contemporary image of Peribán lacquerware is a *jícara* (gourd cup), included with other exotic luxury objects in the painting *Still Life with an Ebony Chest*, 1652, by Antonio Pereda (Spain, 1611–1678), in The State Hermitage Museum, St. Petersburg, Russia [31]. The jícara is seen sitting on the top right corner of the ebony chest. The winged creature on the front of the *jicara* is a siren, a creature from Greek mythology with the body of a bird and the head of a human, also found on the outer border on the underside of all early Peribán *bateas*.

Two Peribán-domed writing cabinets (*bufetillos*) in the collection of the Monasterio de las Descalzas Reales in Madrid most likely were a gift from Philip IV, King of Spain (1621–1665), or from a high Church official or member of the nobility, to the Discalced Carmelite nuns (inv. 00612072-73) [10]. Both writing cabinets display scenes of triumphal chariots and courtly figures. The same applies to a *batea* in the Conceptionist convent at Ágreda, Soria, home to the mystic Sister María de Ágreda (1602–1665), who was a long-time correspondent and advisor to Philip IV [10]. All three of these pieces, in their overall design and idiosyncratic style of depicting human and animal figures, are indications of having been produced in the same workshop between 1625 and 1650.

The evolution of the principal designs and motifs on Peribán over the course of the seventeenth century provides a means for setting approximate dates for extant pieces as they go from finely detailed to conventionalized. The figure of a siren, or winged mermaid, and the accompanying designs seen on the gourd cup in Pereda's still life of 1652 are similar to those on the reverse of both *bateas* in The Hispanic Society of America, as well as the decoration on the front of a *batea* ca. 1675 in the Victoria and Albert Museum (Figures 33–35).

On the reverse of both of the Hispanic Society's *bateas*, a repeating design around the side combines four roundels with female musicians and male warriors, with winged sirens whose tails transform into divergent scrolling vines with fruits and flowers, with the scroll nearest to the siren terminating in a white bucranium, or ox skull. A common element in Greco–Roman architectural friezes, bucrania were symbols for sacrifice and death that were adopted in the Renaissance as a Classical motif in both architecture and the decorative arts. The Victoria and Albert's *batea* repeats the general design of the two Peribán *bateas* with a central strapwork cartouche and surrounding smaller roundels. The major difference here is that the repeating design from the underside of the earlier *bateas* becomes the decoration for the front. The sirens remain recognizable, but the vines have become a mass of highly conventionalized motifs where the bucranium remains white, but the form is largely unidentifiable. Two additional *bateas* ca. 1675–1700 at the Victoria and Albert Museum display bolder, simpler designs not found on other Peribán *bateas* (Figures 36 and 37)[12].

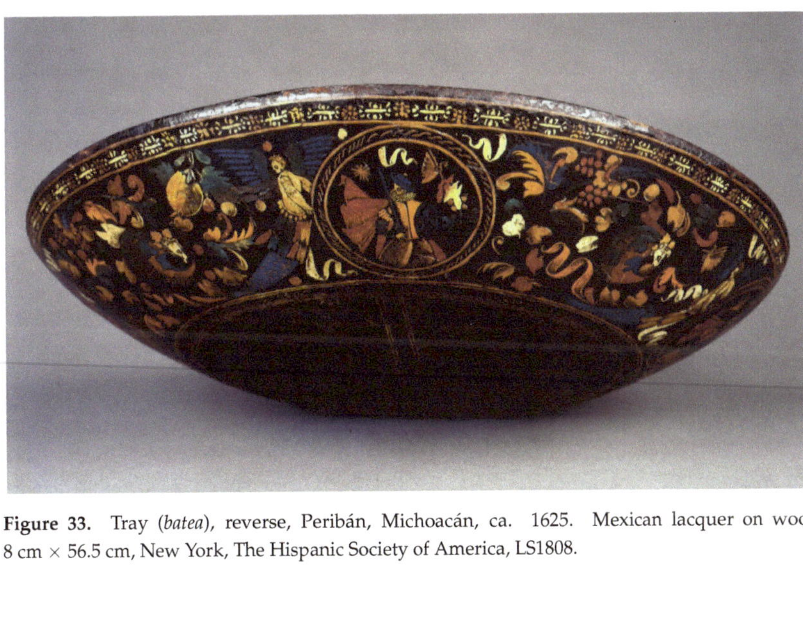

Figure 33. Tray (*batea*), reverse, Peribán, Michoacán, ca. 1625. Mexican lacquer on wood, 8 cm × 56.5 cm, New York, The Hispanic Society of America, LS1808.

Figure 34. Tray (*batea*), Peribán, Michoacán, ca. 1650. Mexican lacquer on wood, 10.2 cm × 56.7 cm, New York, The Hispanic Society of America, LS1978.

Figure 35. Tray (*batea*), Peribán, Michoacán, ca. 1675. Mexican lacquer on wood, 5 cm × 43 cm, London, Victoria and Albert Museum, 158–1866.

Figure 36. Tray (*batea*), Peribán, Michoacán, ca. 1675–1700. Mexican lacquer on wood, 5.4 cm × 45.7 cm, London, Victoria and Albert Museum, 157–1866.

Figure 37. Tray (*batea*), Peribán, Michoacán, ca. 1675–1700. Mexican lacquer on wood, 5.5 cm × 43.7 cm, London, Victoria and Albert Museum, 156–1866.

This decorative style combines Indigenous and highly conventionalized European motifs in a limited three-color palate on black ground. Here, the decoration is a version of the previous sirens and scrolling vines. The sirens have become decorative scrolls, and the only motif that is vaguely recognizable from the earlier *bateas* is the bucranium. These *bateas* were probably intended for the local population and not for export to Spain or for the creole (*criollos*) elite of New Spain. All three *bateas* in the Victoria and Albert Museum were acquired in Spain from the same dealer in 1865, which would suggest that they probably had remained together since the time that they left Mexico.

At least seven Peribán large domed trunks (*baúles*), all ca. 1650–1675 and probably from the same workshop, survive in collections in the United States, Spain, and Venezuela. Trunks in the Los Angeles County Museum of Art (Figure 38) [32], the Museo de Arte Colonial, Caracas, Venezuela [33]; the church of Nuestra Señora de la Concepción, Las Palmas, Canary Islands; and the Palace of the Countess of Lebrija in Seville all share a common decorative scheme similar to the early *bateas*, with two strapwork cartouches on the front and on the domed top of the trunk, as well as single cartouches on each end.

Figure 38. Trunk (baúl), Peribán, Michoacán, ca. 1650–1675. Mexican lacquer on wood, iron fittings, 64.8 cm × 110.5 cm × 47 cm, Los Angeles, Los Angeles County Museum of Art, M.2015.69.1.

Another trunk in the Instituto Valencia de Don Juan, Madrid, shares a similar decorative scheme, except the two cartouches are substituted by the coat of arms of a member of the Valdés family from Asturias, and the domed top repeats the arms of the Order of Santiago, all surmounted by coronets of a marquis.

A second trunk in the Palace of the Countess of Lebrija displays a unique *mudéjar* geometric decoration formed from eight-pointed stars (Figure 39).

The front and sides of the exterior of the trunk have stylized floral and foliate borders that include mudéjar interlacery designs, as found on the carved stone door and window surrounds, as well as the background of painted frescoes in the sixteenth-century Hospital Real de la Purísima Concepción in Uruapan, Michoacán. Within the borders are panels of finely detailed Islamic interlacery similar to the mudéjar artesonado ceilings that were common in many sixteenth-century churches in Michoacán. The vase with flowers seen here under the lid is a common motif among Peribán trunks and writing cabinets (*vargueños*), although this example adds a border of bobbin lace.

By the mid-eighteenth century, the production of *bateas*, portable writing desks, and trunks had ceased at Peribán. According to Antonio Alcedo y Bejarano (1736–1812), by the third quarter of the eighteenth century, Peribán specialized solely in lacquered *jícaras* (gourd cups), in which all of the Purépecha inhabitants were employed:

> The population [of Peribán] is made up of 100 families of Spaniards, Mestizos and Mulattoes, and 66 of Tarascan Indians who make many gourd cups because it abounds with little gourds, and they paint them beautifully in various colors, forming the main source of their commerce because of the esteem they have everywhere [34].

Since gourd cups were inexpensive utilitarian objects, it is not surprising to find that no examples are known to survive.

Figure 39. Trunk (*baúl*), Peribán, Michoacán, ca. 1650–1675. Mexican lacquer on wood, iron fittings, Palace of the Countess of Lebrija, Seville, Spain.

3. Conclusions

The decorative arts of Asia had a profound impact on Latin American decorative arts during the Viceregal era, none more so than the Indigenous lacquer traditions of Mexico and the Andes. As demand exceeded supply for the exotic and expensive Asian lacquerware brought to Acapulco by the Manila galleons, Indigenous lacquer artisans in Mexico and Colombia began to apply their skills to the production of lacquerware for the Spanish market. Catholic missionaries were responsible for encouraging the lacquer artisans to adapt their ancient techniques to new forms, as well as providing them with European prints, drawings, and illuminated manuscripts that served as models for the pictorial decorations found on the earliest known examples from Pasto and Peribán. Beginning in the second half of the seventeenth century and through the eighteenth century, Asian and

Indigenous motifs were incorporated into the decoration of Spanish American lacquerware. This resulted in lacquerware of enormous diversity that combined Indigenous, European, and Asian decorative styles and forms.

The finest Spanish American lacquerware became as highly prized in Europe and America as the finest Asian wares. Spanish America's lacquerwares were treasured possessions brought back to Spain by royal officials, sent as gifts for the secular and ecclesiastical aristocracy of Europe, and were decorative objects that graced the churches and noble palaces of the viceroyalties. The exceptional lacquerwares of Colombia and Mexico that survive today stand as a testament to the creative genius of the Indigenous lacquer artisans as they expanded the possibilities of their art through the Indigenous, Asian, and European cultural exchange of the seventeenth century.

The Indigenous lacquer artisans of Spanish America, inspired by the challenge of creating lacquerware of comparable appearance and quality to Asian lacquerware, produced works of enormous complexity in both technique and iconography. In the course of the seventeenth century, virtually all Asian lacquer decorative techniques were copied or simulated by the lacquer artisans of Mexico and Colombia, including Peribán inlay in Mexico, relief decorative techniques in Colombia, and the use of silver leaf underneath layers of colored *barniz de Pasto* to create the effect of shimmering gold, silver, and iridescent feathers. The meticulous and intricate techniques of the early Indigenous artisans, in combination with the motifs and design programs they employed, establish a starting point for dating the Spanish American lacquerware as they evolved in the seventeenth century. The application of this methodology, in combination with more extensive radiocarbon dating of significant pieces, will ultimately yield a greater understanding of the different stages in the evolution of *barniz de Pasto* and Peribán lacquerwares.

Supplementary Materials: The following supporting information can be downloaded at: https://www.mdpi.com/article/10.3390/heritage7080204/s1, Supplementary Material S1: Spanish version of this article.

Funding: This research received no external funding.

Data Availability Statement: Data are contained within the article.

Acknowledgments: The author sincerely thanks Natasha Vargas (translator), Robert Esposito, and Laura Ramirez Polo (reviewers) from Rutgers University for the version of this article in Spanish.

Conflicts of Interest: The author declares no conflicts of interest.

Notes

1. Casket, Pasto, Colombia, ca. 1625. *Barniz de Pasto* on wood, with silver fittings. 19.2 cm × 27.2 cm × 13.7 cm. New York, The Hispanic Society of America, LS 2067. Provenance: Simois Gestión de Arte, Madrid, 2002, acquired by The Hispanic Society of America, 2002.
2. Gourd vase, Pasto, Colombia, before 1644. *Barniz de Pasto* on a calabash gourd (*totuma*), H 12 cm. LS2400.
3. The crown of feathers seen on the snailperson most likely represents the earliest recorded image of a Kamëntsá shaman's crown of feathers, an image of profound significance for the cultural history of the Kamëntsá.
4. Table cabinet, Pasto, Colombia, ca. 1630–1643. *Barniz de Pasto* on Spanish cedar (*Cedrela odorata*), with silver fittings. 20 cm × 39.7 cm × 30.7 cm. New York, The Hispanic Society of America, LS2446. Provenance: Martín de Tolosa, Sacristan, Popayán Cathedral, Popayán, Colombia, ca. 1630–1643; Butterfield's, San Francisco CA, *Selected Furniture and Works of Art*, 23 March 1983, Sale 3306G, lot 1945; Richard Yeakel Antiques, Laguna Beach CA, 1983; Klaus Schilling, Irvine CA, 1983–1987; Sotheby's, *European Works of Art*, New York, 24 November 1987, lot 62; Richard Worthen Galleries, Albuquerque NM, 1991; Kurt Schilling, Newport Beach and Morro Bay CA—Santa Fe NM, 1991–2019; acquired by The Hispanic Society of America, 2019.
5. Tabletop, Pasto, Colombia, ca. 1630–1643. *Barniz de Pasto* on Spanish cedar (*Cedrela odorata*). 43.7 cm × 66 cm × 1.8 cm. New York, The Hispanic Society of America, LS2447. Provenance: Martín de Tolosa, Sacristan, Popayán Cathedral, Popayán, Colombia, ca. 1630–1643; Butterfield's, San Francisco CA, *Selected Furniture and Works of Art*, 23 March 1983, Sale 3306G, lot 1945; Richard Yeakel Antiques, Laguna Beach CA, 1992; Klaus Schilling, Newport Beach and Morro Bay CA—Santa Fe NM, 1992–2019; acquired by The Hispanic Society of America, 2019.

6 The public collections include The Hispanic Society of America, NY (LS2067, LS 2446); Blanton Museum of Art, Austin, TX (2018.351) https://blanton.emuseum.com/objects/22542/coffer?ctx=c4a45705ff07ca4bd87f7a75d5d25b0b7586f0dc&idx=3 (accessed on 6 July 2024); Los Angeles County Museum of Art, Los Angeles, CA (M.2008.34); Victoria and Albert Museum, London (W.5-2015, W.7-2018); and Museo de America, Madrid (inv. no. 06775).

7 The motto is taken from Matthew 26:41 of the Latin Vulgate Bible, being the words spoken by Jesus to his disciples Peter, James and John in the Garden of Gethsemane. *Vigilate et orate* also is a famous motet for Palm Sunday by the Spanish Renaissance composer of sacred music Cristóbal de Morales (ca. 1500–1553).

8 Table cabinet, Pasto, Colombia, ca. 1684. *Barniz de Pasto* on Spanish cedar (*Cedrela odorata*), with brass fittings. 19 cm × 36 cm × 30.5 cm. New York, The Hispanic Society of America, New York, LS2000. Provenance: Gabriel Bernaldo de Quirós y Mazo de la Vega, First Marquis of Monreal, ca. 1685; Alcalá Subastas, Madrid, 10–11 May 2000, lot 454; Caylus, Madrid, 2000; acquired by The Hispanic Society of America, 2001.

9 Agraz (*Vaccinium meridionale Swartz*) is a shrub native to Colombia, growing up to seven meters tall, found at altitudes from 2400 to 4000 meters, which produces a dark blue or purple fruit that grows in grape-like clusters. Agraz is from the family *Ericaciae*, which includes blueberries and cranberries.

10 *Batea* (tray), Peribán, Michoacán, Mexico, ca. 1625. Mexican lacquer on wood, 8 cm × 56.5 cm. New York, The Hispanic Society of America, LS1808. Provenance: Arabella D. Huntington (1850–1924), New York, until 1924; estate of Arabella D. Huntington, New York, 1924–1926; Martin Cohen, New York, 1998; acquired by The Hispanic Society of America, 1998.

11 *Batea* (tray), Peribán, Michoacán, ca. 1650. Mexican lacquer on wood, 10.2 cm × 56.7 cm, New York, The Hispanic Society of America, LS1978. Provenance: Catalina K. Meyer, New York, to 1997; Estate of Catalina K. Meyer, New York, 1997–1999, Christie's East, *The Latin American Sale*, 23 November 1999, lot 30; acquired by The Hispanic Society of America, 1999.

12 Another Peribán *batea* of similar date with conventionalized floral motifs and stylized birds, attributed to Uruapan, is in the collection of the Museo de América, Madrid (inv. no. 06925).

References

1. Codding, M.A. The Decorative Arts in Latin America, 1492–1820: Lacquerwares. In *The Arts in Latin America, 1492–1820*; Rishel, J.J., Stratton-Pruitt, S., Eds.; Philadelphia Museum of Art: Philadelphia, PA, USA, 2006; pp. 106–113. Available online: https://archive.org/details/isbn_978-0-87633-250-4_202102/mode/1up (accessed on 8 July 2024).
2. Codding, M.A. The Lacquer Arts of Latin America. In *Made in the Americas: The New World Discovers Asia*; Dennis Carr, Ed.; Museum of Fine Arts: Boston, MA, USA, 2015; pp. 75–89.
3. Granda Paz, O. Barniz de Pasto: Una Artesanía De Raices Prehispánicas. Revista Artesanías de América No. 24. 1987, pp. 21–59. Available online: http://documentacion.cidap.gob.ec:8080/handle/cidap/926 (accessed on 6 July 2024).
4. Pérez Carrillo, S. *La Laca Mexicana: Desarrollo de un Oficio Artesanal en el Virreinato de la Nueva España Durante el Siglo XVIII*; Banamex/Alianza Editorial: Madrid, Spain, 1990.
5. Alvarez-White, M.C. *El Barniz de Pasto: Secretos y Revelaciones*; Universidad de los Andes, Facultad de Artes y Humanidades: Bogotá, Colombia, 2012.
6. Newman, R.; Kaplan, E.; Derrick, M. Mopa mopa: Scientific analysis and history of an unusual South American resin used by the Inka and artisans in Pasto, Colombia. *J. Am. Inst. Conserv.* **2015**, *54*, 123–148. [CrossRef]
7. Pozzi, F.; Basso, E.; Katz, M. In search of Humboldt's colors: Materials and techniques of a 17th-century lacquered gourd from Colombia. *Herit. Sci.* **2020**, *8*, 101. [CrossRef]
8. Burgio, L.; Melchar, D.; Strekopytov, S.; Peggie, D.A.; Melchiorre Di Crescenzo, M.; Keneghan, B.; Najorka, J.; Goral, T.; Gor-bout, A.; Clark, B. Identification, characterisation and mapping of calomel as 'calomel', a previously undocumented pigment from South America, and its use on a barniz de Pasto cabinet at the Victoria and Albert Museum. *Microchem. J.* **2018**, *143*, 220–227. [CrossRef]
9. Acuña Castrellón, P.E. *El Maque o Laca Mexicana: La Preservación de Una Tradición Centenaria*; El Colegio de Michoacán: Zamora, Mexico, 2012.
10. Sabau García, M.L. *México en el Mundo de las Colecciones de Arte, Nueva España*; Grupo Azabache: Mexico City, Mexico, 1994; Volume 1, pp. 170–172, 174–175.
11. *Barroco de la Nueva Granada: Colonial Art from Colombia and Ecuador*; Kennedy, A.; Fajardo de la Rueda, M. (Eds.) Americas Society: New York, NY, USA, 1992; p. 55.
12. Rivero Lake, R. *La visión de un Anticuario*; Landucci: Mexico City, Mexico, 1997; pp. 286, 293–294.
13. Escobar, J.d. Memorial que Fray Geronimo Descobar predicador de la orden de Sant Agustin al Real Consejo de Indias de lo que toca a la provincia de Popayan (1582). In *Relaciones y Visitas a Los Andes, S XVI*; Pinzón, H.T., Ed.; Colcultura/Instituto de Cultura Hispánica: Santafé de Bogotá, Colombia, 1993; Volume 1, p. 405.
14. Simón, P. *Noticias historiales de las conquistas de Tierra Firme en las Indias Occidentales*; Medardo Rivas: Bogotá, Colombia, 1892; Volume 4, p. 166. Available online: https://archive.org/details/tierrafirmeindias04simbrich/page/166/mode/2up (accessed on 9 July 2024).
15. Fernández de Piedrahita, L. *Historia General de Las Conquistas del Nuevo Reyno de Granada*; J.B. Verdussen: Amberes, Belgium, 1688; p. 360, The Dedication is Dated 12 August 1676, at Santa Marta, Colombia, p. [ii]. Available online: https://archive.org/details/historiagenerald00fern_0/page/n7/mode/2up (accessed on 9 July 2024).

16. Sañudo, J.R. *Apuntes Sobre la Historia De Pasto. Segunda Parte, La Colonia En El Siglo XVII*; Tipografía de Alejandro Santander, Impresor Elías Villareal: Pasto, Colombia, 1897; p. 104. Available online: https://catalogoenlinea.bibliotecanacional.gov.co/client/es_ES/search/asset/118764 (accessed on 9 July 2024).
17. Granda Paz, O. *Análisis Histórico-Estético del Barniz de Pasto Siglos XV a XIX*; Instituto Colombiano de Cultura: San Juan de Pasto, Colombia, 1992; p. 65, Unpublished typescript. Bogotá, Biblioteca Luis Ángel Arango, 738.12 G71a.
18. Marín Valencia, A. Carnaval Kamëntsá: Identidad, simbolismo y resistencia. In *El entrecruzimiento de la Tradición y la Modernidad: Memorias del Encuentro Internacional sobre Estudios de Fiesta, Nación y Cultura*; González Pérez, M., Ed.; Intercultura: Bogotá, Colombia, 2011; pp. 131, 137–138. Available online: https://issuu.com/interculturacolombia/docs/entrecruzamientodelatradicionylamodernidad (accessed on 9 July 2024).
19. Montoya Guzmán, J.D. Mestizaje y frontera en las tierras del Pacífico del Nuevo Reino de Granada, siglos XVI y XVII. *Hist. Crítica* **2016**, *1*, 41–60. [CrossRef]
20. Vargas Murcia, L.L. *Del Pincel al Papel. Fuentes para el Estudio de la Pintura en el Nuevo Reino de Granada (1552–1813)*; Instituto Colombiano de Antropología e Historia, ICANH: Bogotá, Colombia, 2012; pp. 220–222. Available online: https://publicaciones.icanh.gov.co/index.php/picanh/catalog/view/86/89/15 (accessed on 9 July 2024).
21. Abadía Quintero, C. La Notoria Virtud de un Mérito. Redes Complejas, Poder Eclesiástico y negociación Política en las Indias Meridionales. El Caso del Obispado de Popayán, 1546–1714. Ph.D. Thesis, Colegio de Michoacán, Centro de Estudios Históricos, Zamora, Mexico, 2019; pp. 419, n954, 569–570, n1272. Available online: https://www.researchgate.net/publication/338775754 (accessed on 9 July 2024).
22. Silva Ramírez, L.M.; Gutiérrez Avendaño, J. Creer para ver. Instauración del discurso milagroso entre la población del Nuevo Reino de Granada, siglos XVI, XVII y XVIII. *Ilu. Rev. Cienc. Relig.* **2016**, *21*, 200–201. [CrossRef]
23. Hecht, J. The Past is Present: Transformation and Persistence of Imported Ornament in Viceregal Peru. In *The Colonial Andes: Tapestries and Silverwork, 1530–1830*; Phipps, E., Hecht, J., Esteras Martín, C., Eds.; Metropolitan Museum of Art: New York, NY, USA, 2004; p. 50. Available online: https://www.metmuseum.org/art/metpublications/The_Colonial_Andes_Tapestries_and_Silverwork_1530_1830 (accessed on 7 July 2024).
24. Cadenas y López, A.A.d. *Elenco de Grandezas Y Títutlos Nobiliarios Españoles*, 46th ed.; Ediciones Hidalguía: Madrid, Spain, 2013; p. 599.
25. Zabía de la Mata, A. El arte del barniz de Pasto en la colección del Museo de América de Madrid. *Anales del Museo de América* **2020**, *28*. pp. 85–86, Figure 2 and Figure 4; pp. 88–89, Figure 7; pp. 90–91, Figure 9. Available online: https://www.culturaydeporte.gob.es/museodeamerica/dam/jcr:fbf666e8-f20e-481c-96c9-16f9c7e5dc16/06-anales-del-museo-de-america-xxviii-2020-zab-a-81-98.pdf (accessed on 10 July 2024).
26. Zabía de la Mata, A. New Contributions Regarding the *Barniz de Pasto* Collection at the Museo de América, Madrid. *Heritage* **2024**, *7*, 667–682. [CrossRef]
27. Montes de Oca, P. Relación de Tiripitío. In *Relaciones Geográficas Del Siglo XVI: Michoacán*; Acuña, R., Ed.; Universidad Nacional Autónoma de México: Mexico City, Mexico, 1987; Volume 9, p. 354.
28. Basalenque, D. *Historia de la Provincia de San Nicolas de Tolentino, de Michoacan, Del Orden de n. p. s. Augustin … Año de 1673*; Tip. Barbedillo y Comp.: Tlaxcala, Mexico, 1886; Volume 1, pp. 444–445, 450–451. Available online: https://babel.hathitrust.org/cgi/pt?id=nyp.33433070777846&view=1up&seq=446 (accessed on 11 July 2024).
29. de Escobar, M. *Americana Thebaida: Vitas Patrum de los Religiosos Hermitaños de N. P. San Augustin de la Provincia de S. Nicolas Tolentino de Mechoacan… año 1729*; Imprenta Victoria: Tijuana, Mexico, 1924; pp. 26, 147–148. Available online: https://babel.hathitrust.org/cgi/pt?id=pst.000019372242&view=1up&seq=203 (accessed on 11 July 2024).
30. Rea, A. *de la. Crónica de la Órden de N. Seráfico, P. S. Francisco, Provincia de San Pedro y San Pablo de Mechoacán en la Nueva España*; Imprenta de J.R. Barbedillo: Mexico City, Mexico, 1882; p. 40. Available online: https://babel.Hathitrust.org/cgi/pt?id=uc1.31158005770762&view=1up&seq=60 (accessed on 11 July 2024).
31. Antonio, P. Still Life with an Ebony Chest. 1652. Oil on Canvas, 80 cm × 94 cm. St. Petersburg, Russia, The State Hermitage Museum, ГЭ-327. Available online: https://hermitagemuseum.org/wps/portal/hermitage/digital-collection/01.+paintings/32672 (accessed on 11 July 2024).
32. Katzew, I. (Ed.) *Archive of the World: Art and Imagination in Spanish America, 1500–1800: Highlights from LACMA's Collection* ; Los Angeles County Museum of Art; DelMonico Books/D.A.P.: Los Angeles, LA, USA, 2022; pp. 288–290, notes pp. 356–357.
33. Duarte, C.F. *Catálogo de Obras Artísticas Mexicanas en Venezuela. Período hispánico*; Instituto de Investigaciones Estéticas-UNAM: Mexico City, Mexico, 1998; p. 233. Available online: https://www.academia.edu/39686747/Cat%C3%A1logo_de_obras_art%C3%ADsticas_mexicanas_en_Venezuela_Per%C3%ADodo_hisp%C3%A1nico (accessed on 11 July 2024).
34. Alcedo y Bejarano, A. *Diccionario geográfico-histórico de las Indias Occidentales o América: Es decir los Reynos del Perú, Nueva España, Tierra-Firme, Chile, y Nuevo Reyno de Granada*; Manuel González: Madrid, Spain, 1788; Volume 4, p. 158, Spanish Text: "el vecindario se Compone de 100 Familias de Españoles, Mestizos y Mulatos, y 66 de Indios Tarascos Que fabrican Muchas Xícaras Porque Abunda de Calabacitos, y las Pintan Con Primor de Varios Colores, Formando el Principal Ramo de su Comercio por la Estimación Que Tienen en Todas Partes"; Available online: https://babel.hathitrust.org/cgi/pt?id=ucm.5324318203&view=1up&seq=166 (accessed on 11 July 2024).

heritage

MDPI

Artículo

Métodos para la datación de las primeras lacas hispanoamericanas: barniz de Pasto y laca de Peribán del siglo XVII

Mitchell Codding

La Hispanic Society of America, New York, NY 10032, USA; macodding@gmail.com

Resumen: Este artículo examina las primeras lacas hispanoamericanas elaboradas por artesanos indígenas en el siglo XVII, a saber, el barniz de Pasto en Colombia y la laca de Peribán en México, y analiza cómo la evolución de los motivos decorativos, las técnicas y las formas de estas lacas pueden establecer una cronología inicial de datación. En los últimos treinta años ha salido a la luz un número suficiente de ejemplos de lacas hispanoamericanas del siglo XVII cuya datación, ya sea por procedencia, referencias históricas o datación por radiocarbono, permite establecer cronologías provisionales de su producción. La Hispanic Society of America de Nueva York posee en la actualidad la colección más importante de piezas fechables de barniz de Pasto y lacas de Peribán, que proporcionan las fechas clave que pueden servir de base para establecer cronologías de datación.

Palabras clave: laca hispanoamericana virreinal, Nueva Granada, Nueva España, laca indígena, barniz de Pasto, *mopa mopa*, pintura, Peribán o laca mexicana, *maque*.

Citación: Codding, M. Methods for Dating the First Spanish American Lacquerwares: Seventeenth-Century *Barniz de Pasto* and Peribán Lacquer. *Heritage* **2024**, *7*, 4323–4353. https://doi.org/10.3390/heritage7080204.

Editor Académico: Joanne Dyer, Maurizio Aceto, Lucia Burgio, Dana Melchar, Monica Katz

Recibido: 14 Junio 2024
Revisado: 17 Julio 2024
Aceptado: 2 Agosto 2024
Publicado: 13 Agosto 2024

1. Introducción

En las primeras décadas del siglo XVII, la escasa oferta y la fuerte demanda de las preciadas lacas asiáticas, introducidas en América y Europa por los galeones de Manila desde Filipinas, propiciaron la aparición de dos nuevas tradiciones hispanoamericanas de lacas basadas en las antiguas tradiciones indígenas de lacas de las civilizaciones mesoamericana y andina. Los artesanos indígenas de las regiones actuales del departamento de Putumayo, en el sur de Colombia, y del estado de Michoacán, en México, inventaron las nuevas lacas hispanoamericanas de barniz de Pasto elaboradas en Pasto, departamento de Nariño (Colombia), y en Peribán, estado de Michoacán (México). La laca hispanoamericana de barniz de Pasto utilizaba como soporte la resina de mopa mopa, cosechada de los brotes de las hojas del árbol de mopa mopa (*Elaeagia pastoensis L. E. Mora*), que se encuentra en la pluviselva tropical de las montañas del suroeste de Colombia, cerca de Mocoa, capital del departamento de Putumayo. Las lacas de Peribán empleaban como medio principal una mezcla de aceite de aje obtenida de las hembras de una cochinilla (*Llaveia axin*), cultivada por el Pueblo Purépecha de Michoacán durante siglos en acacias, piñones y ciruelos; combinada con aceite de chía extraído de las semillas de una planta nativa de salvia (*Salvia chian*), que los aztecas y el Pueblo Purépecha habían cultivado no sólo por el aceite sino como cultivo alimenticio. Los materiales y técnicas utilizados en la elaboración de las lacas de barniz de Pasto y de Peribán fueron descritos por primera vez de manera general en varias publicaciones, lo que llevó estos objetos a la atención de un público más amplio [1–4]. Desde el año 2000, se han publicado una monografía [5], y varios estudios técnicos, principalmente sobre objetos virreinales de barniz de Pasto, por ejemplo, identificando la fuente de la resina mopa mopa [6] e identificando muchos de los colorantes utilizados [7–8]. En 2012 se publicó un estudio técnico sobre la laca mexicana [9].

Las lacas de barniz de Pasto y de Peribán del siglo XVII fueron prácticamente desconocidas hasta finales del siglo XX, incluso en sus países de origen, con la excepción de unos pocos historiadores del arte, profesionales de museos y coleccionistas. No se encontraron ejemplos de barniz de Pasto mate en las instituciones públicas de Colombia, y lo mismo puede decirse de las lacas de Peribán en México hasta el presente. Cuando la Hispanic Society comenzó a coleccionar artes decorativas virreinales hispanoamericanas en la década de 1990, los únicos recursos con imágenes de ejemplos de lacas del siglo XVII eran publicaciones que solo podían encontrarse en unas pocas bibliotecas institucionales y, afortunadamente, la mayoría de esas publicaciones estaban en la Biblioteca de la Hispanic Society. Las primeras piezas publicadas de laca de Peribán fueron dos bufetillos y una batea, todos de conventos en España, reproducidas en *México en el mundo de las colecciones de arte, Nueva España I* (Mexico, 1994) [10]. Esta publicación me sirvió de referencia principal cuando la Hispanic Society adquirió una importante batea de Peribán en 1998 (LS1808), y otra en 1999 (LS1978). Antes de que la Hispanic Society adquiriera su primera pieza de barniz de Pasto del siglo XVII en 2001, las únicas piezas que yo había visto en persona o en una publicación eran un *azafate* (batea) del siglo XVIII del Museo Jacinto Jijón y Caamaño, de Quito, Ecuador, incluido en la exposición de 1992 en la Americas Society de Nueva York, *Barroco de la Nueva Granada: Colonial Art from Colombia and Ecuador* [11]; y una arqueta del siglo XVII y una caja muy fina del siglo XVIII de la colección de Rodrigo Rivero Lake, las cuales publicó en su libro de 1997 *La visión de un anticuario* [12]. Este artículo pretende ilustrar la evolución de estas lacas y sugerir métodos de datación basados en el examen visual de los motivos decorativos y las cualidades estilísticas de los objetos.

2. Materiales y métodos

2.1. Barniz de Pasto o resina Mopa Mopa Contexto histórico

Las primeras referencias al uso de mopa mopa para decorar objetos se asocian a la aldea de Timaná, situada a más de 170 km al noreste de Pasto. En 1582 el fraile agustino Jerónimo de Escobar anotó en su descripción de la provincia de Popayán que los indígenas de Timaná fabricaban largos bordones pintados con un barniz de vivos colores, pero no identifica claramente el barniz como mopa mopa [13]. Alrededor de 1626, el cronista franciscano Pedro Simón (1581–1628), observó en sus escritos que los habitantes de Timaná, así como los de Mocoa, Quito y otras partes de Perú, fabricaban bordones y cajas de tabaco decorados con una resina de varios colores que se obtenía de los brotes de las hojas de un árbol de la región:

> En esta tierra ciertos árboles echan unas pelotillas de una resina al modo de goma, que si no la cogen antes, en pocos días se abre la pelotilla y se convierte en hoja. Estas pelotillas cogen los indios y haciendo esta resina de varios colores embetunan bordones, tabaqueritas, astas de pendones, varas de palios y otras cosas de palios, poque en barro ni otra cosa pega bien, y hecha no buena traza y disposición de varios colores parece bien. Labran también de esta obra en Mocoa, Quito y otras partes del Perú [14].

Durante el periodo hispanoamericano, los indígenas del valle de Sibundoy (a unos 35 km al este de Pasto), suministraban los brotes de las hojas cubiertos de resina, prensados en bloques, a los artesanos de laca que procesaban y coloreaban la resina para aplicarla en diversos objetos decorativos, principalmente de madera, en Pasto. La referencia más antigua a la producción de objetos con laca en Pasto data de alrededor de 1676, aunque para entonces el barniz de Pasto ya gozaba de considerable fama en Europa según el obispo colombiano Luca Fernández de Piedrahita (1624–1688) [15]. El historiador de Pasto José Rafael Sañudo, utilizando fuentes manuscritas no citadas, proporcionó en 1897 el nombre del primer barnizador conocido en una historia anecdótica de Pasto en el siglo XVII: "Es en este siglo cuando por primera vez hemos podido conocer el nombre de un artista de la pintura al barniz, industria privada de la Ciudad, que fue Sébastián de Trejo" [16]. En la segunda edición de su historia, publicada en 1939, Sañudo aclaró que el año era

1692 y añadió dos nombres más de "pintores de Barniz", Sebastián Sapillos y el "indio pastuso" don Marcos Bastides [17].

2.2. Barniz de Pasto: Técnicas, influencias estilísticas y métodos de datación

Desde sus inicios en las primeras décadas del siglo XVII, las propiedades especiales de la resina mopa mopa permitieron a los barnizadores de Pasto producir muy intrincados y complejos diseños con barniz tanto mate como transparente (brillante). Para conseguir el luminoso lustre metálico del barniz brillante, los artesanos de la laca colocaban hoja de plata bajo la muy refinada laca transparente, creando un efecto parecido al de las lacas asiáticas que incorporaban polvo u hojas de oro y plata. Para ello había que estirar la resina mopa mopa, natural o coloreada, en láminas tan finas como la piel de la cebolla. Las diversas formas del diseño se cortaban del centro de la hoja, donde era más fina, y se laminaban sobre el pan de plata. Estas piezas funcionaban como elementos independientes dentro del diseño general; o se apilaban en múltiples capas para crear diseños en relieve. También se aplicaban exquisitos detalles adicionales, como círculos, cuadrados o rombos, en distintos colores transparentes o mates, sobre piezas más grandes para crear patrones más elaborados. En algunas de las técnicas tempranas más complejas, se utilizaban diminutos hilos de mopa mopa negra o blanca para delinear figuras, añadir detalles finos o rayas cruzadas para efectos de sombreado. Todas estas técnicas se encuentran en una arqueta muy temprana en la colección de la Hispanic Society of America (figs. 1–2 LS2067 unicorn) que la fecha alrededor de 1625.[1] Como se puede ver en la Figura 2 con el detalle del unicornio, el cuerpo del unicornio que antes era de una plata luminosa, ahora es de un gris apagado debido al aire que ha penetrado por debajo del barniz y con el tiempo ha provocado que la hoja de plata se oxide.

Figura 1. Arqueta, Pasto, Colombia, hacia 1625. *Barniz de Pasto* sobre madera, con guarniciones de plata, 19.2 cm x 27.2 cm x 13.7 cm, Nueva York, Hispanic Society of America, LS2067

Figura 2. Detalle de un unicornio, Arqueta, Pasto, Colombia, hacia 1625. Nueva York, Hispanic Society of America, LS2067.

En los siglos XVII y XVIII, el barniz de Pasto fue utilizado por los artesanos indígenas para decorar las superficies de objetos de madera seculares y religiosos, desde escritorios portátiles con tapas abatibles hasta arquetas, cofres, ataúdes, bateas, cuencos, platos, estantes para libros, marcos de cuadros, vasos apilables, así como vasos de calabaza (*totuma*) y vasijas (Figura 3). En la primera mitad del siglo XVII estos objetos de lujo se fabricaban en Pasto para la élite cultural del mercado español, bajo la supervisión e instrucción de las órdenes misioneras católicas. Se enviaban principalmente a Europa como obsequios para altos funcionarios de la iglesia, nobles o monarcas, o regresaban a Europa con sus propietarios.

Los jarrones de calabaza se cuentan entre los supervivientes más raros, fabricados a partir de la *totuma* (calabaza), obtenida de dos posibles especies, *Lagenaria siceraria* o *Crescentia cujete*, ambas cultivadas por los pueblos indígenas de América durante milenios. Esta vasija de calabaza[2] de la colección de la Hispanic Society of America es una de las primeras piezas fechables del virreinal barniz de Pasto, según una reciente datación por radiocarbono que produjo una fecha límite de 1644 [7].

Figura 3. Jarrón, Pasto, Colombia, antes de 1644. Barniz de Pasto sobre una calabaza *(totuma),* 12 cm, Nueva York, Hispanic Society of America, LS2400.

Los ejemplos de barniz de Pasto de principios del siglo XVII, ya sean mates o brillantes, incorporan motivos florales, foliados y de caza que incluyen perros, caballos, ciervos, conejos, zorros, jabalíes y leones; junto con bestias legendarias como seres en forma de caracol, pájaros caracol, unicornios caracol, incluyendo criaturas de la mitología grecorromana, como unicornios, caballos alados (Pegaso), águilas bicéfalas, sirenas, sátiros, y grifos. El ejemplo más antiguo de barniz brillante en la colección de la Hispanic Society of America (Figura 1), y quizá el ejemplo más antiguo que se conserva, es la arqueta de hacia 1625 (LS2067). La complejidad y delicadeza de los diseños de la arqueta sugieren una fecha anterior a la del jarrón de calabaza LS2400, fabricado antes de 1644.

Un grifo incluido en la parte posterior de la arqueta LS2067 (Figura 4) ejemplifica los complejos y minuciosos detalles que los primeros artesanos indígenas eran capaces de crear. La figura del grifo incorpora hebras incrustadas de barniz de Pasto blanco de menos de medio milímetro de anchura que contornean y ornamentan la figura. Intrincadas bandas ondulantes y espirales ornamentan el cuello, el pecho y la cola; las rayas cruzadas del vientre emulan el sombreado; y hebras negras delinean las alas y las plumas compuestas de barniz transparente y coloreado sobre hoja de plata. La adición de pequeños cuadrados y rectángulos de colores variados combinan para producir un efecto iridiscente en las plumas.

Figura 4. Detalle de un grifo, Arqueta, Pasto, Colombia, hacia 1625. Nueva York, Hispanic Society of America, LS2067.

Algunas influencias indígenas aparecen en los primeros ejemplares de barniz de Pasto, tanto mates como brillantes, pero las influencias asiáticas están en gran medida ausentes a pesar de que las lacas asiáticas sirvieron de inspiración para las lacas virreinales. Esto se debió probablemente a que los artesanos indígenas no disponían de ejemplares de las valiosas lacas asiáticas como referencia en aquella época temprana. La mayoría de los primeros diseños procedían de fuentes europeas de los siglos XV y XVI, como manuscritos iluminados, libros de emblemas, grabados y dibujos, que los misioneros católicos proporcionaron a los artesanos indígenas con la idea de aplicar las técnicas de la laca indígena a objetos decorativos que pudieran competir con las lacas asiáticas. A menudo, los artesanos indígenas optaban por interpretar estas imágenes extranjeras dentro de su propia herencia cultural, como el hombre caracol de la arqueta de la Hispanic Society (Figura 5), que aparece representado con un tocado de plumas típico de un chamán Kamëntsa del valle de Sibundoy [18], la fuente primaria del *mopa mopa* utilizado por los artesanos de Pasto. Los hombres caracoles no aparecen en los libros impresos o grabados europeos contemporáneos, por lo que las imágenes adaptadas por los artesanos de Pasto proceden de manuscritos iluminados de finales del siglo XV o principios del XVI, similares a los ejemplos franceses y belgas que se ven aquí de manuscritos altomedievales de la colección del Departamento de Manuscritos y Libros Raros de la Hispanic Society of America (figs. 6-7).

Figura 5. Detalle de un hombre caracol, Arqueta, Pasto, Colombia, hacia 1625. Nueva York, Hispanic Society of America, LS2067.

Figura 6. Detalle de un hombre caracol, *Black Book of Hours* (*Horae beatae marie secundum usum curie romane*), Circle of Willem Vrelant (activo Bruges, Belgium, 1454–1481), Bruges, Belgium, hacia 1458. Manuscrito iluminado sobre papel vitela pintado de negro, 15,2 cm × 10,7 cm × 2,7 cm, Nueva York, Hispanic Society of America, B251.

Figura 7. Detalle de una mujer caracol, *Livre du tres cheualereux conte d'Artois et de sa femme fille du conte de Boulloigne*, Francia, hacia 1450. Manuscrito iluminado sobre papel vitela, 26,9 cm × 19,5 cm × 4,5 cm, Nueva York, Hispanic Society of America, B1152.

Un escritorio portátil con barniz de Pasto mate[4] y su tablero de mesa a juego[5], adquiridos en 2019 por la Hispanic Society of America, muestran una imaginería igualmente diversa, extraída de la mitología clásica y de fuentes renacentistas, manieristas e indígenas (Figuras 8-10). Las superficies decorativas están pobladas de cazadores indígenas y españoles, perros, jabalíes, armadillos, ciervos, monos, pájaros, conejos, jaguares y leones entremezclados con bestias mitológicas, como sátiros, grifos y unicornios, junto con cartuchos manieristas y máscaras grotescas, y todo ello rodeado de roleos foliados y florales renacentistas. La representación de los símbolos del vía crucis en el interior de la tapa sugiere que el escritorio estaba destinado a un miembro del clero (Figuras 8 y 10).

Figura 8. Escritorio portátil, Pasto, Colombia, hacia 1630-1643. *Barniz de Pasto* en cedro español (*Cedrela odorata*), con guarniciones de plata, 49 cm x 49,4 cm x 47 cm abierto, Nueva York, la Hispanic Society of America, LS2446.

Figura 9. Tablero de mesa, Pasto, Colombia, hacia 1630-1643. *Barniz de Pasto* sobre cedro español (*Cedrela odorata*), 43,7 cm x 66 cm x 1,8 cm, Nueva York, Hispanic Society of America, LS2447.

Figura 10. Detalle del vía crucis en el interior de la tapa. Escritorio portátil, Pasto, Colombia, hacia 1630-1643. Nueva York, Hispanic Society of America, LS2446.

De todos los ejemplos conocidos de barniz de Pasto de la primera época, 1625-1650, las guarniciones de plata de este escritorio portátil son realmente excepcionales, sobre todo el ornamentado escudo de la cerradura y el cerrojo escultórico (Figura 11). El escudo de la cerradura está cincelado y grabado, con un cerrojo escultórico de estilo renacentista con la media figura de una herma, tomada de la escultura griega antigua.

Figura 11. Detalle del ornamentado escudo de la cerradura de plata y el cerrojo escultórico de plata con la figura fundida de una herma. Escritorio portátil, Pasto, Colombia, hacia 1630-1643. Nueva York, Hispanic Society of Ame333rica, LS2446.

Este escritorio portátil representa el único ejemplo conocido de la inclusión del nombre de un propietario como parte del diseño original de la superficie en todas las piezas de barniz de Pasto del siglo XVII. La inscripción de propiedad aparece en el panel frontal interior, encima de los cajones, y reza en latín: CAPSULA H(A)EC EST MARTINI DE TOLOSA; que traducido al español sería: ESTA ES LA CAJA DE MARTIN DE TOLOSA (Figura 12). Afortunadamente, ha sido posible identificar el propietario y, en consecuencia, proporcionar una fecha aproximada para el escritorio portátil.

Figura 12. Inscripción de propiedad de Martín de Tolosa en el panel frontal interior. Escritorio portátil, Pasto, Colombia, hacia 1630-1643. Nueva York, Hispanic Society of America, LS2446.

A partir de fuentes de archivos colombianos y españoles, sabemos que Martín de Tolosa fue clérigo, sacerdote, sacristán mayor y maestro de capilla de la Catedral de Popayán desde por lo menos 1630 hasta 1643 [19–22]. Basándose en esta documentación, el escritorio y el tablero de la mesa son los primeros ejemplos fechables conocidos del barniz de Pasto del siglo XVII según su procedencia.

Dentro del conjunto de criaturas mitológicas europeas que pueblan las superficies de las primeras piezas de barniz de Pasto, se integra perfectamente una bestia mitológica que se podría asemejar a un dragón, una serpiente alada, un monstruo marino o un caballito de mar. Sin embargo, la bestia no es de origen europeo, sino un amaru/amaro de la mitología andina, una criatura serpiente que habitaba en el inframundo y estaba asociada a todas las formas de agua. El amaru aparece representado en las artes decorativas andinas con una cabeza parecida a la de un dragón, dos alas en forma de murciélago, dos patas con garras largas y un cuerpo y cola cubiertos de escamas; aunque también puede adoptar la forma de un caballito de mar o de un monstruo marino. Dado que las representaciones del amaru fueron poco comunes en las artes decorativas andinas hasta el siglo XVII, es difícil saber si los artesanos indígenas intentaban copiar dragones europeos con su propio estilo o si los sustituían intencionalmente por la bestia de la mitología andina. El historiador jesuita italiano Giovanni Anello Oliva (1572–1642), proporcionó una descripción del amaru similar a otros relatos contemporáneos en su importante manuscrito *Historia del reino y provincias del Perú y vidas de los varones insignes de la Compañía de Jesús* (1625):

> una serpiente tan feroz y temible... tan grande como el animal más grande de la tierra, con alas como las de un murciélago, bajo de estatura y brazos muy gruesos con uñas grandes... los ojos contaminados de fuego y sangre, la lengua temblorosa... cubierta de escamas duras ... y de este estupendo animal tomó el Inca el apodo de Amaro, pues así se llamaban estas serpientes [23].

Hay al menos trece escritorios portátiles y arquetas de barniz de Pasto en colecciones públicas y privadas que incluyen representaciones de amaru.[6] La mayoría de los objetos son tempranos, de 1625-1650, aunque algunos son de la segunda mitad del siglo XVII. Es útil ilustrar aquí cómo varían las representaciones del amaru en un grupo de obras tempranas, como primer paso para identificar los talleres y establecer una cronología para datar las piezas. No hay dos representaciones idénticas del amaru en las arquetas o cofres de barniz brillante, aunque siempre se presentan con lenguas filosas extendidas y como pares opuestos en las superficies exteriores delantera, superior o trasera. Representaciones parecidas del amaru de la arqueta de la Hispanic Society LS2067 (Figura 13), también pueden encontrarse en las pequeñas arquetas del Blanton Museum of Art, Austin, en Texas (2018.351); el Los Angeles County Museum of Art, Los Angeles, en California (Figura 14); y el Victoria and Albert Museum, Londres (Figura 15). Es concebible que las cuatro se elaboraran en uno o dos talleres a lo largo de varias décadas.

Figura 13. Detalle de un amaru. Arqueta, Pasto, Colombia, hacia 1625. Nueva York, Hispanic Society of America, LS2067.

Figura 14. Detalle de un amar., Arqueta, Pasto, Colombia, hacia 1650. *Barniz de Pasto* sobre madera, con guarniciones de plata, 17,2 cm × 23,2 cm × 13,3 cm, Los Angeles, Los Angeles County Museum of Art, M.2008.34

Figura 15. Detalle de un amaru. Arqueta, Pasto, Colombia, hacia 1650. *Barniz de Pasto* sobre madera con herrajes, 13,5 cm x 21,3 cm x 9,5 cm, Victoria and Albert Museum de Londres, W.7-2018

En general, se percibe un rasgo evolutivo común dentro de las artes decorativas de la América Latina virreinal en el que las piezas más tempranas exhiben la mayor complejidad y atención al detalle. En el caso del barniz brillante, esto se evidencia en los complejos patrones creados mediante la superposición de diminutos elementos de diseño coloreados, como pequeños cuadrados, triángulos y círculos, sobre figuras individuales. Lo mismo ocurre con los contornos, las rayas cruzadas y las espirales que se emplean para reforzar partes de las figuras y crear sombreados o patrones complejos con hilos finos de mopa mopa negra o blanca, como se ha visto antes en las líneas ondulantes y las espirales del cuerpo del grifo sobre la arqueta LS2067 (Figura 5). De acuerdo con los criterios expuestos, en el intervalo entre 1625 y 1650, la arqueta de la Hispanic Society of America (LS2067) sería la más antigua, y la del Victoria and Albert la más reciente.

Comparaciones similares son posibles en tres escritorios portátiles tempranos de barniz de Pasto mate con frontales abatibles y tapas con bisagras en el Victoria and Albert Museum, la Hispanic Society of America, y en la colección de Francisco Marcos Manzano en Salamanca, todos fechados entre 1625 y 1650. Los tres escritorios muestran similitudes sorprendentes en su iconografía. Cada uno incorpora una empresa con un lema en el esquema decorativo, y en los tres aparece una empresa con la figura de una grulla y un estandarte de cinta con el lema en latín "VIGILATE" o "VIGILATE ET ORATE";[7] en español "Velad" o "Velad y orad" (Figuras 16-18).

Figura 16. Emblema "VIGILATE". Escritorio portátil, lado izquierdo del exterior, Pasto, Colombia, hacia 1625-1650. Barniz de Pasto sobre madera, 23,2 cm x 37,7 cm x 27 cm, Londres, Victoria and Albert Museum, W.5-2015.

Figura 17. Emblema "VIGILATE". Escritorio portátil, interior del frontal abatible, Pasto Colombia, hacia 1630-1643. Nueva York, Hispanic Society of America, LS2446.

Figura 18. Emblema "VIGILATE ET ORATE". Escritorio portátil, interior de tapa. Pasto Colombia, hacia 1625-1650. Colección privada.

La caja de escritura portátil de la Hispanic Society (LS2446) incluye dos representaciones variadas de un amaru, lo que sugiere que dos artesanos distintos trabajaron en la misma pieza, y el armario del Victoria and Albert tiene otra variante diferente, aunque no hay dos amaru iguales en ninguno de las tres (Figuras 19-21).

Figura 19. Detalle de un amaru. Escritorio portátil, parte superior central de la tapa, bajo una agarradera de plata, Pasto, Colombia, hacia 1630-1643. Nueva York, Hispanic Society of America, LS2446.

Figura 20. Detalle de un amaru. Escritorio portátil, panel exterior trasero, Pasto, Colombia, hacia 1630-1643. Nueva York, Hispanic Society of America, LS2446.

Figura 21. Detalle de un amaru dentro de un cartucho para una emblema. Escritorio portátil, exterior de la tapa abatible, Pasto, Colombia, hacia 1625-1650. Londres, Victoria and Albert Museum, W.5-2015.

Dado que se ha establecido un lapso de fechas de 1630-1643 para el escritorio portátil de la Hispanic Society, y dadas las similitudes entre los tres, todos entrarían dentro del rango de fechas tempranas de 1625-1650. El escritorio portátil del Victoria and Albert Museum posee un programa decorativo complejo y uniforme, con emblemas en las cinco caras exteriores y en dos interiores, que sugieren que fue realizado como regalo para un miembro erudito de la nobleza o de la élite religiosa. Todas las piezas fueron encargadas por el propietario o regaladas. Es posible que se hayan realizado en un taller a lo largo del tiempo utilizando barnizadores de diferentes niveles de habilidad basados en el precio pagado, pero claramente representan variaciones de un grupo de diseños tempranos originarios de Pasto.

Otro motivo europeo inusual, el de una mano blanca, solo aparece en algunas piezas tempranas de barniz de Pasto que datan del periodo 1625-1650. El simbolismo exacto de la mano no está claro, aparte de ser un ingenioso motivo decorativo. La arqueta de la Hispanic Society (LS2067) incluye siete manos blancas o color de piel con un puño de manga festoneado en la base y contornos negros para las uñas de los dedos. Las manos están colocadas en la parte inferior central por encima del borde en los cuatro lados, y en la parte inferior delantera y trasera central de la tapa abovedada, dos en la parte delantera y una en la trasera. Las manos en barniz mate se destacan en contraste con el barniz brillante que cubre el resto de la arqueta. Con el pulgar y el índice, la mano sujeta el tallo de las flores que se elevan hacia arriba y se extienden hacia los lados (Figura 22).

Figura 22. Detalle de una mano con puño. Arqueta, frontal de la tapa abovedada, en la parte inferior derecha del cerrojo de plata, Pasto, Colombia, hacia 1625. Nueva York, Hispanic Society of America, LS2067.

Figura 23. Detalle de manos blancas. Rociador de perfume, Pasto, Colombia, hacia 1625-1650. Barniz de Pasto en un frasco de calabaza, con tapón y rociador de plata, 9,525 cm x 4,76 cm, Londres, Victoria and Albert Museum, 1577-1902

Un par semejante de manos blancas mates con mangas con puño se encuentran en un diminuto rociador de perfume hecho de una calabaza (*totuma*), decorado completamente en barniz mate, con una boquilla cónica de plata perforada en la parte superior, en la colección del Victoria and Albert Museum (Figura 23).

Las manos están afrontadas, con las palmas hacia arriba y hacia abajo, sosteniendo delicadamente con dos dedos un corazón compuesto por dobles contornos blancos. Diseños foliados clásicos con flores, combinados con pájaros y un zorro o gato estilizados, componen el resto de la decoración. El corazón representa posiblemente el símbolo de la orden agustina, que estaba en Pasto desde finales del siglo XVI. En este contexto, el corazón significaría que el rociador de perfume fue encargado por o para un agustino. También hay que señalar que los agustinos por su temprana llegada a Pasto probablemente fueron los misioneros que proporcionaron a los primeros artesanos indígenas de barniz de Pasto las imágenes de bestias mitológicas y criaturas exóticas que les sirvieron de inspiración para crear las fantásticas figuras que pueblan sus lacas.

Las piezas producidas desde la última mitad del siglo XVII hasta principios del siglo XVIII están profusamente decoradas con una ecléctica mezcla de motivos procedentes de Europa, América y Asia: el motivo de la ardilla y la vid, común en la pintura decorativa china y japonesa del siglo XVI, así como en las lacas del siglo XVII de las islas Ryukyu (Okinawa); peonías y claveles de las porcelanas y tejidos chinos; loros, monos, jaguares, osos, armadillos, alpacas, osos hormigueros gigantes, jabalíes, palmeras, flores de la pasión y frutas autóctonas de Colombia; así como el águila bicéfala de los Habsburgo de España, caballos, leones, grifos, pelícanos y cestas de fruta tomados de la heráldica, la mitología y los bodegones europeos.

La mayoría de estas influencias se combinan en un escritorio portátil de hacia 1684[8] que, sin duda, fue encargado por el obispo de Popayán, Cristóbal Bernardo de Quirós (1618-1684), como regalo para su hermano, Gabriel Bernardo de Quirós, secretario de Carlos II, quien le otorgó el título de marqués de Monreal el 27 de diciembre de 1683 [24]. El exterior de este escritorio ejemplifica la fusión de motivos asiáticos e indígenas, donde el motivo de la ardilla y la vid se reinterpreta con un motivo endémico de simio local y pasiflora (Figuras 24-25).

Figura 24. Escritorio portátil con decoración de pasiflora y simios, exterior superior, Pasto, Colombia, hacia 1684. Barniz de Pasto sobre madera, con herraje de latón, 36 cm × 30,5 cm, Nueva York, Hispanic Society of America, LS2000.

Figura 25. Caja de escritura con decoración de uvas y ardillas, exterior superior, Japón (islas Ryūkyū), siglo XVII. Laca negra con incrustaciones de nácar y pintura dorada, 6 x 26,2 x 21,6, Nueva York, Metropolitan Museum of Art, 2020.323.11a-e.

Los bordes sutilmente curvados y la tapa abatible ligeramente elevada del escritorio portátil recuerdan más a los escritorios japoneses de laca estilo Namban de principios del siglo XVII que a los modelos españoles tradicionales (Figura 26). La síntesis de estas diversas tradiciones artísticas y culturales es más notable en el interior de la tapa (Figuras 27–28).

Figura 26. Escritorio portátil, cerrado, Pasto, Colombia, hacia 1684. Barniz de Pasto sobre madera, con herraje de latón, 19 cm × 36 cm × 30.5 cm, Nueva York, Hispanic Society of America, LS2000.

Figura 27. Escritorio portátil, abierto, Pasto, Colombia, hacia 1684. Barniz de Pasto sobre madera, Nueva York, Hispanic Society of America, LS2000.

Figura 28. Escritorio portátil, interior de la tapa con el escudo de armas de la familia Quirós, Pasto, Colombia, hacia 1684. Barniz de Pasto sobre madera, Nueva York, Hispanic Society of America, LS2000.

Se destaca el escudo de armas de la familia Quirós sobre una cesta llena de frutas tropicales, flanqueada por papagayos, todo ello sobre un rico fondo de claveles, enredaderas, hojas y bayas de agraz[9], que recuerda a los tejidos bordados chinos de la época. Cabe señalar que los herrajes de latón no son originales del escritorio portátil, sino sustitutos de menor calidad de los herrajes de plata fina que probablemente se retiraron para conseguir dinero en el siglo XVIII, cuando el propietario tenía problemas financieros. Por desgracia, la mayoría de los primeros escritorios portátiles de barniz de Pasto corrieron la misma suerte.

A finales del siglo XVII aparecen nuevos diseños en algunas de las piezas más finas, en las que el conjunto de diseños florales y foliados se abstrae casi hasta convertirse en una serie de intrincados diseños geométricos arremolinados que recuerdan a los motivos entrelazados islámicos. Las flores se estilizan y sirven como puntos de los que emanan los arremolinados diseños foliados. Tres piezas del Museo de América de Madrid ejemplifican este estilo: una gran cofre con una decoración excepcionalmente intrincada (n.º inv. 06675); una batea con bordes festoneados en forma de bacía de barbero español del siglo XVII (n.º inv. 12242); y un escritorio portátil (nº de inv. 2015/08/01) [25–26]. Las criaturas mitológicas de principios de siglo han desaparecido en favor de especies autóctonas exóticas como los osos hormigueros gigantes, que destacan en barniz negro mate a cada lado del redondel central de la batea de la bacía de barbero; o las alpacas negras mate a cada lado del redondel central del interior de la tapa abatible. A diferencia de las piezas de barniz de Pasto del siglo XVII, las del siglo XVIII en general muestran un notable disminución de la calidad a medida que avanzaba el siglo.

2.3. Pintura, barniz y pintura Peribán: contexto histórico

Los primeros relatos históricos se refieren a la laca de Michoacán como pinturas o barnices. Los términos *laca* y *maque* (de la palabra japonesa *maki-e* para las lacas que incorporan oro o plata) no se utilizan hasta el siglo XVIII, con la introducción del estilo chinoiserie que enfatizaba el oro en la decoración. Las jícaras y los cuencos de calabaza pintados con laca fueron los productos básicos de los artesanos purépechas de la laca en el centro de México durante el periodo virreinal. Sin embargo, lo que podría ser el primer testimonio de primera mano de la laca indígena aplicada a objetos de madera para uso por los misioneros y colonos españoles procede de Tiripitío, en Michoacán, situado a medio camino entre Morelia (Valladolid) y Pátzcuaro. Pedro Montes de Oca, primer magistrado de Tiripitío, en respuesta a un cuestionario sobre la jurisdicción enviado por orden de Felipe II, describe en 1580 los objetos de madera "pintados" por los artesanos purépechas:

> De los robles y encinas, se hacen en este pu[eb]lo muchas carretas y arados, y otras cosas; de los pinos, mucha tablazón para casas, puertas, cajas, y escritorios y escribanías y mesas [y] artesas. Que de todo se hace mucha cantidad, por haber aquí muy buenos y pulidos carpinteros indios, y muy primos; y, todo lo d[ic]ho, se da a pintar a pintores, que hay en este pu[eb]lo los más pulidos y curiosos que hay en esta Nueva España para este efecto; que se pueden dar y presenter, los escritorios y escribanías, a cualquier príncipe [27].

Las siguientes referencias a los artesanos de laca purépecha aparecen en una historia de la orden agustina en Michoacán, terminada en 1644 y publicada en 1673, por Diego Basalenque (1577-1651). En cuanto a las habilidades de los purépechas en los pueblos de San Juan Parangaricutiro y Zacán, Basalenque escribió:

> Y en quanto á riqueza le exceden [Zirosto], porque tienen mucho trato y contrato, llevando de tierra caliente á Pueblos de Españoles, frutas, chancacas y mieles, porque tienen muchas mulas, y de las cosas de sus Pueblos que se benefician en ellos, como son pinturas, y bateas, embutidos, xarcia, todas cosas corrientes en Pueblos de Españoles [28].

Basalenque continuó describiendo cómo los purépechas de Pátzcuaro llegaron a aprender sus oficios, y en el proceso hizo una clara referencia a la técnica indígena del embutido de laca:

> el señor Obispo [Vasco de Quiroga]; él qual con su gran talento ordenó tambien que los Naturales todos tuviessen sus entretenimientos y oficios, y assí havia muchos carpinteros que hazian caxas, escritorios, bufetes, quadros, y otras cosas, que se traxinaban á otras Ciudades. Había herreros, sastres, zapateros para cuyos trabajos venían a llevarse. Otros hacían caramillos, flautas, trompetas, sacabuches, para proveer a los otros cantores, otros órganos, otros imágenes, con pintura, también pintaban calabazas, bateas, hacían incrustaciones con los colores inventados aquí.

En una crónica del siglo XVIII de la orden agustina en Michoacán, Matías de Escobar (fallecido en 1749) describió cómo los agustinos introducían los conocimientos españoles sobre carpintería a los purépechas de Tiripitío en el siglo XVI, y cómo los purépechas creaban su propio estilo con la adición de la laca indígena:

> Diéronles Maestros carpinteros por tener bastantes maderas en que ejercitarse, y aprendieron tan bien el arte, que tuvieron fama sus escritorios y consiguieron aplausos sus artezones, porque haciendo un diptongo de lo que aprendían de los maestros españoles y de lo que ellos sabían, formaban un nuevo injerto en las maderas sobre las castellanas medidas, gavetas de escritorios, cajas y escribanías, añadían ellos sus maques y sus pinturas, y hacían singular su obra, pues a un mismo tiempo lucía la española traza vestida del ropaje indiano [29].

Aunque la técnica indígena de la laca se adaptó antes a objetos de madera de diseño español en Tiripitío, Escobar destaca la laca de Peribán como la más fina:

> La pintura de Periban hasta hoy por otra nación no imitada, tuvo su origen en esta provincia, y fuera de ser tan vistosa, es tan permanente el barniz, que a porfía se defiende del tiempo, porque siendo en los colores propiedad desmerecer con la edad, esta pintura apuesta, porfía, con lo caduco permanencias, haciéndose uno el color con la madera, quizá para entablar más su permanencia; es el modo de esta obra, abrir con el buril las labores, y en los huecos embutir los colores, supliendo la variedad dematices, la carencia de maderas, de aquellos colores.

Es importante señalar que Escobar hace hincapié en que las primeras lacas de Tiripitío no cubrían toda la superficie de los objetos, dejando así zonas de madera expuesta, a diferencia de todas las lacas hispanoamericanas posteriores a partir de Peribán. Lamentablemente, no se conocen ejemplos de lacas utilitarias elaboradas en el siglo XVII en Tiripitío o Pátzcuaro. Más adelante en el texto, después de describir los primeros trabajos de laca en Tiripitío, Escobar describe cómo los purépechas no habían sobresalido como pintores tradicionales, sino cómo habían triunfado con la laca de Peribán:

> Por la mayor parte de la pintura no igualan a los Europeos, empero los que han aprendido en México, pueden tomar paleta en los obradores de Apeles. No se esmeran en las obras; porque saben no se las han de pagar, y así obran como que no han de tener la paga que merecen; ellos por sí tienen sus pinturas y aceites con que manchan sus bateas, jícaras primorosas, llamadas de Peribán; las cuales no contentas con ser de toda la Nueva España solicitadas por lo curioso, pasan a ser celebradas a España.

La producción de lacas en cualquier aldea habría aumentado y disminuido con el tiempo, por lo que es lógico suponer que, dada la proximidad relativa de estas aldeas, los artesanos purépechas podrían haberse trasladado fácilmente entre una aldea y otra según fuera necesario.

2.4. *Laca de Peribán: técnicas, influencias estilísticas y cronología*

La introducción de lacas asiáticas a las Américas y Europa a través del galeón de Manila a finales del siglo XVI y principios del XVII dio lugar a la adaptación de la técnica indígena mexicana de la laca a las artes decorativas como objetos de lujo destinados al mercado español. En el siglo XVII, Peribán era el principal centro de producción. Los historiadores contemporáneos atribuían a Peribán, situada en el oeste de Michoacán, cerca de la frontera con Jalisco, el establecimiento de los primeros talleres de laca hispanoamericana en México. El cronista franciscano Alonso de la Rea (hacia 1605-1661), en un escrito de 1639, atribuyó a los artesanos de la laca purépechas, el haber inventado en Michoacán el arte que llamó "pintura de Peribán [30]". Alabó esta laca no solo por su belleza, sino por su durabilidad y resistencia a los líquidos calientes. De la Rea describió su técnica y observó que los artesanos decoraban una gran variedad de finos escritorios, cajas, cofres, bateas, tecomates (cuencos de calabaza) y jícaras (tazas), y otros objetos curiosos con "figuras, misterios o paisajes". Los ejemplos más tempranos y finos que se conocen de la laca de Peribán datan de hacia 1625-1650, ejemplificados por una excepcional batea de hacia 1625 (LS1808) en la colección de la Hispanic Society of America (Figura 29).[10]

Figura 29. Batea, Peribán, Michoacán, hacia 1625. Laca mexicana sobre madera, 8 cm x 56,5 cm, Nueva York, Hispanic Society of America, LS1808.

La adquisición de esta batea sirve como ejemplo de cómo las lacas de Peribán, al igual que las del barniz de Pasto, pasaron desapercibidas para la mayoría de los comerciantes, profesionales de museos, coleccionistas y estudiosos a lo largo del siglo XX debido a la falta de imágenes publicadas y de ejemplos en las colecciones de los museos den las Américas. Vi esta batea por primera vez en 1998, en una feria de antigüedades de Nueva York, e inmediatamente me di cuenta de que era un rarísimo ejemplo de laca de Peribán del siglo XVII. El marchante la identificó como peruana del siglo XVIII o XIX, y comentó que otro marchante ya la había ofrecido al Museo de Brooklyn, pero que éste no estaba interesado. Adquirimos la batea tras ser examinada por el personal curatorial y de conservación, y aprobada por el comité de adquisiciones.

Más de cinco años después, estaba enseñándoles a unos investigadores visitantes al Departamento de Manuscritos y Libros Raros unas fotos tomadas en 1925 del contenido del patrimonio de Arabella Huntington (1850-1924), madre de Archer Milton Huntington, fundador de la Hispanic Society of America. Una foto discreta mostraba tres cuencos que parecían de laca mexicana apoyados en la base de un armario, y al examinarlos con una lupa, la batea del extremo izquierdo resultó ser la misma que habíamos adquirido en 1998 (Figura 30).

Figura 30. Inventario fotográfico del patrimonio de Arabella D. Huntington, 1925. Departamento de Manuscritos y Libros Raros, Hispanic Society of America.

Irónicamente, había estado en la colección de Arabella Huntington durante años, incluso posiblemente adquirida en su viaje a la Ciudad de México en 1889. Archer Huntington claramente no sabía que era mexicana, de lo contrario seguramente la habría donado a la Hispanic Society. Otro enigma es que estas bateas no figuraban en el inventario escrito del patrimonio, y de algún modo desaparecieron sin noticia de la mansión de la Quinta Avenida. El destino de las otras dos bateas del centro y extrema derecha de la foto sigue siendo desconocido.

La técnica de embutido de la laca de Peribán era muy laboriosa, ya que cada aplicación de laca requería un bruñido con un paño suave antes de secarse por completo, un proceso que duraba varios días. El mismo proceso se aplicaba a las rayas cruzadas incisas que luego se rellenaban con laca de un color contrastado para crear un efecto de sombreado en las figuras, una técnica claramente copiada de los grabados contemporáneos (Figura 31).

Figura 31. Detalles de rayas cruzadas para efectos de sombreado, batea, Peribán, Michoacán, hacia 1625. Laca mexicana sobre madera, 8 x 56,5 cm, Nueva York, Hispanic Society of America, LS1808.

Los motivos típicos de las primeras bateas de Peribán incluyen un cartucho de lacería manierista que enmarca figuras alegóricas o mitológicas, rodeada habitualmente por cuatro cartuchos más pequeños de tema similar, como se ve en una segunda batea de alrededor de 1625-1650 (LS1978) de la Hispanic Society of America (Figura 32).[11] La batea de la Hispanic Society de hacia 1625 (LS1808, Figura 29) es única por tener solo un cartucho central, lo que sugiere fuertemente que es anterior a todas las otras bateas de Peribán conocidas, ya que fue hecha antes de que se estableciera el formato del diseño con la adición de los cuatro cartuchos más pequeños que la rodean.

Figura 32. Batea, Peribán, Michoacán, hacia 1650. Laca mexicana sobre madera, 10,2 cm x 56,7 cm, Nueva York, Hispanic Society of America, LS1978.

Los cartuchos están rodeados de paisajes imaginarios poblados de personajes cortesanos y trabajadores rurales vestidos a la europea de finales del siglo XVI que participan en todo tipo de fiestas cortesanas y actividades rurales, como la agricultura, la caza y los combates. La compulsión por no dejar ningún espacio sin decorar, u *horror vacui*, una característica de las artes decorativas hispanoamericanas del siglo XVII, se personifica en la laca de Peribán. Una fantástica colección de animales domésticos, salvajes y míticos habita las escenas, incluyendo dragones, unicornios, ciervos, jabalíes, águilas, leones, así como alguna que otra especie del Nuevo Mundo, como el armadillo que se ve en la parte superior central del detalle de la batea de hacia 1625 (Figura 31). Los grabados holandeses y flamencos sirvieron como fuente principal de estas imágenes, pero la creatividad de los artistas indígenas en su interpretación de los modelos europeos sigue siendo omnipresente.

Se conserva un número muy limitado de piezas de Peribán, que consisten principalmente en bateas, cofres, baúles y escritorios. Las bateas de Peribán del siglo XVII se hicieron tan famosas que cualquier batea lacada se llamó *peribana* hasta el siglo XIX. La única imagen contemporánea que se conoce de la laca de Peribán es una jícara (taza de calabaza), incluida con otros objetos exóticos de lujo en el cuadro *Bodegón con cofre de ébano*, 1652, de Antonio Pereda (España, 1611-1678), en el Museo Estatal del Hermitage en San Petersburgo (Rusia) [31]. La jícara se ve en la esquina superior derecha del cofre de ébano. La criatura alada de la parte frontal de la jícara es una sirena, una criatura de la mitología griega con cuerpo de ave y cabeza humana, que también aparece en el borde exterior de la parte inferior de todas las bateas tempranas de Peribán.

Dos bufetillos de Peribán de la colección del Monasterio de las Descalzas Reales de Madrid fueron probablemente un regalo de Felipe IV, rey de España (1621-1665), o de un alto funcionario de la Iglesia o miembro de la nobleza, a las monjas Carmelitas Descalzas (inv. 00612072-73) [10]. Ambos bufetillos muestran escenas de carros triunfales y figuras cortesanas. Lo mismo ocurre con una batea en el convento concepcionista de Ágreda en Soria, hogar de la mística Sor María de Ágreda (1602-1665), que fue durante mucho tiempo corresponsal y consejera de Felipe IV [10]. Estas tres piezas, por su diseño general y su estilo idiosincrásico de representar figuras humanas y animales, son indicios de haber sido elaboradas en el mismo taller hacia 1625-1650.

La evolución de los principales diseños y motivos de Peribán a lo largo del siglo XVII permite establecer fechas aproximadas para las piezas existentes, ya que pasan de estar finamente detalladas a ser estilizadas. La figura de una sirena, o sirena alada, y los diseños que la acompañan vistos en la taza de calabaza del bodegón de Pereda de 1652, son similares a los del reverso de ambas bateas de la Hispanic Society of America, así como a la decoración de la parte delantera de una batea de alrededor de 1675 del Victoria and Albert Museum (Figuras 33–35).

Figura 33. Batea, reverso, Peribán, Michoacán, hacia 1625. Laca mexicana sobre madera, 8 cm x 56,5 cm, Nueva York, Hispanic Society of America, LS1808.

Figura 34. Batea, Peribán, Michoacán, hacia 1650. Laca mexicana sobre madera, 10,2 cm x 56,7 cm, Nueva York, Hispanic Society of America, LS1978.

Figura 35. Batea, Peribán, Michoacán, hacia 1675. Laca mexicana sobre madera, 5 cm x 43 cm, Londres, Victoria and Albert Museum, 158-1866.

En el reverso de las dos bateas de la Hispanic Society, un diseño repetitivo en el lateral consiste en cuatro redondeles con mujeres músicas y hombres guerreros, combinados con sirenas aladas cuyas colas se transforman en enredaderas divergentes con frutos y flores, y la enredadera más cercana a la sirena termina en un bucráneo blanco. Elemento habitual en los frisos arquitectónicos grecorromanos, los bucráneos eran símbolos del sacrificio y la muerte que el Renacimiento adoptó como motivo clásico tanto en la arquitectura como en las artes decorativas. La batea del Victoria and Albert repite el diseño general de las dos bateas de Peribán, con una cartela de lacería central y redondeles más pequeños alrededor. La principal diferencia es que el diseño repetido de la parte inferior de las bateas anteriores se convierte en la decoración de la parte delantera. Las sirenas siguen siendo reconocibles, pero las enredaderas se han convertido en una masa de motivos muy estilizados donde el bucráneo sigue siendo blanco, pero la forma es en gran medida inidentificable. Otras dos bateas de hacia 1675-1700 del Victoria and Albert Museum muestran diseños más audaces y sencillos que no se encuentran en otras bateas de Peribán (Figuras 36-37).[12]

Figura 36. Batea, Peribán, Michoacán, hacia 1675-1700. Laca mexicana sobre madera, 5,4 cm x 45,7 cm, Londres, Victoria and Albert Museum, 157-1866

Figura 37. Batea, Peribán, Michoacán, hacia 1675-1700. Laca mexicana sobre madera, 5,5 cm x 43,7 cm, Londres, Victoria and Albert Museum, 156-1866

Este estilo decorativo combina motivos indígenas y europeos muy estilizados, en una limitada paleta de tres colores sobre fondo negro. Aquí la decoración es una versión de las anteriores sirenas y enredaderas. Las sirenas se han convertido en volutas decorativas, y el único motivo vagamente reconocible de las bateas anteriores es el bucráneo. Estas bateas probablemente estaban destinadas a la población local y no a la exportación a España o a la élite criolla (criollos) de Nueva España. Las tres bateas del Victoria and Albert Museum fueron adquiridas en España al mismo marchante en 1865, lo que sugiere que probablemente permanecieron juntas desde que salieron de México.

En colecciones de los Estados Unidos, España y Venezuela se conservan al menos siete baúles de Peribán, todos de hacia 1650-1675 y probablemente del mismo taller. Los baúles del Los Angeles County Museum of Art (Figura 38) [32], del Museo de Arte Colonial de Caracas (Venezuela) [33], de la iglesia de Nuestra Señora de la Concepción de Las Palmas, las islas Canarias y del palacio de la Condesa de Lebrija en Sevilla comparten un esquema decorativo similar al de las primeras bateas, con dos cartuchos en lacería en el frente y en la parte superior abovedada del baúl, así como cartuchos individuales en cada extremo.

Figura 38. Baúl, Peribán, Michoacán, hacia 1650-1675. Laca mexicana sobre madera, herrajes, 64,8 cm × 110,5 cm × 47 cm, Los Ángeles, Los Angeles County Museum of Art, M.2015.69.1

Otro baúl del Instituto Valencia de Don Juan en Madrid comparte un esquema decorativo similar, salvo que las dos cartuchos se sustituyen por el escudo de armas de un miembro de la familia Valdés de Asturias, y la cúpula repite las armas de la Orden de Santiago, todo ello rematado por coronas de un marqués.

Un segundo baúl del palacio de la condesa de Lebrija presenta una decoración geométrica mudéjar única, formada por estrellas de ocho puntas (Figura 39).

Figura 39. Baúl, Peribán, Michoacán, hacia 1650-1675. Laca mexicana sobre madera, herrajes, Palacio de la Condesa de Lebrija, Sevilla, España

El frente y los costados del exterior del baúl tienen bordes florales y foliados estilizados, que incluyen diseños entrelazados mudéjares, como los que se encuentran en los marcos de piedra tallada de puertas y ventanas, así como en el fondo de los frescos pintados, en el Hospital Real de la Purísima Concepción, del siglo XVI, en Uruapan en el estado de Michoacán. Dentro de los bordes hay paneles de diseños entrelazados islámicos minuciosamente detallados, similares a los techos artesonados mudéjares que eran comunes en muchas iglesias michoacanas del siglo XVI. El jarrón con flores que se ve aquí bajo la tapa, es un motivo común entre los baúles y vargueños de Peribán, aunque este ejemplo añade un borde de encaje de bolillos.

Al llegar a mediados del siglo XVIII, la producción de bateas, escritorios portátiles y baúles había cesado en Peribán. Según Antonio Alcedo y Bejarano (1736-1812), en el tercer cuarto del siglo XVIII, Peribán se especializaba únicamente en jícaras laqueadas, en las que se empleaban todos los habitantes purépechas:

> El vecindario se compone de 100 familias de Españoles, Mestizos y Mulatos, y 66 de Indios Tarascos que fabrican muchas xícaras porque abunda de calabacitos, y las pintan con primor de varios colores, formando el principal ramo de su comercio por la estimación que tienen en todas partes [34].

Dado que las tazas de calabaza eran objetos utilitarios de bajo coste, no es sorprendente que no se conozca ningún ejemplar.

3. Conclusiones

Las artes decorativas de Asia tuvieron un profundo impacto en las artes decorativas de Latinoamérica durante la época virreinal, especialmente las tradiciones indígenas de laca de México y los Andes. A medida que la demanda superaba la oferta de las exóticas y caras lacas asiáticas traídas a Acapulco en los galeones de Manila, los artesanos de las lacas indígenas de México y Colombia empezaron a aplicar sus habilidades a la producción de lacas destinadas al mercado español. Los misioneros católicos eran responsables de animar a los artesanos de la laca a adaptar sus antiguas técnicas a nuevas formas, así como de proporcionarles los grabados, dibujos y manuscritos iluminados europeos que servían de modelo para las decoraciones pictóricas encontradas en los primeros ejemplos conocidos de Pasto y Peribán. A partir de la segunda mitad del siglo XVII, y a lo largo del XVIII, se incorporaron motivos asiáticos e indígenas a la decoración de las lacas hispanoamericanas. El resultado fue una enorme diversidad de objetos que combinaban estilos y formas decorativas indígenas, europeas y asiáticas.

Los mejores objetos de laca hispanoamericanos llegaron a ser tan apreciados en Europa y América como los mejores objetos asiáticos. Eran posesiones preciadas que los funcionarios reales traían a España, enviaban como regalos a la aristocracia secular y eclesiástica de Europa y eran objetos decorativos que adornaban las iglesias y los palacios nobiliarios de los virreinatos. Los excepcionales objetos de laca de Colombia y México que sobreviven en la actualidad son un testimonio del genio creativo de los artesanos indígenas de la laca, que ampliaron las posibilidades de su arte a través del intercambio cultural indígena, asiático y europeo del siglo XVII.

Los artesanos indígenas de la laca de Hispanoamérica, inspirados por el reto de crear objetos de aspecto y calidad comparables a los asiáticos, elaboraron obras de enorme complejidad tanto técnica como iconográfica. A lo largo del siglo XVII, prácticamente todas las técnicas decorativas asiáticas de laca fueron copiadas o simuladas por los artesanos de laca de México y Colombia; entre ellas, los embutidos de Peribán en México, las técnicas decorativas en relieve en Colombia y el uso de hoja de plata bajo capas de barniz de Pasto coloreado para crear el efecto de relucientes plumas doradas, plateadas e iridiscentes. Las meticulosas e intrincadas técnicas de los primeros artesanos indígenas, en combinación con los motivos y programas de diseño que emplearon, establecen un punto de partida para datar las lacas hispanoamericanas tal y como evolucionaron en el siglo XVII. La aplicación de esta metodología en combinación con una datación por radiocarbono más amplia de piezas significativas permitirá, en última instancia, comprender mejor las diferentes etapas de la evolución de las lacas de barniz de Pasto y de Peribán.

Materiales Suplementarios: La versión en inglés de este artículo puede descargarse en: https://www.mdpi.com/article/10.3390/heritage7080204/s1.

Financiación: Esta investigación no ha recibido financiación externa.

Agradecimientos: El autor agradece sinceramente a Natasha Vargas (traductora), Robert Esposito y Laura Ramírez Polo (revisores) de la Universidad de Rutgers la versión de este artículo en español.

Conflictos de intereses: El autor declara no tener ningún conflicto de intereses.

Notas

1. Arqueta, Pasto, Colombia, hacia 1625. *Barniz de Pasto* sobre madera, con herrajes de plata. 19,2 cm x 27,2 cm x 13,7 cm. Nueva York, Hispanic Society of America, 2067. Procedencia: Simois Gestión de Arte, Madrid, 2002, adquirida por la Hispanic Society of America, 2002.
2. Vasija de calabaza, Pasto, Colombia, antes de 1644. Barniz de Pasto sobre una calabaza (totuma), 12 cm. LS2400.
3. La corona de plumas del hombre caracol representa probablemente la primera imagen registrada de la corona de plumas de un chamán kamëntsá, una imagen de gran importancia para la historia cultural de los kamëntsá.
4. Escritorio, Pasto, Colombia, hacia 1630-1643. Barniz de Pasto sobre cedro español *(Cedrela odorata)*, con herrajes de plata. 20 cm x 39,7 cm x 30,7 cm. Nueva York, Hispanic Society of America, LS2446. Procedencia: Martín de Tolosa, Sacristán, Catedral de Popayán, Popayán, Colombia, hacia 1630-1643; Butterfield's, San Francisco CA, *Selected Furniture and Works of Art*, 23 de marzo de 1983, venta 3306G, lote 1945; Richard Yeakel Antiques, Laguna Beach CA, 1983; Klaus Schilling, Irvine CA, 1983-1987; Sotheby's, *European Works of Art*, Nueva York, 24 de noviembre de 1987, lote 62; Richard Worthen Galleries, Albuquerque NM, 1991; Kurt Schilling, Newport Beach y Morro Bay CA - Santa Fe NM, 1991-2019; adquirida por la Hispanic Society of America, 2019.
5. Tablero, Pasto, Colombia, hacia 1630-1643. Barniz de Pasto en cedro español *(Cedrela odorata)*. 43,7 cm x 66 cm x 1,8 cm. Nueva York, Hispanic Society of America, LS2447. Procedencia: Martín de Tolosa, Sacristán, Catedral de Popayán, Popayán, Colombia, hacia 1630-1643; Butterfield's, San Francisco CA, *Selected Furniture and Works of Art*, 23 de marzo de 1983, Venta 3306G, lote 1945; Richard Yeakel Antiques, Laguna Beach CA, 1992; Klaus Schilling, Newport Beach and Morro Bay CA - Santa Fe NM, 1992-2019; adquirida por la Hispanic Society of America, 2019.
6. La colecciones públicas incluyen la Hispanic Society of America, NY (LS2067, LS 2446); Blanton Museum of Art, Austin, TX (2018.351) https://blanton.emuseum.com/objects/22542/coffer?ctx=c4a45705ff07ca4bd87f7a75d5d25b0b7586f0dc&idx=3 (accedido en 6 Julio 2024; Los Angeles County Museum of Art, Los Angeles, CA (M.2008.34); Victoria and Albert Museum, Londres (W.5-2015, W.7-2018); y Museo de America, Madrid (n.º inv. 06775).
7. El lema está tomado de Mateo 26:41 de la Biblia Vulgata Latina, siendo las palabras pronunciadas por Jesús a sus discípulos Pedro, Santiago y Juan en el Huerto de Getsemaní. Vigilate et orate es también un famoso motete para el Domingo de Ramos del compositor renacentista español de música sacra Cristóbal de Morales (hacia 1500-1553).
8. Escritorio, Pasto, Colombia, hacia 1684. Barniz de Pasto sobre cedro español *(Cedrela odorata)*, con herrajes de latón. 19 cm x 36 cm x 30,5 cm. Nueva York, Hispanic Society of America, LS2000. Procedencia: Gabriel Bernaldo de Quirós y Mazo de la Vega, Primer Marqués de Monreal, hacia 1685; Alcalá Subastas, Madrid, 10-11 May 2000, lote 454; Caylus, Madrid, 2000; adquirido por la Hispanic Society of America, 2001.
9. El agraz (*Vaccinium meridionale Swartz*) es un arbusto originario de Colombia, de hasta siete metros de altura, que se encuentra en altitudes de 2.400 a 4.000 metros y produce una baya de color azul oscuro o púrpura que crece en racimos parecidos a las uvas. El agraz es de la familia de las *Ericaciae*, que incluyen los arándanos y los arándanos rojos.
10. Batea, Peribán, Michoacán, México, hacia 1625. Laca mexicana sobre madera, 8 cm x 56,5 cm. Nueva York, Hispanic Society of America, LS1808. Procedencia: Arabella D. Huntington (1850-1924), Nueva York, hasta 1924; patrimonio de Arabella D. Huntington, Nueva York, 1924-1926; Martin Cohen, Nueva York, 1998; adquirido por la Hispanic Society of America, 1998.
11. Batea, Peribán, Michoacán, hacia 1650. Laca mexicana sobre madera, 10,2 cm x 56,7 cm, Nueva York, Hispanic Society of America, LS1978. Procedencia: Catalina K. Meyer, Nueva York, hasta 1997; Propiedad de Catalina K. Meyer, Nueva York, 1997-1999, Christie's East, *The Latin American Sale*, 23 de noviembre de 1999, lote 30; adquirida por la Hispanic Society of America, 1999.
12. Otra batea Peribán de fecha similar con motivos florales estilizados y aves estilizadas, atribuida a Uruapan, se encuentra en la colección del Museo de América, Madrid (n.º inv. 06925).

Referencias

1. Codding, M.A. The Decorative Arts in Latin America, 1492–1820: Lacquerwares. In *The Arts in Latin America, 1492–1820*; Rishel, J.J., Stratton-Pruitt, S., Eds.; Philadelphia Museum of Art: Philadelphia, PA, USA, 2006; pp. 106–113. Available online: https://archive.org/details/isbn_978-0-87633-250-4_202102/mode/1up (accedido en 8 Julio 2024).
2. Codding, M.A. The Lacquer Arts of Latin America. In *Made in the Americas: The New World Discovers Asia*; Dennis Carr, Ed.; Museum of Fine Arts: Boston, MA, USA, 2015; pp. 75–89.

3. Granda Paz, O. Barniz de Pasto: Una Artesanía De Raices Prehispánicas. *Revista Artesanías de América*, 24, Agosto 1987, pp. 21–59. Available online: http://documentacion.cidap.gob.ec:8080/handle/cidap/926 (accedido en 6 Julio 2024).
4. Pérez Carrillo, S. *La Laca Mexicana: Desarrollo de un Oficio Artesanal en el Virreinato de la Nueva España Durante el Siglo XVIII*; Banamex/Alianza Editorial: Madrid, Spain, 1990.
5. Alvarez-White, M.C. *El Barniz de Pasto: Secretos y Revelaciones*; Universidad de los Andes, Facultad de Artes y Humanidades: Bogotá, Colombia, 2012.
6. Newman, R.; Kaplan, E.; Derrick, M. Mopa mopa: Scientific analysis and history of an unusual South American resin used by the Inka and artisans in Pasto, Colombia. *J. Am. Inst. Conserv.* **2015**, *54*, 123–148
7. Pozzi, F.; Basso, E.; Katz, M. In search of Humboldt's colors: Materials and techniques of a 17th-century lacquered gourd from Colombia. *Herit. Sci.* **2020**, *8*, 101; https://doi.org/10.1186/s40494-020-00449-1.
8. Burgio, L.; Melchar, D.; Strekopytov, S.; Peggie, D.A.; Melchiorre Di Crescenzo, M.; Keneghan, B.; Najorka, J.; Goral, T.; Gorbout, A.; Clark, B. Identification, characterisation and mapping of calomel as 'calomel', a previously undocumented pigment from South America, and its use on a barniz de Pasto cabinet at the Victoria and Albert Museum. *Microchem. J.* **2018**, *143*, 220–227.
9. Acuña Castrellón, P.E. *El Maque o Laca Mexicana: La Preservación de Una Tradición Centenaria*; El Colegio de Michoacán: Zamora, Mexico, 2012.
10. Sabau García, M.L. *México en el Mundo de las Colecciones de Arte, Nueva España*; Grupo Azabache: Mexico City, Mexico, 1994; Volume 1, pp. 170–172, 174–175.
11. *Barroco de la Nueva Granada: Colonial Art from Colombia and Ecuador*; Kennedy, A., Fajardo de la Rueda, M., Eds.; Americas Society: New York, NY, USA, 1992; p. 55.
12. Rivero Lake, R. *La visión de un Anticuario*; Landucci: Mexico City, Mexico, 1997; p. 286, [293–294].
13. Escobar, J.d. Memorial que Fray Geronimo Descobar predicador de la orden de Sant Agustin al Real Consejo de Indias de lo que toca a la provincia de Popayan (1582). In *Relaciones y Visitas a Los Andes, S XVI*; Pinzón, H.T., Ed.; Colcultura/Instituto de Cultura Hispánica: Santafé de Bogotá, Colombia, 1993; Volume 1, p. 405.
14. Simón, P. *Noticias historiales de las conquistas de Tierra Firme en las Indias Occidentales*; Medardo Rivas: Bogotá, Colombia, 1892; Volume 4, p. 166. Available online: https://archive.org/details/tierrafirmeindias04simbrich/page/166/mode/2up (accedido en 9 July 2024).
15. Fernández de Piedrahita, L. *Historia General de Las Conquistas del Nuevo Reyno de Granada.* J.B. Verdussen: Amberes, Belgium, 1688; p. 360. The Dedication is Dated August 12, 1676, at Santa Marta, Colombia, p. [ii]. Available online: https://archive.org/details/historiageneral d00fern_0/page/n7/mode/2up (accedido en 9 Julio 2024).
16. Sañudo, J.R. *Apuntes Sobre la Historia De Pasto. Segunda Parte, La Colonia En El Siglo XVII*; Tipografía de Alejandro Santander, Impresor Elías Villareal: Pasto, Colombia, 1897; p. 104. Available online: https://catalogoenlinea.bibliotecanacional.gov.co/client/es_ES/search/asset/118764 (accedido en 9 July 2024).
17. Granda Paz, O. *Análisis Histórico-Estético del Barniz de Pasto Siglos XV a XIX*; Instituto Colombiano de Cultura: San Juan de Pasto, Colombia 1992; p. 65. Unpublished typescript. Bogotá, Biblioteca Luis Ángel Arango, 738.12 G71a.
18. Marín Valencia, A. Carnaval Kamëntsá: Identidad, simbolismo y resistencia. In *El entrecruzimiento de la Tradición y la Modernidad: Memorias del Encuentro Internacional sobre Estudios de Fiesta, Nación y Cultura*; González Pérez, M., Eds.; Intercultura: Bogotá, Colombia, 2011; pp. 131, 137–138. Available online: https://issuu.com/interculturacolombia/docs/entrecruzamientodelatradicionylamodernidad (accedido en 9 Julio 2024).
19. Montoya Guzmán, J.D. Mestizaje y frontera en las tierras del Pacífico del Nuevo Reino de Granada, siglos XVI y XVII. *Hist. Crítica* **2016**, *59*, 3 n61.
20. Vargas Murcia, L.L. *Del Pincel al Papel. Fuentes para el Estudio de la Pintura en el Nuevo Reino de Granada (1552–1813)*; Instituto Colombiano de Antropología e Historia, ICANH: Bogotá, Colombia, 2012; pp. 220–222. https://publicaciones.icanh.gov.co/index.php/picanh/catalog/view/86/89/15 (accedido en 9 Julio 2024).
21. Abadía Quintero, C. La notoria virtud de un mérito. Redes complejas, poder eclesiástico y negociación política en las Indias Meridionales. El caso del obispado de Popayán, 1546–1714. Ph.D. Thesis, Colegio de Michoacán, Centro de Estudios Históricos: Zamora, Mexico, 2019; pp. 419 n954, 569–570 n1272. Available online: https://www.researchgate.net/publication/338775754 (accedido en 9 Julio 2024).
22. Silva Ramírez, L.M.; Gutiérrez Avendaño, J. Creer para ver. Instauración del discurso milagroso entre la población del Nuevo Reino de Granada, siglos XVI, XVII y XVIII. *Ilu. Rev. De Cienc. De Relig.* **2016**, *21*, 200–201, n47. Available online: https://doi.org/10.5209/ILUR.53852 (accedido en 9 Julio 2024).
23. Hecht, J. The Past is Present: Transformation and Persistence of Imported Ornament in Viceregal Peru. In *The Colonial Andes: Tapestries and Silverwork, 1530–1830*; Phipps, E., Hecht, J., Esteras Martín, C., Eds.; Metropolitan Museum of Art: New York, NY, USA, 2004; p. 50. Available online: https://www.metmuseum.org/art/metpublications/The_Colonial_Andes_Tapestries_and_Silverwork_1530_1830 (accedido en 7 Julio 2024).
24. Cadenas y López, A.A.d. *Elenco de Grandezas Y Títutlos Nobiliarios Españoles*, 46th ed.; Ediciones Hidalguía: Madrid, Spain, 2013; p. 599.

25. Zabía de la Mata, A. El arte del barniz de Pasto en la colección del Museo de América de Madrid. *Anales del Museo de América* **2020**, *28*, pp. 85–86, figs. 2, 4; pp. 88–89, Figure 7; pp. 90–91, Figure 9. Available online: https://www.culturaydeporte.gob.es/museodeamerica/dam/jcr:fbf666e8-f20e-481c-96c9-16f9c7e5dc16/06-anales-del-museo-de-america-xxviii-2020-zab-a-81-98.pdf (accedido en 10 Julio 2024).
26. Zabía de la Mata, A. New Contributions Regarding the *Barniz de Pasto* Collection at the Museo de América, Madrid. *Heritage* **2024**, *7*, 667–682. figs. 1, 11, 13. https://doi.org/10.3390/heritage7020033.
27. Montes de Oca, P. Relación de Tiripitío. In *Relaciones Geográficas Del Siglo XVI: Michoacán*; Acuña, R., Ed.; Universidad Nacional Autónoma de México: Mexico, 1987; Volume 9, p. 354.
28. Basalenque, D. *Historia de la Provincia de San Nicolas de Tolentino, de Michoacan, Del Orden de n. p. s. Augustin … Año de 1673*; Tip. Barbedillo y Comp.: Mexico, 1886; Volume 1, pp. 444–445, 450-451. Available online: https://babel.hathitrust.org/cgi/pt?id=nyp.33433070777846&view=1up&seq=446 (accedido en 11 July 2024).
29. Escobar, M. de. *Americana thebaida: Vitas patrum de los religiosos hermitaños de N. P. San Augustin de la provincia de S. Nicolas Tolentino de Mechoacan ... año 1729*; Imprenta Victoria: Mexico, 1924; pp. 26, 147-148.Available online: https://babel.hathitrust.org/cgi/pt?id=pst.000019372242&view=1up&seq=203 (accedido en 11 Julio 2024).
30. Rea, A. de la. *Crónica de la Órden de N. Seráfico, P. S. Francisco, Provincia de San Pedro y San Pablo de Mechoacán en la Nueva España*; Imprenta de J.R. Barbedillo: Mexico, 1882; p. 40. Available online: https://babel.Hathitrust.org/cgi/pt?id=uc1.31158005770762&view=1up&seq=60 (accedido en 11 Julio 2024)
31. Pereda, Antonio (Spain, 1611–1678), *Still Life with an Ebony Chest*, 1652. Oil on Canvas, 80 cm × 94 cm. St. Petersburg, Russia, The State Hermitage Museum, ГЭ-327. Available online: https://hermitagemuseum.org/wps/portal/hermitage/digital-collection/01.+paintings/32672 (accedido en 11 Julio 2024).
32. Katzew, I. (Ed.). *Archive of the World: Art and Imagination in Spanish America, 1500–1800: Highlights from LACMA's Collection*. Los Angeles County Museum of Art; DelMonico Books/D.A.P.: Los Angeles, LA, USA, 2022; pp. 288–290, notes pp. 356–357.
33. Duarte, C.F. *Catálogo de Obras Artísticas Mexicanas en Venezuela. Período hispánico*; Instituto de Investigaciones Estéticas: UNAM, 1998; p. 233. Available online: https://www.academia.edu/39686747/Cat%C3%A1logo_de_obras_art%C3%ADsticas_mexicanas_en_Venezuela_Per%C3%ADodo_hisp%C3%A1nico (accedido en 11 Julio 2024).
34. Alcedo y Bejarano, A. *Diccionario geográfico-histórico de las Indias Occidentales o América: Es decir los Reynos del Perú, Nueva España, Tierra-Firme, Chile, y Nuevo Reyno de Granada*. Manuel González: Madrid, Spain, 1788; Volume 4, p. 158. Spanish Text: "el vecindario se Compone de 100 Familias de Españoles, Mestizos y Mulatos, y 66 de Indios Tarascos Que fabrican Muchas Xícaras Porque Abunda de Calabacitos, y las Pintan Con Primor de Varios Colores, Formando el Principal Ramo de su Comercio por la Estimación Que Tienen en Todas Partes." Available online: https://babel.hathitrust.org/cgi/pt?id=ucm.5324318203&view=1up&seq=166 (accedido en 11 Julio 2024).

heritage

MDPI

Article

Beyond *Barniz de Pasto Mopa-Mopa* Objects: Artisans and Harvesters in the 21st Century

Giovany Paolo Arteaga Montes [1,*] and María Mercedes Figueroa Fernández [2]

1 Fundación Mundo Espiral, Pasto 520001, Nariño, Colombia
2 Secretaria de Cultura del Municipio de Pasto, Pasto 520001, Nariño, Colombia; mariamercedesfigueroaf@gmail.com
* Correspondence: giovanyarteaga@unicauca.edu.co; Tel.: +57-3188021956

Abstract: This article intends to highlight and reconstruct the relationships between humans (harvesters, woodworkers and master artisans) and non-humans (raw materials, tools, places, products, etc.) in the *Barniz de Pasto mopa-mopa* tradition. These relationships were lost when the focus came to be primarily on the objects, as happens in most popular art forms worldwide. This text is organised in ethnographic overviews: the home workshops of masters of *Barniz de Pasto*; woodworker workshops; *montañas-selvas* (Andean rainforest highlands) and *mopa-mopa* harvesters; until we reach the objects. Unlike a conventional article, it does not end with firm and immutable conclusions. Our reflections from our eleven years (2013–2024) of accompanying men and women artisans and collectors, during the process of including the traditional knowledge and techniques associated with *Barniz de Pasto mopa-mopa* as Intangible Cultural Heritage *(patrimonialización)* and its safeguarding, are always open for discussion.

Keywords: *Barniz de Pasto*; *mopa-mopa*; home workshop; workshop; *montañas-selvas*; Putumayo; Intangible Cultural Heritage ICH; humans and non-humans

Citation: Arteaga Montes, G.P.; Figueroa Fernández, M.M. Beyond *Barniz de Pasto Mopa-Mopa* Objects: Artisans and Harvesters in the 21st Century. *Heritage* **2024**, *7*, 5032–5064. https://doi.org/10.3390/heritage7090238

Academic Editors: Lucia Burgio, Dana Melchar and Monica Katz

Received: 7 June 2024
Revised: 29 July 2024
Accepted: 28 August 2024
Published: 12 September 2024

> "*Barniz de Pasto* fabrics not only decorate wooden objects, they also hide women and men artisans and harvesters of *mopa-mopa*".
> Giovany Paolo Arteaga Montes

1. Introduction

Barniz de Pasto is an artistic technique of pre-Hispanic origin, which is unique in the world, and involves the collection of *mopa-mopa* from shrubs in the rural area of Mocoa in the Andean–Amazonian piedmont of Putumayo. It is then transformed into thin coloured sheets that are applied to wood; this technique is currently only practiced in the city of Pasto, Nariño, in the southwest region of the Colombian Andes. However, as is the case in several other crafts worldwide, research on *Barniz* continues to be focused on the technique and objects [1–15]. There have also been publications about *mopa-mopa* in Putumayo that focus on its taxonomy, the main one being by Luis Eduardo Mora Osejo [16], who classified the shrub from which *mopa-mopa* is picked as *Elaeagia pastoensis Mora.*[1] Others relate to the history [17], location, physico-chemical characteristics, cultivation and innovation for processing [18–20], while warning of its imminent risk of disappearing [21].

That is why, with this paper, we want to reveal and relate what has so far gone unnoticed, through ethnographies of the production process of the objects made with *Barniz de Pasto*. The aim is to reassemble the relationships between the humans (harvesters, woodworkers and master artisans)[2] and non-humans (raw materials, tools, places, works, etc.), as expressed by Bruno Latour [22], and fragmented by a fascination with objects.

Usually, in the chronicles, articles, books, dissertations, theses, user manuals, images and videos, the harvesters or artisans are only present silently in the background. Texts and audiovisuals found in various physical and virtual repositories have in common that the woodworkers, cabinetmakers, turners, carvers and harvesters are kept hidden behind sheets of *Barniz*, with the exception of the *Expediente y Plan Especial de Salvaguardia PES* (nomination file and special plan for the safeguarding) that was prepared in 2019 [21], where they were taken into account and named by some of the masters in the marketing of their works, as the home workshop of the Granja family has been doing for four years.[3]

In short, the history of decoration with *Barniz* has been looked at through analyses that focus on a fascination with or a seduction by the technique and works of pre-Hispanic or colonial origin that can be found in private collections or in the most prestigious museums in the world. These pieces have not been located in Pasto, as the city still does not have a permanent exhibition space for *Barniz*, perhaps because the technique is alive and is part of the daily life of the inhabitants of Pasto.

These studies include chemical, microscopic, conservation and design aspects. This results in the recognition of a hybrid amalgamation between Europe, America and Asia, which ends in a gratefully welcomed syncretism—a sort of co-creation—that produces forgetfulness and silence, which erases tensions and agencies between subjects. It almost seems that the objects are (self-)created without any relation to places, home workshops, workshops or *montañas-selvas*, vegetation (*mopa-mopa* and wood), tools, women and men, circumstances, etc.

Among the few exceptions, we can highlight the research carried out by the anthropologist Yolanda Mora de Jaramillo in 1963 [23], who, in addition to taking into account the history of the technique and *mopa-mopa*, the workshops, the decorative process and the change in the style, alluded to the socioeconomic relationships between the artisans, as Joseph Michael Stuckart did in 1982 with his Ph.D. thesis in philosophy [24]. Here we must also distinguish the anthropologist Nina Friedemann, who, in 1985, states that *Barniz* is subject to the "annihilation of indigenous aesthetic expression during the colony and the contempt for any aboriginal element" [25] (p. 16). For its part, the *Museo de Artes y Tradiciones Populares*, in 1992 [26], presented on the technique, problems, needs and accomplishments that were achieved with the formation of the *Casa del Barniz de Pasto* cooperative in the last two decades of the 20th century.

In 2007, Erki Narváez [27] also wrote about the technique and its history. As a varnish craftsman and lawyer, he exposed the associative failures, including the most recent: *Casa del Barniz de Pasto* and the role of the intermediary, highlighting the work of the masters and two women decorators: Irene de Granja and Rosa Mejía. In 2017, Armando Oviedo and Jesús Cabrera [28] carried out a biographical approach to the life and work of the late Master José María Obando. However, they again had a long and confusing journey to describe the *mopa-mopa* collection techniques and the decoration.

During the process of the *patrimonialización* of *Barniz de Pasto mopa-mopa* (2013–2020)[4] and its safeguarding (2021–2024), the sociologist, historian and anthropologist Giovany Paolo Arteaga Montes—author of this article—was the coordinator for the team of the Fundación Mundo Espiral[5] that developed the UNESCO applications (see below) through research and the creation of written, visual and audiovisual discourses, among other activities and products [29]. Ruth Flórez Rodríguez, from the Dirección de Patrimonio y Memoria del Ministerio de las Culturas (the Colombian Directorate of Heritage and Memory of the Ministry of Cultures), together with the sociologist and historian María Mercedes Figueroa Fernández—co-author of this text—who initially served as the Director of Mundo Espiral, then as an official in the Governorate of Nariño, and currently serves as the Secretary of Culture of Pasto, also participated in this process.

That is how, with 45 artisans from the Department of Nariño and 10 *mopa-mopa* harvesters in Putumayo, the team achieved the recognition of their knowledge and these techniques of pre-Hispanic origin, which are unique in the world, as Intangible Cultural Heritage (ICH) at the departmental (2014), national (2019) and global levels (2020). Therefore, on 15 December 2020, the traditional knowledge and techniques associated with the *Barniz de Pasto mopa-mopa* of Nariño and Putumayo were included in UNESCO's List of Intangible Cultural Heritage in Need of Urgent Safeguarding.

Lately, as a result of these inclusions, studies, exhibitions and the development of sound and audiovisual content have increased from design, the use of digital platforms, 3D printing, dissemination, tourism, teaching, innovation and co-creation between artisans and professionals [30,31]. However, in most cases, the artisans are erased under devices of fading and hierarchy, by professionals and cultural agents, after being used.

The interesting thing about these processes of *patrimonialización* is that they gradually led us to realise that we were engaging in ethnographies that summarised journeys, crusades or missions from the centres of learning or power to the 'ends of the earth and time', now known as 'territories', where we were the protagonists and the authority that planned, observed, controlled and were 'immersed' in this always extraneous reality, in order to develop an idea that created a contrast between a past, a present, a future and fragmented networks of 'Others', which were then described, valued and influenced by our voice as travellers [32] (pp. 23–26).

Thus, we decided to turn around and carry out ethnographies that would take the form of spatial and experiential journeys, insofar as they involved moving and walking in company, talking, being attentive, allowing ourselves to be taught and living with the people who participate in the production of *Barniz de Pasto* (harvesters and artisans), in the places where their daily lives take place: the *montañas-selvas* of the Andean–Amazonian piedmont of Putumayo, carpenters' workshops and home workshops of the craftspeople in the Nariño Andes, specifically in Pasto.

These journeys were also lived experiences. They had their own rhythms and timeframes that left traces or scars from the shared moments, which pierced our bodies and souls with their energy, taking place from within to without and the other way round for those who experienced them, because we walked together, and gave our all without holding anything back, like a large family. This is because everything around us passed through us (sometimes unnoticed) and was passed through by us in turn, without a clear destination, without a clear horizon, as it is in life.

In this way, we carried out ethnographies at the ground level by getting our hands dirty, as was proposed by the anthropologist Luís Alberto Suárez Guava [33], where past(s), present(s) and future(s) are merged through the multiple relationships between the humans and non-humans, i.e., subjects–objects, which allowed us to make the people and scenarios visible in order to understand the *Barniz de Pasto mopa-mopa* from another perspective: 'behind the objects'. This treatment was similar to that done by the conservator Dana Melchar, scientist Lucia Burgio and curator Nick Humphrey at the Victoria and Albert Museum in London, with a *Barniz* cabinet that was decorated around 1650 and revealed a skeleton of death hidden beneath its ornamentation, which was imperceptible to the naked eye [34].

In our case, to reveal what goes unnoticed in the production of a *Barniz de Pasto* object, we will turn to the ethnographic reviews that are organized as follows in the text:

2. The home workshops of the masters of *Barniz de Pasto*;
3. The workshops of the woodworkers;
4. The *montañas-selvas* and the *mopa-mopa* harvesters;
5. The objects (works, products, pieces and merchandise).

The latter will be assessed in their current dynamics in order to understand what is happening with them, the people involved—together with those who are becoming involved—and the changes that are being implemented in the technique. Unlike a conventional academic paper, we will not end with closed and immutable conclusions. Our reflections from our eleven years of accompanying men and women artisans and harvesters during the process of including *Barniz de Pasto mopa-mopa* on the List of Intangible Cultural Heritage in Need of Urgent Safeguarding *(patrimonialización)* are always open for discussion.

2. The Home Workshop of the Masters of *Barniz de Pasto*

It is a September morning in 2013, accompanied by an immaculate blue sky and a radiant sun that rises in front of the Galeras volcano while it enlivens the mountain walls that surround the Atriz Valley, which is the seat of the city of Pasto and its inhabitants (Figure 1). A bright morning that anyone would say is hot, but which can be summarised as warmly cold due to the roar of the icy wind, or just a typical Andean autumn morning. We arrived at the home workshop of the Granja masters located in Tamasagra—a neighbourhood that commemorates a local *cacique*—a place somewhat distant from the city centre, and which has its difficulties related to violence and crime. After wandering through its pedestrianised streets for a few minutes, we rang a bell at a modest house with white railings and a light green façade.

Figure 1. The Galeras volcano and the municipality of Pasto, Department of Nariño, Colombia. Photo: Giovany Arteaga Montes, 2022.

The door was opened for us by the young artisan Óscar Granja, who greeted us with a big hug, while his elderly father, Gilberto Granja, examined us in detail before stretching out his hand to shake our hands. The scene that met us comprised the following: a dog by the name of Oso and two ceremonial chairs around a small table, on which a portable stove was placed, heating a pot containing *mopa-mopa* buds, which exhaled their welcome steam. In addition, there was an old sound system that transmitted the news in AM, under the exclusive authority of master Gilberto, a kind of hammer with incisions called 'buzarda', ready to macerate the buds on a trunk with a rectangular plate on top and a wide piece of sacking, ready to rest on the legs, in order to facilitate the cleaning of the raw material through the friction of the hands, the use of the nails, the cooking and the shaking. Everything rested close to the light radiating from the window in the room, behind a white curtain that served as a lamp shade.

In the background, several wooden objects could be seen on two shelves made of the same material, arranged by size and shape, patiently awaiting their turn to be decorated. The hands of the masters are coloured orange, red and blue from the 'El indio' [35] anilines used to give the *Barniz* sheets their hues. These are delicately stretched between the fingers and mouths of two working partners looking at each other intensely, until the desired thickness is achieved. The masters take on an oblique body posture, as a mark of their work in which they use a 'magic knife' that was adapted by each of them from the fragment of a saw. The surgical scalpel is the protagonist in the decoration of the objects as it is an extension of their body and mind, whether it is a craftsman or a surgeon who seeks to do his work well (Figure 2). On their legs they also have a blanket or coverlet, and on top of it, the object on which they will leave the trace of their skin, to the extent that the pressure of their fingers, hands and forearms is needed to adhere the *mopa-mopa* sheets to the wood. There is a close connection between nature, body, soul and tools that denotes concentration, coordination, skill and cooperation, as Richard Sennett would put it [36] (pp. 31–263).

Figure 2. Maestro Gilberto Granja. Photo: © Fundación Mundo Espiral, 2014.

Once we came back to ourselves, after passing through that magical place, we talked about Cultural Heritage, thanks to the invitation made to us at the time by the conservator, and now councilman of Pasto Álvaro, José Gomezjurado Garzón. From that moment on, we started to walk alongside Óscar Granja to look for the 5 master craftswomen and 31 master craftsmen who dedicate themselves to this artisan practice in the city of Pasto (Figures 3–6), alongside a few officials as they recognize they workers and a tiny number of family apprentices. It took us 12 months to carry out a census, which was a part of the process of *patrimonialización* that lasted six more years.

Figure 3. *Barniz de Pasto* home workshop; masters Jhonatan and José María Castrillón stretching a sheet of *mopa-mopa*. Photo: © Fundación Mundo Espiral, 2023.

Figure 4. *Barniz de Pasto* home workshop; master Alfredo Zambrano and family. Photo: Giovany Arteaga Montes, 2023.

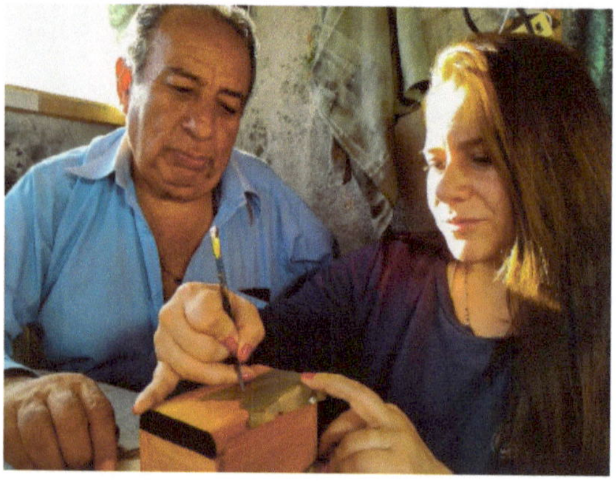

Figure 5. *Barniz de Pasto* home workshop; master Óscar Ceballos and his apprentice María Camila Muñoz. Photo: © Fundación Mundo Espiral, 2023.

Figure 6. *Barniz de Pasto* home workshop; master Mary Ortega, master Mario Narváez and their apprentices. Photo: © Fundación Mundo Espiral, 2023.

3. The Workshops of the Woodworkers

Around October 2019—six years after the meeting with Óscar and Gilberto—the master artisans told us one of their many 'secrets',[6] in this case relating to the ten suppliers of the wooden objects: five turners, three cabinetmakers and two carvers, who work with cedar, pine, sajo, red balso and urapan, among others. The first are elderly men who have their workshop mainly in the classic Obrero neighbourhood of the city of Pasto and two of them—the youngest—have their workshop in the municipality of El Peñol, Nariño.

Here, a home-made electric lathe is the main tool used to shape round and oval objects, such as vases and bonbonnieres, with the force of the body that is impressed through gouges, chisels and cutters (Figure 7). As Efrén Taborda expresses it, these workshops are characterised by their modest size and the absence of apprentices, as it is considered a complex and risky job to teach, because it can cause accidents ranging from small cuts to the amputation of fingers. This is in addition to the practically non-existent work safety conditions, which generate respiratory problems due to the dust by-products from the manufacturing of the objects. Apprenticeships could bring more difficulties than benefits.

Figure 7. Workshop of turner; master Efrén Taborda. Photo: © Fundación Mundo Espiral, 2019.

At the same time, in San Felipe, a sector near the Obrero neighbourhood, there is an old one-storey house, built with adobe bricks and clay tiles, that looks more like an old-fashioned grocer's shop. Right there, there is a long, thick table decorated with a fine dust that sticks to everything, a floor padded with sawdust on which footprints are left, along with boards of various types of wood, resting in a vertically leaning position against the walls while waiting to be worked on. Here we spoke with the cabinetmaker Ricardo Mauricio Bolaños, who designs, makes and finishes square or rectangular furniture such as desks, chairs, bedroom sets, dining rooms, kitchens, wardrobes, *bargueños*[7] and 'secret boxes', so called because they have a hidden opening mechanism (Figure 8).

In the middle of the conversation, master Mauricio was emphatic in expressing that the carpenter helps to assemble the product but does not start or finish it, as the cabinetmaker does, using electrical tools to shape the wood, such as the router, gluing machine, drill and auger. In his work, he also needs saws, jigsaws, planers, glues and tape measures, among others. Furthermore, in addition to selling his works to *Barniz de Pasto* artisans, he uses his knowledge to offer them to multiple clients and, as turners and carvers do, he works to order.

At the end of the same year, we arrived with the audiovisual production team at the La Minga neighbourhood in the south-east of the city of Pasto. This is the place where master Guillermo Cuaces (Figure 9) and three other people carve wood. In this space, it was striking to meet the young Elizabeth Rosero Chicaiza, who used to be an apprentice and helper, but now is dedicated to other tasks. Here, in the midst of gouges, chisels and crowbars of different sizes, there are unique hammers, sandpapers of different grades, and brushes, which are indicative of the force that is impressed on this substrate. These hands amazingly made masks, *ñapangas* (representations of peasant woman from Nariño) and animals of various sizes, to be decorated.

Figure 8. Workshop of the cabinetmaker Ricardo Mauricio Bolaños. Photo: Giovany Arteaga Montes, 2022.

Figure 9. Workshop of wood carver; master Guillermo Cuaces. Photo: Carlos René Quintero Montes, 2019.

During the conversation, master Cuaces told us that only some of the carpenters—in his general definition—sell their work directly to the artisans, because there are three agents in Aruba who market the wooden and decorated pieces for sale. They have been taking care of a large part of the production process for several decades, with an excellent profit margin for them—the 'resellers or intermediaries'—reflected in dollars, thanks to their sales strategy that concentrates on the cruise ships that arrive at the tourist port in the Caribbean.

4. The *Montañas-Selvas* and the *Mopa-Mopa* Harvesters

During 2019, we also travelled along the 'Trampolín de la muerte' ('road of death'), an unpaved road in the middle of imposing abysses that connects Pasto with Mocoa. This road will be replaced by the construction of the San Francisco–Mocoa road section, part of the Multimodal Corridor Tumaco–Pasto–Puerto Asís–Belem do Pará (Figure 10), which seeks to promote the Initiative for the Integration of Regional Infrastructure in South America ('Integración de la Infraestructura Regional Suramericana', or IIRSA). The main objective of the Multimodal Corridor is to promote the 'development' of southern Colombia, northern Ecuador, Peru and Brazil, by strengthening trade and facilitating the connection between the Pacific and Atlantic Oceans. At the same time, it will extract the riches of the Amazonia, linking the latter to the global economy even more. Under this plan, the section between the municipalities of San Francisco and Mocoa will cross the forest reserve area of the upper basin of the Mocoa River, which is home to non-human beings, some peasant families and the headquarters of mining companies. The few *manchas* ('patches') *de mopa-mopa* that exist in the Andean–Amazonian piedmont, and that are to be transformed into varnish, are found here in particular (Figures 11 and 12).

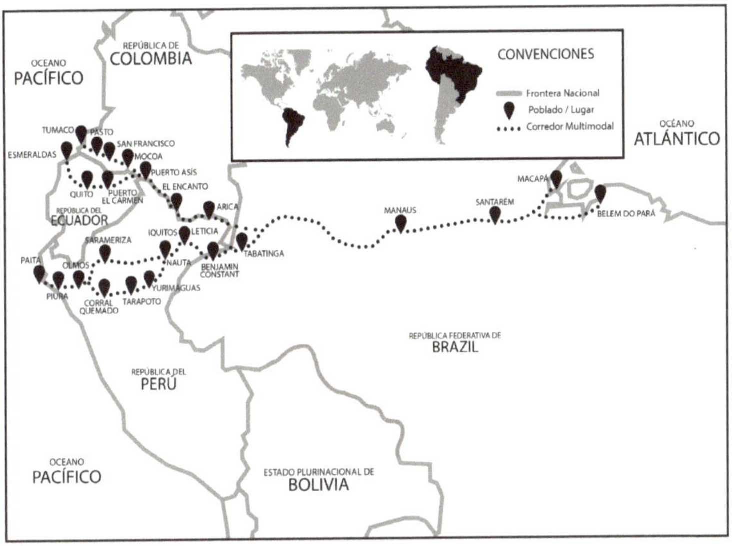

Figure 10. Proposal: Multimodal Corridor Tumaco–Pasto–Puerto Asís–Belem do Pará. Map: BIC, Bank Information Center (2014), Miguel López and Giovany Arteaga (2015).

Figure 11. *Montañas-selvas* habitat of *mopa-mopa*. Photo: Giovany Arteaga Montes, 2022.

Figure 12. Mountains and forests of Putumayo; *mopa-mopa* harvesting process. Photos: © Fundación Mundo Espiral, 2019.

Once we crossed the famous 'Trampolin' to Mocoa, we visited 10 'barniceros' or 'cosecheros', as they call themselves, renamed modernly as *recolectores* (harvesters), who obtain the *mopa-mopa* from the scarce bushes scattered in areas with the specific characteristics of altitude, humidity, sunlight and soil conditions that give life to the '*manchas de mopa-mopa*'. 'There where the clouds are'—as the *barnicero* Pedro Pablo Zuin says (Figure 13)—only his wife Marciolina Gaviria and their children climb the steep trails, as well as the married couple Evelio Bravo and Isabel Cerón, Mery Cerón (Figure 14) and her son Juan Eliceo Gelpud, Jesús Cerón, Armando Becerra and the father and son pair Jorge and Edinson Macías. *Campesinos* survive with their families with only rubber boots, a machete, a *garabato* (a stick that ends in the shape of a hook), a small backpack and a humble hut. It is a family tradition that does not generate economic profit, for which it is always necessary to walk uphill for 5 to 8 h, from 800 m above sea level to 1600 or 2200 m, to find the buds that will be transformed into *Barniz*.

Figure 13. Pedro Pablo Zuin harvesting *mopa-mopa* (**left**) and *mopa-mopa* 'block' (**right**). Photos: Giovany Arteaga Montes, 2022.

Figure 14. Harvester Mery Cerón on the way to *mopa-mopa*. Photo: Giovany Arteaga Montes, 2022.

It is necessary to carry more than one *arroba* (a traditional unit of measurement equivalent to approximately 12 kg) of food to spend 10 to 15 days in the *montañas-selvas*, in an effort to collect a maximum of 15 kilos of buds called bull horns (because of their shape). There is a commercial relationship in which each kilo is sold directly to the artisans of Pasto for COP 200,000, equivalent to just over 40 GBP (at the exchange rate of spring 2024). Currently there are two harvesting seasons: May and November. There have been changes due to global warming, as these are places where the following complex global–local environmental situations affecting the rainforest have to be overcome: the advance of deforestation, climate change, the presence of crops for illicit use, the violence present in the area, large-scale mining, the scarcity of the *Elaeagia pastoensis Mora* bush and its respective pests (cutworm or weevil), along with the expansion of the frontiers of agriculture, livestock production and Indigenous reservations. This is compounded by the solitary work that the *barniceros* do, insofar as they are older adults whom young people do not want to accompany to learn; they consider it arduous and dangerous work, and not at all profitable, which adds to the non-existent recognition of the people who carry out this work and the undervaluation of the *mopa-mopa*.

5. The Objects

The decorative technique, and even more so the finished works, are what most attracts the attention of scholars and customers (Figure 15). Generally, hardly anyone pays attention to the people who create the objects and much less to the sacred places where they collect and transform the raw material, with the exception of the texts by Yolanda Mora de Jaramillo, from 1963, [23] and Joseph Michael Stuckart, from 1982 [24]. Nina Friedemann [25] and Erki Narváez [27], among others, who, in addition to taking into account the history of the technique and the *mopa-mopa*, the workshops, the decorative process and the change in style, alluded to the relationships and socioeconomic conditions of the artisans.

However, a fascination with the technique and objects has accompanied the *Barniz* throughout its history and has accompanied us since 2013. To reverse this, with the team, we organised several exhibitions at the local and national level involving women and men harvesters and artisans. As is the case in the production of these crafts—and probably in others—the existence of the works and a few men linked to the decorations are still almost exclusively recognized, thanks to the discourse they have created about themselves, which are now strengthened by the *patrimonialización* process.

Figure 15. Flowering mushroom vase; author: Maestra Claudia Ximena Mora (**left**); Andean vase; author: Master Eduardo Muñoz Lora (**right**). Photos: © Fundación Mundo Espiral, 2019.

These masters, together with their families, have vehemently fought for these spaces of recognition in the market in order to overshadow their rival colleagues and thus shine within the guild, among the civil servants and institutions. However, the master craftswomen who work with wood and *Barniz* in the city of Pasto, as well as those women and men who are dedicated to the harvesting of *mopa-mopa*, remain hidden behind the *mopa-mopa* sheets in their home workshops, workshops, and *montañas-selvas*, which has both advantages and disadvantages.

As mentioned above, most texts and research projects are dedicated to the analysis, conservation and history of objects decorated with *Barniz*. Many scientists, curators and conservators have been doing this [1,2,5,9,11–17], including María Cecilia Álvarez-White (2022), Lucía Sánchez Monzón (2020), Álvaro José Gomezjurado (2017) and the comparative study carried out by the art historian Yayoi Kawamura (2018), which compared this artisanal technique with Japanese lacquerware [6–8], among others. Microscopic analyses and spectroscopy or X-ray fluorescence have also been carried out on the varnished works found in various museums around the world, such as the one done in 2015 by Richard Newman, Emily Kaplan and Michele Derrick, with the *queros*, or pre-Hispanic, ceremonial vessels [3].

In 2018, a *Barniz* cabinet from the Victoria and Albert Museum in London was investigated, and calomel, a white pigment containing mercury, was found [10]; a similar discovery was made in 2020, by Pozzi et al., in a seventeenth-century work [11]. These were analyses that astonished the small academic world interested in *Barniz de Pasto* due to the complexity of the techniques involved. However, it would be equally, if not more, surprising to find today the large quantities of mercury and other chemicals that are permeating soil, streams and rivers in the Amazon, which leave their scars as a result of agriculture and indiscriminate mining extraction by multinational companies from the same countries that cry out for the environment and boast about the status of their 'Development'. These include States with institutions that, in some cases, dedicate their efforts to understanding the physico-chemical benefits of the *mopa-mopa*, a motivation that Colombia does not yet have.

Changes in design have also been studied, nurtured by practices that were previously called '*mingas*' (voluntary gatherings of people to carry out construction works and repairs or to establish guidelines that benefit the community). The *mingas* are now viewed as collaborative and co-creation methodologies, representing innovative processes that end up legitimising the opinion of the professionals. In what is always a hierarchical relationship, the professionals emphasise their own judgement and sense of importance in the elaboration of objects that are fully conceived before they are even started. These novel designs therefore have been projected, oriented and submitted for the pre-approval of experts. The master craftsmen and craftswomen are themselves one more object to decorate and exoticise, and can serve as a means to give a face to the technique; in order to claim collaboration between artists and artisans, the masters are used in photography or videos for exhibitions or reports. Having said that, this relationship is mutually beneficial, and is used to generate debates and increase recognition, which cannot be measured by the same yardstick.

Technology adds to these processes, as the officials of the Secretary of Culture of Pasto said in 2023: "to drive the evolution of the technique" and generate "more functional goods that meet the needs of the market and customers, nothing traditional or pre-Columbian". If so, hopefully the technology comes from a designer, artist or recognised brand, and includes innovations in the centrifugal machines and mixers that can speed up the process of cleaning the raw materials and allow for production in large quantities.

At the same time as the announcement of the inclusion of *Barniz de Pasto* in the UNESCO List of Intangible Cultural Heritage in Paris on 15 December 2020, publicity also began to circulate for decorated bottles of a world-famous brand of liquor decorated with *mopa-mopa*, which—according to various sources—fetched hundreds of dollars on the national and international market. However, the artisans were paid COP 70,000, equivalent to about GBP 14, for their efforts. None of them made a profit. However, they were still satisfied because the important thing was recognition, even if only Germán Obando, son of the charismatic master José María Obando, was given visibility.

This recognition has increased the number of visits by renowned designers and companies to home workshops. This has expanded the use of *mopa-mopa* to different types of decorations, including souvenirs and furniture finishes in houses and flats, such as doors, countertops and cabinets, etc., which can be decorated. The works are charged per square centimetre and there are even dreams of requesting volumes of thousands of objects and filling shipping containers that circle the seas. These are dreams that could never be achieved, even if the small number of people who dedicate themselves to this work toiled 24 h a day for the rest of their lives, without forgetting the difficulty in obtaining the raw materials.

Driven by the COVID-19 pandemic and the subsequent supposed need to jumpstart the economies, it is also considered necessary to strengthen commercialisation in the virtual world. This, together with the visualisation of works in 3D or augmented reality, and the use of laser cutters to improve the quality of the decorations, will probably turn the 'traditional' *Barniz* towards other dynamics of manufacturing, such as *maquila*[8], and industry that is now linked to tourism that does not take into account the local hosts, only the travellers. It is worth noting that, like all seemingly uncertain futures, we cannot predict the positive or negative impacts that such processes may generate, although the reader can clearly sense which way we believe it is going to go.

'Performances' of artisans and crafts manufactured by external professionals ignore the intimate, alchemical and profound relationships between subjects–objects or cultures–natures and vice versa. These are relationships that we have shared for many years and that are constantly transforming us, but that now seem to be guided solely and exclusively by the needs of the cultural industry.

In short, without the scarce *mopa-mopa* or wood, there will be no harvesters and artisans who work the *Barniz*, and without the Amazon there will be no life. Perhaps, the journeys we propose are an opportunity to let ourselves be transfixed by every word, feeling or sensation in order to share what happens in these magical places: the home workshops of the *Barniz*, the workshops of the woodworkers and the *montañas-selvas* of *mopa-mopa*. These are spaces in which apparently only objects, techniques, tools and raw materials existed in the absence of humans. As Richard Sennett proposes [Sennett]: "'Craftsmanship" designates an enduring and basic human impulse, the desire to perform a task well" [36] (p. 20). For this reason, we also want to do our task in the best way: as historians, that we describe together the women and men harvesters, woodworkers and artisans and how the relationships between humans–non-humans, subjects–objects and cultures–natures were manifested; as anthropologists, that we narrate what these relationships look like today; and as sociologists, that we project what it could become in the future.

That is why we want to encourage people to leave their mark, and to find different alternatives that improve the possibility of existence for humans and non-humans, who, since that morning in 2013, have also become our family. It only remains to say that the harvesters and artisans make the objects, just as the objects produce the harvesters and artisans. It is there, in these complex networks of production, diffusion and marketing that are established between subjects–objects and cultures–natures where it is necessary to trace the multiple relationships that allow us to better understand what was, is and possibly will be the *Barniz de Pasto mopa-mopa* as an intangible cultural heritage with urgent safeguarding needs and thus avoid its risk of disappearing.

Final note: we would like to emphasise that in the last paragraph we intentionally have not written ICH in capital letters in an institutional way, but we write 'intangible cultural heritage' in full and in lower case. This is because the situation should be reassessed, that is, where and how are the human and non-human beings that allow the existence of *Barniz de Pasto* today. The integral view of the relationship between subjects–objects and natures–cultures is necessary; these are words that must be joined, without any hierarchy, with the same importance and prominence [22].

Please note that the original Spanish version of this article is available as Supplementary Materials (S1).

Supplementary Materials: The following supporting information can be downloaded at: https://www.mdpi.com/article/10.3390/heritage7090238/s1, Supplementary Materials S1: original text in Spanish.

Author Contributions: Conceptualization, G.P.A.M.; methodology, G.P.A.M.; investigation, M.M.F.F. and G.P.A.M.; writing—original draft preparation, G.P.A.M.; writing—review and editing, G.P.A.M.; project administration, M.M.F.F. and G.P.A.M.; funding acquisition, G.P.A.M. All authors have read and agreed to the published version of the manuscript.

Funding: This study was funded by the Grants for the Development of Research in Cultural Heritage of the Directorate of Heritage and Memory through the Call for the National Stimulus Program, code E4033-2023, via the Ministry of the Cultures, Arts and Knowledge of the Republic of Colombia, 2023.

Data Availability Statement: The original contributions presented in the study are included in the article/Supplementary Materials. Other queries can be directed to the corresponding authors.

Acknowledgments: Our thanks go to all of the following: the women and men artisans of *Barniz de Pasto*, along with the woodworkers and harvesters of *mopa-mopa* in Mocoa; Ruth Flórez Rodríguez of the Intangible Cultural Heritage Group of the Ministry of Cultures, Arts and Knowledge of the Republic of Colombia; and Lucia Burgio, Dana Melchar and Monica Katz. Without your help, it would not have been possible to publish this paper.

Conflicts of Interest: The authors declare no conflicts of interest.

Notes

1 In this article, '*mopa-mopa*' is used exclusively to refer to the buds obtained from *Elaeagia pastoensis Mora*, while in other publications the term also refers to the material obtained from *Elaeagia utilis*.

2 In this case, artisan or master refers to the turners, cabinetmakers, carvers, or decorators using *mopa-mopa*. All four can receive these two connotations interchangeably; what changes is the activity they carry out.

3 For this article, we elaborated the category 'home workshop' as follows: a sacred place, where the master artisan works daily and lives with his or her family; and a symbolic space within the same dwelling house that is under his or her authority and has a connotation of respect. It is usually located in the living room, dining room, kitchen, courtyard or terrace. This term differs from 'house workshop' (which emphasises the physical aspect), school workshop and workshop school (institutional proposals of the Ministry of Cultures and AECID) and workshop (a space completely separate from the dwelling house that is dedicated exclusively to craft work).

4 We have chosen to use the unifying expression '*Barniz de Pasto mopa-mopa*' to refer to the technique and raw material with equal importance.

5 This included the master decorator Óscar Granja, anthropologist Julián Piedrahita, graphic designer René Quintero Montes, sociologist and audiovisual producer Pablo Vladimir Trejo Obando.

6 This is confidential information that the masters refrain from discussing with outsiders in order to avoid others copying their work, and to secure the market and increase recognition of their own label. These 'secrets' are passed on by the craftspeople to their apprentices and relate to the procurement and particular transformations of the raw material, as well as the decoration and sale of the products.

7 This term refers to a type of antique furniture that has several small drawers, compartments and shelves.

8 In the "maquila", workers assemble parts that will be joined by others to create the final work. This reduces costs.

References

1. Álvarez-White, M.C. *El Barniz de Pasto: Secretos y Revelaciones de la Técnical*; Editorial Uniandes: Bogotá, Colombia, 2022.
2. Álvarez-White, M.C.; Cohen, D.; Fernández, M.O. The Splendour of Glitter: Silver Leaf in barniz de Pasto Objects. *Heritage* **2023**, *6*, 6581–6595. [CrossRef]
3. Newman, R.; Kaplan, E.; Derrick, M. Mopa mopa: Scientific analysis and history of an unusual South American resin used by the Inka and artisans in Pasto, Colombia. *J. Am. Inst. Conserv.* **2015**, *54*, 123–148. [CrossRef]
4. Basso, E.; McGeachy, A.; Mieites Alonso, M.G.; Pozzi, F.; Radpour, R.; Katz, M. Seventeenth-Century *Barniz de Pasto* Objects from the Collection of the Hispanic Society Museum & Library: Materiality and Technology. *Heritage* **2024**, *7*, 2620–2650. [CrossRef]
5. Sánchez Monzón, L. *El Barniz de Pasto, Evolución Histórica-Técnica, Estudio del Diseño y Propuesta de Restauración y Conservación preventiva*; Escuela Superior de Conservación y Restauración de Bienes Culturales ESCRBC: Madrid, Spain, 2020.
6. Kawamura, Y. Encuentro multicultural en el arte de barniz de Pasto o la laca del Virreinato del Perú. *Hist. Y Soc.* **2018**, *35*, 87–112. [CrossRef]
7. Kawamura, Y. The Art of *Barniz de Pasto* and Its Appropriation of Other Cultures. *Heritage* **2023**, *6*, 3292–3306. [CrossRef]
8. Kawamura, Y.; García Barrios, A. Influence of Japanese Namban Lacquer in New Spain, Focusing on *Enconchado* Furniture. *Heritage* **2024**, *7*, 1472–1495. [CrossRef]
9. Garzón, G.; José, Á. *El Barniz de Pasto: Testimonio del Mestizaje Cultural en el Suroccidente Colombiano 1542–1777*; Ministerio de Cultura y Fundación Mundo Espiral: Pasto, Colombia, 2017.
10. Burgio, L.; Melchar, D.; Strekopytov, S.; Peggie, D.A.; Di Crescenzo, M.M.; Keneghan, B.; Najorka, J.; Goral, T.; Garbout, A.; Clark, B.L. Identification, characterisation and mapping of calomel as 'mercury white', a previously undocumented pigment from South America, and its use on a barniz de Pasto cabinet at the Victoria and Albert Museum. *Microchem. J.* **2018**, *143*, 220–227. [CrossRef]
11. Pozzi, F.; Basso, E.; Katz, M. In search of Humboldt's colors: Materials and techniques of a 17th-century lacquered gourd from Colombia. *Herit. Sci.* **2020**, *8*, 101. [CrossRef]
12. Humphrey, N.; Burgio, L.; Melchar, D. One small corner of the Viceroyalty in South Kensington: Barniz de Pasto at the Victoria and Albert Museum, London. In *Anales del Museo de América*; Subdirección General de Documentación y Publicaciones: Madrid, Spain, 2020; pp. 147–156.
13. Melchar, D.; Burgio, L.; Fernandez, V.; Keneghan, B.; Newman, R. A collaborative, multidisciplinary and multi-analytical approach to the characterisation of barniz de Pasto objects from the V&A collections. In *Transcending Boundaries: Integrated Approaches to Conservation. ICOM-CC 19th Triennial Conference Preprints, Proceedings of the ICOM-CC, Beijing, China, 17–21 May 2021*; International Council of Museums: Paris, France, 2021.
14. Geminiani, L.; Sanchez Carvajal, M.; Schmuecker, E.; Wheeler, M.; Burgio, L.; Melchar, D.; Risdonne, V. A Recently Identified *Barniz Brillante* Casket at Bateman's, the Home of Rudyard Kipling. *Heritage* **2024**, *7*, 1569–1588. [CrossRef]
15. Zabía de la Mata, A. New Contributions Regarding the *Barniz de Pasto* Collection at the Museo de América, Madrid. *Heritage* **2024**, *7*, 667–682. [CrossRef]
16. Mora Osejo, L.E. El Barniz de Pasto, en Caldasia, Volumen XI, Número 55, enero 20 de 1977. 1977. Available online: https://revistas.unal.edu.co/index.php/%20cal/article/%20view/34354/34572 (accessed on 10 September 2023).
17. Newman, R.; Kaplan, E.; Álvarez-White, M.C. The Story of Elaeagia Resin (Mopa-Mopa), So Far. *Heritage* **2023**, *6*, 4320–4344. [CrossRef]
18. Artesanías de Colombia. s,f. Máquina de Limpieza del Mopa-Mopa. Pasto: Sin Editorial. Available online: https://artesaniasdecolombia.com.co/Documentos/Contenido/29789_mopa_mopa,_pasto.pdf (accessed on 10 July 2024).
19. Corpoamazonía. *Establecimiento y Manejo de Plantaciones de Mopa-Mopa*; S.E.: Mocoa, Colombia, 2006.

20. Corpoamazonía. *Mopa-Mopa, Manual Técnico Para su Cultivo y Transformación*; Carlos Alberto Gómez, Desarrollo Organizacional: Mocoa, Colombia, 2006.
21. Ministry of Culture. Plan Especial de Salvaguardia, PES, Conocimientos y Técnicas Tradicionales Asociadas con el Barniz de Pasto Mopa–Mopa, Putumayo-Nariño. 2019. Available online: https://patrimonio.mincultura.gov.co/legislacion/Paginas/Barniz-de-pasto-mopa-mopa.aspx (accessed on 30 September 2023).
22. Latour, B. *Nunca Fuimos Modernos: Ensayos de Antropología Simétrica*; Siglo XXI editores; Clave Intelectual: Madrid, Spain, 2022.
23. Mora de Jaramillo, Y. *Barniz de Pasto: Una Artesanía Colombiana de Procedencia Aborigen*; Revista Colombiana de Folclor; Instituto Colombiano de Antropología ICAN: Bogotá, Colombia, 1963; Volume 3, pp. 13–48.
24. Stuckart, J.M. Barniz de Pasto: The Impact of the Tourism on a Traditional Craft. Ph.D. Thesis, University of Pittsburgh, Pittsburgh, PA, USA, 1982.
25. Friedemann, N. El Barniz de Pasto; arte y rito milenario. *Lámpara* **1985**, *23*, 15–24.
26. Museo de Artes y Tradiciones Populares. *Casa del Barniz de Pasto*; Museo de Artes y Tradiciones Populares: Bogotá, Colombia, 1992.
27. Narváez Revelo, E. *El Barniz de Pasto Mopa-Mopa o El Tiempo Camina Descalzo*; Oficina de Cultura: Pasto, Colombia, 2007.
28. Oviedo Zambrano, A.; Jesús Alberto Cabrera, Z. *Barniz de Pasto, Memorias*; Graficolor: Pasto, Colombia, 2017.
29. Available online: https://barnizpasto.wixsite.com/mopamopa (accessed on 10 July 2024).
30. Insuasty, A.; Alonso, G. Valoración del Patrimonio Cultural Asociado con el Barniz de Pasto Mopa-Mopa, a Partir de la Participación Ciudadana. Master's Thesis, Universidad de Nariño, Pasto, Colombia, 2020.
31. Córdoba-Cely, C. *Hacia la Artesanía Generativa. Caso de Estudio del oficio Artesanal del Barniz de Pasto (Colombia) y la Impresión 3D*; Revista Artnodes; Universitat Oberta de Cataluña: Barcelona, Spain, 2021.
32. Fabian, J. *El Tiempo y el Otro. Cómo Construye su Objeto la Antropología*; Universidad de los Andes, Ediciones Uniandes: Bogotá, Colombia; Universidad del Cauca: Popayán, Colombia, 2019.
33. Suárez Guava, L.A. (Ed.) *Antropología de Objetos, Sustancias y Potencias*; Editorial Pontificia Universidad Javeriana: Bogotá, Colombia, 2019.
34. Melchar, D.; Burgio, L.; Humphrey, N. Conservation: Revealing a Hidden Skeleton of Death | Barniz de Pasto Cabinet | V&A. London: Victoria and Albert Museum. Available online: https://www.youtube.com/watch?v=-j1g81iM28g (accessed on 10 November 2023).
35. Available online: https://cabarriaiqa.com/web/anilinas-el-indio (accessed on 23 July 2024).
36. Sennett, R. *El Artesano*; Editorial Anagrama S. A.: Barcelona, Spain, 2009.

heritage

Articulo

Más allá de las Obras del Barniz de Pasto: Artesanos y Recolectores de Mopa-Mopa en el Siglo XXI

Giovany Paolo Arteaga Montes [1,*] María Mercedes Figueroa Fernández [2]

[1] Fundación Mundo Espiral, Pasto 520001, Nariño, Colombia
[2] Secretaria de Cultura del municipio de Pasto, Nariño 520001, Colombia, mariamercedesfigueroaf@gmail.com
* Correspondencia: giovanyarteaga@unicauca.edu.co; Tel.: +57-3188021956

Resumen: El artículo tiene como fin visibilizar y reensamblar las relaciones entre humanos (recolectores, artesanos de las maderas y maestros decoradores) y no-humanos (materias primas, herramientas, lugares, productos, etc.) en el Barniz de Pasto mopa-mopa, las cuales fueron fragmentadas por la fascinación que emanan los objetos, como sucede en la mayoría de artesanías a nivel mundial. El texto se encuentra organizado a manera de reseñas etnográficas: el hogar-taller de los maestros del Barniz de Pasto; los talleres de los artesanos de las maderas; las montañas-selvas (Piedemonte Andino-Amazónico) y los recolectores de mopa-mopa, hasta llegar a las obras. A diferencia de un artículo convencional no finalizaremos con conclusiones, cerradas y acabadas. Mejor aún, las reflexiones producto de 11 años de acompañamiento (2013-2024) a mujeres y hombres artesanos y recolectores, en el proceso de incluir los conocimientos y técnicas tradicionales asociadas con el Barniz de Pasto mopa-mopa como Patrimonio Cultural Inmaterial (patrimonialización) y su salvaguardia, siempre estarán dispuestas a ser conversadas.

Palabras claves: Barniz de Pasto, mopa-mopa, hogar-taller, taller, montañas-selvas, Putumayo, Patrimonio Cultural Inmaterial PCI, humanos y no-humanos.

Citation: Arteaga Montes, G.P.; Figueroa Fernández, M.M. Más Allá de las Obras del Barniz de Pasto: Artesanos y Recolectores de Mopa-Mopa en el Siglo XXI. *Heritage* **2024**, *7*, 238. https://doi.org/10.3390/heritage7090238

Academic Editors: Lucia Burgio, Dana Melchar, Monica Katz

Received: 7 June 2024
Revised: 29 July 2024
Accepted: 28 August 2024
Published: 12 September 2024

"Las telas del Barniz de Pasto no solo decoran los objetos de madera, también ocultan a mujeres y hombres artesanos y recolectores de mopa-mopa".
Giovany Paolo Arteaga Montes

1. Introducción

El Barniz de Pasto es una técnica artesanal de origen prehispánico, única en el mundo, que consiste en la recolección del mopa-mopa en la zona rural de Mocoa en el Piedemonte Andino-Amazónico del Putumayo y su transformación en delgadas láminas coloreadas que son aplicadas sobre la madera en la ciudad de Pasto, Nariño, en el suroccidente andino colombiano. No obstante, como sucede en varias artesanías a nivel mundial, en el Barniz se siguen privilegiando las investigaciones alrededor de la técnica y los objetos [1-15]. Del mismo modo, se han realizado algunos escritos acerca del mopa-mopa en el Putumayo que evocan su taxonomía, el principal, fue el que hizo el nariñense Luis Eduardo Mora Osejo [16], quien clasificó el arbusto como *Elaeagia pastoensis Mora.*[1] Otros se relacionan con la historia [17], ubicación, características físico-químicas, cultivo e innovación para la transformación [18-20], mientras alertan su inminente riesgo de desaparecer [21].

Es por ello, que con el presente escrito queremos dar a conocer y relacionar lo que pasa inadvertido en el proceso de producción de las obras con Barniz de Pasto. Todo con el fin de reensamblar las relaciones entre humanos (recolectores de mopa-mopa, artesanos de las maderas y maestros decoradores)[2] y no-humanos (materias primas, herramientas, lugares, obras, etc.) como lo expresa Bruno Latour [22], fragmentadas en este caso por la seducción que ejerce la técnica y las obras.

Por lo general, en las crónicas, artículos, libros, disertaciones, tesis, cartillas, imágenes y videos acerca del Barniz de Pasto, aparecen sombríamente los recolectores o artesanos con su silencio. Textos y audiovisuales que se encuentran en diversos repositorios físicos y virtuales, los cuales tienen en común que dejaron ocultas tras las telas de Barniz: las maderas, torneros, ebanistas, talladores y recolectores, a excepción del Expediente y Plan Especial de Salvaguardia PES elaborado en 2019 [21], donde se tuvieron en cuenta y dieron el salto para que sean nombrados por algunos maestros en la difusión de sus obras, como lo hace el hogar-taller de la familia Granja desde hace cuatro años.[3]

En definitiva, la historia de la decoración con Barniz se resume en la descripción de la técnica y el análisis de las obras de origen prehispánico o colonial que se encuentran en colecciones privadas o en los museos más prestigiosos del mundo, piezas que no se han localizado en Pasto, ciudad que aún no cuenta con un espacio de exhibición permanente del Barniz, quizás porque la técnica está viva y hace parte de la cotidianidad del ser pastuso.

Dichos estudios incluyen aspectos químicos, microscópicos, de restauración y diseño, que concluyen en un bienvenido y agradecido mestizaje colonial, hibridez o amalgama –actual co-creación– entre Europa, América y Asia, como sello de identidad que encubre cualquier imposición o desposesión, produciendo olvidos y silencios que borran las tensiones y agencias de los sujetos. Al parecer, los objetos se (auto)crean sin relación alguna con lugares, vegetales (mopa-mopa y maderas), herramientas, mujeres y hombres, circunstancias, etc.

Atípicamente, podemos nombrar a la antropóloga Yolanda Mora de Jaramillo, quien en 1963 [23], además de tener en cuenta la historia de la técnica y el mopa-mopa, los talleres, el proceso decorativo y el cambio en su estilo, hizo alusión a las relaciones socioeconómicas entre los artesanos, conforme lo hizo con su tesis doctoral en filosofía Joseph Michael Stuckart en 1982 [24]. Aquí también debemos distinguir a la antropóloga Nina Friedemann, quien en 1985 enunció en el Barniz el "aniquilamiento de la expresión estética indígena durante la colonia y el desprecio hacia cualquier elemento aborigen" [25] (p. 16). Por su parte, el Museo de Artes y Tradiciones Populares en 1992 [26] expuso sobre la técnica, problemas, necesidades y logros que se alcanzaron con la conformación de la cooperativa Casa del Barniz de Pasto en las dos últimas décadas del siglo XX.

En el 2007, Erki Narváez [27], también escribió acerca de la técnica y su historia, pero expuso como artesano del Barniz y abogado los fracasos asociativos, incluido el más reciente: Casa del Barniz de Pasto y el rol del intermediario, resaltando la labor de los maestros y dos mujeres decoradoras: Irene de Granja y Rosa Mejía. Armando Oviedo y Jesús Cabrera en el 2017 [28] realizaron un acercamiento biográfico a la vida y obra del Maestro José María Obando (QEPD). Sin embargo, nuevamente hicieron un largo y farragoso recorrido para describir las técnicas de recolección del mopa-mopa y el decorado.

Cabe resaltar que, durante los procesos de patrimonialización del Barniz de Pasto mopa-mopa (2013-2020)[4] y salvaguardia (2021-2024), el sociólogo, historiador y antropólogo Giovany Arteaga Montes –autor del presente artículo– fue el coordinador del equipo de trabajo de la Fundación Mundo Espiral[5] que desarrolló las postulaciones a las Listas a través de la investigación y creación de discursos escritos, visuales y audiovisuales entre otras actividades y productos [29]. En esta dinámica también participó Ruth Flórez Rodríguez de la Dirección de Patrimonio del Ministerio de las Culturas, junto a la socióloga e historiadora María Mercedes Figueroa –coautora del presente texto–, quien inicialmente se vinculó como Directora de Mundo Espiral, luego, como funcionaria de la Gobernación de Nariño y desde el 2024, es la Secretaria de Cultura del municipio de Pasto.

Así fue como con 45 artesanos del Departamento de Nariño, además de 10 recolectores de mopa-mopa en el Putumayo, logramos la inclusión de sus saberes de origen prehispánico, únicos en el mundo, como Patrimonio Cultural Inmaterial PCI a nivel departamental (2014), nacional (2019) y global (2020). Por ello, el 15 de diciembre de 2020, los conocimientos y técnicas tradicionales asociadas con el Barniz de Pasto mopa-mopa de Putumayo y Nariño, Colombia, ingresaron a la Lista Representativa del Patrimonio Cultural Inmaterial de la Humanidad – UNESCO que necesita medidas urgentes de salvaguardia.

Últimamente, producto de dichas inclusiones, se han incrementado los estudios, exposiciones y la elaboración de contenidos sonoros y audiovisuales desde el diseño, el uso de plataformas digitales, la impresión en 3d, la difusión, el turismo, la enseñanza, la innovación y la co-creación entre artesanos y profesionales [30-31]. Con todo, en la mayoría de los casos, los artesanos son borrados bajo dispositivos de desvanecimiento y jerarquía por los profesionales y agentes culturales después de ser utilizados.

Lo interesante de estos procesos, es que poco a poco nos llevaron a darnos cuenta que estábamos haciendo etnografías que resumían viajes, cruzadas o misiones desde los centros de aprendizaje o poder hacia los "confines de la tierra y el tiempo", ahora "territorios", en los que nosotros éramos los protagonistas y la autoridad que planificaba, observaba, controlaba y se "sumergía" en esa realidad siempre extraña para hacer(se) una idea que contrastaba entre un pasado, un presente, un futuro y unas redes fragmentadas de "Otros", que luego eran descritas, valoradas e influenciadas con nuestra voz de viajeros [32] (pp. 23-26).

Así decidimos dar un vuelco y hacer etnografías que acudieran a las travesías espacio-vivenciales, en la medida que implicaban trasladarse y caminar en compañía, conversar, estar atentos, dejar(se) enseñar y vivir con las personas que participan en la elaboración de artesanías en Barniz de Pasto (recolectores y artesanos), en los lugares donde sucede la vida cotidiana: montañas-selvas del Piedemonte Andino-Amazónico del Putumayo, talleres de carpinteros y hogares-talleres de decoradores en los Andes nariñenses, específicamente en Pasto.

Dichas travesías también fueron tempo-vivenciales, llevaron ritmos y tiempos de convivencia que dejaron tatuadas las huellas o cicatrices de los momentos compartidos, los cuales traspasaron con su energía nuestros cuerpos y almas, ocurrieron dentro-fuera y viceversa de quienes las sentimos, porque caminamos juntos, lo entregamos todo y no nos quedamos con nada, como una gran familia. Porque todo lo que estaba alrededor nos atravesaba (a veces sin notarlo) y a su vez era traspasado, sin un destino claro, sin un horizonte nítido, como es la vida.

De esta manera, hicimos etnografías a ras de suelo y con las manos sucias como las propone el antropólogo Luís Alberto Suárez Guava [33] donde se fundieron pasado(s), presente(s) y por venir(es) a través de las múltiples relaciones entre humanos y no-humanos, sujetos-objetos, que permitieron visibilizar a las personas y los escenarios para comprender el Barniz desde otra perspectiva: "más allá de las obras". Tratamiento similar al que hicieron las conservadoras Dana Melchar y Lucia Burgio junto al curador Nick Humphrey en el Victoria and Albert Museum de Londres, con un gabinete decorado hacia 1650 en Barniz de Pasto que develó tener oculto bajo su ornamentación un esqueleto de la muerte, imperceptible a simple vista [34].

En nuestro caso, para develar lo que pasa inadvertido en la producción de obras de Barniz de Pasto, acudiremos a las reseñas etnográficas que se encuentran organizadas de la siguiente manera:

2. El hogar-taller de los maestros del Barniz de Pasto;
3. Los talleres de los artesanos de las maderas;
4. Las montañas-selvas y los recolectores de mopa-mopa;
5. Las obras (objetos, productos, piezas, mercancías).

Estas últimas serán percibidas en su dinámica actual para entender lo que está sucediendo con ellas, las personas involucradas –junto a las que se están vinculando– y los cambios que se están implementando en la técnica. A diferencia de un artículo convencional no finalizaremos con conclusiones, cerradas y acabadas. Mejor aún, las reflexiones producto de 11 años de acompañamiento a mujeres y hombres artesanos y recolectores, en el proceso de incluir los conocimientos y técnicas asociadas con el Barniz de Pasto mopa-mopa como PCI, siempre estarán dispuestas a ser conversadas.

2. El hogar-taller de los maestros del Barniz de Pasto

Una mañana de septiembre de 2013, acompañada de un cielo azul inmaculado y un sol radiante que despunta frente al Volcán Galeras mientras aviva las montañas-murallas que circundan el Valle de Atriz, asiento de la ciudad de Pasto y sus habitantes (Figura 1). Mañana luminosa que cualquiera diría que es calurosa, pero que puede resumirse como cálidamente-fría por el rugir del gélido viento, sin más, una mañana otoñal andina. Así llegamos al hogar-taller de los maestros Granja ubicado en Tamasagra –barrio que rememora a un cacique local–, vecindario algo distante del centro de la ciudad y que tiene sus dificultades relacionadas con la violencia y delincuencia. Luego de transitar por sus calles peatonales por algunos minutos, timbramos en una modesta casa de rejas blancas y de fachada verde clara.

Figura 1. Volcán Galeras y municipio de Pasto, Departamento de Nariño, Colombia. **Fotografía:** Giovany Arteaga Montes, 2022.

Allí nos abrió la puerta el joven artesano Óscar Granja, quien nos recibió con un fuerte abrazo, mientras que su padre de avanzada edad, el maestro Gilberto Granja, nos miró detalladamente antes de estirar su brazo para darnos la mano. Un perro de nombre Oso, dos sillas ceremoniales alrededor de una pequeña mesa sobre la cual se disponía un reverbero que calentaba una olla con las pepas de mopa-mopa, las cuales exhalaban con su vapor la bienvenida. Un añejo equipo de sonido que transmitía las noticias en AM bajo la autoridad exclusiva del maestro Gilberto, una especie de martillo con incisiones denominado "buzarda", listo para macerar los cogollos sobre un tronco que tenía encima una platina rectangular, un ancho trozo de costal dispuesto para posarse sobre las piernas, con el fin de apoyar la limpieza de la materia prima mediante la fricción de las manos, el uso de las uñas, la cocción y el batido. Todo descansaba cerca de la luz que irradiaba la ventana en la sala, tras una cortina blanca que hacía las veces de lámpara.

Al fondo, varios objetos de madera en dos repisas elaboradas en el mismo soporte, ordenados según tamaño y forma que esperaban pacientemente su turno para ser decorados. Las manos de los maestros coloreadas de naranja, rojo y azul producto de las anilinas "El indio" [35] utilizadas para dar gamas a las telas de barniz, las cuales se estiran delicadamente con la mirada profunda hacia la pareja, los dedos y la boca hasta lograr el grosor deseado. Una postura corporal oblicua, marca de su labor en la que utilizan una "cuchilla hechiza" adaptada por cada uno en el fragmento de una segueta. Bisturí quirúrgico que es el protagonista en la decoración de objetos al constituirse en una extensión de su cuerpo y mente, un artesano o médico cirujano que busca hacer bien su trabajo (Figura 2). Sobre sus piernas también disponen una manta o cobija y encima de ésta la obra en la que dejarán el rastro de su piel, en la medida que se necesita la presión de los dedos, manos y antebrazos para adherir las láminas de mopa-mopa a la madera. Una estrecha conexión entre naturaleza, cuerpo, alma y herramientas que denota concentración, coordinación, habilidad y cooperación como diría Richard Sennett [36], (pp. 31-263).

Figura 2. Maestro Gilberto Granja. **Fotografía:** © Fundación Mundo Espiral, 2014.

Una vez volvimos en nosotros, después de dejarnos atravesar por aquel mágico lugar, dialogamos sobre Patrimonio Cultural, gracias a la invitación que nos hizo en su momento el restaurador de bienes muebles y ahora concejal de Pasto, Álvaro José Gomezjurado Garzón, amigo de los cuatro. Desde ese instante iniciamos a caminar con Óscar para buscar a las 5 maestras y 31 maestros que se dedican a esta práctica artesanal en la ciudad de Pasto (Figura 3 a Figura 6), al lado de unos pocos obreros u oficiales como reconocen a sus trabajadores y un número ínfimo de aprendices familiares. Travesía a manera de censo que nos llevó 12 meses, proceso de patrimonialización que se extendió por seis años más.

Figura 3. Hogar-taller del Barniz de Pasto, maestros Jhonatan y José María Castrillón estirando una tela de mopa-mopa. **Fotografía:** © Fundación Mundo Espiral, 2023.

Figura 4. Hogar-taller del Barniz de Pasto, maestro Alfredo Zambrano y familia. **Fotografía:** Giovany Arteaga Montes, 2023.

Figura 5. Hogar-taller del Barniz de Pasto, maestro Óscar Ceballos y su aprendiz María Camila Muñoz. **Fotografía:** © Fundación Mundo Espiral, 2023.

Figura 6. Hogar-taller del Barniz de Pasto, maestra Mary Ortega, maestro Mario Narváez y sus aprendices. **Fotografía:** © Fundación Mundo Espiral, 2023.

3. Los talleres de los artesanos de las maderas

Hacia octubre del 2019 –seis años después del encuentro con Óscar y Gilberto–, las maestras y maestros decoradores nos contaron uno de sus varios "secretos"[6], en este caso relacionado con los 10 proveedores de piezas de madera, los cuales se dividen en cinco torneros, tres ebanistas y dos talladores que trabajan con cedro, pino, sajo, balso rojo, urapán, entre otras. Con relación a los primeros, son hombres de avanzada edad que tienen su taller principalmente en el clásico barrio Obrero de la ciudad de Pasto y dos de ellos –los más jóvenes– en el municipio de El Peñol, Nariño.

Aquí, el "torno eléctrico hechizo" elaborado por sí mismos, es la herramienta principal a la que se acude para dar forma a figuras redondas y ovoides como jarrones y bomboneras con la fuerza del cuerpo que se imprime a través de las gubias, escoplos y segadores (Figura 7). Como lo expresa Efrén Taborda, estos talleres se caracterizan por ser modestos y por la ausencia de aprendices, ya que se considera un trabajo complejo y riesgoso para enseñar, porque puede ocasionar accidentes que van desde pequeños cortes hasta la amputación de los dedos, sumadas a las condiciones de seguridad laboral que son prácticamente inexistentes, lo que genera problemas pulmonares producto de la ingesta del polvillo residual proveniente de la obtención de las obras. Enseñanza-aprendizaje que podría traer más dificultades que beneficios.

Figura 7. Taller de tornero, maestro Efrén Taborda. **Fotografía:** © Fundación Mundo Espiral, 2019.

Paralelamente, en un sector cercano al barrio Obrero, en San Felipe, en una casa antigua de un piso construida en adobe y teja de barro que se parece más a una pulpería. Justo ahí, en el borde de una larga y gruesa mesa adornada con un polvo fino que se pega a todo, un piso acolchado en aserrín sobre el que se deja huella, junto a tablas de diversos tipos de madera que reposan verticalmente inclinadas sobre las paredes para ser modificadas. Aquí conversé con el ebanista Ricardo Mauricio Bolaños, quien se dedica a diseñar, elaborar y terminar mobiliario cuadrado o rectangular como escritorios, sillas, juegos de alcoba, comedores, cocinas, armarios, bargueños[7] y "cajas secretas", llamadas así porque tienen un mecanismo oculto de apertura (Figura 8).

Figura 8. Taller de ebanista, maestro Ricardo Mauricio Bolaños. **Fotografía:** Giovany Arteaga Montes, 2022.

En medio del diálogo, el maestro Mauricio fue enfático al expresar que el carpintero ayuda a armar el producto, mas no lo empieza o finaliza conforme lo hace el ebanista, quien acude a elementos eléctricos para dar forma a la madera, como la ruteadora, colilladora, taladro y sinfín. En su labor, también son necesarios los serruchos, seguetas, cepillos, pegantes y metro, entre otros. Además, más allá de vender sus obras a los decoradores con Barniz de Pasto, aprovecha su conocimiento para ofertarlas a múltiples clientes y, conforme lo hacen torneros y talladores, trabaja sobre pedido.

A finales del mismo año, llegamos junto al equipo de producción audiovisual al barrio La Minga que se encuentra en el suroriente de la ciudad de Pasto. Lugar donde talla la madera el maestro Guillermo Cuaces (Figura 9) junto a tres personas. En este espacio fue llamativo encontrar a la joven Elizabeth Rosero Chicaiza quien era aprendiz y ayudante, pero ahora se dedica a otras labores. Aquí, en medio de gubias, formones y "patecabras" de diferentes tamaños, unos singulares martillos, lijas de diverso calibre, cepillos y la fuerza que se imprime a este soporte. Las manos hacían surgir asombrosamente máscaras, ñapangas (representación de la campesina nariñense) y animales de diversos tamaños para ser decorados.

El maestro Cuaces durante la conversación nos comentó que únicamente algunos de los carpinteros –en su definición general– venden directamente sus obras a los artesanos, porque existen tres intermediarios que se encargan de comercializar las piezas en madera y decoradas para venderlas en Aruba, los cuales vienen manejando gran parte del proceso productivo desde hace varias décadas, con un excelente margen de ganancia para ellos –los "revendedores o intermediarios"–, reflejado en dólares, gracias a su estrategia de venta que se concentra en los cruceros que llegan al turístico puerto en el Caribe.

Figura 9. Tallador en madera, maestro Guillermo Cuaces. **Fotografía:** Carlos René Quintero Montes, 2019.

4. Las montañas-selvas y los recolectores de mopa-mopa

Durante el 2019 también recorrimos el "Trampolín de la muerte", carretera destapada en medio de imponentes abismos que comunica a Pasto con Mocoa, la cual será reemplazada con la construcción del tramo San Francisco – Mocoa que hace parte del Corredor Multimodal Tumaco – Pasto – Puerto Asís – Belem do Pará (Figura 10), que busca favorecer la Iniciativa para la Integración de la Infraestructura Regional Suramericana (IIRSA) y que tiene como objetivo principal promover el "Desarrollo" del sur de Colombia, norte del Ecuador, Perú y Brasil, a partir del fortalecimiento del comercio, facilitando la conexión entre los Océanos Pacífico y Atlántico, pero a su vez, extrayendo las riquezas de la Amazonía, vinculándola aún más a la economía global. En este orden de ideas, el tramo entre los municipios de San Francisco y Mocoa atravesará la zona de reserva forestal de la cuenca alta del río Mocoa, hábitat de seres no-humanos, algunas familias campesinas y lugar de asiento de empresas mineras. Particularmente, aquí residen las pocas "manchas de mopa-mopa" existentes en el Piedemonte Andino-Amazónico que son utilizadas para ser transformadas en Barniz (Figura 11 y Figura 12).

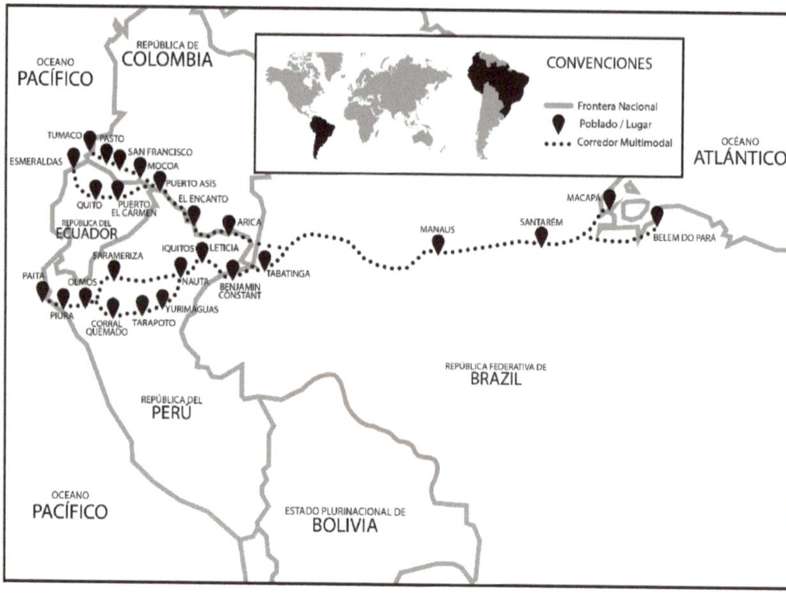

Figura 10. Propuesta: Corredor Multimodal: Tumaco – Pasto – Puerto Asís – Belem do Pará. **Fuente:** BIC, Bank Information Center (2014), Miguel López y Giovany Arteaga (2015).

Figura 11. Montañas-selvas, habitat del mopa-mopa. **Fotografía:** Giovany Arteaga Montes, 2022.

Figura 12. Montañas-selvas del Putumayo, proceso de recolección del mopa-mopa. **Fotografías:** © Fundación Mundo Espiral, 2019.

Una vez cruzamos el célebre trampolín hacia Mocoa, visitamos a 10 "barniceros" o "cosecheros" como se autodenominan, renombrados modernamente como recolectores, quienes obtienen el mopa-mopa en los escasos arbustos dispersos en áreas con características específicas de altura, humedad, luz solar y condiciones del suelo que dan vida a las "manchas de mopa-mopa". "Allá donde están las nubes", como dice el barnicero Pedro Pablo Zuin (Figura 13), únicamente suben por las empinadas trochas su esposa Marciolina Gaviria y sus hijos; al igual que los esposos Evelio Bravo e Isabel Cerón, Mery Cerón (Figura 14) y su hijo Juan Eliceo Gelpud; Jesús Cerón, Armando Becerra; Jorge y Edinson Macías, padre e hijo respectivamente. Campesinos que sobreviven con sus familias aferrados a unas botas de caucho, un machete, un garabato (palo que termina en forma de gancho), una pequeña mochila, una humilde cabaña y una tradición familiar que no genera ganancia económica, para lo cual es necesario caminar siempre en pendiente durante 5 a 8 horas desde los 800 msnm a los 1600 o 2200 msnm para encontrar las pepas que se transformarán en barniz.

Figura 13. Pedro Pablo Zuin, recolector de mopa-mopa (izquierda), bloque de mopa-mopa (derecha). **Fotografías:** © Giovany Arteaga Montes, 2022.

Figura 14. Mery Cerón, recolectora, en el camino hacia el mopa-mopa. **Fotografías:** Giovany Arteaga Montes, 2022.

Allá se debe llegar cargando más de una arroba (unidad de medida aproximada a 12 kilos) de alimentos para estar durante 10 a 15 días en la montaña-selva, esfuerzo para hacerse como máximo 15 kilos de pepas y cachos (por la forma que tienen). Relación comercial en la que cada kilo se vende directamente a los artesanos de Pasto por $200.000 COP equivalente a 41,40 GBP para el año 2024, en dos temporadas de cosecha: marzo y noviembre. Tiempos que han variado por el calentamiento global, lugares donde se deben sortear las complejas situaciones globalocales que atraviesa la selva: el avance de la deforestación, el cambio climático, la existencia de cultivos de uso ilícito, la violencia presente en la zona, la megaminería, la escasez del arbusto y sus respectivas plagas (trozador o picudo), la ampliación de la frontera agrícola, pecuaria y de resguardos indígenas, conjuntamente con la labor solitaria que los barniceros practican, en la medida que son adultos mayores a quienes los jóvenes no desean acompañar para aprender, porque consideran que es un trabajo arduo y peligroso, para nada rentable, sumado al inexistente reconocimiento de las personas que realizan esta labor y la subvaloración del mopa-mopa.

5. Las obras

La técnica del decorado y más aún, las obras finalizadas, es lo que más llama la atención de académicos y clientes (Figura 15). Por lo general, no se tenían en cuenta a las personas que crean los objetos y mucho menos sus lugares sagrados donde recolectan y transforman la materia prima, a excepción de algunos autores: Yolanda Mora de Jaramillo [23], Joseph Michael Stuckart [24], Nina Friedemann [25] y Erki Narváez [27], entre otros, que además de tener en cuenta la historia de la técnica y el mopa-mopa, los talleres, el proceso decorativo y el cambio en su estilo, hicieron alusión a las relaciones socioeconómicas entre los artesanos.

Figura 15. Jarrón hongo decorado con flores, autora: Maestra Claudia Ximena Mora (izquierda); Jarrón andino, autor: Maestro Eduardo Muñoz Lora (derecha). **Fotografías:** © Fundación Mundo Espiral, 2019.

No obstante, la fascinación por la técnica y los objetos ha acompañado al Barniz a lo largo de su historia y a nosotros desde el 2013. Para revertir esto, con el equipo de trabajo hicimos varias exposiciones a nivel local y nacional con las mujeres y hombres recolectores y artesanos. Pero como sucede en la producción de estas artesanías –y muy probablemente en otras– todavía se sigue reconociendo casi exclusivamente la existencia de las obras y a unos pocos hombres vinculados a la decoración, gracias al discurso que han creado de sí mismos, ahora fortalecido por la patrimonialización.

Maestros que con sus familias se han disputado estos espacios de reconocimiento en el mercado con vehemencia para opacar a sus colegas y así brillar entre el gremio, los funcionarios y las instituciones. No obstante, las maestras artesanas que trabajan las maderas y el Barniz, al igual que aquellas mujeres y hombres que se dedican a la recolección del mopa-mopa, quedan ocultos tras las telas del mopa-mopa en sus hogares-talleres, talleres y montañas-selvas con sus problemáticas y virtudes.

Queremos destacar que la mayoría de textos e investigaciones se dedican a analizar la historia de los objetos decorados con Barniz, como lo vienen haciendo los científicos, curadores y restauradores de bienes muebles [1,2,5,9,11-17] María Cecilia Álvarez-White (2022), Lucía Sánchez Monzón (2020), Álvaro José Gomezjurado (2017) y el estudio comparativo que realizó la historiadora del arte Yayoi Kawamura (2018) entre esta técnica artesanal y la laca japonesa [6-8], incluidos otros. También se han hecho análisis microscópicos y de espectropía o fluorescencia de rayos X de obras barnizadas que se encuentran en varios museos del mundo, como el que hicieron en el 2015 Richard Newman, Emily Kaplan y Michele Derrick con los queros o vasos ceremoniales prehispánicos [3].

En el 2018 se investigó el gabinete de Victoria and Albert Museum en Londres [10], en el que encontraron calomel, un pigmento blanco que contiene mercurio, hallazgo similar que hicieron en el 2020 Federica Pozzi, Elena Basso y Monica Katz en una obra del siglo XVII [11]. Análisis que asombra por la complejidad de la técnica al reducido mundo académico interesado en el Barniz de Pasto. No obstante, sería igual o más sorprendente encontrar actualmente las grandes cantidades de mercurio y otros químicos que atraviesan los suelos, quebradas y ríos en el Amazonas, los cuales dejan su cicatriz producto de la agricultura y la extracción minera indiscriminada que hacen las transnacionales provenientes de los mismos países que claman por el medio ambiente y ostentan el estatus del

"Desarrollo". Estados con instituciones que en algunos casos dedican sus esfuerzos a comprender las bondades físico-químicas del mopa-mopa, motivación que Colombia aún no tiene.

También se han estudiado los cambios en el diseño, alimentados por procesos que antes eran denominados "mingas" (reunión solidaria y voluntaria de personas para realizar obras de construcción y arreglos o establecer lineamientos que beneficien comunitariamente) y que ahora se transformaron en metodologías colaborativas y de co-creación, procesos innovadores que terminan legitimando la voz de los profesionales, quienes, en esa relación siempre jerárquica, recalcan su importancia y opinión en la elaboración de unas obras que, por lo general, antes de ser creadas ya se encuentran acabadas, en la medida que los novedosos diseños fueron proyectados, orientados y sometidos a juicio por expertos. Las maestras y maestros son un objeto más para adornar, exotizar y brindar un rostro a la técnica, así son utilizados para la fotografía o el video, para la exposición o el informe, para decir que fue una producción conjunta entre artistas y artesanos. Aunque esta relación es aprovechada mutuamente para generar discursos y aumentar reconocimientos que no se pueden medir con el mismo rasero.

La tecnología se une a estos procesos, como lo decían las funcionarias de la Secretaría de Cultura de Pasto en el año 2023: "para impulsar la evolución de la técnica" y generar mercancías "más funcionales que satisfagan las necesidades del mercado y los clientes, no se quiere nada tradicional, ni precolombino", y si es así, ojalá provenga de un(a) diseñador(a), artista o marca reconocida, lo que incluye la innovación en máquinas centrifugas [18] y mezcladoras que agilicen el proceso de limpieza de la materia prima y la producción en grandes cantidades.

Paralelamente al día de la transmisión de la inclusión del Barniz de Pasto como PCI de la Humanidad que realizó la UNESCO desde París el 15 de diciembre de 2020, también empezaba a circular la publicidad de las botellas decoradas con mopa-mopa de una marca de licor distinguida mundialmente, las cuales –según diversas fuentes– alcanzaron precios de cientos de dólares en el mercado nacional e internacional, mientras que a los artesanos se les canceló $70.000 COP equivalentes a 14,49 GBP por su esfuerzo y ninguno hizo parte de la ganancia, pero igual quedaron satisfechos porque lo importante era obtener reconocimiento, así solo se visibilizara a Germán Obando, hijo del carismático maestro José María Obando.

Con ello se incrementó la visita de reconocidos diseñadores y empresas a los hogares-talleres para adentrarse a otro tipo de decoraciones que incluyen suvenires y acabados de muebles en casas y apartamentos: puertas, mesones y gabinetes, etc., que se puedan decorar y cobrar por centímetro cuadrado, incluso, se sueña con la solicitud de volúmenes de miles de objetos y llenar containers que circunden los mares. Sueños que no se podrían alcanzar, aún sí las pocas personas que se dedican a esta labor trabajaran 24 horas durante el resto de su vida, sumado a las dificultades para obtener las materias primas.

También se considera necesario fortalecer la comercialización en el mundo virtual, impulsada por la pandemia ocasionada por el Covid-19 y una supuesta reactivación económica que a manera de pretexto envolvió todo, al lado de la visualización de obras en 3d, realidad aumentada y los plotters de corte para mejorar la calidad en el decorado, lo que probablemente volcará el "tradicional" Barniz a otras dinámicas de manufactura, maquila[8] e industria atada a un turismo que no tiene en cuenta a los receptores, sólo a los viajeros. Cabe resaltar que, como todos los futuros aparentemente inciertos, desconocemos los impactos positivos o negativos que puedan generar dichos procesos. Aunque el lector puede sentir claramente hacia dónde inclinamos la balanza.

Así se crearon performances de artesanos y artesanías producidos por expertos, como si no existieran relaciones íntimas, alquímicas y profundas entre sujetos-objetos o culturas-naturalezas y viceversa, relaciones que hemos compartido desde hace varios años y que constantemente están transformando(nos), pero que ahora parecen orientarse única y exclusivamente por las necesidades de la industria cultural.

En definitiva, sin el escaso mopa-mopa o las maderas no podrán existir cosecheros y artesanos que trabajen el Barniz, sin la Amazonía no habrá vida, y tal vez, las travesías que proponemos son una oportunidad para dejarnos atravesar con cada palabra, sentimiento o sensación con el fin de compartir lo que sucede en estos mágicos lugares: los hogares-talleres del Barniz, los talleres de las maderas y las montañas-selvas del mopa-mopa, espacios en los cuales aparentemente sólo existían obras, técnicas, herramientas y materias primas en ausencia de humanos. Como lo propone Richard Sennett: "«Artesanía», designa un impulso humano duradero y básico, el deseo de realizar bien una tarea" [36], (p. 20), por esta razón, también queremos hacer nuestro trabajo de la mejor manera: como historiadores, que escribamos junto a mujeres y hombres recolectores y artesanos lo que fue esta manifestación en las relaciones humanos-no-humanos, sujetos-objetos, naturalezas-culturas; como antropólogos, que narremos cómo se encuentra actualmente dichas relaciones y como sociólogos, que proyectemos lo que podrían llegar a ser a futuro.

Por ello queremos motivar a dejar huella, a encontrar diversas alternativas que mejoren la posibilidad de existir para humanos y no-humanos, quienes desde aquella mañana del 2013 también se constituyeron en nuestra familia. Solo resta decir que recolectores y artesanos hacen las obras, conforme las obras producen a recolectores y artesanos y, es ahí, en estas complejas redes de producción, intercambio, circulación y comercialización que se establecen entre sujetos-objetos y objetos-sujetos donde es necesario rastrear las múltiples relaciones que nos permiten comprender mejor lo que fue, es y posiblemente será el Barniz de Pasto mopa-mopa como un patrimonio cultural inmaterial con medidas de salvaguardia urgente y así evitar su riesgo de desaparecer.

Nota final: en el último párrafo no escribimos PCI en mayúsculas de manera institucional, sino que plasmamos patrimonio cultural inmaterial completo y en minúsculas, porque se debe valorar el reconocimiento de la situación, es decir, desde dónde y cómo están situados los seres humanos y no-humanos que permiten la existencia del Barniz de Pasto mopa-mopa actualmente. A partir de la visión integral de la relación entre sujetos-objetos y naturalezas-culturas, palabras que deben estar unidas sin jerarquía alguna, siempre con la misma importancia y protagonismo [22].

Materiales Suplementarios: La versión en inglés de este artículo puede descargarse en: https://www.mdpi.com/2571-9408/7/9/238.

Contribuciones de los autores: Conceptualización, G.P.A.M.; metodología, G.P.A.M.; investigación, M.M.F.F. y G.P.A.M.; redacción: preparación del borrador original, G.P.A.M.; redacción: revisión y edición, G.P.A.M.; administración de proyectos, M.M.F.F. y G.P.A.M.; adquisición de financiación, G.P.A.M. Todos los autores han leído y aceptado la versión publicada del manuscrito.

Financiamiento: El presente estudio fue financiado por las Becas para el Desarrollo de la Investigación en Patrimonio Cultural de la Dirección de Patrimonio y Memoria con el código E4033-2023. Convocatoria del Programa Nacional de Estímulos, Ministerio de las Culturas, las Artes y los Saberes de la República de Colombia, 2023.

Declaración de disponibilidad de datos: Las contribuciones originales presentadas en el estudio, se incluyen en el artículo/material complementario. Otras consultas pueden dirigirse a los autores correspondientes.

Agradecimientos: Nuestro agradecimiento a todas las mujeres y hombres artesanos del Barniz de Pasto, torneros, ebanistas, talladores de la madera en Pasto (Nariño) y recolectores de mopa-mopa en Mocoa (Putumayo), Ruth Flórez Rodríguez del Grupo de Patrimonio Cultural Inmaterial del Ministerio de las Culturas, las Artes y los Saberes de la República de Colombia; Lucia Burgio, Dana Melchar y Monica Katz, sin su ayuda no hubiera sido posible publicar este artículo.

Conflictos de intereses: Autora y autor declaran no tener ningún conflicto de intereses.

Notas

1. En el artículo se utiliza la palabra "mopa-mopa" para referirse a los cogollos de la *Elaeagia pastoensis Mora*, mientras que en otras publicaciones el término también hace alusión al material obtenido de la *Elaeagia utilis*.
2. En este caso, artesano o maestro hace referencia a torneros, ebanistas, talladores o decoradores con mopa-mopa. Los cuatro pueden recibir estas dos connotaciones indistintamente, lo que cambia es la actividad que desarrollan.
3. Para el artículo elaboramos la categoría "Hogar-taller": lugar sagrado, donde el (la) maestro(a) decorador(a) trabaja cotidianamente y convive con su familia, es un espacio simbólico dentro de la misma casa de habitación que está bajo su autoridad y tiene una connotación de respeto. Por lo general, se encuentra en la sala, comedor, cocina, patio o terraza. Esta palabra difiere de Casa-taller (que hace énfasis en el aspecto físico), Escuela-taller y Taller-escuela (propuestas institucionales del Ministerio de las Culturas-AECID) y Taller (espacio completamente apartado de la casa de habitación que se dedica exclusivamente a la labor artesanal).
4. Decidimos utilizar la expresión unificada "Barniz de Pasto mopa-mopa" para hacer alusión a la técnica y materia prima con igual importancia.
5. Conformado por el maestro decorador Óscar Granja, el antropólogo Julián Piedrahita, el diseñador gráfico René Quintero Mon-tes, el sociólogo y realizador audiovisual Pablo Vladimir Trejo Obando.
6. Información confidencial que los maestros evitan comentar a personas ajenas a los hogares-talleres para eludir la copia de las obras, asegurar el mercado e incrementar el reconocimiento bajo su propio sello. Los "secretos" son transmitidos por los artesanos a los aprendices y se relacionan con la obtención y transformación particular de la materia prima, el decorado y la venta de productos.
7. Mueble antiguo que tiene varios cajones pequeños, compartimientos y estantes.
8. En la maquila los trabajadores no elaboran una obra completa, realizan una parte que se unirá a otras para crear una mercancía final. Esto reduce los costos.

Referencias

1. Álvarez-White, M.C. *El Barniz de Pasto: Secretos y Revelaciones de la Técnical*; Editorial Uniandes: Bogotá, Colombia, 2022.
2. Álvarez-White, M.C.; Cohen, D.; Fernández, M.O. The Splendour of Glitter: Silver Leaf in barniz de Pasto Objects. *Heritage* **2023**, *6*, 6581–6595. https://doi.org/10.3390/heritage6100344 (accedido en 6 junio 2024).
3. Newman, R.; Kaplan, E.; Derrick, M. Mopa mopa: Scientific analysis and history of an unusual South American resin used by the Inka and artisans in Pasto, Colombia. J. Am. Inst. Conserv. **2015**, 54, 123–148. https://doi.org/10.1179/1945233015Y.0000000005, (accedido en 6 junio 2024).
4. Basso, E.; McGeachy, A.; Mieites Alonso, M.G.; Pozzi, F.; Radpour, R.; Katz, M. Seventeenth-Century *Barniz de Pasto* Objects from the Collection of the Hispanic Society Museum & Library: Materiality and Technology. *Heritage* **2024**, *7*, 2620–2650. https://doi.org/10.3390/heritage7050125, (accedido en 6 junio 2024).
5. Sánchez Monzón, L. *El Barniz de Pasto, Evolución Histórica-Técnica, Estudio del Diseño y Propuesta de Restauración y Conservación preventiva*; Escuela Superior de Conservación y Restauración de Bienes Culturales ESCRBC: Madrid, Spain, 2020.
6. Kawamura, Y. Encuentro multicultural en el arte de barniz de Pasto o la laca del Virreinato del Perú. *Hist. Y Soc.* **2018**, *35*, 87–112. https://doi.org/10.15446/hys.n35.69838 (accedido en 6 junio 2024).
7. Kawamura, Y. The Art of *Barniz de Pasto* and Its Appropriation of Other Cultures. *Heritage* **2023**, *6*, 3292–3306. https://doi.org/10.3390/heritage6030174 (accedido en 6 junio 2024).
8. Kawamura, Y.; García Barrios, A. Influence of Japanese Namban Lacquer in New Spain, Focusing on *Enconchado* Furniture. *Heritage* **2024**, *7*, 1472–1495. https://doi.org/10.3390/heritage7030071 (accedido en 6 junio 2024).
9. Garzón, G.; José, Á. *El Barniz de Pasto: Testimonio del Mestizaje Cultural en el Suroccidente Colombiano 1542–1777*; Ministerio de Cultura y Fundación Mundo Espiral: Pasto, Colombia, 2017.
10. Burgio, L.; Melchar, D.; Strekopytov, S.; Peggie, D.A.; Di Crescenzo, M.M.; Keneghan, B.; Najorka, J.; Goral, T.; Garbout, A.; Clark, B.L. Identification, characterisation and mapping of calomel as 'mercury white', a previously undocumented pigment from South America, and its use on a barniz de Pasto cabinet at the Victoria and Albert Museum. *Microchem. J.* **2018**, *143*, 220–227. https://doi.org/10.1016/j.microc.2018.08.010 (accedido en 6 junio 2024).
11. Pozzi, F.; Basso, E.; Katz, M. In search of Humboldt's colors: Materials and techniques of a 17th-century lacquered gourd from Colombia. *Herit. Sci.* **2020**, *8*, 101. https://doi.org/10.1186/s40494-020-00449-1 (accedido en 6 junio 2024).
12. Humphrey, N.; Burgio, L.; Melchar, D. One small corner of the Viceroyalty in South Kensington: Barniz de Pasto at the Victoria and Albert Museum, London. In *Anales del Museo de América*; Subdirección General de Documentación y Publicaciones: Madrid, Spain, 2020; (No. 28); pp. 147–156.
13. Melchar, D.; Burgio, L.; Fernandez, V.; Keneghan, B.; Newman, R. A collaborative, multidisciplinary and multi-analytical approach to the characterisation of barniz de Pasto objects from the V&A collections. In *Transcending Boundaries: Integrated Approaches to Conservation. ICOM-CC 19th Triennial Conference Preprints, Proceedings of the ICOM-CC, Beijing, China, 17–21 May 2021*; International Council of Museums: Paris, France, 2021.
14. Geminiani, L.; Sanchez Carvajal, M.; Schmuecker, E.; Wheeler, M.; Burgio, L.; Melchar, D.; Risdonne, V. A Recently Identified *Barniz Brillante* Casket at Bateman's, the Home of Rudyard Kipling. *Heritage* **2024**, *7*, 1569–1588. https://doi.org/10.3390/heritage7030075 (accedido en 6 junio 2024).
15. Zabía de la Mata, A. New Contributions Regarding the *Barniz de Pasto* Collection at the Museo de América, Madrid. *Heritage* **2024**, *7*, 667–682. https://doi.org/10.3390/heritage7020033 (accedido en 6 junio 2024).

16. Mora Osejo, L.E. El Barniz de Pasto, en Caldasia, Volumen XI, Número 55, enero 20 de 1977. 1977. Disponible in línea: https://revistas.unal.edu.co/index.php/%20cal/article/%20view/34354/34572 (accedido en 10 septiembre 2023).
17. Newman, R.; Kaplan, E.; Álvarez-White, M.C. The Story of *Elaeagia* Resin (*Mopa-Mopa*), So Far. *Heritage* **2023**, 6, 4320–4344. https://doi.org/10.3390/heritage6050229 (accedido en 6 junio 2024).
18. Artesanías de Colombia. s,f. Máquina de limpieza del mopa-mopa. Pasto: Sin editorial. Disponible in línea: https://artesaniasdecolombia.com.co/Documentos/Contenido/29789_mopa_mopa,_pasto.pdf (accedido en 10 julio 2024)
19. Corpoamazonía. *Establecimiento y Manejo de Plantaciones de Mopa-Mopa*; S.E.: Mocoa, Colombia, 2006.
20. Corpoamazonía. *Mopa-Mopa, Manual Técnico Para su Cultivo y Transformación*; Carlos Alberto Gómez, Desarrollo Organizacional: Mocoa, Colombia, 2006.
21. Ministry of Culture, 2019. Plan Especial de Salvaguardia, PES, Conocimientos y Técnicas Tradicionales Asociadas con el Barniz de Pasto Mopa–Mopa, Putumayo-Nariño. Disponible in línea: https://patrimonio.mincultura.gov.co/legislacion/Paginas/Barniz-de-pasto-mopa-mopa.aspx (accedido en 30 septiembre 2023).
22. Latour, B. *Nunca Fuimos Modernos: Ensayos de Antropología Simétrica*; Siglo XXI editores; Clave Intelectual: Madrid, Spain, 2022.
23. Mora de Jaramillo, Y. *Barniz de Pasto: Una Artesanía Colombiana de Procedencia Aborigen*; Revista Colombiana de Folclor; Instituto Colombiano de Antropología ICAN: Bogotá, Colombia, 1963; Volume 3, pp. 13–48.
24. Stuckart, J.M. Barniz de Pasto: The Impact of the Tourism on a Traditional Craft. Ph.D. Thesis. University of Pittsburgh, Pittsburgh, PA, USA, 1982.
25. Friedemann, N. El Barniz de Pasto; arte y rito milenario. *Lámpara* **1985**, *23*, 15–24.
26. de Artes y Tradiciones Populares, M. *Casa del Barniz de Pasto*; Museo de Artes y Tradiciones Populares: Bogotá, Colombia, 1992.
27. Narváez Revelo, E. *El Barniz de Pasto Mopa-Mopa o El Tiempo Camina Descalzo*; Oficina de Cultura: Pasto, Colombia, 2007.
28. Oviedo; Armando; Cabrera; Jesús. *Barniz de Pasto, Memorias*; Graficolor: Pasto, Colombia, 2017.
29. Disponible in línea: https://barnizpasto.wixsite.com/mopamopa (accedido en 10 julio 2024).
30. Insuasty, A.; Alonso, G. Valoración del Patrimonio Cultural Asociado con el Barniz de Pasto Mopa-Mopa, a Partir de la Participación Ciudadana. Master's Thesis, Universidad de Nariño: Pasto, Colombia, 2020.
31. Córdoba-Cely, C. *Hacia la Artesanía Generativa. Caso de Estudio del oficio Artesanal del Barniz de Pasto (Colombia) y la Impresión 3D*; Revista Artnodes; Universitat Oberta de Cataluña: Barcelona, Spain, 2021.
32. Fabian, J. *El Tiempo y el Otro. Cómo Construye su Objeto la Antropología*; Universidad de los Andes, Ediciones Uniandes: Bogotá, Colombia; Universidad del Cauca: Popayán, Colombia, 2019.
33. Suárez Guava, L.A. Ed.. *Antropología de Objetos, Sustancias y Potencias*; Editorial Pontificia Universidad Javeriana: Bogotá, Colombia, 2019.
34. Melchar, D.; Burgio, L.; Humphrey, N. Conservation: Revealing a Hidden Skeleton of Death | Barniz de Pasto Cabinet | V&A". London: Victoria and Albert Museum. Disponible in línea: https://www.youtube.com/watch?v=-j1g81iM28g (accedido en 10 noviembre 2023).
35. Disponible in línea: https://cabarriaiqa.com/web/anilinas-el-indio (accedido en 23 julio 2024).
36. Sennett, R. *El Artesano*; Editorial Anagrama S. A.: Barcelona, Spain, 2009.

heritage

MDPI

Article

The Art of *Barniz de Pasto* and Its Appropriation of Other Cultures

Yayoi Kawamura

Departamento de Historia del Arte y Musicología, Campus de Humanidades, University of Oviedo, c/ Amparo Pedregal s/n, 33011 Oviedo, Asturias, Spain; kawamura@uniovi.es

Abstract: This study analyzes the techniques and decorative motifs of several works made using *barniz de Pasto*, highlighting their characteristics in order to establish comparisons with artistic phenomena of Asia and Europe. A possible link can be observed between *barniz de Pasto* and the Namban and Pictorial style Japanese export lacquer works of the 17th and 18th centuries. A search for similarity is justified by the documentary and material evidence of Japanese works created in these styles being transported from Japan to the Viceroyalty of New Spain by Manila galleons via the trade route between Acapulco and Callao. Additionally, traces of the Spanish culture have been recognized in *barniz de Pasto*. For example, printed images that circulated in the Viceroyalty of Peru have been observed on a coffer. This appropriation, also observed in the mural painting of a Central Andean church, and the presence of the image of Amaru, a Quechua deity, on the same coffer, marks the Central Andes as one of the possible places where the practice of *barniz de Pasto* could have been established. All of this points to Central and South America's great ability to appropriate foreign cultures and fuse them with their own during the viceregal period, as manifested in the art of *barniz de Pasto*.

Keywords: *barniz de Pasto*; Viceroyalty of Peru; lacquer; Japanese export lacquer; emblems; Amaru; appropriation

Citation: Kawamura, Y. The Art of *Barniz de Pasto* and Its Appropriation of Other Cultures. *Heritage* **2023**, *6*, 3292–3306. https://doi.org/10.3390/heritage6030174

Academic Editors: Lucia Burgio, Dana Melchar and Monica Katz

Received: 24 December 2022
Revised: 12 March 2023
Accepted: 17 March 2023
Published: 22 March 2023

1. Introduction

Barniz de Pasto was an art form that was little known or studied, even among specialists in Spanish American art, up until two decades ago. This omission is gradually being corrected. In the case of Spain, the Museo de América in Madrid has been adding *barniz de Pasto* pieces to its collection and has even organized specific seminars attended by specialists from various countries to increase the spread of knowledge.[1] There have also been exhibitions that have contributed to a greater understanding of this art [1,2]. On the other hand, a growing interest in Spanish American art in the United States has bolstered the study of *barniz de Pasto*; exhibitions held at the Philadelphia Museum of Art, the Brooklyn Museum, and the Museum of Fine Arts, Boston, are especially noteworthy [3–5]. Likewise, studies on the Hispanic Society Museum and Library's works are of great interest [6,7]. Finally, material and botanical studies in the United States and Colombia have provided new insights about this art [8–16].

At present, it is commonly accepted that the production of *barniz de Pasto* took place in different areas of the Viceroyalty of Peru and is not exclusive to the area of Pasto, located in the southwest of Colombia, where this art is still practiced today. It is also believed that during this art form's evolution, several factors of diverse origins converged, not only European, but also Asian, thus correcting the traditional Eurocentric vision when analyzing Hispano-American art.

There are several recent studies that prove the arrival of Asian merchandise to the Viceroyalty of Peru beginning at the end of the 16th century, initially directly from Manila, and later from Acapulco. In this way, an important extension of the Manila galleon route was traced, linking Acapulco and the Port of Callao. This route was initiated and maintained by Mexican merchants and especially by the Peruvians, whose activities were supported by the abundance of silver produced in the Peruvian viceregal territory. The transpacific merchandise trade operated with complete autonomy, outside the regulations dictated by the Spanish government's Council of the Indies [17–19]. In this way, luxury goods and, above all, textiles of Asian origin, were transported to the Viceroyalty of Peru, and the Peruvian silver was spent in Asia before it could reach Spain [20–22].

These historical and economic studies help us to understand that the traces of Asian art—especially lacquer, porcelain, and textile arts—are not only to be found in the Viceroyalty of New Spain, but also in the Viceroyalty of Peru. When analyzing lacquer art, the influence of Japanese export lacquer of the Namban (Figure 1) and Pictorial styles (Figure 2), has already been identified in Mexican lacquer art, or *maque*, and in the art of *enconchado*, for both painting and furniture. But we must now add *barniz de Pasto* to the conversation. Despite traditionally being called "barniz" in Spanish, or "varnish" in English, this art can be considered a variant of lacquer art. Furthermore, a great number of Chinese and Indian textiles could have influenced the dissemination of decorative elements or motifs with Asian roots in *barniz de Pasto* designs [23].

Figure 1. Namban style lacquer coffer, Parish of Cortes, Navarra, Spain. Japan, 1580–1630. Photography by R. Suárez Pascual.

Likewise, when studying *barniz de Pasto*, one must acknowledge the traces of the European world, since the dominant culture that was spreading in the Viceroyalty of Peru was that of Spain. Looking for concrete indications of the influences of this culture facilitates a greater understanding of the art of *barniz de Pasto*.

The present study applies the comparative method and analyzes the technical and iconographic aspects of several works of *barniz de Pasto*—including previously unstudied works—looking for parallels with other arts in order to point out possible influences and appropriations.

As the studies of this subject have been carried out and published hitherto by English-speaking and Spanish-speaking scholars, for a wide dissemination of this study, the Spanish version of this text is available as supplementary.

Figure 2. Pictorial style lacquer cabinet, Monastery of Santa Paula, Sevilla, Spain. Japan, 1640–1700. Photography by the author.

2. Asian Lacquer as a Source of Inspiration for *Barniz de Pasto*

In the late 16th century, during the Viceroyalty of Peru's consolidation, *barniz de Pasto* underwent a substantial change [15]. It ceased to be a filler material in the engraved grooves of various objects and began to be applied in the form of thin layers coating wooden surfaces, thus making objects more resistant and giving them a special shine. This shine gave rise to the term "barniz" in Spanish, or "varnish" in English. The technique of superimposition was developed for decorative purposes and involved cutting thin, differently colored layers into different shapes. This new way of working with *mopa-mopa* resin, i.e., in the form of thin layers [15] (pp. 55–57), has been considered a result of the hybridization of two cultures: the indigenous and the Spanish. The influence of painted Spanish imagery—polychrome wood sculpture—is especially noteworthy. The idea of inserting a thin sheet of gold or silver between the layers resulted in the glossy *barniz de Pasto*. This technique is also considered parallel to the gilding and *estofado* techniques utilized in Spanish imagery sculpture [13,15].

To better understand the unique technical and artistic evolution of *barniz de Pasto* from the last decades of the 16th century, another topic should be considered: the influence of foreign and even transpacific design elements on artistic innovation in the Americas. Apart from the impact that different decorative techniques from Spanish imagery may have had, the arrival of lacquered objects from the other side of the Pacific from the last quarter of the 16th century is an issue that should also be taken into account [1] (pp. 22–59) [24]. There is documentary and material evidence of shipments of lacquer of Asian origin, especially Japanese lacquer, from Manila to Acapulco. Japanese craftsmen created a specific genre, called the Namban (ca. 1580–1630) and Pictorial (ca. 1640–1700) styles, for export to the European world. Beginning at the end of the 16th century, Japanese lacquerware was highly appreciated by Spanish settlers in the Philippines. Antonio de Morga (Seville, 1559—Quito, 1636), judge, lieutenant to the governor-general, and captain general of the Philippines between 1595 and 1603, and author of *Sucesos de las Islas Filipinas*, made mention of the goods that arrived from the port of Nagasaki, among which lacquered objects were found [25] (pp. 313–314). Governor Rodrigo de Vivero (Mexico, 1564–Orizaba, 1636) made reference in his book *Relación de Japón* to the luxury Japanese goods shipped to New Spain, which included lacquered cabinets [26] (p. 99). In 1612, the judge of the *Audiencia Real* of Manila, Juan Manuel de la Vega, sent a Japanese lacquer cabinet to Juan Ruiz de Contreras, secretary of the *Real y Supremo Consejo de Indias* in Madrid [1] (pp. 38–39). Philippine Governor Alonso Fajardo owned 19 pieces of Japanese lacquerware in 1624 [27]. These examples are evidence of the appreciation for Japanese lacquerware and its arrival via the Manila galleons to Acapulco, from where it was distributed to American lands and Spain [1] (pp. 53–59) [28].

There has not yet been an exhaustive study of the inventories of goods from the Viceroyalty of Peru that demonstrates the presence of Japanese lacquer works. However, a frame made with fragments of Namban-style lacquer from a private collection in Lima [29] (p. 15) and the Brooklyn Museum's Namban lacquer coffer, acquired in Peru in 1941 by Herbert J. Spinden [4] (p. 21), are proof of the arrival of Japanese lacquer in the Viceroyalty of Peru.

There are several studies on the similarities between *barniz de Pasto* and Japanese lacquer and that of Ryukyu, now known as the island of Okinawa, Japan. Codding points out the great similarity between the monkey-and-passion-flower-vine motif of the Hispanic Society Museum and Library's portable writing desk and the squirrel-and-grapevine motif of the lacquered stationery boxes from Okinawa [7] (p. 81). Kawamura also draws a number of parallels between *barniz de Pasto* and Japanese lacquer [30,31].

In terms of manufactured objects, there is an abundance of coffers, cabinets, portable desks, (Figure 3) and folding lecterns (Figure 4), which are also very common types of objects in Japanese Namban style lacquerware. The folding lectern form did not exist in Europe and was developed in Japan—perhaps inspired by lecterns from the Islamic world—because it was a form that took up little space as cargo on ships. Therefore, the existence of the folding lectern coated with *barniz de Pasto* is almost certainly inspired by the Namban lacquer lecterns (Figure 5), which were produced in significant numbers. On the other hand, in terms of unusual pieces, we can point to pineapple-shaped cups (Figure 6) and shaving basins (Figure 7), whose forms clearly come from silverware of European origin.

Figure 3. Barniz de Pasto cabinet, collection of Rodrigo Rivero Lake Int. Viceroyalty of Peru, 17–18th century. Photography by the author.

Figure 4. Barniz de Pasto folding lectern, collection of Rodrigo Rivero Lake Int. Viceroyalty of Peru, 17–18th century. Photography by the author.

Figure 5. Namban style folding lectern, Monastery of San Esteban, Salamanca, Spain. Japan, 1580–1630. Photography by Rafael Suárez Pascual.

Figure 6. *Barniz de Pasto* cups, collection of Rodrigo Rivero Lake Int. Viceroyalty of Peru, 17–18th century. Photography by the author.

Figure 7. *Barniz de Pasto* shaving basins, collection of Rodrigo Rivero Lake Int. Viceroyalty of Peru, 17–18th century. Photography by the author.

The similarity between the decorative motifs of *barniz de Pasto* and Japanese lacquer objects is very evident. Namban lacquer is decorated with plants and trees, accompanied by birds and sometimes lions, and the presence of plants and birds is constant *in barniz de Pasto*. The manner of applying these decorative elements is also shared by the two arts. The surface is abundantly filled with decorative finishes in the manner of *horror* vacui.[2] Moreover, the shine that silver leaf gives *barniz de Pasto* is reminiscent of the shine from gold dust—a technique of flat *makie* or *hira makie*—(Figure 8) and of mother-of-pearl inlay—a technique called *raden*—(Figure 9) of Namban lacquer.

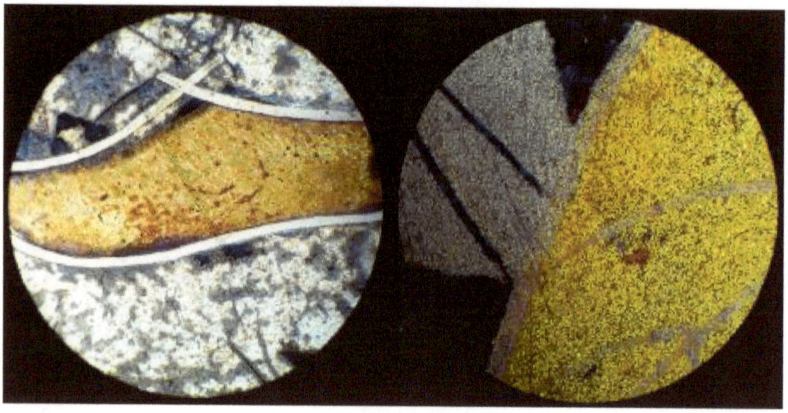

Figure 8. Silver sheet of *barniz de Pasto* coffer detail, private collection (**left**); and gold and silver powder of Namban style lacquer cabinet detail, Royal Monastery of La Encarnación, Madrid, Spain (**right**). Photography by the author.

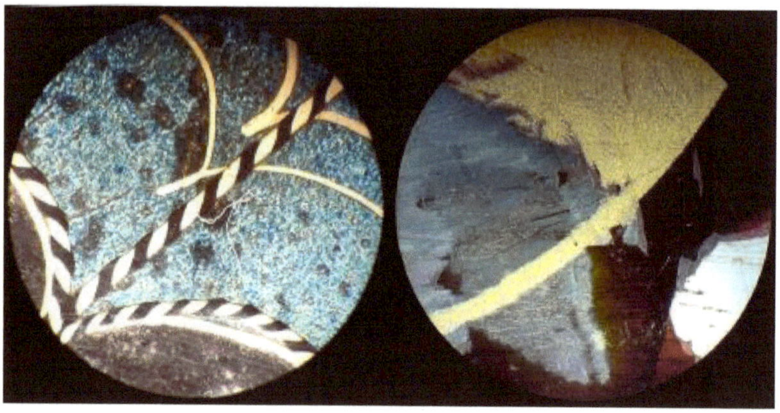

Figure 9. Silver sheet covered with a blue sheet of *barniz de Pasto* detail, private collection (**left**); and mother-of-pearl detail on a Namban style lacquer cabinet, Convent of Las Descalzas Reales, Madrid, Spain (**right**).

Another similarity with Japanese lacquer is the application of silver leaf cut in tiny squares or diamonds to express decorative details, as seen in the coffer of the parish of Mendigorría (Figure 10) or on a cabinet at the Museo de América in Madrid (inventory number: 01/08/2015). The same decorative resource is used in Japanese lacquer from the 13th century, the so-called *kirikane*, and a very similar decorative technique has been applied to Japanese paper since the 12th century. This type of Japanese paper was known in the Hispanic and European world. For example, the letters from Date Masamune addressed to the city of Seville and to Pope Paul V delivered by Ambassador Hasekura in 1614 and 1615, respectively, are written on gilded papers decorated with small squares of gold leaf.[3]

Figure 10. *Barniz de Pasto* coffer detail, Parish of Mendigorría, Navarra, Spain. Photography by the author.

The presence of bands acting as borders is another similarity observed in both arts, and variants of the repetitive geometric motifs observed in Namban lacquer can even be detected in *barniz de Pasto*. The border on the coffer from Pamplona Cathedral consists of linked diamonds reminiscent of the decorative pattern of the Japanese tradition called *shippô* (Figure 11), which is used in Namban lacquer. Additionally, the band of triangles running around the inside of the mouth of the gourd from The Hispanic Society Museum and Library (LS2400) is reminiscent of *kyoshimon*, a saw-tooth motif also used in Namban lacquer.

Figure 11. *Barniz de Pasto* coffer detail, Pamplona Cathedral, Navarra, Spain (**left**); and Namban style lacquer coffer, Parish of Cortes, Navarra, Spain (**right**). Photography by the author.

Of additional note is the abundant production of glossy *barniz de Pasto* objects with a black background, which brings to mind the chromatic combination of Japanese lacquer. Even when decorative motifs are applied in relief on a black background, as in the case of a pair of pineapple-shaped cups from a private collection (Figure 6), the appearance closely resembles the raised *makie* technique *(taka makie)*, a decoration in bold relief, applied on Pictorial style export lacquer (Figures 2 and 12).

It is true that, after the closure of Japan's borders in 1639, the only Europeans who could maintain trade, which was tightly controlled and limited by the Japanese government, were the Dutch. For this reason, it has traditionally been argued that the Namban style was replaced by the Pictorial style adapting to the preferences of the Dutch and that they were the only ones who transported the Pictorial style lacquers to Europe. However, there is evidence of the presence of two Pictorial style cabinets in the Museo Regional Casa de Alfeñique, in Puebla, Mexico (Figure 12), from the collection of José Luis Bello y González (1822–1907). There is still no definite proof that they were always in Mexico, but this is a very likely possibility [32]. There is evidence of other Pictorial style cabinets in the Monastery of Espíritu Santo and in the Convent of Santa Paula (Figure 2), both in Seville, the only port for the arrival of ships from New Spain. On the other hand, a historical document dated 1719 speaks of the shipment of some formal gifts by the King of Siam to the King of Spain through the Governor of the Philippines. These gifts included two Japanese lacquer cabinets in the Pictorial style, along with pieces of Japanese porcelain.[4] The text speaks of "a large cabinet, of very fine Japanese *maque*". The accompanying drawing (Figure 13) was made to explain the assembly of a supplementary table, and for this reason, they did not draw the decorative details of the lacquered cabinet. However, because of its two doors with side handles, its showy keyhole plate, and large hinges, the piece of furniture is consistent with a Japanese cabinet in the Pictorial style. Everything indicates that even after 1639, luxury goods from Japan, dominated by export lacquer, gradually reached the Hispanic world via Chinese ships that had permission to dock at the Port of Nagasaki. These ships distributed the goods to different destinations, such as Siam or Manila, among other locales. Japan also maintained contacts with Korea through the sovereignty of Tsushima, and the Ryukyu Kingdom, although subjugated by the Japanese government, operated with some freedom in the South China Sea. In other words, there were routes other than the Dutch route for Japanese lacquer to be marketed internationally. Therefore, it is not surprising that the varnishers of the Viceroyalty of Peru had access to Japanese and Ryukyu lacquerware during the 17th and even 18th centuries [7].

Figure 12. Pictorial style lacquer cabinet, Casa de Alfeñique, Puebla, Mexico. Japan, 1640–1700. Photography by the author.

Figure 13. Drawing of a Pictorial style lacquer cabinet, made in Manila, ca. 1720. Archivo General de Indias (General Archive of the Indies), Seville, Spain.

3. Printed Images of European Origin Applied in *Barniz de Pasto*

A question that has been debated among researchers is the place or places of production of *barniz de Pasto*. Although the practice is currently limited to the southwest of Colombia, around Pasto, López points out that there was noteworthy activity in Quito, likely linked to the workshops operated by the Franciscans. Additionally, the practice of this art in the Central Andean zone has not been ruled out [15].

Based on an iconographic analysis of a *barniz de Pasto* coffer from a private collection (Figure 14), I would like to delve deeper into this issue. Although the work was previously studied [30], the present study attempts to reveal new clues that could hint at its possible production in the Central Andes. The coffer is made with glossy *barniz de Pasto*, without relief. In addition to the application of a rich color range on a black background, the presence of silver leaf between translucent sheets of different colors creates an intense and highly attractive shine. The coffer is densely decorated with various tropical motifs of flora and fauna, in addition to some human figures and fantastical animals.

On the front, there are two human figures with very schematic bodies holding an object in the shape of a heart or shield in their hands. Below them there is an inscription that reads "O ME LO LLEVO/NO SINO IO" ("I TAKE THIS FOR MYSELF/IF NOT, I TAKE IT"). According to the study of emblems widespread in Spain during the 16th and 17th centuries [33], a heart between two men represents trust or agreement, as is shown in the emblems created by Sebastián de Covarrubias Horozco (1610) and Francisco de Zárraga

(1684) [34] (pp. 233–234). In this case, it is likely to symbolize an agreement between two parties, and the text can be interpreted as an expression of trust.

Figure 14. *Barniz de Pasto* coffer, private collection. Viceroyalty of Peru, 17–18th century. Photography by Marcos Morilla.

In the center of the rear panel is a crowned phoenix with extended red and gold wings. It rises over a grate with fire and heads skyward (Figure 15). This is the usual iconography of this mythological bird, a symbol of resurrection and eternal life in Christianity. Above the bird the text reads: "EX ME IPSO RENASCOR", which means, "from myself I am reborn". The phrase, put into the mouth of the immortal bird, and its very image constitutes one of the widespread emblems and, as Esteban [35] points out, it was the mark of the Zaragozan publisher Juan de Bonilla, as we can see on the cover of the book *Emblemas morales*, by Juan de Horozco y Covarrubias (1604) [36] (Figure 15).

Figure 15. Previous coffer detail. Photography by Marcos Morilla (**left**). The cover of the book *Emblemas morales*, by Juan de Horozco y Covarrubias (1604) (**right**).

In the center of the lid, there is a circle in which the aquatic world is represented. Among the waves swim eight fish and a fantastical animal, with a scaly body and a forked tail (Figure 16). It may represent the serpent Amaru, the Quechua deity of water.

Meanwhile, on each of the sides of the coffer, an elongated white serpentine body with a skull, a symbol of death, can be seen. The undulating body serves as an inscribed band, and above it, the Latin phrases "Mortals, be prepared"[5] and "for he who thinks, no value"[6] can be read. Undoubtedly, these are phrases of Christian teaching. Phylacteries with forked ends like these are very frequent in the aforementioned book *Emblemas morales*, by Juan de Horozco y Covarrubias (1604). Additionally, on both side panels of the lid, there is a winged serpent with the head and front legs of a beast, sticking out its red tongue. This animal is also identified as the serpent Amaru (Figure 16), a scaled and winged being with the body of a snake and the head of a llama (*Lama glama*, an animal native to the Andes). As mentioned above, in the Quechua culture, which extends throughout the Central Andes, Amaru is a deity of water, and also of fertility and wisdom. Evidently, the artist used different images of the Spanish emblems taken from a book that was in circulation and combined them with the figure of Amaru from his native culture.

Figure 16. Detail from the lid (**left**) and from the side (**right**) of the previous coffer. Photography by Marcos Morilla.

Based on the iconography analyzed here, I intend to propose a possible place of production. Two main areas have been considered to be centers of production during the viceregal period for *barniz de Pasto*: the Pasto–Quito region, where objects of European forms were mainly made with *Elaegia pastoensis*, and the Andean region of Bolivia and Peru, where it is believed that the production of decorated *quero* vases with *Elaegia utilis* originated [6] (p. 107) [11,16]. The coffer's form is linked to the first region. Additionally, the coffer is made of glossy *barniz de Pasto*, a technique only used in the works produced in the workshops of the Pasto–Quito region. However, the presence of Amaru, the deity of the Central Andes, links the work to the second region. Furthermore, the use of a black background and a variegated composition with plant elements, birds, animals, and human beings is reminiscent of a painted coffer from the Museo Casa de Murillo in La Paz, made in Charazani (Bolivia) in the Quechua area [37], in which the same serpent Amaru appears. These aspects make the work very interesting. Although the activities of varnishers in the Central Andes during the viceregal period are largely unknown, this work could have been made in that area.

Additional elements that may corroborate this hypothesis are the appearance of the phoenix among the flames on the back of the coffer and the slogan "EX ME IPSO RENASCOR", which correspond exactly with the mark of the publisher Juan Bonilla (Figure 15). A very similar phenomenon, which is the appropriation of the mark that appears on a very visible page of a European book in a Spanish American painting, can be observed in the Central Andean region, a mural painting of the Church of Carabuco (Bolivia) choir, located next to Lake Titicaca [38], a Quechua cultural area. In the center of the choir, located in the upper part of the entrance to the church, there is a large golden compass and the phrase "Labore et Constantia", which corresponds with the mark of the well-known Antwerp printer Plantin-Motetus, whose religious publications, such as the missal published in 1737, were spread throughout the Viceroyalty of New Spain. The painting is believed to have been commissioned by the cacique Agustín after the collapse of this part of the church in 1763. Therefore, the impact of an external influence can be observed in both the painting and the previously discussed coffer. A well-known image on a visible page of a European book is appropriated. The golden compass of the Church of Carabuco may indicate that the coffer's origins can be traced back to the Quechua region. Considering the presence of the Quechua deity Amaru on the same coffer, the thesis that the coffer was made in the Central Andes is tenable.

4. Conclusions

In the attempt to clarify different aspects of the art of *barniz de Pasto*, Asian influences have recently been highlighted, in addition to those of the Europeans. These influences can be traced back to Japanese and Ryukyu lacquer, as well as to Asian textiles that arrived via Manila galleons to the port of Acapulco, which Peruvian merchants later transported to the Viceroyalty of Peru. Considering the existing commercial traffic and the material similarities of both arts, it is likely that the makers of *barniz de Pasto* came into contact with Japanese export lacquer. I also propose the possibility that the workshops where the *barniz de Pasto* pieces were made were located, apart from in the Pasto–Quito area, in the Central Andes, Quechua territory, based on the iconography of Amaru and the appropriation of a mark of the Spanish printer on a coffer. In this way, I can point out the confluences of different cultures, from Asia and Europe, and their fusion and appropriation in the artistic activity of *barniz de Pasto*.

Supplementary Materials: The following supporting information can be downloaded at: https://www.mdpi.com/article/10.3390/heritage6030174/s1, Supplementary material: original text in Spanish.

Funding: This research was funded by Agencia Estatal de Investigación of the Spanish Government, reference number PGC2018-097694-B-I00.

Data Availability Statement: The author confirms that the data supporting the findings of this study are available within the article.

Acknowledgments: I sincerely thank Natasha Vargas (translator), as well as Robert Esposito and Laura Ramirez Polo (reviewers), from Rutgers University for the English version of this article.

Conflicts of Interest: The author declares no conflict of interest.

Notes

1. The seminar "Las lacas" organized by director Concepción García Saiz on 27 October 2017, and the "Jornada del Barniz de Pasto" organized by the curator of viceregal art Ana Zabala on 27 June 2019, at the Museo de América, Madrid, Spain.
2. *horror vacui* means the "fear of empty space", or the filling of the entire surface.
3. The first letter is preserved in the Municipal Archive of Seville (ICAS-SAHP, 3779) and the second in the Vatican Apostolic Library (Borghese 363b).
4. General Archive of the Indies (Archivo General de Indias), Filipinas, 132, 22–24. Memory of the gift from the Siam's king to our king by his ambassador, sent by Fernando Manuel de Bustillo. Drawing for mounting the two writing desks with two lacquered desks that are shipped.
5. "mor[. . . .]s estote [.]arati".
6. "cogi [.a]ntivi lec si[t]".

References

1. Kawamura, Y.; Ancho, A.; Balduz, B. *Laca Namban. Brillo de Japón en Navarra*; Gobierno de Navarra: Pamplona, Spain, 2016; ISBN 978-84-235-3408-1.
2. Fundación Caja de Burgos. *Visiones de América. Arte desde el Confín del Mundo*; Fundación Caja de Burgos: Burgo, Spain, 2018; ISBN 978-84-947699-1-7.
3. Rishel, J.J.; Stratton-Pruitt, S. (Eds.) *The Arts in Latin America. 1492–1820*; Philadelphia Museum of Art: Philadelphia, PA, USA, 2006; ISBN 978-0-300-12003-5.

4. Aste, R. (Ed.) *Behind Closed Doors. Art in the Spanish American Home, 1492–1898*; Brooklyn Museum: New York, NY, USA, 2013; ISBN 13: 978-0-872-73172-1.
5. Carr, D. (Ed.) *Made in the Americas. The New World Discovers Asia*; Museum of Fine Arts, Boston: Boston, MA, USA, 2015; ISBN 9-780878-468126.
6. Codding, M. The Decorative Arts in Latin America, 1492–1820. In *The Arts in Latin America. 1492–1820*; Philadelphia Museum of Art: Philadelphia, PA, USA, 2006; pp. 98–113. ISBN 978-0-300-12003-5.
7. Codding, M. The Lacquer Arts of Latin América. In *Made in the Americas. The New World Discovers Asia*; Museum of Fine Arts, Boston: Boston, MA, USA, 2015; pp. 74–89. ISBN 9-780878-468126.
8. Friedemann, N.S. El barniz de Pasto: Arte y rito milenario. *Lámpara* **1985**, *96*, 1.
9. Friedemann, N.S. El mopa-mopa o barniz de Pasto. Los marcos de la iglesia bogotana de Egipto. In *Lecciones Barrocas: Pinturas Sobre la Vida de la Virgen de la Ermita de Egipto*; Banco de la República, Museo de Arte Religioso: Bogotá, Colombia, 1990; pp. 40–53.
10. López Pérez, M.P. *En Torno al Estrado. Cajas de Uso Cotidiano en Santafé de Bogotá, Siglos XVI a XVIII*; Museo Nacional de Colombia: Bogotá, Colombia, 1996.
11. Newman, R.; Derrick, M. Painted Qero Cups from the Inka and Colonial Periods in Peru: An Analytical Study of Pigments and Media. In *Materials Issues in Art and Archaeology VI*; Materials Research Society: Warrendale, PA, USA, 2002; pp. 291–302. ISBN 978-1558999886.
12. Granda Paz, O. *Aproximaciones al Barniz de Pasto*; Editorial Travesías: Barranquilla, Colombia, 2007.
13. López Pérez, M.P. El Barniz de Pasto. Encuentro entre tradiciones locales y foráneas que han dado la identidad a la región andina del sur de Colombia. In *Patrimonio Cultural e Identidad*; Cabello Carro, P., Ed.; Ministerio de Cultura: Madrid, Spain, 2007; pp. 225–234.
14. Gómezjurado Garzón, A.J. Mopa-mopa o barniz de Pasto, comercialización indígena en el periodo colonial. *Estud. Latinoam. México* **2008**, *22–23*, 82–93. Available online: revistas.udenar.edu.co/index.php/rceilat/article/view/1349 (accessed on 22 November 2022).
15. López Pérez, M.P. Quito, entre lo prehispánico y lo colonial. El Barniz de Pasto. In *Arte Quiteño. Más Allá de Quito*; Ortiz Crespo, A., Pacheco Bustillos, A., Eds.; FONSAL: Quito, Ecuador, 2010; pp. 45–63. ISBN 9978-366-38.
16. Newman, R.; Kaplan, E.; Derrin, R. Mopa Mopa: Scientific Analysis and History of an Unusual South American Resin Used by the Inka and Artisans in Pasto, Colombia. *J. Am. Inst. Conserv.* **2015**, *54*, 123–148. [CrossRef]
17. Yuste López, C. *El Comercio de la Nueva España con Filipinas, 1570–1785*; INAH: Mexico City, Mexico, 1984.
18. Sales Colín, O. *El Movimiento Portuario de Acapulco: El Protagonismo de Nueva España en la Relación con Filipinas, 1587–1648*; Plaza y Valdés: Mexico City, Mexico, 2000; ISBN 968-8568202.
19. Valle Pavón, G. En torno a los mercaderes de la ciudad de México y el comercio de Nueva España. Aportaciones a la historiografía de la monarquía hispana del período 1670–1740. In *Los Virreinatos de Nueva España y del Perú (1680–1740). Un Balance Historiográfico*; Lavallé, B., Ed.; Casa de Velázquez: Madrid, Spain, 2019; pp. 135–150. ISBN 9788490962077.
20. Suárez Espinosa, M. Sedas, rasos y damascos: Lima y el cierre del comercio triangular con México y Manila en la primera mitad del siglo XVII. *Am. Lat. Hist. Econ. Bol. Fuentes* **2015**, *22*, 101–134. Available online: www.scielo.org.mx/pdf/alhe/v22n2/v22n2a5.pdf (accessed on 22 November 2022). [CrossRef]
21. Bonialian, M. Las aguas olvidadas de la mar del sur. Comerciantes novohispanos y sus reexportaciones de mercaderías extranjeras hacia el Perú (1680–1740). *Hist. Mex.* **2012**, *61*, 995–1047. Available online: historiamexicana.colmex.mx/index.php/RHM/article/view/246 (accessed on 22 November 2022).
22. Bonialian, M. La "ropa de la China" desde Filipinas hasta Buenos Aires. Circulación, consumo y lucha corporativa, 1580–1620. *Rev. De Indias* **2016**, *76*, 641–672. [CrossRef]
23. López Pérez, M.P. Objeto de barniz de Pasto con referentes artísticos del Asia. In Proceedings of the Lecture in the National Museum of Colombia, Bogotá, Colombia, 19 May 2021.
24. Mínguez, V.; Rodríguez, I. Japan in the Spanish Empire. Circulation of Works of Art and Imaginings of Cipango in Metropolitan Spain and the American Viceroyalties. *Bull. Port. Jpn. Stud.* **2009**, *18*, 9–20. Available online: www.redalyc.org/pdf/361/36129851008.pdf (accessed on 22 November 2022).
25. Morga, A.; Hidalgo Nuchera, P. *Sucesos de las Islas Filipinas*; Polifemo: Madrid, Spain, 1997; ISBN 9788486547370.
26. Romero de Terreros, M. Relación del Japón (1609) por Rodrigo de Vivero y Velasco. Introducción y notas. *An. Del Mus. Nac. México* **1934**, *26*, 67–111.
27. Kawamura, Y. Manila, ciudad española y centro de fusión. Un estudio a través del inventario del gobernador de Filipinas Alonso Fajardo de Tenza (1624). *e-Spania* **2018**, *30*, 1–13. [CrossRef]
28. Kawamura, Y. Obras de laca Namban en España. Síntesis de la globalización bajo la monarquía hispánica. In *Arte y Globalización en el Mundo Hispánico de los Siglos XV al XVII*; Parada López de Corselas, M., María Palacios Méndez, L.M., Eds.; Universidad de Granada: Granada, Spain, 2020; pp. 531–550. ISBN 978-84-338-6664-6.
29. Rivero Lake, R. *El Arte Namban en el México Virreinal*; Turner: Mexico City, Mexico, 2005; ISBN 978-84-7506-693-6.
30. Kawamura, Y. Encuentro multicultural en el arte de barniz de Pasto o la laca del Virreinato del Perú. *Hist. Y Soc.* **2018**, *35*, 87–112. [CrossRef]

31. Kawamura, Y. El Barniz de Pasto y las lacas de Japón: Contexto histórico de sus encuentros. *An. Mus. Am.* **2020**, *28*, 99–108. Available online: www.culturaydeporte.gob.es/museodeamerica/dam/jcr:591b0990-1a28-45df-aea6-e9a4f5b7b21d/07-anales-del-museo-de-america-xxviii-2020-kawamura-99-108.pdf (accessed on 22 November 2022).
32. Ocaña Ruiz, S.; Arimura, R. Japanese objects in New Spain: Nanban art and beyond. *Colon. Lat. Am. Rev.* **2022**, *31*, 327–353. [CrossRef]
33. Sebastián López, S. *Emblemática e Historia del Arte*; Cátedra: Madrid, Spain, 1995; ISBN 843761355-8.
34. Bernat, A.; Cull, J.T. *Enciclopedia Akal de Emblemas Españoles Ilustrados*; Ediciones Akal: Madrid, Spain, 1999; ISBN 978-8446010753.
35. Horozco y Covarrubias, J. *Emblemas Morales*; Juan de Bonilla: Zaragoza, Spain, 1604.
36. Esteban Llorente, J.F. Influjo de emblema en el arte aragonés. In *Emblemata Aurea: La Emblemática en el Arte y la Literatura del Siglo de Oro*; Zafra, R., Azanza, J.J., Eds.; Akal: Madrid, Spain, 2000; pp. 143–162. ISBN 978-84-460-1490-4.
37. Gisbert de Mesa, T. Chest. In *The Arts in Latin America. 1492–1820*; Philadelphia Museum of Art: Philadelphia, PA, USA, 2006; p. 129. ISBN 978-0-300-12003-5.
38. Okada, H. 'Golden Compas' on the Shores of Lake Titicaca: The Appropiation of European Visula Culture and the Patronage of Art by an Indigenous Cacique in the Colonial Andes. *Mem. Grad. Sch. Lett. Osaka Univ.* **2011**, *51*, 87–111. Available online: www.academia.edu/29167585/_Golden_Compasses_on_the_Shores_of_Lake_Titicaca_The_Appropriation_of_European_Visual_Culture_and_the_Patronage_of_Art_by_an_Indigenous_Cacique_in_the_Colonial_Andes (accessed on 22 November 2022).

heritage

MDPI

Article

Arte del barniz de Pasto y las apropiaciones de otras culturas

Yayoi Kawamura

Universidad de Oviedo, Departamento de Historia del Arte y Musicología, Campus de Humanidades, c/ Amparo Pedregal s/n, 33011, Oviedo, Asturias, España. kawamura@uniovi.es

Resumen: El estudio se basa en el análisis de las técnicas y de los motivos decorativos de varias obras de barniz de Pasto para señalar sus características y establecer comparaciones con los fenómenos artísticos de Asia y de Europa. Por un lado, observamos el posible vínculo con las obras de laca japonesa de exportación de los siglos XVII y XVIII, de estilo Namban y de estilo Pictórico. Esta búsqueda de las similitudes está justificada por las pruebas documentales y materiales de las obras japonesas de estos dos estilos transportadas de Japón al mundo virreinal americano a través del galeón de Manila y la vía comercial entre Acapulco y Callao. Por otro lado, analizamos las huellas de la cultura española en el barniz de Pasto, señalando en una arqueta la incorporación de las imágenes impresas que circulaban en el virreinato del Perú. Esta apropiación también observada en la pintura mural de una iglesia de los Andes centrales y la presencia de la imagen de Amaru, deidad quechua, en la misma arqueta nos conducen a hablar de los Andes centrales como uno de los posibles lugares del asentamiento de la práctica del barniz de Pasto. Todo ello señala la gran capacidad de apropiar las culturas ajenas y fusionarlas con la suya propia del centro y sur América durante el periodo virreinal manifestada en el arte del barniz de Pasto.

Palabras claves: barniz de Pasto; virreinato del Perú; laca; laca japonesa de exportación; emblemas; Amaru; apropiación

Citation: Kawamura, Y. The Art of *Barniz de Pasto* and Its Appropriation of Other Cultures. *Heritage* **2023**, *6*, 174. https://doi.org/10.3390/heritage6030174

Academic Editor: Lucia Burgio, Dana Melchar and Monica Katz

Received: 24 December 2022
Revised: 12 March 2023
Accepted: 17 March 2023
Published: 22 March 2023

1. Introducción

El barniz de Pasto ha sido un arte escasamente conocido y estudiado hasta hace dos décadas incluso entre los especialistas del arte hispanoamericano. Esta realidad está siendo corregida gradualmente. En el caso de España, el Museo de América de Madrid viene incrementando sus piezas de la colección e incluso ha organizado seminarios específicos para aumentar nuestro conocimiento con la presencia de los especialistas de distintos países[0]. También hubo exposiciones que han contribuido al mejor conocimiento de este arte [1, 2]. Por otro lado, el cada vez mayor interés que existe en Estados Unidos de América sobre el arte hispanoamericano viene promoviendo el estudio sobre el barniz de Pasto, y son de especial mención las exposiciones celebradas en Philadelphia Museum of Art, Brooklyn Museum y Museum of Fine Arts, Boston [3-5]. Asimismo, los estudios sobre las obras de Hispanic Society of América son de gran interés [6, 7]. Por otro lado, los estudios materiales y botánicos en Estados Unidos de América y Colombia han aportado nuevos conocimientos sobre este arte [8-16].

En la actualidad, es comúnmente aceptado que la producción del barniz de Pasto se daba en distintas zonas en el virreinato del Perú, y no es exclusivo de la zona de Pasto, situada en el suroeste de Colombia, donde en la actualidad sigue practicándose este arte, y que en el proceso evolutivo de este arte confluyeron varios factores de procedencias diversas, no solo europea sino también asiática, corrigiendo de esta manera la tradicional visión eurocentrista a la hora de analizar el arte hispanoamericano.

Recientemente existen varios estudios que prueban la llegada de mercancías asiáticas al virreinato del Perú desde finales del siglo XVI, en su inicio directamente desde Manila, y más tarde desde Acapulco. De esta manera, se trazó una importante ruta de extensión del galeón de Manila, que unía Acapulco y el puerto de Callao, activada y mantenida por los comerciantes mexicanos y sobre todo por los peruleros, respaldados por la abundancia de plata que se producía en el territorio virreinal peruano. El comercio de mercancías transpacífico funcionaba con total autonomía, fuera de las normativas dictadas por el Real y Supremo Consejo de Indias del gobierno español [17-19]. Así se transportaban las mercancías de lujo y sobre todo el textil de procedencia asiática al virreinato del Perú y se producía la sangría de la plata peruana en Asia sin llegar a España [20-22].

Estos estudios de índole histórico y económico nos ayudan a comprender que las huellas del arte de Asia –de laca, de porcelana y de textil especialmente— no hay que buscarlas solo en el virreinato de Nueva España sino también en el del Perú. Y teniendo el foco en el arte de la laca, las huellas de la laca japonesa de exportación, del estilo Namban (fig. 1) y del Pictórico (fig. 2), ya señaladas en el arte de la laca mexicana o maque, y en el arte del enconchado – tanto de la pintura como del mueble - debemos de ampliarlas ahora al barniz de Pasto. Además, a pesar de ser llamado tradicionalmente "barniz", este arte se puede considerar una variante del arte de la laca. Por otro lado, la gran cantidad de los textiles chinos y también indios pudo ejercer influencias en la difusión de los elementos o motivos decorativos de raíz asiática en la decoración del barniz de Pasto [23].

Figura 1: Arqueta de laca de estilo Namban, parroquia de Cortes, Navarra, España. Japón, 1580-1630. Fotografía de R. Suárez Pascual.

Figura 2. Escritorio de laca de estilo Pictórico, monasterio de Santa Paula, Sevilla, España. Japón 1640-1700. Fotografía de la autora.

Asimismo, no debemos de olvidarnos en el estudio del barniz de Pasto de las huellas del mundo europeo, puesto que la cultura dominante que estaba extendiéndose en el virreinato peruano fue la española. Buscar los indicios concretos de los influjos de esta cultura también ayudan a entender mejor el arte del barniz de Pasto.

Para abordar el presente estudio, aplicamos el método comparativo, es decir, realizar el análisis de los aspectos técnicos e iconográficos de varias obras del barniz de Pasto – incluyendo obras no estudiadas hasta ahora— y buscar las similitudes con otras artes para señalar posibles influjos y apropiaciones.

2. Laca de Asia como fuentes de inspiración para el barniz de Pasto

En las fechas avanzadas del siglo XVI, en la fase de consolidación del virreinato del Perú, el barniz de Pasto experimentó un cambio sustancial [15]. Dejó de ser un material de relleno en los surcos grabados de distintos objetos, comenzó a ser aplicado en forma de finas membranas, que cubrían enteramente la superficie de madera y, de este modo, los objetos se hacían más resistentes y ganaban un brillo especial, el cual dio origen al término "barniz". Asimismo, la superposición de esas delgadas láminas de diferentes colores recortadas en diversas formas fue inventada para decorar las obras. Esta nueva manera de trabajar con la resina de mopa-mopa, es decir en forma de membranas [15] (pp. 55-57), se ha considerado como consecuencia de la hibridación de dos culturas, la autóctona y la española, y especialmente se ha apuntado la influencia de la pintura de la imaginería española –escultura de madera policromada—. También idearon insertar una fina hoja de plata entre las láminas, y así surgió el barniz de Pasto brillante, técnica que también es considerada paralela al dorado y el estofado de la imaginería española [13, 15].

Para entender mejor el singular avance técnico y artístico del barniz de Pasto desde las últimas décadas del siglo XVI, cabría otro planteamiento: la capacidad de absorber distintas influencias foráneas, incluso transpacíficas, a la hora de innovar el arte en tierras americanas. En ese sentido, aparte del peso que pudo ejercer distintas técnicas de decorar la imaginería española, es muy probable que la llegada de los objetos lacados del otro lado del Pacífico desde el último cuarto del siglo XVI sea un asunto a tener en cuenta [1] (pp. 22-59 [24]. Se constatan documental y materialmente los envíos desde Manila a Acapulco de la laca de procedencia asiática, especialmente la japonesa por haber creado los artífices japoneses un género específico para la exportación al mundo europeo llamado el estilo Namban (h. 1580–h. 1630) y el Pictórico (h. 1640–h. 1700). Desde finales del siglo XVI, las piezas de laca japonesa fueron muy apreciadas por los españoles asentados en Filipinas. Antonio de Morga (Sevilla, 1559–Quito, 1636), oidor y teniente gobernador y capitán general de Filipinas entre 1595 y 1603, autor de *Sucesos de las Islas Filipinas,* hace mención a las mercancías que llegaban del puerto de Nagasaki, entre las cuales encontramos objetos lacados [25] (pp. 313–314). El gobernador Rodrigo de Vivero (México, 1564–Orizaba, 1636) hace referencia en su *Relación de Japón* a las mercancías japonesas de lujo enviadas a Nueva España, en las que figuran escritorios lacados [26] (p. 99). El oidor de la Audiencia de Manila Juan Manuel de la Vega envió en 1612 un escritorio de laca japonesa a Juan Ruiz de Contreras, secretario del Real y Supremo Consejo de Indias de Madrid [1] (pp. 38–39). El gobernador de Filipinas Alonso Fajardo poseía en 1624 diecinueve piezas de laca japonesa [27]. Estos textos son pruebas del aprecio hacia la laca japonesa y su llegada a través del galeón de Manila a Acapulco, desde donde se distribuyeron a tierras americanas y a España [1] (pp. 53–59) [28].

Aún no existe un exhaustivo estudio de los inventarios de bienes del virreinato peruano que demuestren la presencia de las obras de laca japonesa, pero el marco hecho con fragmentos de laca de estilo Namban de una colección particular de Lima [29] (p. 315) y la arqueta de laca Namban de Brooklyn Museum adquirida en Perú en 1941 por Herbert J. Spinden [4] (p. 21) constituyen prueba de la llegada de la laca japonesa al virreinato peruano.

Sobre la cuestión de la similitud entre el barniz de Pasto y la laca japonesa y la de Ryukyu –actual isla de Okinawa, Japón— existen varios estudios. Codding señala la gran similitud de los motivos de los monos entra las ramas de la flor de la pasión del escritorio de Hispanic Society of America con los motivos de las ardillas en las vides de las cajas lacadas de Okinawa [7] (p. 81), y Kawamura establece varios aspectos paralelos entre el barniz de Pasto y la laca japonesa [30, 31].

En cuanto a los objetos elaborados, abundan las arquetas, escritorios (fig. 3) y atriles plegables (fig. 4), que son tipos de objetos también muy comunes en la laca japonesa de estilo Namban. En el caso del atril plegable, es un modelo inexistente en Europa y se cultivó en Japón –quizás inspirado en el atril del mundo islámico— por ser una forma que ocupaba poco espacio en los barcos. Por lo tanto, la existencia del atril plegable en el barniz de Pasto se debe con casi toda seguridad al atril de laca Namban (fig. 5), cuya producción fue importante en su número. Por otro lado, como piezas poco frecuentes se pueden señalar copas en forma de piña (fig. 6) y bacías (fig. 7), cuyas formas claramente proceden del arte de la platería de origen europeo.

Figura 3. Escritorio de barniz de Pasto, colección Rodrigo Rivero Lake Int. Virreinato del Perú, siglos XVII-XVIII. Fotografía de la autora.

Figura 4. Atril plegable de barniz de Pasto, colección Rodrigo Rivero Lake Int. Virreinato del Perú, siglos XVII-XVIII. Fotografía de la autora.

Figura 5. Atril plegable de laca de estilo Namban, convento de San Esteban, Salamanca, España. Japón, 1580-1630. Fotografía de Rafael Suárez Pascual.

Figura 6. Copas de barniz de Pasto, colección Rodrigo Rivero Lake Int. Virreinato del Perú, siglos XVII-XVIII. Fotografía de la autora.

Figura 7. Bacía de barniz de Pasto, colección Rodrigo Rivero Lake Int. Virreinato del Perú, siglos XVII-XVIII. Fotografía de la autora.

La similitud de los motivos decorativos entre el barniz de Pasto y la laca japonesa es muy evidente. La laca Namban está decorada con plantas y árboles acompañados de aves y a veces leones, y en el barniz de Pasto la presencia de plantas y aves son constantes. La manera de aplicar estos elementos decorativos es también común entre las dos artes. Se llena la superficie con gran carga decorativa a modo de *horror vacui*[2]. También el brillo del barniz de Pasto con hoja de plata recuerda el brillo del polvo de oro –técnica de *makie* plano o *hira makie*— (fig. 8) y el del nácar incrustado –técnica llamada *raden*— (fig. 9) de la laca Namban.

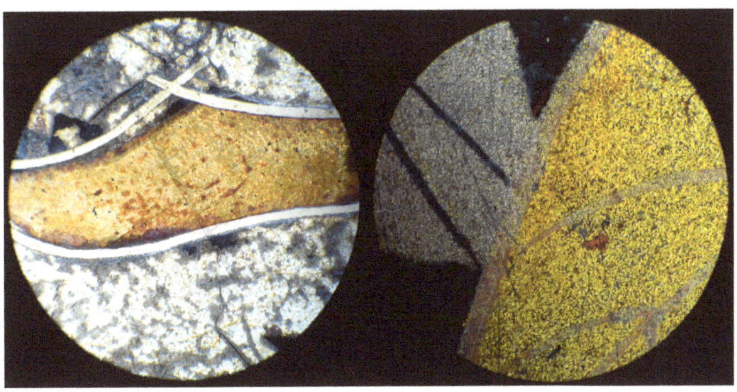

Figura 8. Detalle de hoja de planta de una arqueta de barniz de Pasto, colección particular (izquierda); y detalle del polvo de oro y de plata de un escritorio de laca de estilo Namban, monasterio de la Encarnación, Madrid, España (derecha). Fotografía de la autora.

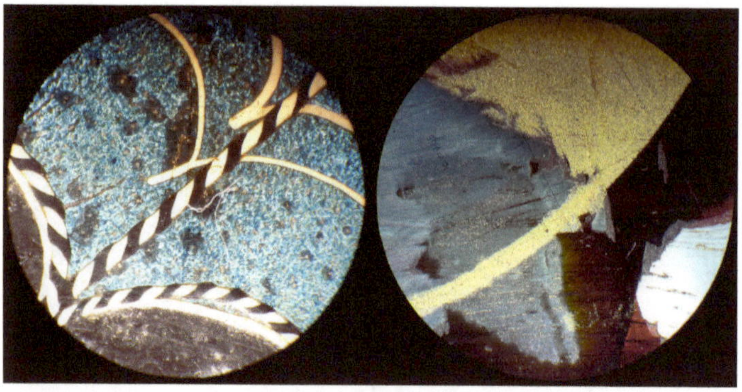

Figura 9. Detalle de la plata cubierta con una lámina azul de barniz de Pasto, colección particular (izquierda); y detalle del nácar en un escritorio de laca de estilo Namban, monasterio de las Descalzas Reales, Madrid, España (derecha). Fotografía de la autora.

Otra similitud con la laca japonesa es la aplicación de plata recortado en diminutos cuadros o rombos para expresar los detalles decorativos, como se aprecian en la arqueta de la parroquia de Mendigorría (fig. 10) o en uno escritorio del Museo de América de Madrid (nº 2015/08/01). El mismo recurso decorativo es usado en la laca japonesa a partir del siglo XIII, el llamado *kirikane,* y una técnica decorativa muy similar se aplica para el papel japonés desde el siglo XII. Este tipo de papel japonés era conocido en el mundo hispano y europeo. Por ejemplo, la carta de Date Masamune dirigida a la ciudad de Sevilla y la otra del mismo dirigida al papa Pablo V que el embajador Hasekura entregó en 1614 y 1615 respectivamente están escritas sobre unos papeles dorados decorados con pequeños cuadrados de pan de oro[3].

Figura 10. Detalle de una arqueta de barniz de Pasto, parroquia de Mendigorría, Navarra, España. Fotografía de la autora.

La presencia de bandas formando marcos es otra similitud que se observa en ambas artes, e incluso se detectan en el barniz de Pasto las variantes de los motivos geométricos repetitivos observados en la laca Namban. La banda de la arqueta de la catedral de Pamplona consta de unos rombos en cadena que recuerdan al patrón decorativo de la tradición japonesa llamado *shippô* (fig. 11), que se usa en la laca Namban. La banda a base de triángulos que recorren en el interior de la boca de la calabaza de Hispanic Society of America (nº LS2400) nos recuerda los motivos *kyoshimon*, dientes de sierra, usados también en la laca Namban.

Figura 11. Detalle de una arqueta de barniz de Pasto, catedral de Pamplona, Navarra, España (izquierda); y detalle de una arqueta de laca de estilo Namban, parroquia de Cortes, Navarra, España (derecha). Fotografía de la autora.

Otro aspecto que nos llama la atención es la abundante producción de los objetos de barniz de Pasto brillante con fondo negro, que recuerdan la combinación cromática de la laca japonesa. Incluso cuando se aplican motivos decorativos con relieve sobre fondo negro como el caso de una pareja de copas en forma de piña de colección particular (fig. 6), el aspecto asemeja mucho a la técnica de *makie* en relieve *(taka makie)* aplicada en la laca de exportación de estilo denominado Pictórico (figs. 2, 12).

Bien es cierto que, tras el cierre de las fronteras de Japón en 1639, los únicos europeos que podían mantener el comercio, muy controlado y limitado por el gobierno nipón, fueron los holandeses, y por este motivo, tradicionalmente se ha planteado que el estilo Namban fue sustituido por el estilo Pictórico adaptándose al gusto de los holandeses y que ellos fueron los únicos que transportaban las lacas del estilo Pictórico a Europa. Sin embargo, consta la presencia de dos escritorios de estilo Pictórico en el Museo Alfañique de Puebla en México (fig. 12) –procedentes de la colección de José Luis Bello y González (1822-1907), sobre las cuales aún no hay definitiva averiguación de que estuvieran siempre en México, pero esta posibilidad es muy alta [32]— y otras en el monasterio del Espíritu Santo y en el convento de Santa Paula (fig. 2), ambos en Sevilla, el único puerto para la llegada de los barcos procedentes de Nueva España. Por otro lado, tenemos un documento histórico datado en 1719 que habla del envío de unos regalos protocolarios por parte del rey de Siam al rey de España a través del gobernador de Filipinas, en los que figuran dos escritorios de laca japonesa de estilo Pictórico, junto con piezas de porcelana japonesa[4]. El texto habla de "un escritorio grande, de maque muy fino de Japón". El dibujo que acompaña al documento (fig. 13) fue elaborado para explicar el montaje de una mesa suplementaria, y por esta razón no dibujaron los detalles decorativos del escritorio lacado, pero por su forma de dos puertas con asas laterales, vistosa placa de bocallave y grandes bisagras, el mueble corresponde indudablemente a un escritorio japonés de estilo Pictórico. Todo nos indica que aún después de 1639, las mercancías de lujo de Japón encabezadas por la laca de exportación fueron llegando al mundo hispánico a través de los barcos chinos que sí podían atracar en el puerto de Nagasaki, y que se encargaban de distribuirlas a distintos destinos, a Siam o Manila entre otros. Asimismo, Japón mantenía contactos con

Corea a través del señorío de Tsushima, y el reino de Ryukyu, a pesar de estar sometido por el gobierno nipón, actuaba con cierta libertad en el Mar del Sur de China. Es decir, hubo más rutas que la holandesa para que la laca japonesa se comercializase a nivel internacional. Por lo tanto, no es nada extraño que los barnizadores del virreinato del Perú tuvieran la ocasión de contemplar los objetos de laca japonesa y de Ryukyu durante el siglo XVII e incluso XVIII.

Figura 12. Escritorio de laca de estilo Pictórico, Museo de Alfañique, Puebla, México. Japón 1640-1700. Fotografía de la autora.

Figura 13. Dibujo de un escritorio de laca de estilo Pictórico, realizado en Manila, h. 1720. Archivo General de Indias, Sevilla, España.

3. Imágenes impresas de procedencia europea aplicadas en el barniz de Pasto

Una cuestión que viene debatiéndose entre los investigadores es el lugar o lugares de producción del barniz de Pasto. Aunque en la actualidad la práctica se limita al suroeste de Colombia, entorno a Pasto, López señala que hubo una importante actividad en Quito, probablemente vinculada con los talleres promovidos por los franciscanos y, asimismo, no se descarta la práctica de este arte en la zona central andina [15].

Partiendo de un análisis iconográfico de una arqueta de barniz de Pasto de colección particular (fig. 14), queremos ahondar en esta cuestión. Aunque la obra fue estudiada anteriormente [30], en esta ocasión, se intentará buscar nuevos indicios para atribuir su posible producción en los Andes Centrales. La arqueta está elaborada con el barniz de Pasto brillante, sin relieve. Aparte de aplicarse una rica gama cromática sobre fondo negro, la presencia de hoja de plata entre las láminas traslúcidas de distintos colores crea un intenso brillo sumamente atractivo. La arqueta está decorada tupidamente con variados motivos de flora y fauna del mundo tropical, y de algunas figuras humanas y animales fantásticos.

Figura 14. Arqueta de barniz de Pasto, colección particular. Virreinato del Perú, siglos XVII-XVIII. Fotografía de Marcos Morilla.

En el frente se encuentran dos figuras humanas de cuerpos muy esquemáticos sujetando con sus manos un objeto en forma de corazón o escudo. Debajo de ellas se encuentra una inscripción o un lema "O ME LO LLEVO / NO SINO IO". Según los estudios de los emblemas, muy difundidos en la España de los siglos XVI y XVII [33], un corazón entre dos hombres representa la confianza o concordia, como figuran entre los emblemas creados por Sebastián de Covarrubias Horozco (1610) y Francisco de Zárraga (1684) [34] (pp. 233-234). En este caso, es probable que simbolice una concordia entre dos partes y el texto puede ser interpretado como la expresión de confianza.

En el centro del lado trasero figura un ave fénix con las alas rojas y doradas desplegadas y con una corona. Se levanta sobre una parrilla con fuego y se dirige hacia el cielo (fig. 15). Se trata de la iconografía habitual de esta ave mitológica, símbolo del resurgir y de la vida eterna en el cristianismo. Encima del ave se lee el texto: "EX ME IPSO RENASCOR", que significa "de mí mismo renazco". La frase puesta en boca del ave inmortal y su propia imagen constituyen uno de los emblemas ampliamente difundidos y además, como indica Esteban [35] era el logotipo del editor zaragozano Juan de Bonilla, como podemos ver en la portada del libro *Emblemas morales* de Juan de Horozco y Covarrubias (1604) [36] (fig. 15).

Figura 15. Detalle de la arqueta anterior. Fotografía de Marcos Morilla (izquierda). La portada del libro *Emblemas morales* de Juan de Horozco y Covarrubias (1604) (derecha).

En el centro de la tapa figura un círculo, en el que se representa el mundo acuático. Entre las olas nadan ocho peces y un animal fantástico, con el cuerpo escamado y la cola bífida (fig. 16). Puede corresponder a la serpiente Amaru, deidad quechua del agua. Mientras tanto, en cada uno de los lados laterales del arca, se aprecia un cuerpo alargado y serpenteante blanco unido con una calavera, símbolo de la muerte. El cuerpo ondulante sirve de filacteria, y encima se leen en latín "Mortales, estad preparados"[5] y "para el que piensa, pierde valor"[6]. Sin duda, son frases de enseñanza cristiana. Las filacterias con extremos bifurcados como estas son muy frecuentes en el antedicho libro *Emblemas morales* de Juan de Horozco y Covarrubias (1604). Y en la parte superior de ambos lados, que corresponden a los laterales de la tapa, figura una serpiente alada con la cabeza y patas delanteras de una bestia, que saca su lengua roja fuera. Este animal también se identifica como la serpiente Amaru (fig. 16), un ser con cuerpo de serpiente, escamado, alado y con la cabeza de llama (*Lama glama*, animal autóctono de los Andes). Como se ha comentado antes, se trata de una deidad del agua, y también de la fertilidad y de la sabiduría en la cultura quechua que se extiende en los Andes centrales. Parece evidente que el artista utilizó, por un lado, distintas imágenes de los emblemas españoles extraídos de algún libro que circulaba y, por otro lado, los combinó con la figura de Amaru de su cultura autóctona.

Figura 16. Detalles de la tapa de la arqueta anterior (izquierda) y de un lateral (derecha). Fotografía de Marcos Morilla.

Partiendo de la iconografía aquí analizada, intentamos plantear el posible lugar de elaboración. Están consideradas dos grandes zonas como centros de producción del barniz de Pasto en el periodo virreinal: el área de Pasto-Quito, en la que se practicaban principalmente objetos de formas europeas con *Elaegia pastoensis* y el área andina de Bolivia y Perú, donde se cree que continuaba la elaboración de los vasos *quero* decorados con *Elaegia utilis* [6] (p. 107) [11, 16]. La forma de arqueta está vinculada con la primera zona, y además, la presente obra es de barniz de Pasto brillante, técnica hasta ahora conocida entre las obras elaboradas en los talleres de la zona de Pasto-Quito. Sin embargo, la presencia de Amaru, deidad de los Andes centrales hace vincular la obra a la segunda zona. A su vez, el uso de fondo negro y abigarrada composición con los elementos vegetales, aves, animales y seres humanos nos recuerda la arqueta pintada del Museo Casa de Murillo de La Paz, elaborada en Charazani (Bolivia) de la zona quechua [37], en el que figura la misma serpiente Amaru. Estos aspectos hacen muy interesante la obra. Aunque apenas conocemos actividades de los barnizadores en los Andes centrales en el periodo virreinal, esta obra podría haber sido elaborada en esa zona.

Otro aspecto que puede corroborar esta hipótesis es la aparición en el lado trasera del ave fénix entre las llamas y el lema "EX ME IPSO RENASCOR", que corresponden exactamente al logotipo del editor Juan Bonilla (fig. 15). Un fenómeno muy semejante, es decir, la apropiación del logotipo que figura en una página muy visible de un libro europeo en una pintura hispanoamericana se observa en la zona andina central. Se trata de la pintura mural del coro de la iglesia de Carabuco (Bolivia), situado al lado del lago Titicaca [38], zona culturalmente quechua. En el centro del coro, localizado en la parte alta de la entrada del templo, figura un compás dorado en gran tamaño y una frase "Labore et Constantia", que corresponden al logotipo del conocido impresor de Amberes Plantin-Motetus, cuyas publicaciones religiosas como el Misal publicado en 1737 se difundían en el mundo virreinal americano. La pintura se cree que fue promovida por el cacique Agustín después del colapso de esta parte de la iglesia en 1763. Estamos observando la misma manera de actuar que la observada en la arqueta analizada. Una imagen bien conocida que figura en una página visible de un libro europeo es apropiada. El compás dorado de la iglesia de Carabuco puede estar indicando el modo de actuar arraigado en la zona quechua. Teniendo en cuenta la presencia de la deidad quechua Amaru en la misma arqueta, la propuesta de que la arqueta fuera elaborada en la zona de los Andes centrales es sostenible.

4. Conclusiones

En el intento de aclarar distintos aspectos del arte del barniz de Pasto, se han señalado recientemente, aparte de las influencias europeas, las asiáticas: de la laca japonesa y de Ryukyu, y también de los textiles asiáticos que llegaron a través del galeón de Manila al puerto de Acapulco, que posteriormente los comerciantes peruleros se encargaban de trasportar al virreinato del Perú. La probabilidad de que los artífices del barniz de Pasto pudieron tomar contacto con la laca japonesa de exportación es considerable, teniendo en cuenta los tráficos comerciales existentes, y también analizando materialmente las similitudes de ambas artes. Asimismo, se propone la posibilidad de que los talleres donde se elaboraban las piezas de barniz de Pasto se localizaban, aparte de en la zona de Pasto-Quito, en los Andes centrales, territorio quechua, basándonos en la iconografía de Amaru y la apropiación de un logotipo del impresor español en una arqueta. De esta manera, podemos señalar las confluencias de distintas culturas, de Asia y de Europa, y la fusión y la apropiación de estas en la actividad artística del barniz de Pasto.

Subvención: Este estudio fue apoyado por la Agencia Estatal de Investigación del Gobierno de España, con referencia PGC2018-097694-B-I00.

Declaración de disponibilidad de datos: el autor confirma que los datos que respaldan los hallazgos de este estudio están disponibles en el artículo.

Agradecimientos: Agradezco sinceramente a Natasha Vargas (traductora), así como a Robert Esposito y Laura Ramirez Polo (revisores), de la Universidad de Rutgers, por la versión en inglés de este artículo.

Conflicto de intereses: La autora declara no tener conflicto de intereses.

notas

1. El seminario "Las lacas" organizado por la directora Concepción García Saiz el 27 de octubre de 2017 y la "Jornada del Barniz de Pasto" organizada por la conservadora del arte virreinal Ana Zabala el 27 de junio de 2019, en el Museo de América, Madrid, Spain.
2. "Horror vacui" o horror al vacio significa una decoración densamente cargada.
3. La primera carta está conservada en el Archivo Municipal de Sevilla (ICAS-SAHP, 3779) y la segunda, en la Biblioteca Apostólica Vaticana (Borghese 363b).
4. Archivo General de Indicas, Filipinas, 132, 22-24. Memoria del regalo que el rey de Siam hizo al rey nuestro señor por medio del embajador que despacho Fernando Manuel de Bustillo. Diseño para armar los dos escritorios con las dos mesas de maqué que se remiten.
5. "mor[....]s estote [.]arati"
6. "cogi [.a]ntivi lec si[t]"

Referencias

1. Kawamura, Y.; Ancho, A.; Balduz, B. *Laca Namban. Brillo de Japón en Navarra*; Gobierno de Navarra: Pamplona, Spain, 2016; ISBN 978-84-235-3408-1.
2. Fundación Caja de Burgos. *Visiones de América. Arte desde el Confín del Mundo*; Fundación Caja de Burgos: Burgo, Spain, 2018; ISBN 978-84-947699-1-7.
3. Rishel, J.J.; Stratton-Pruitt, S. (Eds.). *The Arts in Latin America. 1492–1820*; Philadelphia Museum of Art: Philadelphia, PA, USA, 2006; ISBN 978-0-300-12003-5.
4. Aste, R. (Ed.) *Behind Closed Doors. Art in the Spanish American Home, 1492–1898*; Brooklyn Museum: New York, NY, USA, 2013; ISBN 13: 978-0-872-73172-1.
5. Carr, D. (Ed.) *Made in the Americas. The New World Discovers Asia*; Museum of Fine Arts, Boston: Boston, MA, USA, 2015; ISBN 9-780878-468126.
6. Codding, M. The Decorative Arts in Latin America, 1492–1820. In *The Arts in Latin America. 1492–1820*; Philadelphia Museum of Art: Philadelphia, PA, USA, 2006; pp. 98–113, ISBN 978-0-300-12003-5.
7. Codding, M. The Lacquer Arts of Latin América. In *Made in the Americas. The New World Discovers Asia*; Museum of Fine Arts, Boston: Boston, MA, USA, 2015; pp. 74–89, ISBN 9-780878-468126.
8. Friedemann, N.S. El barniz de Pasto: Arte y rito milenario, *Lámpara* **1985**, *96*, 1.
9. Friedemann, N.S. El mopa-mopa o barniz de Pasto. Los marcos de la iglesia bogotana de Egipto. In *Lecciones Barrocas: Pinturas Sobre la Vida de la Virgen de la Ermita de Egipto*; Banco de la República, Museo de Arte Religioso: Bogotá, Colombia, 1990; pp. 40–53.
10. López Pérez, M.P. *En Torno al Estrado. Cajas de Uso Cotidiano en Santafé de Bogotá, Siglos XVI a XVIII*; Museo Nacional de Colombia: Bogotá, Colombia, 1996.
11. Newman, R.; Derrick, M. Painted Qero Cups from the Inka and Colonial Periods in Peru: An Analytical Study of Pigments and Media. In *Materials Issues in Art and Archaeology VI*; Materials Research Society: Warrendale, PA, USA, 2002; pp. 291–302, ISBN 978-1558999886.
12. Granda Paz, O. *Aproximaciones al Barniz de Pasto*; Editorial Travesías: Barranquilla, Colombia, 2007.
13. López Pérez, M.P. El Barniz de Pasto. Encuentro entre tradiciones locales y foráneas que han dado la identidad a la región andina del sur de Colombia. In *Patrimonio Cultural e Identidad*; Cabello Carro, P., Ed.; Ministerio de Cultura: Madrid, Spain, 2007; pp. 225–234.
14. Gómezjurado Garzón, A.J. Mopa-mopa o barniz de Pasto, comercialización indígena en el periodo colonial. *Estud. Latinoam. México* **2008**, *22–23*, 82–93. Available online: revistas.udenar.edu.co/index.php/rceilat/article/view/1349 (accessed on 22 November 2022).
15. López Pérez, M.P. Quito, entre lo prehispánico y lo colonial. El Barniz de Pasto. In *Arte Quiteño. Más Allá de Quito*; Ortiz Crespo, A., Pacheco Bustillos, A., Eds.; FONSAL: Quito, Ecuador, 2010; pp. 45–63, ISBN 9978-366-38.
16. Newman, R.; Kaplan, E.; Derrin, R. Mopa Mopa: Scientific Analysis and History of an Unusual South American Resin Used by the Inka and Artisans in Pasto, Colombia. *J. Am. Inst. Conserv.* **2015**, *54*, 123–148. https://doi.org/10.1179/1945233015Y.0000000005.
17. Yuste López, C. *El Comercio de la Nueva España con Filipinas, 1570–1785*; INAH: Mexico City, Mexico, 1984.
18. Sales Colín, O. *El Movimiento Portuario de Acapulco: El Protagonismo de Nueva España en la Relación con Filipinas, 1587–1648*; Plaza y Valdés: Mexico City, Mexico, 2000; ISBN 968-8568202.
19. Valle Pavón, G. En torno a los mercaderes de la ciudad de México y el comercio de Nueva España. Aportaciones a la historiografía de la monarquía hispana del período 1670–1740. In *Los Virreinatos de Nueva España y del Perú (1680–1740). Un Balance Historiográfico*; Lavallé, B., Ed.; Casa de Velázquez: Madrid, Spain, 2019; pp. 135–150, ISBN 9788490962077.

20. Suárez Espinosa, M. Sedas, rasos y damascos: Lima y el cierre del comercio triangular con México y Manila en la primera mitad del siglo XVII. *Am. Lat. Hist. Econ. Bol. Fuentes* **2015**, *22*, 101–134. Available online: www.scielo.org.mx/pdf/alhe/v22n2/v22n2a5.pdf (accessed on 22 November 2022).
21. Bonialian, M. Las aguas olvidadas de la mar del sur. Comerciantes novohispanos y sus reexportaciones de mercaderías extranjeras hacia el Perú (1680–1740). *Hist. Mex.* **2012**, *61*, 995–1047. Available online: historiamexicana.colmex.mx/index.php/RHM/article/view/246 (accessed on 22 November 2022).
22. Bonialian, M. La "ropa de la China" desde Filipinas hasta Buenos Aires. Circulación, consumo y lucha corporativa, 1580–1620. *Rev. De Indias* **2016**, *76*, 641–672. https://doi.org/10.3989/revindias.2016.020.
23. López Pérez, M.P. Objeto de barniz de Pasto con referentes artísticos del Asia. In proceedings of the Lecture in the National Museum of Colombia, Bogotá, Colombia, 19 May 2021.
24. Mínguez, V.; Rodríguez, I. Japan in the Spanish Empire. Circulation of Works of Art and Imaginings of Cipango in Metropolitan Spain and the American Viceroyalties. *Bull. Port. Jpn. Stud.* **2009**, *18*, 9–20. Available online: www.redalyc.org/pdf/361/36129851008.pdf (accessed on 22 November 2022).
25. Morga, A.; Hidalgo Nuchera, P. *Sucesos de las Islas Filipinas*; Polifemo: Madrid, Spain, 1997; ISBN 9788486547370.
26. Romero de Terreros, M. Relación del Japón (1609) por Rodrigo de Vivero y Velasco. Introducción y notas. *An. Del Mus. Nac. México* **1934**, *26*, 67–111.
27. Kawamura, Y. Manila, ciudad española y centro de fusión. Un estudio a través del inventario del gobernador de Filipinas Alonso Fajardo de Tenza (1624). *e-Spania* **2018**, *30*, 1–13. https://doi.org/10.4000/e-spania.27950.
28. Kawamura, Y. Obras de laca Namban en España. Síntesis de la globalización bajo la monarquía hispánica. In *Arte y Globalización en el Mundo Hispánico de los Siglos XV al XVII*; Parada López de Corselas, M., María Palacios Méndez, L.M., Eds.; Universidad de Granada: Granada, Spain, 2020; pp. 531–550, ISBN 978-84-338-6664-6.
29. Rivero Lake, R. *El Arte Namban en el México Virreinal*; Turner: Mexico City, Mexico, 2005; ISBN 978-84-7506-693-6.
30. Kawamura, Y. Encuentro multicultural en el arte de barniz de Pasto o la laca del Virreinato del Perú. *Hist. Y Soc.* **2018**, *35*, 87–112. https://doi.org/10.15446/hys.n35.69838.
31. Kawamura, Y. El Barniz de Pasto y las lacas de Japón: Contexto histórico de sus encuentros. *An. Mus. Am.* **2020**, *28*, 99–108. Available online: www.culturaydeporte.gob.es/museodeamerica/dam/jcr:591b0990-1a28-45df-aea6-e9a4f5b7b21d/07-anales-del-museo-de-america-xxviii-2020-kawamura-99-108.pdf (accessed on 22 November 2022).
32. Ocaña Ruiz, S.; Arimura, R. Japanese objects in New Spain: Nanban art and beyond. *Colon. Lat. Am. Rev.* **2022**, *31*, 327–353. https://doi.org/10.1080/10609164.2022.2104033.
33. Sebastián López, S. *Emblemática e Historia del Arte*; Cátedra: Madrid, Spain, 1995; ISBN 843761355-8.
34. Bernat, A.; Cull, J.T. *Enciclopedia Akal de Emblemas Españoles Ilustrados*; Ediciones Akal: Madrid, Spain, 1999; ISBN 978-8446010753.
35. Horozco y Covarrubias, J. *Emblemas Morales*; Juan de Bonilla: Zaragoza, Spain, 1604.
36. Esteban Llorente, J.F. Influjo de emblema en el arte aragonés. In *Emblemata Aurea: La Emblemática en el Arte y la Literatura del Siglo de Oro*; Zafra, R., Azanza, J.J., Eds.; Akal: Madrid, Spain, 2000; pp. 143–162, ISBN 978-84-460-1490-4.
37. Gisbert de Mesa, T. Chest. In *The Arts in Latin America. 1492–1820*; Philadelphia Museum of Art: Philadelphia, PA, USA, 2006; p. 129, ISBN 978-0-300-12003-5.
38. Okada, H. 'Golden Compas' on the Shores of Lake Titicaca: The Appropiation of European Visula Culture and the Patronage of Art by an Indigenous Cacique in the Colonial Andes. *Mem. Grad. Sch. Lett. Osaka Univ.* **2011**, *51*, 87–111. Available online: www.academia.edu/29167585/_Golden_Compasses_on_the_Shores_of_Lake_Titicaca_The_Appropriation_of_European_Visual_Culture_and_the_Patronage_of_Art_by_an_Indigenous_Cacique_in_the_Colonial_Andes (accessed on 22 November 2022).

heritage

MDPI

Article

Mopa Mopa and *Barniz de Pasto* at the Victoria and Albert Museum: Recent Developments †

Lucia Burgio *, Nick Humphrey, Dana Melchar ‡, Lucia Noor Melita § and Valentina Risdonne

Victoria and Albert Museum, Cromwell Road, South Kensington, London SW7 2RL, UK; nickhu@vam.ac.uk (N.H.); dana.melchar@rijksmuseum.nl (D.M.); lucia.melita@bl.uk (L.N.M.); v.risdonne@vam.ac.uk (V.R.)

* Correspondence: l.burgio@vam.ac.uk

† The Spanish version of this work is available as Supplementary Material S1.

‡ Current address: Rijksmuseum, Museumstraat 1, 1071 XX Amsterdam, The Netherlands.

§ Current address: The British Library, 96 Euston Road, London NW1 2DB, UK.

Abstract: This paper summarises the research carried out so far on *barniz de Pasto* objects from the Victoria and Albert Museum (V&A) and outlines future areas of development for our collection of Indigenous lacquer from Latin America. The V&A was the first UK public institution to identify objects decorated with *barniz* de Pasto within its collection. Two of these were acquired in 2015 and 2018; others had entered the collection between 1855 and 1902 but were recognised as *barniz de Pasto* only after 2018. The acquisition in 2015 of a cabinet marked the start of a research campaign to understand the materiality and context of all the museum's *barniz de Pasto* objects. The analytical techniques used included X-radiography, polarised light microscopy and digital microscopy, Raman microscopy, X-ray fluorescence (point and scanning), chromatography (py-GC–MS and LC–DAD–MS), Fourier transform infrared spectroscopy, X-ray diffraction, and X-ray micro-computed tomography. Unexpected discoveries were made along the way, including the characterisation and documentation of mercury white (mercury(I) chloride, or calomel) used as a white pigment, a world first. Gel-based cleaning methods were used to remove a non-original, discoloured, natural varnish covering nearly the entire surface of one of the objects, and the recent overpaint on its lid, revealing original surfaces which had been repaired and drastically repainted in the second half of the twentieth century.

Keywords: *mopa mopa; barniz de Pasto; barniz brillante;* mercury white; calomel; gourd; lacquer; Indigenous American lacquer; gel cleaning; silver

Citation: Burgio, L.; Humphrey, N.; Melchar, D.; Melita, L.N.; Risdonne, V. *Mopa Mopa* and *Barniz de Pasto* at the Victoria and Albert Museum: Recent Developments. *Heritage* **2024**, 7, 4592–4648. https://doi.org/10.3390/heritage7090216

Academic Editor: Rodica Mariana Ion

Received: 31 May 2024
Revised: 29 June 2024
Accepted: 20 July 2024
Published: 23 August 2024

1. Introduction

1.1. Historical Background

Barniz de Pasto (literally, 'varnish from Pasto') is the term widely used for the surface decoration of wooden artefacts of the colonial period and later, using resin derived from a tree (*Elaeagia pastoensis* L.E. Mora). The tree grows in the high, tropical and relatively inaccessible areas of what is now southwest Colombia, where the resin has been, and continues to be known as *mopa mopa*. A growing array of archaeological evidence demonstrates that, long before 1492, the resin was used by Indigenous groups for various types of ceremonial artefacts including beads, nose rings and wood cups (*qero*, spelled *quero* in Spanish) [1–3] and [4] (pp. 3–37). However, within decades of the arrival of the Spanish, precipitating both conflict and collaboration, the resin was being used, variously coloured and in very thin sheet form, to decorate European product types, made of wood or using gourds, often with carefully wrought metal fittings. While small caskets were produced (or at least have survived) in significant numbers, a wide variety of other wooden items, dateable to the colonial period, have been published in recent years, including writing boxes, dishes, trays and bowls, book stands, bottles, and picture frames [1,4–7].

Barniz de Pasto or *mopa mopa* work continued to be produced in the Pasto region during the republican period and indeed continues to thrive. Although production came to be centred in San Juan de Pasto—in 1801 Alexander von Humboldt (1769–1859) noted that 80 *barnizadores* (craftspeople specialising in the production of *barniz de Pasto* objects) worked there [8]—over this extended timespan, several centres were involved. Therefore, it is not surprising that various styles of decoration can be traced, even if mapping and dating these are at a relatively early stage. They tend to share hybrid characteristics, mixing European, local and Indigenous motifs along with others derived from Asian luxury goods, particularly textiles and lacquer that were intended for European markets, and shipped through South America via Manila [9,10]. Jorge F. Rivas has described early *barniz de Pasto* artefacts which reflect the mixing of pre-Colombian American, Asian and European cultures, as "some of the first works of a globalized world" [11] (p. 479). However, there remain many complex questions around 'the extent to which they reflect colonial strategies of exploitation, cultural collision or miscegenation, or local, creative responses to the new political, religious and economic order developed under Spanish rule' [12]. European accounts of *barniz de Pasto* from as early as 1652 evince keen interest in how the resin was obtained and processed, how the decoration was applied, and in the works themselves [13]. These were admired—and sent to Europe—as rarities, notable for their unusual and intricate beauty and their bright colours. Their lustre and durability also led to comparisons with prestigious Asian lacquer goods. In the eighteenth century, as scientific enquiry was applied to the thriving production of *barniz*, interest in what colourants were used was also addressed by Mario Cicala (1741–1743) and von Humboldt (1801) while visiting Pasto [13].

Establishing the core techniques of *barniz de Pasto* relies on both historic accounts and craft traditions as they are still practised. Lumps of resin are softened in boiling water to make it more elastic and workable by hand, and to facilitate the removal of plant matter such as twigs. During the colonial period, the working of the resin, and the addition of colourants, involved chewing, the purpose and cultural meanings of which action deserve further study [13]. Once sufficiently malleable for use, whether coloured or left in its natural, greenish state, the *mopa mopa* can be stretched into extremely thin sheets without tearing, typically accomplished by two *barnizadores* using their hands and teeth. Polychrome designs of almost incredible delicacy and fine detail are created by applying film in different colours, still warm and usually in layers. The film is cut to shape with a blade and pressed onto the surface of wood or gourd (sometimes a small piece may be applied and cut in situ). Other effects involve twisting *mopa mopa* threads in two colours, or by cross-hatching the film to create shading. No adhesive is used as the resin sheet bonds to the surface (or to itself) as it cools, producing a surface that is not only colourful and detailed but also, like Asian lacquer, durable when being handled, waterproof and impervious to most organic solvents. A variant to this opaque (*opaco*) method of using the resin, but not necessarily later in development, is now generally known as *barniz brillante* ('bright' or 'shiny' *barniz*), described in detail by Álvarez-White et al. [6].[1] It usually involves the use of metal leaf (generally silver) between translucent layers of *mopa mopa*, producing glittering metallic effects not unlike certain types of Japanese lacquer [9,10].

1.2. Mopa Mopa at the V&A

In 2015 a V&A multidisciplinary team formed by curators, conservators and scientists set out to investigate a newly acquired object, a small cabinet (V&A: W.5-2015, see Figure 1a), at that time the first example of *barniz de Pasto* to have been identified in a UK museum [14].[2]

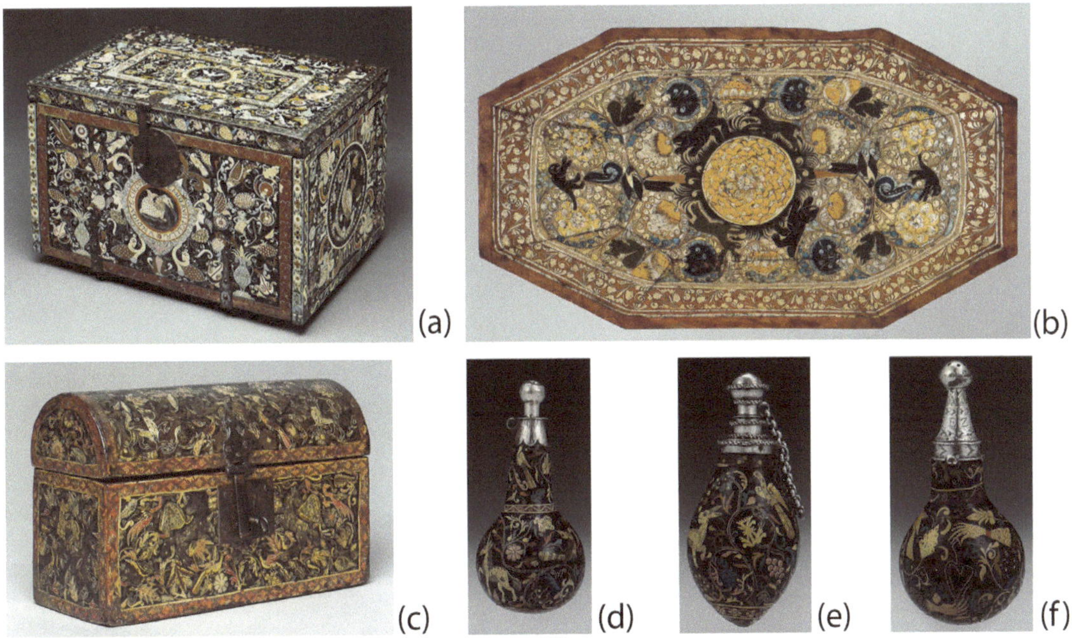

Figure 1. (**a**) Cabinet W.5-2015; (**b**) tray 1262–1855; (**c**) casket W.7-2018; (**d**) gourd 28–1866; (**e**) gourd 268–1879; (**f**) gourd 1577–1902. Objects not shown to scale.

The cabinet is decorated, inside and out, with a closely worked design of plants and various creatures which surround a series of Latin emblems. While it was greatly admired by its most recent former owner, little was known about it beyond the likelihood that it was purchased in England, very probably after 1945. This uncertainty over provenance for *barniz de Pasto* artefacts now being recognised in the UK and other parts of Europe is not unusual, and further research into their, probably, complicated routes from the Americas would undoubtedly be interesting and potentially illuminating. In 1988, an art valuation suggested that it was 'probably seventeenth-century Indo-Portuguese'. Even in 2014, no examples of *barniz de Pasto* were recorded in any European museum outside Spain. Within ten years, *barniz de Pasto* and its products are quickly emerging as a complex and deeply fascinating strand of early modern, global design history [5,15,16].[3]

During early research, no Indo-Portuguese analogies were identified but strikingly similar motifs appeared on 'an extraordinarily well-preserved box possibly from Pasto' illustrated in the 2011 catalogue of a Spanish dealer [17]. With the potential identification of *mopa mopa* now under consideration, the scientific analysis of a tiny sample from the surface of the object, as described below, was sufficient—alongside the visual evidence—to present the mysterious cabinet as the first identified example of *barniz de Pasto* in a UK museum [12,18,19].

Although it was not realised at the time, this investigation formed part of a much longer, but hesitant, engagement with *barniz de Pasto* artefacts on the part of the museum, which has been marked by phases of expansive curiosity and benign neglect, as well as scientific process and international collaboration. In fact, as far back as 1855 during the earliest days of the South Kensington Museum (as the V&A was then named), the very first acquisition of Hispanic woodwork was an octagonal dish or tray, now known to be decorated in the *barniz brillante* technique (V&A: 1262–1855, Figure 1b).[4] At the time of its purchase from an unnamed source, it was described as 'lacquered work, elliptic. Ancient Persian? 16th or 17th centy.' and until recently it remained with other eastern Mediterranean and Indian varnished and lacquered wares, displayed during the 1980s but otherwise mostly in storage.

The story of its correct identification and relation to other examples of *barniz de Pasto* in the museum was told in an episode of the BBC television series, *Secrets of the Museum* (series 3, episode 4), first broadcast in 2022 in the UK. No written evidence survives to confirm where it was purchased or why, but the most likely source was probably a London antiques dealer, and it must have been acquired to contribute to the museum's fast-growing repertoire of non-British (and therefore less familiar) decorative styles and woodwork techniques, chosen for the educational benefit of designers, practitioners and students.

The piece is remarkably similar to a *bandeja* (tray) in the Museo de America, Madrid (inv. 12243), also carved from solid wood [20,21]. It displays a decorative idiom in *barniz brillante* found relatively widely, which is characterised by yellow, blue and black against a ground of the natural wood (at the borders) or an off-white colour, employing floral motifs (including large peony-like blooms), magpie-like birds, black animals, and sometimes human figures, a distinctive basket or palm tree. Other pieces with broadly comparable decoration in this extensive group include lobed barber's bowls, cups, table cabinets, a large box, and domed caskets, one of which is inscribed 'facto in Quito en 1709', endorsing the hypothesis that this style of work was produced in Quito during the eighteenth century, and presumably earlier.[5]

Most recently, further work on the V&A collection has identified a lobed dish with decoration of a similar character, which was acquired in 1876 (V&A: 238–1876, Figure 2).[6] This is almost certainly decorated in *barniz de Pasto* but that cannot be verified while the piece is inaccessible during the museum's exceptional transfer of its vast London store. The dish seems to have formed part of an English collection of decorative arts formed in the first half of the nineteenth century. At the time of acquisition, it was regarded as 'Turkish or Persian'.

Figure 2. A recently rediscovered lobed dish (V&A: 238–1876).

Between the years 1866 and 1902, the museum purchased three small gourds—perhaps for scent or snuff—each about 10 cm high, decorated with matt *barniz de Pasto* and fitted with silver collars and sprinkler stoppers (Figure 1d–f). Although extremely similar, they were obtained separately and described at the time, variously, as 'Portuguese(?), 17th century' purchased in Spain in 1866, probably by Henry Cole on one of his buying trips; 'Hispano-Indian or Mexican, 17th century' by John Charles Robinson who in 1879 sold to the museum another which he had bought in Spain; and 'Spanish-American, 18th century', for the example bought from Messrs. Rollin and Feuardent (London) in 1902.[7] The three are so similar in design that they must share a common origin: on a black ground the decoration depicts flowers, fruits, birds and animals in off-white, blue, green and red (one also uses pink and orange), with contrasting neck and foot bands characterised by off-white, undulating lines on a deep red ground. Two of the three include areas of distinctive hatching to represent animal fur. One, whose silver stopper is engraved SANCHEZ, includes two hands (or gloves, of the kind that were customarily perfumed) fingering a heart motif, indicating that the gourd may have been a love or betrothal gift; very similar hand/heart combinations appear on a *barniz brillante* casket in the Hispanic Society Museum and Library, New York that has been dated c.1650.[8] The gourds' rounded bases mean that they do not stand unsupported, suggesting that they might have been carried for personal use, perhaps olfactory as suggested above. This occasional or intimate role may also help explain their generally good condition: although one has at the foot a sizeable loss that shows the fairly thick layer of decoration, there is less of the colour fading common on other surviving pieces. As such a clear object type, purchased from three different sources, it is reasonable to assume that others must have been produced. Although another, larger, gourd with *barniz* decoration has been recently published [22,23], hitherto no closely comparable small gourds of the V&A type have been identified.

When, in 1909, the museum created separate departments organised by material, the flasks were assigned, on account of their silver fittings, to the Metalwork Collection, where they remained 'sleeping' unobtrusively until recognised as *barniz de Pasto* in 2018. At this time they were transferred to the Furniture Collection, alongside other examples of *barniz*.

The exciting findings made in relation to the cabinet and three gourds were followed by the acquisition in 2018 of a small *barniz brillante* casket with a twentieth-century provenance to a European, private collection (Figure 1c).[9] The dense scheme of birds, insects, flowers and leaves is worked with great delicacy on an almost miniature scale, with each motif outlined. The colour scheme uses red, yellow and green against a black ground, which, along with borders featuring the *shippo* motif used in Nanban lacquer, seems to indicate clearly the influence of Asian lacquer [9,10]. Around ten caskets of comparable form and decoration have been published to date, ranging in size from 21 to 29 cm wide, some with a pronounced crimson colour theme, others apparently with their original silver mounts. These constitute one of the larger groups of surviving 17th-century *barniz de Pasto* artefacts, and are thus particularly promising in terms of charting the technical characteristics of specific workshops over time.[10]

1.3. Research Aims

When the V&A started looking into *mopa mopa*, there was very scant published scientific and conservation literature available, most of which focussed on pre-Columbian artefacts, which are made using a slightly different type of resin (*Elaeagia utilis*) [3]. Our primary aim was to learn more about the materials and techniques of the V&A objects, to inform their preservation, and to make this knowledge available widely, engaging in national and international dialogue and exchange of information and expertise.

In particular, this paper summarises the main scientific discoveries made in relation to the V&A *mopa mopa* objects and outlines future avenues of research. We intend to draw the readers' attention to the commonalities and differences between the V&A objects and highlight novel aspects that were revealed during our journey of discovery, including the presence of mercury white on a large number of *mopa mopa* objects and the behaviour of the surfaces during conservation.

2. Experimental

The experimental setups used between 2015 and 2019 have already been published (see below) and include the following:

- Optical microscopy (at the V&A) [18,19];
- Fourier transform infrared analysis (at the V&A) [18,19];
- Micro- X-ray fluorescence analysis (at the V&A) [18,19];
- Raman microscopy (at the V&A) [18,19];
- X-radiography (at the V&A) [18,19];
- Micro-X-ray diffraction (at the Natural History Museum, London) [18];
- Micro-computed X-ray tomography (at the Natural History Museum, London) [18,19];
- Macro X-ray fluorescence scanning (at the National Gallery, London) [18]
- Pyrolysis gas chromatography with mass spectroscopy-py-GC-MS (Museum of Fine Arts, Boston) [1];
- Liquid chromatography with diode array detection and mass spectrometry—LC–DAD–MS (Museum of Fine Arts, Boston) [1].

The new analytical campaigns of 2022 and 2023 involved the following, in addition to the V&A equipment already listed above:

High-resolution digital microscopy. Digital microscopy was done with a benchtop Hirox HRX-01 digital microscope with a H-1020E attachment. The images were acquired with $\times$10, $\times$30 or $\times$90 magnification, polarised ring LED light and multi-focus mode. Raking light was also used. Images were processed with the HRX-01 software version 2.24 and Adobe Photoshop 24.7.0.

Scanning X-ray fluorescence (XRF). The XRF scans were carried out using a Bruker M6 Jetstream spectrometer equipped with a Rh-target microfocus X-ray tube, and two 60 mm^2 XFlash silicon drift detectors (SDD). The X-ray tube was operated at 50 kV and 600 μA. The elemental distribution maps were collected with a 100 μm spot size, a 180 μm step size and a dwell time of 55–75 ms/pixel. The X-ray fluorescence spectra were calibrated, fitted and processed using the Bruker M6 Jetstream software, version 1.6.758.0.

Stereo microscope examination. The microscopic surface examination was carried out in the Furniture Conservation studio using a Meiji EMZ-TR Zoom Stereo Microscope on Stand, $\times$7-$\times$45 magnification with a Meiji Fibre Optic Lite Source, High-Intensity Illuminator FL-150.

3. Results

This section summarises both the published and unpublished scientific investigations conducted so far on each of the six identified objects, and the relevant conservation comments and details. This work focuses primarily on the newest results, including additional discoveries which shed light on the V&A collection, in particular, and *mopa mopa* craftsmanship in general. Table 1 provides a synopsis of the previously published results, which are cited, to support and integrate the newest developments. The results are described in the order they were obtained and tell the story of our findings in relation to materials and techniques.

As the publications by Newman et al. [1,2] describe in detail, *Elaeagia* resin (of the two relevant species studied to date) can be distinguished from other natural resins by FTIR spectrometry; py-GC/MS also plays a crucial role in the characterization of the materials.

Table 1. Synopsis of previously published results. * Marks this work.

	W.5-2015	1262–1855	W.7-2018	28–1866	268–1879	1577–1902
Mopa mopa ID	[18,19]	*		[19]		
Molecular pigment/dye ID	[18,19]			[19]	[19]	[19]
Elemental pigment ID	[18] *	*	[19] *	[19] *	[19] *	[19] *
Structural investigation (X-ray-based)	[12,18,19]			[19]	[19]	[19]
Conservation assessment/treatment	[18,19] *	*	[19] *	[19] *	[19] *	[19] *
Historical background	[12,14] *	[12]	[12]	[12]	[12]	[12]

3.1. Cabinet (W.5-2015)

The V&A's cabinet (Figure 1a) has a fall-front and lid, both hinged, revealing upper compartments with three drawers below, decorated on almost all show surfaces with opaque *mopa mopa*. The layered *mopa mopa* decorative surface is even and smooth, with a wide colour palette. Various examples of this basic, small cabinet form (usually termed *escritorio* or *escritorillo* in Spanish because they often held writing materials) have been published, including two rare, dateable examples (c.1643 and c.1684) in the collection of the Hispanic Society Museum and Library.[11] In terms of its decoration, the cabinet corresponds closely to a number of published pieces, decorated in opaque *barniz* on a black ground with repeating polychrome borders: the Madrid and c.1643 cabinets mentioned above; a tabletop in Hispanic Society Museum and Library, also dateable c.1643; one comparatively large and two small caskets. Of these last two, one features a very similar selection of emblems but is worked in *barniz brillante*, and an attribution to the Central Andes in the early seventeenth century has been tentatively suggested [10].[12] These various pieces share a distinctive dense composition of small leaves, fruits, birds, and creatures; two include human figures, and like the V&A's cabinet include prominent emblematic or religious imagery with inscriptions, features that do not seem to endure beyond the 17th century. Of this small group, the V&A cabinet displays the most extensive and elaborate iconographic scheme, religious and moral in character, although it is yet to be fully revealed, as explained below.

The structural analysis of the cabinet revealed dovetail joinery of the carcase and drawers in South American cedar (*Cedrela* sp., in the family Meliaceae).[13] Among structural repairs the most significant was on the lid where an internal spline holds two halves of the lid together. Examination under the microscope made it clear that the surface decoration had not been painted with brushes, as might have been assumed at first glance; it revealed thin layers of resin in a variety of colours, and strands of twisted 'cord' that had been pressed into the underlying film [18,19]. However, areas of loss had been overpainted in at least two different campaigns, one of which was later dated to the second half of the twentieth century [19]. Over this complex surface, a plant resin varnish (wholly unlike *mopa mopa*), had been extensively applied (by brush), which had become dull and yellowed; a layer of wax was also present. The removal of the non-original varnish was particularly challenging because we needed to make sure we did not disturb the *mopa mopa*. We did not know how the latter would react to different cleaning methods and materials as this was a subject not addressed in the technical literature then available in English. Identifying a solution, as described below, became possible thanks to the very generous and timely support of Jorge Welsh Works of Art, London and Lisbon.

This cabinet was thus the first V&A *barniz* object to be analysed in depth. Representing our first encounter with *barniz de Pasto*, the cabinet was examined in detail, using the protocol normally adopted for any high-profile or unusual object entering the collections. Routine X-radiography (to identify methods of construction and other structural details) and optical microscopy of micro-samples obtained from pre-existing areas of loss (to investigate the layer structure and any history of repaint and repair) were undertaken.

These were followed by investigations using Raman microscopy, FTIR microscopy and micro-XRF analysis; additional micro-computed tomography, X-ray fluorescence mapping, and py-GC–MS and LC–DAD–MS were undertaken in collaboration with colleagues at the Natural History Museum, London, the National Gallery, London, and the Museum of Fine Arts, Boston. These initial efforts produced a series of surprises, which have already been published elsewhere [12,18,19] and included the following:

- *Elaeagia pastoensis* Mora was identified by FTIR and py-GC/MS;
- A decorative scheme including a skeleton was present on the inner surface of the lid, which had been covered with a much later, probably professionally painted scheme, a pastiche of other *barniz* areas in the cabinet;
- 'Mercury white' (a white pigment made of calomel, mercury(I) chloride) was extensively used on all original surfaces, either alone or mixed with natural organic dyes;
- An oil-based restoration was visible in many damaged areas, with lead white used to replace losses to mercury white.
- Later repairs and restorations were present, made of acrylic paint-containing pigments that were invented from the early 1920s until 1958. This evidence confirmed that the latest restoration was very recent.

Additional XRF mapping was undertaken at the V&A in 2022 and 2023 to address questions that had arisen more recently. This resulted in a number of discoveries. Firstly, a small number of the *mopa mopa* sheets used as the base for the overall decoration appear to contain a significant amount of iron (Figure 3). These sheets are not visibly different from the others that do not contain iron, and it is possible that the different composition is related to something that was chewed with the resin at the time of manufacture.

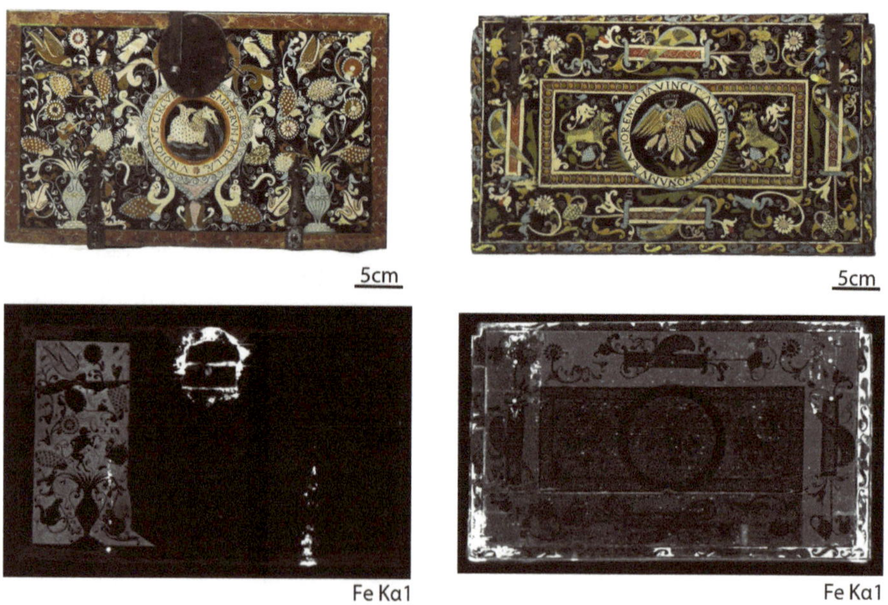

Figure 3. Iron maps of the inside surface of the hinged fall-front (on the **left**), where an iron-rich *mopa mopa* sheet is visible on the left-hand side; and the back of the cabinet (on the **right**), where two iron-rich *mopa mopa* strips can be seen at the top and the right-hand side of the panel.

Another significant discovery concerns the presence of a lead-containing pigment in the original *mopa mopa* decorative scheme on two of the cabinet's surfaces, the back of the cabinet (Figure 4) and the outer side of the fall-front (Figure 5). While mercury white is still the opaque pigment of choice almost everywhere on the cabinet and is used either alone or mixed with organic colourants, lead-containing materials were found in a small number of areas, usually beige but occasionally brick red (Figure 6). No molecular analysis could be attempted from these areas because no samples could be taken from such pristine surfaces. The hypothesis is that lead white is present, mixed with organic colourants.

Figure 4. These images confirm the simultaneous presence of lead- and mercury-containing materials. **Top left**: visible image of the back of the cabinet; **top right**: XRF map of the Lα1 line of lead, showing where lead pigments are present; **bottom right**: XRF map of the Lα1 line of mercury, showing where mercury white is present; **bottom left**: combined elemental map of mercury, lead and calcium—calcium is present only in repaired or retouched areas. Note: the visible image includes the hinges which were not scanned by scanning XRF.

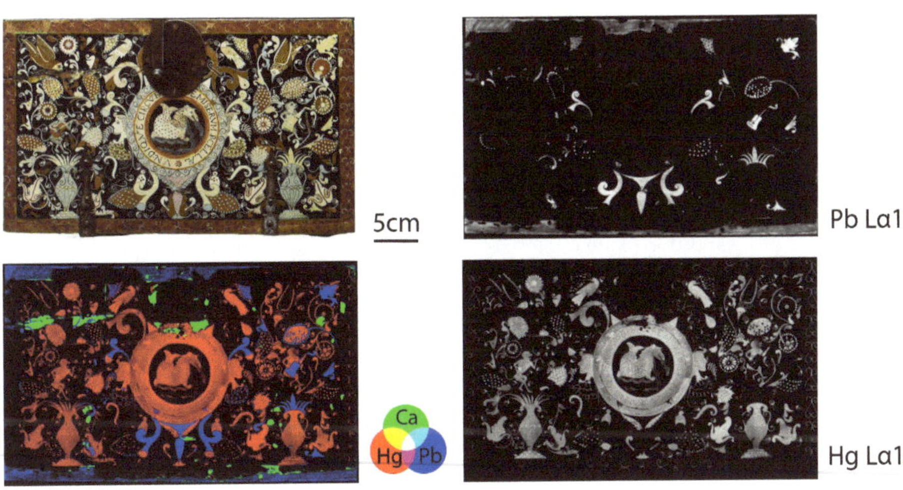

Figure 5. These images confirm the simultaneous presence of lead- and mercury-containing materials. **Top left**: visible image of the outer surface of the fall-front; **top right**: XRF map of the Lα1 line of lead, showing where lead pigments are present; **bottom right**: XRF map of the Lα1 line of mercury, showing where mercury white is present; **bottom left**: combined elemental map of mercury, lead and calcium—calcium is present only in repaired or retouched areas. Note: the visible image includes the hinges and lock which were not analysed by scanning XRF.

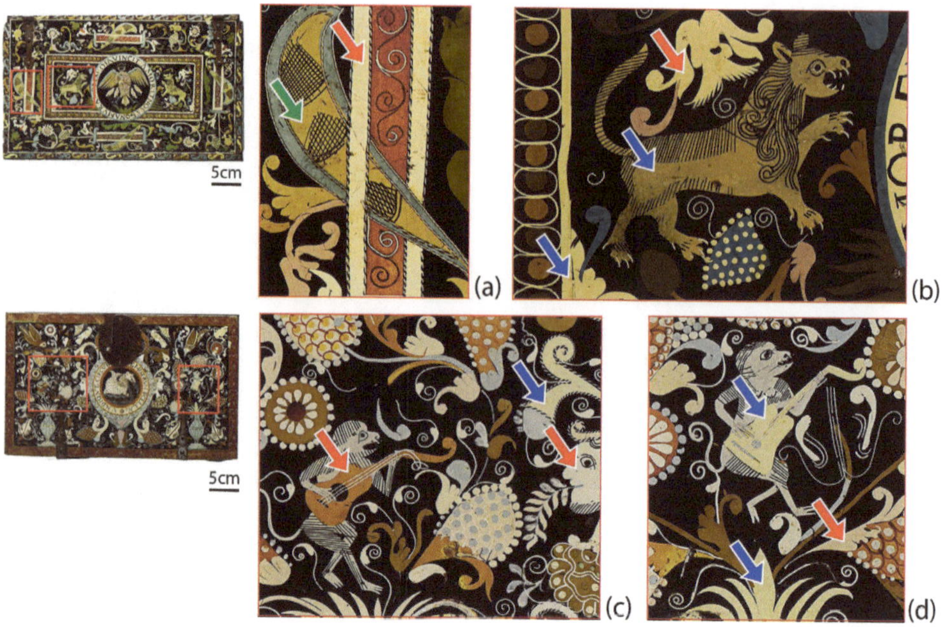

Figure 6. Surfaces from the back (**a**,**b**) and from the outer surface of the fall front (**c**,**d**): examples of white and off-white areas decorated with mercury white (red arrows) and of beige and brick-red areas decorated with lead-containing materials (blue arrows). The green arrow marks the only area where lead and mercury are present in the same location.

An overview of the colours seen on the cabinet and a selection of high-resolution images and XRF maps are in Supplementary Material S2, including evidence that some of the *mopa mopa* sheets may have been enriched in iron during the manufacturing process.

The new scanning XRF sessions also revealed the extent of the different restoration and intervention campaigns, suggesting a likely timeline for them. The results from the drawers on the left-hand side of Figure 7 show mostly earlier interventions, suggesting the presence of lead white, chrome yellow and ochre. The maps of the inner surface of the lid (right-hand side of Figure 7) show both the earlier interventions (calcium and lead maps indicating filler and lead white, respectively) and the late twentieth-century overpaint (titanium and iron indicating anatase and an iron oxide, respectively). As described by Burgio et al. [18] and Melchar et al. [19], the morphology and size of the particles of anatase and iron oxide (materials that do exist in nature and may be present in historical paint) could be clearly associated with modern industrial production. They were also found within the same pictorial layers as many twentieth-century synthetic pigments, such as phthalocyanine blue, pigment orange 5 and pigment yellow 83, clearly demonstrating they are part of a very recent intervention.

Once the fully late twentieth-century dating of the overpaint on the lid was clear, it was possible to consider removing it entirely. Such a drastic intervention is rare with museum objects where modifications are not unusual, may well have been added to conceal extensive damage and constitute an important part of the object's history. In this case, the overpainted pastiche could be dated very late in the cabinet's timeline, to a period when the cabinet was probably in England and perhaps in the hands of a dealer. Unusually, it was evident that an earlier, probably original, scheme, survived underneath. While the underlying design appeared to be essentially complete, it was probable that XRF scanning (which cannot detect organic pigments) would not reveal all of it, meaning that this large, central element of the cabinet's full iconographic scheme could be understood only by the actual removal of the overpaint. As the overpaint scheme could be fully documented before its removal, it was, therefore, decided that the extraordinary opportunity to reveal the full extent of the original, highly complex, *barniz de Pasto* scheme justified the removal of the post-1958 pastiche. The original scheme is characterised by vibrant colours (Figure 8), including purples, mauves and pinks, which have faded everywhere else on the cabinet, except on the inner surface of the fall front (which however has lost some of the pigmentation's brilliance). Our suspicions that text (hitherto invisible) might be present were borne out: the central portion of the design consists of a rebus, with yellow lettering which was not picked up by the XRF analysis and is, therefore, likely to be made solely of organic materials.

Figure 7. Drawers (**left**) and the inner surface of the lid (**right**): in the drawers, the elemental maps of lead, mercury, calcium, chromium, titanium and iron outline early repairs and restoration; on the inner surface of the lid, titanium and iron outline the late 20th century overpaint, while calcium and lead are ascribed to earlier interventions.

Figure 8. The newly uncovered original scheme on the inner surface of the lid. The image shows an intermediate conservation stage where an excess of calcium-containing filler, affecting the legibility of the original *mopa mopa* decoration, is still visible.

3.2. Casket (W.7-2018)

This small dome-lidded casket (Figure 1c) has a smooth outer surface of layered *mopa mopa*; the interior is completely covered with a transparent reddish-coloured *mopa mopa*. It was subjected to limited scientific investigations to avoid sampling from what is now an unbroken surface; prior to acquisition, the casket had an extensive treatment (not using *mopa mopa)* to fill areas of loss and damage. Initial tests by FTIR microscopy were carried out before its accession into the V&A collection and were aimed at confirming the presence of *mopa mopa*. During preliminary scientific analysis, complementing the curatorial and conservation assessments which suggested that the object was decorated with the *barniz brillante* technique, we confirmed that silver leaf was extensively present on the casket, and ascertained that mercury white was also present, confined to the thin outlines of some of the figures. This was later visualised fully using scanning XRF (Figure 9), which also revealed the extent of the restoration that the casket had undergone before entering the V&A.

The appearance of the casket is particularly dark, most notably on the lid. The darkness, due to the tarnishing of the silver below the topmost layer of *mopa mopa*, obscures much of the ornate surface decoration. Whether the final *mopa mopa* layer used on the top was thinner than that in other areas, or it has been worn thin due to handling, is unclear. Close examination of the decoration reveals what appears to be two different uses of silver, one where the leaf is sandwiched between layers of *mopa mopa* and another where silver particles are used in the background to create an Aventurine or *nashji*-style effect [4,6,7]. This has not yet been confirmed analytically but seems likely because of the distinct dark grey appearance of the design motifs (that appear to utilise leaf) on top of a particulate-looking silver background (Figure 10).

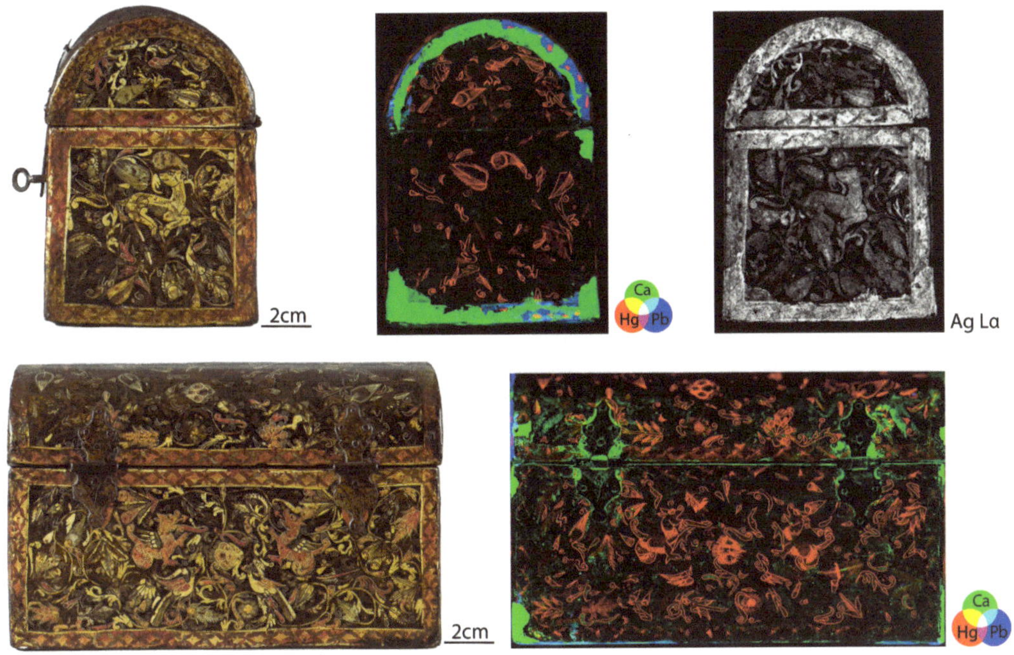

Figure 9. Proper left side (**top**) and back (**bottom**) of the casket: the XRF maps show in red the location of the original mercury white decoration and in white the distribution of silver; calcium and lead are shown in green and blue, respectively, and indicate areas of recent intervention.

3.3. Tray (1262–1855)

The *barniz brilliante* tray (Figure 1b), which has slightly raised decoration on the visible wooden substrate, has been subjected to limited scientific investigations to date. A small specimen was removed from a damaged edge to confirm the presence of *mopa mopa* using FTIR microscopy.

Multiple spots were analysed by point-XRF to characterise the various materials, pigments and dyes present. Among the questions we sought to answer at the time was the presence or absence of mercury white, but also of gold and silver leaf (as hinted by the presence of both golden and silvery metallic tones). In 2023, a portion of the centre was also investigated using scanning XRF (Figure 11). These analyses revealed the following:

- No mercury white was present anywhere on the tray;
- Silver leaf was present in all the areas with a metallic shimmer;
- No gold was detected;
- The coloured materials were mostly organic.

The juxtaposition of gold and silver effects was later noted on another object which came to the V&A to be investigated non-invasively and which has recently been published [24]: a *barniz brillante* casket, which once belonged to Rudyard and Caroline Kipling, and which now forms part of the National Trust (NT) collection at Bateman's, Sussex (National Trust inv. 761758). As with the V&A tray, areas displaying a golden effect were achieved by using tinted *mopa mopa*, not actual gold leaf.

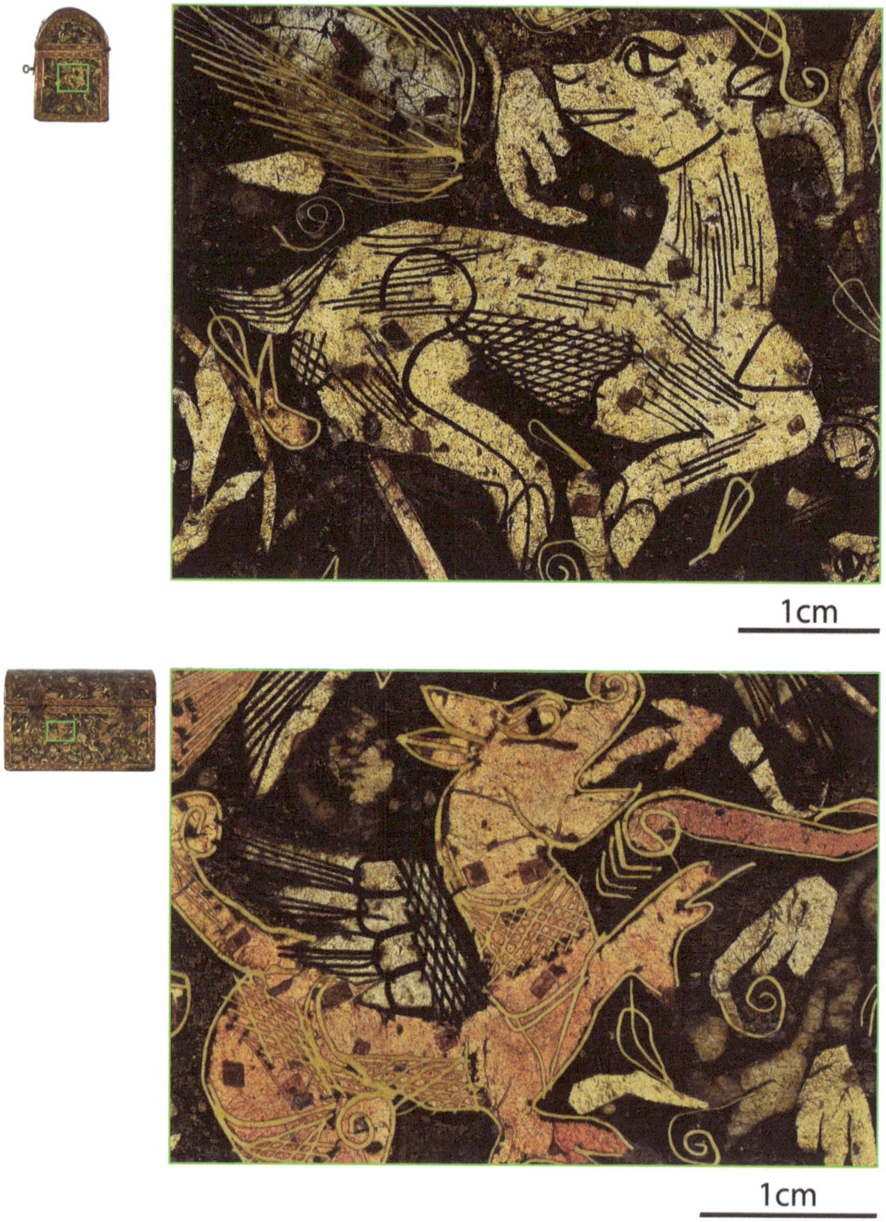

Figure 10. Details of the *barniz brillante* decoration of the casket, taken with the polarised light filter to reduce the glare of the metal leaf.

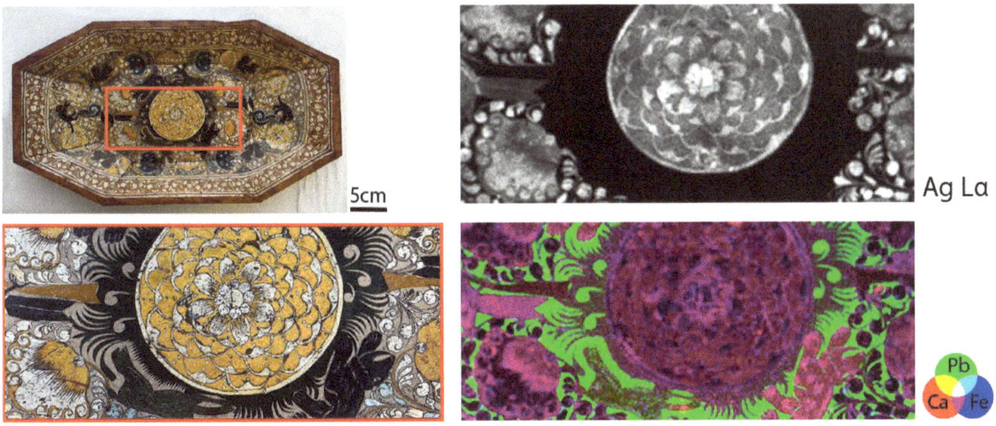

Figure 11. The V&A tray (1262–1855) and XRF maps of the centre of the tray show the distribution of silver, as well as the combination of lead, calcium, and iron.

The tray has other similarities with the NT casket. These include a slightly raised surface decoration; a blistering effect observable on some of the *mopa mopa*, which raised the question of whether any lead soaps may be present [25–29] (further investigation was beyond the scope of the current research); incision lines visible on the *mopa mopa* surface corresponding to the decorative motifs being cut in situ; incision lines visible on the wooden substrate.

3.4. Gourds (28–1866, 268–1879, 1577–1902)

The three gourds are decorated with a smooth surfaced, opaque *mopa mopa*. The range of colours and detailing are similar in palette and execution to the cabinet (W.5-2015) (Figure 12).

Other than the minor loss of small decorative elements, two of the gourds (1577–1902 and 268–1879) are in essentially pristine condition, while one gourd (28–1866) has a small but significant loss at the bottom. As described in the article by Melchar et al. [19] and the references therein, the damaged gourd was sampled, with one portion of the sample mounted as a cross-section, and the other analysed by chromatography. At the same time, selected spots on the gourds were also analysed by point-XRF to confirm the presence of mercury white. Much later, when scanning XRF became available at the V&A, the gourds were also fully mapped (Figure 12). These were the main findings from the investigation:

- Mercury white is present, both in the outlines of some of the decorative elements and as the main pigment in others;
- Lead-containing pigments are visible in some of the beige areas;
- The background which appears black is actually pigmented with indigo (a blue pigment).

At the time of the first investigations, the gourds underwent micro-computed tomography, which showed how they had been constructed and decorated [19]. This analysis also revealed the presence of air bubbles and fine cracks in the foundation layer of *mopa mopa* on one of the gourds (28–1866). The resulting imperfect adhesion of the decorative layers to the substrate may explain why this is the only gourd to have suffered the loss of some of the *barniz de Pasto* layers.

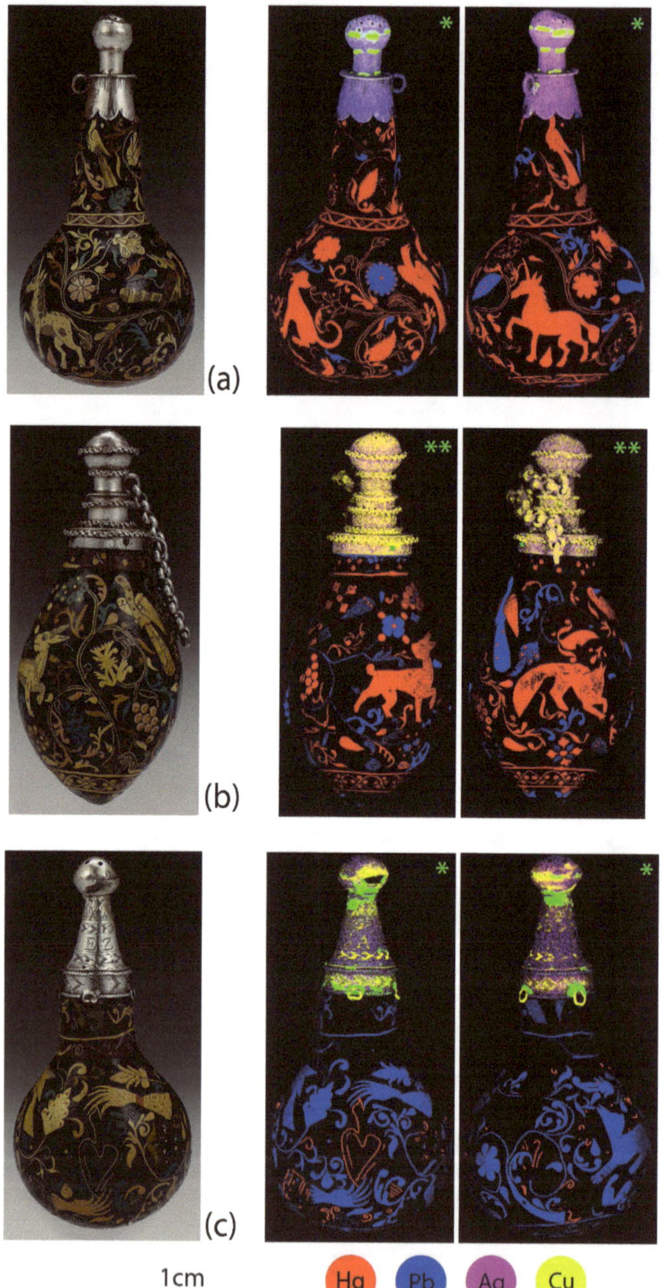

Figure 12. The three V&A gourds (from top to bottom: 28–1866 (**a**), 268–1879 (**b**) and 1577–1902 (**c**)), with XRF maps showing the distribution of mercury (Hg), lead (Pb), silver (Ag) and copper (Cu). The bright green colour represents zinc in maps with a single asterisk (*) and iron in maps with a double asterisk (**).

Although the three gourds are similar in many ways, including band-like designs at the transition between the body and neck, the lengths of the necks and attachment of the silver hardware differ, suggesting that one, possibly two of the gourds may have been altered in the past. While one gourd (28–1866) has a long neck, the neck of 1577–1902 has been cut down, interrupting decorative motifs. The third, more ovoid gourd (268–1879) has no neck above the decorative band, possibly as a result of its natural shape. The CT scan showed that this gourd has an internal wooden ring to help support the metal hardware, perhaps an indication that the mount needed additional support if the neck, once shortened, provided less substrate to secure the silver mount.

4. New Conservation Activities

The *mopa mopa* objects in the V&A's collection have been well looked-after and are in good, stable condition. Interventive conservation was necessary for only two of the objects, due to the presence of minor surface accretions or the need to remove degraded or visually obtrusive non-original coatings. The materials and techniques considered for the removal of the coatings were influenced by work done primarily within the painting conservation discipline [19,30,31], but were adapted to the specific needs of Indigenous American surfaces.

4.1. Cabinet (W.5-2015)

Treatments on the cabinet have occurred in several stages, all underpinned by the scientific analysis described here and in previous publications. The initial treatment included the removal of a non-original recent varnish and partial cleaning of the metal mounts [19]. The current conservation treatment, in preparation for the display of the cabinet at V&A East Museum, includes the following:

- Removal of the acrylic overpaint on the lid underside;
- Filling and toning areas of loss;
- Removal of the non-original sled feet and replacing them with a non-invasive mount that incorporates a more appropriate style of turned feet;
- Removal of corrosion and discolouration on metal hardware.

The second treatment stage was the most dramatic as it focussed largely on the removal of acrylic paint on the lid underside to uncover the skeleton design that had become evident during X-radiography and XRF scanning analysis. A Carbopol xylene gel was used to gently remove the acrylic overpaint. Once the original *mopa mopa* surface was revealed, it became apparent that the lid underside was the most damaged surface on the cabinet, having suffered areas of loss and scratches across its surface. The scratches, in multiple directions, suggest that the surface has been systematically scraped and was flattened in the past, perhaps when repairing the lid split that needed an internal spline support. The rebus design, visible once the paint was removed, is more challenging to interpret as a result of the surface scraping. Usually, when looking at areas where *mopa mopa* decoration has been lost, depressions in the shapes of the missing design are visible. In this case, close examination has not helped interpret the lost decoration because of the extent of the mechanical damage (Figure 13).

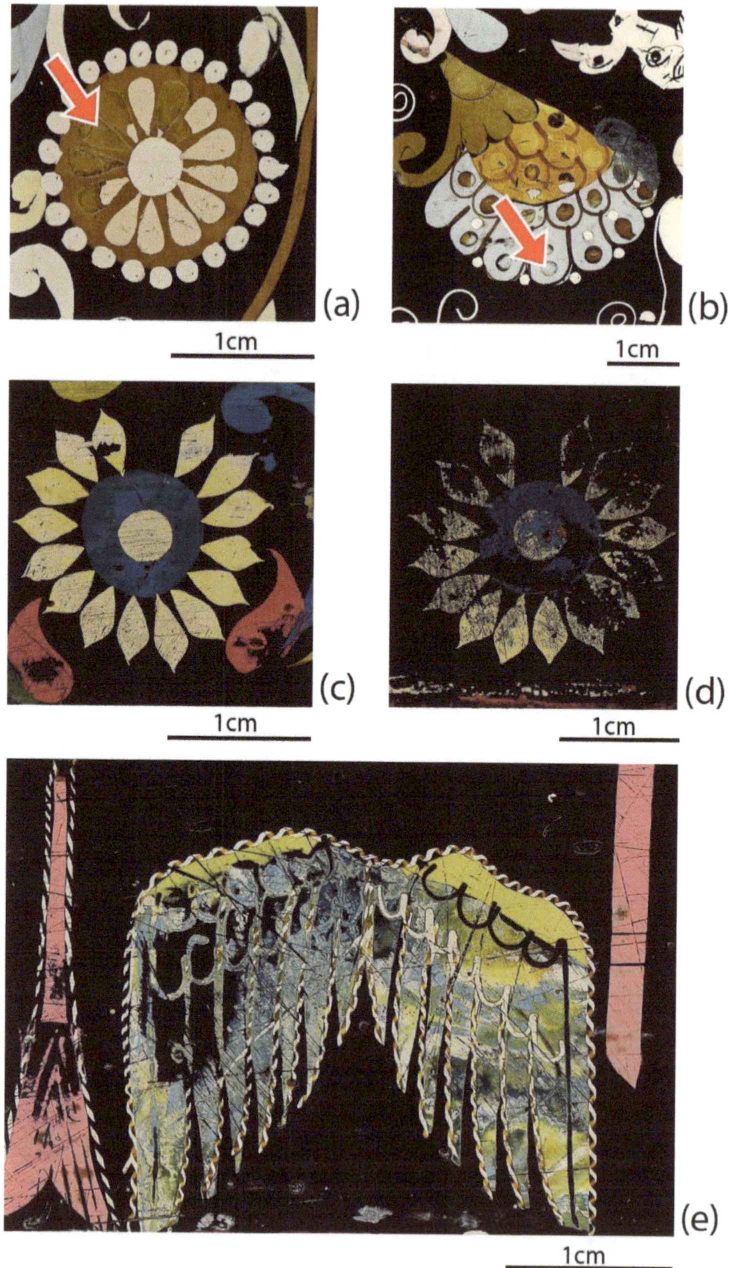

Figure 13. Details of the inside surface of the hinged fall-front (**a**) and the outside surface of the lid (**b**) showing areas where the missing decoration is highlighted by the area of depression (red arrows); details from the inside surface of the lid (**c**–**e**) showing that the depression is not visible in the areas of missing decoration because the surface has been levelled by scraping.

Despite this damage, the surface retains an amazing colour palette including lavender, yellow and bright pink hues. Additionally, glue and gesso that had been applied over original *mopa mopa* were removed, this time using laponite, a synthetic clay-based aqueous gel [32].

A multi-layered treatment is being carried out in 2024 to achieve a cohesive overall appearance that emphasises the original craftsmanship and design.

4.2. Tray (1262–1855)

The tray, carved from a single piece of as-yet unidentified wood, has a coating of *mopa mopa* on all surfaces. The faceted back and edges are coated with a transparent *mopa mopa* while the inside of the dish has additional, slightly raised decoration combining both opaque and *barniz brillante* techniques. Unlike the other objects in this group, fingerprint depressions are visible in many areas. There are also two types of knife marks on the tray, one type in the *mopa mopa* corresponding to the surface designs, suggesting designs may have been cut in situ, and another type on the wooden substrate, some apparently random in nature and others that appear as scribe marks, seemingly marking the edges and angles needed by the craftsperson in the layout and making of the tray. The underside also has several lobbed, cloud-like, incised designs under the *mopa mopa*.

Prior to treatment, ingrained surface dirt was visible, especially where the inside bottom meets the sides. In all areas there are small losses, lifting areas of *mopa mopa* and dark grey discolouration, likely due to tarnishing of the silver leaf. Close examination of the surface also reveals a pattern of blister-like bubbles in areas of lead-containing pigments (Figure 14), which may be due to the presence of metal soaps. Minor damage consistent with furniture beetle (*Anobium punctatum*), including small holes and distortion along the grain, under the surface coating, is visible in some areas.

Figure 14. Detail of the tray showing vibrant red colour revealed during cleaning (red arrow), blistering on dark green *mopa mopa* (green arrow), and combination of matte and *brilliant* techniques.

During aqueous cleaning of the surface, bright red areas were revealed by the removal of the thick surface dirt where the bottom meets the sides. The original colour scheme may have been much more vibrant than it now appears; it currently includes opaque dark green, opaque dark blue, opaque dark yellow, metallic light yellow, metallic dark yellow, metallic orange-yellow, metallic white, metallic light blue and metallic dark blue.

5. Discussion

The investigation of the six *mopa mopa* objects discussed in this paper has revealed many unexpected points of contact among the items. Based on the materials used on them, the objects can be divided into two sub-groups of two and four, respectively: the casket and the tray (and possibly the recently rediscovered lobed dish V&A: 238–1876) exemplify two different styles of *barniz brillante*, while the cabinet and the three gourds employ opaque *barniz de Pasto*. Each has at least one analogous item in another collection, and work continues comparing observations and findings with other institutions.

All objects save one (the tray) contain mercury white (mercury(I) chloride) in the decorative layers. At first, this was surprising, because this material (historically also known as calomel) was not recognised as a traditional artists' pigment, although there is an obscure reference to a mercury-containing white material that may have been used by women painters in Tudor England [33]. The first official identification of mercury(I) chloride used as a conventional pigment was made at the V&A [4] (p. 78) and [18]; its occurrence has since been recorded on other types of European works of art, if only rarely [34,35]. To find it in five out of six objects, independently accessioned by the V&A over the course of over 150 years, is highly significant because it suggests that by the seventeenth century, the material was routinely employed by *barnizadores*, and was the go-to white pigment used not only in white areas but also in coloured ones, where it was usually mixed with organic dyes. According to the evidence gathered so far, the *mopa mopa* resin pigmented with mercury white is used in two slightly different ways: it is either applied as a thin outline enclosing areas pigmented with other materials (as in the casket W.7-2018 and the gourd 1577–1902), or it is used as a filler pigment in its own right. Occasionally the two uses coexist, for example on the cabinet W.5-2015 and the gourds 268–1879 and 28–1866.

Both *barniz brillante* objects analysed so far contain silver as the metallic source of the shimmering effect and present mostly translucent, organic dyes.

One of the trends that emerged only when we compared the analyses from all the V&A objects is that lead-containing pigments had been used more frequently than originally realised. Early considerations revealed that lead is usually present in beige-coloured or off-white areas (except for a few brick-red decorative elements on the cabinet). The occurrence of lead-containing pigments in *mopa mopa* objects worldwide is not yet extensively mapped out. Even within the V&A collections, it has only recently become apparent, thanks to the extensive use of scanning XRF, that a lead-containing decoration was present on just two of the surfaces of cabinet W.5-2015, where its use had originally been excluded.

While we can say that a lead-containing material was used on the beige-coloured elements seen on the three gourds, and on some of the beige-coloured and brick-red elements on the cabinet, no lead was detected on the original decoration of one of the two *barniz brillante* objects (the casket W.7-2018). The presence of lead on the tray (V&A: 1262–1855) is comparable with what we found on the Bateman's casket from the National Trust collection, where most of the surfaces' background contains lead (probably in the form of lead white) [24]. This however is not overly surprising, as the decorative style of the V&A *brillante* casket is very different from that of the V&A tray and the National Trust casket. When the newly rediscovered lobed dish (V&A: 238–1876) becomes accessible, we plan to confirm whether lead-containing pigments are present. The appearance of this object, very similar in design and style to the V&A tray and the National Trust casket, strongly suggests that lead was used in the decoration.

The evidence gathered from the examination of the V&A objects strongly confirms that *mopa mopa* in itself is a very sturdy and resilient material. However, the organic colourants mixed with it can be highly susceptible to light-induced fading. For example, the V&A tray shows that hidden areas still show traces of a vibrant red colourant that has disappeared elsewhere. This light sensitivity was also indirectly confirmed by the comparison of the external surfaces of the cabinet and the gourds with the inner surfaces of the cabinet. The latter show an array of vibrant colours that have become very much subdued or have faded altogether elsewhere. There are no bright pink, yellow and mauve colours except on the newly revealed inner lid, and the same hues are still present, less vibrantly on the inner surface of the fall front. Moreover, a close examination of the outer surfaces of the cabinet shows a faintly mottled appearance. This matches the craquelure of the later varnish which was removed during the conservation of the object: where the later varnish was thinner, the colour of the *mopa mopa* decoration is now more faded. The evidence strongly suggests that many of the colourants used with *mopa mopa* objects are highly light sensitive, meaning that *barniz de Pasto* should be stored and displayed in suitable conditions.

6. Acquisition of Contemporary Objects/*Mopa Mopa* at the V&A: Future Perspectives

Contemporary design continues to form an important part of the V&A's mission, as it has since the museum's earliest days. *Barniz de Pasto* has been practised continually since it emerged in the sixteenth century and, in 2020, it was included in the UNESCO List of Intangible Cultural Heritage in Need of Urgent Safeguarding (Colombia); it is also now one of the traditional crafts promoted by the organisation Artesanías de Colombia.[14] Despite the small numbers involved in production—according to Artesanías de Colombia about ten harvesters of the *mopa mopa* resin, and thirty-six *barnizadores*—the technique continues to thrive and develop. The work of two leading masters in the technique, Gilberto Granja and Eduardo Muñoz Lora was exhibited in April 2023 during the V&A conference *Lacquer in the Americas*, and both shared their expertise and knowledge through filmed demonstrations.[15] At the time of writing (2024) examples of their work are in the process of being acquired by the museum. Alongside traditional craft product types and decorative formats, varied new approaches led by artists and designers have emerged in recent years.

Tatiana Apráez is a jewellery designer, maker and teacher based in Bogotá, Colombia [36]. Her family background and upbringing in San Juan de Pasto led to an early decision to incorporate *barniz de Pasto* into her own work, and for many years she has worked with *barniz* master Germán Obando to develop ways to apply *mopa mopa* resin to metal, which resulted in her commercial range of *barniz de Pasto* silver jewellery. While *barniz* has not traditionally been used for jewellery, *mopa mopa* resin was used before the Spanish arrival to create beads and nose rings for adornment [4], a tradition to which Apráez responds in a deeply personal way. Although an unconventional application of the technique, the intimate scale and precious character of jewellery worn on the body might be regarded as a very appropriate match for the exceptional rarity of the resource (whose sustainability cannot be taken for granted), the memorably tactile handling of the technique and the delicate intricacy of effect that *barniz de Pasto* can achieve.

In 2023, the V&A acquired a pendant and two brooches from Apráez's Urcunina Series, named after the local name for Galeras, an active volcano near San Juan de Pasto which dominates the geography of the region; her aim with the pieces is to evoke 'the volcano's inner force and its quiet beauty'.[16] Each was lathe-turned in local hardwood by Apráez (some also incorporate 3D printed elements). In a striking departure from the traditional *barniz* aesthetic of floral motifs, an abstract-geometric check or tile pattern covers all the surfaces, accentuating the organic, curvilinear forms. The shimmering effect is reminiscent of *guilloché* as applied to metalwork in Western traditions of jewellery and clock-making, but Apráez also draws inspiration from pre-Hispanic archaeological finds, specifically the spinning discs of Nariño made using copper/gold alloy using the technique of hammered tumbaga with depletion gilding.[17] Like these extraordinary works, Apráez's circular pieces also respond to the play of light when worn on the body and in motion. On the Urcunina Series, the *barniz de Pasto*, which is applied conventionally in cut leaf form, uses *mopa mopa* resin pigmented with non-toxic dyes (as used in handicrafts and food packaging) along with metallic powder, sometimes contrasting with the polished wood ground, in what might be considered a hybrid technique between opaque *barniz* and *barniz brillante*.

Apráez's work will be exhibited alongside historic examples of *barniz de Pasto* in a wide-ranging display 'The Power of Tradition' at V&A East Museum (opening in 2025). As *barniz de Pasto* is such a rich subject, historically, culturally and technically, with recent research, analysis and treatments proving so fruitful, this opportunity to present the V&A's collection accented by contemporary practice is particularly timely.

7. Conclusions

The research carried out at the V&A over the past eight years on objects made of Indigenous American lacquer in general, and objects decorated with *mopa mopa* in particular, has been an eye-opener on multiple levels. The collaboration between V&A conservators, curators and scientists has shed light on the materiality of a relatively little-known group of objects and has revealed new, surprising details about their composition and manufacture. The dissemination of our work has also been facilitating the rediscovery of *mopa mopa* pieces in other collections. Our own developing knowledge is making it possible to look at our collection with fresh eyes and rediscover previously misidentified items which we now know were made using *mopa mopa*.

Although our technical examination and scientific analysis of Indigenous American lacquer objects has been constrained by our decision to adopt a non-invasive approach wherever possible—meaning that we have not sampled from pristine surfaces, even when sampling could have provided valuable information—heritage science is developing at such a fast rate that we are confident we will be able to address these questions non-invasively very soon.

The discoveries made along the way, such as the identification of mercury white on a large proportion of the V&A *mopa mopa* objects investigated over the past few years, have also informed the work of other institutions and have facilitated the improved understanding of objects in other collections.

The interventive treatments carried out on the cabinet, to remove non-original surface coatings, have demonstrated how resilient the original surfaces are to a range of solvents and water-based materials. At the same time, our observations have revealed how sensitive some of the colourants may be to light exposure: what we see now, although colourful and vibrant, is muted in comparison to what would have been the original appearance. Hidden defects and lack of full adhesion of the *mopa mopa* to the substrate, discovered during micro-CT scanning experiments, suggest that a less-than-perfect manufacturing process may eventually cause detachment of the decoration. This shows how involving specialists from other institutions, complementing equipment and specialisms available in-house, can enrich our knowledge and produce more well-rounded research outcomes.

What makes our research on *mopa mopa* even more exciting is the realisation that there is still much to be discovered, more connections to be made, and more knowledge to bring to light.

Supplementary Materials: The following supporting information can be downloaded at https://www.mdpi.com/article/10.3390/heritage7090216/s1, Supplementary Material S1: Spanish translation of this paper; Supplementary Material S2: Additional XRF maps and digital microscopy images.

Author Contributions: Conceptualization, L.B., V.R., L.N.M., D.M. and N.H.; methodology, L.B., V.R., D.M. and L.N.M.; formal analysis, V.R., L.B., D.M. and L.N.M.; investigation, L.B., V.R., D.M., L.N.M. and N.H.; data curation, L.B., V.R., D.M. and L.N.M.; writing—original draft preparation, L.B., V.R., D.M. and N.H.; writing—review and editing, L.B., V.R., D.M., L.N.M. and N.H. All authors have read and agreed to the published version of the manuscript.

Funding: This research received no external funding.

Data Availability Statement: Original data available upon request, where sufficiently justified.

Acknowledgments: Our thanks go to the co-authors of our previous publications on Indigenous American lacquer: Brenda Keneghan, formerly V&A Senior Polymer Scientist; Bhavesh Shah, formerly V&A Scientist; Paul Robins, formerly V&A Senior Photographer; Brett L. Clark and Jens Najorka, the Natural History Museum, London; Vincent Fernandez, Amin Garbout, Tomasz Goral, Jens Najorka, Stanislav Strekopytov, formerly at the Natural History Museum, London; Richard Newman, Head of Scientific Research at Museum of Fine Arts, Boston; David A. Peggie and Marta Melchiorre Di Crescenzo, National Gallery, London. We also acknowledge Peter Gasson, formerly at Royal Botanic Gardens, Kew, for carrying out microscopic wood identification on the cabinet; and Mereike Gerken and Roald Tagle, from Bruker Nano GmbH, for their advice during the preliminary analysis of the casket and the gourds. In 2017–2018, the cabinet V&A: W.5-2015 formed the focus of a research and conservation project generously supported by Jorge Welsh Works of Art, London—Lisbon. We are grateful to the UKRI Arts and Humanities Research Council (reference AH/V012134/1) for funding the refurbishment of the V&A science laboratory, including the purchase of the M6 Jetstream spectrometer used for the XRF elemental mapping experiments; and the Hirox HRX-01 digital microscope used for the digital microscopy. Finally, our heartfelt thanks go to Lucia Pereira Pardo for translating the English version of this paper into Spanish, and to Adriana Francescutto Miró for her help with some of the technical terminology in Spanish.

Conflicts of Interest: The authors declare no conflict of interest.

Notes

1 The sheen and glitter of *barniz brillante* is not easy to capture by photography, especially when images need to be taken with a polarised or diffused light filter to reduce any interfering glare—see also Figure 7 in Humphrey et al. [12].

2 The cabinet was donated by Dr Robert MacLeod Coupe and Heather Coupe in memory of their brother, Philip MacLeod Coupe.

3 On *barniz de Pasto* see for example, *The Arts in Latin America, 1492–1820* exhibition organized by Joseph J. Rishel with Suzanne Stratton-Pruitt, Philadelphia (2006) pp. 106–109.

4 The collection record for this object can be viewed online: https://collections.vam.ac.uk/item/O11275/tray/ (last accessed 1 April 2024).

5 See Chapter 7, *El esplendor del brillo* (pp. 164–257) in Álvarez-White, M.C., El barniz de Pasto: secretos y revelaciones. 2023: Universidad de los Andes [4].

6 The collection entry can be found online: https://collections.vam.ac.uk/item/O112126/dish-unknown/ (last accessed 15 April 2024).

7 The collection entries can be found online: V&A: 28-1866; bought £1 in Leon, https://collections.vam.ac.uk/item/O378670/flask/ (last accessed 1 April 2024); V&A: 268–1879; bought £3 by J.C. Robinson in Spain, https://collections.vam.ac.uk/item/O378668/flask/ (last accessed 1 April 2024); V&A: 1577–1902: the silver neck mount engraved SANCHEZ; bought London £4 from Mr F.E. Whelan, https://collections.vam.ac.uk/item/O373700/flask-and-stopper/ (last accessed 1 April 2024).

8 HSML inv. no. L2067.

9 The collection entry can be found online: https://collections.vam.ac.uk/item/O1438719/casket/ (last accessed 1 April 2024).

10 Caskets from the group in public collections include HSML inv. Nos. L2067 and 32941; LACMA inv. No. M.2008.34; Museo Catedralico y Diocesano, Pamplona on loan from the parish of San Pedro Apostol, Mondigerria.

11 HSML inv. Nos. LS2446 and LS2000.

12 Tabletop HSML inv. No. LS2447; casket with Zebregs & Röell (November 2021 catalogue, no. 13); the large casket sold c2014 by Amir Mohtashemi, London.

13 Microscopic wood identification was carried out by Peter Gasson, Royal Botanic Gardens, Kew.

14 'Traditional knowledge and techniques associated with Pasto Varnish mopa-mopa of Putumayo and Nariño' https://ich.unesco.org/en/USL/traditional-knowledge-and-techniques-associated-with-pasto-varnish-mopa-mopa-of-putumayo-and-nario-01599 (accessed on 16 April 2024).

15 See the conference webpage https://www.vam.ac.uk/event/9Zml1R5NvMK/lacquer-in-the-americas-april-2023 (last accessed 16 April 2024) and the bilingual conference recordings that can be reached through the blog post https://www.vam.ac.uk/blog/museum-life/lacquer-in-the-americas (last accessed 16 April 2024).

16 Tatiana Apráez, personal communication with Nick Humphrey, 2023.

17 Museo del Oro, Bogotá; accession number: O21220. Published online by Google Arts and Culture, at https://artsandculture.google.com/asset/rotating-disk-nari%C3%B1o-plateau-late-period/YgGVXTCRbnmF1A?hl=en (last accessed 14 April 2024).

References

1. Newman, R.; Kaplan, E.; Derrick, M. Mopa mopa: Scientific analysis and history of an unusual South American resin used by the Inka and artisans in Pasto, Colombia. *J. Am. Inst. Conserv.* **2015**, *54*, 123–148. [CrossRef]
2. Newman, R.; Kaplan, E.; Álvarez-White, M.C. The Story of Elaeagia Resin (Mopa-Mopa), So Far. *Heritage* **2023**, *6*, 4320–4344. [CrossRef]
3. Pearlstein, E.J.; Kaplan, E.; Howe, E.; Levinson, J. Technical analyses of painted Inka and colonial qeros. *Objects Spec. Group Postprints* **2000**, *6*, 1999–2000.
4. Álvarez-White, M.C. *El Barniz de Pasto: Secretos y Revelaciones*; Universidad de los Andes: Bogota, Colombia, 2023.
5. Codding, M. The Lacquer Art of Latin America. In *Made in the Americas*; The New World Discovers Asia, Carr, D., Bailey, G.A., Eds.; Museum of Fine Arts: Boston, MA, USA, 2015; pp. 74–89.
6. Álvarez-White, M.C.; Cohen, D.; Fernández, M.O. The Splendour of Glitter: Silver Leaf in barniz de Pasto Objects. *Heritage* **2023**, *6*, 6581–6595. [CrossRef]
7. Alvarez-White, M.C. El barniz de Pasto: Reflejo de la naturaleza. In *Naturaleza y Paisaje. X Encuentro Internacional Sobre Barroco*; Fundación Visión Cultural: La Paz, Bolivia, 2019.
8. Von Humboldt, A. Sobre el barniz de Pasto. In *Alexander von Humboldt en Colombia: Extractos de sus Diarios Preparados y Presentados por la Academia Colombiana de Ciencias Exactas, Físicas y Naturales y la Academia de Ciencias de la República Democrática Alemana*; Publicismo y Ediciones: Bogotá, Colombia, 1982; pp. 188–189.
9. Kawamura, Y. The Art of Barniz de Pasto and Its Appropriation of Other Cultures. *Heritage* **2023**, *6*, 3292–3306. [CrossRef]
10. Kawamura, Y. Encuentro multicultural en el arte de barniz de Pasto o la laca del Virreinato del Perú. *Hist. Y Soc.* **2018**, *35*, 87–112. [CrossRef]
11. Rivas, J.F. Observations on the Origin, Development, and Manufacture of Latin American Furniture. In *The Arts in Latin America, 1492–1820*; Rishel, J.J., Stratton-Pruitt, S., Eds.; Philadelphia Museum of Art: Philadelphia, PA, USA, 2006.
12. Humphrey, N.; Burgio, L.; Melchar, D. One small corner of the Viceroyalty in South Kensington: Barniz de Pasto at the Victoria and Albert Museum, London. In *Anales del Museo de América*; Subdirección General de Documentación y Publicaciones: Madrid, Spain, 2020.
13. Ospina, C. Indigenous Knowledge and Women's Cosmetics: Mopa Mopa in the Colonial Northern Andes. *Art Hist.* **2024**, *46*, 918–945.
14. Humphrey, N. Box of Mysteries. In *V&A Magazine*; V&A Publishing: London, UK, 2017; pp. 20–21.
15. López Pérez, M.d.P. Quito, entre lo prehispánico y lo colonial. El arte del barniz de Pasto. In *Arte Quiteño. Más Allá Quito*; FONSAL: Quito, Ecuador, 2010; p. 44.
16. López Pérez, M.d.P. Reflections on the Forms and Arrangements of Surface Images in the Art of Barniz de Pasto, from the 16th to the 19th Century. *Heritage* **2023**, *6*, 5424–5441. [CrossRef]
17. Junquera, J.J. Piezas Americanas en la Coleccion Coll & Cortes. In *Coll & Cortez: Las Artes del Nuevo Mondo*; Coll Cortes Fine Art Dealers: Madrid, Spain, 2011; pp. 24–51.
18. Burgio, L.; Melchar, D.; Strekopytov, S.; Peggie, D.A.; Di Crescenzo, M.M.; Keneghan, B.; Najorka, J.; Goral, T.; Garbout, A.; Clark, B.L. Identification, characterisation and mapping of calomel as 'mercury white', a previously undocumented pigment from South America, and its use on a barniz de Pasto cabinet at the Victoria and Albert Museum. *Microchem. J.* **2018**, *143*, 220–227. [CrossRef]
19. Melchar, D.; Burgio, L.; Fernandez, V.; Keneghan, B.; Newman, R. A collaborative, multidisciplinary and multi-analytical approach to the characterisation of barniz de Pasto objects from the V&A collections. in Transcending Boundaries: Integrated Approaches to Conservation. In *Proceedings of the ICOM-CC 19th Triennial Conference Preprints, Beijing, China, 17–21 May 2021*; International Council of Museums: Paris, France, 2021.
20. De la Mata, A.Z. El arte del barniz de Pasto en la colección del Museo de América de Madrid. *An. Mus. América* **2020**, *28*, 81–98.
21. Zabía de la Mata, A. New Contributions Regarding the Barniz de Pasto Collection at the Museo de América, Madrid. *Heritage* **2024**, *7*, 667–682. [CrossRef]
22. Katz, M. *Local Color: The Visual Analysis of a South American Colonial Lacquered Gourd in the Collection of the Hispanic Society Museum and Library*; AIC Wooden Artifacts Group Postprints: Uncasville, CT, USA, 2019; pp. 19–27.
23. Pozzi, F.; Basso, E.; Katz, M. In search of Humboldt's colors: Materials and techniques of a 17th-century lacquered gourd from Colombia. *Herit. Sci.* **2020**, *8*, 101. [CrossRef]
24. Geminiani, L.; Sanchez Carvajal, M.; Schmuecker, E.; Wheeler, M.; Burgio, L.; Melchar, D.; Risdonne, V. A Recently Identified Barniz Brillante Casket at Bateman's, the Home of Rudyard Kipling. *Heritage* **2024**, *7*, 1569–1588. [CrossRef]
25. Keune, K.; Boon, J.J. Analytical imaging studies of cross-sections of paintings affected by lead soap aggregate formation. *Stud. Conserv.* **2007**, *52*, 161–176. [CrossRef]
26. Lead Soaps. Available online: https://www.metmuseum.org/about-the-met/conservation-and-scientific-research/projects/lead-soaps (accessed on 16 April 2024).
27. Casadio, F.; Keune, K.; Noble, P.; Van Loon, A.; Hendriks, E.; Centeno, S.; Osmond, G. *Metal Soaps in Art*; Springer: Berlin/Heidelberg, Germany, 2019.
28. Centeno, S.A.; Mahon, D. The chemistry of aging in oil paintings: Metal soaps and visual changes. *Metrop. Mus. Art Bull.* **2009**, *67*, 12–19.

29. Higgitt, C.; Spring, M.; Saunders, D. Pigment-medium interactions in oil paint films containing red lead or lead-tin yellow. *Natl. Gallery Tech. Bull.* **2003**, *24*, 75–95.
30. Angelova, L.V.; Berrie, B.H.; de Ghetaldi, K.; Kerr, A.; Weiss, R.G. Partially hydrolyzed poly (vinyl acetate)-borax-based gel-like materials for conservation of art: Characterization and applications. *Stud. Conserv.* **2015**, *60*, 227–244. [CrossRef]
31. Angelova, L.V.; Ormsby, B.; Townsend, J.; Wolbers, R. (Eds.) *Gels in the Conservation of Art*, Archetype Publications: London, UK, 2017.
32. Johnson, C.; Head, K.; Green, L. The conservation of a polychrome Egyptian coffin. *Stud. Conserv.* **1995**, *40*, 73–81. [CrossRef]
33. Hilliard, N. *A Treatise Concerning the Arte of Limning. A More Compendious Discourse Concerning Ye Art of Liming*; Mid Northumberland Arts Group in association with Carcanet New Press: Washington, DC, USA, 1981.
34. Kimbriel, C.S.; Ricciardi, P. Secrets of a Silent Miniaturist: Findings from a Technical Study of Miniatures Attributed to Isaac Oliver. British Art Studies, Issue 17, September 2020. Available online: https://britishartstudies.ac.uk/issues/issue-index/issue-17/secrets-of-a-silent-miniaturist (accessed on 1 August 2024).
35. Crippa, M.; Legnaioli, S.; Kimbriel, C.; Ricciardi, P. New evidence for the intentional use of calomel as a white pigment. *J. Raman Spectrosc.* **2021**, *52*, 15–22. [CrossRef]
36. Frank, R. Sustainable, Laborious, and Saturated: The very human production process of Mopa-Mopa and Pasto varnish. *Surf. Des. J.* **2020**, 18–23. Available online: https://artjewelryforum.org/library/the-very-human-production-process-of-mopa-mopa-and-pasto-varnish (accessed on 1 August 2024).

Palette

Overview of mapping XRF results from table cabinet (W.15-2015)

Colour (current appearance)	Composition	Examples
Original decoration		
Black (background)	Al, Ca, Fe, Mn and Ti. The *mopa mopa* sheets are characterised by an uneven intensity of XRF counts (see the distribution map of Fe and Ti in Figure S1 and Figure S2, and the distribution maps of Fe, K and Ti in Figure S3). This can be due a different thickness of the sheet, a higher concentration of the element in the raw material or the differential addition of a pigment to the *barniz* to achieve a desired hue.	Figure S1, Figure S2, Figure S3
Yellow/golden	Cl and Hg	fleur-de-lis, Figure S4
Yellow	Cl and Hg	drawers frame (red arrow, Figure S5)
Aquamarine	Cl and Hg	drawers frame (blue arrow, Figure S5)
White and off-white	Cl and Hg	red arrows, Figure S6
Beige and light brown	Pb	blue arrow, Figure S6
Light blue	Cl and Hg	red arrows, Figure S7
Pink	Cl and Hg (red arrows, Figure S7) Pb only on a portion of the decoration on the hinged fall-front – outfacing side (blue arrow, Figure S7)	red arrows, Figure S7 blue arrow, Figure S7
Light purple	Cl and Hg	
Orange and red	Cl and Hg (red arrow, Figure S8) Pb (blue arrow, Figure S8)	red arrows, Figure S8 blue arrow, Figure S8
Later repairs and restorations		
Patches on the fleur-de-lis	two patches, likely made of *mopa mopa*, can be seen in the distribution map of mercury (red arrows in Figure S9) suggesting that a repair was made at an early stage in the life of the object, possibly at the same time of the making of the cabinet. Note that the XRF counts (intensity) are lower on the PR side of the fleur-de-lis, where the patches are noticeable, suggesting that the *mopa mopa* layer is thinner in that region. This could be due to an uneven application or the result of abrasion and may be the reason of the application of the patches	Figure S9
Yellow flowers on the drawers and yellow scrollwork on the edges	retouching containing Cr and Pb, suggesting lead chromate (red arrow, Figure S10).	red arrow, Figure S10
Overall Pb-containing retouching	Pb was detected in most retouched areas. This is mostly due to the presence of lead white (identified by Raman microscopy). In other areas lead chromate is likely present	
Infills	the filling material in the crack and in the nail holes contain a calcium-based material (a sulfate only or a combination of a sulfate and a carbonate)	
Retouching of the background	retouching of the background was made with an iron-containing material. Ochres were also the main material used for the overpaint of inside-facing side of the hinge lid.	

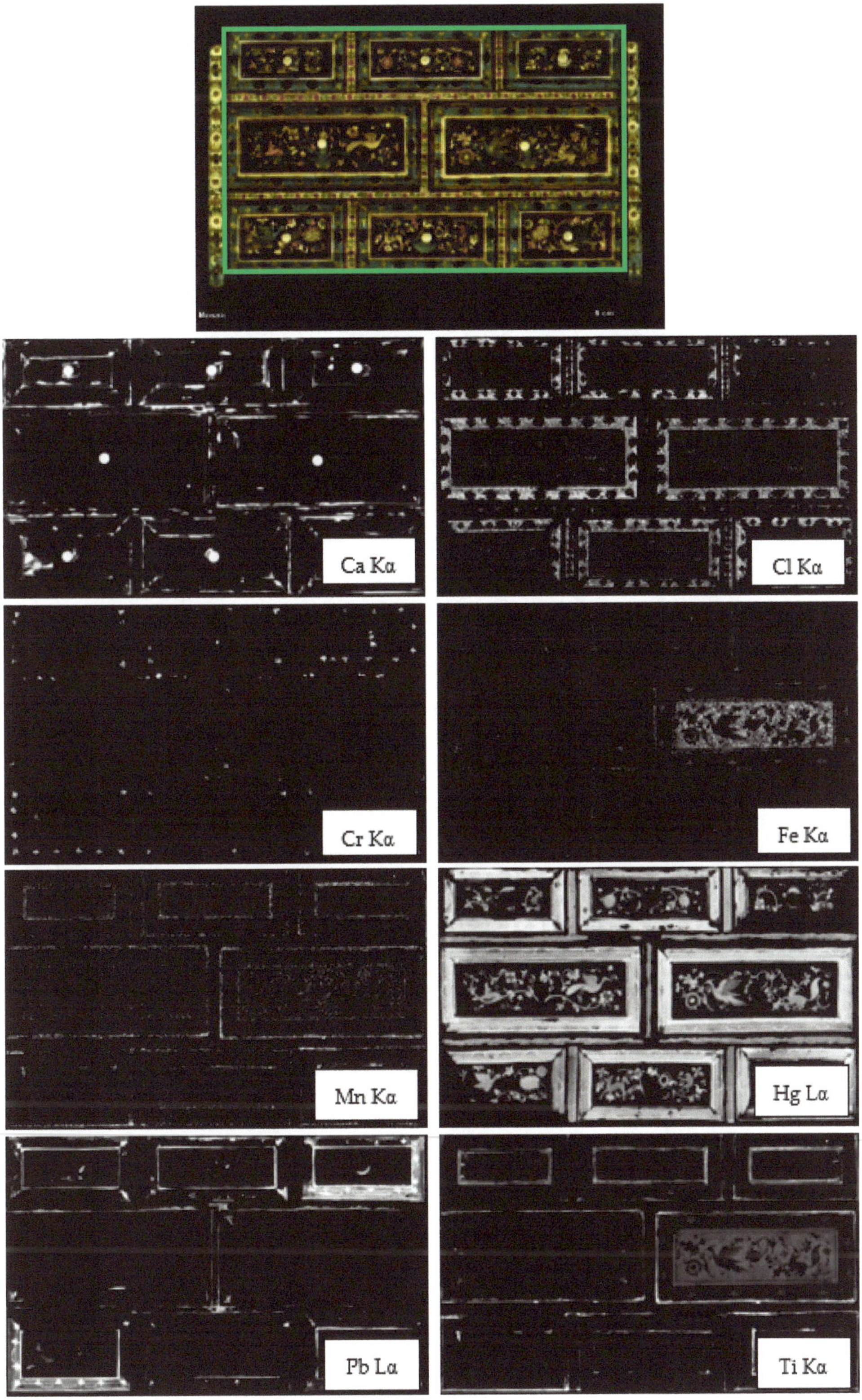

Figure S1. Elemental distribution maps of the front of the cabinet.

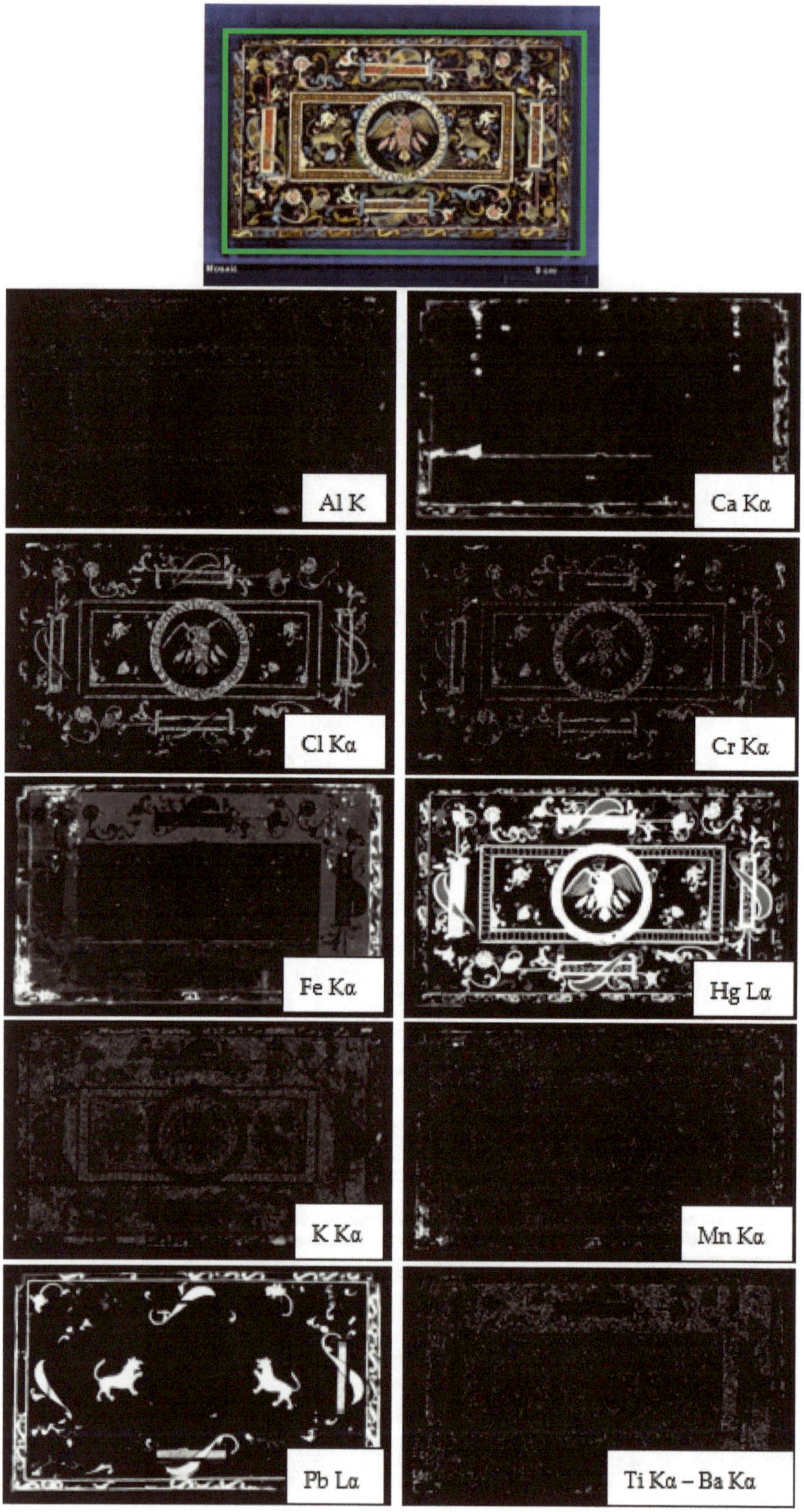

Figure S2. Elemental distribution maps of the back of the cabinet. Note the high iron content of the top and right-hand side *mopa mopa* sheets, likely due to an enrichment in iron during the manufacturing process.

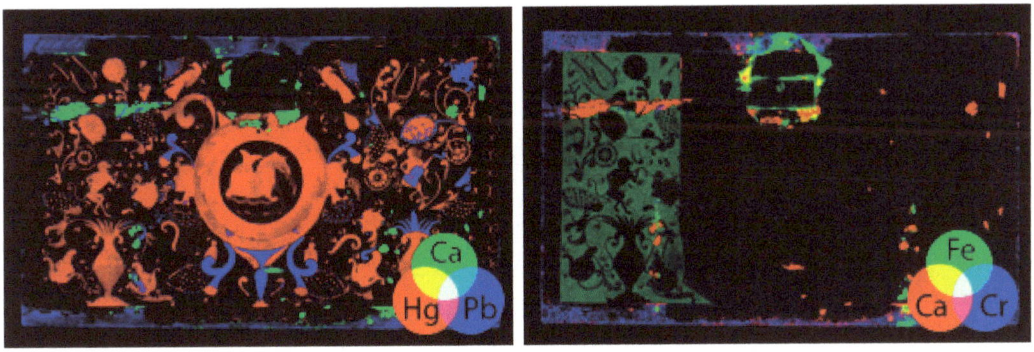

Figure S3. Combination elemental distribution maps of the inside of the hinged fall-front. Note the high iron content of the left-hand side *mopa mopa* sheet, likely due to an enrichment in iron during the manufacturing process.

Figure S4. Fleur-de-lis decorating the interior of the cabinet.

Figure S5. Yellow (red arrow) and aquamarine (blue arrow) colours containing chlorine and mercury.

Figure S6. White and off-white (red arrow) colours containing chlorine and mercury and beige and light brown (blue arrow) colours containing lead.

Figure S7. Blue and pink colours containing chlorine and mercury (red arrows). The only pink areas containing lead are on a portion of the decoration on the hinged fall-front – outfacing side (blue arrows).

Figure S8. Orange and red colours containing lead (red arrow) or lead and mercury (blue arrows) on the outer side of the hinged fall-front.

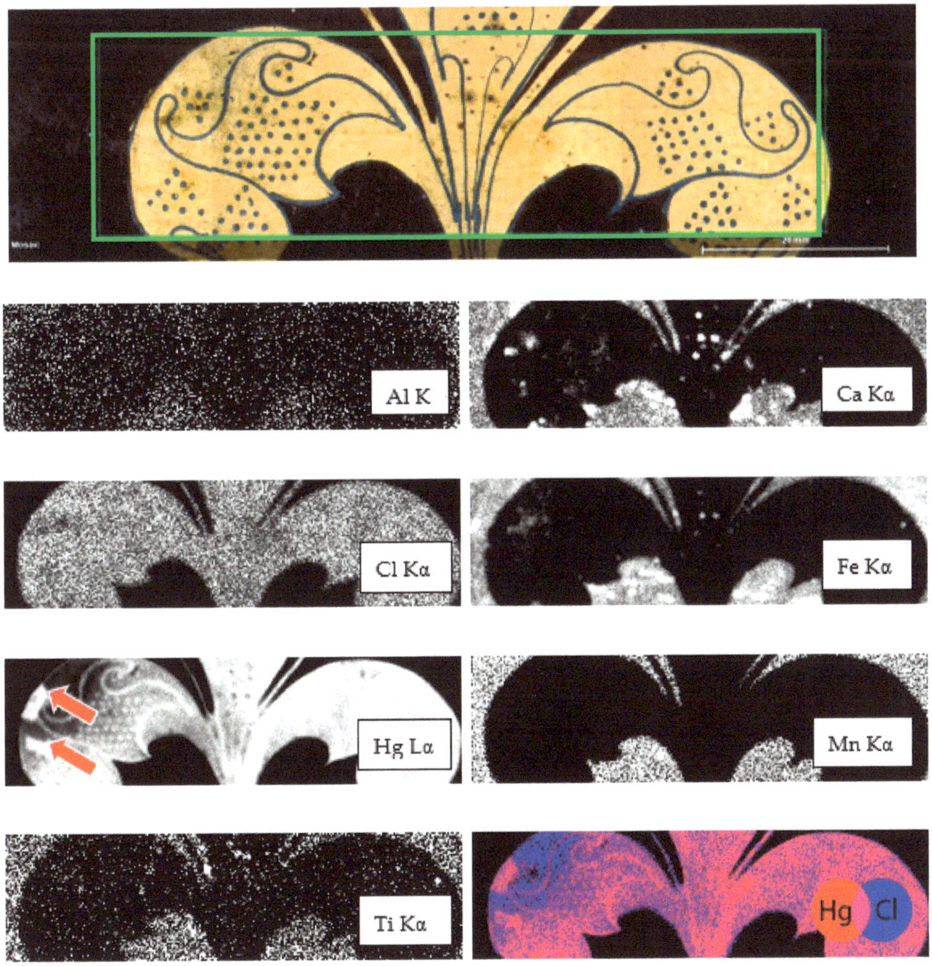

Figure S9. Elemental distribution maps of the fleur-de-lis and combination elemental distribution map of mercury (Hg) and chlorine (Cl). The red arrows mark areas where the decoration has been repaired.

Figure S10. Retouching containing chrome and lead (red arrows).

heritage

MDPI

Artículo

Mopa Mopa y Barniz de Pasto en el Victoria and Albert Museum: novedades recientes

Lucia Burgio *, Nick Humphrey, Dana Melchar ‡, Lucia Noor Melita § y Valentina Risdonne

Victoria and Albert Museum, Cromwell Road, South Kensington, Londres SW7 2RL, Reino Unido; nickhu@vam.ac.uk (N.H.); dana.melchar@rijksmuseum.nl (D.M.); lucia.melita@bl.uk (L.N.M); v.risdonne@vam.ac.uk (V.R.)
*Correspondencia: l.burgio@vam.ac.uk
‡ Dirección actual: Rijksmuseum, Museumstraat 1, 1071 XX Amsterdam, The Netherlands.
§ Dirección actual: The British Library, 96 Euston Road, Londres NW1 2DB, Reino Unido.

Resumen: Este artículo resume la investigación llevada a cabo hasta la fecha sobre los objetos de barniz de Pasto del Victoria and Albert Museum (V&A), y esboza futuras áreas de desarrollo para nuestra colección de laca indígena de América Latina. El V&A fue la primera institución pública del Reino Unido en identificar dentro de su colección objetos decorados con barniz de Pasto. Dos de ellos fueron adquiridos en 2015 y 2018; otros habían entrado en la colección entre 1855 y 1902, pero no fueron reconocidos como barniz de Pasto hasta después de 2018. La adquisición en 2015 de un gabinete marcó el inicio de una campaña de investigación para comprender la materialidad y el contexto de todos los objetos con barniz de Pasto del museo. Las técnicas analíticas utilizadas incluyeron radiografía, microscopía de luz polarizada y microscopía digital, microscopía Raman, fluorescencia de rayos X (puntual y de barrido), cromatografía (py-GC-MS y LC-DAD-MS), espectroscopía infrarroja por transformada de Fourier, difracción de rayos X y tomografía microcomputerizada de rayos X. Por el camino se hicieron descubrimientos inesperados, como la caracterización y documentación del blanco de mercurio (cloruro de mercurio(I), o calomelano) utilizado como pigmento blanco, una primicia mundial. Se utilizaron métodos de limpieza a base de geles para eliminar un barniz natural no original y descolorido que cubría casi toda la superficie de uno de los objetos, así como el repinte reciente de su tapa, revelando superficies originales que habían sido reparadas y repintadas drásticamente en la segunda mitad del siglo XX.

Palabras clave: *mopa mopa*; barniz de Pasto; barniz brillante; blanco de mercurio; calomelano; calabaza; laca; laca indígena americana; limpieza con geles; plata.

Mención: Burgio, L.; Humphrey, N.; Melchar, D.; Melita, L.N.; Risdonne, V. *Mopa Mopa* and *Barniz de Pasto* at the Victoria and Albert Museum: Recent Developments. *Heritage* **2024**, *7*, 4592–4623. https://doi.org/10.3390/heritage7080000

Editor académico: Rodica Mariana Ion

Recibido: 31 mayo 2024
Revisado: 29 junio 2024
Aceptado: 20 julio 2024
Publicado: 23 agosto 2024

1. Introducción

1.1. Antecedentes históricos

Barniz de Pasto es un término muy utilizado para designar la decoración superficial de objetos de madera de época colonial y posteriores con resina de un árbol (*Elaeagia pastoensis* L.E. Mora). El árbol crece en las zonas altas, tropicales y relativamente inaccesibles de lo que hoy es el suroeste de Colombia, donde la resina ha sido y sigue siendo conocida como *mopa mopa*. Cada vez hay más pruebas arqueológicas que demuestran que, mucho antes de 1492, los grupos indígenas utilizaban la resina para diversos tipos de objetos ceremoniales, como abalorios, narigueras y vasos de madera (*qero*) [1-3] y [4] (pp. 3-37)]. Sin embargo, pocas décadas después de la llegada invasora de los españoles, la resina se utilizaba, con distintos colores y en láminas muy finas, para decorar productos europeos de madera o calabaza, a menudo con accesorios metálicos cuidadosamente labrados. Si bien se produjeron (o al menos se han conservado) grandes cantidades de pequeñas arquetas decoradas con barniz de Pasto, en los últimos años se ha publicado una gran variedad de otros objetos de madera, fechables a grandes rasgos en los siglos XVII y XVIII, como cajas para escribir, platos, bandejas y cuencos, atriles, botellas y marcos [1, 4-7].

El barniz de Pasto o *mopa mopa* siguió produciéndose en la región de Pasto durante los periodos colonial y republicano, y de hecho sigue prosperando. Aunque la producción llegó a centrarse en San Juan de Pasto (en 1801 Alexander von Humboldt (1769-1859) señaló que allí trabajaban 80 barnizadores, artesanos especializados en la producción de objetos de barniz de Pasto) [8]), es evidente que a lo largo de este dilatado periodo de tiempo intervinieron varios centros. No es de extrañar, por tanto, que se puedan rastrear varios estilos de decoración, aunque su cartografía y datación se encuentren en una fase relativamente temprana. Suelen compartir características híbridas, mezclando motivos europeos, locales e indígenas junto con otros derivados de artículos de lujo asiáticos, en particular textiles y lacas que se destinaban a los mercados europeos y se embarcaban a través de Sudamérica vía Manila [9,10]. Jorge F. Rivas ha descrito los primeros artefactos de Barniz de Pasto, que reflejan la mezcla de culturas precolombinas americanas, asiáticas y europeas, como "algunas de las primeras obras de un mundo globalizado" [11, p.479]. Sin embargo, sigue habiendo muchas cuestiones complejas en torno a "hasta qué punto reflejan estrategias coloniales de explotación, colisión cultural o mestizaje, o respuestas locales y creativas al nuevo orden político, religioso y económico desarrollado bajo el dominio español" [12]. Los relatos europeos sobre el barniz de Pasto, escritos a partir de 1652, muestran un gran interés por cómo se obtenía y procesaba la resina, cómo se aplicaba la decoración y por las propias obras [13]. Se admiraban (y se enviaban a Europa) como rarezas, notables por su inusual e intrincada belleza y sus brillantes colores. Su brillo y durabilidad también dieron lugar a comparaciones con los prestigiosos productos lacados asiáticos. En el siglo XVIII, a medida que la investigación científica se aplicaba a la próspera producción de barniz, Mario Cicala (1741-1743) y von Humboldt (1801), de visita en Pasto, también se interesaron por los colorantes utilizados [13].

Para establecer las técnicas básicas del barniz de Pasto se recurre tanto a relatos históricos como a tradiciones artesanales tal y como se siguen practicando. Los trozos de resina se ablandan en agua hirviendo para hacerla más elástica y fácil de trabajar a mano, y también para facilitar la eliminación de materias vegetales como ramitas. Durante la época colonial, el trabajo de la resina y la adición de colorantes implicaban su masticación, cuya finalidad y significado cultural merecen un estudio más profundo [13]. Una vez suficientemente maleable para su uso, tanto si se colorea como si se deja en su estado natural, verdoso, la *mopa mopa* puede estirarse en láminas extremadamente finas sin desgarrarse, proceso que suele hacerse por dos barnizadores utilizando las manos y los dientes. Los diseños policromados, de una delicadeza y finura casi increíbles, se crean aplicando la lámina en diferentes colores, aún caliente y normalmente en capas. La película se corta con una cuchilla y se presiona sobre la superficie de la madera o la calabaza (a veces se aplica un pequeño trozo y se corta in situ). Otros efectos consisten en retorcer hilos de *mopa mopa* de dos colores, o en hacer rayas cruzadas en la película para crear sombreados. No se utiliza adhesivo, ya que la lámina de resina se adhiere a la superficie (o a sí misma) a medida que se enfría, produciendo una superficie que no sólo es colorida y detallada, sino también, como la laca asiática, duradera cuando se manipula, impermeable y resistente a la mayoría de los disolventes orgánicos. Una variante de este método opaco de utilizar la resina, pero no necesariamente posterior en su desarrollo, se conoce ahora generalmente como barniz brillante, descrita en detalle por Álvarez-White et al. [6].[1] Suele consistir en el uso de hojas metálicas (generalmente de plata) entre capas translúcidas de *mopa mopa*, produciendo efectos metálicos brillantes no muy diferentes de ciertos tipos de laca japonesa [9,10].

1.2. *Mopa mopa en el V&A*

En 2015, un equipo multidisciplinar del V&A formado por curadores, conservadores y científicos se propuso investigar un objeto recién adquirido, un pequeño escritorio

(V&A: W.5-2015, véase la figura 1a) que en aquel momento era el primer ejemplo de barniz de Pasto que se había identificado en un museo del Reino Unido [14].[2]

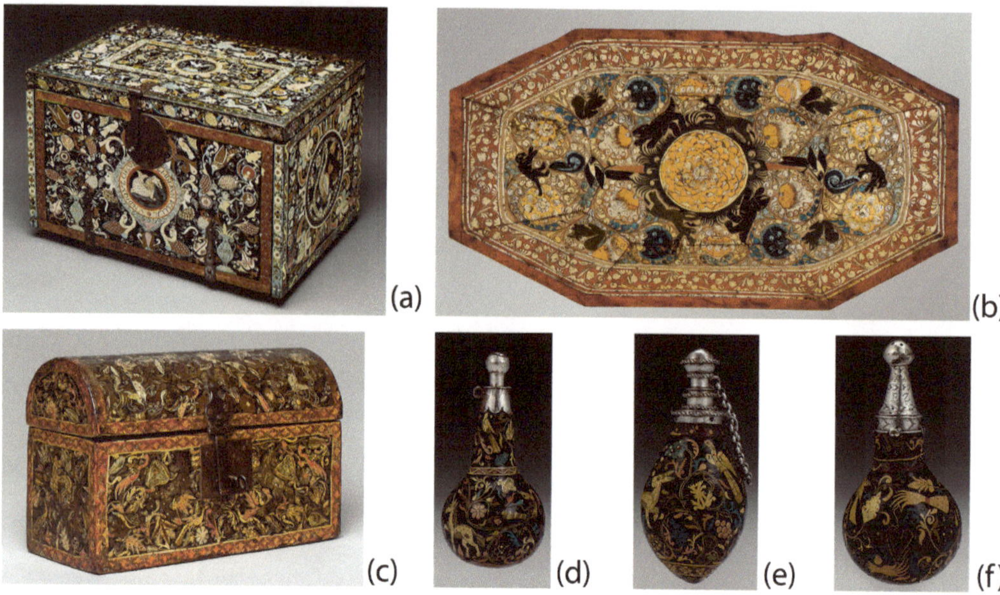

Figura 1. **(a)** Gabinete W.5-2015; **(b)** Bandeja 1262-1855; **(c)** Ataúd W.7-2018; **(d)** Calabaza 28-1866; **(e)** Calabaza 268-1879; **(f)** Calabaza 1577-1902. Objetos no representados a escala.

El mueble está decorado, por dentro y por fuera, con un trabajado diseño de plantas y diversas criaturas que rodean una serie de emblemas latinos. Aunque su último propietario lo admiraba mucho, poco se sabía de él, aparte de que probablemente fue adquirido en Inglaterra después de 1945. En 1988, una tasación artística sugirió que era "probablemente indo-portugués del siglo XVII". Incluso en 2014, no se registró ningún ejemplo de barniz de Pasto en ningún museo europeo fuera de España. En los últimos diez años, el barniz de Pasto y sus productos están emergiendo rápidamente como una vertiente compleja y profundamente fascinante de la historia del diseño global de principios de la Edad Moderna [5,15,16].[3]

Durante las primeras investigaciones no se identificaron analogías indo-portuguesas, pero aparecieron motivos sorprendentemente similares en "una caja extraordinariamente bien conservada posiblemente de Pasto" ilustrada en el catálogo de 2011 de un comerciante español [17]. Con la posible identificación de *mopa mopa* ahora en estudio, el análisis científico de una diminuta muestra de la superficie del objeto, como se describe a continuación, fue suficiente (junto con las pruebas visuales) para presentar el misterioso escritorio como el primer ejemplo identificado de barniz de Pasto en un museo del Reino Unido [12,18,19].

Aunque en aquel momento no se tuvo conciencia de ello, esta investigación formaba parte de un compromiso mucho más largo, aunque vacilante, del museo con los objetos de barniz de Pasto, que ha estado marcado por fases de curiosidad expansiva e inocuo desinterés, así como de proceso científico y colaboración internacional. De hecho, ya en 1855, durante los primeros días del *South Kensington Museum* (como se llamaba entonces el V&A), la primera adquisición de artesanía hispana en madera fue un plato o bandeja octogonal, ahora conocido por estar decorado con la técnica del barniz brillante (V&A: 1262-1855, Figura 1b).[4] En el momento de su compra a una fuente anónima, se describió como "trabajo lacado, elíptico. ¿Persa antigua? Siglo XVI o XVII" y hasta hace poco ha permanecido junto a otros objetos barnizados y lacados del Mediterráneo oriental y de la

India, expuestos durante la década de 1980 pero, por lo demás, casi siempre en almacén. La historia de su correcta identificación y relación con otros ejemplos de barniz de Pasto del museo se contó en un episodio de la serie de televisión de la BBC, *Secrets of the Museum* (serie 3, episodio 4), emitido por primera vez en 2022 en el Reino Unido. No se conservan pruebas escritas que confirmen dónde se compró o por qué, pero la fuente más probable fue probablemente un anticuario londinense, y debió de adquirirse para contribuir al repertorio del museo en rápido crecimiento de estilos decorativos y técnicas de ebanistería no británicos (y, por tanto, menos familiares), elegidos para el beneficio educativo de diseñadores, profesionales y estudiantes.

La pieza es muy similar a una *bandeja* del Museo de América de Madrid (inv. 12243), también tallada en madera maciza [20,21]. Presenta un lenguaje decorativo en barniz brillante relativamente extendido, que se caracteriza por los colores amarillo, azul y negro sobre un fondo de madera natural (en los bordes) o de color blanquecino, con motivos florales (incluidas grandes flores parecidas a peonías), pájaros parecidos a urracas, animales negros y, a veces, figuras humanas, una cesta característica o una palmera. Otras piezas con decoración comparable en este extenso grupo incluyen cuencos lobulados de barbero, tazas, armarios de mesa, una caja grande y cofres abovedados, uno de los cuales tiene la inscripción "facto in Quito en 1709", lo que respalda la hipótesis de que este estilo de trabajo se produjo en Quito durante el siglo XVIII, y presumiblemente antes.[5]

Más recientemente, nuevos trabajos en la colección del V&A han permitido identificar un plato lobulado con decoración de carácter similar, que fue adquirido en 1876 (V&A: 238-1876, figura 2).[6] Es casi seguro que está decorado en barniz de Pasto, pero eso no puede verificarse mientras la pieza esté inaccesible durante el excepcional traslado del vasto almacén del museo en Londres. El plato parece haber formado parte de una colección inglesa de artes decorativas formada en la primera mitad del siglo XIX. En el momento de su adquisición, se consideraba "turco o persa".

Figura 2. Plato lobulado redescubierto recientemente (V&A: 238-1876).

Entre los años 1866 y 1902, el museo adquirió tres pequeñas calabazas -quizá para perfume o rapé- de unos 10 cm de altura cada una, decoradas con barniz mate de Pasto y provistas de collares de plata y tapones con rociadores (figura 1d,e,f). Aunque muy similares, se obtuvieron por separado y se describieron en su momento como "portuguesa (¿?), siglo XVII ", comprada en España en 1866, probablemente por Henry Cole en uno de sus viajes de compras; "hispano-india o mexicana, siglo XVII", por John Charles Robinson, quien en 1879 vendió al museo otra que había comprado en España; e "hispano-americana, siglo XVIII", para el ejemplo comprado a los Sres. Rollin y Feuardent (Londres) en 1902.[7] Las tres tienen un diseño tan similar que deben de tener un origen común: sobre fondo negro, la decoración representa flores, frutas, pájaros y animales en blanco roto, azul, verde y rojo (uno de ellos también utiliza el rosa y el naranja), con bandas contrastadas en el cuello y el pie caracterizadas por líneas onduladas en blanco roto sobre un fondo rojo intenso. Dos de las tres presentan zonas con tramas que representan pieles de animales. Una de ellas, cuyo tapón de plata lleva grabado SANCHEZ, incluye dos manos (o guantes, de los que se solían perfumar) que tocan un corazón, lo que indica que la calabaza pudo ser un regalo de amor o esponsales; combinaciones muy similares de manos y corazones aparecen en una arqueta de barniz brillante del Hispanic Society Museum and Library de Nueva York, fechada hacia 1650.[8] Las bases redondeadas de las calabazas significan que no se sostienen sin apoyo, lo que sugiere que podrían haber sido llevadas para uso personal, tal vez olfativo como se ha sugerido anteriormente. Esta función ocasional o íntima también puede ayudar a explicar su buen estado general: aunque una tiene en el pie una pérdida considerable que muestra la capa bastante gruesa de decoración, hay menos desvanecimiento del color, común en otras piezas conservadas. Al tratarse de un tipo de objeto tan claro, adquirido a tres fuentes diferentes, es razonable suponer que se deben haber producido otros. Aunque recientemente se ha publicado información sobre otra calabaza de mayor tamaño con decoración de barniz [22,23], hasta ahora no se han identificado calabazas pequeñas del tipo de la del V&A que sean comparables.

Cuando, en 1909, el museo creó departamentos separados organizados por materiales, los frascos fueron asignados, debido a sus accesorios de plata, a la Colección de Metales, donde permanecieron "durmiendo" discretamente hasta que fueron reconocidos como barniz de Pasto en 2018. En ese momento se transfirieron a la Colección de Mobiliario, junto con otros ejemplos de barniz.

A los apasionantes hallazgos realizados en relación con el escritorio y las tres calabazas siguió la adquisición en 2018 de una pequeña arqueta de barniz brillante con procedencia del siglo XX en una colección privada europea (figura 1c).[9] El denso esquema de pájaros, insectos, flores y hojas está trabajado con gran delicadeza a escala casi miniatura con cada motivo perfilado. La combinación de colores rojo, amarillo y verde sobre fondo negro, junto con los bordes que presentan el motivo *shippo* utilizado en la laca Nanban, parece indicar claramente la influencia de la laca asiática [9,10]. Hasta la fecha se han publicado unas diez arquetas de forma y decoración comparables, con un tamaño que oscila entre los 21 y los 29 cm de ancho, algunas con un marcado tema de color carmesí, otras aparentemente con sus monturas de plata originales. Estas constituyen uno de los mayores grupos de objetos de barniz de Pasto del siglo XVII que se conservan, por lo que resultan especialmente prometedoras para trazar las características técnicas de talleres específicos a lo largo del tiempo.[10]

1.3. *Objetivos de la investigación*

Cuando el V&A empezó a estudiar la *mopa mopa*, la bibliografía científica y de conservación disponible era muy escasa, y la mayor parte se centraba en objetos precolombinos fabricados con un tipo de resina ligeramente diferente (*Elaeagia utilis*) [3]. Nuestro principal objetivo era conocer mejor los materiales y las técnicas de los objetos del V&A, para contribuir a su conservación, y difundir ampliamente estos conocimientos, entablando un diálogo nacional e internacional e intercambiando información y conocimientos especializados.

En concreto, este artículo resume los principales descubrimientos científicos realizados en relación con los objetos *mopa mopa* del V&A y esboza futuras vías de investigación. Pretendemos llamar la atención de los lectores sobre los puntos en común y las diferencias entre los objetos del V&A, y destacar aspectos novedosos que se revelaron durante nuestro viaje de descubrimiento, como la presencia de blanco de mercurio en un gran número de objetos *mopa mopa* y el comportamiento de las superficies durante la conservación.

2. Experimental

Las técnicas y condiciones experimentales utilizadas entre 2015 y 2019 ya se han publicado (véase más abajo) e incluyen los siguientes:

- Microscopía óptica (en el V&A) [18,19];
- Análisis por infrarrojos con transformada de Fourier (en el V&A) [18,19];
- Análisis de microfluorescencia de rayos X (en el V&A) [18,19];
- Microscopía Raman (en el V&A) [18,19];
- Radiografía (en el V&A) [18,19];
- Difracción de micro-rayos X (en el Museo de Historia Natural de Londres) [18];
- Tomografía microcomputada de rayos X (en el Museo de Historia Natural de Londres) [18,19];
- Escaneado por macrofluorescencia de rayos X (en la National Gallery de Londres) [18].
- Cromatografía de gases de pirólisis con espectroscopia de masas - py-GC-MS (Museo de Bellas Artes de Boston) [1];
- Cromatografía líquida con detección por matriz de diodo y espectrometría de masas - LC-DAD-MS (Museo de Bellas Artes de Boston) [1].

Las nuevas campañas analíticas de 2022 y 2023 incluyeron, además de los equipos de V&A ya enumerados, los siguientes:

Microscopía digital de alta resolución. La microscopía digital se realizó con un microscopio digital de sobremesa Hirox HRX-01 con un accesorio H-1020E. Las imágenes se adquirieron con aumentos de 10x, 30x ó 90x, luz LED anular polarizada y modo de enfoque múltiple. También se utilizó luz rasante. Las imágenes se procesaron con el software HRX-01 y Adobe Photoshop 24.7.0.

Fluorescencia de rayos X de barrido (FRX) – El examen FRX se llevó a cabo utilizando un espectrómetro Bruker M6 Jetstream equipado con un tubo de rayos X de microfocalización de Rh y dos detectores de deriva de silicio (SDD) XFlash de 60 mm^2. El tubo de rayos X funcionó a 50 kV y 600 μA. Los mapas de distribución elemental se recogieron con un tamaño de haz de 100 μm, un tamaño de paso de 180 μm y un tiempo de adquisición de 55-75 ms/píxel. Los espectros de fluorescencia de rayos X se calibraron, ajustaron y procesaron utilizando el software Bruker M6 Jetstream.

Examen con microscopio estereoscópico. El examen microscópico de la superficie se llevó a cabo en el estudio de conservación de muebles utilizando un microscopio estereoscópico con zoom Meiji EMZ-TR sobre soporte, con aumentos de ×7 a ×45 y una fuente de luz de fibra óptica Meiji, iluminador de alta intensidad FL-150.

3. Resultados

En esta sección se resumen las investigaciones científicas publicadas e inéditas realizadas hasta la fecha sobre cada uno de los seis objetos identificados, así como los comentarios y detalles de conservación pertinentes. Los resultados más recientes incluyen descubrimientos adicionales que arrojan luz sobre la colección del V&A en particular, y sobre la artesanía de la *mopa mopa* en general. La tabla 1 ofrece una sinopsis de los resultados publicados anteriormente, que se citan para apoyar e integrar los avances más recientes. Los resultados se describen en el orden en que se obtuvieron y cuentan la historia de nuestros hallazgos en relación con los materiales y las técnicas.

Tabla 1. Resumen de los resultados publicados anteriormente. * Marca el presente trabajo. ID: identificación.

	W.5-2015	1262–1855	W.7-2018	28–1866	268–1879	1577–1902
ID de mopa mopa	[18,19]	*		[19]		
ID molecular del pigmento/colorante	[18,19]			[19]	[19]	[19]
ID elemental del pigmento	[18] *	*	[19] *	[19] *	[19] *	[19] *
Investigation estructural (con rayos X)	[12,18,19]			[19]	[19]	[19]
Evaluación/tratamiento de conservación	[18,19] *	*	[19] *	[19] *	[19] *	[19] *
Contexto histórico	[12,14] *	[12]	[12]	[12]	[12]	[12]

Como describen en detalle las publicaciones de Newman et al. [1,2], la resina de *Elaeagia* (de las dos especies relevantes estudiadas hasta la fecha) puede diferenciarse de otras resinas naturales mediante espectrometría FTIR; py-GC/MS también juega un papel crucial en la caracterización de los materiales.

3.1. *Escritorio (W.5-2015)*

El mueble del V&A (figura 1a) tiene un frontal abatible y una tapa, ambos con bisagras, que revelan compartimentos superiores con tres cajones debajo, decorados en casi todas las superficies visibles con *mopa mopa* opaca. La superficie decorativa de capas de *mopa mopa* es uniforme y lisa, con una amplia paleta de colores. Se han publicado varios ejemplos de esta pequeña forma básica de escritorio (normalmente llamado "escritorio" o "escritorillo" porque a menudo contenían materiales de escritura), incluyendo dos raros ejemplos fechables (c.1643 y c.1684) en la colección del Museo y Biblioteca de la *Hispanic Society*.[11] En cuanto a su decoración, el escritorio se corresponde estrechamente con una serie de piezas publicadas, decoradas en barniz opaco sobre fondo negro con cenefas polícromas repetidas: los armarios de Madrid y c.1643 antes mencionados; un tablero de mesa en el Hispanic Society Museum and Library, también fechable c.1643; una arqueta comparativamente grande y dos pequeñas. De estos dos últimos, uno presenta una selección de emblemas muy similar, pero está trabajado en barniz brillante, y se ha sugerido provisionalmente su atribución a los Andes Centrales a principios del siglo XVII [10].[12] Estas diversas piezas comparten una densa composición distintiva de pequeñas hojas, frutos, pájaros, criaturas; dos incluyen figuras humanas, y al igual que el escritorio del V&A incluyen prominente imaginería emblemática o religiosa con inscripciones, características que no parecen perdurar más allá del siglo XVII. De este pequeño grupo, el escritorio del V&A presenta el esquema iconográfico más extenso y elaborado, de carácter religioso y moral, aunque aún no se ha revelado por completo, como se explica a continuación.

El análisis estructural del mueble reveló que la carcasa y los cajones eran de madera de cedro sudamericano (*Cedrela* sp., de la familia Meliaceae) ensamblada con cola de milano.[13] Entre las reparaciones estructurales, la más significativa se encontraba en la tapa, donde una ranura interna mantiene unidas dos mitades de la tapa. El examen al microscopio dejó claro que la decoración de la superficie no había sido pintada con pinceles, como podría haberse supuesto a primera vista; reveló finas capas de resina de diversos colores, y hebras de "cordón" retorcido que habían sido prensadas en la película subyacente [18,19]. Sin embargo, algunas zonas perdidas habían sido sobrepintadas en al menos dos campañas diferentes, una de las cuales fue datada posteriormente en la segunda mitad del siglo XX [19]. Sobre esta compleja superficie se había aplicado abundantemente (a pincel) un barniz de resina vegetal (totalmente distinto de la *mopa mopa*), que se había vuelto opaco y amarillento; también había una capa de cera. La eliminación del barniz no original fue especialmente complicada porque debíamos asegurarnos de no alterar la *mopa mopa*. No sabíamos cómo reaccionaría esta última a los distintos métodos y materiales de limpieza, ya que era un tema que no se abordaba en la literatura técnica en inglés disponible entonces. La solución que describimos a continuación fue posible gracias al generoso y oportuno apoyo de Jorge Welsh Works of Art, Londres y Lisboa.

Este mueble fue, por tanto, el primer objeto barniz del V&A que se analizó en profundidad. El armario, que representaba nuestro primer encuentro con el barniz de Pasto, fue examinado en detalle, siguiendo el protocolo adoptado normalmente para cualquier objeto destacado o inusual que ingresa en las colecciones. Se realizó una radiografía de rutina (para identificar los métodos de construcción y otros detalles estructurales) y una microscopía óptica de micromuestras obtenidas de zonas de pérdida preexistentes (para investigar la estructura de las capas y cualquier historial de repintes y reparaciones). A continuación, se realizaron investigaciones con microscopía Raman, microscopía FTIR y análisis micro-FRX; también se llevaron a cabo micro-tomografías computerizadas, cartografías de fluorescencia de rayos X y análisis py-GC-MS y LC-DAD-MS en colaboración con colegas del Natural History Museum de Londres, la National Gallery de Londres y el Museum of Fine Arts de Boston. Estos esfuerzos iniciales produjeron una serie de sorpresas, ya publicadas en otros lugares [12,18,19], entre las que cabe destacar las siguientes:

- En la superficie interior de la tapa había un esquema decorativo que incluía un esqueleto, que había sido cubierto con un esquema pintado mucho más tarde, probablemente profesional, un pastiche de otras zonas barnizadas del armario;
- El "blanco de mercurio" (pigmento blanco a base de calomelano, cloruro de mercurio (I)) se utilizaba mucho en todas las superficies originales, solo o mezclado con colorantes orgánicos naturales;
- En muchas zonas dañadas se apreció una restauración a base de aceite, y se utilizó blanco de plomo para sustituir las pérdidas de blanco de mercurio.
- Había reparaciones y restauraciones posteriores, hechas con pintura acrílica que contenía pigmentos sintetizados desde principios de los años veinte hasta 1958. Estas pruebas confirmaron que la última restauración era muy reciente.
-

En 2022 y 2023 se llevó a cabo un mapeado FRX adicional en el V&A para abordar cuestiones que habían surgido más recientemente. Esto dio lugar a una serie de descubrimientos. En primer lugar, un pequeño número de hojas de *mopa mopa* utilizadas como base para la decoración general parecen contener una cantidad significativa de hierro (figura 3). Estas láminas no se diferencian visiblemente de las demás que no contienen hierro, y es posible que la diferente composición esté relacionada con algo que se masticó con la resina en el momento de la fabricación.

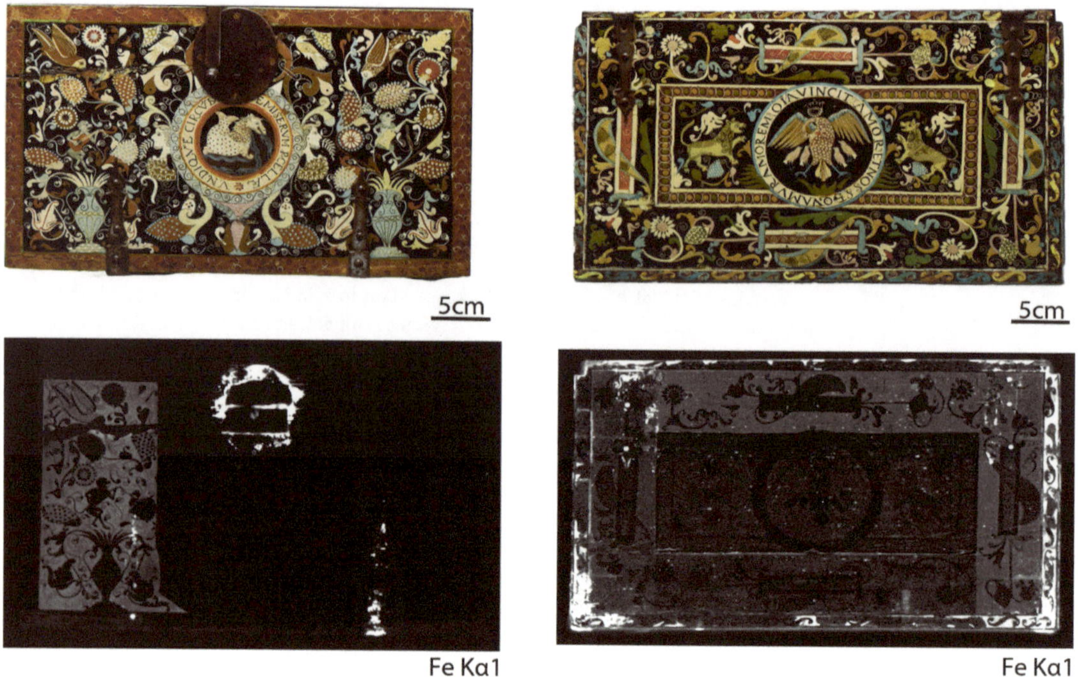

Figura 3. Mapas de hierro de la superficie interior del frontal abatible (a la **izquierda**), donde se aprecia una lámina de *mopa mopa* rica en hierro en el lado izquierdo; y de la parte posterior del escritorio (a la **derecha**), donde se aprecian dos tiras de *mopa mopa* ricas en hierro en la parte superior y en el lado derecho del panel.

Otro descubrimiento significativo se refiere a la presencia de un pigmento que contiene plomo en el esquema decorativo original de la *mopa mopa* en dos de las superficies del armario, la parte posterior del escritorio (figura 4) y el lado exterior del frontal abatible (figura 5). Aunque el blanco de mercurio sigue siendo el pigmento opaco preferido en casi todas las partes del armario, y se utiliza solo o mezclado con colorantes orgánicos, se encontraron materiales que contenían plomo en un pequeño número de zonas, normalmente de color beige pero ocasionalmente rojo ladrillo (Figura 6). No se pudo realizar ningún análisis molecular de estas zonas porque no se pudieron tomar muestras de superficies intactas. La hipótesis es la presencia de blanco de plomo mezclado con colorantes orgánicos.

Figura 4. Estas imágenes confirman la presencia simultánea de materiales que contienen plomo y mercurio. **Arriba a la izquierda**: imagen visible de la parte posterior del armario; **arriba a la derecha**: Mapa FRX de la línea Lα1 del plomo, que muestra dónde están presentes los pigmentos de plomo; **abajo a la derecha**: Mapa FRX de la línea Lα1 del mercurio, que muestra dónde está presente el blanco de mercurio; **abajo a la izquierda**: mapa elemental combinado de mercurio, plomo y calcio (el calcio sólo está presente en las zonas reparadas o retocadas). Nota: la imagen visible incluye las bisagras, que no fueron escaneadas mediante mapeado FRX.

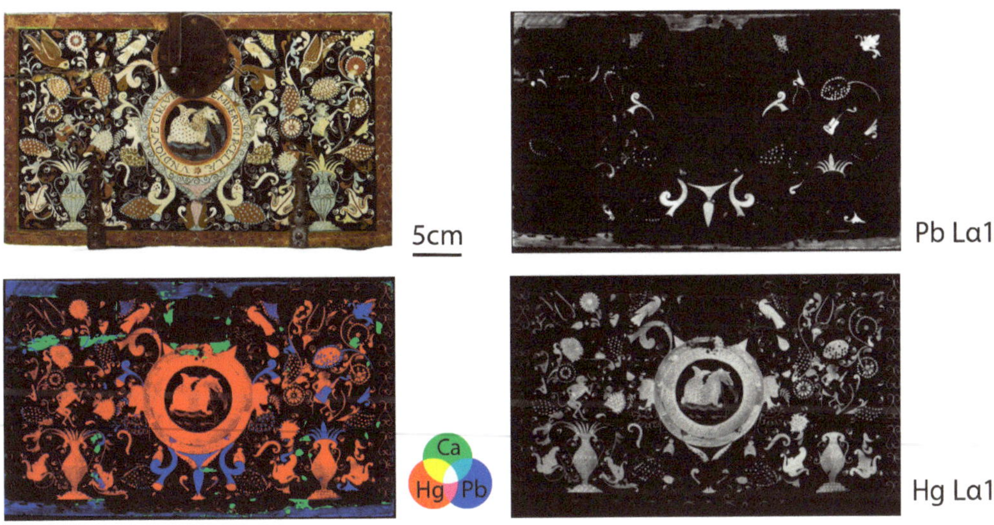

Figura 5. Estas imágenes confirman la presencia simultánea de materiales que contienen plomo y mercurio. **Arriba a la izquierda**: imagen visible de la superficie exterior del frontal abatible; **arriba a la derecha**: Mapa FRX de la línea Lα1 del plomo, que muestra la presencia de pigmentos de plomo; **abajo a la derecha**: Mapa FRX de la línea Lα1 del mercurio, que muestra dónde está presente el blanco de mercurio; **abajo a la izquierda**: mapa elemental combinado de mercurio, plomo y calcio (el calcio sólo está presente en las zonas reparadas o retocadas). Nota: la imagen visible incluye las bisagras y la cerradura, que no se analizaron mediante mapeado FRX.

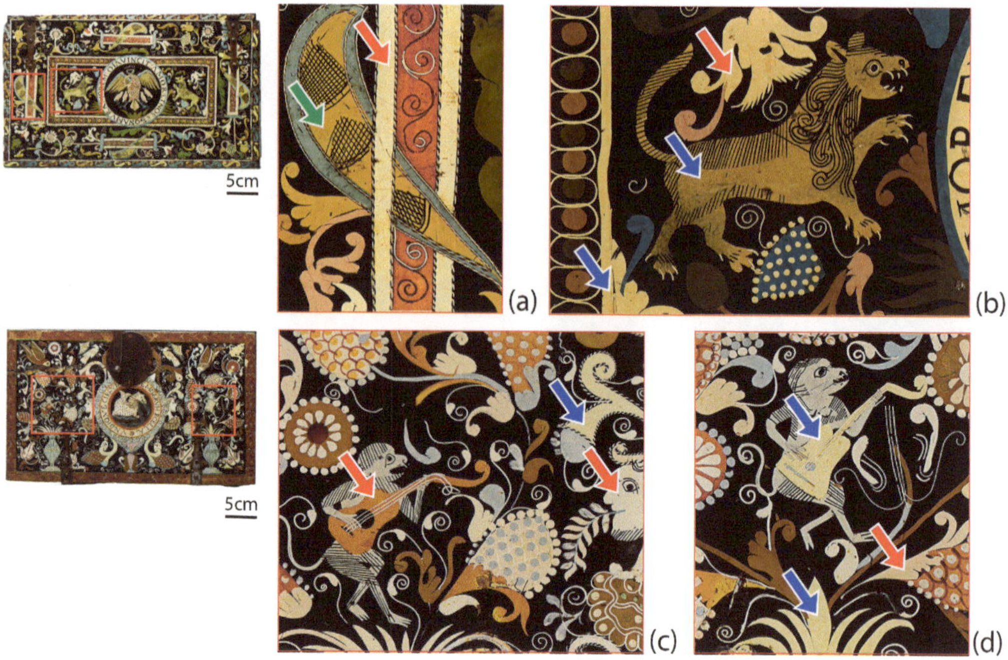

Figura 6. Superficies de la zona posterior (a-b) y del exterior del frontal abatible (c-d): ejemplos de zonas blancas y blanquecinas decoradas con mercurio blanco (flechas rojas) y de zonas beige y rojo ladrillo decoradas con materiales que contienen plomo (flechas azules). La flecha verde marca la única zona en la que el plomo y el mercurio están presentes en el mismo lugar.

En el Material suplementario 2 se ofrece una visión general de los colores observados en el escritorio y una selección de imágenes de alta resolución y mapas FRX, incluyendo pruebas de que algunas de las láminas de *mopa mopa* pueden haberse enriquecido en hierro durante el proceso de fabricación.

Las nuevas sesiones de escaneado FRX también revelaron el alcance de las diferentes campañas de restauración e intervención, sugiriendo una cronología probable para las mismas. Los resultados de los cajones de la parte izquierda de la figura 7 muestran sobre todo intervenciones anteriores, lo que sugiere la presencia de blanco de plomo, amarillo de cromo y ocre. Los mapas de la superficie interior de la tapa (parte derecha de la figura 7) muestran tanto las intervenciones anteriores (mapas de calcio y plomo que indican masilla y blanco de plomo, respectivamente) como el repintado de finales del siglo XX (titanio y hierro que indican anatasa y un óxido de hierro, respectivamente).

Una vez que quedó clara la datación de finales del siglo XX del repinte de la tapa, se pudo considerar la posibilidad de eliminarlo por completo. Una intervención tan drástica es poco frecuente en los objetos de museo, donde las modificaciones no son inusuales, pueden haberse añadido para ocultar daños importantes y constituyen una parte importante de la historia del objeto. En este caso, el pastiche sobrepintado podría fecharse muy tarde en la cronología del mueble, en un periodo en el que probablemente estuvo en Inglaterra y quizá en manos de un marchante. Inusualmente, era evidente que debajo sobrevivía un esquema anterior, probablemente original. Aunque el diseño subyacente parecía estar completo en lo esencial, era probable que el escaneado FRX (que no puede detectar pigmentos orgánicos) no lo revelara en su totalidad, lo que significaba que este gran elemento central del esquema iconográfico completo del mueble sólo podría comprenderse si se retiraba el repinte. Dado que el esquema del repinte podía documentarse completamente antes de su retirada, se decidió que la extraordinaria oportunidad de revelar la totalidad del complejo esquema original del barniz de Pasto justificaba la retirada del pastiche posterior a 1958. El esquema original se caracteriza por colores vibrantes (figura 8), incluidos morados, malvas y rosas, que se han desvanecido en todas las demás partes del mueble, excepto en la superficie interior del frontal abatible (que, sin embargo, ha perdido parte del brillo de la pigmentación). Nuestras sospechas de la presencia de un texto (hasta ahora invisible) se confirmaron: la parte central del dibujo consiste en un jeroglífico, con letras amarillas que no fueron detectadas por el análisis FRX y, por tanto, es probable que estén hechas únicamente de materiales orgánicos.

Figura 7. Cajones (izquierda) y superficie interior de la tapa (derecha): en los cajones, los mapas elementales de plomo, mercurio, calcio, cromo, titanio y hierro muestran reparaciones y restauraciones tempranas; en la superficie interior de la tapa, el titanio y el hierro muestran el repinte de finales del siglo XX, mientras que el calcio y el plomo se atribuyen a intervenciones anteriores.

Figura 8. El esquema original recién descubierto en la superficie interior de la tapa. La imagen muestra un estado de conservación intermedio en el que todavía hay un exceso de masilla que contiene calcio y que cubre la decoración original de *mopa mopa*.

3.2. *Cofre (W.7-2018)*

Esta pequeña arqueta con tapa abovedada (Figura 1c) tiene una superficie exterior lisa de *mopa mopa* estratificada; el interior está completamente cubierto de *mopa mopa* transparente de color rojizo. Se sometió a análisis limitados para evitar la toma de muestras de lo que ahora es una superficie intacta; antes de su adquisición, la arqueta fue sometida a un tratamiento exhaustivo (sin utilizar *mopa mopa)* para rellenar las zonas con pérdidas y daños. Antes de su ingreso en la colección V&A se realizaron las primeras pruebas para confirmar la presencia de *mopa mopa*. Durante el análisis científico preliminar, que complementó las evaluaciones curatoriales y de conservación que sugerían que el objeto estaba decorado con la técnica del barniz brillante, confirmamos que el pan de plata estaba ampliamente presente en la arqueta, y comprobamos que el blanco de mercurio también estaba presente, limitado a los delgados contornos de algunas de las figuras. Más tarde, se visualizó por completo mediante el escaneado FRX (figura 9), que también reveló el alcance de la restauración a la que se había sometido la arqueta antes de entrar en el V&A.

El aspecto de la arqueta es especialmente oscuro, sobre todo en la tapa. La oscuridad, debida al deslustre de la plata bajo la capa superior de *mopa mopa*, oculta gran parte de la decoración ornamental de la superficie. No está claro si la capa final de *mopa mopa* utilizada en la tapa era más fina que la de otras zonas o si se ha desgastado debido a la manipulación. Un examen detallado de la decoración revela lo que parecen ser dos usos diferentes de la plata: uno en el que la hoja se intercala entre capas de *mopa mopa* y otro en el que se utilizan partículas de plata en el fondo para crear un efecto de aventurina o de estilo *nashji* [4,6,7]. Esto aún no se ha confirmado analíticamente, pero parece probable por el aspecto gris oscuro de los motivos del diseño (que parecen utilizar hojas) sobre un fondo de plata de aspecto particulado (figura 10).

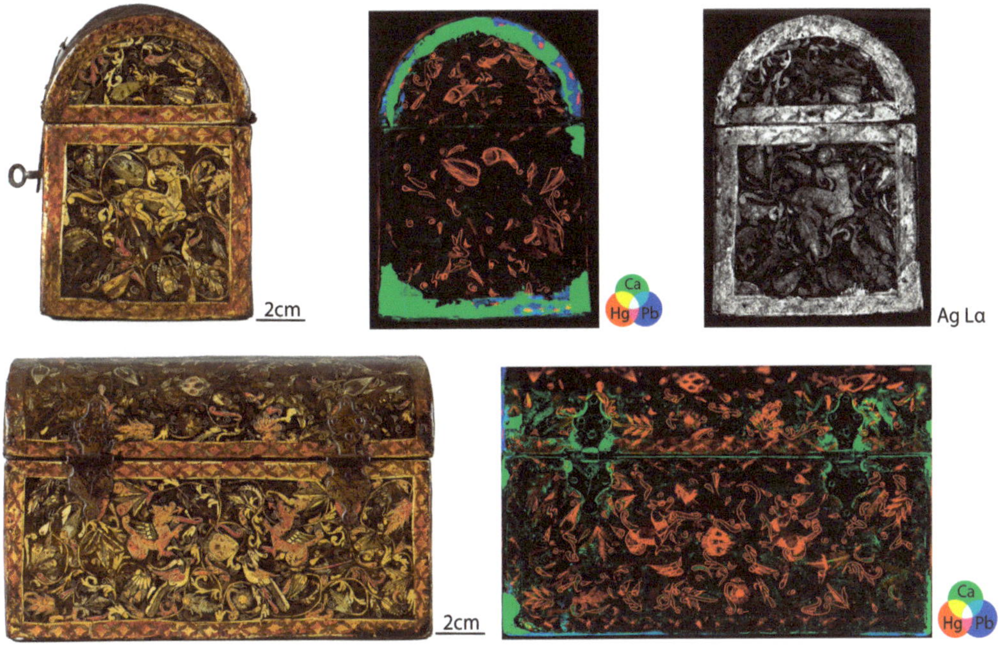

Figura 9. Lado izquierdo (arriba) y parte posterior (abajo) de la arqueta: los mapas de FRX muestran en rojo la ubicación de la decoración original de mercurio blanco y en blanco la distribución de la plata; el calcio y el plomo se muestran en verde y azul, respectivamente, e indican zonas de intervención reciente.

3.3. Bandeja (1262-1855)

La bandeja de barniz brillante (figura 1b), que presenta una decoración ligeramente en relieve en el sustrato de madera visible, ha sido objeto de escasas investigaciones científicas hasta la fecha. Se extrajo un pequeño ejemplar de un borde dañado para confirmar la presencia de *mopa mopa*.

Se analizaron múltiples puntos mediante FRX para caracterizar los distintos materiales, pigmentos y tintes presentes. Entre las preguntas a las que tratamos de dar respuesta en aquel momento figuraban la presencia o ausencia de blanco de mercurio, pero también de pan de oro y plata (como indicaba la presencia de tonos metálicos dorados y plateados). En 2023, también se investigó una parte del centro mediante mapeado FRX (figura 11). Estos análisis revelaron lo siguiente:

- No había mercurio blanco en ninguna zona de la bandeja;
- El pan de plata estaba presente en todas las zonas con un brillo metálico;
- No se detectó oro;
- Los materiales coloreados eran en su mayoría orgánicos.

La yuxtaposición de efectos dorados y plateados se observó más tarde en otro objeto que llegó al V&A para ser investigado de forma no invasiva y que se ha publicado recientemente [24]: una arqueta de barniz brillante, que perteneció a Rudyard y Caroline Kipling, y que ahora forma parte de la colección del National Trust (NT) en Bateman's, Sussex (National Trust inv. 761758). Al igual que en la bandeja del V&A, las zonas que muestran un efecto dorado se consiguieron utilizando *mopa mopa* tintada, no pan de oro auténtico.

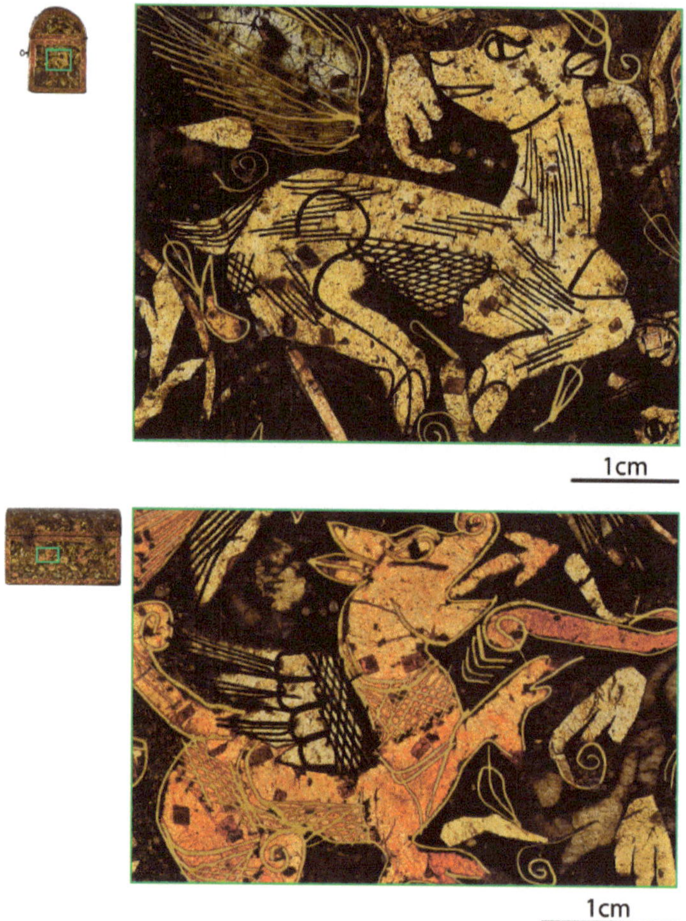

Figura 10. Detalles de la decoración barniz brillante de la arqueta, tomados con el filtro de luz polarizada utilizado para reducir el resplandor de la hoja metálica.

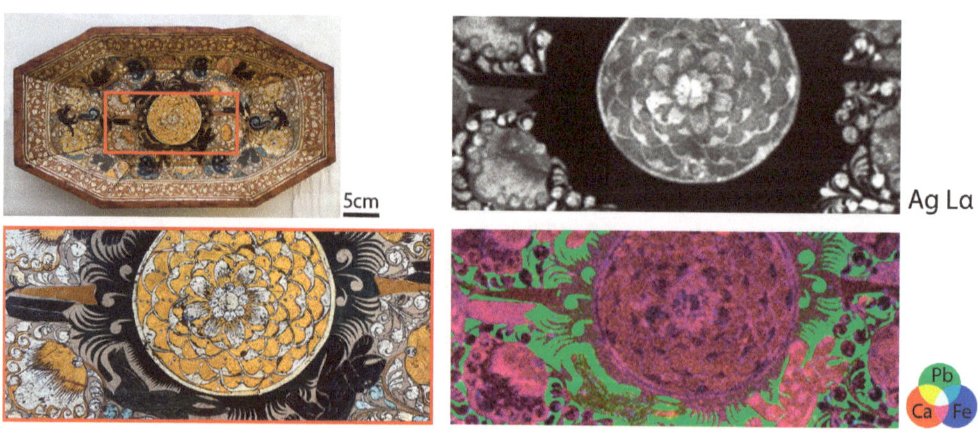

Figura 11. La bandeja del V&A (1262-1855) y mapas FRX del centro de la bandeja, mostrando la distribución de la plata, y la combinación de plomo, calcio y hierro.

La bandeja presenta otras similitudes con la arqueta del NT. Entre ellas, la decoración de la superficie, ligeramente en relieve; la presencia de ampollas que se observa en algunas de las decoraciones de *mopa mopa*, que plantea la cuestión de la posible presencia de jabones de plomo [25-29] (una investigación más a fondo queda fuera del alcance de la presente investigación); las líneas de incisión visibles en la superficie de la *mopa mopa* correspondiente a los motivos decorativos cortados in situ; las líneas de incisión visibles en el sustrato de madera.

3.4. Calabazas (28-1866, 268-1879, 1577-1902)

Las tres calabazas están decoradas con mopa opaca de superficie lisa. La gama de colores y los detalles son similares en paleta cromática y ejecución a los de la vitrina (W.5-2015) (Figura 12).

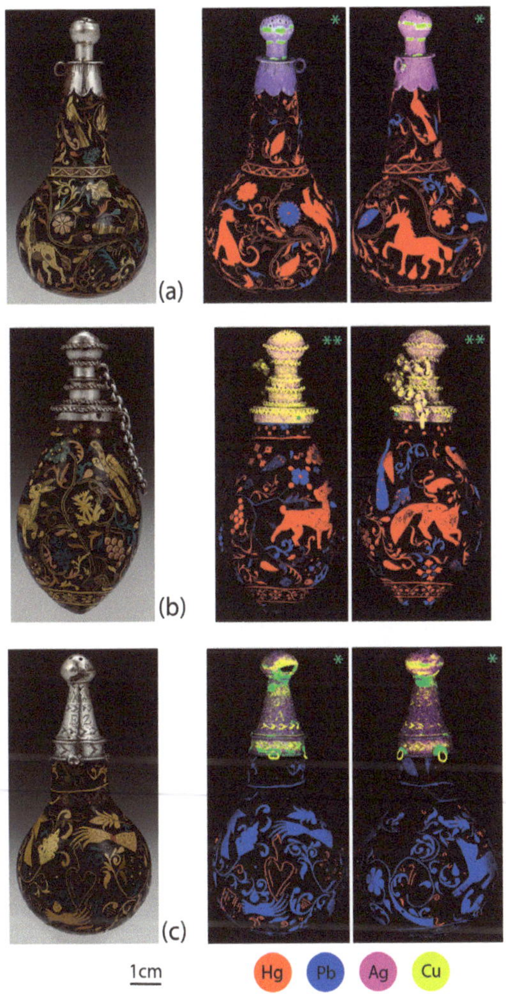

Figura 12. Las tres calabazas del V&A (de arriba abajo: 28-1866 (a), 268-1879 (b) y 1577-1902 (c)), con mapas FRX que muestran la distribución de mercurio (Hg), plomo (Pb), plata (Ag) y cobre (Cu). El color verde brillante representa el zinc en los mapas con asterisco simple (*) y el hierro en los mapas con asterisco doble (**).

Aparte de pequeñas pérdidas de elementos decorativos, dos de las calabazas (1577-1902 y 268-1879) se encuentran en estado básicamente prístino, mientras que una calabaza (28-1866) presenta una pérdida pequeña pero significativa en la parte inferior. Se tomó una muestra de la calabaza dañada, se montó una porción de la muestra como estratigrafía y se analizó la otra mediante cromatografía. Al mismo tiempo, también se analizaron por FRX puntos seleccionados de las calabazas para confirmar la presencia de blanco de mercurio. Posteriormente, cuando el escáner FRX estuvo disponible en el V&A, también se mapearon completamente las calabazas (Figura 12). Estos fueron los principales resultados de la investigación:

- El blanco de mercurio está presente, tanto en los contornos de algunos elementos decorativos como en otros, como pigmento principal;
- En algunas zonas de color beige se aprecian pigmentos que contienen plomo;
- El fondo que parece negro está en realidad pigmentado con índigo (un pigmento azul).

En el momento de las primeras investigaciones, las calabazas se sometieron a microtomografía computarizada, que mostró cómo habían sido construidas y decoradas [19]. Este análisis también reveló la presencia de burbujas de aire y finas grietas en la capa de base de *mopa mopa* de una de las calabazas (28-1866). La adhesión imperfecta de las capas decorativas al sustrato puede explicar por qué ésta es la única calabaza que ha sufrido la pérdida de algunas de las capas de barniz de Pasto.

Aunque las tres calabazas son similares en muchos aspectos, incluidos los diseños en forma de banda en la transición entre el cuerpo y el cuello, las longitudes de los cuellos y la fijación de las piezas de plata difieren, lo que sugiere que una de las calabazas, posiblemente dos, puede haber sido alterada en el pasado. Mientras que una calabaza (28-1866) tiene un cuello largo, el cuello de la 1577-1902 ha sido recortado, interrumpiendo los motivos decorativos. La tercera calabaza, más ovoide (268-1879), no tiene cuello por encima de la banda decorativa, posiblemente debido a su forma natural. La tomografía computarizada mostró que esta calabaza tiene un anillo interno de madera para ayudar a sostener la pieza metálica, quizá un indicio de que la montura necesitaba apoyo adicional si el cuello, una vez acortado, proporcionaba un menor soporte para asegurar la montura de plata.

4. Nuevas actividades de conservación

Los objetos de *mopa mopa de la* colección del V&A han sido bien preservados y su estado de conservación es bueno y estable. Sólo fue necesario intervenir en dos de los objetos, debido a la presencia de pequeñas acreciones en la superficie o a la necesidad de eliminar recubrimientos no originales degradados o visualmente molestos. Los materiales y técnicas considerados para la eliminación de los revestimientos se inspiraron en los trabajos realizados principalmente en la disciplina de conservación de pinturas [19,30,31], pero se adaptaron a las necesidades específicas de las superficies indígenas americanas.

4.1. Escritorio (W.5-2015)

El escritorio se ha tratado en varias fases, todas ellas respaldadas por el análisis científico descrito aquí y en publicaciones anteriores. El tratamiento inicial incluyó la eliminación de un barniz reciente no original y la limpieza parcial de los soportes metálicos [19]. El tratamiento de conservación actual, en preparación para la exposición del gabinete en el V&A East Museum, incluye:

- Eliminación de la pintura acrílica de la parte inferior de la tapa;
- Relleno y reintegración cromática de las zonas de pérdida;
- Retirada de las dos piezas finas rectangulares de madera no originales y sustitución por un montaje no invasivo que incorpora un estilo más apropiado de patas torneadas;
- Eliminación de corrosión y decoloración en herrajes metálicos.

La segunda etapa del tratamiento fue la más dramática, ya que se centró en gran medida en la eliminación de la pintura acrílica de la parte inferior de la tapa para descubrir el diseño del esqueleto que se había hecho evidente durante la radiografía X y el análisis de escaneado FRX. Se utilizó un gel de xileno carbopol para eliminar suavemente la pintura acrílica. Una vez que se descubrió la superficie original de *mopa mopa,* se vio que la parte inferior de la tapa era la superficie más dañada del mueble, habiendo sufrido pérdidas y arañazos en toda su superficie. Los arañazos, en múltiples direcciones, sugieren que la superficie ha sido sistemáticamente raspada y aplanada en el pasado, tal vez al reparar la división de la tapa que necesitaba un soporte interno de ranuras. El diseño del jeroglífico que se hizo visible una vez retirada la pintura es más difícil de interpretar como resultado del raspado de la superficie. Normalmente, cuando se observan zonas en las que se ha perdido la decoración de *mopa mopa,* se aprecian zonas hundidas con las formas del diseño desaparecido. En este caso, el examen minucioso no ha ayudado a interpretar la decoración perdida debido a la magnitud de los daños mecánicos (figura 13).

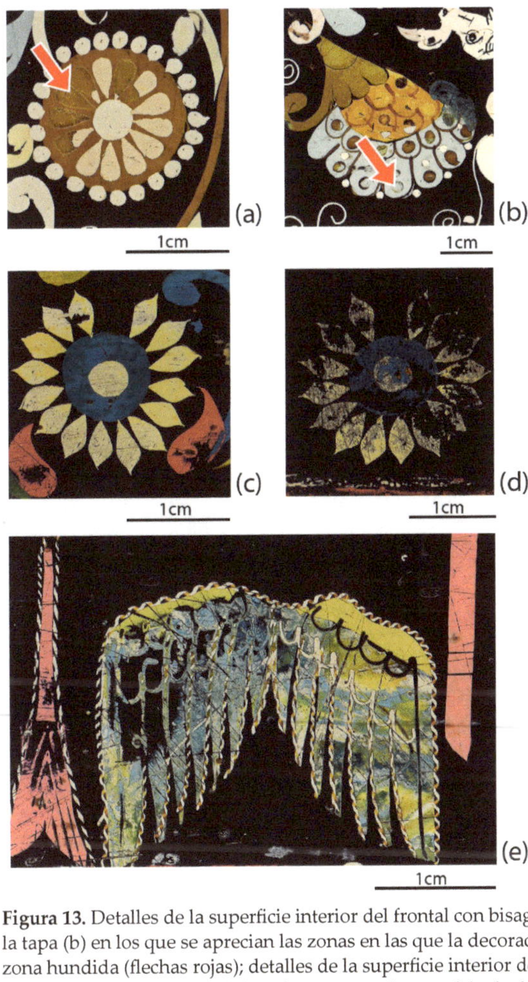

Figura 13. Detalles de la superficie interior del frontal con bisagras (a) y de la superficie exterior de la tapa (b) en los que se aprecian las zonas en las que la decoración que falta se distingue por la zona hundida (flechas rojas); detalles de la superficie interior de la tapa (c-e) en los que se aprecia que la hendidura no es visible en las zonas en las que falta la decoración porque la superficie se ha nivelado mediante raspado.

A pesar de estos daños, la superficie conserva una sorprendente paleta de colores que incluye tonos lavanda, amarillo y rosa brillante. Además, se eliminaron la cola y el estuco que se habían aplicado sobre la *mopa mopa* original, esta vez utilizando Laponita, un gel acuoso a base de arcilla sintética [32].

El tratamiento multicapa está actualmente en curso. El objetivo del tratamiento multicapa llevado a cabo a lo largo de 2024 es lograr un aspecto general cohesionado que resalte la artesanía y el diseño originales.

4.2. Bandeja (1262-1855)

La bandeja, tallada en una sola pieza de madera aún no identificada, presenta un recubrimiento de *mopa mopa* en todas las superficies. La parte posterior y los bordes facetados están recubiertos de *mopa mopa* transparente, mientras que el interior del plato presenta decoración adicional, ligeramente en relieve, que combina técnicas opacas y de barniz brillante. A diferencia de los demás objetos de este grupo, en muchas zonas se aprecian depresiones de huellas dactilares. También hay dos tipos de marcas de cuchillo en la bandeja, un tipo en la *mopa mopa* que corresponde a los diseños de la superficie, lo que sugiere que los diseños pueden haber sido cortados in situ, y otro tipo en el sustrato de madera, algunas aparentemente de naturaleza aleatoria y otras que parecen marcas de escriba, al parecer marcando los bordes y ángulos necesarios por el artesano en el trazado y la confección de la bandeja. La parte inferior también presenta varios diseños lobulados, en forma de nube, incisos bajo la *mopa mopa*.

Figura 14. Detalle de la bandeja que muestra el color rojo vivo revelado durante la limpieza (flecha roja), la formación de ampollas en la *mopa mopa* verde oscuro (flecha verde) y la combinación de las técnicas mate y brillante.

Antes del tratamiento, se apreciaba suciedad incrustada en la superficie, especialmente en la unión de la parte inferior interior con los laterales. En todas las zonas hay pequeñas pérdidas, zonas de levantamiento de *mopa mopa* y decoloración gris oscura, probablemente debida al deslustre del pan de plata. Un examen minucioso de la superficie también revela un patrón de burbujas similares a ampollas en zonas de pigmentos que contienen plomo (Figura 14), lo que puede deberse a la presencia de jabones metálicos. En algunas zonas se aprecian pequeños daños causados por la carcoma de los muebles (*Anobium punctatum*), como pequeños agujeros y deformaciones a lo largo de la veta, bajo el revestimiento de la superficie.

Durante la limpieza acuosa de la superficie, se revelaron zonas de color rojo brillante al eliminar la gruesa suciedad superficial donde el fondo se une a los laterales. Es posible que la gama de colores original fuera mucho más viva de lo que parece ahora; actualmente incluye verde oscuro opaco, azul oscuro opaco, amarillo oscuro opaco, amarillo claro metálico, amarillo oscuro metálico, amarillo anaranjado metálico, blanco metálico, azul claro metálico y azul oscuro metálico.

5. Debate

La investigación de los seis objetos *mopa mopa* analizados en este artículo ha revelado muchos puntos de contacto inesperados entre las piezas. Sobre la base de los materiales utilizados en ellos, los objetos pueden dividirse en dos subgrupos de dos y cuatro, respectivamente: la arqueta y la bandeja (y posiblemente el plato lobulado recientemente redescubierto V&A: 238-1876) ejemplifican dos estilos diferentes de barniz brillante, mientras que el escritorio y las tres calabazas emplean barniz de Pasto opaco. Cada uno de ellos tiene al menos un artículo análogo en otra colección, y se sigue trabajando en la comparación de observaciones y hallazgos con otras instituciones.

Todos los objetos excepto uno (la bandeja) contienen blanco de mercurio (cloruro de mercurio(I)) en las capas decorativas. Al principio resultó sorprendente, porque este material (históricamente conocido también como calomelano) no estaba reconocido como pigmento tradicional de los artistas, aunque existe una críptica referencia a un material blanco que contenía mercurio y que pudo haber sido utilizado por las pintoras de la Inglaterra de los Tudor [33]. La primera identificación oficial de cloruro de mercurio(I) utilizado como pigmento convencional se realizó en el V&A [4 (p.78) y 18]; desde entonces se ha registrado su presencia en otros tipos de obras de arte europeas, aunque sólo en raras ocasiones [34,35]. Encontrarlo en cinco de los seis objetos, adquiridos independientemente por el V&A a lo largo de más de 150 años, es muy significativo porque sugiere que en el siglo XVII los barnizadores empleaban este material de forma rutinaria, y que era el pigmento blanco de moda utilizado no sólo en las zonas blancas, sino también en las de color, donde normalmente se mezclaba con colorantes orgánicos. Según las pruebas reunidas hasta ahora, la resina de *mopa mopa* pigmentada con blanco de mercurio se utiliza de dos maneras ligeramente diferentes: o bien se aplica como un delgado contorno que encierra zonas pigmentadas con otros materiales (como en la arqueta W.7-2018 y la calabaza 1577-1902), o bien se utiliza como pigmento de relleno por derecho propio. Ocasionalmente coexisten ambos usos, por ejemplo en la arqueta W.15-2015 y las calabazas 268-1879 y 28-1866.

Los dos objetos de barniz brillante analizados hasta ahora contienen plata como fuente metálica del efecto brillante y presentan colorantes orgánicos translúcidos en su mayor parte.

Una de las tendencias que se observaron sólo cuando comparamos los análisis de todos los objetos del V&A es que los pigmentos que contienen plomo se habían utilizado con más frecuencia de lo que se pensaba en un principio. Las primeras consideraciones revelaron que el plomo suele estar presente en zonas de color beige o blanquecino (con la excepción de unos pocos elementos decorativos de color rojo ladrillo en el mueble). La presencia de pigmentos que contienen plomo en objetos de *mopa mopa* en todo el mundo aún no se ha estudiado a fondo. Incluso dentro de las colecciones del V&A, sólo recientemente se ha puesto de manifiesto, gracias al uso extensivo del escaneado FRX, que una decoración que contenía plomo estaba presente en sólo dos de las superficies del escritorio W.5-2015, donde originalmente se había excluido su uso.

Si bien podemos afirmar que se utilizó un material que contenía plomo en los elementos de color beige vistos en las tres calabazas, y en algunos de los elementos de color beige y rojo ladrillo de la vitrina, no se detectó la presencia de plomo en la decoración original de uno de los dos objetos de barniz brillante (la arqueta W.7-2018). La presencia de plomo en la bandeja (V&A: 1262-1855) es comparable a la que encontramos en la arqueta de Bateman de la colección del National Trust, donde la mayor parte del fondo de las superficies contiene plomo (probablemente en forma de blanco de plomo) [24]. Sin embargo, esto no es demasiado sorprendente, ya que el estilo decorativo de la arqueta brillante del V&A es muy diferente del de la bandeja del V&A y de la arqueta del National Trust. Cuando se pueda acceder al plato lobulado recientemente redescubierto (V&A: 238-1876), tenemos previsto confirmar si hay pigmentos que contengan plomo. El aspecto de este objeto, muy similar en diseño y estilo a la bandeja del V&A y a la arqueta del National Trust, sugiere claramente que se utilizó plomo en la decoración.

Las pruebas reunidas a partir del examen de los objetos del V&A confirman claramente que la *mopa mopa* es en sí misma un material muy sólido y resistente. Sin embargo, los colorantes orgánicos mezclados con ella pueden ser muy susceptibles a la decoloración inducida por la luz. Por ejemplo, la bandeja del V&A muestra que en zonas ocultas aún quedan restos de un colorante rojo vivo que ha desaparecido en otras partes. Esta sensibilidad a la luz también fue confirmada indirectamente por la comparación de las superficies externas de la vitrina y las calabazas con las superficies internas de la vitrina. Estas últimas muestran una gama de colores vivos que se han atenuado mucho o han desaparecido por completo en otros lugares. No hay colores rosas, amarillos y malvas brillantes, salvo en la tapa interior recién descubierta, y los mismos tonos siguen presentes, de forma menos vibrante, en la superficie interior del frontal abatible. Por otra parte, el examen minucioso de las superficies exteriores del mueble muestra un aspecto ligeramente moteado. Esto coincide con la craqueladura del barniz posterior que se eliminó durante la conservación del objeto: donde el barniz posterior era más fino, el color de la decoración *mopa mopa* está ahora más desvaído. Todo indica que muchos de los colorantes utilizados en los objetos de *mopa mopa* son muy sensibles a la luz, por lo que el barniz de Pasto debe conservarse y exponerse en condiciones adecuadas.

6. Adquisición de objetos contemporáneos/*Mopa mopa* en el V&A: perspectivas de futuro

El diseño contemporáneo sigue siendo una parte importante de la misión del V&A, como lo ha sido desde los primeros días del museo. El barniz de Pasto se ha practicado ininterrumpidamente desde que surgió en el siglo XVI, y en 2020 se incluyó en la Lista del Patrimonio Cultural Inmaterial de la UNESCO que requiere medidas urgentes de salvaguardia (Colombia); actualmente es también uno de los oficios tradicionales promovidos por la organización Artesanías de Colombia.[14] A pesar del reducido número de personas que se dedican a la producción (según Artesanías de Colombia, unos diez recolectores de resina de *mopa mopa* y treinta y seis barnizadores), la técnica sigue prosperando y desarrollándose. El trabajo de dos destacados maestros de la técnica, Gilberto Granja y Eduardo Muñoz Lora, se expuso en abril de 2023 durante la conferencia del V&A *Lacquer in the Americas*, y ambos compartieron su experiencia y conocimientos a través de demostraciones filmadas.[15] En el momento de escribir estas líneas (2024), el museo está adquiriendo ejemplos de su trabajo. Junto a los tipos de productos artesanales y formatos decorativos tradicionales, en los últimos años han surgido nuevos y variados enfoques liderados por artistas y diseñadores.

Tatiana Apráez es diseñadora de joyas, artesana y profesora en Bogotá, Colombia [36]. Sus antecedentes familiares y su crianza en San Juan de Pasto la llevaron a tomar muy pronto la decisión de incorporar el barniz de Pasto a su propio trabajo, y durante muchos años ha trabajado con el maestro del barniz Germán Obando para desarrollar formas de aplicar la resina de *mopa mopa* al metal, lo que dio lugar a su gama comercial de joyas de plata de barniz de Pasto. Aunque el barniz no se ha utilizado tradicionalmente en joyería, la resina de *mopa mopa se* empleaba antes de la llegada de los españoles para crear cuentas y narigueras de adorno [4], una tradición a la que Apráez responde de forma profundamente personal. Aunque se trata de una aplicación poco convencional de la técnica, la escala íntima y el carácter precioso de las joyas que se llevan sobre el cuerpo podrían considerarse una correspondencia muy apropiada para la excepcional rareza del recurso (cuya sostenibilidad no puede darse por sentada), el manejo memorablemente táctil de la técnica y el efecto de delicada intrincación que puede lograr el barniz de Pasto.

En 2023, el V&A adquirió un colgante y dos broches de la serie Urcunina de Apráez, bautizada con el nombre local de Galeras, un volcán activo cerca de San Juan de Pasto que domina la geografía de la región; su objetivo con las piezas es evocar "la fuerza interior del volcán y su tranquila belleza".[16] Apráez torneó cada una de ellas en madera dura local (algunas también incorporan elementos impresos en 3D). Alejándose de la tradicional estética barniz de motivos florales, un estampado abstracto-geométrico de cuadros o azulejos cubre todas las superficies, acentuando las formas orgánicas y curvilíneas. El efecto brillante recuerda al *guilloché* aplicado a la metalistería en las tradiciones occidentales de joyería y relojería, pero Apráez también se inspira en hallazgos arqueológicos prehispánicos, concretamente en los discos de hilar de Nariño realizados con aleación de cobre y oro mediante la técnica de tumbaga martillada con dorado por agotamiento.[17] Al igual que estas extraordinarias obras, las piezas circulares de Apráez también responden al juego de la luz cuando se llevan sobre el cuerpo y en movimiento. En la Serie Urcunina, el barniz de Pasto, que se aplica convencionalmente en forma de hoja recortada, utiliza resina de *mopa mopa* pigmentada con tintes no tóxicos (como la utilizada en artesanía y envases alimentarios) junto con polvo metálico, que a veces contrasta con el fondo de madera pulida, en lo que podría considerarse una técnica híbrida entre el barniz opaco y el barniz brillante.

La obra de Apráez se expondrá junto a ejemplos históricos de barniz de Pasto en una amplia muestra titulada "El poder de la tradición" en el V&A East Museum (que abrirá sus puertas en 2025). Dado que el barniz de Pasto es un tema tan rico desde el punto de vista histórico, cultural y técnico, y que las recientes investigaciones, análisis y tratamientos han demostrado ser tan fructíferos, esta oportunidad de presentar la colección del V&A acentuada por la práctica contemporánea es especialmente oportuna.

7. Conclusiones

La investigación llevada a cabo en el V&A durante los últimos ocho años sobre objetos fabricados con laca indígena americana en general, y objetos decorados con *mopa mopa* en particular, ha sido reveladora a múltiples niveles. La colaboración entre curadores, conservadores y científicos del V&A ha arrojado luz sobre la materialidad de un grupo de objetos relativamente poco conocido y ha revelado detalles nuevos y sorprendentes sobre su composición y fabricación. La difusión de nuestro trabajo también ha facilitado el redescubrimiento de piezas de *mopa mopa* en otras colecciones. El desarrollo de nuestros conocimientos nos permite mirar nuestra colección con otros ojos y redescubrir objetos que antes no se identificaban y que ahora sabemos que se fabricaron con *mopa mopa*.

Aunque nuestro examen técnico y el análisis científico de los objetos de laca indígenas americanos se han visto limitados por nuestra decisión de adoptar un enfoque no invasivo siempre que ha sido posible (lo que significa que no hemos tomado muestras de superficies prístinas, incluso cuando el muestreo podría haber proporcionado información valiosa), la ciencia del patrimonio se está desarrollando a un ritmo tan rápido que confiamos en poder abordar estas cuestiones de forma no invasiva muy pronto.

Los descubrimientos realizados a lo largo del proceso, como la identificación del blanco de mercurio en una gran proporción de los objetos *mopa mopa* del V&A

investigados en los últimos años, también han servido de base para el trabajo de otras instituciones y han facilitado una mejor comprensión de los objetos de otras colecciones.

Los tratamientos de intervención realizados en el escritorio para eliminar los revestimientos superficiales no originales han demostrado la resistencia de las superficies originales a una serie de disolventes y materiales a base de agua. Al mismo tiempo, nuestras observaciones han revelado lo sensibles que pueden ser algunos de los colorantes a la exposición a la luz: lo que vemos ahora, aunque colorido y vivo, es apagado en comparación con lo que habría sido el aspecto original. Los defectos ocultos y la falta de adherencia total de la *mopa mopa* al sustrato, descubiertos durante los experimentos de escaneado mediante microtomografía computarizada, sugieren que un proceso de fabricación imperfecto puede acabar provocando el desprendimiento de la decoración. Esto demuestra cómo la participación de especialistas de otras instituciones, complementando el equipo y las especialidades disponibles en nuestro museo, puede enriquecer nuestros conocimientos y producir resultados de investigación más completos.

Lo que hace aún más apasionante nuestra investigación sobre la *mopa mopa* es la constatación de que aún queda mucho por descubrir, más conexiones por establecer y más conocimientos por sacar a la luz.

Material suplementario: La siguiente información de apoyo puede descargarse en: https://doi.org/10.3390/heritage7090216, texto de este artículo en inglés; Material suplementario 2: mapas FRX adicionales e imágenes de microscopía digital (en inglés).

Contribuciones de los autores: Conceptualización, L.B., V.R., L.N.M., D.M. y N.H.; metodología, L.B., V.R., D.M. y L.N.M; análisis formal, V.R., L.B., D.M. y L.N.M.; investigación, L.B., V.R., D.M., L.N.M. y N.H.; conservación de datos, L.B., V.R., D.M. y L.N.M.; redacción-redacción del borrador original, L.B., V.R., D.M. y N.H.; redacción-revisión y edición, L.B., V.R., D.M., L.N.M. y N.H. Todos los autores han leído y aceptado la versión publicada del manuscrito.

Financiación: Esta investigación no ha recibido financiación externa.

Declaración de disponibilidad de datos: Datos originales disponibles previa solicitud, cuando esté suficientemente justificado.

Agradecimientos: Nuestro agradecimiento a los coautores de nuestras anteriores publicaciones sobre la laca indígena americana: Brenda Keneghan, anteriormente Científica Senior de Polímeros del V&A; Bhavesh Shah, anteriormente Científico del V&A; Paul Robins, anteriormente Fotógrafo Senior del V&A; Brett L. Clark y Jens Najorka, del Museo de Historia Natural de Londres; Vincent Fernandez, Amin Garbout, Tomasz Goral, Jens Najorka y Stanislav Strekopytov, anteriormente en el Museo de Historia Natural de Londres; Richard Newman, Jefe de Investigación Científica del Museo de Bellas Artes de *Boston*; David A. Peggie y Marta Melchiorre Di Crescenzo, de la National Gallery de Londres. También agradecemos a Peter Gasson, anteriormente en el Real Jardín Botánico de Kew, por llevar a cabo la identificación microscópica de la madera del cofre; y a Mereike Gerken y Roald Tagle, de Bruker Nano GmbH, por su asesoramiento durante el análisis preliminar del cofre y las calabazas. En 2017-2018 el gabinete V&A: W.5-2015 fue el protagonista de un proyecto de investigación y conservación generosamente apoyado por Jorge Welsh Works of Art, Londres - Lisboa. Agradecemos al UKRI Arts and Humanities Research Council (referencia AH/V012134/1) la financiación de la renovación del laboratorio científico del V&A, incluida la adquisición del espectrómetro M6 Jetstream utilizado para los experimentos de cartografía elemental FRX; y del microscopio digital Hirox HRX-01 utilizado para la microscopía digital. Por último, nuestro más sincero agradecimiento a Lucía Pereira Pardo por traducir la versión inglesa de este documento al español, y a Adriana Francescutto Miró por su ayuda con parte de la terminología técnica en español.

Conflictos de intereses: Los autores declaran no tener ningún conflicto de intereses.

Apéndice A - Paleta

Table A1. Visión general de los resultados del mapeo FRX del escritorio (W.15-2015)

Color (aspecto actual)	Composición	Ejemplos
Decoración original		
Negro (fondo)	Al, Ca, Fe, Mn y Ti. Las láminas de *mopa mopa se* caracterizan por una intensidad desigual de los recuentos XRF (véase el mapa de distribución de Fe y Ti en la Figura A1 y Figura A2 y los mapas de distribución de Fe, K y Ti en la Figura A3). Esto puede deberse a un grosor diferente de la chapa, a una mayor concentración del elemento en la materia prima o a la adición diferencial de un pigmento al barniz para conseguir la tonalidad deseada.	Figure A1, Figura A2, Figura A3
Amarillo/dorado	Cl y Hg	flor de lis, Figura A4
Amarillo	Cl y Hg	bastidor de cajones (flecha roja,Figura A5)
Aguamarina	Cl y Hg	bastidor de cajones (flecha azul, Figura A5)
Blanco y blanquecino	Cl y Hg	flechas rojas, Figura A6.
Beige y marrón claro	Pb	flecha azul, Figura A6
Azul claro	Cl y Hg	flechas rojas, Figura A7
Rosa	Cl y Hg (flechas rojas, Figura A7) Pb sólo en una parte de la decoración del frente de caída abisagrado - lado exterior (flecha azul, Figura A7)	flechas rojas, Figura A7 flecha azul, Figura A7
Morado claro	Cl y Hg	
Naranja y rojo	Cl y Hg (flecha roja, Figura A8) Pb (flecha azul, Figura A8)	flechas rojas, Figura A8 flecha azul, Figura A8
Reparaciones y restauraciones posteriores		
Parches en la flor de lis	dos parches, probablemente de *mopa mopa*, pueden verse en el mapa de distribución del mercurio (flechas rojas en Figura A9), lo que sugiere que se realizó una reparación en una fase temprana de la vida del objeto, posiblemente al mismo tiempo que la fabricación del mueble. Obsérvese que los recuentos XRF (intensidad) son menores en el lado derecho de la flor de lis, donde se aprecian las manchas, lo que sugiere que la capa de *mopa mopa* es más fina en esa región. Esto podría deberse a una aplicación desigual o al resultado de la abrasión y puede ser la razón de la aplicación de los parches	Figura A9
Flores amarillas en los cajones y volutas amarillas en los bordes	retoque que contiene Cr y Pb, sugiriendo cromato de plomo (flecha roja, Figura A10).	flecha roja, Figura A10
Retoque general con Pb	Se detectó Pb en la mayoría de las zonas retocadas. Esto se debe principalmente a la presencia de blanco de plomo (identificado mediante microscopía Raman). En otras zonas es probable la presencia de cromato de plomo	
Rellenos	el material de relleno de la grieta y de los orificios de los clavos contiene un material a base de calcio (sólo sulfato o una combinación de sulfato y carbonato)	
Retoque del fondo	El retoque del fondo se hizo con un material que contenía hierro. Los ocres también fueron el principal material utilizado para el repintado de la cara interior de la tapa con bisagra.	

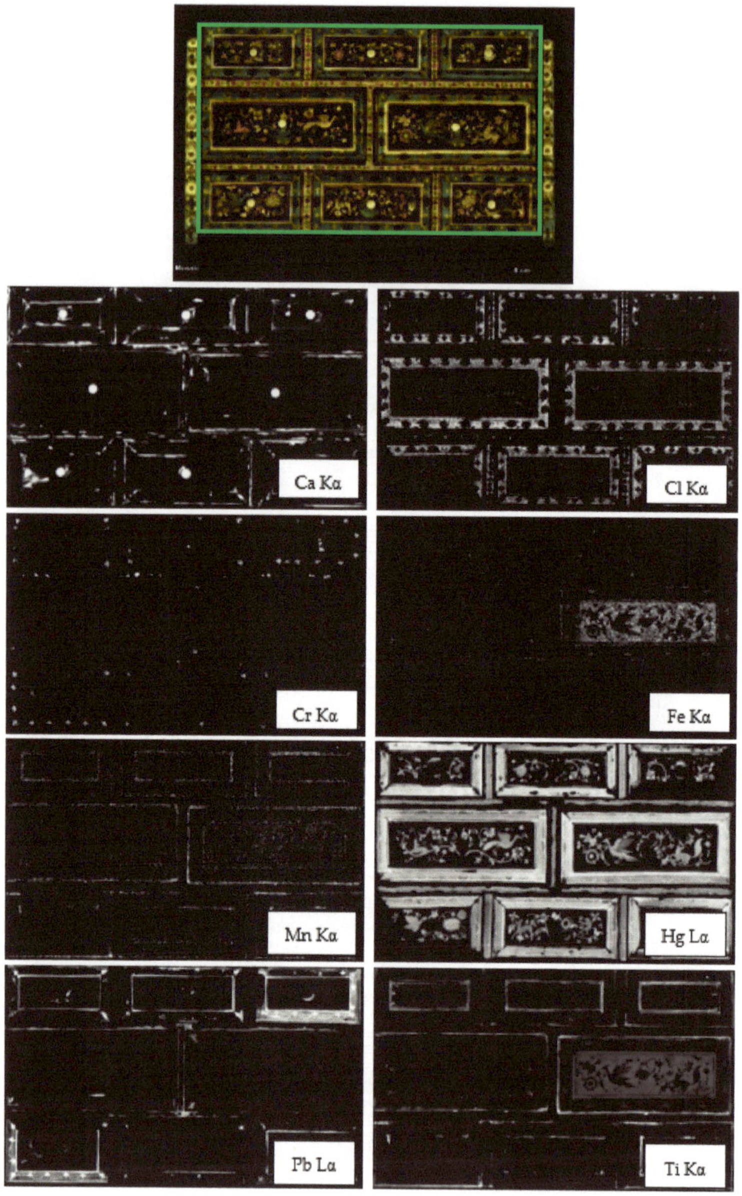

Figure A1. Mapas de distribución elemental de la parte frontal del escritorio.

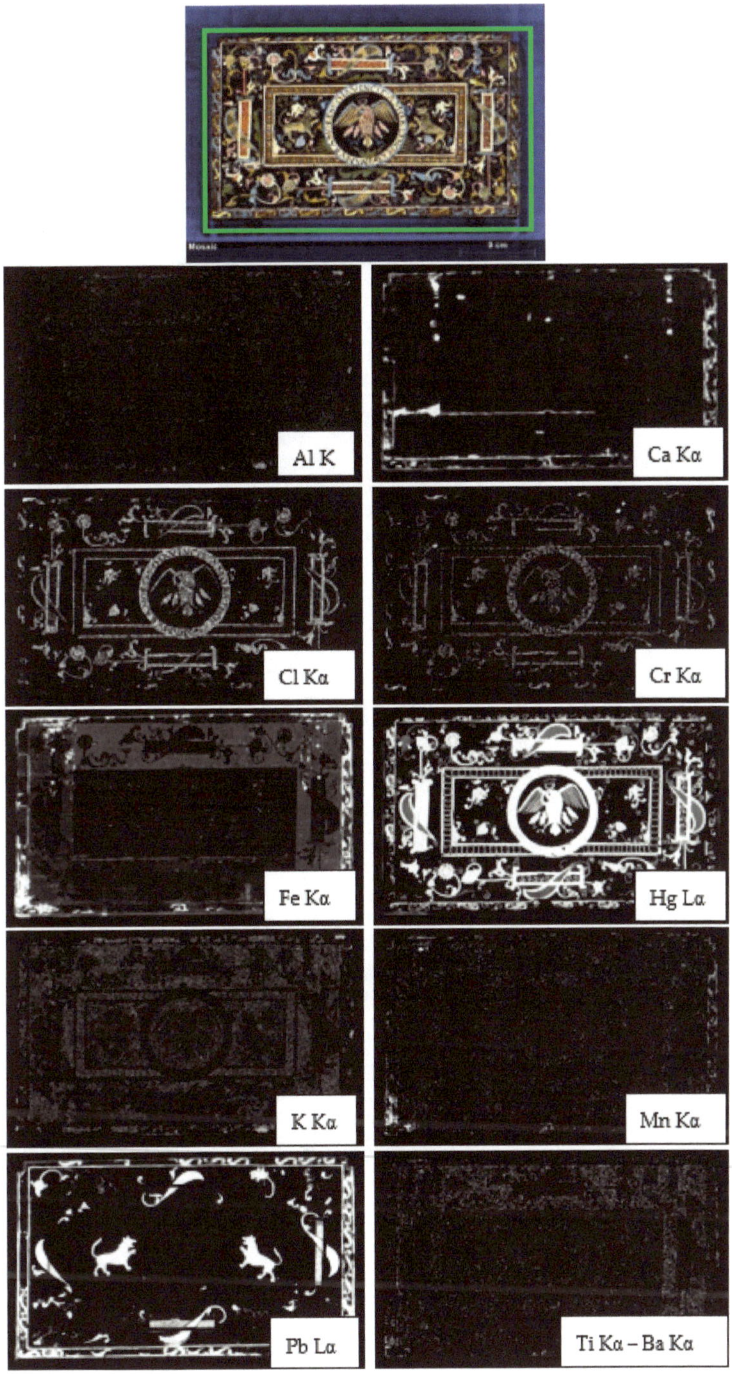

Figure A2. Mapas de distribución elemental de la parte posterior del escritorio. Obsérvese el alto contenido en hierro de las láminas de *mopa mopa* superior y derecha, probablemente debido a un enriquecimiento en hierro durante el proceso de fabricación.

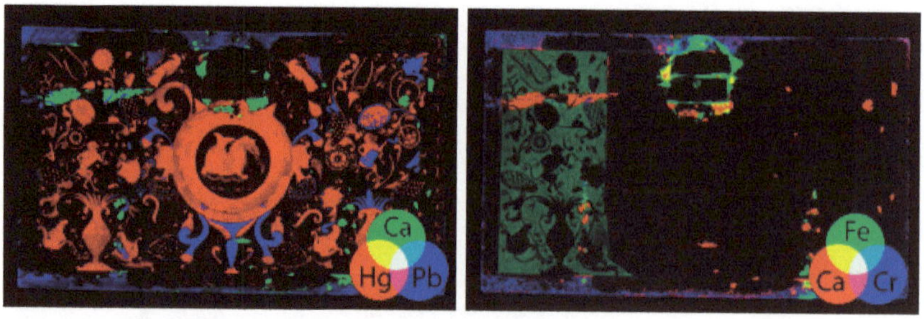

Figure A3. Mapas de distribución elemental combinada del interior del frontal abatible abisagrado. Nótese el alto contenido en hierro de la lámina de *mopa mopa* del lado izquierdo, probablemente debido a un enriquecimiento en hierro durante el proceso de fabricación.

Figure A4. Flor de lis decorando el interior del escritorio.

Figure A5. Colores amarillo (flecha roja) y aguamarina (flecha azul) que contienen cloro y mercurio.

Figure A6. Colores blanco y blanquecino (flecha roja) que contienen cloro y mercurio y colores beige y marrón claro (flecha azul) que contienen plomo.

Figure A7. Colores azul y rosa que contienen cloro y mercurio (flechas rojas). Las únicas zonas rosas que contienen plomo se encuentran en una parte de la decoración del frontal abatible - lado exterior (flechas azules).

Figure A8. Colores naranja y rojo que contienen plomo (flecha roja) o plomo y mercurio (flechas azules) en el lado exterior del frontal abatible.

Figure A9. Mapas de distribución elemental de la flor de lis y mapa de distribución elemental combinada de mercurio (Hg) y cloro (Cl). Las flechas rojas señalan las zonas en las que se ha reparado la decoración.

Figure A10. Retoque con cromo y plomo (flechas rojas).

Notas

1. El resplandor y lustre del barniz brillante no es fácil de captar mediante fotografía, especialmente cuando las imágenes deben tomarse con un filtro de luz polarizada o difusa para reducir brillos indeseados; véase también la figura 7 en Humphrey et al. [12].
2. El gabinete fue donado por el Dr. Robert MacLeod Coupe y Heather Coupe en memoria de su hermano, Philip MacLeod Coupe.
3. Sobre Barniz de Pasto véase, por ejemplo, la exposición *The Arts in Latin America, 1492-1820* organizada por Joseph J. Rishel con Suzanne Stratton-Pruitt, Filadelfia (2006) pp. 106-9.
4. La ficha de la colección de este objeto puede consultarse en línea: https://collections.vam.ac.uk/item/O11275/tray/ (último acceso 01/04/2024).
5. Véase el capítulo 7, *El esplendor del brillo* (pp.164-257) en Álvarez-White, M.C., El barniz de Pasto: secretos y revelaciones. 2023: Universidad de los Andes.
6. La entrada de la colección puede consultarse en línea: https://collections.vam.ac.uk/item/O112126/dish-unknown/ (último acceso: 15/04/2024).
7. Las entradas de la colección pueden consultarse en línea: V&A: 28-1866; comprada £1 en León, https://collections.vam.ac.uk/item/O378670/flask/ (último acceso 01/04/2024); V&A: 268-1879; 9,5cm de altura; comprada £3 por J.C. Robinson en España, https://collections.vam.ac.uk/item/O378668/flask/ (último acceso 01/04/2024); V&A: 1577-1902; la montura de plata del cuello grabada SANCHEZ; comprada en Londres £4 a Mr F.E. Whelan, https://collections.vam.ac.uk/item/O373700/flask-and-stopper/ (última consulta 01/04/2024).
8. Nº de inv. HSML L2067.
9. La entrada de la colección puede consultarse en línea: https://collections.vam.ac.uk/item/O1438719/casket/ (última consulta: 01/04/2024).
10. Entre los cofres del grupo conservados en colecciones públicas se encuentran los siguientes: HSML inv. nº L2067 y 32941; LACMA inv. No. M.2008.34; Museo Catedralicio y Diocesano, Pamplona en préstamo de la parroquia de San Pedro Apóstol, Mondigerria.
11. N[os] de inv HSML. LS2446 y LS2000.
12. Sobremesa N.º inv. HSML LS2447; cofre con Zebregs & Röell (catálogo de noviembre de 2021, n.º 13); el cofre grande vendido en c.2014 por Amir Mohtashemi, Londres.
13. La identificación microscópica de la madera corrió a cargo de Peter Gasson, del Real Jardín Botánico de Kew.
14. 'Conocimientos y técnicas tradicionales asociadas al barniz de Pasto mopa-mopa del Putumayo y Nariño' https://ich.unesco.org/en/USL/traditional-knowledge-and-techniques-associated-with-pasto-varnish-mopa-mopa-of-putumayo-and-nario-01599
15. Consulte la página web de la conferencia https://www.vam.ac.uk/event/9Zml1R5NvMK/lacquer-in-the-americas-april-2023 y las grabaciones bilingües de la conferencia a las que puede acceder a través de la entrada del blog https://www.vam.ac.uk/blog/museum-life/lacquer-in-the-americas (última consulta: 16/04/2024).
16. Tatiana Apráez, comunicación personal con Nick Humphrey, 2023.
17. Museo del Oro, Bogotá; número de acceso: O21220. Publicado en línea por Google Arts and Culture, en https://artsandculture.google.com/asset/rotating-disk-nari%C3%B1o-plateau-late-period/YgGVXTCRbnmF1A?hl=en (último acceso 14/04/2024).

Referencias

1. Newman, R.; Kaplan, E.; Derrick, M. Mopa mopa: Scientific analysis and history of an unusual South American resin used by the Inka and artisans in Pasto, Colombia. *J. Am. Inst. Conserv.* **2015**, *54*, 123–148.
2. Newman, R.; Kaplan, E.; Álvarez-White, M.C. The Story of Elaeagia Resin (Mopa-Mopa), So Far. *Heritage* **2023**, *6*, 4320–4344.
3. Pearlstein, E.J.; Kaplan, E.; Howe, E.; Levinson, J. Technical analyses of painted Inka and colonial qeros. *Objects Spec. Group Postprints* **2000**, *6*, 1999–2000.
4. Álvarez-White, M.C. *El Barniz de Pasto: Secretos y Revelaciones*; Universidad de los Andes: Bogota, Colombia, 2023.
5. Codding, M. The Lacquer Art of Latin America. In *Made in the Americas*; The New World Discovers Asia; Carr, D., Bailey, G.A., Eds.; Museum of Fine Arts: Boston, MA, USA, 2015; pp. 74–89.
6. Álvarez-White, M.C.; Cohen, D.; Fernández, M.O. The Splendour of Glitter: Silver Leaf in barniz de Pasto Objects. *Heritage* **2023**, *6*, 6581–6595.
7. Alvarez-White, M.C. El barniz de Pasto: Reflejo de la naturaleza. In *Naturaleza y Paisaje. X Encuentro Internacional Sobre Barroco*; Fundación Visión Cultural: 2019.
8. Von Humboldt, A. Sobre el barniz de Pasto. In *Alexander von Humboldt en Colombia: Extractos de sus Diarios preparados y presentados por la Academia Colombiana de Ciencias Exactas, Físicas y Naturales y la Academia de Ciencias de la República Democrática Alemana*; Publicismo y Ediciones: Bogotá, Colombia, 1982; pp. 188–189.
9. Kawamura, Y. The Art of Barniz de Pasto and Its Appropriation of Other Cultures. *Heritage* **2023**, *6*, 3292–3306.
10. Kawamura, Y. Encuentro multicultural en el arte de barniz de Pasto o la laca del Virreinato del Perú. *Hist. Y Soc.* **2018**, *35*, 87–112.

11. Rivas, J.F. Observations on the Origin, Development, and Manufacture of Latin American Furniture. In *The Arts in Latin America, 1492–1820*; Rishel, J.J., Stratton-Pruitt, S., Eds.; Philadelphia: 2006.
12. Humphrey, N.; Burgio, L.; Melchar, D. One small corner of the Viceroyalty in South Kensington: Barniz de Pasto at the Victoria and Albert Museum, London. In *Anales del Museo de América*; Subdirección General de Documentación y Publicaciones: 2020.
13. Ospina, C. Indigenous Knowledge and Women's Cosmetics: Mopa Mopa in the Colonial Northern Andes. *Art Hist.* **2024**, *46*, 918–945.
14. Humphrey, N. Box of Mysteries. In *V&A Magazine*; V&A Publishing: London, UK, 2017; pp. 20–21.
15. López Pérez, M.d.P. Quito, entre lo prehispánico y lo colonial. El arte del barniz de Pasto. *Arte Quiteño Más Allá Quito. Mem. Semin. Int. FONSAL* **2010**, 44.
16. López Pérez, M.d.P. Reflections on the Forms and Arrangements of Surface Images in the Art of Barniz de Pasto, from the 16th to the 19th Century. *Heritage* **2023**, *6*, 5424–5441.
17. Junquera, J.J. Piezas Americanas en la Coleccion Coll & Cortes. In Coll & Cortez: Las Artes del Nuevo Mondo. 2011; pp. 24–51.
18. Burgio, L.; Melchar, D.; Strekopytov, S.; Peggie, D.A.; Di Crescenzo, M.M.; Keneghan, B.; Najorka, J.; Goral, T.; Garbout, A.; Clark, B.L. Identification, characterisation and mapping of calomel as 'mercury white', a previously undocumented pigment from South America, and its use on a barniz de Pasto cabinet at the Victoria and Albert Museum. *Microchem. J.* **2018**, *143*, 220–227.
19. Melchar, D.; Burgio, L.; Fernandez, V.; Keneghan, B.; Newman, R. A collaborative, multidisciplinary and multi-analytical approach to the characterisation of barniz de Pasto objects from the V&A collections. in Transcending Boundaries: Integrated Approaches to Conservation. In Proceedings of the ICOM-CC 19th Triennial Conference Preprints, Beijing, China, 17–21 May 2021; International Council of Museums: Paris, France, 2021.
20. De la Mata, A.Z. El arte del barniz de Pasto en la colección del Museo de América de Madrid. *An. Mus. América* **2020**, *28*, 81–98.
21. Zabía de la Mata, A. New Contributions Regarding the Barniz de Pasto Collection at the Museo de América, Madrid. *Heritage* **2024**, *7*, 667–682.
22. Katz, M. Local color: The visual analysis of a South American colonial lacquered gourd in the collection of the Hispanic Society Museum and Library. AIC Wooden Artifacts Group Postprints. Uncasville, Connecticut, 2019; pp. 19–27.
23. Pozzi, F.; Basso, E.; Katz, M. In search of Humboldt's colors: Materials and techniques of a 17th-century lacquered gourd from Colombia. *Herit. Sci.* **2020**, *8*, 101.
24. Geminiani, L.; Sanchez Carvajal, M.; Schmuecker, E.; Wheeler, M.; Burgio, L.; Melchar, D.; Risdonne, V. A Recently Identified Barniz Brillante Casket at Bateman's, the Home of Rudyard Kipling. *Heritage* **2024**, *7*, 1569–1588.
25. Keune, K.; Boon, J.J. Analytical imaging studies of cross-sections of paintings affected by lead soap aggregate formation. *Stud. Conserv.* **2007**, *52*, 161–176.
26. Lead Soaps. Available online: https://www.metmuseum.org/about-the-met/conservation-and-scientific-research/projects/lead-soaps (accessed on 16 April 2024).
27. Casadio, F.; Keune, K.; Noble, P.; Van Loon, A.; Hendriks, E.; Centeno, S.; Osmond, G. *Metal Soaps in Art*; Springer: Berlin/Heidelberg, Germany, 2019.
28. Centeno, S.A.; Mahon, D. The chemistry of aging in oil paintings: Metal soaps and visual changes. *Metrop. Mus. Art Bull.* **2009**, *67*, 12–19.
29. Higgitt, C.; Spring, M.; Saunders, D. Pigment-medium interactions in oil paint films containing red lead or lead-tin yellow. *Natl. Gallery Tech. Bull.* **2003**, *24*, 75–95.
30. Angelova, L.V.; Berrie, B.H.; de Ghetaldi, K.; Kerr, A.; Weiss, R.G. Partially hydrolyzed poly (vinyl acetate)-borax-based gel-like materials for conservation of art: Characterization and applications. *Stud. Conserv.* **2015**, *60*, 227–244.
31. Angelova, L.V.; Ormsby, B.; Townsend, J.; Wolbers, R. eds. *Gels in the Conservation of Art*; Archetype Publications, London, UK: 2017.
32. Johnson, C.; Head, K.; Green, L.; The conservation of a polychrome Egyptian coffin. *Stud. Conserv.* **1995**, *40*, 73–81.
33. Hilliard, N. *A Treatise Concerning the Arte of Limning. A More Compendious Discourse Concerning Ye Art of Liming*; Mid Northumberland Arts Group in association with Carcanet New Press: Washington, DC, USA, 1981.
34. Kimbriel, C.S.; Ricciardi, P. Secrets of a Silent Miniaturist: Findings from a Technical Study of Miniatures Attributed to Isaac Oliver. British Art Studies, Issue 17, September 2020. Available online: https://britishartstudies.ac.uk/issues/issue-index/ issue-17/secrets-of-a-silent-miniaturist (accessed on 1 August 2024).
35. Crippa, M.; Legnaioli, S.; Kimbriel, C.; Ricciardi, P. New evidence for the intentional use of calomel as a white pigment. *J. Raman Spectrosc.* **2021**, *52*, 15–22.
36. Frank, R. Sustainable, Laborious, and Saturated: The very human production process of Mopa-Mopa and Pasto varnish. *Surf. Des. J.* **2020**, 18–23. Available on https://artjewelryforum.org/library/the-very-human-production- process-of-mopa-mopa-and-pasto-varnish (accessed on 1 August 2024).

heritage

MDPI

Article

Seventeenth-Century *Barniz de Pasto* Objects from the Collection of the Hispanic Society Museum & Library: Materiality and Technology

Elena Basso [1,*], Alicia McGeachy [1], Maria Goretti Mieites Alonso [1], Federica Pozzi [2], Roxanne Radpour [3] and Monica Katz [4]

[1] Department of Scientific Research, The Metropolitan Museum of Art, 1000 Fifth Avenue, New York, NY 10028, USA; alicia.mcgeachy@metmuseum.org (A.M.); maria.mieitesalonso@metmuseum.org (M.G.M.A.)
[2] Centro per la Conservazione ed il Restauro dei Beni Culturali "La Venaria Reale", Via XX Settembre 18, Venaria Reale, 10078 Turin, Italy; federica.pozzi@ccrvenaria.it
[3] Department of Art Conservation, University of Delaware, 303 Old College, Newark, DE 19716, USA; radpour@udel.edu
[4] Conservator Emerita, Hispanic Society Museum & Library, 613 W 155th Street, New York, NY 10032, USA; monicakatz@mac.com
* Correspondence: elena.basso@metmuseum.org

Abstract: The Hispanic Society Museum & Library (HSML) holds a collection of nine viceregal *barniz de Pasto* objects, made by Indigenous artisans in the 17th and 18th centuries. Designed to imitate Asian lacquers and intended for European aesthetic tastes, *barniz de Pasto* is an example of Indigenous technique and knowledge that has survived to the present day. An in-depth analysis of five of these *barniz de Pasto* objects, dated to the first half and last quarter of the 17th century based on their iconography, was carried out through a combination of non-invasive and micro-invasive techniques, including portable X-ray fluorescence (pXRF) spectroscopy to investigate the possible presence of inorganic pigments, and fiber-optics reflectance spectroscopy (FORS) and reflectance imaging spectroscopy (RIS) to provide molecular information on colorants and their distributions across the objects. Dyes and pigments were also identified using Raman spectroscopy, Fourier-transform infrared (FTIR) spectroscopy, and liquid chromatography/mass spectrometry (LC/MS). The nature of the resin was determined by FTIR and pyrolysis-gas chromatography/mass spectrometry (Py-GC/MS), while the decoration stratigraphy and composition were analyzed by scanning electron microscopy with energy-dispersive X-ray spectroscopy (SEM-EDS). This paper confirms the use of *mopa mopa*, the resin used in the *barniz de Pasto* technique, in two objects not previously analyzed, and identifies indigo, insect-based red, calomel, lead white, and an unknown flavonol-based yellow dye, and challenges the use of calomel as a temporal marker for these works. Taken together, these results expand our understanding of the material use and explorations undertaken by artists during this time period to create such elaborate and enduring objects.

Keywords: *barniz de Pasto*; *Elaeagia pastoensis*; *mopa mopa*; lacquer; Colombia; viceregal; Indigenous art; pXRF; mass spectrometry; reflectance imaging spectroscopy

Citation: Basso, E.; McGeachy, A.; Mieites Alonso, M.G.; Pozzi, F.; Radpour, R.; Katz, M. Seventeenth-Century *Barniz de Pasto* Objects from the Collection of the Hispanic Society Museum & Library: Materiality and Technology. *Heritage* **2024**, *7*, 2620–2732. https://doi.org/10.3390/heritage7050125

Academic Editors: Nicola Masini and Austin Nevin

Received: 7 April 2024
Revised: 7 May 2024
Accepted: 15 May 2024
Published: 18 May 2024

1. Introduction

In the 17th and 18th centuries, artisans working in present-day Pasto, Colombia, using Indigenous techniques became recognized for creating lacquered objects known as *barniz de Pasto* [1,2]. These decorated wooden pieces were intended to mimic Asian lacquers, while incorporating both Indigenous and European decorative elements and forms [3], and they were destined for local grandees and members of the clergy [4]. The practice continues today, and in 2020 was placed on UNESCO's List of Intangible Cultural Heritage in Need of Urgent Safeguarding. The present study includes a group of five *barniz de Pasto* objects from the Hispanic Society Museum & Library (HSML) collection in New York. Represented in this group of objects are two types of decorative techniques that emerged in the 17th century: *matte barniz*, which is created by using pigment-saturated resin to achieve a matte appearance, and *barniz brillante*, which involves layering colored, translucent resin sheets over silver leaf to create a glittering effect [3,5].

The resin, known as *mopa mopa*, is produced by harvesting small resinous leaf buds called stipules from *Elaeagia pastoensis*, a tree that grows in the Andean rainforest. A thorough description and analytical study of *E. pastoensis* and *E. utilis*, the other known resin-producing species of *Elaeagia*, is reported by Newman and coauthors [6,7]. While the term *mopa mopa* is generally used to refer to *Elaeagia* resin, in this article it is used exclusively to indicate *E. pastoensis*. The traditional preparation process required purifying the resin from plant debris by boiling it in water and chewing it to improve its elastic and plastic properties [8]. Once purified, the resin was colored by mixing in natural pigments and dyes, and was then stretched into very thin sheets which were layered over the surface of an object with silver leaf and/or inlay to create complex and sophisticated designs. The resin created a lustrous finish similar to that of Asian lacquer, and when layered with silver leaf sought to imitate Japanese *makie* lacquer, which was sprinkled with gold powder [9].

Recent papers have been welcome additions to the art historical evaluation of *barniz de Pasto* objects [10–16], and several scientific studies have been published following the research undertaken by Burgio and coauthors [17]. Principal amongst these was a 2020 Special Issue of *Anales del Museo de America* following a study day focused on *barniz de Pasto* objects in Spanish collections and at the Victoria and Albert Museum in London. In this issue, Romero and coauthors presented material analysis results of five *barniz de Pasto*-decorated boxes in Spanish collections [18]. The authors confirmed the presence of a ground layer of resin plus lead white on a *matte barniz* box, where the black background color was made of indigo mixed with other compounds; in two boxes decorated with the *brillante* technique, the authors discovered that the silver leaf was sealed and protected by a transparent finishing layer ofoil-rich resin, possibly chia oil [18]. Similar results were found by Sanchez Ledesma [19] on five microsamples taken from a large *barniz de Pasto* casket in the collection of the Museo de America. Using high-performance liquid chromatography with diode-array detection (HPLC-DAD) and Fourier-transform infrared (FTIR) spectroscopy, Sanchez Ledesma confirmed that the resin was *E. pastoensis*. Calomel (mercury(I) chloride), also known as mercury white, was the matte white pigment identified using scanning electron microscopy equipped with energy-dispersive X-ray spectroscopy (SEM-EDS), and indigo was detected by HPLC-DAD in the greens and blacks. The organic yellow and red components remained unidentified [19].

Separately, Crippa and coauthors [20] identified calomel using a portable Raman spectrometer in two works of art at the Fitzwilliam Museum in Cambridge—an English Missal (MS34, ca. 1470) and a portrait by Isaac Oliver from England (FM 3868, 1595–1600)—opening the possibility of calomel being used as pigment more widely in works of art, and predating its occurrence in *barniz de Pasto* objects. In Gliozzo's article on mercury-based red and white pigments [21], the author posits the possibility that calomel was sourced as a degradation byproduct of cinnabar, widely used and found in the Viceroyalty of Peru before the 17th century.

The current work builds on the study of a *barniz brillante* gourd vase, also in the HSML collection, which was the subject of a comprehensive analytical study aiming to identify all the materials involved in its decoration to investigate the manufacturing technique, as well as date the object [22]. The study confirmed the resin as *E. pastoensis* and identified the use of indigotin-based dye for black and blue colors, cochineal for red, calomel for white, and a mixture of indigotin-based dye and an unidentified yellow colorant for green. The complex stratigraphy included one or two layers of silver leaf, each underneath a layer of tinted resin, creating a typical iridescent effect. The gourd body was radiocarbon-dated, supporting an initial iconographical study that had attributed a circa 1625 date to the vase. Using a similar approach and array of analytical techniques, this study examines five additional *barniz de Pasto* objects in the HSML collection dated by iconography to the 17th century. The current study aimed to confirm *E. pastoensis* resin as the binder, identify pigments and colorants and look for evidence of material and technological changes throughout the 17th century, and compare pigments and colorants used for *matte barniz* and *barniz brillante*. This work adds valuable insights into the technology of such culturally and artistically important decorative processes and generates new questions about the yellow dyes used in the production of colored resins and the use of pigments as chronological markers in these works.

2. Materials and Methods

2.1. The Objects

The following *barniz de Pasto* objects were included in the analytical study: *Casket* (LS2361, 1625–1650), *Portable Writing Desk* or *Escritorio* (LS2446, ca. 1643), *Tabletop* (LS2447, ca. 1643), *Coffer* (LS2067, ca. 1650), and *Portable Writing Desk* or *Escritorio* (LS2000, ca. 1684) (Figure 1 and Table S1, Supplementary Material S1).

Figure 1. Images of the five *barniz de Pasto* objects studied for this research. (**A**) *Casket*, LS2361. (**B**) *Coffer*, LS2067. (**C**) *Tabletop*, LS2447. (**D**) *Writing desk (Escritorio)*, LS2446. (**E**) *Portable writing desk (Escritorio)*, LS2000. Courtesy of The Hispanic Society of America. (Details about the objects are reported in Supplementary Material S1, Table S1.)

The five artworks were divided into two groups based on their form, relative size, and dating. The first group includes the *Casket* (LS2361) and the *Coffer* (LS2067) (Figure 1A,B), similar in terms of structure, size, and date, despite having been made with different decorative techniques. They show the same basic wooden structure with arched interior lid supports and a domed lid. Except for the bottom, which is unfinished, all surfaces, inside and outside, are covered with resin (Figure 2). Within the reddish translucent band that frames each of the exterior panels of the *Casket* (LS2361), larger figures of a cherub, a Spanish lady and a man on horseback, and animals—deer, lions, dogs—are surrounded by flora and fauna on a black background, and contain the following limited palette: several shades of ocher, pink, pale and dark blue, light green, olive green, and gray. This technique inlays different colored lacquered shapes to create the design or, in the case of the grayish hare, cuts away resin to reveal black detailing (Figure 3).

Figure 2. *Casket*, LS2361. The image shows casket structure and extent of decorated surfaces.

Figure 3. Detail from proper left side of *Casket*, LS2361, showing pale blue-gray hare.

The *Coffer* (LS2067), a *brillante* box, retains its original silver hardware and, like the other objects examined here, has all visible surfaces covered with resin, except for the bottom. The imagery harks back to medieval books of hours with a unicorn and fantastical sea creatures (Figure 4) rendered in colored resin layered over silver leaf, and details picked out in saturated white and black resin. The more limited palette of this box has a dark background with designs that are colored orange, red, and cream, with quite unusual *matte barniz* hand motifs which interestingly have been noted before only in *barniz de Pasto* flasks belonging to the Victoria and Albert Museum (V&A) [23]. Most of the finer details on this box are obscured by the oxidization of the silver leaf (Figure 5).

Figure 4. Back of *Casket*, LS2067, showing a unicorn at the center surrounded by other fantastical creatures and flora.

Figure 5. Example of silver oxidation on upper body and head of a 'snailman'. *Coffer*, LS2067.

The second group of objects consists of two *Escritorios*, one decorated with the *matte barniz* technique (LS2446) and the other decorated with *barniz brillante* (LS2000) (Figure 1D,E). The *matte barniz Escritorio* (LS2446) is a fall-front writing box with three drawers decorated with a technique similar to that of the *Casket* (LS2361), with inlaid colored resin making up the design. The *Escritorio* has a black and dark-red background with decorative details in blue, green, yellow, red, and black. The inscription just above the drawers identifies the original owner: *"CAPSULA H(A)EC EST MARTINI DE TOLOSA"* (Figure 6), which means "this box belongs to Martin de Tolosa". The religious imagery on the inside of the lid contains clues about his occupation: archival research has identified Martin de Tolosa as chief sacristan and chapel master at the Cathedral of Popayán from at least 1630 to 1643. Consequently, the box was given a ca. 1643 date. Amongst the foliate decorations, both European and South American animals are illustrated. These include an *amaruca*, a dragon from Andean mythology on the back panel, and figures, including possibly a portrait of the box's owner, Martin de Tolosa [24].

Figure 6. Detail showing owner's inscription on *Escritorio*, LS2446.

The *matte barniz Tabletop* (LS2447) (Figure 1C) is included with this group because it was acquired with the *matte barniz Escritorio* (LS2446) and is assumed to have been part of the *Escritorio*'s table stand. In fact, the two objects share a similar color palette, particularly in the wide exterior decorative border that lies between two red framing bands with repeating flower and scroll details. The reverse of the *Tabletop* is unfinished and shows evidence of missing trestle legs, which would be consistent with the ca. 1643 date. However, the *Tabletop* contains the least amount of obviously Indigenous imagery of all the HSML's *barniz de Pasto* pieces. The central design (Figure 7) has a more vibrant palette and includes blue and white decorations. The central cartouche, oriented sideways, has a lion at the center with two griffins at the sides. The birds are stylized but they could be peacocks and parrots, and there is a white monkey above the cartouche.

Figure 7. Detail showing central cartouche on *Tabletop*, LS2447.

The last object belonging to this group is the *barniz brillante Escritorio* (LS2000), also a fall front, but with four drawers (Figure 1E). This *Escritorio*, subject of a previous study focused on historical and technical aspects [16], has the largest variety of tonalities in color: translucent reds, oranges, and yellows to give the illusion of gold, greens, and blues, all layered over finely beaten silver leaf with details picked out in black. The exterior of the box is decorated with a repeating relief design of passion fruit flower vines and monkeys on a cream background; the interior of the box lid and drop front reveal vibrantly colored flowers and fruit in a basket and the Quiros family crest flanked by parrots (Figure 8). The coat of arms indicates that the *Escritorio* was a gift from the Bishop of Popayán to his brother, appointed Marqués of Monreal in 1683 [3]. The hardware is not original, having been replaced with plain modern brass, but the footprint of the original is still visible in the form of an old *barniz de Pasto* repair. The box's shape, with its slightly bombé sides and lid, displays a more Asian look compared to the *matte barniz Escritorio*, although it has a matte white lacquer background, whereas Asian lacquers would typically be black or red. By the later 17th century, artisans in the Spanish Americas were incorporating many different design influences. While there is no direct documentary evidence confirming the objects' manufacture, dates for the two writing boxes were supported by details in their design and iconographical study. Visual comparison with the HSML gourd (LS2400) [22], which has a verified date range, was also informative.

Figure 8. Lid interior of *Escritorio*, LS2000.

Like the vast majority of extant *barniz de Pasto* objects, the forms of these two groups are all European-style types of furniture, unknown in the Americas before Spanish colonization. The resin on all five objects displays a similar aging pattern, with minimal craquelure and typically, where they occur, losses on exposed corners, edges, and construction joins. The resin itself has unusual physical properties that contribute to its preservation in art objects [25].

2.2. *Analytical Approach*

A first campaign of non-invasive analyses including portable X-ray fluorescence (pXRF) spectroscopy, fiber-optics reflectance spectroscopy (FORS), and reflectance imaging spectroscopy (RIS) was then followed by the collection of 7 representative microsamples (Table 1). Samples were removed from two of the five objects (LS2447 and LS2000) with a surgical scalpel, with careful examination and location selection under a stereomicroscope. Cross sections and scrapings of representative-colored areas were both produced. Cross sections were first inspected by polarized and ultraviolet (UV) light optical microscopy, then by scanning electron microscopy equipped with energy-dispersive X-ray spectroscopy (SEM-EDS). Loose samples were analyzed by Raman spectroscopy, FTIR spectroscopy, pyrolysis/gas chromatography/mass spectrometry (py-GC/MS), and liquid chromatography/mass spectrometry (LC/MS).

Table 1. List of microsamples removed from LS2447 and LS2000.

Sample	Object	Description	Location
S1	LS2447	Cross section of a light blue area	Area of a light blue petal from a flower to the left of the peacock
S2		Scraping of orange decoration	Area of orange leaf at the bottom of the *Tabletop* view
S3		Scraping of olive-green decoration	Area of olive-green flower decoration on top of the griffin to the left of the lion
S4		Scraping of white decoration	Area of white flower decoration next to the top-left corner of the inner rectangle
S5		Scraping of resin	Area of resin (possibly not colored) from a fractured area at the left-bottom edge of the *Tabletop*
S6		Scraping of black decoration	Area of black background from the top-left corner of the *Tabletop*
S1	LS2000	Cross section of a yellow area	Area of yellow petal from a fractured flower at the bottom at the outer-left side

2.2.1. Cross Section Preparation

Cross sections were prepared by embedding each sample within a double layer of methyl methacrylate resin (Technovit® 2000 LC, Kulzer Technik, Hanau, Germany). Each layer of resin was cured under UV light for 20 min. Excess resin was ground off and the surface was finely polished using CarbiMet 2 and Micro-mesh abrasive paper of various grits to expose the samples' stratigraphy.

2.2.2. Raman Spectroscopy

Micro-invasive analysis was performed using a Bruker Senterra Raman spectrometer equipped with an Olympus 50× long working-distance microscope objective and a charge-coupled device (CCD) detector. A Spectra Physics Cyan solid-state laser and a continuous wave diode laser emitting at 488 and 785 nm, respectively, were used as the excitation sources, and two holographic gratings (1800 and 1200 rulings/mm) provided a spectral resolution of 3–5 cm^{-1}. The output laser power, number of scans, and integration time were adjusted according to the Raman responses of the different samples. Spectra were interpreted by comparison with The Metropolitan Museum of Art's library databases and with the published literature, as discussed below.

2.2.3. pXRF

Single-spot pXRF spectroscopic measurements were collected with a Bruker Elio XGLab energy-dispersive portable XRF spectrometer with a high-resolution large-area silicon drift detector (SDD), with 130 eV for manganese (Mn) Kα with a 10 kcps input photon rate (high-resolution mode) and 170 eV for Mn Kα with a 200 kcps input photon rate (fast mode). The system is equipped with changeable filters and a rhodium (Rh) transmission target with 50 kV maximum voltage and 4 W maximum power. The parameters employed for the scans were 40 kV voltage, 80 µA current, a 60 s live time, with spot size of 1 mm.

2.2.4. SEM-EDS

Analyses of cross sections were performed with a Zeiss Σigma HD FE-SEM, equipped with an Oxford Instrument X-MaxN 80 SDD detector. Backscattered electron (BSE) images, EDS analysis, and X-ray elemental mapping were carried out with an accelerating voltage of 20 kV in high vacuum.

2.2.5. FORS

Diffuse reflectance spectroscopy from 400 to 1000 nm was performed using an Ocean Optics QE65 spectrometer equipped with a linear silicon CCD array. The spot selected for analysis was illuminated by a fiber-optic cable coupled to a halogen lamp. Diffusely reflected light was collected by a co-axial fiber and dispersed by the spectrometer. Spectra were recorded with an integration time of 10 ms, and averaged over 4 acquisitions.

2.2.6. FTIR

All of the samples collected from *Tabletop* (LS2447) were analyzed with FTIR as an initial step in the analysis workflow. Analysis was performed with a Hyperion 3000 FTIR spectrometer equipped with a mercury cadmium telluride (MCT) detector. The sample was crushed in a diamond micro-compression cell (Spectra Tech, Thermo Fisher Scientific, Madison, WI, USA) and all materials contained in it were analyzed in bulk in transmission mode through a 15× objective. Spectra were collected in the 4000–600 cm^{-1} range at a resolution of 4 cm^{-1}. Each spectrum was obtained as the sum of 64 scans. Spectra were interpreted by comparison with library databases (MMA and IRUG Edition 2000 and 2007) and the published literature, as discussed below.

2.2.7. Py-GC/MS

GC/MS mass spectral data were collected on an Agilent 5977B Series GC/MSD (Agilent Technologies, Santa Clara, CA, USA) equipped with a vent-free adapter. The mass spectrometer was configured with an auto sampler and a single quadrupole 8890 network mass selective detector. This system is equipped with a multi-shot pyrolyzer 3030D (Frontier Laboratories Ltd. Saikon, Japan) held at 550 °C and an interface temperature of 320 °C using a single-shot method.

Two samples from the *Tabletop* (LS2447) reflecting the resin binder (sample S5) and a clear layer applied over an orange resin (Sample S2) were analyzed with py-GC/MS. Approximately 20–30 µg of each sample was placed directly into a clean, stainless-steel Eco-cup and analyzed with and without the use of a derivatizing agent. The derivatization method used herein has been described extensively elsewhere. Briefly, in the thermally assisted methylation experiment, 2–3 µL of tetramethylammonium hydroxide (TMAH, 25% in methanol) was added directly to the sample and allowed to sit for 3–5 min before analysis.

Chromatographic separation was carried out on a non-polar phenyl arylene polymer J&W-DB-5MS (Agilent Technologies, Santa Clara, CA, USA) column (40 m effective column length, 250 µm inner diameter, and 0.25 µm film thickness). The samples were run with a 20:1 split ratio. The GC oven temperature program was as follows: 40 °C initial temperature held for one minute. The temperature was increased by 10 °C/min up to 320 °C with a hold time of fifteen minutes. Helium was used as the carrier gas. Agilent Chemstation (version F.01.03.2357) and OpenChrom (version 1.5.0) [26] were used for data processing, including peak identification and integration, taking advantage of the collection of mass spectra available through the National Institute for Standards and Technology (NIST) Chemistry WebBook [27], NIST 2005 spectral libraries, and the related literature.

2.2.8. LC/MS

Two samples (S2 and S3) from the *Tabletop* (LS2447) were extracted using 6 µL of a 4% BF3 in methanol solution, which was added directly to a clean vial containing the sample. After the addition of the BF3 solution, the sample was sonicated for 5 min and then left overnight at room temperature. Subsequently, 50 µL (two aliquots of 25 µL) of methanol were added and the solution was transferred to a small glass test tube. The extract in the glass tube was dried in a vacuum concentrator (Genevac EZ4P). Additionally, the vial with the sample was rinsed with 50 μL of methanol and dried in the vacuum concentrator (Genevac EZ4P).

The residues were reconstituted with 20 μL of a mixture of LC/MS or analytical-grade dimethylformamide and methanol/acetonitrile (1/1, *v*/*v*) (1:4:5) (the MeOH/ACN mixture also contained 0.1% aqueous formic acid) and transferred to a PTFE centrifugal filter tube before being centrifuged at 12,000× *g* for 10 min. The filtered and centrifuged solution was transferred to a deactivated sample insert seated in a clean autosampler vial. From the total volume, 7 μL of the extracted sample solution was injected into the LC/MS system. This process was repeated in analyses where both negative and positive ionization modes were employed.

LC/MS analysis was carried out on an Impact II quadrupole time-of-flight mass spectrometer (Bruker, Billerica, MA, USA) coupled with a NexeraXR HPLC consisting of two LC-20ADxr HPLC pumps with an HPLC gradient mixer, SPDM30A diode array detector, CTO-20AC column oven, DGU-20A5R degassing unit, SIL-20ACxr autosampler, and CBS-20A communications bus module (Shimadzu, Columbia, MD, USA). The electrospray ionization interface was used, and detection was carried out in both negative and positive ionization modes. Compass otofControl (ver. 6.3) and Compass Hystar (ver. 6.2) were used for the MS and LC operation, respectively, and data analysis was performed using the DataAnalysis software (ver.6.1).

A Zorbax SB-C18 reversed-phase column (3.5 μm particle, 2.1 mm I.D. × 150.0 mm, Agilent Technologies, Santa Clara, CA, USA) was used with a guard column (Zorbax SB-C18, 3.5 μm particle, 2.0 mm I.D. × 15.0 mm, Agilent Technologies, Santa Clara, CA, USA) with a flow rate of 0.2 mL/min. The column pre-filter (Upchurch ultra-low-volume pre-column filter with 0.5 μm stainless-steel frit, Sigma-Aldrich, St. Louis, MO, USA) was attached before the guard column. The column temperature was held at 40 °C.

The mobile phase was eluted in a gradient mode of 0.1% formic acid in high-purity water (*v*/*v*) (A) and 0.1% formic acid in a mixture of methanol and acetonitrile (1/1, *v*/*v*) (*v*/*v*) (B). The gradient system was 90% (A) for 1 min → to 60% (A) in 6 min in a linear slope → to 1% (A) in 23 min in a linear slope, held at 1% (A) for 3 min, and then to 90% (A) in 1 min, and held at 90% (A) for 18 min.

2.2.9. RIS

RIS was carried out with a visible-to-near-infrared (VNIR) (400 to 1000 nm) hyperspectral camera (SOC710-E Surface Optics Corporation) equipped with a scientific Complementary Metal-Oxide Semiconductor (sCMOS) image sensor. The image cubes produced are 2048 × 2048 pixels with 1024 spectral channels.

The surfaces of the objects were illuminated with four SoLux halogen bulbs (EiKO BB18003, 50 W, 4700 K) housed in swivel yoke track heads (WAC lighting, HHT-809) and mounted onto two lighting tracks. The two light stands were positioned at 45 degrees, respective to the decorated surface's normal angle. Image cubes were collected of the decorative scenes and of a Spectralon® diffuse white reflectance panel (99% reflective, LabSphere, Inc., North Sutton, NH, USA) under the same illumination and data collection configuration; to convert the objects' data to apparent reflectance, the image cube of the white panel was divided out from the object image cube. Dark noise (the inherent electrical noise of the detector and baseline sensor signal) was measured and subtracted automatically for each acquisition.

Subsequent image processing was conducted in ENVI Classic version 5.6.3 (Exelis Visual Information Solutions, Boulder, CO, USA). The data processing used herein has been described extensively elsewhere [28]. Normalized apparent reflectance was calculated from the raw data, briefly described above and further detailed in [29]. The built-in Spectral Hourglass Wizard tool in ENVI was used to identify unique spectral signatures and endmembers, and to visualize the distribution of these endmembers across the imaged scene using a spectral angle mapper (SAM) classification method. Endmember maps were visualized in FIJI (ImageJ version 1.53q) and related spectra were analyzed in Igor Pro 8 (WaveMetrics, Portland, OR, USA) [30]. Inflection points were determined by fitting a Gaussian function to peaks in the first-derivative calculated spectra and extracting the peak maximum from the Gaussian fit, while absorptions were identified by negative-to-positive value changes in the first-derivative spectrum (i.e., zero-crossings in the plots).

3. Results and Discussion

In this research, a multi-analytical approach was taken to identify the nature of the resin and the organic and inorganic colorants used to confer specific colorations to resins. In the discussion below, the term "colored resin" is used to indicate the intentional mixture of the *mopa mopa* resin with pigments and colorants. Conversely, the term uncolored resin refers to the use of resin without the addition of these colorants.

3.1. Analysis of Binding Media and Organic Surface Coatings

3.1.1. Resin

For the identification of the resin, analyses by FTIR, Py-GC/MS, and LC/MS were performed on the resin binder (S5) collected from the surface of the 17th-century *Tabletop* (LS2447), as well as on reference samples of unprocessed and boiled *E. pastoensis*, as already described in [22]. The FTIR analysis of sample S5 presents spectral features corresponding to the methylene symmetric (2854 cm^{-1}) and asymmetric (2927 cm^{-1}) stretching modes and a broad OH envelope (Figure 9A, red trace). Additional features associated with aliphatic compounds are present at 1458, 1414, 1375, and 725 cm^{-1}, with the peak at 1414 cm^{-1} being related to methylene groups adjacent to esters or carboxylic acids. Oxygen-containing moieties are also indicated by a strong spectral feature at 1716 cm^{-1} (carbonyl stretching), with a shoulder at approximately 1730 cm^{-1} accompanied by bands at 1246, 1176, and 1100 cm^{-1}. Similar spectral features are identified in the unprocessed *mopa mopa* reference sample (Figure 9A, black trace), as well as in reported analyses of *mopa mopa* resin [7,17,19]. Prior FTIR analysis of Colombian [7,22] and Peruvian [17,31] lacquerwares have also identified *mopa mopa* in a number of objects dated to the colonial era. No resin samples were collected from LS2000 or LS2361, and as such, no insights are possible on the composition of the resin on these objects.

Further analysis of the resin (S5) collected from the *Tabletop* (LS2447) and the unprocessed *mopa mopa* reference sample with py-GC/MS (Figure 9B) was largely consistent with the published results on *mopa mopa* resin [7,22,31].

Specifically, the chromatogram is dominated by the presence of an unidentified compound previously reported by Newman and coauthors [7] with mass fragments at 215, 173, 141, 81, and 87 m/z (by intensity in descending order) (Figure 9B, red trace).

Likewise, methyl p-methoxycinnamate (20.31 min) and methyl 3,4-dimethoxycinnamate (22.27 min), along with a homologue series of dicarboxylic acids and fatty acid methyl esters of azelaic (18.7 min), palmitic (22.64 min), and stearic acids (24.44 min), a series of glycerol derivatives (9.3–9.7 min), and dimethyl and trimethyl ethers of apigenin are characteristic of *mopa mopa* resins [7,22]. The later-eluting compounds identified here, primarily consisting of pentacyclic triterpenoids (30–40 min), are also reported in [22]. The differences in the peak ratios between the eluted compounds could reflect the manipulation (heating and aging) of the colored resin versus the unprocessed resin. The LC/MS analysis of the resin binder (Figure 9C) indicates the presence of several previously identified compounds, including ellagic acid, luteolin, apigenin, and diosmetin, a derivative of luteolin (Table 2) [7]. Based on the respective ratios of these compounds, the resin binder more closely resembles *E. pastoensis* than *E. utilis*. Although the resin binder has a reddish appearance itself, there was no red colorant identified by LC/MS. While py-GC/MS allows for the identification of some non-volatile compounds and can be useful for some dye analysis, LC/MS does not require that a compound be volatile, only soluble in a suitable mobile phase, making it more amenable to dye analysis. Fundamentally, the two approaches rely on similar principles—the ionization of a compound in a gas or liquid mobile phase and then the chromatographic separation of the charged species—and the two techniques provide complementary and supplementary information. Moreover, liquid chromatography–tandem mass spectrometry, as employed here, has a higher sensitivity and selectivity than traditional LC/MS. The LC/MS analysis of the boiled resin sample indicates a similar presence of luteolin, apigenin, and diosmetin, all of which have been reported in the analysis of *mopa mopa* resins [6,22]. A Py-GC/MS analysis of the same boiled resin sample analyzed herein has previously been reported by Pozzi and coauthors [22]. For a tabulated summary of the compounds identified by the py-GC/MS analysis of the uncolored resin, see Supplementary Material S1, Table S2.

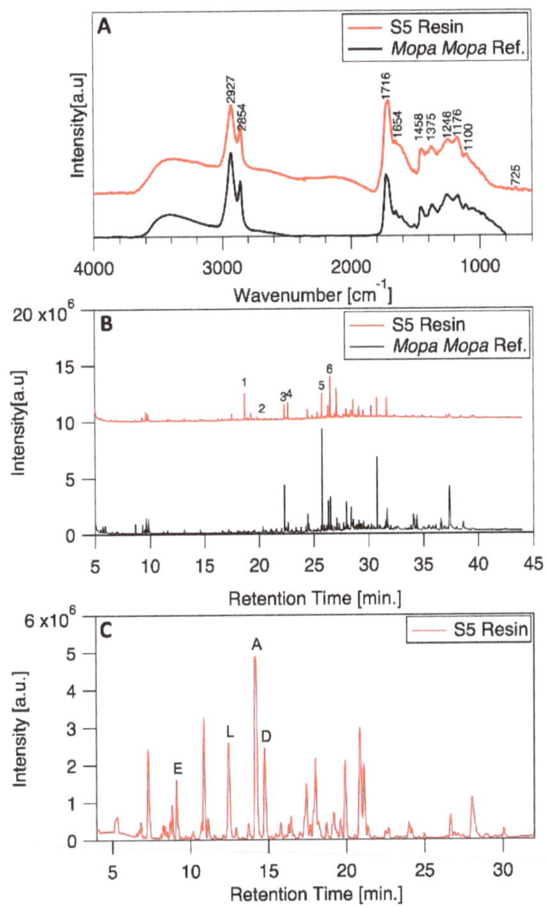

Figure 9. (**A**) Baseline-corrected FTIR spectra and (**B**) Py-GC/MS chromatograms of sample S5 from the *Tabletop* (LS2447, red) and the unprocessed *mopa mopa* resin (black), indicating the presence of (1) dimethyl azelate, (2) methyl p-methoxycinnamate, (3) methyl-3,4-dimethoxycinnamate, (4) methyl palmitate, and (5 and 6) compounds with similar fragmentation patterns to peaks 7 and 9 reported by Newman and coauthors [6]. (**C**) LC/MS analysis, in negative ionization mode, of the resin binder containing ellagic acid (E), luteolin (L), apigenin (A), and diosmetin (D).

Table 2. Summary of compounds identified by LC/MS analysis.

Object and Sample	Retention Time [min]	UV Signals [nm]	Detected Compound	Suggested Material
LS2447 S2	7.2	215, 243, 323	1-O-Caffeoylglycerol $C_{12}H_{14}O_6$	Unknown yellow colorant
Orange	12.2	219, 208, 253, 368	Quercetin $C_{15}H_{14}O_6$	
	14.3	264, 357	Kaempferol $C_{15}H_{10}O_6$	
	14.9	201, 255, 348	Isorhamnetin (quercetin derivative) $C_{16}H_{11}O_7$	
	22.7	N/A	Unknown $C_{15}H_{10}O_8$	
	17.5	195, 229, 283, 462		Unknown red colorant
	19	196, 238, 283, 607	Possible indigo contamination (visible under microscope)	Indigo †
	9.1	252, 366	Ellagic acid $C_{14}H_6O_8$	*Mopa mopa* (tentatively *E. pastoensis*)
	12.3	208, 347	Luteolin $C_{15}H_{10}O_6$	
	14.2	199, 266, 336	Apigenin $C_{15}H_{10}O_5$	
	14.8	204, 250, 344	Diosmetin (luteolin derivative) $C_{16}H_{11}O_6$	
LS2447 S3	7.2	215, 243, 323	1-O-Caffeoylglycerol $C_{12}H_{14}O_6$	Unknown yellow colorant
Green	12.2	219, 208, 253, 368	Quercetin $C_{15}H_{14}O_6$	
	14.3	264, 357	Kaempferol $C_{15}H_{10}O_6$	
	14.9	201, 255, 348	Isorhamnetin (quercetin derivative) $C_{16}H_{11}O_7$	
	22.7	N/A	Unknown $C_{15}H_{10}O_8$	
	19	196, 240, 283, 617	Possible indigo traces (low extraction rate)	Indigo †
	9.1	252, 366	Ellagic acid $C_{14}H_6O_8$	*Mopa mopa* (tentatively *E. pastoensis*)
	12.3	208, 347	Luteolin $C_{15}H_{10}O_6$	
	14.2	199, 266, 336	Apigenin $C_{15}H_{10}O_5$	
	14.8	204, 250, 344	Diosmetin (luteolin derivative) $C_{16}H_{11}O_6$	
LS2447 S5	9.1	252, 366	Ellagic acid $C_{14}H_6O_8$	*Mopa mopa* (tentatively *E. pastoensis*)
Resin binder	12.3	208, 347	Luteolin $C_{15}H_{10}O_6$	
	14.2	199, 266, 336	Apigenin $C_{15}H_{10}O_5$	
	14.8	204, 250, 344	Diosmetin (luteolin derivative) $C_{16}H_{11}O_6$	

† The term indigo refers to indigotin-containing compounds and not to a specific indigo source.

3.1.2. Surface Coating

Spectral signatures indicative of wax were identified in the clear surface coating on sample S2 collected from the *Tabletop* (LS2447). Specifically, the FTIR spectrum displays a sharp peak at 1736 cm^{-1} related to the C=O stretching of ester groups (Figure 10A) and the splitting of peaks at 1470 and 720 cm^{-1} that are characteristic features of a number of plant and animal waxes. There were no discernable spectral features related to the *mopa mopa* resin identifiable in this material. In some cases, calcium sulfate was also identified based on the occurrence of spectral features at 1620, 1100, and 660 cm^{-1}. The analysis of a painted qero, thought to predate the colonial period, suggested that waxes might have been used as pigment binders in addition to *mopa mopa* resin [31], although later analyses only report the use of *mopa mopa* resin [6,7,17,19,22]. Wax has also been reportedly used in the repair of *barniz de Pasto* objects [22]. In the present study, however, it is unclear if these materials are original or if they are related to later routine maintenance or a conservation intervention. The wax does not appear to be used as a binder here, as it does not appear to be directly related to the colored materials, and instead is present in a layer atop the colored resin layer. To understand whether this waxy material was native to the object or a result of an unknown intervention, py-GC/MS was also employed. The most abundant features in the chromatogram of the clear coating were N,N-Dimethylglycine methyl ester, followed by an unknown compound eluting at 5.5 min (Figure 10B). This unknown compound has a base peak at m/z 72 and an apparent mass of 131 amu, which is similar to the reported fragmentation pattern for N-N-dimethylalanine methyl ester [32]. As neither pyrrole nor indole are identified here, it is likely that these compounds are instead related to TMAH itself. This clear coating material is also associated with a C_{24}-C_{34} n-alkane series, with no even–odd preference, and C_{26} being the most abundant of the n-alkanes. In addition to n-alkanes, even-ordered fatty acid methyl esters between C_{12} and C_{18} were identified, with palmitic acid (C_{16}) being the most abundant. The methyl ester of tetracosanoic acid (C_{24}) could also be identified. The absence of di-acids suggests that no oil is present in the matrix. At present, the identification of this material is unclear.

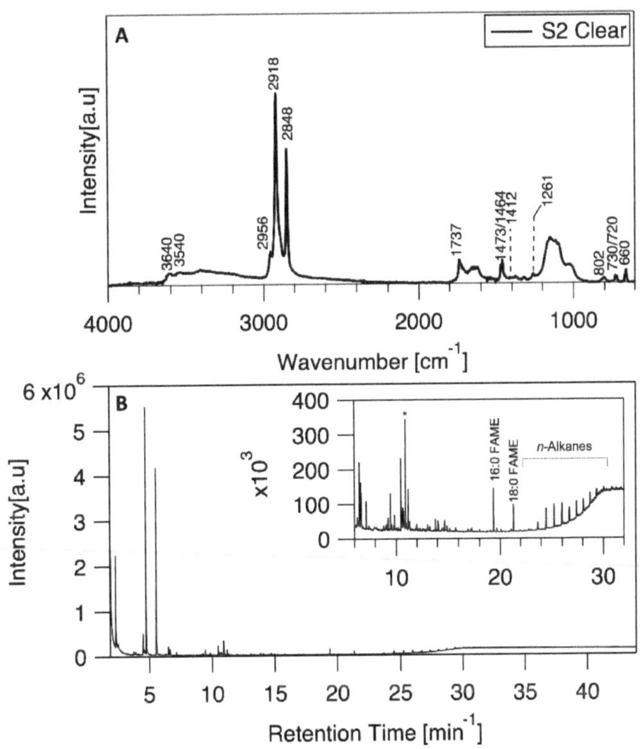

Figure 10. (**A**) Baseline-corrected FTIR spectrum and (**B**) Py-GC/MS chromatogram of the clear coating isolated from the orange-colored resin sample (S2) collected from the *Tabletop* (LS2447). (Inset) Zoom-in of chromatogram spanning retention times between 6 and 32 min.

3.2. *Analysis of Pigments and Colorants*

3.2.1. White and Cream

The earliest object (*Casket*, LS2361), decorated with *matte barniz*, is characterized by a limited color palette dominated by cream-colored areas that showed the ubiquitous presence of mercury (Hg), accompanied by less intense peaks of chlorine (Cl) (Figure 11A) in its pink, lilac, gray, green, and blue-green areas. The simultaneous presence of these two elements indicates the use of the pigment calomel, whose use in works of art, including in other 17th-century *barniz de Pasto* objects, has been widely documented in the past few years [17–20,22,33]. Calomel is extensively used to draw fine lines and cream-colored designs, and is mixed with colored resins as a matting and lightening component. In the second *Coffer* (LS2067) belonging to the first group, decorated with *barniz brillante*, the use of calomel is limited to matte cream-colored areas (mostly fine outlines), as the detection of Hg and traces of Cl suggests (Figure 11B). As commonly found in *barniz brillante* objects, the detection of silver all over the object aligns with the presence of a silver leaf underneath the resin sheets.

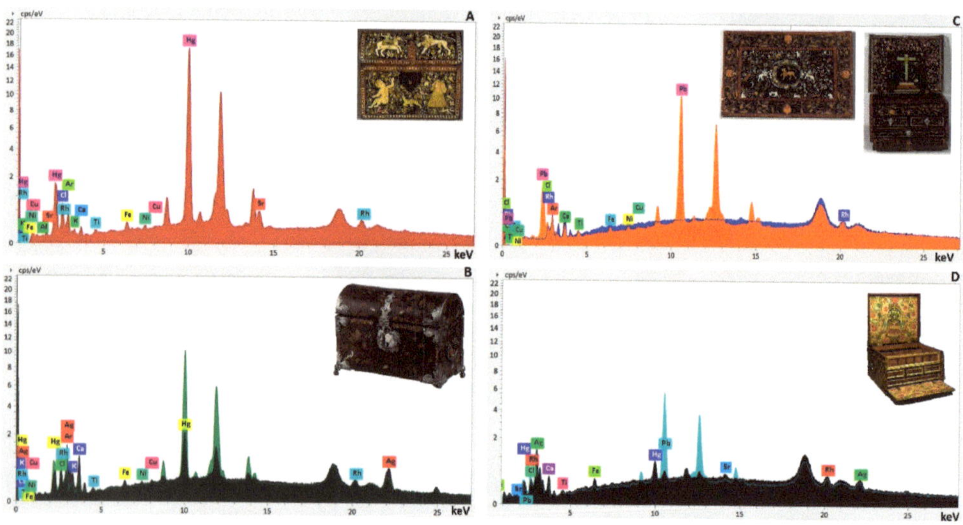

Figure 11. Representative XRF spectra acquired from cream-colored and white areas on (**A**) *Casket* (LS2361) (red spectrum collected from a cream-colored area); (**B**) *Coffer* (LS2067) (green and dark green spectra show different contents of mercury measured in different areas); (**C**) *Tabletop* (LS2447) (orange spectrum) and *Escritorio* (LS2446) (blue spectrum); and (**D**) *Escritorio* (LS2000) (light blue and black spectra show the presence of lead white and possibly calomel from different areas, respectively).

Although grouped together for this study, the contemporary *Escritorio* and *Tabletop* (LS2446 and LS2447, respectively), both made with *matte barniz*, had some key compositional differences. None of the cream-colored areas of the *Escritorio* displayed the presence of chromophore elements, suggesting the sole use of organic colorants in combination with the resin (Figure 11C, blue spectrum). Surprisingly, pXRF measurements detected lead (Pb) in all white areas of the *Tabletop* (Figure 11C, orange spectrum). This finding infers the use of lead white as opposed to calomel in this object to obtain the white color. The second and more modern *Escritorio* (LS2000), made with *barniz brillante*, displays an extensive use of Pb (Figure 11D, light blue spectrum), likely in the form of lead white, in most of the colors, with sporadic areas where Hg was detected, supposedly related to the use of calomel (Figure 11D, black spectrum). To date, this *barniz de Pasto* object and the Gourd in the collection of the HSML have been the only evidence of the simultaneous use of lead white and calomel. In his accounts, Alexander von Humboldt, who described the colorants employed in the manufacture of *barniz de Pasto* objects in 1801 [34], identified lead white as the source for white. The identification of calomel [20] poses the possibility of this unusual pigment as an Indigenous marker predating the introduction of lead white.

3.2.2. Blue and Black

As anticipated, indigo appeared in all blue- and black-colored resins. Indigotin-rich dyes can be sourced from plants such as woad (*Isatis tinctoria*), which was principally available in Europe and parts of North America at this time, or *Indigofera tinctoria* and *Indigofera suffruticosa*, which occur widely in Central and South America. In the text below, the term indigo is used to refer to all indigotin-based compounds, without specific identification of the source. Given the large scale of the *Tabletop* (LS2447), the reflectance spectroscopy of this object was limited to point measurements (Figure 12).

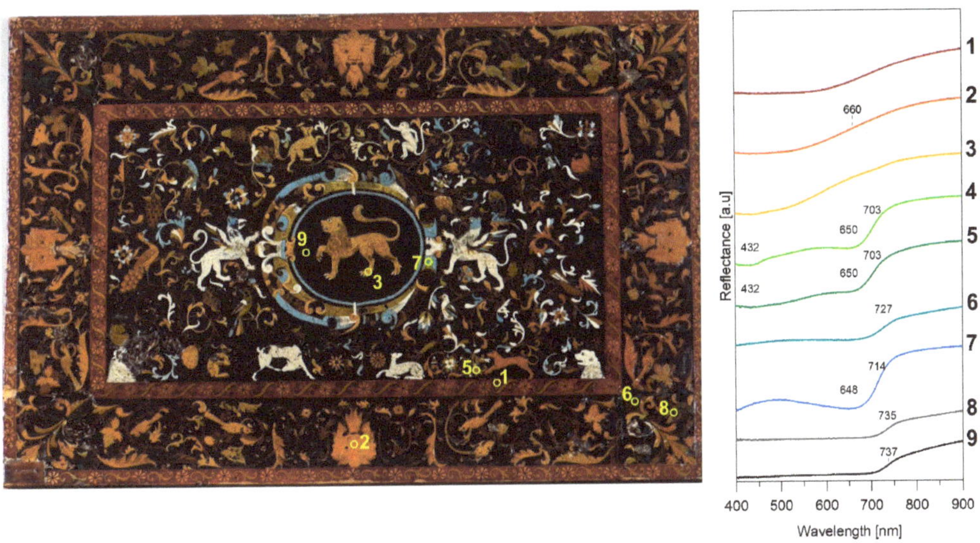

Figure 12. (**Left**) Approximate FORS acquisition areas on *Tabletop* (LS2447) indicated by yellow enumerated open circles. (**Right**) FORS reflectance spectra shown with corresponding spot numbers at right of plot.

FORS analysis of a light-blue, arabesque-like illustration exhibits an absorbance maximum at 648 nm and an accompanying inflection point at 714 nm, which is consistent with the presence of indigo (Figure 12, spot 7). Indigo is also present in the nearly black medallion surrounding the central lion (Figure 12, spot 9), which is associated with an inflection point significantly red-shifted to 737 nm, although the characteristic apparent absorbance maximum is no longer evident. The reflectance properties of indigo include an absorbance maximum at approximately 660 nm and an inflection point between 690 and 730 nm [35]. This is significantly modulated by the binder, chemical environment, addition of other colorants, and concentration of indigo [36,37]. As suggested by Humboldt's accounts, indigo was used in both blue- and black-colored resins with the intensity of the color being modulated by the dilution of the pigment. Indigo was previously identified in both black and blue *mopa mopa*-based resins used to decorate a 17th-century gourd [22], a 17th-century wooden chest [19], and Peruvian painted qero cups dated to the Inka colonial period [31,38]. FORS, FTIR, and imaging analyses of four Peruvian textiles dated to earlier periods reveal the use of indigo in blue and black pigments [39].

The FTIR analysis of sample S6 (Figure 13A), a visually black resin collected from the *Tabletop* (LS2447), shows only minor differences in the spectral signatures compared to the resin binder. In the carbonyl stretching region, the peak at 1726 cm^{-1} is more pronounced (Figure 13B), which may indicate the presence of an oil. Indeed, oils have also been identified in both colored and uncolored *mopa mopa* resins [7]. Other authors have suggested that oil slurries may have been used to facilitate the incorporation of colorants into the resin [40]. Additional weak features at 1627, 1614, and a shoulder at approximately 1480 cm^{-1} may be related to the use of indigo, which has been identified previously in blue- and black-colored resins in Colombian lacquerwares [7,22]. Raman analysis of the same sample confirms the identification of an indigotin-based colorant based on the presence of a characteristic Raman shift at 1576 cm^{-1} (Figure 13C) [22,36,41].

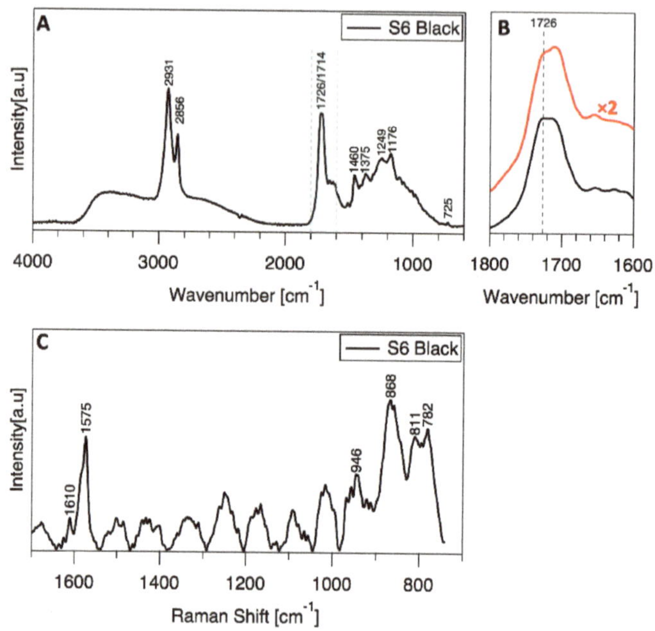

Figure 13. (**A**) Baseline-corrected FTIR spectrum of sample S6, removed from a black area of *Tabletop*, LS2447, with the carbonyl stretching region highlighted, and (**B**) zoomed-in results of the same region with the black resin shown in black and the uncolored resin shown in red (offset and scaled by a factor of 2). The dashed line at 1726 cm^{-1} may be indicative of an added oil. (**C**) Baseline-corrected Raman spectrum of sample S6, which contains indigo (main peak at 1576 cm^{-1}) as the principal colorant.

The additional spectral features appearing at 868/860 cm^{-1}, 811, and 783 nm are possibly related to the presence of unidentified oxalate compounds. It cannot be ruled out that an additional black colorant (i.e., bone or carbon-based black) was added to achieve the nearly black resins used in the background of the *Tabletop* (LS2447). The pXRF analysis of this area did not indicate the presence of phosphorus, nor did the FTIR analysis of this sample exhibit a characteristic peak at 2012 cm^{-1}, which might indicate the presence of bone or ivory black. Moreover, broad features centered around 1325 and 1580 cm^{-1} are absent from the Raman spectrum, indicating no detectable carbon-based black either. In the analysis of 150 Peruvian qeros, carbon black was identified on nearly every object [31]. Tentatively, the visually black color of this resin is solely attributable to indigo, which is consistent with the historical and scientific literature indicating the use of calcined or concentrated indigo to obtain black shades in *barniz de Pasto* objects [5,19,22,34].

Though the high curvature of the lid of the *Casket* (LS2361) precluded RIS analysis, the relatively flat face and short sides of the *Casket* could be surveyed. Each side of the *Casket* bears a visually black background that is associated with a uniform absorbance between

400 and 700 nm, a rise in reflectance at ca. 700 nm, and an inflection point at approximately 750 nm that is tentatively identified as indigo (Figure 14).

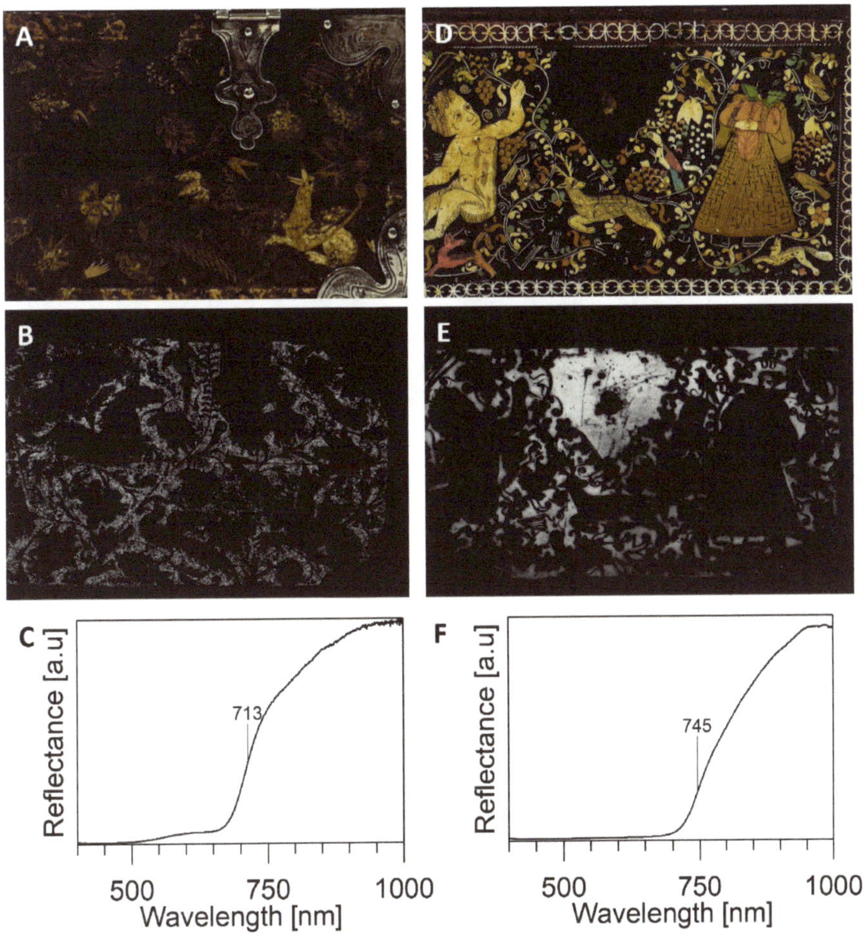

Figure 14. Area of (**A**) *Coffer* (LS2067) and (**D**) the front face of the *Casket* (LS2361) analyzed by RIS and endmember rule images (distribution maps) for (**B**) LS2067 and (**E**) LS2361 showing the distribution of a near-black, indigo-containing compound. Reflectance spectra corresponding to the endmembers for (**C**) LS2067 and (**F**) LS2361 with relevant reflectance properties indicated.

As discussed by other authors, in areas of concentrated indigo, the absorbance maximum typically observed at ca. 660 nm is absent [42]. Similar conclusions are reported by Alvarez-White and coauthors [5], who note that dark backgrounds on a selection of *barniz de Pasto* objects are possibly associated with densely saturated or calcined indigo. The pXRF analysis of the black background surrounding the lock on the front of the *Casket* detected only very weak signals of Cl and Hg, suggesting that no inorganic colorants are present in this area. However, their presence, even though in traces, might be either due to contamination or to a deeper layer possibly containing calomel.

Pale blue-gray decoration, including one of the central birds on LS2000, the lighter blue tail of the bird on the front of the *Casket* (LS2361), and the central hare on one side of the same *Casket*, are consistent with the presence of indigo, which presents an absorbance maximum at around 640–650 nm and an inflection point at ca. 700 nm (Figure 15).

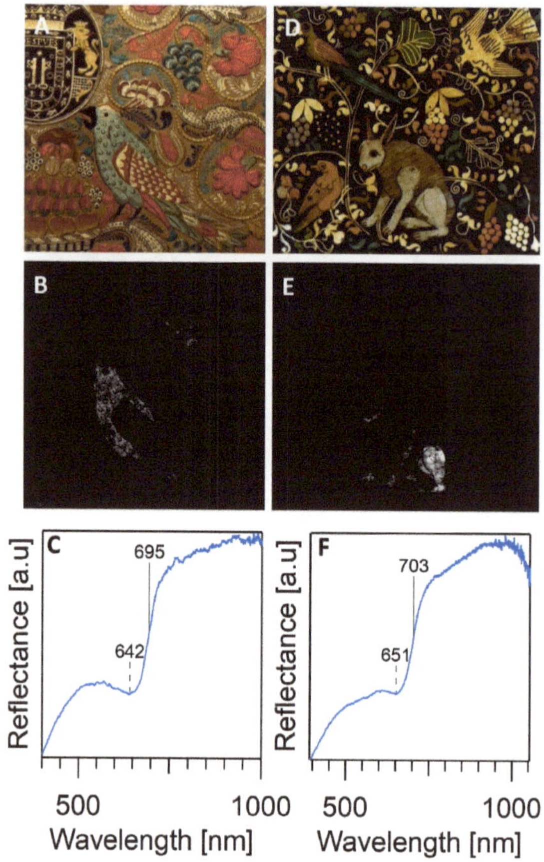

Figure 15. Area analyzed by RIS for (**A**) *Escritorio* (LS2000) and (**B**) RIS endmember distribution map of the same area illustrating the distribution of a pale blue-gray-colored resin and (**C**) corresponding endmember spectrum. In a second example, the area analyzed by RIS for (**D**) side panel of the *Casket* (LS2361) with an illustration of a pale blue-gray hare. (**E**) Related RIS endmember distribution map and (**F**) related RIS endmember spectrum.

The pXRF analysis of the light-blue tail of the bird on the front of the *Casket* indicated the presence of mercury, presumably in the form of calomel, though no other colorant-related elements were identified, while the light blues on the *Escritorio* (LS2000) display a strong signal of Pb, consistent with the presence of lead white possibly used in combination with indigo. Mixtures of calomel and indigo were observed previously in the analysis of a comparable 17th-century table cabinet in the collection of the V&A [17].

Blue-green hues are found across all objects, particularly in the illustration of vine-like and floral details. The endmember spectra from the RIS analyses corresponding to these areas feature inflection points at 700–710 nm and absorbance maxima at ca. 645–650 nm. Together, these spectral features suggest the use of an indigo-based matrix. FORS analyses of indigo-based green pigments incorporating yellow colorants often retain the characteristic absorbance maximum of indigo along with a red shift in the inflection point to ca. 715 nm [43].

To avoid redundancy, for the remaining objects, only RIS results are reported and discussed herein. A full summary of the reflectance spectroscopy analyses for all objects is provided in the accompanying Supplementary Material S1 in Tables S3–S8 and Figures S1–S11.

3.2.3. Red, Pink, and Purple

In the pre-Hispanic era, the most commonly used red dyes included insect dyes, such as cochineal (*Dactylopius coccus*), and plant dyes derived from *Galium* and *Relbunium*, all of which are anthraquinone dyes [42,44–46]. Humboldt's accounts, however, suggest that the colorant used in the production of red-colored resins in *barniz de Pasto* objects was achiote (*Bixa orellana*) [34], a carotenoid dye derived from the outer layer of the seed inside the shrub's fruit [46].

Except for the *Escritorio* (LS2446), which bears no red-colored resins, and the *Tabletop* (LS2447), areas of red- and pink-colored resins appear in varying shades across all the objects and the principal red dye identified is insect-based. For example, insect-based red colorants are also used across the *Escritorio* (LS2000) to produce varying shades of red, pink, and brown (Figure 16). Characteristically, these resins are associated with absorption features at ca. 520 and 560 nm with inflection points ca. 590–595 nm. Lake pigments derived from anthraquinones, such as cochineal or madder, typically exhibit structured double absorption bands between 500 and 580 nm; insect-based red lake pigments can be distinguished from plant sources based on shifts in the position of these structured absorptions, with insect reds' absorbance maxima typically appearing at ca. 520–535 and 560–565 nm and plant-derived anthraquinone dyes presenting absorbance bands at ca. 500–515 and 535–545 nm [43,47,48]. A peach-colored resin, used in the illustration of the bib of the central figure on the long face of the small *Casket*, and some of the fruits and animal illustrations on the sides, presents two absorbance bands at 520 and 560 nm, likely indicating the use of an insect-based red. One bright, magenta-colored resin used in the decoration of the head and front legs of a small unicorn on the front face of the small *Casket* (LS2361) lacks the characteristic absorbance of many insect resins (Supplementary Material S1, Figures S6 and S7). Instead, this resin presents only inflection points at ca. 585 nm. The hind and rear legs, however, exhibit classic, though weak, spectral signatures of an insect-red-based resin with absorbance maxima at 524 and 564 nm. Fonseca and coauthors have shown that in sufficiently thick applications of cochineal-containing paints, the absorbance features at 520 and 560 nm, typically used in the identification of insect-based reds, disappear [47].

A vibrant, red-colored resin appears on the *Coffer* (LS2067) and largely lacks any clear absorption features corresponding to an insect red. Instead, the red resin uniformly absorbs below ca. 580 nm before rising in reflectance. In some red areas, though, there are discernable, albeit weak, absorption bands corresponding to cochineal (Supplementary Material S1, Figure S1). pXRF measurements of details bearing this red-colored resin indicated the presence of mercury, although it is possibly related to the use of calomel, also identified elsewhere on this object, rather than a mercury-based red like vermilion. It is worth noting that, to date, there have only been limited references to the use of vermilion in objects containing *mopa mopa* resins [31,40,49,50]. Even with the added insights offered by pXRF analysis, it is not possible to identify the nature of these red-colored resins unequivocally.

Indigo is used in combination with insect-based reds to produce mauve- and purple-colored resins. For example, the FORS analysis of a floral detail on the lid of the small *Casket* (LS2361) yielded signatures of indigo, with an inflection point at 700 nm, and two characteristic absorption bands at 519 and 560 nm corresponding to an insect-based red colorant. Additional RIS data of the front and side panels of the *Casket* indicate the use of insect-based red colorants throughout a number of different illustrative elements. Similar to the influence of yellow colorants on the reflectance properties of indigo discussed above, mixtures of red colorants and indigo also often retain the individual properties of indigo. However, unlike the masking behavior of indigo in the identification of yellow dyes, the absorbance properties of the red colorant are occasionally still observable [43,51]. For example, a maroon-colored resin appears in some details on the *Escritorio* (LS2000) and presents three absorbance bands at 520, 560, and 655 nm, as well as two inflection points at 580 and 700 nm (Figure 16, red and yellow traces). These spectral features are possibly indicative of the admixture of indigo and an insect-based red in the resin.

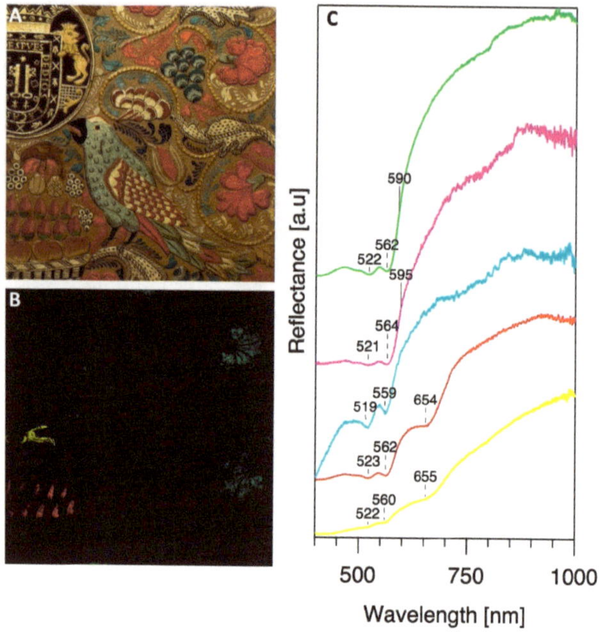

Figure 16. (**A**) Area analyzed by RIS for *Escritorio* (LS2000). (**B**) Composite image for the same area illustrating the distribution of several red-, pink-, and brown-colored resins with each endmember shown in a different color, and (**C**) corresponding endmember spectra shown in the same colors (i.e. red-colored regions in (**B**) correspond to red-colored curve in (**C**)). Spectra offset for clarity. All of these colorants appear to be similarly prepared with an insect red dye, presumably cochineal.

3.2.4. Yellow and Orange

Yellow colorants are notoriously difficult to analyze, and those challenges are only compounded here by the dearth of written information about the materials used in pre-colonial Colombia. Humboldt reported that the powdered flower root of *Escobedia scabrifolia* was used in the production of yellow-colored resins [34]. A prior HPLC-DAD analysis of a yellow inlay on a Colombian gourd was not consistent with *E. scabrifolia* [22]; however, to date, analytical evidence of dyes sourced from *E. scabrifolia* have yet to be reported in Colombian lacquerwares. Historical references also suggest that the colorant was used extensively as a food colorant [52].

Though not explicitly discussed in Humboldt's accounts, the production of orange-colored resin might be achieved through the mixture of red and yellow colorants. However, as discussed above, there is no evidence of an animal-based red here, as has been observed in the other objects. Instead, FORS spectra collected from the central griffin and one of the bearded figures on the surface of the *Tabletop* (LS2447) are associated with broad inflection points ca. 660 nm. Similarly, orange-colored resins on the *Escritorio* (LS2000) and small *Casket* (LS2361) lack any clear evidence of an animal-based red and often present similar absorbances to yellow-colored resins (Supplementary Material S1, Figures S2–S9).

The FTIR spectrum of sample S2, an orange-colored resin collected from the surface of the *Tabletop* (LS2447), is largely dominated by spectral signatures corresponding to the resin binder (Figure 17A). However, new spectral features, not present in the resin binder, are apparent and are tentatively assigned to a yellow-colored resin. Peaks at 3405,

1660, 1610, 1521, 1320, 1260, 1198, 1014, 840, and 825 cm^{-1}, and increased intensity of the bands at 1170 and 1454 cm^{-1}, are consistent with quercitrin [53,54] or a colorant similar to quercitron, such as yellow dye derived from the inner bark of North American black oak trees (Supplementary Material S1, Figure S13) [55–57]. Quercitron bark, however, was introduced and patented as natural dyestuff in 1775 and first exported from North America at the end of the 18th century [56,58], although there are earlier documented uses of the same oak by North American Indigenous groups such as the Ojibwe peoples, for example [59]. While quercitron bark derived from the North American black oak (*Quercus velutina*) itself is unlikely given its known geographical distribution, there is one oak endemic to Colombia, Colombian oak (*Quercus humboldtii*), that may or may not have similar dye properties. Studies of plant materials derived from *Quercus* species often present similar compositional profiles, including the flavonols quercetin, isorhamnetin, and kaempferol, and as such [60], it is possible that dyes prepared from these species may be compositionally similar as well. The chromophores responsible for the yellow color of quercitron dye, quercetin, and quercitrin [61], however, are the most commonly identified chromophores in flavonol-type dyes [62], and as a result the number of yellow dyes possibly used remains extensive.

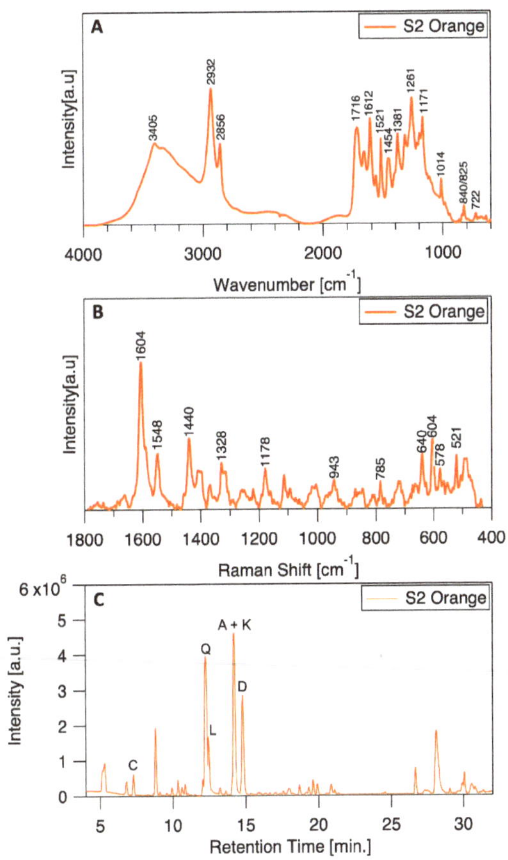

Figure 17. (**A**) Baseline-corrected FTIR spectrum of sample S2, removed from an orange area of *Tabletop*, LS2447. (**B**) Baseline-corrected Raman spectrum of sample S2 (see text for discussion). (**C**) LC/MS base peak chromatogram (negative ionization mode) of extract from sample S2 containing 1-O-caffeoylglycerol (C), quercetin (Q), luteolin (L), apigenin (A), kaempferol (K), and diosmetin (D).

The Raman analysis of the orange-colored resin (sample S2) presented peaks at 1633(sh), 1606, 1590(sh), 1549, 1440, 1329, 1179, 1114, 943, 785, 640, 605, 579, and 522 cm^{-1} (Figure 17B). Similar spectral features are observed in reported Raman analyses of quercitrin [53] and quercetin [63–65]. The subsequent analysis of the orange-colored resin by LC/MS in negative mode revealed detectable amounts of 1-*O*-caffeoylglycerol (7.2 min), quercetin (12.2 min), kaempferol (14.3 min), and an O-methylated quercetin derivative, isorhamnetin (14.9 min), none of which were observed in the resin binder (S5) (Figure 17C). Indigo is also identified here, based on the presence of indigotin (19 min), but it is expected to be related to the blue-colored resin adjacent to the orange-colored resin. An unknown red compound was also apparent at a retention time of 17.5 min, presenting several absorbance maxima at 195, 229, 283, and 462 nm. As discussed in another study by Newman and coauthors, quercetin and kaempferol may also be present in *E. utilis* and, to a lesser extent, in *E. pastoensis* [7].

Thus, distinguishing between colorant-related compounds, particularly in the case of yellow colorants, can become quite challenging. However, here, the peaks attributed to quercetin and kaempferol are significantly more intense than in the resin binder, suggesting that these compounds are either associated with the yellow dye or indicative of the use of *E. utilis* instead of *E. pastoensis.* Quercetin and kaempferol have been reportedly identified in the yellow component of green-colored resins by Newman and Derrick, although the analytical evidence for this identification remains unpublished [5]. Analyses of Francisco Pizarro's *Banner of Arms*, used in the 1532 conquest of the Inka empire, have also identified quercetin-O-rutinoside in yellow, orange, and green dyes [66]. These results exemplify how widely compositionally similar colorants occur both globally and temporally, appearing in both pre-Hispanic and colonial-era contexts alike, which complicates our understanding of the evolution of this artistic practice.

While the FTIR, Raman, and LC/MS analyses did not allow for the exact identification of the source of the yellow dye, it is possible to infer that the yellow dye can be classified as a flavonoid and more specifically as a flavonol. It is further possible to exclude some colorants such as weld, *E. scabrifolia*, quercitron bark, and marigold, all of which present significantly different spectral and chromatographic responses to that of the sample collected from the *Tabletop*. No bixin was detected, suggesting that achiote was not used in this instance. Likewise, the absence of quercitrin eliminates the possibility that the yellow dyestuff is derived from quercitron bark. The difficulty in identifying the possible yellow dye, aside from the isolation of the dye from the resin, is a common challenge and is only compounded by a dearth of analyses of similar materials and historical documentation regarding this cultural practice.

For comparison, LC/MS analysis was also carried out on a reference sample of ground *E. scabrifolia* root. One challenge encountered here during the LC/MS analysis of yellow dye components during extraction with BF_3 was the degradation of some of the colorant-related carotenoid compounds. Carotenoids such as azafrin, which is the principal color-related component of *E. scabrifolia* [67], tend to degrade with heat, light, or acidic conditions. As such, it is possible that heating of a resin containing this pigment during the manufacturing process, or compounded effects of exposure to BF_3, a Lewis acid, and the extended duration of the extraction procedure, may compromise or degrade azafrin [68] and preclude the identification of this important colorant-related compound in our sample. An additional extraction of *E. scabrifolia* roots was carried out by adding 40 µL of methanol and sonicating for 5 min at room temperature. Azafrin and aeginetin, markers of *E. scabrifolia*, were detected and results from both extraction methods were compared with samples from the *Tabletop* (LS2447) (Supplementary Material S1, Table S9). Compounds related to flavonoids, anthocyanins, carotenoids, and other unknowns were detected in the *E. scabrifolia* references, but only ferulic acid, a ubiquitous hydrocinnamic acid, was also present in the orange and green samples. These results confirm that *E. scabrifolia* was not the yellow dye used on this object.

3.2.5. Green

While green-colored resins in the *barniz de Pasto* artform are speculated to be a mixture of indigo and *E. scabrifolia* [33], there is also no evidence that *E. scabrifolia* was used here. The FORS analysis of an olive-green saddle illustration on the rounded lid of the small *Casket* (LS2361) exhibited an absorbance maximum at 432 nm, possibly related to the presence of an organic yellow compound (Figure 18A,B). pXRF analysis in the same area suggested the use of organic colorants as well, as no elements related to inorganic pigments could be detected. The RIS analysis of a similar colorant used in the illustration of a woman on the front face of the *Casket* (LS2361) aided in visualizing the distribution of this colorant across the object (Figure 18C,E). The reflectance spectrum of a lighter-green petal-like illustration, thought to be in an area of restoration, revealed a reflection point at 500 nm with apparent absorbance maxima at 648, 730, and 783 nm, pointing towards a mixture containing indigo (Supplementary Material S1, Figure S12).

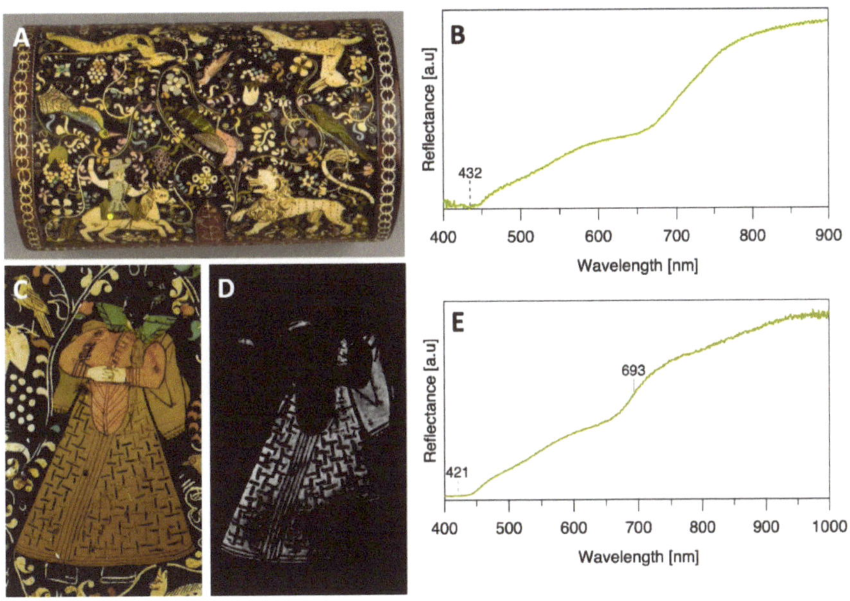

Figure 18. (**A**) Top lid of *Casket* (LS2361) with FORS acquisition point on the olive-green saddle indicated by a yellow, open circle, and (**B**) corresponding reflectance spectrum. (**C**) Subset of RIS analysis area on long front face of the *Casket* centering a figure in a similarly colored, olive-green textile, with (**D**) RIS endmember distribution of this olive-green color and (**E**) corresponding end-member spectrum.

The pXRF analysis of the green-colored resin from the *Tabletop* (LS2447) collected from a central olive-green floral element suggested the presence of an organic colorant, as no copper or iron was identified. Subsequent FTIR analysis of this resin (S3) was largely consistent with the orange-colored resin collected from the same object, suggesting a similar, presumably yellow, colorant is used in both areas (Figure 19A). The Raman analysis of the green-colored resins suffered strongly from background fluorescence and was largely featureless, aside from weak spectral features at ca. 1605, 1440, and 600 cm^{-1}, which corresponded to the most intense peaks identified in the orange-colored resin discussed above (Figure 19B). Previous reports have indicated that the green colorants encountered in objects containing *mopa mopa* resins were occasionally inorganic, including copper resinate, other copper-based greens, and Prussian blue [31,69]. Yet, analyses of other objects produced in the *barniz de Pasto* artform have reported a mixture of an indigotin-based blue and an unidentified organic yellow colorant to produce green-colored resins [5,22].

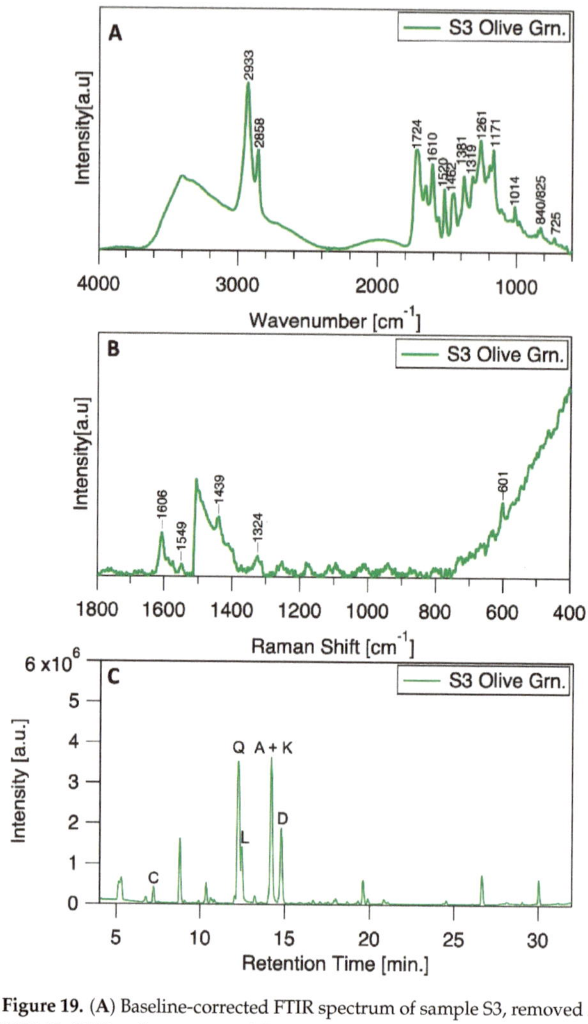

Figure 19. (**A**) Baseline-corrected FTIR spectrum of sample S3, removed from a green area of Tabletop, LS2447. (**B**) Baseline-corrected Raman spectrum of sample S3 (see text for discussion). (**C**) LC/MS base peak chromatogram (negative ionization mode) of extract from sample S3 containing 1-O-caffeoylglycerol (C), quercetin (Q), luteolin (L), apigenin (A), kaempferol (K), and diosmetin (D).

The LC/MS analysis of the green-colored resin confirmed the presence of indigotin, based on its characteristic UV–Vis profile, and a yellow component with similar composition to the yellow used to produce the orange-colored resin (S2) discussed above. Specifically, the LC/MS analysis of the green sample indicated the presence of 1-O-caffeoylglycerol, quercetin, kaempferol, and isorhamnetin in the yellow dye component (Figure 19C). An additional compound eluted at 19 min was consistent with indigotin, supporting the results of the FORS, Raman, and FTIR analyses.

3.3. Decoration Stratigraphy

As already demonstrated by previous studies on *barniz de Pasto* objects [5,22], manufacturing techniques cannot be unraveled without investigating the decoration stratigraphy. Two cross sections were hence removed from a *matte barniz* object (LS2447) and a *barniz brillante* object (LS2000) and examined by using optical and electron microscopy. Under polarized light, the sample from the *matte barniz* object (sample S1, Figure 20A), removed from the *Tabletop*'s light-blue flower next to the peacock on the left, revealed a stratigraphy composed of three layers: (1) a thin, dark red-brown layer, possibly a preparation layer; (2) a thick black-colored resin layer (about 250 μm), corresponding to the background of the whole *Tabletop*, on top of which lies (3) a thin light-blue-colored resin layer (about 40 μm) characterized by the presence of dispersed white particles of variable size, not exceeding 25 μm (Figure 20A).

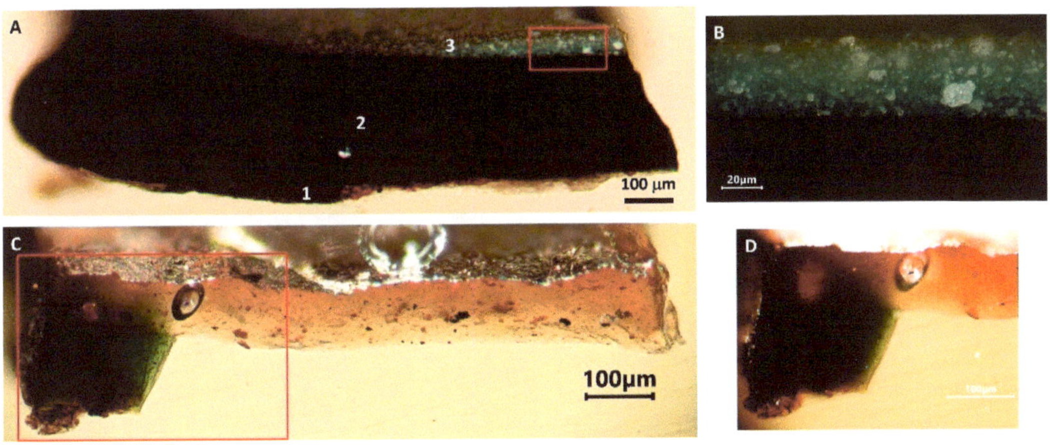

Figure 20. (**A**). Cross section of S1 removed from a light-blue flower on the *Tabletop* (LS2447) with (**B**) detail of the light-blue layer. The numbers in (**A**) refer to the layers, see text for discussion. (**C**) Cross section of S1 removed from a yellow flower on the *Escritorio* (LS2000) with (**D**) detail of the whole stratigraphic sequence.

The microchemical analysis conducted by SEM-EDS, specifically on layers 1 and 3, was crucial to understand the nature of the materials used in these two layers. From bottom-up, the BSE images revealed the presence of two preparation sub-layers forming layer 1 (1a and 1b, Figure 21), mostly composed of mineral particles. They differ in terms of composition and grain size, with layer 1a being mostly composed of a fine-grained matrix made of calcium sulfate, likely gypsum, possibly mixed in with a clay, as inferred by the detection of silicon (Si), aluminum (Al), magnesium (Mg), sodium (Na), potassium (K), and iron (Fe). Small particles of quartz, iron oxides/hydroxides, feldspars (possibly plagioclase), phyllosilicates, and calcium carbonate (likely calcite) were also identified in this layer, further supporting the use of natural clay. Frequent particles of barite, a barium sulfate typically associated with gypsum sources, were detected in layer 1a. Layer 1b shows abundant mineral particles ranging between 10 and 30 μm in size, characterized by a sheet structure typical of phyllosilicate minerals. Their composition shows the presence of Si and Mg, which is consistent with talc (Figure 21). Preparation layers have not been documented before in *barniz de Pasto* objects: typically, the transparent or colored resin film is applied directly to the wooden substrate [5,22]. The thick layer of black-colored resin (layer 2) applied over the preparation layers has a thickness of about 210–220 μm and does not show any chromophore elements, suggesting the use of an organic dye. Finally, the light-blue opaque layer (layer 3, Supplementary Material S1, Figure S14B), completing the stratigraphy of this sample, revealed the presence of quite abundant particles of a lead-containing compound, likely lead white, whose distribution was measured by EDS mapping (Supplementary Material S1, Figure S14C). The practice of adding powdered lead white (*albayalde*) to colored resins to lighten shades and to obtain a matte effect has been proved in *barniz de Pasto* objects of the colonial Period [5,18,19].

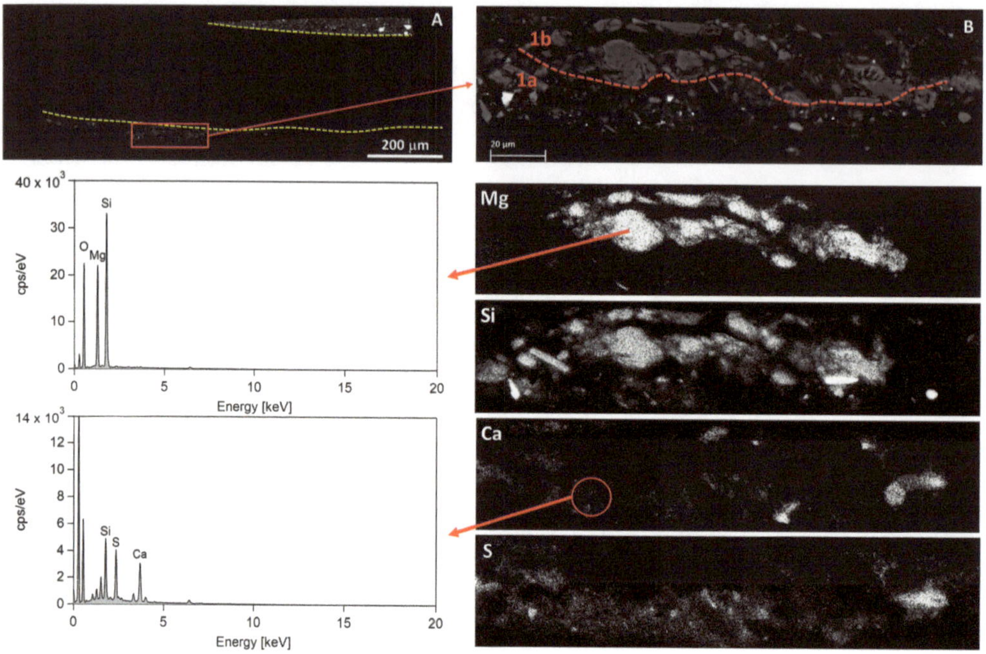

Figure 21. (**A**) BSE image of cross section of S1 from the *Tabletop* (LS2447). The red rectangle indicates the ground layer; (**B**) zoomed BSE image of the ground layer, with two separate layers of different compositions and grain size clearly visible. The elemental distributions of magnesium, silicon, calcium, and sulfur are reported below, as well as EDS analyses of a magnesium silicate particle, likely talc, and of a calcium–silicon-rich area, possibly due to a mixture of calcium sulfate (likely gypsum) and a very-fine-grained clay.

Cross section S2 was removed from the left side of LS2000, the *Escritorio* dated to 1684, next to a loss in the yellow and silver flower. The stratigraphy examined under the optical microscope counted four layers: (1) a brown layer, (2) a 200 μm thick green-colored resin sheet, (3) a 100 μm thick orange-colored resin sheet, and (4) a 2 μm thick silver leaf on top (Figure 20C,D). SEM-EDS was employed to investigate the nature of layer 1 and the composition of the silver leaf; layer 1 appears as an aggregate of particles, mostly composed of quartz, iron oxides/hydroxides, feldspars (possibly plagioclase), phyllosilicates, and calcium carbonate (likely calcite). Overall, the composition of this layer is very similar to the gypsum-clay-based layer 1a described for sample S1. The silver leaf (layer 4) is composed of almost pure silver, containing traces of mercury and a low quantity of chlorine, whose presence might be related to silver chlorides developed as degradation products. Previous examinations of this object [7,8] described a slightly different stratigraphy, which comprised three layers including a transparent, colorless layer adhering to the wooden substrate, a silver leaf on top of it, and a finishing layer usually made of a colored, transparent resin. However, cross sections were never analyzed before for this object.

4. Conclusions

The study of these five *barniz de Pasto* objects in the collection of the HSML produced some unexpected results that merit further investigation. On the strength of previous work by these and other researchers, the expectation was to find calomel used in most of the cream-colored motifs of these objects, which are all dated to the 17th century. Calomel was assumed to be a local pigment since it has been so rarely found in European works of art. Lead white, the predominant white pigment in European works, was believed to have been introduced by the Spanish and therefore would appear in later objects or those made specifically for Spanish patrons. Instead, the results show an inconsistent use of both calomel and lead white. In some objects, only calomel is used, for example in the *Casket* (LS2361) and *Coffer* (LS2067); lead white alone was found in the *Tabletop* (LS2447); and in the *Escritorio* (LS2000) both lead white and calomel were used. Uniquely so far, the *Escritorio* (LS2446) only contains organic pigments.

Despite the different white pigments used, it seems that the palette of organic colorants remained largely consistent throughout the 17th century. FTIR, Raman, and LC/MS analyses of the green- and orange-colored resins collected from the *Tabletop* (LS2447) presented similar spectral responses, suggesting the use of the same colorant in both instances, likely a yellow, flavonoid dye. Although the specific identification of this yellow dye remains an open question, LC/MS allows for the exclusion of certain colorants, such as marigold, *E. scabrifolia*, or old fustic, for example, representing an important step towards identifying the yellow colorants used in *barniz de Pasto* objects. Moreover, the red component of the orange-colored resin remains unknown, as it is not consistent with cochineal by LC/MS, supporting the evidence by FORS that indicates against the use of this colorant in red-colored areas of the *Tabletop* (LS2447). FORS and RIS analyses suggested that all the black-, blue-, and green-colored resins studied here contained indigo, which was subsequently confirmed by FTIR, Raman, and LC/MS analyses. RIS and FORS analyses were also useful for the indication of lake pigments produced from anthraquinone dyes—most likely the insect dye cochineal—across most of the red-colored resins. However, in some objects, signatures for this red colorant were weak or absent, possibly indicating a different recipe or the use of an entirely different colorant.

This work represents an important datapoint in exploring the evolution of artistic practices around the use of colored *mopa mopa* resins and, as discussed above, challenges the use of some specific pigments as temporal markers. The use of calomel in these objects does not seem to support the hypothesis that its use is a chronological marker for the 17th century, but this may reflect the limitations of the group of objects studied here. In conjunction with past research, the results confirm that the use of calomel was not limited to a specific workshop or technique. As the literature pertaining to *barniz de Pasto* continues to grow, it will be possible to interrogate and understand if and where Indigenous and colonial influences meet and overlap.

Supplementary Materials: The following supporting information can be downloaded at: https://www.mdpi.com/article/10.3390/heritage7050125/s1; The following supporting information is provided: Supplementary Material S1: Tables and images not included in the main text, with their Spanish translation; Supplementary Material S2: Spanish Translation of this paper.

Author Contributions: Conceptualization, M.K., E.B. and A.M.; methodology, E.B. and F.P.; data collection: E.B., F.P., R.R., A.M. and M.G.M.A.; investigation, M.K., E.B., A.M., M.G.M.A., F.P. and R.R.; writing—original draft preparation, M.K., E.B. and A.M.; writing—review and editing, all authors. Translation into Spanish: E.B. and M.G.M.A. All authors have read and agreed to the published version of the manuscript.

Funding: This research was made possible by Scientific Research Partnerships, a Metropolitan Museum of Art program. Support for this program was provided by grants from the Mellon Foundation (G-2108-11314) and the Alfred P. Sloan Foundation (G-2021-16948).

Data Availability Statement: All data generated during this study are included in this published article.

Acknowledgments: The authors are extremely grateful to Hélène Fontoira Marzin, HSML, for her continuous support and Mitchell A. Codding for sharing his knowledge.

Conflicts of Interest: The author declares no conflicts of interest.

References

1. Fernández de Piedrahita, L. *Historia General de las Conquistas del Nuevo Reyno de Granada*; J.B. Verdussen: Antwerp, Belgium, 1688; p. 360.
2. Juan, J.; de Ulloa, A. *Relacion Historica del Viage a la America Meridional*; Antonio Marín: Madrid, Spain, 1748; Volume 2, p. 470.
3. Codding, M.A. The Lacquer Arts of Latin America. In *Made in the Americas: The New World Discovers Asia*; Carr, D., Ed.; MFA Publications: Boston, MA, USA, 2015.
4. Álvarez-White, M.C. El barniz de Pasto: Reflejo de la naturaleza. In *Naturaleza y Paisaje, Proceedings of the IX Encuentro Internacional sobre Barroco, Buenos Aires, Argentina, 14–17 November 2017*; Avegno, M.C., Maurizio, P., Eds.; Fundación Visión Cultural: La Paz, Bolivia, 2019; pp. 339–346.
5. Álvarez-White, M.C.; Cohen, D.; Fernández, M.O. The Splendour of Glitter: Silver Leaf in barniz de Pasto Objects. *Heritage* **2023**, *6*, 6581–6595. [CrossRef]
6. Newman, R.; Kaplan, E.; Derrick, M. Mopa mopa: Scientific analysis and history of an unusual South American resin used by the Inka and artisans in Pasto, Colombia. *J. Am. Inst. Conserv.* **2015**, *54*, 123–148. [CrossRef]
7. Newman, R.; Kaplan, E.; Álvarez-White, M.C. The Story of Elaeagia Resin (Mopa-Mopa), So Far. *Heritage* **2023**, *6*, 4320–4344. [CrossRef]
8. Derrick, M.; Kaplan, E.; Newman, R. Mopa-mopa: Una extraordinaria resina aglutinante andina. In *Materia Americana*, 1st ed.; Siracusano, G., Rodriguez Romero, A., Eds.; EDUNTREF: Buenos Aires, Argentina, 2020; pp. 71–89.
9. Kawamura, Y. The Art of Barniz de Pasto and Its Appropriation of Other Cultures. *Heritage* **2023**, *6*, 3292–3306. [CrossRef]
10. Zabía de la Mata, A. New Contributions Regarding the *Barniz de Pasto* Collection at the Museo de América, Madrid. *Heritage* **2024**, *7*, 667–682. [CrossRef]
11. López Pérez, M.d.P. Reflections on the Forms and Arrangements of Surface Images in the Art of Barniz de Pasto, from the 16th to the 19th Century. *Heritage* **2023**, *6*, 5424–5441. [CrossRef]
12. Zabía de la Mata, A. El arte del barniz de Pasto en la colección del Museo de América de Madrid. *An. Mus. Am.* **2020**, *28*, 81–98.
13. Kawamura, Y. El barniz de Pasto y las lacas de Japón: Contexto histórico de sus Encuentros. *An. Mus. Am.* **2020**, *28*, 99–108.
14. López Pérez, M. Imágenes y tradición a través de los objetos recubiertos con barniz de Pasto. Una aproximación a su interpretación. *An. Mus. Am.* **2020**, *28*, 127–146.
15. Kawamura, Y. Encuentro multicultural en el arte de barniz de Pasto o la laca del Virreinato del Perú. *Hist. Soc.* **2018**, *35*, 87–112. [CrossRef]
16. Creixell Cabeza, R.M. Entre el viejo y el nuevo mundo: El escritorio de barniz de Pasto de la colección de artes decorativas de The Hispanic Society of America. *Res. Mobilis* **2014**, *3*, 119–131. [CrossRef]
17. Burgio, L.; Melchar, D.; Strekopytov, S.; Peggie, D.A.; Melchiorre Di Crescenzo, M.; Keneghan, B.; Najorka, J.; Goral, T.; Gorbout, A.; Clark, B. Identification, characterisation and mapping of calomel as 'calomel', a previously undocumented pigment from South America, and its use of a *barniz de Pasto* cabinet at the Victoria and Albert Museum. *Microchem. J.* **2018**, *143*, 220–227. [CrossRef]
18. Romero, R.; Illán, A.; Bondía, C. Consideraciones preliminares sobre la técnica y restauración de objetos de barniz de Pasto o mopa-mopa. *An. Mus. Am.* **2020**, *28*, 157–169.
19. Sanchez Ledesma, A. Análisis de los materiales de una arqueta decorada con barniz de Pasto, perteneciente a la colección del Museo de América de Madrid. *An. Mus. Am.* **2020**, *28*, 170–179.
20. Crippa, M.; Legnaioli, S.; Kimbriel, C.; Ricciardi, P. New evidence for the intentional use of calomel as a white pigment. *J. Raman Spectrosc.* **2020**, *51*, 15–22. [CrossRef]
21. Gliozzo, E. Pigments—Mercury-Based Red (Cinnabar-Vermilion) and White (Calomel) and Their Degradation Products. *Archaeol. Anthrop. Sci.* **2021**, *13*, 210. [CrossRef]
22. Pozzi, F.; Basso, E.; Katz, M. In search of Humboldt's colors: Material and techniques of a seventeenth century lacquered gourd from Colombia. *Herit. Sci.* **2020**, *8*, 101. [CrossRef]
23. Humphrey, N.; Burgio, L.; Melchar, D. One small corner of the Viceroyalty in South Kensington: Barniz *de Pasto* at the Victoria and Albert Museum, London. *An. Mus. Am.* **2020**, *28*, 147–156.
24. Codding, M.A. (Former HSML, New York, NY, USA). Personal communication, 2023.
25. Insuasty, B.; Argoti, J.C.; Altarejos, J.; Cuenca, G.; Chamorro, E. Caracterización fisicoquímica preliminar de la resina del mopa-mopa (*Elaeagia pastoensis* Mora), barniz de Pasto. *Sci. Tech. Año XIII* **2007**, *33*, 365–368.
26. Wenig, P.; Odermatt, J. OpenChrom: A cross-platform open source software for the mass spectrometric analysis of chromatographic data. *BMC Bioinform.* **2010**, *11*, 405. [CrossRef]
27. Wallace, W. Mass Spectra. In *NIST Chemistry WebBook, NIST Standard Reference Database Number 69*; Linstrom, P.J., Mallard, W.G., Eds.; National Institute of Standards and Technology. Available online: https://webbook.nist.gov/chemistry/ (accessed on 21 February 2024).

28. Radpour, R.; Gates, G.A.; Kakoulli, I.; Delaney, J.K. Identification and mapping of ancient pigments in a Roman Egyptian funerary portrait by application of reflectance and luminescence imaging spectroscopy. *Herit. Sci.* **2022**, *10*, 8. [CrossRef]
29. Cui, R.; Yu, H.; Xu, T.; Xing, X.; Cao, X.; Yan, K.; Chen, J. Deep learning in medical hyperspectral images: A review. *Sensors* **2022**, *22*, 9790. [CrossRef] [PubMed]
30. Schneider, C.A.; Rasband, W.S.; Eliceiri, K.W. NIH Image to ImageJ: 25 years of image analysis. *Nat. Methods* **2012**, *9*, 671–675. [CrossRef]
31. Newman, R.; Derrick, M. Painted Qero cups from the Inka and colonial periods in Peru: An analytical study of pigments and media. *MRS Proc.* **2002**, *712*, 291–302. [CrossRef]
32. Gallois, N.; Templier, J.; Derenne, S. Limitations in interpreting TMAH thermochemolysis of natural organic matter via consideration of glycine and alanine derivatives. *Org. Geochem.* **2010**, *41*, 1338–1340. [CrossRef]
33. Melchar, D.; Burgio, L.; Fernandez, V.; Keneghan, B.; Newman, R. A collaborative, multidisciplinary and multi-analytical approach to the characterisation of barniz de Pasto objects from the V&A collections. In *Transcending Boundaries: Integrated Approaches to Conservation, Proceedings of the ICOM-CC 19th Triennial Conference Preprints, Beijing, China, 17–21 May 2021*; ICOM-CC: Paris, France, 2021.
34. von Humboldt, A. Sobre el barniz de Pasto. In *Alexander von Humboldt en Colombia: Extractos de sus Diarios*; Publicismo y Ediciones: Bogotá, Colombia, 1982.
35. De Ferri, L.; Tripodi, R.; Martignon, A.; Ferrari, E.S.; Lagrutta-Diaz, A.C.; Vallotto, D.; Pojana, G. Non-invasive study of natural dyes on historical textiles from the collection of Michelangelo Guggenheim. *Spectrochim. Acta A* **2018**, *204*, 548–567. [CrossRef] [PubMed]
36. Leona, M.; Casadio, F.; Bacci, M.; Picollo, M. Identification of the pre-Columbian pigment Maya blue on works of art by noninvasive UV-vis and Raman spectroscopic techniques. *J. Am. Inst. Conserv.* **2004**, *43*, 39–54. [CrossRef]
37. Monahan, A.R.; Kuder, J.E. Spectroscopic differences between crystalline and amorphous phases of indigo. *J. Org. Chem.* **1972**, *37*, 4182–4184. [CrossRef]
38. Curley, A.N.; Thibodeau, A.M.; Kaplan, E.; Howe, E.; Pearlstein, E.; Levinson, J. Isotopic composition of lead white pigments on qeros: Implications for the chronology and production of Andean ritual drinking vessels during the colonial era. *Herit. Sci.* **2020**, *8*, 72. [CrossRef]
39. Summerour, R.; Giaccai, J.; Webb, K.; Mori, C.; Little, N. Technical Analysis of Four Archaeological Andean Painted Textiles. *Nuevo Mundo Mundos Nuevos*. Available online: http://journals.openedition.org/nuevomundo/69257 (accessed on 21 February 2024).
40. Pearlstein, E.; Kaplan, E.; Howe, E.; Levinson, J. Technical analyses of painted Inka and Colonial qeros. *Objects Spec. Group Postprints* **1999**, *6*, 94–111.
41. Ricci, M.; Lofrumento, C.; Becucci, M.; Castellucci, E.M. The Raman and SERS spectra of indigo and indigo-Ag_2 complex: DFT calculation and comparison with experiment. *Spectrochim. Acta A* **2018**, *188*, 141–148. [CrossRef] [PubMed]
42. Niemeyer, H.M.; Agüero, C. Dyes used in pre-Hispanic textiles from the Middle and Late Intermediate periods of San Pedro de Atacama (northern Chile): New insights into patterns of exchange and mobility. *J. Archaeol. Sci.* **2015**, *57*, 14–23. [CrossRef]
43. Aceto, M.; Agostino, A.; Fenoglio, G.; Idone, A.; Gulmini, M.; Picollo, M.; Ricciardi, P.; Delaney, J.K. Characterisation of colourants on illuminated manuscripts by portable fibre optic UV-visible-NIR reflectance spectrophotometry. *Anal. Methods* **2014**, *6*, 1488–1500. [CrossRef]
44. Pearlstein, E.; MacKenzie, M.; Kaplan, E.; Howe, E.; Levinson, J. Tradition and Innovation: Cochineal and Andean Keros. In *A Red like No Other: How Cochineal Colored the World: An Epic Story of Art, Culture, Science, and Trade*; Padilla, C., Anderson, B.C., Eds.; Skira Rizzoli: New York, NY, USA, 2015; pp. 44–51.
45. Pearlstein, E. Cochineal and Andean Qeros: Technology and Style. In *Materia Americana: The Body of Spanish American Images: 16th to Mid-19th Centuries*; Siracusano, G., Rodríguez Romero, A., Eds.; Universidad Nacional de Tres de Febrero: Sáenz Peña, Argentina, 2020; pp. 59–70.
46. De Rosso, V.V.; Zerlotti Mercadante, A. Dyes in South America. In *Handbook of Natural Colorants*; Bechtold, T., Mussak, R., Eds.; John Wiley & Sons, Ltd.: Chichester, UK, 2009; pp. 53–64.
47. Fonseca, B.; Schmidt Patterson, C.; Ganio, M.; MacLennan, D.; Trentelman, K. Seeing red: Towards an improved protocol for the identification of madder- and cochineal-based pigments by fiber optics reflectance spectroscopy (FORS). *Herit. Sci.* **2019**, *7*, 92. [CrossRef]
48. Saltzman, M. The Identification of Dyes in Archaeological and Ethnographic Textiles. In *Archaeological Chemistry II, Advances in Chemistry Series*; Carter, G.F., Ed.; ACS Publications: Washington, DC, USA, 1978; Volume 171, pp. 172–185.
49. Howe, E.; Kaplan, E.; Newman, R.; Frantz, J.H.; Pearlstein, E.; Levinson, J.; Madden, O. The occurrence of a titanium dioxide/silica white pigment on wooden Andean qeros: A cultural and chronological marker. *Herit. Sci.* **2018**, *6*, 41. [CrossRef]
50. Young, M.E.; Kaplan, E. Cinnabar traditions across the ancient Central Andes: Insights from the National Museum of the American Indian collections. *Archaeol. Anthrop. Sci.* **2023**, *15*, 182. [CrossRef]
51. Maynez-Rojas, M.A.; Casanova-González, E.; Ruvalcaba-Sil, J.L. Identification of natural red and purple dyes on textiles by fiber-optics reflectance spectroscopy. *Spectrochim. Acta Part A Mol. Biomol. Spectrosc.* **2017**, *178*, 239–250. [CrossRef] [PubMed]
52. Williams, L.O. A yellow food dye—*Escobedia*. *Econ. Bot.* **1970**, *24*, 459. [CrossRef]
53. Govindammal, M.; Kannan, S.; Srinivasan, P.; Prasath, M. Quantum chemical calculations, spectroscopic studies and molecular docking investigations of the anti-cancer drug quercitrin with B-RAF inhibitor. *Heliyon* **2022**, *8*, e09539. [CrossRef]

54. Kokalj Ladan, M.; Straus, J.; Tavčar Benković, E.; Kreft, S. FT-IR-based method for rutin, quercetin and quercitrin quantification in different buckwheat (*Fagopyrum*) species. *Sci. Rep.* **2017**, *7*, 7226. [CrossRef]
55. Ponting, K.G. Important natural dyes of History. *Ind. Archaeol. Rev.* **1978**, *2*, 154–159. [CrossRef]
56. Cardon, D. *Natural Dyes*; Sources, Tradition, Technology and Science, Archetype Publications, Ltd.: London, UK, 2007; pp. 199–202.
57. Joshi, S.; Rao, S.G.; Chandrakar, R.; Madan Mohan, S. Use of plant dyes in textiles industries. *Indian J. Life Sci.* **2015**, *5*, 111–114.
58. Colombini, M.P.; Andreotti, A.; Baraldi, C.; Degano, I.; Łucejko, J.J. Colour fading in textiles: A model study on the decomposition of natural dyes. *Microchem. J.* **2007**, *85*, 174–182. [CrossRef]
59. Smith, H.H. Ethnobotany of the Ojibwe Indians. *Bull. Public Mus. Milwaukee* **1932**, *4*, 327–525.
60. Şöhretoğlu, D.; Renda, G. The polyphenolic profile of Oak (*Quercus*) species: A phytochemical and pharmacological overview. *Phytochem. Rev.* **2020**, *19*, 1379–1426. [CrossRef]
61. Ferreira, E.S.B.; Hulme, A.N.; McNab, H.; Quye, A. The natural constituents of historical textile dyes. *Chem. Soc. Rev.* **2004**, *33*, 329–336. [CrossRef] [PubMed]
62. Zhang, X.; Boytner, R.; Cabrera, J.L.; Laursen, R. Identification of yellow dye types in pre-Columbian Andean textiles. *Anal. Chem.* **2007**, *79*, 1575–1582. [CrossRef]
63. Cornard, J.P.; Merlin, J.C.; Boudet, A.C.; Vrielynck, L. Structural study of quercetin by vibrational and electronic spectroscopies combined with semiempirical calculations. *Biospectroscopy* **1997**, *3*, 183–193. [CrossRef]
64. García-Bucio, M.A.; Casanova-González, E.; Mitrani, A.; Ruvalcaba-Sil, J.L.; Maynez-Rojas, M.Á.; Rangel-Chávez, I. Non-destructive and non-invasive methodology for the in situ identification of Mexican yellow lake pigments. *Microchem. J.* **2022**, *183*, 107948. [CrossRef]
65. Jurasekova, Z.; Torreggiani, A.; Tamba, M.; Sanchez-Cortes, S.; Garcia-Ramos, J.V. Raman and surface-enhanced Raman scattering (SERS) investigation of the quercetin interaction with metals: Evidence of structural changing processes in aqueous solution and on metal nanoparticles. *J. Mol. Struct.* **2009**, *918*, 129–137. [CrossRef]
66. Badillo-Sanchez, D.A.; Barrocas Dias, C.; Manhita, A.; Schiavon, N. The National Museum of Colombia's "Francisco Pizarro's Banner of Arms": A multianalytical approach to help uncovering its history. *Eur. Phys. J. Plus* **2019**, *134*, 224. [CrossRef]
67. Weedon, B.C.L. Some recent studies on carotenoids and related compounds. *Pure Appl. Chem.* **1973**, *35*, 113–130. [CrossRef]
68. Saini, R.K.; Keum, Y.-S. Carotenoid extraction methods: A review of recent developments. *Food Chem.* **2018**, *240*, 90–103. [CrossRef]
69. Portell, J.D. Colored glazes on silver-gilded surfaces. *Stud. Conserv.* **1992**, *37*, 116–118. [CrossRef]

Supplementary Material S1

Seventeenth century *Barniz de Pasto* objects from the collection of the Hispanic Society Museum & Library: materiality and technology

Elena Basso [1,*], Alicia McGeachy [1], Maria Goretti Mieites Alonso [1], Federica Pozzi [2], Roxanne Radpour [3] and Monica Katz [4]

1. Department of Scientific Research, The Metropolitan Museum of Art, 1000 Fifth Avenue, New York, NY 10028, USA; alicia.mcgeachy@metmuseum.org (A.M.); maria.mieitesalonso@metmuseum.org (M.G.M.A.)
2. Centro per la Conservazione ed il Restauro dei Beni Culturali "La Venaria Reale", Via XX Settembre 18, Venaria Reale, 10078 Turin, Italy; federica.pozzi@ccrvenaria.it
3. Department of Art Conservation, University of Delaware, 303 Old College, Newark, DE 19716, USA; radpour@udel.edu
4. Conservator Emerita, Hispanic Society Museum & Library, 613 W 155th Street, New York, NY 10032, USA;monicakatz@mac.com

* Correspondence: elena.basso@metmuseum.org

Table S1. Summary of *barniz de Pasto* objects studied in this research.

Objects†	Name	Accession No.	Date	Medium	Dimensions (H cm × W cm × D cm)
	*Casket*	LS2361	1625-50	*Barniz de Pasto*	15 × 18 × 8.6
	*Coffer*	LS2067	ca. 1650	*Barniz de Pasto* on wood with silver and gold leaf and silver mounts	19.2 × 26 × 12.3
	*Tabletop*	LS2447	ca. 1643	*Barniz de Pasto* lacquer on Spanish cedar (*Cedrela odorata*)	43.7× 66 × 1.8
	*Writing desk (Escritorio)*	LS2446	ca. 1643	*Barniz de Pasto* on Spanish cedar (*Cedrela odorata*) with silver mounts	20.2 × 39.4 × 35 (Closed)
	*Portable writing desk (Escritorio)*	LS2000	ca. 1684	*Barniz de Pasto* lacquer on wood with silver leaf, modern yellow metal hardware	19 × 36 × 30.5

† Images courtesy of the Hispanic Society of America.

Table S2. Summary of py-GC/MS analysis of sample S5 collected from uncolored resin of LS2447.

RT [min]	[M+]	ID	Match	RI	Related References
2.32	90	Carbonic acid, dimethyl ester	891	620	
2.50	120	Dimethoxydimethylsilane	922	645	
2.85	102	Methyl isobutyrate?	758	684	
3.9	152	Tetramethyl silicate	878	668	
4.5	222	Cyclotrisiloxane, hexamethyl-	860	851	
4.74	117	Glycine, N,N-dimethyl-, methyl ester	937	911	
5.54		N,N-dimethylalanine methyl ester?			Gallois et al. Org. Geochem. 2010
6.48	142	Isobutyl methacrylate?	898	960	
6.60		Unknown (m/z @ 86)			
6.64		Unknown (m/z @ 70, 129, 114, 55)			
7.14	296	Cyclotetrasiloxane, octamethyl-	920	994	
9.22		Unknown (m/z @ 58)			
9.83	161	Sarcosine, N-methoxycarbonyl-, methyl ester	847	1150	
10.45	175	Unknown (m/z @ 58)			
10.63	175	Unknown (m/z @ 116)			
10.69	189	Unknown (m/z @ 58)			
10.89	189	L-aspartic acid, N,N-dimethyl- ,dimethyl ester	840	1234	
11.15	189	Unknown (m/z @ 72)			
11.3		Unknown (m/z @ 72)			
13.05		Unknown (m/z @ 88, 87, 122, 169)			
13.29					
13.82	216	Unknown (m/z @ 185, 157)			
14.04	194	Dimethyl phthalate	793	1454	
14.12		Unknown (m/z @ 128)			
14.94	214	Lauric acid, methyl ester	688	1526	
17.26	242	Myristic acid, methyl ester	648	1725	
18.02					
18.73					
19.37	270	Palmitic acid, methyl ester	872	1926	
19.69	278	Dibutyl phthalate?	798	1965	
21.29	284	Stearic acid, methyl ester	864	2128	
22.9					
23.67	464	Tetracosane	723	2400	
24.47	352	Pentacosane	849	2500	
25.25	366	Hexacosane	818	2600	
25.89	380	Heptacosane	775	2700	
26.2	382	Tetracosanoic acid, methyl ester	484	2730	
26.71	394	Octacosane	732	2800	
27.4	408	Nonacosane	737	2900	
28.07	422	Triacontane	662	3000	
28.72	436	Hentraicontane	602	3100	
29.35	450	Dotriacontane	573	3200	
30.81	464	Tritriacontane	425	3300	
31.71	478	Tetratriacontane?		3400	

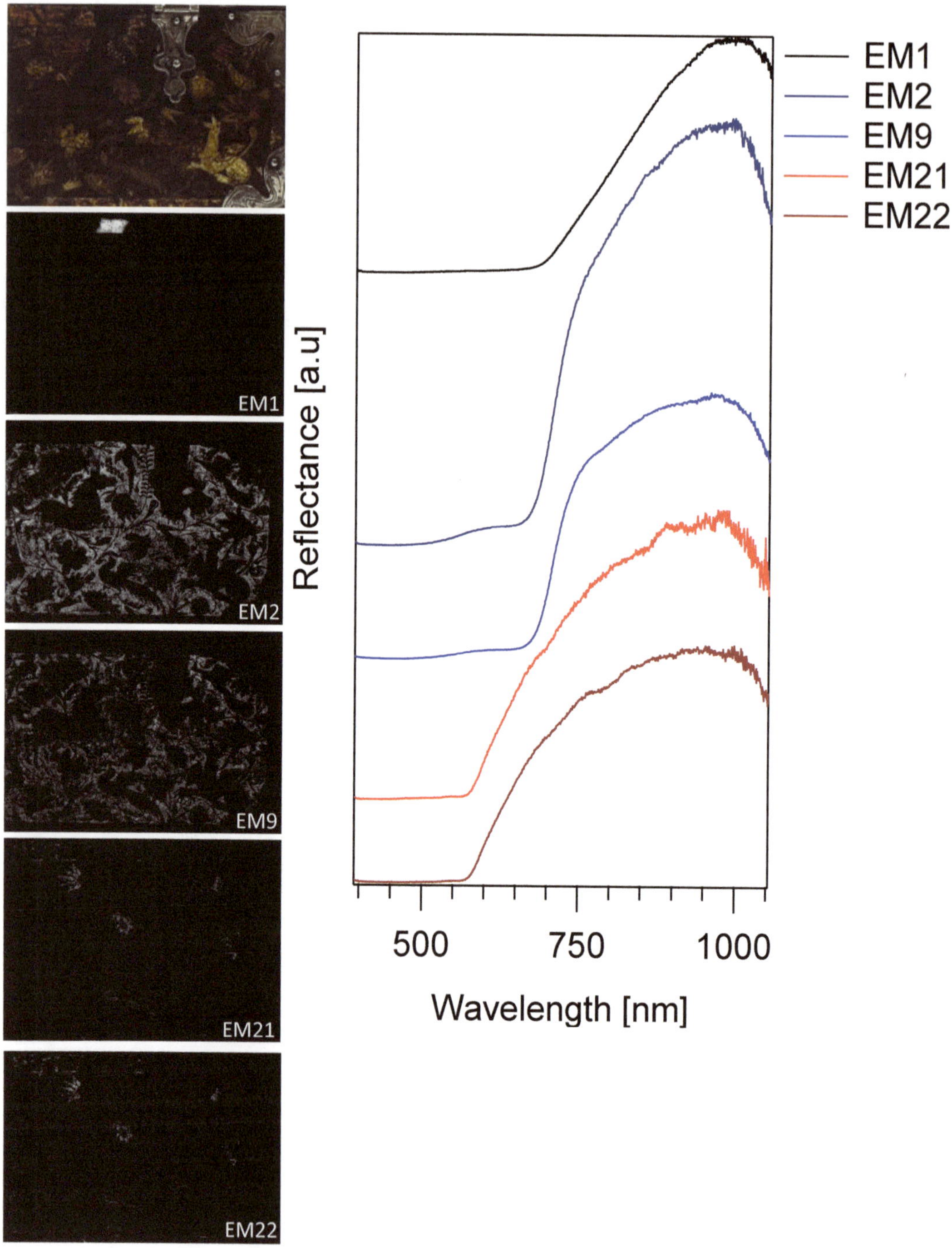

Figure S1. (Left, top to bottom) Visible area surveyed by RIS imaging (top left) and a subset of corresponding endmember (EM) rule images (distribution maps) . **(Right)** Subset of RIS endmember spectra for *Casket* LS2067 back panel. Offset for clarity.

Table S3. Subset of reflectance imaging data for *Casket* LS2067 front panel.†

EM	Absorption Features [nm]	Inflection Point(s) [nm]	Assignment	Apparent Color
1			Indigo?	Black
2	452	713	Indigo + Yellow?	Black?
9	460	712	Indigo + Yellow?	Black?
21		615		Red
22		610		Red

†Only the most informative endmember are presented here. Endmembers corresponding to noise, edges, or other artifacts are discarded.

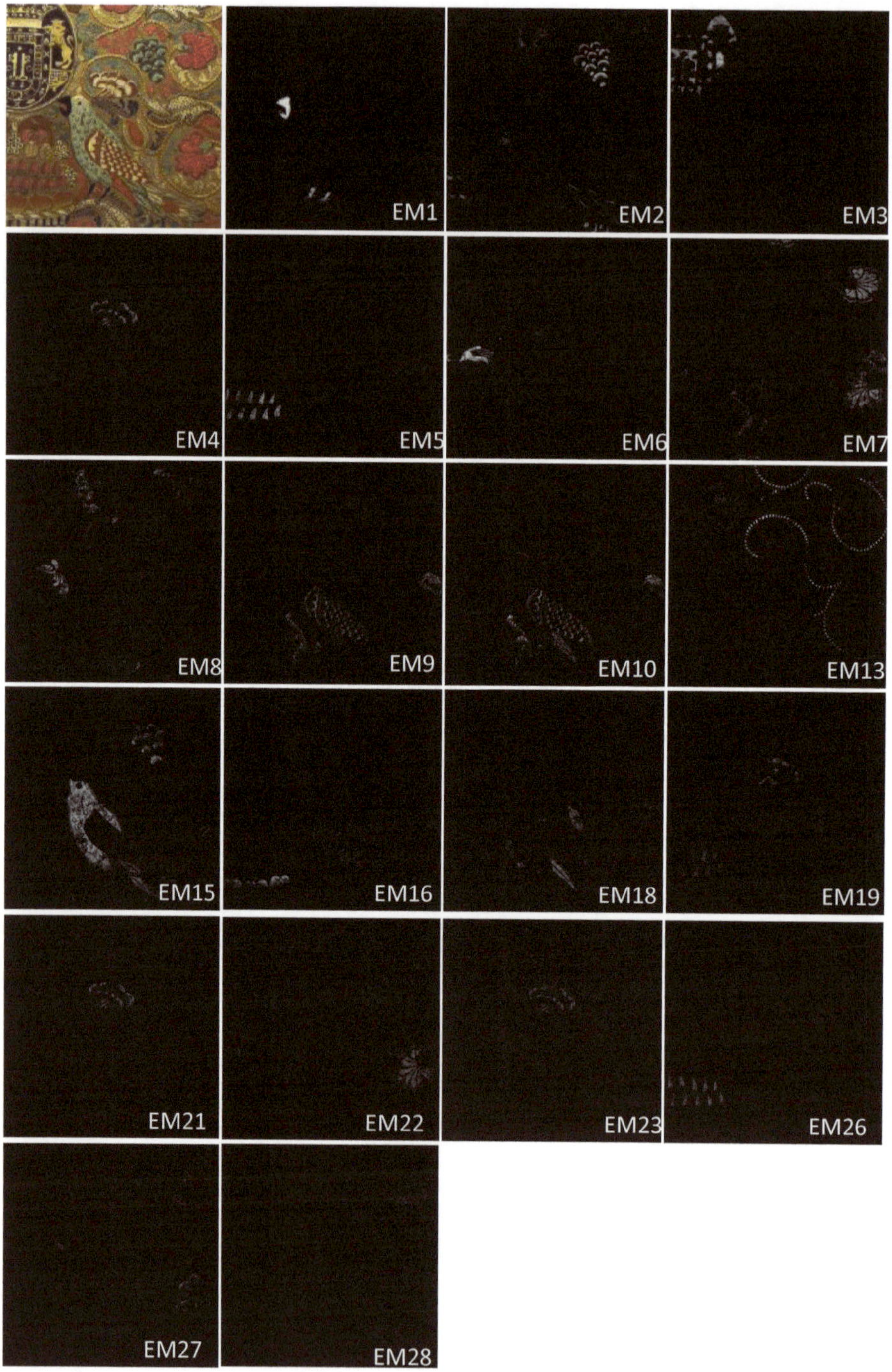

Figure S2. Subset of endmember (EM) rule images (distribution maps) for interior lid of *Escritorio* LS2000.

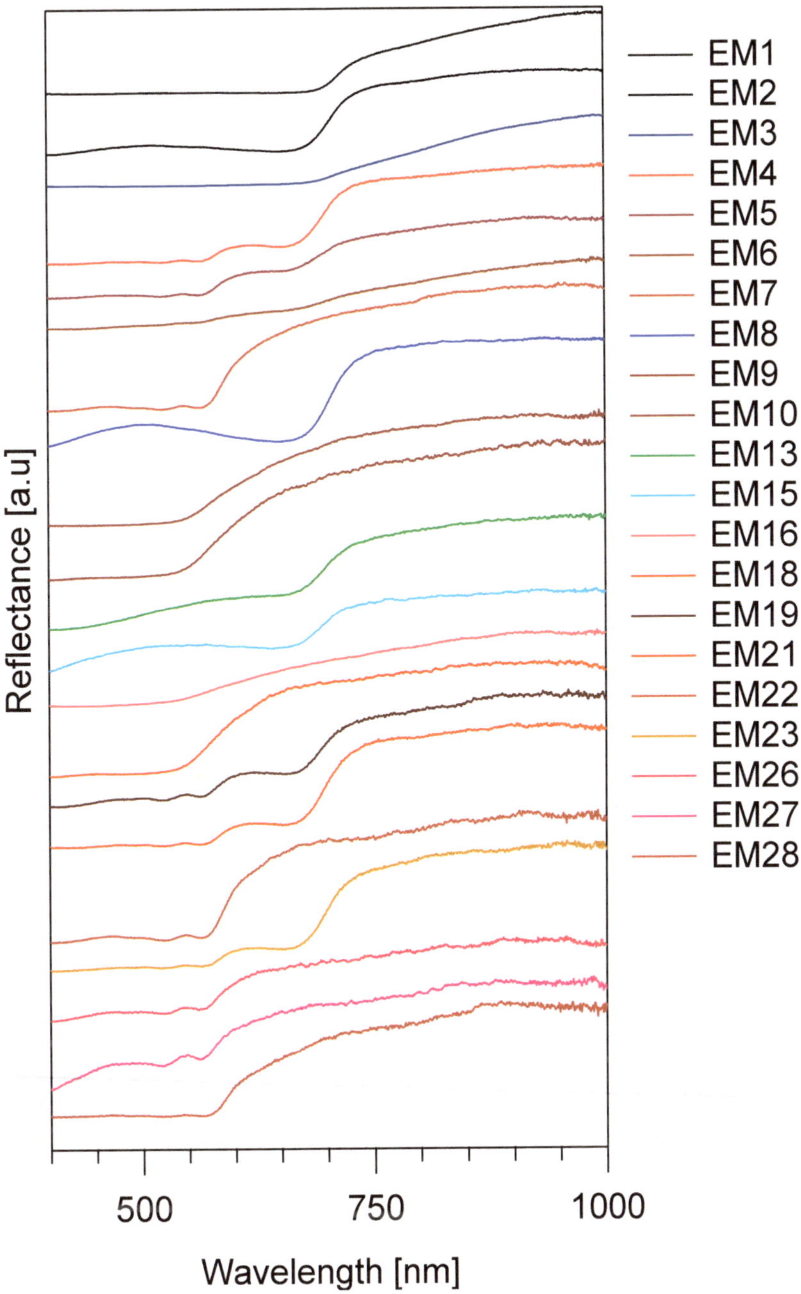

Figure S3. Subset of RIS endmember spectra for interior lid of *Escritorio* LS2000. Offset for clarity.

Table S4. Subset of reflectance imaging data for interior lid of *Escritorio* LS2000.†

EM	Absorption Features [nm]	Inflection Point(s) [nm]	Assignment	Apparent Color
1		719	Indigo	Black
2	649	706	Indigo	Dark Blue
3		709	Indigo	Black
4	521, 560, 655	583, 698	Indigo + Cochineal?	Maroon
5	523, 562, 654	586	Indigo + Cochineal	Pink
6	522, 560		Cochineal + ?	Brown
7	522, 562	590	Cochineal	Red
8	648	706	Indigo	Blue
9		590		Red
10		588		Red
13	408	699	Indigo + Yellow	Green
15	642	695		Light Blue
16	436			Orange
18	401	575	Unknown red + yellow	Orange
19	523, 560, 656		Indigo + Cochineal	
21	519, 561, 651	699	Indigo + Cochineal	Maroon
22	522, 564	589		Red
23	520, 564, 652	699		Maroon
26	523, 560		Cochineal	Dark Pink
27	519, 559		Cochineal	Light Pink
28	521, 564	595	Cochineal	Red

†Only the most informative endmember are presented here. Endmembers corresponding to noise, edges, or other artifacts are discarded.

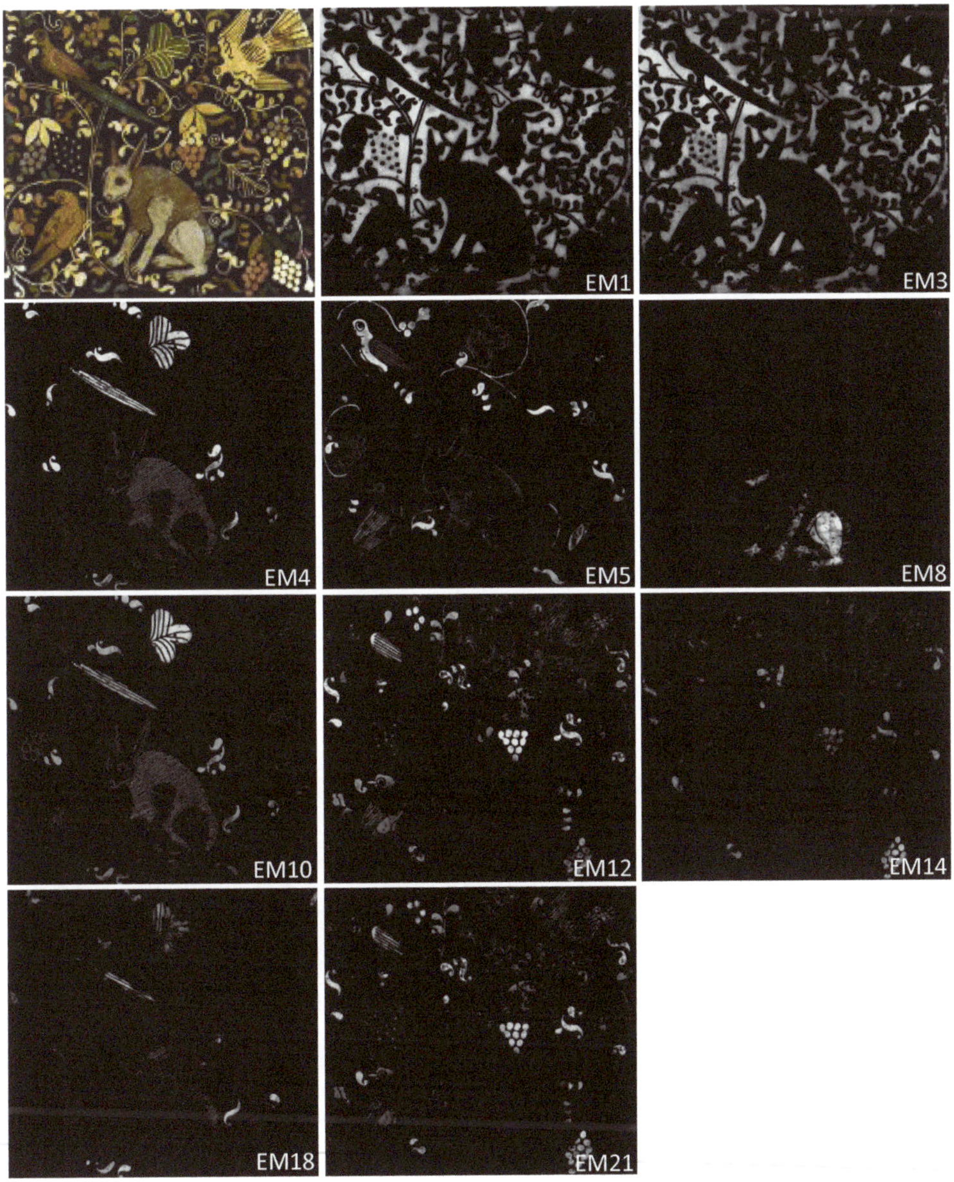

Figure S4. Visible area surveyed by RIS imaging (top left) and a subset of corresponding RIS endmember (EM) rule images (distribution maps) for side panel of *Casket* LS2361 with hare illustration.

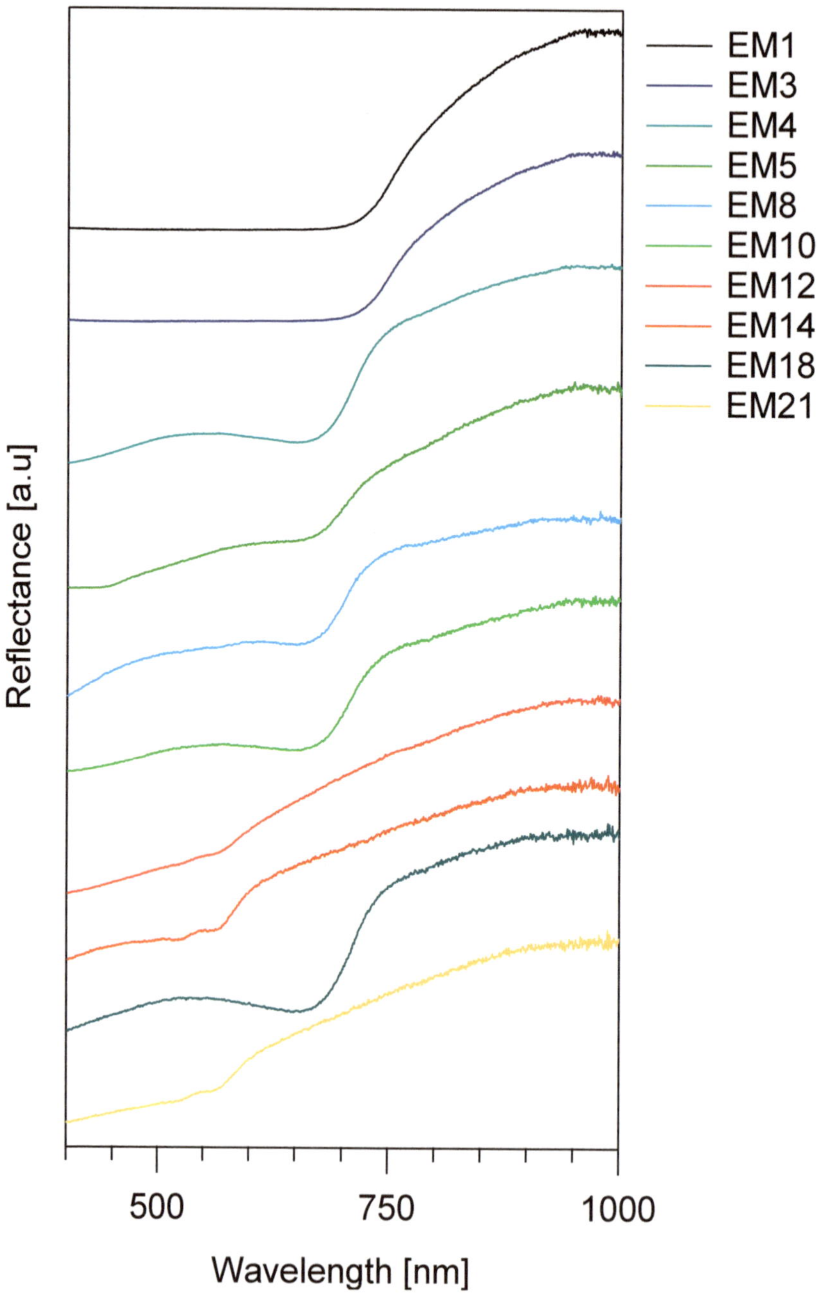

Figure S5. Subset of RIS endmember spectra for *Casket* LS2361 side panel with hare. Offset for clarity.

Table S5. Subset of reflectance imaging data for the *Casket* LS2361 side panel with hare.†

EM	Absorption Features [nm]	Inflection Point(s) [nm]	Assignment	Apparent Color
1		759	Indigo	Black
3		757	Indigo	Black
4	649	713	Indigo?	Blue green
5	412, 645	704	Indigo + Yellow?	Dk. Olive Green
8	651	703	Indigo	Powder Blue
10	652	709	Indigo + Yellow?	Blue green
12	524, 560		Cochineal	Peachy pink
14	523, 555	586	Cochineal	Peachy Pink
18		712	Indigo + Yellow?	Blue Green
21	524, 552		Cochineal	Peachy Pink

†Only the most informative endmember are presented here. Endmembers corresponding to noise, edges, or other artifacts are discarded.

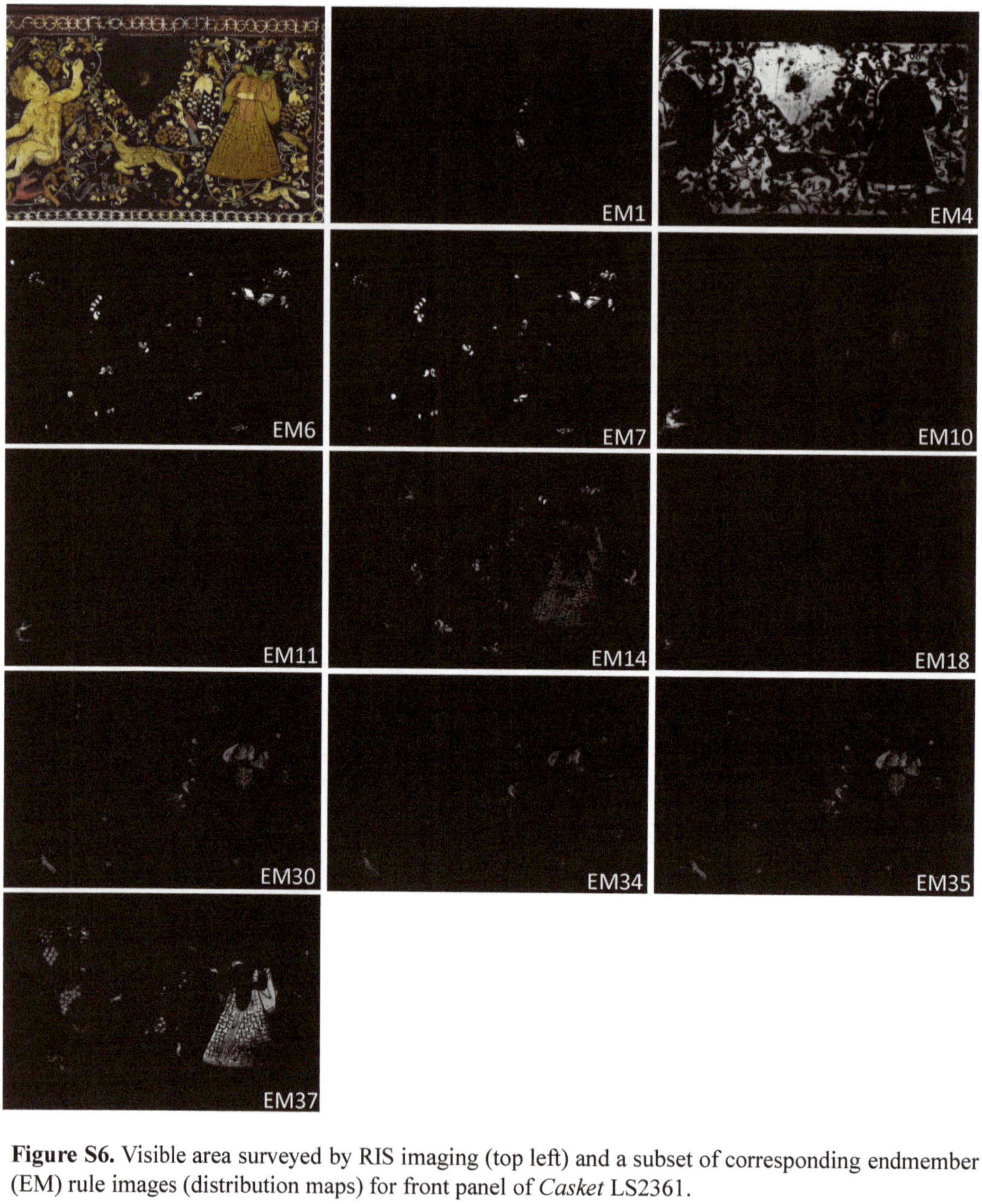

Figure S6. Visible area surveyed by RIS imaging (top left) and a subset of corresponding endmember (EM) rule images (distribution maps) for front panel of *Casket* LS2361.

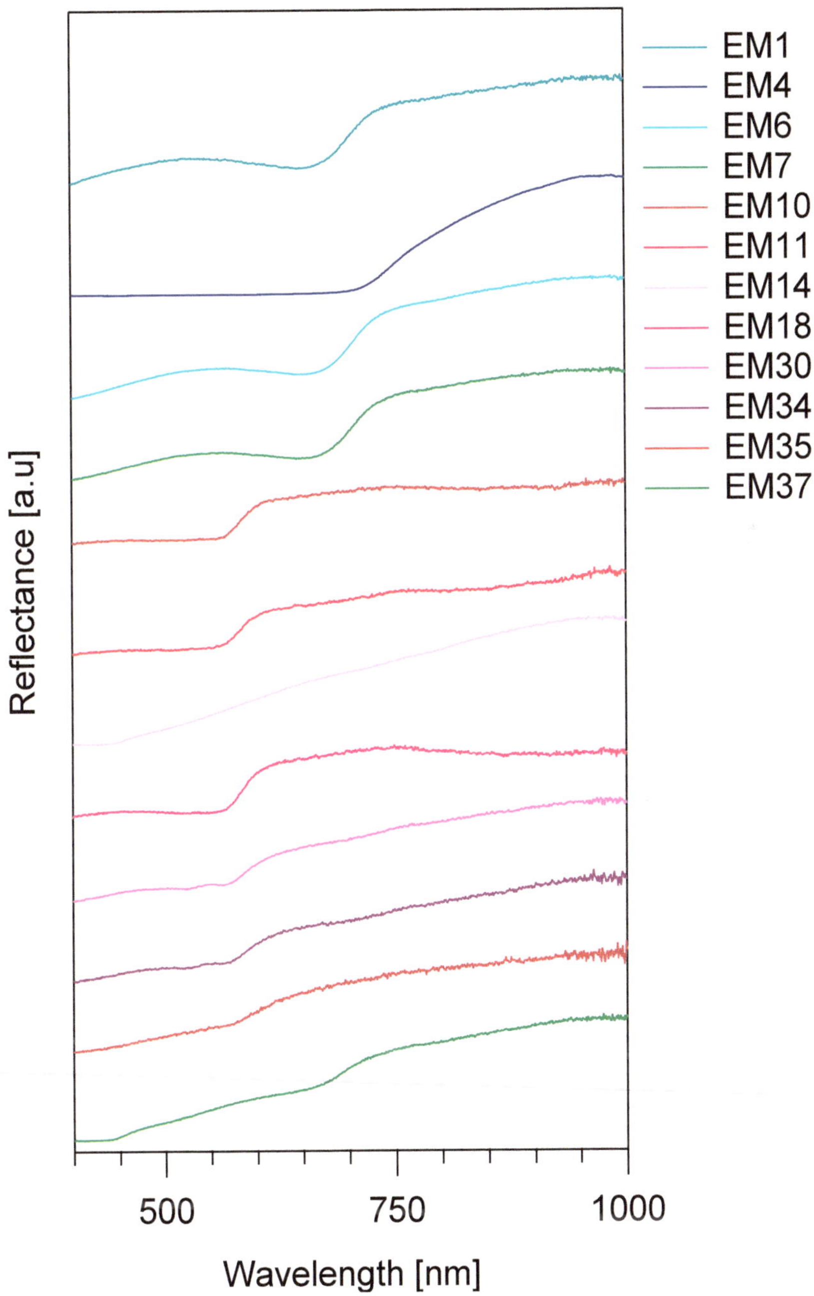

Figure S7. Subset of RIS endmember spectra for front panel of *Casket* LS2361. Offset for clarity.

Table S6. Subset of reflectance imaging data for the *Casket* LS2361 front panel.†

EM	Absorption Features [nm]	Inflection Point(s) [nm]	Assignment	Apparent Color
1	647	704	Indigo + Yellow?	Blue
4		745	Indigo	Black
6	649	705	Indigo + Yellow?	Blue green
7	645	707	Indigo + Yellow?	Blue green
10		585		Hot Pink
11		583		Hot Pink
14	427			
15	653	707		
18		585		Hot Pink
30	524, 564		Cochineal?	Peachy Pink
34	520, 562		Cochineal	Peachy Pink
35				Peachy Pink
37	421	693		Olive Green

†Only the most informative endmember are presented here. Endmembers corresponding to noise, edges, or other artifacts are discarded.

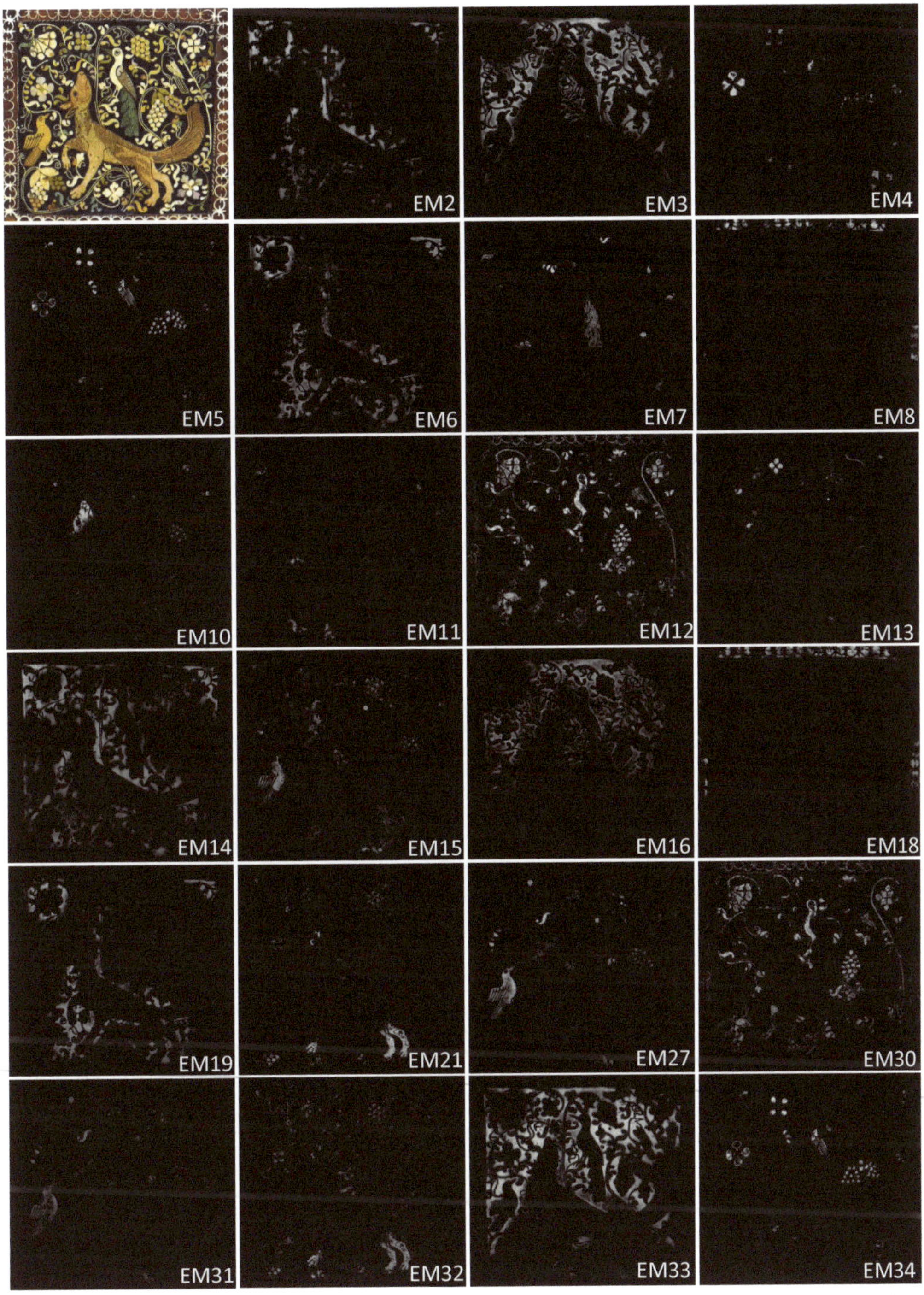

Figure S8. Visible image of area surveyed by RIS imaging (top left) and a subset of corresponding endmember (EM) rule images (distribution maps) for side panel of *Casket* LS2361 with illustration of the wolf.

Table S7. Subset of reflectance imaging data for the *Casket* LS2361 side panel with wolf.†

EM	Absorption Features [nm]	Inflection Point(s) [nm]	Assignment	Apparent Color
2		747	Indigo	Black
3		753	Indigo	Black
4	561, 645	705	Indigo + Cochineal?	Purple Blue
5	518, 560, 644	706	Indigo + Cochineal	Purple Blue
6		749	Indigo	Black
7	400, 653	713	Indigo + Yellow	Blue Green
8	470			Red
9	560		Cochineal?	Peach Pink
11	398, 653	711	Indigo + Yellow	Blue Green
12	395			Off-White
13	413, 643	695	Indigo + Yellow	Green
14		751	Indigo	Black
15	416		Yellow?	Orange
16		747	Indigo	Black
18	483			Red
19		748	Indigo	Black
21	564?		Yellow + Cochineal?	Peach Pink
27	416			Orange
30				Off White
31	415			Orange
32	393, 566		Yellow + Cochineal?	Peach Pink
33		745	Indigo	Black
34	521, 562, 640	706	Indigo + Cochineal	Purple Blue

†Only the most informative endmember are presented here. Endmembers corresponding to noise, edges, or other artifacts are discarded.

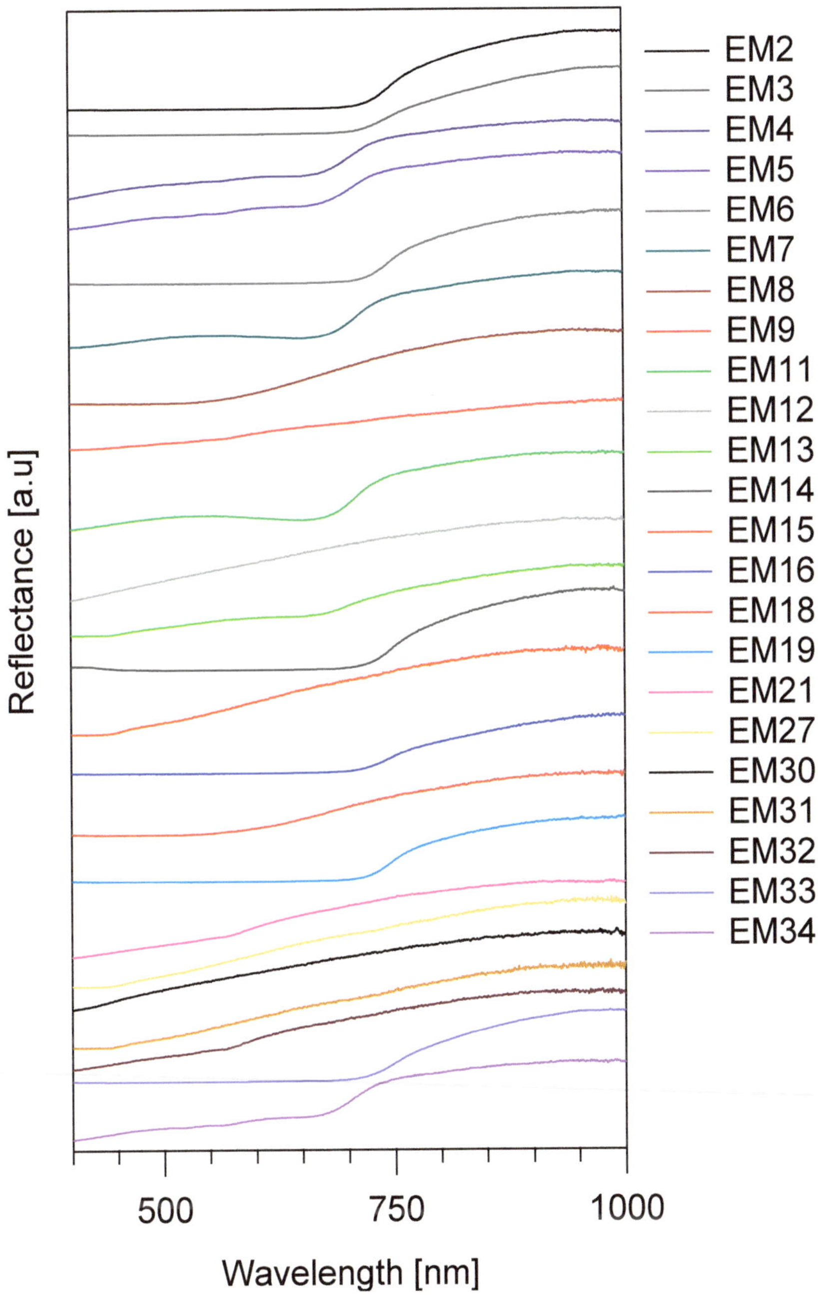

Figure S9. Subset of RIS endmember spectra for *Escritorio* LS2446 side panel with wolf. Offset for clarity.

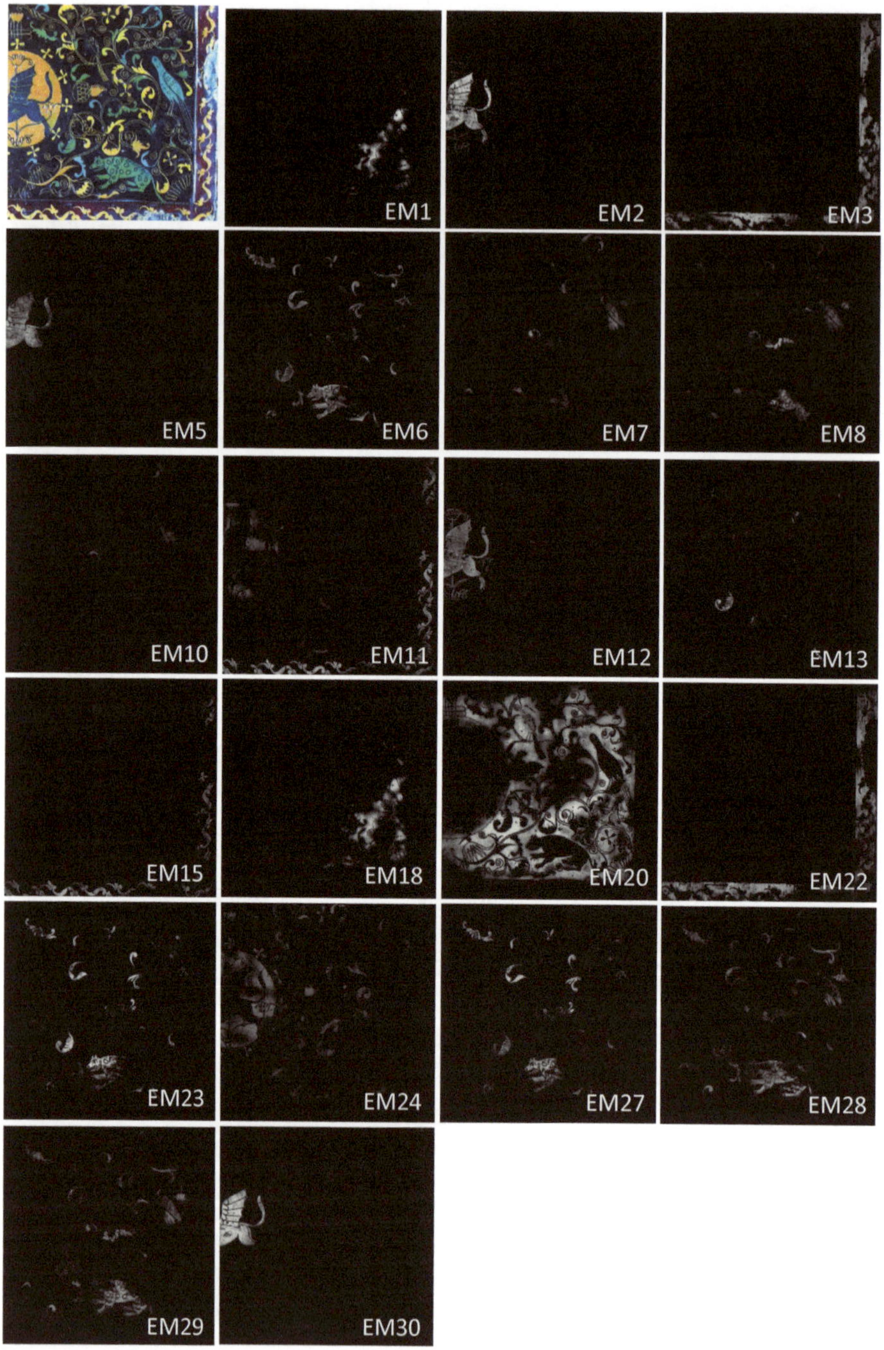

Figure S10. True-color composite image of area surveyed by RIS imaging (top left) and a subset of corresponding RIS endmember (EM) rule images (distribution maps) for exterior side panel of *Escritorio* LS2446 with illustration of griffin.

Table S8. Subset of reflectance imaging data for side panel of *Escritorio* LS2446 side panel.†

EM	Absorption Features [nm]	Inflection Point(s) [nm]	Assignment	Apparent Color
1		755	Indigo?	Black
2	644	734	Indigo	Dark Blue
3	517			Red
5	635	725	Indigo	Dark Blue
6	412, 635	714	Indigo + Yellow	Blue Green
7	397	719	Indigo + Yellow	Blue Green
8	414, 652		Indigo + Yellow	Blue Green
10	406, 653	719	Indigo + Yellow	Blue Green
11	409			Yellow/Orange
12		736	Indigo	Dark Blue
13	421, 653	718	Indigo + Yellow	Blue Green
15	411			Yellow
18		752		Black
21		746	Indigo	Black
22				Red
23	407	714	Indigo + Yellow	Blue Green
24	425			Yellow/Orange
27	411, 645	712	Indigo + Yellow	Blue Green
28	406, 645	712	Indigo + Yellow	Blue Green
29	412, 642	711	Indigo + Yellow	Blue Green
30	631	729	Indigo	Dark Blue

†Only the most informative endmember are presented here. Endmembers corresponding to noise, edges, or other artifacts are discarded.

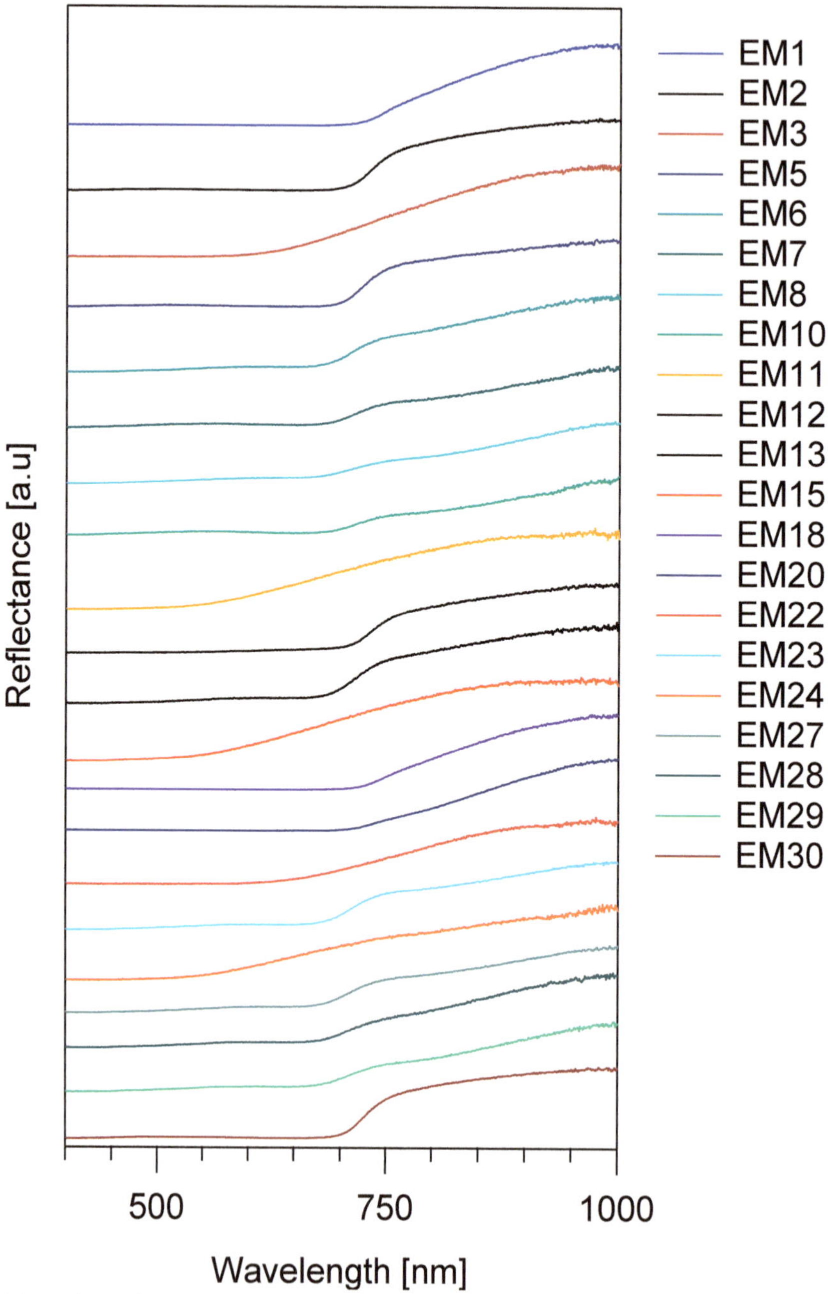

Figure S11. Subset of RIS endmember spectra for side panel of *Escritorio* LS2446. Offset for clarity.

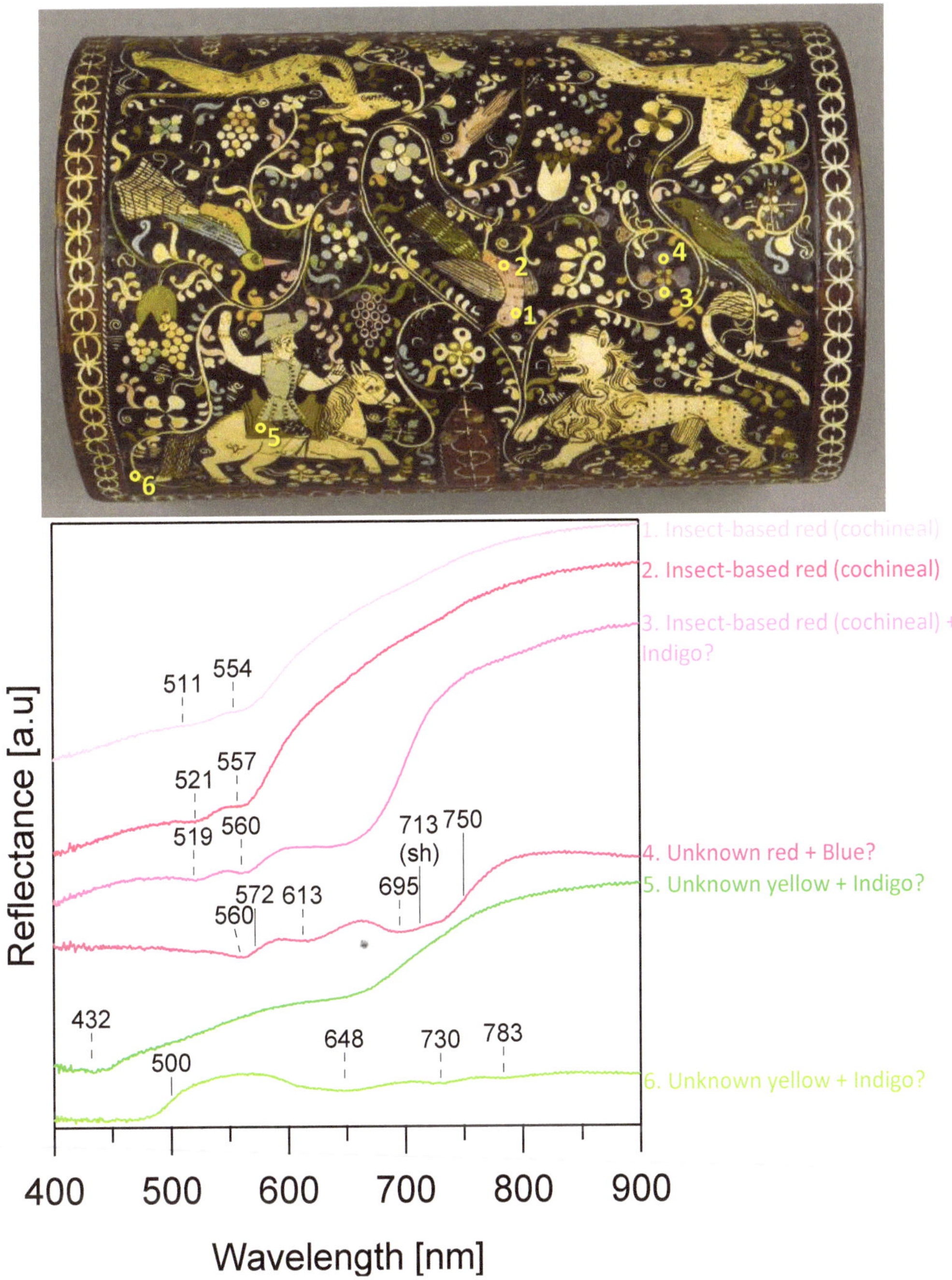

Figure S12. (Top) Top-down view of lid of *Casket* LS2361 with approximate locations of FORS analyses indicated by open circles and annotated with position number. **(Bottom)** FORS spectra collected from lid of *Casket* LS2361 with corresponding location number and identification provided at right of plot. Inflection point are indicated by solid lines while apparent absorption features are indicated by dashed lines. Spectra are offset for clarity.

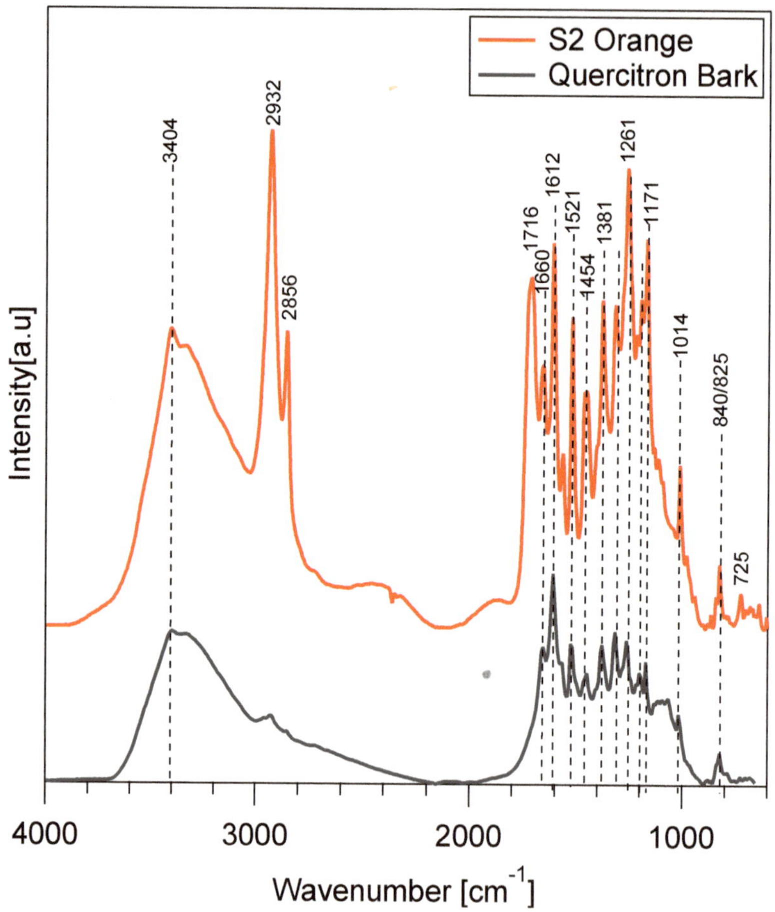

Figure S13. Comparison of FTIR spectra of sample S2 collected from an orange area on *Tabletop* LS2447 (orange spectrum, baseline-corrected) and library reference for quercitron bark (gray spectrum).

Table S9. Summary of compounds identified in LC/MS analysis of *E. scabrifolia* and comparison of compounds identified in *E. scabrifolia* root and samples collected from *Tabletop* LS2447.

Compounds detected by LC-MS analysis of Escobedia Scabrifolia roots					Presence in other samples				
m/z[a]	Retention Time [min]	UV-Vis Signals [nm]	Molecular Formula[b]	Detected compound	*E.Scabrifolia* MeOH[c,d]	*E. Scabrifolia* BF_3[c,e]	LS2447 S2[e]	LS2447_S3[d]	LS2447_S5[d]
401.2682 (+)	25.6	195, 218, 416	C25H37O4 (1.0)	Aeginetin	Yes	No	No	No	No
399.2541 (-)	25.6	195, 218, 416	$C_{25}H_{35}O_4$ (0.0)	Aeginetin	Yes	No	No	No	No
425.2689 (-)	26.6	242, 417	$C_{27}H_{37}O_4$ (0.0)	Azafrin	Yes	No	No	No	No
427.2844 (+)	26.5	242, 417	$C_{27}H_{39}O_4$ (0.8)	Azafrin	Yes	No	No	No	No
449.1098 (+)	8.1	191, 211	$C_{21}H_{21}O_{11}$ (-4.5)	*Unknown*	No	Yes	No	No	No
447.0957 (-)	8.0	190, 207, 310	$C_{21}H_{19}O_{11}$ (-4.8)	Flavonoid	No	Yes	No	No	No
449.2037 (-)	7.0	232	$C_{20}H_{33}O_{11}$ (-0.3)	*Unknown*	Yes	Yes	No	No	No
809.4158 (+)	7.1	232	$C_{38}H_{65}O_{18}$ (0.9)	*Unknown*	Yes	Yes	No	No	No
611.2559 (-)	8.2	*N/A*	$C_{26}H_{44}O_{16}$ (0.0)	*Unknown*	Yes	Yes	No	No	No
387.2168(-)	10.8	190, 198, 238, 305, 425	$C_{19}H_{33}O_8$ (0.2)	Polyphenol	No	Yes	No	No	No
491.2498 (-)	10.0	190, 198, 238, 305, 425	$C_{23}H_{39}O_{11}$ (0.1)	Anthocyanin	Yes	Yes	No	No	No
381.2425 (+)	17	193, 216	$C_{25}H_{33}O_3$ (-0.2)	Carotenoid	No	Yes	No	No	No
613.3232 (-)	18.0	195, 264, 558	$C_{31}H_{49}O_{12}$ (-0.4)	Hydroxycinnamic acid derivative	No	Yes	No	No	No

[a]Mass-to-charge ratio with positive (+) or negative (-) ionization modes indicated parenthetically. [b]Molecular formulas with error, in ppm, noted parenthetically. [c]Ground root of *Escobedia scabrifolia* reference. [d]Extracted with methanol at room temperature. [e]Extracted with BF_3 see main text for full method.

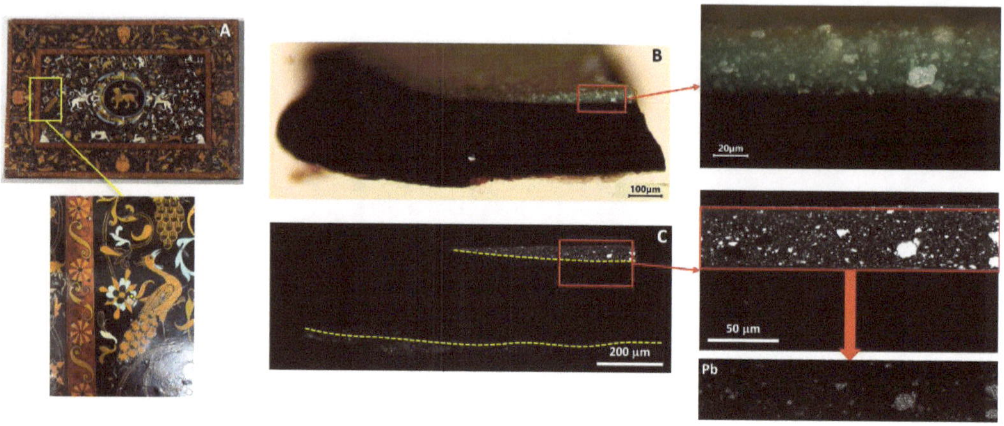

Figure S14. Cross section S1 removed from a light blue flower of the *Tabletop* LS2447. **A**. sampling location indicated by a filled yellow circle in the blown-up image; **B**. Micrograph of the cross section under polarizing light, with detail of the top light blue layer; **C**. BSE image of the cross section, with detail of the top layer and elemental map illustrating the distribution of lead in the layer.

Material Suplementario S1

Objetos de *barniz de Pasto* del siglo XVII de la colección de la Hispanic Society Museum and Library: materialidad y tecnología

Basso, E.*[,1], McGeachy, A.C.[1], Mieites Alonso, M.G.[1], Pozzi, F.[2], Radpour, R.[3], Katz, M.[4]

1. Department of Scientific Research, The Metropolitan Museum of Art, 1000 Fifth Avenue, New York, NY 10028, USA

2. Centro per la Conservazione ed il Restauro dei Beni Culturali "La Venaria Reale", via XX Settembre 18, 10078 Venaria Reale (Turin), Italy

3. Department of Art Conservation, University of Delaware, 303 Old College, Newark, DE 19716, USA

4. Conservator Emerita, Hispanic Society Museum & Library, 613 W 155th Street, New York NY 10032, USA

* Correspondencia: elena.basso@metmuseum.org

Tabla S1. Resumen de los objetos de *barniz de Pasto* estudiados en esta investigación.

Objectos†	Nombre	Número de acceso	Fecha	Técnica	Dimensiones (H cm × W cm × D cm)
	*Arqueta*	LS2361	1625-50	*barniz de Pasto*	15 × 18 × 8.6
	*Cofre*	LS2067	ca. 1650	*barniz de Pasto* sobre madera con pan de plata y oro y monturas de plata	19.2 × 26 × 12.3
	*Tablero de mesa*	LS2447	ca. 1643	*barniz de Pasto* laca sobre cedro español (*Cedrela odorata*)	43.7× 66 × 1.8
	*Escritorio*	LS2446	ca. 1643	*barniz de Pasto* laca sobre cedro español (*Cedrela odorata*) con monturas de plata	20.2 × 39.4 × 35 (Serrado)
	*Escritorio*	LS2000	ca. 1684	*barniz de Pasto* Laca sobre madera con pan de plata, herrajes modernos de metal amarillo	19 × 36 × 30.5

† Imágenes cortesía de la Hispanic Society of America.

Tabla S2. Resumen del análisis py-GC/MS de la muestra S5 recogida a partir de resina incolora de LS2447.

RT [min]	[M+]	ID	Match	RI	Referencias relacionadas
2.32	90	Carbonic acid, dimethyl ester	891	620	
2.50	120	Dimethoxydimethylsilane	922	645	
2.85	102	Methyl isobutyrate?	758	684	
3.9	152	Tetramethyl silicate	878	668	
4.5	222	Cyclotrisiloxane, hexamethyl-	860	851	
4.74	117	Glycine, N,N-dimethyl-, methyl ester	937	911	
5.54		N,N-dimethylalanine methyl ester?			[32]
6.48	142	Isobutyl methacrylate?	898	960	
6.60		Unknown (m/z @ 86)			
6.64		Unknown (m/z @ 70, 129, 114, 55)			
7.14	296	Cyclotetrasiloxane, octamethyl-	920	994	
9.22		Unknown (m/z @ 58)			
9.83	161	Sarcosine, N-methoxycarbonyl-, methyl ester	847	1150	
10.45	175	Unknown (m/z @ 58)			
10.63	175	Unknown (m/z @ 116)			
10.69	189	Unknown (m/z @ 58)			
10.89	189	L-aspartic acid, N,N-dimethyl- ,dimethyl ester	840	1234	
11.15	189	Unknown (m/z @ 72)			
11.3		Unknown (m/z @ 72)			
13.05		Unknown (m/z @ 88, 87, 122, 169)			
13.29					
13.82	216	Unknown (m/z @ 185, 157)			
14.04	194	Dimethyl phthalate	793	1454	
14.12		Unknown (m/z @ 128)			
14.94	214	Lauric acid, methyl ester	688	1526	
17.26	242	Myristic acid, methyl ester	648	1725	
18.02					
18.73					
19.37	270	Palmitic acid, methyl ester	872	1926	
19.69	278	Dibutyl phthalate?	798	1965	
21.29	284	Stearic acid, methyl ester	864	2128	
22.9					
23.67	464	Tetracosane	723	2400	
24.47	352	Pentacosane	849	2500	
25.25	366	Hexacosane	818	2600	
25.89	380	Heptacosane	775	2700	
26.2	382	Tetracosanoic acid, methyl ester	484	2730	
26.71	394	Octacosane	732	2800	
27.4	408	Nonacosane	737	2900	
28.07	422	Triacontane	662	3000	
28.72	436	Hentraicontane	602	3100	
29.35	450	Dotriacontane	573	3200	
30.81	464	Tritriacontane	425	3300	
31.71	478	Tetratriacontane?		3400	

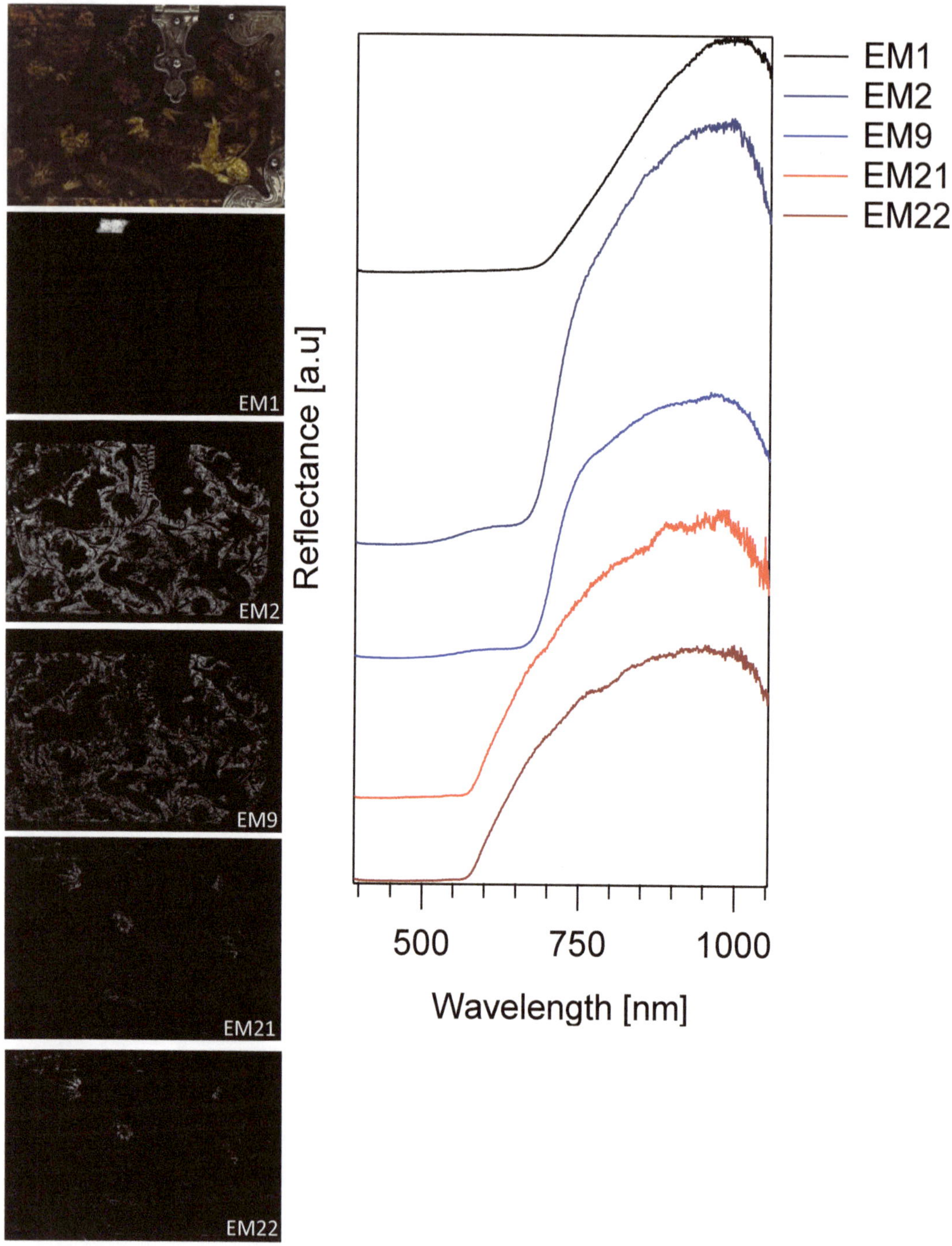

Figura S1. (Izquierda, de arriba a abajo) Área visible inspeccionada por imágenes RIS (arriba a la izquierda) y un subconjunto de imágenes de reglas de miembro final (EM) correspondientes (mapas de distribución). (Derecha) Subconjunto de espectros de miembro final RIS para el panel posterior del cofre LS2067. Desplazamiento para mayor claridad.

Tabla S3. Subconjunto de datos de imágenes de reflectancia para el panel frontal del *Cofre* LS2067.[†]

EM	Características de absorción [nm]	Punto de inflexión (es) [nm]	Designación	Color aparente
1			Indigo?	Negro
2	452	713	Indigo + Amarillo?	Negro?
9	460	712	Indigo + Amarillo?	Negro?
21		615		Rojo
22		610		Rojo

[†]Aquí solo se presentan los miembros finales más informativos. Se descartan los miembros finales correspondientes al ruido, las aristas u otros artefactos.

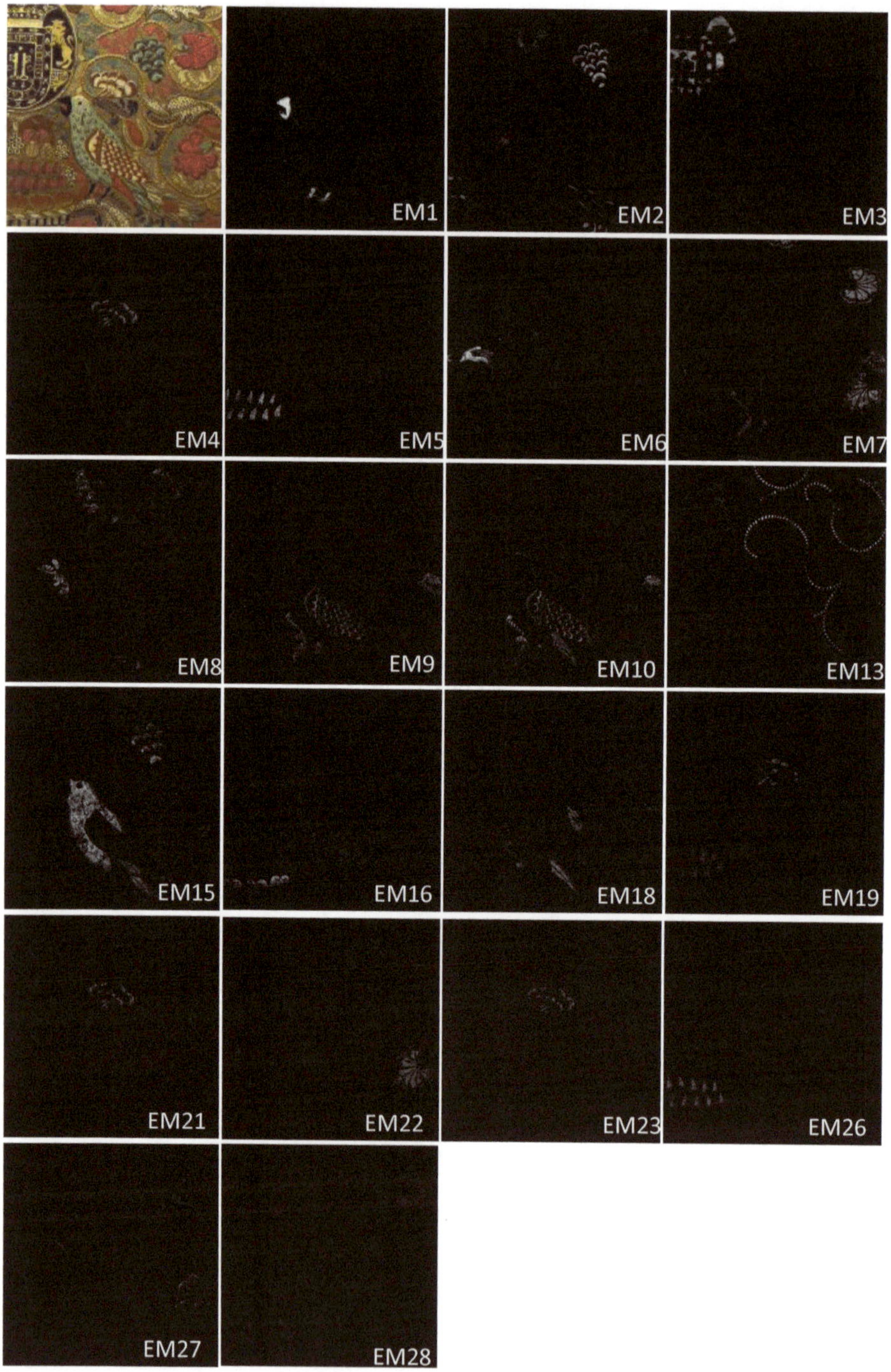

Figura S2. Subconjunto de imágenes de regla de miembro final (EM) (mapas de distribución) para la tapa interior del *Escritorio* LS2000.

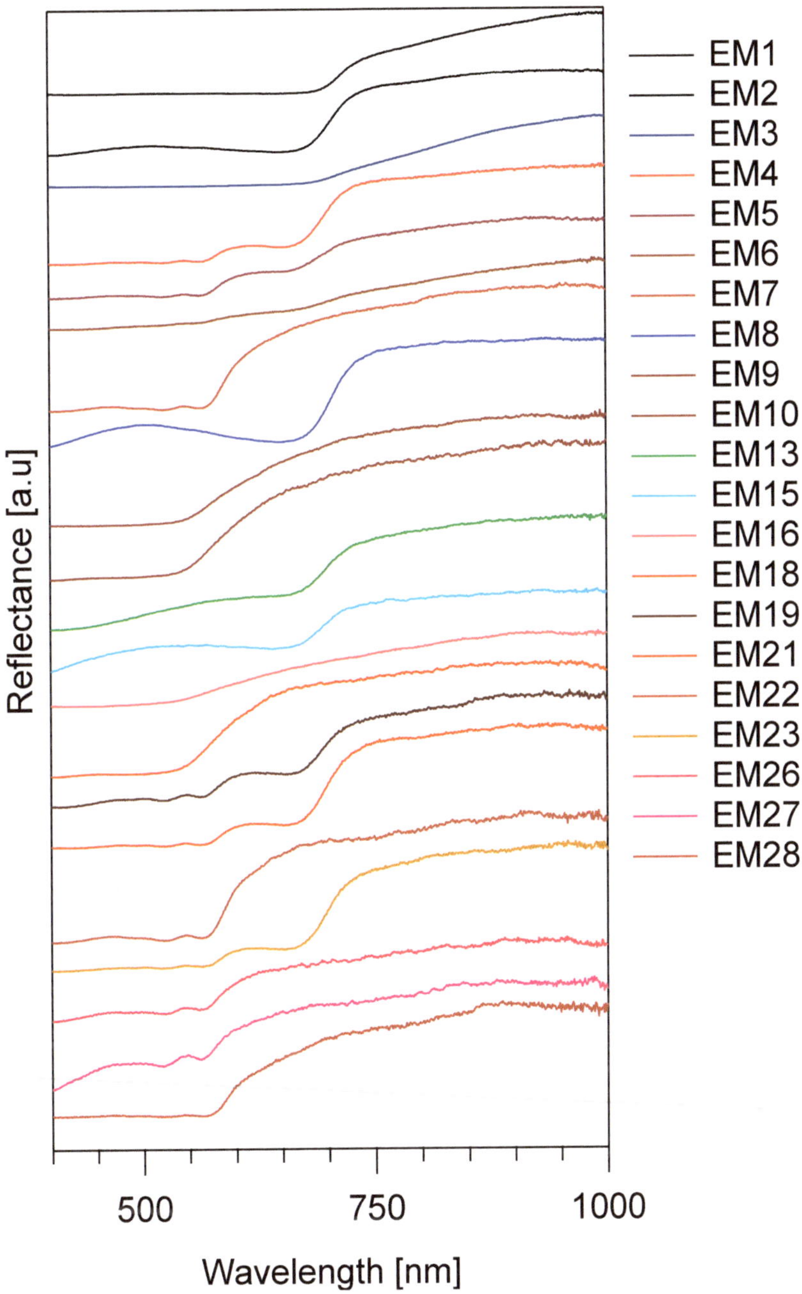

Figura S3. Subconjunto de espectros de miembros finales RIS para la tapa interior del *Escritorio* LS2000. Contrarrestados para mayor claridad.

Tabla S4. Subconjunto de datos de imágenes de reflectancia para la tapa interior del *Escritorio* LS2000.†

EM	Características de absorción [nm]	Punto de inflexión (es) [nm]	Designación	Color aparente
1		719	Indigo	Negro
2	649	706	Indigo	Azul oscuro
3		709	Indigo	Negro
4	521, 560, 655	583, 698	Indigo + Cochinilla?	Granate
5	523, 562, 654	586	Indigo + Cochinilla	Rosa
6	522, 560		Cochinilla + ?	Marrón
7	522, 562	590	Cochinilla	Rojo
8	648	706	Indigo	Azul
9		590		Rojo
10		588		Rojo
13	408	699	Indigo + Amarillo	Verde
15	642	695		Azul claro
16	436			Naranja
18	401	575	Rojo desconocido + Amarillo	Naranja
19	523, 560, 656		Indigo + Cochinilla	
21	519, 561, 651	699	Indigo +Cochinilla	Granate
22	522, 564	589		Rojo
23	520, 564, 652	699		Granate
26	523, 560		Cochinilla	Rosa oscuro
27	519, 559		Cochinilla	Rosa claro
28	521, 564	595	Cochinilla	Rojo

†Aquí solo se presentan los miembros finales más informativos. Se descartan los miembros finales correspondientes al ruido, las aristas u otros artefactos.

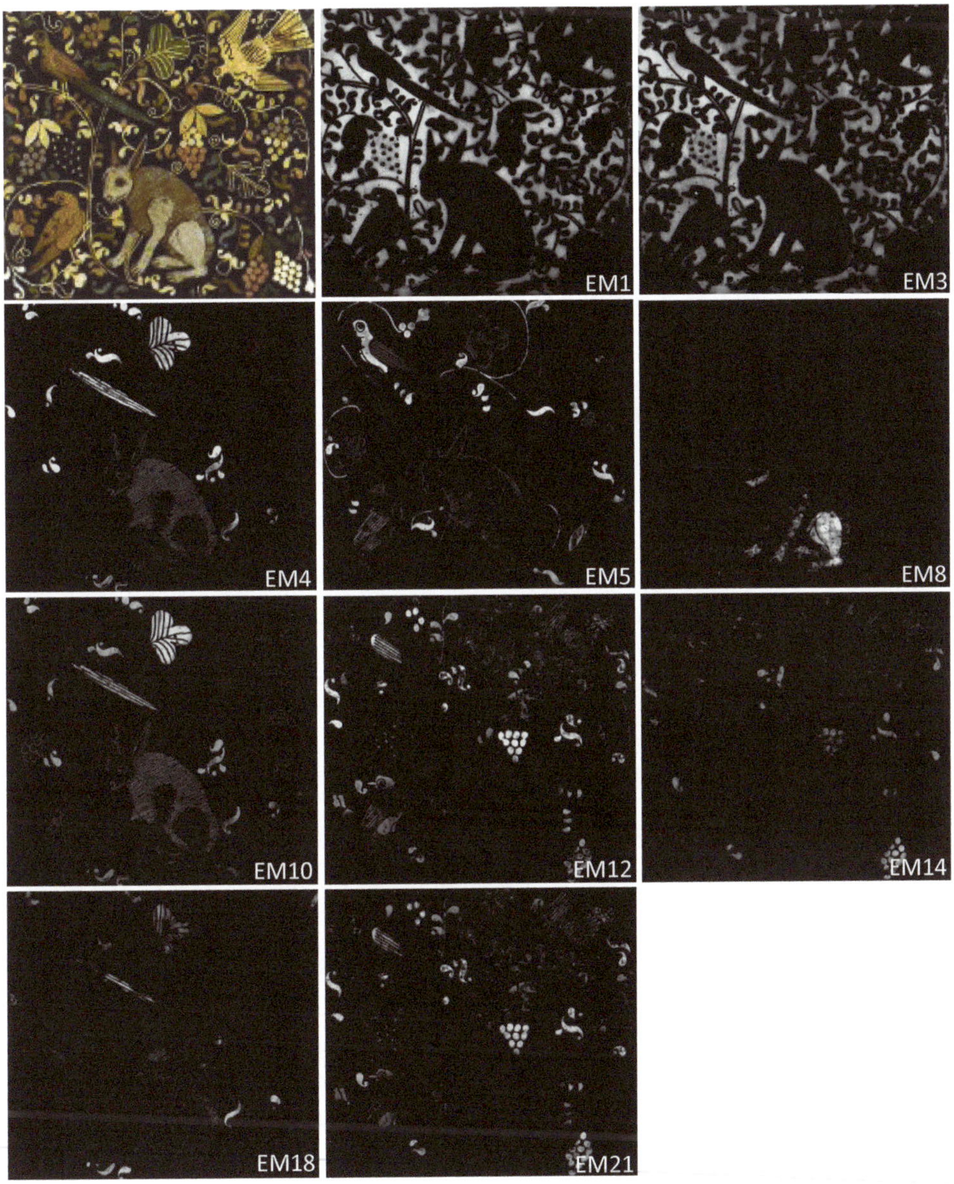

Figura S4. Área visible estudiada por imágenes de la RIS (arriba a la izquierda) y un subconjunto de las correspondientes imágenes de la regla del miembro final de la RIS (EM) (mapas de distribución) para el panel lateral de la *Arqueta* LS2361 con ilustración de liebre.

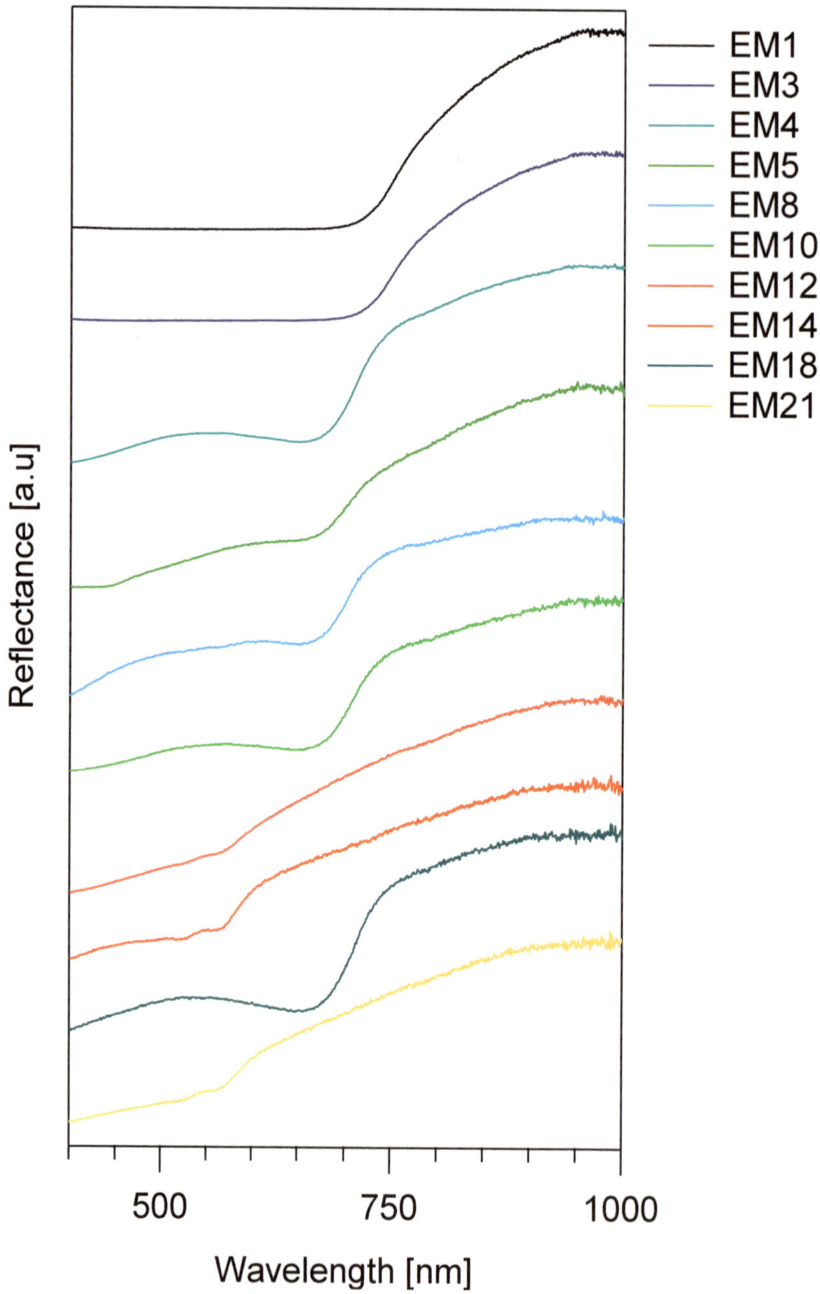

Figura S5. Subconjunto de espectros de miembros finales RIS para el panel lateral de la *Arqueta* LS2361 con liebre. Contrarrestados para mayor claridad.

Tabla S5. Subconjunto de datos de imágenes de reflectancia para el panel lateral de la *Arqueta* LS2361 con liebre.†

EM	Características de absorción [nm]	Punto de inflexión (es) [nm]	Designación	Color aparente
1		759	Indigo	Negro
3		757	Indigo	Negro
4	649	713	Indigo?	Blue green
5	412, 645	704	Indigo + Amarillo?	Verde oliva oscuro
8	651	703	Indigo	Azul empolvado
10	652	709	Indigo + Amarillo?	Verde azul
12	524, 560		Cochinilla	Rosa melocotón
14	523, 555	586	Cochinilla	Rosa melocotón
18		712	Indigo +Amarillo?	Verde azul
21	524, 552		Cochinilla	Rosa melocotón

†Aquí solo se presentan los miembros finales más informativos. Se descartan los miembros finales correspondientes al ruido, las aristas u otros artefactos.

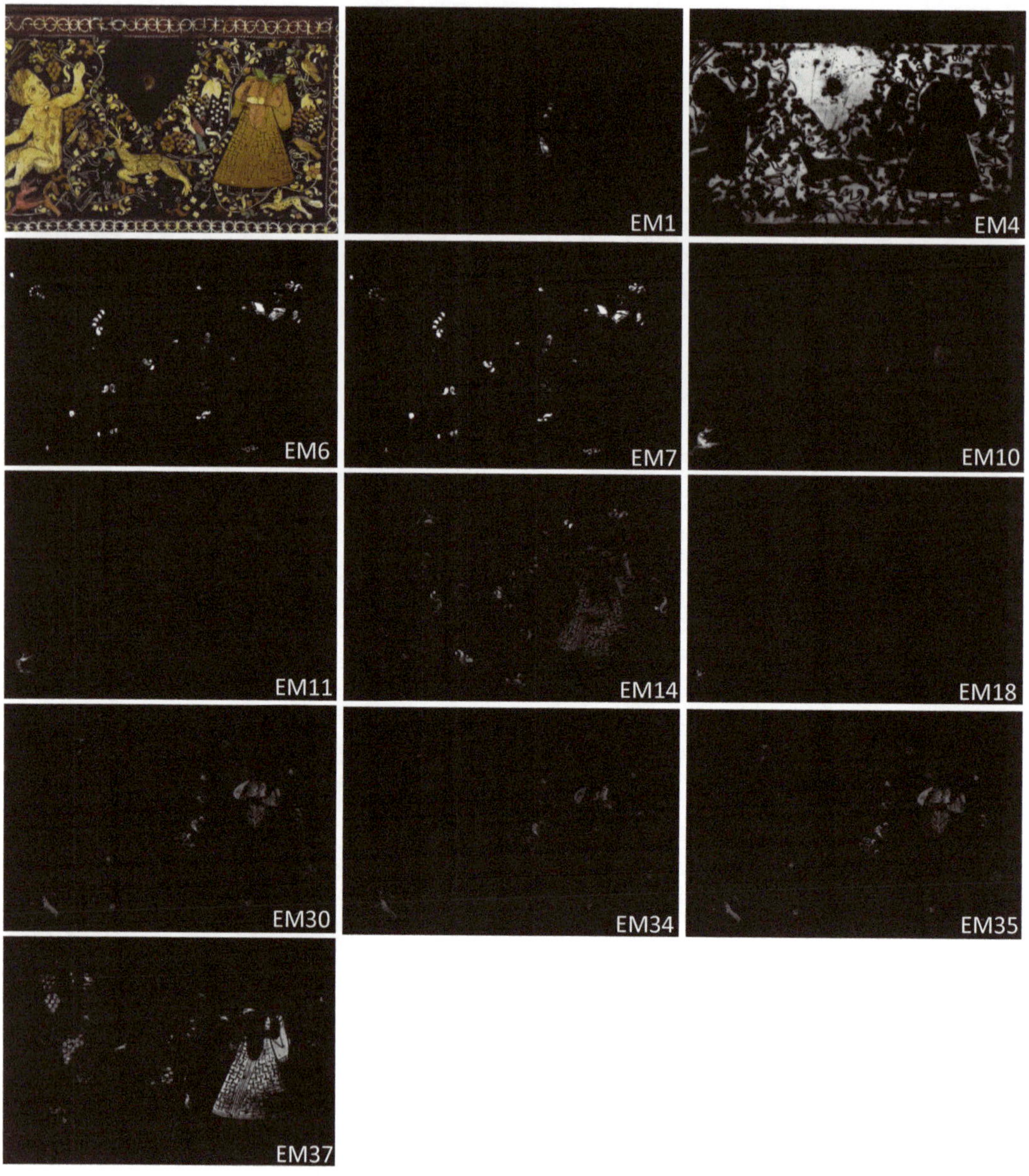

Figura S6. Área visible inspeccionada por imágenes RIS (arriba a la izquierda) y un subconjunto de imágenes de regla de miembro final (EM) correspondientes (mapas de distribución) para el panel frontal de la *Arqueta* LS2361.

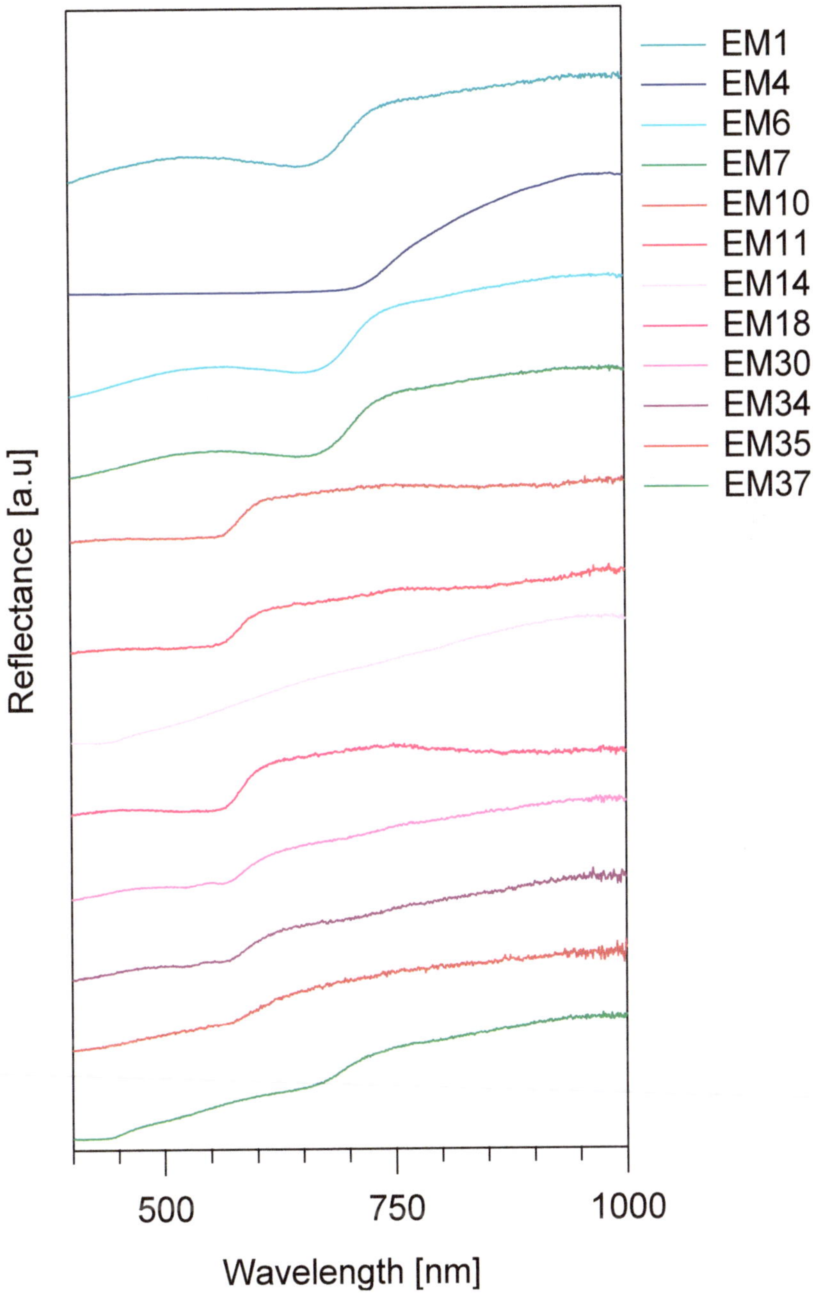

Figura S7. Subconjunto de espectros de miembros finales RIS para el panel frontal de la *Arqueta* LS2361. Contrarrestados para mayor claridad.

Tabla S6. Subconjunto de datos de imágenes de reflectancia para el panel frontal de la *Arqueta* LS2361.†

EM	Características de absorción [nm]	Punto de inflexión (es) [nm]	Designación	Color aparente
1	647	704	Indigo + Amarillo?	Azul
4		745	Indigo	Negro
6	649	705	Indigo + Amarillo?	Verde azul
7	645	707	Indigo + Amarillo?	Verde azul
10		585		Rosa fuerte
11		583		Rosa fuerte
14	427			
15	653	707		
18		585		Rosa fuerte
30	524, 564		Cochinilla?	Rosa melocotón
34	520, 562		Cochinilla	Rosa melocotón
35				Rosa melocotón
37	421	693		Verde oliva

†Aquí solo se presentan los miembros finales más informativos. Se descartan los miembros finales correspondientes al ruido, las aristas u otros artefactos.

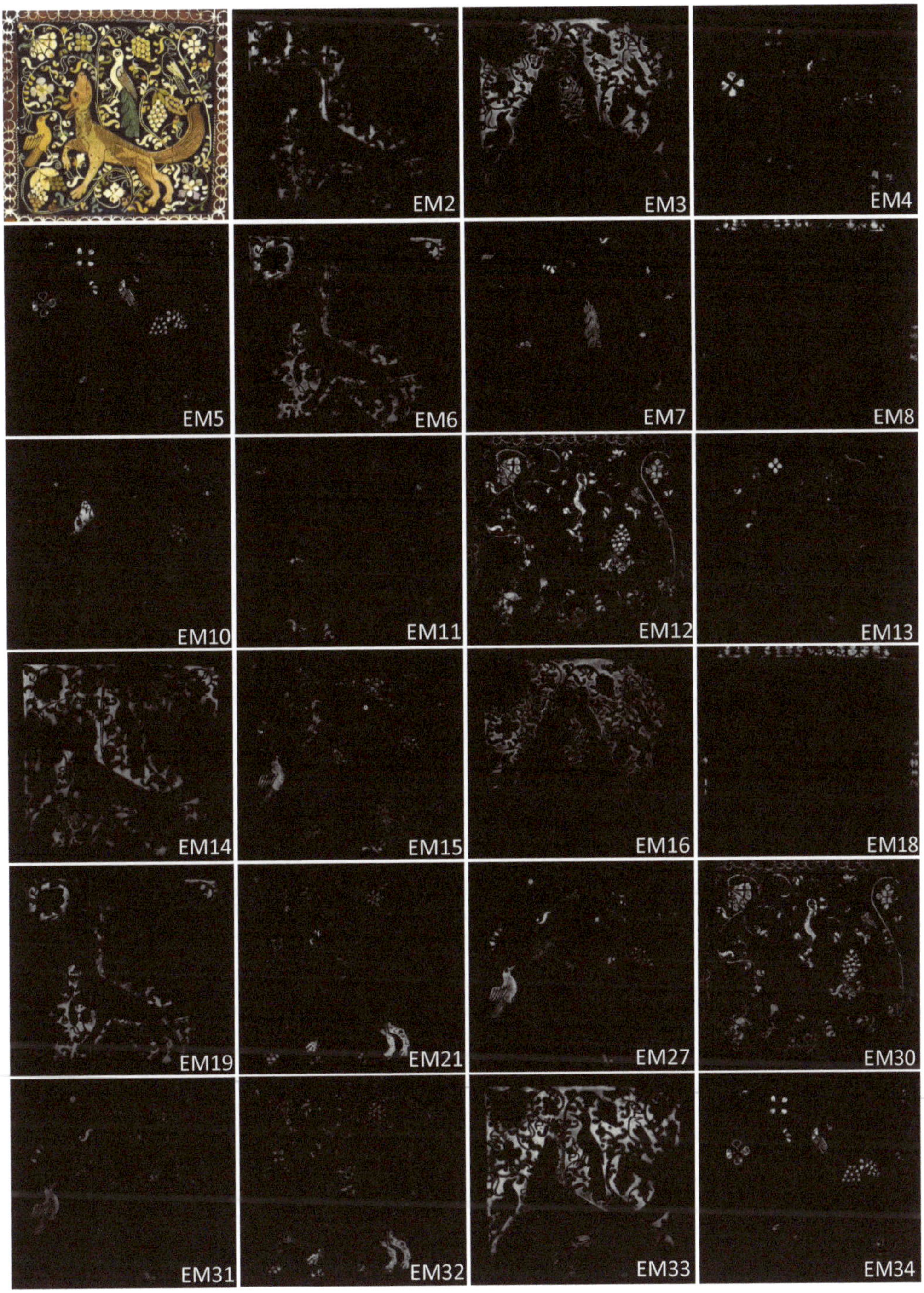

Figura S8. Imagen visible del área inspeccionada por imágenes RIS (arriba a la izquierda) y un subconjunto de imágenes de reglas de miembros finales (EM) correspondientes (mapas de distribución) para el panel lateral de la *Arqueta* LS2361 con ilustración del lobo.

Table S7. Subconjunto de datos de imágenes de reflectancia el panel lateral de la *Arqueta* LS2361 con ilustración del lobo.†

EM	Características de absorción [nm]	Punto de inflexión (es) [nm]	Designación	Color aparente
2		747	Indigo	Negro
3		753	Indigo	Negro
4	561, 645	705	Indigo + Cochinilla?	Azul púrpura
5	518, 560, 644	706	Indigo + Cochinilla	Azul púrpura
6		749	Indigo	Negro
7	400, 653	713	Indigo + Amarillo	Verde azul
8	470			Red
9	560		Cochinilla?	Peach Pink
11	398, 653	711	Indigo + Amarillo	Verde azul
12	395			Blanco crudo
13	413, 643	695	Indigo + Amarillo	Verde
14		751	Indigo	Negro
15	416		Amarillo?	Naranja
16		747	Indigo	Negro
18	483			Rojo
19		748	Indigo	Negro
21	564?		Amarillo + Cochinilla?	Peach Pink
27	416			Orange
30				Off White
31	415			Orange
32	393, 566		Amarillo + Cochinilla?	Rosa melocotón
33		745	Indigo	Negro
34	521, 562, 640	706	Indigo + Cochinilla	Azul púrpura

†Aquí solo se presentan los miembros finales más informativos. Se descartan los miembros finales correspondientes al ruido, las aristas u otros artefactos.

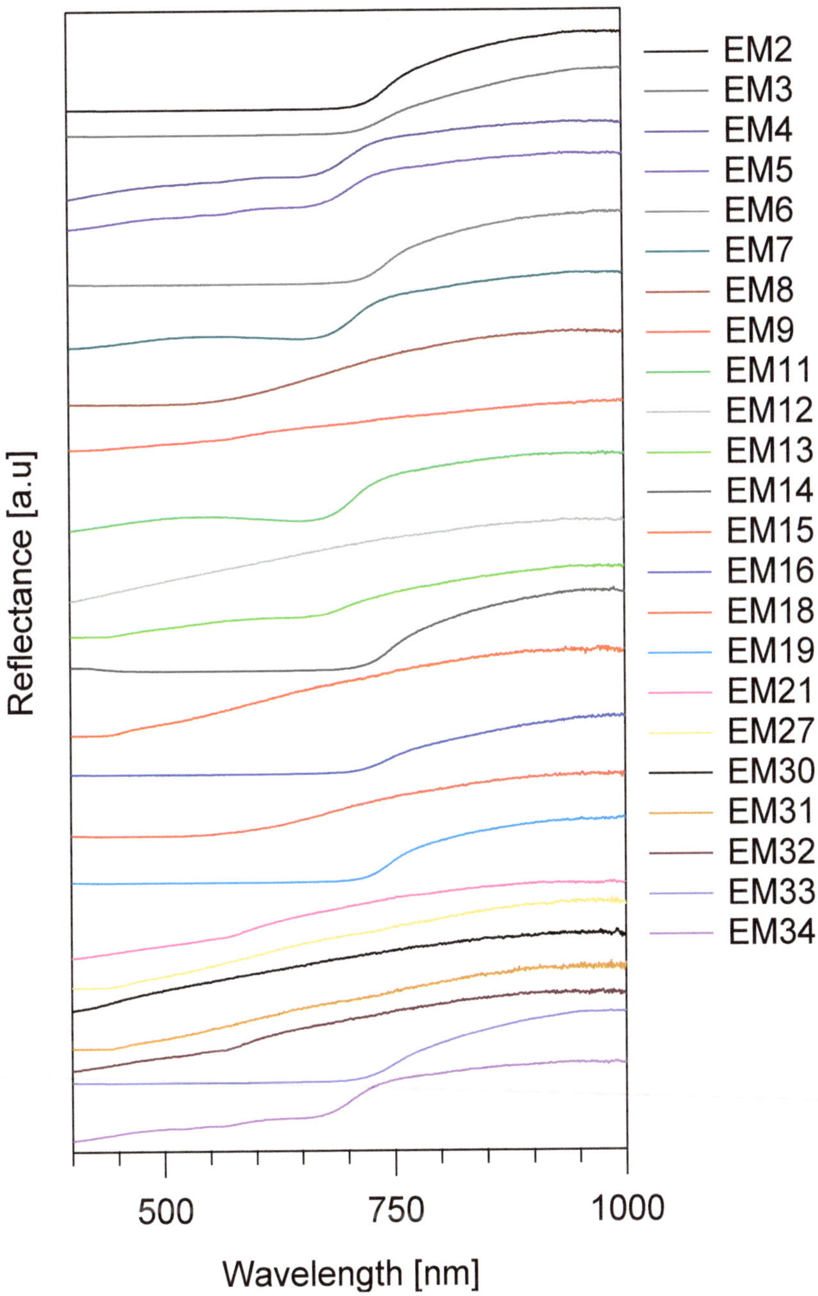

Figura S9. Subconjunto de espectros de miembros finales RIS para el panel lateral del *Escritorio* LS2446 con lobo. Contrarrestados para mayor claridad.

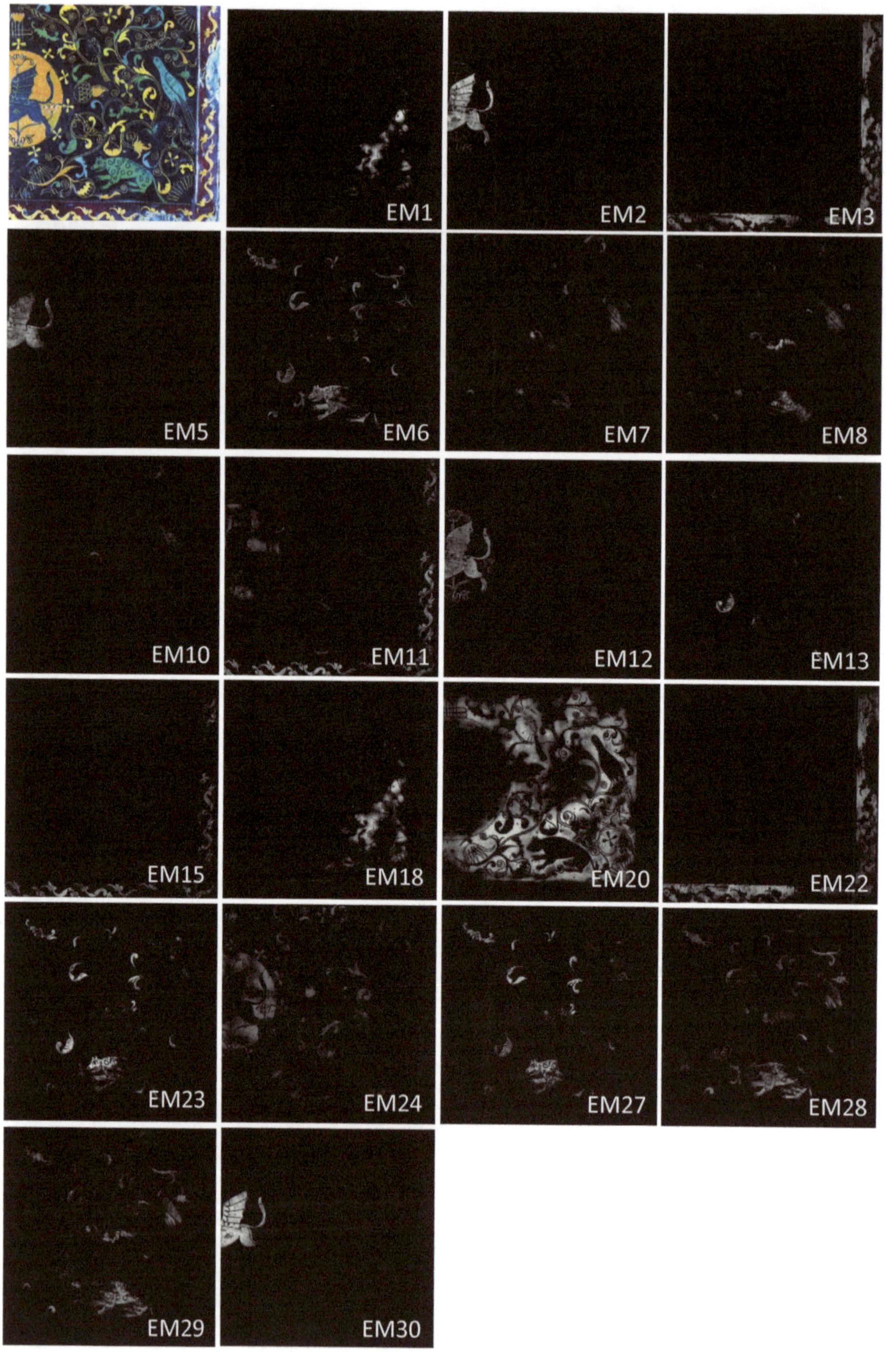

Figura S10. Imagen compuesta en color real del área inspeccionada por imágenes RIS (arriba a la izquierda) y un subconjunto de imágenes de regla de miembro final (EM) RIS correspondientes (mapas de distribución) para el panel lateral exterior del *Escritorio* LS2446 con ilustración de grifo.

Tabla S8. Subconjunto de datos de imágenes de reflectancia para el panel lateral del *Escritorio* LS2446.†

EM	Características de absorción [nm]	Punto de inflexión (es) [nm]	Designación	Color aparente
1		755	Indigo?	Negro
2	644	734	Indigo	Azul oscuro
3	517			Rojo
5	635	725	Indigo	Azul oscuro
6	412, 635	714	Indigo + Amarillo	Verde azul
7	397	719	Indigo + Amarillo	Verde azul
8	414, 652		Indigo + Amarillo	Verde azul
10	406, 653	719	Indigo + Amarillo	Verde azul
11	409			Amarillo/Naranja
12		736	Indigo	Azul oscuro
13	421, 653	718	Indigo + Amarillo	Verde azul
15	411			Amarillo
18		752		Black
21		746	Indigo	Black
22				Rojo
23	407	714	Indigo + Amarillo	Verde azul
24	425			Amarillo/Naranja
27	411, 645	712	Indigo + Amarillo	Verde azul
28	406, 645	712	Indigo + Amarillo	Verde azul
29	412, 642	711	Indigo + Amarillo	Verde azul
30	631	729	Indigo	Azul oscuro

†Aquí solo se presentan los miembros finales más informativos. Se descartan los miembros finales correspondientes al ruido, las aristas u otros artefactos.

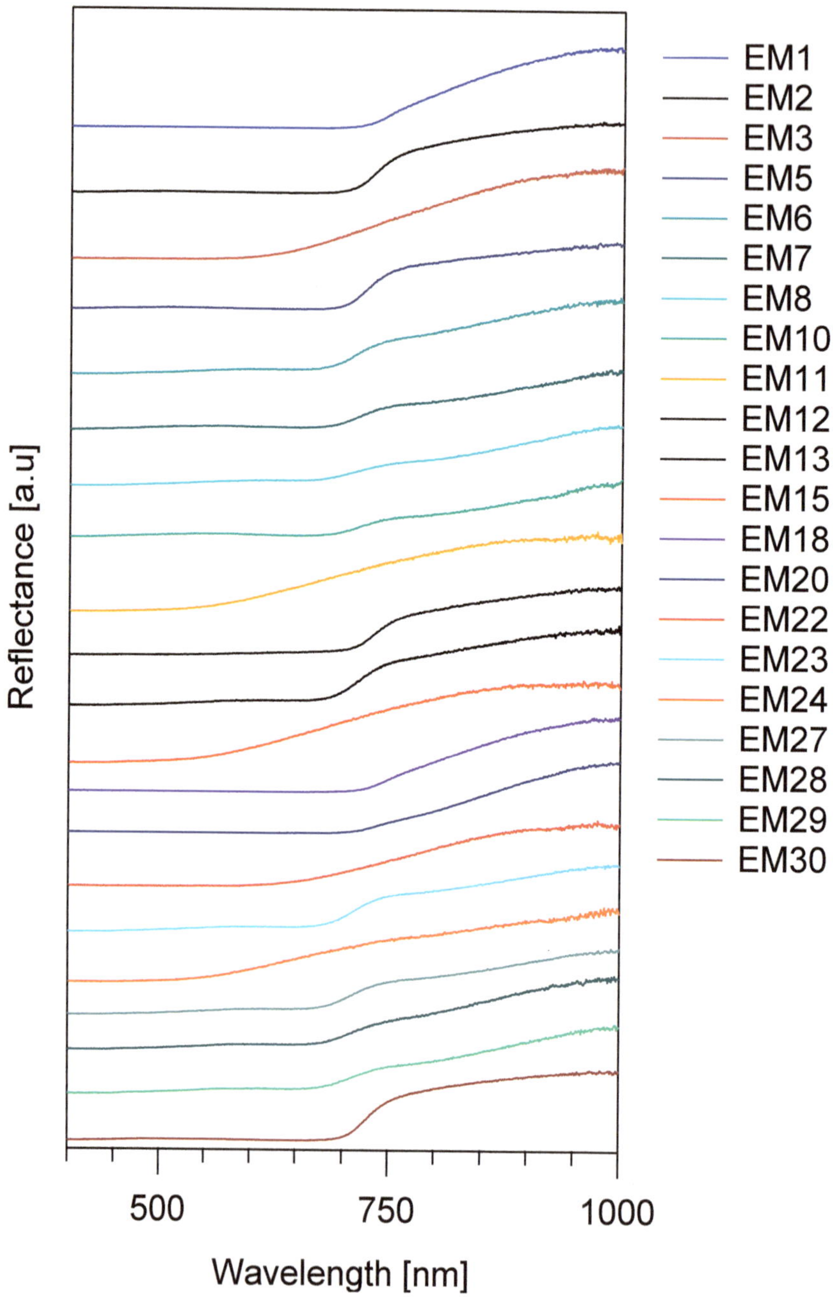

Figura S11. Subconjunto de espectros de miembros finales RIS para el panel lateral del *Escritorio* LS2446. Contrarrestados para mayor claridad.

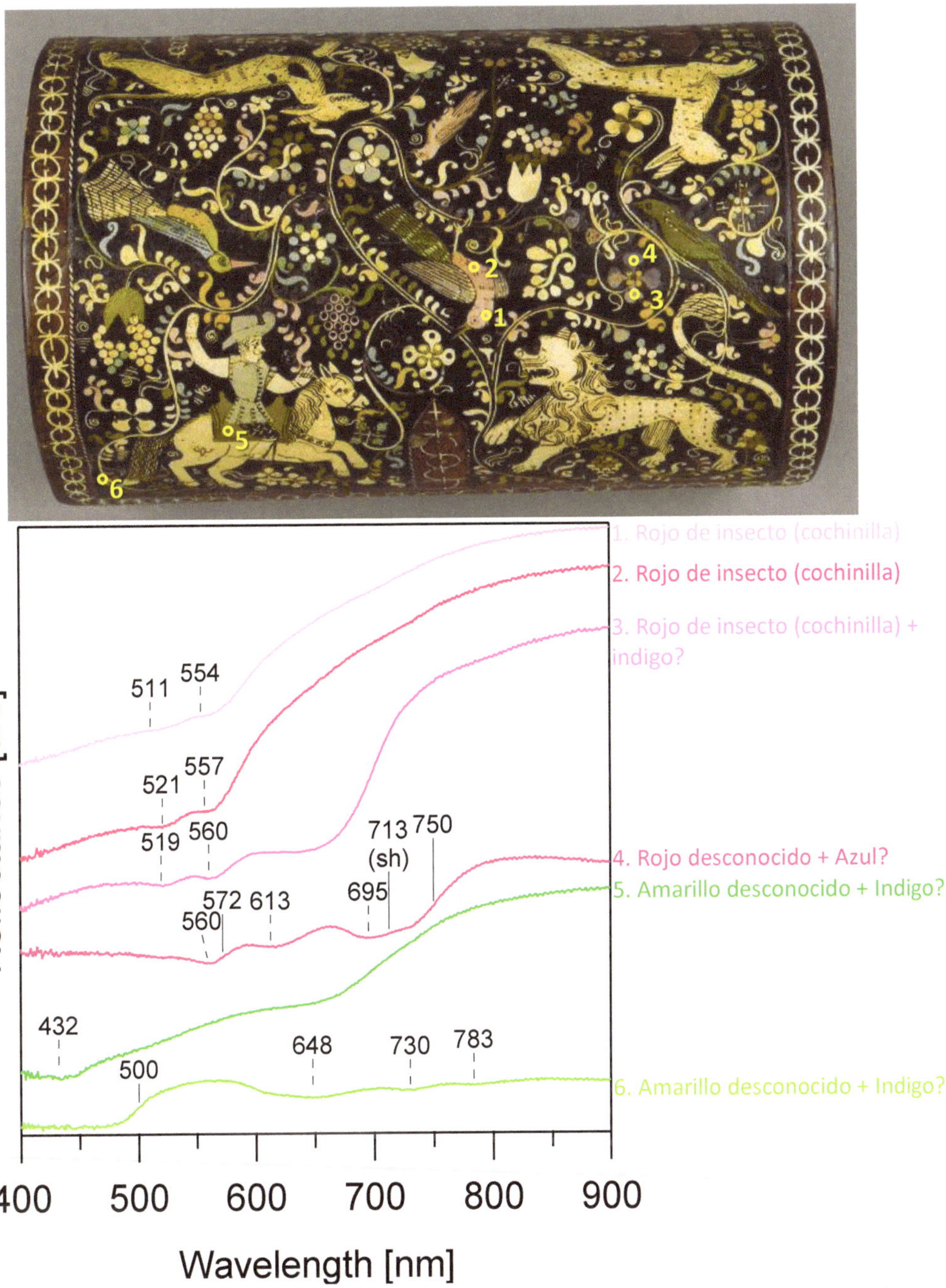

Figura S12. (Arriba) Vista de arriba hacia abajo de la tapa de la *Arqueta* LS2361 con ubicaciones aproximadas de los análisis FORS indicadas por círculos abiertos y anotadas con el número de posición. **(Abajo)** Espectros FORS recopilados de la tapa de la *Arqueta* LS2361 con el número de ubicación correspondiente y la identificación proporcionada a la derecha del gráfico. Los puntos de inflexión se indican con líneas continuas, mientras que las características de absorción aparente se indican con líneas discontinuas. Espectros se compensan para mayor claridad.

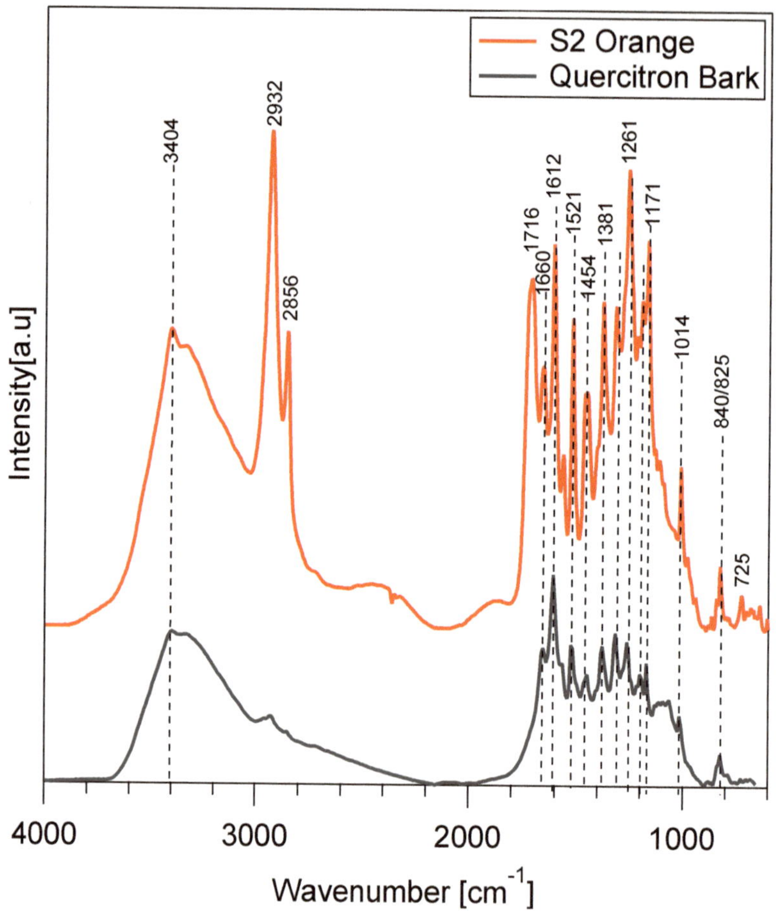

Figura S13. Comparación de los espectros FTIR de la muestra S2 recolectada de un área naranja en el *Tablero de mesa* LS2447 (espectro naranja, corregido en la línea de base) y referencia de la biblioteca para la corteza de quercitrón (espectro gris).

Tabla S9. Resumen de los compuestos identificados en el análisis LC/MS de *E. scabrifolia* y comparación de los compuestos identificados en la raíz de *E. scabrifolia* y las muestras recogidas en el *Tablero de mesa* LS2447.

Compounds detected by LC-MS analysis of Escobedia Scabrifolia roots					Presence in other samples				
m/z[a]	Retention Time [min]	UV-Vis Signals [nm]	Molecular Formula[b]	Detected compound	*E.Scabrifolia* MeOH[c,d]	*E. Scabrifolia* BF_3[c,e]	LS2447 S2[e]	LS2447_S3[d]	LS2447_S5[d]
401.2682 (+)	25.6	195, 218, 416	$C_{25}H_{37}O_4$ (1.0)	Aeginetin	Yes	No	No	No	No
399.2541 (-)	25.6	195, 218, 416	$C_{25}H_{35}O_4$ (0.0)	Aeginetin	Yes	No	No	No	No
425.2689 (-)	26.6	242, 417	$C_{27}H_{37}O_4$ (0.0)	Azafrin	Yes	No	No	No	No
427.2844 (+)	26.5	242, 417	$C_{27}H_{39}O_4$ (0.8)	Azafrin	Yes	No	No	No	No
449.1098 (+)	8.1	191, 211	$C_{21}H_{21}O_{11}$ (-4.5)	*Unknown*	No	Yes	No	No	No
447.0957 (-)	8.0	190, 207, 310	$C_{21}H_{19}O_{11}$ (-4.8)	Flavonoid	No	Yes	No	No	No
449.2037 (-)	7.0	232	$C_{20}H_{33}O_{11}$ (-0.3)	*Unknown*	Yes	Yes	No	No	No
809.4158 (+)	7.1	232	$C_{38}H_{65}O_{18}$ (0.9)	*Unknown*	Yes	Yes	No	No	No
611.2559 (-)	8.2	*N/A*	$C_{26}H_{44}O_{16}$ (0.0)	*Unknown*	Yes	Yes	No	No	No
387.2168(-)	10.8	190, 198, 238, 305, 425	$C_{19}H_{33}O_8$ (0.2)	Polyphenol	No	Yes	No	No	No
491.2498 (-)	10.0	190, 198, 238, 305, 425	$C_{23}H_{39}O_{11}$ (0.1)	Anthocyanin	Yes	Yes	No	No	No
381.2425 (+)	17	193, 216	$C_{25}H_{33}O_3$ (-0.2)	Carotenoid	No	Yes	No	No	No
613.3232 (-)	18.0	195, 264, 558	$C_{31}H_{49}O_{12}$ (-0.4)	Hydroxycinnamic acid derivative	No	Yes	No	No	No

[a]Mass-to-charge ratio with positive (+) or negative (-) ionization modes indicated parenthetically. [b]Molecular formulas with error, in ppm, noted parenthetically. [c]Ground root of *Escobedia scabrifolia* reference. [d]Extracted with methanol at room temperature. [e]Extracted with BF_3 see main text for full method.

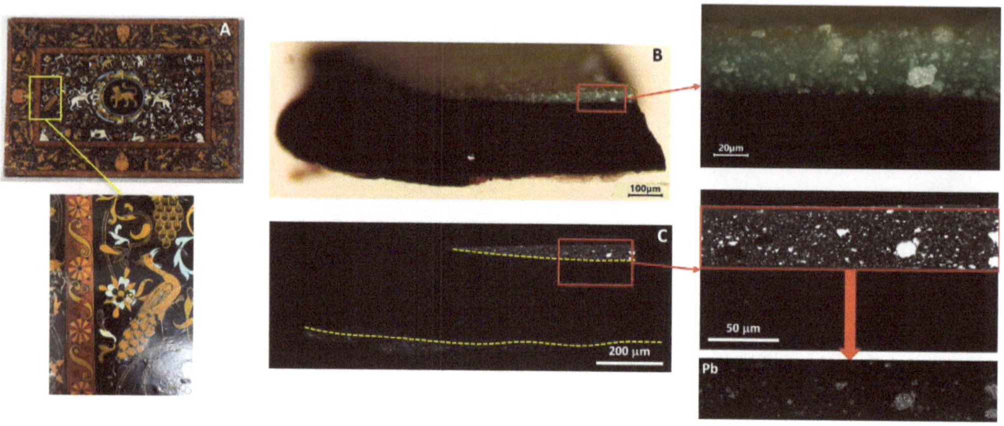

Figura S14. Sección transversal S1 extraída de una flor azul claro del *Tablero de mesa* LS2447. **A.** El lugar de muestreo indicado por un círculo amarillo relleno en la imagen ampliada; **B.** Micrografía de la sección transversal bajo luz polarizada, con detalle de la capa superior de color azul claro; **C.** Imagen de la sección transversal de la EEB, con detalle de la capa superior y mapa elemental que ilustra la distribución del plomo en la capa.

heritage

MDPI

Article

Objetos de *barniz de Pasto* del siglo XVII de la colección de la Hispanic Society Museum and Library: materialidad y tecnología

Elena Basso [1,*], Alicia McGeachy [1], Maria Goretti Mieites Alonso [1], Federica Pozzi [2], Roxanne Radpour [3] and Monica Katz [4]

1. Department of Scientific Research, The Metropolitan Museum of Art, 1000 Fifth Avenue, New York, NY 10028, USA; elena.basso@metmuseum.org; alicia.mcgeachy@metmuseum.org (M.A.C.); maria.mieitesalonso@metmuseum.org (M.A.M.G.)
2. Centro per la Conservazione ed il Restauro dei Beni Culturali "La Venaria Reale", via XX Settembre 18, Venaria Reale, 10078 Turin, Italy; federica.pozzi@ccrvenaria.it
3. Department of Art Conservation, University of Delaware, 303 Old College, Newark, DE 19716, USA; radpour@udel.edu
4. Conservator Emerita, Hispanic Society Museum & Library, 613 W 155th Street, New York, NY 10032, USA; monicakatz@mac.com

* Correspondence: elena.basso@metmuseum.org

Resumen: La Hispanic Society Museum and Library (HSML) posee una colección de nueve objetos virreinales de *barniz de Pasto*, hechos por artesanos indígenas en los siglos XVII y XVIII. Diseñado para imitar las lacas asiáticas y destinado a los gustos estéticos europeos, el *barniz de Pasto* es un ejemplo de la técnica y los conocimientos indígenas que han sobrevivido hasta nuestros días. Se llevó a cabo un análisis en profundidad de cinco de estos objetos de *barniz de Pasto*, fechados en la primera mitad y último cuarto del siglo XVII en función de su iconografía, mediante una combinación de técnicas no invasivas y microinvasivas, incluida la espectroscopía de fluorescencia de rayos X (pXRF) para investigar la posible presencia de pigmentos inorgánicos y la espectroscopía de reflectancia de fibra óptica (FORS) y la espectroscopía de imágenes de reflectancia (RIS) para proporcionar información molecular sobre los colorantes y sus distribuciones en los objetos. Los colorantes y pigmentos se identificaron mediante espectroscopía Raman, espectroscopía infrarroja por transformada de Fourier (FTIR) y cromatografía líquida y espectrometría de masas (LC/MS). La naturaleza de la resina se determinó mediante FTIR y pirólisis con cromatografía de gases y espectrometría de masas (Py-GC/MS), mientras que la estratigrafía de decoración y la composición se analizaron mediante microscopía electrónica de barrido con espectroscopía de rayos X de dispersión de energía (MEB-EDX) para comprender las técnicas de trabajo. Este artículo confirma el uso de *mopa mopa*, la resina utilizada en la técnica del *barniz de Pasto*, en dos objetos no analizados previamente, e identifica índigo, rojo a base de insectos, calomelano, blanco de plomo y un tinte amarillo desconocido con base de flavonol, y cuestiona el uso de calomelano como marcador temporal para estos trabajos. En conjunto, estos resultados amplían nuestra comprensión del uso de materiales y las exploraciones realizadas por los artistas durante este período para crear objetos tan elaborados y duraderos.

Palabras clave: *barniz de Pasto; Elaeagia pastoensis; mopa mopa;* laca; Colombia; Virreinal; arte Indígena; pXRF; espectrometría de masas; espectroscopía de imagen de reflectancia.

Citation: Basso, E.; McGeachy, A.C.; Mieites Alonso, M.G.; Pozzi, F.; Radpour, R.; Katz, M. Objetos de *barniz de Pasto* del siglo XVII de la colección de la Hispanic Society Museum and Library: materialidad y tecnología. *Heritage* **2024**, *5*, x. https://doi.org/10.3390/xxxxx

Academic Editors: Nicola Masini, Austin Nevin

Received: 7 April 2024
Revised: 7 May 2024
Accepted: 15 May 2024
Published: date

1. Introducción

En los siglos XVII y XVIII, los artesanos que trabajaban en Pasto, Colombia, se hicieron famosos por crear objetos lacados conocidos como *barniz de Pasto* utilizando técnicas Indígenas [1,2]. Estas piezas de madera decoradas estaban destinadas a imitar las lacas asiáticas, incorporando al mismo tiempo elementos y formas decorativas indígenas y europeas [3], y estaban dirigidas a la nobleza local y a los miembros del clero [4]. La práctica continúa hoy en día y en 2020 fue incluida en la Lista del Patrimonio Cultural Inmaterial que requiere medidas urgentes de salvaguardia de la UNESCO. El presente estudio comprende un grupo de cinco objetos en *barniz de Pasto* que pertenecen a la colección de la Hispanic Society Museum and Library (HSML) de Nueva York. En este grupo de objetos están representados dos tipos de técnicas decorativas que surgieron en el siglo XVII: el *barniz mate*, que se crea mediante el uso de resinas saturadas de pigmentos para conseguir una apariencia mate, y el *barniz brillante*, que consiste en colocar capas de láminas de resina tintadas y translúcidas sobre pan de plata para crear un efecto brillante [3,5].

La resina, conocida como *mopa mopa*, se produce mediante la cosecha de pequeños brotes de hojas resinosas llamadas estípulas de *Elaeagia pastoensis*, un árbol que crece en la selva tropical andina. Newman y sus coautores informan de una descripción exhaustiva y un estudio analítico de *E. pastoensis* y *E. utilis*, las otras especies conocidas de *Elaeagia* productoras de resina [6,7]. Aunque el término *mopa mopa* se usa generalmente para referirse a las resinas de *Elaeagia*, en este artículo se usa exclusivamente para indicar *E. pastoensis*. El proceso de preparación tradicional requería purificar la resina de los restos vegetales hirviéndola en agua y masticándola para mejorar las propiedades elásticas y plásticas [8]. Una vez purificada, la resina se coloreaba mezclándola con pigmentos y tintes naturales y luego se estiraba en láminas muy finas, que se colocaban sobre la superficie del objeto con pan de plata y/o incrustaciones para crear diseños complejos y sofisticados. La resina creaba un acabado lustroso similar al de la laca asiática y, cuando se cubría con pan de plata, trataba de imitar la laca *makie* japonesa, que se espolvoreaba con polvo de oro [9].

Algunos trabajos recientes han sido adiciones bienvenidas a la evaluación histórica del arte del *barniz de Pasto* [10-16], mientras que se han publicado varios estudios científicos a raíz de la investigación realizada por Burgio y sus coautores [17]. Entre ellos destaca el Número Especial en 2020 de los *Anales del Museo de América* que siguió a la jornada de estudio centrada en gran medida en los objetos de *barniz de Pasto* en colecciones españolas y en el Victoria and Albert Museum (V&A) de Londres. En esta edición, Romero y sus coautores presentaron los resultados del análisis de materiales de cinco cajas decoradas con *barniz de Pasto* en colecciones españolas [18]. Los autores confirmaron la presencia de una capa de resina molida junto con blanco de plomo en una caja *barniz mate* donde el color negro de fondo estaba compuesto de índigo mezclado con otros compuestos; en dos cajas decoradas con la técnica *brillante*, los autores descubrieron que el pan de plata está sellado y protegido por una resina de acabado transparente rica en aceite, posiblemente aceite de chía [18]. Resultados similares encontró Sánchez Ledesma [19] en cinco micromuestras tomadas de una gran arqueta de *barniz de Pasto* en la colección del Museo de América. Utilizando técnicas analíticas como la cromatografía líquida de alta resolución con detector de diodos en serie (HPLC-DAD) y la espectroscopía infrarroja por transformada de Fourier (FTIR), Sánchez Ledesma confirmó que la resina era *E. pastoensis*. El calomel (cloruro de mercurio (I)), también conocido como blanco de mercurio, fue el pigmento blanco mate identificado mediante microscopía electrónica de barrido equipada con espectroscopía de dispersión de energía de rayos X (MEB-EDX), mientras que el índigo se detectó mediante HPLC-DAD en los verdes y negros. Desafortunadamente, los componentes orgánicos amarillos y rojos permanecieron sin identificar [19].

Crippa y sus coautores [20] identificaron el calomel utilizando un espectrómetro Raman portátil en dos obras de arte del Museo Fitzwilliam de Cambridge: un misal inglés (MS34, ca. 1470) y un retrato de Isaac Oliver de Inglaterra (FM 3868, 1595-1600), lo que abre la posibilidad de que el calomel se utilice como pigmento de forma más amplia en las obras de arte y antes de su aparición en los objetos de *barniz de Pasto*. En el artículo de Gliozzo sobre los pigmentos rojos y blancos a base de mercurio [21], la autora plantea la posibilidad de que el calomel se haya obtenido como un subproducto de degradación del cinabrio, ampliamente utilizado y encontrado en el Virreinato del Perú antes del siglo XVII.

El presente trabajo se basa en el estudio de un jarrón de calabaza lacado con *barniz brillante*, también en la colección del HSML, que fue objeto de un estudio analítico integral con el objetivo de identificar todos los materiales implicados en su decoración, investigar la técnica de fabricación, así como datar el objeto [22]. El estudio confirmó que la resina era *E. pastoensis* e identificó el uso de colorante a base de indigotina para los colores negro y azul, cochinilla para el rojo, calomel para el blanco y una mezcla de colorante a base de indigotina y un colorante amarillo no identificado para el verde. La compleja estratigrafía incluía una o dos capas de pan de plata, cada una debajo de una capa de resina tintada, creando un efecto iridiscente típico. El cuerpo de la calabaza fue datado por radiocarbono, lo que respalda un estudio iconográfico inicial que había atribuido al jarrón una fecha de alrededor de 1625.

Utilizando un enfoque similar y una variedad de técnicas analíticas, este estudio examina otros cinco objetos de *barniz de Pasto* de la colección HSML cuya iconografía data de principios a finales del siglo XVII. El objetivo del presente estudio fue confirmar el uso de *E. pastoensis* como resina, identificar pigmentos y colorantes y buscar evidencias de cambios materiales y tecnológicos a lo largo del siglo XVII. Por último, mediante el examen de objetos decorados tanto en *barniz mate* como en *barniz brillante*, se pudieron evaluar las diferencias en el uso de tintes y pigmentos en las dos técnicas. Este trabajo aporta valiosos conocimientos sobre la tecnología de estos procesos decorativos, cultural y artísticamente importantes, y genera nuevas preguntas sobre los tintes amarillos utilizados en la producción de resinas coloreadas y el uso de pigmentos como marcadores cronológicos en estas obras.

2. Materiales y métodos

2.1. Los objetos

En el estudio analítico se incluyeron los siguientes objetos de *barniz de Pasto*: una *Arqueta* (LS2361, 1625-1650), un *Escritorio portátil* (LS2446, h. 1643), un *Tablero de mesa* (LS2447, h. 1643), un *Cofre* (LS2067, h. 1650) y otro *Escritorio portátil* (LS2000, h. 1684) (Figura 1).

Figura 1. Imágenes de los cinco objetos de *barniz de Pasto* estudiados para esta investigación. (**A**) *Arqueta,* LS2361. (**B**) *Cofre,* LS2067. (**C**) *Tablero de mesa,* LS2447. (**D**) *Escritorio portátil,* LS2446. (**E**) *Escritorio portátil,* LS2000. Cortesía de la Hispanic Society of America (los detalles sobre los objetos se informan en la Tabla S1 de Material Suplementario S1).

Las cinco obras de arte se dividieron en dos grupos en función de su forma, tamaño relativo y datación. El primer grupo incluye la *Arqueta* (LS2361) y el *Cofre* (LS2067) (Figura 1A-B), similares en cuanto a estructura, tamaño y fecha a pesar de haber sido realizados con técnicas decorativas diferentes. Presentan la misma estructura básica de madera con soportes de tapa interior arqueados y una tapa abovedada. A excepción del fondo, que está inacabado, todas las superficies, interiores y exteriores, están cubiertas de resina (Figura 2). Dentro de la banda translúcida rojiza que enmarca cada uno de los paneles exteriores de la *Arqueta* (LS2361), las figuras más grandes de un querubín, una dama española y un hombre a caballo, y animales -ciervos, leones, perros- están rodeados de flora y fauna sobre un fondo negro y contienen la siguiente paleta limitada: varios tonos de ocre, rosa, azul pálido y oscuro, verde claro, verde oliva y gris. Esta técnica incrusta formas lacadas de diferentes colores para crear el diseño o, en el caso de la liebre grisácea, recorta la resina para revelar detalles en negro (Figura 3).

Figura 2. *Arqueta,* LS2361. La imagen muestra la estructura de la arqueta y la extensión de las superficies decoradas.

Figura 3. Detalle del lado izquierdo de la *Arqueta*, LS2361, que muestra una liebre azul grisácea pálida.

El *Cofre* (LS2067), una caja *brillante*, conserva sus herrajes originales de plata y, al igual que los otros objetos examinados aquí, tiene todas las superficies visibles cubiertas de resina, excepto el fondo. Las imágenes se remontan a los libros de horas medievales con un unicornio y criaturas marinas fantásticas (Figura 4) representadas en resina tintada en capas sobre pan de plata, y detalles seleccionados en resina blanca y negra saturada. La paleta más limitada de esta caja tiene un fondo oscuro con diseños de color naranja, rojo y crema con motivos de manos *barniz mate* bastante inusuales que, curiosamente, solo se han observado antes en frascos *barniz de Pasto* pertenecientes al V&A [23]. La mayoría de los detalles más finos de esta caja están oscurecidos por la oxidación de la hoja de plata (Figura 5).

Figura 4. Parte posterior del *Cofre* (LS2067), que muestra un unicornio en el centro rodeado de otras criaturas fantásticas y flora.

Figure 5. Ejemplo de la oxidación de la plata en la parte superior del cuerpo y la cabeza de un 'hombre caracol'. *Cofre*, LS2067.

El segundo grupo de objetos está formado por dos escritorios, uno decorado con la técnica *barniz mate* (LS2446) y el otro decorado con *barniz brillante* (LS2000) (Figura 1D-E). El *Escritorio* en *barniz mate* (LS2446) es una caja de escritura con tres cajones decorados con una técnica similar a la de la *Arqueta* (LS2361), con incrustaciones de resina tinta que componen el diseño. El *Escritorio* tiene un fondo negro y rojo oscuro con detalles decorativos en azul, verde, amarillo, rojo y negro. La inscripción justo encima de los cajones identifica al propietario original: "CAPSULA H(A)EC EST MARTINI DE TOLOSA" (Figura 6), que significa "esta caja pertenece a Martín de Tolosa". La imaginería religiosa en el interior de la tapa contiene pistas sobre su ocupación: la investigación de archivo ha identificado a Martín de Tolosa como sacristán mayor y maestro de capilla de la Catedral de Popayán desde al menos 1630 hasta 1643, por lo que a la caja se le dio una fecha de alrededor de 1643. Entre las decoraciones foliadas se ilustran animales europeos y sudamericanos. Estos incluyen una *amaruca,* un dragón de la mitología andina en el panel posterior y figuras, incluyendo posiblemente un retrato del propietario de la caja, Martín de Tolosa [24].

Figura 6. Detalle de la inscripción del propietario del *Escritorio*, LS2446.

El *Tablero de mesa* en *barniz mate* (LS2447) (Figura 1C) se incluye en este grupo porque fue adquirido con el *Escritorio* en *barniz mate* (LS2446) y se supone que formaba parte del soporte de mesa del *Escritorio*. De hecho, los dos objetos comparten una paleta de colores similar, particularmente en el amplio borde decorativo exterior que se encuentra entre dos bandas rojas de encuadre con detalles repetidos de flores y volutas. El reverso del *Tablero de mesa* está inacabado y presenta evidencia de la falta de patas de caballete, lo que concordaría con la fecha de hacia 1643. Sin embargo, el *Tablero de mesa* contiene la menor cantidad de imágenes obviamente indígenas de todas las piezas de *barniz de Pasto* de HSML. El diseño central (Figura 7) tiene una paleta más vibrante e incluye decoraciones azules y blancas. El cartucho central, orientado lateralmente, tiene un león en el centro con dos grifos a los lados. Los pájaros son estilizados, pero podrían ser pavos reales y loros, y hay un mono blanco sobre el cartucho.

Figura 7. Detalle del cartucho central del *Tablero de mesa*, LS2447.

El último objeto perteneciente a este grupo es el *Escritorio* en *barniz brillante* (LS2000), también de frente caído, pero con cuatro cajones (Figura 1E). Este *Escritorio*, objeto de un estudio previo centrado en aspectos históricos y técnicos [16], tiene la mayor variedad de tonalidades en colores: rojos, naranjas y amarillos translúcidos para dar la ilusión de dorados, verdes y azules, todo ello en capas sobre pan de plata finamente batido con detalles resaltados en negro. El exterior de la caja está decorado con un diseño en relieve repetitivo de enredaderas de flores de maracuyá y monos sobre un fondo crema; el interior de la tapa de la caja y el frente abatible revelan flores y frutas de colores vibrantes en una canasta y el escudo de la familia Quirós flanqueado por loros (Figura 8). El escudo indica que el *Escritorio* fue un regalo del obispo de Popayán a su hermano, nombrado marqués de Monreal en 1683 [3]. Los herrajes no son originales, ya que han sido sustituidos por latón moderno liso, pero la huella del original es aún visible en forma de una antigua reparación del *barniz de Pasto*. La forma de la caja, con los laterales y la tapa ligeramente bombé, muestra un aspecto más asiático en comparación con el *Escritorio* en *barniz mate*, aunque tiene un fondo de laca blanca mate, mientras que en las lacas asiáticas era típicamente negro o rojo. A finales del siglo XVII, los artesanos de las Américas españolas estaban incorporando muchas influencias de diseño diferentes. Aunque no hay pruebas documentales directas que confirmen la fabricación de los objetos, las fechas de las dos cajas de escritura estaban respaldadas por detalles en su diseño y estudio iconográfico. La comparación visual con la calabaza HSML (LS2400) [22], que tiene un rango de fechas verificado, también fue informativa.

Figura 8. Tapa interior del *Escritorio portátil*, LS2000.

Al igual que la gran mayoría de los objetos de *barniz de Pasto* existentes, las formas de estos dos grupos son todos tipos de muebles de estilo europeo, desconocidos en las Américas antes de la colonización española. La resina de los cinco objetos muestra un patrón de envejecimiento similar, con un craquelado mínimo y, por lo general, cuando ocurren, pérdidas en esquinas expuestas, bordes y juntas de construcción. La resina en sí misma tiene propiedades físicas inusuales que contribuyen a su preservación en objetos de arte [25].

2.2. *Enfoque analítico*

Inicialmente, se realizó una primera campaña de análisis no invasivos que incluyó espectroscopía portátil de fluorescencia de rayos X (pXRF), espectroscopía de reflectancia de fibra óptica (FORS) y espectroscopía de imágenes de reflectancia (RIS) seguida de la recogida de 7 micromuestras representativas (Tabla 1).

Se extrajeron muestras de dos de los cinco objetos (LS2447 y LS2000) con un bisturí quirúrgico, bajo un examen minucioso y una selección de ubicación bajo un microscopio estereoscópico. Se produjeron secciones transversales y raspados de áreas de colores representativos. Las secciones transversales se inspeccionaron primero mediante microscopía óptica de luz polarizada y ultravioleta (UV), luego mediante microscopía electrónica de barrido equipada con espectroscopía de dispersión de energía de rayos X (MEB-EDX). Las muestras sueltas se analizaron mediante espectroscopía Raman, espectroscopía FTIR, pirólisis de cromatografía de gases y espectrometría de masas (py-GC/MS) y cromatografía líquida y espectrometría de masas (LC/MS).

Tabla 1. Lista de micromuestras extraídas de LS2447 y LS2000.

Muestra	Objeto	Descripción	Ubicación
S1	LS2447	Sección transversal de un área azul claro	Área de un pétalo azul claro de una flor a la izquierda del pavo real
S2		Raspado de decoración naranja	Área de hoja de naranja en la parte inferior de la vista de mesa
S3		Raspado de decoración verde oliva	Área de decoración de flores verde-olivo en la parte superior del grifo a la izquierda del león
S4		Raspado de decoración blanca	Área de decoración de flores blancas junto a la esquina superior izquierda del rectángulo interior
S5		Raspado de resina	Área de resina (posiblemente sin tinta) de un área fracturada en el borde inferior izquierdo del *Tablero de mesa*
S6		Raspado de decoración negra	Área de fondo negro de la esquina superior izquierda del *Tablero de mesa*
S1	LS2000	Sección transversal de un área amarilla	Área de pétalo amarillo de una flor fracturada en la parte inferior en el lado exterior izquierdo

2.2.1. Preparación de las secciones transversales

Las secciones transversales se prepararon mediante la inclusión de cada muestra dentro de una doble capa de resina de metacrilato de metilo (Technovit® 2000 LC, Kulzer Technik, Hanau, Germany). Cada capa de resina se curó bajo luz UV durante 20 min. El exceso de resina se lijó y la superficie se pulió finamente utilizando CarbiMet 2 y papel abrasivo Micro-mesh de varios granos para exponer la estratigrafía de las muestras.

2.2.2. Espectroscopía Raman

El análisis microinvasivo se realizó utilizando un espectrómetro Raman Bruker Senterra equipado con un objetivo de microscopio de larga distancia de trabajo Olympus 50x y un detector de dispositivo de carga acoplada (CCD). Se utilizaron como fuentes de excitación un láser de estado sólido cian de Spectra Physics y un láser de diodo de onda continua que emitía a 488 y 785 nm, respectivamente, y dos rejillas holográficas (1800 y 1200 rayas/mm) proporcionaron una resolución espectral de 3-5 cm^{-1}. La potencia del láser de salida, el número de escaneos y el tiempo de integración se ajustaron de acuerdo con la respuesta Raman de las diferentes muestras. Los espectros se interpretaron comparándolos con las bases de datos de las bibliotecas del Metropolitan Museum of Art y con la literatura publicada, como se explica más adelante.

2.2.3. pXRF

Las mediciones espectroscópicas de XRF de un solo punto se recogieron con un espectrómetro XRF portátil de dispersión de energía Bruker Elio XGLab, con un detector de deriva de silicio (SDD) de gran área y alta resolución con 130 eV en manganeso (Mn) $K\alpha$ con una tasa de fotones de entrada de 10 kcps (modo de alta resolución) y 170 eV en Mn $K\alpha$ con una velocidad de fotones de entrada de 200 kcps (modo rápido). El sistema está equipado con filtros intercambiables y un objetivo de transmisión de rodio (Rh) con un voltaje máximo de 50 kV y una potencia máxima de 4 W. Los parámetros empleados para los escaneos fueron un voltaje de 40 kV, una corriente de 80 μA, un tiempo en directo de 60 s y un tamaño de punto de 1 mm.

2.2.4. MEB-EDX

Los análisis de las secciones transversales se realizaron con un Zeiss Σigma HD FE-SEM, equipado con un detector Oxford Instrument X-MaxN 80 SDD. Se llevaron a cabo imágenes de electrones retrodispersados (BSE), análisis EDX y mapeo elemental de rayos X con un voltaje de aceleración de 20 kV en alto vacío.

2.2.5. FORS

La espectroscopía de reflectancia difusa de 400 a 1000 nm se realizó con un espectrómetro Ocean Optics QE65 equipado con una matriz CCD de silicio lineal. El punto seleccionado para el análisis se iluminó mediante un cable de fibra óptica acoplado a una lámpara halógena. La luz reflejada difusamente fue recogida por una fibra coaxial y disipada por el espectrómetro. Los espectros se registraron con un tiempo de integración de 10 ms y promediaron 4 adquisiciones.

2.2.6. FTIR

Todas las muestras recogidas del *Tablero de mesa* (LS2447) se analizaron con FTIR como paso inicial en el flujo de trabajo de análisis. El análisis se realizó con un espectrómetro FTIR Hyperion 3000 equipado con un detector de teluro de mercurio y cadmio (MCT). La muestra se trituró en una celda de yunque de diamante (Spectra Tech, Thermo Fisher Scientific, Madison, WI, USA) y todos los materiales contenidos se analizaron a granel en modo de transmisión a través de un objetivo 15x. Se colectaron espectros en el rango de 4000-600 cm^{-1} con una resolución de 4 cm^{-1}. Cada espectro se obtuvo como la suma de 64 barridos. Los espectros se interpretaron mediante comparación con las bases de datos de las bibliotecas (MMA e IRUG Ediciones 2000 y 2007) y la literatura publicada, como se explica más adelante.

2.2.7. Py-GC/MS

Los datos espectrales de masas GC/MS se recogieron en un GC/MSD de la serie 5977B de Agilent (Agilent Technologies, Santa Clara, CA, USA.) equipado con un adaptador sin ventilación. El espectrómetro de masas se configuró con un muestreador automático y un detector selectivo de masas de red 8890 de cuadrupolo único. Este sistema está equipado con un pirolizador multidisparo 3030D (Frontier Laboratories Ltd. Saikon, Japan) que se mantiene a 550°C y una temperatura de interfaz de 320°C utilizando un método de disparo único.

Se analizaron con py-GC/MS dos muestras del *Tablero de mesa* (LS2447) que reflejaban la resina incolora (muestra S5) y una capa transparente aplicada sobre una resina naranja (muestra S2). Se colocaron aproximadamente 20-30 μg de cada muestra directamente en una Eco-copa limpia de acero inoxidable y se analizaron con y sin el uso de un agente derivatizante. El método de derivatización utilizado aquí se ha descrito ampliamente en otro lugar [22]. Brevemente, en experimentos de metilación asistida térmicamente, se añadieron 2-3 μL de hidróxido de tetrametilamonio (TMAH, 25% en metanol) directamente a la muestra y se dejaron reposar durante 3-5 minutos antes del análisis.

La separación cromatográfica se llevó a cabo en una columna de polímero de fenil arileno no polar J&W-DB-5MS (Agilent Technologies, Santa Clara, CA, USA) (40 m de longitud efectiva de columna, 250 μm de diámetro interior y 0,25 μm de espesor de película). Las muestras se ejecutaron con una relación de división de 20:1. El programa de temperatura del horno GC fue el siguiente: temperatura inicial de 40°C mantenida durante un minuto. La temperatura se incrementó en 10°C/min hasta 320°C con un tiempo de mantenimento de quince minutos. Se utilizó helio como gas portador. Se utilizaron Agilent Chemstation (version F.01.03.2357) y OpenChrom (version 1.5.0) [26] para el procesamiento de datos, incluida la identificación e integración de picos, y se aprovechó la colección de espectros de masas disponibles a través del National Institute for Standards and Technology (NIST) Chemistry WebBook [27], las bibliotecas espectrales del NIST 2005 y la literatura relacionada.

2.2.8. LC/MS

Se extrajeron dos muestras (S2 y S3) del *Tablero de mesa* (LS2447) utilizando 6 µl de una solución de BF3 en metanol al 4%, que se añadió directamente a un vial limpio que contenía la muestra. Tras la adición de la solución BF3, la muestra se sonicó durante 5 minutos y luego se dejó toda la noche a temperatura ambiente. Posteriormente, se añadieron 50 µL (dos alícuotas de 25 µL) de metanol y la solución se transfirió a un pequeño tubo de ensayo de vidrio. El extracto del tubo de vidrio se secó en un concentrador de vacío (Genevac EZ4P). Además, el vial con la muestra se enjuagó con 50 µL de metanol y se secó en el concentrador de vacío (Genevac EZ4P).

Los residuos se reconstituyeron con 20 µL de una mezcla de LC/MS o dimetilformamida de grado analítico, metanol/acetonitrilo (1/1, v/v) (1:4:5) (la mezcla MeOH/ACN también contiene 0,1% de ácido fórmico acuoso) y se transfirieron a un tubo de filtro centrífugo de PTFE antes de ser centrifugados a 12000 g durante 10 min. La solución filtrada y centrifugada se transfirió a un inserto de muestra desactivado asentado en un vial de muestreador automático limpio. Del volumen total, se inyectaron 7 µL de la solución de muestra extraída en el sistema LC/MS. Este proceso se repitió en los análisis en los que se emplearon modos de ionización negativa y positiva.

El análisis LC/MS se llevó a cabo en un espectrómetro de masas de tiempo de vuelo cuadrupolar Impact II (Bruker, Billerica, MA, USA) junto con un HPLC NexeraXR que consta de dos bombas de HPLC LC-20ADxr con un mezclador de gradiente HPLC, un detector de matriz de diodos SPDM30A, un horno de columna CTO-20AC, una unidad de desgasificación DGU-20A5R, un muestreador automático SIL-20ACxr y un módulo de bus de comunicaciones CBS-20A (Shimadzu, Columbia MD). Se utilizó la interfaz de ionización por electrospray y la detección se llevó a cabo tanto en modo de ionización negativa como positiva. Para la operación de MS y LC se utilizaron Compass otofControl (ver. 6.3) y Compass Hystar (ver. 6.2), respectivamente, y el análisis de los datos se realizó con el software DataAnalysis (ver.6.1).

Se utilizó una columna de fase reversa Zorbax SB-C18 (partícula de 3,5 µm, 2,1 mm de diámetro interior x 150,0 mm, Agilent Technologies, Santa Clara, CA) con una columna de protección (Zorbax SB-C18, partícula de 3,5 µm, 2,0 mm de diámetro interior x 15,0 mm, Agilent Technologies, Santa Clara, CA) con un caudal de 0,2 ml/min. El prefiltro de la columna (filtro de precolumna Upchurch de volumen ultrabajo con frita de acero inoxidable de 0,5 µm, Sigma-Aldrich, St. Louis MO) se colocó antes de la columna de protección. La temperatura de la columna se mantuvo a 40°C.

La fase móvil se eluyó en un gradiente de 0,1 % de ácido fórmico en agua de alta pureza (v/v) (A) y 0,1 % de ácido fórmico en una mezcla de metanol y acetonitrilo (1/1, v/v) (v/v) (B). El sistema de gradiente fue del 90 % (A) durante 1 min → al 60 % (A) en 6 min en una pendiente lineal → al 1% (A) en 23 min en una pendiente lineal y se mantuvo al 1% (A) durante 3 min, y luego al 90% (A) en 1 min y se mantuvo al 90% (A) durante 18 min.

2.2.9. RIS

La RIS se llevó a cabo con una cámara hiperespectral de visible a infrarrojo cercano (VNIR) (400 a 1000 nm) (SOC710-E Surface Optics Corporation) equipada con un sensor de imagen científico de semiconductor complementario de óxido metálico (sCMOS). Los cubos de imagen producidos son de 2048 × 2048 píxeles con 1024 canales espectrales.

Las superficies de los objetos se iluminaron con cuatro bombillas halógenas SoLux (EiKO BB18003, 50 W, 4700 K) alojadas en cabezales de carril de yugo giratorio (iluminación WAC, HHT-809) y montadas en dos carriles de iluminación. Los dos soportes de luz se colocaron a 45 grados con respecto a la normal de la superficie decorada. Se recolectaron cubos de imágenes de las escenas decorativas y de un panel de reflectancia blanca difusa Spectralon® (99% reflectante, LabSphere, Inc., North Sutton, NH, USA) bajo la misma configuración de iluminación y recolección de datos; para convertir los datos de los objetos a reflectancia aparente, el cubo de imagen del panel blanco se dividió del cubo de imagen del objeto. El ruido oscuro (el ruido eléctrico inherente al detector y la señal del sensor de referencia) se midió y restó automáticamente para cada adquisición.

El procesamiento posterior de las imágenes se llevó a cabo en ENVI Classic versión 5.6.3 (Exelis Visual Information Solutions, Boulder, Colorado). El procesamiento de datos utilizado aquí se ha descrito ampliamente en otro lugar [28]. La reflectancia aparente normalizada se calculó a partir de los datos brutos, descritos brevemente anteriormente y detallados en [29]. La herramienta Spectral Hourglass Wizard incorporada en ENVI se utilizó para identificar firmas espectrales únicas, miembros finales y para visualizar la distribución de estos miembros finales en la escena de la imagen utilizando un método de clasificación de mapeador de ángulos espectrales (SAM). Los mapas de los miembros finales se visualizaron en FIJI (ImageJ versión 1.53q) y los espectros relacionados se analizaron en Igor Pro 8 (WaveMetrics, Portland, OR) [30]. Los puntos de inflexión se determinaron ajustando una función gaussiana a los picos en los espectros calculados de la primera derivada y extrayendo el máximo de pico del ajuste gaussiano, mientras que las absorciones se identificaron mediante cambios de valor negativos a positivos en el espectro de la primera derivada (es decir, cruces por cero en las gráficas).

3. Resultados y discusión

En esta investigación, se adoptó un enfoque multianalítico para identificar la naturaleza de la resina y los colorantes orgánicos e inorgánicos utilizados para conferir coloraciones específicas a las resinas. En la discusión a continuación, el término resina coloreada se usa para indicar la mezcla intencional de la resina *mopa mopa* con pigmentos y colorantes. En cambio, el término resina incolora se refiere al uso de la resina sin la adición de estos colorantes.

3.1. Análisis de medios aglutinantes y recubrimientos superficiales orgánicos

3.1.1. Resina

Para la identificación de la resina, se realizaron análisis por FTIR, Py-GC/MS y LC/MS en la resina incolora (S5) recogida de la superficie del *Tablero de mesa* del siglo XVII (LS2447), así como en muestras de referencia de *E. pastoensis* cruda y hervida, ya descritas en [22]. El análisis FTIR de la muestra S5 presenta características espectrales correspondientes a los modos de estiramiento simétrico de metileno (2854 cm^{-1}) y asimétrico (2927 cm^{-1}) y una amplia envolvente de OH (Figura 9A, traza roja). Otros rasgos asociados a compuestos alifáticos están presentes en 1458, 1414, 1375 y 725 cm^{-1}, con el pico a 1414 cm^{-1} relacionado con grupos metileno adyacentes a ésteres o ácidos carboxílicos. Las fracciones que contienen oxígeno también están indicadas por un fuerte rasgo espectral a 1716 cm^{-1} (estiramiento del carbonilo) con un hombro a aproximadamente 1730 cm^{-1} acompañado de bandas a 1246, 1176 y 1100 cm^{-1}. Se identificaron características espectrales similares en la muestra de referencia cruda de *mopa mopa* (Figura 9A, traza negra), así como en los análisis reportados de la resina de *mopa mopa* [7,17,19]. Análisis previo de FTIR de lacas colombianas [7,22] y peruanas [17,31] también ha identificado *mopa mopa* en una serie de objetos que datan de la época colonial. No se recogieron muestras de resina de LS2000 ni de LS2361, por lo que no es posible conocer la composición de la resina en estos objetos.

Un análisis adicional de la resina (S5) recogida del *Tablero de mesa* (LS2447) y una muestra de referencia de *mopa mopa* "cruda" con py-GC/MS (Figura 9B) fue en gran medida consistente con los resultados publicados sobre la resina de *mopa mopa* [7,22,31].

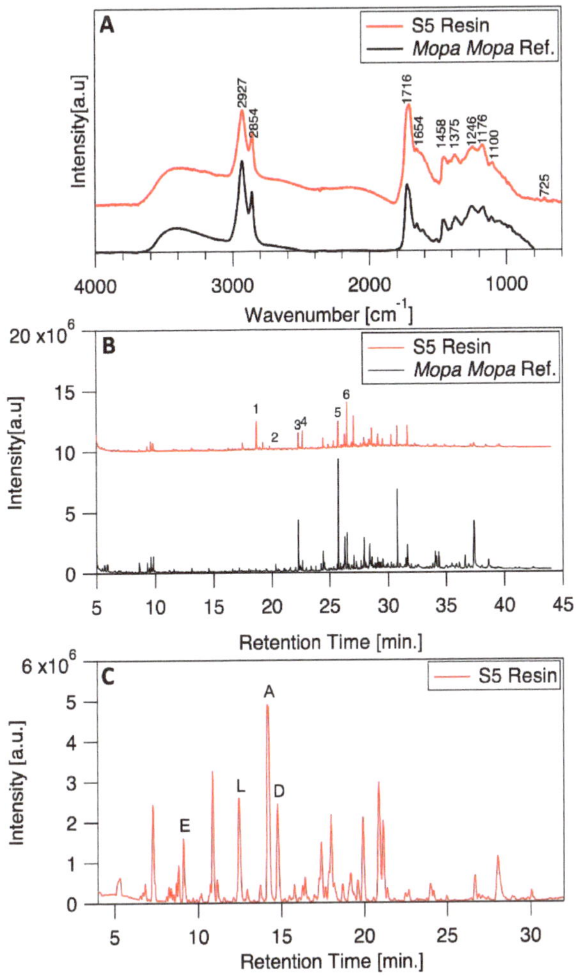

Figura 9. (**A**) Espectros FTIR corregidos desde la línea de base y cromatogramas (**B**) Py-GC/MS de la muestra S5 de la mesa (LS2447, rojo) y la resina de *mopa mopa* sin procesar (negro) que indican la presencia de (1) dimetilazalato, (2) metil p-metoxicinamato, (3) metil-3,4-dimetoxicinamato, (4) palmitato de metilo y (5 y 6) compuestos con patrones de fragmentación similares a los picos 7 y 9 informados por Newman y coautores [6]. (**C**) Análisis de LC/MS, en modo de ionización negativa, del aglutinante de resina que contiene ácido elágico (E), luteolina (L), apigenina (A) y diosmetina (D).

Específicamente, el cromatograma está dominado por la presencia de un compuesto no identificado previamente reportado por Newman y coautores [7] con fragmentos de masa a 215, 173, 141, 81 y 87 m/z (por intensidad en orden descendente) (Figura 9B, traza roja).

Asimismo, el p-metoxicinamato de metilo (20,31 min) y el 3,4-dimetoxicinamato de metilo (22,27 min), junto con una serie homóloga de ácidos dicarboxílicos y ésteres metílicos de ácidos grasos de los ácidos azelaico (18,7 min), palmítico (22,64 min) y esteárico (24,44 min), una serie de derivados de glicerol (9,3-9,7 min) y éter dimetílico y trimetilico de apigenina son característicos de las resinas de *mopa mopa* [7,22]. Los compuestos de elución posteriores identificados aquí, que consisten principalmente en triterpenoides pentacíclicos (30-40 min), también se informan en [22]. Las diferencias en las proporciones de los picos entre los compuestos eluidos podrían reflejar la manipulación (calentamiento y envejecimiento) de la resina coloreada frente a la resina cruda. El análisis LC/MS de la resina incolora (Figura 9C) indica la presencia de varios compuestos previamente identificados, incluyendo ácido elágico, luteolina, apigenina y diosmetina, un derivado de la luteolina (Tabla 2) [7]. Según las proporciones respectivas de estos compuestos, la resina incolora se parece más a *E. pastoensis* que a *E. utilis*. Aunque el aglutinante de resina tiene un aspecto rojizo en sí mismo, no se identificó ningún colorante rojo mediante LC/MS. Mientras que py-GC/MS permite la identificación de algunos compuestos no volátiles y puede ser útil para algunos análisis de colorantes, LC/MS no requiere que un compuesto sea volátil, solo soluble en una fase móvil adecuada, lo que lo hace más apropiado para el análisis de colorantes. Fundamentalmente, los dos enfoques se basan en principios similares, la ionización de un compuesto en una fase móvil gaseosa o líquida y luego la separación cromatográfica de las especies cargadas, y las dos técnicas proporcionan información complementaria y suplementaria. Además, la espectrometría de masas en tándem de cromatografía líquida, tal como se emplea aquí, tiene una mayor sensibilidad y selectividad que la LC/MS tradicional. El análisis LC/MS de la muestra de resina hervida indica una presencia similar de luteolina, apigenina y diosmetina, todos los cuales se han reportado en el análisis de resinas de *mopa mopa* [6,22]. La Py-GC/MS de la misma muestra de resina hervida analizada aquí ha sido reportada previamente por Pozzi y sus coautores [22]. Para un resumen tabulado de los compuestos identificados por py-GC/MS de la resina incolora, véase la Tabla S2 de Material Suplementario S1.

Tabla 2. Resumen de los compuestos identificados por análisis de LC/MS.

Objeto y muestra	Tiempo de retención [min]	Señales UV [nm]	Compuesto detectado	Material sugerido
LS2447 S2	7.2	215, 243, 323	1-O-Caffeoylglycerol $C_{12}H_{14}O_6$	Colorante amarillo desconocido
Naranja	12.2	219, 208, 253, 368	Quercetina $C_{15}H_{14}O_6$	
	14.3	264, 357	Kaempferol $C_{15}H_{10}O_6$	
	14.9	201, 255, 348	Isorhamnetin (derivado de la quercetina) $C_{16}H_{11}O_7$	
	22.7	N/A	Desconocido $C_{15}H_{10}O_8$	
	17.5	195, 229, 283, 462		Colorante rojo desconocido
	19	196, 238, 283, 607	Posible contaminación por índigo (visible bajo el microscopio)	Indigo[†]
	9.1	252, 366	Ácido elágico $C_{14}H_6O_8$	*Mopa mopa* (tentativamente *E. pastoensis*)
	12.3	208, 347	Luteolina $C_{15}H_{10}O_6$	
	14.2	199, 266, 336	Apigenina $C_{15}H_{10}O_5$	

	14.8	204, 250, 344	Diosmetina (derivado de la luteolina) $C_{16}H_{11}O_6$	
LS2447 S3 *Verde*	7.2	215, 243, 323	1-O-Caffeoylglycerol $C_{12}H_{14}O_6$	Colorante amarillo desconocido
	12.2	219, 208, 253, 368	Quercetina $C_{15}H_{14}O_6$	
	14.3	264, 357	Kaempferol $C_{15}H_{10}O_6$	
	14.9	201, 255, 348	Isorhamnetina (derivado de la quercetina) $C_{16}H_{11}O_7$	
	22.7	N/A	Desconocido $C_{15}H_{10}O_8$	
	19	196, 240, 283, 617	Posibles rastros de índigo (baja tasa de extracción)	Indigo†
	9.1	252, 366	Ácido elágico $C_{14}H_6O_8$	*Mopa mopa* (tentativamente *E. pastoensis*)
	12.3	208, 347	Luteolina $C_{15}H_{10}O_6$	
	14.2	199, 266, 336	Apigenina $C_{15}H_{10}O_5$	
	14.8	204, 250, 344	Diosmetin (derivado de la luteolina) $C_{16}H_{11}O_6$	
LS2447 S5 *Resina incolora*	9.1	252, 366	Ácido elágico $C_{14}H_6O_8$	*Mopa mopa* (tentativamente *E. pastoensis*)
	12.3	208, 347	Luteolina $C_{15}H_{10}O_6$	
	14.2	199, 266, 336	Apigenina $C_{15}H_{10}O_5$	
	14.8	204, 250, 344	Diosmetina (derivado de la luteolina) $C_{16}H_{11}O_6$	

†El término índigo se refiere a compuestos que contienen indigotina y no a una fuente específica de índigo.

3.1.2. Recubrimiento superficial

Se identificaron firmas espectrales indicativas de una cera en un recubrimiento superficial transparente en la muestra S2, recogida en el *Tablero de mesa* (LS2447). Específicamente, el espectro FTIR muestra un pico agudo a 1736 cm^{-1} relacionado con el estiramiento C=O de los grupos éster (Figura 10A) y la división de los picos a 1470 y 720 cm^{-1} que son rasgos característicos de una serie de ceras vegetales y animales. No había características espectrales discernibles relacionadas con la resina de *mopa mopa* identificables en este material. En algunos casos, el sulfato de calcio también se identificó en función de la aparición de características espectrales a 1620, 1100 y 660 cm^{-1}. El análisis de un qero pintado, que se cree que es anterior al período colonial, sugirió que las ceras podrían haber sido utilizadas como aglutinantes de pigmentos además de la resina de *mopa mopa* [31], aunque los análisis posteriores solo informan del uso de resinas de *mopa*

mopa [6,7,17,19,22]. También se ha informado de que la cera se ha utilizado en la reparación de objetos *barniz de Pasto* [22]. En el presente estudio, sin embargo, no está claro si estos materiales son originales o si están relacionados con un mantenimiento rutinario posterior o una intervención de conservación. La cera no parece usarse como aglutinante aquí, ya que no parece estar directamente relacionada con los materiales coloreados y, en cambio, está presente en una capa encima de la capa de resina coloreada. Para comprender si este material ceroso era nativo del objeto o resultado de una intervención desconocida, también se empleó py-GC/MS. Las características más abundantes en el cromatograma del recubrimiento transparente fueron el éster metílico de N,N-dimetilglicina seguido de un compuesto desconocido que se eluye a los 5,5 min (Figura 10B). Este compuesto desconocido tiene un pico de base en m/z 72 y una masa aparente de 131 uma, que es similar al patrón de fragmentación reportado para el éster metílico N-N-dimetilalanina [32]. Como aquí no se identificaron ni el pirrol ni el indol, es probable que estos compuestos estén relacionados con el propio TMAH. Este material de recubrimiento transparente también se asocia con una serie de *n*-alcanos C_{24}-C_{34}, sin preferencia par-impar y siendo C_{26} el más abundante de los n-alcanos. Además de los n-alcanos, se identificaron ésteres metílicos de ácidos grasos de orden uniforme entre C_{12} y C_{18}, siendo el ácido palmítico (C_{16}) el más abundante. También se pudo identificar el éster metílico del ácido tetracosanoico (C_{24}). La ausencia de diácidos sugiere que no hay aceite presente en la matriz. En la actualidad, la identificación de este material no está clara.

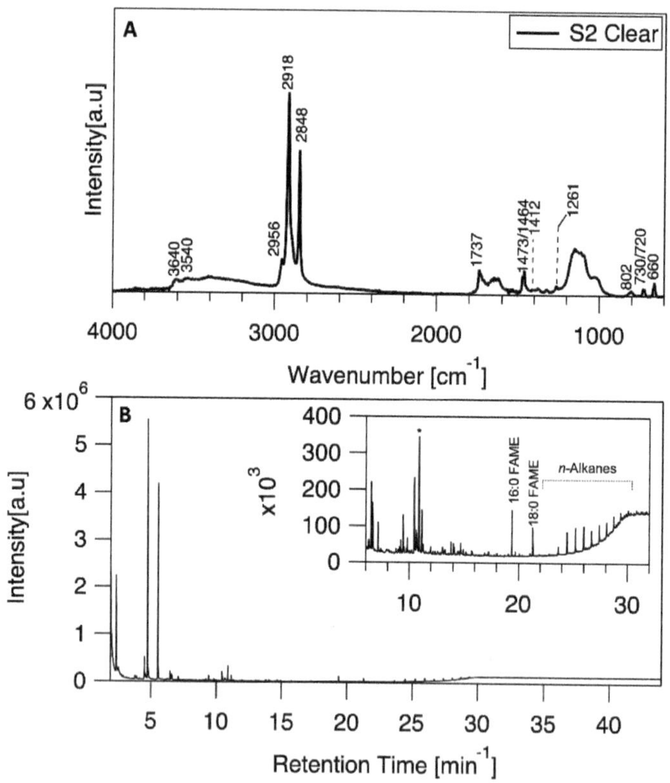

Figura 10. (**A**) Espectro FTIR corregido de línea de base y cromatograma **B.** Py-GC/MS del recubrimiento transparente aislado de la muestra de resina de color naranja (S2) recolectada de la mesa (LS2447). (Recuadro) Ampliación del cromatograma que abarca tiempos de retención entre 6 y 32 min.

3.2. Análisis de pigmentos y colorantes

3.2.1. Blanco y crema

El objeto más antiguo (*Arqueta*, LS2361), decorado con *barniz mate*, se caracteriza por una paleta de colores limitada dominada por áreas de color crema, que mostraban la presencia ubicua de mercurio (Hg), acompañada de picos menos intensos de cloro (Cl) (Figura 11A), así como en áreas rosas, lilas, grises, verdes y azul-verdes. La presencia simultánea de estos dos elementos indica el uso del calomel, cuyo uso en obras de arte, incluso en otros objetos *barniz de Pasto* del siglo XVII, ha sido ampliamente documentado en los últimos años [17-20,22,33]. El calomel se usa ampliamente para trazar líneas finas y diseños de color crema y se mezcla con resinas tintas como componente matificador y aclarante. En el segundo *Cofre* (LS2067) perteneciente al primer grupo, decorado con *barniz brillante*, el uso de calomel se limita a áreas de color crema mate (en su mayoría contornos finos), como sugiere la detección de Hg y trazas de Cl (Figura 11B). Como se encuentra comúnmente en los objetos *barniz brillante*, la detección de plata en todo el objeto se alinea con la presencia de una hoja de plata debajo de las láminas de resina.

Aunque agrupados para este estudio, los contemporáneos *Escritorio* y *Tablero de mesa* (LS2446 y LS2447, respectivamente), ambos realizados con *barniz mate*, tenían algunas diferencias compositivas clave. Ninguna de las áreas de color crema del *Escritorio* mostró la presencia de elementos cromóforos, lo que sugiere el uso exclusivo de colorantes orgánicos en combinación con la resina (Figura 11C, espectro azul). Sorprendentemente, las mediciones pXRF detectaron plomo (Pb) en todas las áreas blancas del *Tablero de mesa* (Figura 11C, espectro naranja). Este hallazgo infiere el uso de blanco de plomo en lugar de calomel en este objeto para obtener el color blanco. El segundo y más moderno *Escritorio* (LS2000), realizado con *barniz brillante*, muestra un uso extensivo de Pb (Figura 11D, espectro azul claro), probablemente en forma de blanco de plomo, en la mayoría de los colores, con áreas esporádicas donde se detectó Hg, supuestamente relacionado con el uso de calomel (Figura 11D, espectro negro). Hasta la fecha, este objeto de *barniz de Pasto* y la calabaza de la colección del HSML [22] han sido la única evidencia del uso simultáneo de blanco de plomo y calomel. En sus relatos, Alexander von Humboldt, quien describió los colorantes empleados en la fabricación del *barniz de Pasto* en 1801 [34], había identificado el blanco de plomo como la fuente del blanco. La identificación del calomel [20] plantea la posibilidad de que este pigmento inusual sea un marcador indígena anterior a la introducción del blanco de plomo.

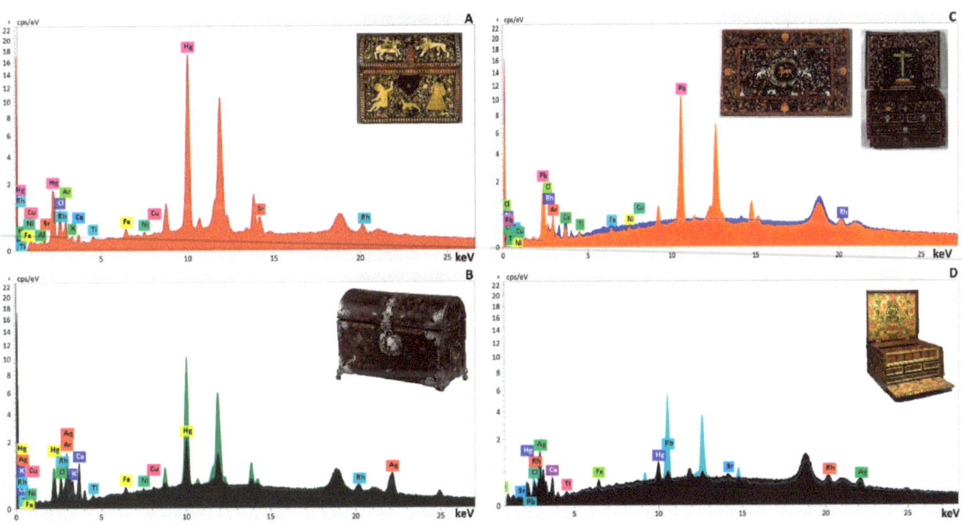

Figura 11. Espectros XRF representativos adquiridos de áreas de color crema y blanco en: (**A**) la *Arqueta* (LS2361) (espectro rojo recogido de un área de color crema); (**B**) el *Cofre* (LS2067) (los espectros verde y verde oscuro muestran diferentes contenidos de mercurio medidos en diferentes áreas); (**C**) el *Tablero de mesa* (LS2447) (espectro naranja) y el *Escritorio* (LS2446) (espectro azul); (**D**) el *Escritorio* (LS2000) (los espectros azul claro y negro muestran la presencia de blanco de plomo y posiblemente calomel en diferentes áreas, respectivamente).

3.2.2. Azul y negro

Como se anticipó, el índigo apareció en todas las resinas de color azul y negro. Los tintes ricos en indigotina pueden obtenerse de plantas como el glasto (*Isatis tinctoria*), que se encontraba principalmente en Europa y partes de Norteamérica, o *Indigofera tinctoria* e *Indigofera suffruticosa*, que se encuentran ampliamente en Centroamérica y Sudamérica. En el texto que sigue, el término índigo se utiliza para referirse a todos los compuestos a base de indigotina, sin identificación específica de la fuente. Dada la gran escala del *Tablero de mesa* (LS2447), la espectroscopía de reflectancia de este objeto se limitó a mediciones puntuales (Figura 12).

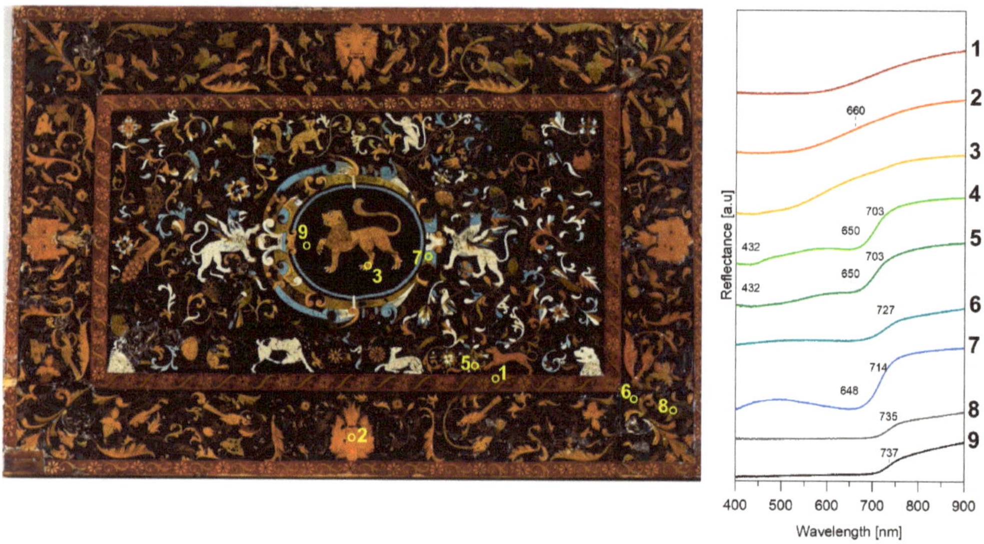

Figura 12. Izquierda. Áreas aproximadas de adquisición de FORS en el *Tablero de mesa* (LS2447) indicadas por círculos amarillos abiertos y enumerados. **Derecha.** Espectros de reflectancia FORS se muestran con los números de punto correspondientes a la derecha del gráfico.

El análisis FORS de una ilustración de color azul claro, similar a un arabesco, exhibe un máximo de absorbancia a 648 nm acompañado de un punto de inflexión a 714 nm que concuerda con la presencia de índigo (Figura 12, punto 7). El índigo también está presente en el medallón casi negro que rodea al león central (Figura 12, punto 9), que está asociado a un punto de inflexión significativamente desplazado al rojo a 737 nm, aunque el característico máximo de absorbancia aparente ya no es evidente. Las propiedades de reflectancia del índigo incluyen un máximo de absorbancia a aproximadamente 660 nm, un punto de inflexión entre 690-730 nm [35] y está significativamente modulado por el aglutinante, el entorno químico, la adición de otros colorantes y la concentración de índigo [36-37]. Como sugieren los relatos de Humboldt, el índigo se usaba tanto en resinas de color azul como negro, y la intensidad del color estaba modulada por la dilución del pigmento. El índigo se identificó previamente en resinas a base de *mopa mopa* negras y azules utilizadas para decorar una calabaza del siglo XVII [22], un cofre de madera del siglo XVII [19] y tazas qero pintadas peruanas que datan del período Inka colonial [31,38].

FORS, FTIR y análisis de imágenes de cuatro textiles peruanos datados en períodos anteriores revelan el uso de índigo en pigmentos azules y negros [39].

El análisis FTIR de la muestra S6 (Figura 13A), una resina visualmente negra recogida del *Tablero de mesa* (LS2447), muestra solo pequeñas diferencias en las firmas espectrales en comparación con la resina incolora. En la región de estiramiento del carbonilo, el pico a 1726 cm^{-1} es más pronunciado (Figura 13B), lo que puede indicar la presencia de un aceite. De hecho, también se han identificado aceites en resinas de *mopa mopa* coloreadas y no coloreadas [7]. Otros autores han sugerido que pueden haberse utilizado lechadas de aceite para facilitar la incorporación de colorantes en la resina [40]. Rasgos débiles adicionales a 1627, 1614 y un hombro a aproximadamente 1480 cm^{-1} pueden estar relacionadas con el uso de índigo, que se ha identificado previamente en resinas de color azul y negro en lacas colombianas [7,22]. El análisis Raman de la misma muestra confirma la identificación de un colorante a base de indigotina basado en la presencia de un desplazamiento Raman característico a 1576 cm^{-1} (Figura 13C) [22,36,41].

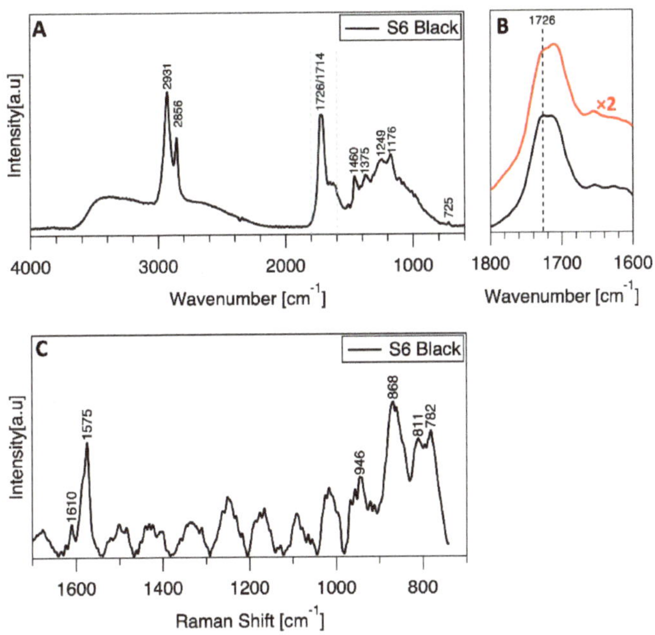

Figura 13. (**A**) Espectro FTIR corregido de línea de base de la muestra S6, eliminado de un área negra en la mesa, LS2447, con la región de estiramiento del carbonilo resaltada, y (**B**) ampliada de la misma región con la resina negra mostrada en negro y la resina incolora mostrada en rojo (desplazada y escalada por un factor de 2). La línea discontinua a 1726 cm^{-1} puede ser indicativa de un aceite añadido. (**C**) Espectro Raman corregido de línea de base de la muestra S6 que contiene índigo (pico principal a 1576 cm^{-1}) como colorante principal.

Las características espectrales adicionales que aparecen a 868/860 cm^{-1}, 811 y 783 nm están posiblemente relacionadas con la presencia de compuestos de oxalato no identificados. No se puede descartar que se añadiera un colorante negro adicional (es decir, negro a base de hueso o de carbono) para lograr las resinas casi negras utilizadas en el fondo del *Tablero de mesa* (LS2447). El análisis XRF de esta área no indica la presencia de fósforo, ni el análisis FTIR de esta muestra exhibe un pico característico a 2012 cm^{-1}, que podría indicar la presencia de hueso o negro marfil. Además, los rasgos amplios centrados alrededor de 1325 y 1580 cm^{-1} están ausentes del espectro Raman, lo que indica que tampoco se detecta negro a base de carbono. En el análisis de 150 qeros peruanos, se identificó negro de humo en casi todos los objetos [30]. Tentativamente, el color visualmente negro de esta resina es atribuible únicamente al índigo, lo cual es consistente con la literatura histórica y científica que indica el uso de índigo calcinado o concentrado para obtener tonos negros en objetos de *barniz de Pasto* [5,19,22,33].

Aunque la alta curvatura de la tapa de la *Arqueta* (LS2361) impidió el análisis RIS, se pudo inspeccionar la cara relativamente plana y los lados cortos de la *Arqueta*. Cada lado de la *Arqueta* tiene un fondo visualmente negro que se asocia con una absorbancia uniforme entre 400 y 700 nm, un aumento en la reflectancia a aproximadamente 700 nm y un punto de inflexión a aproximadamente 750 nm que se identifica tentativamente como índigo (Figura 14).

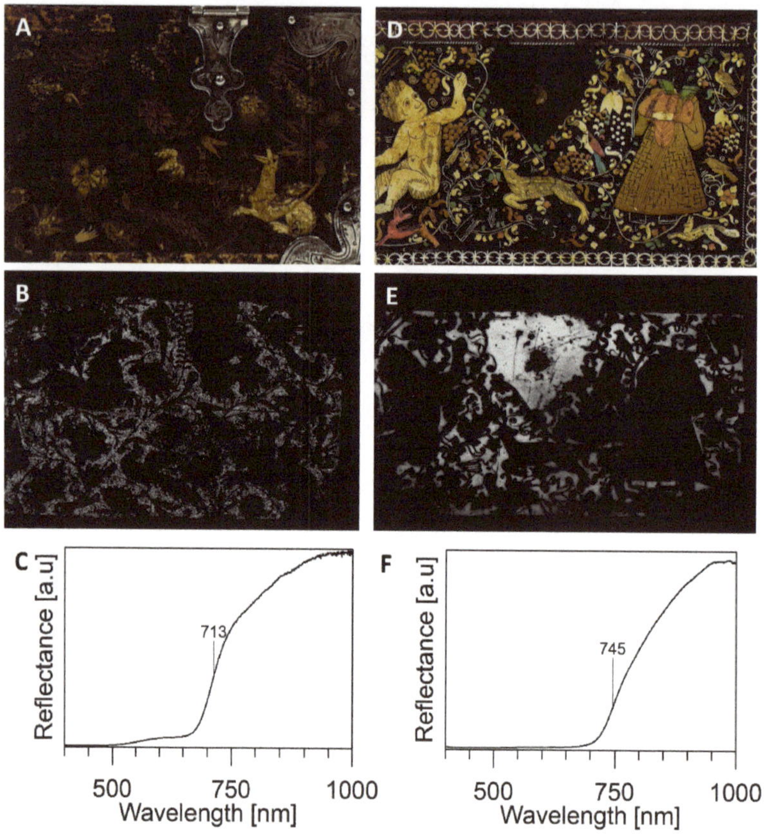

Figure 14. Área de (**A**) *Cofre* (LS2067) y (**D**) la cara frontal de la *Arqueta* (LS2361) analizada por RIS e imágenes de reglas de miembros finales (mapas de distribución) para (**B**) LS2067 y (**E**) LS2361 que muestran la distribución de un compuesto casi negro que contiene índigo. Espectros de reflectancia correspondientes a los miembros finales para (**C**) LS2067 y (**F**) LS2361 con las propiedades de reflectancia pertinentes indicadas.

Como han comentado otros autores, en zonas de índigo concentrado, el máximo de absorbancia que se observa típicamente a unos 660 nm está ausente [42]. Conclusiones similares son reportadas por Alvarez-White y sus coautores [5], quienes señalan que los fondos oscuros en una selección de objetos de *barniz de Pasto* están posiblemente asociados con índigo densamente saturado o calcinado. El análisis XRF del fondo negro que rodea la cerradura en la parte frontal de la *Arqueta* detectó solo señales muy débiles de Cl y Hg, lo que sugiere que no hay colorantes inorgánicos presentes en esta área. Sin embargo, su presencia, aunque en trazas, podría deberse a la contaminación o a una capa más profunda que posiblemente contenga calomel.

La decoración de color gris azulado pálido, que incluye una de las aves centrales en LS2000, la cola azul más claro del pájaro en la parte delantera de la *Arqueta* (LS2361) y la liebre central en un lado de la misma caja son consistentes con la presencia de índigo, que presenta un máximo de absorbancia en torno a 640-650 nm y un punto de inflexión en unos 700 nm (Figura 15).

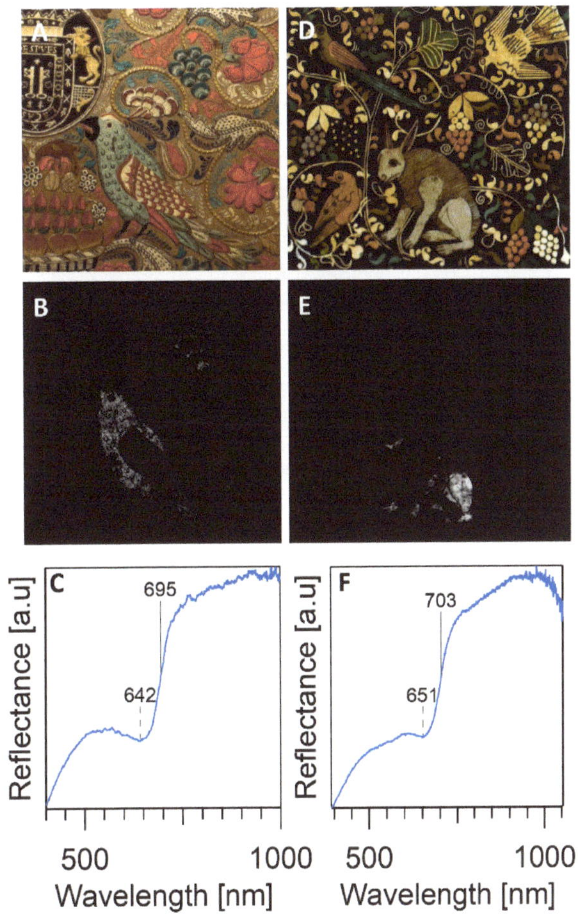

Figure 15. Área analizada por RIS para (**A**) *Escritorio* (LS2000) y (**B**) Mapa de distribución de miembros finales de RIS de la misma área que ilustra la distribución de una resina de color azul grisáceo pálido y (**C**) el espectro de miembros finales de correspondiente. En un segundo ejemplo, el área analizada por la RIS para el panel lateral (**D**) de la *Arqueta* (LS2361) con una ilustración de una liebre azul grisácea pálida, el mapa de distribución del miembro final de la RIS relacionado con (**E**) y (**F**) el espectro del miembro final de la RIS.

El análisis XRF de la cola azul claro del ave en la parte frontal del *Cofre* indica la presencia de mercurio, presumiblemente en forma de calomel, aunque no se identifican otros elementos relacionados con el colorante, mientras que los azules claros en el *Escritorio* (LS2000) muestran una fuerte señal de Pb, consistente con la presencia de blanco de plomo posiblemente utilizado en combinación con índigo. Las mezclas de calomel e índigo se observaron previamente en el análisis de un mueble de mesa comparable del siglo XVII en la colección del V&A [17]. Los tonos azules verdosos se encuentran en todos los objetos, especialmente en la ilustración de los detalles florales y en forma de enredadera. Los espectros de los miembros finales de los análisis RIS correspondientes a estas áreas presentan puntos de inflexión a 700-710 nm y máximos de absorbancia a aprox. 645-650 nm. En conjunto, estas características espectrales sugieren el uso de una matriz a base de índigo. El análisis FORS de pigmentos verdes a base de índigo que incorporan colorantes amarillos a menudo conserva el máximo de absorbancia característico del índigo junto con un desplazamiento al rojo en el punto de inflexión a aproximadamente 715 nm [43].

Para evitar la redundancia, para los objetos restantes solo se informan y discuten los resultados de RIS. Un resumen completo de los análisis de espectroscopía de reflectancia para todos los objetos se proporciona en los Material Suplementario S1 adjuntos en las Tablas S2-7 y Figuras S1-11.

3.2.3. Rojo, rosa y morado

En la época prehispánica, los colorantes rojos más utilizados incluían colorantes de insectos, como la cochinilla (*Dactylopius coccus*), y colorantes vegetales derivados del *Galium* y del *Relbunium*, todos los cuales son tintes de antraquinona [42,44-46]. Los relatos de Humboldt, sin embargo, sugieren que el colorante utilizado en la producción de resinas de color rojo en los objetos *barniz de Pasto* era el achiote (*Bixa orellana*) [34], un colorante carotenoide derivado de la capa externa de la semilla dentro del fruto del arbusto [46].

A excepción del *Escritorio* (LS2446), que no lleva resinas de color rojo, y el *Tablero de mesa* (LS2447), aparecen áreas de resinas de color rojo y rosa en diferentes tonos en todos los objetos y el principal tinte rojo identificado es a base de insectos. Por ejemplo, los colorantes rojos a base de insectos también se utilizan en el *Escritorio* (LS2000) para producir diferentes tonos de rojo, rosa y marrón (Figura 16). Característicamente, estas resinas se asocian con características de absorción a aprox. 520 y 560 nm con puntos de inflexión de aprox. 590-595 nm. Los pigmentos derivados de las antraquinonas, como la cochinilla o la rubia, exhiben característicamente bandas estructuradas de doble absorción entre 500 y 580 nm; los pigmentos de laca roja a base de insectos generalmente se pueden distinguir de las fuentes vegetales en función de los cambios de posición de estas absorciones estructuradas, con máximos de absorbancia rojos de insectos que generalmente aparecen a aprox. 520-535 y 560-565 nm y colorantes de antraquinona derivados de plantas que presentan bandas de absorbancia a aprox. 500-515 y 535-545 nm [43,47,48]. Una resina de color melocotón, utilizada en la ilustración del babero de la figura central en la cara larga del *Cofre* pequeño y en algunas de las ilustraciones de frutas y animales en los lados, presenta dos bandas de absorbancia a 520 y 560 nm, probablemente indicando el uso de un rojo a base de insectos. Una resina brillante de color magenta utilizada en la decoración de la cabeza y las patas delanteras de un pequeño unicornio en la cara frontal de la pequeña *Arqueta* (LS2361) carece de la absorbancia característica de muchas resinas de insectos (Material Suplementario S1, Figuras S6 y S7). En su lugar, esta resina sólo presenta puntos de inflexión en aprox. 585 nm. Las patas traseras y posteriores, sin embargo, exhiben firmas espectrales clásicas, aunque débiles, de una resina a base de color rojo insecto con absorbancia máxima a 524 y 564 nm. Fonseca y sus coautores han demostrado que en aplicaciones suficientemente espesas de pinturas que contienen cochinilla, las características de absorbancia a 520 y 560 nm, típicamente utilizadas en la identificación de rojos a base de insectos, desaparecen [47].

En el *Cofre* (LS2067) aparece una resina de color rojo vibrante y en gran medida carece de rasgos de absorción correspondientes a un rojo de insecto. En su lugar, la resina roja se absorbe uniformemente por debajo de uno 580 nm antes de aumentar su reflectancia. Sin embargo, en algunas áreas rojas, hay bandas de absorción discernibles, aunque débiles, correspondientes a la cochinilla (Material Suplementario S1, Figura S1). Las mediciones XRF de los detalles que llevan esta resina de color rojo indicaron la presencia de mercurio, aunque posiblemente esté relacionado con el uso de calomelano, también identificado en otras partes de este objeto, en lugar de un rojo a base de mercurio como el bermellón. Vale la pena señalar que, hasta la fecha, solo ha habido referencias limitadas al uso de bermellón en objetos que contienen resinas de *mopa mopa* [31,40,49,50]. Incluso con la información adicional que ofrece el análisis XRF, no es posible identificar de manera inequívoca la naturaleza de estas resinas de color rojo.

El índigo se utiliza en combinación con rojos a base de insectos para producir resinas de colores malva y violeta. Por ejemplo, el análisis FORS de un detalle floral en la tapa de la pequeña *Arqueta* (LS2361) arroja firmas de índigo, con un punto de inflexión a 700 nm, como de dos bandas de absorción características a 519 y 560 nm, correspondientes a un colorante rojo a base de insecto. Otros datos RIS de los paneles frontal y lateral de la *Arqueta* indican el uso de colorantes rojos a base de insectos en varios elementos ilustrativos. De manera similar a la influencia de los colorantes amarillos en las propiedades de reflectancia del índigo que se ha comentado anteriormente, las mezclas de colorantes rojos e índigo también conservan a menudo las propiedades individuales del índigo. Sin embargo, a diferencia del comportamiento de enmascaramiento del índigo en la identificación de colorantes amarillos, las propiedades de absorbancia del colorante rojo todavía son observables ocasionalmente [43,51]. Por ejemplo, una resina de color granate aparece en algunos detalles del *Escritorio* (LS2000) y presenta tres bandas de absorbancia a 520, 560 y 655 nm, así como dos puntos de inflexión a 580 y 700 nm (Figura 16, trazos rojos y amarillos). Estas características espectrales son posiblemente indicativas de la mezcla de índigo y un rojo a base de insectos en la resina.

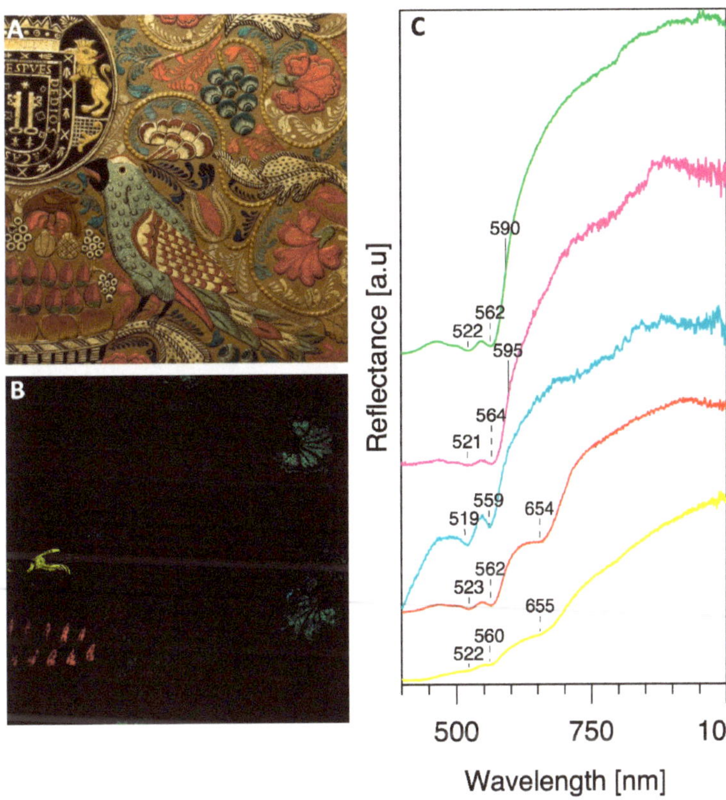

Figura 16. (**A**) Área analizada por RIS para *Escritorio* (LS2000). (**B**) Imagen compuesta para la misma área que ilustra la distribución de varias resinas de color rojo, rosa y marrón con cada miembro final mostrado en un color diferente, y (**C**) espectros correspondientes de los miembros finales mostrados en los mismos colores (es decir, las regiones de color rojo en (**B**) corresponden a la curva de color

rojo en (**C**)). Espectros desplazados para mayor claridad. Todos estos colorantes parecen preparados de manera similar con un colorante rojo de insecto, presumiblemente cochinilla.

3.2.4. Amarillo y naranja

Los colorantes amarillos son notoriamente difíciles de analizar, y esos desafíos sólo se ven agravados aquí por la escasez de información escrita sobre los materiales utilizados en la Colombia precolonial. Humboldt informó que la raíz de la flor en polvo de *Escobedia scabrifolia* se utilizaba en la producción de resinas amarillas [34]. Sin embargo, el análisis previo de HPLC-DAD de una incrustación amarilla en una calabaza colombiana no fue consistente con *E. scabrifolia* [22]. Hasta la fecha, evidencia analítica de colorantes procedentes de *E. scabrifolia* no han sido reportados en lacas colombianas. Las referencias históricas también sugieren que el colorante se utilizó ampliamente como colorante alimentario [52]. Aunque no se menciona explícitamente en los relatos de Humboldt, la producción de resina naranja podría lograrse mediante la mezcla de colorantes rojos y amarillos. Sin embargo, como se mencionó anteriormente, aquí no hay evidencia de un rojo de origen animal, como se ha observado en los otros objetos. En cambio, los espectros FORS recopilados del grifo central y una de las figuras barbudas en la superficie del *Tablero de mesa* (LS2447) están asociados con amplios puntos de inflexión de aprox. 660 nm. De manera similar, las resinas de color naranja en el *Escritorio* (LS2000) y la *Arqueta* pequeña (LS2361) carecen de evidencia clara de un rojo de origen animal y a menudo presentan absorbancias similares a las resinas de color amarillo (Figuras S2-9 de Material Suplementario S1). El espectro FTIR de la muestra S2, una resina de color naranja recogida de la superficie del *Tablero* (LS2447), está dominada en gran medida por firmas espectrales correspondientes a la resina incolora (Figura 17A). Sin embargo, son evidentes nuevos rasgos espectrales, no presentes en la resina incolora, que se asignan tentativamente a una resina de color amarillo. Los picos en 3405, 1660, 1610, 1521, 1320, 1260, 1198, 1014, 840 y 825 cm^{-1} y el aumento de intensidad de las bandas en 1170 y 1454 cm^{-1} son consistentes con la quercitrina [53,54] o un colorante similar al quercitrón, un colorante amarillo derivado de la corteza interna de los robles negros norteamericanos (Material Suplementario S1, Figura S13) [55-57]. La corteza de quercitrón, sin embargo, se introdujo y patentó como colorante natural en 1775 y se exportó por primera vez desde Norteamérica a finales del siglo XVIII [56,58], aunque existen usos documentados anteriores del mismo roble por parte de grupos Indígenas norteamericanos como los pueblos Ojibwe, por ejemplo [59]. Aunque la corteza de quercitrón derivada del roble negro norteamericano (*Quercus velutina*) es poco probable dada su distribución geográfica conocida, hay un roble endémico de Colombia, el roble colombiano (*Quercus humboldtii*), que puede tener o no propiedades colorantes similares. Los estudios de materiales vegetales derivados de especies de *Quercus* a menudo presentan perfiles de composición similares, incluidos los flavonoles quercetina, isorhamnetina y kaempferol y, como tales [60], es posible que los colorantes preparados a partir de estas especies también tengan una composición similar. Sin embargo, los cromóforos responsables del color amarillo del colorante quercitrón, la quercetina y la quercitrina [61], son los cromóforos más comúnmente identificados en los colorantes tipo flavonol [62] y, como tal, el número de colorantes amarillos posiblemente utilizados sigue siendo extenso.

El análisis Raman de la resina de color naranja (muestra S2) presentó picos en 1633(sh), 1606, 1590(sh), 1549, 1440, 1329, 1179, 1114, 943, 785, 640, 605, 579 y 522 cm^{-1} (Figura 17B). Se observan características espectrales similares en los análisis Raman de quercitrina [53] y quercetina [63-65]. El análisis posterior de la resina de color naranja por LC/MS en modo negativo reveló cantidades detectables de *1-O*-caffeoilglicerol (7,2 min), quercetina (12,2 min), kaempferol (14,3 min) y un derivado de quercetina O-metilado, isorhamnetina (14,9 min), ninguno de los cuales se observó en la resina incolora (S5) (Figura 17C). El índigo también se identifica aquí, basándose en la presencia de indigotina (19 min), pero se considera que esté relacionado con la resina azul adyacente a la resina de color naranja. También se observó un compuesto rojo desconocido con un tiempo de retención de 17,5 min que presenta varios máximos de absorbancia a 195, 229, 283 y 462 nm. Como se analiza en otro estudio de Newman y sus coautores, la quercetina y el kaempferol también pueden estar presentes en *E. utilis* y, en menor medida, en *E. pastoensis* [7].

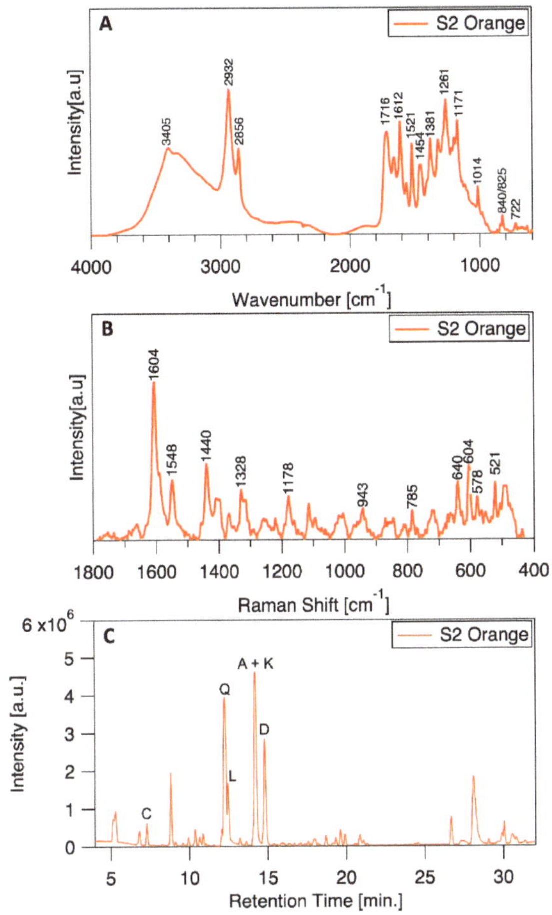

Figura 17. (**A**) Espectro FTIR corregido por la línea de base de la muestra S2, eliminado de un área naranja en la mesa, LS2447. (**B**) Espectro Raman corregido de línea de base de la muestra S2 (véase el texto para la discusión). (**C**) Cromatograma de pico base LC/MS (modo de ionización negativa) del extracto de la muestra S2, que contiene 1-O-cafeoilglicerol (C), quercetina (Q), luteolina (L), apigenina (A), kaempferol (K) y diosmetina (D).

Por lo tanto, distinguir entre compuestos relacionados con colorantes, particularmente en el caso de los colorantes amarillos, puede resultar todo un desafío. Sin embargo, aquí, los picos atribuidos a la quercetina y al kaempferol son significativamente más intensos que en la resina incolora, lo que sugiere que estos compuestos están asociados con el tinte amarillo o son indicativos del uso de *E. utilis* en lugar de *E. pastoensis*. Newman y Derrick han identificado quercetina y kaempferol en el componente amarillo de las resinas verdes, aunque la evidencia analítica para esta identificación permanece pendiente de publicación [5]. Los análisis del *Estandarte de Armas* de Francisco Pizarro, utilizado en la conquista del imperio Inca en 1532, también han identificado quercetina-O-rutinósido en colorantes amarillos, naranjas y verdes [66]. Estos resultados ejemplifican cuán ampliamente se producen colorantes compositivamente similares tanto a nivel global como temporal, apareciendo tanto en contextos prehispánicos como en la época colonial, lo que complica nuestra comprensión de la evolución de esta práctica artística. Aunque los análisis FTIR, Raman y LC/MS no permiten la identificación exacta de la fuente del colorante amarillo, es posible inferir que el colorante amarillo puede clasificarse como un flavonoide y, más específicamente, como un flavonol. Además, es posible excluir algunos colorantes como la gualda, la *E. scabrifolia,* la corteza de quercitrón y la caléndula, todos los cuales presentan respuestas espectrales y cromatográficas significativamente diferentes a las de la muestra recolectada del *Tablero.* No se detectó bixina, lo que sugiere que en este caso no se utilizó achiote. Asimismo, la ausencia de quercitrina elimina la posibilidad de que el colorante amarillo derive de la corteza de quercitrón. La dificultad para identificar el posible colorante amarillo, además del aislamiento del tinte de la resina, es un desafío común y solo se ve agravado por la escasez de análisis de materiales similares y de documentación histórica sobre esta práctica cultural. A modo de comparación, también se llevó a cabo un análisis LC/MS de una muestra de referencia de raíz molida de *E. scabrifolia.* Uno de los retos encontrados aquí durante el análisis LC/MS de los componentes del colorante amarillo durante la extracción con BF_3 fue la degradación de algunos de los compuestos carotenoides relacionados con el colorante. Los carotenoides como la azafrina, que es el principal componente relacionado con el color de *E. scabrifolia* [67], tienden a degradarse con el calor, la luz o las condiciones ácidas. Como tal, es posible que el calentamiento de una resina que contiene este pigmento durante el proceso de fabricación o los efectos combinados de la exposición al BF_3, un ácido de Lewis, y la duración prolongada del procedimiento de extracción puedan comprometer o degradar la azafrina [63] e impedir la identificación de este importante compuesto relacionado con el colorante en nuestra muestra. Se realizó una extracción adicional de raíces de *E. scabrifolia* agregando 40 µL de metanol y sonicando durante 5 min a temperatura ambiente. Se detectaron azafrina y aeginetina, marcadores de *E. scabrifolia,* y los resultados de ambos métodos de extracción se compararon con muestras del *Tablero de mesa* (LS2447) (Material Suplementario S1, Tabla S9). Se detectaron compuestos relacionados con flavonoides, antocianinas, carotenoides y otros desconocidos en las referencias de *E. scabrifolia,* pero sólo el ácido ferúlico, un ácido hidrocinámico ubicuo, también estuvo presente en las muestras naranja y verde. Estos resultados confirman que *E. scabrifolia* no era el colorante amarillo utilizado en este objeto.

3.2.5. Verde

Aunque se especula que las resinas verdes en la forma artística del *barniz de Pasto* son una mezcla de índigo y *E. scabrifolia* [33], tampoco hay evidencia de que *E. scabrifolia* se haya utilizado aquí. El análisis FORS de una ilustración de una silla de montar de color verde oliva en la tapa redondeada de la *Arqueta* pequeña (LS2361) mostró un máximo de absorbancia a 432 nm posiblemente relacionado con la presencia de un compuesto orgánico amarillo (Figura 18A-B). El análisis XRF en la misma zona sugiere también el uso de colorantes orgánicos, ya que no se pudieron detectar elementos relacionados con pigmentos inorgánicos. El análisis RIS de un colorante similar utilizado en la ilustración de una mujer en la cara frontal de la *Arqueta* (LS2361) ayuda a visualizar la distribución de este colorante en todo el objeto (Figura 18C-E). El espectro de reflectancia de una ilustración en forma de pétalo de color verde más claro, que se cree que se encuentra en un área de restauración, reveló un punto de reflexión a 500 nm con máximos de absorbancia aparente a 648, 730 y 783 nm, que apuntan hacia una mezcla que contiene índigo (Material Suplementario S1, Figura S12).

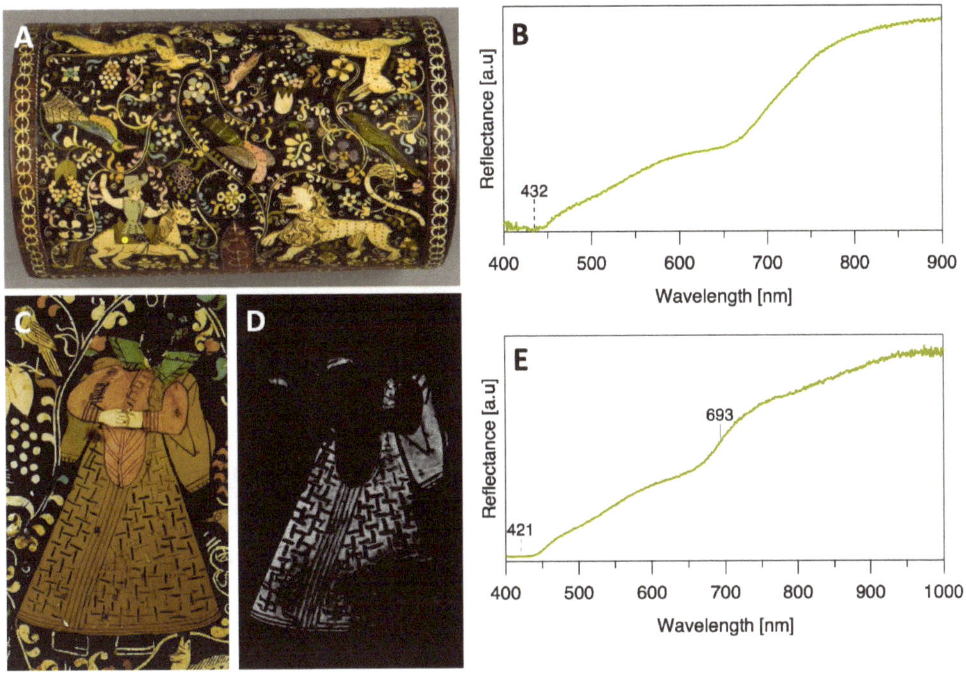

Figura 18. (**A**) Tapa superior de la *Arqueta* (LS2361) con punto de adquisición FORS en la montura verde oliva indicado por un círculo abierto amarillo y (**B**) espectro de reflectancia correspondiente. (**C**) Subconjunto del área de análisis de RIS en la cara larga y frontal de la *Arqueta* que centra una figura en un textil verde oliva de color similar, con (**D**) distribución de miembros finales del RIS de este color verde oliva y (**E**) espectro de miembros finales correspondiente.

El análisis XRF de la resina verde del *Tablero de mesa* (LS2447) recogidas de un elemento floral central de color verde oliva sugirió la presencia de un colorante orgánico, ya que no se identificó cobre ni hierro. El análisis FTIR posterior de esta resina (S3) fue en gran medida consistente con la resina naranja recogida del mismo objeto, lo que sugiere que se usa un colorante similar, presumiblemente amarillo, en ambas áreas (Figura 19A). El análisis Raman de las resinas verdes sufrió fuertemente de fluorescencia de fondo y en gran medida careció de características, aparte de características espectrales débiles a ca. 1605, 1440 y 600 cm^{-1} que corresponden a los picos más intensos identificados en la resina naranja comentada anteriormente (Figura 19B). Informes anteriores han indicado que los colorantes verdes encontrados en objetos que contienen resinas de *mopa mopa* eran ocasionalmente inorgánicos, incluido el resinato de cobre, otros verdes a base de cobre o el azul de Prusia [31,69]. Sin embargo, los análisis de otros objetos producidos en la forma de arte *barniz de Pasto* han informado que una mezcla de un azul a base de indigotina y un colorante orgánico amarillo no identificado para producir resinas verdes [5,22]. El análisis LC/MS de la resina verde confirmó la presencia de indigotina, según su perfil UV-Vis característico, y un componente amarillo con una composición similar al amarillo utilizado para producir la resina naranja (S2) mencionada anteriormente. Específicamente, el análisis LC/MS de la muestra verde indicó la presencia de 1-O-caffeoilglicerol, quercetina, kaempferol e isorhamnetina en el componente del colorante amarillo (Figura 19C). Un compuesto adicional eluido a los 19 minutos fue consistente con la indigotina, lo que respalda los resultados de los análisis FORS, Raman y FTIR.

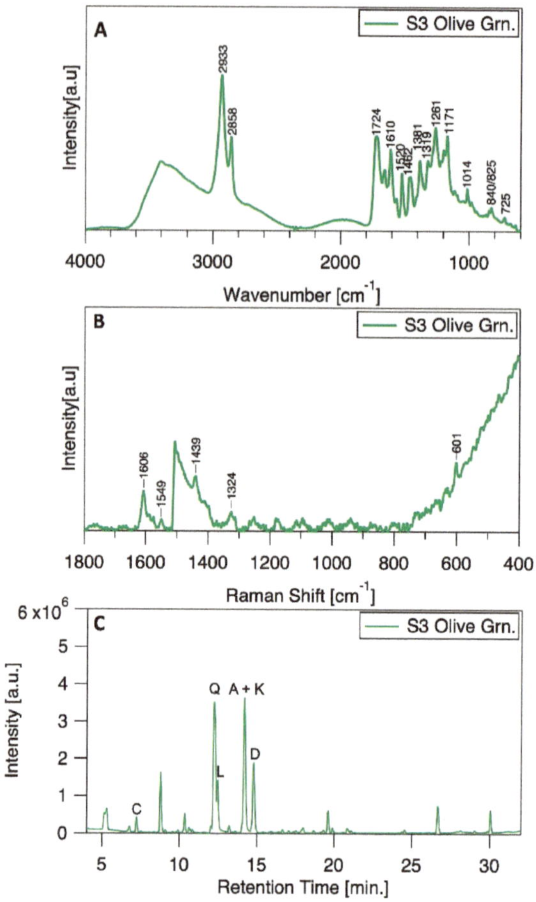

Figura 19. (**A**) Espectro FTIR corregido por la línea de base de la muestra S3, eliminado de un área verde en la mesa, LS2447. (**B**) Espectro Raman corregido desde la línea de base de la muestra S3 (véase el texto para la discusión). (**C**) Cromatograma de pico base LC/MS (modo de ionización negativa) del extracto de la muestra S3, que contiene 1-O-cafeoilglicerol (C), quercetina (Q), luteolina (L), apigenina (A), kaempferol (K) y diosmetina (D).

3.3. Estratigrafía de la decoración

Como ya han demostrado estudios anteriores sobre objetos con *barniz de Pasto* [5,22], las técnicas de fabricación no pueden desentrañarse sin investigar la estratigrafía decorativa. Por lo tanto, se tomaron dos secciones transversales de un objeto con *barniz mate* (LS2447) y un objeto con *barniz brillante* (LS2000) y se examinaron mediante microscopía óptica y electrónica. Bajo luz polarizada, la muestra del objeto de *barniz mate* (muestra S1, Figura 20A), extraída de la flor azul claro del *Tablero de mesa* junto al pavo real en el área izquierda, reveló una estratigrafía compuesta de tres capas: (1) una fina capa de color rojo oscuro - marrón, posiblemente una capa de preparación; (2) una gruesa capa de resina negra (aproximadamente 250 µm), correspondiente al fondo de toda la mesa, sobre la cual se encuentra (3) una fina capa de resina de color azul claro (de unos 40 µm) caracterizada por la presencia de partículas blancas dispersas de tamaño variable, no superiores a 25 µm (Figura 20A).

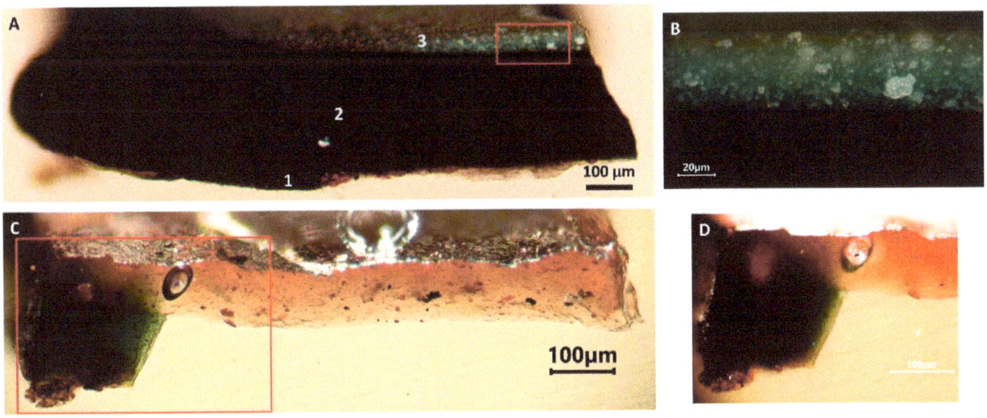

Figura 20. (**A**) Sección transversal S1 extraída de una flor azul claro del *Tablero de mesa* (LS2447) con (**B**) detalle de la capa azul claro. Los números en (**A**) se refieren a las capas, ver texto para discusión. (**C**) Sección transversal S1 extraído de una flor amarilla del *Escritorio* (LS2000) con (**D**) detalle de toda la secuencia estratigráfica.

El análisis microquímico realizado por MEB-EDX, específicamente en las capas 1 y 3, fue crucial para comprender la naturaleza de los materiales utilizados en estas dos capas. De abajo hacia arriba, las imágenes de BSE revelaron la presencia de dos subcapas de preparación, formando la capa 1 (1a y 1b, Figura 21), compuestas principalmente por partículas minerales. Se diferencian en composición y tamaño de grano, siendo la capa 1a compuesta principalmente por una matriz de grano fino hecha de sulfato de calcio, probablemente yeso, posiblemente mezclado con una arcilla, como se infiere por la detección de silicio (Si), aluminio (Al), magnesio (Mg), sodio (Na), potasio (K) y hierro (Fe). En esta capa también se identificaron pequeñas partículas de cuarzo, óxidos/hidróxidos de hierro, feldespatos (posiblemente plagioclasa), filosilicatos y carbonato de calcio (probablemente calcita), lo que respalda aún más el uso de arcilla natural. En la capa 1a se detectaron frecuentes partículas de barita, un sulfato de bario típicamente asociado a fuentes de yeso. La capa 1b muestra abundantes partículas minerales, que varían entre 10 y 30 µm de tamaño, caracterizadas por una estructura en laminas, típica de los minerales filosilicatos. Su composición muestra la presencia de Si y Mg, lo que concuerda con el talco (Figura 21). Las capas de preparación no se han documentado antes en objetos de *barniz de Pasto*: normalmente, la película de resina transparente o coloreada se aplica directamente sobre el sustrato de madera [5,22]. La gruesa capa de resina negra (capa 2) aplicada sobre las capas de preparación tiene un espesor de aproximadamente 210-220 µm y no muestra ningún elemento cromóforo, lo que sugiere el uso de un colorante orgánico. Finalmente, la capa opaca de color azul claro (capa 3, Material Suplementario S1, Figura S14B) que completa la estratigrafía de esta muestra reveló la presencia de partículas bastante abundantes de un compuesto que contiene plomo, probablemente blanco de plomo, cuya distribución se midió mediante mapeo EDX (Material Suplementario S1, Figura S14C). La práctica de agregar blanco de plomo en polvo (*albayalde*) a resinas teñidas para aclarar tonos y obtener un efecto mate ha sido probada en objetos de *barniz de Pasto* del período colonial [5,18-19].

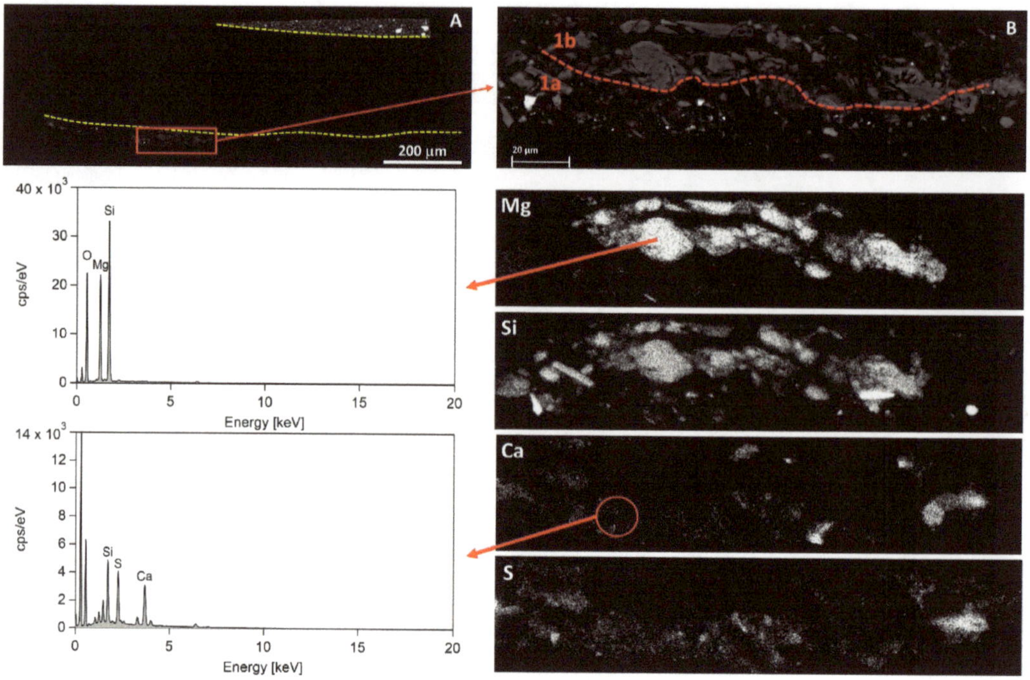

Figura 21. (**A**) Imagen BSE de la sección transversal S1 desde el *Tablero de mesa* (LS2447). El rectángulo rojo indica la capa de fondo; (**B**) Imagen BSE ampliada de la capa de fondo, con dos capas separadas de diferentes composiciones y tamaños de grano claramente visibles. Las distribuciones elementales de magnesio, silicio, calcio y azufre se informan a continuación, así como los análisis EDX de una partícula de silicato de magnesio, probablemente talco, y de un área rica en calcio y silicio, posiblemente debido a una mezcla de sulfato de calcio (probablemente yeso) y una arcilla de grano muy fino.

La sección transversal S2 fue eliminada del lado izquierdo de LS2000, el *Escritorio* fechado en 1684, junto a una pérdida en la flor amarilla y plateada. La estratigrafía examinada bajo el microscopio óptico cuenta con cuatro capas: (1) una capa marrón, (2) una lámina de resina verde de 200 µm de espesor, (3) una lámina de resina naranja de 100 µm de espesor y (4) una hoja de plata de 2 µm de espesor en la parte superior (Figura 20C-D). Se empleó MEB-EDX para investigar la naturaleza de la capa 1 y la composición de la hoja de plata; la capa 1 aparece como un agregado de partículas, principalmente compuestas de cuarzo, óxidos/hidróxidos de hierro, feldespatos (posiblemente plagioclasa), filosilicatos y carbonato de calcio (probablemente calcita). En general, la composición de esta capa es muy similar a la capa 1a a base de arcilla y yeso descrita para la muestra S1. La hoja de plata (capa 4) está compuesta por plata casi pura que contiene trazas de mercurio y baja cantidad de cloro, cuya presencia podría estar relacionada con los cloruros de plata desarrollados como productos de degradación. Exámenes anteriores de este objeto [7-8] describieron una estratigrafía ligeramente diferente, que comprendía tres capas, incluida una capa transparente e incolora que se adhería al sustrato de madera, una hoja de plata encima y una capa de acabado generalmente hecha de un material teñido, resina transparente. Sin embargo, nunca se analizaron secciones transversales para este objeto previamente.

4. Conclusiones

El estudio de estos cinco objetos de *barniz de Pasto* en la colección del HSML arrojó algunos resultados inesperados que merecen una investigación más profunda. Basándose en trabajos previos de estos y otros investigadores, la expectativa era encontrar calomelanos utilizados en la mayoría de los motivos de color crema de estos objetos, todos los cuales datan del siglo XVII. Se suponía que el calomelano era un pigmento indígena, ya que rara vez se ha encontrado en las obras de arte europeas. Se creía que el blanco de plomo, el uso predominante de pigmento blanco en las obras europeas había sido introducido por los españoles y, por lo tanto, aparecería en objetos posteriores o en aquellos hechos específicamente para mecenas españoles. En cambio, los resultados muestran un uso inconsistente tanto del calomelano como del blanco de plomo. En algunos objetos sólo se utiliza calomelano, por ejemplo, en la *Arqueta* (LS2361) y el *Cofre* (LS2067); se encontró blanco de plomo solo en el *Tablero de mesa* (LS2447); en el *Escritorio* (LS2000) se utilizó tanto blanco de plomo como calomelano. Únicamente hasta el momento el *Escritorio* (LS2446) sólo contiene pigmentos orgánicos. A pesar de los diferentes pigmentos blancos utilizados, parece que la paleta de colorantes orgánicos se mantuvo en gran medida constante. Los análisis FTIR, Raman y LC/MS de las resinas verdes y naranjas recolectadas del *Tablero* (LS2447) presentaron respuestas espectrales similares, lo que sugiere el uso del mismo colorante en ambos casos, probablemente un colorante flavonoide amarillo. Aunque la identificación específica de estos tintes amarillos sigue siendo una cuestión abierta, la LC/MS permite la exclusión de algunos colorantes, como la caléndula, *E. scabrifolia* o el palo fustete, por ejemplo, lo que representa un paso importante hacia la identificación de los colorantes amarillos utilizados en objetos de *barniz de Pasto*. Además, el componente rojo de la resina de color naranja sigue siendo desconocido, no es consistente con la cochinilla por LC/MS, lo que respalda la evidencia de FORS que indica contra el uso de este colorante en áreas de color rojo del *Tablero de mesa* (LS2447). Los análisis FORS y RIS sugirieron que todas las resinas de color negro, azul y verde estudiadas aquí contienen índigo, lo que fue confirmado posteriormente por FTIR, Raman y LC/MS. RIS y FORS también fueron útiles para la indicación de pigmentos lacustres producidos a partir de tintes de antraquinona, muy probablemente el tinte de insecto cochinilla en la mayoría de las resinas de color rojo. Sin embargo, en algunos objetos, las firmas de este colorante rojo fueron débiles o están ausentes, lo que posiblemente indique una receta diferente o el uso de un colorante completamente diferente. Este trabajo representa un conjunto de datos importante en la exploración de la evolución de las prácticas artísticas en torno al uso de resinas coloreadas de *mopa mopa* y, como se analizó anteriormente, desafía el uso de algunos pigmentos específicos como marcadores temporales. El uso de calomelano en estos objetos no parece respaldar la hipótesis de que su uso fuera un marcador cronológico en el siglo XVII, pero esto también puede reflejar las características específicas del grupo de objetos estudiados. Sin embargo, junto con investigaciones anteriores, los resultados también confirman que el uso del blanco de mercurio tampoco se limitaba a un taller o técnica específica. A medida que la literatura relacionada con el *barniz de Pasto* continúe creciendo, será posible investigar y comprender si las influencias indígenas y coloniales se encuentran y se superponen y dónde.

Materiales complementarios: La siguiente información de respaldo se puede descargar en: www.mdpi.com/xxx/s1. Se proporciona la siguiente información de respaldo: Material Suplementario S1: tablas e imágenes no incluidas en el texto principal, con su traducción al español; Material Suplementario S2: Traducción al español de este artículo.

Contribuciones por autor: Conceptualización, M.K., E.B., and A.C.M.; metodología, E.B. and F.P.; recopilación de datos, E.B., F.P., R.R., A.C.M. y M.G.M.A.; investigación, M.K., E.B., A.C.M., M.G.M.A., F.P., and R.R.; redacción: preparación del borrador original, M.K., E.B. y A.C.M.; redacción: revisión y edición, todos los autores. Traducción al español: E.B. y M.G.M.A. Todos los autores han leído y aceptado la versión publicada del manuscrito.

Financiación: Esta investigación fue posible gracias a Scientific Research Partnerships, un programa del Museo Metropolitano de Arte. El apoyo a este programa fue proporcionado por subvenciones de la Fundación Mellon (G-2108-11314) y la Fundación Alfred P. Sloan (G-2021-16948).

Declaración de disponibilidad de datos: Todos los datos generados durante este estudio se incluyen en este artículo publicado.

Agradecimientos: Los autores agradecen enormemente a Hélène Fontoira Marzin, HSML, por su continuo apoyo y a Mitchell A. Codding por compartir sus conocimientos.

Conflictos de intereses: Los autores declaran no tener ningún conflicto de intereses.

Referencias

1. Fernández de Piedrahita, L. *Historia General de las Conquistas del Nuevo Reyno de Granada*; J.B. Verdussen: Antwerp, Belgium, 1688; p. 360.
2. Juan, J.; de Ulloa, A. *Relación Histórica del Viaje a la América Meridional;* Antonio Marín: Madrid, Spain, 1748; Volume 2, p. 470.
3. Codding, M.A. The Lacquer Arts of Latin America. In *Made in the Americas: The New World Discovers Asia*; Carr, D., Ed.; MFA Publications: Boston, MA, USA, 2015.
4. Álvarez-White, M.C. El barniz de Pasto: Reflejo de la naturaleza. In *Naturaleza y Paisaje, Proceedings of the IX Encuentro Internacional sobre Barroco, Buenos Aires, Argentina, 14–17 November 2017*; Avegno, M.C., Maurizio, P., Eds.; Fundación Visión Cultural: La Paz, Bolivia, 2019; pp. 339–346.
5. Álvarez-White, M.C.; Cohen, D.; Fernández, M.O. The Splendour of Glitter: Silver Leaf in barniz de Pasto Objects. *Heritage* **2023**, *6*, 6581–6595.
6. Newman, R.; Kaplan, E.; Derrick, M. Mopa mopa: Scientific analysis and history of an unusual South American resin used by the Inka and artisans in Pasto, Colombia. *J. Am. Inst. Conserv.* **2015**, *54*, 123–148.
7. Newman, R.; Kaplan, E.; Álvarez-White, M.C. The Story of Elaeagia Resin (Mopa-Mopa), So Far. *Heritage* **2023**, *6*, 4320–4344.
8. Derrick, M.; Kaplan, E.; Newman, R. Mopa-mopa: Una extraordinaria resina aglutinante andina. In *Materia Americana*, 1st ed.; Siracusano, G., Rodriguez Romero, A., Eds.; EDUNTREF: Buenos Aires, Argentina, 2020; pp. 71–89.
9. Kawamura, Y. The Art of Barniz de Pasto and Its Appropriation of Other Cultures. *Heritage* **2023**, *6*, 3292–3306.
10. Zabía de la Mata, A. New Contributions Regarding the *Barniz de Pasto* Collection at the Museo de América, Madrid. *Heritage* **2024**, *7*, 667–682.
11. López Pérez, M.d.P. Reflections on the Forms and Arrangements of Surface Images in the Art of Barniz de Pasto, from the 16th to the 19th Century. *Heritage* **2023**, *6*, 5424–5441.
12. Zabía de la Mata, A. El arte del barniz de Pasto en la colección del Museo de América de Madrid. *An. Mus. Am.* **2020**, *28*, 81–98.
13. Kawamura, Y. El barniz de Pasto y las lacas de Japón: Contexto histórico de sus Encuentros. *An. Mus. Am.* **2020**, *28*, 99–108.
14. López Pérez, M. Imágenes y tradición a través de los objetos recubiertos con barniz de Pasto. Una aproximación a su interpretación. *An. Mus. Am.* **2020**, *28*, 127–146.
15. Kawamura, Y. Encuentro multicultural en el arte de barniz de Pasto o la laca del Virreinato del Perú. *Hist. Soc.* **2018**, *35*, 87–112.
16. Creixell Cabeza, R.M. Entre el viejo y el nuevo mundo: El escritorio de barniz de Pasto de la colección de artes decorativas de The Hispanic Society of America. *Res. Mobilis* **2014**, *3*, 119–131.
17. Burgio, L.; Melchar, D.; Strekopytov, S.; Peggie, D.A.; Melchiorre Di Crescenzo, M.; Keneghan, B.; Najorka, J.; Goral, T.; Gorbout, A.; Clark, B. Identification, characterisation and mapping of calomel as 'calomel', a previouslyndocumented pigment from South America, and its use of a *barniz de Pasto* cabinet at the Victoria and Albert Museum. *Microchem. J.* **2018**, *143*, 220–227.
18. Romero, R.; Illán, A.; Bondía, C. Consideraciones preliminares sobre la técnica y restauración de objetos de barniz de Pasto o mopa-mopa. *An. Mus. Am.* **2020**, *28*, 157–169.
19. Sanchez Ledesma, A. Análisis de los materiales de una arqueta decorada con barniz de Pasto, perteneciente a la colección del Museo de América de Madrid. *An. Mus. Am.* **2020**, *28*, 170–179.
20. Crippa, M.; Legnaioli, S.; Kimbriel, C.; Ricciardi, P. New evidence for the intentional use of calomel as a white pigment. *J. Raman Spectrosc.* **2020**, *51*, 15–22.
21. Gliozzo, E. Pigments—Mercury-Based Red (Cinnabar-Vermilion) and White (Calomel) and Their Degradation Products. *Archaeol. Anthrop. Sci.* **2021**, *13*, 210.
22. Pozzi, F.; Basso, E.; Katz, M. In search of Humboldt's colors: Material and techniques of a seventeenth century lacquered gourd from Colombia. *Herit. Sci.* **2020**, *8*, 101.
23. Humphrey, N.; Burgio, L.; Melchar, D. One small corner of the Viceroyalty in South Kensington: Barniz *de Pasto* at the Victoria and Albert Museum, London. *An. Mus. Am.* **2020**, *28*, 147–156.
24. Codding, M.A., former HSML, New York, NY, USA, Personal communication, 2023.
25. Insuasty, B.; Argoti, J.C.; Altarejos, J.; Cuenca, G.; Chamorro, E. Caracterización fisicoquímica preliminar de la resina del mopa-mopa (*Elaeagia pastoensis* Mora), barniz de Pasto. *Sci. Tech. Año XIII* **2007**, *33*, 365–368.
26. Wenig, P.; Odermatt, J. OpenChrom: A cross-platform open source software for the mass spectrometric analysis of chromatographic data. *BMC Bioinform.* **2010**, *11*, 405.
27. Wallace, W. Mass Spectra. In *NIST Chemistry WebBook, NIST Standard Reference Database Number 69;* Linstrom, P.J., Mallard, W.G., Eds.; National Institute of Standards and Technology. Available online: https://webbook.nist.gov/chemistry/ (accessed on 21 February 2024).
28. Radpour, R.; Gates, G.A.; Kakoulli, I.; Delaney, J.K. Identification and mapping of ancient pigments in a Roman Egyptian funerary portrait by application of reflectance and luminescence imaging spectroscopy. *Herit. Sci.* **2022**, *10*, 8.

29. Cui, R.; Yu, H.; Xu, T.; Xing, X.; Cao, X.; Yan, K.; Chen, J. Deep learning in medical hyperspectral images: A review. *Sensors* **2022**, *22*, 9790.
30. Schneider, C.A.; Rasband, W.S.; Eliceiri, K.W. NIH Image to ImageJ: 25 years of image analysis. *Nat. Methods* **2012**, *9*, 671–675.
31. Newman, R.; Derrick, M. Painted Qero cups from the Inka and colonial periods in Peru: An analytical study of pigments and media. *MRS Proc.* **2002**, *712*, 291–302.
32. Gallois, N.; Templier, J.; Derenne, S. Limitations in interpreting TMAH thermochemolysis of natural organic matter via consideration of glycine and alanine derivatives. *Org. Geochem.* **2010**, *41*, 1338–1340.
33. Melchar, D.; Burgio, L.; Fernandez, V.; Keneghan, B.; Newman, R. A collaborative, multidisciplinary and multi-analytical approach to the characterisation of barniz de Pasto objects from the V&A collections. In *Transcending Boundaries: Integrated Approaches to Conservation, Proceedings of the ICOM-CC 19th Triennial Conference Preprints, Beijing, China, 17–21 May 2021*; ICOM-CC: Paris, France, 2021.
34. von Humboldt, A. Sobre el barniz de Pasto. In *Alexander von Humboldt en Colombia: Extractos de sus Diarios;* Publicismo y Ediciones: Bogotá, Colombia, 1982.
35. De Ferri, L.; Tripodi, R.; Martignon, A.; Ferrari, E.S.; Lagrutta-Diaz, A.C.; Vallotto, D.; Pojana, G. Non-invasive study of natural dyes on historical textiles from the collection of Michelangelo Guggenheim. *Spectrochim. Acta A* **2018**, *204*, 548–567.
36. Leona, M.; Casadio, F.; Bacci, M.; Picollo, M. Identification of the pre-Columbian pigment Maya blue on works of art by noninvasive UV-vis and Raman spectroscopic techniques. *J. Am. Inst. Conserv.* **2004**, *43*, 39–54.
37. Monahan, A.R.; Kuder, J.E. Spectroscopic differences between crystalline and amorphous phases of indigo. *J. Org. Chem.* **1972**, *37*, 4182–4184.
38. Curley, A.N.; Thibodeau, A.M.; Kaplan, E.; Howe, E.; Pearlstein, E.; Levinson, J. Isotopic composition of lead white pigments on qeros: Implications for the chronology and production of Andean ritual drinking vessels during the colonial era. *Herit. Sci.* **2020**, *8*, 72.
39. Summerour, R.; Giaccai, J.; Webb, K.; Mori, C.; Little, N. Technical Analysis of Four Archaeological Andean Painted Textiles. *Nuevo Mundo Mundos Nuevos.* Available online: http://journals.openedition.org/nuevomundo/69257 (accessed on 21 February 2024).
40. Pearlstein, E.; Kaplan, E.; Howe, E.; Levinson, J. Technical analyses of painted Inka and Colonial qeros. *Objects Spec. Group Postprints* **1999**, *6*, 94–111.
41. Ricci, M.; Lofrumento, C.; Becucci, M.; Castellucci, E.M. The Raman and SERS spectra of indigo and indigo-Ag_2 complex: DFT calculation and comparison with experiment. *Spectrochim. Acta A* **2018**, *188*, 141–148.
42. Niemeyer, H.M.; Agüero, C. Dyes used in pre-Hispanic textiles from the Middle and Late Intermediate periods of San Pedro de Atacama (northern Chile): New insights into patterns of exchange and mobility. *J. Archaeol. Sci.* **2015**, *57*, 14–23.
43. Aceto, M.; Agostino, A.; Fenoglio, G.; Idone, A.; Gulmini, M.; Picollo, M.; Ricciardi, P.; Delaney, J.K. Characterisation of colourants on illuminated manuscripts by portable fibre optic UV-visible-NIR reflectance spectrophotometry. *Anal. Methods* **2014**, *6*, 1488–1500.
44. Pearlstein, E.; MacKenzie, M.; Kaplan, E.; Howe, E.; Levinson, J. Tradition and Innovation: Cochineal and Andean Keros. In *A Red like No Other: How Cochineal Colored the World: An Epic Story of Art, Culture, Science, and Trade*; Padilla. C., Anderson, B.C., Eds.; Skira Rizzoli: New York, NY, USA, 2015; pp. 44–51.
45. Pearlstein, E. Cochineal and Andean Qeros: Technology and Style. In *Materia Americana: The Body of Spanish American Images: 16th to Mid-19th Centuries*; Siracusano, G., Rodríguez Romero, A., Eds.; Universidad Nacional de Tres de Febrero: Sáenz Peña, Argentina, 2020; pp. 59–70.
46. De Rosso, V.V.; Zerlotti Mercadante, A. Dyes in South America. In *Handbook of Natural Colorants*; Bechtold, T, Mussak, R., Eds; John Wiley & Sons, Ltd: Chichester, UK, 2009; pp. 53–64.
47. Fonseca, B.; Schmidt Patterson, C.; Ganio, M.; MacLennan, D.; Trentelman, K. Seeing red: Towards an improved protocol for the identification of madder- and cochineal-based pigments by fiber optics reflectance spectroscopy (FORS). *Herit. Sci.* **2019**, *7*, 92.
48. Saltzman, M. The Identification of Dyes in Archaeological and Ethnographic Textiles. In *Archaeological Chemistry II, Advances in Chemistry Series*; Carter, G.F, Ed.; ACS Publications: Washington, DC, USA, 1978; Volume 171, pp. 172–185.
49. Howe, E.; Kaplan, E.; Newman, R.; Frantz, J.H.; Pearlstein, E.; Levinson, J.; Madden, O. The occurrence of a titanium dioxide/silica white pigment on wooden Andean qeros: A cultural and chronological marker. *Herit. Sci.* **2018**, *6*, 41.
50. Young, M.E.; Kaplan, E. Cinnabar traditions across the ancient Central Andes: Insights from the National Museum of the American Indian collections. *Archaeol. Anthrop. Sci.* **2023**, *15*, 182.
51. Maynez-Rojas, M.A.; Casanova-González, E.; Ruvalcaba-Sil, J.L. Identification of natural red and purple dyes on textiles by fiber-optics reflectance spectroscopy. *Spectrochim. Acta Part A Mol. Biomol. Spectrosc.* **2017**, *178*, 239–250.
52. Williams, L.O. A yellow food dye—*Escobedia. Econ. Bot.* **1970**, *24*, 459.
53. Govindammal, M.; Kannan, S.; Srinivasan, P.; Prasath, M. Quantum chemical calculations, spectroscopic studies and molecular docking investigations of the anti-cancer drug quercitrin with B-RAF inhibitor. *Heliyon* **2022**, *8*, e09539.
54. Kokalj Ladan, M.; Straus, J.; Tavčar Benković, E.; Kreft, S. FT-IR-based method for rutin, quercetin and quercitrin quantification in different buckwheat (*Fagopyrum*) species. *Sci. Rep.* **2017**, *7*, 7226.
55. Ponting, K.G. Important natural dyes of History. *Ind. Archaeol. Rev.* **1978**, *2*, 154–159.
56. Cardon, D. *Natural Dyes*; Sources, Tradition, Technology and Science, Archetype Publications, Ltd.: London, UK, 2007; pp. 199–202.

57. Joshi, S.; Rao, S.G.; Chandrakar, R.; Madan Mohan, S. Use of plant dyes in textiles industries. *Indian J. Life Sci.* **2015**, *5*, 111–114.
58. Colombini, M.P.; Andreotti, A.; Baraldi, C.; Degano, I.; Łucejko, J.J. Colour fading in textiles: A model study on the decomposition of natural dyes. *Microchem. J.* **2007**, *85*, 174–182.
59. Smith, H.H. Ethnobotany of the Ojibwe Indians. *Bull. Public Mus. Milwaukee* **1932**, *4*, 327–525.
60. Şöhretoğlu, D.; Renda, G. The polyphenolic profile of Oak (*Quercus*) species: A phytochemical and pharmacological overview. *Phytochem. Rev.* **2020**, *19*, 1379–1426.
61. Ferreira, E.S.B.; Hulme, A.N.; McNab, H.; Quye, A. The natural constituents of historical textile dyes. *Chem. Soc. Rev.* **2004**, *33*, 329–336.
62. Zhang, X.; Boytner, R.; Cabrera, J.L.; Laursen, R. Identification of yellow dye types in pre-Columbian Andean textiles. *Anal. Chem.* **2007**, *79*, 1575–1582.
63. Cornard, J.P.; Merlin, J.C.; Boudet, A.C.; Vrielynck, L. Structural study of quercetin by vibrational and electronic spectroscopies combined with semiempirical calculations. *Biospectroscopy* **1997**, *3*, 183–193.
64. García-Bucio, M.A.; Casanova-González, E.; Mitrani, A.; Ruvalcaba-Sil, J.L.; Maynez-Rojas, M.Á.; Rangel-Chávez, I. Non-destructive and non-invasive methodology for the in situ identification of Mexican yellow lake pigments. *Microchem. J.* **2022**, *183*, 107948.
65. Jurasekova, Z.; Torreggiani, A.; Tamba, M.; Sanchez-Cortes, S.; Garcia-Ramos, J.V. Raman and surface-enhanced Raman scattering (SERS) investigation of the quercetin interaction with metals: Evidence of structural changing processes in aqueous solution and on metal nanoparticles. *J. Mol. Struct.* **2009**, *918*, 129–137.
66. Badillo-Sanchez, D.A.; Barrocas Dias, C.; Manhita, A.; Schiavon, N. The National Museum of Colombia's "Francisco Pizarro's Banner of Arms": A multianalytical approach to help uncovering its history. *Eur. Phys. J. Plus* **2019**, *134*, 224.
67. Weedon, B.C.L. Some recent studies on carotenoids and related compounds. *Pure Appl. Chem.* **1973**, *35*, 113–130.
68. Saini, R.K.; Keum, Y.-S. Carotenoid extraction methods: A review of recent developments. *Food Chem.* **2018**, *240*, 90–103.
69. Portell, J.D. Colored glazes on silver-gilded surfaces. *Stud. Conserv.* **1992**, *37*, 116–118.

heritage

Article

New Contributions Regarding the *Barniz de Pasto* Collection at the Museo de América, Madrid

Ana Zabía de la Mata

Museo de América, Avenida de los Reyes Católicos 6, 28040 Madrid, Spain; ana.zabia@cultura.gob.es

Abstract: This article describes the objects in the *barniz de Pasto* collection at the Museo de América, Madrid. The *barniz de Pasto* technique will be described, as well as the historical documentary sources that have previously discussed this varnish. The article will also mention the historical reasons why Spain is the European country in which the greatest number of objects decorated with varnish have been found, in both religious and private collections. The main body of the article discusses all the *barniz de Pasto* objects held in the Museum collection, focuses on the history of their arrival at the Museum, and investigates their possible origin, with the help of ample photographs. The final section examines the Museum's three most recent acquisitions, completed in the second half of 2022, in detail.

Keywords: Museo de América; *mopa-mopa*; art from Quito; art from Colombia; José María Gutiérrez de Alba; *barniz de Pasto*; 19th century

Citation: Zabía de la Mata, A. New Contributions Regarding the *Barniz de Pasto* Collection at the Museo de América, Madrid. *Heritage* **2024**, *7*, 667–683. https://doi.org/10.3390/heritage7020033

Academic Editors: Lucia Burgio, Dana Melchar and Monica Katz

Received: 9 October 2023
Revised: 29 December 2023
Accepted: 8 January 2024
Published: 2 February 2024

1. Introduction

Barniz de Pasto is a decorative technique used for wooden objects of pre-Hispanic origin, which was most frequently used during the 17th and 18th centuries in the very city that gave the technique its name, San Juan de Pasto, in southwestern Colombia[1] The raw material used to make the varnish is a plant resin called *mopa-mopa*, which is extracted from the *Elaeagia Pastoensis* tree species, and has been used since pre-Hispanic times. Whilst the term "varnish" has appeared frequently in studies, *barniz de Pasto* is not exactly the type of varnish known in Europe; rather, it is a plant resin that becomes elastic and malleable once heated. Furthermore, it is placed directly onto the wooden object after being heated, without the aid of any adhesive. This action is performed using only the pressure from one's hands. Due to the material's ductility, the varnish adapts to both curved and straight surfaces in a way that permanently protects the wood and decorates the object.

This article presents the *barniz de Pasto* collection at the Museo de América, along with the history of the collection's objects. The article also highlights that this collection is not a closed collection, since it continues to expand through the acquisition of new items. The three new objects presented in this article were acquired by the Museum in the last 2 years and are important additions to our collection.

The Museo de América's *barniz de Pasto* collection is the most important of all known collections in Europe[2]. In terms of the quantity, variety, and quality of the objects on display, it could even compete with the Museum collections found in Colombia and Ecuador. Assembled over several centuries, the oldest object became part of the Museo de América's founding collections in 1888 (and was previously part of the American collection at the National Archaeological Museum). The most recent object was acquired by the Spanish state for the Museum on the art market in 2023.

Spain has had intense historical relations with the Americas, since both were part of what is known as the Hispanic Monarchy. Thus, since Spain's discovery of the Americas, an abundant array of objects arrived in the Iberian Peninsula from, as they were known at the time, the West Indies, including objects decorated with *barniz de Pasto*. The viceroys and their administrative, civil, and religious entourage played a key role in the export of objects made in the regions under the Hispanic Monarchy. Amongst their possessions were mementos, notably female accessories, from their lives in the Indies, which they then carried with them to the Peninsula. Whether through acquisitions or diplomatic gifts, the viceroy, the vicereine, their extended household (relatives, servants, and closest courtiers) and the employees who made up the administration of the Monarchy in the Indies, had numerous objects in their possession. Culturally, those objects inform us of the globalisation that took place in the Spanish Empire, owing to the confluence of objects, techniques, themes, and styles originating from Asia, America and Europe.

The return of these viceroys and officials to Spain meant the arrival of an enormous quantity of artworks. These works can still be found in Spain, although the exact quantity is less than the inventories suggest. It is often unknown whether their origin is indeed the Americas. Some studies attributed them to the Eastern Islamic World [1].

These objects remained in the possession of specific individuals or in religious institutions. When they surfaced on the art market, the Spanish Ministry of Culture, becoming increasingly aware of the objects' importance, acquired them and assigned them to the Museo de América's collection.

It is interesting to note that, although there are objects with *barniz de Pasto* in Spanish churches and other religious institutions, as well as on the art market, there is no record of *barniz de Pasto* objects in the inventories of the aristocracy. This is especially true in the case of the Novohispanic aristocracy, a subject that has been well researched [2]. This topic is being researched and carries great potential, particularly for the Viceroyalty of Peru, where published inventories mainly refer to painting collections, ivory carvings, feather art, furniture, lacquer, silks, etc. However, the inventories that clearly tell us about *barniz de Pasto* objects still need to be studied in detail. This subject thus requires further research, and the comparison of inventories and notarial archives could yield many surprising results regarding the varnish and how it was being collected by American elites.

There are objects that speak for themselves and, due to their heraldic or figurative iconography, reveal that they were owned by the aristocracy. One example is the case of the desk with a heraldic coat of arms in the decorative arts collection of the Hispanic Society Museum & Library [3]. However other simpler objects decorated with *barniz de Pasto* indicate that the use of varnish was rooted in Indigenous communities and was used on objects intended for everyday life. Within the Museo de América's own collection, therefore, there is a distinction between the objects decorated with varnish that were made in small villages and used by Indigenous communities, and luxury objects made in the city. This city would either have been San Juan de Pasto or Quito, the capital of the *Real Audiencia* (the administrative unit of the Spanish Empire). This topic has yet to be researched in depth, since many objects that were decorated with varnish and used in Indigenous communities are unheard of. In-depth research into the collection at the Museo de América has been carried out, but there is room for further research, as there may be many objects with *barniz de Pasto* in other European and American collections[3].

Other sources of information about *barniz de Pasto* are travellers' accounts and chronicles, which mention the workshops in the city that gave the varnish its name. This displays the continuity of the work from the pre-Hispanic world, the iconographic and technical change brought about when the Spanish arrived, and how the work continues to the present day. An extensive list of references from travellers and chronicles can be found in the work of Granda Paz [4], which lists the known documentary references from the earliest travellers up to the end of the 19th century.

The first mention of varnish being used in southern lands is by Fray Pedro Simón in *Noticias de las conquistas en Tierra Firme en las Indias Occidentales* (1627) [5]. Discussing the varnish of Timaná, he affirms that these works are also made in Mocoa, Quito and other parts of Peru. By mentioning Quito, it is likely that Fray Pedro Simón knew that there was a *barniz de Pasto* workshop in the capital of the *Real Audiencia*. However, this needs to be studied further.

2. Analysis of the Decorative Influences in the 17th and 18th Century Works

It is not possible to outline one single influence on the iconography and technique used by the varnish craftspeople. As in other manifestations of Ibero-American art, there was an underlying Indigenous layer in these works, which initially had a Spanish influence that was then transferred between people who commissioned new objects of Western taste.

These clients provided books, engravings, ceramics, sculptures, and other items that were used to copy, circulate, and display Western technical and iconographic repertoires.

The influence of Spanish sculptors who worked with polychrome, *estofado* wood is particularly important[4]. This technical influence has been highlighted as the reason for incorporating silver leaf into the *barniz de Pasto*. It is called *barniz brillante* for this reason, and examples of this are found in the collections at the Museo de América. Examples will be shown later in this article [6].

Above all, the Asian influence was fundamental in these objects, which arrived in the Americas through the commercial and cultural route of the Manilla galleons. These ships carried textiles, Chinese silks and porcelain, Japanese objects of *nanban* art, ivories, and paintings [1]. However, also being transported were ideas, styles and decorative motifs to honour the people who created them. The arrival and settlement of Asian artists into the viceregal cities of Hispanic America is well known [7] in both New Spain and in Peru, particularly Lima, as well as other great commercial and artistic emporiums such as Quito and San Juan de Pasto.

3. The *Barniz de Pasto* Collection at the Museo de América, Madrid

3.1. The Earliest Objects from the Museum Collections

The first objects decorated with *barniz de Pasto* were added to the Museum's collection and catalogued as items that came from the Americas, but it was not known that they came specifically from San Juan de Pasto. Once new works with this varnish were acquired and there was knowledge of objects from other museums and collections, it then became possible to compare some objects with others in order to catalogue the set of varnished works at the Museo de América more precisely.

The two oldest pieces in the collection come from the founding collection of the Museo de América, which in turn comes from Ethnography section IV of the National Archaeological Museum, where the objects arrived at the end of the 19th century[5].

On one hand, there is a twice-indented concave bowl with a flat brim and lobed profile (Figure 1, inv. no. 12242), which measures 43 cm in length and 24.5 cm in width. It is decorated with flowers, birds, and fantastic animals, and was first mistakenly catalogued as originating from Mexico. It is now catalogued and displayed with the geographical location of '*Real Audiencia* de Quito. Viceroyalty of Peru. Present-day Colombia.' The bowl was dated back to the 19th century, although a comparative analysis with other similar *barniz de Pasto* items, as well as ceramic pieces from Talavera de la Reina (Figure 2a,b) and Asian porcelain of similar format and iconography, allowed for its origin to be recorded as the 17th century.

Next, an octagonal-shaped platter (Figure 3, inv. No. 12243), 42 cm in length and 23 cm in width, made from cedar wood[6], whose surface is completely covered with, firstly, a layer of colourless varnish. A rich layer of polychrome varnish was then added onto the main surface, and there are sophisticated plant and zoomorphic motifsflower bouquets and birds - which follow an ordered pattern on both the base and the brim. By comparing the decoration with other, similar works created in San Juan de Pasto, this item was dated to the 18th century.

Figure 1. Twice-indented bowl with a flat brim and lobed profile.

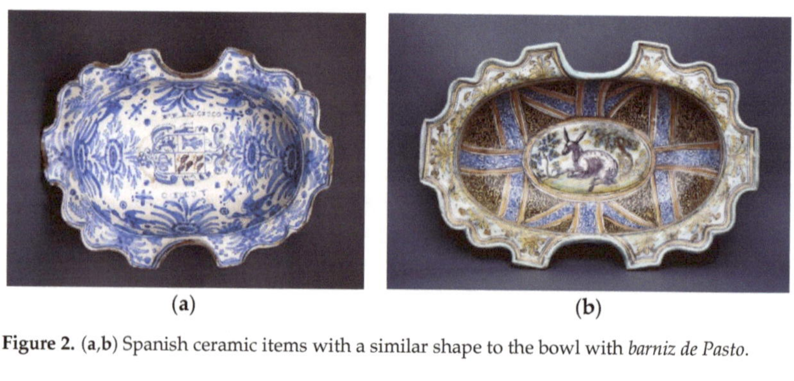

(a) **(b)**

Figure 2. (**a**,**b**) Spanish ceramic items with a similar shape to the bowl with *barniz de Pasto*.

Figure 3. Octagonal-shaped platter.

The bowl decorated with *barniz de Pasto* in a grid pattern (Figure 4a,b, inv. No. 12304) also comes from the Museo de América's founding collection, and, thus, from the former collection of the Ethnography Section of the National Archaeological Museum. It has a diameter of 15 cm and was originally catalogued as originating from Peru, although there were no further details in its documentation. In fact, that it is an item with *barniz de Pasto* has only been verified in recent years, due to it being studied meticulously and in detail. As for the item's decoration, the exterior exhibits ornamentation of a circle at the centre and orange-coloured flowers, as well as other plant elements and blue and golden birds along the surface[7]. The interior shows the varnish in its pure colour, whilst the background was shaped by hand in such a way that it shows a grid of small squares, which has been, until now, an unknown ornamental motif in the field of *barniz de Pasto*. This could suggest the participation of a different kind of workshop for a new technique.

Figure 4. (**a**,**b**) Bowl decorated with varnish in a grid pattern.

Likewise, a platter decorated with varnish (Figure 5, inv. no. 06927), which came from the National Archaeological Museum in Madrid and was donated by José Ignacio Miró in 1872[8], was sent to the Museo de América. Although, at the time, the curator of the Ethnography collection at the National Archaeological Museum, Ángel Gorostizaga, recorded the item as Mexican, he highlighted the link it had with the *barniz de Pasto* trays from the same collection: "painted and gilded wooden platter analogous to numbers 2336 and 2337, and another item with inventory number 06927 had been catalogued as originating from Uruapan" [8].

Figure 5. Platter decorated with varnish, top and bottom view.

The platter has a patterned background and is decorated with varnish. It displays plant motifs distributed in ten radial lobes around a central medallion (the *umbo),* which form poly-lobed borders framed in a circle. There are also other ornamental elements of a phytomorphic nature.

Of all the objects in the Museum decorated with *barniz de Pasto*, this is the only one in a poor state of conservation, which prevents the varnish from being clearly visible. Through the surviving documentation, it is known that the tray was repainted before arriving at the Museum. The repainting, as well as the item's layer of dirt, reduces the original brightness and colouring, namely, the gold, green, red, and blue colours of the *barniz de Pasto*. The back of the platter shows degraded varnish in a poor state of preservation, which has turned the varnish into a pasty but appealing lacquer, reminiscent of a tortoise shell. It was originally thought that this section was made using a new technique, but by observing other objects that are in a better state of conservation, the verdict is that this "technique" is actually an indication of the degraded varnish. There is an addition of gold leaf to the plant motifs in the upper border.

The item's catalogue entry has recently been revised, and items have been attributed to the Pasto workshops [9].

3.2. 19th Century Items Decorated with Barniz de Pasto

It is important to mention the large donation made by the writer José María Gutiérrez de Alba in 1872 to enrich the collection of the Ethnography Section of the National Archaeological Museum at that time. Gutiérrez de Alba was sent on a diplomatic mission to Colombia by the Spanish government in 1870, with the objective of re-establishing relations between the two countries [10][9]. Spending several years in Bogotá and travelling around the whole of Colombia, he accumulated a series of historical and artistic objects[10], in accordance with the spirit of the post-Enlightenment, which was still in fashion in the 19th century. In this way, and according to documentation in the archives of the Museo de América, he sent four boxes to Madrid with stuffed animals, minerals, reptiles, insects, and items, which he called "curious Indigenous items"[11]. Some objects were considered more fitting for the collections at the National Museum of Natural Sciences, but others were sent to the National Archaeological Museum. This is recorded in Section 6 of the catalogue kept in the Museum of the Americas[12].

The catalogue is of great historical and biographical interest, as it offer an account of the places Gutiérrez de Alba visited, his interests, and his *modus operandi* as a collector[13]. The writer was interested in objects decorated with *barniz de Pasto* due to his contacts with members of the Chorographic Commission[14]. Their illustrations and studies spoke of these types of items. Furthermore, Gutiérrez de Alba collected samples of the typical resins and lacquers of Colombia, although he did not explicitly mention those extracted from the *mopa-mopa* tree[15].

Among the objects with *barniz de Pasto* that Gutiérrez de Alba donated are five gourds with *barniz de Pasto* from Timaná (Figures 6–10, with inv. nos. 12108, 06965, 12130, 12139 and 12140). They belong to a type of vessel typical of the natives from the Pasto region. They were made using the hard shell of gourds, either carved by hand or with turning tools. In other similar objects, made from gourds but not decorated with *barniz de Pasto*, it has been noted that the manufacture was reserved for women. The procedure, which has a long tradition, entailed burying the gourd in order to accelerate the pulp's decomposition and facilitate its extraction with the use of scrapers. The gourd shell would then be hardened by being repeatedly heated. Thus, in these small objects with simple decorations, the survival and continuity of pre-Hispanic techniques can be seen, as well as ornamental repertoires through the viceregal period, right up to the 19th century.

Figure 6. Inv. no 12108. Gourds of Timaná, top and bottom view.

Figure 7. Inv. no. 06965. Gourds of Timaná, top and bottom view.

Figure 8. Inv. no. 12130. Gourds of Timaná, top and bottom view.

Figure 9. Inv. no. 12139. Gourds of Timaná, top and bottom view.

Figure 10. (Inv. no. 12140). Gourds of Timaná, top and bottom view.

Existing documentation does not cite any trip that Gutiérrez de Alba made to San Juan de Pasto (around 300 km from Timaná), but he was able to collect the objects in Timaná through exchanges between various local communities[16]. These objects, of varying dimensions (the diameter ranges from 6 cm in diameter and a 3.5 cm height of the gourd with inv. no. 12139, to 19 cm in diameter of the gourd with inv. no. 06965), stand out for their use of a colourless or polychrome varnish. In this case, they form very simple decorations around the rims, including phytomorphic, floral, and teardrop-shaped motifs. Gold and silver are also used to enhance the motifs incised into the outer layer.

On the other hand, unlike other items decorated with *barniz de Pasto* in the collection at the Museo de América (such as the platters, chests, or desks, which serve primarily as containers but are also decorative status symbols), these objects are of a domestic nature, as in the case of the gourds collected by Gutiérrez de Alba. However, their ritual and ceremonial function for food and drink cannot be ruled out.

3.3. Objects Acquired in the 20th Century

On the other hand, the "Mexican" chest with *barniz de Pasto* was purchased by the Marquis of Lozoya (Figure 11, inv. no. 06675) and entered the collection of the Museo de América in 1967. It was acquired in Segovia from the antiquities dealer Félix Llorente, through the mediation of the aforementioned Juan de Contreras y López de Ayala, 9th Marquis of Lozoya. He was an esteemed art historian and critic who held the post of General Fine Arts Director in the mid-20th century. Given its dimensions (35 × 59 × 34.5 cm), it could be considered more of a small case, although its size is still considerable. This is a very important detail, as there are no known pieces of this kind which are made with *barniz de Pasto* and have similar dimensions[17]. It has, therefore, been thought that perhaps the piece did not originally have this size or shape, that additions such as legs and the upper rim were made, or that it was assembled at a later, undetermined date[18]. Although it was acquired for the Museo de América as a Mexican piece, it is in fact a *barniz de Pasto* piece. It is considered the most important item of *barniz de Pasto* in both the Museum and other worldwide collections due to its size, the beauty of its decoration and its exceptional state of preservation. Whilst the circumstances in which the item was acquired do not allow for access to the documentation that provides historical details, a comparative analysis with similar pieces has allowed for it to be dated to the 17th century. It has also been linked to items produced in Quito—which is not surprising, since Pasto was also under the administration of the *Real Audiencia*—but they were made in different workshops [11]. Unlike its "sister" piece, which was commissioned by the stately Quirós family in the second half of the 17th century and is now kept in the Hispanic Society Museum & Library in New York [3][19], this chest does not have heraldic or epigraphic elements that refer to the client or owner of the object, who must have been a prominent individual, given the indisputable material and visual richness of the chest.

Figure 11. "Mexican" *Pasto* chest bought by the Marquess of Lozoya.

The chest, as a container for goods, is a key element of American furniture, as it speaks of the travelers who transported their belongings from the viceroyalties to Spain. The Museum's collection includes many pieces of storage furniture: suitcases, cases, trunks, chests, etc. Often, this furniture also served as decoration, which, in the case of this piece (of which the keys have been preserved), explains and justifies its visual beauty from the point of view of representing power and prestige.

This piece shows, through the decoration of the interior with varnished areas and others left in reserve, how the craftsman would sometimes make use of varnish residues from previous works, or exercise on "test" pieces. In addition to the polychrome varnish, there are points of transparent varnish in which the artisan's fingerprints can be seen[20].

3.4. The Most Recent Barniz de Pasto Acquisitions

The collection of the Museo de América in Madrid is not only of interest because of the quantity, variety, and quality of its more or less ancient *barniz de Pasto* holdings, thus making it a benchmark institution at the European and international levels, but also because it is an ever-expanding collection. Since the year 2000, it has acquired new *barniz de Pasto* pieces, which will be shown below.

In 2007, a "Turkish" *barniz de Pasto* chest (Figure 12, inv. no. 2007/04/01) was acquired from the antiques dealer Susana Montiel-Colmenares; it had been found in 1961 on the London art market in the shop *Gabor Cossa Antiques*, where it had been catalogued as having been made in Turkey. This is a small wooden cabinet with a barrel-vaulted lid; it rests on spherical feet; it has a drawer on the left side and two more at the bottom; the inside of the lid and the compartments are lined with very worn red velvet; it has the original lock made of silver. As for its decoration, it has the characteristics of belonging to the *barniz de Pasto brilliante* variant, due to the insertion of silver leaf between the sheets of varnish to produce a very characteristic shiny and iridescent effect. Also, due to the ornamental repertoire based on flowers and birds, the piece was dated to the second half of the 17th century.

Figure 12. "Turkish" *Barniz de Pasto* chest, with open drawers and lid.

In recent years, several pieces decorated with *barniz de Pasto* have appeared on the national and international art market, although the Museum, through the Ministry of Culture and Sport to which it is organically attached, has not always considered it interesting or viable to request their acquisition[21]. However, despite the departure of pieces of particular relevance from Spain (such as the aforementioned writing desk now in the Hispanic Society), others have been acquired to enrich the Spanish Historical Heritage as a whole at the level of the collections of the Museo de América, as is the case of the *barniz de Pasto* portable writing desk (Figure 13, inv. no. 2015/08/01), acquired in 2015[22]. It has a rectangular shape, and has a lid and a fallfront that, when open, reveals the interior, with six small drawers of different sizes. The exterior must have lost some of the *barniz de Pasto* decoration, and was covered by a reddish painted stucco, with engraved and gilded flowers in the corners, but around the keyhole the original decoration can still be seen. The current keyhole, which is larger than the one that must have been originally fitted, has covered and thus protected part of the varnish. The upper lid is richly ornamented with plant motifs and stylised animals (two birds and two wild boars), arranged symmetrically, whose black plumage or fur is enhanced with gilt incisions to mark the eyes or anatomical shapes. The lid is also framed by a wide border with a motif consisting of four gilt squares forming a rhombus and joined together with circles[23]. Finally, and in light of the technical analysis, if the immediately preceding piece was linked to the *barniz de Pasto brilliante*, this desk could be the forerunner of another sub-category, the 'written' or 'epigraphic' *barniz de Pasto*, as it is, to date, the only piece known to place sheets of written paper between the layers of varnish, as can be seen in the centre of the front cover, where it reads: "PAULO QUINTO". It is not known whether it refers explicitly to a specific person, who, by the name, could be Pope Paul V (pp. 1605–1621), which could lead to some additional clues as to the chronology of this object.

Figure 13. *Barniz de Pasto* travelling desk, with details of the interior.

As mentioned above, one of the aims of this article is to present the Museum's latest acquisitions of *Barniz de Pasto* objects as part of the desire to enhance the institution's museological and scientific collections of art and decorative arts from the viceregal period. Firstly, in June 2022, the State acquired, at the auction held on the 30th March of the same year at the Alcalá auction house (C/Núñez de Balboa 9, 28001 Madrid), for 1200 EUR and destined for this Museum, a small wooden chest with *barniz de Pasto* (Figure 14a,b, inv. no. 2022/07/01), made of cedar wood, measuring 21 × 20.5 × 36.5 cm. The box has a mixtilinear profile, based on curves and counter-curves with flat-edged corners, no feet, and a flat lid at the top that opens and is held in place by two metal hinges; the metal lock does not seem to correspond to the one it must have originally had; the interior is divided into two parts of different sizes. The smaller part, located on the right-hand side and divided into two shelves, contains a secret drawer underneath.

(**a**) (**b**)

Figure 14. (**a**,**b**) Small chest, in open and closed positions.

The varnish decoration extends to both the outside and inside of the piece, except for the abovementioned secret drawer. The ornamentation follows an orderly, symmetrical composition, with bands and borders formed by plant and zoomorphic abstractions in gold, greenish and white tones against a reddish background, framing the scenes of what appear to be snowy winter landscapes of clear Asian influence. These are placed in the centre of each face of the box and in the centre of the upper lid. On the inside of the lid, on an equally reddish background, there is only one heraldic or vexillological motif.

Although it is not in an excellent state of conservation, the piece is of considerable interest when it comes to adding to the Museum's collection of *barniz de Pasto*, contextualising the other pieces, and broadening the chronological horizons of the collection beyond the strictly viceregal period, thus showing the deep roots of this technique, which explains its continuity up to the present day. This is due to the problematic dating of the piece, which was originally placed in the 19th century, in the now independent Republic of the United States of Colombia, which replaced the former Viceroyalty of New Granada. However, vexillology allows for us to analyses the motif on the inside of the cover, which corresponds to the Colombian national coat of arms instituted in 1886 for official flags and in 1924 for military institutions. The coat of arms reads as follows: at the top, a condor with outstretched wings looking to the right, bearing in its beak a laurel wreath and a band with the motto "Liberty and Order"; on the sides, four flags or trophies; on the upper band of the coat of arms, two cornucopias flanking a pomegranate; on the middle band, a Phrygian cap on a spearhead; and on the lower band, the isthmus of Panama with a ship on each ocean.

In terms of its function and cultural context, this chest must have served as a container for documents or other valuable personal items, as suggested by the presence of the secret compartment. In this sense, this type of object had been produced, commissioned, and collected regularly and intensively throughout the Modern Age, both in the Iberian Peninsula and in Latin America. On the other hand, the presence of the Colombian national coat of arms on the inside of the lid suggests that the commissioner or owner of this chest was an official of the new Republic that emerged from the independence from the Hispanic Monarchy, or simply a private citizen. The name Luis Ortega Pasto would refer to its owner, who wanted to underline his patriotism at a historical moment, marked by the construction of the Colombian national identity.

The name Luis Ortega may also relate to the master who worked on the chest, although we think that if this were the signature of the maker, it would not occupy such a central place on the chest, and we have not found any other pieces that refer to Luis Ortega's workshop. This issue is, therefore, open for further research. Pasto refers to its place of production.

In June 2022, a flat-top chest with *barniz de Pasto* (Figure 15a,b, inv. No. 2022/07/02), acquired by the State for 1200 EUR at the auction held in the Alcalá Room on the 30th March of that year, also entered the holdings of the Museo de América. Initially, it was listed in the room's catalogue as a 19th-century Mexican lacquer production.

(a) (b)

Figure 15. (**a**,**b**) Chest Inv. No. 2022/07/02, closed and open.

Its dimensions are 21 × 20.5 × 36.5 cm. The box is rectangular with a straight profile. It has a hinged top lid with two hinges located on the upper edge of the back of the box, and its interior is divided into two compartments—a larger compartment on the left, and a smaller one on the right—which, in turn, are organised into two superimposed shelves, which can also be accessed by removing the right side of the box, revealing a drawer or secret drawer that can be extracted with the help of a metal ring handle. The box opens and closes with a key. The flat, mixtilinear-profile, metal keyhole is located at the top of the front face of the box, below which is a smaller, star-shaped or compass-rose-shaped metal applique.

The decoration, based on the *barniz de Pasto* technique, consists of perimeter bands in the form of strips with segmented edges in dark and reddish tones, which frame the central spaces decorated with plant and zoomorphic motifs of flowers and birds. The entire surface of the piece is decorated with reddish, ochre and orange tones, which give it a mottled or veined appearance, reminiscent of the finish of tortoiseshell. We believe that this tortoiseshell appearance is due to the poor state of conservation of the varnish, which gives rise to these small gum mounds. We do not believe it to be a new technique.

Due to its formal and stylistic analogies with other pieces, it has been established that, far from being a 19th-century Novo-Hispanic lacquered chest, it is an object decorated with *barniz de Pasto*, from the Viceroyalty of Peru, which can be dated to the 18th century.

Although its quality and state of preservation are average, this piece is of great interest to the collections of the Museo de América, as it supports the aforementioned effort to assemble an important collection of objects decorated with *barniz de Pasto*. Here, as in the case of the previous chest, it can be attributed to its use as a container for various high-value materials, as once again, there are several compartments, one of which is hidden in the structure of the box. With regards to the workmanship and decoration of the piece, it can be assumed that the recipient was a person of a certain socio-economic standing.

Finally, shortly after the two previous pieces entered the permanent collection of the Museo de América in Madrid, this same institution received a proposal to acquire a *barniz de Pasto jícara* (Figure 16a–d), a vessel made with a gourd.

(**a**) (**b**) (**c**) (**d**)

Figure 16. (**a–d**) inv. no. 2023/05/01 Jícara, front view, detail of the anterior, side view, detail of the foot.

The *jícara* is 10 cm in height and 7 cm in diameter. The vessel has a regular oval shape, two lateral handles in carved silver with a '3' profile, and is decorated with two opposing birds and hybrid female figures (possibly mermaids) resting on two masks of the same metal in the shape of baskets of fruit. The upper rim is also in silver and in the shape of a band decorated with incised plant motifs and with a serrated lower edge. It has a very short stem that rests on a slightly conical foot, with a silver-mounted base decorated with a serrated profile. The piece is unmarked as far as its silverware application is concerned.

The decoration of the outer wooden surface of the vessel is made using the *barniz de Pasto* technique, following a symmetrical pattern. There is a large band framed by golden lines, in which the motifs of plant abstractions envelop birds with black plumage, large tails, small wings spread-out in-flight position, and a head in profile with a single large, almond-shaped eye and a long beak. The state of conservation of the varnish is good. There are cracks in the wood at the front of the foot of the piece, which do not affect its stability.

From its formal, technical, and iconographic study, it can be deduced that this wooden *jícara* with *barniz de Pasto* and silver applique belongs to an unknown maker or workshop from the viceregal period, but that it can be attributed to the region of the city of Pasto in the 18th century.

Barniz de Pasto pieces with silver mounts are very rare. Although they exist in Colombia, before this piece, there were no documented references in the Spanish art market. According to information provided by the previous owner, they bought the *jícara* from another dealer on the art market in Portugal, although this statement could not be verified by documentary evidence.

This *jícara* belongs to a typology of vessels of pre-Hispanic origin intended for consuming chocolate, which Europeans would later incorporate into their cultural, social, and culinary heritage. Thus, from the small vessels originally made of wood, gourd shell or hollowed-out coconut, which were decorated with reliefs, painting or pyrography, the colonial period saw the production of *jícaras* in these or other, similar materials, without forgetting ceramics and porcelain. We know of no other *jícaras* that incorporated decorations based on *barniz de Pasto* with mounts in precious metals such as silver or gold. In these cases, as in the present one, the richness of the materials and the techniques used suggest that the client was a wealthy person of high social and cultural standing.

4. Conclusions

In this article, we presented the *barniz de Pasto* collection of the Museo de América, placing special emphasis on the history of the pieces that comprise it and highlighting the fact that this collection does not form a closed collection, as it continues to grow through the acquisition of new pieces. Currently, it is the collection with the most *barniz de Pasto* objects of all European museums.

The Museo de América's collection includes, on the one hand, sumptuary objects that were most probably made in urban workshops in San Juan de Pasto and Quito, the capital of the *Real Audiencia*, and objects decorated with varnish that were made in small villages and used by Indigenous communities.

Further research on archival documents that could provide new data on *barniz de Pasto* objects is desirable.

Finally, we would like to state the Museo de América's desire to continue increasing its collection of *barniz de Pasto* objects and we hope that, in future articles, we will be able to continue announcing new acquisitions.

Supplementary Materials: The following supporting information can be downloaded at: https://www.mdpi.com/article/10.3390/heritage7020033/s1.

Funding: This research received no external funding.

Acknowledgments: I would like to thank Sonali Arora and Rory Hancock from University College London (UCL) for their translation into English of the Spanish original version of this article.

Conflicts of Interest: The author declares no conflict of interest.

Notes

1 The Colombian city of San Juan de Pasto is the capital of the department of Nariño. It was founded in 1537 and is located at the in the middle of the Andes mountain range in southern Colombia, on the border with Ecuador. San Juan de Pasto belonged to the *Real Audiencia of Quito* in the province and government of Popayán.

2 With respect to European museums with Barniz de Pasto collections it should be noted that the Victoria and Albert Museum of London is also building a collection of Barniz de Pasto objects, currently there are already ten pieces in its collection.

3 At the Fine Arts Museum in Lons-le-Saunier, France, there is a painted gourd *(gourd-shellbowl with a golden frieze ornament)* with the inventory number 5061. It was donated by Etienne Goudot, a traveller in Colombia in the 19th century. Although it is catalogued as painted, the frieze is decorated with *barniz de Pasto*.

4 *Estofado/a* is a decorative technique that entails applying a thin golden layer onto the object before it is painted, in order to obtain shining and golden iridescence, intermingled with the colour of the paint. This is obtained after scrubbing the parts which should stand out.

5 The Museo de América was created by Decree on the 19 April 1941, and its initial collection consisted of collections of American archaeology, art and ethnography, which, up until then, had belonged to the National Archaeological Museum.

6 From a purely visual analysis, the wood is believed to be cedar, but no analysis of the wood has been carried out.

7 So far the analysis of gold-coloured areas on *barniz de Pasto* objects has not revealed the presence of underlying gold leaf. Information was provided by Dely Illán at the Museo de América's *barniz de Pasto* workshop in June 2019.

8 Sold to the Spanish government and placed in the National Archaeological Museum, as recorded in the files from the same Exp. N 58, Box C 20, dated as the 27 June 1872. In 1872 the first purchase of a large collection for the recently created National Archaeological Museum took place, that of José Ignacio Miró, comprising of over 250 items. Of these, only four were from the Americas, but among them was a small or Cortesian fragment of the most important book in the Museum's collection, *el Códice Tro-Cortesiano* (or *Códice de Madrid*). It was one of the only four Mayan codices preserved in the world and was by far the largest one (the other fragment, the large one or the *Troano*, was also acquired in 1888). The other three were monumental Mayan stone heads that decorated buildings in Uxmal, Mexico.

9 "Since the first years of my youth, reading various works related to the Spanish discovery and conquest of the Americas enlightened me to form my own judgement on the Spanish colonisation of those countries, the causes of emancipation and its grave repercussions for my country. I had a constant aspiration that my country should make the greatest efforts to regain its lost influence, strengthening relations with those towns, its siblings, as far as familial ties can and should be strengthened." *Diario de impresiones de mi viaje a la América del Sur* (Campos Díaz, 2015: 287).

10 All his memories were written in diaries, which he himself illustrated and in which he summarised his impressions of the country. The complete manuscript of thirteen volumes, which was never published during the author's lifetime, was sold by his descendants to the Colombian government and is now in the Ángel Arango Public Library in Bogotá.

11 Museo de América: Catalogue of the objects sent from Bogotá to the Minister of State in Madrid by José María Gutiérrez de Alba on the 6 April 1872. This 28-page catalogue, signed by the writer, is divided into several sections, grouping together the objects sent. Museum of the Americas File MAN 57 1872 29.

12 "Section 6: Curious Indigenous items and manufactured objects, which are the speciality of some districts".

13 Referring to, among other places, Alto Magdalena, Chiquinquirá, Timaná, Boyaca, Tuluni, Velez, Villa de Leiva, the plains of San Martín, Ubague, and the state of Cundinamarca.

14 The Chorographic Commission was a cartographic project promoted by the Republic of New Granada that made it possible to compose the map of Colombia through a series of partial surveys. This was carried out between 1850 and 1859.

15 The resins named are: *gague* resin, incense resin, *Gutta* gum rosin resin, *caraña* gum rosin resin, *peraman* resin, *hobo* gum rosin resin, *anime, urrucay, copal* gum rosin resin.

16 The handwritten diary by José María Gutiérrez de Alba is kept in the Ángel Arango library in Bogotá. *Impresiones de un viaje a América, Volume VIII* (from 19 November 1872 to 17 January 1873, *expedition to the south)*. It is not explicitly stated that he bought the objects.

17 Special thanks go to Guillermo Eduardo Maldonado for his help in researching the collection of objects with *barniz de Pasto* in the Museum of the City, Quito.

18 Antiques dealers joined together two smaller chests to form a larger one.

19 The portable desk was commissioned by Cristóbal Bernardo de Quirós (1618–1684), bishop of Popayán, as a gift for his brother Gabriel, secretary to Charles II, Marquis of Monreal. This exceptional piece was in Spain until the year 2000, when it was sold and subsequently bought by the Hispanic Society Museum & Library, where it is currently found.

20 It is interesting to note how objects made with *barniz de Pasto* have preserved the fingerprint of the person who made them. In the absence of signatures or names both on the object itself and in the many accounts of travelers who speak admiringly of the varnish workshops, if it were possible to analyse the fingerprint left on each object, we could group those that share the same fingerprint and therefore know they come from the same workshop, although we may never know the name of the artist.

21 In the Museum we have a photographic archive with information on various pieces of *barniz de Pasto* that have come onto the art market in Spain in recent years.

22 I am grateful to Beatriz du Breuil, owner of *Subastas La Suite*, for the information that this piece was owned by the Portuguese collector Rui Assis Ferreira, who bought the piece in Paris in the 1950s from a diplomat who had worked for several years in Bogotá.

23 Yayoi Kawamura points out that this motif is characteristic of Japanese *urushi* lacquer.

Primary sources

ARCHIVO DEL MUSEO DE AMÉRICA: Expediente Museo Arqueológico Nacional (MAN), 57, 1872, 29.

The original text in Spanish can be found in Supplementary Materials.

References

1. Zabía de la Mata, A. *La luz del nácar. Reflejos de Oriente en México, Catálogo de la Exposición Museo de América de Madrid (November 2022–May 2023)*; Ministerio de Cultura y Deporte: Madrid, Spain, 2023.
2. Curiel, G. Tránsito de obras suntuarias a la Nueva España. Reflexiones sobre el comercio transmarítimo. In *España y Nueva España: Sus Acciones Transmaritimas. Memorias del I Simposio Internacional Celebrado en la Ciudad de México del 23 al 26 de Octubre de 1990*; Iberoamericana: Ciudad de México, México, 1991; pp. 141–170.
3. Creixell Cabeza, R.M. Entre el viejo y el nuevo mundo: El escritorio de barniz de Pasto de la colección de artes decorativas de The Hispanic Society of America. *Res Mobilis* **2014**, *3*, 119–131. [CrossRef]
4. Granda Paz, O. *Aproximaciones al barniz de Pasto*; Editorial Travesías: Barranquilla, Colombia, 2007.
5. Simón, P. *Primera parte de las Noticias historiales de las conquistas de tierra firme en las Indias Occidentales*; Casa de Domingo de la iglesia: Cuenca, Spain, 1627.

6. López Pérez, M.P. El Barniz de Pasto. Encuentro entre tradiciones locales y foráneas que han dado la identidad a la región andina del sur de Colombia. In *Patrimonio Cultural e Identidad*; Carro, P.C., Ed.; Ministerio de Cultura: Madrid, Spain, 2007; pp. 225–234.
7. Ocaña Ruiz, S. Marcos enconchados: Autonomía y apropiación de formas japonesas. *An. Del Inst. De Investig. Estéticas* **2008**, *30*, 107–153. [CrossRef]
8. Zabía de la Mata, A. Ángel de Gorostizaga, el olvidado descubridor del Códice Martínez Compañón. In *150 años de una Profesión: De Anticuarios a Conservadores*; Ministerio de Cultura: Madrid, Spain, 2017.
9. Zabía de la Mata, A. *El arte del barniz de Pasto en la colección del Museo de América de Madrid. Anales del Museo de América 28*; Ministerio de Cultura: Madrid, Spain, 2020; pp. 81–98.
10. Campos Diaz, J.M. José María Gutiérrez de Alba (1822–1897): Biografía de un Escritor Viajero. Ph.D. Thesis, Universidad de Sevilla, Sevilla, Spain, 2015.
11. López Pérez, M.P. Quito, entre lo prehispánico y lo colonial. El arte del barniz de Pasto. In *Arte quiteño. Más allá de Quito*; Crespo, A.O., Bustillos, A.P., Eds.; FONSAL: Quito, Ecuador, 2010; pp. 45–63.

heritage

MDPI

Article

The Splendour of Glitter: Silver Leaf in *barniz de Pasto* Objects

María Cecilia Álvarez-White [1], David Cohen [2,*] and Mario Omar Fernández [2]

1 Conservator in Private Practice, Bogotá 110221, Colombia; mca4@hotmail.com
2 Laboratorio de Estudios de Artes y Patrimonio—LEAP, Universidad de los Andes, Bogotá 111711, Colombia; mo.fernandez@uniandes.edu.co
* Correspondence: d.cohen@uniandes.edu.co

Abstract: This paper presents current findings about the historical use of silver and metallic elements as part of the decorative technique from Colombia known as *barniz de Pasto*. The results are part of broader ongoing research. The aim is to interpret and assess the introduction of metal as a significant component in the consolidation of the technique. Our research uses well-established imaging techniques (visible light macrophotography; infrared and ultraviolet photography), cross-sections, and elemental mapping from SEM-EDS. The results are compared and interpreted within a holistic framework suggesting the introduction of silver as part of an innovation of the *barniz de Pasto* technique, either as whole silver leaf sandwiched between layers of mopa-mopa or as "venturine", obtained by kneading, and therefore fragmenting, silver leaf within mopa-mopa layers.

Keywords: *mopa-mopa*; *barniz de Pasto*; silver leaf; conservation sciences; venturine

Citation: Álvarez-White, M.C.; Cohen, D.; Fernández, M.O. The Splendour of Glitter: Silver Leaf in *barniz de Pasto* Objects. *Heritage* **2023**, *6*, 6581–6595. https://doi.org/10.3390/heritage6100344

Academic Editors: Lucia Burgio, Dana Melchar and Monica Katz

Received: 26 July 2023
Revised: 9 September 2023
Accepted: 23 September 2023
Published: 27 September 2023

1. Introduction

The pre-Hispanic communities of the department of Nariño in Colombia produced beaded necklaces made with a natural resin, which was also known as *mopa-mopa* [1]. It comes from the plant *Elaeagia pastoensis* L.E Mora, which belongs to the Rubiaceae family and grows wild in the south-western rainforest of the country. During the early colonial period and later, (with the consolidation of the viceroyalty of New Granada at the start of the 18th century), the technique evolved to include new materials, forms, and designs in response to high demand for these artifacts. The production of the wooden pieces decorated with *barniz de Pasto* further expanded during the 19th and 20th centuries, and artisan *maestros* in the city of Pasto even today continue the tradition. This long trajectory in the transmission and innovation of knowledge and skills was recognised by UNESCO as Intangible Cultural Heritage of Humanity in December 2020 requiring safeguarding.

However, despite the cultural and artistic importance of these objects, few technical studies have been carried out to characterise materials [2–5] and identify their transformation over time. In particular, the lack of research with respect to the introduction and use of materials such as silver leaf and brass is evident.

Added to the above shortcomings is the absence of a historical documentary foundation, as nowadays only general descriptions made by chroniclers from the colonial period and travellers of the 19th century are available, with few exceptions [6]; there are also no known dates or inscriptions that would allow a direct dating of the objects.

Another circumstance which has an impact on the knowledge and dissemination of the technique is that most of the extant works belong to private collections in both Colombia and abroad and only in few cases are they accessible to the public. Moreover, museums usually lack the range of representative materials that would allow comparative technical studies to be carried out.

The current research is part of an ongoing wider project, led by the conservator María Cecilia Álvarez-White with the support of the Laboratorio de Estudios de Artes y Patrimonio (LEAP), of the Faculty of Arts and Humanities and the Vice-presidency of Research and Knowledge Creation of the Universidad de los Andes.

The aim is to show, in an exploratory manner, the use of metal leaf in the development of the *barniz de Pasto* technique based on the evidence from the laboratory analyses, which will provide a framework for interpretation that will support its further in-depth study.

The effect of glitter on the objects decorated with this technique may have emerged, in our own opinion, from the mid-17th century onwards. Its greatest heyday, however, dates from the 18th century and, with some variations, extends throughout the 19th and 20th centuries to the present day.

The first metallic glitter was achieved thanks to the combined handling of both the metal leaf and the *mopa-mopa*, which is gradually applied in an extensive way until the ornamented surfaces are covered in an iridescent shimmer. Later, in the 19th century, brass leaf, consisting of an alloy of copper and zinc, was introduced to these effects to add a copper tone to the decoration. A Spanish translation of this paper is available in Supplementary Materials.

2. Materials and Methods

For the collection and processing of data, a protocol for approaching the pieces was proposed in which the available objects were numbered with a unique code which identified them. In the first instance, they were classified into groups that showed common visual characteristics on the basis of the following variables:

1. The thickness and relief of the *barniz* decorations;
2. The opacity or shine of the surface;
3. The appearance of vibrant colours;
4. The presence of metallic glittery elements.

A total of 230 objects decorated with *mopa-mopa* were examined, of which 91 were analysed with different techniques in order to explore aspects of their materiality and to characterise the metallic elements that give the decorations their shine. Subsequently, representative objects were chosen from each group for the final selection of 41 objects.

A detailed photographic record of these artworks was made using visible light, ultraviolet light-induced fluorescence (UVF), and infrared (IR) photography. For the visible and ultraviolet photography and the fluorescence, a Canon® EOS 7D Mark II camera (Canon, Tokyo, Japan) was used with a SPECTROLINE® Tritan 365 UV lamp (Spectroline, New York, NY, USA) and a UV TIFFEN filter® (TIFFEN, Oklahoma City, OK, USA). The IR photographs were taken using a Cultural Heritage Science Open Source—CHSOS (CHSOS, Viagrande, Italy) modified NIKON® D7100 camera (NIKON, Tokyo, Japan). An ELINCHROM® D-Lite LX-4 lamp (ELINCHROM, New York, NY, USA) was used as the light source.

These methods allowed the identification of some of the metallic decorations, especially in areas where the deterioration or restoration of the objects made it difficult to view them.

Based on this first approach and the analysis of the information, the objects with metallic shine were classified to finally select the 11 objects on which to carry out the laboratory analyses. From these, 2 or 4 samples were taken to prepare cross-sections and for elemental analysis. The samples were embedded in acrylic resin for handling and were morphologically analysed with an optical microscope. They were then taken to the TESCAN FE-MEB LYRA3 scanning electron and focused ion beam microscope of the MicroCore Laboratory. The SEM has an integrated X-ray energy dispersive spectroscopy microanalysis system (EDS) for elemental identification and mapping. The quantitative analysis has an accuracy of $\pm 2\%$, with detection limits of approximately 100 ppm.

The accounts of chroniclers and travellers, the only reference documents known to date, were consulted, to provide insight about the manufacturing sites of the objects and the description of some of their details. Of particular note are the accounts of Fray Pedro Simón (1574–1628), who was perhaps the first to mention the resin-producing plant, as well as the objects that were decorated with it and the places of production, pointing to Mocoa, Quito, and even "other parts of Peru" where the Inka wooden ceremonial vessels (known as "Qeros") decorated with *mopa-mopa* were made [7] (p. 273).

Moreover, other chroniclers who provide complementary information were consulted, such as Lucas Fernández de Piedrahita (1624–1688) [8], Jorge Juan and Antonio de Ulloa (1749) [9], Miguel de Santisteban (1691–1776) [10], Juan Magnin, S. J. (1701–1753) [11], Fray Juan de Santa Gertrudis (1724–1799) [12], and Juan de Velasco (1727–1792) [13].

In the early 19th century, more concrete data on the materials and ways of working can be found in the detailed descriptions made by travellers such as Alexander von Humboldt (1769–1859), who in 1801 visited the city of Pasto and recorded in his diaries interesting aspects about the materials used and the manufacturing technique, describing, among other things, details such as: "*the shadows are obtained by placing one membrane on top of the other*" [14] (p. 127a).

The botanist José Celestino Mutis (1733–1808), who from 1783 oversaw the Botanical Expedition of the New Kingdom of Granada, mentions several pigments such as orpiment as well as natural dyes used in the *barniz de Pasto* decoration [15].

Colonel John Potter Hamilton (1777–1873) arrived in the country in 1823, a few years after the declaration of independence, and praised the *totumas* (gourds) adorned with brightly coloured flowers [16]. The French chemist Jean Baptiste Boussingault (1801–1887) describes in his memoirs "wooden objects such as gourds, boxes and containers for storing wine or brandy" decorated with the resin and details its application technique and some of its chemical characteristics [17] (p. 460).

Edouard André (1840–1911), when referring to resin, emphasises its "extraordinary consistency, it resists cold, heat and water and adheres strongly to wood" [18] (p. 755) and includes an engraving showing a workshop of that time.

The North American botanist and tropical flora scholar, Isaac Farewell Holton (1812–1874) describes *totumas* and other objects made in Pasto with the *mopa-mopa* "brought from the distant headwaters of the Amazon" [19] (p. 538).

3. Results

3.1. The Barniz de Pasto Technique before the Introduction of Metals

Before the arrival of the Spaniards, the indigenous people of the Pasto area knew about the resin, the place where the plant that produces it grew, the times when the buds were harvested and how they were processed. They produced necklace beads from *mopa-mopa* which had symbolic and ceremonial use. Their documentation is associated with burial contexts carried out in archaeological excavations at the San Agustín Park, in the current department of Huila [20] and in the village of Miraflores, in Nariño [21].

In the beads, not only was the resin's natural colour used, which presently has a brown appearance, perhaps due to natural ageing because it is an organic material (Figure 1), but also two other shades: one with a light finish due to the use of calcium carbonate, possibly lime (SEM analysis carried out by Fernández, M.O.), and another with a dark shade, achieved with a dye of organic origin, which has yet to be identified.

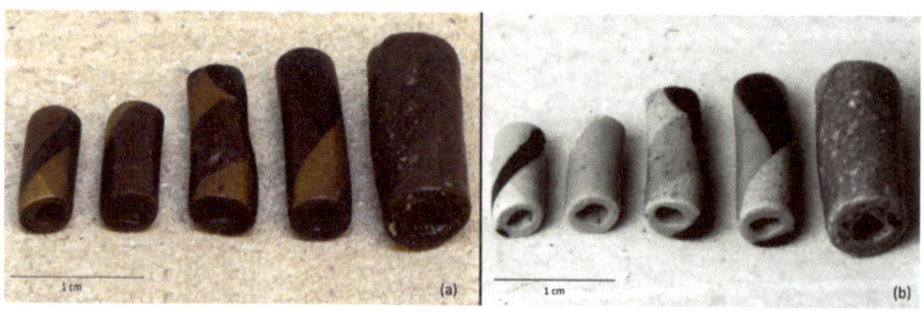

Figure 1. Group of necklace beads with normal (**a**) and infrared (**b**) lighting. The four on the left show interspersed resin bands, two of them coloured. The largest bead, on the far right, is made from the resin in its natural, undyed state. Private collection. (Photographs: Cohen, D).

The bands are produced with thin sheets of resin, which, while still hot, were stretched and wound diagonally around a circular wooded core. They were then cut to the desired size, up to 3 centimetres long. When they cooled, they acquired their final consistency. (Figure 1). The sheets have a thickness of approximately 2 to 3 millimetres.

The pre-Hispanic necklace beads, the only items from that period made from *mopa-mopa* resin known to date, represent the precursor of the decorative technique that is known today as *barniz de Pasto*.

3.2. The Start of the Colonial Period

During the early colonial period (possibly towards the end of the 16th and the beginning of the 17th century) when the Spaniards arrived, *mopa-mopa* began to be used to decorate wooden objects produced based on European models. The demand for these pieces generated a market for works that constituted elements of prestige for the new social class linked to political and ecclesiastical power. They were made of cedar wood, abundant in the area of Pasto, just as described in the 18th century by the friar Juan de Santa Gertrudis (vol. 3, p.110). The analysis of the wooden support of a small table cabinet owned by the Victoria and Albert Museum (carried out by Dr. Peter Gasson of the Royal Botanic Gardens Kew) in London corroborates the chronicler's statement [22].

Pieces made in what has been called the early period for this research are characterised by a limited chromatic range with a matte appearance, although the objects retain the satin shine of the resin. The decoration displays elements from the indigenous tradition intermingled with vegetation and animals from the surrounding environment, as well as reinterpretations of European figures themselves, such as the Habsburg double-headed eagle.

The wood is completely covered with a transparent resin film which has a protective function and on which the decoration is applied. The sheets are tinted with dyes of organic origin and with powdered *albayalde* (the pigment lead white) when light shades are desired. In these works, the resin sheets, much thinner than the ones used for the necklace beads, have a thickness of approximately 50 μ to 200 μ. The pre-cut membranes are applied to the generally dark, cherry red or olive green-coloured background. They are stretched one after the other to fill in the figures, or simply applied as contour lines or even loosely, as scrolls. (Figure 2).

Figure 2. The light areas, resulting from mixing the resin with *albayalde*, have an opaque finish. The cherry red-coloured areas, such as the bird's chest, were produced with a transparent membrane dyed with an organic dye as seen in figure (**a**). On the right (**b**), under infrared light, we can see the slight relief of the applications that make up the designs, as well as the small resin cut-outs with which the flower petals were filled in the upper left corner. (Photographs: Cohen, D). Private collection.

The calcium carbonate used in the pre-Hispanic period is now substituted by the *albayalde*, which arrives through trade from the port of Sevilla [23] and provides an opaque appearance when mixed with the resin. This pigment was skilfully handled to achieve gradations of light shades when used in different concentrations (Figure 3). Lead white was characterized as part of the decoration of Peruvian Inka "Qeros" as well [24]. It is possible that, in these instances, a vegetable dye, such as the root of the *escobedia* or "saffron of the earth", as mentioned by Humboldt (p. 127a), may have been added in order to achieve the ochre-like yellow colour.

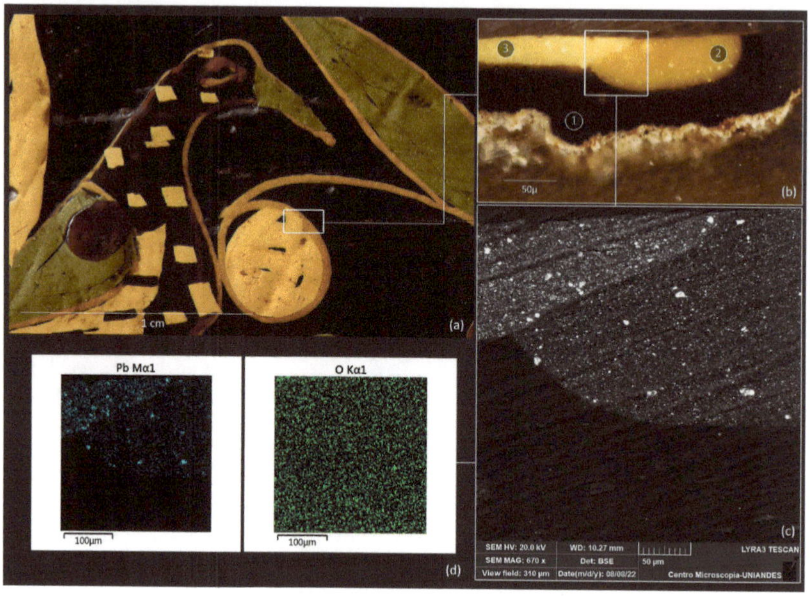

Figure 3. (**a**) Detail of the decoration made with *mopa-mopa* sheets on the dark-coloured base that serves as a background for the composition. (Photograph: Álvarez-White, M.C). In layers 2 and 3 of the stratigraphic section (**b**) two different concentrations of the white pigment (*albayalde*) can be observed. Layer 1 corresponds to the resin which is the foundation of the design. In the SEM image (**c**) the white dots of layers 2 and 3 confirm the presence of lead white in the elemental mapping (**d**). (Analysis and photography: Fernández, M.O). Private collection.

The dark shade is achieved with calcined or highly concentrated indigo, which sometimes also serves as a general background for the designs. The greens are obtained by mixing the blue of the indigo with the extract of a plant, not yet identified, rich in yellow flavonoid-based components with high levels of quercetin and kaempferol [25]. The red material, still to be characterised by chemical analysis, could be cochineal [26], given its appearance. It is necessary to bear in mind that as the pieces have undergone natural processes of ageing, the visual perception of the colours has also changed.

3.3. Introduction of Silver Leaf

As the colonial period progressed, objects with more complex ornamentation began to be made, as the use of pigments such as lead white was enriched with the introduction of both silver leaf and a white pigment with an opaque finish known as calomel. This mix of materials creates a decoration that interweaves shiny elements with matte ones.

In these later pieces, more care is taken in the processing of the resin sheets, which now become even thinner, reaching a thickness of approximately 30 µ to 50 µ. The chromatic range is broadened with the introduction of the metal: a clear iridescent shade is obtained when the membrane that covers it is used in its natural shade; or by adding other shades of different colours to it, when it is dyed with organic dyes. This period saw the first appearance of backgrounds complete with metallic glitter, onto which the designs are applied (Figure 4).

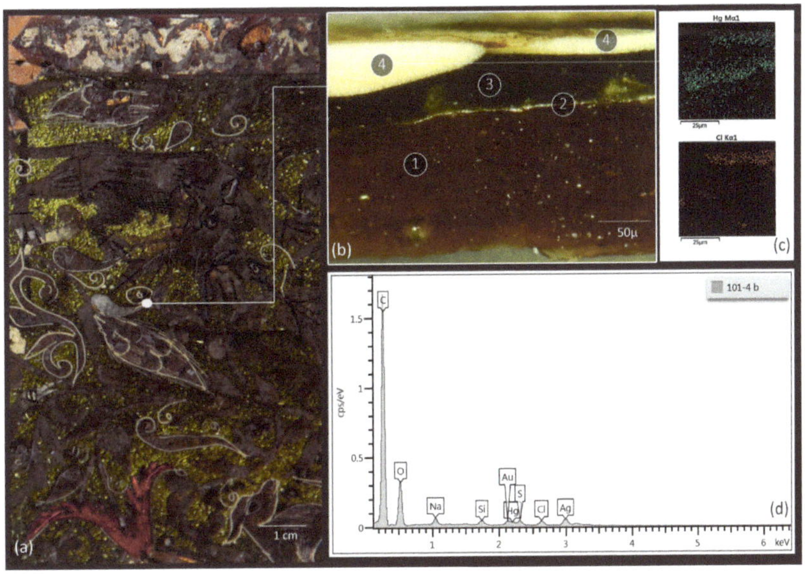

Figure 4. Stratigraphic section at 200× (**b**) taken from a white strip of the ornamentation (**a**). The white dot indicates the sampling location (Photograph: Álvarez-White, M.C). In image (**b**), Layer 4 shows the presence of mercury (Hg) and chlorine (Cl), which confirms the calomel pigment. The silver leaf is visible in layer 2, while layer 1 is the base resin and layer 3 the green coloured resin. (**b**). The EDS spectrum (**d**) shows mercury and chlorine detected in the elemental mapping (**c**). The presence of gold (Au) is due to the coating process of the sample for SEM analysis. (Analysis and photography: Fernández, M.O). Private collection.

The borders framing the compositions are often made of tinted silver leaf and within them are Nanban-influenced designs [27], such as those found on the casket of the Victoria and Albert Museum in London (W.7–2018). Recent analysis of this piece has revealed the presence of calomel used in the fine white lines with a matte finish, according to Humphrey et al. (p. 150).

Calomel (Hg_2Cl_2) or mercury white is a highly toxic synthetised pigment that has not been found in South America in art objects, with the exception of objects made with the *barniz de Pasto* technique. During several research projects, such as the ones already mentioned by Pozzi et al. [3], Sánchez L. [4], Burgio et al. [5], and Álvarez-White [6], its use in the decoration of different pieces has been confirmed also by Romero [28].

During the colonial period, quicksilver, as mercury was also known, was primarily used for processing of gold and silver. Barba mentions its use as early as 1574 in the mines of Potosí in Bolivia [29] (p. 71). In 1789, Juan de Velasco mentions how in the mountains of Cuenca, Ecuador, there was a quicksilver mine whose production supplied other provinces, but it had to be closed because of the danger it posed to the "health of the Indians" (vol. 1, p. 45). More recent works show that it was used in Europe during the 15th and 16th centuries to illuminate manuscripts and miniatures [30].

In most of the pieces that feature white designs made with calomel, other layers with an opaque appearance can be observed, as well as decorations made with silver leaf covered by membranes of *mopa-mopa*. These may or may not be coloured and may display a golden, green, or blue shade in order to enhance the iridescence of the metal underneath. (Figure 5).

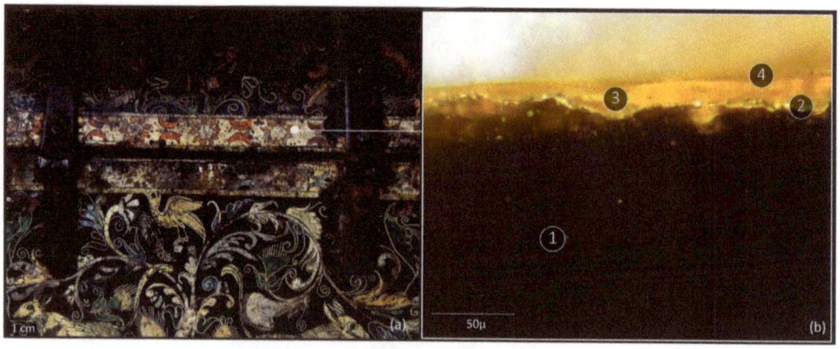

Figure 5. Some elements made in various iridescent colours, through the use of silver leaf (**a**), are an example of the introduction of designs with a metallic finish mixed with others with a matte appearance. Calomel, which has an opaque finish, is applied either in the form of thin white strips to delimit the contours or in the form of lines. The white dot in image (**a**) indicates the sampling location (Photograph: Álvarez-White, M.C). The stratigraphic section (400×) (**b**) shows the resin layer serving as background (1), then the silver leaf (2), and on top of the latter, a 15 μ thick layer of resin (3). Over the top, there is a thin layer of accumulated dirt (4) (Analysis and photography: Fernández, M.O). Private collection.

As part of the *barniz de Pasto* technique, the silver leaf is handled as a complex structure called a "composite membrane", according to Álvarez-White (2023, p. 168). It involves extending the metallic leaf on the first sheet of *mopa-mopa* and then covering it with another *mopa-mopa* layer that can be tinted with an organic powder dye. In this way, the metal preserves its metallic lustre while avoiding corrosion processes, which only occur when the metal is exposed through wear or use, therefore blackening due to oxidation.

These composite films were spread on a wooden surface, previously covered with a background layer of resin. In 1771, Father Cicala described this procedure as follows: "when the craftsman wants a certain field or flower to look like silver, after painting the first layer [resin], he spreads out the silver leaf and on top of this he paints another layer of varnish in the colour he wants" [31] (p. 514). This decorative technique is still employed today in a similar fashion.

It should be noted that, since the pre-Hispanic period, processing the resin involved chewing it, as mentioned by Fray Juan de Santa Gertrudis (vol. 3, p. 110) and Humboldt (p. 127a), who points out that saliva played an important role in achieving homogeneous sheets and better amalgamation with the dyes and pigments such as lead white. Even in the mid-twentieth century, Alfonso Zambrano, a renowned master woodcarver in the city of Pasto, mentioned how, around 1940, the varnishers who came to his workshop to commission small wooden furniture (Figures 6 and 7) "had very worn teeth and could be recognised from a distance by the muscular and powerful appearance of their jaws" [32] (p. 21).

Figure 6. Example of the configuration of a typical *escritorio*, common from the colonial period to the 18th century. Objects of this type are made of wood and equipped with drawers where there are often secret compartments. All exterior surfaces are also ornamented with *barniz de Pasto.* The lid and fall front are foldable. "Escritorillo de la palmera", Open dimensions: 46 × 39.5 × 26 cm. Private collection. (Photograph: Álvarez-White, M.C).

Figure 7. This raking light photograph allows us to appreciate the natural relief caused by the superimposition of layers on the matte background, which is made with a mixture of *mopa-mopa* resin and lead white. In the composite membranes, the colours used to dye the resin covering the silver leaf are skillfully balanced to achieve the iridescent effect. "Escritorillo de la palmera". Private collection. (Photograph: Álvarez-White, M.C).

3.4. Iridescent Effects

According to the descriptions by chroniclers and travellers since the 18th century, objects decorated with *barniz de Pasto* are uniquely characterised by their lustre, which is compared favourably to that of Chinese porcelain (Fray Juan de Santa Gertrudis 1970, vol. 1, p. 175).

Subsequently, designs using silver leaf included opaque backgrounds made with resin mixed with lead white. The silver leaf increased the object's luminosity and allowed for further diversification of the colour palette. The iridescent white of the silver metal complemented the colouring.

Although not all the dyes used have been identified yet, indigo is still used in various concentrations. It is possible that it is the same indigo (*Indigofera suffruticosa*—which is known as the American species) that, according to Humboldt (p. 127a), was used calcined or highly concentrated to obtain a black colour. Bruquetas [33] (p. 163) explains that this dye was shipped from America to Spain in large quantities. It is probable that the mixture of resin with *escobedia*, due to its yellow colour, is what gives the golden finish to the silver metal. The use of other organic dyes such as cochineal and achiote (*bixa orellana*) has not been ruled out. (Figure 8).

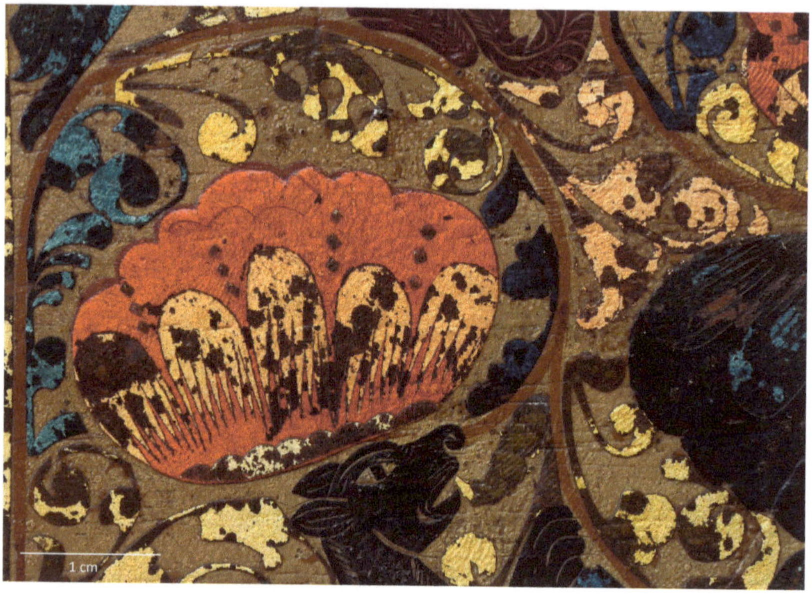

Figure 8. Detail of the back cover of a small table cabinet with metallic decorations in different tones, including gold, a result of the effect produced by the yellow-coloured resin membrane. Fingerprints can also be observed. The overall background is a matte layer of resin (Photograph: Álvarez-White, M.C.). Private collection.

White made from mercury is no longer used as part of the technique. It is unclear when exactly its use ended but white made from lead, with its matte appearance, took its place as the background of the compositions.

It is common to find fingerprints left by the manual pressure from fixing the membranes while they were still hot (Figures 8 and 9). The thinness of these films, which are approximately 10 μ to 30 μ thick, is what possibly led Miguel de Santisteban in 1740 to refer to them as "onion peel" [34] (p. 125) and Juan de Velasco in 1789 to describe them as "thinner than the thinnest paper in China" (vol. 1, p. 56) (Figure 10).

Figure 9. Detail of a mythical figure—a griffin—applied on a matte background (**a**) (Photograph: Álvarez-White M.C). Under UV light (**b**), the material that gives the figure of the griffin its green colour acquires a turquoise colour. The vegetal motifs—scrolls—in the background, a good part of which have lost their tinted silver leaf coating but were originally tinted dark blue, can be seen in a light grey tone. Remains of coloured metal stand out in dark tones that enhance details in the wings of the animal and in some scrolls. The general background of the composition, produced by mixing resin with lead white, fluoresces white. (UVF photograph: Cohen D.). Private collection.

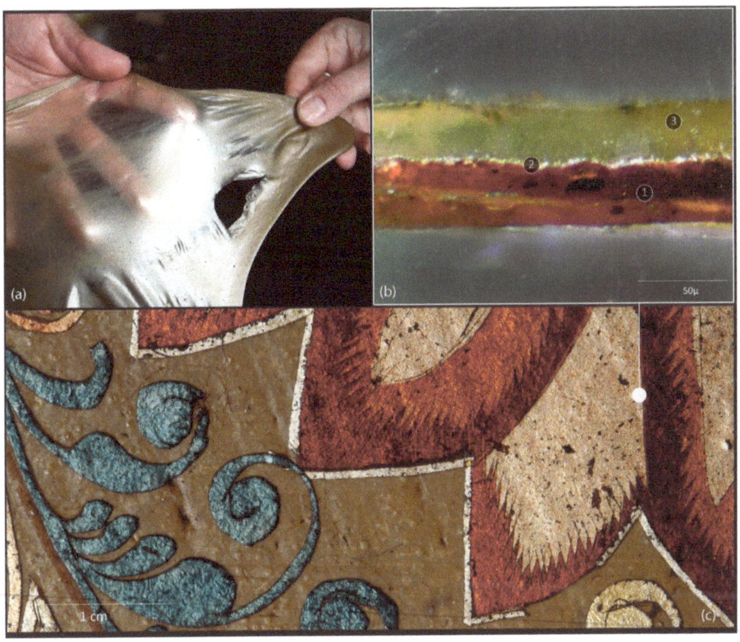

Figure 10. The delicate membranes of resin described in the 18th century are made in a similar way today (**a**). In the stratigraphic section (400×) (**b**), the yellow-tinted resin (3) layered over silver leaf (2) is visible. Layer 1 corresponds to the red-coloured resin decoration. The subtly tinted red resin membranes overlap to achieve the shading that Humboldt describes (**c**). The white dot in the image (**a**) indicates the location where the sample was taken. (Photographs (**a**,**c**): Álvarez-White, M.C) (Analysis and photograph: Fernández M.O). Private collection.

Another way of using the silver leaf, as far as we know exclusively used as part of the *barniz de Pasto* technique, was mentioned by Humboldt in 1801 as 'venturine' (p. 127a). It is likely that Humboldt named the technique this way because of its resemblance to the optical effect presented by the semiprecious stone aventurine, a variety of quartz, whose mica inclusions cause an iridescent effect similar to that of silver leaf. The 'venturine' is obtained by using the silver leaf between two *mopa-mopa* membranes and, unlike the traditional way of use, kneading it after adding another bit of resin. As a result, the metal is ground within the mass and is observed as small, scattered metallic fragments. The mixture is then stretched to form a film on the wooden surface on top of which designs of the desired composition are applied. This is how the background acquires a particular sparkling finish (Figures 11–13) whose appearance is different from that exhibited by the silver leaf when it is used as a sheet sandwiched between the *mopa-mopa* membranes.

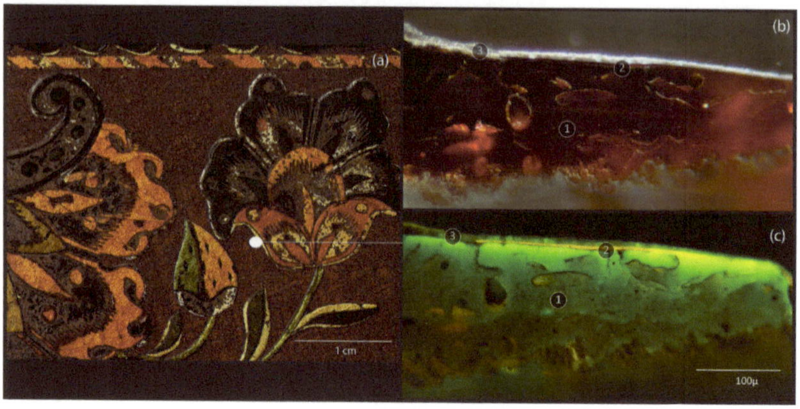

Figure 11. (**a**) In this figure, one can observe the sparkling brightness of the reddish-brown background achieved by the 'venturine', on top of which the designs were applied. The white dot indicates the sampling location (Photograph: Álvarez-White, M.C). The stratigraphic section (**b**) shows the red-coloured, lower resin background with silver particles corresponding to the technique named by Humboldt as 'venturine' (1), over which other layers (2 and 3) were applied. Layer 3 corresponds to a coloured silver leaf, as explained before (Figure 5). Image (**c**) shows the same sample viewed under UV fluorescence lamp (analysis and photograph: Fernández M.O.). Detail. Private collection.

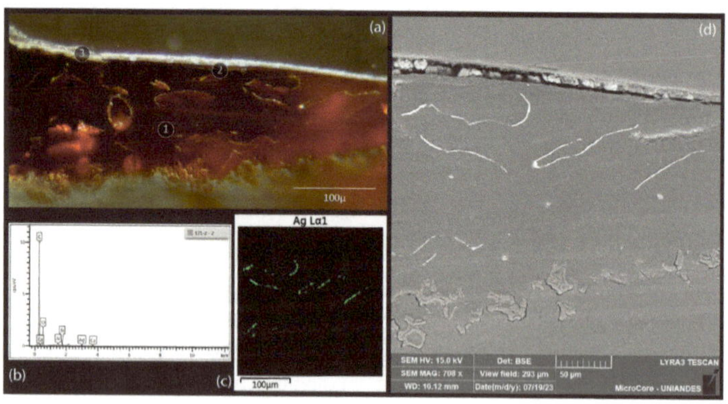

Figure 12. The cross-section (**a**) shows a 'venturine' layer (1). The SEM image (**d**) shows the thin pieces of silver within the resin, generated by kneading the resin after the addition of the silver leaf. Layer 2 is an orange-coloured resin, and layer 3 a silver leaf coloured composite membrane. The EDS spectrum (**b**) and EDS map (**c**) corroborate the presence of pure silver (Ag) (analysis and photograph: Fernández M.O.). Detail. Private collection.

Figure 13. The effect created by the 'venturine' used as a background for the composition generates a sparkling finish that contrasts with the decorative details applied on top. The latter are made with silver leaf sandwiched between two resin membranes that, depending on the dye given to the upper one, acquire a specific hue. The metal leaf used in this way acquires a slightly different optical effect from the background. (Photograph: Álvarez-White, M.C). Detail. Private collection.

3.5. The Appearance of Other Metals

Some pieces from the Republican period [ca.1819–1886] have been dated by observing the presence of iconographic elements such as the different coats of arms that were used in what is now the Republic of Colombia. A significant change during this period was the introduction of brass, which was used alongside silver leaf.

Brass consists of a copper and zinc alloy that is used in thin metal sheets coated with translucent layers of resin (Figure 14). Brass is applied through an encapsulation process similar to that described for silver complex membranes, and provides a different iridescent metallic hue, extending the range of colour.

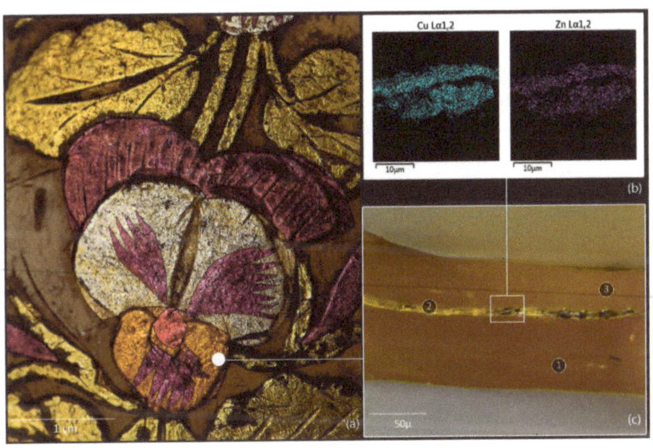

Figure 14. The lower petal, with a coppery finish, is achieved with brass leaf (**a**), while the iridescent whites and the golden highlights on the leaves were made with thin silver leaf. The white dot in this image indicates the sampling location (Photograph: Álvarez-White, M.C.). As can be seen in the elemental mapping (**c**) of a stratigraphic section (**b**) at 400×, the metallic layer (2) is an alloy of copper and zinc (Cu-Zn). Layers 1 and 3 correspond to the coloured resin layers on figure (**c**) (Analysis and photograph: Fernández, M.O).

Pieces from this period often have light opaque backgrounds that use lead white. Iridescent decorations in various shades are applied over the white background to achieve, among other things, the coppery effects typical of brass and the golden effect obtained with the yellow-tinted *mopa-mopa* covering silver.

4. Conclusions

Difficulties in dating pieces decorated with *barniz de Pasto* create obstacles to establishing a precise chronology. Many of the pieces have lost basic information such as their provenance, many are scattered in private collections, and even the few pieces that can be found in museums are of unclear origin.

By the time the Spaniards arrived, the indigenous populations were already familiar with resin and were skilled in using it. Interest in *mopa-mopa* objects led to the need for production to meet demand. The objects were made to order for the political and religious elite, who sometimes sent them abroad.

The calcium carbonate used in beads in the pre-Hispanic period was replaced by lead white, a material imported from Spain which the *barnizadores* adapted for use in the technique by mixing it, in powder form, with resin. This white pigment is common in early pieces, possibly made at the beginning of the 17th century, when there was already a settlement of people who could dedicate themselves to this work. The continuity of the use of lead white is observed from the arrival of the Spaniards until the Republican period.

One could postulate that the use of silver leaf was introduced towards the second half of the 17th century and that it constituted an important aspect in the evolution of the technique, as it was adapted with unique characteristics. The thin metallic leaf was used in the form of composite membranes. Using heat and manual pressure, it was applied directly to the surfaces of the new objects without any preparatory base. At this stage, the range of colour was also increased by using organic dyes, whose transparency, once mixed with the resin, made it possible to obtain metallic glitter in different shades in addition to the iridescent metallic tone of the sheet.

The calomel used in the *barniz de Pasto* gives the decoration a white finish that is different from the opaque one provided by lead white. Interestingly, this material has been found in Europe, also exceptionally, in manuscripts and miniatures from the 15th and 16th centuries according to Crippa et al. [30] (p. 15).

The descriptions from the chroniclers and the research carried out so far both identify the brilliance as a characteristic and recurrent element in the 18th century, which is when the technique reached its greatest splendour. During this period, the use of ground silver leaf known as 'venturine' introduced a novel effect in the *barniz de Pasto* to create a particular sparkling finish. This method is an innovative way of using silver leaf that has only been found in pieces decorated with this technique, so far.

In the Republican period, which is just beginning to be systematically studied, the presence of brass leaf has been documented. It is applied in a similar fashion to the encapsulation of silver into complex membranes but gives a different shade of coppery finish as seen in image (a) in Figure 14. Objects decorated with brass leaf often have a resin background pigmented with lead white.

There are many aspects of the *barniz de Pasto* technique that have yet to be investigated, including: when exactly silver leaf and calomel started being used and when they ceased to be used, identifying the dyes in the laboratory, foreign influences on the decoration, and the impacts on the health of the craftsmen due to the direct ingestion of lead and mercury from chewing them to amalgamate them with resin.

Supplementary Materials: The following supporting information can be downloaded at https://www.mdpi.com/article/10.3390/heritage6100344/s1. Supplementary Materials S1: original text in Spanish.

Author Contributions: Conceptualisation: M.C.Á.-W. Writing, preparation of the draft and graphic design of the figures: D.C. Analysis: M.O.F. Writing, revision, and editing: M.C.Á.-W. All authors have read and agreed to the published version of the manuscript.

Funding: This research received no external funding.

Data Availability Statement: Not applicable.

Acknowledgments: We kindly thank the Universidad de los Andes and the Support Fund for Assistant Professors for the provision of internal funding for the multispectral imaging and MEB-EDS analyses. The authors also thank Chiara Perera Jayasekarage and Izzy Seah from University College London (UCL) for their translation into English of the Spanish original version of this article.

Conflicts of Interest: The authors declare no conflict of interest.

References

1. Newman, R.; Kaplan, E.; Álvarez-White, M.C. The History of Elaeagia Resin (Mopa-Mopa), So Far. *Heritage* **2023**, *6*, 4320–4344. [CrossRef]
2. Melchar, D.; Burgio, L.; Fernández, V.; Keneghan, B.; Newman, R. A collaborative, multidisciplinary and multi-analytical approach to the characterisation of barniz de Pasto objects from the V&A collections. In *Transcending Boundaries: Integrated ICOM-CC 19thTriennial Conference Preprints*; Bridgland, J., Ed.; International Council of Museums: Paris, France, 2021; pp. 1–8.
3. Pozzi, F.; Basso, E.; Katz, M. In search of Humboldt's colors: Materials and techniques of a 17th-century lacquered gourd from Colombia. *Herit. Sci.* **2020**, *8*, 2–16. [CrossRef]
4. Sánchez, L.A. Análisis de los materiales de una arqueta decorada con barniz de Pasto, perteneciente a la colección del Museo de América de Madrid. *An. Mus. Am.* **2020**, *28*, 170–179.
5. Burgio, L.; Melchar, D.; Strekopytov, S.; Peggie, D.; Melchiorre, M.; Keneghan, B.; Najorka, J.; Goral, T.; Garbout, A.; Clark, B. Identification, characterisation and mapping of calomel as 'mercury white', a previously undocumented pigment from South America, and its use on a barniz de Pasto cabinet at the Victoria and Albert Museum. *Microchem. J.* **2018**, *143*, 220–227. [CrossRef]
6. Álvarez-White, M.C. *El Barniz de Pasto. Secretos y Revelaciones*; Ediciones Universidad de los Andes: Bogotá, Colombia, 2023; p. 190. ISBN 978-958-798-318-0.
7. Simón, P. *Noticias Historiales de las Conquistas de Tierra Firme en las Indias Occidentales*; Biblioteca del Banco de la República; Imprenta Medardo Rivas: Bogotá, Colombia, 1891.
8. Fernández de Piedrahita, L. *Historia General de las Conquistas del Nuevo Reyno de Granada*; Imprenta Medardo Rivas: Bogotá, Colombia, 1881; Volumes 1–2.
9. Juan, J.; de Ulloa, A. *Relacion Historica del Viage a la America Meridional Hecho de Orden de S. Mag. Para Medir algunos Grados de Meridiano Terrestre, y Venir por Ellos en Conocimiento de la Verdadera Figura y Magnitud de la Tierra, Con Otras Observaciones Astronómicas y Phisicas*; Antonio Marin: Madrid, Spain, 1748.
10. Robinson, D. *Diario de don Miguel de Santisteban. Mil Leguas por América: De Lima a Caracas, 1740–1741*; Banco de la República: Bogotá, Colombia, 1992; ISBN 978-958-902-880-3.
11. Magnin, J. *Descripción de la Provincia y Misiones de Mainas en el Reino de Quito [1740–1745]*; Biblioteca Ecuatoriana Aurelio Espinosa Pólit: Quito, Ecuador, 1998; ISBN 997-840-500-3.
12. De Santa Gertrudis, J. *Maravillas de la Naturaleza*; Linkgua Ediciones: Madrid, Spain, 2010; Volumes 1–4, ISBN 978-849-816-561-6.
13. De Velasco, J. *Historia del Reino de Quito. La Historia Natural [1727–1792]*; Empresa Editora El Comercio: Quito, Ecuador, 1946; Volume 1.
14. Humboldt, A. *Alexander von Humboldt en Colombia: Extractos de Sus Diarios*; Academia Colombiana de Ciencias Exactas, Físicas y Naturales: Bogotá, Colombia, 1982; p. 127.
15. Mutis, J.C.; Hernández de Alba, G. *Diario de Observaciones de José Celestino Mutis 1760–1790*; Editorial Minerva: Bogotá, Colombia, 1958.
16. Hamilton, J.P. *Viajes por el Interior de las Provincias de Colombia (1824)*; Publicaciones del Banco de la República: Bogotá, Colombia, 1955.
17. Boussingault, J.B. *Memorias*; Banco de la República; Departamento Editorial: Bogotá, Colombia, 1985; Volume 5.
18. André, É.F. América equinoccial (Colombia-Ecuador). In *América Pintoresca: Descripción de Viajes al Nuevo Continente por los Mas Modernos Exploradores*; Wiener, E.C., Wiener, C., Hildibrand, H., Kohl, A., Barbant, C., Vignal, P., Riou, E., Eds.; Edición Facsimilar de Carvajal S.A.: Bogotá, Colombia, 1981; Volume 3, pp. 755–767.
19. Holton, I.F. *La Nueva Granada: Veinte Meses en los Andes*; Ediciones Banco de la República: Bogotá, Colombia, 1981.
20. Duque, G.L.; Cubillos, J.C. *Arqueología de San Agustín: Alto de Lavapatas*; Fundación de Investigaciones Arqueológicas Nacionales; Banco de la República: Bogotá, Colombia, 1988.
21. Uribe, M.V. Pastos y protopastos: La red regional de intercambio de productos y materias primas de los siglos x a xvi d. C. *Maguaré* **1986**, *3*, 33–46.
22. Humphrey, N.; Burgio, L.; Melchar, D. One small corner of the Viceroyalty in South Kesington: barniz de Pasto at the Victoria and Albert Museum, London. *An. Mus. Am.* **2020**, *28*, 150.

23. Sánchez, J.M.; Quiñones, M.D. Materiales pictóricos enviados a América en el siglo XVI. *An. Inst. Investig. Estéticas* **2009**, *31*, 45–67. [CrossRef]
24. Newman, R.; Derrick, M. Painted Qero Cups from the Incas and Colonial Periods in Peru: An Analytical Study of Pigments and Media. In *Materials Issues in Art and Archaeology VI*; Vandiver, P., Goodway, M., Druzik, J.R., Mass, J.L., Eds.; Materials Research Society: Warrendale, PA, USA, 2002; pp. 291–302.
25. Newman, R.; Derrick, M. *Analytical Report Lab*; Project 2016-58 No. BP-15; Scientific Research Lab, Museum of Fine Artes: Boston, MA, USA, 2016.
26. Álvarez-White, M.C. El barniz de Pasto: Reflejo de la naturaleza. In *Barroco. Naturaleza y Paisaje. IX Encuentro Internacional Sobre Barroco*; Fundación Visión Cultural: La Paz, Bolivia, 2019; pp. 339–346.
27. Kawamura, Y. (Ed.) Laca japonesa urushi de estilo namban en España. Vías de su llegada y sus destinos. In *Lacas Namban: Huellas de Japón en España. IV Centenario de la Embajada de Keicho*; Fundación Japón y Ministerio de Educación, Cultura y Deporte: Madrid, Spain, 2013; pp. 249–296.
28. Romero, R.; Adelina, I.; Bondía, C. Consideraciones preliminares sobre la técnica y restauración de objetos de barniz de Pasto o mopa-mopa. *An. Mus. Am.* **2020**, *28*, 157–169.
29. Barba, A. *Arte de los Metales: En Que se Enseña el Verdadero Beneficio de los de Oro y Plata Por Azogue: El Modo de Fundirlos Todos, y Como se Han de Refinar y Apartar Unos de Otros. Nuevamente Ahora Añadido Con el Tratado de las Antiguas Minas de España, (1817)*; Legare Street Press: USA, 2022; ISBN 9781019231777.
30. Crippa, M.; Legnaioli, S.; Kimbriel, C.; Ricciardi, P. New evidence for the intentional use of calomel as a white Pigment. *J. Raman Spectrosc.* **2021**, *52*, 15. [CrossRef]
31. Cicala, M.S.J. *Descripción Histórico-TOPOGRÁFICA de la Provincia de Quito de la Compañía de Jesús, Parte Primera Viterbo, 1771*; tomo 2; Biblioteca Ecuatoriana Aurelio Espinosa Pólit e Instituto Geográfico Militar: Quito, Ecuador, 1994; ISBN 978971106.
32. de Friedemann, N. El barniz de Pasto. *Arte y rito milenario Rev. Lámpara* **1985**, *23*, 15–24.
33. Bruquetas, R.G. *Técnicas y Materiales de la Pintura Española en los Siglos de Oro*; Fundación Telefónica de Madrid: Madrid, España, 1992; p. 560. ISBN 9788493003036.
34. Santiesteban, M. *Mil Leguas por América, de Lima a Caracas, 1740–1741. Diario de don Miguel de Santisteban*; Robinson, D.J., Ed.; Banco de la República: Bogotá, Colombia, 1992.

heritage

MDPI

Article

El esplendor del brillo: La hojilla de plata en los objetos de barniz de Pasto

María Cecilia Álvarez-White [1], David Cohen [2,*] and Mario Omar Fernández [2]

[1] Conservadora en práctica privada, Bogotá 110221, Colombia, mca4@hotmail.com
[2] Laboratorio de Estudios de Artes y Patrimonio–LEAP, Universidad de los Andes, Bogotá 111711, Colombia; mo.fernandez@uniandes.edu.co
* Correspondence: d.cohen@uniandes.edu.co

Resumen: Este artículo presenta hallazgos actuales sobre el uso histórico de la plata y otros elementos metálicos como parte de la técnica decorativa colombiana denominada barniz de Pasto y también conocida como mopa-mopa. Los resultados hacen parte de una investigación en curso más amplia. El objetivo es interpretar y valorar la introducción del metal como un componente significativo en la consolidación de la técnica. Para el estudio se utilizan técnicas de imágenes multiespectrales (macrofotografía de luz visible; fotografía infrarroja y ultravioleta), cortes estratigráficos y mapeo elemental de SEM-EDS. Las evidencias se comparan e interpretan dentro de un marco holístico que sugiere la aparición de la plata como parte de una innovación de la técnica del barniz de Pasto, ya sea como hojilla intercalada entre membranas de resina o como "venturina", procedimiento que se obtiene al amasar la hojilla entre capas de resina fragmentándola y extendiéndola luego como fondo de las composiciones.

Palabras clave: *mopa-mopa*; *barniz de Pasto*; hojilla de plata; ciencias de la conservación; venturina

Citation: Álvarez-White, M.C.; Cohen, D.; Fernández, M.O. The Splendour of Glitter. Silver Leaf in *barniz de Pasto* Objects. *Heritage* **2023**, *6*, 6581–6595. https://doi.org/10.3390/heritage6100344

Academic Editors: Lucia Burgio, Dana Melchar, Monica Katz

Received: 26 July 2023
Revised: 9 September 2023
Accepted: 23 September 2023
Published: 27 September 2023

1. Introducción

Las comunidades prehispánicas del departamento de Nariño en Colombia elaboraron cuentas de collar con la resina natural conocida como mopa-mopa [1] proveniente de la planta *Elaeagia pastoensis* L.E Mora, que pertenece a la familia Rubiaceae y crece silvestre en la selva sur occidental del país. Durante el período colonial temprano y posteriormente, con la consolidación del virreinato de la Nueva Granada a comienzos del s. XVIII, la técnica evoluciona a partir de nuevos materiales, objetos y diseños como respuesta a la gran demanda de estos objetos. Las piezas de madera ornamentadas con barniz de Pasto se extienden durante los siglos XIX y XX hasta nuestros días con los maestros artesanos de la ciudad de Pasto que aún hoy continúan con la tradición. Esta larga trayectoria en la transmisión e innovación de conocimientos y saberes, reconocidos como patrimonio cultural inmaterial de la humanidad en diciembre 2020, hace parte de la lista de salvaguardia urgente de la UNESCO.

Sin embargo, a pesar de la importancia cultural y artística de estos bienes, aun son pocos los estudios técnicos realizados para la caracterización [2-5] e identificación de sus transformaciones a lo largo del tiempo. En particular, es notoria la falta de investigaciones en lo que respecta a la introducción y uso de materiales como la hojilla de plata y el latón.

A las anteriores falencias se debe agregar la ausencia de una base documental histórica, en cuanto que, hoy en día, sólo se dispone de la descripción genérica de los cronistas del período colonial y de los viajeros del s. XIX; tampoco se conocen, con contadas excepciones [6], fechas o inscripciones que permitan una datación directa de ellas.

Otra situación que incide para el conocimiento y difusión de la técnica consiste en que la mayor parte de las obras pertenecen a colecciones privadas del país y del extranjero y, sólo en contados casos, se encuentran a disposición del público; más aún, los museos carecen de series representativas que permitan adelantar estudios técnicos.

La presente investigación se inserta dentro de un proyecto más amplio, aún en curso, liderado por la conservadora María Cecilia Álvarez-White con el apoyo del Laboratorio de Estudios de Artes y Patrimonio – LEAP, de la Facultad de Artes y Humanidades y la Vicerrectoría de Investigación y Creación de la Universidad de los Andes.

El objetivo es mostrar de manera exploratoria el uso de hojillas de metal en el desarrollo de la técnica del barniz de Pasto, con base en las evidencias resultantes de los análisis de laboratorio, para brindar un marco de interpretación que sirva de apoyo a su posterior profundización.

El efecto del brillo en los objetos decorados con esta técnica se manifiesta, en nuestra opinión, posiblemente a partir de mediados del siglo XVII. Su mayor esplendor se sitúa en el XVIII y con algunas variaciones se extiende a lo largo del XIX y del XX hasta la actualidad.

Los primeros destellos metálicos se lograron gracias al manejo combinado de la hojilla de plata con la mopa-mopa, que paulatinamente se emplea de manera extensa hasta alcanzar su cobertura sobre las superficies ornamentadas con lo que se adquiere un resplandor iridiscente. Posteriormente, en el siglo XIX se suma la introducción de la hojilla de latón, consistente en una aleación de cobre y zinc que añade la tonalidad cobriza a la decoración.

2. Materiales y Métodos

Para la recolección y procesamiento de los datos se planteó un protocolo de acercamiento a las piezas en el cual los objetos disponibles fueron numerados con un código único que los identifica. En primera instancia se clasificaron en grupos que mostraran características visuales comunes a partir de las siguientes variables:

1. El grosor y el relieve de las decoraciones de Barniz
2. La opacidad o brillo de la superficie
3. La aparición de colores vibrantes
4. La presencia de elementos o brillos metálicos

Se han revisado 230 objetos decorados con mopa-mopa, de los cuales 91 se analizaron con diferentes técnicas para explorar aspectos de su materialidad y caracterizar los elementos metálicos que otorgan el brillo a las decoraciones. Posteriormente se eligieron objetos representativos de cada grupo para la selección final de 41 objetos.

En las obras seleccionadas se realizó un registro fotográfico detallado con luz visible, fluorescencia inducida con luz ultravioleta (UVF) y fotografía con luz infrarroja (IR). Para las fotografías y para la fluorescencia UV se empleó una cámara Canon® EOS 7D Mark II (Canon, Tokio, Japón) con una lámpara UV SPECTROLINE® Tritan 365 (Spectroline, Nueva York, NY, EE.UU.) y un filtro UV TIFFEN® (Tiffen, Ciudad Oklahoma, OK, EE.UU). Las fotografías IR fueron llevadas a cabo con un equipo de fotografía técnica de Cultural Heritage Science Open Source – CHSOS (CHSOS, Viagrande, Italia) con una cámara NIKON® D7100 modificada (NIKON, Tokio, Japón). Como fuente de iluminación se empleó una lámpara ELINCHROM® D-Lite LX-4 (ELINCHROM, Nueva York, NY, EE.UU).

Estos métodos multiespectrales permitieron la identificación de ciertas decoraciones metálicas, especialmente en áreas en las que los deterioros o intervenciones de los objetos dificultaban su visualización.

A partir de este primer acercamiento y del análisis de la información se clasificaron los bienes con presencia de brillos metálicos para elegir finalmente 11 objetos para la realización de análisis de laboratorio. De estos se tomaron entre 2 y 4 muestras para realizar cortes estratigráficos y análisis elementales. Las muestras se englobaron en resina acrílica para su manipulación y se analizaron morfológicamente con un microscopio óptico. Luego se llevaron al microscopio de barrido de electrones y de haz de iones focalizado FE-MEB LYRA3 de TESCAN del Laboratorio MicroCore. El MEB tiene integrado un sistema de microanálisis por espectroscopía de dispersión de energía de rayos X, EDS para la identificación y el mapeo elemental. Los análisis cuantitativos tienen una precisión de ± 2%, con límites de detección de 100 ppm aproximadamente.

Se consultaron los relatos de cronistas y viajeros, únicos documentos de referencia conocidos hasta la fecha, para conocer los lugares de fabricación de los objetos y describir algunos de sus detalles. Se destacan los relatos de Fray Pedro Simón (1574-1628), quien quizás sea el primero en mencionar la planta productora de resina, así como los objetos que con ella se adornaban y los lugares de producción, señalando a Mocoa, Quito e incluso "otras partes del Perú" donde se elaboraban los vasos ceremoniales incas de madera (conocidos como "Queros") decorados con mopa-mopa [7] (p.273).

Además, se consultaron otros cronistas que aportan información complementaria como Lucas Fernández de Piedrahita (1624-1688) [8], Jorge Juan y Antonio de Ulloa (1749) [9], Miguel de Santisteban (1691-1776) [10], Juan Magnin, S. J. (1701-1753) [11], Fray Juan de Santa Gertrudis (1724-1799) [12] y Juan de Velasco (1727-1792) [13].

En los inicios del siglo XIX se cuenta con datos más concretos sobre los materiales y formas de trabajo en las detalladas descripciones de viajeros como Alexander von Humboldt (1769-1859) quien en 1801 visitó la ciudad de Pasto y consignó en sus diarios interesantes aspectos sobre los materiales empleados y de la técnica de elaboración al describir, entre otros, detalles cómo: *"las sombras se obtienen colocando una membrana sobre la otra"* [14] (p. 127a).

El botánico José Celestino Mutis (1733-1808) quien a partir de 1783 tuvo a su cargo la Expedición Botánica del Nuevo Reino de Granada, menciona varios pigmentos como el oropimente al igual que colorantes naturales utilizados en la ornamentación con barniz de Pasto [15].

El coronel John Potter Hamilton (1777-1873) llega al país en 1823 pocos años después de la declaración de independencia y se refiere elogiosamente a las totumas adornadas con flores de brillantes colores [16] (p. 165). El químico francés Jean Baptiste Boussingault (1801-1887) describe en sus memorias "objetos de madera como calabazas, cajas y recipientes dedicados a guardar vino o aguardiente" decorados con la resina, detalla su técnica de aplicación y algunas de sus características químicas [17] (p. 460).

Edouard André (1840-1911) cuando se refiere a la resina hace énfasis en su "consistencia extraordinaria, resiste el frío, el calor y el agua y se adhiere fuertemente a la madera" [18] (p.755) e incluye, un grabado que permite apreciar un taller de la época.

El botánico norteamericano estudioso de la flora tropical, Isaac Farewell Holton (1812-1874) narra sobre totumas y otros objetos elaborados en Pasto con la mopa-mopa "que traen de las cabeceras distantes del Amazonas" [19] (p.538).

3. Resultados

3.1. La técnica del barniz de Pasto antes de la introducción de los metales

Antes de la llegada de los españoles los indígenas de la zona de Pasto conocían la resina, el lugar donde crecía la planta quela produce, las épocas de recolección de las yemas y su procesamiento. Ellos elaboraron las cuentas de collar con mopa-mopa, las cuales tenían uso simbólico y ceremonial. Su documentación está asociada a contextos de enterramiento realizadas en excavaciones arqueológicas en el Parque de San Agustín, en el actual departamento del Huila [20] y en la vereda de Miraflores, en Nariño [21].

Figura 1. Grupo de cuentas de collar con iluminación normal (**a**) e infrarroja (**b**). Los cuatro de la izquierda muestran bandas de resina intercaladas, dos de ellas coloreadas. La cuenta más grande, en el extremo derecho, elaborada con resina en su estado natural y sin teñir. Colección privada. (Fotografías: Cohen, D).

En las cuentas no solo empleó el color natural de la resina, que actualmente tiene apariencia marrón, quizás, a causa del envejecimiento natural por tratarse de un material orgánico (Figura 1), sino que, además, presentan otras dos tonalidades, una de acabado claro para la que se utilizó carbonato de calcio, posiblemente cal (análisis MEB realizado por M.O.F) y otra de tonalidad oscura, lograda con un colorante de procedencia orgánica, todavía pendiente de identificación.

Las bandas se elaboraban con delgadas láminas de resina, las cuales, aún calientes, se entrecruzaban para realizar el enrollado, en diagonal, alrededor de un elemento de madera. Luego se debían cortar del tamaño deseado, de hasta 3 centímetros de largo, para tomar su consistencia definitiva, al enfriarse. (Figura 1). El espesor aproximado de las láminas es de 2 a 3 milímetros.

Las cuentas de collar prehispánicas, únicos elementos de esa época hechos con mopa-mopa conocidos hasta el momento, constituyen el antecedente de la técnica decorativa denominada en la actualidad como barniz de Pasto.

3.2. *El inicio del período colonial*

Durante la colonia temprana (posiblemente hacia finales del siglo XVI e inicios del XVII), con motivo de la llegada de los españoles, la mopa-mopa se comienza a utilizar para decorar objetos de madera elaborados con base en modelos europeos. La demanda de estas piezas genera un mercado de obras que constituían elementos de prestigio de la nueva clase social articulada al poder político y eclesial. Se fabricaban en madera de cedro, abundante en la zona de Pasto, tal y como lo describe en el s. XVIII fray Juan de Santa Gertrudis (vol. 3, p.110). El análisis del soporte de madera de un escritorillo propiedad del Victoria and Albert Museum (realizado por el Dr. Peter Gasson del Royal Botanic Gardens Kew) de Londres corrobora la afirmación del cronista [22]

Este conjunto de piezas realizadas en lo que se ha denominado para la presente investigación como período inicial, se caracteriza por una reducida gama cromática de aspecto mate, aunque conservan el brillo satinado de la resina. En la decoración se exhiben elementos de la tradición indígena entremezclados con vegetación y animales del entorno; en ocasiones se aprecian reinterpretaciones propias de figuras europeas como el águila bicéfala de los Habsburgo.

La madera está recubierta en su totalidad con una película transparente de resina que cumple una función protectora sobre la cual se aplica la decoración. Las láminas se tinturan con colorantes de procedencia orgánica y con albayalde en polvo cuando se quieren obtener tonalidades claras. En estas obras las láminas de resina, mucho más delgadas que las empleadas en las cuentas de collar, tienen un espesor aproximado de 50μ a 200μ. Sobre el fondo general de color oscuro, rojo guinda o verde aceituna, se aplican las membranas previamente recortadas. Se extienden una a continuación de otra para rellenar las figuras, o simplemente se aplican como líneas de contorno e incluso sueltas, a manera de roleos. (Figura 2).

Figura 2. Las zonas claras, resultantes de la mezcla de la resina con albayalde, tienen un acabado opaco. Las zonas de color rojo cereza, como el pecho del pájaro, se produjeron con una membrana transparente teñida con un tinte orgánico como se observa en la imagen (**a**). A la derecha (**b**), bajo luz infrarroja, se observa el ligero relieve de las aplicaciones que componen los diseños, así como los pequeños recortes de resina con los que se rellenaron los pétalos de las flores en la esquina superior izquierda. (Fotografías: Cohen, D). Colección privada.

El carbonato de calcio empleado en el período prehispánico se sustituye ahora por el albayalde que llega a través del comercio desde el puerto de Sevilla [23] y al mezclarlo con la resina adquiere apariencia mate. Este pigmento se maneja hábilmente para lograr gradaciones de los tonos claros al utilizarlo en diferentes concentraciones (Figura 3). El blanco de plomo también se caracterizó como parte de la decoración de los queros incas peruanos [24]. Es posible que en estos casos se haya añadido un tinte vegetal, como la raíz de la escobedia o "azafrán de la tierra", como menciona Humboldt (p. 127a), para lograr el color amarillo ocre.

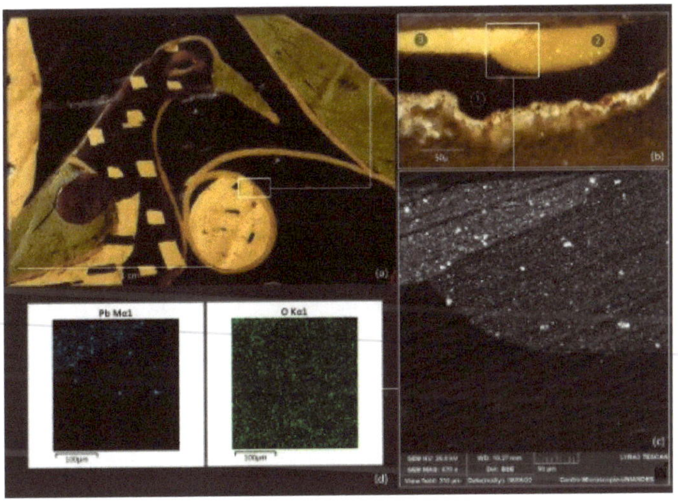

Figura 3. (**a**) Detalle de la decoración realizada con láminas de mopa-mopa sobre la base de color oscuro que sirve de fondo a la composición. (Fotografía: Álvarez-White, M.C). En las capas 2 y 3 de la sección estratigráfica (**b**) se pueden observar dos concentraciones diferentes del pigmento blanco (albayalde). La capa 1 corresponde a la resina que es la base del diseño. En la imagen SEM (**c**), los puntos blancos de las capas 2 y 3 confirman la presencia de blanco de plomo en el mapeo elemental (**d**). (Análisis y fotografía: Fernández, M.O). Colección privada.

La tonalidad oscura se logra con el añil calcinado que en ocasiones sirve también como fondo general a los diseños. Los verdes se obtienen al mezclar el azul del índigo con el extracto de una planta, aún no identificada, rica en componentes amarillos a base de flavonoides con altos niveles de quercetina y kaempferol [25]. El rojo, pendiente de ser caracterizado mediante análisis químicos, por su apariencia podría ser cochinilla [26]. Es necesario tener en cuenta que por tratarse de piezas que han sufrido procesos naturales de alteración la percepción de los colores también ha cambiado.

3.3. *Introducción de la hojilla metálica*

En la medida que transcurre el período colonial se comienzan a elaborar objetos cuya ornamentación es más compleja al enriquecer el uso de pigmentos como el blanco de plomo con la introducción de la hojilla de plata y de un pigmento blanco con acabado sólido, conocido como calomel. Esta mezcla de materiales crea una decoración que intercala elementos brillantes con otros de aspecto mate.

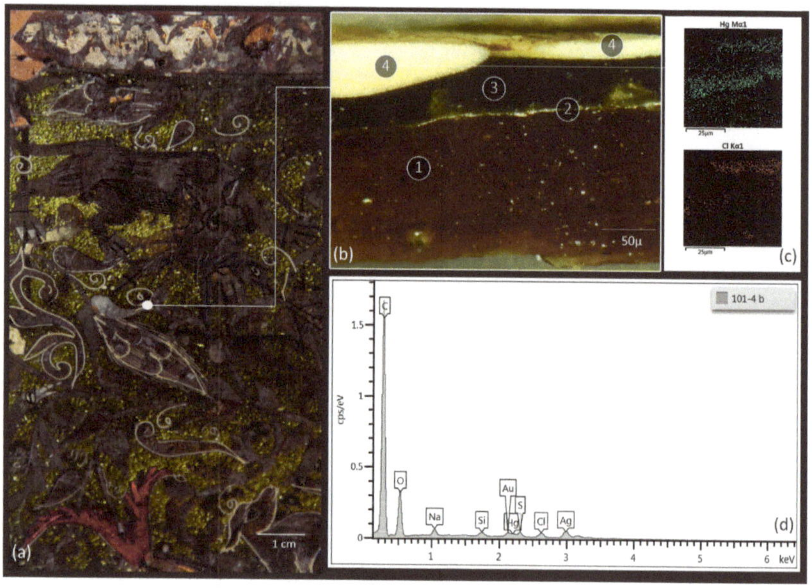

Figura 4. Corte estratigráfico a 200× (**b**) tomado de una franja blanca de la ornamentación (**a**). El punto blanco en la imagen corresponde al lugar de la toma de muestra. (Fotografía: Álvarez-White, M.C). En la imagen **b**, la capa 4 muestra la presencia de mercurio (Hg) y cloro (Cl), lo que confirma el pigmento de calomel. La hoja de plata es visible en la capa 2, mientras que las capa 1 es la resina de base y la 3 corresponde a la resina coloreada de verde. El espectro EDS (**d**) muestra el mercurio y el cloro detectados en el mapeo elemental (**c**). La presencia de oro (Au) se debe al proceso de recubrimiento de la muestra para el análisis SEM. (Análisis y fotografía: Fernández, M.O). Colección privada.

Se observa mayor esmero en el procesamiento de las láminas de resina que ahora se adelgazan aún más para alcanzar un espesor aproximado entre 30μ y 50μ. Con la introducción del metal se amplía la gama cromática: se obtiene una tonalidad clara iridiscente cuando la membrana que lo cubre se emplea en su tonalidad natural; o dándole otros matices de diferentes colores, cuando se tintura con colorantes. En este período aparecen por primera vez fondos completos con destellos metálicos sobre los que aplican los diseños (Figura 4).

Las cenefas que enmarcan las composiciones suelen estar realizadas con hojilla de plata y en su interior se aprecian diseños de influencia Namban. [27], como los que se observan en la arqueta del Museo Victoria and Albert de Londres (registro W7-2018). Los recientes análisis realizados en esta pieza dieron como resultado la presencia de calomel utilizado en las finas líneas blancas de acabado mate de acuerdo con Humphrey et al., (p. 150).

El Calomel (Hg_2Cl_2) blanco de mercurio es un pigmento sintético altamente tóxico que no se ha encontrado en América del sur en objetos artísticos con excepción de la técnica del barniz de Pasto. En varios proyectos de investigación, como los ya mencionados por Pozzi et al., [3], Sánchez L., [4], Burgio et al., [5], and Álvarez-White [6], Pls do not forget comma after Álvarez-White [6], se ha confirmado el uso en la decoración de diferentes piezas [28].

Durante el período colonial el azogue, como también se conoce al mercurio, era empleado principalmente para procesos de elaboración del oro y de la plata. Barba menciona su utilización desde 1574 en las minas de Potosí en Bolivia [29] (p. 71). En 1789 Juan de Velasco menciona cómo en las montañas de Cuenca, Ecuador, existía una mina de azogue cuya producción permitía abastecer otras provincias, pero tuvo que ser cerrada por el peligro que representaba para la "salud de los indios" (vol. 1, p. 45). Trabajos más recientes indican que en Europa se empleó en los siglos XV y XVI [30].

En la mayor parte de las piezas que presentan diseños blancos realizados con calomel, se aprecian otros intercalados con aspecto opaco, así como decoraciones elaboradas con hojilla de plata recubiertas por membranas de mopa-mopa. Estas pueden estar o no coloreadas y adquirir tonalidad dorada, verde o azul para realzar la iridiscencia del metal que se encuentra debajo. (Figura 5).

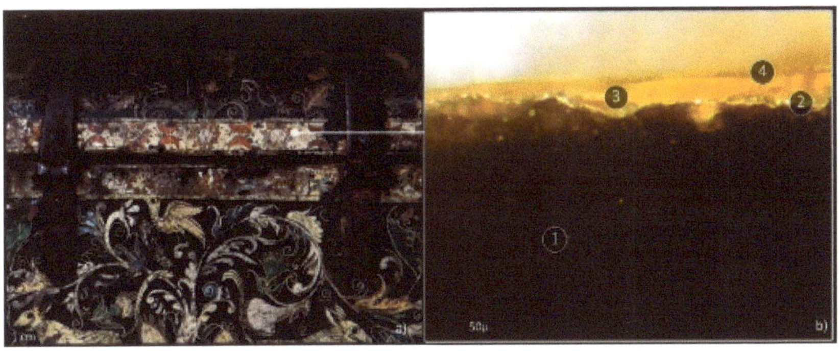

Figura 5. Algunos elementos realizados en varios colores iridiscentes, mediante el uso de hojilla de plata (**a**), son un ejemplo de la introducción de diseños con acabado metálico mezclado con otros de apariencia mate. El calomel, que tiene un acabado opaco, se aplica en forma de finas tiras blancas para delimitar los contornos o bien en forma de líneas. El punto blanco en la imagen (**a**) corresponde al lugar de la toma de muestra. (Fotografía: Álvarez-White, M.C). La sección estratigráfica (400x) (**b**) muestra la capa de resina que sirve de fondo (1), luego la hoja de plata (2) y encima de esta última, una capa de resina de 15 μ de espesor (3). Encima hay una fina capa de tierra acumulada (4) (Análisis y fotografía: Fernández, M.O). Colección privada.

Como parte de la técnica del barniz de Pasto, la hojilla de plata se manejaba como una estructura compleja denominada "membrana compuesta" según Álvarez-White (2023, p. 168). Esta consistía en extender la hoja metálica sobre una lámina de mopa-mopa para luego cubrirla con otra capa de mopa-mopa que podía estar teñida o no con un colorante orgánico en polvo. De esta forma, el metal conserva su brillo metálico evitando procesos de corrosión, que sólo se producen cuando el metal queda expuesto por desgaste o uso, ennegreciéndose por oxidación.

Estas películas compuestas se aplicaban sobre la superficie de madera con una delgada capa de resina. En 1771, el Padre Cicala describió este procedimiento de la siguiente manera: "cuando el artesano quiere que cierto campo o flor parezca plata, después de pintar la primera capa [resina], extiende la hoja de plata y encima esto le pinta otra capa de barniz del color que quiere" [31] (p. 514). Esta técnica decorativa todavía se emplea hoy en día de manera similar.

Se debe tener en cuenta que, desde el período prehispánico, el procesamiento de la resina implicaba su masticación, tal y como lo menciona Santa Gertrudis (vol. 3, p. 110) y Humboldt (p. 127a) quién a este respecto señala que la saliva jugaba un papel importante para lograr láminas homogéneas y para amalgamarla mejor con los colorantes y los pigmentos como el blanco de plomo. Todavía a mediados del siglo XX, Alfonso Zambrano, reconocido maestro tallador de madera en la ciudad de Pasto, mencionaba cómo, hacia 1940, los barnizadores que llegaban a su taller para solicitar la fabricación de pequeños muebles de madera (Figuras 6 y 7) "tenían los dientes muy gastados y se les reconocía a distancia por el aspecto musculado y potente de sus mandíbulas" [32] (p. 21).

Figura 6. Ejemplo de la conformación estructural de un escritorillo típico, común desde la época colonial hasta el siglo XVIII. Los objetos de este tipo están hechos de madera y equipados con cajones en los que a menudo se encuentran compartimentos secretos. Todas las superficies exteriores también están ornamentadas con barniz de Pasto. La tapa y el frente abatible son plegables. "Escritorillo de la palmera", Dimensiones abierto: 46 x 39,5 x 26 cm. Colección privada. (Fotografía: Álvarez-White, M.C).

Figura 7. La fotografía con luz rasante permite apreciar el relieve natural provocado por la superposición de capas sobre el fondo mate, el cual fue elaborado con una mezcla de resina mopa-mopa y blanco de plomo. En las membranas compuestas, los colores utilizados para tinturar la

resina que recubre la hojilla de plata se equilibran hábilmente para lograr el efecto iridiscente. "Escritorillo de la palmera". Colección privada. (Fotografía: Álvarez-White, M.C)

3.4. Los efectos iridiscentes

De acuerdo con las descripciones que hacen cronistas y viajeros desde el siglo XVIII, las decoraciones con barniz de Pasto adquieren una identidad característica por su brillo que se puede equiparar con el de la porcelana China. (Fray Juan de Santa Gertrudis 1970, vol. 1, p. 175).

Posteriormente los diseños con hojilla de plata se extienden sobre fondos opacos realizados con una mezcla de resina con blanco de plomo. Se incrementa así su luminosidad y la paleta cromática se diversifica aún más. El blanco iridiscente del metal de plata complementa el colorido.

Figura 8. Detalle de la contratapa de un escritorillo con adornos metálicos en diferentes tonalidades, incluido el dorado, fruto del efecto que produce la membrana de resina tinturada de amarillo. También se pueden observar huellas dactilares. El fondo general de resina es de acabado mate. (Fotografía: Álvarez-White, M.C.). Colección privada.

Aunque no se han identificado aún todos los colorantes utilizados, el índigo se sigue empleando en varias concentraciones. Es posible que este sea el mismo añil (*Indigofera suffruticosa*) como se denomina la especie americana y que según Humboldt (p. 127a) se empleaba calcinado o muy concentrado. Bruquetas [33] (p. 163) explica que este colorante americano era llevado de América a España en grandes cantidades. Es probable que la escobedia, por su coloración amarilla, sea la que confiere el acabado áureo al metal plateado. No se descarta la utilización de otros colorantes como la cochinilla y el achiote (*Bixa orellana*). (Figura 8).

Se desconoce la razón por la cual el blanco de mercurio no se vuelve a utilizar en esta técnica y en qué momento preciso el blanco de plomo, con su aspecto mate, toma lugar como fondo de las composiciones.

Es común encontrar huellas dactilares producto de la presión manual para fijar las membranas cuando todavía están calientes (Figuras 8 y 9). Posiblemente la finura de estas películas cuyo espesor está entre 10μ y 30μ aproximadamente, dio lugar a que en 1740

Miguel de Santisteban se refiriera a ellas como "telas de cebolla" [34] (p. 125) y en 1789 Juan de Velasco las describió como "más sutiles que el papel más delgado de la China" (vol. 1, p. 56) (Figura 10).

Figura 9. Detalle de una figura mítica–un grifo–aplicada sobre fondo mate (**a**) (Fotografía: Álvarez-White M.C). Bajo la luz ultravioleta (**b**), el material que da el color verde a la figura del grifo adquiere una tonalidad turquesa. Los motivos vegetales del fondo – volutas – que en buena parte han perdido su revestimiento de hojilla de plata y originalmente estaban teñidas de azul oscuro, se pueden ver en un tono gris claro. Destacan restos de metal coloreado en tonos oscuros que realzan detalles en las alas del animal y en algunas volutas. El fondo general de la composición, producto de la mezcla de resina con blanco de plomo, emite fluorescencia blanca. (Fotografía UVF: Cohen D.). Colección privada.

Figura 10. Las delicadas membranas de resina descritas en el siglo XVIII se fabrican de manera similar en la actualidad (**a**). En la sección estratigráfica (400×) (**b**), es visible la resina teñida de amarillo (3) colocada sobre la hojilla de plata (2). El estrato 1 corresponde a la capa de resina teñida de rojo. Las membranas de mopa-mopa sutilmente tinturadas de rojo se superponen para lograr el sombreado que describe Humboldt (**c**). El punto blanco en la imagen (**a**) corresponde al lugar de la toma de muestra. (Fotografías a y c: Álvarez-White, M.C) (Análisis y fotografía: Fernández M.O). Colección privada.

Otra forma de utilizar la hoja de plata, que hasta donde sabemos se emplea exclusivamente en la técnica del barniz de Pasto, fue mencionada por Humboldt en 1801 como "venturina" (p. 127a). Es probable que la hubiese denominado así por su parecido con el efecto óptico que presenta la piedra semipreciosa que tiene ese nombre. Esta es una variedad de cuarzo, cuyas inclusiones de mica provocan un efecto iridiscente similar al de la hojilla de plata. La "venturina" se obtiene utilizando la hoja metálica entre dos membranas de mopa-mopa y, a diferencia del modo tradicional, luego se amasa añadiéndole un poco más de resina. Como resultado de este proceso, el metal queda molido dentro de la masa en forma de pequeños fragmentos metálicos dispersos. Luego se estira la mezcla para formar una película sobre la superficie de madera encima de la cual se aplican los diseños de acuerdo con la composición deseada. Es así como el fondo adquiere un particular acabado brillante (Figuras 11, 12 y 13) cuya apariencia es diferente a la que exhibe la hoja de plata cuando se utiliza como lámina intercalada entre dos membranas de mopa-mopa.

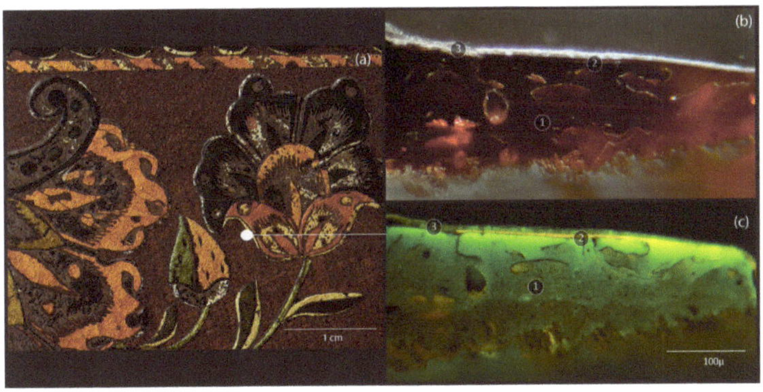

Figura 11. (**a**) Se observa el brillo chispeante del fondo marrón rojizo logrado por la "venturina" (1), sobre la cual se aplicaron los diseños. El punto blanco en la imagen corresponde al lugar de la toma de muestra. (Fotografía: Álvarez-White, M.C). En el corte estratigráfico (**b**) se muestra el fondo inferior de resina, de color rojo, con partículas irregulares de plata molida), sobre la que se aplicaron otras capas (2 y 3). El estrato 3 corresponde a una hoja de plata coloreada, como membrana compuesta (Fig. 5). La imagen (**c**) es la misma muestra observada bajo la lámpara de fluorescencia UV (análisis y fotografía: Fernández M.O.). Detalle. Colección privada.

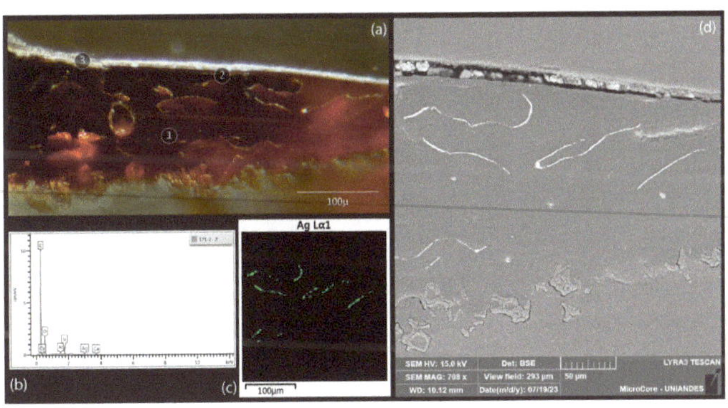

Figura 12. La sección transversal (**a**) muestra la capa general de base elaborada con "venturina" (1). En la imagen MEB (**d**) se observan los fragmentos irregulares de plata dentro de la resina, producto del proceso de amasado. La capa (2) es la resina tinturada de naranja, mientras que la 3 corresponde a una membrana compuesta con hojilla de plata. El espectro EDS (**b**) y el mapa EDS (**c**) corroboran la presencia de plata pura (Ag) (análisis y fotografía: Fernández M.O.). Detalle. Colección privada.

Figura 13. El efecto creado por la 'venturina' utilizada como fondo de la composición genera un acabado brillante que contrasta con los detalles decorativos aplicados encima. Estos últimos están elaborados con hoja de plata intercalada entre dos membranas de resina que, dependiendo del tinte que se le da a la superior, adquiere una tonalidad específica. La hoja de metal así utilizada adquiere un efecto óptico ligeramente diferente al del fondo. (Fotografía: Álvarez-White, M.C). Detalle. Colección privada.

3.5. La aparición de otros metales

Algunas piezas del período republicano [ca.1819–1886] han sido datadas observando la presencia de elementos iconográficos tales como los diferentes escudos que se utilizaron hasta lo que hoy es la República de Colombia. Un cambio significativo durante este período fue la introducción del latón, que se utilizó junto con el pan de plata.

El latón consiste en una aleación de cobre y zinc que se emplea a partir de finas láminas metálicas recubiertas con capas traslúcidas de resina (Figura 11). Se aplican mediante un procedimiento similar al descrito para las membranas compuestas con la hojilla de plata. Su acabado provee un matiz metálico tornasolado diferente con lo cual se amplía la gama cromática.

En las piezas de esta época abundan fondos de acabado mate por la utilización de albayalde. Sobre estos se aplican decoraciones iridiscentes en varias tonalidades con las que se consiguen, entre otros, los efectos cromáticos cobrizos propios del latón y del áureo que se obtiene con la membrana tinturada de amarillo para cubrir la plata.

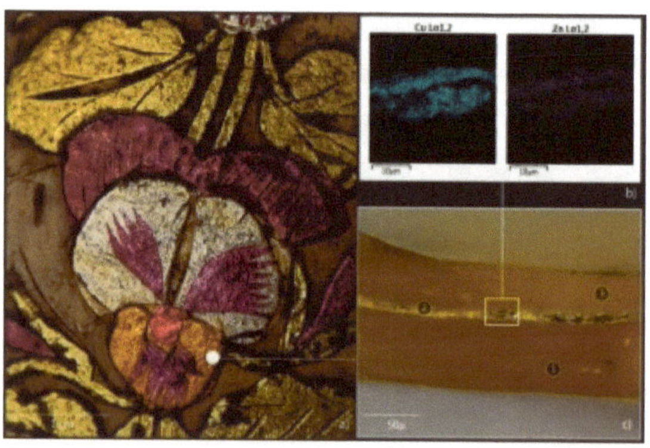

Figura 14. El pétalo inferior, con acabado cobrizo, se logró con hoja de latón (a), mientras que los blancos iridiscentes y los reflejos dorados de las hojas se realizaron, en el segundo caso, con hojilla de plata tinturada de amarillo para obtener el efecto áureo. El punto blanco en la imagen (**a**) corresponde al lugar de la toma de muestra. (Fotografía: Álvarez-White, M.C.). Como se puede observar en el mapeo elemental (c) de una sección estratigráfica (b) a 400x, la capa metálica (2) es una aleación de cobre y zinc (Cu-Zn). Las capas 1 y 3 corresponden a la resina tinturada (**c**). (Análisis y fotografía: Fernández, M.O).

4. Conclusiones

Las dificultades para datar las piezas decoradas con barniz de Pasto crean obstáculos para establecer una cronología precisa. Se ha perdido el rastro de gran parte de las obras, muchas están dispersas en colecciones privadas e incluso las pocas piezas que se encuentran en los museos carecen de información sobre su procedencia.

A la llegada de los españoles las poblaciones indígenas ya conocían la resina y la manejaban con destreza. El interés que despertó en ellos el uso de la mopa-mopa generó la necesidad de una producción que respondiera a esa demanda. Los objetos se realizaron por encargo con destino a una élite política y religiosa que en oportunidades los enviaba al extranjero.

El carbonato de calcio utilizado en las cuentas en la época prehispánica fue sustituido por blanco de plomo, un material importado de España que los barnizadores adaptaron para su uso en la técnica mezclándolo, en forma de polvo, con la resina. Este pigmento blanco es común en las piezas tempranas elaboradas posiblemente en los inicios del siglo XVII cuando ya existía un asentamiento poblacional que se podía dedicar a estas labores.

La continuidad del uso del blanco de plomo se aprecia en los objetos desde la llegada de los españoles hasta la época republicana.

Se podría pensar que la hojilla de plata se introdujo hacia mediados o finales del siglo XVII y constituyó un aspecto importante en la evolución de la técnica al ser apropiada con características únicas. La fina hojilla metálica se utilizó en forma de membranas compuestas. Con ayuda de calor y presión manual se aplicó directamente sobre las superficies de los nuevos objetos sin que mediara base de preparación alguna. En esta etapa también se incrementó la gama cromática al utilizar colorantes cuya transparencia, una vez mezclados con la resina, permitían obtener destellos metálicos en diferentes tonalidades además del color blanco iridiscente propio de la hojilla.

El calomel utilizado en el barniz de Pasto confiere a la decoración un acabado diferente al tono opaco que aporta el blanco de plomo. Curiosamente, este material se ha encontrado en Europa, también de forma excepcional, en manuscritos y miniaturas de los siglos XV and XVI según Crippa et al. [30] (pág. 15).

Tanto las descripciones de los cronistas como las investigaciones realizadas hasta el momento identifican el brillo como un elemento característico y recurrente en el siglo XVIII, cuando la técnica alcanzó su mayor esplendor. Durante este período, el uso de hojilla de plata molida conocida como 'venturina' introdujo un efecto novedoso en el barniz de Pasto para crear un particular acabado centelleante. Este método constituye una forma innovadora de utilizar la hojilla de plata que, hasta el momento, sólo se ha encontrado en piezas decoradas con esta técnica.

En la época republicana, que apenas comienza a ser estudiada sistemáticamente, se ha documentado la presencia de hojilla de latón. Se aplica de manera similar a las membranas compuestas con la hojilla de plata, pero confiere un tono diferente de acabado cobrizo como se aprecia en la imagen (a) de la Figura 14. En estas piezas también se emplea el albayalde mezclado con la resina como fondo de las composiciones.

Existen muchos aspectos de la técnica del barniz de Pasto que aún están por investigar, entre los cuales se destacan: el inicio de la utilización de la hojilla de plata y del calomel, así como la interrupción de su uso. Así mismo se requiere la identificación en laboratorio, de la mayor parte de los colorantes, las influencias foráneas en la decoración y los impactos en la salud de los artesanos por la ingestión directa de plomo y mercurio al masticarlos para amalgamarlos con la resina.

Contribuciones de los autores: Conceptualización: M.C.Á.-W. Redacción, elaboración del borrador y diseño gráfico de las figuras: D.C. Análisis: M.O.F. Redacción, revisión y edición: M.C.Á.-W. Todos los autores han leído y están de acuerdo con el manuscrito publicado.

Financiamiento: Este estudio no ha recibido financiación externa complementaria.

Declaración de disponibilidad de datos: No aplicable.

Agradecimientos: Agradecemos amablemente a la Universidad de los Andes y al Fondo de Apoyo para Profesores Asistentes por la provisión de financiamiento interno para los análisis de imágenes multiespectrales y MEB-EDS. Los autores también agradecen a Chiara Perera Jayasekarage e Izzy Seah del University College London (UCL) por la traducción al inglés de la versión original en español de este artículo.

Conflictos de intereses: Los autores declaran que no existen conflictos de intereses.

Referencias

1. Newman, R.; Kaplan, E.; Álvarez-White, M.C. "The History of Elaeagia Resin (Mopa-Mopa), So Far". In: Heritage **2023**, 6(5), 4320–4344
2. Melchar, D.; Burgio, L.; Fernández, V.; Keneghan, B.; Newman, R. "A collaborative, multidisciplinary and multi-analytical approach to the characterisation of barniz de Pasto objects from the V&A collections". In: Bridgland J. (Ed.) *Transcending Boundaries: Integrated ICOM-CC 19thTriennial Conference Preprints* (Beijing, 17–21 May 2021). Paris: International Council of Museums, 1–8.
3. Pozzi, F.; Basso, E.; Katz, M. "In search of Humboldt's colors: materials and techniques of a 17th -century lacquered gourd from Colombia," *Heritage Science*, **2020**, 8, (101), 2–16, doi: 10.1186/s40494-020-00449-1
4. Sánchez L., A. "Análisis de los materiales de una arqueta decorada con barniz de Pasto, perteneciente a la colección del Museo de América de Madrid". *Anales del Museo de América*, **2020**, (28), 170–179.
5. Burgio, L.; Melchar, D.; Strekopytov, S.; Peggie, D.; Melchiorre, M.; Keneghan, B.; Najorka, J.; Goral, T.; Garbout, A.; Clark, B. "Identification, characterisation and mapping of calomel as 'mercury white', a previously undocumented pigment from South America, and its use on a barniz de Pasto cabinet at the Victoria and Albert Museum". *Microchemical Journal*, **2018**, 143: 220–27, doi:10.1016/j.microc.2018.08.010.
6. Álvarez-White, M.C. *El barniz de Pasto. Secretos y revelaciones*. Ediciones Universidad de los Andes: Bogotá, 2023 p.190, ISBN 978-958-798-318-0.
7. Simón, P. fray. *Noticias historiales de las conquistas de tierra firme en las Indias Occidentales*. Biblioteca del Banco de la República. Imprenta Medardo Rivas: Bogotá, 1891.
8. Fernández de Piedrahita, L. *Historia general de las conquistas del Nuevo Reyno de Granada* (vols. 1–2). Imprenta Medardo Rivas: Bogotá, **1881**.
9. Juan, J. y de Ulloa, A. *Relacion Historica del Viage a la America Meridional Hecho de Orden de S. Mag. Para Medir algunos Grados de Meridiano Terrestre, y venir por ellos en conocimiento de la verdadera Figura y Magnitud de la Tierra, con otras Observaciones Astronómicas y Phisicas*. Antonio Marin: Madrid, 1748.
10. Robinson, D. *Diario de don Miguel de Santisteban. Mil leguas por América: de Lima a Caracas, 1740–1741*. Banco de la República: Bogotá, 1992, ISBN 978-958-902-880-3.
11. Magnin, J., *Descripción de la provincia y misiones de Mainas en el Reino de Quito*. [1740–1745]. Biblioteca ecuatoriana Aurelio Espinosa Pólit: Quito,1998, ISBN 997-840-500-3.
12. De Santa Gertrudis, J. *Maravillas de la naturaleza* (vols. 1-4). Linkgua ediciones: Madrid, 2010, ISBN 978-849-816-561-6.
13. De Velasco, J. *Historia del reino de Quito. La historia natural* (vol. 1), [1727–1792] Empresa Editora El Comercio: Quito, 1946.
14. Humboldt, A. *Alexander von Humboldt en Colombia: extractos de sus diarios*. Academia Colombiana de Ciencias Exactas, Físicas y Naturales: Bogotá, p. 127, 1982.
15. Mutis, J. C. *Diario de observaciones de José Celestino Mutis 1760– 1790*. Transcripción, prólogo y notas de Guillermo Hernández de Alba. Editorial Minerva: Bogotá, 1958.
16. Hamilton, J. P. *Viajes por el interior de las provincias de Colombia (1824)*. Publicaciones del Banco de la República: Bogotá, 1955.
17. Boussingault, J. B. *Memorias* (vol. 5). Banco de la República. Departamento Editorial: Bogotá, 1985.
18. André, É. F. "América equinoccial (Colombia-Ecuador)." En Wiener, C., Hildibrand, H., Kohl, A., Barbant, C., Vignal, P. and, Riou, E. (Eds.). *América pintoresca: descripción de viajes al Nuevo Continente por los más modernos exploradores 1884* (vol. 3, pp. 755–767). Edición facsimilar de Carvajal S.A., Bogotá, p.755, **1981**.
19. Holton, I. F. *La Nueva Granada: Veinte meses en los Andes*. Ediciones Banco de la República: Bogotá, 1981.
20. Duque G., L. y Cubillos, J. C. *Arqueología de San Agustín: Alto de Lavapatas*. Fundación de Investigaciones Arqueológicas Nacionales. Banco de la República: Bogotá, 1988.
21. Uribe, M. V. (1986). "Pastos y protopastos: la red regional de intercambio de productos y materias primas de los siglos x a xvi d. C." *Maguaré*, **1986**, 3(3), 33–46.

22. Humphrey, N.; Burgio, L.; Melchar, D. "One small corner of the Viceroyalty in South Kesington: *barniz de Pasto* at the Victoria and Albert Museum, London." *Anales del Museo de América,* **2020,** (28), p.150.
23. Sánchez J. M. y Quiñones M.D. "Materiales pictóricos enviados a América en el siglo XVI". *Anales del Instituto de Investigaciones Estéticas,* **2009,** 31(95), 45-67, doi: 10.22201/iie.18703062e.2009.95.2293.
24. Newman, R. y Derrick, M. "Painted Qero Cups from the Incas and Colonial Periods in Peru: An Analytical Study of Pigments and Media," in Vandiver, P., Goodway, M., Druzik, J.R., and, Mass, J.L (eds.), Materials Issues in Art and Archaeology VI, 2001, Boston Massachusetts, USA) (Warrendale, PA: Materials Research Society, 2202), pp. 291–302.
25. Newman, R. y Derrick, M. *Analytical Report Lab.* Project 2016-58 No. BP-15 [unpublished] Scientific Research Lab, Museum of Fine Artes, Boston, 2016.
26. Álvarez-White, M.C. "El barniz de Pasto: reflejo de la naturaleza". In: *Barroco. Naturaleza y paisaje. IX Encuentro internacional sobre barroco.* Fundación Visión Cultural. La Paz, Bolivia. 2019, p. 339–346
27. Kawamura, Y. "Laca japonesa urushi de estilo namban en España. Vías de su llegada y sus destinos. *Lacas namban: Huellas de Japón en España. IV Centenario de la embajada de Keicho.* Kawamura, Y. *(ed.).* Fundación Japón y Ministerio de Educación, Cultura y Deporte: Madrid, 2013, 249–296.
28. Romero R.; Adelina I.; Bondía, C. "Consideraciones preliminares sobre la técnica y restauración de objetos de barniz de Pasto o mopa-mopa". *Anales del Museo de América,* **2020,** (28), 157–169.
29. Barba, A. (2022). *Arte De Los Metales: En Que Se Enseña El Verdadero Beneficio De Los De Oro Y Plata Por Azogue: El Modo De Fundirlos Todos, Y Como Se Han De Refinar Y Apartar Unos De Otros. Nuevamente Ahora Añadido Con El Tratado De Las Antiguas Minas De España,* (1817) LEGARE STREET Press, 2022, ISBN 9781019231777.
30. Crippa, M.; Legnaioli, S.; Kimbriel, C.; Ricciardi, P. "New evidence for the intentional use of calomel as a white Pigment". *Journal of Raman Spectroscopy,* **2021,** 52, p. 15, doi: 10.1002/jrs.5876.
31. Cicala, M. S.J. (1994). *Descripción histórico-topográfica de la Provincia de Quito de la Compañía de Jesús, parte primera Viterbo, 1771.* (tomo 2). Biblioteca Ecuatoriana Aurelio Espinosa Pólit e Instituto Geográfico Militar: Quito, **1994,** ISBN 978971106.
32. Friedemann, N. de "El barniz de Pasto. Arte y rito milenario" *Revista lámpara* **1985,** 23 (96), p. 15–24.
33. Bruquetas, R. G. *Técnicas y materiales de la pintura española en los siglos de oro.* Fundación Telefónica de Madrid: España, 1992; p. 560. ISBN 9788493003036.
34. Santiesteban, M. *Mil leguas por América, de Lima a Caracas, 1740*–1741. *Diario de don* Miguel de Santisteban. David J. Robinson (ed.) Banco de la República: Bogotá, 1992.

heritage

Article

A Recently Identified *Barniz Brillante* Casket at Bateman's, the Home of Rudyard Kipling

Ludovico Geminiani [1,2], Maria Sanchez Carvajal [3,*], Emma Schmuecker [3], Megan Wheeler [3], Lucia Burgio [2], Dana Melchar [2] and Valentina Risdonne [2,*]

1 Department of Science and High Technology, Università degli Studi dell'Insubria, Via Valleggio 11, 22100 Como, Italy; lgeminiani@uninsubria.it
2 Conservation Department, Victoria and Albert Museum, Cromwell Road, South Kensington, London SW7 2RL, UK; l.burgio@vam.ac.uk (L.B.); d.melchar@vam.ac.uk (D.M.)
3 The National Trust, Heelis, Kemble Drive, Swindon SN2 2NA, UK; emma.schmuecker@nationaltrust.org.uk (E.S.); megan.wheeler@nationaltrust.org.uk (M.W.)
* Correspondence: maria.sanchez2@nationaltrust.org.uk (M.S.C.); v.risdonne@vam.ac.uk (V.R.); Tel.: +44-17-3246-6228 (M.S.C.); +44-20-7942-2115 (V.R.)

Abstract: A casket held at Bateman's, Rudyard and Caroline Kipling's home in Sussex—now a National Trust property—was recently recognised as a *barniz brillante* work. Objects made of *barniz brillante*, a technique featuring the Indigenous American material called *mopa mopa*, are relatively rare and have only sparingly been studied using scientific analysis techniques. A collaboration between the National Trust and the Victoria and Albert Museum has produced scientific evidence which will be invaluable in the study and the understanding of this type of object. The scientific analysis of the casket was conducted exclusively in a non-destructive and non-invasive manner, to preserve the integrity of the object which is in very good condition. The Bateman's casket is characterised by a dark underdrawing, made with a material which is transparent in the infrared region of the electromagnetic spectrum. Most of the areas decorated with silver leaf have tarnished due to the formation of what is likely to be silver chloride. This study represents a significant step towards the comparative scientific study of *barniz brillante* objects in other collections, which in turn will make it possible to suggest a timeline for their manufacture, and even identify workshops.

Keywords: mopa mopa; barniz de Pasto; barniz brillante; Kipling; casket; silver

Citation: Geminiani, L.; Sanchez Carvajal, M.; Schmuecker, E.; Wheeler, M.; Burgio, L.; Melchar, D.; Risdonne, V. A Recently Identified *Barniz Brillante* Casket at Bateman's, the Home of Rudyard Kipling. *Heritage* **2024**, *7*, 1569–1588. https://doi.org/10.3390/heritage7030075

Academic Editor: Claudia Pelosi

Received: 9 February 2024
Revised: 23 February 2024
Accepted: 29 February 2024
Published: 13 March 2024

1. Introduction

The National Trust looks after historic properties, historic sites, coastline and countryside in England and Wales and is Europe's largest conservation charity. The National Trust's varied collections comprise over 55,000 pieces of furniture and an additional 14,000 items classed as 'wooden objects'. As such, it is one of the largest and most important collections of furniture and associated items in the world.

Case studies of *barniz de Pasto* [1] published by the V&A prompted National Trust curators to search its own collections for this material and, in 2021, the first example of *barniz de Pasto* was identified (NT 761758—Figure 1) at Bateman's near Burwash, Sussex. This casket is decorated with *mopa mopa*, a plant resin used in the manufacture of South American *barniz de Pasto* objects; its decoration, which includes silver leaf, is known more specifically as *barniz brillante* [2,3].

1.1. Provenance

Bateman's (Figure 2) was the home of Rudyard Kipling (1865–1936, Figure 3a), novelist, poet and journalist, and his wife, Caroline 'Carrie' Starr Balestier (1862–1939) (Figure 3b), from 1902 until it was left to the care of the National Trust in 1939.

Figure 1. NT 761758, the South American *barniz de Pasto* casket, probably 17th century (22.6 cm × 26.2 cm × 13.9 cm), at Bateman's, Sussex. © National Trust/Laurence Pordes.

Figure 2. Bateman's, near Burwash, Sussex © National Trust Images/Laurence Perry.

On Caroline's death in 1939, some of the house's contents were inherited by the Kiplings' daughter, Elsie (1892–1976), who removed them to Wimpole, the house in Cambridgeshire she shared with her husband, George Bambridge (1892–1943). The collections that remain at Bateman's are diverse, comprising furniture, decorative objects, books and textiles from all over the world, some inherited, but mostly collected by Rudyard and Caroline on their frequent, often extended, trips overseas.

The contents of Bateman's were inventoried on Caroline's death, and bequests were listed in a separate schedule which recorded the presence in the Parlour of *'an old Spanish wood casket with hinged domed top, painted flowers in colours and gilt and mounted with ironwork hinges and hasp'* [4]. This was almost certainly NT 761758, which has remained in the Parlour at Bateman's ever since (Figure 4); Elsie, for whom the casket was intended, did not—for reasons unknown—take possession of this casket and remove it from Bateman's.

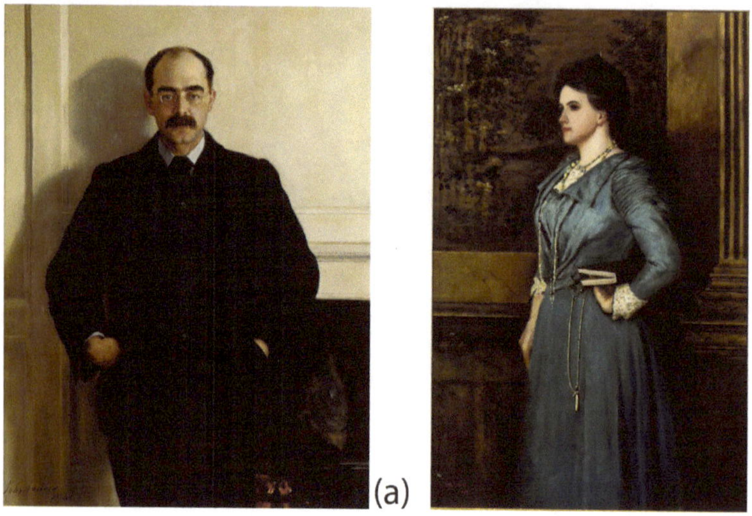

(a) (b)

Figure 3. (**a**) Rudyard Kipling (1865–1936), by The Hon. Jon Collier (1850–1934), 1900 © National Trust Images/John Hammond and (**b**) Caroline Starr Balestier, Mrs. Rudyard Kipling (1862–1939), by Sir Philip Edward Burne-Jones (1861–1926), 1899 © National Trust Images/John Hammond.

The *Schedule* is the earliest documentary record of the casket at Bateman's and—describing it as Spanish—may have influenced the way the casket has been considered and catalogued in subsequent years. National Trust guidebooks of 1976, 1983, 1985, 1989, 1995 and 1996 incorrectly describe it as 'a coloured gessoed box', neither attributing it to a particular country of origin, nor hazarding a guess at the date when it was made [5–9]. The National Trust's Collections Management System until recently described the casket as 'lacquered', not gessoed, but also declined both to date it or to attribute it to a particular school or country.

A receipt for its purchase has not yet been found: although a substantial archive of Kipling's correspondence and writing is held by the University of Sussex, with smaller collections elsewhere, he was known as 'a determined destroyer of personal papers' and his wife, Carrie, and daughter, Elsie, seem to have taken a similar approach, so there is no evidence at all as to when and where the casket was acquired [10]. Nonetheless, all of the guidebooks provide the same account of when and how the casket came to be at Bateman's, stating that it was '*was much treasured by Kipling*. . .*[being]*. . . *a present from his daughter Elsie, who had bought it while on a visit to her fiancé, Captain George Bambridge, in Spain*' [10]. The source of this anecdote is unknown—it may have been Elsie Bambridge in whose lifetime Bateman's was transferred to the Trust, who passed it on—and it is modified by the account given in the casket's record in the Trust's Collections Management System, which introduces the idea that Elsie bought the casket for her father whilst on honeymoon in Spain in 1927. In this account, either the date or the fact that Elsie bought the casket whilst on honeymoon must be wrong, since she and George Bambridge married in October 1924. There may, however, be a kernel of truth in the idea that the casket was acquired in 1927, because Elsie and George *were* in Spain that year: George Bambridge was a British diplomat and was posted to Madrid from 1925 to 1928.

Figure 4. The Parlour at Bateman's, circa 2010, the casket on the table before the window, ©National Trust Images/Andreas von Einsiedel.

It may also be worth noting that Rudyard and Carrie themselves travelled to South America—visiting only Brazil—in February and March of 1927, the year in which some sources say that the box was acquired. Kipling regularly purchased objects on his travels and took a keen interest in how Bateman's was furnished, even designing the day-bed which is still in his study there [11]. He wrote to his daughter Elsie on 22–23 February 1927 from Brazil, saying that Carrie had 'been out...looking at old furniture and silver' that day [10]. However, no further detail is given, and a series of seven travel letters, written for publication and first printed in London in '*The Morning Post*' in 1927 and then in a collected edition called 'Brazilian Sketches', first published in 1940, do not mention the casket either [12].

Divorced from its original setting, and with little documentary evidence describing its arrival in Europe from South America, its physical characteristics are instructive. Four different paper labels suggest that the casket has passed through several hands (Figure 5). Most are worn, but some bear legible letters and digits, albeit their significance is not currently apparent. None of these labels were ever, to our knowledge, used by the National Trust or the Kiplings, and point to its having been in another collection, or collections, or having been handled by a dealer at some point before it was acquired by the Kiplings. It would be interesting to know whether any other *barniz de Pasto* objects have similar labels, which would indicate an established trade in this type of object, either in South America or Europe, in the 19th and 20th centuries.

1.2. Research Aim

The aim of this study is to investigate the casket's materials and techniques of construction. This will be the first step towards further investigations and collaborations focused on barniz brillante objects, which in turn will make it possible to group similar objects and suggest possible production dates or workshops [13]. As part of the investigation on the materiality of the casket, the object was analysed non-destructively and non-invasively at the V&A using infrared reflectography, scanning XRF and digital microscopy [14]. No sampling was allowed, which limited the scope of the research avenues available. The application of the chosen scientific methods of analysis can complement the results of the visual observation of the casket and expand our knowledge about its materiality. In particular, infrared reflectography was intended to highlight the presence of possible underdrawings or preparatory sketches, but also to visualise any later interventions. Scanning XRF was expected to evaluate the distribution of chemical elements on the casket's surfaces, but also to obtain information on the underlying structure. Digital microscopy was chosen because it can provide a high-resolution record of the various areas of the casket, thereby informing our knowledge about the state of the surfaces, and it is essential to evaluate the craftsmanship and methods of construction of the object. Where the state of the surface allows, digital microscopy is also intended to contribute to our understanding of the stratigraphy of the casket.

The analytical methodology used in this research represents a good example of working in an exclusively non-invasive, non-destructive manner.

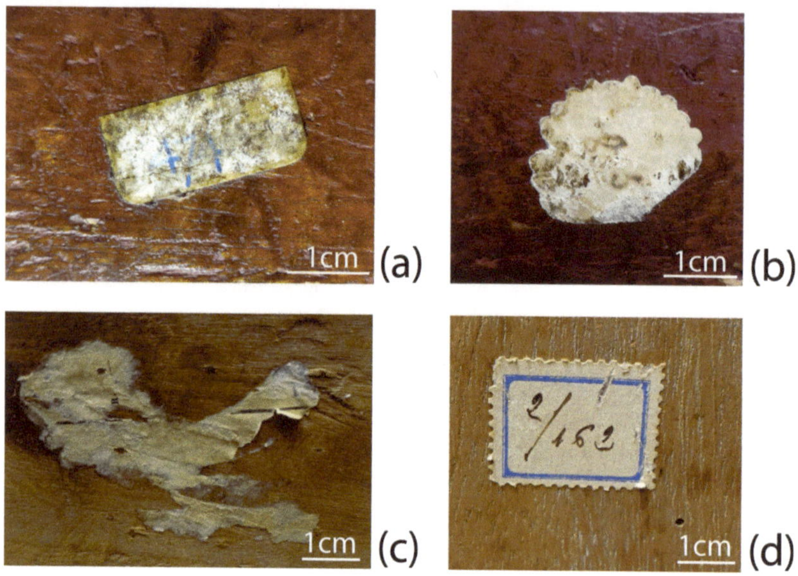

Figure 5. Paper labels were found on the bottom (**a**,**b**) and inside the casket (**c**,**d**), © National Trust/Maria Sanchez.

2. Materials and Methods

Infrared reflectography (IRR)

IRR was conducted with an Apollo IR Camera (Opus Instruments, UK) sensitive to the near IR wavelengths from 900 to 1700 nm. The camera is equipped with an InGaAs line array sensor, with an area of 125 × 125 px. Images were acquired with a focal aperture of F11 and a focal length of 150 mm. Two tungsten lamps were positioned symmetrically at ~45° with respect to the focal axis of the camera. A 1250 nm Short Wave Pass filter (SWP), a 1250–1510 nm Bandpass filter (BP) and a 1510 nm Long Wave Pass filter (LWP) were also used. Macro IRR images were acquired with a macro lens with a focal aperture of F4.5.

High-resolution digital microscopy

Digital microscopy was performed with a benchtop Hirox HRX-01 digital microscope with a H-1020E attachment was used. The images were acquired with ×10, ×30 or ×90 magnification, polarised ring LED light and multi-focus mode. Raking light was also used. Images were processed with the HRX-01 software version 2.20 and Adobe Photoshop 24.7.0.

Scanning X-ray fluorescence (XRF)

The XRF scans were carried out using a Bruker M6 Jetstream spectrometer equipped with a Rh-target microfocus X-ray tube, and two 60 mm^2 XFlash silicon drift detectors

(SDD). The X-ray tube was operated at 50 kV and 600 μA. The elemental distribution maps of the table areas were collected with a 100 μm spot size, a 180 μm step size and a dwell time of 55–75 ms/pixel. The X-ray fluorescence spectra were calibrated, fitted and processed using the Bruker M6 Jetstream software version 1.6.758.0.

3. Results and Discussion

3.1. Stylistic Analysis

The decoration on the box consists of a symmetrical design of flowers emanating from a central woven basket with fruits, flanked by birds, all enclosed by a winding foliate border (Figure 1). Typologically, its *brillante* decoration most closely resembles a group of *barniz de Pasto* objects including a shallow dish or tray (Figure 6) in the collections of the V&A, dated c. 1650–1750, and attributed to the Viceroyalty of Peru, which is decorated with similar motifs in a similar palette, and a closely comparable meandering foliate border.

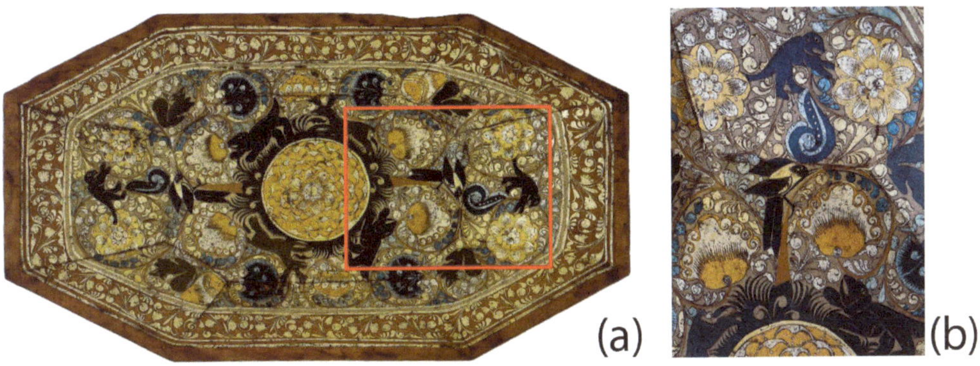

Figure 6. (**a**) A barniz de Pasto shallow dish or tray, attributed to the Viceroyalty of Peru, 1650–1750, in the collections of the Victoria and Albert Museum (54 cm × 27.3 cm × 5.5 cm, accession number 1262–1855). (**b**) A detail of the decorated surface ©Victoria and Albert Museum.

These two pieces, in turn, seem to have been decorated in the same tradition as three writing boxes, two in private collections in Bogota and the third in a private collection in Pasto, discussed by Maria Cecilia Alvarez-White in a paper published in 2019 [15], and a fourth writing box owned by the Hispanic Society Museum and Library, detailed in a paper by Rosa Maria Creixell Cabeza of 2014 [16]. All feature a textured rather than a smooth surface, large flowerheads, woven baskets or jardinieres and birds, and use the same palette of colours and metals. One is conveniently inscribed *'facto in Quito [Ecuador] en 1709'*. Whilst any systematic understanding of where and when exactly these boxes were made has not yet been established, the last example suggests that a provisional date of circa 1700, and a provisional attribution to Quito, are both plausible.

3.2. Construction

The casket is simply constructed: the sides of the box and lid are joined to the front, back and top with wooden nails (Figure 7). Tool marks relating to the construction are visible inside the casket; these include handsaw marks on the bottom and sides, scribe marks on the sides, and gouge marks on the lid. The front is fitted with a lock (the key is missing) and decorative escutcheon, while the lid has a decorative hasp and two ornate iron hinges at the back. By eye wood identification is limited as there are no uncoated areas of end grain. Based on the tangential wood grain pattern, and colour of the exposed interior wood, the timber features are consistent with Spanish cedar (*Cedrela odorata*), identified in other *barniz de Pasto* items [2,17–19]. To achieve a more informed wood identification, sampling would be required but is not recommended as it would impact the integrity of the casket. Examination of the wooden nails suggests they are all made from bamboo as bamboo's distinctive pattern of vascular bundles and fibres are easily visible (Figure 7b).

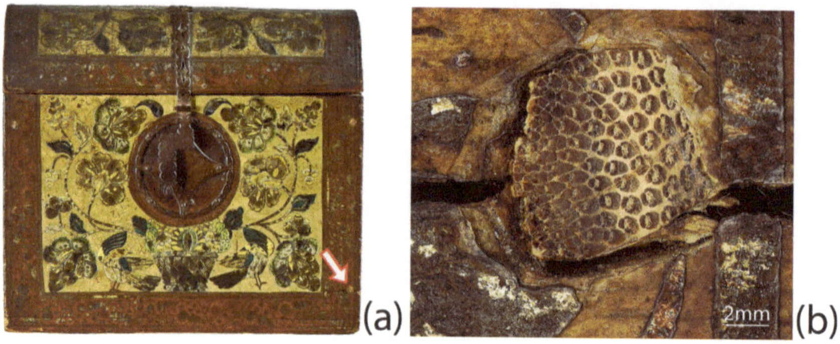

Figure 7. (**a**) The front of the casket; (**b**) detail of the bamboo nail. The arrow marks the position of the nail shown in the closeup.

The structure of the casket is sound despite minor splits related to the location of the wooden nails. The casket also displays evidence of furniture beetle (*Anobium punctatum*) damage with visible flight holes in the wood and corresponding surface decoration.

The hinges (Figure 8a), lock and hasp have been altered or replaced, as evidenced by gaps where previous hinges would have been. We can also see previous pin holes filled with wood, and the pattern left by these pinholes coincides with differently shaped hinges. On the inside, in the area corresponding to the external hinges, two gaps have been neatly filled and finished with wood (Figure 8b). There is also a circular impression in the centre of the lid, which could be from a previous locking mechanism. Curiously, the inside of the casket also reveals some unexpected features including very regular, horizontal (mechanical) tool marks, a reddish paint on the upper and outer surfaces of the sides and corresponding areas of the lid, as well as several darkened, half-open, furniture larvae channels. Together, these observations suggest that the inside of the casket has had some intervention in the past. Possible explanations of the tool marks, paint and open larvae channels are as follows:

1. There was a liner inside that has been removed and is now missing;
2. The maker used wood that had previously had a furniture beetle infestation; thus, when cutting the timber, old larvae channels were revealed;
3. The sides were thinned after the casket had an active beetle infestation;
4. The outer surfaces and edges of the upper sides rubbed the inner side of the lid, wearing away *mopa mopa*.

Scanning XRF was used to investigate and image the external surface of the casket. While this was primarily aimed at collecting elemental distribution maps of the decoration, it also provided additional information about the internal structure of the object.

Figure 9 shows the distribution maps of elements in the Compton region (the high-energy region between 17 and 40 KeV), resulting in the observation of the materials constituting the body of the casket, and revealing details which are not visible to the naked eye. In this case, it is possible to view the wooden panels and how they are joined. The wooden nails can be seen clearly, as well as the marks left by other nails which are no longer present. The growth rings of the wood are also visible. It can be observed that the boards are mostly rift or radially cut, suggesting thoughtful craftsmanship—as radial grain orientation minimises the effect of wood movement due to relative humidity fluctuations [20,21]. The lid appears to be hollowed from a single board to obtain the desired curvature.

The XRF scans also show clearly the damage associated with furniture beetle activity and the resulting tunnels. Lastly, tool marks left on the outer wood surface, before the application of the decorative finishes, can be observed. The cross-hatching pattern scored on the wood surface after the assembling of the casket suggests an attempt to increase the adhesion between the substrate and the decorative coatings (Figure 10).

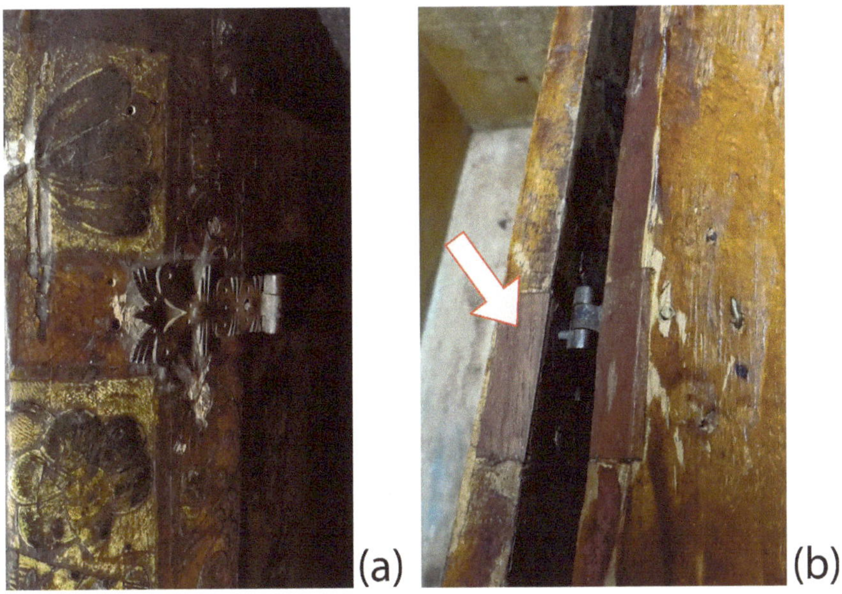

Figure 8. (**a**) The hinge on the proper right of the casket; (**b**) the altered area where wood fills coincide with both external hinges. The arrow marks the location of one of the wood fills.

The cross-hatching marks can be seen by the naked eye even when covered by several layers of *barniz de Pasto* (Figure 10). Compared with examples in other collections, the casket is distinctive because of the depth of the marks; in other objects, these are not so noticeable, if at all present, or they have, instead, a fabric attached before applying the *mopa mopa* [13].

The surface of the casket also retains evidence of finger pressure marks and fingerprints left by the craftspeople as they pressed the decorative layers onto the wooden substrate (Figure 11).

3.3. Metalwork

The iron fittings are oxidised, although in places they retain areas of shiny, untarnished surface. The question arose as to whether the latter could be due to remnants of silvering—a number of other *barniz* objects retain the original silver mounts. The XRF investigations carried out on the metal components confirmed that the latter are made of solid iron, with brass nails holding them in place. Manganese was also detected—this is unsurprising because manganese is often found in mineral deposits in combination with iron. No traces of silver could be seen on the surface of the iron fittings (Figure 12).

The evaluation of the copper and zinc elemental maps reveals that the nails holding the current lock and hinges in place are made of brass. Intriguingly, traces of previous brass nails can also be seen to the side of the current ones, suggesting that the previous hardware was also held in place with brass nails. The distribution of these traces outlines what would have been the shape and size of previous hardware (Figure 12).

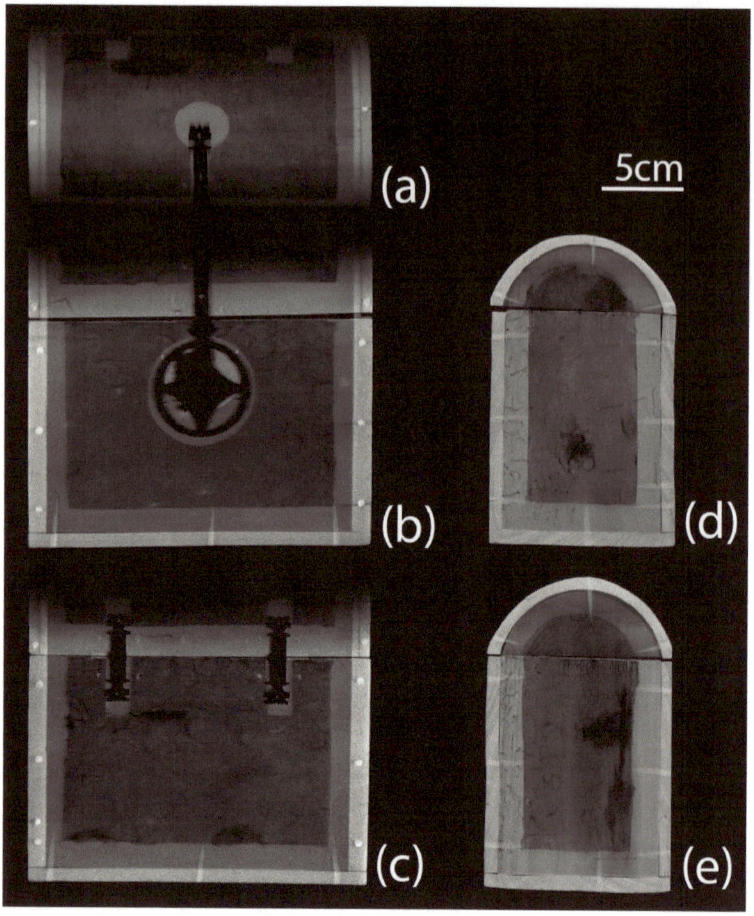

Figure 9. Scanning XRF distribution maps obtained from the Compton high-energy region (17–40 KeV). (**a**) top view of the lid, (**b**) front, (**c**) back, (**d**) proper left side and (**e**) proper right side of the casket.

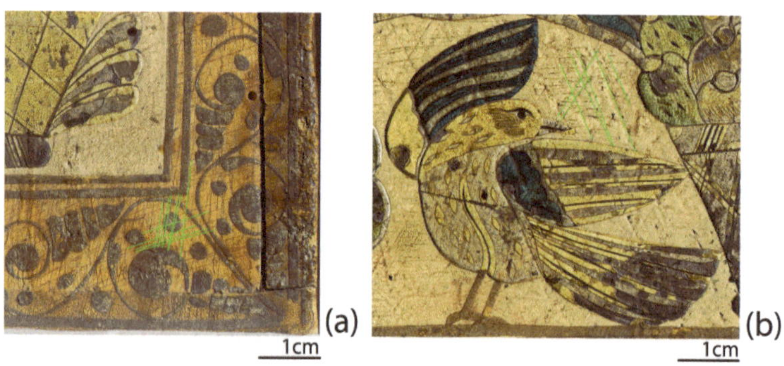

Figure 10. The cross-hatching marks scoring the wood substrate can be seen under raking light: as an example, see detail of (**a**) proper left side and (**b**) front of the casket. Green lines highlight some of the cross-hatching marks.

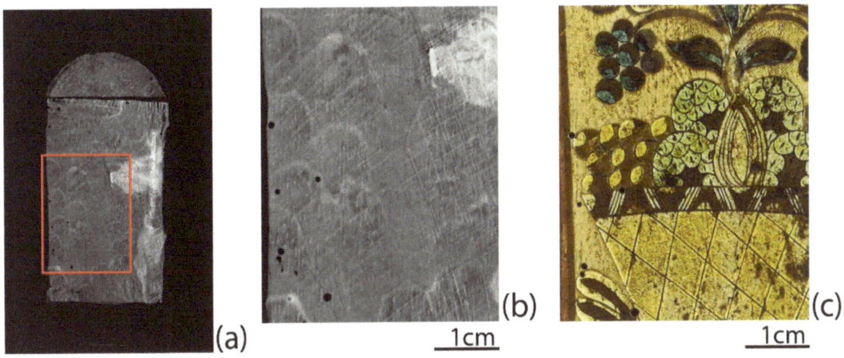

Figure 11. Finger pressure marks and fingerprints cover the surface and are visible under closer inspection. Examples from proper right side: (**a**) XRF distribution map of lead (La1); (**b**) detail of distribution map of lead; (**c**) corresponding visible image.

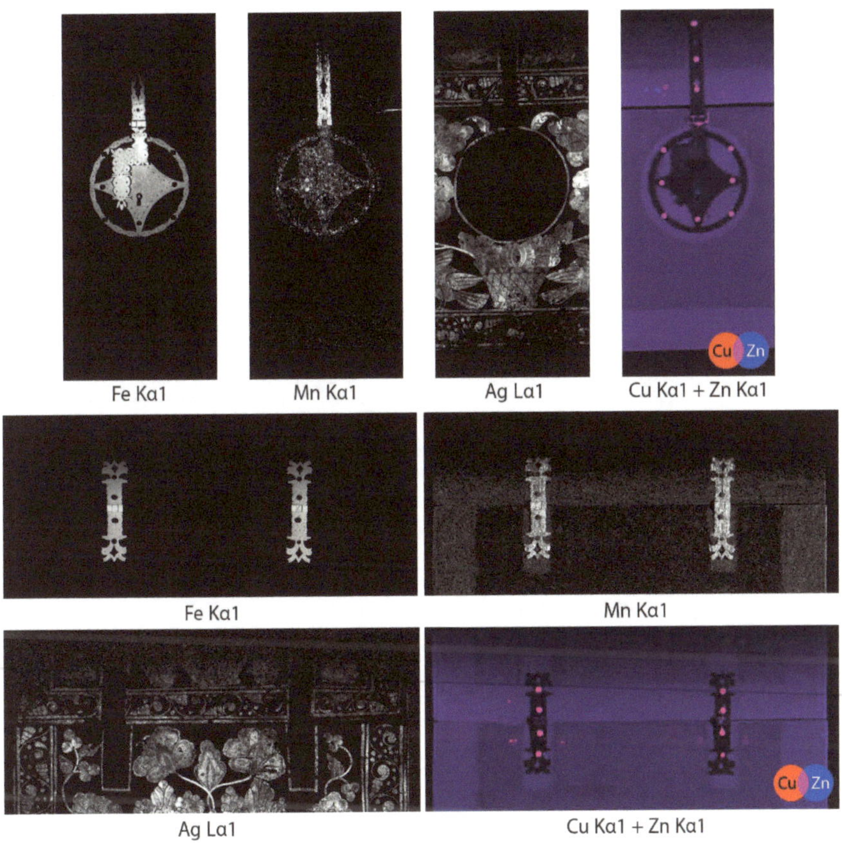

Figure 12. XRF distribution maps of iron (Fe), manganese (Mn), silver (Ag) and copper (Cu) with zinc (Zn). The silver maps confirm that no silver is present on the metal components, and the copper and zinc maps show that the nails holding the lock and hinges in place are made of brass. Traces of brass from nails used for previous locks and hinges can also be seen, suggesting the outline of previous hardware.

3.4. Decorative Technique

The casket is decorated with *barniz brillante*, where silver leaf is sandwiched between layers of *mopa mopa*, providing an additional effect of metallic lustre to the surface (Figure 13) [2,13,22].

The layer structure is complex, and varies depending on which part of the casket is considered. The initial *mopa mopa* layer seen on the borders, some of the interior and under the base of the casket is a transparent reddish colour. The centre of the wooden panels has an opaque ivory-coloured layer of *mopa mopa*, used as a base and background for the *barniz brillante* decoration. This layer has a high concentration of lead and was probably coloured with lead white (*albayalde*). Occasionally, a dark layer, which can be described as an underdrawing, is also seen. Silver leaf is then applied where the decorative scheme requires it, and is covered by additional layers of *mopa mopa*. These protect the silver leaf from tarnishing but are also used decoratively, with some areas coloured in different shades of green, blue and yellow to create a vibrant *brillante* surface. The overlapping layers create a distinctive textured relief on the surface.

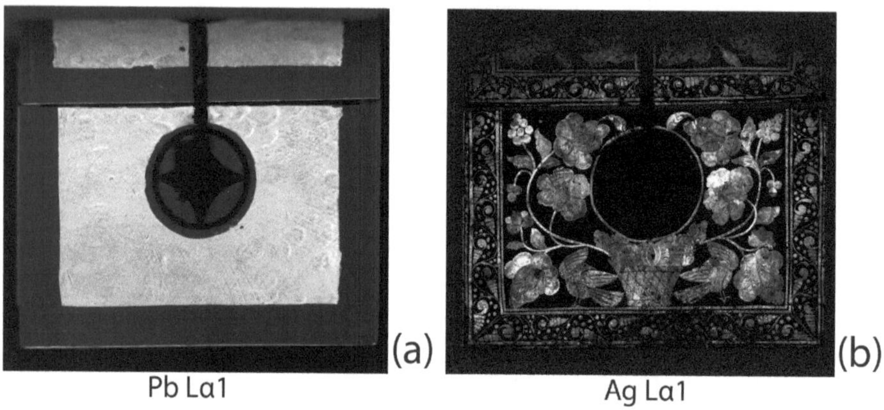

Figure 13. XRF distribution maps of (**a**) lead (Pb) and (**b**) silver (Ag) for the front of the cabinet.

Occasionally, silver leaf is applied in a mosaic fashion, as shown in Figure 14, where some of the silver 'tesserae' are still visible, while others have been lost or have tarnished.

Upon comparison with other items decorated with *mopa mopa*, it appears that the decorative layers are much thicker in the Bateman's casket, but this can only be confirmed with invasive methods which are not advocated at this stage.

It is worthwhile noting that the lead-containing layer presents many impurities and small bubbles (Figure 15), but despite this, the lacquer is still well attached to the wood. The origin of the bubbles is uncertain; they could be due to the imperfect purification and preparation of the *mopa mopa* sheet, but also to the formation over time of lead soaps, which are known to have a disruptive effect on the appearance and integrity of lead-pigmented layers [23–27].

White pigments on *barniz de Pasto* objects have historically been identified as containing lead white. Mercury white, i.e., mercury(I) chloride used as a pigment, was only recently identified [2,3,13,18,28–31]. Only one of the two V&A objects decorated with *barniz brillante* featured mercury white [32], while the tray shown in Figure 6 does not contain any. Nowhere on the National Trust casket was mercury detected—its presence or absence being one of the issues to be investigated during this study.

Figure 14. Detail of the front of the casket, showing an example of silver leaf applied in a mosaic fashion: (**a**) visible image and (**b**) infrared reflectography image.

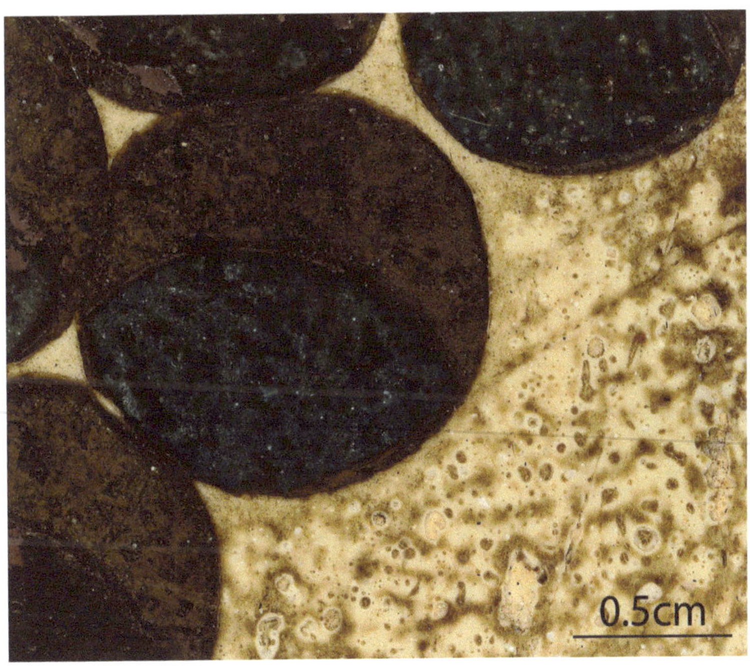

Figure 15. Detail from the proper left of the casket showing impurities and bubbles in the *barniz* background.

3.5. Underdrawing and Outlines

The technical examination of the object also revealed that a dark-coloured material was used with two separate purposes: in the first instance, it served for preparatory purposes, either as an underdrawing or as a tracing medium to reproduce standard motifs of ornamentation; in the second instance, it was used also as a contrasting colour to be revealed as part of the decorative scheme. Under visible light, this material is black or very dark blue, but it is invisible under infrared light, suggesting it could be made of indigo [29,31,33].

Figure 16a shows a detail of the casket viewed under raking light, revealing how the decoration was applied on top of the lead-containing background. Parts of the preparatory underdrawing show, in visible light, under the metal leaf where the latter has been lost (Figure 16b), but it becomes transparent when viewed under infrared light (Figure 16c).

Figure 17 shows another area where a large portion of silver leaf has been lost, revealing the dark-coloured layer underneath. Nearby, the dark material is also clearly visible, this time as an integral part of the design, where slits of silver leaf have been intentionally cut out. In both instances, the dark material is transparent in infrared reflectography. Figure 18 shows another instance of deliberate cutouts of the silver leaf, revealing the dark layer underneath.

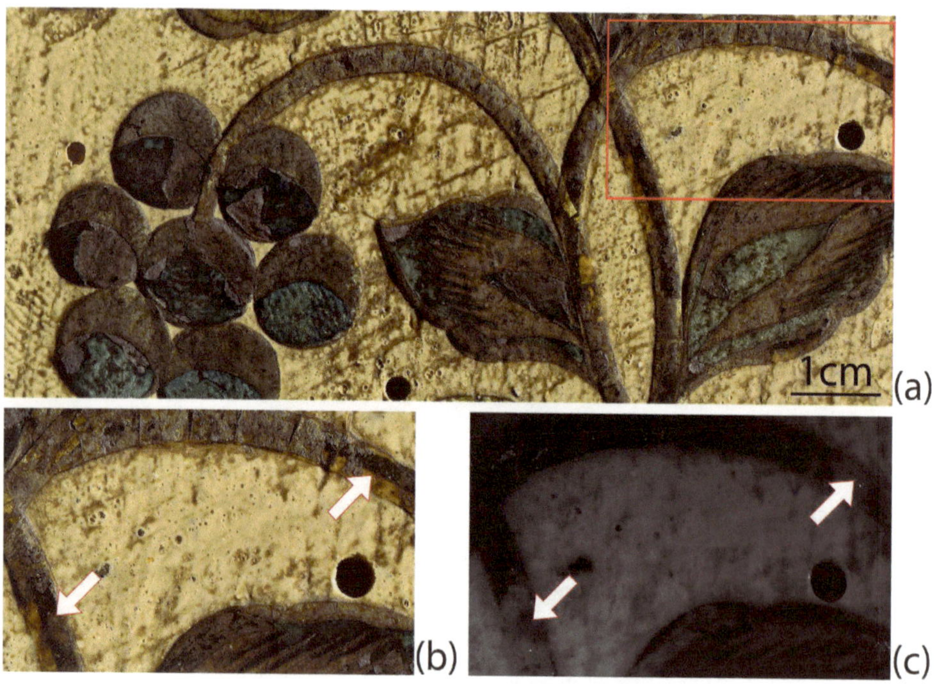

Figure 16. Details of the proper left of the casket showing traces of a dark underdrawing which is invisible under infrared illumination: (**a**) raking light visible image; (**b**) visible image of detail; (**c**) IRR image of detail. White arrows mark the areas where the underdrawing comes into view.

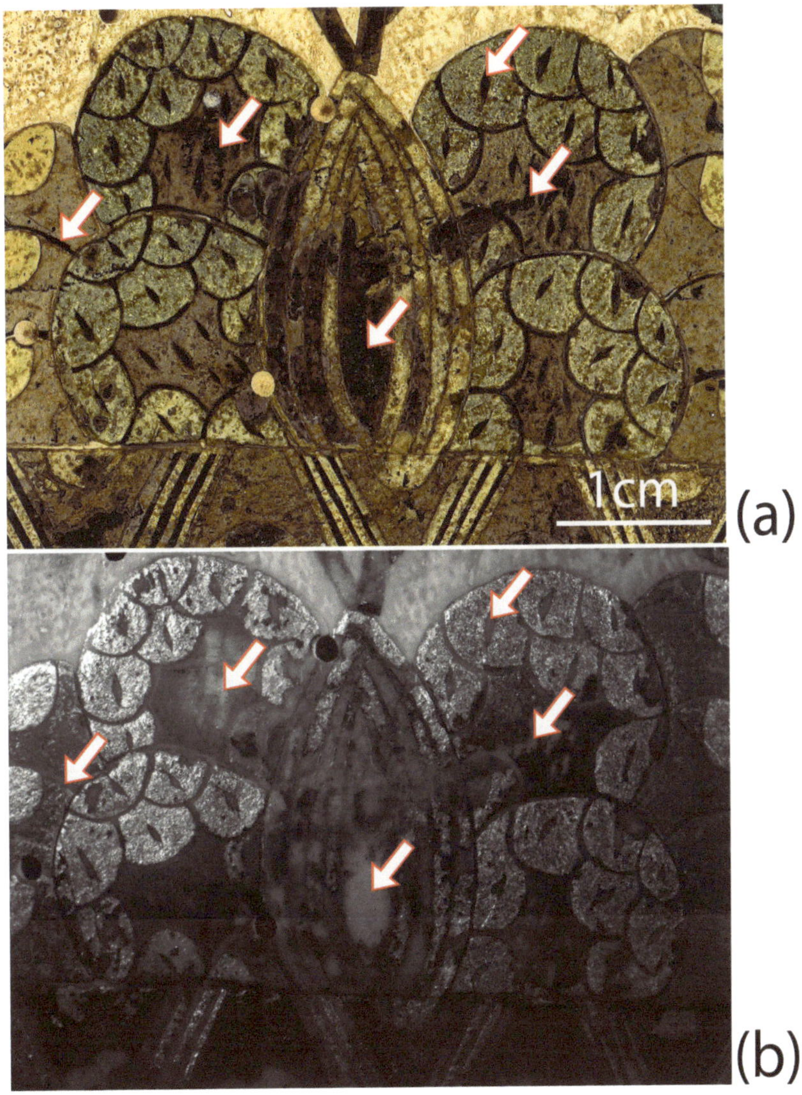

Figure 17. Detail of the proper left of the casket, with arrows marking the dark-coloured layer underneath the silver leaf: (**a**) visible image and (**b**) IRR image.

The artist also used an alternative method to enhance the outline of some of the details on the casket, as shown in Figure 19. The lines marked by red arrows refer to details which are dark under both visible (Figure 19a) and infrared (Figure 19b) illumination, suggesting that they likely contain carbon black, finely ground and applied on the incisions of the *mopa mopa* layers.

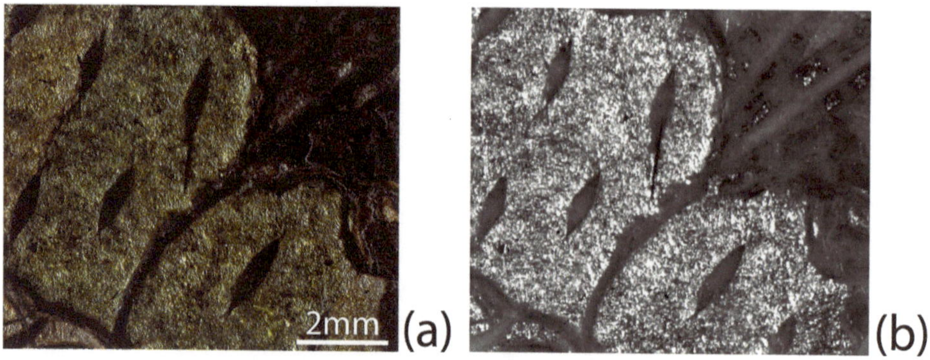

Figure 18. (**a**) Detail of the front of the casket, viewed under raking light, showing deliberate cutouts of the silver leaf, which reveal the dark layer underneath. (**b**) Note how the dark material is transparent in infrared reflectography.

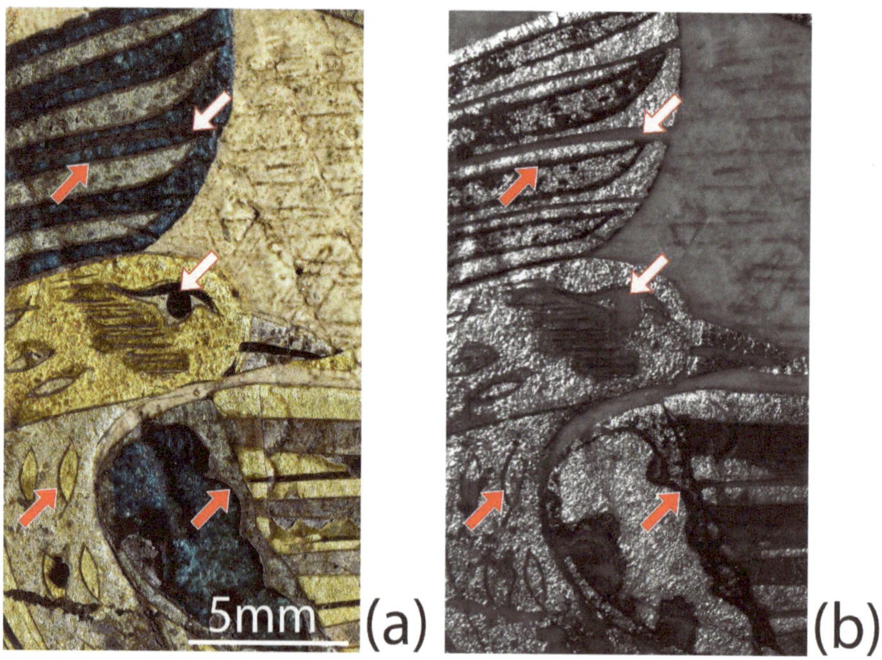

Figure 19. Detail from the front of the casket, under visible illumination (**a**) and infrared reflectography (**b**). Note how the eye and the inner colouring of the wing become transparent under infrared reflectography (white arrows), while the outlines of the wing and the incisions on the cheek of the bird remain visible in both illumination conditions (red arrows).

3.6. Layer Structure of the Decoration

Careful visual observation of the decoration and its damage allows to determine what the original layer structure may have been (Figure 20).

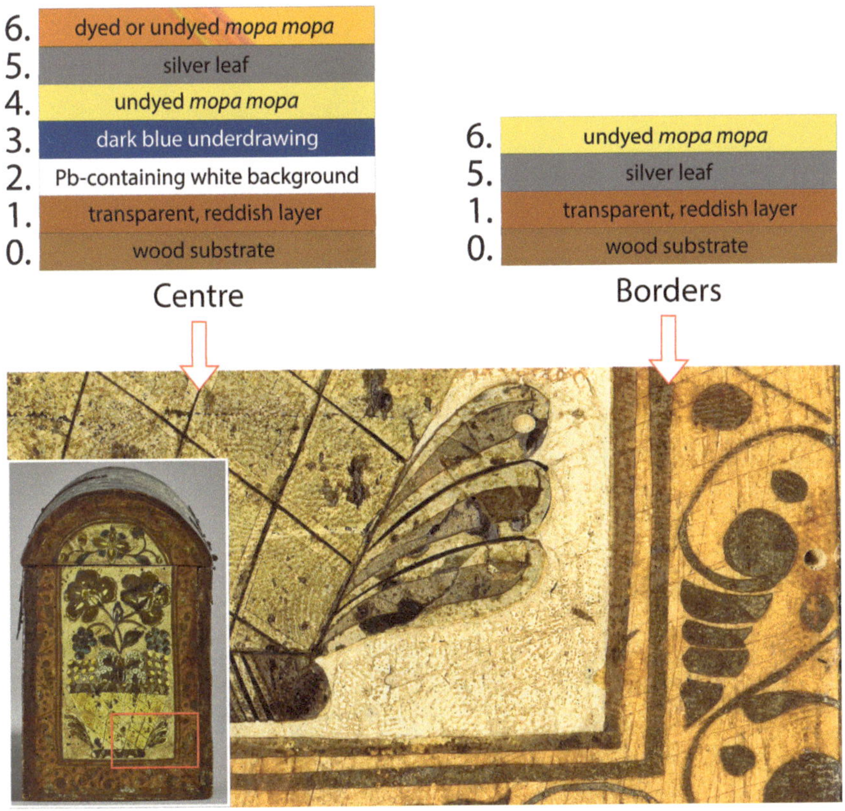

Figure 20. Simplified stratigraphy of the centre and the border of the casket (top) and close-up of the proper left side of the casket, showing some of the decorative layers.

Where layer 5 remains intact, the silver leaf underneath maintains its glittery appearance due to the presence of *mopa mopa*, which protects the leaf underneath from tarnishing. This can be seen clearly not only under visible light and to the naked eye, but also in the infrared reflectography images, where the untarnished metal appears bright and white, and the tarnished leaf appears grey.

The XRF elemental maps of the casket show that chlorine is associated with the tarnished silver leaf (see Figure 21b,c).

It can be speculated that the casket was exposed to a chlorine-containing material used as a pest treatment. This would explain the association of silver and chlorine on the tarnished areas of the decoration [34,35] [1]. What is unexpected is that there is no sulfur associated with the silver tarnish—silver sulfide usually being the most common corrosion product of silver (more on this matter later). Whilst silver chloride has been found in other analysed examples worldwide, what makes it unique in this example is that there are no clear signs of silver sulfide [36].

Figure 22 shows a close-up of the decorated border. A calcium-containing material (probably gypsum, as supported by the close match between the calcium and sulfur maps) was identified on the surface. The scrollwork was clearly made with silver leaf. The elemental maps show a perfect overlap of silver and chlorine, as seen in other areas of tarnished silver but no match with sulfur can be seen.

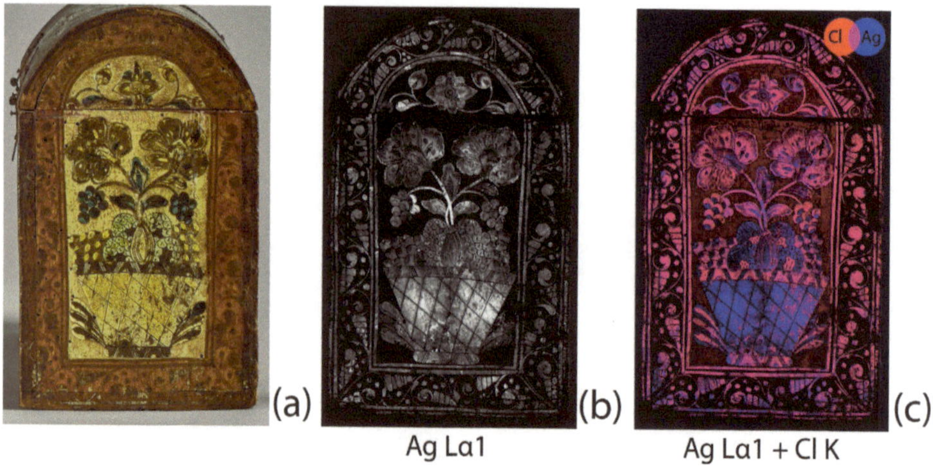

Figure 21. Proper left side of the casket: (**a**) under visible light; (**b**) XRF elemental distribution map of silver (Ag); (**c**) XRF elemental distribution maps of silver (Ag) and chlorine (Cl).

Figure 22. XRF elemental distribution maps of chlorine (Cl), silver (Ag), sulfur (S) and calcium (Ca), shown with the corresponding visible image of the proper right side of the casket.

3.7. Pest Treatments

At the bottom of the casket, it is possible to distinguish three furniture beetle holes, two of them filled. It is significant that many other insect holes on the casket do not show any sign of past filling, suggesting that there were at least two, if not more, occurrences of pest attack. Thus, we can imagine that when the wood was first attacked by furniture beetles, it was treated with an aqueous solution of copper salts (Figure 23). The treatment was applied to the whole surface and particularly to where the three holes had appeared, so that the liquid penetrated the wood following the wood grain. This can be seen in the copper distribution map. Then, the holes were covered during the decorative process. Copper salts have been used as biocides since antiquity [37]. It is an attractive hypothesis to correlate the presence of copper with the silver corrosion phenomenon.

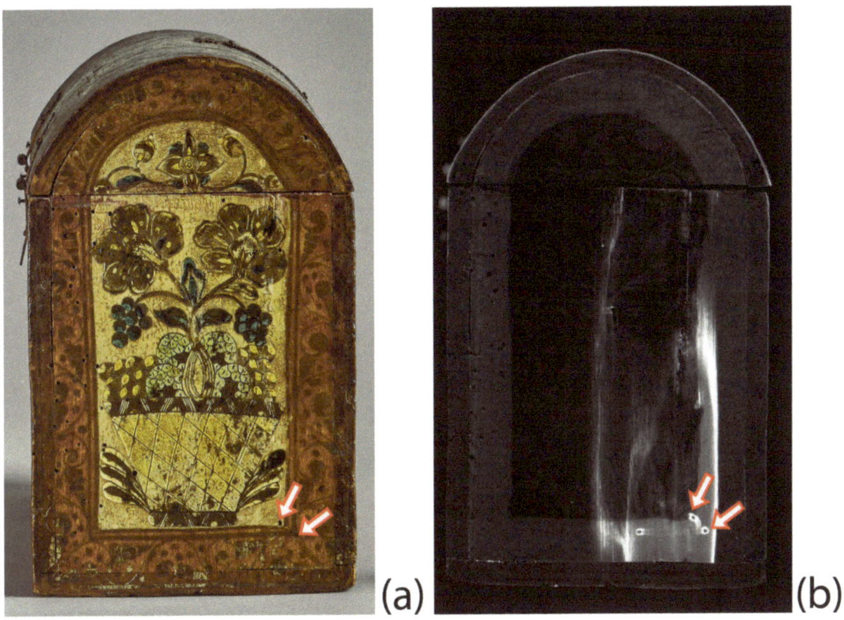

Figure 23. (**a**) Visible image of the proper left side of the casket. (**b**) Scanning XRF elemental distribution maps of copper (Cu) of the proper left side of the casket. Arrows mark two furniture beetle holes.

4. Conclusions

The rediscovery of this casket in the National Trust collection as a *barniz brillante* object, following a recent flurry of research activities on Indigenous American lacquer, has taken the object out of its previous relative obscurity, and has raised the opportunity for new narratives at Bateman's.

Work on this casket is very much in progress and there are intriguing aspects, such as the fragmentary labels and the signs of alteration to the metal fittings, which need to be explored further.

The scientific analysis of the casket was conducted exclusively in a non-destructive and non-invasive manner, to preserve the integrity of the object which is in very good condition. We revealed a wealth of information and evidence which is contributing to the growing body of knowledge on this subject area. The most intriguing aspects revealed by the scientific analysis of this object include the presence of a dark underdrawing, likely traced with indigo, as well as the use of incisions and cutouts to reveal an underlying dark layer.

The presence of chlorine in all the tarnished silver areas has been attributed to the formation of silver chloride.

No mercury white was detected on the casket.

A detailed comparison with similar objects in other collections will also need to be considered, in order to build a more complete timeline of the technique of *barniz brillante*.

Supplementary Materials: The following supporting information can be downloaded at: https://www.mdpi.com/article/10.3390/heritage7030075/s1, Supplementary Material S1: Spanish translation of this paper.

Author Contributions: Conceptualization, L.B., D.M., V.R., M.S.C., E.S. and M.W.; methodology, L.B. and V.R.; formal analysis, L.G. and V.R.; investigation, L.G., L.B., D.M., V.R., M.S.C., E.S. and M.W.; data curation, L.G. and V.R.; writing—original draft preparation, L.G., M.S.C., E.S., M.W., L.B., D.M., V.R., M.S.C., E.S. and M.W.; writing—review and editing, L.G., M.S.C., E.S., M.W., L.B., D.M., V.R., M.S.C., E.S. and M.W. Translation into Spanish: M.S.C. All authors have read and agreed to the published version of the manuscript.

Funding: This research received no external funding.

Data Availability Statement: Original data available on request, where sufficiently justified. The Spanish translation of this paper is available in Supplementary Material S1.

Acknowledgments: The authors would like to acknowledge the assistance of the Royal Oak Foundation for enabling the conservation of this casket; Nick Humphrey (V&A Curator, Furniture and Woodwork) and Maria Cecilia Alvarez-White for generously giving their time and sharing their knowledge as we develop our research, analysis and conservation plan. We are grateful to the UKRI Arts and Humanities Research Council (reference AH/V012134/1) for funding the refurbishment of the V&A science laboratory, including the purchase of the M6 Jetstream spectrometer used for the XRF elemental mapping experiments; of the Apollo IR Camera used for the infrared reflectography experiments; and the Hirox HRX-01 digital microscope used for the digital microscopy.

Conflicts of Interest: The authors declare no conflicts of interest.

Notes

1 It may look counterintuitive that silver chloride as a corrosion product appears dark, when the pure material, when considered in bulk, is white. However, many phenomena occur when corrosion products form on the surface of metals. The combination of these phenomena changes the appearance of tarnished surfaces to the naked eye. Among these phenomena, we can mention thin film interference, the amorphous nature of the corrosion product, and the possible simultaneous presence of silver oxide, which usually appears brown-black, or of other corrosion products.

References

1. Newman, R.; Kaplan, E.; Álvarez-White, M.C. The Story of Elaeagia Resin (Mopa-Mopa), So Far. *Heritage* **2023**, *6*, 4320–4344. [CrossRef]
2. Álvarez-White, M.C.; Cohen, D.; Fernández, M.O. The Splendour of Glitter: Silver Leaf in barniz de Pasto Objects. *Heritage* **2023**, *6*, 6581–6595. [CrossRef]
3. Pozzi, F.; Basso, E.; Katz, M. In search of Humboldt's colors: Materials and techniques of a 17th-century lacquered gourd from Colombia. *Heritage Sci.* **2020**, *8*, 101. [CrossRef]
4. *Schedule of Articles Marked EB in Inventory of Contents of Batemans*; The National Trust: Swindon, UK, 1939; p. 1.
5. Bateman's. *The National Trust*; The Stellar Press: London, UK, 1985.
6. Bateman's. *The National Trust*; BAS Printers Limited: Salisbury, UK, 1989.
7. Bateman's. *The National Trust*; BAS Printers Limited: Salisbury, UK, 1991.
8. Bateman's. *The National Trust*; BAS Printers Limited: Salisbury, UK, 1993.
9. Bateman's. *The National Trust*; BAS Printers Limited: Salisbury, UK, 1995.
10. Kipling, R. *The Letters of Rudyard Kipling*; University of Iowa Press: Iowa City, IA, USA, 1990; Volume 5.
11. An Oak Day-Bed Designed by Rudyard Kipling and Made by Leslie Cope Cornford (1867–1927) in 1902. Available online: https://www.nationaltrustcollections.org.uk/object/760885 (accessed on 27 July 2023).
12. Kipling, R. *Brazilian Sketches*; Canelo: London, UK, 2016.
13. Álvarez-White, M.C. *El Barniz de Pasto: Secretos y Revelaciones*; Universidad de los Andes: Cundinamarca, Colombia, 2023.
14. Geminiani, L.; Risdonne, V.; Burgio, L. *V&A Internal Analysis Report 23-24-LG-VR-LB Analysis of National Trust Casket NT760886*; Victoria and Albert Museum: London, UK, 2023.
15. Alvarez-White, M.C. El Barniz de Pasto: Reflejo de la Naturaleza. In *Naturaleza y Paisaje. X Encuentro Internacional Sobre Barroco*; Fundación Visión Cultural: Valparaiso, Chile, 2019.

16. Cabeza, R.M.C. Entre el Viejo y el Nuevo Mundo: El escritorio de barniz de pasto de la colección de artes decorativas de The Hispanic Society of America. *Res. Mobilis* **2014**, *3*, 119–131. [CrossRef]
17. Cabinet. Available online: https://collections.vam.ac.uk/item/O1296371/cabinet-unknown/ (accessed on 9 December 2023).
18. Humphrey, N.; Burgio, L.; Melchar, D. One small corner of the Viceroyalty in South Kensington: Barniz de Pasto at the Victoria and Albert Museum, London. In *Anales del Museo de América*; Subdirección General de Documentación y Publicaciones: Madrid, Spain, 2020.
19. Hoadley, R.B. *Understanding Wood: A Craftsman's Guide to Wood Technology*; Taunton Press: Newtown, CT, USA, 2000.
20. Bratasz, Ł. Allowable microclimatic variations for painted wood. *Stud. Conserv.* **2013**, *58*, 65–79. [CrossRef]
21. Jakieła, S.; Bratasz, Ł.; Kozłowski, R. Numerical modelling of moisture movement and related stress field in lime wood subjected to changing climate conditions. *Wood Sci. Technol.* **2008**, *42*, 21–37. [CrossRef]
22. *Historia del Reino de Quito en la America Meridional. Tomo 1, Year 1789, Quito*; Imprenta del Gobierno: Quito, Ecuador, 1844; Volume 1.
23. Keune, K.; Boon, J.J. Analytical imaging studies of cross-sections of paintings affected by lead soap aggregate formation. *Stud. Conserv.* **2007**, *52*, 161–176. [CrossRef]
24. Lead Soaps. Available online: https://www.metmuseum.org/about-the-met/conservation-and-scientific-research/projects/lead-soaps (accessed on 9 December 2023).
25. Casadio, F.; Keune, K.; Noble, P.; Van Loon, A.; Hendriks, E.; Centeno, S.A.; Osmond, G. *Metal Soaps in Art*; Springer: Cham, Switzerland, 2019.
26. Centeno, S.A.; Mahon, D. The chemistry of aging in oil paintings: Metal soaps and visual changes. *Metrop. Mus. Art Bull.* **2009**, *67*, 12–19. Available online: https://www.jstor.org/stable/40588562 (accessed on 25 January 2024).
27. Higgitt, C.; Spring, M.; Saunders, D. Pigment-medium interactions in oil paint films containing red lead or lead-tin yellow. *Natl. Gallery Tech. Bull.* **2003**, *24*, 75–95.
28. Burgio, L.; Melchar, D.; Strekopytov, S.; Peggie, D.A.; Di Crescenzo, M.M.; Keneghan, B.; Najorka, J.; Goral, T.; Garbout, A.; Clark, B.L. Identification, characterisation and mapping of calomel as 'mercury white', a previously undocumented pigment from South America, and its use on a barniz de Pasto cabinet at the Victoria and Albert Museum. *Microchem. J.* **2018**, *143*, 220–227. [CrossRef]
29. Melchar, D.; Burgio, L.; Fernandez, V.; Keneghan, B.; Newman, R. A collaborative, multidisciplinary and multi-analytical approach to the characterisation of barniz de Pasto objects from the V&A collections. In *Transcending Boundaries: Integrated Approaches to Conservation. ICOM-CC 19th Triennial Conference Preprints, Proceedings of the ICOM-CC, Beijing, China, 17–21 May 2021*; International Council of Museums: Paris, France, 2021.
30. Burgio, L. Mercury White': A Rare Artists' Pigment? Available online: https://www.vam.ac.uk/blog/caring-for-our-collections/mercury-white-a-rare-artists-pigment (accessed on 9 December 2023).
31. Ledesma, A.S. Análisis de los materiales de una arqueta decorada con barniz de Pasto, perteneciente a la colección del Museo de América de Madrid. In *Anales del Museo de América*; Subdirección General de Documentación y Publicaciones: Madrid, Spain, 2020; ISSN 2340-5724.
32. Casket, W. 7-2018. Available online: https://collections.vam.ac.uk/item/O1438719/casket/ (accessed on 31 January 2024).
33. Ricciardi, P.; Patterson, C.S. Science of the Book: Analytical Methods for the Study of Illuminated Manuscripts. In *A Handbook of the Art and Science of Illuminated Manuscripts*; Harvey Miller/Brepols: London, UK; Turnhout, Belgium, 2020; pp. 51–87.
34. Salem, Y. The Influence of Gaseous Pollutants on Silver Artifacts Tarnishing. *Open J. Air Pollut.* **2017**, *6*, 135–148. [CrossRef]
35. Thickett, D. Effects of Light on Silver Tarnishing. In *Between Material Conservation and Identity Preservation—The (Sacred) Life of Medieval Liturgical Books, Proceedings of the ICOM Committee for Conservation 16th Triennial Meeting, Lisbon, Portugal, 19–23 September 2011*; Critério Artes Gráficas, Lda.: Lisbon, Portugal, 2011; ISBN 978-989-97522-0-7.
36. Villanueva, A.A. Arquetas de barniz de Pasto en la catedral de Pamplona. Estudio y tratamiento. In *Anales del Museo de América*; Subdirección General de Documentación y Publicaciones: Madrid, Spain, 2020; ISSN 2340-5724.
37. Kingsland, L.F. Wood Preservation. *For. Chron.* **1956**, *32*, 411–416. [CrossRef]

heritage

MDPI

Artículo

Una arqueta recientemente identificada como *barniz brillante* en Bateman's, la casa de Rudyard Kipling

Ludovico Geminiani [1,2], Maria Sanchez Carvajal *[,3], Emma Schmuecker [3], Megan Wheeler [3], Lucia Burgio [2], Dana Melchar [2], Valentina Risdonne *[,2]

[1] Department of Science and High Technology, Università degli Studi dell'Insubria, Via Valleggio 11, 22100 Como, Italy; lgeminiani@uninsubria.it

[2] Conservation Department, Victoria and Albert Museum, Cromwell Road, South Kensington, London SW7 2RL, UK; l.geminiani@vam.ac.uk; l.burgio@vam.ac.uk; d.melchar@vam.ac.uk; v.risdonne@vam.ac.uk

[3] The National Trust, Heelis, Kemble Drive, Swindon, SN2 2NA, UK; maria.sanchez2@nationaltrust.org.uk; Emma.Schmuecker@nationaltrust.org.uk; Megan.Wheeler@nationaltrust.org.uk

* Correspondence: maria.sanchez2@nationaltrust.org.uk and v.risdonne@vam.ac.uk; Tel.: +441732466228 (MS); - +442079422115 (VR)

Abstract: Una arqueta conservada en Bateman's, la casa de Rudyard y Caroline Kipling en Sussex – ahora propiedad del National Trust – fue reconocida recientemente como una obra en *barniz brillante.* Objectos decorados con barniz *brillante*, una técnica caracterizada por el uso de un material indígena americano llamado *mopa-mopa,* son relativamente escasos y rara vez estudiados con métodos de análisis científicos. La colaboración entre el National Trust y el museo Victoria and Albert ha resultado en evidencia científica que será inestimable para el estudio y entendimiento de este tipo de objetos. Los análisis científicos de la arqueta se han realizado exclusivamente de manera no destructiva, para preservar su integridad puesto que el objeto se conserva muy bien. La arqueta de Bateman's se caracteriza por un "dibujo preparatorio" oscuro, hecho con un material q se ve transparente bajo la región infrarroja del espectro electromagnético. La mayoría de las áreas decoradas con hojas de plata se encuentran deterioradas por lo que parecen ser cloruros de plata.
Este estudio significa un paso importante hacia el estudio científico comparativo de objectos con barniz brillante en otras colecciones, los cuales a su vez harán posible sugerir una cronología para su manufactura, e incluso identificar talleres de creación.

Palabras clave: *mopa mopa; barniz de Pasto; barniz brillante;* Kipling; arqueta; plata.

1. Introducción

El National Trust cuida de propiedades históricas, sitios históricos, la costa y el campo en Inglaterra y Gales, y es la organización sin ánimo de lucro más grande de Europa para la conservación. Las colecciones en el National Trust son muy variadas, y contiene, entre otros, 55,000 piezas de mobiliario y 14,000 piezas adicionales clasificadas como 'objetos de madera'. Tal es así, que es una de las colecciones de muebles y objetos asociados más grande e importante del mundo.

Otros ejemplos estudiados de *barniz de Pasto* [1] publicados por el V&A llevaron a los comisarios de arte del National Trust a buscar este material entre sus colecciones y, en 2021 se identificó el primer ejemplo de barniz de pasto (NT 761758 – Figura 1) en Bateman's cerca de Burwash, Sussex. La arqueta está decorada con *mopa-mopa*, una resina extraída de una planta usada en la creación de objetos en *barniz de Pasto* de América del Sur. Su decoración, cuando incluye pan de plata, se conoce como *barniz brillante* [2,3].

Figura 1. NT 761758, arqueta de barniz de Pasto de Bateman's, Sussex, origen: América del Sur, probablemente siglo XVII, (22.6cm x 26.2cm x 13.9cm). © National Trust/Laurence Pordes.

1.1. Procedencia

Bateman's (figura 2) fue la casa del novelista, poeta y periodista Rudyard Kipling (1865-1936, figura 3a) y su esposa Caroline 'Carrie' Starr Balestier (1862-1939, figura 3b), desde 1902 hasta que se dejó al cuidado del National Trust en 1939.

Tras la muerte de Caroline en 1939, parte del contenido de la casa pasó en herencia a la hija de los Kipling, Elsie (1892-1976), quien lo trasladó a Wimpole, la casa en Cambridgeshire que compartía con su marido, George Bambridge (1892-1943). La colección que quedó en Bateman's es diversa y comprende muebles, objetos decorativos, libros y textiles de distintos lugares del mundo: algunos heredados, pero sobre todo coleccionados por Rudyard y Caroline en sus viajes frecuentes, a veces extendidos, al extranjero.

Figura 2. Bateman's, cercano a Burwash, Sussex. © National Trust Images/Laurence Perry.

Figura 3. a) Rudyard Kipling (1865-1936), por The Hon. Jon Collier (1850-1934), 1900 © National Trust Images/John Hammond y **b)** Caroline Starr Balestier, Sra. de Rudyard Kipling (1862-1939), por Sir Philip Edward Burne-Jones (1861-1926), 1899. © National Trust Images/John Hammond

El contenido de la casa Bateman's fue inventariado a la muerte de Caroline y se hizo una lista separada del legado "schedule", en el que se registra la presencia en el Parlour de '*una arqueta antigua de madera española con tapa abovedada y bisagras, flores de colores pintada y dorada, y sujeta con herrajes y cerradura*' [4]. Es casi probable que fuese el objeto NT 761758, pues ha permanecido en el Parlour desde entonces (figura 4); Elsie, a quien correspondía el objeto, no tomó posesión de la arqueta de Bateman's ni se la llevó por razones que se desconocen.

Figura 4. El Parlour en Bateman's, hacia 2010, con la arqueta sobre la mesa frente a la ventana. © National Trust Images/Andreas von Einsiedel.

La ''Schedule'' es el documento más temprano que se conoce sobre la arqueta de Bateman's, y - descrita como española - puede haber influido en la manera en que la arqueta se ha considerado y catalogado en años consecutivos. Las guías del National Trust de 1976, 1983, 1985, 1989, 1995 y 1996 la describen incorrectamente como una 'caja enyesada y coloreada', y en ninguna se le atribuye país de origen ni arriesgan a dar una fecha de cuándo pudo ser hecha [5-9]. El Sistema de gestión de colecciones del National Trust describía hasta hace poco la arqueta como ´lacada´ y no enyesada, pero omitía también datar o atribuir alguna escuela en particular o país.

No se ha encontrado aún recibo alguno por su compra: aunque la Universidad de Sussex guarda un archivo sustancial de escritos y la correspondencia de los Kipling (junto a otras colecciones más pequeñas por ahí), a él se le conocía como "un empeñado destructor de papeles personales" y su esposa 'Carrie' e hija ´Elsie´ parece ser que tomaron la misma actitud, así que no hay evidencia alguna de cuándo y dónde adquirieron la arqueta [10]. No obstante, todas las guías escritas cuentan lo mismo acerca de cómo la arqueta acabó en Bateman's, citando que era *"muy atesorada por Kipling…(siendo)…un regalo de su hija Elsie, quién la había comprado durante una visita a su prometido en España, el Capitán George Bambridge"*. [10] Se desconoce la fuente de esta anécdota: – podría haber sido Elsie Bambridge pues Bateman's fue transferido al National Trust mientras ella aún vivía, pero luego fue modificada, por lo que se ve en los registros de la arqueta en el Sistema de gestión de Colecciones del Trust) que introduce la idea de que Elsie compró la arqueta para su padre durante su luna de miel en España en 1927. En esta descripción la fecha o el hecho de que Elsie compró la arqueta durante su luna de miel son erróneos, puesto que ella y George se casaron en 1924. De todas formas, algo de cierto debe haber en la idea de que se adquirió en 1927, pues Elsie y George *estaban* en España en ese año: George Bambridge fue un diplomático británico y estuvo destinado en Madrid desde 1925 a 1928.

También cabe señalar que Rudyard y Carrie viajaron a América del Sur -visitando sólo Brasil- en Febrero y Marzo de 1927, el año en que algunas fuentes dicen que se adquirió la caja. Kipling compraba objetos con regularidad en sus viajes y mostró interés en cómo se amueblaba Bateman's, incluso diseñando la cama de día que aún se conserva en su estudio [11]. Escribió a su hija Elsie el 22-23 de febrero de 1927 desde Brasil, diciendo que Carrie había "salido por ahí" ese día buscando muebles viejos y plata [10]. Sin embargo, no se da ningún detalle más, y una serie de siete cartas de viaje escritas para publicación e impresas en Londres por primera vez en 1927 en *The Morning Post*, y después en una recopilación llamada *Brazilian Sketches* primera edición en 1940, tampoco mencionan la arqueta [12].

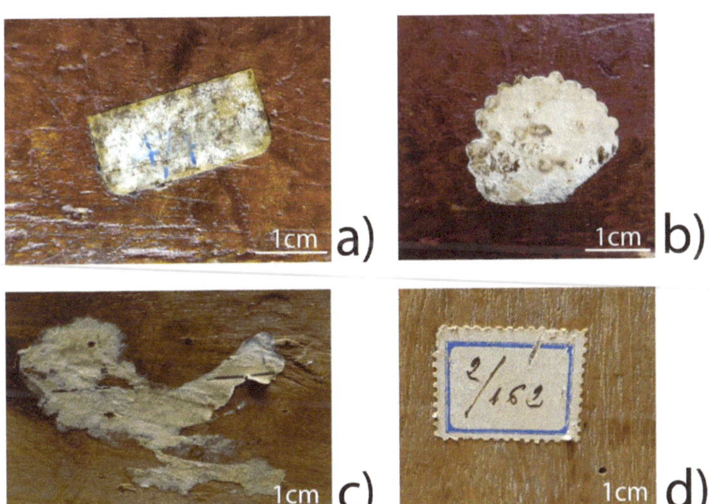

Figura 5. Etiquetas de papel que se encontraron debajo (a y b) y en el interior de la caja (c y d), © National Trust/Maria Sanchez

Divorciado de su destino primigenio y con escasas pruebas documentales que describan su llegada a Europa desde Sudamérica, las características físicas son instructivas. Cuatro etiquetas de papel distintas sugieren que la caja ha pasado por diferentes manos (figura 5). La mayoría están desgastadas, pero aun retienen letras o números legibles, aunque su significado no sea aún aparente. Que sepamos, ninguna de estas etiquetas ha sido usadas por el National Trust o los Kipling, y apunta a que pueda haber estado en otra colección o colecciones, o que haya sido manipulada por un anticuario antes de ser adquirida por los Kipling. Sería interesante saber si hay otros objetos de barniz de Pasto que tengan etiquetas parecidas, bien en Suramérica o Europa, en los siglos XIX y XX.

1.2. *Objetivo de la Investigación*

El objeto de este estudio es la investigación de los materiales y las técnicas de construcción de la arqueta. Este será el primer paso hacia futuras investigaciones y colaboraciones centradas en objetos de *barniz brillante*, que a su vez permitirán agrupar objetos similares y sugerir posibles fechas de producción o talleres [13]. Como parte de la investigación sobre la materialidad de la arqueta, el objeto se analizó en el V&A de forma no destructiva y no invasiva mediante reflectografía infrarroja, FRX de barrido y microscopía digital [14]. La toma de muestras no estaba permitida, lo que limitó el alcance de las vías de investigación disponibles. La aplicación de los métodos científicos de análisis elegidos puede complementar los resultados de la observación visual de la arqueta y ampliar nuestros conocimientos sobre su materialidad. La reflectografía infrarroja, en particular, pretendía poner de manifiesto la presencia de posibles dibujos subyacentes o bocetos preparatorios, pero también visualizar cualquier intervención posterior. El escaneado de FRX serviría para evaluar la distribución de los elementos químicos en la superficie de la arqueta, pero también para obtener información sobre la composición de la estructura subyacente. La microscopía digital se eligió porque puede proporcionar un registro en alta resolución de las distintas zonas del cofre, lo que nos permite conocer el estado de las superficies decorativas y es esencial para evaluar las técnicas de artesanía y métodos de construcción del objeto. Cuando el estado de la superficie lo permite, la microscopia digital también contribuiría a comprender mejor la estratigrafía de la arqueta.

La metodología de análisis empleada en esta investigación representa un buen ejemplo de trabajo de forma exclusivamente no invasiva y no destructiva.

2. Materiales y Metodología

Reflectografía de infrarrojos (RI)

La RI se llevó a cabo con una cámara IR Apollo (Opus Instruments, Reino Unido) sensible a las longitudes de onda del IR cercano de 900 a 1700 nm. La cámara está equipada con un sensor de matriz lineal de InGaAs, con un área de 125 × 125 px. Las imágenes se tomaron con una apertura focal de F11 y una distancia focal de 150 mm. Se colocaron dos lámparas de tungsteno simétricamente a ~45° con respecto al eje focal de la cámara. También se utilizaron un filtro de paso de onda corta (SWP) de 1250 nm, un filtro de paso de banda (BP) de 1250-1510 nm y un filtro de paso de onda larga (LWP) de 1510 nm. Las imágenes RIR macro se obtuvieron con un objetivo macro con apertura focal de F4,5.

Microscopía digital de alta resolución

La microscopía digital se realizó con un microscopio digital de sobremesa Hirox HRX-01 con un accesorio H-1020E. Las imágenes se han obtenido con aumentos de ×10, ×30 o ×90, luz LED anular polarizada y modo de enfoque múltiple. También se utilizó luz rasante. Las imágenes se procesaron con el software HRX-01 y Adobe Photoshop 24.7.0.

Fluorescencia de rayos X de barrido (FRX)

Las pruebas de FRX se realizaron con un espectrómetro Bruker M6 Jetstream equipado con un tubo de rayos X de micro-focalización Rh-target y dos detectores de deriva de silicio (SDD) XFlash de 60 mm2. El tubo de rayos X se utilizó a 50 kV y 600 μA. Los mapas de distribución elemental de las zonas de la tabla periódica se recogieron con un tamaño de punto de 100 µm, un pulso de 180 µm y un tiempo de permanencia de 55-75 ms/píxel. Los espectros de fluorescencia de rayos X se calibraron, ajustaron y procesaron utilizando el software Bruker M6 Jetstream.

3. Resultados y deliberación

3.1. Análisis estilístico

La decoración de la caja consiste en un diseño simétrico de flores emanando de una cesta entretejida central con frutas y flanqueada por dos pájaros, todo ello rodeado de un borde de roleos vegetales (figura 1). Por su tipología, su decoración con barniz brillante recuerda más concretamente a un grupo de objetos de barniz de pasto en la colección del V&A como una bandeja o plato bajo (figura 6) datada entre 1650-1750 y atribuida al Vicerreinato de Perú, que está decorada con motivos y paleta de color similares y rodeado de un borde de hojas enroscadas muy parecido.

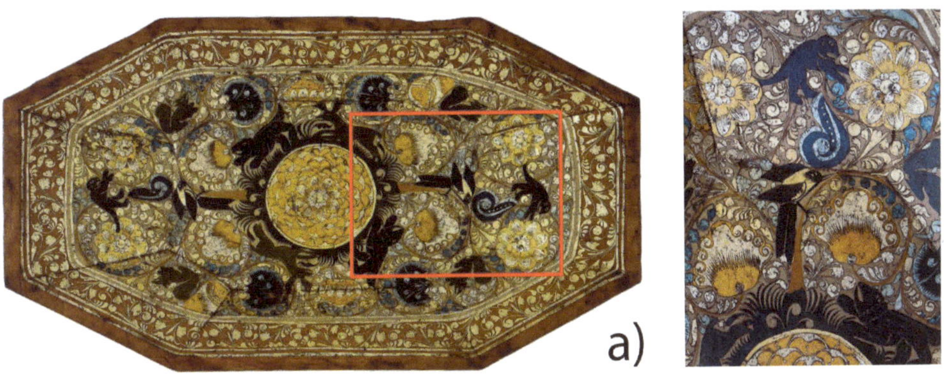

a) b)

Figura 6. a) Una bandeja o plato bajo de barniz de Pasto, atribuido al Vicerreinato de Perú, 1650-1750, en la colección del museo Victoria & Albert (número de acceso 1262-1855). **b)** Un detalle de la superficie decorada. ©Victoria and Albert Museum

Estas dos piezas, a su vez, parecen haber sido decoradas de la misma manera que tres cajas-escritorio, dos de ellas en Bogotá en colecciones privadas y la tercera en otra colección privada en Pasto estudiadas por María Cecilia Álvarez-White en una publicación en 2019 [13], y una cuarta caja-escritorio en propiedad de la Hispanic Society Museum and Library, descrita en 2019 en un artículo de Rosa María Creixell Cabeza [14]. Todas ellas presentan una superficie con textura en lugar de una superficie lisa, flores grandes, cestos o macetas y pájaros, y utilizan la misma paleta de color y elementos metálicos. Una de ellas esta convenientemente inscrita "Facto in Quito [Ecuador] en 1709". Aunque aún no se ha establecido un estudio sistemático acerca de donde y cuando se hicieron estas cajas, este último ejemplo sugiere que una fecha provisional hacia 1700 y atribución provisional a Quito, son ambas plausibles.

3.2. Construcción

La arqueta es de construcción sencilla: los laterales de la caja y la tapa están unidos a la parte delantera, trasera y superior con espigas de madera (figura 7). En el interior de la arqueta se aprecian marcas de herramientas relacionadas con la construcción: marcas de serrucho en el fondo y los laterales, marcas de punzón en los laterales y marcas de gubia en la tapa. La parte delantera está provista de una cerradura (falta la llave) con herraje decorativo, mientras que la tapa tiene un cerrojo decorativo y dos bisagras de hierro ornamentadas en la parte trasera. La identificación de la madera a simple vista es limitada, ya que no hay zonas de la madera de testa sin recubrir. Por la veta tangencial de la madera y el color de la madera expuesta en el interior, las características de la madera son consistentes con el cedro español (*Cedrela odorata*), identificado en otras piezas de barniz de Pasto [2, 17-19]. Para identificar la madera con mayor precisión, sería necesario tomar muestras, pero no se recomienda porque afectaría a la integridad del cofre. El examen de las espigas de madera sugiere que todas están hechas de bambú, ya que el patrón distintivo del bambú de haces vasculares y fibras es fácilmente visible (Figura 7b).

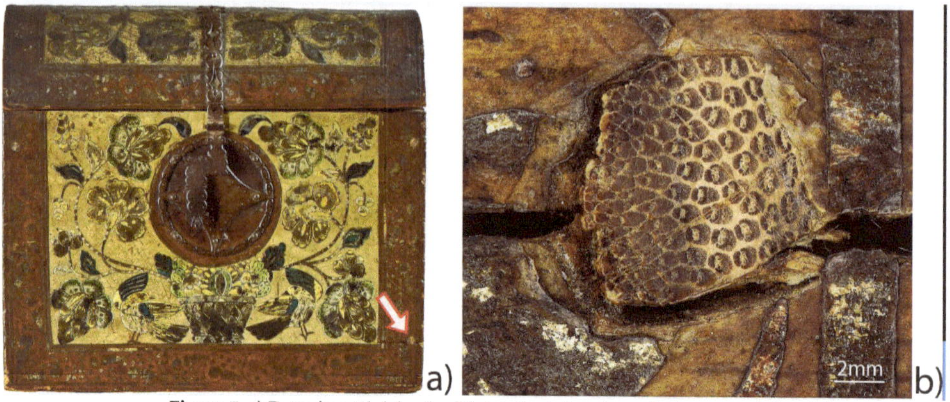

Figura 7. a) Parte frontal del cofre; b) detalle de la cabeza de la espiga de bambú.

La estructura de la arqueta es sólida, a pesar de pequeñas grietas relacionadas con la ubicación de las espigas de madera. El cofre también presenta daños causados por carcoma (*Anobium punctatum*), con agujeros visibles en la madera y su correspondiente decoración en superficie.

Las bisagras (figura 8a), la cerradura y cerrojo han sido alterados o sustituidos, como lo demuestran los huecos donde habrían estado las bisagras anteriores. También podemos ver agujeros de clavos anteriores rellenos con madera, y el patrón dejado por estos agujeros de clavos coincide con bisagras de distinta forma. En el interior, en la zona correspondiente a las bisagras exteriores, se han rellenado y rematado con madera dos huecos (figura 8b). En el centro de la tapa se aprecia una marca circular, que podría corresponder a un mecanismo de cierre. Curiosamente, el interior de la arqueta también revela algunos detalles inesperados, como marcas de herramientas (mecánicas) horizontales muy regulares, una pintura rojiza en la parte superior y exterior de los laterales y en las zonas correspondientes de la tapa, así como unos surcos de larvas de carcoma oscurecidos y entreabiertos. Todas estas observaciones sugieren que el interior de la arqueta ha sufrido alguna intervención en el pasado. Las posibles explicaciones de las marcas de herramientas, la pintura y los surcos de carcoma vistos son:

1. en el interior había un revestimiento que se ha retirado y ahora falta;
2. el artesano utilizó madera que anteriormente había sufrido una infestación de carcoma; así, al cortar la madera, quedaron al descubierto antiguos canales de larvas;
3. los laterales se rebajaron después de que la arqueta sufriera una infestación activa de carcoma;
4. las superficies externas y los bordes de los laterales superiores rozaron la cara interna de la tapa, desgastando la capa de *mopa-mopa*.

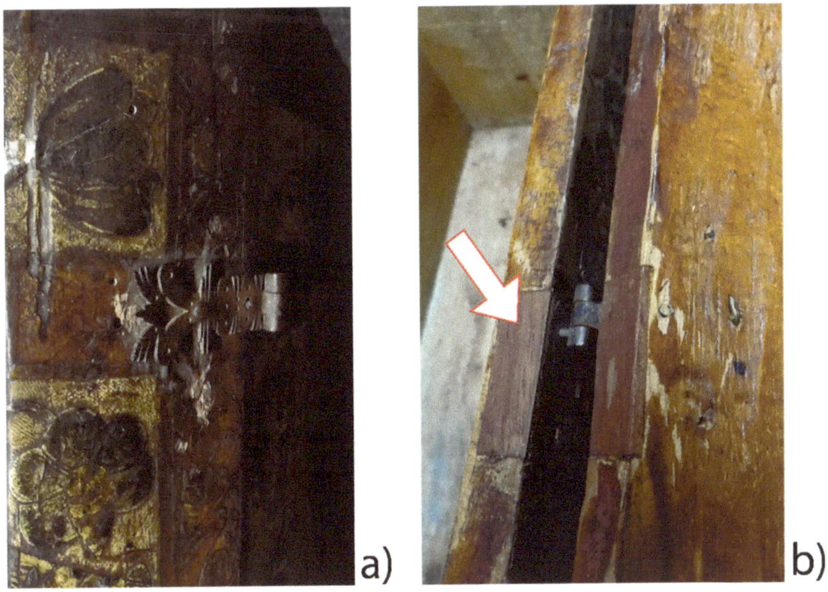

Figura 8. a) The hinge on the proper right of the casket; **b)** the altered area where wood fills coincide with both external hinges.

El barrido de FRX se utilizó para investigar y obtener imágenes de la superficie externa del cofre. Aunque el objetivo principal era recopilar mapas de distribución de los elementos de la decoración, también aportó información adicional sobre la estructura interna del objeto.

La figura 9 muestra los mapas de distribución de elementos en la región Compton (la región de alta energía comprendida entre 17 y 40 KeV), lo que permitió observar los materiales que constituyen el cuerpo del cofre y revelar detalles que no son visibles a simple vista. En este caso es posible ver los paneles de madera y cómo están unidos. Se pueden ver claramente los clavos de madera (espigas), así como las marcas dejadas por otros clavos que ya no están presentes. También son visibles los anillos de crecimiento de la madera. Se puede observar que los paneles están cortados en su mayor parte en forma de hendidura o de forma radial, lo que sugiere un cuidadoso trabajo artesanal, ya que la orientación radial de las vetas minimiza el efecto del movimiento de la madera debido a las fluctuaciones de la humedad relativa [20, 21]. La tapa parece haber sido ahuecada a partir de una sola pieza para obtener la curvatura deseada.

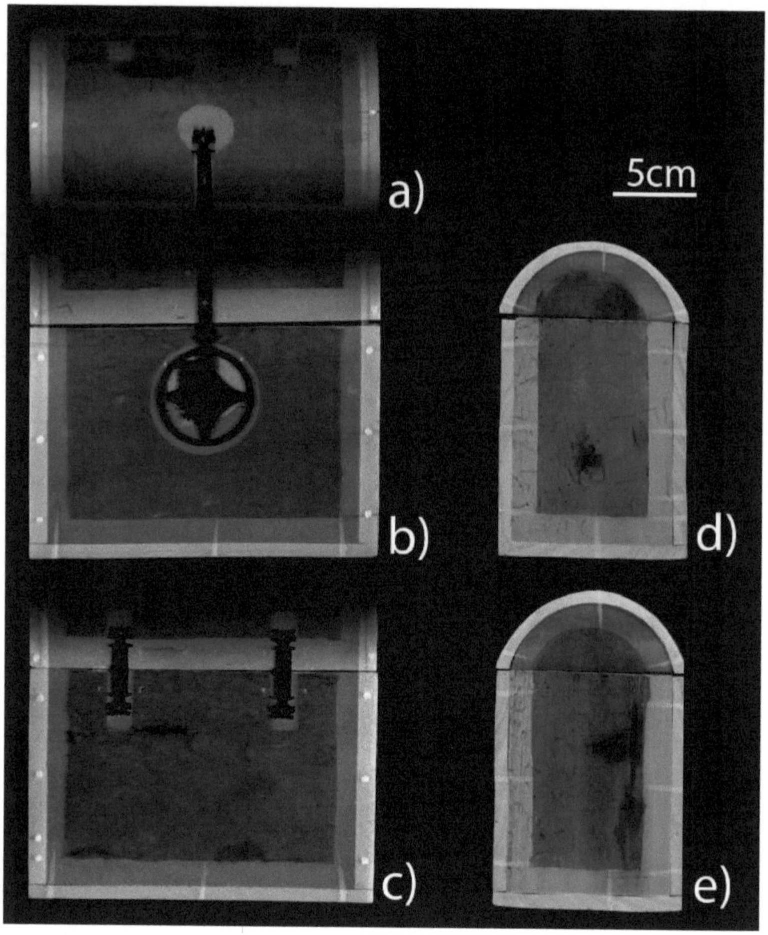

Figura 9. Mapas de distribución de barrido de FRX obtenidos en la región de alta energía Compton (17-40 KeV).

Los escaneados por FRX también muestran claramente los daños asociados a la actividad de la carcoma y los túneles resultantes. Por último, se observan las marcas de herramientas dejadas en la cara externa de la madera, antes de la aplicación de los acabados decorativos. El patrón de marcas de rayado en la superficie de la madera tras el montaje de la arqueta sugiere el intento de incrementar la adherencia entre el soporte y los revestimientos decorativos (figura 10).

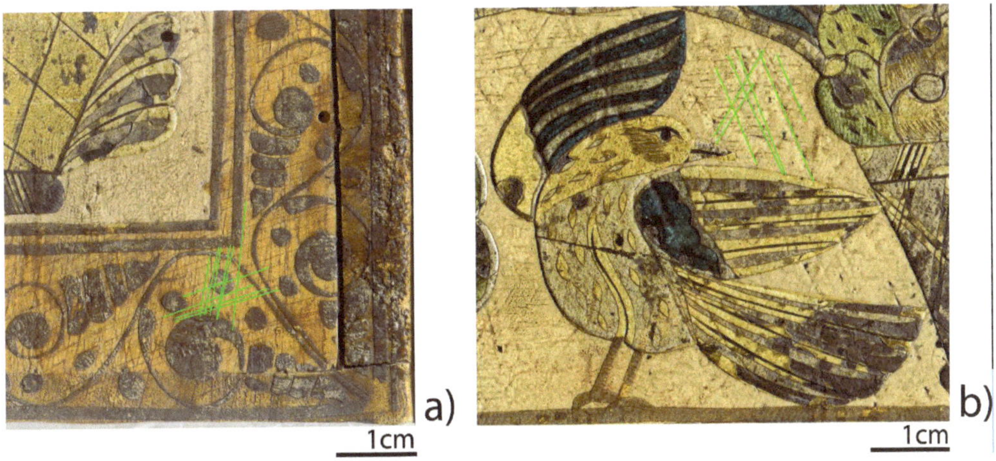

Figura 10. Las marcas en la madera de líneas cruzadas se pueden ver con luz rasante: como ejemplo, ver detalle en a) en el propio lado izquierdo de la caja y b) en el frontal

Las marcas en forma de rayado pueden apreciarse a simple vista incluso cuando están cubiertas por varias capas de barniz de Pasto (figura 10). En comparación con ejemplos de otras colecciones, la arqueta se distingue por la profundidad de las marcas: éstas no son tan perceptibles en otros objetos si es que están presentes o, en cambio, tienen marcas de tela en la superficie decorada con *mopa-mopa* [15].

La superficie de la arqueta también conserva marcas de la presión de los dedos y huellas dactilares dejadas por los artesanos al presionar las capas decorativas sobre el sustrato de madera (figura 11).

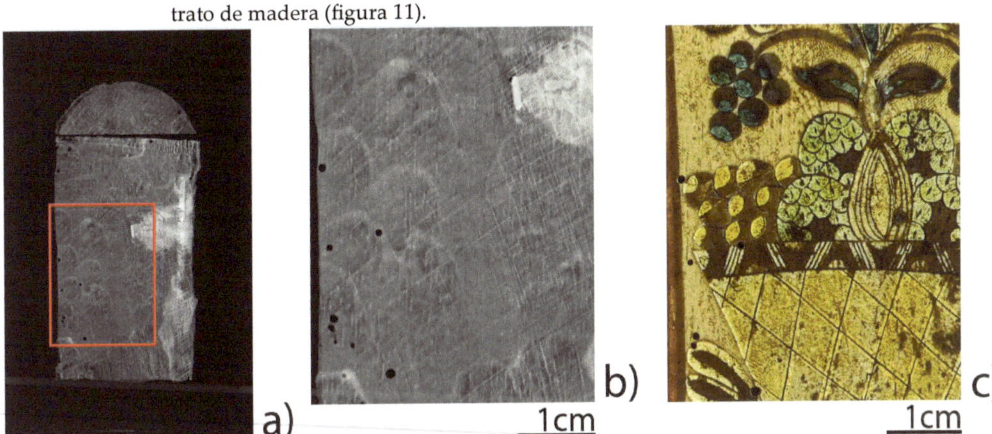

Figura 11. Marcas de la presión de los dedos- en manufactura se ven a simple vista mirando detenidamente. Ejemplos del lateral propio derecho del objeto a) Mapa de distribución del elemento plomo con FRX b) detalle del mapa de distribución C) imagen de la misma área con luz normal.

3.3. *Elementos metálicos*

Los herrajes están oxidados, aunque en algunos lugares conservan zonas de superficie brillante, sin pulir. Se planteó la cuestión de si esto último podría deberse a restos de plata, ya que otros objetos de barniz conservan las fijaciones de plata originales. Las investigaciones realizadas con FRX en los componentes externos metálicos confirmaron que éstos son de hierro macizo, sujetos con clavos de latón. También se detectó la presencia de manganeso, lo cual no es sorprendente ya que el manganeso suele encontrarse en depósitos minerales en combinación con el hierro. No se observaron rastros de plata en la superficie de los herrajes (figura 12).

La valoración de los mapas elementales de cobre y zinc revela que los clavos que actualmente sujetan la cerradura y las bisagras son de latón. Curiosamente, también se observan trazas de clavos de latón anteriores al lado de los actuales, lo que sugiere que los herrajes anteriores también se sujetaban con clavos de latón. La distribución de estos restos indica la forma y el tamaño de los herrajes anteriores (figura 12).

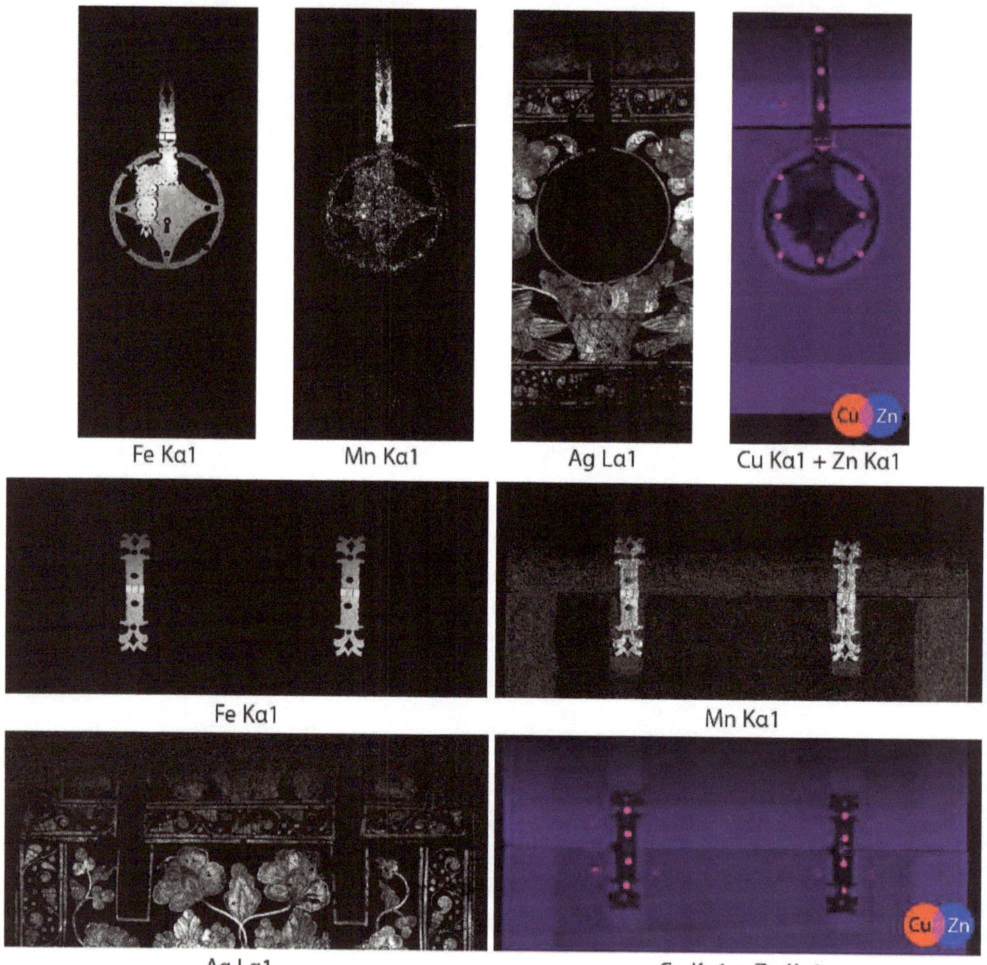

Figura 12. Mapas de distribución de FRX del hierro (Fe), manganeso (Mn), plata (Ag) y cobre (Cu) con zinc (Zn). Los mapas de plata confirman que no hay plata en los herrajes metálicos, y los mapas de cobre y zinc muestran que los clavos que sujetan la cerradura y las bisagras son de latón. También se aprecian restos de latón de clavos utilizados para las cerraduras y bisagras previas, lo que sugiere el contorno de herrajes anteriores.

3.4. *Técnica decorativa*

El cofre está decorado con la técnica del barniz brillante, donde las hojas de plata están intercaladas entre capas de mopa mopa, proporcionando un efecto adicional de brillo metálico a la superficie. (Figura 13) [2, 15, 22].

Figura 13. Mapas de distribución de plomo (Pb) y plata (Ag) del frontal del cofre.

La estructura de las capas es compleja y varía según qué parte de la arqueta se considere. La capa inicial de *mopa-mopa* que se ve en los bordes, parte del interior y bajo la base de la arqueta es de color rojizo transparente. El centro de los paneles de madera presenta una capa opaca de *mopa-mopa* de color marfil, utilizada como base y fondo para la decoración de barniz brillante. Esta capa tiene una alta concentración de plomo y probablemente fue coloreada con blanco de plomo (albayalde). Ocasionalmente, también se observa una capa oscura que puede describirse como un dibujo preparatorio. El pan de plata se aplicó donde el esquema decorativo lo requería y se cubrió con capas adicionales de *mopa-mopa*. Estas capas protegen la hoja de plata del deterioro, pero también se utilizan con fines decorativos, con algunas zonas coloreadas en diferentes tonos de verde, azul y amarillo para crear una superficie brillante y vibrante. Las capas superpuestas crean un relieve texturizado característico en la superficie.

En ocasiones, la hoja de plata se aplica en forma de mosaico, como se muestra en la Figura 14, donde algunas de las "teselas" de plata aún son visibles, mientras que otras se han perdido o se han deteriorado.

Figura 14. Detalle del frontal de la arqueta, donde se muestra un ejemplo de la hoja de plata aplicada en efecto mosaico **a)** con luz visible y **b)** imagen con luz infrarroja.

Si se compara con otros objetos decorados con *mopa-mopa,* parece que las capas decorativas en el cofre de Bateman's son mucho más gruesas, pero esto sólo puede confirmarse con métodos invasivos que no se recomiendan por el momento.

Cabe señalar que la capa que contiene plomo presenta muchas impurezas y pequeñas burbujas (Figura 15), pero a pesar de ello la laca aún permanece bien adherida a la madera. El origen de las burbujas es incierto: podrían deberse a la imperfecta limpieza y preparación de la lámina de *mopa-mopa,* pero también puede deberse a la formación con el tiempo de jabones de plomo, que se sabe que tienen un efecto desestabilizador sobre el aspecto y la integridad de las capas con pigmentos de plomo [23-27].

Se ha identificado que los pigmentos blancos de los objetos de barniz de Pasto contenían históricamente blanco de plomo. El blanco de mercurio, es decir, el cloruro de mercurio(I) utilizado como pigmento, sólo se ha identificado recientemente [2, 3, 15, 18, 28-31]. Únicamente uno de los dos objetos decorados con barniz brillante del V&A contenía blanco de mercurio [32], mientras que la bandeja mostrada en la figura 6 no contenía ninguno. En ninguna parte de la arqueta del National Trust se ha detectado mercurio, siendo su presencia o ausencia una de las cuestiones a investigar durante este estudio.

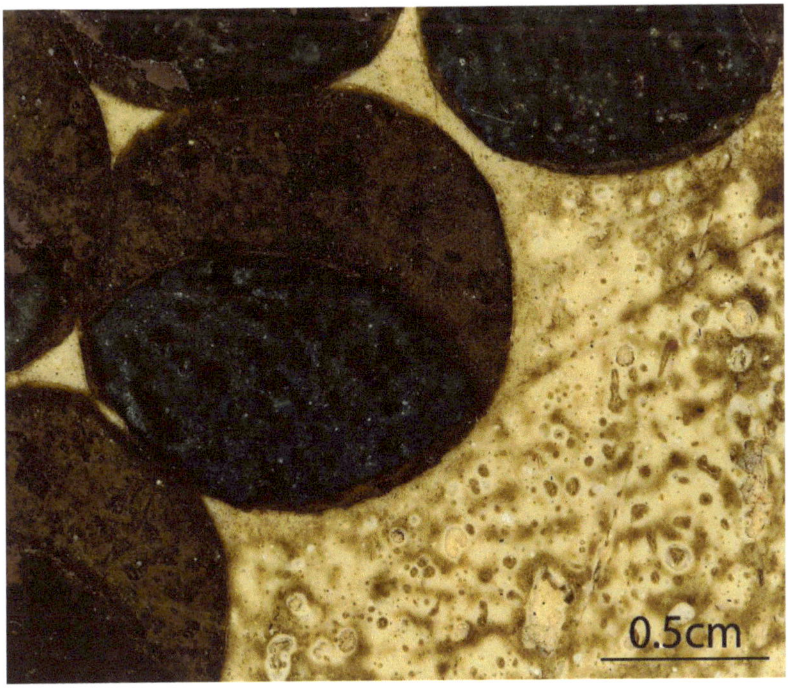

Figura 15. Detalle del lado propiamente izquierdo de la arqueta muestra las burbujas e impurezas en el barniz que sirve como fondo.

3.5. Capa subyacente y contornos

El examen técnico del objeto reveló también que se utilizaba un material de color oscuro con dos fines distintos: en primer lugar, servía para fines preparatorios, ya fuera como dibujo base o como soporte de calcado para reproducir motivos estándar de ornamentación; en segundo lugar, se utilizaba también como color de contraste para ser descubierto después como parte del esquema decorativo. Bajo la luz visible, este material es negro o azul muy oscuro, pero es invisible bajo la luz infrarroja, lo que sugiere que podría estar hecho con índigo [29, 31, 33].

La figura 16a muestra un detalle de la arqueta visto bajo luz rasante, que revela cómo se aplicó la decoración sobre el fondo de blanco de plomo. Partes del dibujo preparatorio se muestran con luz visible bajo la hoja metálica, donde ésta se ha perdido (figura 16b), pero se vuelven transparentes cuando se observan con luz infrarroja (figura 16c).

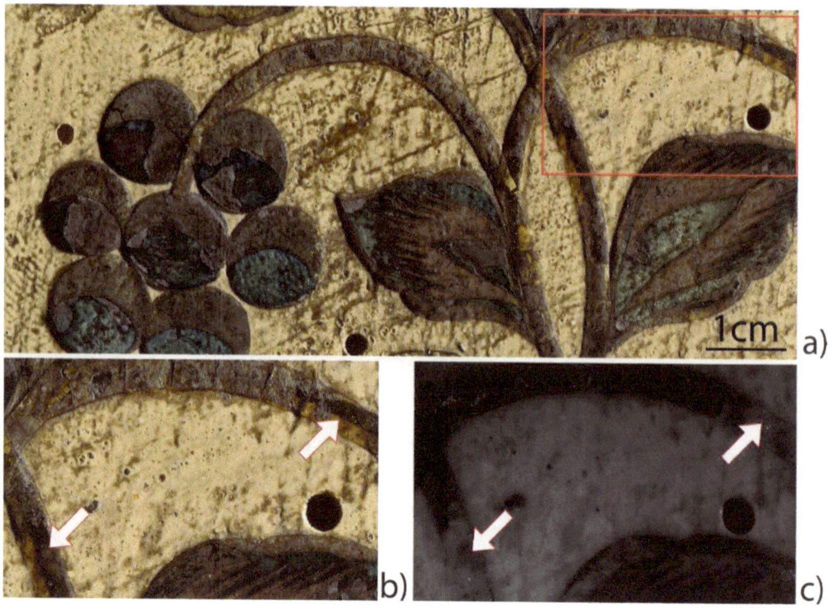

Figura 16. Detalles de la parte izquierda del cofre que muestran rastros de una capa oscura de dibujo preparatorio inferior que es invisible bajo luz infrarroja (RI). a) imagen visible con luz rasante; b) imagen del detalle con luz visible; c) imagen del detalle bajo luz infrarroja. Las flechas blancas señalan las zonas en las que se aprecia el dibujo subyacente.

En la figura 17 se muestra otra zona en la que se ha perdido una gran cantidad de la hoja de plata, dejando al descubierto la capa de color oscuro que hay debajo. Cerca de allí, el material oscuro también se aprecia claramente, esta vez como parte integrante del diseño, donde se han recortado intencionadamente hendiduras en el pan de plata. En ambos casos, el material oscuro es transparente en la reflectografía infrarroja. La figura 18 muestra otro caso de recorte intencionado del pan de plata, que deja al descubierto la capa oscura subyacente.

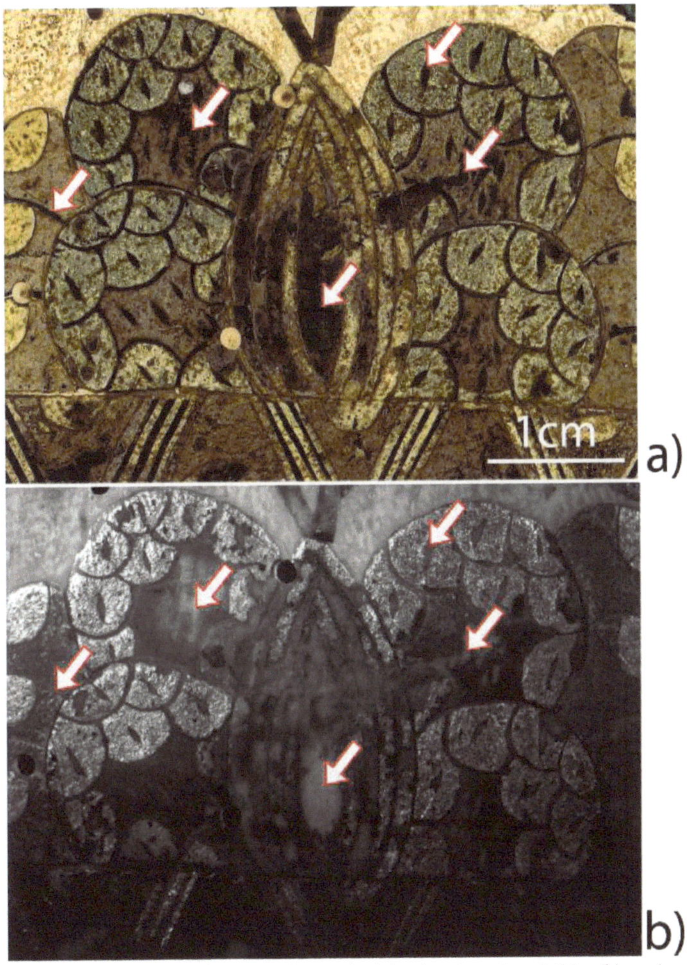

Figura 17. Detalle del lado izquierdo propio del cofre. **a)** con luz visible y **b)** con luz infrarroja, ambas mostrando un detalle de la capa inferior oscura bajo la hoja de plata

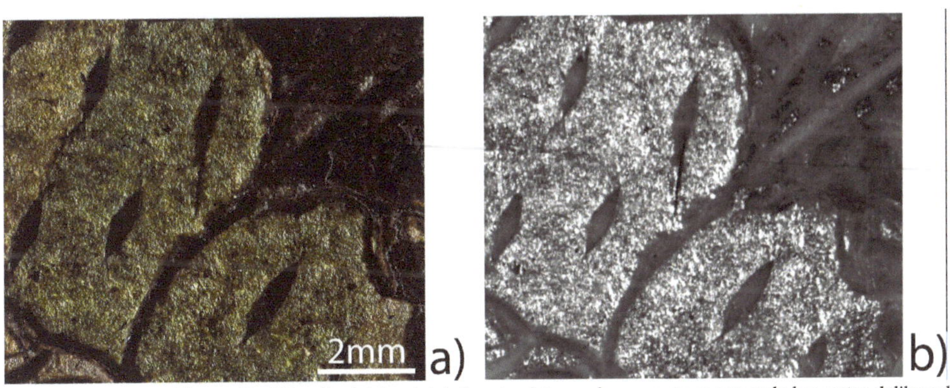

Figura 18. a) Detalle del frontal de la caja vista con luz rasante, mostrando los cortes deliberados en la hoja de plata para revelar la capa oscura de debajo. **b)** Véase como el material de la capa oscura aquí se vuelve transparente bajo la luz infrarroja.

El artista también utilizó un método alternativo para realzar el contorno de algunos de los detalles de la arqueta, como se muestra en la figura 19. Las líneas marcadas con flechas rojas se refieren a detalles oscuros tanto bajo iluminación visible (figura 19a) como infrarroja (figura 19b). Las líneas marcadas con flechas rojas se refieren a detalles que son oscuros tanto bajo la luz visible (figura 19a) como bajo la infrarroja (figura 19b), lo que sugiere que probablemente contienen negro de carbón finamente molido y aplicado sobre las incisiones de las capas de *mopa-mopa*.

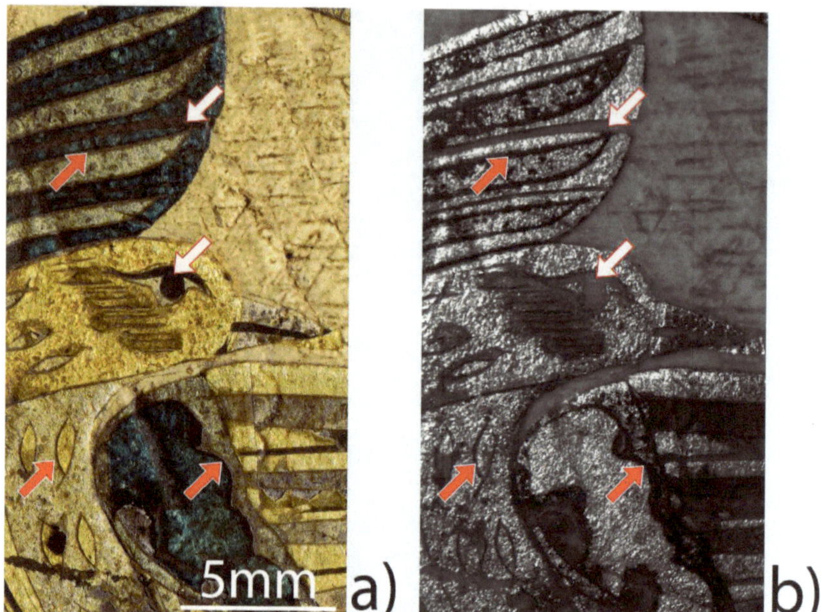

Figura 19. Detalle de la parte frontal del cofre, bajo luz visible **(a)** y reflectografía infrarroja **(b)**. Obsérvese cómo el ojo del pájaro y la coloración interior del ala se vuelven transparentes bajo reflectografía infrarroja (flechas blancas), mientras que los contornos del ala y las incisiones de la mejilla del pájaro permanecen visibles en ambas condiciones de iluminación (flechas rojas).

3.6. Estructura de las capas de decoración

Una inspección visual cuidadosa de la decoración y sus alteraciones permite dilucidar cuál pudo ser la estructura original de las capas (figura 20).

En los casos en que la capa 5 permanece intacta, la hoja de plata que hay debajo mantiene su aspecto brillante debido a la presencia de *mopa-mopa,* que cubre y protege del deslustre la plata que hay debajo. Esto puede verse claramente no sólo bajo la luz visible y a simple vista, sino también en las imágenes de reflectografía infrarroja, donde el metal sin deteriorar aparece brillante y blanco, y la hoja deslustrada aparece gris.

Los mapas de los elementos del cofre obtenidos por FRX muestran que el cloro está asociado a la hoja de plata deslustrada (véanse las figura 21b y figura 21c).

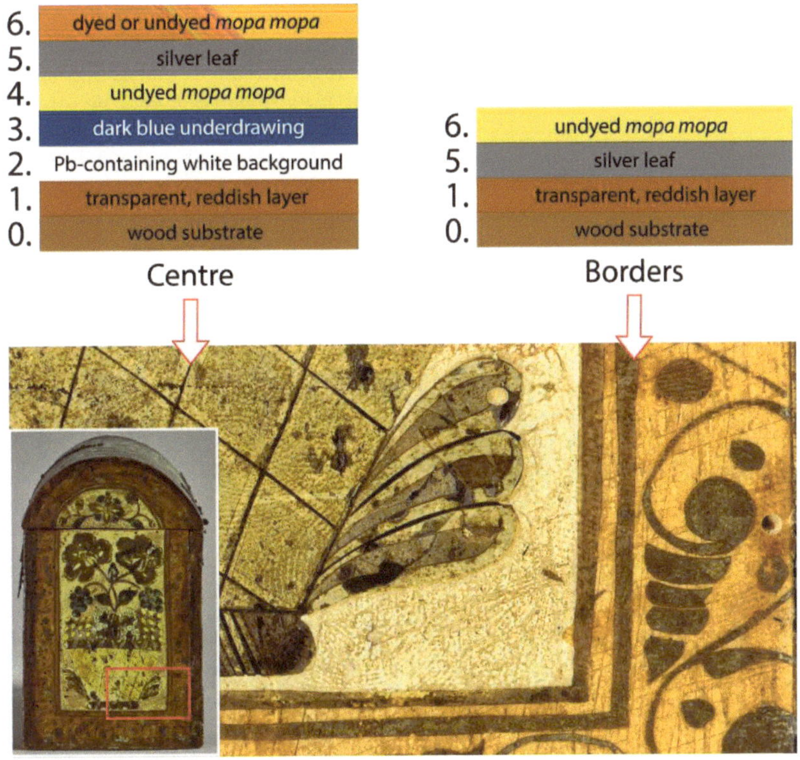

Figura 20. Estratigrafía simplificada del centro y el borde de la arqueta (arriba) y primer plano del lado izquierdo propiamente dicho de la arqueta, mostrando algunas de las capas decorativas.

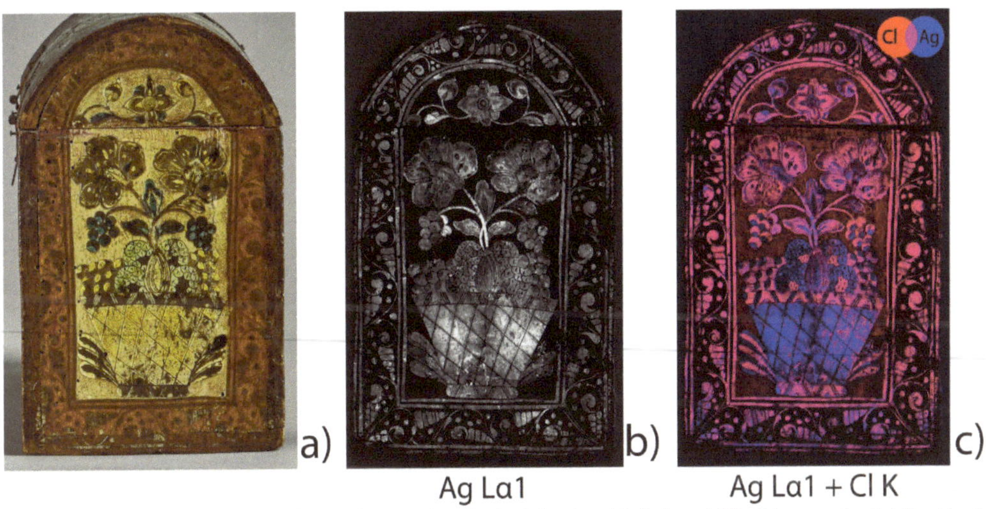

Figura 21. Lado propiamente izquierdo del cofre **a)** bajo luz visible; **b)** mapa de distribución del elemento plata (Ag) por FRX; **c)** mapas de distribución de los elementos de plata (Ag) y cloro (Cl) por FRX.

Se puede conjeturar que la arqueta estuvo expuesta a algún material utilizado como tratamiento contra infestaciones que contenía cloro. Esto explicaría la asociación de plata y cloro en las zonas deterioradas de la decoración [34,35].[1] Lo que resulta inesperado es que no haya azufre asociado a la oxidación de plata, ya que el sulfuro de plata suele ser el producto más común de la corrosión de la plata (más adelante se tratará este tema). Mientras que el cloruro de plata se ha encontrado en otros ejemplos analizados en todo el mundo, lo que lo hace único a este ejemplo es que no hay indicios de sulfuro de plata [34].

En la figura 22 se muestra un primer plano del borde decorado. En la superficie se identificó un material que contenía calcio (probablemente yeso, como demuestra la estrecha correspondencia entre los mapas de calcio y azufre). Las volutas están claramente realizadas con pan de plata. Los mapas de elementos muestran una superposición perfecta de plata y cloro, como se observa en otras zonas de plata degradada, pero no se aprecia ninguna coincidencia con el azufre.

Figura 22. Mapas de distribución elemental por FRX del cloro (Cl), la plata (Ag), el azufre (S) y el calcio (Ca), mostrados con la correspondiente imagen visible del lado derecho propiamente dicho del cofre.

3.7. *Tratamientos pesticidas*

En la parte inferior de la arqueta se pueden distinguir tres agujeros de carcoma, dos de ellos rellenos. Es significativo que muchos otros orificios de insectos en el cofre no muestren ningún signo de haberse rellenado en el pasado, lo que sugiere que hubo al menos dos, si no más, ocasiones de ataque de carcoma. Así pues, podemos imaginar que cuando la madera fue atacada por primera vez por la carcoma fue tratada con una solución acuosa de sales de cobre (Figura 23). El tratamiento se aplicó en toda la superficie y, en particular, donde habían aparecido los tres agujeros, de modo que el líquido penetró en la madera siguiendo la veta. Esto puede verse en el mapa de distribución del cobre. A continuación, se cubrieron los agujeros durante el proceso decorativo. Las sales de cobre se utilizaban como biocidas desde la antigüedad [35]. Una hipótesis atractiva podría ser la de correlacionar la presencia del cobre con el fenómeno de corrosión de la plata.

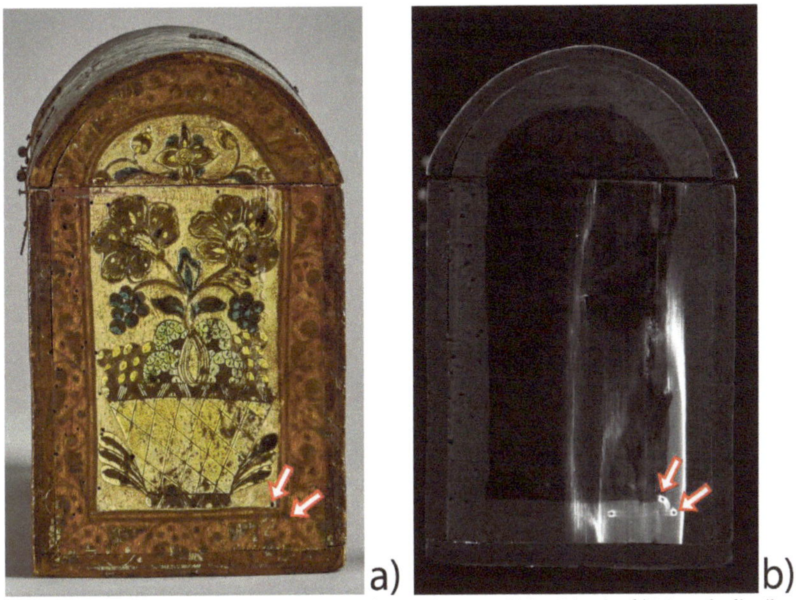

Figura 23. **a)** Imagen visible del lado izquierdo propiamente dicho del cofre. **b)** Mapa de distribución elemental de cobre (Cu) por FRX de barrido del cofre, misma área.

4. Conclusiones

El redescubrimiento de esta arqueta en la colección del National Trust como objeto de barniz brillante, tras una reciente oleada de actividades de investigación sobre la laca indígena americana, ha sacado a este objeto de su anterior " penumbra" y ha planteado la oportunidad de nuevas narrativas en Bateman's. El trabajo sobre esta arqueta aún está en curso y hay aspectos interesantes como las etiquetas incompletas y los signos de alteración de los herrajes metálicos, que deben investigarse más a fondo.

Los análisis científicos de la arqueta se llevaron a cabo exclusivamente de forma no destructiva y no invasiva, para preservar la integridad del objeto, que se encuentra en muy buenas condiciones. Revelamos una gran cantidad de información y pruebas que contribuyen al creciente acervo de conocimientos sobre este tema. Los aspectos más curiosos revelados por el análisis científico de este objeto incluyen la presencia de un dibujo preparatorio/capa preparatoria, probablemente calcado y coloreado con índigo, así como el uso de incisiones y recortes en la plata para revelar una capa oscura subyacente.

La presencia de cloro en todas las zonas de plata deslustrada se ha atribuido a la formación de cloruro de plata.

No se detectó blanco de mercurio en esta arqueta.

También será necesario considerar una comparación detallada con objetos similares en otras colecciones, con el fin de establecer una cronología más completa de la técnica del *barniz brillante*.

Materiales complementarios: El texto en Ingles se puede descargar en: https://www.mdpi.com/article/10.3390/heritage7030075.

Contribuciones por autor: Conceptualización, L.B, D.M., V.R, M.S.C., E.S. y M.W.; metodología, L.B, V.R, M.S.C., E.S. y M.W.; análisis formal, L.G. y V.R.; investigación, L.G., L.B., D.M., V.R., M.S.C., E.S. y M.W.; conservación de datos, L.G. y V.R.; redacción: preparación del borrador original, L.G., M.S.C., E.S., M.W., L.B., D.M., V.R.; redacción: revisión y edición, L.G., M.S.C., E.S., M.W., L.B., D.M., V.R. Traducción al español: M.S.C. Todos los autores han leído y aceptado la versión publicada del manuscrito.

Financiación: Esta investigación no ha recibido financiación externa.

Declaración de disponibilidad de datos: Datos originales disponibles previa solicitud, cuando esté suficientemente justificado.

Agradecimientos: Los autores desean agradecer la ayuda de la Royal Oak Foundation por hacer posible la conservación de esta arqueta; a Nick Humphrey (conservador de mobiliario y carpintería del V&A) y a María Cecilia Álvarez-White por dedicarnos generosamente su tiempo y compartir sus conocimientos mientras desarrollábamos nuestro plan de investigación, análisis y conservación.

Agradecemos al UKRI Arts and Humanities Research Council (referencia AH/V012134/1) por la financiación de la renovación del laboratorio científico del V&A, incluida la adquisición del espectrómetro M6 Jetstream utilizado para los experimentos de cartografía elemental por FRX; de la cámara de IR Apollo utilizada para los experimentos de reflectografía infrarroja; y del microscopio digital Hirox HRX-01 utilizado para la microscopía digital.

Conflictos de intereses: Los autores declaran no tener ningún conflicto de intereses.

Notas

1. Puede parecer contraintuitivo que el cloruro de plata como producto de corrosión aparezca oscuro, cuando el material puro, considerado a granel, es blanco. Sin embargo, son muchos los fenómenos que se producen cuando se forman productos de corrosión en la superficie de los metales. La combinación de estos fenómenos cambia el aspecto de las superficies deterioradas a simple vista. Entre estos fenómenos podemos mencionar la interferencia por película fina, la naturaleza amorfa del producto de corrosión y la posible presencia simultánea de óxido de plata, que suele aparecer de color marrón-negro, o de otros productos de corrosión.

Referencias

1. Newman, R., E. Kaplan, and M.C. Álvarez-White, *The Story of Elaeagia Resin (Mopa-Mopa), So Far.* Heritage, 2023. **6**(5): p. 4320-4344. https://doi.org/10.3390/heritage6050229
2. Álvarez-White, M.C., D. Cohen, and M.O. Fernández, *The Splendour of Glitter: Silver Leaf in barniz de Pasto Objects.* Heritage, 2023. **6**(10): p. 6581-6595. https://doi.org/10.3390/heritage6100344
3. Pozzi, F., E. Basso, and M. Katz, *In search of Humboldt's colors: materials and techniques of a 17th-century lacquered gourd from Colombia.* Heritage Science, 2020. **8**: p. 1-16. https://doi.org/10.1186/s40494-020-00449-1
4. *Schedule of Articles marked EB in Inventory of Contents of Batemans* 1939: The National Trust. p. 1.
5. *Bateman's.* 1985: The National Trust: The Stellar Press.
6. *Bateman's.* 1989: The National Trust: BAS Printers Limited.
7. *Bateman's.* 1991: The National Trust: BAS Printers Limited.
8. *Bateman's.* 1993: The National Trust: BAS Printers Limited.
9. *Bateman's.* 1995: The National Trust: BAS Printers Limited.
10. Kipling, R., *The Letters of Rudyard Kipling.* Vol. 5. 1990: University of Iowa Press.
11. *An oak day-bed designed by Rudyard Kipling and made by Leslie Cope Cornford (1867-1927) in 1902.* [accessed 27 July 2023]; Available from: https://www.nationaltrustcollections.org.uk/object/760885.
12. Kipling, R., *Brazilian Sketches.* 2016: Canelo.
13. Alvarez-White, M.C. *El barniz de Pasto: Reflejo de la naturaleza.* in *Naturaleza y Paisaje. X Encuentro Internacional sobre Barroco.* 2019. Fundación Visión Cultural.
14. Cabeza, R.M.C., *Entre el Viejo y el Nuevo Mundo: el escritorio de barniz de pasto de la colección de artes decorativas de The Hispanic Society of America.* Res Mobilis, 2014. **3**(3): p. 119-131.
15. Álvarez-White, M.C., *El barniz de Pasto: secretos y revelaciones.* 2023: Universidad de los Andes.
16. Geminiani, L., V. Risdonne, and L. Burgio, *V&A internal analysis report 23-24-LG-VR-LB Analysis of National Trust Casket NT760886.* 2023.
17. *Cabinet.* [accessed 9 December 2023]; Available from: https://collections.vam.ac.uk/item/O1296371/cabinet-unknown/
18. Humphrey, N., L. Burgio, and D. Melchar. *One small corner of the Viceroyalty in South Kensington: barniz de Pasto at the Victoria and Albert Museum, London.* in *Anales del Museo de América.* 2020. Subdirección General de Documentación y Publicaciones.
19. Hoadley, R.B., *Understanding wood: a craftsman's guide to wood technology.* 2000: Taunton press.
20. Bratasz, Ł., *Allowable microclimatic variations for painted wood.* Studies in Conservation, 2013. **58**(2): p. 65-79. https://doi.org/10.1179/2047058412Y.0000000061
21. Jakieła, S., Ł. Bratasz, and R. Kozłowski, *Numerical modelling of moisture movement and related stress field in lime wood subjected to changing climate conditions.* Wood Science and Technology, 2008. **42**: p. 21-37. https://doi.org/10.1007/s00226-007-0138-5
22. *Historia del Reino de Quito en la America Meridional. Tomo 1, year 1789, Quito.* Vol. 1. 1844: Imprenta del Gobierno.
23. Keune, K. and J.J. Boon, *Analytical imaging studies of cross-sections of paintings affected by lead soap aggregate formation.* Studies in conservation, 2007. **52**(3): p. 161-176. https://doi.org/10.1179/sic.2007.52.3.161
24. *Lead soaps.* [accessed 9 December 2023]; Available from: https://www.metmuseum.org/about-the-met/conservation-and-scientific-research/projects/lead-soaps.
25. Casadio, F., et al., *Metal soaps in art.* 2019: Springer.
26. Centeno, S.A. and D. Mahon, *The chemistry of aging in oil paintings: metal soaps and visual changes.* The Metropolitan Museum of Art Bulletin, 2009. **67**(1): p. 12-19. https://www.jstor.org/stable/40588562
27. Higgitt, C., M. Spring, and D. Saunders, *Pigment-medium interactions in oil paint films containing red lead or lead-tin yellow.* National Gallery Technical Bulletin, 2003. **24**: p. 75-95.
28. Burgio, L., et al., *Identification, characterisation and mapping of calomel as 'mercury white', a previously undocumented pigment from South America, and its use on a barniz de Pasto cabinet at the Victoria and Albert Museum.* Microchemical Journal, 2018. **143**: p. 220-227. https://doi.org/10.1016/j.microc.2018.08.010
29. Melchar, D., et al. *A collaborative, multidisciplinary and multi-analytical approach to the characterisation of barniz de Pasto objects from the V&A collections.* in *Transcending Boundaries: Integrated Approaches to Conservation. ICOM-CC 19th Triennial Conference Preprints (Beijing, 17–21 May 2021). Paris: International Council of Museums.* 2021.
30. Burgio, L. *Mercury white': a rare artists' pigment?* [accessed 9 December 2023]; Available from: https://www.vam.ac.uk/blog/caring-for-our-collections/mercury-white-a-rare-artists-pigment.
31. Ledesma, A.S. *Análisis de los materiales de una arqueta decorada con barniz de Pasto, perteneciente a la colección del Museo de América de Madrid.* in *Anales del Museo de América.* 2020. Subdirección General de Documentación y Publicaciones.
32. *Casket, W.7-2018.* [accessed 31 January 2024]; Available from: https://collections.vam.ac.uk/item/O1438719/casket/.
33. Ricciardi, P. and C. Schmidt Patterson, *Science of the book: analytical methods for the study of illuminated manuscripts.* A handbook of the art and science of illuminated manuscripts. London and Turnhout: Harvey Miller/Brepols, 2020: p. 51-87.

34. Villanueva, A.A. *Arquetas de barniz de Pasto en la catedral de Pamplona. Estudio y tratamiento.* in *Anales del Museo de América.* 2020. Subdirección General de Documentación y Publicaciones.
35. Kingsland, L.F., *Wood Preservation.* The Forestry Chronicle, 1956. **32**(4): p. 411-416.

heritage

MDPI

Article

Reflections on the Forms and Arrangements of Surface Images in the Art of *Barniz de Pasto*, from the 16th to the 19th Century

María del Pilar López Pérez

Instituto de Investigaciones Estéticas, Faculty of Arts, National University of Colombia, Bogotá 111321, Colombia; mdlopezperezd@unal.edu.co

Abstract: Flowers, branches, birds, animals, a diversity of geometric combinations and varied scenes create, with great care, an exquisite and delightfully ornamented world. Among symmetries, proportions, chromatic sense, and repeated figures, themes between the sacred and the profane are set and arranged in the artistic surfaces of *barniz de Pasto*. My reflection is aimed at knowing in greater depth the marvelous creations that the *barniz de Pasto* painters elaborated in the cultural environment of San Juan de Pasto and San Francisco de Quito, by exploring that visual world, which is part of a group of objects made by overlapping layers of membrane to define figures with the presence of silver leaf, in which a significant relief is generally evident. Understanding how the figures were arranged on the surface of the objects, how they were organized, and what system of composition and other possible artistic resources to control the surfaces existed, leads me to consider that the craftsmen had a similar training to that given in the field of the Spanish painter in several of its modalities. Some of the most noted examples of this *neogranadino* art will be used as examples. I reflect on three examples from different periods and very different in their configuration: a casket, a cabinet, and a tray, all decorated with *barniz de Pasto* and with different compositional challenges for the artist. Rather than the physical–mechanical use of materials and supports, I focus on the syntax of the image and the techniques used in the organizational structure and its processes, finding that there were ways of organizing the elements in a specific space and that these came from professional practices associated mainly with painting.

Keywords: *barniz de Pasto*; painter; ornament; composition; organizational structure; *mopa-mopa*

Citation: López Pérez, M.d.P. Reflections on the Forms and Arrangements of Surface Images in the Art of *Barniz de Pasto*, from the 16th to the 19th Century. *Heritage* **2023**, *6*, 5424–5441. https://doi.org/10.3390/heritage6070286

Academic Editors: Lucia Burgio, Dana Melchar and Monica Katz

Received: 2 February 2023
Revised: 28 June 2023
Accepted: 29 June 2023
Published: 17 July 2023

1. *Barniz de Pasto*, an Art Linked to the Professional Field of Painting

Recognized as an Intangible Cultural Heritage of Humanity by UNESCO, *barniz de Pasto* encapsulates a tradition that spans over five centuries. This wide, diverse, and complex art form is characterized by its techniques and variations, which are generated by the exchange of knowledge and materials. It incorporates images which reflect cultural values, adapting and transforming at different moments in history.

The formal, aesthetic, and technical values of *barniz de Pasto* works can be appreciated in practical objects in which various trades such as carpentry, silversmithing, and blacksmithing also converged. The collaboration between these trades gave rise to unique works with new artistic values in the Andean tradition, particularly in Nariño, in southern Colombia, and in northern Ecuador.

This art form predates the arrival of the Spaniards in the Americas and was known by the population of a vast territory. Thus, for today's society and for *barniz de Pasto* experts and current scholars, these works will always reveal something unknown and unstudied, imbued as they are with endless potential for new knowledge.

Barniz de Pasto is made with resin obtained from the *Elaeagia Pastoensis* plant, traditionally referred to as *mopa-mopa*; it was known throughout the Andean region and was typically used to cover various wooden objects. The technical and artistic skills needed to work with *barniz de Pasto* required specialised mastery.

This art was mainly produced in workshops around the cities of Pasto and Quito, and objects were in demand by the clergy, the state officials, and the elites. It depicted scenes from daily life, moral and religious scenes, government symbols, and a great variety of ornaments. Its wide range of images depicts local and non-native animals, fantastic birds and flowers, and an extensive repertoire of geometric and organic figures (see Figure 1). These images were created using hybrid techniques [1], blending Indigenous and Spanish traditions, and have been constantly changing and adapting to other cultures due to multiple forms of cultural exchange [2].

Figure 1. Interior of a cabinet with the theme of the tree of life and the pelican, 16th–17th centuries, Museo Nacional del Ecuador, Quito, registration number 0082-020-78. Photography by María del Pilar López Pérez.

From the sixteenth century, the art of *barniz de Pasto* was recognized by analogy as craftmanship similar to that of the professional painter's field, taking into account several of its characteristics, which are noted by Antonio Palomino in his treatise *El museo pictórico y escala óptica* [3], already discussed by the historian Sonia Ocaña in her work [4]. Palomino mentions the fresco and tempera wall painter, the oil on panel or canvas painter, the embroidery and fabric painter, the porcelain painter, the inlay painter, and the painter of ceramics, iron, and glass. To this diverse list of specialties, the sculpture painter can be added. It is therefore understood that those who painted and varnished the various objects of use with *something that sticks* were recognised as varnish painters called *llimpec*, i.e., 'painters who paint on walls and on *quero* and matte' [5], according to Felipe Guamán Poma de Ayala in his book *Nueva Crónica y Buen Gobierno.*

Additionally, in references from the 16th to the 18th centuries, documentation from different archives describes the professional who worked with *mopa-mopa* as a 'painter of *barniz de Pasto*' and the works that were produced as 'paintings of *barniz de Pasto*'. Historian Laura Vargas Murcia has transcribed a document from 1738, a '*Juicio ejecutivo por pinturas de barniz de Pasto*', which is kept in the Archivo Central del Cauca in Popayán. This document not only recognizes this art as 'paintings of *barniz de Pasto*', but also recognizes Casimiro Benavides, Juan de Benavides, and Felipe Pérez de Zúñiga [6] as painters of *barniz de Pasto*. Later, in the 19th century, in 1849, Crisanto Granja was identified as the chief master of the 'oil and *barniz* painters' [7].

As was the case with many types of manufacturing work in New Spain, the model of artistic teaching established in *barniz de Pasto* workshops followed the traditional structure that existed in Spanish workshops, specifically those related to the art of painting. This model was introduced to the Americas, where there is clear evidence that both Indigenous people and Spaniards shared activities in various trades. Apprenticeship contracts document the entry of Indigenous children to painters' workshops[1]. Crossbreeding continued throughout the 16th and 17th centuries, although by the 18th century there were some changes, and, in the case of *barniz de Pasto*, the workshops were mainly made up of Indigenous and *mestizo* (people of mixed European and Indigenous descent) workers[2].

As in Spain, the details of the work of the painter and the apprenticeship process were legalized by contracts registered in a notary's office or a verbal agreement[3]. Although we do not have data on *barniz de Pasto* workshops specifically, information can be deduced by reference to other related sources, for example the training of painters and silversmiths that required good drawing skills.

One of the basic requirements taught by a master painter in Spain was to recognize and become familiar with artists' materials: to learn how to prepare them, to begin to learn some technical draftsmanship skills to master the 'symmetry and compartmentalization of the parts'[4] [9], and to learn how to copy and colour. At a later stage, the apprentice also had to learn to read, write, and count[5].

The forms and the organization of the figures in *barniz de Pasto* could come from many sources related to the painter's profession, for example, the commerce of prints, drawings, and utilitarian objects, all of which could provide examples of how to solve problems of surface organization and construction of visual patterns.

The apprentice painter acquired drawing skills [10] and learned how to represent formal decorative elements, considered of lesser importance than the ornamental figures that are referenced by some writers of the time, such as Vicente Carducho, Jusepe Martinez, Francisco Pacheco, and Sebastian Serlio among others [8].

This would have been ideal training to become an artisan painter of *barniz de Pasto*, but this is unlikely to have happened often. However, the mere fact of receiving the most basic education in the painters' craft allowed Creoles (people of mixed European and Black descent), Indigenous, and *mestizos* to develop skills and structure the surfaces they were going to work on with great artistic sensitivity.

In Spain, professional painters, whether they were wall painters, painters on panel or canvas, or painters of sculpture, were trained in draftsmanship and in the mastery, to some extent, of mathematics and geometry[6].

The importance of drawings and prints, including manuals for learning to draw [11], is well known from the 16th century. The most appropriate shapes and themes were carefully selected as resources and pedagogical models in workshop practices 'following a strategy that goes from simple to complex and from contour line to volume' [12]. José Manuel Mantilla[7] highlights that it was necessary to know the geometry and volume of the figures to break down the forms into their basic structures. In other words, the knowledge of geometry was fundamental to the practice of drawing. These exercises forced the painter to consider the space or surface, the graphic quality of the drawing, the geometric construction of a figure, and the different strokes needed to define parts and directions. The reference image was appropriately chosen according to the intention behind the work, and the graphic sources facilitated the creation of composition, expression, and movement [13].

In the absence of extensive documentary sources that would allow us to know in some detail the artistic practice and the training process in the workshops, which was undoubtedly a traditional training from master to apprentice, it is important to consider what was recommended by the treatises on painting at the time. These books contained not only the knowledge and personal contributions of the respective authors, but also a way of practising the craft which came from long tradition and was rooted in the craftsmen's memory and their practical processes. The authors of the treatises were typically senior masters of their trade, providing both technical and speculative data that served as guidance in the exercise of the profession and which were taken from the knowledge of the trade that existed in Spain before the treatise was written. In the great majority of cases, this is the knowledge that would have been carried to and applied early on in the new territories[8] [14].

Treatises often stressed the importance of drawing skills. The painter Vicente Carducho (1576–1638) in his book *Diálogos de la pintura*, written in 1633, highlights how paintings are perceived when a good drawing is not referenced, saying that they are works "of bad proportions, without grace or understanding [15]". However, he clarified that with the use of colour, works could give a favorable impression.

Other prominent painters also included in their treatises important reflections on drawing, such as the Aragonese painter Jusepe Martínez (1600–1682). In his treatise, *Discursos practicables del nobilísimo arte de la pintura*, among the first topics he deals with is that of drawing and the "ways to create it with good imitation". He states that this is a very necessary activity of the trade, which is mastered through practice, starting by copying single figures taken from prints, then copying more difficult images such as a complete tableaux. Afterwards, the painter would draw from life following different steps using charcoal and black or red pencil. To create works of invention and not imitation, the painter had to practice more complex exercises such as on symmetry, perspective, space, and colour. According to Martínez, in order to advance, one must review, "study it a lot, and from there move on to consider the correspondence between the parts, and from them to the whole. This correspondence is symmetry [16]". He used Vitruvius, Dürer, and other admirable masters as examples of artists who had surpassed the use of compass and ruler, and reviewed them in his text.

At the same time, painters in Spain were not only dedicated to drawing and painting religious or historical themes, but also developed drawings in the field of ornamentation, as Francisco Pacheco (1564–1644) points out in *El arte de la pintura* published in 1649. In the first two books or chapters of his treatise, he collates artists' knowledge to date and outlines other ideas on the art of drawing and painting as technical processes, the creation of forms, and materials.

In the third book, which deals with practice, he addresses other subjects that also interested painters, such as the representation of flowers, fruits, and landscapes. These secular themes were popular during his time. Unlike religious or political themes, which were given greater importance, "the painting of flowers from nature in springtime is entertaining; and some have had eminence in this part, particularly in Flanders". Themes such as spring and allegories where plants were present, details such as garlands, and wall borders with flowers and fruits within scrollwork were incorporated in artistic representations and were very popular. Painting flowers and fruits had its own degree of difficulty. Not all painters can have an impact on or move viewers by painting these subjects. The opinion of many painters was that these were not minor details and should be incorporated more frequently in teaching painting [17].

Considering the above references, it can be supposed that Spaniards brought from Spain some knowledge and experience of the craft governed by ordinances and regulations that they put into practice in the New World. This knowledge is stored in people's memories and applied practical skills. Most treatises in Spain were professional books that collated collective knowledge—in this case, the knowledge of painters—and were also intended to prevent knowledge from being lost. Authors made significant contributions, providing both technical and speculative data that served as guidance in professional practice [18]. What this means is that the knowledge of the work existed in Spain before the treatise was written. The fact that the treatises include themes associated with ornamentation with the representation of flowers is relevant to this reflection since they are fundamental to structuring the image in *barniz de Pasto*.

It is therefore understood that painters who had practiced in Spain, upon arriving in America, practiced, transmitted, and applied the principles of their art. They also established workshop practices to teach how to draw using prints, models and patterns, some trade books, and certain tools such as rulers, compasses, and machines to create perspective drawings[9]. Painters—whether they painted walls, sculptures, or canvas—who may have joined the workshops of the *barniz de Pasto* painters early on, developed particular artistic practices and skills that affected production in the 16th, 17th, and part of the 18th centuries. By the end of the 18th century, the designs of artistic works using *mopa-mopa* became simpler as knowledge of drawing, control over form, and composition was lost, indicating a more intuitive rather than professionally skilled work. This is why in 1777, under the administration of Viceroy Manuel Antonio Flores (1776–1782), *Instrucción general para los gremios de todos los oficios*[10] was introduced in New Granada and the city of San Juan de Pasto. These guidelines from the Spanish state sought to revive a great deal of training across the fields within each of the trades and thus reestablish their quality and promote industry. They also proposed the establishment of overseers to regulate the training of artisans beginning at the apprenticeship stage and proposed courses in arithmetic, geometry, and algebra oriented to the needs of each artistic activity. This was proposed because works were not well executed: they were very basic and elementary in their configuration and were lacking with respect to composition, balance, the management of symmetry, the control of surfaces, and the creation of centers and tension points[11].

2. *Barniz de Pasto*, a Recursive Art in Connection with Other Professions

On the other hand, it must be acknowledged that the painter of *barniz de Pasto* did not construct the whole object. The *barniz de Pasto* coating had to be adapted to the supporting object and its interior and exterior surfaces. The vast majority of the objects were made of wood including coffers, cabinets, lecterns, and cabinets. Sometimes the object was designed before the varnish was applied and sometimes afterwards, meaning that the painter of *barniz de Pasto* had to adapt to the situation. Objects included cabinets with different designs, small writing desks, boxes, sewing boxes, coffers, wooden cups, trays, plates, candlesticks, lecterns, and a variety of containers, *totumas* and *calabazos* (dry gourds used as containers for liquids and fruits). These wooden objects with their locks, hinges, and other accessories were made by carpenters, blacksmiths, and silversmiths, which indicates that there were components and materials that came from different workshops and masters from different professional fields. Before covering a cabinet, for example, with *mopa-mopa*, the *barniz de Pasto* painter had to make a plan first, depending on the situation, with the carpenter, the blacksmith, or the silversmith.

Looking at the art pieces themselves, it is clear that once the wooden object was made per the instructions of the client, the carpenter would not install the ironware, but rather pass the cabinet along to the *barniz de Pasto* painter for its coating. The painter could then develop his artistic plan, using varnish to mark where the hinges, the lock plate, and the hasp would be placed (Figure 2). Sometimes, both the carpenter and the blacksmith respected the indications, but in other cases they placed the iron fittings elsewhere. Not only did this affect the surfaces but also the object's iconographic plan. This could happen if the lock was placed on top of an important and relevant element of the composition. On the other hand, when the varnish painter received the complete, finished object, with all the accessories working, he could proceed with covering the remaining surface area, adapting his formal and compositional design according to the conditions of the completed object. The other aspect to consider was the client's request, who may have had notions of drawing and an artistic sense acquired as part of his own training. In commissioned works with specific requirements represented by graphic illustrations, the varnish painter had to know how to interpret and place them appropriately on the surfaces of the objects[12].

Practical objects may have had different finishes—whether inlaid, embossed leather, painted, carved, or covered in *barniz de Pasto*—but they all share, in general terms, figures and iconographies.

The possibilities and limitations of the resin, which became a coloured membrane that could be cut into different shapes, allowed for a schematic formal model that remained constant for a long time, with images repeated over time, for example, similar animals, flowers, and ornaments, such as images of dogs, monkeys, parrots, dragons, wild boars, and fantastical flowers, among others. The repetition of the image in one or another object, with different uses, did not affect the value of the work, as long as it responded correctly to a specific commission (see Figures 3–9).

Figure 2. Chest with bear hunting scene on interior of lid. Wood, silver, and *barniz de Pasto;* 18th century. Private collection of Coll & Cortés, Francisco Marcos. Madrid, Spain. There is good integration between the *barniz de Pasto* work and the blacksmith work.

Figure 3. Two-headed eagles: detail from a chest for a dais, Pasto, Colombia, 18th century, private collection, Colombia (**left**). Image of the principal scene, interior surface of the lid of a Jesuit chest, Pasto, Colombia, 17th century, private collection, Colombia (**right**). Photography by María del Pilar López Pérez.

Figure 4. Parrots: detail from a large coffer, Pasto, Colombia, late 17th or early 18th century, private collection (**left**). Image of the Augustinian Recollect chest, Pasto, Colombia, late 17th century, private collection of the Augustinian Recollects, Colombia (**center**). Image of the chest commissioned by Cristóbal Bernardo de Quirós, Pasto, Colombia, 17th century, The Hispanic Society of America collection, New York, registration number LS2000 (**right**). Photography by María del Pilar López Pérez.

Figure 5. Wild boars: chest, possibly Jesuit, wood, metal, and *barniz de Pasto*, 17th century, private collection, Colombia (**left**). Cabinet belonging to the Palacio de Nariño collection, registration number 01-02-04-03-11-001-004044, Bogotá, Colombia, wood, metal, and *barniz de Pasto,* 17th century (**right**). Photography by María del Pilar López Pérez.

Figure 6. Deer. The one on the left and the one on the right are on a chest, possibly Jesuit, 17th century, private collection, Colombia. The deer in the center is part of a box with moral themes, 17th century, private collection, Colombia.

Figure 7. Dragons. The one on the left is on a basin with a central disc, 17th century, Museo de América, Madrid, Spain, registration number 12242. The dragon on the right is on the cabinet of the Augustinian Recollects, private collection, 17th century, Colombia.

Figure 8. Greyhound dogs. From left to right, the first two are part of the cabinet of the Augustinian Recollects, 17th century, Colombia, private collection. The dog on the right is part of a cabinet with the theme of the tree of life and the pelican, 16th–17th century, Museo Nacional del Ecuador, Quito, registration number 0082-020-78.

Figure 9. Dogs looking up. The two small ones on the left belong to a cabinet with the scene of a duel, 18th century, private collection of Coll & Cortés, Francisco Marcos. Madrid, Spain. The central image is part of the cabinet depicting the tree of life with the pelican, 16th–17th century, Museo Nacional del Ecuador, Quito, registration number 0082-020-78. The dog on the right is part of the cabinet with a large coat of arms, 17th century, Museo Colonial, Quito, registration number CCE: 03-12-08-1132-1, INPC: 2M2-1286-82.

3. Structure and Organization of the Surfaces Worked with *Barniz de Pasto* in the Cases of a Basin, a Chest and a Cabinet

This paper began with the ways in which *barniz de Pasto* artists assumed formal and organizational control over the surfaces of their art pieces. Taking some representative works from this cultural context, we will reflect on the overt and underlying forms, such as lines, axes, reticles, frames, symmetries, focal points, treatment of flat and curved surfaces, limits, geometric and ornamental elements, and corners, and relevant elements such as discs, shields, animals, flowers, fruits, vegetation, floors, human figures, baskets, and vases. The mastery of the plane, the handling of the line, the stroke and the free hand, the selection of figures and their geometric or morphological abstraction, the handling of symmetry and balance, and the creation of tensions and movements with compositional elements all demonstrate a professional knowledge in the fields of drawing and painting, as well as a new knowledge of this technique of using a coating of vegetable origin.

Three objects from different periods and uses were chosen for this study: a barber's basin, a chest, and a cabinet. The most relevant surface will be considered in each case.

The collection from the Museo de América in Madrid includes a basin from the 17th century. It is an object with a central concave depression and a wooden rim carved in scalloped style with two opposite arched cut-outs. The two sections are separated in the design by a frame of delicate scrollwork arranged on a coloured background. These sections are joined by means of a central disk (Figure 10). Articulated on both sides of the disk are two dragons with fine stems emerging from their mouths towards each of the sections. The stems are distributed on both sides, with the structure of scrollwork. The design on the varnish-covered surface has the same figures of animals and flowers, but the two dragons are arranged in opposite positions, one facing down and the other up. This generates visual tension and a sense of movement, as if the object were turning counterclockwise around a central pivot point (Figure 11).

Colour is also fundamental. Applying it asymmetrically to sectors of foliage allows a dynamic balance to be perceived. The border festoon is a design used by craftsmen in many different professional fields, for example silversmiths who used it on borders of different objects, lace-makers as dust covers for flask lids, and textile workers who used this type of festoon on tablecloths, cloth doilies, and blankets. In general terms, they all share the same figures and iconographic designs.

Figure 10. Image of the basin with central disc and two dragons; wood and *barniz de Pasto*, 17th century, Pasto, Colombia/Quito, Ecuador. Collection belonging to the Museum of the Americas, Madrid, registration number 12242. Photography by María del Pilar López Pérez.

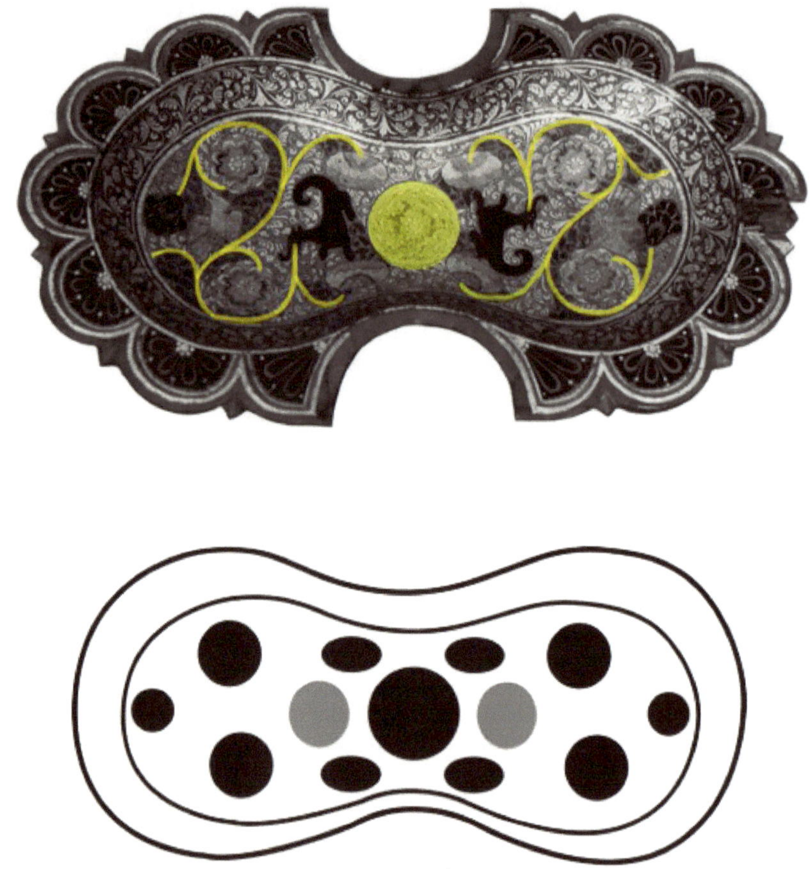

Figure 11. The main decorative elements display an underlying network and organizational structure. María del Pilar López Pérez.

Belonging to a private collection in Colombia, this early-17th-century rectangular chest, possibly Jesuit, has noteworthy decoration on the inside of the lid (Figure 12). On a coloured background bordered by a frame of delicate scrollwork, cherubs are placed in the middle of each of the four sides of the frame, marking possible axis points in the composition. Inside the frame, the corners are beautifully ornamented with scaled quarter circles, closing the surface on its horizontal axis and reinforcing the bilateral symmetrical axis. The central axis is a tree, at the top of which sits a crowned double-headed eagle with a monogram on its chest placed in an inverted form. The rest of the surface is completely covered with animals such as squirrels, dogs, and birds, distributed equally with calculated symmetry, between leaves and flowers that intertwine forming curves and counter-curves in a dynamic composition, under the rigor of symmetry (Figure 13). Additionally, colour is distributed in such a way as to create focal points and enable the individual perception of each element, while also marking a rigorous sense of bilateral symmetry.

The third example is an early 18th-century cabinet, possibly from an 18th century dais or *estrado*, from a private collection in Colombia (Figure 14). The interior surface of the top lid is almost square, unframed, and has a coloured background. The foreground of this surface is densely covered with flower bouquets of different sizes and placements and fruits which are all connected by thin stems and dotted with loose black-and-white leaves. Here, the organizational structure is different, as there are no symmetries or horizons, and no ground, but there is a clear sense of order and balance. Two main elements stand out in the composition: the bouquets of red flowers and the thin stems that unfold in all directions, creating dynamism (Figure 15).

Figure 12. Top: chest, possibly Jesuit; wood, metal, and *barniz de Pasto*, 17th century, private collection, Bogotá, Colombia. Bottom: interior of the lid. Photography by María del Pilar López Pérez.

Figure 13. The main decorative elements of the lid display an underlying network and organizational structure. María del Pilar López Pérez.

Figure 14. (**Top**) Cabinet for a dais; wood, metal, and *barniz de Pasto*, 18th century, private collection, Colombia. (**Bottom**) Interior of the lid.

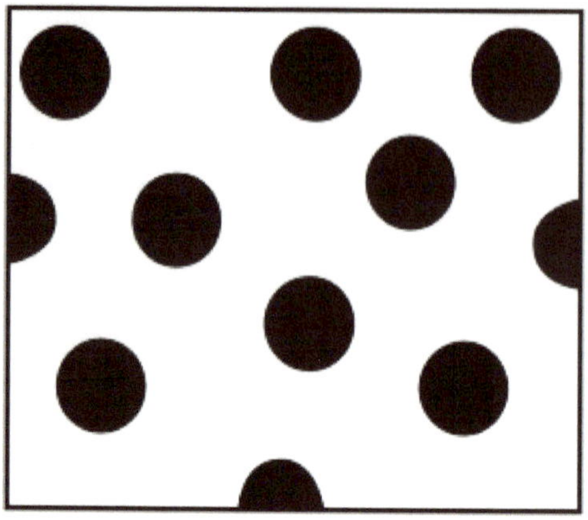

Figure 15. Underlying network and organizational structure of the main elements that correspond to the flowers and are the focus of visual attention. Made by María del Pilar López Pérez.

4. Structure and Organization of Surfaces Worked with *Barniz de Pasto* in Similar Cases of Other Artistic Practices

There are other examples not included in this study that use a similar surface design, demonstrating the same organization and distribution of balances and tensions. For example, the inclusion of stripes in design elements which follow the horizontal layout of the drawers, or different organizations of the foreground and background, or instances where designs are arranged without a background or ground, or when the focus does not correspond to one center but to two. These are some of the solutions created by *barniz de Pasto* painters, according to their inventiveness and to the modality of commissioned works.

Works from other artistic fields can be studied, and their practice can inform our understanding of *barniz de Pasto* objects. Most silver objects, for example, would have originated with a drawing—even only a sketch—but most of the drawings have been lost. Like painters, silversmiths also used designs that appeared in other fields, such as ornamental weaving and architecture, including mural painting. Their deep knowledge of geometry and proportions allowed them to develop clear compositions and balanced distributions with refined formal elements.

The 17th-century elongated tray in Figure 16, made of repoussé and chased silver, is part of the collection of the Cathedral of Bogota. As Jesús Paniagua Pérez comments, the surface decoration corresponds to a structure and an ornamental model that was frequently used at that time, not only in the case of silver but also in the similar structures that can be seen in *barniz de Pasto* works. The surface of the tray is framed with a wide border and is organized by a central fleuron from which four large bunches of flowers sprout symmetrically; their thin stems curve, delineating the space for a flower at the tip. It is as if a cross made up of straight and curved stems with flowers covering the entire surface was emerging from the central floret [19]. It is a work in which we see similar methods to those used by varnish painters, in terms of order and structure. For example, the inner surface of the lid of the coffer with the emblem of the Jesuit order, worked in *barniz de Pasto*, also has a border of refined scrollwork forming a frame. An axis of bilateral symmetry is clearly defined, and to interweave all the elements, in this case the images of animals and birds, a branch was designed on each side, with fine stems of flowers and leaves forming curves and counter-curves, like the work of the silver tray (Figures 12 and 13).

Figure 16. Silver tray, XVII century. Bogotá Cathedral Collection, Colombia, registration number 05.1.137. Organizational layout, clear surface control, vertical and horizontal compositional axes, sense of static perceptual center in the seat, bilateral or mirror symmetry.

Likewise, the frames that define and delimit the surfaces in their designs, shapes, and proportions are also found in different art forms and are critical in structuring planes and volumes. For example, the form selected for a wall border seen in the church in Turmequé in Figure 17, Colombia is very similar to that found in the frame of the surface of a cabinet of *barniz de Pasto* in Pasto in Figure 18. These are works in which drawing is involved, the most important starting point associated with the activity of painting. It is worth asking whether the first *barniz* painters' workshops drew or made sketches of their planned decoration: how did they develop such perfect and proportionate models such as the designs located on the borders, and what systems of visual representation did they use? There is no evidence that the work required preparatory drawings, templates, or models: artists apparently worked from memory.

Figure 17. Church of Turmequé (XVI–XVII centuries), Boyacá, Colombia. Border with scrollwork in mural painting.

Figure 18. Writing cabinet, private collection in Pasto, Nariño, Colombia. Interior of lid. Border with scrollwork in *mopa-mopa*.

5. Final Considerations

The art of *barniz de Pasto* has as its antecedent the marvelous work carried out by the Indigenous people who settled in the south of Colombia and in the north of Ecuador and who discovered and took advantage of the sticky substance that sprouted from the plant that is today recognized as *Elaeagia Pastoensis*, developing various uses and ways of applying it.

As already discussed by various art historians in the case of the artistic expressions of *enconchados* [4] and Mexican featherwork[13], the subject matter and some of the technical aspects originated in the Americas, and their development, from the time of the Spanish presence on the continent onwards, has a connection to the art of painting. It seems that something similar happened in the art of *barniz de Pasto*. The oldest works, which were made by superimposing layers of resin with the presence of silver leaf, were requested by wealthy people from different sectors of society. The quality of the work of the *barniz de Pasto* painters in the variety of artistic solutions offered by their mastery of drawing and colour management indicates an interdependence with the art of painting.

The works produced with *barniz de Pasto* in the New Kingdom of Granada are not just the cumulative result of practices and experiences; in them we can recognize a professional knowledge that implied having a regulated training through some local referents and others brought from Spain with which a work controlled by the interests of the group of artisans was produced [20].

In the first part of this study, I looked for an explanation of the professional know-how that allowed artists to resolve the objects covered with *barniz de Pasto* so adequately and with such artistic sense, and as a result I examined the professional field of painters who worked on designs that were applied to decorative art objects. Specifically, I discussed the diverse field of ornamentation, recognizing the importance of the practice of drawing, as well as the notions of symmetry, order, and proportion. Professional texts such as painting treatises and drawing manuals, as well as print sources and the diversity of artistic elements through ornamentation in objects such as textiles and illustrations [21], suggest interesting connections between wall painting, sculpture, and *barniz de Pasto,* not seen from the perspective of its technique but from that of its harmony, balance, or the dynamic centrality of forms.

As is evident in the examples discussed above, the construction and structure of these decorative elements were (and remain) a product of memory and heritage of an art form that was developed with control, technical resources, and artistic knowledge. While we have no evidence of preparatory drawings for *barniz de Pasto* objects, other fields using similar motifs do have evidence of them; these designs, interchangeable between media, would be seen as the measure of the quality of an artist's training (see Supplementary Materials).

Supplementary Materials: The following supporting information can be downloaded at: https://www.mdpi.com/article/10.3390/heritage6070286/s1, Supplementary Material S1: original text in Spanish.

Funding: This research received no external funding.

Data Availability Statement: Not applicable.

Acknowledgments: I sincerely thank Natasha Vargas (translator), Robert Esposito, and Laura Ramirez Polo (reviewers) from Rutgers University for the version of this article in English.

Conflicts of Interest: The author declares no conflict of interest.

Notes

1 This can be confirmed if we take into account the chronicles of foreign travelers, news of scientific expeditions, and the illustrations of the artisans' workshops of the middle of the 19th century.

2 AGN. Archivo General de la Nación, Bogotá Colombia. Sección Colonia. Notaría 3. Tomo 37. 1633, ff. 66, and AGN. Archivo General de la Nación, Bogotá Colombia. Sección Colonia. Notaría 3. Tomo 53. 1639. ff. 65.

3 AGN. Archivo General de la Nación, Bogotá Colombia. Sección Colonia. Notaría 3. Tomo 53. 1639, ff. 65–66.

4 A good study that covers the beginnings of the painter's training: professional development and personal values is the one carried out by María A. Vizcaíno Villanueva. See [8].

5 In addition, the masters in their workshops taught using some implements that formed part of the painter's training, apart from the palette and the easel, such as the ruler and compass, pencils or marking tools, knives, and other tools of the work. The above is a summary of the stages that an apprentice painter should go through and which are suggested in the treatises on painting mentioned above.

6 The painters were taught some notions of mathematics and a more complete knowledge of geometry, according to Spanish treatises. But as is well known, not all of them excelled equally in the expression of drawing, in the ability to apply knowledge of geometry, and even less so in mathematics, as the vast majority could only count.

7 Head of the Department of Conservation of drawings and prints at the Museo del Prado and has curated several exhibitions.

8 A clear example is the decorative geometric joinery patterns made for the so-called *carpintería de lo blanco* ('carpentry of the white') of the late 16th and early 17th centuries. Different examples can be seen in Colombia, including the ceiling of the Iglesia Mayor of Tunja (1567), the ceiling of the third Cathedral of Bogotá (1584), the ceiling of the church of the Conception in Bogotá (1586–1617), the ceiling of the church of San Francisco in Tunja (1595), and the ceiling of the church of San Francisco in Bogotá (around 1590–1611), among others. All of them were built before the first treatise on *carpintería de lo blanco*, by Diego López de Arenas, was published in 1633. When comparing the five works above with the information in the treatise, they correspond in all details, including the proportion formulae and mathematical calculations used. This suggests that the craftsmen brought and applied the technical knowledge prior to any written publication. This is applicable to many artistic practices. See [14].

9 A.H.P. Archivo Histórico de Pasto. Pasto, Colombia. Colombia Section. Cabildo Series. Caja 6. Tomo 2. Ff. 6r–26v.

10 Document of 1778, issued by the Spanish Crown to the authorities of the city of San Juan de Pasto to improve and promote industry. Archivo Histórico de Pasto, Instrucción general para los gremios de todos los oficios, Fondo Cabildo, caja 6, tomo 2, ff. 6r.-26v. Likewise, the same orientation is found in the "Instrucción general para los gremios de Santafé 1777", transcribed by Marta Fajardo in: Revista Ensayos, nº 1 (1995), p. 189. Instituto de Investigaciones Estéticas, Universidad Nacional de Colombia. Bogotá, Colombia.

11 It is known that one of the tools that the painter, engraver, and draftsman Juan Cotrina Valero had in his workshop was a perspective machine, and the painter Baltasar de Vargas Figueroa owned a vast collection of prints.

12 There are no contracts that make it clear how the works were commissioned; however, taking into account commissions in other arts, some claims for non-fulfilment, and other documents, it is possible to deduce the process of commissioning works from *barniz* artisans.

13 See, among others, the research of the art historian María Concepción García Sáiz on featherwork in Mexico.

References

1. Derrick, M.; Kaplan, E.; Newman, R. Mopa-Mopa: Una Extraordinaria Resina Aglutinante Andina. In *Materia Americana. Cuerpos Americanos, Tradiciones e Identidades, Siglos XVI al XIX*; Siracusano, G., Romero, A.R., Eds.; EDUNTRE: Buenos Aires, Argentina, 2022; pp. 71–89.
2. Kawamura, Y. Laca namban. Brillo de Japón en Navarra. In *Historia del Proyecto Expositivo Lacan Amban. Brillo de Japón en Navarra*; Fondo de publicaciones del gobierno de Navarra; Museo de Navarra: Pamplona, Spain, 2015–2016; p. 33. ISBN 978-84-235-3408-1. Available online: http://www.navarra.es/home_es/Indices/Buscador/?q=yayoi (accessed on 15 February 2018).
3. Palomino, A. *El Museo Pictórico y Escala óptica*; Aguilar Maior: Madrid, Spain, 1988; primera edición 1715.
4. Ocaña Ruiz, S. Enconchados: Gustos, estrategias y precios en la Nueva España. *J. An. Del Inst. De Investig. Estéticas* **2015**, *XXXVII*, 75–77. [CrossRef]
5. Poma de Ayala, F.G. *Nueva Crónica y Buen Gobierno*; Biblioteca Ayacucho: Caracas, Venezuela, 1980; p. 134.
6. Vargas Murcia, L.L. *Del Pincel al Papel: Fuentes para el Estudio de la Pintura en el Nuevo Reino de Granada (1552–1813)*; Instituto Colombiano de Antropología e Historia: Bogotá, Colombia, 2012; pp. 277–296.
7. Granda, O. *Aproximación al Barniz de Pasto*; Universidad de Nariño: Pasto, Colombia, 2007; p. 37.
8. de Cavi, S. Dibujar las artes aplicadas: Dibujo técnico y de ornamentación en los talleres del Mediterráneo Ibérico en la era pre-industrial (siglos XVI-XIX). In *Dibujo y Ornamento, Trazas y Dibujos de Artes Decorativas Entre Portugal, España, Italia, Malta y Grecia*; Diputación de Córdoba, Ministerio de Economía y Competitividad, Universidad de Córdoba: Córdoba, Spain, 2013; Ps. XXI–LXXVII.
9. Vizcaíno Villanueva, M.A. *El Pintor en la Sociedad Madrileña Durante el Reinado de Felipe IV*; Fundación Universitaria Española: Madrid, Spain, 2005; p. 166.
10. Navarrete Prieto, B. *La Pintura Andaluza del Siglo XVII y sus Fuentes Grabadas*; Caylus: Madrid, Spain, 1998; pp. 25–31.
11. Cuenca, M.L.; Pugh, A.L.H.; Matilla, J.M.; del Prado, M. *El Maestro de Papel. Cartillas para Aprender a Dibujar, de los Siglos XVII al XIX*; Museo Nacional del Prado, Centro de Estudios Europa Hispánica: Madrid, Spain, 2019.
12. Mantilla, J.M. El maestro de papel. De cómo los jóvenes aprendieron a dibujar en la Edad Moderna copiando las líneas trazadas en una cartilla y algunas ideas más. In *El Maestro de Papel. Cartillas para Aprender a Dibujar, de los Siglos XVII al XIX*; Museo Nacional del Prado, Centro de Estudios Europa Hispánica: Madrid, Spain, 2019; p. 12.
13. Salcedo, J. Mudéjar in Colombia and Venezuela. Architecture and urbanism. In *Arte Mudéjar*; Borrás Gualis (Coordinator); Ediciones UNESCO: Zaragoza, Spain, 1995; p. 187.
14. Bordes, J. Ojo, cerebro, mano. Historia de las cartillas de dibujo a través de su clasificación y estrategias ocents. In *El Maestro de Papel. Cartillas para Aprender a Dibujar, de los Siglos XVII al XIX*; Museo Nacional del Prado, Centro de Estudios Europa Hispánica: Madrid, Spain, 2019; pp. 29–51.
15. Carducho, V. *Diálogos de la Pintura, Facsimile, ed.*; Cruzada Villaamil, D.G., Ed.; Manuel Galiano: Madrid, Spain, 1865; p. 182.
16. Martínez, J. *Discursos Practicables del Nobilísimo Arte de la Pintura*; AKAL: Madrid, Spain, 1988; pp. 67–73.
17. Pacheco, F. *El Arte de la Pintura*; Cátedra: Madrid, Spain, 1990; pp. 509–512.
18. Bonet Correa, A. *Figuras, Modelos e Imágenes en los Tratadistas Españoles*; Alianza Forma: Madrid, Spain, 1993.
19. Paniagua Pérez, J. *Las Bandejas. En el Arte de la Platería en las Colecciones de la Catedral de Bogotá (Siglos XVI al XX). Bicentenario de la Consagración de la Cuarta Catedral de Bogotá*; Archdiocese of Bogotá: Bogotá, Colombia, 2022; p. 44.
20. Bargellini, C.; Díaz Cayeros, P. *El Renacimiento Italiano Desde América Latina*; Instituto de Investigaciones Estéticas—Universidad Nacional Autónoma de México: Ciudad de México, Mexico, 2018; pp. 11–25.
21. Peck, A. *Interwoven Globe: The Worldwide Textile Trade, 1500–1800*; Metropolitan Museum of Art: New York, NY, USA, 2013; p. 104.

heritage

MDPI

Article

Reflexiones sobre las imágenes, su forma y disposición en las superficies, en el arte del barniz de Pasto, siglos XVI al XIX

María del Pilar López Pérez

Instituto Investigaciones Estéticas / Facultad de Artes / Universidad Nacional de Colombia; 111321 Bogotá, Colombia; mdlopezperezd@unal.edu.co

Resumen: Flores, ramas, aves, animales, diversidad de combinaciones geométricas y variadas escenas crean con gran esmero, un mundo primoroso y exquisitamente ornamentado. Entre simetrías, proporciones, sentido cromático y figuras repetidas se configuran y disponen en el arte del barniz de Pasto superficies artísticas. Mi reflexión está encaminada a conocer con mayor profundidad las maravillosas realizaciones que los pintores de barniz de Pasto elaboraron en las ciudades de San Juan de Pasto y San Francisco de Quito, y sus entornos culturales, explorando ese mundo visual que forma parte de un grupo de objetos realizados con superposición de capas de membrana para definir las figuras, con presencia de lámina de plata, en los que por lo general se evidencia un importante relieve. Entender cómo se dispusieron las figuras en la superficie de los objetos, cómo se organizan y cómo es el sistema de composición y otros posibles recursos artísticos para controlar las superficies, me lleva a considerar que los artesanos tenían una formación similar a la que se impartía en el campo del pintor español, en varias de sus modalidades. Para ello se tendrá como referencia algunos de los ejemplos más reconocidos en este arte neogranadino. Se analizarán tres ejemplos de distintas épocas y muy diferentes en su configuración: un arca, un escritorio y una bandeja. Todos recubiertos con barniz de Pasto y en todos se plantearon diferentes retos compositivos para el pintor de barniz. Este razonamiento se centra en torno a la sintaxis de la imagen, no sobre la técnica físico mecánica en el uso de los materiales y los soportes, sino las técnicas utilizadas para la estructura organizativa y sus procesos, y así comprender que había unas maneras de organizar los elementos en un espacio específico y que éstas venían de prácticas profesionales asociadas principalmente a la pintura.

Palabras clave: arte de barniz de Pasto; pintor de barniz de Pasto; ornamento; composición; estructura organizativa; *mopa-mopa*

1. El barniz de Pasto, un arte vinculado al campo profesional de la pintura

Reconocido como Patrimonio Inmaterial de la Humanidad el Trabajo con el barniz de Pasto recoge una tradición de más de cinco siglos en la que se reconoce un campo amplio, diverso y complejo, desde la técnica y sus variaciones generadas por el intercambio de saberes y materiales, la representación formal que en diferentes momentos de la historia propiciaron cambios adaptándose y transformándose, hasta el uso y contenido de las imágenes en las que se ven reflejados valores culturales.

Imagen 1 – Interior de un escritorio con el tema del árbol de la vida y el pelícano, siglos XVI-XVII, Museo Nacional del Ecuador, Quito, código 0082-020-78. Fotografía María del Pilar López Pérez.

Los valores formales, estéticos y técnicos del trabajo con el barniz de Pasto representan un arte destacado en la producción de objetos de uso en el que además confluyeron diversos oficios como la carpintería, la platería y la herrería cuya capacidad creativa dio origen a obras singulares con nuevos valores artísticos en la tradición andina y en particular en Nariño, al sur de Colombia, y en el norte del Ecuador.

Siendo, el trabajo con el barniz de Pasto, un arte con una tradición anterior a la llegada de los españoles a América y teniendo un reconocimiento del potencial del *mopa-mopa* por las poblaciones de un extenso territorio, para la sociedad actual y para los estudiosos de este arte aún vivo y en actual ejercicio, estas obras siempre nos sorprenden y nos revelan algo desconocido o no estudiado, lo que hace que estos objetos tengan nuevo potencial de conocimientos.

Como es sabido, la resina obtenida de la planta *Elaeagia Pastoensis* tradicionalmente denominada *mopa-mopa*, se conoció en un amplio territorio de la región andina y fue utilizada para recubrir diversos objetos de madera con un trabajo técnico y artístico que implicaba un dominio especializado. Este arte fue realizado principalmente en los talleres del entorno de las ciudades de Pasto y Quito, y fue requerido tanto por la iglesia, el estado y la sociedad general, trabajándose temáticas como escenas de la vida cotidiana, morales y religiosas, algunos símbolos de estado y una gran variedad de ornamentos de flores y geometrías. En su gran acervo de imágenes es sorprendente la presencia de animales locales o traídos de otros continentes, el gusto por fantásticas aves y flores y un extenso repertorio de figuras geométricas y orgánicas (ver Imagen 1). Estas imágenes fueron elaboradas con técnicas híbridas [1] entre la tradición indígena y la española y han estado en permanente cambio y adaptación con otras culturas de otras regiones debido a las múltiples formas de intercambio cultural [2].

Desde el siglo XVI, el arte del barniz de Pasto se reconoció por analogía como un trabajo semejante a los realizados en el campo profesional del pintor teniendo en cuenta varias de sus modalidades, que son reconocidas por Antonio Palomino en su tratado *El museo pictórico y escala óptica* [3], enunciadas ya por la historiadora Sonia Ocaña [4]. Palomino menciona al pintor de pared al fresco y al temple, de tabla o lienzo al óleo, pintor de bordado y de tejido, aguazo de porcelana, pintor de embutido, de cerífica, férrea y vítrea.

Y a esta diversidad de especialidades se podría agregar el pintor de escultura. Por esto se entiende que los que enlucían y barnizaban con "cosa que se pega" los diversos objetos de uso, se reconocieron como pintores de barniz llamados *llimpec*, "pintores que pintan en paredes y en quero y en mate" [5] según lo dicho por Felipe Guamán Poma de Ayala en su libro *Nueva Crónica y Buen Gobierno*.

Además, desde los siglos XVI al XVIII en la documentación de diferentes archivos, se identifica al profesional que trabaja con *mopa-mopa* como "pintor de barniz de Pasto" y las obras que produjeron "pinturas de barniz de Pasto". Al respecto, historiadora Laura Vargas Murcia transcribe un documento de 1738, un "juicio ejecutivo por pinturas de barniz de Pasto" que reposa en el Archivo Central del Cauca en Popayán. En este documento no sólo se reconoce este arte como "Pinturas de barniz de Pasto", sino que también se reconocen como pintores de barniz de Pasto a los señores Casimiro Benavides, Juan de Benavides y Felipe Pérez de Zúñiga [6]. Posteriormente, en el siglo XIX, en 1849 se identifica a Crisanto Granja como maestro mayor de los "pintores al óleo y barniz" [7].

Como sucedió con todo tipo de trabajo de manufactura en los Nuevos Reinos, el modelo de enseñanza artística establecido en los talleres de barniz de Pasto provino de las formas tradicionales de trabajo que regía en los talleres españoles, específicamente en talleres relacionados con el arte de la pintura. Este modelo se impuso en América donde hay claras evidencias que tanto indígenas como españoles compartieron actividades en diversos oficios. En este sentido, también se encuentra documentado el ingreso de niños indígenas para aprender el trabajo del pintor a través de contratos de aprendizaje[1]. Esto demuestra el mestizaje que al parecer se mantuvo durante los siglos XVI y XVII, pues ya en el siglo XVIII se presentan algunos cambios, y en el caso particular del barniz de Pasto aparentemente los talleres fueron mayoritariamente de indígenas y mestizos[2].

El proceso de trabajo y aprendizaje del pintor se legalizaba, como en España, mediante un contrato o carta de aprendizaje, registrado en una notaría o a través de un acuerdo verbal[3]. Aunque no tenemos registrados mayores datos relacionados con el barniz de Pasto, por referencia a otras fuentes similares, como el caso de la formación de los pintores y plateros que implicaba el ejercicio del buen dibujo, se puede deducir alguna información.

Uno de los requisitos básicos impartidos por el maestro mayor de pintura en España fue conocer y familiarizarse con los materiales, prepararlos y alistarlos, empezar a reconocer algún proceso técnico y aprender a dibujar para dominar la "simetría y compartimentación de las partes"[4] [8] además de saber copiar y dar colorido. En una siguiente etapa el aprendiz debía también aprender a leer, escribir y contar[5].

Se puede deducir, que no fue ajeno en este proceso que las formas y la organización de las figuras en el trabajo del barniz de Pasto pudieran llegar de muchas fuentes afines a la profesión del pintor, por ejemplo, a través del comercio de estampas, dibujos y objetos de uso, siendo ejemplos de cómo solucionar problemas de organización de superficie y construcción de patrones visuales. El pintor se preocupó por aprender a dibujar [9] y con ello representar también elementos formales, considerados de menor importancia como elementos ornamentales que están referenciados por algunos tratadistas de la época, como Vicente Carducho, Jusepe Martínez, Francisco Pacheco y entre otros Sebastián Serlio [10].

Lo anteriormente dicho sería el estado ideal de formación del futuro artesano pintor de barniz de Pasto, lo que seguramente no se dio del todo. Pero el sólo hecho de recibir la educación más básica de la formación del pintor, tanto para criollos como indígenas y mestizos, les permitió que desarrollaran habilidades para estructurar con gran sensibilidad artística las superficies que iban a trabajar.

En el campo profesional del pintor en España, sea cual fuere su especialidad: pintor de pared, pintor de tabla y lienzo o pintor de escultura, estos se formaban aprendiendo a dibujar y a dominar, en alguna medida, las matemáticas y la geometría[6]. Es conocida la importancia que tenían los dibujos de trazas y de exámenes, y las estampas, inclusive las cartillas para aprender a dibujar [11]. Se seleccionaban cuidadosamente las formas y temas más apropiados como recursos didácticos y modelos pedagógicos en la práctica de los talleres "siguiendo una estrategia que va de lo sencillo a lo complejo y de la línea de contorno al volumen" [12]. Algo interesante que destaca José Manuel Mantilla[7] es que de manera paralela había que conocer la geometría de las figuras y los volúmenes, descomponiendo las formas en su estructura básica, siendo el conocimiento de la geometría algo fundamental en la práctica del dibujo. Estos ejercicios obligaban a tener en cuenta cómo asumía el pintor el espacio o la superficie, la calidad gráfica del dibujo, la construcción geométrica de una figura y los diferentes trazos para definir partes y direcciones. De acuerdo a la finalidad de la obra se escogía de manera adecuada la imagen de referencia, y a partir de las fuentes gráficas se facilitaban aspectos relativos a la composición, la expresión y el movimiento [13].

A falta de amplias fuentes documentales que permitieran conocer con algún detalle cómo fue la práctica artística y el proceso de formación en los talleres, que sin duda fue una formación tradicional de maestro a aprendiz, se considera importante tener en cuenta lo sugerido por los tratadistas de pintura de la época cuyos tratados plantearon las recomendaciones para llegar a ser un buen pintor. En estos libros no sólo se recoge el conocimiento y los aportes personales del autor, también una manera de ejercer el oficio, que viene de larga tradición y está instalada en la memoria y en los procedimientos prácticos de los artesanos. En los tratados se realizan significativos aportes por parte del autor, que siempre es un maestro mayor del oficio, brindando, tanto datos técnicos como especulativos que servían de orientación en el ejercicio de la profesión y que recogieron del conocimiento del oficio que existía en España antes de que se escribiera el tratado, y en la gran mayoría de los casos éste es el saber que se lleva y se aplica tempranamente en los nuevos territorios[8] [14].

El pintor Vicente Carducho (1576-1638) en su libro *Diálogos de la pintura* escrito en 1633, entre razonamientos y preguntas resalta cómo se perciben aquellas obras de pintura sin aplicar los recursos del buen dibujo, diciendo que eran obras "de malas proporciones, sin gracia, ni entendimiento" [15], aunque aclaraba que con el uso del color, las obras podrían dar una impresión favorable.

No es de extrañar que otros destacados pintores incluyeran en sus tratados una reflexión importante sobre el dibujo, como el pintor aragonés Jusepe Martínez (1600-1682), quien en su libro, escrito alrededor de 1675 *Discursos practicables del nobilísimo arte de la pintura*, entre los primeros temas que aborda es el del dibujo y las "maneras de obrarlo con buena imitación". Plantea que es una actividad propia del oficio, muy necesaria, que se llega a dominar a través de la práctica, iniciando por la copia de figuras sueltas tomadas de las estampas, hasta la copia de imágenes de mayor dificultad como las historias completas. Posteriormente el pintor pasaría a copiar del natural siguiendo diferentes pasos. Pero para crear obras de invención y no de imitación, el pintor debía practicar con ejercicios más complejos como la simetría, la perspectiva, el espacio y el color. Según él, para avanzar se debía estudiar o "cursarlo mucho, y de aquí pasar a considerar la correspondencia que hay entre las partes, y de ellas al todo. Esta correspondencia es la simetría" [16] nombrando como ejemplo a Vitruvio, Durero y otros admirables artistas que según él han sobrepasado el compás y la regla, y que reseña en el escrito.

De otra parte, los pintores en España no sólo se dedicaban a dibujar y pintar importantes temas religiosos o históricos, también desarrollaron dibujos en el campo del ornamento como lo señala Francisco Pacheco (1564-1644) en su tratado *El arte de la pintura* publicado en 1649. En sus dos primeros libros o capítulos recoge, como sus contemporáneos, el saber profesional de su tiempo y aporta otras ideas sobre el dibujo y la pintura como los procedimientos, las partes de las formas y la materia. Pero en el libro tercero, referido a la práctica, trata otros temas que también interesaron a los pintores como las representaciones de las flores, las frutas y los paisajes. Estos son temas que para la época eran de entretenimiento y de goce, considerando importante tratarlos ya que opuestos a otros temas de mayor importancia, como el religioso o político "es entretenida la pintura de flores imitadas del natural en tiempo de primavera; y algunos han tenido eminencia en esta parte, particularmente en Flandes". Temas como la primavera y las alegorías donde está presente la flora, curiosidades como las guirnaldas, bellas cenefas de pared con flores y frutos entre roleos, y que están incorporados en las representaciones artísticas y gustaban mucho. Algo que merece atención en estas reflexiones es que el ejercicio de pintar flores y frutos tiene un grado de dificultad propio y que no todos los pintores lograron impactar y conmover pintando estos temas, que al parecer de muchos pintores no son menores y se deberían incorporar con más frecuencia en la enseñanza [17].

Se puede deducir, que no fue ajeno en este proceso que las formas y la organización de las figuras pudieran llegar de muchas fuentes afines a la profesión del pintor, por ejemplo, a través de las estampas, dibujos y los mismos objetos de uso, siendo ejemplos de cómo solucionar problemas de organización y construcción de patrones visuales.

Teniendo en cuenta las anteriores referencias se puede considerar que los españoles trajeron de España un saber y experiencia del oficio regido por ordenanzas y regulaciones que pusieron en práctica en el Nuevo Mundo. Este es un saber aprendido que se atesora en la memoria y en la habilidad práctica, ya que la mayoría de tratados en España son libros profesionales en los que se recoge un saber colectivo que se viene dando de tiempo atrás, en este caso el saber propio de los pintores. En él se realizan significativos aportes por parte del autor, que siempre es un maestro mayor del oficio, brindando, tanto datos técnicos como especulativos que servían de orientación en el ejercicio de la profesión [18]. Lo que se quiere decir es que el conocimiento del oficio existía en España antes de que se escribiera el tratado, y es en la gran mayoría de los casos el saber que se trae y se aplica en los nuevos territorios. El hecho de que en los tratados se incluyan temas asociados al ornamento con la representación de las flores, es relevante para esta reflexión dado que son fundamentales para estructurar la imagen en el arte de barniz de Pasto.

Así se entiende que los pintores que ejercieron en España, al llegar a América, practicaron, transmitieron y aplicaron los principios de su arte. Igualmente establecieron las prácticas de taller para aprender a dibujar utilizando las estampas, modelos y patrones, algunos libros del oficio y ciertos recursos como la regla, el compás y máquinas para hacer perspectivas[9]. No es extraño que pintores, ya fueran de pared, de escultura o de lienzo que se incorporaron tempranamente a los talleres de los pintores de barniz de Pasto, desarrollaran ciertas prácticas artísticas y habilidades que afectaron la producción en los siglos XVI, XVII y parte del XVIII pues al final de este siglo el trabajo artístico con el recurso del *mopa-mopa* se simplificó ya que se fue perdiendo el saber del buen dibujo, el control sobre la forma y la composición evidenciándose un trabajo más intuitivo que profesional. Es por esto que en 1777 bajo la administración del virrey Manuel Antonio Flores (1776-1782), llega a la Nueva Granada y a la ciudad de San Juan de Pasto la *Instrucción general para los gremios de todos los oficios*[10], instrucción que, desde el estado español buscaba recuperar un buen nivel de formación en todos los campos de los oficios y así recuperar la calidad y fomentar la industria. Proponía establecer veedores que regularan la formación del artesano desde su estado de aprendizaje y planteaba las cátedras de aritmética, geometría y álgebra orientadas a las necesidades de cada actividad artística, ya que las obras no presentaban un buen nivel de ejecución pues eran muy básicas y elementales en su configuración y poco destacaba la composición, el equilibrio, el manejo de la simetría, el control de las superficies y la creación de centros y puntos de tensión[11].

2. El barniz de Pasto, un arte recursivo en conexión con otros oficios artísticos

De otra parte hay que reconocer que el pintor de barniz no trabajaba integralmente una obra como arcas, escritorios, atriles y, entre otros los cofres. El recubrimiento de barniz de Pasto tenía que adaptarse al objeto soporte, a las superficies interiores y exteriores de una gran diversidad de estos elementos que en su gran mayoría eran hechos en madera. Escritorios con diversos diseños, bufetillos, cajas, costureros, cofres, vasos, bandejas, platos, ciriales, atriles y variedad de recipientes, totumos y calabazos. Estos objetos de madera con sus cerraduras, bisagras y demás accesorios, fueron elaborados por carpinteros, herreros y plateros, lo que indica que son componentes y materiales que proceden de diversos talleres y que relacionan a maestros de distintos campos profesionales.

Lo que quiere decir que para cubrir con *mopa-mopa*, por ejemplo, un escritorio, el pintor de barniz de Pasto tenía que llegar a acuerdos, según el caso, con el carpintero, el herrero o el platero.

Imagen 2. Escritorio colección privada Coll & Cortés, Francisco Marcos. Madrid, España. Madera, hierro, plata y barniz de Pasto. Siglo XVII. Fotografía María del Pilar López Pérez. Se observa una adecuada integración entre el trabajo en barniz de Pasto y el trabajo de herrería.

Una vez elaborado el objeto en madera, y según las evidencias en las obras, el carpintero en acuerdo con el cliente podía no instalar los herrajes y pasar el escritorio al pintor de barniz de Pasto para su recubrimiento. En este caso, tuvo a su disposición las superficies para desarrollar su programa artístico, marcando con barniz las partes en donde irían los brazos de las bisagras, la cerradura y el brazo de la aldaba de cerradura (ver Imagen 2). A veces, tanto el carpintero como el herrero respetaron las indicaciones, pero en otros casos colocaron los herrajes donde ellos quisieron, afectando las superficies y el programa iconográfico del objeto, pues sentaban la cerradura sobre alguna figura importante y relevante de la composición. Pero al contrario, cuando el pintor de barniz recibía el objeto completo ya acabado, con todos los accesorios funcionando, procedía a cubrir las superficies que le dejaron disponibles, adaptando su diseño formal y compositivo a las condiciones del objeto ya acabado. El otro aspecto a tener en cuenta es la solicitud del cliente, quien muchas veces tenía nociones de dibujo y sentido artístico, adquiridas como parte de su formación. En las obras por encargo con requerimientos específicos, representados por el cliente por medio de ilustraciones gráficas o de otra naturaleza, el pintor de barniz tenía que saber interpretar el encargo y ubicar las imágenes adecuadamente en las superficies de los objetos[12].

Como sucede con los distintos acabados de los objetos de uso ya sean en taracea, en cuero repujado, pintados, tallados o recubiertos en barniz de Pasto, todos comparten, en términos generales, figuras e iconografías.

Imagen 3. Franja superior: águilas bicéfalas, de izquierda a derecha: imagen de un arca posiblemente jesuita, siglo XVII, colección privada Colombia. Imagen derecha escritorio de estrado, siglo XVIII, colección privada, Colombia.

Imagen 4. Franja intermedia: loros, de izquierda a derecha: Loro de un cofre grande o arcón. Siglo XVII-XVIII, colección privada, Colombia. Loro de escritorio de los Agustinos Recoletos, finales del siglo XVII, colección privada, Colombia. Loro del escritorio que mandó hacer Cristóbal Bernardo de Quirós, en torno a 1663, colección, The Hispanic Society of America, Nueva York, código LS2000.

Imagen 5. Franja inferior: jabalíes, de izquierda a derecha: imagen de un arca posiblemente jesuita, siglo XVII, colección privada Colombia. Jabalí de la colección del Palacio de Nariño, código 01-02-04-03-11-001-004044, siglo XVII, Bogotá Colombia.

Junto a las posibilidades y limitaciones del recurso técnico de tener una membrana de color que se podía recortar, facilitó un modelo formal esquematizado que fue constante durante mucho tiempo, surgiendo modelos repetidos a partir de patrones físicos o producto del recuerdo. Así las mismas formas de animales, flores y ornamentos estuvieron presentes durante mucho tiempo. Como ejemplo desarrollaron algunos perros, monos, loros, dragones, jabalíes y flores fantásticas, entre otros. La repetición de la imagen en uno o en otro objeto, con diferentes usos no afectaba los valores de la obra, siempre y cuando ésta respondiera correctamente a un encargo específico (ver Imágenes 3-9).

Imagen 6. Franja superior: ciervos, el de la izquierda y el de la derecha están ubicados en un arca, posiblemente jesuita, siglo XVII, colección privada Colombia. El ciervo en el centro forma parte de una caja con temas morales siglo XVII, colección privada, Colombia.

Imagen 7. Franja intermedia: dragones, el de la izquierda se encuentra en una bacía con disco central, siglo XVII, Museo de América, código 12242, Madrid. El dragón de la derecha se encuentra en el escritorio de los Agustinos Recoletos, siglo XVII, colección privada, Colombia.

Imagen 8. Franja inferior: perros galgos, de izquierda a derecha, los dos primeros forman parte del escritorio de los Agustinos Recoletos, interior de la tapa frontal en postura hacia arriba y el segundo cara lateral posición normal, siglo XVII, colección privada, Colombia. El perro de la derecha forma parte de un escritorio con el tema del árbol de la vida y el pelícano, siglos XVI-XVII, Museo Nacional del Ecuador, Quito, código 0082-020-78.

Imagen 9. Perros mirando hacia arriba, los dos pequeños de la izquierda pertenecen al escritorio con una escena de honor, un duelo, siglo XVIII, colección privada Coll & Cortés, Francisco Marcos. Madrid, España. La imagen del centro es parte del escritorio que tiene representado el árbol de la vida con el pelícano, siglos XVI-XVII, Museo Nacional del Ecuador, Quito, código 0082-020-78. El perro de la derecha forma parte del escritorio que tiene un gran escudo, del siglo XVIII, Museo Colonial, Quito, código CCE: 03-12-08-1132-1, INPC: 2M2-1286-82.

3. Estructura y organización de las superficies trabajadas con barniz de Pasto en los casos de una bacía, un arca y un escritorio

Partiendo de las maneras cómo el artista del barniz de Pasto asumió el control formal y organizativo de las superficies, y tomando algunas obras representativas de este contexto cultural, se reflexionará sobre algunas de las de las formas y estructuras de organización presentes o subyacentes en la composición como: trazas, ejes, retículas, marcos, simetrías, focos de ordenamiento, tratamiento de las superficies planas y curvas, límites, elementos geométricos y ornamentales, esquineras, y elementos relevantes como: discos, escudos, animales, flores, frutos, vegetación, pisos, figuras humanas, canastos y jarrones. El dominio del plano, el manejo de la línea, el trazo y el gesto libre, la selección de las figuras y la abstracción geométrica o morfológica de las mismas, el manejo de la simetría y el equilibrio, y la creación de tensiones y movimientos con los elementos compositivos pone en evidencia un conocimiento profesional en los campos del dibujo y la pintura, además de un nuevo saber sobre la técnica misma de este recubrimiento de origen vegetal.

Se escogieron tres objetos de diferentes épocas y usos como representativos de este estudio: una bacía, un arca y un escritorio y en todos se tomó la superficie de mayor relevancia.

En la colección del Museo de América de Madrid se encuentra una bacía del siglo XVII. Es un objeto con superficie curva cóncava, con un borde u orilla tallada en madera a manera de festón y dos entradas enfrentadas con forma de semicírculo. En su diseño se definen dos zonas con un marco de delicados roleos dispuesto sobre un fondo con color y las dos zonas de la cavidad se articulan por medio de un disco central (ver Imagen 10). Hacia cada una de las zonas, y articulados con este disco, aparecen dos dragones de cuyas bocas salen finos tallos, que se distribuyen a lado y lado, con una estructura semejante a la del roleo. La superficie recubierta por el barniz se trabajó de manera ingeniosa, pues a pesar de ser iguales las figuras de animales y flores de cada zona, los dos dragones se dispusieron en posición contraria, uno hacia abajo y el otro hacia arriba generando una tensión visual opuesta, un efecto de movimiento, como si el objeto girara en el sentido opuesto a las manecillas del reloj a través de un punto de giro central (ver Imagen 11).

Por otro lado, el color también es fundamental, pues se percibe un equilibrio dinámico, al aplicarse a sectores de follajes con cierta asimetría. Es importante destacar que el festón de borde responde a un diseño que utilizaron los artesanos de diferentes campos profesionales, por ejemplo los plateros como remate de borde de diferentes objetos, los encoradores como guardapolvo en las tapas de las petacas y los trabajadores del campo textil, configuraron con este tipo de festón el marco de los manteles, carpetas y mantillas. Todos comparten, en términos generales, figuras y programas iconográficos.

Imagen 10. Bacía con un disco central y dos dragones. Madera y barniz de Pasto. Siglo XVII. Museo de América Madrid, España, código 12242.

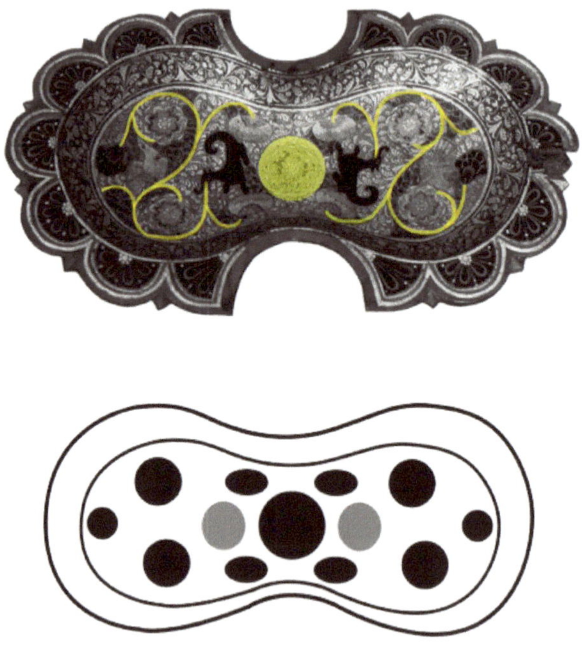

Imagen 11. Red subyacente y estructura organizativa de los elementos principales que son focos de atención visual. Elaboración María del Pilar López Pérez.

Otro objeto interesante es un arca de forma rectangular, posiblemente Jesuita, de comienzos del siglo XVII de una colección particular en Colombia, el recubrimiento que nos interesa es el interior de la tapa (ver Imagen 12). Como obra temprana del siglo XVII, la superficie fue trabajada sobre un fondo de color y delimitada con un marco de delicados roleos, ubicando un querubín en medio de cada uno de los cuatro lados del marco, marcando puntos posibles de ejes de composición. Al interior, en las esquinas hay cuartos de círculo bellamente ornamentados en formas de escama, cerrando la superficie en su eje horizontal y reforzando el eje de simetría bilateral. El eje central es un árbol, y en su parte superior se asienta un águila bicéfala coronada con el monograma en su pecho, colocado en forma invertida. El resto de la superficie está totalmente cubierta con variados animales como ardillas, perros y aves, muchos de ellos repetidos, manejados como patrones y distribuidos de manera equilibrada con una simetría especular, entre dinámicos follajes y flores que se entrelazan, conformando curvas y contracurvas en una dinámica composición, bajo el rigor de la simetría que cubre la mayor parte de la superficie. El color es también distribuido creando focos de atención permitiendo la percepción individual de cada elemento pero marcando un sentido riguroso de la simetría bilateral (ver Imagen 13).

Imagen 12. Arriba: Arca posiblemente jesuita. Madera, hierro y barniz de Pasto. Siglo XVII. Colección privada, Bogotá, Colombia. Abajo: Interior de la tapa del arca. Fotografías de María del Pilar López Pérez.

Imagen 13. Red subyacente y estructura organizativa de los elementos principales que son focos de atención visual. Elaboración María del Pilar López Pérez.

Finalmente está el escritorio, posiblemente de estrado del siglo XVIII, perteneciente a una colección particular en Colombia (ver Imagen 14). La superficie interior de la tapa superior tiene forma casi cuadrada y un fondo en color sin marco. Esta superficie está densamente cubierta en primer plano por ramilletes de flores de diversos tamaños y en distintas posiciones, algunos frutos y todo conectado por delgados tallos y salpicado por hojas sueltas en blanco y negro. No hay ninguna aparente red organizativa, no hay simetrías ni horizontes y carece de piso, pero claramente existe un sentido del orden y equilibrio. Resaltan en la composición dos elementos principales: los ramilletes de flores rojas y los delgados tallos que se desenvuelven en todas direcciones generando dinamismo (ver Imagen 15).

Imagen 14. Interior de la tapa superior de un escritorio de estrado. Madera, hierro y barniz de Pasto. Siglo XVIII. Colección privada Colombia.

Imagen 15. Red subyacente y estructura organizativa de los elementos principales que corresponden a las flores y son los focos de atención visual. Elaboración María del Pilar López Pérez.

4. Estructura y organización de las superficies trabajadas con barniz de Pasto en casos similares de otras prácticas artísticas

Existen otros ejemplos cuya apropiación de la superficie, su organización, distribución con sus equilibrios y tensiones no se incluyen en esta reflexión. Por ejemplo, la organización de los elementos por franjas siguiendo la linealidad de unos cajones, o la organización por primeros y segundos planos, cuando las formas están dispuestas sin fondo ni piso, o cuando el foco no corresponde a un centro sino a dos. Son algunas soluciones que dieron los pintores de barniz de Pasto, de acuerdo a su ingenio y a la modalidad de encargos de obras.

Se pueden realizar estudios de obras que formaron parte de otros campos artísticos y compararlas con obras en barniz de Pasto. Sobre el trabajo en plata se puede decir que la gran mayoría de las obras contaba con un dibujo, así fuera un boceto, pero también la gran mayoría de dibujos se perdieron. Así como sucedía con los pintores, los plateros también recurrieron a diseños que surgían en el seno de otras profesiones, como los tejidos de los ornamentos y la arquitectura, incluyendo la pintura mural. Su profundo conocimiento de la geometría y las proporciones les permitieron desarrollar claras composiciones, distribuciones equilibradas con refinados elementos formales.

Imagen 16. Bandeja de plata. Siglo XVII. Colección Catedral de Bogotá. Colombia, código 05.1.137. Distribución organizativa, evidente control de la superficie, ejes de composición vertical y horizontal, sentido de centro perceptivo estático en el asiento, simetría bilateral o especular.

La bandeja de forma alargada (ver Imagen 16), elaborada en plata martillada, repujada y cincelada, del siglo XVII, forma parte de las colecciones de la Catedral de Bogotá. Cómo dice Jesús Paniagua Pérez, su superficie corresponde a una estructura y un modelo ornamental que se utilizó con frecuencia en esa época, no sólo en el caso de la plata, también en estructuras semejantes las podemos observar en las obras de barniz de Pasto. La superficie de la bandeja se enmarca con una ancha cenefa en toda la orilla alrededor y se encuentra organizada por un florón central de donde brotan simétricamente cuatro grandes ramos de flores cuyos tallos delgados se curvan definiendo el espacio para ubicar una flor en punta. Es como si del florón central saliera una cruz de tallos rectos y curvados con flores que cubren la totalidad de la superficie [19]. Es una obra en la que vemos recursos similares a los utilizados por los pintores de barniz, en cuanto a orden y estructura. Por ejemplo, la superficie interior de la tapa del arca con el emblema de la comunidad Jesuita, trabajada en barniz de Pasto, también corre en todo su contorno una cenefa de refinados roleos formando un marco. Se observa claramente definido un eje de simetría bilateral y para entretejer todos los elementos, en este caso las imágenes de animales y pájaros, se diseñó un ramaje a cada lado, de finos tallos de flores y hojas formando curvas y contracurvas, semejante al trabajo de la bandeja en plata (ver Imágenes 12 y 13).

Imagen 17. Iglesia de Tumerqué (Siglos XVI – XVII), Boyacá, Colombia. Cenefa con roleos en pintura mural.

Imagen 18. Escritorio, Colección privada, Pasto, Nariño, Colombia. Interior de la tapa superior. Cenefa de marco con roleos en *mopa-mopa*.

Igualmente los marcos que definen y delimitan las superficies, comparten en sus diseños formas y proporciones entre diferentes artes y son determinantes a la hora de estructurar los planos y los volúmenes. Por ejemplo, la forma seleccionada para una cenefa de pared vista en la iglesia de Turmequé, Colombia (ver Imagen 17), es muy similar a la encontrada en el marco de la superficie de un escritorio de barniz de Pasto (ver Imagen 18). Son obras donde está implicado el dibujo cuya fuente más importante estaría asociada a la actividad de la pintura. Valdría preguntarse si en los primeros talleres de pintores de barniz se dibujó, se realizaron bocetos o ¿cómo desarrollaron esos modelos tan perfectos y proporcionados ubicados en las cenefas? ¿qué sistemas de representación visual utilizaron? pues aparentemente el trabajo no requirió de dibujos, plantillas o modelos, es puramente mnemotécnico.

5. Consideraciones finales

Este arte tiene como antecedente el maravilloso trabajo realizado por los indígenas asentados en el sur de Colombia y en el norte del Ecuador quienes descubrieron y aprovecharon la sustancia pegajosa que brotaba de la planta, hoy reconocida como *Elaeágias Pastoensis,* desarrollando variadas posibilidades de aplicación y uso.

Como ya se ha tratado por diversos historiadores del arte en el caso de los enconchados [4] y en el arte plumario mexicano[13], expresiones artísticas cuyas materias y algo de los aspectos técnicos son originarias de América; y su desarrollo a partir de la presencia española en el continente está conectado con el arte de la pintura. Parece que en el arte del barniz de Pasto sucedió algo semejante. Las obras más antiguas realizadas por superposición de capas de membrana con presencia de lámina de plata, fueron solicitadas por personas pudientes provenientes de diversos sectores de la sociedad, que reconocían en los trabajos de los pintores de barniz de Pasto obras calidad a través de la variedad de soluciones artísticas que brindaba el dominio del dibujo y manejo del color, lo que indicaría esa interdependencia con el arte de la pintura.

Las obras producidas con recubrimiento de barniz de Pasto en el Nuevo Reino de Granada, no solamente son resultado de un trabajo de acumulación de prácticas y experiencias, pues en ellas se puede reconocer un saber profesional que implicó tener una formación regulada a través de unos referentes locales y otros traídos de España con los que se produjo una obra controlada por los intereses del grupo de artesanos [20].

En la primera parte, busqué una explicación sobre ese saber hacer profesional que les permitió resolver tan adecuadamente y con tanto sentido artístico los objetos recubiertos con barniz de Pasto, e indagué sobre el campo profesional *del pintor,* que trabajó en los diseños que se aplicaron a los objetos de las artes industriales, específicamente el diverso campo del ornamento, reconociendo la importancia de la práctica del dibujo, así como las nociones de simetría, orden y proporción. Los textos profesionales como los tratados de pintura y manuales de dibujo, así como las fuentes de estampas y la diversidad de elementos artísticos a través del ornamento en objetos como los textiles e ilustraciones [21], evidencian unas interesantes conexiones en el campo de la composición y manejo de figuras entre la pintura de pared y de escultura y el barniz de Pasto, no visto desde su técnica sino desde su armonía, equilibrio o desde la centralidad dinámica de las formas.

En la construcción de la estructura de la imagen como se evidencia en las obras arriba tratadas existió y aún existe memoria y herencia de un trabajo que se desarrolló con control, recursos técnicos y conocimiento artístico. Son obras donde está implicado el dibujo del ornamento que como se sabe tiene esa condición de intercambiabilidad, que pertenece a varios oficios y además es atemporal y estaría asociado a la buena formación del artífice.

Materiales complementarios: La version en inglés de este artículo puede descargarse de: https://www.mdpi.com/article/10.3390/heritage6070000/s1.

Financiación: Esta investigación no ha recibido financiación externa.

Agradecimientos: Nuestro sincero agradecimiento a Natasha Vargas (traductora), Robert Esposito y Laura Ramirez Polo (revisores) de la Rutgers University para la versión de este artículo en inglés.

Conflictos de intereses: La autora declara no tener ningún conflicto de intereses.

Notas

1 Esto se puede afirmar si se tiene en cuenta los relatos de viajeros extranjeros, noticias de las expediciones científicas y las ilustraciones de los talleres de artesanos de mediados del siglo XIX.

2 AGN. Archivo General de la Nación, Bogotá Colombia. Sección Colonia. Notaría 3. Tomo 37. 1633, ff. 66, and AGN. Archivo General de la Nación, Bogotá Colombia. Sección Colonia. Notaría 3. Tomo 53. 1639. ff. 65.

3 AGN. Archivo General de la Nación, Bogotá Colombia. Sección Colonia. Notaría 3. Tomo 53. 1639, ff. 65-66.

4 Un buen estudio que abarca los inicios de la formación del pintor: desarrollo profesional y valores personales es el realizado por María A. Vizcaíno Villanueva. Ver Ref 10.

5 Además los maestros en sus talleres enseñaron utilizando algunos implementos que formaron parte de la formación del pintor, independiente de la paleta y el caballete, como fue la regla y el compás, los lápices o elementos para marcar, los cuchillos y otros útiles del oficio.

6 Los pintores recibían unas nociones de matemáticas y un conocimiento más completo de geometría, según lo manifiestan los tratadistas españoles. Pero como es conocido no todos se destacaron por igual en la expresión del dibujo, en la habilidad para aplicar conocimientos de geometría y menos en matemáticas pues la gran mayoría sólo sabía contar.

7 Jefe del Departamento de Conservación de dibujos y estampas del Museo del Prado, y ha sido comisario de varias exposiciones.

8 Un ejemplo claramente analizado es el diseño de tramas geométricas realizadas para las armaduras de carpintería de lo blanco de finales del siglo XVI y comienzos del siglo XVII. Diferentes propuestas formales se realizaron en Colombia como la techumbre de la Iglesia Mayor de Tunja 1567, la techumbre de la tercera Catedral de Bogotá 1584, techumbre de la iglesia de la Concepción en Bogotá 1586 – 1617, techumbre de la iglesia de San Francisco en Tunja 1595 y la techumbre de la Iglesia de San Francisco en Bogotá hacia 1590 – 1611, entre otras. Todas se construyeron antes de ser publicado el primer tratado de carpintería de lo blanco, el de Diego López de Arenas en 1633. Al comparar las obras ya realizadas con el tratado, coinciden en todo lo sugerido en las fórmulas de proporción y cálculos matemáticos con los que se realizaron la variedad de diseños. Lo que quiere decir que los artesanos trajeron el conocimiento y lo aplicaron sin haber sido escrito el tratado. Esto es aplicable a muchas prácticas artísticas. Ver Ref 14.

9 A.H.P. Archivo Histórico de Pasto. Pasto, Colombia. Sección Colombia. Cabildo. Caja 6. Tomo 2. ff 6r – 26v.

10 Documento de 1778, emitido por la Corona Española dirigido a las autoridades de la ciudad de San Juan de Pasto para mejorar y fomentar la industria. Archivo Histórico de Pasto, Instrucción general para los gremios de todos los oficios, Fondo Cabildo, caja 6, tomo 2, ff. 6r.-26v. Igualmente la misma orientación se encuentra en la "Instrucción general para los gremios de Santafé 1777", cuya transcripción la realizó la historiadora del arte Marta Fajardo en: Revista Ensayos, nº 1, 1995, p. 189. Instituto de Investigaciones Estéticas, Universidad Nacional de Colombia. Bogotá, Colombia.

11 Es conocido que en el taller del pintor, grabador y dibujante Juan Cotrina Valero tenía como parte de sus implementos de trabajo una máquina de hacer perspectiva y el pintor Baltasar de Vargas Figueroa quien poseía una vastísima colección de estampas.

12 No existen contratos que nos aclaren cómo se encargaban las obras, sin embargo teniendo en cuenta los encargos en otras artes, algunas demandas por incumplimiento y otros documentos, se puede deducir una forma de proceder en el proceso de encargar las obras a los artesanos del barniz.

13 Ver, entre otras, las investigaciones de la historiadora del arte María Concepción García Sáiz al arte plumario en México.

Referencias

1. Derrick, Michele; Kaplan, Emily y Newman, Richard. *Mopa-mopa*: una extraordinaria resina aglutinante andina. En: Materia Americana. Cuerpos americanos, tradiciones e identidades, siglos XVI al XIX. Gabriela Siracusano y Agustina Rodríguez Romero, editoras. EDUNTREF. Buenos Aires, Argentina. 2022, ps. 71-89.
2. Kawamura, Yayoi. Laca namban. Brillo de Japón en Navarra. En: Historia del proyecto expositivo laca namban. Brillo de Japón en Navarra. Fondo de Publicaciones del Gobierno de Navarra. Pamplona, España. 2015 – 2016, p. 33. ISBN 978-84-235-3408-1 https://publicaciones.navarra.es (consultado el 15 de febrero de 2018).
3. Palomino, Antonio. El museo pictórico y escala óptica. Aguilar Maior. 1988 (primera edición 1715). Madrid, España.
4. Ocaña Ruiz, Sonia. Enconchados: gustos, estrategias y precios en la Nueva España. En: Anales del Instituto de Investigaciones Estéticas. Vol. XXXVII, nº 106. Mayo 15 de 2015. UNAM, Ciudad de México, México. pp 75-77. https://doi.org/10.22201/iie.18703062e.2015.106 (consultado el 3 de diciembre de 2020).

5. Poma de Ayala, Felipe Guamán. Nueva Crónica y Buen Gobierno. Biblioteca Ayacucho. 1980 (manuscrito de 1615), p. 134.
6. Vargas, Laura. Del pincel al papel: fuentes para el estudio de la pintura en el Nuevo Reino de Granada (1552 – 1813). Instituto Colombiano de Antropología e Historia. 2012, p. 277-296.
7. Granda, Osvaldo. Aproximación al barniz de Pasto. 2007. Universidad de Nariño. 2007, p. 37.
8. Vizcaíno Villanueva, María A. *El pintor en la sociedad madrileña durante el reinado de Felipe IV.* Fundación Universitaria Española. Madrid, España. 2005, p. 166.
9. Navarrete Prieto, Benito. *La pintura andaluza del siglo XVII y sus fuentes grabadas.* Caylus. Madrid. 1998. ps. 25 – 31.
10. De Cavi, Sabina. Dibujar las artes aplicadas: dibujo técnico y de ornamentación en los talleres del Mediterráneo Ibérico en la era pre-industrial (siglos XVI-XIX). En: Dibujo y Ornamento, trazas y dibujos de artes decorativas entre Portugal, España, Italia, Malta y Grecia. Diputación de Córdoba, Ministerio de Economía y Competitividad, Universidad de Córdoba. 2013. ps. XXI-LXXVII.
11. Cuenca, María Luisa; Hernández Pugh, Ana y Mantilla, José Manuel. *El maestro de papel. Cartillas para aprender a dibujar, de los siglos XVII al XIX.* Museo Nacional del Prado, Centro de Estudios Europa Hispánica. Madrid, España. 2019.
12. Mantilla, José Manuel. *El maestro de papel. De cómo los jóvenes aprendieron a dibujar en la Edad Moderna copiando las líneas trazadas en una cartilla y algunas ideas más.* En: El maestro de papel. Cartillas para aprender a dibujar, de los siglos XVII al XIX. Museo Nacional del Prado, Centro de Estudios Europa Hispánica. Madrid. 2019, p. 12.
13. Salcedo, Jaime. Mudéjar en Colombia y Venezuela. Arquitectura y urbanismo. En: Arte Mudéjar. Borrás Gualis (Coordinador) Ediciones UNESCO. Zaragoza, España. 1995. p. 187.
14. Bordes, Juan. *Ojo, cerebro, mano. Historia de las cartillas de dibujo a través de su clasificación y estrategias docentes.* En: El maestro de papel. Cartillas para aprender a dibujar, de los siglos XVII al XIX. Museo Nacional del Prado, Centro de Estudios Europa Hispánica. Madrid. 2019, pp. 29-51.
15. Carducho, Vicente. *Diálogos de la Pintura.* Edición facsímil, dirigida por D. G. Cruzada Villaamil. Imprenta de Manuel Galiano. Madrid, España. 1865, p. 182.
16. Jusepe Martínez. *Discursos practicables del nobilísimo arte de la pintura.* Madrid, España. AKAL. 1988, pp. 67-73.
17. Pacheco, Francisco. *El arte de la pintura.* Cátedra. Madrid, España. 1990, pp. 509-512.
18. Bonet Correa, Antonio. *Figuras, modelos e imágenes en los tratadistas españoles.* Alianza Forma. Madrid, España. 1993.
19. Paniagua Pérez, Jesús. *Las bandejas.* En: el arte de la platería en las colecciones de la Catedral de Bogotá (siglos XVI al XX). Bicentenario de la Consagración de la cuarta Catedral de Bogotá. Arquidiócesis de Bogotá. Bogotá, Colombia. 2022, p. 44.
20. Bargellini, Clara y Díaz Cayeros, Patricia (Editoras). El renacimiento italiano desde América Latina. Instituto de Investigaciones Estéticas – Universidad Nacional Autónoma de México. Ciudad de México, México. 2018. ps. 11 – 25.
21. Peck, Amelia (Edited). Interwoven Globe, The worldwide textile trade, 1500 – 1800. The Metropolitan Museum of Art. New York. 2013. / Franch Benavent, Ricardo (coordinador académico de la publicación). La participación valenciana en la ruta de la seda. Historia, paisaje y patrimonio. Universitat de València. Valencia. 2021.

heritage

Article

Lacquers of the Amazon: *Cuias*, *Cumatê* and Colours by Indigenous Women in Grão-Pará in the 18th Century

Renata Maria de Almeida Martins

Faculdade de Arquitetura e Urbanismo da Universidade de São Paulo–FAU USP, Fundação de Amparo à Pesquisa do Estado de São Paulo-FAPESP 2021/06538-9, São Paulo 05468-901, SP, Brazil; renatamartins@usp.br

Abstract: The starting point of this proposal is a collection of decorated *cuias*, preserved in Portugal and produced by Indigenous women in Grão-Pará in the 18th century. The objects in question are an exemplary case of the global art history of the Amazonian communities. In order to investigate them, it is necessary to consider the procurement and ritual use of *cuias* (fruits of the *cuieira* tree-*Crescentia cuyete*), the sophisticated techniques used to produce a durable, glossy, black varnish from *cumatê* (or *cumaté*, *cumati*), a natural dark red pigment extracted from the skins of the *cumatezeiro* or *axuazeiro* tree (*Myrcia atramentifera*), as well as the incorporation of fauna and flora motifs from Asian or Asian-inspired textiles and embroidery, which circulated worldwide. Their history brings together the nature of the forest, the myths of creation, and the knowledge and practices of Indigenous and riverine women, mainly from the lower Amazon. Studying these objects produced by Indigenous female painters in a colonial context of appropriation, in addition to contributing to their knowledge, can stimulate dialogues on the knowledge of the Brazilian Amazon rainforest with other locations in America, sharing their ancestry and resistance.

Keywords: lacquers; *cuias*; *cumatê* varnish; Indigenous women; Amazon; 18th century

Citation: Martins, R.M.d.A. Lacquers of the Amazon: *Cuias, Cumatê* and Colours by Indigenous Women in Grão-Pará in the 18th Century. *Heritage* **2024**, 7, 4855–4906. https://doi.org/10.3390/heritage7090230

Academic Editors: Lucia Burgio, Dana Melchar and Monica Katz

Received: 7 June 2024
Revised: 13 August 2024
Accepted: 14 August 2024
Published: 6 September 2024

1. Introduction

I began the study of the collection of objects gathered by Alexandre Rodrigues Ferreira as part of his well-known *Philosophical Journey* (1783–1792) [1] in my doctoral research on architecture, art, and the establishment of Jesuit colleges and missions in the former State of Maranhão and Grão-Pará (renamed the State of Grão-Pará and Maranhão from 1750), which today is roughly equivalent to the territory of the so-called Legal Amazon. With an interdisciplinary approach using primary documents, field research, and the study and analysis of sacred, archaeological, and ethnographic art collections, the thesis entitled *Tintas da Terra, Tintas do Reino* (Colors of the Land, Colors of the Kingdom) (2009) [2] demonstrated the union of Indigenous, African, and *mestizo* peoples in the artistic production of the missions of the Society of Jesus in the Amazon in the 17th and 18th centuries.

Names and information about the artists and officials of the land (Indigenous people, Africans, and *mestizos*) came to light, either as individuals or as groups, as they almost always acted collectively in the different fixed or itinerant workshops of colleges and farms, demonstrating the intense circulation of knowledge flowing from the forests to the various workshops created in the missions. In this sense, the extensive work of the Jesuit priest Serafim Leite [3], on the documentation preserved in Rome [4], was an excellent guide that revealed the presence of these invisible but fundamental actors. Thus, the recent literature about the economy of the Jesuit missions, revealing the participation of Indigenous women through their work in the potteries, looms, herbaria, and vegetable gardens, tells of an artistic production that is almost always erased, yet extremely relevant in the missionary context; it provides original sources and data on the important role of Indigenous women in the history of the colonial period [5] and has drawn my attention in new research [6].

Likewise, a critical reading of the chronicles and letters of missionaries, especially João Felipe Bettendorff (1625–1698) [7], João Daniel (1722–1776) [8], and Anselmo Eckart

(1721–1809) [9], points out new paths that deserve greater attention and in-depth study: local artists, objects, materials, and techniques. The use of natural pigments and varnishes is evident in all the consulted sources regarding the knowledge of the peoples of the Amazon in the production of innumerable objects since time immemorial. These objects include those belonging to the Indigenous cultures as well as those brought by the colonisers. It is worth mentioning that both types of objects are fundamental for the project and maintenance of the religious missions: textiles, ceramics, feathers or sacred sculptures, altarpieces, desks, etc. In the texts mentioned above, pigments are highlighted, as hugely relevant for the production and application of paints and varnishes for their colourful and varied decorations [10]. Praised for their colours, figures, and durable, shiny, black varnish, most accounts speak of *cuias*—fruits of the *Crescentia cuyete*, a domesticated tree—produced by Indigenous women in the area of the Aldeia de Gurupatuba, which became a Jesuit mission, then a Franciscan one and, later in Vila in Monte Alegre, a municipality in the state of Pará, in the lower Amazon region of the Brazilian Amazon (Figure 1) [11].

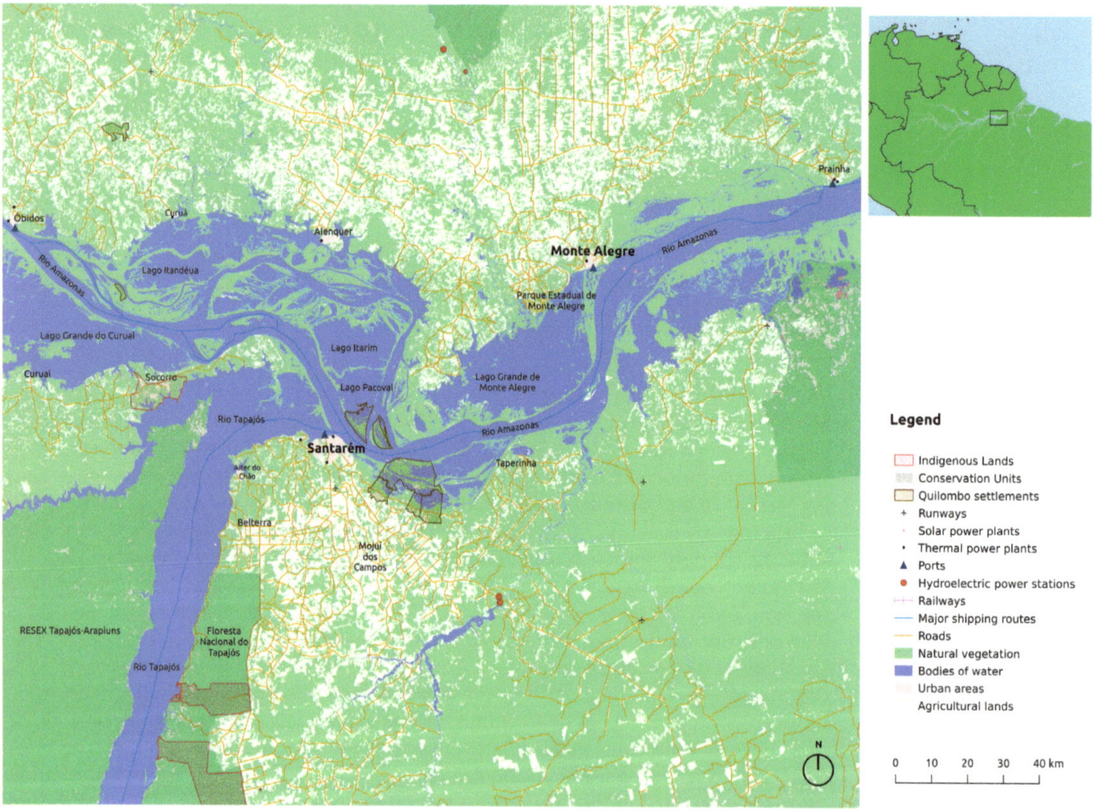

Figure 1. Map of land use, land cover, and transportation and energy infrastructure in the lower Amazon: Santarém, Monte Alegre, and surrounding areas. Data sources: ANEEL, IBGE, MMA, INPE/Terrabrasilis, FUNAI, MapBiomas Collection 7.0 (2021). Authors: Ana Lívia Rüegger Saldanha; Luis Felipe Clemente Nunes, 2024 [12].

As previously mentioned, the *cuias* collected by Alexandre Rodrigues Ferreira and largely attributed to the Indigenous people of Monte Alegre, form a valuable collection preserved in Portugal and distributed, as far as I know, between the Maynense Museum of the Lisbon Academy of Sciences (*Museu Maynense da Academia de Ciências de Lisboa*) and the

Science Museum of the University of Coimbra (*Museu da Ciência da Universidade de Coimbra*); from the fundamental work of Thekla Hartmann [13], they gained relevance in my doctoral thesis and subsequently in my ensuing studies, which today are important drivers of the research project that I am coordinating: *Barroco-Açu* [14].

In recent years, I have devoted myself to the study of objects, books, artists, materials, and techniques between Asia and America, mediated or encouraged by Europe and, above all, by the Jesuit missions. In doing so, I have constantly revisited documentation, such as the *Litterae Annuae* (the annual reports sent to Rome by the Provincial of a Jesuit Province) and the inventories of Jesuits expelled from Portuguese territories (1760). My studies in Bahia [15] and also in the Amazon [16] have shown that many Asian or Asian-inspired products were used by the Indigenous peoples, such as ivory crucifixes, the application of porcelain and fabric repertories, tortoise shell and mother-of-pearl inlays, etc., as was the case elsewhere in the Americas. Due to the similarity between the glossy appearance and durability of certain Indigenous varnishes and Asian lacquers appreciated by the missionaries, the utilisation of a prized recipe derived from Amerindian technical traditions and materials from the Amazon rainforest was not an isolated case but involved the production of other objects within the scope of the worldwide success of Asian decorative taste. The gourds decorated by Indigenous women in Ferreira's collection soon also revealed themselves to be an exceptional case of objects with transcultural characteristics in their interwoven historical layers, complex adaptations, and reinterpretations.

In terms of the adopted decorative repertoire, there has been more recent progress in collaboration with researchers in related areas, proposing research, for example, on the relationship between archaeological objects and *cuias*, with archaeologist Márcio Amaral from the Mamirauá Institute of Sustainable Development (*Instituto de Desenvolvimento Sustentável Mamirauá*) [17]; or the adoption of embroidery and silk models from Europe, India or China by Indigenous women, with Prof. Luciano Migliaccio (FAU USP) [18]; or even the artistic work of Indigenous women from the Amazon in the colonial period, with Ana Lívia Rüegger Saldanha (FAU USP) [19]. The different approaches intertwine and meet each other in the *cuias*. The funded research made it possible to visit the aforementioned museums (2017, 2018, 2020, 2023) and also a locality where riverine women still make beautiful *cuias* using the traditional technique of painting from the shiny varnish of *cumatê* (made from the bark of the *cumatezeiro* or *axuazeiro* tree—*Myrcia atramentifera*) and applying human urine (ammonia), as described by Alexandre Rodrigues Ferreira [20] (pp. 35–39). In the community of Carapanatuba, Aritapera district, in the Santarém floodplain (about four hours by boat from Santarém, with stops in various communities, see map in Figure 2), I was warmly welcomed be the riverine artists Léila Almeida Maduro, her daughter Silvane Almeida Maduro, and Marinalva Correia de Sousa, at the beginning of January 2023 during the Amazonian winter (Figure 3). The sophisticated ways of making *cuias* in the lower Amazon region of Pará were inscribed in 2015 in the *Livro de Registros de Saberes do* IPHAN (Instituto do Patrimônio Histórico e Artístico Nacional)[1] and the 'Associação das Artesãs Ribeirinhas de Santarém' (*Asarisan*), founded in 2003, which is related to bioeconomy and sustainable development (Figure 4).

The use of this varnish evokes very ancient and affective relationships with *cuias*, which are objects present in the creation myths of many Indigenous cultures and which are still used throughout the Amazon region. In this article, I intend to make an in-depth study of some examples of decorated *cuias* from the aforementioned collections, considering them, in this context, as 'Amazonian lacquers', either because of the production technique of fine and shiny varnish or because of the various vegetable and mineral colours that allowed the Indigenous women to reinterpret motifs from distant Asian and/or European Asian-inspired repertoires without the *cuias* completely losing their ancestral codes of meaning. The women artists of the Aritapera region continue to possess this knowledge and many other areas of knowledge, in this very long history of which they are a part. They haven't been invited yet to visit the collections of *cuias* in museums in Portugal, but they continue to make their varnished *cuias*, 'embroidering', as they say, their coded messages of resistance on them (Figure 5).

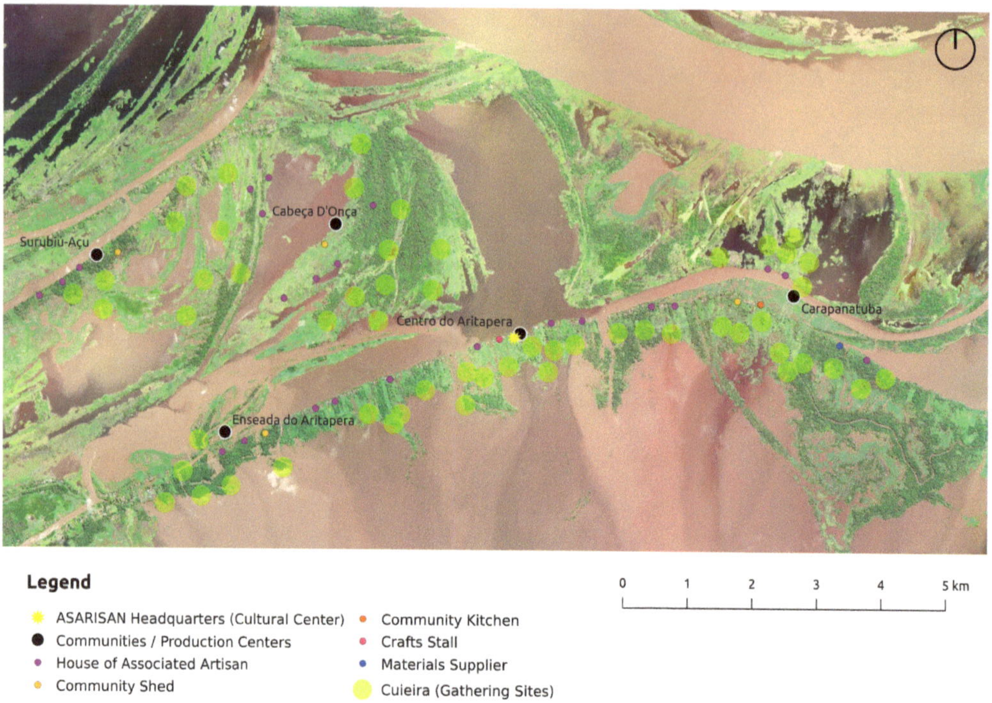

Figure 2. Territory of the artisans associated with ASARISAN (2011–2012), based on the map developed by Nova Cartografia Social da Amazônia [21]. lower Amazon, Santarém/Pará, PAE Aritapera. Authors: Ana Lívia Rüegger Saldanha; Luis Felipe Clemente Nunes, 2024 [12].

Figure 3. Silvane Almeida Maduro, *cuieira* artist, canoeist, etc., leaving us by canoe on the boat to return to Santarém. In the background, the palafitte where the artist Marinalva Correia and her family live. Photograph: Renata Maria Martins, 2023.

Figure 4. Lélia Almeida Maduro, artist from the Carapanatuba riverine community and president of the *cuieiras* association of the Aritapera region, in her palafitte examining the *cuias* at different stages of the process. Photograph: Renata Maria Martins, Carapanatuba, 2023.

Figure 5. Silvane Almeida Maduro and Marinalva Correia de Sousa, artists from the Carapanatuba community, presenting the process of their work on the *cuias*. In the background, *Crescentia cujete* trees. Photograph: Renata Maria Martins, 2023.

2. Materials and Manufacture

In 1786, in the village that was then called Monte Alegre (formerly Aldeia de Gurupatuba, first the Jesuit mission and later the Franciscan mission of Gurupatuba, according to Alexandre Rodrigues Ferreira [22]), the main activities of the Indigenous women were the manufacture of *cuias* and gourds and nets (hammocks) for sleeping. In the report on the *cuias* sent in a large box to Portugal, Ferreira says that around 5000 to 6000 *cuias* were made in the village per year, which the Indigenous people sold, or the Europeans traded with

Lisbon. In the collections of the Maynense Museum of the Lisbon Academy of Sciences and the Science Museum of the University of Coimbra, there are vessels of this type with characteristics closer to those of the Indigenous tradition (in Lisbon), as well as others decorated with decorative motifs of European, Asian, and Asian-inspired origin produced in Europe (in Lisbon and Coimbra).

In January 2023, while visiting the community of Carapanatuba in the lower Amazon region in the present-day state of Pará, I found that, for the most part, the manufacture of *cuias* still follows the process described by Ferreira. Fundamental issues, such as the planting of *cuieira* trees (*Crescentia cuyete*) and the ripening of its fruits for the selection and preparation of the varnished and decorated vessels, represent some of the knowledge that the populations and especially the riverine women have; they mainly use materials found in the Amazon Forest for the preparation: the sandpaper leaf of *embaúba* (*Cecropia obtusa* Trécul-*Urticaceae*), the scale and tongue of the *pirarucu* fish (*Arapaima gigas*), the bird feather brushes, and the varnish of the *cumatezeiro* (*Myrcia atramentifera*) (Figure 6). The art of those who '*cuida em cuia*' or '*cuida na cuia*' - as D. Lélia Maduro, Silvane Maduro, Marinalva Correia, Francisca Pereira, Socorro Pereira, and other artists from the communities of the Aritapera region (Enseada do Aritapera, Centro do Aritapera, Cabeça d'Onça, Surubim-Açu, Carapanatuba, etc.) describe their artistic work—possesses much ancestral knowledge about the rivers, plants, fauna, and nature of the place.

Figure 6. Materials and tools for making *cuias* by female artists from Carapanatuba, Aritapera region, lower Amazon, Pará. Photograph: Renata Maria Martins, 2023.

In the three days I spent there, after a boat trip of about four hours from the city of Santarém (where the Tapajós and Amazon rivers meet), following each stage of production with the women artists of the riverside community of Carapanatuba, not only did I learn about the art of preparing *cuias*, I was also generously offered medicinal preparations made with local species, recipes for fish dishes, flour and cheese produced in the region, and tours and 'rides' in the *bajara*, the small motorised canoe that is the most commonly used means of transport. I learnt what it is like to live on stilts in times of ebb and flood, but above all, I learnt lessons about solidarity and sharing.

The *cuias* of Aritapera, sold in shops, craft centres, and markets, bear the traces of the lives of these very strong, wise, and talented women in their shapes, cuts, varnishes, and engravings. In turn, those paintings preserved in museums in Portugal that Ferreira took with him on his journey make direct reference to the artistic production of the Indigenous people of the Amazon and also form part of the history and memory of Lélia, Silvane, Marinalva, Francisca, Socorro, and many women from other communities in the region, who today continue to maintain their traditions and ways of life.

When Ferreira describes the fruits with which the Indigenous women work, he highlights both the smooth (natural) *cuias*, which are more common and numerous, as well as the more complex artificial process of making *cuias* in segments, such as the two specimens preserved in the Maynense Museum of the Lisbon Academy of Sciences (Inv. ACL green-671; Inv. ACL green-672). In the garden that surrounds D. Lélia and Mr Antônio Maduro's house in Carapanatuba, there are different types of trees that produce smooth, round, oval fruits of various sizes. These are picked by the women at the desired point of maturity: when, on hitting the bottom, the ripe *cuias* produce a specific sound. Then, they cut them and hollow them out, or as they say, 'straighten' them and 'soften' them.

It is impressive to see the speed and efficiency with which these artists climb the trees, the technique they master to choose each ripe fruit, and the strength and skill to split them perfectly with a machete or saw and scrape them completely inside with a metal spoon. The *cuias* are then placed in a large pot of water to heat, softening the skins and making them easier to prepare. Then, after a further soaking in water, the outer skin of the fruit is carefully removed with a blade and the edge of the *cuia* is carefully smoothed with the tongue of the pirarucu fish (*Arapaima gigas*) or the inner part with the scale of the same fish.

The preparation of the *cuia* to receive the varnish is completed by scrubbing the external and internal surfaces to make them completely smooth with the large leaves (divided into lobes, with a white underside) of the *embaúba* tree (*Cecropia*), a species also present in the area near the Almeida Maduro family's residence. The treated but unvarnished *cuia* is called *pitinga*.

This knowledge, which is quite similar to that reported by Ferreira in Monte Alegre and Santarém and passed down through generations of women, is fundamental, so that after drying the fruits, it is possible to obtain perfect *cuias*, which can shine by applying *cumatê* varnish (Figure 7). After being painted with several coats of ink (Figure 8), they are left to rest on a bed of sand (or ashes) sprinkled with human urine, where they remain 'asleep' and covered for a whole night. After all of these stages, the *cuias* are decorated or 'embroidered'; today, these are basically engravings made with a small knife. The process of painting directly onto the surface or incisions with vegetable or mineral dyes is no longer adopted today, even though many dye-producing plants are known to the riverine artists (Figure 9).

On this occasion, it is important to address the preparation of 'Amazonian lacquer', the black gloss obtained from the reddish *cumatê* varnish and, albeit briefly, the production of plant-based colours used on 18th century *cuias* preserved in the Ferreira collection in Portugal. The decorative repertoires used on some pieces, which are in dialogue with the Asian and/or Asian/European universe, reinterpreted and reinvented with mastery and originality by Indigenous painters, are also of interest. The variety of motifs found in the decorations is quite large; therefore, each piece must be analysed carefully and individually.

It is worth mentioning that chemical/physical analyses of the pigments used on the oldest vessels preserved in Portugal have not yet been carried out. Consequently, the knowledge of techniques and materials is based mainly on the reports of missionaries and travellers, particularly the Jesuits, and on Ferreira's reports, as well as on the comparison between the ancient texts and the knowledge still preserved today by Indigenous and riverine communities.

Figure 7. *Cuias*, *Cumatê* varnish, and feather brush, Carapanatuba, Aritapera region, Pará. Photograph: Renata Maria Martins, 2023.

This article considers the six pieces (five *cuias*—four decorated and one plain (Inv. ANT. Br. 150; Br. 151; Br. 152; Br. 193; Br. 194)—and one gourd (Inv. ANT. Br. 195) conserved by the University of Coimbra, all collected by Alexandre Rodrigues Ferreira and studied during a visit to the technical reserve of the Museum of Sciences between the end of January and February 2023 (Figure 10). In addition, seven other pieces (Inv. ACL green-658; 660; 667; 668; 820; 882; 919) of the approximately twenty-three specimens conserved in the Maynense Museum of the Lisbon Academy of Sciences were analysed during a visit that took place in February of the same year. Some of these contain inscriptions, such as the *cuias* (Inv. ACL green-667, Inv. ACL green-919) (Figures 11 and 12). All are examples of the reconciliation phenomenon between the artistic productions of the Indigenous cultures of the lower Amazon and the global taste for Asian objects, which led to the qualification of such products as 'Amazonian lacquerware'. Other objects from the two collections can be mentioned when relevant, especially for the study of the production processes and the use of *cumatê* varnish from colonial times to current practice.

Drawings of textiles, porcelain, and embroidery, which circulated among the four continents, as well as motifs of Amazonian flora and fauna, can be found on the black (originally shiny) or reddish-brown surfaces of objects of exclusively Indigenous origin; these are fruits that evoke Mother Earth, with complex meanings and varied uses—formal re-readings and inventive solutions for the application of these 'coded messages' on the hemispherical or globular body of the *cuia*. The decoration takes on new forms through the hands and minds of Amazonian women, painters, and producers of dyes and varnishes, who also mastered and still master the techniques of ceramics, textiles, weaving, gardening, and so many other productions. The biography of these objects in the 18th century is marked by a dialogue with other equally important manifestations in Latin America, such as the objects in Pasto varnish, known as mopa-mopa in Colombia and Ecuador, and painted objects such as *maque*, the so-called 'Mexican lacquer'. Thus, the *cumatê* varnish worked by Indigenous people on the *cuias* of the lower Amazon in Brazil adds to the range of 'American lacquers'.

Figure 8. Painting the *cuias* with *cumatê* varnish by the hands and knowledge of the artist Marinalva Correia, Carapanatuba, Aritapera region, Pará. Photograph: Renata Maria Martins, 2023.

Figure 9. *Earth Dyes*. A combination of dye plants, vegetable skins, and resins that produce colourful pigments: reds, yellows, violets, golds, etc. Gathered and named from the knowledge of the traditional communities, *erveiras* and *erveiros* of the State of Pará (*Estado do Pará*). Marked with popular nomenclature. Collection of the author. Photograph: Renata Maria Martins, 2023.

Figure 10. *Cuias and Gourds*. Indigenous women. Pará, Brazil. Materials: *cuieira* fruits (*Crescentia cujete*) and gourd (*Lagenaria*). Science Museum of the University of Coimbra. Alexandre Rodrigues Ferreira Collection (1783–1792). From top left to right: Inv. ANT. Br. 151; Br. 152; Br. 193; Br. 194; Br. 195. Photograph: Renata Maria Martins, 2023.

Figure 11. *Cuia*. Inscription *'Amor Firme'*. Indigenous women from Monte Alegre and/or the Belém of Pará Factory? Pará, Amazon, Brazil. Maynense Museum of the Lisbon Academy of Science. Inventory No: ACL green-667 or ACL-ETN-0224. Materials: *cuieira* fruit (*Crescentia cujete*), resin/varnish, pigment. Dimensions: W × C × L × D: h 8 × 20.5 d (max.) cm. 18th century. Ethnographic collection. Sub-collection: Brazil (BR). Photograph: Paulo Barros.

Figure 12. *Cuia*. Inscription *'Para'* (Pará). Indigenous women from Monte Alegre and/or the Belém of Pará Factory? Pará, Amazon, Brazil. Maynense Museum of the Lisbon Academy of Sciences. Inventory No: ACL green-919 o ACL-ETN-0235. Materials: *cuieira* fruit (*Crescentia cujete*), resin/varnish, pigment. Dimensions: W × D × L × D: h 17 × 20 d (max) cm. 18th century. Ethnographic collection. Sub-collection: Brazil (BR). Photograph: Marta Santos.

3. Results

3.1. *The Production of 'Cuias', 'Cumatê' Paint, and Colours*

In his *Memory of Cuias* (*Memórias sobre as Cuias*), Alexandre Rodrigues Ferreira talks in detail about the *Crescentia cuyete* tree and the planting and harvesting of its fruits and also about the long process of making the vessels by the Indigenous women of Monte Alegre: from the choice of the best cuias and gourds to their completion with painting and decoration [23].

As it is still done today, the *cuia* was split in half and the pulp was completely removed. The pieces were then immersed in water to soften them and then scraped and sanded. They were then washed and left to dry for a short time and then dyed with reddish cumatê varnish obtained from the bark of the *cumatezeiro* or *axuazeiro* tree (*Myrcia atramentifera*) and placed on a pallet. After drying, they were taken to a *puçanga*, a kind of 'bed' to cover them first with ash and sand, and then with the urine of women or children. Many hours later the varnish turned black due to the ammonia present in the urine, and finally, they were ready to receive painted or incised decorations [23] (p. 61).

The materials, instruments and techniques used were the same as those used by the Indigenous cultures of the Amazon, such as sandpaper from the scales of the pirarucu fish (*Arapaima gigas*), *gipyoca* root soap, ginned cotton strainer, the aforementioned *cumaty* (*cumatê*) varnish, *cury*, *tabatinga*, *tauhá*, *anil* (indigo), and *urucum* (annatto), dissolved with water and cotton root. The paint pots in which the Indigenous women dipped their brushes were their own thighs and legs, or castor leaves. The brushes were made of *siracura*, *jacamy*, and white acará feathers, and the stilettos used 'to splash the desired decoration made with a knife-like instrument' were made of *jamacaru* thorns (*Cereus jamacaru*) and *patuá* palm tree (*Oenocarpus batauá*) [23] (p. 59).

A *cuia* (Inv. ANT. Br. 194, see bellow) and a gourd (Inv. ANT. Br. 195, see bellow) from the Alexandre Rodrigues Ferreira collection in the Museum of Sciences of the University of Coimbra have a reddish-brown surface, which seems to indicate, as deduced from the process still used today by the Carapanatuba artists, that the two pieces were covered by layers of *cumatê* varnish but did not go through the resting process, which leaves them with a black, lacquer-like sheen. Most of the vessels preserved in the two collections are black but have lost much of the shine of the varnish. Such a progressive loss is a phenomenon that can also be seen in the gourds produced today. As I found out locally with the artists, in order to maintain and/or quickly recover the shine of the *cuias*, it is necessary to 'hydrate' them, that is to say, leave them in a bath of cold water, dry them with a cotton cloth, and then, at the end, leave them to dry for a short time. This same process is also always carried out after the first painting so that they acquire even more shine.

As for the colours, it would be important to carry out analyses (using the least invasive techniques possible) so that the mineral and/or vegetable pigments used in the paintings on the *cuias* collected in the last decades of the 18th century could be identified. The artists of the Aritapera region did not colour the surface of the *cuias* directly and, except when the decoration was incised, were hesitant to state which qualities of natural paints could be used after applying cumatê and bathing/resting with human urine so that the colours would remain fixed on the black background for centuries, as can be seen in the specimens today in Coimbra and Lisbon. The technique of applying certain colours to the incised drawings on the surface allows, in turn, the use of a wide range of vegetal paints (as in the *cuia* Inv. ANT. Br. 152, in Coimbra) (Figure 10), which can be identified thanks to the knowledge of the current riverine communities, the treatise *On the most special inks of the Amazon* by the Jesuit João Daniel, or through the texts of Alexandre R. Ferreira. [2,10,24–26].

In his *Memórias sobre a louça que fazem as índias deste Estado*, written in Barcelos, Amazonas on 5th February 1786, Ferreira mentions the *jutaí*/*jutaícica* resin used to varnish the clay, leaving it glazed. The naturalist lists the following among the clays and dyes used in ceramics by the Indigenous people: '*tauá*, which is iron ochre, *curi*, which is clay dyed with the same ochre that has already been burnt, *urucu* (*urucum*, *Bixa orellana*) and *carajuru* (or *crajiru*, *Arrabidaea chica*), which are the dyes they use in their different paintings' [27]

(p. 33). Ferreira already mentions in *Memória sobre as salvas de palhinhas pintadas pelas índias da vila de Santarém* that the method of dyeing the braids is performed by cooking the skins and starches such as carajuru (mentioned above), *pau de guariúba* (*Clarisia racemosa*), ginger or saffron of the earth (*Cúrcuma longa*), and *jenipapo* (*Genipa americana*) [28] (p. 47).

For his part, João Daniel emphasises the durability of the varnishes and paints produced by the Indigenous people of Gurupatuba and used to paint the *cuias*, affirming that they are equal or superior to the best Chinese varnish [8] (p. 386, volume 1). José de Moraes, also a Jesuit, tells in his 'History', made in Pará College in 1759, that 'This village is famous for the painting of certain gourds, which are painted with an ink called *cumaté*, so fine and of such good taste that it competes with the best lacquers of China' [29] (p. 508). In comparing the varnishes produced by the Indigenous people of Monte Alegre with the traditional Chinese lacquers—lacquer, sealing wax, or varnish (the *acharolados/chiliau* or *chi-yau* in China)—one can perfectly understand the adoption of Asian repertoires, already used all over the world in the decoration of these objects belonging to the Indigenous tradition [6,15]. Other Jesuits have shown great interest in lacquer, such as Martino Martini in *Atlante Cinese* (1655), Athanasius Kircher in *China Illustrata* (1667), Filippo Bonanni in *Trattato sopra la vernice detta comunemente cinese* (1720)—published in French in 1723—and Pierre Nicolas d'Incarville in *Mémoire sur le vernis de la Chine* (1760) [6] (358), who lived in China from 1740 until his death in 1757.

In the *cuias* that have been preserved, the surface is either varnished in black, or in the reddish-brown colour of *cumatê*, or even coated in white, imitating the background of Coromandel silks or embroidered bedspreads. The decoration in red and golden yellow, among other colours, and the fine drawings of flowers, fruits, birds, and animals show formal influences from Asia, some of which have already been reinterpreted to European tastes. The Indigenous painters produced gourds that really seem to be inspired by Asian objects, such as the boxes, cups, and pots painted with vegetable lacquer (*Rhus vernicifera*), produced in Asia and destined for the Western market [6], but also possibly inspired by European productions, especially those from Portugal.

As Ferreira relates in his *Memoria sobre as cuias*, some *mazombas* (daughters of Europeans, mainly Portuguese, born on the land) in the city of Belém imitated the Indigenous women by working on *cuias* stimulated by the Europeans and the taste and richness of gold or silver colours and paintings, which was not different to the luxurious *charão* (lacquer) [23]. The *mamelucas (mestizo)*, daughters of the resident Manoel Ribeiro Pinto, were making a tea set made with *cuias* to package during the same period. In the Maynense Museum of the Lisbon Academy of Sciences there is a vessel with the inscription '*Fabrica da cidade de Sta. Maria de Belem do Gram Para*' and another with the inscription '*Para*' (Pará), i.e., it is practically certain that there was a factory for decorating *cuias* in Belém of Pará at the end of the 18th century. The artists may have been Indigenous, *mestizo*, or the daughters of Europeans born in Pará. In addition to the aforementioned gourds, a third of the Coimbra collection (Inv. ANT. Br. 193, see Figure 13) seems to be part of the same universe as the 'Factory' of Belém.

The existence of an active workshop in Belém does not rule out the possibility that the *cuias* were mainly produced by those who had more experience in export production, i.e., the Indigenous women of the House of Monte Alegre. The aforementioned pieces, as already indicated, are the best and most impressive in terms of shine, paint, colours, and motifs. In this sense, it is worthwhile taking a closer look at the decorations present on the *cuias*, based on an analysis of the repertoires and figures adopted.

Figure 13. *Cuia*. Sight 1. Indigenous women from Monte Alegre and/or the Belém of Pará factory. Pará, Amazon, Brazil. Materials: *cuieira* fruit (*Crescentia cujete*), resin/varnish, pigment. Dimensions: 17.5 cm high × 19 cm diameter. Science Museum of the University of Coimbra. Alexandre Rodrigues Ferreira Collection (1783–1792). Inv. ANT. Br. 193. Photograph: Renata Maria Martins, 2023.

3.2. *The Motifs Adopted on Cuias and Gourds: Between Europe, Asia, and the Americas*

The objects selected for this article are mainly characterised by the adoption of a wide variety of decorative motifs from an Asian or Asian-inspired repertoire, which circulated widely between Asia, the Iberian crowns, and their colonial dominions. Thus, what stand out are the models already known in Portugal, through objects of decorative arts (lacquerware, porcelain, fabrics, lace, embroidery, etc.), which were produced in Asia for the export market. Thus, through the flow of similar models, there are some coincidences between the motifs used in the decoration of gourds from the Brazilian Amazon in the colonial period in Gurupatuba/Monte Alegre and those adopted in objects also produced by Indigenous people in Peru or Mexico during the same period, especially in terms of the ways flora and fauna are represented. This is a theme of important development in terms of the connections between the Portuguese dominions and Hispanic America, showing, through the Iberian presence in Asia and the network of Asian artists, models, and objects circulating in Europe, formal coincidences and convergences in various artistic fields, such as altarpiece carving, furniture, and textiles. I chose to focus my analyses and propositions on the latter points.

We highlighted the great relevance of the European printed sources for embroidery and textiles exported from the production centres of China and India as sources for the choice of motifs adopted in the decorative arts of the colonial period in Portuguese America [18]. Among the objects that could contribute to the confirmation of this hypothesis, the *cuias* collected during Alexandre Ferreira's Philosophical Journey in the Amazon are also included. Although our study is still in its initial phase, there is a considerable coincidence in the ornamental repertoire of Asian or Asian-inspired textiles, made for the European market by Asian or non-Asian artists, and the *cuias*, especially in the compositions and the way flowers and birds are represented. This is also noticeable in other objects in Portugal, such as tiles for altar fronts, bed quilts, and locally produced earthenware.

Thus, the universes of these global connections are intertwined with the 'cultures of the earth'. Textiles, porcelain, and *cuias* are decorated with messages of affection and love, such as winged and arrowed hearts, small declarations of devotion, and cupids, which are popularly used even today. On this point, among the pieces analysed in the Science Museum of Coimbra and the Maynense Museum of the Lisbon Academy of Sciences, we highlight two gourds with winged and arrowed hearts (Inv. ANT. Br. 194 in Figure 14 and Inv. ACL-green-658). In the Museum of the Lisbon Academy of Sciences, there is a *cuia* split horizontally in two with a cupid on one side and a winged heart pierced by an arrow on the other (Inv. ACL green-822). There is also another with a bird on one side and a winged heart on the other side (Inv. ACL green-820), as well as a *cuia* with the exterior part engraved with flowers and the phrase *'amor firme'* (firm love) inside another winged heart (Inv. ACL green–667, see Figure 11).

Figure 14. *Cuia*. Sight 1. Indigenous women of Monte Alegre. Pará, lower Amazon, Brazil. Materials: *cuieira* fruit (*Crescentia cujete*), resin/lacquer, pigment. Dimensions: 17.5 cm high × 19 cm diameter. Collection: Science Museum of the University of Coimbra-Alexandre Rodrigues Ferreira (1783–1792). Inv. ANT. Br. 194. Photograph: Renata Maria Martins, 2023.

Inevitably, the message of love in Portuguese suggests poems, 'lovers' handkerchiefs ("lenços de namorados"), or even hearts painted in fabrics, embroidery, small ceramic or wooden objects, etc., which are traditional in the Minho region in northern Portugal and have very ancient roots that ought to be studied in detail. On the other hand, lacquer boxes are elaborated with the intention of being gifted as a display of affection. The fact that the reminder of love in Portuguese was painted by an Indigenous woman who probably did not know the language and could not read, records, so to speak, an encrypted message that denounces, even centuries later, the extinguishing of her culture and the violence suffered by the original cultures of the Amazon, and at the same time, their resistance, reinterpretations, and reinventions.

The ornate *cuias*, painted and encrusted with silver and gold, are described by the Jesuit Anselm Eckart (1721–1809) in the old residence of Gurupatuba (Monte Alegre) in 1756 (at that time no longer under the direction of the Jesuits, but of the Capuchin friars), and the decoration formed by phytomorphic and zoomorphic motives, particularly the birds, is also highlighted [9]. In the three analysed pieces of the collection from Coimbra, there is a beautiful variety of birds, one of which looks like a hummingbird, and the remaining two are similar to the scarlet ibis (*Eudocimus ruber*—a bird present in the Amazon region) on the long gourd (Inv. ANT. Br. 195, see Figure 15); and there are also other birds (Inv. ANT. Br. 195 and Inv. ANT. Br. 193, see Figure 13) that adorn the brownish or black surface of the pieces. On the inside of the white painted top of one of them (Inv. ANT. Br. 194, see Figure 16), there is a bird perched on a delicate branch, where it pecks a flower surrounded by other plant designs that could imitate a fabric. In the Lisbon collection, there are still vestiges of a blue bird in the middle of a gourd, also covered in white, surrounding a winged pink heart pierced by an arrow (Inv. ACL green–822). Another *cuia* from the Lisbon collection helps us reconstitute that partially lost composition, given that there is also a winged heart in a frame with two blue birds symmetrically positioned on either side. This seems to have been created by the same artist that created the cited piece. On the other side of the *cuia*, a dark-coloured bird placed sideways among different types of pink, blue, and multi-hued flowers, and their green stems, branches, and leaves, attracts attention. In another one, we see a curious scene that represents the battle between three masculine figures and a dragon with three big flowers in the background. In one of them, there is a parrot perched with other flowers and berries on its peak (Inv. ACL green–668).

Other animals appear in the *cuias*: four-legged creatures that could be two dogs or two small felines like the ones called *margay cat (leopardus wiedii)* (Inv. Br. 195), or a deer eating berries in a small tree (Inv. ANT. Br 193, see Figure 16) in the Coimbra specimens. Additionally, there is another yellow unidentified creature (perhaps a fictional animal) in the cited gourd with the scene of the battle against the dragon, conserved in Lisbon. It can also refer to the local universe, a bluish-grey crustacean that could be a burrowing crab (*Ucides cordatus*) that inhabits the mangroves of Brazil, or a blue crab (*Callinectus sapidus*), found in the Brazilian coast. Although less likely, this could be a mention of the Cancer zodiac sign.

Regarding the foliage, two beautiful fruits and cashew nuts (*Anacardium accidentale*), plants native to the northeastern region of Brazil and brought by the Portuguese to Asia, appear on the exterior of the lid (Inv. ANT. Br. 194) in a composition with various flowers (Figure 16). On the base of the beautiful black gourd (Inv. ANT. Br. 193), there are three flowers and two fruits, which could be fruits of the native cacao tree (*Theobroma Cacao* L.) or another species of the Amazon. I dare to interpret from the experience of someone born in the Amazon that perhaps it is the open fruit of the *bacuri* (*Platonia insignis*), revealing the white pulp—soft and fragrant—due to its cocoon shape and to the small surrounding flower buds (Figure 17).

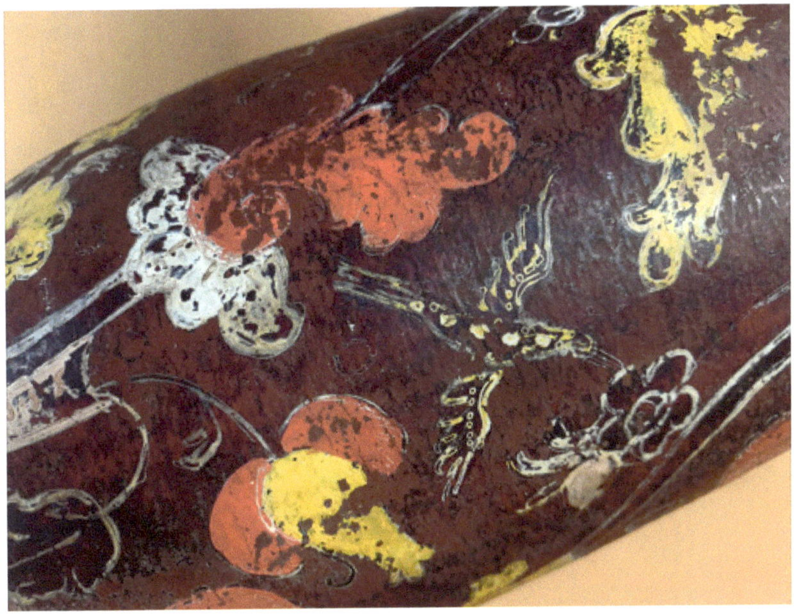

Figure 15. Gourd. Detail (hummingbird and flower). Indigenous women of Monte Alegre. Pará, Amazon, Brazil. Materials: gourd (*Lagenaria*), resin/lacquer, pigment. Dimensions: 14 cm diameter. Science Museum of the University of Coimbra. Alexandre Rodrigues Ferreira Collection (1783–1792). Inv. ANT. Br. 195. Photograph: Renata Maria Martins, 2023.

Figure 16. *Cuia*. Sight 2. Indigenous women of Monte Alegre. Pará, lower Amazon, Brazil. Materials: *cuieira* fruit (*Crescentia cujete*), resin/varnish, pigment. Dimensions: 17.5 cm high × 19 cm diameter. Collection: Science Museum of the University of Coimbra. Alexandre Rodrigues Ferreira Collection (1783–1792). Inv. ANT. Br. 194. Photograph: Renata Maria Martins, 2023.

Figure 17. *Cuia*. Indigenous women of Monte Alegre and/or Belém of Pará factory. Pará, Amazon, Brazil. Materials: *cuieira* fruit (*Crescentia cujete*), resin/lacquer, pigment. Dimensions: 17.5 cm high × 19 cm diameter. Science Museum of the University of Coimbra. Alexandre Rodrigues Ferreira Collection (1783–1792). Inv. ANT. Br. 193. Photograph: Renata Maria Martins, 2023.

However, the universe of fruits and flowers is too large when referring to the Amazon, and it is always a risk to attempt to reconstruct or identify native or non-native species in pieces with weakened paintings or with much damage.

In light of this, I do not dare to talk broadly or at great length about the species of flowers since they appear in abundance in all the analysed gourds: in the form of capsules, stems, on trees, in branches, demonstrating the transit of these representations, but also of their own species, probably some local ones already known by the Indigenous women who painted them, in addition to the European and Asian flowers, many already acclimatised in Brazil at that time.

Fabrics have proven to be an important key to reading and understanding the origins and selection of floral motifs. Some of the most recurrent in the textiles, embroidery, and lace of European or Asian origin or inspiration are repeated in one or more gourds. On the inner part of the lid of a *cuia* (Inv. ANT. Br. 193), with a white background (Figure 18), could be the representation of a chrysanthemum, native of Asia, or a blue dahlia (*Dahlia pinnata*), from Mexico, as well as a lily (*Lilium* L.), or *açucenas* or even Amazon lilies (*Eucharis amazonica*), at the base of another (Inv. ACL green–660). Another possibility, suggested in a conversation by archaeologist Márcio Amaral, considering that Indigenous women knitted, was that the flowers and buds represented on the exterior of the lid of the *cuia* (Inv. ANT. Br. 193) are from a cotton plant (*Gossypuim hirsutum*). To help identify the possible species cultivated locally, the illustrations of the *Philosophical Journey* serve as a clear reference for the flowers as well as the fruits and birds, and for the very *cuias*. Thus, the portrayal of valuable sketches like the bowl tree, its fruits, the elaboration of the pieces in the house of the Indigenous people of Monte Alegre and, in the set of objects (utensils), some decorated *cuias*.

Figure 18. *Cuia*. Sight 3. Indigenous women of Monte Alegre and/or Belém of Pará factory. Pará, Amazon, Brazil. Materials: *cuieira* fruit (*Crescentia cujete*), resin/lacquer, pigment. Dimensions: 17.5 cm high × 19 cm diameter. Science Museum of the University of Coimbra. Alexandre Rodrigues Ferreira Collection (1783–1792). Inv. ANT. Br. 193. Photograph: Renata Maria Martins, 2023.

Having made these considerations about the motifs, which seemed important in order to start thinking about the adopted repertoires, brought by Europeans but reinvented and reinterpreted locally by female artists, we proposed a more detailed analysis of some pieces of black lacquer that we had the opportunity to examine in the two museums mentioned. In previous works [6,30], the examination of the specimens preserved in Lisbon, carried out solely through published photographs or inside showcases, did not allow a more detailed and precise reading of some of the figures represented. However, unfortunately, on the one hand, due to pictorial losses, and on the other hand, due to the smallness of certain images, even in an analysis with a magnifying glass and photography, it was not always possible to identify with certainty certain human or animal figures and mythological beings represented; so, there remain some unknowns in this field.

For example, there is a collection of curious figures with a white background on the inside of the lid of the *cuia* that reads *'Pará'* (Pará) (Inv. ACL green-919). On one side, there is a seemingly large building whose facade includes a focal point, two windows, and one door. On the other side, there is a tree that is not so large that seems to have some oval-shaped green fruits, similar to *cuias*. In the centre, on a much bigger scale, is a human figure, likely male, that sports a long white dress down to the legs with small red stains that could suggest a damask fabric. He wears a pair of red slippers without ties and a white cap on his head. The figure looks like it is holding a red umbrella or a fabric bag, or perhaps a piece of fabric, in one hand and in the other, a compass or a sharp object. The drawing could perhaps be related to the fabric building in Belém of Pará and may allude to the presence of Asian culture in the Amazon through the fabrics and the umbrella and an artisan carrying the compass to draw on the gourds that sprout from the tree.

Without a doubt, the most detailed news and descriptions of the objects are found in texts written in the late 1980s and beginning of the 1990s (catalogue) by Thekla Hartmann [31,32]. It would not be productive to repeat all of the information compiled by the researcher, but based on her research and in the process of resuming some issues laid out in this text, I organised and summarised some fundamental details about the analysed pieces.

The four pieces related by their inscriptions or by stylistic or technical similarity with the fabric of Belém do Pará, one from the Coimbra collection (Inv. ANT. Br. 193) and three from Lisbon (Inv. ACL. Green–658; 660; 919), were all produced from globular fruits of *Crescentia cujete* cut at the top, creating a circular lid and tied with ribbons of damask fabric (today, almost always in poor condition). The external surface is painted black, and it was most probably glossy before, directly serving as support for the ornament formed by the floral motifs painted using similar palette colours, where red, whites, and yellows are highlighted. However, even with varying inscriptions and the organisation of the decorative motifs, the similarities of the decorative repertoire formed by birds and/or winged hearts stands out.

A conversation with Prof. Luciano Migliaccio, from the Faculdade de Arquitetura e Urbanismo da Universidade de São Paulo—FAUUSP—outlined how difficult it is to identify the workshop that produced these four *cuias*, which are characterised by excellent technical quality and design in the composition and painting of the flowers. It is likely that they were created by female artists who acted as 'officials' in the production of *cuias*, using precisely their experience in a workshop. Furthermore, these women—Indigenous, *mestizos* or *mazomba* (person with foreign parents)—could have come from Monte Alegre to Belém and taught other women [2]. Due to our knowledge about the Jesuit workshops, we know that the movement of artists was something very important and customary between the settlements and estates and the capital of Grão-Pará [2].

The elongated calabash (*Lagenaria siceraria*) of the collection of Coimbra (Inv. ANT. Br. 195), like the *cuia* (Inv. ANT. Br. 194) (*Crescentia cuyete*) from the same collection, seem to originate from another group of Indigenous artists from Monte Alegre or Santarém. They have a non-varnished opaque brown surface (perhaps only covered with the application of *cumatê*), which serves as a background for the painting of flowers, animals, and, over the calabash, also a winged and arrowed heart. The two fruits, as well as the four pieces described above, were cut at the top and tied with ribbons from small circular holes cut into their surfaces, so that it was possible to join the two parts.

Also, from the same group of artists are the two other very particular and beautiful *cuias* analysed in Lisbon. The fruits were cut in half and the two parts were coated in white both on the inside and outside, always painted with floral-based compositions in lighter colours that resembled embroidery and prints in Chinese textiles. As previously described, there are many qualities of flowers, some birds, winged hearts with arrows, and even a cupid. Without a doubt, it is the fabrics, embroidery, cretonnes, and lace that hold the main key for the study of motifs. The very language of these artists and the ones that describe the gourds from the 18th to 21st centuries refer to the textile world while speaking of the embroidery they intend, of the embroidery of the *cuias*, etc.

Bringing important connections between the production of textiles in the Amazon and Asia, João Daniel informs us that the cotton in America would have had more 'advantages' than that of India and China, and perhaps even from all of Asia, and that it would also be of better quality. This idea would have been confirmed by a Chinese missionary and by other religious figures living in China. Daniel also praises the production of Chinese fabrics, which were admired throughout the world because they were so finely spun. However, he points out that in Amazonia, although thickly spun, they were precious [8] (pp. 527–528, volume 1).

Checking the multitude of fabrics that circulated in the Amazon, in the inventory of the Ibirajuba Farm in Pará there are calico fabrics covered with cotton with which the altar was covered; two cotton towels from India in the Church of Nossa Senhora da Madre de Deus da Vigia in Pará; and a carpet in the Church of Tabatinga; there were also tailors—probably Indigenous, *mestizo*, and/or African—who produced the missionaries' clothing at the São Luís College in Maranhão [2] (pp. 219–235, volume 2).

In the Igreja da Casa de Exercícios e Recreação Religiosa de Nossa Senhora de Deus in Maranhão, there are listed 'three new embroidered garments from China' and 'three white satin chasubles embroidered in China...' [2] (pp. 273–274, volume 2). It is proven that from the transit and presence of Asian textiles in the State of Grão-Pará and Maranhão, autochthonous artists also produced painted imitations of Chinese embroidery, as in the above-mentioned church in Maranhão, where 'ten exquisitely painted frontals were made imitating the Chinese embroideries that were used daily' [2] (p. 273, volume 2).

As we have seen, the field of research is very broad, objects have always been in dialogue, 'exchanging' decorative motifs with each other (porcelain, fabrics, fans, screens, etc.), and in different 'languages' (Amerindian, Spanish, Portuguese, Hindi, Chinese, etc.). Why would gourds not participate in this 'conversation', since they were recognised as a strong expression of cultural convergence, between the *cumatê* varnish and the shine of the Asian lacquer admired throughout Europe?

4. Conclusions

The analysis of the *cuias* of the 18th century and the process of varnishing and then embellishing them with coloured or engraved decorations provides, as we have seen, relevant data on the ancestral knowledge of Indigenous women and their readjustments in the violent process of the formation of the colonial world. The objects created by the Amerindian cultures underwent a series of transformations, in technique and in the decorative repertoire, depending on their commercial use for export to the global market, and to adapt to new times. Fortunately, this knowledge is still present today, thanks to the resistance of many Indigenous and riverside artists. The preservation of the 'way of making *cuias*' by the artists we know in the Aritapera region should have the same importance as the conservation of the set of *cuias* and gourds present in the collections that keep the collection of Alexandre Rodrigues Ferreira in Portugal. Although separated and living in different realities, the 18th century *cuias* of Monte Alegre, Santarém, and Belém and the women of the Carapanatuba community share a long history of persistence. These are stories and memories that can be accessed through the difficult and laborious preparation of shiny containers with *cumatê* varnish.

The shine of the *cuias* when they 'wake up' from the long process led by the riverine women really impresses with its perfection, quality, and beauty, even more so in a setting in contact with nature, among the *cuieira* trees, the songs of the birds, navigating the rivers, tasting the riverside food, in leisurely conversations, among important narratives of the people who keep the forest alive. In turn, the *cuias* from Ferreira's collections, today almost all of them opaque or having lost much of their shine, touch the soul for the wonder of their colours and decorations and are equally disconcerting for revealing all the pain that the imposition of founding and developing a factory possibly implied; they explore the work and knowledge of Indigenous women artists, and also, taught by them, the *mestizos* and even the daughters of Portuguese born in Pará. The new motifs represent, as we know, the loss and transformation of the original ones; far beyond a decorative choice, there are reinventions and re-significations of all kinds, in many layers and levels. Those *cuias* from the 18th century, some still with drawings linked to Indigenous cultures, full of meanings, leave clues that tell us about the persistency, which continued uninterruptedly, more or less visible on the surfaces of objects, such as *cuias*, gourds, and ceramics.

The history of these sensible objects in European collections reveals the resistance practices that those artists could have exercised and the possible encrypted messages that they managed to leave on the surface of the fruits, in the form of various decorations, either painted or incised. Lace and embroidery, sometimes in dialogue with Asian porcelain or produced in Europe for export, sometimes by non-European artists, were my starting point and served as a reading key for the beautiful images transferred to the gourds: flowers, legends, and lace. There are many textile models for *cuias* and gourds, and my latest research papers have dealt, not by chance, with this theme in colonial times, especially in the area of the missions in the Amazon: native fabrics and those from India; in the brocade, silk, satin, and embroidery from China; the rugs, cretonnes, cotton rugs, and cotton tablecloths from India; and the linen tablecloths from Brittany, with lace from Guimarães, in the north of Portugal. Hence, the importance of approaching the still preserved materiality, especially in the Portuguese collections that I have visited, with some regularity, in the last six years, despite the restrictions imposed by the years of the pandemic.

On the other hand, the even closer relationship with other objects in the Ferreira collection, especially the artistic production of women, such as ceramics, straw items, and paintings, has opened up new perspectives. These are linked to the economy and the women's agency in the missions, almost always erased from the official history of missionary settlements [33]. The *cuias* also reclaim space in history and life through their 'vegetable voices' [34]: considering the 'life of plants' [35] and the 'revolution of plants' [36]. It also calls for a contemplation of life and memory [37] of the *cuias* without ceasing to talk about the *cumatê*, for the elaboration of the 'Amazonian lacquer' and the plant species that produce the inks and the very special colours of the Amazon. Therefore, all of these 'voices': *pau brasil, caju do mato, barbatimão, açafrão da tierra, jatobá, crajirú, pau campeche*, etc., need to be heard. In this way, ethnobotany and archaeobotany, linked to the ritual and medicinal knowledge, etc., of the riverside peoples and traditional communities of the Amazon, are innovative research fields of international importance and interest, with which I have sought exchange, organising meetings and events, intending to also generate dialogue and share interests through the orientation of new research, such as that of Mônica Bertoldi André on the places of worship of the Jesuits in Portuguese America (FAU USP/FAPESP master's degree [38]). In short, interdisciplinarity has set the tone for advances in the biography of *cuias*, seeking to open new perspectives in broader fields of activity, not only linked to art history, although this is my main area of activity.

More recent collections, formed between the 19th and 20th centuries, which I have also visited in recent years, as well as the objects that are currently sold in fairs and markets in the Amazon, are fundamental to understanding the breadth of this production with a global reach, and, at the same time, the strong return to local traditions in the use of Indigenous motifs, alterations, and innovations adopted in the iconography that includes figures of *muiraquitã*, of rock art from the Monte Alegre region, Amazonian landscapes, fruits of the earth, etc. In a visit to Prainha en Pará 1859, also in the lower Amazon, the German physician Robert Avé-Lallemant described the *cuias* sold there at very low prices as 'Chinese bowls' as they were painted in 'a Chinese style.', but also as 'genuine natural products of Amazonian art and tapuia' [39] (p. 73).

Cuias have always been and are part of the life of those who live in the Amazon, even in big cities, and even more so in riverside communities. Walking through the city of Santarém, where the waters of the Tapajós River and the Amazon River converge, the port from where we left for the Carapanatuba community, the *cuias* are in the *tacacá* stalls along the street, in the best restaurants, and in hotels, markets, boats, in the houses. The Tapajós craft centre, Cristo Rei, receives and sells the *cuias* (from the collective brand Aíra), made by the women of the Santarém Riverside Artisans Association (*Asarisan*), founded in 2003 [40,41], and promoter of the registration of the "Modos de fazer Cuias no baixo Amazonas, Pará", as the cultural heritage of the IPHAN, implemented in 2015.

The study of these objects, due to different trend and periods, either individually or in collaboration with other researchers and students, was my greatest inspiration to launch a project proposal, now in its second phase, financed by the Fundação de Amparo à Pesquisa–FAPESP, which I coordinate at the Faculty of Architecture and Urbanism of the University of São Paulo–FAU-USP, entitled '*Barroco-Açu*. Portuguese America in the Artistic Geography of the Global South', which includes two groups of studies created in 2019: Abya-Yala and Global Asia and in 2024: Manis. Through the continuity of the generous and fundamental collaboration of the curator Carla Coimbra Alves of the Museu da Ciência da Universidade de Coimbra, researchers and institutions from Portugal and the Amazon, and the development of a new project on the *cuias* of the lower river region Solimões, with Márcio Amaral, Geórgea Holanda, and other specialists from the *Instituto de Desenvolvimento Sustentável Mamirauá*, it will be possible to expand the dialogues in the Amazon region. The *cuias* of the 18th century, as 'lacquers from the Amazon', and for all the aforementioned aspects, as sensitive objects, of the people of the forest and of the forest cities, with an intense, Amerindian, South American, and global life, have the power to bring together fundamental and urgent issues.

At this time, the exchange of knowledge and learning with the artists of the lower Amazon, the possibility of including the use of new technologies and an updated reflection on the history of this production, throughout the Amazon region, can promote the development of the bioeconomy in favour of the riverside communities and sustainable practices for the conservation of the forest and their ways of life, recognising and promoting knowledge, arts, and the role of women in the Amazon.

Please note that the Spanish version of this article is available as Supplementary Materials File S1.

Supplementary Materials: The following supporting information can be downloaded at: https://www.mdpi.com/article/10.3390/heritage7090230/s1, Supplementary Materials File S1: Text in Spanish.

Funding: This research work was financed by the Fundação de Amparo à Pesquisa do Estado de São Paulo-FAPESP, process No 2021/06538-9".

Data Availability Statement: Data is contained within the article or Supplementary Material.

Acknowledgments: Silvane Almeida Maduro, Lélia Almeida Maduro, Marinalva Correia de Sousa, of the *Associação das Artesãs Riberinhas de Santarém,* Carapanatuba community, región de Aritapera. Jussara Derenji, from the Museu da Universidade Federal do Pará—MUFPA. Luciano Migliaccio from the FAU-USP / JP2 FAPESP. Carla Alexandra Coimbra Fernandes Alves, from the Museu da Ciência da Universidade de Coimbra. Bruna Cigaran da Rocha, Camila Jácome and Claide de Paula Moraes, from the Archaeology and Anthropology Program of the Universidade Federal do Oeste do Pará-UFOPA in Santarém, Pará. Anderson Marcio Amaral and Geórgea Layla Holanda de Araújo from the Mamirauá Sustainable Development Institute in Tefé, Amazonas. Jackson Fernando Rêgo Matos from the Instituto de Biodiversidade e Florestas of the Universidade Federal do Oeste do Pará-UFOPA. Franciane Aguiar Santana Matos do Instituto Cabana do Tapajós–ICT. Cristiana Barreto, Edithe Pereira, Erêndira Oliveira, Lucia Hussak Van Velthem and Helena Lima from the Museu Paraense Emilio Goeldi–MPEG. Cristina Demartini and Carla Gilbertoni from the Museu de Arqueologia e Etnologia da Universidade de São Paulo-MAE-USP in São Paulo capital. Maria Teresa Gonçalves and Ana Cristina Tavares da Coleção de Botânica do Museu da Ciência da Universidade de Coimbra. Maria João Pereira Coutinho from the Universidade Nova de Lisboa. Miguel Faria from the Universidade Autónoma de Lisboa. Sandra Leandro from the Universidade de Évora. Maria de Lurdes Craveiro and Pedro Ferrão from the Museu Nacional Machado de Castro in Coimbra. Maria Inês Alves from the Museu Maynense da Academia de Ciências de Lisboa. Andréa Bandoni from the Universidade de Lisboa. Anna Heloísa Segatta, Ana Livia Saldanha, Carolina Akemi, Gabriella Martins, Giovanna Angeloni, Isabela Dias, Julia Marquez, Larissa Grandino, Luís Felipe Nunes, Mônica Bertoldi, Ricardo Makino, Victor Salgado from the FAU-USP/JP2 FAPESP Barroco-Açu. Researchers of the FAPESP JP2 Barroco-Açu Project. Study groups Abya-Yala, Global Asia and Manis from the FAU USP. I especially thank my family in the Amazon and in São Paulo. I would also like to thank Maria Sanchez Carvajal from the National Trust and Irene Collazo Lugo and Toni Roberts from University College London (UCL) for proofreading the Spanish version of this article at different stages of its preparation.

Conflicts of Interest: Those responsible for funding have not participated in the design of this study, the collections, analysis or interpretation of data, or in the writing of the manuscript or in the decision to publish the results.

Notes

1 Available online: http://colaborativo.ibict.br/tainacan-iphan/bens-culturais/modos-de-fazer-cuias-do-baixo-amazonas/?order=ASC&orderby=date&perpage=12&taxquery[0][taxonomy]=tnc_tax_65757&taxquery[0][terms][0]=6662&taxquery[0][compare]=IN&search (accessed on 7 August 2024)

References

1. This work benefited from the use of the Infraestructura de Colecciones Científicas Portuguesas (PRISC.pt). Museu da Ciência da Universidade de Coimbra y Museu Maynense da Academia de Ciências de Lisboa.
2. Martins, R.M.d.A. Tintas da Terra, Tintas do Reino: Arquitetura e Arte nas Missões Jesuíticas do Grão-Pará. Ph.D. Thesis, Faculdade de Arquitetura e Urbanismo da Universidade de São Paulo—FAUUSP, São Paulo, Brazil, 1 October 2009. Volume 2. Available online: http://www.teses.usp.br/teses/disponiveis/16/16133/tde-28042010-115311/ptbr.php (accessed on 10 April 2023).
3. Leite, S. *História da Companhia de Jesus no Brasil (1938)*; Edição Loyola: São Paulo, Brazil, 2004; Volume 4.
4. Father Serafim Leite SJ extensively analysed the documentation of the jesuit missions in Brazil, preserved in the *Archivum Romanum Societatis Iesu*—ARSI, meanly in the found called Brasiliae.
5. Arenz, K.; Gaia, S. Mulheres Indígenas em Narrativas Jesuíticas da Amazônia Portuguesa (séculos XVII–XVIII). In *Habitus*; PUC-Goiás: Goiânia, Brazil, 2019; Volume 17, pp. 394–413. [CrossRef]
6. Martins, R.M.d.A. Práticas de Re-existência e opção decolonial nas artes da Amazônia: Indígenas pintoras e redes de circulações locais/globais de saberes e objetos. In *No Embalo da Rede. Trocas Culturais, História e Geografia Artística do Barroco na América Portuguesa*; Martins, R.M.d.A., Migliaccio, L., Eds.; Enredars/UPO/Projeto JP FAPESP Barroco Cifrado/FAUUSP: Sevilla, Spain; São Paulo, Brazil, 2020; pp. 343–363. Available online: https://rio.upo.es/xmlui/handle/10433/8780 (accessed on 10 April 2023).
7. Bettendorff, J.F. *Chronica dos Padres da Companhia de Jesus no Maranhão*; Secult: Belém, Brazil, 1990.
8. Daniel, J. *Tesouro Descoberto no Máximo Rio Amazonas*; Contraponto/Prefeitura de Belém: Río de Janeiro, Brazil; Belém, Brazil, 2004; 2v.
9. Porro, A. Uma crônica ignorada: Anselmo Eckart e a Amazônia setecentista. In *Boletim do Museu Paraense Emilio Goeldi. Ciências Humanas*; Museu Paraense Emilio Goeldi—MPEG: Belém do Pará, Brazil, 2011; Volume 6.
10. Martins, R.M.d.A. Uma cartela multicolor: Objetos, práticas artísticas dos indígenas e intercâmbios culturais nas Missões jesuíticas da Amazônia colonial. In *Revista Caiana*; Caia: Buenos Aires, Argentina, 2016; pp. 69–84. Available online: https://caiana.caiana.com.ar/author/renata-maria-de-almeida-martins/ (accessed on 10 April 2023).
11. Martins, R.M.d.A. de A. Cuias, Cachimbos, Muiraquitãs: A arqueologia amazônica e as artes do período colonial ao Modernismo. In *Boletim do Museu Paraense Emilio Goeldi*; MPEG: Belém do Pará, Brazil, 2017; pp. 403–426. [CrossRef]
12. Saldanha, A.L.R. Mulheres, Cuias e Caminhos. Cartografia Digital para a História da Produção Artística de Comunidades Tradicionais no Baixo Amazonas. Master's Thesis, Faculdade de Arquitetura e Urbanismo da Universidade de São Paulo—FAUUSP, São Paulo, Brazil, 2024.
13. Hartmann, T. *Evidência Interna em Cultura Material. O Caso das Cuias Pintadas no Século XVIII*; Revista do Museu Paulista, MP-USP: São Paulo, Brazil, 1988; Volume 33, pp. 291–302.
14. Martins, R.M.d.A. *Barroco-Açu. A América Portuguesa na Geografia Artística do Sul Global (proceso No. 2021/06538-9)*; Projeto Jovem Pesquisador Fase 2—JP2; Fundação de Amparo à Pesquisa no Estado de São Paulo—FAPESP; Faculdade de Arquitetura e Urbanismo da Universidade de São Paulo—FAU-USP (2022–2027). Available online: https://bv.fapesp.br/pt/auxilios/109224/barroco-acu-a-america-portuguesa-na-geografia-artistica-do-sul-global/ (accessed on 10 April 2023).
15. Martins, R.M.d.A. Um Jardim Oriental-Ocidental: A experiência global do artista jesuíta Charles Belleville (Wei-Kia-Lou) na rota França-China-Brasil, e a decoração do Seminário de Belém da Cachoeira no Recôncavo Baiano. In *Studiosos Adolescentes: Apologia das Letras Humanas e Prática Retórico-Poética nos Colégios Jesuíticos do Brasil*; Massimi, M., Pécora, A., Eds.; Edusp: São Paulo, Brazil, 2022; pp. 155–202.
16. Martins, R.M.d.A. Asia y el patrimonio de las Misiones Jesuíticas en la América Portuguesa. Un enfoque basado en los saberes y la biografía de los artistas y objetos en el Sur Global. In *Patrimonio Religioso de Iberoamérica: Expresiones Tangibles e Intangibles (Siglos XVI–XXI)*; Limpias, V.H., Ed.; UPSA: Santa Cruz de la Sierra, Bolívia, 2021; pp. 316–323. Available online: https://dialnet.unirioja.es/servlet/articulo?codigo=9371517 (accessed on 10 April 2023).

17. Amaral, M.; Martins, R.M. Arqueologia e práticas artísticas de mulheres da Amazônia: As cuias no contexto das missões jesuíticas da região de Santarém. In *De Rede e Cuia. Circulação de Imagens, Artistas, e Cultura Material nas Missões Jesuíticas da América Portuguesa;* Martins, R.M.d.A., Migliaccio, L., Eds.; Revista IHS—Antiguos Jesuítas en Iberoamerica/CONICET/Universidad Nacional de Córdoba: Córdoba, Argentina, *in press*.
18. Martins, R.M.d.A.; Migliaccio, L. A linha do bordado. Conectando objetos nas rotas da Companhia de Jesus. In Proceedings of the XVIII Jornadas Internacionales de las Misiones Jesuíticas, Museo Nacional del Uruguay, Montevideo, Uruguay, 10 November 2023.
19. Saldanha, A.L.; Martins, R.M.d.A. As mulheres nas artes da América Portuguesa: Indígenas pintoras da região do Baixo Amazonas no Pará. In *Mulheres do Brasil: Artes e Artistas;* Magnani, M.C., Ed.; Enredars/UPO/Roma Tre Press: Sevilla, Spain; Rome, Italy, 2023; pp. 55–82. Available online: https://rio.upo.es/entities/publication/40b3d669-4242-4314-8913-3285ce4dab64 (accessed on 7 August 2023).
20. Ferreira, A.R. Memória sobre as cuias que fazem as mulheres de Monte Alegre e Santarém (1786). In *Viagem Filosófica pelas Capitanias do Grão-Pará, Rio Negro, Mato Grosso e Cuiabá. Memórias Antropologia;* Conselho Federal de Cultura: Rio de Janeiro, Brazil, 1974; pp. 35–39.
21. Vieira, J.C. *Arte na Cuia: Experiência Tradicional de Saber Fazer. Nova Cartografia Social da Amazônia;* Série Cultura e resistência no Oeste do Pará; UEA Edições: Manaus, Brazil, 2013; Volume 1, p. 8.
22. Ferreira, A.R. Memória sobre as cuias que fazem as mulheres de Monte Alegre e Santarém (1786). In *Viagem Filosófica pelas Capitanias do Grão-Pará, Rio Negro, Mato Grosso e Cuiabá. Memórias I. Antropologia;* Teles, T., Ed.; Editora Valer: Manaus, Brazil, 2008; pp. 185–189.
23. Ferreira, A.R. Memoria sobre as cuyas (1786). In *Revista Nacional de Educação;* Museu Nacional do Rio de Janeiro: Rio de Janeiro, Brazil, 1933; pp. 58–63.
24. Martins, R.M.d.A. Além do Olhar: As fontes sobre a apropriação das técnicas e dos materiais das culturas indígenas nas artes da Amazônia colonial. In *Objetos do Olhar: História e Arte;* Knauss, P., Malta, M., Eds.; Rafael Copetti Editor: São Paulo, Brazil, 2015; pp. 139–154.
25. Grandino, L.A. Cores da Amazônia. Materiais e Técnicas Ameríndias no tratado das tintas do jesuíta João Daniel. Trabajo Final de Graduación (TFG) en Arquitectura y Urbanismo (directora: Renata Martins). Undergraduate Thesis, FAUUSP, São Paulo, Brazil, 2021. Available online: http://tfg.fau.usp.br/larissa-antonellini-grandino/ (accessed on 7 August 2024).
26. Puglieri, T.S.; Maccarelli, L. Paint and Coloring Materials from the Brazilian Amazon Forest: Beyond Urucum and Jenipapo. *Heritage* **2023**, *6*, 5883–5898. [CrossRef]
27. Ferreira, A.R. Memória sobre a louça que fazem as índias do Estado (1786). In *Viagem Filosófica pelas Capitanias do Grão-Pará, Rio Negro, Mato Grosso e Cuiabá. Memórias. Antropologia;* Conselho Federal de Cultura: Rio de Janeiro, Brazil, 1974; p. 33.
28. Ferreira, A.R. Memória sobre a salva de palhinhas pintadas pelas que fazem as índias da vila de Santarém. In *Viagem Filosófica pelas Capitanias do Grão-Pará, Rio Negro, Mato Grosso e Cuiabá. Memórias. Antropologia;* Conselho Federal de Cultura: Rio de Janeiro, Brazil, 1974; p. 47.
29. de Moraes, J. *História da Companhia de Jesus na Extincta Província do Maranhão e Pará;* Typographia do Commercio, de Brito & Braga: Rio de Janeiro, Brazil, 1860; p. 508.
30. Martins, R.M.d.A.; Migliaccio, L. Pelos mares, entre sertões. Redes de circulação e de conexões do gosto asiático na arte do Barroco no Brasil. In *Identidades y Redes Culturales;* Guzmán, R., Marí, Y., Saéz, I., Eds.; Universidad de Granada: Granada, Spain, 2021; pp. 489–498.
31. Hartmann, T. *Evidência Interna em Cultura Material: O Caso das Cuias Pintadas no Século XVIIII;* Revista do Museu Paulista: São Paulo, Brazil, 1988; Volume 33, pp. 291–302.
32. Hartmann, T. *Memory of Amazonia. Alexandre Rodrigues Ferreira and the Viagem Philosophica in the Captaincies of Grão-Pará, Rio Negro, Mato Grosso and Cuyabá (1783–1792). (Texts and Catalog by Thekla Hartmann);* Museu e Laboratório Antropológico da Universidade de Coimbra: Coimbra, Portugal, 1994.
33. Martins, R.M.d.A. Louças e Panos da Terra: Modelando e Tecendo Re-Existências nas Missões Jesuíticas da Amazônia. *Florianópolis UFSC* **2003**, 68–80. [CrossRef]
34. Oliveira, J.C.; Amoroso, M.; Lima, A.G.; Shiratori, K.; Marras, S.; Emperaire, L. *Vozes Vegetais. Diversidade, Resistência e Histórias da Floresta;* UBU/IRD: São Paulo, Brazil, 2020.
35. Coccia, E. *A Vida das Plantas. Uma Metafísica da Mistura;* Cultura e Barbárie: Desterro, Brazil, 2018.
36. Mancuso, S. *A Revolução das Plantas;* UBU: São Paulo, Brazil, 2019.
37. Moreira, P.A. Memórias sobre as cuias: O que contam os quintais e florestas alagáveis na Amazônia brasileira? In *Vozes Vegetais. Diversidade, Resistência e Histórias da Floresta;* Oliveira, J.C., Amoroso, M., Lima, A.G., Shiratori, K., Marras, S., Emperaire, L., Eds.; UBU/IRD: São Paulo, Brazil, 2020; pp. 154–166.
38. Bertoldi , A.M. Diálogos entre Mani e Narã: espaços vegetados em estabelecimentos jesuíticos na América portuguesa entre os séculos XVI e XVIII. Master's Thesis, Faculdade de Arquitetura e Urbanismo da Universidade de São Paulo—FAUUSP, São Paulo, Brazil, 2024.
39. Avé-Lallemant, R. *No Rio Amazonas (1859);* Itatiaia/Edusp: Belo Horizonte, Brazil; São Paulo, Brazil, 1980; p. 73.

40. Santos, A.M.; Carvalho, L.G. *Terra, Água, Mulheres e Cuias*; Prodetur. Coletânea Mapeamento Cultural Pólo Tapajós: Santarém, Brazil, 2013; Volume 1.
41. Carvalho, L.G. *O Artesanato de Cuias em Perspectiva—Santarém*; IPHAN: Rio de Janeiro, Brazil; CNFCP: Rio de Janeiro, Brazil, 2011.

heritage

Artículo

Lacas de la Amazonía. *Cuias, Cumatê* y Colores por Mujeres Indígenas en Grão-Pará en el Siglo XVIII

Renata Maria de Almeida Martins [1,*]

Faculdade de Arquitetura e Urbanismo da Universidade de São Paulo – FAU USP; Fundação de Amparo à Pesquisa do Estado de São Paulo - FAPESP 2021/06538-9; renatamartins@usp.br.

Abstracto: El punto de partida de esta propuesta es una colección de *cuias* decoradas, conservadas en Portugal, producidas por mujeres indígenas en Grão-Pará en el siglo XVIII. Los objetos en cuestión son un caso ejemplar de la historia del arte global protagonizada por los pueblos de la Amazonía. Para investigarlas, es necesario considerar la obtención y el uso ritual de las *cuias* —frutos del árbol de la *cuieira, Crescentia cuyete*— ; las técnicas sofisticadas para la producción de un barniz negro brillante y perdurable, a partir del *cumatê*, un pigmento natural de color rojo oscuro extraído de las cáscaras del árbol *cumatezeiro* o *axuazeiro* —*Macairea adenostemon* y *Macairea viscosa*—; así como la incorporación de motivos de fauna y flora, provenientes de textiles y bordados asiáticos o de inspiración asiática, que circulaban a nivel mundial. Su historia reúne la naturaleza de la floresta, los mitos de creación, los saberes y prácticas de las mujeres indígenas y ribereñas, principalmente, del bajo Amazonas. Estudiar estos objetos producidos por pintoras indígenas en un contexto colonial de apropiación, además de contribuir a su conocimiento, pueden estimular diálogos sobre saberes de la Amazonía brasileña con otras localidades de América, compartiendo su ancestralidad y resistencia.

Palabras clave: Lacas; *Cuias*; Barniz de *Cumatê*; Mujeres Indígenas; Amazonía; Siglo XVIII

Citation: Martins, R.M.d.A. Lacquers of the Amazon: *Cuias, cumatê* and Colours by Indigenous Women in Grão-Pará in the 18th Century. *Heritage* **2024**, *7*, 4855–4880. https://doi.org/10.3390/heritage7090230

Academic Editors: Lucia Burgio, Dana Melchar, Monica Katz

Received: 7 June 2024
Revised: 13 August 2024
Accepted: 14 August 2024
Published: 6 September 2024

1. Introducción

Inicié el estudio de la colección de objetos reunidos por Alexandre Rodrigues Ferreira como parte de su conocido "Viaje Filosófico" (1783-1792) [1] en mi investigación doctoral sobre arquitectura, arte y establecimiento de colegios y misiones jesuitas en el antiguo Estado de Maranhão y Grão-Pará (rebautizado, a partir de 1750, de Estado de Grão-Pará y Maranhão), que hoy equivale aproximadamente al territorio de la llamada Amazonía Legal. La tesis titulada "Tintas da Terra, Tintas do Reino" (2009) [2], demostró, en un acercamiento interdisciplinar usando documentos primarios, investigaciones de campo y el estudio y análisis de colecciones de arte sacro, arqueológico y etnográfico, la unión de indígenas, africanos y mestizos en la producción artística de las misiones de la Compañía de Jesús en la Amazonía en los siglos XVII y XVIII.

Nombres y diversas noticias de artistas y oficiales de la tierra —indígenas, africanos, mestizos— salieron a la luz, individualmente, o incluso, cuando actuaban casi siempre colectivamente, en los distintos talleres fijos o itinerantes de colegios y fincas, demostrando la aplicación, la adecuación y la constante e intensa circulación de saberes de las florestas en las misiones: talleres de escultura y tallado, carpintería, pintura, alfarería, tejido, etc. En este sentido, la extensa obra del padre jesuita Serafim Leite [3], sobre la documentación conservada en Roma [4], fue una excelente guía para ubicar la presencia de estos actores fundamentales, hombres y mujeres, casi siempre tornada invisible. Así la perspectiva desde la Historia Económica de las Misiones Jesuíticas, y también la participación de las mujeres indígenas a través del trabajo en las alfarerías, telares, herbarios y huertas, nos cuentan una producción artística casi siempre borrada, pero sumamente relevante en el contexto misional, aportando fuentes y datos originales sobre el importante papel de las mujeres indígenas en la Historia del período colonial [5], y que me han llamado la atención en nuevas investigaciones [6].

Asimismo, la lectura crítica de las crónicas y cartas de los misioneros, especialmente de João Felipe Bettendorff (1625-1698) [7], João Daniel (1722-1776) [8] y Anselmo Eckart (1721-1809) [9], apuntaron nuevos caminos que merecían mayor atención y profundización: artistas locales, objetos, materiales y técnicas. El uso de colores y barnices naturales se destacó en todas las fuentes consultadas referente al conocimiento desde tiempos inmemoriales de los pueblos de la Amazonía, en la elaboración de innumerables objetos: tanto los pertenecientes a las culturas indígenas como los traídos por los colonizadores. Cabe mencionar que ambos son fundamentales para el proyecto y manutención de las misiones religiosas: textiles, cerámicas, plumas o esculturas sacras, retablos, escritorios, etc. Y así, en lo que se refiere a la apropiación por los colonizadores y reelaboración por las culturas indígenas de objetos autóctonos los pigmentos surgieron con gran relevancia para la producción y aplicación de pinturas y barnices para sus coloridas y variadas decoraciones [10]. Elogiadas por sus colores, figuras y por el barniz negro brillante y duradero, la mayoría de los escritos hablan de la producción de *cuias* -frutos de la *Crescentia cuyete*, un árbol de cultivo doméstico- por parte de mujeres indígenas en la zona de la Aldeia de Gurupatuba, transformada en misión jesuítica, luego franciscana, y en seguida en Vila de Monte Alegre, actual municipio del estado de Pará, región del Bajo Amazonas, Amazonía brasileña (Figura 1) [11].

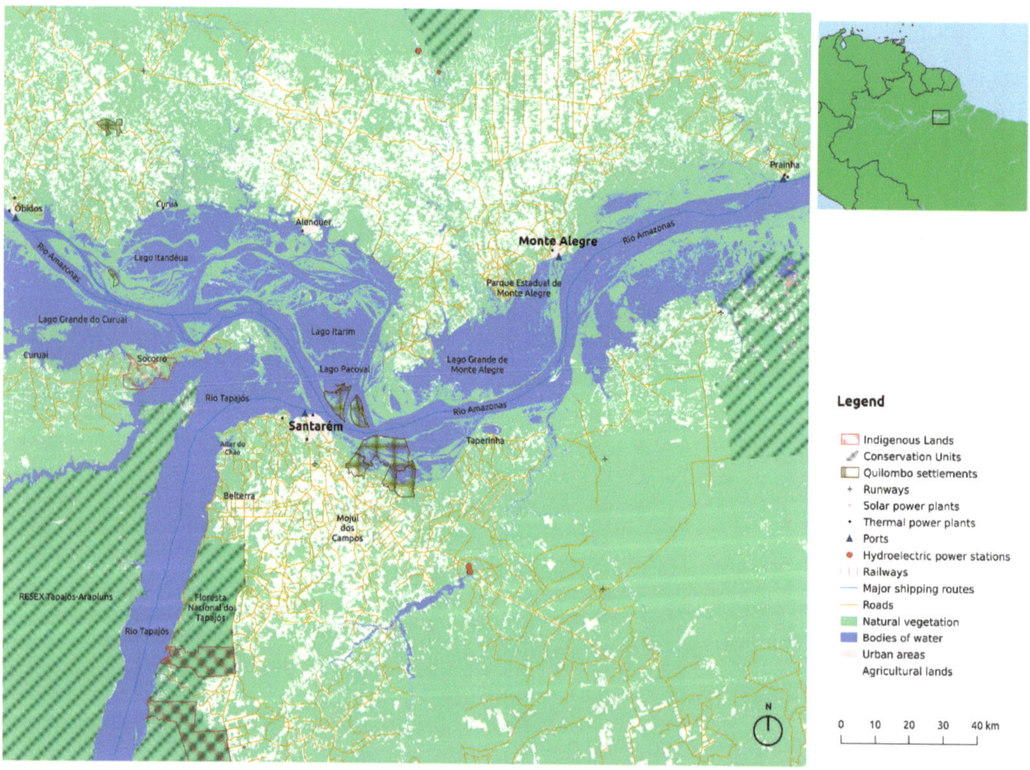

Figura 1. Mapa de uso de cobertura del suelo e infraestructuras de transporte y energía en la baja Amazonia: Santarém, Monte Alegre, y alrededores. Fuentes de datos: ANEEL, IBGE, MMA, INPE/Terrabrasilis, FUNAI, Colección MapBiomas 7.0 (2021). Autores: Ana Lívia Rüegger Saldanha; Luis Felipe Clemente Nunes, 2024 [12].

Como antes decía, las *cuias* coleccionadas por Alexandre Rodrigues Ferreira, atribuidas en gran parte a las indígenas de Monte Alegre, forman una valiosa colección conservada en Portugal repartida, que yo sepa, entre el Museo Maynense de la Academia de Ciencias de Lisboa y el Museo de la Ciencia de la Universidad de Coimbra y, a partir del trabajo fundamental de Thekla Hartmann [13], ganó relevancia en mi tesis doctoral y sucesivamente en mis estudios posteriores, siendo hoy importantes impulsores del proyecto de investigación que coordino nombrado: *Barroco-Açu* [14].

En los últimos años me he dedicado al estudio de objetos, libros, artistas, materiales y técnicas entre Asia y América por mediación o impulsado desde Europa y, sobre todo, de las misiones jesuíticas. Con ello, he ido revisitando constantemente la documentación, como las cartas anuas y los inventarios de la expulsión de los jesuitas de los territorios portugueses (1760). Quedó comprobado, por mis estudios en Bahía [15] y también en la Amazonía [16], que muchos productos asiáticos o de inspiración asiática fueron utilizados por los indígenas, como crucifijos de marfil, aplicación de repertorios de porcelana y tela, incrustaciones de caparazón de tortuga y madreperla, etc., como ocurría en otros lugares de América. La apropiación de una preciada receta derivada de tradiciones técnicas amerindias y materiales de la selva amazónica, debido a la similitud entre los efectos de brillo y durabilidad de ciertos barnices indígenas y lacas asiáticas apreciada por los misioneros, no fue un caso aislado si no que implicó la producción de otros objetos dentro del alcance del éxito mundial del gusto decorativo oriental. Las calabazas decoradas por mujeres indígenas en la colección de Ferreira pronto se revelaron también como un caso excepcional de objeto con características transculturales en sus capas históricas entrelazadas, adaptaciones complejas y reinterpretaciones.

En cuanto al repertorio decorativo adoptado, hemos avanzado más recientemente en colaboración con investigadores de áreas afines, proponiendo investigaciones, por ejemplo, sobre la relación entre los objetos arqueológicos y las *cuias*, con el arqueólogo Márcio Amaral (*Instituto de Desenvolvimento Sustentável Mamirauá*) [17]; o de la adopción por parte de mujeres indígenas de modelos de bordados y sedas de Europa, India o China, con el Prof. Luciano Migliaccio (FAU USP) [18]; o aún del trabajo artístico de las mujeres indígenas de la Amazonía en el período colonial con Ana Lívia Rüegger Saldanha (maestría FAU USP) [19]. Los diferentes enfoques se entrelazan y se encuentran en las *cuias*. La investigación financiada posibilitó visitas a los citados museos (2017, 2018, 2020, 2023), pero también a una localidad donde las mujeres ribereñas aún elaboran bellísimas *cuias*, utilizando la técnica tradicional de pintura a partir del barniz brillante de *cumatê* —de la corteza del árbol del cumatezeiro o axuazeiro, *Macairea adenostemon* y *Macairea viscosa*— y aplicación de la orina humana (amoniaco), como describe Alexandre Rodrigues Ferreira [20] (pp. 35-39). En la comunidad de Carapanatuba, distrito de Aritapera, en la llanura aluvial de Santarém (cerca de cuatro horas de barco a partir de Santarém, con paradas en diversas comunidades, Figura 2), fui muy bien recibida por las artistas ribereñas Lélia Almeida Maduro, su hija Silvane Almeida Maduro, y Marinalva Correia de Sousa, a principios de enero de 2023 durante el invierno amazónico (Figura 3). Las sofisticadas formas de hacer *cuias* en la región del Bajo Amazonas de Pará fueron inscritas en 2015 en el libro de registro de conocimientos del Instituto Nacional del Patrimonio Histórico y Artístico (Iphan)[1]; y la "Associação das Artesãs Ribeirinhas de Santarém" (*Asarisan*), fundada en 2003, que está relacionada con la bioeconomía y el desarrollo sostenible (Figura 4).

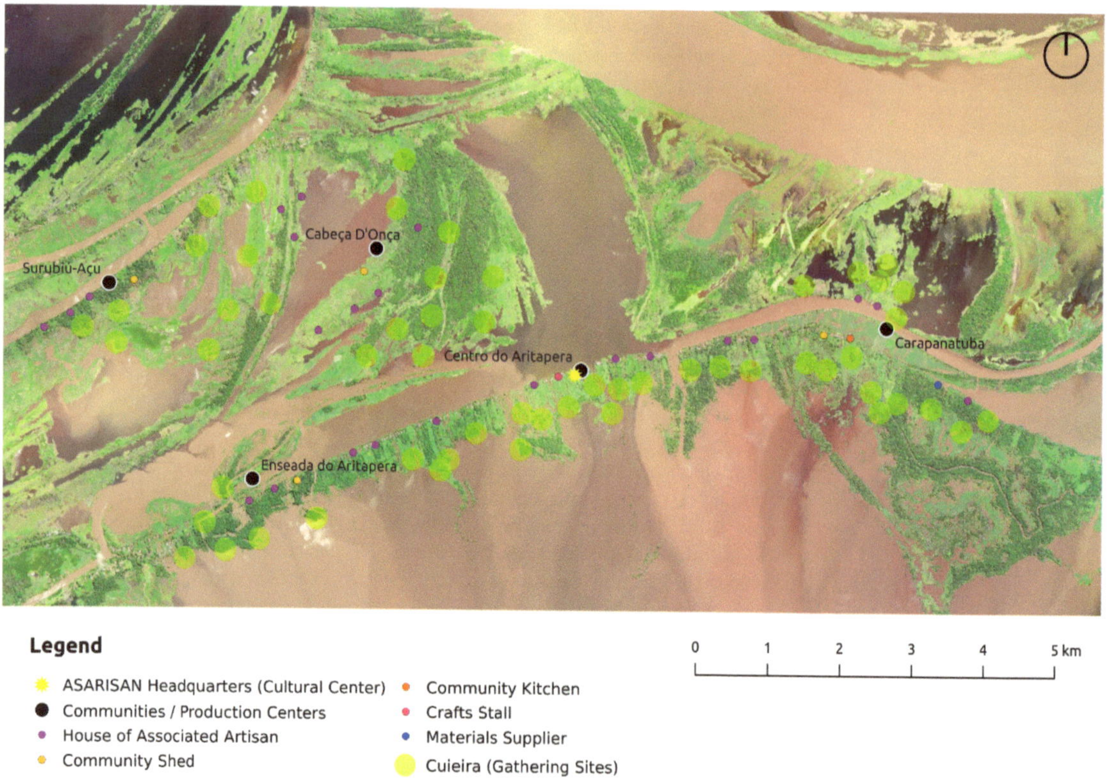

Figura 2. Territorio de los artesanos asociados a ASARISAN (2011-2012), basados en el mapa elaborado por Nova Cartografia Social da Amazônia [21]. Baja Amazonia, Santarém/Pará, PAE Aritapera. Autores: Ana Lívia Rüegger Saldanha; Luis Felipe Clemente Nunes, 2024 [12].

Figura 3. Silvane Almeida Maduro, artista *cuieira*, *canoeira*, etc., dejándonos de *canoa* en el barco para volver a Santarém. Al fundo, la *palafita* donde vive la artista Marinalva Correia y su familia. Fotografía: Renata Maria Martins, 2023.

Figura 4. Lélia Almeida Maduro, artista de la comunidad ribereña de Carapanatuba y presidenta de la asociación de las *cuieiras* de la región de Aritapera, en su *palafita* examinando las *cuias* en diferentes fases del proceso. Fotografía: Renata Maria Martins, Carapanatuba, 2023.

El uso de este barniz evoca relaciones muy antiguas y afectivas con las *cuias*, objetos presentes en los mitos de creación de muchas culturas indígenas, y que aún se utilizan en toda la región amazónica. En este artículo, por lo tanto, pretendo profundizar en el estudio de algunos ejemplos de *cuias* decoradas de las colecciones antes mencionadas considerándolas, en ese contexto, como "lacas de la Amazonía", ya sea por la técnica de producción del fino y brillante barniz o por los diversos colores vegetales y minerales que permitieron a las indígenas reinterpretar motivos de lejanos repertorios asiáticos y/o europeos de inspiración oriental, sin que las *cuias* perdieran por completo sus ancestrales códigos de significado. Las mujeres artistas de la región de Aritapera siguen siendo poseedoras de este saber y de muchos otros, en esta larguísima historia de la que forman parte. Todavía aún no han sido invitadas para visitar las colecciones de *cuias* en los museos en Portugal, pero siguen haciendo sus *cuias* barnizadas "bordando", como dicen, en ellas sus mensajes cifrados de resistencia (Figura 5).

Figura 5. Silvane Almeida Maduro y Marinalva Correia de Sousa, artistas de la comunidad de Carapanatuba, presentando el proceso de sus trabajos en las *cuias*. Al fondo árboles *crescentia cujete*. Fotografía: Renata Maria Martins, 2023.

2. Materiales y manufactura

En 1786, en la aldea entonces llamada Monte Alegre (antes Aldeia de Gurupatuba, luego Misión Jesuítica y después Franciscana de Gurupatuba, según Alexandre Rodrigues Ferreira [22]), las principales actividades de las mujeres indígenas eran la fabricación de *cuias* y calabazas y redes (hamacas) para dormir. En el informe sobre las *cuias* enviadas en una caja grande a Portugal, Ferreira dice que en el pueblo se fabricaban alrededor de 5000 a 6000 por año, que los indígenas vendían o los europeos comerciaban con Lisboa. En las colecciones del Museu Maynense da Academia de Ciências de Lisboa y del Museu da Ciência da Universidade de Coimbra, hay recipientes de ese tipo con características más cercanas a las de tradición indígena (en Lisboa), así como otros decorados con motivos decorativos de procedencia europea, asiática, y de inspiración asiática producidos en Europa (en Lisboa y Coimbra).

En enero de 2023, visitando la comunidad de Carapanatuba en la región del bajo Amazonas, actual estado de Pará, encontré que la fabricación de las *cuias* aún sigue el proceso descrito por Ferreira en su mayor parte. Cuestiones fundamentales como la plantación de árboles de *cuieira* (*Crescentia cuyete*) y la madurez de sus frutos para la selección y preparación de los recipientes barnizados y decorados, son algunos de los saberes de las poblaciones y sobre todo de las mujeres ribereñas, que utilizan principalmente en la preparación materiales encontrados en la Floresta Amazónica: la hoja de lija de *embaúba* (*Cecropia obtusa* Trécul - *Urticaceae*), y la escama y lengua del pez *pirarucu* (*Arapaima gigas*); pinceles de plumas de aves; el barniz del *cumatezeiro* (*Macairea adenostemon* y *Macairea viscosa*) (Figura 6). El arte de quien "cuida em cuia" o "cuida na cuia" —como describen su trabajo artístico, D. Lélia Maduro, Silvane Maduro, Marinalva Correia, Francisca Pereira, Socorro Pereira y otras artistas de las comunidades de la región de Aritapera (Enseada do Aritapera, Centro do Aritapera, Cabeça d'Onça, Surubim-Açu, Carapanatuba, etc.)—, atesora innumerables saberes ancestrales sobre los ríos, plantas, fauna, naturaleza del lugar.

Figura 6. Materiales e instrumentos para hacer *cuias* de las mujeres artistas de Carapanatuba, región de Aritapera, Baixo Amazonas, Pará. Fotografía: Renata Maria Martins, 2023.

En los tres días que estuve allá después de un viaje en barco, de cerca de cuatro horas, desde la ciudad de Santarém —donde se confluyen los ríos Tapajós y Amazonas— para acompañar cada etapa de la producción junto a las mujeres artistas de la comunidad ribereña de Carapanatuba, no solo aprendí sobre el arte de preparar *cuias*. Me ofrecieron generosamente preparados medicinales elaborados con especies locales, recetas de platos con pescados, harinas y quesos producidos en la región, recorridos y "paseos" en la *bajara*, la pequeña canoa con motor que es el medio de transporte más utilizado. Aprendí lo que es vivir sobre pilotes en tiempos de reflujo y de inundación, pero, sobre todo, lecciones sobre ser solidario y compartir.

Las *cuias* de Aritapera, vendidas en tiendas, centro de artesanías y mercados, llevan las huellas de la vida de estas mujeres fortísimas, sabias y talentosas en sus formas, cortes, barnices y grabados. A su vez, aquellas pintadas conservadas en museos de Portugal que Ferreira se llevó en su viaje hacen referencia directa a la producción artística de los indígenas de la Amazonía y también forman parte de la historia y memoria de Lélia, Silvane, Marinalva, Francisca, Socorro y muchas mujeres de otras comunidades de la región, que hoy siguen manteniendo sus tradiciones y formas de vida.

Cuando Ferreira describe los frutos con las que trabajan las indígenas, destaca tanto las *cuias* lisas (naturales), más comunes y numerosas, como el proceso artificial aún más complejo de hacer *cuias* en segmentos, como los dos ejemplares conservados en el Museo Maynense de la Academia de Ciencias de Lisboa (Inv. ACL verde - 671; Inv. ACL verde-672). En el jardín que rodea la casa de D. Lélia y del Sr. Antônio Maduro en Carapanatuba hay diferentes tipos de árboles que generan frutos lisos, redondos, ovalados, de varios tamaños. Estos son recogidos por las mujeres en el punto deseado de madurez: cuando, al golpear el fondo, las *cuias* maduras producen un sonido específico. Entonces las cortan, las ahuecan, o como dicen, las "enderezan", las "ablandan".

Es impresionante ver la rapidez y eficacia con que estas artistas suben a los árboles, la técnica que dominan para elegir cada uno de los frutos maduros, y la fuerza y destreza de partirlos perfectamente con machete o sierra, y rasparlos completamente por dentro con una cuchara de metal. Posteriormente, las *cuias* se colocan en una olla grande con agua para calentar, suavizando las cascaras y facilitando su preparación. Luego, después de un nuevo baño en agua, se quita cuidadosamente la piel exterior del fruto con una cuchilla, así como se ajusta perfectamente el borde de la *cuia* con la lengua del pez pirarucu (*Arapaima gigas*) o la parte interior con la escama del mismo pez.

La preparación de la *cuia* para recibir el barniz se completa refregando la superficie externa e interna para que queden completamente lisas con las hojas grandes (divididas en lóbulos, con el envés blanco) del árbol *embaúba* (*Cecropia*), especie también presente en la zona cercana a la residencia de la familia Almeida Maduro. La *cuia* tratada pero no barnizada se llama de *pitinga*.

Este conocimiento, bastante similar al relatado por Ferreira en Monte Alegre y Santarém, y transmitido por generaciones de mujeres, es fundamental para que después de secar los frutos, sea posible obtener *cuias* perfectas, que puedan brillar con la aplicación de barniz *cumatê*. (Figura 7). Después de pintadas por varias manos de tinta (Figura 8), las dejan reposando sobre un lecho de arena (o cenizas) rociado con orina humana, donde permanecen "adormecidas" y cubiertas durante toda una noche. Después de todas estas etapas, las *cuias* reciben los adornos o "bordados", hoy básicamente grabados, hechos con un cuchillito. El proceso de pintar con tintes vegetales o minerales directamente sobre la superficie o incluso sobre las incisiones, ya no se adopta hoy en día a pesar de que las artistas ribereñas conozcan muchas plantas que producen tintes (Figura 9).

Figura 7. *Cuias,* barniz *Cumatê, pincel de plumas,* Carapanatuba, región de Aritapera, Pará. Fotografía: Renata Maria Martins, 2023.

Figura 8. Pintura de las *cuias* con el barniz *cumatê* por las manos y saberes de la artista Marinalva Correia, Carapanatuba, región de Aritapera, Pará. Fotografía: Renata Maria Martins, 2023.

Figura 9. *Tintas de la Tierra.* Conjunto de plantas *tintureiras*, cáscaras y resinas que producen pigmentos coloridos: rojos, amarillos, violetas, dorados, etc. Reunidas y nombradas a partir del saber de las comunidades tradicionales, *erveiras* y *erveiros* del *Estado do Pará*. Marcadas con la nomenclatura popular. Acervo de la autora. Fotografía: Renata Maria Martins, 2023.

En esta ocasión es importante abordar la preparación de la "laca de la Amazonía", el brillo negro obtenido a partir del barniz rojizo del *cumatê*; y, aunque brevemente, la producción de colores a base de plantas utilizados en las *cuias* del siglo XVIII conservadas en la colección de Ferreira en Portugal. También nos interesan los repertorios decorativos adoptados en algunas piezas, que dialogan con el universo asiático y/o asiático/europeo, reinterpretado y reinventado con maestría y originalidad por pintores indígenas. La variedad de motivos que se encuentran en las decoraciones es bastante grande, por lo que cada ejemplar debe ser analizado de forma cuidadosa e individual.

Cabe mencionar que aún no se han realizado análisis químico/físicos de los pigmentos usados en los recipientes más antiguos conservados en Portugal, por lo que el conocimiento de las técnicas y materiales se basa sobre todo en las noticias de misioneros y viajeros, en particular los jesuitas, y en los informes de Ferreira, así como en la comparación entre los textos antiguos y los conocimientos que aún hoy conservan las comunidades indígenas y ribereñas.

En este artículo se considerarán las seis piezas: cinco *cuias*, cuatro decoradas y una lisa (Inv. ANT. Br. 150; Br. 151; Br. 152; Br. 193; Br. 194) y una calabaza (Inv. ANT. Br. 195) conservadas por la Universidade de Coimbra, recogidas todas por Alexandre Rodrigues Ferreira, y estudiadas durante una visita a la reserva técnica del Museo de las Ciencias entre finales de enero y febrero de 2023 (Figura 10). Además, otras siete piezas (Inv. ACL verde - 658; 660; 667; 668; 820; 882; 919) de los aproximadamente veintitrés ejemplares conservados en el Museu Maynense da Academia de Ciências de Lisboa, analizadas en una visita que tuvo lugar en febrero del mismo año, algunas de ellas con inscripciones, como las *cuias* (Inv. ACL verde - 667, Inv. ACL verde - 919) (Figuras 11,12). Todos son ejemplos del fenómeno de acercamiento entre las producciones artísticas de las culturas indígenas de la Baja Amazonía, y el gusto global por los objetos asiáticos, que llevó a calificar a tales productos como "lacas de la Amazonía". Otros objetos de las dos colecciones pueden ser mencionados cuando sea relevante, sobre todo por el estudio de los procesos de producción y uso del barniz *cumatê* desde la época colonial hasta la práctica actual.

Figura 10. *Cuias y Calabaza.* Mujeres indígenas. Pará, Brasil. Materiales: frutos de la *cuieira* (*Crescentia cujete* L.) y calabaza (*Lagenaria* sp.). Museu da Ciência da Universidade de Coimbra. Colección Alexandre Rodrigues Ferreira (1783-1792). Inv. ANT. Br. 151; Br. 152; Br. 193; Br. 194; Br. 195. Fotografía: Renata Maria Martins, 2023.

Figura 11. *Cuia.* Inscripción "Amor Firme". Mujeres Indígenas de Monte Alegre e/ou Fábrica de Belém do Pará? Pará, Amazonía, Brasil. Museu Maynense da Academia de Ciências de Lisboa. Nº Inventário: ACL verde - 667 o ACL-ETN-0224. Materiales: fruto de la *cuieira* (*Crescentia cujete* L.), resina/barniz, pigmento. Dimensiones: A × C × L × D: a 8 × 20.5 d (máx.) cm. Siglo XVIII. Colección Etnográfica. Subcolección: Brasil (BR). Fotografía: Paulo Barros.

Figura 12. *Cuia.* Inscripción "Para" (Pará). Mujeres Indígenas de Monte Alegre e/ou Fábrica de Belém do Pará? Pará, Amazonía, Brasil. *Museu* Maynense da Academia de Ciências de Lisboa. Nº Inventário: ACL verde - 919 o ACL-ETN-0235. Materiales: fruto de la *cuieira* (*Crescentia cujete* L.), resina/barniz, pigmento. Dimensiones: A × C × L × D: a 17 × 20 d (máx.) cm. Siglo XVIII. Colección Etnográfica. Subcolección: Brasil (BR). Fotografía: Marta Santos.

Dibujos de tejidos, porcelanas, bordados, que circularon entre los cuatro continentes, así como motivos de la flora y fauna amazónica, pueden ser encontrados sobre las superficies negras (originalmente brillantes) o marrón rojizas de los objetos de origen exclusivamente indígena, frutos que evocan a la madre tierra, con significados complejos y usos variados- relecturas formales y soluciones inventivas para la aplicación de estos "mensajes cifrados" en el cuerpo semiesférico o globular de la *cuia*. La decoración adquiere nuevas formas a través de las manos y la mente de las mujeres amazónicas, pintoras y productoras de tintes y barnices, que también dominaron y aun dominan las técnicas de la cerámica, los textiles, el trenzado, la jardinería y tantas otras producciones, marcando la biografía de estos objetos en el siglo XVIII en diálogo con otras manifestaciones igualmente importantes en Hispanoamérica, como los objetos en barniz de Pasto, conocidos como mopa-mopa, en Colombia y Ecuador, y los pintados como el *maque*, la llamada "laca mexicana". Así, el barniz *cumatê* trabajado por indígenas en las *cuias* del Bajo Amazonas en Brasil, se suma a la gama de "lacas americanas".

3. Resultados

3.1. La producción de "cuias", pintura con "cumatê" y colores.

En su "Memória sobre as Cuias", Alexandre Rodrigues Ferreira habla en detalle sobre el árbol *Crescentia Cuyete* y sus frutos, desde la siembra hasta la cosecha, y también sobre el largo proceso de fabricación de los recipientes por parte de las indígenas de Monte Alegre: desde la elección de los mejores *cuias* y calabazas hasta su finalización con pintura y decoración [23].

Como aún se hace hoy en día: la *cuia* se partía por la mitad y la pulpa se eliminaba por completo; luego las piezas se sumergían en agua para que se ablandaran y después se raspaban y lijaban. Posteriormente, se lavaban y dejaban secar por poco tiempo para luego teñirlas con barniz *cumate* de color rojizo obtenido de la corteza del árbol *cumatezeiro* o *axuazeiro (Macairea adenostemon y macairea viscosa)* y luego se dispone sobre una tarima. Después del secado eran llevadas a una *puçanga,* una especie de "cama" para cubrilas primero con ceniza y arena, y luego con la orina de mujeres o niños. Muchas horas después el barniz era fijado y se volvía negro debido al amoníaco presente en la orina, y finalmente estaban listas para recibir decoraciones pintadas o incisas [233] (p. 61).

Los materiales, instrumentos y técnicas utilizados eran los mismos utilizados por las culturas indígenas de la Amazonía, como la lija de las escamas del pez pirarucu (*Arapaima gigas*), el jabón de raíz *de gipyoca*, el colador de algodón desmotado, el ya mencionado barniz *cumaty* (*cumatê*), *cury, tabatinga, tauhá, anil (índigo), urucum (achiote)*, disueltos con agua y raíz de algodón. Los cuencos de pintura en los que las mujeres indígenas mojaban sus pinceles eran sus propios muslos y piernas, u hojas de ricino. Los pinceles estaban hechos de *siracura, jacamy* y plumas blancas de *acará*; y los estiletes que servían "para salpicar el adorno de la puntilla, que pretenden", hechos de espinas *de jamacaru (Cereus jamacaru*) y palma *patuá (Oenocarpus Bataúá)* [23] (p. 59).

Una *cuia* (Inv. ANT. Br. 194) y una calabaza (Inv. ANT. Br. 195) de la colección Alexandre Rodrigues Ferreira del Museu de Ciências da Universidade de Coimbra tienen una superficie de color marrón rojizo, lo que parece indicar, deducido por el proceso aún hoy usado por las artistas de Carapanatuba, que las dos piezas fueron cubiertas por capas de barniz *cumatê*, pero no pasaron por el proceso de descanso, que las deja con un brillo negro, como laca. La mayoría de los recipientes que se conservan en las dos colecciones son negros, pero han perdido mucho del brillo del barniz. Tal pérdida progresiva es un fenómeno que también se observa en las calabazas que se producen hoy: Como comprobé localmente con las artistas, para mantener y/o recuperar rápidamente el brillo de las *cuias* es necesario "hidratarlas", es decir, dejarlas en baño en agua fría y luego secarlas con un paño de algodón y al final, ponerlas a secar por poco tiempo; este mismo proceso también se realiza siempre después de la primera pintura para que adquieran aún más brillo.

En cuanto a los colores, sería relevante realizar análisis (utilizando las técnicas menos invasivas posibles) de manera que pudiéramos identificar los pigmentos minerales y/o vegetales utilizados en las pinturas de las *cuias* coleccionadas en las últimas décadas del siglo XVIII. Las artistas de la región de Aritapera no colorean directamente la superficie de las *cuias* y, salvo cuando la decoración era incisa, tenían dudas de afirmar qué calidades de pinturas naturales se podían utilizar después de la aplicación del *cumate* y el baño/descanso con orina humana para que los colores quedaran fijos sobre el fondo negro durante siglos, como se puede ver en los ejemplares hoy en Coimbra y Lisboa. La técnica de aplicar ciertos colores a los dibujos incisos en la superficie permite a su vez el uso de una amplia gama de pinturas vegetales (como en la *cuia* Inv. ANT. Br. 152, en Coimbra), que pueden identificarse gracias a los conocimientos de las comunidades ribereñas actuales, al tratado "Sobre las tintas más especiales de la Amazonía" del jesuita João Daniel o a través de los textos de Alexandre R. Ferreira. He dedicado algunos trabajos al tema de las tintas en los últimos años, incluyendo una supervisión de trabajo final de graduación, que pueden consultarse [2,10,,24–26].

En sus "Memórias sobre a louça que fazem as índias deste Estado", escritas en Barcelos, Amazonas, el 5 de febrero de 1786, Ferreira menciona la resina *jutaí / jutaícica*, utilizada para barnizar el barro, dejándolo esmaltado. El naturalista enumera entre las arcillas y tintes que usan en cerámica los indígenas: "el *tauá*, que es ocre de hierro, el *curi*, que es la arcilla teñida del mismo ocre que ya ha sido quemado, el *urucu (urucum, Bixa orellana)* y el *carajuru* (o *crajiru, Arrabidaea chica*), que son los tintes que utilizan en sus diferentes pinturas" [27] (p. 33). Ya en la "Memória sobre as salvas de palhinhas pintadas pelas índias da vila de Santarém", Ferreira dice que el método de teñir los trenzados se hace a partir de la cocción de las cáscaras y féculas como *carajuru* (antes mencionado), *pau de guariúba (clarisia racemosa), jengibre* o azafrán de la tierra (*cúrcuma longa*), *jenipapo* (*genipa americana*) [28] (p. 47).

Por su parte, João Daniel destaca la durabilidad de los barnices y pinturas producidos por las indígenas de Gurupatuba y utilizados para pintar las *cuias*; afirmando que son iguales o superiores al mejor charol chino [8] (p. 386, volume 1). José de Moraes, también jesuita, cuenta en su "Historia" realizada en el Colégio do Pará en 1759: "Este pueblo es famoso por la pintura de ciertas calabazas, que están pintadas con una tinta llamada cumaté, tan fina y de tan buen gusto que compite con las mejores lacas de China" [29] (p. 508). En la comparación entre los barnices producidos por las indígenas de Monte Alegre y las tradicionales lacas chinas —laca, lacre o charol (los *acharolados /chiliau* o *chi-yau* en la China)—, se puede comprender perfectamente la adopción de repertorios asiáticos, ya utilizados en todo el mundo, en la decoración de estos objetos de tradición indígena [6, 15]. Otros jesuitas han mostrado gran interés por la laca, por ejemplo: Martino Martini en la obra *Atlante Cinese* de 1655; Athanasius Kircher en *China Illustrata* de 1667; Filippo Bonanni en el *Trattato sopra la vernice detta comunemente cinese* de 1720, editado en francés en 1723; y Pierre Nicolas d'Incarville, que vivió en China desde 1740 hasta su muerte en 1757, en *Mémoire sur le vernis de la Chine* de 1760 [6] (358).

En las *cuias* que se han conservado, la superficie está barnizada en color negro, como los barnices de las lacas preparadas, o incluso en el color pardo rojizo del *cumatê*, o incluso revestida de blanco, imitando el fondo de las sedas o cubrecamas bordados de Coromandel. La decoración en rojo y amarillo dorado, entre otros colores, y los finos dibujos de flores, frutas, pájaros, animales, muestran influencias formales provenientes de Asia, algunas ya reinterpretadas al gusto europeo. Las pintoras indígenas produjeron calabazas que realmente parecen estar inspiradas en objetos asiáticos, como las cajas, tazas y ollas pintadas de laca vegetal (*Rhus vernicifera*), producidas en Asia y destinada al mercado occidental [6], pero también posiblemente inspirado en las producciones europeas, especialmente las de Portugal.

Como relata Ferreira en su "Memoria sobre as cuias", algunas *mazombas* (hijas de europeos, principalmente portugueses, nacidas en la tierra) en la ciudad de Belém, imitaron a las mujeres indígenas y trabajaron en las *cuias*, estimuladas por los europeos, el gusto y riqueza de colores y pinturas, doradas o plateadas, que no tenían diferencia con el lujoso charão (laca) [23]. Las hijas mamelucas (es decir, mestizas), del residente Manoel Ribeiro Pinto, durante el mismo período, estaban haciendo un juego de té hecho de *cuias* por encomienda. En el Museu Maynense da Academia de Ciências de Lisboa hay un recipiente con la inscripción "Fabrica de la ciudad de Sta. Maria de Belem do Gram Para", y otra con la inscripción "Para" (Pará), o sea, es prácticamente seguro que existió una fábrica de *cuias* decoradas en Belém do Pará a fines del siglo XVIII. Las artistas pueden haber sido indígenas, mestizas o hijas de europeos nacidos en Pará. Además de las calabazas mencionadas, una tercera de la colección de Coimbra (Inv. ANT. Br. 193) (Figura 13), parece formar parte del mismo universo que la "Fabrica" de Belém.

Figura 13. *Cuia.* Vista 1. Mujeres indígenas de Monte Alegre e/ou Fábrica de Belém do Pará. Pará, Amazonía, Brasil. Materiales: fruto de la *cuieira* (*Crescentia cujete* L.), resina/barniz, pigmento. Dimensiones: 17,5 cm de altura × 19 cm de diámetro. Museu da Ciência da Universidade de Coimbra. Colección Alexandre Rodrigues Ferreira (1783-1792). Inv. ANT. Br. 193. Fotografía: Renata Maria Martins, 2023.

La existencia de un taller activo en Belém no descarta la posibilidad de que las *cuias* fuesen sobre todo producidas por quienes tenían más experiencia en la producción de exportación, es decir, las indígenas de la Casa de Monte Alegre. Las piezas mencionadas, como ya hemos dicho, son las mejores y más impresionantes en cuanto a brillo, pinturas, colores, motivos. En este sentido, vale la pena acercarse a las decoraciones presentes en las *cuias*, a partir del análisis de los repertorios y figuras adoptadas.

3.2. *Los motivos adoptados en las cuias y calabazas: entre Europa, Asia y las Américas*

Los objetos seleccionados por mí para este artículo se caracterizan principalmente por la adopción de motivos decorativos, muy variados, provenientes de un repertorio asiático o de inspiración asiática, que circuló ampliamente entre Asia, las coronas ibéricas y sus dominios coloniales. Así, destacan los modelos conocidos en Portugal, a través de objetos de artes decorativas (lacas, porcelanas, tejidos, encajes, bordados, etc.), que se producían en Asia para el mercado de exportación: en el caso que aquí se analiza, frontales de altar y alfombras, sobre todo, que componen el aparato ornamental de los edificios religiosos. Así, por el flujo de modelos similares, existen algunas coincidencias entre los motivos utilizados en la decoración de las calabazas de la Amazonía brasileña en el período colonial en Gurupatuba /Monte Alegre con los adoptados en objetos también producidos por indígenas en Perú o México en la misma época, sobre todo en cuanto a las formas de representar la flora y la fauna. Este es un tema de importante desarrollo en lo que se refiere a las conexiones entre los dominios portugueses y la América Hispana mostrando, a través de la presencia ibérica en Asia y la red de circulación de artistas, modelos y objetos asiáticos en Europa, coincidencias formales y convergencias en varios campos artísticos como la talla de retablos, muebles y textiles. Elegí centrar mis análisis y proposiciones en estos últimos.

Destacamos la gran relevancia de los repertorios europeos impresos para bordados y textiles exportados de los centros de producción de China e India, como fuentes para la elección de motivos adoptados en las artes decorativas del período colonial en la América portuguesa [18]. Entre los objetos que pueden contribuir a confirmar esta hipótesis incluimos también las *cuias* de la colección formada durante el Viaje Filosófico de Alexandre Ferreira en la Amazonía. En febrero de 2023 realizamos una visita técnica acompañados del responsable Pedro Ferrão, para observar algunas piezas (cojines, colchas, dalmáticas, etc.) conservadas en la colección textil del Museu Nacional Machado de Castro en Coimbra. Si bien el estudio se encuentra aún en su fase inicial, existe, como sugerimos en Montevideo, una coincidencia considerable en el repertorio ornamental de objetos de la colección textil (asiáticos o de inspiración asiática hechos para el mercado europeo por artistas asiáticos o no), y las *cuias*, sobre todo por las composiciones y la forma de representar las flores y los pájaros. Esto también se nota en otros objetos en Portugal, como composiciones de azulejos para frentes de altares, edredones de cama y loza de producción local.

Así, los universos de estas conexiones globales se entrelazan con las "culturas de la tierra": se crean textiles, porcelanas y *cuias* para llevar mensajes de cariño y amor: (corazones alados y flechados, pequeñas declaraciones de devoción, cupidos) usos populares aún hoy en día. En este punto, entre las piezas analizadas en el Museu da Ciência de Coimbra y en el Museu Maynense da Academia de Ciências de Lisboa, destacamos dos calabazas con corazones alados y flechados (Inv. ANT. Br. 194 (Figura 14) e Inv. ACL-verde- 658). En el Museu da Academia de Ciências de Lisboa, una *cuia* partida en dos en horizontal, con un cupido en un lado, y un corazón alado atravesado por una flecha en el otro (Inv. ACL verde - 822), otra con un pájaro por un lado y un corazón alado por el otro (Inv. ACL verde - 820); además de una *cuia* con el exterior grabado con flores y la frase "amor firme" dentro de otro corazón alado (Inv. ACL verde – 667, Figura 11).

Figura 14. *Cuia.* Vista 1. Mujeres indígenas de Monte Alegre. Pará, Bajo Amazonas, Brasil. Materiales: fruto de la *cuieira* (*Crescentia cujete* L.), resina/barniz, pigmento. Dimensiones: 17,5 cm de altura × 19 cm de diámetro. Colección: Museu da Ciência da Universidade de Coimbra - Alexandre Rodrigues Ferreira (1783-1792). Inv. ANT. Br. 194. Fotografía: Renata Maria Martins, 2023.

Inevitablemente, el mensaje de amor en portugués trae a la mente poemas, "pañuelos de enamorados" ("lenços de namorados"), o incluso corazones pintados sobre telas, bordados, pequeños objetos de cerámica o madera, etc., tradicionales en la región de Minho en el norte de Portugal, y con raíces muy antiguas, que habría que estudiar más detenidamente. Por otro lado, también se elaboraban cajas lacadas con la intención de regalar como muestra de cariño. El hecho de que el recordatorio de amor en portugués haya sido pintado por una mujer indígena que probablemente desconocía el idioma y no sabía leer, deja constancia, por así decirlo, de un mensaje encriptado que denuncia, incluso siglos después, el apagamiento de su cultura y la violencia que sufrieron las culturas originarias de la Amazonía, y al mismo tiempo, su resistencia, reinterpretaciones y reinvenciones.

Las *cuias* ornamentadas, pintadas e incrustadas con plata y oro, son descritas por el jesuita Anselm Eckart en la antigua residencia de Gurupatuba (Monte Alegre) en 1756 (en ese momento ya no bajo la dirección de los jesuitas, sino de los frailes capuchinos), destacando también la decoración formada por motivos fitomorfos y zoomorfos, en particular, las aves. En las tres piezas analizadas de la colección de Coimbra hay una hermosa variedad de pájaros, uno de los cuales parece un colibrí, y los otros dos son similares al ibis rojo (*Eudocimus ruber*, ave presente en la región amazónica) en la calabaza alargada (Inv. ANT. Br. 195) (Figura 15); e incluso otras aves (Inv. ANT. Br. 195 e Inv. ANT. Br. 193) que adornan la superficie pardusca o negra de las piezas. En la parte interior pintada de blanco de la tapa de una de ellas (Inv. ANT. Br. 194), hay un pájaro posado en una delicada rama donde picotea una flor rodeada de otros motivos vegetales, que podría imitar un tejido. En la colección de Lisboa aún quedan vestigios de un pájaro azul en la mitad de una calabaza, también cubierta de blanco, que rodea un corazón rosa alado atravesado por una flecha (Inv. ACL verde - 822). Otra *cuia* de la colección de Lisboa, que parece haber sido realizada por el mismo artista que la pieza citada, nos ayuda a reconstituir esa composición parcialmente perdida pues también hay un corazón alado dentro de un marco, con dos pájaros azules posicionados simétricamente en lados opuestos. En la otra mitad de la *cuia*, llama la atención un pájaro de color oscuro colocado lateralmente entre diferentes tipos de flores rosas, azules y de varios tonos, y sus tallos, ramas y hojas verdes. En otra vemos una curiosa escena que representa la lucha entre tres figuras masculinas y un dragón, con tres grandes flores al fondo, y en una de ellas hay un loro posado con otras flores y bayas en el pico (Inv. ACL verde - 668).

Figura 15. Calabaza. Detalles (colibrí y flor). Mujeres Indígenas de Monte Alegre. Pará, Amazonía, Brasil. Materiales: calabaza (*Lagenaria* sp), resina/barniz, pigmento. Dimensiones: 14 cm de diámetro. Museu da Ciência da Universidade de Coimbra. Colección Alexandre Rodrigues Ferreira (1783-1792). Inv. ANT. Br. 195. Fotografía: Renata Maria Martins, 2023.

Figura 16. *Cuia.* Vista 2. Mujeres indígenas de Monte Alegre. Pará Bajo Amazonas, Brasil. Materiales: fruto de la *cuieira* (*Crescentia cujete* L.), resina/barniz, pigmento. Dimensiones: 17,5 cm de altura × 19 cm de diámetro. Colección: Museu da Ciência da Universidade de Coimbra - Alexandre Rodrigues Ferreira (1783-1792). Inv. ANT. Br. 194. Fotografía: Renata Maria Martins, 2023.

En las *cuias* aparecen otros animales: cuadrúpedos que podrían ser dos perros o, dos pequeños felinos, como los llamados *gatos-maracajás / margays* (*Leopardus wiedii*) (Inv. Br. 195); un ciervo comiendo bayas en un árbol pequeño (Inv. ANT. Br. 193) en especímenes de Coimbra. Adicionalmente, hay una criatura de color amarillo no identificada (quizás un animal ficticio), en la citada calabaza con la escena de la lucha contra el dragón, conservada en Lisboa. También puede referirse al universo local, un crustáceo gris azulado que podría ser un cangrejo excavador (*Ucides cordatus*) que habita en los manglares de Brasil o un cangrejo azul (*Callinectus sapidus*) presente en la costa brasileña. Aunque menos probable, esto podría ser una mención del signo zodiacal de Cáncer.

En cuanto a la vegetación, dos hermosos frutos y nueces del anacardo (*Anacardium occidentale*), planta originaria de la región nordeste de Brasil, llevada por los portugueses a Asia, aparecen en el exterior de la tapa (Inv. ANT. Br. 194) en una composición con varias flores (Figura 16). En la base de la hermosa calabaza negra (Inv. ANT. Br. 193), tres flores y dos frutos, que pueden ser frutos del árbol nativo del cacao (*Theobroma Cacao L.*) u otra especie de la Amazonía. Me atrevo a interpretar por la experiencia de alguien nacida en la Amazonía, creo que quizás sea el fruto abierto del *bacuri* (*Platonia insignis*), dejando ver la pulpa blanca —suave y fragante—, debido a su forma de capullo y también a los pequeños botones florales que la rodean (Figura 17).

Figura 17. *Cuia.* Vista 2. Mujeres indígenas de Monte Alegre e/ou Fábrica de Belém do Pará. Pará, Amazonía, Brasil. Materiales: fruto de la *cuieira* (*Crescentia cujete* L.), resina/barniz, pigmento. Dimensiones: 17,5 cm de altura × 19 cm de diâmetro. Museu da Ciência da Universidade de Coimbra. Colección Alexandre Rodrigues Ferreira (1783-1792). Inv. ANT. Br. 193. Fotografía: Renata Maria Martins, 2023.

Pero el universo de frutas y flores es muy grande cuando se habla de la Amazonía y siempre es arriesgado tratar de reconstituir o reconocer especies nativas o no nativas en piezas con pinturas debilitadas y con muchas pérdidas.

En vista de ello, todavía no me atrevo a hablar largo y tendido sobre las especies de flores ya que en todas las calabazas analizadas aparecen en abundancia en forma de capullos, tallos, sobre árboles, en ramos. Esto demuestra el tránsito de estas representaciones, pero también de las propias especies. Probablemente algunas son locales y ya conocidas por las mujeres indígenas que las pintaron, sumadas a las flores europeas y asiáticas, muchas ya aclimatadas en Brasil en esa época.

Los tejidos han demostrado ser una importante clave de lectura para entender los orígenes y elección de los motivos florales. Algunos de los más recurrentes en textiles, bordados y encajes de origen o inspiración europea o asiática, se repiten en realidad en una o más calabazas. En la parte interior de la tapa de una *cuia* (Inv. ANT. Br. 193) con fondo blanco (Figura 18) podría estar representado un crisantemo, nativo de Asia, o una dalia azul (*Dahlia pinnata*), de México, así como un lirio (*Lilium* L.) o *açucenas* o aún el lirio de amazonas (*Eucharis amazonica*), en la base de otra (Inv. ACL verde - 660). Otra posibilidad, sugerida en una conversación por el arqueólogo Márcio Amaral y considerando que las mujeres indígenas tejían, fue que las flores y capullos representados en la cubierta exterior de la *cuia* (Inv. ANT. Br. 193) fueran de la planta de algodón (*Gossypium hirsutum*). Para ayudar en la identificación de las posibles especies cultivadas localmente, las ilustraciones del *Viaje Filosófico* sirven como clara referencia tanto para las flores, como para los frutos, pájaros, y también para las mismas *cuias*. Así, vemos retratado en estos valiosos dibujos por ejemplo el árbol de la cueira, sus frutos, la elaboración de las piezas en la casa de los indígenas de Monte Alegre y, en el conjunto de objetos (utensilios), unas *cuias* decoradas.

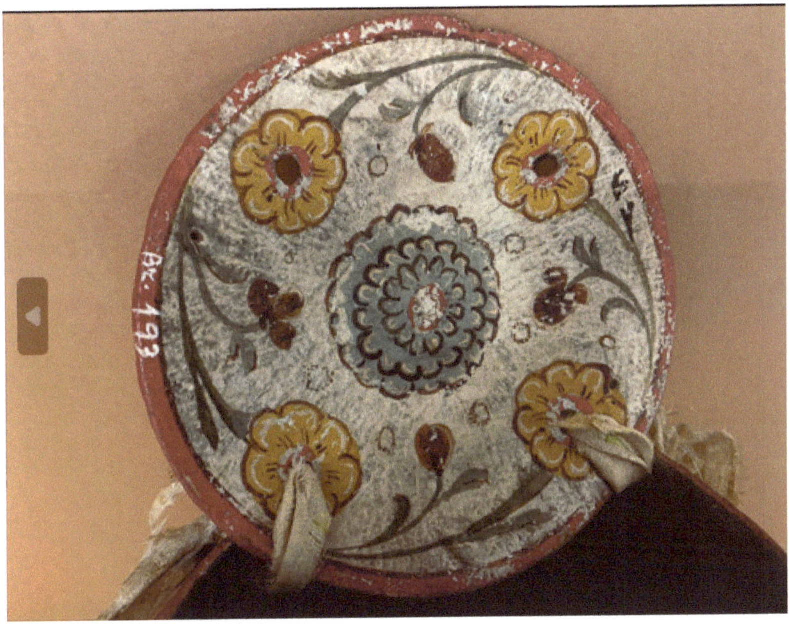

Figura 18. *Cuia.* Vista 3. Mujeres indígenas de Monte Alegre e/ou Fábrica de Belém do Pará. Pará, Amazonía, Brasil. Materiales: fruto de la *cuieira* (*Crescentia cujete* L.), resina/barniz, pigmento. Dimensiones: 17,5 cm de altura × 19 cm de diámetro. Museu da Ciência da Universidade de Coimbra. Colección Alexandre Rodrigues Ferreira (1783-1792). Inv. ANT. Br. 193. Fotografía: Renata Maria Martins, 2023.

Hechas estas consideraciones sobre los motivos, que me parecieron importantes para ir pensando en los repertorios adoptados, traídos por europeos, pero reinventados y reinterpretados localmente por mujeres pintoras, nos propusimos un análisis más detallado de algunas piezas de la laca de color negro y que tuvimos la oportunidad de manipular en los dos museos mencionados. En trabajos anteriores [6,30], el examen de los ejemplares conservados en Lisboa, realizado únicamente a través de fotografías publicadas o dentro de vitrinas, no permitió una lectura más detallada y precisa de algunas figuras representadas. Sin embargo, y lamentablemente, por un lado, debido a pérdidas pictóricas y por otro lado por la pequeñez de ciertas imágenes, aún en un análisis con lupa y fotografía no siempre fue posible identificar con certeza ciertas figuras humanas o animales y seres mitológicos representados, por lo que quedan algunas incógnitas en este campo.

Por ejemplo, hay un conjunto de figuras con un fondo blanco bastante curiosas en el interior de la tapa de la *cuia* que lleva la inscripción "Pará" (Pará) (Inv. ACL verde - 919). Por un lado, hay un edificio que parece grande cuya fachada principal contiene un punto focal, dos ventanas y una puerta. En el otro lado, un árbol no muy grande que parece tener unos frutos verdes ovalados, semejantes a *cuias*. En el centro, a mayor escala, una figura humana, probablemente masculina, que viste un traje blanco largo hasta las piernas, con pequeñas manchas rojas que podrían sugerir una tela adamascada. Usa un par de zapatillas rojas sin cordones y una gorra blanca en su cabeza. En una mano, la figura parece sostener un paraguas rojo o una bolsa de tela, o quizá un trozo de tela; en la otra, un compás o un instrumento cortante. El dibujo podría quizás relacionarse al edificio de una fábrica en Belém do Pará, y aludir a la presencia de la cultura asiática en la Amazonía a través de los tejidos y la sombrilla, y un artesano cargando el compás para dibujar en las calabazas, que brotan del árbol.

Sin duda, las noticias más relevantes y las descripciones más detalladas de los objetos se encuentran en los textos escritos a finales de los 80 y principios de los 90 (catálogo) por Thekla Hartmann [31,32]. No sería productivo repetir toda la información recopilada por la investigadora, pero basándome en su investigación, organicé y resumí algunos datos fundamentales sobre las piezas analizadas, en el proceso de retomar algunas cuestiones planteadas en este texto.

Las cuatro piezas relacionadas por sus inscripciones o por semejanza estilística o técnica, con la fábrica de Belém do Pará una de la colección de Coimbra (Inv. ANT. Br. 193) y tres de Lisboa (Inv. ACL verde - 658; 660; 919), fueron todas producidas a partir de frutos globulares de *Crescentia cujete*, cortados en la parte superior, creando una tapa circular, atada por cintas de tejido adamascado (hoy, casi siempre, en mal estado). La superficie externa pintada de negro, que probablemente antes era brillante, sirve directamente como suporte para la ornamentación formada por motivos florales pintados utilizando colores similares en la paleta donde destacan los rojos, blancos y amarillos. Sin embargo, aun variando sus inscripciones y la organización de los motivos decorativos, llama la atención la semejanza del repertorio decorativo formado por pájaros y/o corazones alados.

Se habló con el Prof. Luciano Migliaccio, quien también nos acompañó durante la investigación en los museos mencionados, sobre lo difícil que es identificar precisamente el taller y la ciudad de origen de estas cuatro *cuias*, que además revelan excelente calidad técnica y grande belleza en la composición y pintura de las flores. Creemos que debieron ser realizadas por mujeres pintoras que actuaban como "oficiales" en la producción de *cuias* a partir de su experiencia, precisamente, dentro de un taller. Además, que estas mujeres —indígenas, mestizas o nacidas de europeos— pudieron haber venido de Monte Alegre a Belém, y enseñado a otras mujeres [2]. Sabemos, por la experiencia con los talleres jesuitas, que el tránsito de artistas era algo muy importante y habitual entre los asentamientos y haciendas, y la capital del Grão-Pará [2].

El recipiente de calabaza alargada (*Lagenaria siceraria*) de la colección de Coimbra (Inv. ANT. Br. 195), así como la *cuia* (Inv. ANT. Br. 194) (*Crescentia cuyete*) de la misma colección, parecen provenir de otro grupo de artistas indígenas, de Monte Alegre o Santarém. Tienen una superficie marrón opaca, no barnizada (quizás solo cubiertas con la aplicación de *cumatê*), que sirve de base para pinturas de flores, animales y, sobre la calabaza, también un corazón alado y flechado. Los dos frutos, así como las cuatro piezas descritas anteriormente, se cortaron en la parte superior y amarradas con cintas a partir de pequeños agujeros circulares abiertos en sus superficies, de modo que fuese posible unir las dos partes.

También del mismo grupo de artistas son las otras dos *cuias* que analizamos en Lisboa, muy particulares y hermosas. Los frutos fueron partidos por la mitad y las dos partes, revestidas de blanco por dentro y por fuera, recibieron pinturas, siempre basadas en una composición floral, en tonos más claros, que asemejan bordados y estampas en textiles chinos. Hay, como describí antes, muchas cualidades de flores, algunos pájaros, corazones alados con flechas, y hasta un cupido. Son, sin duda, los tejidos, los bordados, las cretonas y los encajes los que guardan la clave principal para el estudio de los motivos. El propio lenguaje de los artistas y de los que describen las calabazas desde el siglo XVIII al XXI, hace referencia al mundo textil, hablando del encaje que pretenden, del bordado de las *cuias*, etc.

Trayendo conexiones importantes entre la producción de textiles en la Amazonía y Asia, João Daniel informa que el algodón de América tendría más "ventajas" que el de India y China, y quizás de toda Asia, y que también sería de mejor calidad: este dado habría sido confirmado por un misionero chino y por otros religiosos que vivían en China. Daniel también elogia la producción de telas chinas, que por ser hiladas tan finamente eran admiradas en todo el mundo. Sin embargo, el señala que, en Amazonía, aunque hiladas gruesamente, eran preciosas [8] (pp. 527-528, volumen 1).

Comprobando la multitud de tejidos que circulaban en la Amazonía, en el inventario de la Hacienda de Ibirajuba en Pará hay telas de calico recubiertas de algodón con las que se cubrió el altar; dos toallas de algodón de la India en la Iglesia de *Nossa Senhora da Madre de Deus da Vigia* en Pará; un paño tallado que sirve de alfombra en la Iglesia de Tabatinga; como también había sastres —probablemente indígenas, mestizos y/o africanos— que producían la ropa de los misioneros en el Colegio de São Luís en Maranhão [2] (pp. 219-235, volumen 2).

En la Iglesia de la Casa de Ejercicios y Recreación Religiosa de Nuestra Señora de Dios en Maranhão se enumeran "tres vestiduras nuevas bordadas y venidas de China" y "tres casullas de satín blanco bordadas en China..." [2] (pp. 273-274, volumen 2). Está comprobado que a partir del tránsito y la presencia de textiles asiáticos en el estado de Grão-Pará y Maranhão, los artistas autóctonos también produjeron imitaciones pintadas de bordados chinos, como en la Iglesia de la Casa de Ejercicios y Recreación Religiosa de Nuestra Señora de Deus en Maranhão, donde "fueron elaborados diez frontales exquisitamente pintados imitando los bordados chinos que se usaban a diario" [2] (p. 273, volumen 2).

Como hemos visto, el campo de investigación es muy amplio, los objetos siempre han estado en diálogo, "intercambiando" motivos decorativos entre sí —porcelanas, telas, abanicos, biombos, etc.— y en diferentes "idiomas" —amerindio, español, portugués, hindú, chino, etc.—. ¿Por qué las calabazas no participarían de esta "conversación", ya que eran reconocidas como una fuerte expresión de convergencia cultural, entre el barniz *cumatê* y el brillo de la laca asiática admirada en toda Europa?

4. Conclusión

El análisis de las *cuias* del siglo XVIII y del proceso de barnizar y luego adornarlas con decoraciones coloreadas o grabadas, como hemos visto, aporta datos relevantes sobre los conocimientos ancestrales de las mujeres indígenas y sus readaptaciones en el violento proceso de formación del mundo colonial. Los objetos creados por las culturas amerindias fueron sometidos a una serie de transformaciones, en la técnica y en el repertorio decorativo, en función de su uso comercial para la exportación en el mercado global y para adaptarse a los nuevos tiempos. Afortunadamente, este conocimiento sigue presente hoy, gracias a la resistencia de muchas artistas indígenas y ribereñas. La preservación de la "manera de hacer *cuias*" por parte de las artistas que conocemos en la región de Aritapera debería tener la misma importancia que la conservación del conjunto de *cuias* y calabazas presentes en las colecciones que guardan la colección de Alexandre Rodrigues Ferreira en Portugal. Aunque separadas y viviendo en realidades diferentes, las *cuias* del siglo XVIII de Monte Alegre, Santarém y Belém y las mujeres de la comunidad de Carapanatuba comparten una larga historia de persistencia. Historias y memorias a las que se puede acceder a través de la difícil y laboriosa preparación de recipientes brillantes con barniz *cumatê*.

El brillo de las *cuias* cuando "despiertan" del largo proceso comandado por las mujeres ribereñas realmente impresiona por su perfección, cualidad y belleza, más aún en un escenario en contacto con la naturaleza, entre los árboles de *cuieira*, los cantos de los pájaros, navegando los ríos, degustando la comida ribereña, en conversaciones pausadas, entre importantes narrativas de la gente que mantiene viva la floresta. A su vez, las *cuias* de las colecciones de Ferreira, hoy casi todas opacas o habiendo perdido gran parte de su brillo, tocan el alma por la maravilla de sus colores y decoraciones. Son igualmente desconcertantes por dar a conocer todo el dolor que posiblemente implicó la imposición de fundar y desarrollar una fábrica. Exploraron el trabajo y el conocimiento de mujeres artistas indígenas, y también, enseñadas por estas, mestizas e incluso hijas de portugueses nacidas en Pará. Los nuevos motivos representan, como sabemos, la pérdida y transformación de los originales; mucho más allá de una elección decorativa se trata de reinvenciones y resignificaciones de todo tipo, en muchas capas y niveles. Esas *cuias* del siglo XVIII, algunas aún con dibujos vinculados a las culturas indígenas, llenos de significados, dejan pistas que nos hablan de las persistencias que continuaron ininterrumpidamente, más o menos visibles en las superficies de los objetos, como *cuias,* calabazas y cerámicas.

La historia de los objetos sensibles en las colecciones europeas revela las prácticas de resistencia que debieron ejercer aquellas artistas y en los posibles mensajes cifrados que lograron dejar grabados en la superficie de los frutos, en forma de varias decoraciones o bien pintada o incisa, coloreada o dejada al natural. Los encajes y bordados, a veces en diálogo con la porcelana asiática o producida en Europa para la exportación a veces por artistas no europeos, fueron mi punto de partida y me sirven de clave de lectura para las bellas imágenes transferidas a las calabazas: flores, leyendas, encajes. Hay muchos modelos textiles para las *cuias* y calabazas, y mis últimos trabajos de investigación han tratado, no por casualidad, este tema en la época colonial, especialmente en el área de las misiones en el Amazonas: tejidos autóctonos, de la India, en brocado, seda, satín y bordados de China, alfombras, cretonas, tapetes de algodón, manteles de algodón de la India, manteles de lino de Bretaña con puntilla, de Guimarães, en el norte de Portugal. De ahí la importancia de acercarme a la materialidad aún conservada, sobre todo, en las colecciones portuguesas que he visitado, con cierta regularidad, en los últimos seis años, a pesar de las pausas impuestas por los años de la pandemia.

Por otro lado, la relación aún más estrecha con otros objetos de la colección de Ferreira, especialmente la producción artística de las mujeres, como cerámicas, artículos de paja, pinturas, ha abierto nuevas perspectivas. Estas están vinculadas a la economía de las misiones, y la agencia de la mujer, casi siempre borrada de la historia de los asentamientos misioneros, lo que generó importantes invitaciones a participar en eventos y publicaciones nacionales e internacionales [33]. Las *cuias* también reclaman espacio en la historia y la vida a través de sus "voces vegetales" [34]: considerar la "vida de las plantas" [35] y la "revolución de las plantas" [36] también llama a una reflexión sobre la vida y la memoria [37] de la *cuias.* Sin dejar de hablar del *cumatê,* para la elaboración de la "laca amazónica", y de las especies vegetales que producen las tintas y los colores muy especiales de la Amazonía. Así que necesitamos escuchar todas estas "voces": *pau brasil, caju do mato, barbatimão, açafrão da terra, jatobá, crajirú, pau campeche,* etc. De este modo la etnobotánica y la arqueobotánica, ligadas al saber ritual y medicinal etc. de pueblos ribereños y comunidades tradicionales de la Amazonía, son campos de investigación innovadores, de importancia e interés internacional, con quienes he buscado el intercambio, organizando encuentros y eventos, con el objetivo de generar diálogo y compartir intereses, también a través de la orientación de nuevas investigaciones, como aquella de Mônica Bertoldi André sobre los espacios de culto de los jesuitas en la América Portuguesa (maestría FAU USP / FAPESP [38]). En resumen, la interdisciplinaridad ha marcado la pauta de los avances en la biografía de las *cuias,* buscando abrir nuevas perspectivas en campos de actividad más amplios, no solo vinculados a la historia del arte, aunque esta sea mi principal área de actividad.

Colecciones más recientes, formadas entre los siglos XIX y XX, que también he visitado en los últimos años, así como los objetos que actualmente se venden en ferias y mercados de la Amazonía, son fundamentales para entender la amplitud de esta producción con alcance mundial y, al mismo tiempo, el fuerte retorno a las tradiciones locales en el uso de motivos indígenas, alteraciones e innovaciones adoptadas en la iconografía que incluyen figuras de *muiraquitã,* pictogramas del arte rupestre de la región de Monte Alegre, paisajes amazónicos, frutos de la tierra, etc. En 1859, en una visita a Prainha en Pará, también en el Bajo Amazonas, el médico alemán Robert Avé-Lallemant describió las *cuias* vendidas allí a precios muy bajos, como "cuencos chinos", ya que estaban pintadas en "un estilo chino", sino también como "genuinos productos naturales del arte amazónico y tapuia" [39] (p. 73).

Las *cuias* siempre han sido y son parte de la vida de quienes viven en la Amazonía, incluso en las grandes ciudades, y más aún en las comunidades ribereñas. Paseando por la ciudad de Santarém, donde confluyen las aguas del río Tapajós y el río Amazonas, puerto desde donde partimos para la comunidad Carapanatuba, las *cuias* están en los puestos de *tacacá* por la calle, en los mejores restaurantes, y en hoteles, mercados, barcos, en las casas. El centro de artesanía de Tapajós, Cristo Rei, recibe y vende las *cuias* —de la marca colectiva *Aíra*—, hechas por las mujeres de la *Asociación de Artesanos Ribereños de Santarém* (*Asarisan*), fundada en 2003 [40,41], y promotora del registro de la "Modos de fazer Cuias no baixo Amazonas, Pará", como patrimonio cultural del IPHAN, implementado en 2015.

El estudio de estos objetos por diferentes tendencias y épocas ya sea individualmente o en colaboración con otros investigadores y estudiantes, fue mi mayor inspiración para lanzar una propuesta de proyecto, hoy en su segunda fase, financiado por la Fundação de Amparo à Pesquisa – FAPESP, que coordino en la Facultad de Arquitectura y Urbanismo de la Universidad de São Paulo – FAU-USP, titulado "*Barroco-Açu*. La América Portuguesa en la Geografía Artística del Sur Global", que incluye dos grupos de estudios creados en 2019: Abya-Yala y Asia Global y en 2024: Manis. A través de la continuidad de la colaboración generosa y fundamental de la conservadora Carla Coimbra Alves del Museu da Ciência da Universidade de Coimbra,, de investigadores e instituciones de Portugal y de la Amazonía, y de la elaboración de un nuevo proyecto sobre las *cuias* de la región del bajo río Solimões, con Márcio Amaral, Geórgea Holanda y otros especialistas del *Instituto de Desenvolvimento Sustentável Mamirauá*, será posible ampliar los diálogos en la región amazónica. Las *cuias* del siglo XVIII, como "lacas de la Amazonía", y por todos los aspectos mencionados, como objetos sensibles, de la gente de la floresta y de las ciudades-florestas, con una vida intensa, amerindia, sudamericana y global, tienen el poder de aglutinar cuestiones fundamentales y urgentes.

En este momento, el intercambio de conocimientos, el aprendizaje con las artistas del bajo Amazonas, la posibilidad de inclusión del uso de nuevas tecnologías y una reflexión actualizada sobre la historia de esta producción, en toda la región amazónica, pueden promover el desarrollo de la bioeconomía a favor de las comunidades ribereñas y las prácticas sostenibles para la conservación de la floresta y sus formas de vida, reconociendo y fomentando el conocimiento, las artes y el protagonismo de las mujeres en la Amazonía.

Financiación: Este trabajo de investigación ha sido financiado por la Fundação de Amparo à Pesquisa do Estado de São Paulo - FAPESP, proceso nº 2021/06538-9".

Declaración de disponibilidad de datos: Datos originales disponibles previa solicitud, cuando esté suficientemente justificada.

Reconocimientos: Silvane Almeida Maduro, Lélia Almeida Maduro, Marinalva Correia de Sousa, de la *Associação das Artesãs Riberinhas de Santarém*, comunidad de Carapanatuba, región de Aritapera. Jussara Derenji del Museu da Universidade Federal do Pará – MUFPA. Luciano Migliaccio de la FAU-USP / JP2 FAPESP. Carla Alexandra Coimbra Fernandes Alves, del Museu da Ciência da Universidade de Coimbra. Bruna Cigaran da Rocha y Claide de Paula Moraes, del Programa de Arqueología y Antropología de la Universidade Federal do Oeste do Pará - UFOPA en Santarém, Pará. Anderson Marcio Amaral y Geórgea Layla Holanda de Araújo del Instituto de Desenvolvimento Sustentável Mamirauá en Tefé, Amazonas. Jackson Fernando Rêgo Matos del Instituto de Biodiversidade e Florestas de la Universidade Federal do Oeste do Pará - UFOPA. Franciane Aguiar Santana Matos do Instituto Cabana do Tapajós – ICT. Cristiana Barreto, Edithe Pereira, Erêndira Oliveira, Lucia Hussak Van Velthem y Helena Lima del Museu Paraense Emilio Goeldi – MPEG. Cristina Demartini y Carla Gilbertoni del Museu de Arqueologia e Etnologia da Universidade de São Paulo - MAE-USP en São Paulo capital. Maria Teresa Gonçalves e Ana Cristina Tavares da Coleção de Botânica do Museu da Ciência da Universidade de Coimbra. Maria João Pereira Coutinho de la Universidade Nova de Lisboa. Miguel Faria de la Universidade Autónoma de Lisboa. Sandra Leandro de la Universidade de Évora. Maria de Lurdes Craveiro y Pedro Ferrão del Museu Nacional

Machado de Castro en Coimbra. Maria Inês Alves del Museu Maynense da Academia de Ciências de Lisboa. Andréa Bandoni de la Universidade de Lisboa. Anna Heloísa Segatta, Ana Livia Saldanha, Carolina Akemi, Gabriella Martins, Giovanna Angeloni, Isabela Dias, Julia Marquez, Larissa Grandino, Luís Felipe Nunes, Mônica Bertoldi, Ricardo Makino, Victor Salgado de la FAU-USP/JP2 FAPESP Barroco-Açu. Investigadores del Proyecto FAPESP JP2 Barroco-Açu. Grupo de estudios Abya-Yala, Ásia Global y Manis de la FAU-USP. Agradezco especialmente a mi familia en la Amazonía y en São Paulo. También quisiera agradecer a Maria Sanchez Carvajal de National Trust, y a Irene Collazo Lugo y Toni Roberts de University College London (UCL) por corregir la versión en español de este artículo en las distintas fases de su elaboración.

Conflicto de intereses: Los responsables de financiación no han participado en el diseño de este estudio, las colecciones, análisis o interpretación de datos, así como en la redacción del manuscrito o en la decisión de publicar los resultados.

Notas

1. http://colaborativo.ibict.br/tainacan-iphan/bens-culturais/modos-de-fazer-cuias-do-baixo-amazonas/?order=ASC&orderby=date&perpage=12&taxquery%5B0%5D%5Btaxonomy%5D=tnc_tax_65757&taxquery%5B0%5D%5Bterms%5D%5B0%5D=6662&taxquery%5B0%5D%5Bcompare%5D=IN&search

References

1. Este trabajo se benefició del uso de la Infraestructura de Colecciones Científicas Portuguesas (PRISC.pt), Museu de Ciências da Universidade de Coimbra y Museu Maynense da Academia de Ciências de Lisboa.
2. Martins, R.M.d.A. Tintas da Terra, Tintas do Reino: Arquitetura e Arte nas Missões Jesuíticas do Grão-Pará. Ph.D. Thesis, Faculdade de Arquitetura e Urbanismo da Universidade de São Paulo—FAUUSP, São Paulo, Brazil, 1 October 2009; Volume 2.. http://www.teses.usp.br/teses/disponiveis/16/16133/tde-28042010-115311/ptbr.php (accedido en10 abril 2023).
3. Leite, S. História da Companhia de Jesus no Brasil (1938); Edição Loyola: São Paulo, Brazil, 2004; Volume 4.
4. Father Serafim Leite SJ extensively analysed the documentation of the jesuit missions in Brazil, preserved in the *Archivum Romanum Societatis Iesu* – ARSI, meanly in the found called Brasiliae.
5. Arenz, K.; Gaia, S. Mulheres Indígenas em Narrativas Jesuíticas da Amazônia Portuguesa (séculos XVII–XVIII). In *Habitus*; PUC-Goiás: Goiânia, Brazil, 2019; Volume 17, pp. 394–413. https://doi.org/10.18224/hab.v17i2.7552.
6. Martins, R.M.d.A. Práticas de Re-existência e opção decolonial nas artes da Amazônia: Indígenas pintoras e redes de circulações locais/globais de saberes e objetos. In *No Embalo da Rede. Trocas Culturais, História e Geografia Artística do Barroco na América Portuguesa*; Martins, R.M., Migliaccio, L., Eds.; Enredars/UPO/Projeto JP FAPESP Barroco Cifrado/FAUUSP: Sevilla, Spain; São Paulo, Brazil, 2020; pp. 343–363. https://rio.upo.es/xmlui/handle/10433/8780 accedido en 10 abril 2023).
7. Bettendorff, J.F. Chronica dos Padres da Companhia de Jesus no Maranhão; Secult: Belém, Brazil, 1990.
8. Daniel, J. *Tesouro Descoberto no Máximo Rio Amazonas*; Contraponto/Prefeitura de Belém: Río de Janeiro, Brazil; Belém, Brazil; 2004; 2v.
9. Porro, A. Uma crônica ignorada: Anselmo Eckart e a Amazônia setecentista. In *Boletim do Museu Paraense Emilio Goeldi. Ciências Humanas*; Ed.; Museu Paraense Emilio Goeldi—MPEG: Belém do Pará, Brazil, 2011; Volume 6.
10. Martins, R.M.d.A. Uma cartela multicolor: Objetos, práticas artísticas dos indígenas e intercâmbios culturais nas Missões jesuíticas da Amazônia colonial. In *Revista Caiana*; Caia: Buenos Aires, Argentina, 2016; pp. 69–84. https://caiana.caiana.com.ar/author/renata-maria-de-almeida-martins/ (accedido en 10 abril 2023).
11. Martins, R.M.d.A. Cuias, Cachimbos, Muiraquitãs: A arqueologia amazônica e as artes do período colonial ao Modernismo. In *Boletim do Museu Paraense Emilio Goeldi*; MPEG, Ed.; MPEG: Belém do Pará, Brazil, 2017; pp. 403–426. https://doi.org/10.1590/1981.81222017000200009.
12. Saldanha, A.L.R. Mulheres, Cuias e Caminhos. Cartografia Digital para a História da Produção Artística de Comunidades Tradicionais no Baixo Amazonas. Master's Thesis. Faculdade de Arquitetura e Urbanismo da Universidade de São Paulo—FAUUSP, São Paulo, Brazil, 2024.
13. Hartmann, T. Evidência Interna em Cultura Material. O Caso das Cuias Pintadas no Século XVIII; Revista do Museu Paulista, Ed.; MP-USP: São Paulo, Brazil, 1988; Volume 33, pp. 291–302.
14. Martins, R.M.d.A. *Barroco-Açu. A América Portuguesa na Geografia Artística do Sul Global (proceso nº. 2021/06538-9)*; Projeto Jovem Pesquisador Fase 2—JP2; Fundação de Amparo à Pesquisa no Estado de São Paulo—FAPESP; Faculdade de Arquitetura e Urbanismo da Universidade de São Paulo—FAU-USP (2022-2027). https://bv.fapesp.br/pt/auxilios/109224/barroco-acu-a-america-portuguesa-na-geografia-artistica-do-sul-global/ (accedido en 10 abril 2023).
15. Martins, R.M.d.A. Um Jardim Oriental-Ocidental: A experiência global do artista jesuíta Charles Belleville (Wei-Kia-Lou) na rota França-China-Brasil, e a decoração do Seminário de Belém da Cachoeira no Recôncavo Baiano. In: Massimi, Marina; Pécora, Alcir (Org.). In *In Studiosos Adolescentes: Apologia das Letras Humanas e Prática Retórico-Poética nos Colégios Jesuíticos do Brasil*; Edusp: São Paulo, Brazil, 2022; pp. 155–202.

16. Martins, R.M.d.A. Asia y el patrimonio de las Misiones Jesuíticas en la América Portuguesa. Un enfoque basado en los saberes y la biografía de los artistas y objetos en el Sur Global. In *Patrimonio Religioso de Iberoamérica: Expresiones Tangibles e Intangibles (Siglos XVI–XXI)*; Limpias, V.H., Ed.; UPSA: Santa Cruz de la Sierra, Bolívia, 2021; pp. 316–323. https://dialnet.unirioja.es/servlet/articulo?codigo=9371517. (accedido en 10 abril 2023).
17. Amaral, A.M.; Martins, R.M.d.A. Arqueologia e práticas artísticas de mulheres da Amazônia: As cuias no contexto das missões jesuíticas da região de Santarém. In *De Rede e Cuia. Circulação de Imagens, Artistas, e Cultura Material nas Missões Jesuíticas da América Portuguesa*; Martins, R., Migliaccio, L., Eds.; Revista IHS—Antiguos Jesuítas en Iberoamerica/CONICET/ Universidad Nacional de Córdoba: Córdoba, Argentina, *in press*.
18. Martins, R.M.d.A.; Migliaccio, L. A linha do bordado. Conectando objetos nas rotas da Companhia de Jesus. In Proceedings of the XVIII Jornadas Internacionales de las Misiones Jesuíticas, Museo Nacional del Uruguay, Montevideo, Uruguay, 10 Noviembre 2023.
19. Saldanha, A.L., Martins, R.M.d.A. As mulheres nas artes da América Portuguesa: Indígenas pintoras da região do Baixo Amazonas no Pará. In *Mulheres do Brasil: Artes e Artistas*; Magnani, M.C., Ed.; Enredars/UPO/Roma Tre Press: Sevilla, Spain; Rome, Italy, 2023; pp.55–82. https://rio.upo.es/entities/publication/40b3d669-4242-4314-8913-3285ce4dab64. (accedido en 7 agosto 2023).
20. Ferreira, A.R. Memória sobre as cuias que fazem as mulheres de Monte Alegre e Santarém (1786). In Viagem Filosófica pelas Capitanias do Grão-Pará, Rio Negro, Mato Grosso e Cuiabá. Memórias Antropologia; Ed.; Conselho Federal de Cultura: Rio de Janeiro, Brazil, 1974; pp. 35–39.
21. Vieira J.C. et al., *Arte na cuia: experiência tradicional de saber fazer. Nova Cartografia Social da Amazônia*, Série Cultura e resistência no Oeste do Pará, vol. 1. Manaus: UEA Edições, 2013, p. 8
22. Ferreira, A.R. Memória sobre as cuias que fazem as mulheres de Monte Alegre e Santarém (1786). In Viagem Filosófica pelas Capitanias do Grão-Pará, Rio Negro, Mato Grosso e Cuiabá. Memórias I. Antropologia; Teles, T., Ed.; Editora Valer: Manaus, Brazil, 2008; pp. 185–189.
23. Ferreira, A.R. Memoria sobre as cuyas (1786). In *Revista Nacional de Educação*; Museu Nacional do Rio de Janeiro: Rio de Janeiro, Brazil, 1933; pp. 58–63.
24. Martins, R.M.d.A. Além do Olhar: As fontes sobre a apropriação das técnicas e dos materiais das culturas indígenas nas artes da Amazônia colonial. In *Objetos do Olhar: História e Arte*; Knauss, P., Malta, M., Eds.; Rafael Copetti Editor: São Paulo, Brazil, 2015; pp. 139–154.
25. Grandino, L.A. Cores da Amazônia. Materiais e Técnicas Ameríndias no tratado das tintas do jesuíta João Daniel. Trabajo Final de Graduación (TFG) en Arquitectura y Urbanismo (directora: Renata Martins). Undergraduate Thesis, FAUUSP, São Paulo, Brazil, 2021. Available online: http://tfg.fau.usp.br/larissa-antonellini-grandino/ (accedido en 7 agosto 2023).
26. Puglieri, T.S.; Maccarelli, L. Paint and Coloring Materials from the Brazilian Amazon Forest: Beyond Urucum and Jenipapo. *Heritage* **2023**, *6*, 5883–5898. https://doi.org/10.3390/heritage6080309
27. Ferreira, A.R. Memória sobre a louça que fazem as índias do Estado (1786). In Viagem Filosófica pelas Capitanias do Grão-Pará, Rio Negro, Mato Grosso e Cuiabá. Memórias. Antropologia; Conselho Federal de Cultura: Rio de Janeiro, Brazil, 1974; p. 33.
28. Ferreira, A.R. Memória sobre a salva de palhinhas pintadas pelas que fazem as índias da vila de Santarém. In Viagem Filosófica pelas Capitanias do Grão-Pará, Rio Negro, Mato Grosso e Cuiabá. Memórias. Antropologia; Conselho Federal de Cultura: Rio de Janeiro, Brazil, 1974; p. 47.
29. de Moraes, J. História da Companhia de Jesus na Extincta Província do Maranhão e Pará; Typographia do Commercio, de Brito & Braga: Rio de Janeiro, Brazil, 1860; p. 508.
30. Martins, R.M.d.A.; Migliaccio, L. Pelos mares, entre sertões. Redes de circulação e de conexões do gosto asiático na arte do Barroco no Brasil. In *Identidades y Redes Culturales*; Guzmán, R., Marí, Y., Saéz, I., Eds.; Universidad de Granada: Granada, Spain, 2021; pp. 489–498.
31. Hartmann, T. Evidência Interna em Cultura Material: O Caso das Cuias Pintadas no Século XVIIII; Revista do Museu Paulista: São Paulo, Brazil, 1988; Volume 33, pp. 291–302.
32. Hartmann, T. Memory of Amazonia. Alexandre Rodrigues Ferreira and the Viagem Philosophica in the Captaincies of Grão-Pará, Rio Negro, Mato Grosso and Cuyabá (1783–1792). (Texts and Catalog by Thekla Hartmann); Museu e Laboratório Antropológico da Universidade de Coimbra: Coimbra, Portugal, 1994.
33. Martins, R.M.d.A., Louças e panos da terra: modelando e tecendo re-existências nas missões jesuíticas da Amazônia *Florianópolis UFSC*, **2023**, 68-80. https://doi.org/10.5007/2175-7976.2023.e93889.
34. Oliveira, J.C.; Amoroso, M.; Lima, A.G.; Shiratori, K.; Marras, S.; Emperaire, L. *Vozes Vegetais. Diversidade, Resistência e Histórias da Floresta*; UBU/IRD: São Paulo, Brazil, 2020.
35. Coccia, E. A Vida das Plantas. Uma Metafísica da Mistura; Ed.; Cultura e Barbárie: Desterro, Brazil, 2018.
36. Mancuso, S. *A Revolução das Plantas*; UBU: São Paulo, Brazil, 2019.
37. Moreira, P.A. Memórias sobre as cuias: O que contam os quintais e florestas alagáveis na Amazônia brasileira? In *Vozes Vegetais. Diversidade, Resistência e Histórias da Floresta*; Oliveira, J.C., Amoroso, M., Lima, A.G., Shiratori, K., Marras, S., Emperaire, L., Eds.; UBU/IRD: São Paulo, Brazil, 2020; pp. 154–166.
38. Bertoldi A.M. Diálogos entre Mani e Narã: espaços vegetados em estabelecimentos jesuíticos na América portuguesa entre os séculos XVI e XVIII. Master's Thesis. Faculdade de Arquitetura e Urbanismo da Universidade de São Paulo—FAUUSP, São Paulo, Brazil, 2024.

39. Avé-Lallemant, R. *No Rio Amazonas (1859)*; Ed.; Itatiaia/Edusp: Belo Horizonte, Brazil; São Paulo, Brazil, 1980; p. 73.
40. Santos, A.M.; Carvalho, L.G. *Terra, Água, Mulheres e Cuias*; Prodetur. Coletânea Mapeamento Cultural Pólo Tapajós: Santarém, Brazil, 2013; Volume 1.
41. Carvalho, L.G. *O Artesanato de Cuias em Perspectiva—Santarém*; IPHAN: Rio de Janeiro, Brazil; CNFCP: Rio de Janeiro, Brazil, 2011.

heritage

Article

Influence of Japanese Namban Lacquer in New Spain, Focusing on *Enconchado* Furniture

Yayoi Kawamura [1,*] and Ana García Barrios [2]

1 Departamento de Historia del Arte y Musicología, Campus de Humanidades, Universidad de Oviedo, c/Amparo Pedregal s/n, 33011 Oviedo, Spain
2 Departamento de Artes y Humanidades. Edificio Maestro Rodrigo C/Infantas, Edificio Maestro Rodrigo C/Infantas, 55, 28300 Madrid, Spain; ana.barrios@urjc.es
* Correspondence: kawamura@uniovi.es

Abstract: This work studies one type of artistic production from the Viceroyalty of New Spain during the second half of the seventeenth century and the beginning of the following century. Furniture decorated with the technique of *enconchado* is studied to point out the influence of Namban lacquer as well as the relationship with *enconchado* painting, a better known and studied corpus than furniture, and also its link to Mexican lacquer, *maque*. The identification and study of three pieces of furniture that feature the *enconchado* technique, and a cross, probably decorated with *maque*, offer a complementary vision of the art of *enconchado* and allow us to consider *enconchado* furniture an independent artistic genre.

Keywords: Namban style; lacquer; *maque*; *enconchado* furniture; New Spain; Puerto de Santa Maria; Alba de Tormes

Citation: Kawamura, Y.; García Barrios, A. Influence of Japanese Namban Lacquer in New Spain, Focusing on *Enconchado* Furniture. *Heritage* **2024**, *7*, 1472–1495. https://doi.org/10.3390/heritage7030071

Academic Editors: Lucia Burgio, Dana Melchar and Monica Katz

Received: 12 February 2024
Revised: 2 March 2024
Accepted: 3 March 2024
Published: 11 March 2024

1. Introduction

Currently, the study of *enconchado* art focuses on paintings, either in individual panels or in the form of folding screens. Scenes were painted in oil and tempera on many mother-of-pearl fragments that were adhered onto a plaster ground on a sometimes fabric-covered wooden substrate. One of the most notable characteristics of the art of the Viceroyalty of New Spain was its ability to absorb and appropriate foreign influences and fuse them with Indigenous traditions. *Enconchado* painting is a good example of this. The long tradition of American mother-of-pearl art, Spanish pictorial techniques, and Asian lacquer united to create a striking pictorial genre. Especially famous is the series *La conquista de México* (*The Conquest of Mexico*), produced in the last decades of the 17th century in and around the González brothers' workshop in Mexico City. The recent exhibition *La luz del nácar* (*The Light of Mother-of-pearl*)[1] organised in the Museo de América in Madrid has gathered a considerable number of works, including the series from the dukes of Moctezuma, and analyses the art of *enconchado* from the point of view of Asian influences. Previous studies exist on the parallels between Namban-style Japanese lacquer and *enconchado* painting [1–3]. The present work is focused on *enconchado* furniture and analyses this genre in comparison with works of Namban lacquer and Mexican lacquer. The methodology applied is a comparative study of the materials, techniques, and forms used.

The Spanish version of this essay, including all the original documentary references, is available as a Supplementary File.

2. The Arrival of Japanese Lacquer in New Spain

To confirm influences of Japanese lacquer in New Spain in the first place, we reviewed the documentary evidence of its reception in which the Manila galleon had a primary role.

Since Spain and Japan made contact towards the end of the sixteenth century, objects made with Japanese lacquer *urushi* were considered very valuable and they were chosen as a diplomatic gift. In 1584, Philip II received three lacquered objects, now lost, from three young Japanese Christians who were visiting him, known as the Tensho Legation, organised by the Jesuits [4]. Furthermore, the same monarch possessed several lacquered pieces considered Namban-style lacquer (henceforth known as Namban lacquer) [5].

When Tokugawa Ieyasu (1543–1616), the future Japanese supreme ruler, initiated contact with Spain via Manila at the end of the sixteenth century, *urushi* lacquer items were considered an appropriate commodity to send to the Philippine capital, as shown in the list of goods that its ambassador transported in 1599: fourteen chests, fifty-five boxes for mirrors, and two dressing tables, all of them "gold varnished" [6] (pp. 37–38)—clearly lacquerware decorated in the *makie* technique. As a consequence of the success of Japanese lacquer amongst the first Europeans who made contact with Japan, namely the Portuguese and Spanish, a new lacquer type specifically for European export arose in the last decades of the sixteenth century, called Namban lacquer, studied by different researchers [7–14]. This furniture of European style and use, decorated with the gold of *makie* and mother-of-pearl, was made between approximately 1580 and 1630 (Figure 1). The interest in this artistic genre amongst the Spanish and creoles in Manila and New Spain can be clearly seen in the documentation of the period.

Figure 1. Writing desk from the Convent of Santa María de Jesús, Sevilla, Namban lacquer, 1580–1630. Photograph by Y. Kawamura.

Antonio de Morga (Seville, 1559-Quito, 1636), Lieutenant Governor and Captain General of the Philippines between 1595 and 1603, mentioned in *Sucesos de las Islas Filipinas* (*Successes of the Philippine Islands*) the goods that arrived from the port of Nagasaki and said: "desks, boxes and wooden trunks with varnish and curious work [. . .] serve as shipments to New Spain"[2] [15].

A few years later, the Governor, Rodrigo de Vivero (Mexico, 1564-Orizaba, 1636), who knew of Japan after being shipwrecked on its coast, wrote in *Relación de Japón* (*Relation of Japan*) about Japanese luxury goods sent to New Spain: "Japan does not have useful returns for New Spain, because paintings, desks, screens, and what was brought the last time, is not merchandise for ordinary people [. . .] The varnish of the desks and sideboards, which is like a tree resin, has no equal, and therefore they have bizarre beauties of this genre"[3] [16].

The Spanish navigator and explorer Sebastián Vizcaino (1548–1628), who was in Japan between 1611 and 1612, commented: "Some gentlemen from Mexico, who had ordered him to carry back *maqui* as a gift for them and their relatives"[4] [17] (p. 380), [18] (p. 72). The "*maqui*" that Vizcaino was talking about was, without doubt, lacquer. The word was derived from the Japanese *makie,* a golden lacquer decoration technique and almost synonymous with the art of Japanese lacquer.

On the other hand, the *oidor* (judge) of the Audiencia (Court) of Manila, Juan Manuel de la Vega, wrote a letter in 1612 to Juan Ruiz de Contreras, Secretary of the Real y Supremo Consejo de Indias (Council of the Indies) in Madrid[5], in which he spoke of the shipment in 1610 of "a golden writing desk from Japan with silver trim and key" and another sent in 1612 "a large golden writing desk with silver trim and a key"[6] as a wedding present. The letter reveals that the *oidor* of Manila chose an object of Namban lacquer as a present for his superior.

Lucas de Bargara Gaviria, a military man who moved up the ranks from captain to field master in 1611 in the Philippines for defending Ternate Island against attacks from the Dutch, sent to Pedroso (La Rioja), his home town, a chest, two lecterns, and three pyxes, probably to celebrate his promotion. All of them were Namban lacquerware[7], of which the chest is still preserved in good condition.

The Governor of the Philippines, Alonso Fajardo, at his death in 1624, owned, according to his inventory of goods, different objects from Japan, amongst which nineteen pieces are considered Namban lacquerware: lecterns, desks, writing desks, small boxes, and beds [19].

This documentary evidence, dated from the first quarter of the seventeenth century, coincides with the period of Namban lacquer and clearly demonstrates the appreciation for lacquered works coming from Japan to Manila and New Spain, both connected by the Manila Galleon [20–22].

There are few Namban lacquer objects currently preserved in Mexico; probably, many pieces were sold outside of the country. Those that we believe to have been preserved in New Spain from the viceregal period are a pyx from the Basilica de Guadalupe (Figure 2), a coffer, and two writing desks in private collections. However, a notable number can be found in Spain which we believe arrived via New Spain [23]: some based on the historic documentation and others because they carry added American silver decoration (Figure 3). Other objects, especially oratories, kept in different museums and collections worldwide, contain paintings from New Spain (Figure 4), clear evidence that they had been in New Spain[8].

Figure 2. Pyx from Museo de la Basílica de Guadalupe, Mexico City, Namban lacquer, 1580–1630. Photography by Luis Fauvet.

Figure 3. Writing desk converted to a tabernacle, from the Convent of San Juan de la Penitencia, Alcalá de Henares (Madrid), Namban lacquer, 1580–1630. Photography by Rafael Suárez Pascual.

Figure 4. Oratory, from Fundación Cultural Daniel Liebsohn, Mexico City, Namban lacquer, 1580–1630. Photography by Fundación Cultural Daniel Liebsohn.

3. The Influences of Japanese Lacquer in New Spain

3.1. *Maque and Enconchado*

It is widely recognised that in the same period, Japanese folding screens were exported from Japan to New Spain, where they were widely accepted, and the art of Mexican folding screens developed. Also the Spanish term *"biombo"* (folding screen) comes from the Japanese *"byōbu"* [24,25]. The same phenomenon must have occurred with Namban lacquer.

The first artistic genre where Japanese lacquer influence can be noted is the art of Mexican lacquer, or *maque*—derived from the Japanese term *makie* (a Japanese lacquer decoration technique using metal powders, usually gold). The technique was applied on gourds and dates from the pre-Hispanic period [26,27]. From the second half of the seventeenth century, the decoration on artistic objects such as small coffers evolved with similar characteristics to those of Namban lacquerware: dense decoration with vegetal and bird motifs surrounded by borders decorated with repeating motifs. Amongst the works considered to be from the eighteenth century, there are two works of Olinalá lacquer that are reminiscent of Namban lacquer: a small coffer from the Museo Franz Mayer and another from the Museo Regional de Michoacán (originally from the Museo Nacional del Virreinato)[9]. On an orange background, densely packed vegetal motifs and red birds with white and blue–green touches, and borders with repeating motifs, can be observed. All these details recall Namban lacquer decoration, although the background is not black, a notable difference, but red lacquer was practised in China and in the Ryuku Kingdom, and this type of production could also have reached New Spain. In the meantime, the analysis of documentary references to different kinds of Asian, Mexican, and European lacquerware reveals that none of them were exclusively known as *maque*. All of them were sometimes named *maque*, while other times they were considered "painted" pieces, and some others they were simply described as furniture "from China", "from Japan", or "from Michoacán" [20–22].

The second genre is *enconchado* painting (Figure 5), which the González brothers, Miguel and Juan[10], brought to the pinnacle of craftsmanship in the last decade of the seventeenth century, but which swiftly declined in later generations [28–32]. Although there were some suggestions as to the foreign origins of Miguel González [33], [34] (p. 300), the studies that revealed the names of his parents [31,35,36] seem to support his American origins. According to Tovar [32], Tomás González of Villaverde, father of Miguel and Juan, appears in a document dated 1689 as "a master of *maque* painting" and his son Miguel as "an official of the aforementioned art of painting". This description of the profession of both makes us think that Tomás painted panels with *maque*, and his son Miguel did the same, but we know that a decade later, Miguel and his brother Juan created *enconchado* paintings with oil and tempera.

Furthermore, these facts suggest the presence of a missing step in the evolution of *enconchado* painting. Prior to the full development of *enconchado* painting with oil and tempera, there could have been *maque* painting with Mexican lacquer and probably with mother-of-pearl. There is no evidence for when Miguel Gonzalez started to use mother-of-pearl in his paintings, and no work of Mexican lacquer with inlaid mother-of-pearl is either documented or preserved. What is certain is that the document from 1689 and Miguel Gonzalez's preserved works show the closeness between the art of *maque* and the art of *enconchado* painting. However, we are aware that the word *maque* does not only or always refer to pre-Columbian-rooted Mexican lacquer work, and there is no evidence that the Gonzalezes ever used pre-Columbian-rooted lacquer techniques.

On the other hand, the influence of Japanese lacquer in the Namban style can be noted in the Gonzalez brothers' *enconchados*. Ocaña focused on the marginal areas such as the decorated frames, where there are plant and bird motifs in yellowish tones on a black background, which show a strong similarity to the motifs of Namban lacquer [2,3]. Apart from the motifs highlighted by Ocaña, the golden brushstrokes applied on the Gonzálezs' panels, with a fine gold powder, and with some of them applied over the mother-of-pearl, create a brilliant and iridescent effect, very similar to that of Namban lacquer (Figures 6 and 7).

Figure 5. *La Conquista de México,* from the dukes of Moctezuma's collection, private collection, *enconchado* painting, end of the seventeenth century. Photograph by A. Garcia Barrios.

Another similarity between the González brothers' workshop and their circle and Japanese art can be found in the twenty-four panels from the dukes of Moctezuma's collection, the subject of a recent study [34]. On the backs of these panels, there are paintings of water landscapes with birds on a golden background, clearly taken from the paintings on Japanese folding screens by the 17th-century Kano school, which spread the iconography of birds and flowers (*kachōzu*) and the use of golden backgrounds, but painted by non-Japanese artists (Figure 8). This is a surprising discovery, with the artist(s) still unknown, but is one that could indicate the presence of painters of Japanese origin, or second generation, settled in New Spain working in the González workshop. This is conjecture without documentary evidence to date, but it seems reasonable.

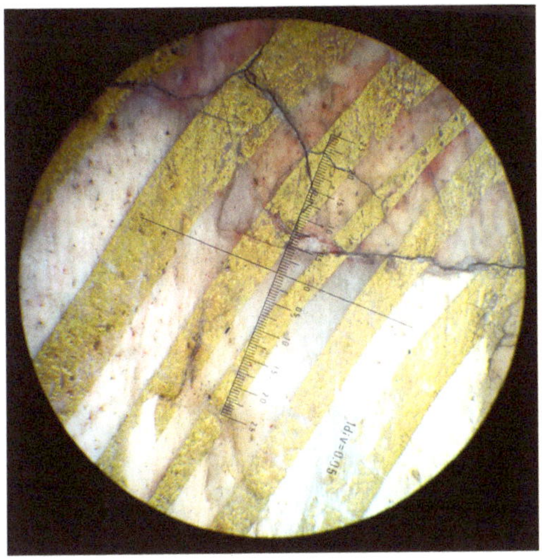

Figure 6. Detail in *La Conquista de México,* from the dukes of Moctezuma's collection, *enconchado* painting, at the end of the seventeenth century. Photograph by Y. Kawamura.

Figure 7. Detail in the chest from Parish of Pedroso (La Rioja), Namban lacquer, 1580–1630. Photograph by Y. Kawamura.

It is probably right to imagine that in the mid-seventeenth century, after the stylistic impact of folding screens and lacquers from Japan, the process of the assimilation and appropriation of these arts began. The fusion with European and Indigenous elements, initiated by skilled artists and artisans of New Spain, was perhaps also fused with the contributions of artisans of Japanese origin. In the period, *enconchado* furniture, the main object of this study, had to be produced.

Currently, only three objects are known that can properly be called *enconchado* furniture: a tabernacle preserved in the parish of Allo (Navarre); a fragment of a piece of furniture, perhaps a small door or front of a drawer, preserved in the Museo de América in Madrid; and a lectern from the Museo Carmelitano in Alba de Tormes (Salamanca).

Figure 8. Painting of a landscape on the reverse of the *enconchado* panels of *La conquista de México* from the dukes of Moctezuma's collection. Private Collection. Photograph by Y. Kawamura.

3.2. Enconchado Tabernacle from Allo

The tabernacle of the parish of Allo (Navarre) was identified and studied as *enconchado* [35–37] and later examined in comparison with Namban lacquer [6] (pp. 98–99) (Figure 9). The tabernacle is a domed hexagonal temple, a distant echo of the tabernacle in El Escorial, designed by Juan de Herrera; thus, it could be imitating a Spanish design that arrived in New Spain, although there was production of this type of tabernacle, hexagonal and domed, with Namban lacquer, as demonstrated by an example in the Peabody Essex Museum in Salem (Massachusetts)[11] [11] (p. 194).

Figure 9. *Enconchado* tabernacle from Parish of Allo (Navarre), late seventeenth century. Photograph by Larrión and Pimoulier.

Upon examining the details, similarities with Namban lacquer are even more obvious. The dome is decorated with vine leaves and bunches of grapes, making reference to the eucharist, and on the body there are six arches and the Mystic Lamb and saints. Although the background is blue and not black like Namban lacquerware, the motifs are elaborated with thin inlaid mother-of-pearl and a soft semi-transparent yellow tone and powdered gold that trace the shapes. There are no other colours (Figure 10). This detail is directly associated with the *makie* aspect of Japanese lacquer. The shapes and combination of mother-of-pearl and gold of the vine leaves and bunches of grapes are very similar to the motifs of Namban lacquerware (Figure 11). Also, the golden brushstrokes that paint the details on top of the inlaid mother-of-pearl on the arches, correcting or dissimulating the irregular shapes of the adhered mother-of-pearl, is a technique observed in Namban lacquer and also in *enconchado* painting [38] (p. 17), [39] (p. 28). Furthermore, in the marginal areas, one can see narrow strips with undulating vegetal motifs similar to scrollwork or with repeating motifs that feature in the works of Namban lacquer. And the polished and brilliant aspect that the work offers to a certain extent reminds us clearly of Namban lacquer.

Figure 10. Detail of the tabernacle from Parish of Allo (Navarre). Photograph by Y. Kawamura.

Figure 11. Detail in a chest from a private collection. Namban lacquer, 1580–1630. Photograph by Y. Kawamura.

The tabernacle was recorded as being in the parish before 1718 [36]; thus, the possibility that it was made in the second half of the seventeenth century is acceptable.

3.3. Fragment of Enconchado Furniture from the Museo de America in Madrid

A rectangular fragment from a piece of furniture preserved in the Museo de America in Madrid[12] (Figure 12) features a scene of Atlas and Vulcan, which could be classified as an *enconchado* painting. However, the scene is inside an arch flanked by columns that recalls the central drawer of writing desks of Spanish origin that were made in considerable quantities with Namban lacquer (Figure 1). The black background decorated with golden bouquets also evokes Japanese lacquer, but due to the scarcity of information and the current fragmentary state, we cannot glean more. In fact, we do not know what adhesives are applied nor if the visible lustrous texture is due to the subsequent layer of varnish or because of the use of *maque*.

Figure 12. Fragment of *enconchado* furniture, 1625–1725. © Museo de America in Madrid.

3.4. Enconchado Lectern from Alba de Tormes

The case of the *enconchado* lectern preserved in the Museo Carmelitano in Alba de Tormes (Figure 13) offers more interesting considerations with relation to Namban lacquer [23]. It was probably made earlier than the two previous works. The form of the lectern is exactly the same as that of the Namban lectern (Figure 14), that is to say, foldable with two interlocked panels. Different to the objects mentioned above, the background is black, like Japanese lacquer, and several fine pieces of mother-of-pearl are inlaid in the shape of leaves and flowers. Even in the absence of a materials analysis, the lustrous appearance of the black points us towards the Mexican lacquer *maque,* made with the fat extracted from the aje insect (*Coccus axin*), dissolved in chia (*Salvia hispanica*) oil and coloured with soot. The chromatic combination of the black, the gold, and the mother-of-pearl is identical. The monogram IHS (Jesus Christ), that appears in large letters on the majority of Japanese lecterns also appears on this one. The flowers look like camellias, very common in Namban lacquer, and the curved extremities of the bouquets follow the Japanese model. It is clear that the maker of this lectern had as its model a Namban lacquer lectern and tried to copy it with materials and techniques available in New Spain.

Figure 13. Lectern from Museo Carmelitano in Alba de Torres (Salamanca), *enconchado* and *maque*, second half of the seventeenth century. Photograph by José Luis Gutiérrez Robledo.

Figure 14. Lectern from Parish of los Sagrados Corporales, Darroca (Zaragoza), Namban lacquer, 1580–1630. Photograph by Rafael Suárez Pascual.

Three different types of leaves can be observed: completely golden leaves, orange-coloured leaves with their veins and outlines painted with gold brushstrokes, and leaves made of mother-of-pearl with the same gold brushstrokes on top. The gold leaves are made from very finely powdered gold applied very densely. The orange-coloured leaves are the result of applying the gold powder less densely (Figures 15 and 16). The three methods used to create the leaves are exactly the same as the techniques applied in Namban lacquer. In Japanese, three terms are distinguished: *hira makie* (flat and dense gold-powder decoration), *nashiji* (less dense gold-powder decoration) and *raden* (mother-of-pearl inlay) (Figure 17). The way in which the veins or edges are added is called *tsukegaki* (added gold drawings). The *enconchado* lectern not only imitates the form, motifs, and exterior elements of a Namban lacquer lectern, but also the techniques of expression are very similar. Although the vegetal and floral motifs are very crude in comparison to Japanese lacquer motifs, and they certainly do not come from the trained hands of a Japanese craftsman, it might be reasonable to wonder if the *enconchado* lectern artist had technical knowledge of Japanese lacquer decoration.

Figure 15. Detail in the lectern from Museo Carmelitano in Alba de Torres (Salamanca). Photograph by Y. Kawamura.

Figure 16. Detail in the lectern from Museo Carmelitano in Alba de Torres (Salamanca). Photograph by Y. Kawamura.

The great similarity in the techniques of applying gold powder in different densities might suggest the presence of a Japanese person, not necessarily an expert in Japanese lacquer decoration, but with sufficient knowledge about the use of gold powder and mother-of-pearl in lacquerware. The presence of several Japanese people in New Spain during the seventeenth century is documented. Some of the companions that arrived with the trader Tanaka, in 1610, and with the samurai Hasekura (Keicho embassy), in 1614, and the companions who crossed the Pacific with Friar Diego of Santa Catalina in 1617 did not return to Japan [40]. Furthermore, some of the Japanese Christians exiled in Manila were able to reach New Spain. Luis de Encío (Japan, 1595?–Guadalajara, 1666) and Juan Páez (Osaka, 1608?–Guadalajara, 1675) constitute the cases studied of the Japanese people who lived in Guadalajara in that century [40–42]. On the other hand, in the face of Christian persecution in Japan, the artisans who had manual skills, such as lacquer artisans, were the individuals who could more easily move from their place of origin compared to the peasants, who were very tied to the land.

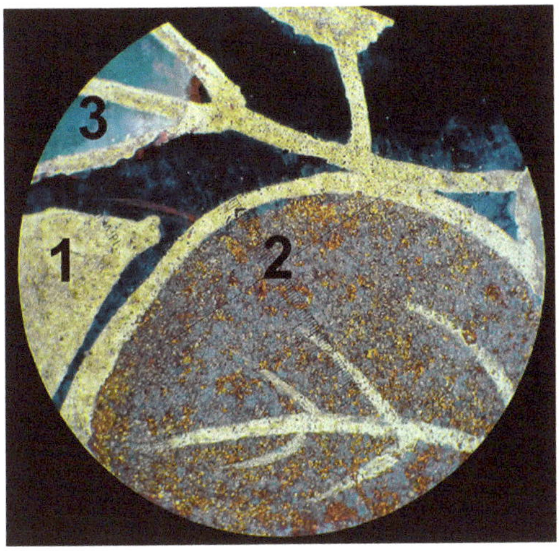

Figure 17. Detail in the chest from Parish of El Salvador, Pedroso (La Rioja), Namban lacquer, 1580–1630. 1: *hira makie*. 2: *enashiji*. 3: *raden*. Gold lines on top of 2 and 3: *tsukegaki*. Photography by Y. Kawamura.

A comparison between this lectern and the tabernacle from Allo suggests that the lectern was made at an earlier date than the tabernacle, as it is closer to Namban lacquerware. On the tabernacle, gold brushstrokes made using gold powder can be observed, but the application of less dense gold powder to create the orange colour is not seen. The leaves of this colour are painted with semi-transparent paint, moving further away from the Japanese technique.

The image of Saint Teresa who appears inside a rectangular frame situated in the centre is the key to date the work. The broken external line of the frame indicates the transition from mannerism to baroque or early baroque. Taking into account that in New Spain, this style lasted longer than in Europe, its date could be considered as being from the middle or second half of the seventeenth century, with due caution for the lack of documentation.

Saint Teresa's iconography developed alongside the initiation of the process of her beatification, which culminated in 1614 and, after her canonisation in 1622, her image spread even more. The figure is of the saint in prayer, without a quill or book, nor with big gestures of transverberation or mortification in the painting by the Mexican painter Cristóbal Villalpando in recent decades of the century (Museo de Carmen, Mexico). She is represented as "teacher of prayer" following the model of the saint painted by the painter Friar Juan de la Miseria in 1575 (Monastery of Las Carmelitas Descalzas in Seville) [43,44]. The image of the saint could have been painted in the second half of the seventeenth century, the century in which the Namban lacquer lectern form was already well known in New Spain. The lectern is a type of Namban lacquer furniture that is preserved in large numbers today, and was therefore widely produced.

Enconchado furniture, though scarce in number, appear closer to Namban lacquerware than *enconchado* paintings. Could this fact indicate that the furniture was conceived before the painting?

Remembering that, in 1689, Tomás González was considered the "master of *maque* painting" [32], Tomás could represent a generation that progressed *maque* furniture with mother-of-pearl inlays towards *enconchado* painting. The *enconchado* panels that we know of so far are paintings made with oil paint and tempera; however, previous to this there may have been works made with *maque* and mother-of-pearl that accounted for Tomás' profession [39] (p. 31). Therefore, the lectern could be proof, currently the only example, of that earlier phase: *enconchado maque*. Analysis on other extant *enconchado* paintings may reveal *maque* as an ingredient.

A question still remains. Why do not Mexican lacquer works dated from the viceregal period contain mother-of-pearl except this lectern? This absence of *maque* with mother-of-pearl is probably due to the fact that the majority of the historical works that we know of are from the eighteenth century, except 17th-century Periban lacquer, and with the turn of the century came a change in taste. As Ocaña rightly points out [45], the eighteenth-century Mexican *maque* style owes a great debt to the European *chinoiserie* fashion that arose in that century in Europe and spread to New Spain.

Actually, the taste for mother-of-pearl in lacquerware had already fallen out of fashion halfway through the seventeenth century in Western Europe (the Netherlands, France and England, for example); however, in Venetian lacquer, mother-of-pearl inlay was still fashionable in the second half of the 17th century.

In fact, the Japanese export lacquer of that time—primarily destined for the Dutch traders, who were authorised to maintain a limited and controlled trade with feudal Japan—changed its style. This new production, called the "pictorial style", is decorated using only golden *makie* with less density than Namban lacquer. The Central European lacquer workshops responded to the influence of gold decoration on black lacquer early, for example, in Berlin as early as 1690–1695 by Gérard Dagly [46,47]. Other European lacquered works that decorate interior spaces, such as the Chinese Cabinet in the Royal Palace of Turin (1734) or the University of Coimbra's Biblioteca Joanina (1720–1730), consist of gold motifs on top of a black or red background without mother-of-pearl inlay.

Chinoiserie fashion arrived in Spain with the Bourbons, specifically with Phillip V and Elizabeth Farnese. Their taste for lacquerware without mother-of-pearl inlay can be seen in the *Chambre du lit* in the Royal Palace of La Granja de San Ildefonso (1735), where the dismantled panels of the multi-coloured Chinese Coromandel-style folding screens and their European imitations were installed. This distancing from mother-of-pearl iridescence in the Spanish court could also explain the end of the arrival of big *enconchado* painting panels to Spain. This would have triggered a recession of artistic activity in New Spain and the end of the González's workshop. Large *enconchado* panels, such as the five series of *La conquista de México*, were ordered by the Spanish nobility, for example by the Count of Galve or the Count of Moctezuma, both of whom were viceroys of New Spain in the late Habsburg period [39] (pp. 65, 69). They were sent to Spain in the last years of Carlos II's reign, the last Habsburg monarch. With the arrival of Phillip V, who brought the tastes of Versailles to Spain, the artistic style of the court drastically changed. It appears that the *enconchado* panels had no place in this new situation [39] (pp. 55–56).

Although, in New Spain, there was continued demand for this artistic production for a time, since there are *enconchado* paintings dated from the eighteenth century, such as an *Our Lady of Guadalupe*, dated in the year 1734 in a private collection[13] [48] (pp. 60–61).

3.5. Other Practices Combined with Mother-of-Pearl Inlay

A fine Namban lacquer chest is preserved in the Museo de Navarra. It came from the Guendulain Palace, Pamplona (Navarre), and belonged to the marquisate of the *Real Defensa*, whose first marquis was noted for his military activities in Cartagena de Indias. There are some old repairs to the chest. The detached and lost mother-of-pearl pieces were replaced by other mother-of-pearl fragments with different iridescence or by broken fish-shaped fragments—clearly reused pieces—that are adhered with a dark and semi-transparent material that could be *maque* (Figure 18). In Spain, there are no known fish-shaped mother-of-pearl works, and taking into account the long tradition of mother-of-pearl art in Central

America [49,50], it seems reasonable to assume it was repaired in New Spain. The artisan who fixed the chest may have had knowledge of Mexican lacquer and *enconchado*.

Figure 18. Detail in the chest from Museo de Navarra, Namban lacquer, 1580–1630. Photograph by Y. Kawamura.

Another chest with the same type of repair work (private collection) presents some small fish-shaped mother-of-pearl fragments and retouches with gold powder brushstrokes that resemble the *enconchado* painting (Figure 19). These historic repairs also seem to point to the connection of *maque* and *enconchado*.

Figure 19. Detail in the chest from private collection, Namban lacquer, 1580–1630. Photograph by Y. Kawamura.

4. *Nazarene Cross* from Puerto de Santa María

An interesting and unique cross is preserved in Puerto de Santa María (Cadiz) (Figure 20), which belongs to the Hermandad de Nuestro Padre Nazareno y Nuestra Señora de los Dolores (Brotherhood of Our Father of Nazarene and Our Lady of Sorrows). It is in use in the Holy Week procession each year and is supported by a life-sized figure of Christ. There is no documentation about the arrival of the cross at the church. The cross is large: a total height of 268 cm, horizontal arms of 170 cm, and a thickness of 7 cm. It is relatively light in weight given that it is made up of boards mounted on a frame, and, therefore, it is hollow inside. Thirteen scenes of *la Pasión de Cristo* (the Passion of Christ) and *la vida de la Virgen María* (the Life of the Virgin Mary) can be found on both the front and back, respectively, and the frames of these scenes and the edges of the cross are profusely decorated with vegetal motifs. At first sight, it evokes the work from the viceroyalty of New Spain[14] [51,52], and its original use could have been catechetical and processional for the evangelisation of the American population by the missionaries [53].

Figure 20. *Nazarene Cross* from the Brotherhood of Nuestro Padre Nazareno y Nuestra Señora de los Dolores, in Puerto de Santa María (Cadiz), *maque*. Photograph by Y. Kawamura.

Wood analysis has revealed that it is made from *Cedrela odorata* (Spanish cedar), a timber native to Central America [54]. Based on the scientific data that indicate it was created in the viceroyalty of New Spain, a study of its painting was conducted. The work of at least three painters can be detected on the cross: one (or even two) for the biblical scenes, another for the decoration of the frames of those scenes, and a third for the decoration of the edges. The main panels and those for the edges were painted separately before being mounted. The twenty-six scenes are visually framed and separated from one another in rectangles with chamfered corners. The depicted scenes show a drawing-like style, based on Renaissance engravings circulating in New Spain (Figure 21). Some of the scenes are almost identical to other *enconchado* paintings. In particular, the *Presentación de la Virgen en el Templo* (Presentation of the Virgin at the Temple) is very similar to two other works of the same name in the Museo de America in Madrid[15] (Figure 22). The unique temple with circular stairs even appears in a work attributed to the González brothers in a private collection (Figure 5). The majority of the scenes exhibit a special luminosity, which is mainly due to a silver layer under the painting, as well as the application of fine, gold brushstrokes as a glaze in different parts [54].

Figure 21. Detail in the *Nazarene Cross*. Scene of the *Presentación de la Virgen en el Templo*. Photograph by Ana García Barrios.

Figure 22. *Presentación de la Virgen en el Templo*, from the series *Vida de la Virgen* from Museo de America in Madrid, *enconchado* painting, 1676–1725. © Museo de America in Madrid.

The shiny look of the cross, however, is primarily due to the vegetal decoration that surrounds the scenes, painted with gold over a glossy black background. The black could be *maque*, given that, at one end, a shiny black coating can be seen, applied over a white calcite base and reddish layer, perhaps of red clay powder (Figure 23). This brilliant black is comparable with the black from eighteenth century *maque* works, for example the background of a square tray from the Museo de Artes e Industrias Populares in Pátzcuaro[16]

(Figure 24). The gold parts look as though they are gold powder and gold leaf. The enlarged images show wrinkled gold (Figure 25) which suggests gold leaf, which was probably attached over the traced motifs with some kind of adhesive which could be *maque*; however, in other parts of the cross, gold powder brushstrokes can also be observed. Additionally, fine particles of gold are dispersed over the surface.

Figure 23. Detail of the front of the *Nazarene Cross*. Photography by Juan José Delgado Aguilera.

Figure 24. Detail in the tray from Museo de Artes e Industrias Populares in Pátzcuaro, *maque*, eighteenth century. Photography by Y. Kawamura.

The golden leaves are drawn by tracing the outlines and veins, letting the black background shown through, except for a few completely gold leaves with the veins painted on top (Figure 26). Five reddish-coloured flowers with clumsy stems, which recall camellias, are arranged symmetrically. The same decorations are repeated along the vertical panel on both sides. The decoration on the horizontal panel (the two arms of the cross) only features leaves with golden veins over a black background, tightly packed into narrow spaces given that there is less space between scenes on these panels. It is evident that the painter limited themselves to decorating these marginal areas with repetitive work copied from a model.

Figure 25. Detail in the front of the *Nazarene Cross*. Photography by Y. Kawamura.

Figure 26. Detail of the vertical panel of the *Nazarene Cross*. Photograph by Y. Kawamura.

The motifs of the decoration on the edges (Figure 27) include bunches of grapes and vine leaves, clearly symbolising eucharistic wine and the blood of Christ; hence, they are not mere marginal decorations but are based on a catechetical iconographic programme. Here, black leaves with golden veins and outlines alternate with entirely golden leaves, painted with skillful and careful brushstrokes with a few reddish touches. This is the work of a more knowledgeable painter with greater skill in handling a paint brush than that of the front panels. What is striking is the treatment of the grapes with a light shade close to grey tinged with a silver or pearlescent effect. This pearlescent grey colour can be achieved with silver glazing. Although mother-of-pearl was not used in this work, this detail is strongly reminiscent of mother-of-pearl inlay in Namban lacquer and *enconchado*.

Figure 27. Detail of the edge of the *Nazarene Cross*. Photograph by Ana García Barrios.

Indeed, more similarities to these two art practices can be pointed out. The use of black for the background, probably *maque*, combined with thick, golden motifs is the style originating from Namban lacquer, assimilated in New Spain, as it has been seen in the *enconchado* lectern or in the marginal areas of *enconchado* paintings, such as the frames of the panels of *La conquista de México*. The fact that these motifs appear in marginal areas is another common feature of *enconchado* paintings. The vegetal motifs are those that also frequently appear in Namban lacquerware: camellia flowers, bunches of grapes, and vine leaves. The only notable difference is the absence of mother-of-pearl inlay on the cross. However, the pictorial aspect expressed in the grapes leads us to think that the painter's intention was to imitate the mother-of-pearl inlay of Namban lacquerware or *enconchado*.

Perhaps the *Nazarene Cross* was made in a place where the practice of mother-of-pearl inlay did not exist, or in a time when the practice of *enconchado* was in decline. The widespread practice of *maque* in Michoacán, Guerrero, Oaxaca, and Chiapas without the use of mother-of-pearl, based on extant works dating from the eighteenth century, would lead us to the production of this cross in those regions at the beginning of the eighteenth century. Michoacán was a place of great *maque* production in the viceregal period, like Pátzcuaro or Uruapan, without underestimating Chiapa de Corzo, where there is an important tradition of *maque* and decorated crosses. Despite our investigation, another similar work has not yet been found in Mexico.

5. Conclusions

It is clear that Namban lacquerware arrived in New Spain via the Manila galleon and was highly valued. For this reason, other artistic techniques associated with this artform arose there. The great ability to assimilate and appropriate the foreign culture and create something original was characteristic of the viceregal Americans. On the one hand, the Mexican lacquerware of pre-Hispanic origin received a boost with the arrival of Japanese lacquerware. The proof of this is in the name "*maque*"—derived from Japanese "*makie*"—as we know that Sebastián Vizcaino called Japanese lacquerware "maqui" in the beginning of the seventeenth century, as mentioned earlier. On the other hand, the influence of Namban lacquerware in *enconchado* paintings has also already been noted. However, *enconchado* furniture has not received a well-earned study thus far. Through the analysis of the works, we consider that this genre was likely developed before *enconchado* painting. Despite the scarce number of works, the Alba de Tormes lectern, *enconchado* and very likely *maque*, is a work datable to the second half of the seventeenth century due to the shape of the still mannerist or early baroque frame of the saint's portrait. The similarity of their gilding and mother-of-pearl decorative techniques to those of Japanese lacquerware is striking. Hence, the Alba de Tormes lectern could be the first step in the development of Namban lacquer-inspired *enconchado*, and the Allo tabernacle could be at the next stage of evolution.

If Tomás González de Villaverde, father of *enconchado* painters Miguel and Juan González, practiced *maque* in 1689, it is clear that the *enconchado* painting that was greatly developed at the end of the seventeenth century in Mexico City arose from the *maque* artistic environment. Although the González brothers stopped using *maque* and replaced it with oil paint and tempera, undeniable traces of Japanese lacquer can be seen in the marginal areas of the panels painted by the Gonzálezs and their contemporaries.

Another fusion of Japanese Namban-style lacquer with *maque* can be observed in the unique *Nazarene Cross* of Puerto de Santa María. The painters who decorated the marginal areas over the black background copied motifs of Namban-lacquer origin and, although they did not use mother-of-pearl, they seem to have imitated its luminous texture with pigments. In this sense, the Puerto de Santa María cross constitutes a very unique example that speaks of another phase in the evolution of *maque* with influences of Namban lacquer in New Spain.

Despite these conclusions, we are conscious that our study is based on a scarce number of works and that we must look for more pieces of *enconchado* furniture to confirm them.

Supplementary Materials: The same text in Spanish. The following supporting information can be downloaded at: https://www.mdpi.com/article/10.3390/heritage7030071/s1, Supplementary Materials S1: Original text in Spanish.

Author Contributions: Conceptualization, Y.K. and A.G.B.; analysis and investigation of the enconchados furniture, Y.K.; analysis and investigation of the Nazarene Cross, A.G.B.; writing—original draft preparation, Y.K. and A.G.B.; writing—review and editing, Y.K.; funding acquisition, Y.K. and A.G.B. All authors have read and agreed to the published version of the manuscript.

Funding: This research was funded by Agencia Estatal de Investigación of the Spanish Government, reference number PGC2018-097694-B-I00 and the Proyecto Puente of the University Rey Juan Carlos (Spain), reference number V1252 (2023).

Data Availability Statement: Data are contained within the article.

Acknowledgments: Our thanks go to the research collaborators in Mexico: Sonia Ocaña from Juárez Autonomous University of Tabasco (Universidad Juárez Autónoma de Tabasco) (Mexico) and Rie Arimura from the National Autonomous University of Mexico (Universidad Nacional Autónoma de México). Also, thanks to those who facilitated the study of the works: Alicia Ancho, restorer of the General Directorate of Culture-Prince of Viana Institution (Dirección General de Cultura-Institución Príncipe de Viana) (Pamplona, Spain); José Luis Gutiérrez Robledo from the Complutense University of Madrid (Universidad Complutense de Madrid); Brotherhood of Our Father of Nazarene and Our Lady of Sorrows (Hermandad de Nuestro Padre Nazareno y Nuestra Señora de los Dolores) in El Puerto de Santa María (Cadiz, Spain); Miguel Ángel Caballero, Director of Heritage of the city El Puerto de Santa María; Juan José Delgado, Restoration Manager of the city El Puerto de Santa María; and David Calleja, Councillor of Culture of the city El Puerto de Santa María. Equally, thanks to the researchers who carried out the material analysis of the Nazarene cross of El Puerto: María Luisa Vázquez de Ágredos from the University of Valencia (Universidad de Valencia) (Spain); Mauro Bernabei from the National Research Council (*Consiglio Nazionale delle Ricerche*) (Italy); and Rocío Ortiz Calderón and Pilar Ortiz Calderón from the University of Pablo de Olavide (Universidad Pablo de Olavide) (Seville, Spain). The authors also thank Toni Roberts and Clemency Connolly-Linden from University College London (UCL) for their translation into English of the Spanish original version of this article.

Conflicts of Interest: The authors declare no conflict of interest.

Notes

1. *La luz del nácar. Reflejo de Oriente en México.* Exhibition commissioned by Ana Zabia de la Mata, chief curator of Department of Viceregal Americas in the Museo de América, Madrid, Spain. From 24 November 2022 to 25 May 2023.
2. Original text: "escritorillos, cajas y cajuelas de maderas con barniz y labores curiosas [...] sirve para cargazones a la Nueva España".
3. Original text: el Japón no tiene retorno de géneros útiles a la Nueva España, porque pinturas, escritorios, biombos y lo que otra vez se trajo, no es mercaduría para ordinarios [...] El barniz de los escritorios y bufetes, que es como resina de un árbol, no se sabe otro que le iguale, y así tienen lindezas peregrinas de este género".
4. Original text: "algunos hidalgos de México, que le habían encargado de maqui para el regalo de sus casas y la suya". *Relación del viaje a Japón de Sebastián Vizcaíno,* 1614. A manuscript copy exists in the Biblioteca Nacional de España, Madrid, Spain, 3046, ff. 83r-117v.

5 Archivo General de Indias, Filipinas, 20, R. 6, N. 44. "Carta del oidor Juan de la Vega a Ruiz Contreras sobre regalo enviado. Manila", 16 July 1612.

6 Original text: "una escribanía dorada del Xapon con guarnición y llabe de plata", "un escritorio grande dorado con guarniciones y llabe de plata".

7 Archivo General de Indias, Filipinas, 339, L. 2, F. 284v. Real Cédula, 1604; Filipinas, 60, N. 12. "Informaciones de oficio", 1611; Archivo parroquial de Pedroso, "Libro de anibersarios y missas perpetuas y de los bienes que conpeten al beneficio y fábrica desta yglesia de St. Salbador desta villa de Pedroso", f. 132 v.

8 For example, the oratory from Tokyo National Museum (Japan) with the figure of Saint Stephen made of New Spanish feather or another from Kyoto National Museum (Japan) with three men as the Holy Trinity—Iconography only used in New Spain, another from Museo Nacional de Artes Decorativas in Madrid (Spain) with Saint Ferdinand painted in New Spanish baroque style.

9 Museo Franz Mayer, inventory number: 05115. Museo Nacional del Virreinato, inventory number: 54570.

10 The family relationship between Miguel and Juan has been discussed. Dr Ocaña's recent study confirms that they were brothers (Ocaña, S. 2023).

11 Peabody Essex Museum, Salem, MA, USA, inventory number: E76704.

12 Museo de América, Madrid, Spain, inventory number: 00169.

13 It is the latest date known accurately up until now.

14 The early studies were conducted by Suárez Ávila and González Luque, after which Ana García Barrios started an academic study in 2016.

15 Museo de América, Madrid, Spain, inventory numbers: 00132 and 00171.

16 Museo de Artes e Industrias Populares de Pátzcuaro, Michoacán, México, inventory number: 10-65-2206.

References

1. Ocaña Ruiz, S. Los marcos 'enconchados' y las lacas japonesas namban: Apropiación de un repertorio formal. In *Orientes y Occidentes: El Arte y la Mirada del Otro*; Curiel, G., Ed.; Universidad Nacional Autónoma de México/IIE: Mexico City, Mexico, 2007; pp. 503–531, ISBN 9703243681.
2. Ocaña Ruiz, S. Marcos 'enconchados': Autonomía y apropiación de formas japonesas en la pintura novohispana. *Anales del Instituto de Investigaciones Estéticas* **2008**, *30*, 107–153. [CrossRef]
3. Ocaña Ruiz, S. Enconchado frames: The Use of Japanese Ornamental Models in New Spanish Painting. In *Asia & Spanish America. Trans-Pacific Artistic & Cultural Exchange 1500–1850*; Donna, D., Otsuka, R., Eds.; Denver Museum: Denver, CO, USA, 2009; pp. 129–149, ISBN 978-8061-9972-3.
4. Fróis, L.; Pinto, J.A.A.; Okamoto, Y.; Bernard, H. *La Première Ambassade du Japon en Europe, 1582–1592*; Sophia University: Tokyo, Japan, 1942; pp. 113–114.
5. Kawamura, Y. Coleccionismo y colecciones de la laca extremo oriental en España desde la época del arte Namban hasta el siglo XX. *Artigrama* **2003**, *18*, 211–230. Available online: https://www.unizar.es/artigrama/pdf/18/2monografico/09.pdf (accessed on 4 October 2020). [CrossRef]
6. Kawamura, Y.; Ancho, A.; Balduz, B. *Laca Namban. Brillo de Japón en Navarra*; Gobierno de Navarra: Pamplona, Spain, 2016; ISBN 978-84-235-3408-1.
7. Boyer, M. *Japanese Export Lacquers from the Seventeenth Century in the National Museum of Denmark*; National Museum: Copenhagen, Denmark, 1959.
8. Arakawa, H. *Namban Shitsugei*; Bijutsushuppansha: Tokyo, Japan, 1971.
9. Haino, A. *Kinsei No Makie*; Chûôkôronsha: Tokyo, Japan, 1994; ISBN 4-12-101196-1.
10. Yamazaki, T. *Umi o Watatta Nihon no Shikki I (16–17 Seiki) (Nihon no Bijutu 426)*; Shibundô: Tokyo, Japan, 2001; ISBN 4-7843-3426-2.
11. Impey, O.; Jörg, C. *Japanese Export Lacquer*; Hotei Publishing: Amsterdam, The Netherlands, 2005; ISBN 90-74822-72X.
12. Hidaka, K. *Ikoku No Hyôshô*; Brücke: Tokyo, Japan, 2008; ISBN 978-4-434-11660-5.
13. Nagashima, M. Export Lacquer: Reflexion of the West in Black and Gold Makie. In *Japan. Export Laquer: Reflection of the West in Black and Gold Makie*; Kyoto National Museum, Ed.; The Yomiuri Shimbun: Osaka, Japan, 2008; pp. 30–48.
14. Kawamura, Y. Laca japonesa urushi de estilo Namban en España. Vías de su llegada y sus destinos. In *Laca Namban. Huella de Japón en España. IV Centenario de la Embajada Keichô*; Kawamura, Y., Ed.; Fundación Japón-Ministerio de Educación, Cultura y Deporte: Madrid, Spain, 2013; pp. 249–296, ISBN 978-84-8181-540-5.
15. Morga, A.; Hidalgo Nuchera, P. *Sucesos de las Islas Filipinas*; Polifemo: Madrid, Spain, 1997; ISBN 978-84-86547-37-0.
16. Romero de Terreros, M. Relación del Japón (1609), por Rodrigo de Vivero y Velasco. Introducción y notas. *An. Mus. Nac. México* **1934**, *1*, 67–111.
17. Gil, J. *Hidalgos y Samurais. España y Japón en los Siglos XVI y XVII*; Alianza Editorial: Madrid, Spain, 1991; ISBN 9788420626758.
18. Tremml, B.; Sola, E. Una Relación de Japón de 1614 Sobre el Viaje de Sebastián Vizcaino. Archivo de la Frontera. 2013. Available online: http://archivodelafrontera.com/wp-content/uploads/2013/11/Relaci%C3%B3n-del-viaje-de-Sebasti%C3%A1n-Vizca%C3%ADno-1612-1614.pdf (accessed on 10 October 2021).

19. Kawamura, Y. Manila, ciudad española y centro de fusión. Un estudio a través del inventario del gobernador de Filipinas Alonso Fajardo de Tenza (1624). *E-Spania. Quelle Histoire Globale au XVIe Siècle ?/Fronteras de Ultramar* **2018**, *30*, 1–13. Available online: https://journals.openedition.org/e-spania/27950 (accessed on 14 April 2021). [CrossRef]
20. Ballesteros Flores, T.B. Entre el ser y el Parecer. Los Objetos Suntuarios Orientales en el Ajuar Doméstico de Mercaderes del Consulado de la Ciudad de México (1573–1700). Ph.D. Thesis, Universidad Nacional Autónoma de México, Mexico City, Mexico, 2007. Available online: https://repositorio.unam.mx/contenidos/entre-el-ser-y-el-parecer-los-objetos-suntuarios-orientales-en-el-ajuar-domestico-de-mercaderes-del-consulado-de-la-ciud-200846?c=pQkkLz&d=false&q=*:*&i=2&v=0&t=search_0&as=0 (accessed on 15 December 2023).
21. Ocaña, S.; Arimura, R. Japanese objects in New Spain. Nanban Art and Beyond. *Colon. Lat. Am. Rev.* **2022**, *31*, 327–353. [CrossRef]
22. Prieto Ustio, E. Objetos asiáticos en ajuares novohispanos. El testimonio de los inventarios en las primeras décadas del seiscientos. In *El Viaje más Largo. Proyecciones de la Primera Vuelta al Mundo*; Martínez de Salinas Alonso, M.L., Martínez, M.C., Porro Gutiérrez, J.M., Eds.; Universidad de Valladolid: Valladolid, Spain, 2022; pp. 147–164.
23. Kawamura, Y. Obras de laca Namban en España. Síntesis de la globalización bajo la monarquía hispánica. In *Arte y Globalización en el Mundo Hispánico de los Siglos XV al XVII*; Parada López de Corselas, M., María Palacios Méndez, L.M., Eds.; Universidad de Granada: Granada, Spain, 2020; pp. 531–550, ISBN 978-84-338-6664-6.
24. Baena Zapatero, A. Apuntes sobre la elaboración de biombos en la Nueva España. *Arch. Español Arte* **2015**, *350*, 173–188. [CrossRef]
25. Baena Zapatero, A. Biombos mexicanos e identidad criolla. *Rev. Indias* **2020**, *280*, 651–686. [CrossRef]
26. Pérez Carrillo, S. *La Laca Mexicana. Desarrollo de un Oficio Artesanal en el Virreinato de la Nueva España Durante el siglo XVIII*; Alianza Editorial: Madrid, Spain, 1990; ISBN 84-206-9044-9.
27. Medina, I. ¿Maque prehispánico? Una antigua discusión. In *Lacas Mexicanas, Ciudad de México*; Museo Franz Mayer y Artes de México: México City, Mexico, 2003; pp. 21–30.
28. Ocaña Ruiz, S. Enconchados: Japão, Nova Espanha, mestiçagens artísticas e os González. In *As Américas em Perspectiva: Das Conquistas às Independências*; Editora UFJF: Juiz de Fora, Brasil, 2023; pp. 52–69, ISBN 978-65-89512-95-0. Available online: https://www2.ufjf.br/clioedel/wp-content/uploads/sites/75/2023/09/As-Americas-em-perspectiva-das-Conquistas-as-Independencias.pdf (accessed on 5 January 2024).
29. Ocaña Ruiz, S. Early Modern Artistic Globalization from Colonial Mexico. The Case of *Enconchados*. In *The Routledge Companion to Global Renaissance Art*; Stephen, J., Stephanie Porras, C., Eds.; eBook; Rouledge: New York, NY, USA, 2024; pp. 52–66, ISBN 9781003294986. [CrossRef]
30. Toussaint, M. La pintura con incrustaciones de concha nácar en Nueva España. *An. Inst. Investig. Estéticas* **1952**, *5*, 5–20. [CrossRef]
31. Rivero Lake, R. *El arte Namban en el México*; Turner: México City, Mexico, 2005; ISBN 9788475066929.
32. Tovar, G. Documentos sobre 'enconchados' y la familia de los González. *Cuad. Arte Colon.* **1986**, *1*, 97–103. Available online: https://www.culturaydeporte.gob.es/museodeamerica/dam/jcr:72b3223c-b8ce-4b41-ba1e-0094f2df5467/art-culo-5.pdf (accessed on 11 November 2022).
33. Ocaña, S. Nuevas reflexiones sobre las pinturas incrustadas de conchas y el trabajo de Juan y Miguel González. *An. Inst. Investig. Estéticas* **2013**, *35*, 125–176. [CrossRef]
34. Kawamura, Y. La pintura en los reversos de los enconchados de la conquista de México de la antigua colección de los duques de Moctezuma. In *La luz del Nácar. Reflejo de Oriente en México*; Zabía de la Mata, A., Ed.; Ministerio de Cultura y Educación: Madrid, Spain, 2022; pp. 83–92.
35. García Gainza, M.C. *Catálogo Monumental de Navarra. II. Merindad de Estella*; Institución Príncipe de Viana, Universidad de Navarra, Gobierno Foral de Navarra: Pamplona, Spain, 1982; Volume I, p. 115.
36. Heredia, M.C.; Orbe Sivatte, M.; Orbe Sivatte, A. Sagrario. In *Arte Hispanoamericano en Navarra. Plata, Pintura y Escultura*; Gobierno de Navarra: Pamplona, Spain, 1992; p. 236.
37. García Sáiz, M.C. Sagrario. In *Los Siglos de Oro en los Virreinatos de América 1550–1700*; Bérchez, J., Alcalá, L.E., Eds.; Sociedad Estatal de para la Conmemoración de los Centenarios de Felipe II y Carlos V: Madrid, Spain, 1999; pp. 382–383.
38. Dujovne, M. Enchonchados mexicanos en el Museo Nacional de Bellas Artes. In *Los Enconchados de la Conquista de México: Colección Museo Nacional de Bellas Arres*; Museo Nacional de Bellas Arres-Secretaría de Patrimonio Cultural: Ciudad Autónoma de Buenos Aires, Argentin, 2021; ISBN 978-950-9864-20-7. Available online: https://media.bellasartes.gob.ar/h/Publicaciones/cat_enconchados.pdf (accessed on 23 September 2022).
39. Zabía de la Mata, A. *La luz del nácar. Reflejo de Oriente en México*; Ministerio de Cultura y Deporte: Madrid, Spain, 2022; ISBN 978-84-8181-810-9.
40. Falck Reyes, M.; Palacio, H. *El Japonés que Conquistó Guadalajara. La Historia de Juan de Páez en la Guadalajara del Siglo XVII*; Universidad de Guadalajara: Guadalajara, Mexico, 2009; ISBN 9781449267292.
41. Calvo, T. Japoneses en Guadalajara: 'Blancos de Honor' durante el Seiscientos mexicano. In *La Nueva Galicia en los Siglo XVI y XVII*; Calvo, T., Castañeda, C., Eds.; El Colegio de Jalisco, Centro de Estudios Mexicanos y Centroamericanos: Guadalajara, Mexico, 1989; pp. 159–171, ISBN 9789686142044.
42. Calvo, T. *Guadalajara y su Región en el Siglo XVII: Población y Economía*; Centro de Estudios Mexicanos y Centroamericanos, Ayuntamiento de Guadalajara: Guadalajara, Mexico, 1992.

43. Moreno, F. Iconografía de los testigos de los procesos teresianos. A propósito de Adrian Collaert y la escenografía de la capilla Cornaro. *Arch. Español Arte* **2014**, *345*, 29–44. [CrossRef]
44. Cuesta, L.J. ¿Una nueva iconografía? Santa Teresa en el arte novohispano. *Hipogrifo* **2016**, *4.2*, 7–18. [CrossRef]
45. Ocaña, S. De Asia a la Nueva España vía Europa: Lacas asiáticas y achinadas en el siglo XVIII. *An. Inst. Investig. Estéticas* **2017**, *39*, 1131–1186. [CrossRef]
46. Strasse, M.H. (Ed.) *Lacquer art from East Asia and Europe. Ex Oriente lux. The Herbig-Haarhaus lac. The Herbig-Haarhaus Lacquer Museum;* BASF Colors and Fibers AG: Cologne, Germany, 1979.
47. Kopplin, M. *Gérard Dagly: Und die Berliner Hofwerkstatt;* Hirmer Verlag GmbH: Munich, Germany, 2015.
48. Dujovne, M. *Las Pinturas con Incrustaciones de Nácar;* UNAM: Ciudad de México, Mexico, 1984; ISBN 978-968-58-0457-8.
49. Castelló Yturbide, T. *La Concha de Nácar en México;* Grupo Gutsa: México City, Mexico, 1990.
50. Suárez Diez, L. *Conchas y Caracoles. Ese Universo Maravilloso;* Instituto Nacional de Antropología e Historia: México City, Mexico, 2007; ISBN 9789680301300.
51. Suárez Ávila, L. Habitantes y gente de El Puerto de Santa María. *Nótula* **2014**, *2079*, 1–15.
52. González Luque, F. *La Hermandad de Jesús Nazareno de El Puerto de Santa María. Estudio Histórico y Artístico;* Hermandad de Nuestro Padre Jesús Nazareno y Nuestra Señora de los Dolores de El Puerto de Santa María: El Puerto de Santa María, Spain, 2017.
53. García Barrios, A. Laca asiática y color mexicano en la cruz del Nazareno de El Puerto de Santa María (Cádiz, España). *Arqueol. Mex.* **2023**, *178*, 76–81.
54. García Barrios, A.; Vázquez de Ágredos, M.; Bernabei, M.; Ortíz Calderón, R.; Ortiz Calderón, P.; Delgado Aguilera, J.J. Mexican colors in the cross of the Nazarene in El Puerto de Santa María, Cádiz, Spain. In *Drugs and Colors in History;* Editorial Tirant lo Blanch Humanidades: Valencia, Spain, *in press*.

heritage

MDPI

Article

Influencia de la laca japonesa Namban en Nueva España: con enfoque en el mueble enconchado

Yayoi Kawamura [1,*] and Ana García Barrios [2]

1 Departamento de Historia del Arte y Musicología, Campus de Humanidades, Universidad de Oviedo, c/Amparo Pedregal s/n, 33011 Oviedo, España

2 Departamento de Artes y Humanidades. Edificio Maestro Rodrigo C/Infantas, Edificio Maestro Rodrigo C/Infantas, 55, 28300 Madrid, España; ana.barrios@urjc.es

* Correspondence: kawamura@uniovi.es

Resumen: El presente trabajo estudia una creación artística que se produjo en el virreinato novohispano durante la segunda mitad del siglo XVII y principios del siguiente. Se trata de un tipo de mueble en el que se aplica la técnica del enconchado, sobre el cual se indagan los influjos de la laca Namban así como la relación con la pintura enconchada, más conocida y estudiada, y también con la laca mexicana maque. La localización y el estudio de tres muebles elaborados con la técnica de enconchado y una cruz, probablemente de maque, contribuyen a ofrecer una visión complementaria al arte del enconchado, y a tratar el mueble enconchado como género artístico independiente.

Palabras claves: estilo Namban; laca; maque; Enconchado mueble; Nueva España; Puerto de Santa María; Alba de Tormes

1. Introducción

En la actualidad el estudio del arte enconchado se centra en la pintura, que pueden ser tablas individuales o en forma de biombo. Sobre la superficie de madera, entelada o no, con una base de yeso, se adhieren abundantes fragmentos de nácar y se pintan distintas escenas con óleo y temple. Si tenemos en cuenta la capacidad de absorber y apropiar las influencias foráneas y fusionarlas con la tradición autóctona como una de las más destacadas características del arte virreinal novohispano, la pintura enconchada es un buen ejemplo de ello. La larga tradición del arte de nácar americano, las técnicas pictóricas de España y la laca de Asia se unieron para crear un vistoso género pictórico. Especialmente son famosas las series La conquista de México elaboradas en las últimas décadas del siglo XVII en el taller de los González y su círculo en la Ciudad de México. La reciente exposición *La luz del nácar* organizada en el Museo de América de Madrid[i] ha reunido varias, incluso la serie procedente de los duques de Moctezuma, y analiza el arte del enconchado desde el punto de vista de los influjos asiáticos. Sobre la pintura enconchada y su paralelismo con la laca japonesa de estilo Namban existen estudios previos [1-3]. El presente trabajo tiene el enfoque en el mueble enconchado, y analiza este género en comparación con las obras de la laca Namban y del maque mexicano. La metodología aplicada es un estudio comparativo de los materiales, técnicas y formas.

2. La llegada de la laca japonesa a Nueva España

Para confirmar los influjos de la laca japonesa en Nueva España, en primer lugar, recopilamos los testimonios documentales de su recepción en la que el galeón de Manila tuvo un papel primordial.

Desde que España y Japón iniciaron contactos a finales del siglo XVI, la laca japonesa *urushi* fue uno de los objetos considerados como de valor, y fue elegido como regalo diplomático. Felipe II recibió en 1584 [4] tres objetos lacados, ahora perdidos, de mano de tres jóvenes japoneses cristianos que le visitaron, conocidos con el nombre de Legación Tensho, organizada por los jesuitas. Aparte, el mismo monarca poseía varias piezas lacadas consideradas como la laca de estilo Namban (de aquí en delante laca Namban) [5].

Cuando Tokugawa Ieyasu (1543-1616), futuro gobernante supremo de Japón, inició el contacto con España a través de Manila a finales del siglo XVI, las obras de la laca *urushi* estaban consideradas como mercancía apta para enviar a la capital filipina, ya que figuran en la lista de la mercancía que transportó su embajador en 1599, catorce cajones, cuarenta y cinco cajas para espejos y dos muebles de tocador de "barniz dorado" [6] (pp. 37-38) – claramente objetos lacados y decorado con la técnica de *makie*—. Como consecuencia del éxito de la laca japonesa entre los primeros europeos que contactaron con Japón –portugueses y españoles—, había surgido en las últimas décadas del siglo XVI en ese país una nueva tipología específica para la exportación europea, llamada la laca Namban, cuestión estudiada por diferentes investigadores [7-14]. Se trataban de unos muebles de estilo y de uso occidental decorados profusamente con el dorado de *makie* y nácar, elaborados entre 1580 y 1630 aproximadamente (Figura 1). El interés por este género artístico en Manila y en Nueva España entre los españoles y criollos se aprecia claramente en varios escritos de la época.

Figura 1. Escritorio del Convento de Santa María de Jesús, Sevilla, laca Namban, 1580-1630. Fotografía de Y. Kawamura.

Antonio de Morga (Sevilla, 1559-Quito, 1636), teniente gobernador y capitán general de Filipinas entre 1595 y 1603, hace mención en *Sucesos de las Islas Filipinas* de las mercancías que llegaban procedentes del puerto de Nagasaki y dice: "escritorillos, cajas y cajuelas de maderas con barniz y labores curiosas [...] sirve para cargazones a la Nueva España" [15].

Pocos años después, el gobernador Rodrigo de Vivero (México, 1564-Orizaba, 1636) que conoció Japón por haber naufragado en su costa, escribió en *Relación de Japón* sobre las mercancías japonesas de lujo enviadas a Nueva España: "el Japón no tiene retorno de géneros útiles a la Nueva España, porque pinturas, escritorios, biombos y lo que otra vez se trajo, no es mercaduría para ordinarios [...] El barniz de los escritorios y bufetes, que es como resina de un árbol, no se sabe otro que le iguale, y así tienen lindezas peregrinas de este género" [16].

El navegante y explorador español Sebastián Vizcaíno (1548-1628) que estuvo en Japón entre 1611 y 1612 nos dejó la declaración siguiente: "algunos hidalgos de México, que le habían encargado de *maqui* para el regalo de sus casas y la suya" [17] (p. 380) [18] (p. 72). El "*maqui*" que hablaba Vizcaino era, con toda seguridad, la laca. La palabra derivaba del japonés *makie,* técnica de decoración dorada de la laca y casi sinónimo del arte de la laca japonesa.

Por otro lado, el oidor de la Audiencia de Manila, Juan Manuel de la Vega, escribió una carta en 1612 dirigida a Juan Ruiz de Contreras, secretario del Real y Supremo Consejo de Indias de Madrid[ii], en la que hablaba del envío en 1610 de "una escribanía dorada del Xapon con guarnición y llabe de plata" y de otro envío en 1612 de "un escritorio grande dorado con guarniciones y llabe de plata" como regalo de boda. La carta nos revela que el oidor de Manila eligió como regalo a su superior un objeto de laca Namban.

Lucas de Bergara Gaviria, militar que ascendió de capitán a maestre de campo en 1611 en Filipinas por defender la isla de Ternate ante los ataques holandeses, probablemente para celebrar su promoción, envío a su pueblo natal, Pedroso (La Rioja), un arca, dos atriles y tres hostiarios de laca Namban[iii], de los cuales el arca aún se conserva en buen estado.

El gobernador de Filipinas Alonso Fajardo, fallecido durante su cargo en 1624, poseía, según su inventario *post morten,* varios objetos de Japón, entre los cuales había diecinueve piezas considerables como laca Namban: atriles, bufetes, escribanías, cajitas y camas [19].

Estas evidencias documentales datadas en el primer cuarto del siglo XVII, por lo tanto, coincidentes con el periodo de la elaboración de la laca Namban, hablan claramente del aprecio hacia las obras lacadas procedentes de Japón en Manila y en Nueva España, ambos unidos por el galeón de Manila [20, 21, 22].

Las obras de laca Namban conservadas en México en la actualidad no son muchas, probablemente bastantes piezas fueron vendidas fuera del país. Las que creemos que se conservan desde la época novohispana son un hostiario de la Basílica de Guadalupe (Figura 2), una arqueta y dos escritorios de colecciones particulares. Sin embargo, en España se encuentran un número notable de ellas que consideramos que llegaron a través de Nueva España [23]: unas respaldadas documentalmente y otras por llevar piezas de plata americanas añadidas (Figura 3). Otras piezas, especialmente altares portátiles, localizados en distintos museos y colecciones del mundo, llevan en sus interiores pinturas novohispanas (Figura 4), claro indicio de que estuvieron en Nueva España [iv].

Figura 2. Hostiario del Museo de la Basílica de Guadalupe, Ciudad de México, laca Namban, 1580-1630. Fotografía de Luis Fauvet.

Figura 3. Escritorio convertido en sagrario del Convento de San Juan de la Penitencia, Alcalá de Henares (Madrid), laca Namban, 1580-1630. Fotografía de Rafael Suárez Pascual.

Figura 4. Altar portátil de la Fundación Cultural Daniel Liebsohn, Ciudad de México, laca Namban, 1580-1630. Fotografía de la Fundación Cultural Daniel Liebsohn.

3. Influjos de la laca Namban en Nueva España

3.1. Maque y enconchado

Sabemos sobradamente que los biombos japoneses se exportaron en esta misma época de Japón a Nueva España donde fueron ampliamente aceptados y se desarrolló el arte de biombos mexicanos. E incluso el nombre "biombo" procede del japonés "*byōbu*" [24, 25]. El mismo fenómeno debió de suceder en cuanto a la laca Namban.

El primer género artístico que pudo recibir sus influjos es el arte de la laca mexicana, o el maque –palabra derivada de *makie* (técnica decorativa de la laca japonesa que usa polvo metálico, principalmente de oro)—, cuya práctica aplicada en las jícaras o calabazas data del periodo prehispánico [26, 27]. Desde la segunda mitad del siglo XVII, a nuestro modo de ver, se desarrollarían objetos artísticos como arquetas con características similares a los de la laca Namban: densa carga decorativa de motivos vegetales y aves, enmarcadas con franjas formadas con motivos repetitivos. Entre las obras consideradas del siglo siguiente, hay dos obras de laca de Olinalá de técnica de rayado que muestran una reminiscencia de la laca Namban: una arqueta del Museo Franz Mayer (05115) y otra del Museo Nacional del Virreinato depositada en el Museo Regional de Michoacán (54570). Sobre fondo de color naranja, figuran de modo muy tupido motivos vegetales y aves de coloro rojo con toques blancos y azul verdosos, y se aprecian unas bandas de motivos repetitivos. Todos estos detalles recuerdan la decoración de la laca Namban, aunque el color de fondo no es negro, diferencia muy notoria, pero la laca roja se practicaba en China y en el reino de Ryukyu, cuyas producciones también podían haber llegado a Nueva España. Mientras tanto, el análisis de las referencias documentales de diferentes tipos de las lacas de Asia, México y Europa revela que no fueron exclusivamente conocidas como maque. En algunas veces fueron llamados maque, en otras veces, solo piezas "pintadas", y en otras veces, muebles "de China", de "Japón" o "de Michoacán" [20, 21, 22].

El segundo género artístico es la pintura enconchada (Figura 5), que los hermanos Miguel y Juan González[v] llevaron a las cotas más altas en la última década del siglo XVII, pero que decayó súbitamente después [28-32]. Aunque hubo algunas propuestas sobre la procedencia foránea de Miguel González [33] [34] (p. 300), los estudios que han revelado los nombres de sus padres [31, 35, 36] parecen apoyar su origen americano. Según Tovar [32], Tomás González de Villaverde figura en 1689 como "maestro de pintor de maque", y su hijo Miguel como "oficial de dicho arte de pintura". Esta descripción de la profesión de ambos nos hace pensar que Tomás pintaba cuadros con el maque, y su hijo Miguel hacía lo mismo, pero sabemos que una década después Miguel y su hermano Juan realizaban la pintura enconchada con óleo y temple. Sin embargo, somos conscientes de que la palabra maque no solo o no siempre refiere a la técnica de la laca mexicana de la raíz precolombina.

Asimismo, estos datos sugieren la presencia de un eslabón desconocido en la evolución de la pintura enconchada. Previamente al pleno desarrollo de la pintura enconchada con óleo y temple, pudo haber la pintura de maque con la laca mexicana y probablemente con nácar. No se conoce o no se conserva ninguna obra de laca mexicana con nácar incrustado. Lo cierto es que el documento de 1689 y las obras conservadas de Miguel González hablan de la cercanía entre el arte del maque y el arte de la pintura enconchada.

Por otro lado, al observar los enconchados de los González, se aprecian los influjos de la laca japonesa de estilo Namban. Ocaña se fijó en las zonas marginales, con los marcos, en las que figuran motivos vegetales y aves de tono amarillento sobre fondo negro, que muestran una gran similitud a los motivos de la laca Namban [2, 3]. Aparte de los motivos señalados por Ocaña, las pinceladas doradas aplicadas en las tablas de los González, a base de fino polvo de oro, algunas encima del nácar, crean un brillante e iridiscente efecto, muy similar al de la laca Namban (Figuras 6 y 7).

Figura 5. *La conquista de México,* procedente de los duques de Moctezuma, colección particular, pintura enconchada, finales del siglo XVII. Fotografía de A. García Barrios.

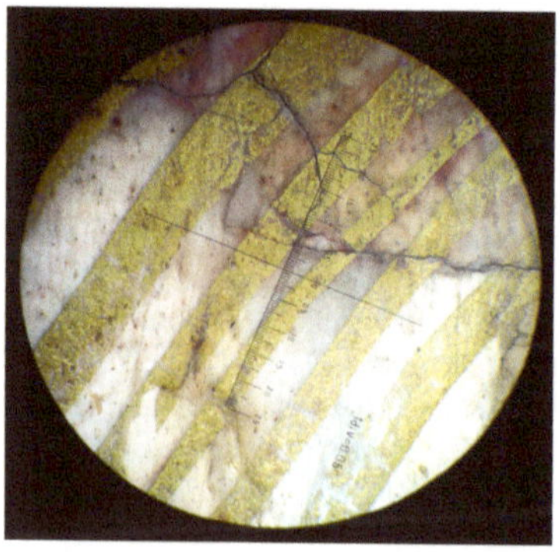

Figura 6. Detalle de *La conquista de México*, procedente de los duques de Moctezuma, pintura enconchada, finales del siglo XVII. Fotografía de Y. Kawamura.

Figura 7. Detalle del Arca de la parroquia de Pedroso (La Rioja), laca Namban, 1580-1630. Fotografía de Y. Kawamura.

Otra cercanía entre el taller de los hermanos González y su círculo y el arte japonés la encontramos en las veinticuatro tablas procedentes de los duques de Moctezuma, recientemente estudiadas [34]. En los reversos de estas tablas se desarrolla una pintura de paisaje acuático con aves sobre fondo dorado, de clara herencia de la pintura de los biombos japoneses de la escuela Kano del siglo XVII –quien difundió la iconografía de pájaros y flores (*kachōzu*) y el uso de fondo dorado—, pero pintada por artistas no japoneses (Figura 8). Este es un sorprendente hallazgo, del cual aún no hay una respuesta sobre la autoría, pero que podría insinuar la presencia de pintores de origen japonés, o de segunda generación, afincados en Nueva España como colaboradores en el taller de los González. Esto es una conjetura sin fundamentos documentales hasta el momento, pero que parece razonable.

Figura 8. Pintura de paisaje, en el reverso de los paneles enconchados de *La conquista de México* procedentes de los duques de Moctezuma. Fotografía de Y. Kawamura.

Creemos estar acertados en situar en torno a mediados del siglo XVII la etapa en la que, tras el gran impacto de los biombos y las lacas de Japón, se inició el proceso de su asimilación y apropiación e incluso la fusión con el arte europeo y el autóctono por parte de los habilidosos artistas y artesanos de Nueva España, contando quizás con la colaboración de artesanos de origen japonés. Precisamente en este periodo situaríamos el siguiente género, objeto del presente estudio, que es el mueble enconchado.

Actualmente se conocen solo tres objetos que podemos denominar mueble enconchado. Un sagrario que se conserva en la parroquia de Allo (Navarra), un fragmento de un mueble, quizás una pequeña puerta o frente de un cajón, conservado en el Museo de América de Madrid, y un atril del Museo de las Carmelitas de Alba de Tormes (Salamanca).

3.2. *Sagrario enconchado de Allo*

El sagrario de la parroquia de Allo (Navarra) fue reconocido y estudiado como enconchado [35-37], y más tarde fue examinado en comparación con la laca Namban [6] (pp. 98-99) (Figura 9). El modelo del sagrario es un templete hexagonal cupulado, un lejano eco del sagrario de El Escorial diseñado por Juan de Herrera, por lo tanto, puede estar imitando un modelo español que llegó a Nueva España, aunque no debemos de olvidar que hubo la producción de este tipo de sagrario, hexagonal y cupulado, con la laca Namban, como demuestra un ejemplar del Museo Peabody Essex de Salem (Massachusetts) (E76704) [11] (p. 194).

Figura 9. Sagrario enconchado de la parroquia de Allo (Navarra), enconchado, siglo XVII avanzado. Fotografía de Larrión&Pimoulier.

Al examinar los detalles, el paralelismo con la laca Namban se detecta aún más. La cúpula está decorada con hojas de vid y racimos de uvas, haciendo referencia a la eucaristía, y en el cuerpo figuran seis arcos con el cordero místico y santos. Aunque el fondo es azul, y no negro como la laca Namban, los motivos están elaborados con finas láminas de nácar recortadas y suave tono amarillento semitransparente, y pinceladas doradas con polvo de oro, que van dibujando las formas, y no se aplican más colores (Figura 10). Un detalle que está asociado directamente con el aspecto del *makie* de la laca japonesa. Las formas y la combinación del nácar y el dorado de las hojas de vid y racimos de uvas son muy similares a los mismos motivos de la laca Namban (Figura 11). Por otra parte, las pinceladas doradas que dibujan los detalles encima de las láminas de nácar en los arcos, que corrigen o disimulan la irregularidad de las formas del nácar adherido [38] (p. 17) [39] (p. 28) es la manera de trabajar que se aprecia en la laca Namban y también en la pintura enconchada. Aparte, en las zonas marginales se observan estrechas bandas con motivos vegetales ondulados similares a los roleos o con motivos repetitivos, que figuran en las obras de laca Namban. Y el pulido y brillante aspecto que ofrece la obra a cierta distancia nos recuerda claramente el arte de laca Namban.

La fecha de la llegada del sagrario a la parroquia es anterior a 1718 [36], por lo tanto, la posibilidad de su elaboración en la segunda mitad del siglo XVII es aceptable.

Figura 10. Detalle de la cúpula del sagrario anterior. Fotografía de Y. Kawamura.

Figura 11. Detalle del arca de colección particular, laca Namban, detalle, 1580-1630. Fotografía de Y. Kawamura.

2.3. *Fragmento de mueble enconchado del Museo de América de Madrid*

Un fragmento rectangular procedente de un mueble se conserva en el Museo de América de Madrid (00169) (Figura 12). Figura una escena de Atlas y Vulcano, por lo cual se podría clasificar como pintura enconchada, pero la escena se encuentra dentro de un arco acompañado de columnas, que nos recuerda el cajón central de los escritorios de origen español, que se elaboraron en considerable número con la laca Namban (Figura 1). El fondo negro decorado con ramilletes dorados nos evoca también la laca japonesa, pero debido a la escasez de información y el estado fragmentario actual, no podemos aventurar más. Incluso no sabemos qué material adhesivo está aplicado ni si la textura lustrosa que muestra es debido a la capa de barniz posterior o al uso del maque.

Figura 12. Fragmento de mueble del Museo de América de Madrid, enconchado, 1625-1725. © Museo de América de Madrid.

3.4. *Atril enconchado de Alba de Tormes*

El caso del atril enconchado conservado en el Museo Carmelitano de Alba de Tormes (Figura 13) ofrece más consideraciones interesantes con relación a la laca Namban [23]. Fue probablemente elaborado más tempranamente que las dos obras anteriores. Este atril directamente nos remite al atril de laca Namban (Figura 14). La forma del atril es exactamente la misma de la del atril Namban, es decir, de tipo plegable con dos tablas entrecruzadas. A diferencia de las obras anteriormente analizadas, el fondo está tratado con el color negro, como la laca japonesa, y encima están incrustadas varias láminas finas de nácar recortadas en forma de hojas y flores. Aún a falta de un análisis químico, el aspecto lustroso del color negro nos apunta el maque, es decir la grasa extraída del insecto aje (*Coccus axin*) disuelta en el aceite de las semillas de chía (*Salvia hispanica*) y coloreada con el hollín. La combinación cromática del negro, el dorado y el nácar es idéntica. El anagrama IHS (Jesucristo), que figura en gran tamaño en la mayoría de los atriles japoneses también aparece en este. Las flores parecen a las de la camelia, muy frecuentes en la laca Namban, y los extremos curvilíneos de los ramilletes siguen al modelo japonés. Es evidente que el artífice de este atril tuvo como modelo un atril de laca Namban e intentó copiarlo con los materiales y técnicas disponibles en Nueva España.

Figura 13. Atril del Museo Carmelitano de Alba de Tormes (Salamanca), enconchado y maque, segunda mitad del siglo XVII. Fotografía de José Luis Gutiérrez Robledo.

Figura 14. Atril de la parroquia de los Sagrados Corporales, Darroca (Zaragoza), laca Namban, 1580-1630. Fotografía de Rafael Suárez Pascual.

Se observan tres tipos diferentes de expresión para las hojas: hojas totalmente doradas, hojas de color anaranjado con los nervios y contornos dibujados con las pinceladas doradas, y hojas hechas de nácar con las mismas pinceladas encima. Los dorados son a base de polvo de oro muy fino aplicado muy densamente, y las hojas anaranjadas son resultado de aplicar el polvo de oro menos denso (Figuras 15 y 16). Es sorprendente que estas tres maneras de expresar las hojas son exactamente iguales que las técnicas aplicadas en la laca Namban. En japonés se distinguen con los términos *hira makie* (totalmente dorado plano), *enashiji* (anaranjado) y *raden* (nácar) (Figura 17). La manera de añadir los nervio o bordes se denomina *tsukegaki* (dibujos dorados añadidos). Hay que indicar que el atril enconchado no solo imita la forma, motivos y aspectos externos de un atril de laca Namban, sino también las técnicas aplicadas para expresar son muy similares. Sería razonable preguntarse si el artífice del atril enconchado tenía conocimientos técnicos de la decoración de la laca japonesa. Los motivos vegetales y florales son muy burdos si los comparamos con los motivos de la laca japonesa, y desde luego no salieron de las manos adiestradas de un artífice japonés.

Figura 15. Detalle del atril anterior. Fotografía de Y. Kawamura.

Figura 16. Detalle del atril anterior. Fotografía de Y. Kawamura.

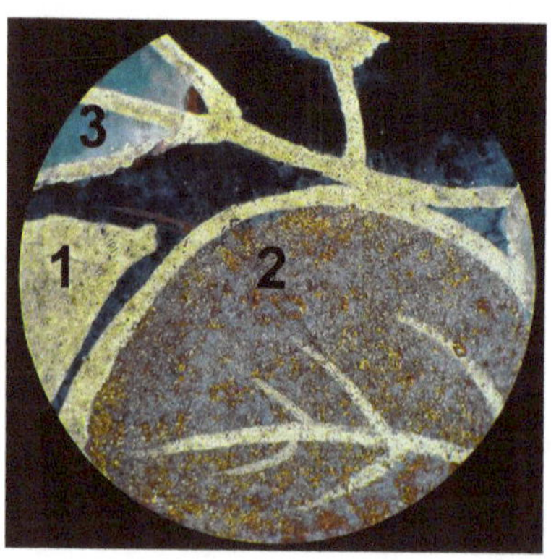

Figura 17. Detalle del arca de la parroquia de El Salvador, Pedroso (La Rioja), laca Namban, 1580-1630. Fotografía de Y. Kawamura. 1: *hira makie*. 2: *enashiji*. 3: *raden*. Líneas doradas encima del 2 y 3: *tsukegaki*.

Sin embargo, la excesiva semejanza en las técnicas de aplicar el polvo de oro en distintas densidades hace pensar la presencia de algún japonés no experto en la decoración de laca japonesa, pero con suficiente conocimiento sobre el uso del polvo de oro y nácar en la laca. Es conocida la presencia de varios japoneses en Nueva España durante el siglo XVII. Sabemos que unos cuantos de los acompañantes que llegaron con el comerciante Tanaka en 1610, y con el samurái Hasekura (embajada Keicho) en 1614, y los comerciantes que cruzaron el Pacífico con fray Diego de Santa Catalina en 1617 no volvieron a Japón, y además seguramente algunos de los japoneses cristianos exiliados en Manila pudieron llegar a Nueva España [40]. Luis de Encío (Japón, 1595?-Guadalajara, 1666) y Juan de Páez (Osaka, 1608?-Guadalajara, 1675) constituyen los casos estudiados de los japoneses que vivieron en Guadalajara en esa centuria [40-42]. Por otro lado, ante la persecución cristiana, los artesanos con habilidades manuales, como artesanos de laca, eran los individuos que podían trasladarse del lugar de origen con mayor facilidad que los campesinos, que estaban muy atados a su tierra.

Al analizar este atril y compararlo con el sagrario de Allo, consideramos que el atril fue elaborado en una fecha más temprana que el sagrario por mostrar mayor cercanía a la laca Namban. En el sagrario sí se observan pinceladas doradas con polvo de oro, pero no se aprecia la aplicación de polvo de oro menos denso para el color anaranjado. Las hojas de este color están pintadas con la pintura de color semitransparente, alejándose de la técnica japonesa.

Respecto a la datación, nos basamos en la imagen de santa Teresa que figura dentro de un marco rectangular situado en el centro. La quebrada línea exterior del marco indica el estilo de la transición del manierismo al barroco o el primer barroco. Teniendo en cuenta que en Nueva España se prolonga la vigencia de este estilo, se podría barajar la fecha de mediados o segunda mitad del siglo XVII, con debida reserva por la falta de documentación. Su iconografía se gestó cuando se inició el proceso de su beatificación culminado en 1614, y después de su canonización en 1622 la imagen se difundió aún más. La figura de la santa es tipo orante, sin pluma ni libro, ni grandes gestos de transverberación o mortificación como el cuadro del pintor mexicano Cristóbal Villalpando en las últimas décadas del siglo (Museo de El Carmen, México), y la representa como "maestra de oración" siguiendo el retrato de la santa pintado por fray Juan de la Miseria en 1575 (Monasterio de las Carmelitas Descalzas de Sevilla) [43, 44]. Todo eso hace razonable pensar que la imagen de la santa fuese pintada en la segunda mitad del siglo XVII, fecha en que el atril de laca Namban era ya muy conocido en Nueva España. No nos olvidemos que el atril es un tipo de mueble de laca Namban que se conserva en un elevado número en la actualidad, por lo tanto, de gran producción en su día.

Tras este análisis de las obras de mueble enconchado, aún muy escaso en su número, se aprecia mayor cercanía a la laca Namban de este género que de la pintura enconchada, y este hecho nos indica probablemente que el mueble fuera ideado antes que la pintura.

De vuelta a la profesión de Tomás González. En 1689 figura como "maestro de pintor de maque"[32]. Tomás pudo representar una generación que hizo progresar el mueble de maque con nácar hacia la pintura enconchada. Las tablas enconchadas conocidas hasta ahora son pinturas elaboradas con óleo y temple, sin embargo, previo a estas pudieron existir obras hechas con el maque y el nácar, que correspondían a la profesión de Tomás [39] (p. 31). Por lo tanto, el atril puede ser el testigo, de momento el único, de esa fase previa: el maque enconchado. Por la fecha que barajamos para el atril, su autor pudo pertenecer a la generación de Tomás o algo anterior. Por otro lado, existe la posibilidad de que, si se analizan los materiales de todas las pinturas enconchadas, en algunas se detecte el maque.

Nuestra incógnita, sin embargo, continúa. ¿Por qué entre las obras de la laca mexicana que se conservan de la época virreinal no se conoce ninguna con nácar, excepto este atril? Esta ausencia del maque con nácar probablemente se debe al hecho de que la mayoría de las obras históricas que conocemos sean del siglo XVIII—excepto la laca de Periban datada en el siglo XVII—, y que con la llegada del ese siglo hubo un cambio de gusto. Como bien señala Ocaña [45], el estilo del maque mexicano del siglo XVIII tiene mucha deuda a la moda europea de *chinoiserie* que empezó a reinar en dicho siglo en Europa y que se trasladaba a Nueva España.

Realmente el gusto por el nácar en la laca dejó de estar de moda ya a mediados del siglo XVII en Europa occidental (Holanda, Francia, Inglaterra, por ejemplo) y de hecho la laca de exportación japonesa de ese momento –principalmente destinada a los holandeses que estaban autorizados a mantener un reducido y controlado comercio con el Japón feudal— cambió su estilo. Esta producción, denominada del estilo pictórico, está decorada únicamente con el dorado *makie* y con una menor carga ornamental. Los talleres de laca de Europa central respondieron pronto a la influencia de la decoración dorada sobre el fondo negro, por ejemplo, en Berlín ya en 1690-1695 por Gérard Dagly [46, 47]. Otros trabajos de lacado que decoran los interiores, como Gabinete chino del Palacio Real de Turín (1734) o la Biblioteca Joanina de la Universidad de Coimbra (1720-30), constan de motivos dorados sobre fondo negro o rojo sin nácar.

La moda de *chinoiserie* llegó a España con los borbones, en concreto con Felipe V e Isabel de Farnesio. Su gusto por la laca sin nácar podemos apreciarlo en el Chambre du lit del Palacio Real de La Granja de San Ildefonso (1735), donde se aplicaron los paneles desmontados de los biombos chinos de múltiples colores, de estilo Coromandel, y sus imitaciones europeas. Este distanciamiento de la iridiscencia de nácar en la corte española también explicaría el cese de la llegada de los grandes paneles de pintura enconchada a España. Esto desencadenaría la recesión de la actividad artística novohispana y el cese del taller de los González. Los grandes paneles enconchados que conocemos, como las cinco series de La conquista de México, fueron encargados por la nobleza española como el conde de Galve o el conde de Moctezuma, ambos virreyes de Nueva España en la postrimería de los Austrias, y llegaron a España en los últimos años del reinado de Carlos II, el último monarca de los Habsburgo [39] (pp. 65, 69). Con la llegada de Felipe V, que trajo a España el gusto de la Francia del Versalles, el estilo artístico de la corte cambió drásticamente y en esta nueva situación parece que los paneles enconchados no tenían cabida [39] (pp. 55-56), aunque entendemos que en la sociedad novohispana seguía demandando esta propuesta artística por algún tiempo ya que existen pinturas enconchadas datadas en el siglo XVIII, como una *Virgen de Guadalupe* de colección particular con la fecha 1734 escrita[vi][48] (pp. 60-61).

3.5. *Otras prácticas combinadas con nácar*

En el Museo de Navarra se conserva un arca de laca Namban de buena factura procedente del palacio de Guenduláin situado en Pamplona (Navarra) perteneciente a los marqueses de la Real Defensa, cuyo primer titular destacó por sus actividades militares en Cartagena de Indias. Resulta que en el arca se aprecian unas reparaciones antiguas. Los trozos de nácar desprendidos y perdidos fueron sustituidos por otros fragmentos de nácar de iridiscencia diferente o de forma de pececito roto –un claro reaprovechamiento—, que son adheridos con un material oscuro y semitransparente, que podría ser el maque (Figura 18). En España no se conocen trabajos de nácar tallado en forma de peces, y teniendo en cuenta la larga tradición del arte de madreperla de Mesoamérica [49, 50], parece razonable pensar que fuera reparada en Nueva España. El artesano que la arregló pudo poseer el conocimiento de la laca mexicana y del enconchado.

Otro arca con el mismo tipo de reparación (colección particular) presenta unos fragmentos de nácar en forma de pececitos y unos retoques con pincelada de polvo de oro, que asemeja al mundo del enconchado (Figura 19). Estas reparaciones históricas parecen que nos hablan también de la actividad del maque unido al enconchado.

Figura 18. Detalle del arca del Museo de Navarra, laca Namban, 1580-1630. Fotografía de Y. Kawamura.

Figura 19. Detalle del arca de colección particular, laca Namban, 1580-1630. Fotografía de Y. Kawamura.

4. *Cruz del Nazareno* de El Puerto de Santa María

En El Puerto de Santa María (Cádiz) se conserva una interesante y singular cruz (Figura 20), que pertenece a la Hermandad de Nuestro Padre Nazareno y Nuestra Señora de los Dolores, y procesiona cada Semana Santa sujeta por la imagen de Cristo de tamaño natural. No se conserva ninguna documentación que aclare la llegada de la cruz. Se trata de una cruz de grandes dimensiones: altura total 268 cm, brazos horizontales 170 cm y fondo 7 cm, pero de peso relativamente ligero puesto que son tablas montadas sobre unos bastidores por lo tanto hueca en su interior. Tanto en el anverso como en el reverso se encuentran trece escenas de la Pasión de Cristo y de la vida de la Virgen María respectivamente, y los marcos de esas escenas y los cantos están decorados profusamente con motivos vegetales. La factura a primera vista nos lleva al mundo virreinal novohispano[vii] [51, 52], y el uso original de la cruz pudo ser catequético y procesional para la evangelización de la población americana por parte de los misioneros [53].

Figura 20. *Cruz del Nazareno* de la Hermandad de Nuestro Padre Nazareno y Nuestra Señora de los Dolores de El Puerto de Santa María (Cádiz), maque. Fotografía de Y. Kawamura.

El estudio del material ha revelado que es de *Cedro odorata*, cuyo hábitat se limita al Centroamérica [54]. Partiendo de este dato científico que indica que fue realizada en el virreinato de Nueva España, se realizó el estudio sobre su pintura. En la cruz se detectan por lo menos tres pintores intervinientes: uno (o incluso dos) para las escenas bíblicas, otro para la decoración de los marcos de esas escenas, y el tercero para la decoración de los cantos. Las tablas principales y las de los cantos fueron pintadas separadamente antes de ser montadas. Las veintiséis escenas ocupan unos rectángulos con las esquinas achaflanadas y separados entre sí. La manera de pintar es muy dibujística, basada en los grabados renacentistas que circulaban por Nueva España (Figura 21). Algunas escenas son casi idénticas a las de otras pinturas enconchadas. Especialmente la Presentación de la Virgen en el Templo es muy similar a dos obras del mismo título del Museo de América de Madrid (00132 y 00171) (Figura 22). E incluso, el singular templo con la escalera circular figura en una obra atribuida a los González, de colección particular (Figura 5). La mayoría de las escenas muestran una especial luminosidad que se debe principalmente a una capa de plata que está bajo la pintura, además de la aplicación de finas pinceladas doradas en distintas partes a modo de veladura [54].

Figura 21. Detalle de la *Cruz del Nazareno*. Escena de la *Presentación de la Virgen en el Templo*. Fotografía de Ana García Barrios.

Figura 22. *Presentación de la Virgen en el Templo*, de la serie *Vida de la Virgen*, pintura enconchada. © Museo de América de Madrid.

El brillante aspecto de la cruz, sin embargo, se debe principalmente a las decoraciones vegetales que rodean las escenas, pintadas con oro sobre fondo negro brillante. El negro puede ser el maque puesto que en un extremo se aprecia una capa negra brillante, aplicada sobre una base blanca calcita y una capa rojiza, quizás de bol rojo (Figura 23). Este negro es comparable con el negro de las obras de maque del siglo XVIII, como el fondo de una bandeja cuadrada del Museo de Artes e Industrias Populares de Pátzcuaro (10-65-2206) (Figura 24). El dorado parece que es de polvo y pan de oro. Las imágenes ampliadas nos muestran el oro rugoso (Figura 25) que nos sugiere el pan de oro, probablemente adherido sobre los motivos trazados con algún adhesivo que podría ser el maque, pero en otras partes de la cruz se observan también pinceladas con polvo de oro. Aparte, finas partículas de oro se dispersan sobre la superficie.

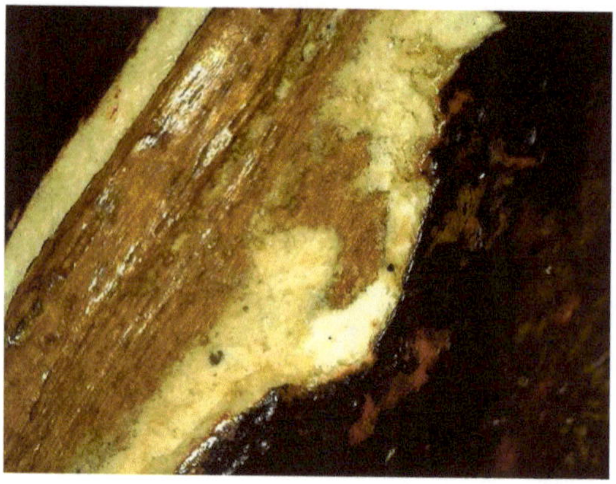

Figura 23. Detalle de la *Cruz del Nazareno.* Fotografía de Juan José Delgado Aguilera.

Figura 24. Detalle de la bandeja del Museo de Artes e Industrias Populares de Pátzcuaro, maque, siglo XVIII.. Fotografía de Y. Kawamura.

Figura 25. Detalle de la *Cruz del Nazareno.* Fotografía de Y. Kawamura.

Las hojas doradas están dibujadas solo remarcando los contornos y los nervios dejando ver el fondo negro en ellas, excepto pocas hojas totalmente doradas con los nervios pintados encima (Figura 26). Cinco flores de color crema rojizo, que recuerdan a las camelias, de tallos de aspecto torpe están dispuestas de manera totalmente simétrica. Un mismo esquema decorativo se repite a lo largo de la tabla vertical en ambos lados. En las decoraciones de la tabla horizontal (brazo corto de la cruz) solo figuran hojas con nervios dorados sobre fondo negro muy encajadas en unos espacios estrechos, debido a que en esta tabla se disponen de menos espacios entre las escenas. Es evidente que el pintor se limitó a decorar estas zonas marginales con un trabajo repetitivo copiando un modelo.

Figura 26. Detalle de la *Cruz del Nazareno*, panel vertical. Fotografía de Y. Kawamura.

En cuanto a las decoraciones en los cantos (Figura 27), los motivos constan de racimos de uvas y hojas de vid, claramente simbolizando el vino eucarístico y la sangre de Cristo, por lo tanto, no son meras decoraciones marginales sino obedecen a un programa iconográfico catequético. Aquí se alternan las hojas negras con nervios y contornos dorados y las enteramente doradas, pintadas con pinceladas sueltas y matizadas con algunos toques rojizos. Se aprecia la actuación de un pintor más instruido con mayor soltura en el manejo de pincel que en las tablas frontales. Lo que llama la atención es el tratamiento de las uvas, de una tonalidad clara cercana al gris matizado con el efecto plateado o perlado. Este color gris perlado puede conseguirse por la veladura de plata. Aunque en esta obra no se aplicó el nácar, este detalle nos recuerda poderosamente la incrustación de nácar de la laca Namban y del enconchado.

Figura 27. Detalle del canto la *Cruz del Nazareno*. Fotografía de Ana García Barrios.

Realmente, podemos establecer más paralelismos con estos dos artes. La aplicación del negro en el fondo, probablemente maque, combinado con los motivos dorados muy tupidos es el estilo procedente de la laca Namban, asimilado en Nueva España, como se ha visto en el atril enconchado o en las zonas marginales de las pinturas enconchadas, como los marcos de los paneles de *La conquista de México*. El hecho de aparecer estos motivos en las zonas marginales es otro aspecto común con la pintura enconchada. Los motivos vegetales que figuran son los que también frecuentemente aparecen en la laca Namban: flores de camelia, racimos de uvas y hojas de vid. La única diferencia destacable es la ausencia del nácar en la cruz. Sin embargo, el aspecto pictórico que se logró expresar en las uvas nos lleva a pensar en la intención del pintor de imitar el nácar embutido de la laca Namban o del enconchado.

Cabe pensar que la *Cruz del Nazareno* fuera elaborada en una zona donde la práctica del nácar no existía, o en una época en que la práctica del enconchado se encontraba en recesión. La práctica del maque muy difundida en Michoacán, Guerrero, Oaxaca y Chiapas, sin usar el nácar según sabemos a través de las obras conservadas datadas del siglo XVIII, nos encaminaría a la producción de esta cruz en esas regiones a principios del siglo XVIII. La zona podría ser Michoacán por ser una zona de gran actividad del maque durante el virreinato como Pátzcuaro o Uruapan, sin descartar Chiapa de Corzo donde existe una importante tradición del maque y de las cruces decoradas. A pesar de nuestra indagación, aún no se ha localizado otra obra semejante en México.

5. Conclusiones

Es evidente que la laca Namban llegó a Nueva España a través del galeón de Manila y fue muy apreciada, por esta razón allí surgieron otras técnicas artísticas asociadas a este arte. La gran capacidad de asimilación y apropiación de lo foráneo y creación de algo original fue característica del virreinato americano. Por un lado, la laca mexicana de origen prehispánico recibió impulso con la llegada de la laca japonesa, la prueba de ello es la misma denominación "*maque*" –derivada de "*makie*" japonés—, puesto que tenemos la evidencia de que Sebastián Vizcaino a principios del siglo XVII llamaba a la laca japonesa "maqui", como se ha mencionado anteriormente. Por otra parte, ya se habían señalado los influjos de la laca Namban en la pintura enconchada. Sin embargo, el mueble enconchado estaba hasta ahora sin recibir un merecido estudio. A través del análisis de las obras, consideramos que este género se desarrolló probablemente antes que la pintura enconchada. A pesar del escaso número de obras, el atril de Alba de Tormes, enconchado y muy probablemente de maque, es una obra fechable en la segunda mitad del siglo XVII por la forma del marco aún manierista o del primer barroco del retrato de la santa. Es sorprendente la semejanza de sus técnicas decorativas del dorado y de nácar a las de la laca japonesa. Por lo tanto, el atril de Alba de Tormes podría ser el primer eslabón del desarrollo del enconchado inspirado en la laca Namban, y el sagrario de Allo podría situarse en la siguiente fase de evolución.

Si Tomás González de Villaverde, padre de los pintores del enconchado Miguel y Juan González, practicaba el maque en 1689, es evidente que la pintura enconchada que tuvo gran desarrollo a finales del siglo XVII en la Ciudad de México surgió del ambiente artístico del maque. Aunque los González dejaron de aplicar el maque y lo sustituyeron por el óleo y temple, indudables huellas de la laca japonesa se aprecian en las zonas marginales de los paneles de los González y de otros de la misma época.

Otra fusión de la laca japonesa de estilo Namban con el maque se observa en la singular *Cruz del Nazareno* de El Puerto de Santa María. Los pintores que se encargaron de decorar las zonas marginales sobre fondo negro copiaron los motivos de la laca Namban y, aunque no aplicaron el nácar, parecen haber imitado su luminosa textura con los pigmentos. En este sentido la cruz de El Puerto de Santa María constituye un ejemplo muy singular que habla de otra fase de evolución del maque con influjos de la laca Namban en Nueva España.

A pesar de estas conclusiones, somos conscientes de que nuestro estudio se basa en un escaso números de obras y que debemos buscar más piezas de mueble enconchado para confirmarlas.

Contribuciones de las autoras: Conceptualización, Y. Kawamura y A. García Barrio; analisis e investigación del mueble enconcahdo, Y. Kawamura; analisis e investigación de la Cruz del Nazareno, A. García Barrio; redacción y preparación del texto origianl, Y. Kawamura and A. García Barrio; revisión para la edición, Y. Kawamura; consecusión de las subvenciones, Y. Kawamura and A. García Barrio.

Subvención: Proyecto de Investigación I+D+i de la Agencia Estatal de Investigación del Gobierno de España, con referencia PGC2018-097694-B-I00 (2019-2022).
Proyecto Puente de la Universidad Rey Juan Carlos N° V1252 (2023).

Agradecimientos: Nuestro agradecimiento a las colaboradoras de investigación en México: Sonia Ocaña de la Universidad Juárez Autónoma de Tabasco (México) y Rie Arimura de la Universidad Nacional Autónoma de México. Asimismo a los que facilitaron el estudios de las obras: Alicia Ancho, restauradora de la Dirección General de Cultura-Institución Príncipe de Viana (Pamplona, España); José Luis Gutiérrez Robledo de la Universidad Complutense de Madrid; Hermandad de Nuestro Padre Nazareno y Nuestra Señora de los Dolores de El Puerto de Santa María (Cádiz, España); Miguel Ángel Caballero, director de Patrimonio de El Puerto de Santa María; Juan José Delgado, responsable de restauración de El Puerto de Santa María; y David Calleja, concejal de cultura de El Puerto de Santa María. Igualmente, a los investigadores que han realizado el análisis de los materiales de la cruz de El Puerto: María Luisa Vázquez de Ágredos de la Universidad de Valencia (España); Mauro Bernabei del Consiglio Nazionale delle Ricerche (Italia); y Rocío Ortiz Calderón y Pilar Ortiz Calderón de la Universidad Pablo de Olavide (Sevilla, España).

Las autoras agradecen también a Toni Roberts y Clemency Connolly-Linden de la University College London (UCL) por la traducción del original español al inglés del artículo.

Conflictos de intereses: Las autoras declaran no tener conflictos de interés.

Notas:

[1] La luz del nácar. Reflejo de Oriente en México. Exposición comisariada por Ana Zabia de la Mata, conservadora responsable del Departamento de América Virreinal del Museo de América de Madrid (España). Del 24 de noviembre de 2022 al 25 de mayo de 2023.

[1] Archivo General de Indias, Filipinas, 20, R. 6, N. 44. Carta del oidor Juan de la Vega a Ruiz Contreras sobre regalo enviado. Manila, 16 de julio de1612.

[1] Archivo General de Indias, Filipinas, 339, L. 2, F. 284v. Real Cédula, 1604; Filipinas, 60, N. 12. Informaciones de oficio, 1611; Archivo parroquial de Pedroso, Libro de anibersarios y missas perpetuas y de los bienes que conpeten al beneficio y fábrica desta yglesia de St. Salbador desta villa de Pedroso, f. 132 v.

[1] Los ejemplos son: el altar portátil del Museo Nacional de Tokio con la imagen de San Esteban elaborada con la plumaria de Nueva España, otro del Museo Nacional de Kyoto con la iconografía de la Trinidad Triándrica,iconografía usada solo en Nueva España; otro del Museo Nacional de Artes Decorativas de Madrid con la imagen de san Fernando del estilo virreinal novohispano.

[1] Se han debatido mucho sobre las relaciones familiares de Miguel y Juan González. Las últimas noticas confirman que eran hermanos (información facilitada por la Dra. Sonia Ocaña, a quien manifestamos nuestro agradecimiento).

[1] Es la obra más tardía que se conoce en este momento.

[1] Los primeros estudios fueron realizados por Suárez Ávila y González Luque. Después de estos estudios, García Barrios inició una investigación académica en el año 2016.

Referencias

1. Ocaña Ruiz, S. Los marcos 'enconchados' y las lacas japonesas namban: apropiación de un repertorio formal. In *Orientes y Occidentes: El Arte y la Mirada del Otro*, Curiel, G. Ed.; Universidad Nacional Autónoma de México/IIE: México DF, México, 2007; pp. 503-531, ISBN 9703243681.
2. Ocaña Ruiz, S. Marcos 'enconchados': autonomía y apropiación de formas japonesas en la pintura novohispana. *Anales del Instituto de Investigaciones Estéticas* 2008, *XXX (92)*, 107-153, doi: https://doi.org/10.22201/iie.18703062e.2008.92.2262.
3. Ocaña Ruiz, S. Enconchado frames: The Use of Japanese Ornamental Models in New Spanish Painting. In *Asia & Spanish America. Trans-Pacific Artistic & Cultural Exchange 1500-1850*, Donna D., Otsuka R, Eds.; Denver Museum, Denver, CO, USA, 2009; pp. 129-149, ISBN 978-8061-9972-3.
4. Fróis, L.; Pinto, J.A.A.; Okamoto, Y.; Bernard, H. *La première ambassade du Japon en Europe, 1582-1592;* Sophia University: Tokyo, Japan, 1942; pp. 113-114.
5. Kawamura, Y. Coleccionismo y colecciones de la laca extremo oriental en España desde la época del arte Namban hasta el siglo XX. *Artigrama* 2003, *18*, 211- 230, http://www.unizar.es/artigrama/pdf/18/2monografico/09.pdf.
6. Kawamura. Y.; Ancho, A.; Balduz, B. *Laca Namban. Brillo de Japón en Navarra;* Gobierno de Navarra: Pamplona, Spain, 2016, ISBN 978-84-235-3408-1.
7. Boyer, M. *Japanese Export Lacquers from the Seventeenth Century in the National Museum of Denmark;* National Museum: Copenhagen, Denmark, 1959.
8. Arakawa, H. *Namban shitsugei;* Bijutsushuppansha: Tokyo, Japan, 1971.
9. Haino, A. *Kinsei no makie;* Chûôkôronsha: Tokyo, Japan, 1994, ISBN 4-12-101196-1.
10. Yamazaki, T., *Umi o watatta nihon no shikki I (16 -17 seiki) (Nihon no bijutu 426)*; Shibundô: Tokyo, Japan, 2001, ISBN 4-7843-3426-2.
11. Impey, O.; Jörg, C. *Japanese Export Lacquer;* Hotei Publishing: Amsterdam, Netherlands, 2005, ISBN 90-74822-72X.
12. Hidaka, K. *Ikoku no Hyôshô;* Brücke: Tokyo, Japan, 2008, ISBN 978-4-434-11660-5.
13. Nagashima, M. Export Lacquer: Reflexion of the West in Black and Gold *Makie*. In *Japan. Export Laquer: Reflection of the West in Black and Gold Makie*, Kyoto National Museum, Ed.; The Yomiuri Shimbun: Osaka, Japan, 2008; pp. 30-48.
14. Kawamura, Y. Laca japonesa urushi de estilo Namban en España. Vías de su llegada y sus destinos. In *Laca Namban. Huella de Japón en España. IV Centenario de la Embajada Keichô*, Kawamura, Y. Ed.; Fundación Japón-Ministerio de Educación, Cultura y Deporte: Madrid, Spain, 2013; pp. 249-296, ISBN 978-84-8181-540-5.
15. Morga, A.; Hidalgo Nuchera, P. *Sucesos de las Islas Filipinas*; Polifemo: Madrid, Spain, 1997, ISBN 978-84-86547-37-0.
16. Romero de Terreros, M. Relación del Japón (1609), por Rodrigo de Vivero y Velasco. Introducción y notas. *Anales del Museo Nacional de México* 1934, *1*, 67-111. Trasciption of a copy preserved in the Real Academia de Historia de España, Madrid, Spain.
17. Gil, J. *Hidalgos y samurais. España y Japón en los siglos XVI y XVII;* Alianza Editorial: Madrid, Spain, 1991, ISBN 9788420626758.
18. Tremml, B.; Sola, E. *Una relación de Japón de 1614 sobre el viaje de Sebastián Vizcaino. Archivo de la Frontera*, 2013, archivodelafrontera.com/wp-content/uploads/2013/11/Relación-del-viaje-de-Sebastián-Vizcaíno-1612-1614.pdf.
19. Kawamura, Y. Manila, ciudad española y centro de fusión. Un estudio a través del inventario del gobernador de Filipinas Alonso Fajardo de Tenza (1624). *E-Spania. Quelle histoire globale au XVIe siècle ? / Fronteras de Ultramar* 2018, *30*, 1-13, https://journals.openedition.org/e-spania/27950.
20. Ballesteros Flores, T. B. *Entre el ser y el parecer. Los objetos suntuarios orientales en el ajuar doméstico de mercaderes del Consulado de la Ciudad de México (1573-1700).* Doctoral Thesis, Universidad Nacional Autónoma de México, Mexico, 2007. https://repositorio.unam.mx/contenidos/entre-el-ser-y-el-parecer-los-objetos-suntuarios-orientales-en-el-ajuar-domestico-de-mercaderes-del-consulado-de-la-ciud-200846?c=pQkkLz&d=false&q=*:*&i=2&v=0&t=search_0&as=0
21. Ocaña, S.; Arimura, R. Japanese objects in New Spain. Nanban Art and Beyond. *Colonial Latin American Review* 2022, 31:3, 327-353. https://doi.org/10.1080/10609164.2022.2104033.
22. Prieto Ustio, E. Objetos asiáticos en ajuares novohispanos. El testimonio de los inventarios en las primeras décadas del seiscientos. In *El viaje más largo. Proyecciones de la primera vuelta al mundo*, Martínez de Salinas Alonso, M.L.; Martínez, M.C.; Porro Gutiérrez, J.M. Coords.; Universidad de Valladolid, Valladolid, Spain. 2022. pp. 147-164.
23. Kawamura, Y. Obras de laca Namban en España. Síntesis de la globalización bajo la monarquía hispánica. In *Arte y globalización en el mundo hispánico de los siglos XV al XVII*, Parada López de Corselas, M., María Palacios Méndez, L.M., Eds.; Universidad de Granada: Granada, Spain, 2020; pp. 531-550, ISBN 978-84-338-6664-6.
24. Baena Zapatero, A. Apuntes sobre la elaboración de biombos en la Nueva España. *Archivo español de arte* 2015, *350*, 173-188. https://doi.org/10.3989/aearte.2015.11
25. Baena Zapatero, A. Biombos mexicanos e identidad criolla. *Revista de Indias* 2020, *280*, 651-686. https://doi.org/10.3989/revindias.2020.018
26. Pérez Carrillo, S. *La laca mexicana. Desarrollo de un oficio artesanal en el virreinato de la Nueva España durante el siglo XVIII;* Alianza Editorial: Madrid, Spain, 1990, ISBN 84-206-9044-9.
27. Medina, I. ¿Maque prehispánico? Una antigua discusión. In *Lacas mexicanas, Ciudad de México,* Museo Franz Mayer y Artes de México: México DF, Mexico, 2003; pp. 21-30.
28. Ocaña Ruiz, S. Enconchados: Japão, Nova Espanha, mestiçagens artísticas e os González. In *As Américas em perspectiva: das conquistas às independências,* Editora UFJF: Juiz de Fora, Brasil, 2023; pp. 52-69. ISBN: 978-65-89512-95-0

https://www2.ufjf.br/clioedel/wp-content/uploads/sites/75/2023/09/As-Americas-em-perspectiva-das-Conquistas-as-Independencias.pdf
29. Ocaña Ruiz, S. "Early Modern Artistic Globalization from Colonial Mexico. The Case of *Enconchados*". In *The Routledge Companion to Global Renaissance Art,* Stephen J. Campbell, Stephanie Porras, eds., Rouledge, New York, 2024, pp. 52-66. eBook ISBN: 9781003294986 https://doi.org/10.4324/9781003294986
30. Toussaint, M. La pintura con incrustaciones de concha nácar en Nueva España. *Anales del Instituto de Investigaciones Estéticas* 1952, *5(20),* 5-20.
31. Rivero Lake, R. *El arte Namban en el México;* Turner: México DF, Mexico, 2005, ISBN 9788475066929.
32. Tovar, G. Documentos sobre 'enconchados' y la familia de los González. *Cuadernos de Arte Colonial* 1986, *1,* 97-103, https://www.culturaydeporte.gob.es/museodeamerica/dam/jcr:72b3223c-b8ce-4b41-ba1e-0094f2df5467/art-culo-5.pdf.
33. Ocaña, S. Nuevas reflexiones sobre las pinturas incrustadas de conchas y el trabajo de Juan y Miguel González. *Anales del Instituto de Investigaciones Estéticas* 2013, *35(102),* 125-176, doi: https://doi.org/10.22201/iie.18703062e.2013.1.2490.
34. Kawamura, Y. La pintura en los reversos de los enconchados de la conquista de México de la antigua colección de los duques de Moctezuma. In *La luz del nácar. Reflejo de Oriente en México,* Zabía de la Mata, A. Ed.; Ministerio de Cultura y Educación: Madrid, Spain, 2022, pp. 83-92.
35. García Gainza M.C. Dir. *Catálogo Monumental de Navarra. II. Merindad de Estella,* vol. I, Institución Príncipe de Viana, Universidad de Navarra, Gobierno Foral de Navarra: Pamplona, Spain, 1982, p. 115
36. Heredia, M.C.; Orbe Sivatte, M.; Orbe Sivatte A. Sagrario. In *Arte hispanoamericano en Navarra. Plata, pintura y escultura;* Gobierno de Navarra: Pamplona, Spain, 1992; p. 236, cat. 172.
37. García Sáiz, M.C. Sagrario. In *Los Siglos de Oro en los Virreinatos de América 1550-1700,* Bérchez, J.; Alcalá, L.E., Eds.; Sociedad Estatal de para la Conmemoración de los Centenarios de Felipe II y Carlos V: Madrid, Spain, 1999; pp. 382-383, cat. 134.
38. Dijovne, M. Enchonchados mexicanos en el Museo Nacional de Bellas Artes. In *Los enconchados de la conquista de México: Colección Museo Nacional de Bellas Arres;* Museo Nacional de Bellas Arres-Secretaría de Patrimonio Cultural: Ciudad Autónoma de Buenos Aires,Argentin, 2021, ISBN 978-950-9864-20-7. https://media.bellasartes.gob.ar/h/Publicaciones/cat_enconchados.pdf
39. Zabía de la Mata, A. *La luz del nácar. Reflejo de Oriente en México,* Ministerio de Cultura y Deporte: Madrid, Spain, 2022, ISBN 978-84-8181-810-9.
40. Falck Reyes, M.; Palacio, H. *El japonés que conquistó Guadalajara. La historia de Juan de Páez en la Guadalajara del siglo XVII;* Universidad de Guadalajara: Guadalajara, Mexico, 2009, ISBN 9781449267292.
41. Calvo, T. Japoneses en Guadalajara: 'Blancos de Honor' durante el Seiscientos mexicano. In *La Nueva Galicia en los siglo XVI y XVII,* Calvo, T.; Castañeda, C., Eds.; El Colegio de Jalisco, Centro de Estudios Mexicanos y Centroamericanos: Guadalajara, Mexico, 1989; pp. 159-171, ISBN 9789686142044.
42. Calvo, T. *Guadalajara y su región en el siglo XVII: población y economía,* Centro de Estudios Mexicanos y Centroamericanos, Ayuntamiento de Guadalajara: Guadalajara, Mexico, 1992, OCLC 1025798795.
43. Moreno, F. Iconografía de los testigos de los procesos teresianos. A propósito de Adrian Collaert y la escenografía de la capilla Cornaro. *Archivo Español de Arte* 2014, *345,* 29-44, doi: 10.3989/aearte.2014.03.
44. Cuesta, L.J. ¿Una nueva iconografía? Santa Teresa en el arte novohispano. *Hipogrifo* 2016, *4.2,* 7-18, doi: http://dx.doi.org/10.13035/H.2016.04.02.02.
45. Ocaña, S. De Asia a la Nueva España vía Europa: lacas asiáticas y achinadas en el siglo XVIII. *Anales del Instituto de Investigaciones Estéticas* 2017, *39(111),* 1131-186, doi: http://dx.doi.org/10.22201/iie.18703062e.2017.111.2611.I
46. Strasse, M.H. (ed.*) Lacquer art from East Asia and Europe. Ex oriente lux. The Herbig-Haarhaus lac. The Herbig-Haarhaus lacquer museum;* BASF Colors and Fibers AG: Cologne, Germany, 1979.
47. Kopplin, M. *Gérard Dagly: Und die Berliner Hofwerkstatt;* Hirmer Verlag GmbH: Munich, Germany, 2015.
48. Dujovne, M. *Las pinturas con incrustaciones de nácar;* UNAM, Ciudad de México, Mexico, 1984. ISBN: 978-968-58-0457-8.
49. Castelló Yturbide, T. Coord. *La concha de nácar en México,* Grupo Gutsa: México DF, Mexico, 1990.
50. Suárez Diez, L. *Conchas y caracoles. Ese universo maravilloso;* Instituto Nacional de Antropología e Historia: México DF, Mexico, 2007, ISBN 9789680301300.
51. Suárez Ávila, L. Habitantes y gente de El Puerto de Santa María. *Nótula* 2010, *2079,* http://www.gentedelpuerto.com/2014/04/15/2-079-hermandad-del-nazareno-estrenode-una-nueva-imagen-del-cristo/.
52. González Luque, F. *La Hermandad de Jesús Nazareno de El Puerto de Santa María. Estudio histórico y artístico;* Hermandad de Nuestro Padre Jesús Nazareno y Nuestra Señora de los Dolores de El Puerto de Santa María: El Puerto de Santa María, Cádiz, Spain, 2017.
53. García Barrios, A. Laca asiática y color mexicano en la cruz del Nazareno de El Puerto de Santa María (Cádiz, España). *Arqueología Mexicana* 2023, *178,* 76-81.
54. García Barrios, A.; Vázquez de Ágredos, M.; Bernabei, M.; Ortíz Calderón, R.; Ortiz Calderón, P.; Delgado Aguilera, J.J. Mexican colors in the cross of the Nazarene in El Puerto de Santa María, Cádiz, Spain. In *Drugs and Colors in History.* Editorial Tirant lo Blanch Humanidades: Valencia (in press).

heritage

MDPI

Article

Three Studies of Luxury Mexican Lacquer Objects from the 16th to the 19th Centuries, Analysis of Materials and Pictorial Techniques

Rafael Romero *, Adelina Illán and Clara Bondía

Icono I&R Madrid, 28040 Madrid, Spain; clarabonfer@gmail.com (C.B.)
* Correspondence: icono.i.r@nova.es; Tel.: +34-915-317-887

Abstract: This technical study of three Mexican lacquer objects, dating from the 16th, 18th and 19th centuries, analyses different lacquer manufacturing processes and their local characteristics through the centuries. The technical analysis of each object highlights their material and technological innovation. In addition, we describe individual stylistic characteristics of Mexican lacquer production centres, Peribán and Olinalá. Finally, we conclude with a few observations about the taste for Asian lacquer in the West, and how this impacted lacquer crafts around the world.

Keywords: New Spain; lacquer; Peribán; Olinalá; decorative arts; viceregal art; technical art; *charoles*; *lacca povera*; vernis Martin; *maque*; Mexican lacquer

Citation: Romero, R.; Illán, A.; Bondía, C. Three Studies of Luxury Mexican Lacquer Objects from the 16th to the 19th Centuries, Analysis of Materials and Pictorial Techniques. *Heritage* **2023**, *6*, 3590–3605. https://doi.org/10.3390/heritage6040191

Academic Editors: Lucia Burgio, Dana Melchar and Monica Katz

Received: 30 December 2022
Revised: 8 March 2023
Accepted: 17 March 2023
Published: 11 April 2023

1. Introduction

It is well known that Mexican lacquer or *maque* as a decorative technique for luxury objects during the Mexican viceregal period has its roots in preceding traditions, specifically in the Mesoamerican pre-Hispanic world [1]. Added to this is the synergic and progressive incorporation of different influences from Eastern and Western decorative arts; a fact that shapes a rich technical craft that evolved over time, incorporating material and technical innovations revealing a wide range of styles and regional "schools" and production procedures [2–6].

This study focuses on the technical analysis of three objects representative of this wide range of styles and techniques:

The first is a decorated chest in the so-called Peribán style (from the state of Michoacán), which for iconographic reasons can be considered one of the earliest examples of this technique, perhaps made in the third or last quarter of the 16th century. The object has been made using the traditional inlay technique, a direct heir to the decoration of pre-Hispanic *jícaras* and *guajes* made from types of gourds.

The second example is an 18th-century *escritorio* or portable writing desk with clear Asian influences in its painted decoration: on the inside of the upper lid is a depiction of the death of Goliath, while the interior of the fall-front shows a courtly love scene. This decoration in the manner of Asian lacquerware coexists with the formal structure of this type of piece of furniture: a central architectural door surrounded by drawers and an upper section made of arches in contrasting shades of wood. The decorative style of these scenes is also linked, as we shall see below, to *enconchado* painting.

The final example is a box from Olinalá (in the state of Guerrero) dated 1874, therefore from the post-colonial period, which allows us to track painting or polychromy techniques, and shows the revolution that the arrival of the 19th century brought about in terms of materials and techniques available to artists, maintaining the stylistic guidelines inherited from the 17th and 18th centuries, but losing the material heritage of the older processes.

2. Materials and Methods

In order to add to and improve the understanding of the analytical data mentioned in the text, the following lines contain a brief summary of the different analytical techniques used in this study, as well as their application to the materials analysed.

Optical microscopy (OM). As a first step to understanding the structure of the objects, micro-samples were taken and studied by different microscopy techniques, both in transmitted and reflected light. The examination of these samples was carried out by polarised light microscopy (PLM) and fluorescence microscopy. Olympus BX-60 optical microscope with visible and ultraviolet illumination.

Scanning electron microscopy (SEM). This complements and greatly expands the previous techniques, achieving significant image magnification. When coupled with an energy dispersive X-ray system (SEM-EDX), it allows for the assessment of the elemental composition of the constituents of the sample. It can also give us detailed information on the inorganic materials present and their distribution within the sample, which is especially helpful in identifying pigments, fillers and adulterants. An SEM-EDX Hitachi S-3000-N electron microscope with a Bruker EDX Quantax EDX was used for this technique.

X-ray fluorescence (XRF) was used as an analytical method for inorganic materials, as in the previous case. Although it has certain analytical limitations, it has the advantage of being non-destructive and not requiring sampling. An Amptek XR100 portable equipment with a Si-pin detector and X-ray tube and control Oxford Instrument Eclipse III (Ag anode), multichannel analyzer MCA 8000A was used in this study.

Fourier transform infrared spectroscopy (FTIR). This spectroscopic technique has been mainly used to analyse preparatory layers and coating layers (varnishes). Analyses were carried out between 4400 cm^{-1} and 370 cm^{-1}, using an IR-TF Perkin-Elmer Spectrum One spectrometer, either in KBr pellets or by superficial analysis using UATR (Universal Attenuated Total Reflectance).

Gas chromatography/mass spectrometry (GC-MS) was used for the identification of organic materials of both a lipophilic and hydrophilic nature, in particular binders, varnishes, dyes, resins, gums, etc. An Agilent GC 5977/Agilent MSD 5975C gas chromatograph/mass spectrometer was used. The samples of lipophilic substances are treated with the Meth-prep II methylation reactive (MPII method). The samples of lipophilic substances were treated with the Meth-prep II methylation reactive (MPII method). Used for the carbohydrates and proteins, a hydrolysis reaction with microwave assisted HC1 6 M and a derivatisation with BSTFA (TMS method) or TBDMSTFA (TBDMS method) in pyridine for the resulting lipid acids, amino acids and monosaccharides was used.

High-performance liquid chromatography (HPLC) was mainly used for the identification of organic dyes present in the pictorial samples. Agilent Infinity 1200 chromatograph with DAD detector monitored to 275 nm.

3. Results and Discussion

3.1. *The Beginnings of the Novo-Hispanic Lacquer Objects*

Chest Decorated with Plant Motifs, Mythical Animals and Hunting Scenes, Peribán Style, Third or Last Quarter of the 16th Century, Lacquered Wood, Polychromed Interior, Original Iron Lock and Handles

This extraordinary early chest decorated with polychrome lacquer (Figures 1–3) was made using the traditional technique of *embutido* or *incrustado*, an artisanal technique that was handed down directly from the pre-Hispanic period with the famous lacquered *jícaras*, probably made by indigenous craftsmen (*tlacuilo*: "el que escribe pintando", what today would be a painter) until the beginning of the viceregal period [7]. The chest is a common type of furniture in Europe since the Middle Ages. It was perhaps an object for the *estrado* (according to the Spanish and Portuguese custom, the *estrado* was the room where the ladies sat on carpets and cushions on the floor) [8]. The iron fittings were made following a late Gothic design. The decorative motifs fall within the so-called 'Mannerist-influenced workshop', and combine the pre-Hispanic indigenous character with decorations derived from European Renaissance models that were brought to America through prints, and were also very much present in mural paintings in those early days [9,10]. The decoration reproduces the classic motifs derived from the Renaissance: cartouches, grotesques and a *candelieri* decoration.

The technique consists of applying a white ground of an inorganic material, specifically dolomite (*tóctetl*), and, on top of this, a coloured ground (*fondeado*), which is usually black, ochre or red; these layers were applied with the palm of the hand. Before it was completely dry, the upper ground was incised with an awl or an agave or maguey thorn, leaving the white dolomite base exposed. Different colours were then inlaid, also with fingers, in the cut-out areas. The binder traditionally used in this technique is an oleo-resinous combination composed of chía oil and *aje* fat, although, as we shall see, there may be variations in the resinous material used [11].

Figure 1. Chest decorated with plant motifs, mythical animals and hunting scenes, Peribán style (Michoacán), last quarter of the 16th century. Dimensions: 44 × 66.5 × 34 cm. Private Collection (front view).

Figure 2. Rear view.

Figure 3. Side view.

Chía oil extracted from the seeds of *Salvia hispanica* (a shrub from the Laminaceae family common in central and southern Mexico and other Central American areas) was widely used by pre-Columbian civilisations for its pharmaceutical, cosmetic and nutritional qualities [12]. Although we know that it was also a material used by the craftsmen of the time, its use was maintained in colonial craftsmanship, as in the case in question, and in the easel painting of the 17th and 18th centuries, which was confirmed by the most recent research (the analysis of some paintings by the Mexican painter Miguel Cabrera (1695–1768) carried out by Enrique Parra (Larco Química y Arte S.L.) for our Icono I&R study confirmed the identification of chía oil as a binder) [13].

Ajé or *axe* was extracted from the females of the hemiptera insect *Coccus axin* (in Nahuatl *axin* and in Mayan *niin*), a parasite of certain tree species, which after a laborious refining process yielded a highly resistant and long-lasting oil. The origins of its use also date back to the pre-Hispanic period [14]

In the chest in question, the ground layer applied directly to the wood is pure dolomite, combined with smaller quantities of quartz, clays and traces of carbon black. Two different grades of dolomite grindings are observed: coarse particles up to 100 μm and smaller ones less than 25 μm. Analyses show some penetration of the dolomite base by chia oil from the layer applied above (Figure 4).

The binder for this layer is animal glue, a variation on the traditional practice, which used the same binder as in the subsequent oil-resinous layers, the *aje*-chia oil combination.

The background colour is mainly based on the use of bone black (identification of bone black has been performed by XRF with peaks of calcium highlighted at 3.69 and 4.01 KeV, together with phosphorus (2.02 KeV), and potassium (3.31 KeV).

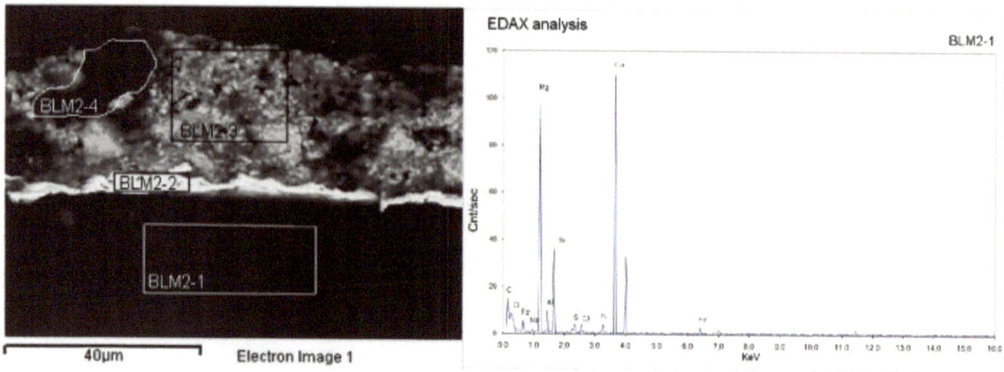

Figure 4. Scanning electron microscopy (SEM) image of one of the samples taken and the EDX microanalysis of the preparatory layer.

The binder in this layer, as in the following ones, has been identified by gas chromatography-mass spectrometry (GC-MS) as a combination of chia oil (*Salvia hispanica*) and resin from *Bursera simaruba*, a resinous exudation of the tree of the Burseraceae family also called *palo mulato, chacaj* or *carate*. The identification of chia oil is based on the predominance of polyhydroxy acids in gas chromatography, while in the case of bursera the identifying markers are compounds such as burseol and germacrene [15]. It is a very common species from the southeastern United States, Central America to Colombia and Venezuela [16]. Its use is documented from the Mayan period in cosmetic and pharmaceutical applications, but also as an additive to binding media in Mayan mural paintings from the Middle Pre-Classic period (between 900 and 300/250 BC).

The detection of Bursera resin indicates that craftsmen had access to alternative materials to the use of *aje*, an aspect that has not been documented until now.

The coloured inlays in the cut-out areas of this black layer show simple combinations of pigments, applied in a single layer; only the reds have a thin pinkish-white first layer, and a second layer which is dark red. The thin (5 µm) pinkish layer contains red lake and lead white. The second layer of pure red lake is 25–30 µm thick and is divided into two sub-layers (Figures 5 and 6). Both layers contain a red cochineal lake, identified by the presence of carminic acid and flavokermesic acid from the HPLC analysis. The red lake has been prepared with an inorganic substrate of dolomite, alumina and gypsum.

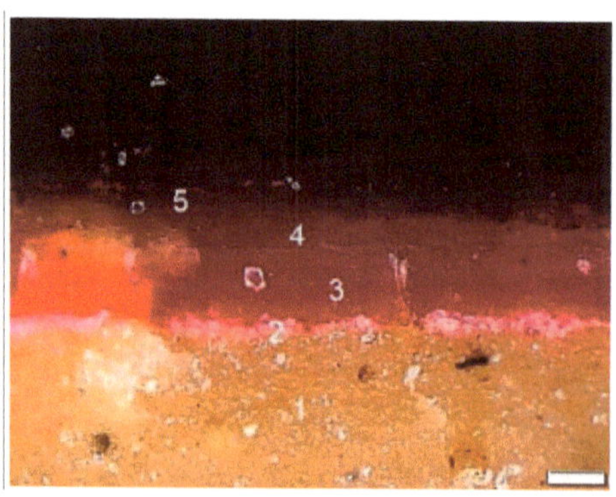

Figure 5. Cross-section (500×) of a sample taken from a purple cloth on the right side of the boot, on the lid. 1—Ground layer, dolomite with impurities. 2—Pinkish layer, cochineal + lead white and indigo traces. 3—Mainly cochineal with some indigo. 4—At least 2 transparent and unpigmented layers of the bursera-chía combination. 5—Dammar varnish layer.

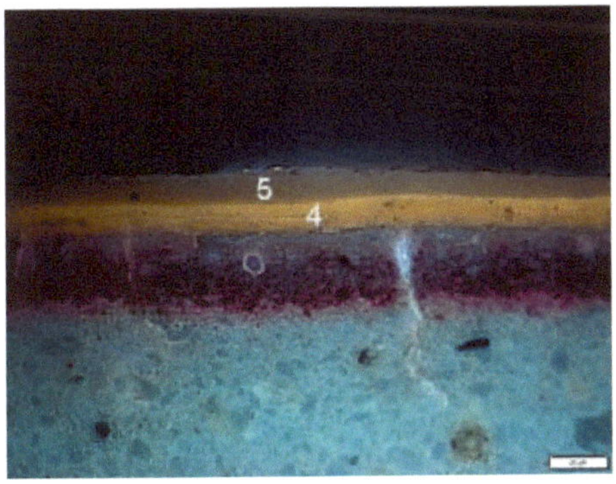

Figure 6. The same sample under ultraviolet illumination (500×). 4—At least 2 transparent and unpigmented layers of the bursera-chía combination. 5—Dammar varnish layer.

The pink animals such as unicorns and other decorative details such as ribbons and floral details combine lead white with traces of the red lake mentioned in the previous paragraph, and a few indigo particles.

In the case of the blues, the organic dye indigo has been identified, and mixed with clays and very finely ground lead white.

The brown or brownish coloured elements have a high proportion of earths, although XRF analysis also indicates a certain amount of arsenic, suggesting that a certain amount of an arsenic-containing pigment has been added to the colour mixture. The XRF microanalysis shows a clear arsenic peak at 11.73 KeV, as well as some sulfur enhancement at 2.31 KeV.

Its addition would give an orange or golden hue to these areas, although today they have turned to a slight greenish brown (Figure 7).

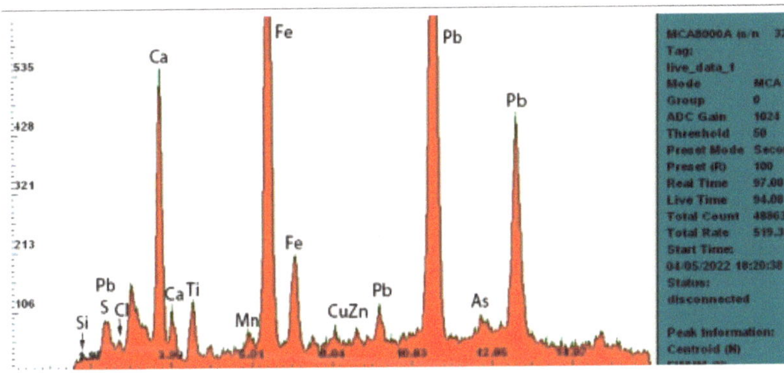

Figure 7. X-ray fluorescence analysis (XRF) of a brown bell-shaped decoration on the right side of the chest.

The orange elements, such as perimeter lines, scrolls and certain bushes, have a combination of red lead and yellow earth, lightened with traces of lead white. Identification of red lead was performed both microscopically and by XRF, showing lead peaks at 9.20, 10.54, 12.61 and 14.76 KeV (Figure 8). In the case of the white areas and lines, a combination of lead white, as a predominant component with dolomite, is observed.

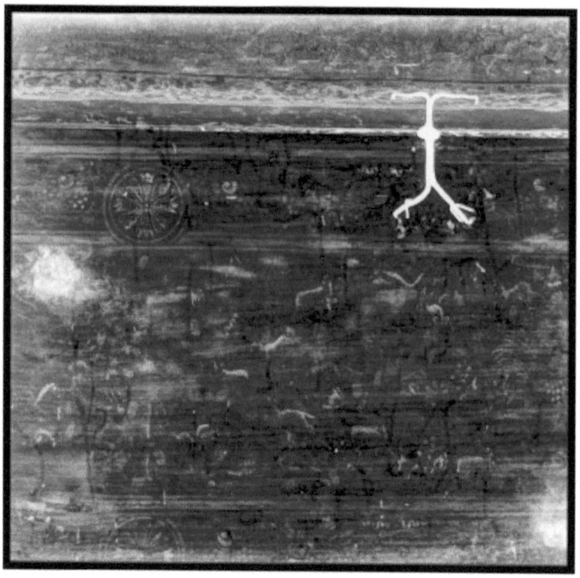

Figure 8. X-ray detail of the front panel of the chest.

It is worthy of note that the uniformity and constant thickness of the layers in the samples taken always varies slightly between 25 and 30 μm. This could confirm the aforementioned application of the different layers using hands and fingers, and there are also references to traditional processes of polishing or burnishing the surfaces with some type of stone, which would further explain the uniformity of the coloured layers.

Another interesting aspect is the question of the hardness of these polychrome surfaces, since, paradoxically, chia is considered an oil with scant drying power, and this is confirmed, as we stated earlier, in the case of viceregal Mexican easel painting. It is possible that its combination with *bursera*, or in this case with *ajé*, could substantially modify the physical properties of these layers, making them highly resistant to the action of conventional solvents. This aspect still requires extensive analytical and experimental research.

In relation to this last aspect, it is necessary to deal with the issue of the original final coating or protection layers, since in this chest we have observed, in all the samples, a thin translucent layer with the aforementioned chia-bursera oil combination in its composition, sometimes with a few coloured particles dragged from the underlying coloured layer. It is, therefore, an original coating that must be preserved in any restoration process, and shows hardly any signs of discolouration or yellowing.

3.2. *Evolution to the European Rococó Style*

Portable Desk Decorated on the Inside with Scenes of David and Goliath and a Courtly Theme, Mexico, 18th Century

The decoration of this small *escritorio* (Figure 9) shows a clear evolution in the lacquer or *maque* decoration from the previous work. Along with the evident stylistic evolution faithful to the fundamentals of the Rococo style, we can also observe a new technique that spread rapidly during the 18th century throughout the Viceroyalty of New Spain, the technique of polychromy, which is very different from the *embutido* technique mentioned above, and is largely based on techniques clearly derived from European sources. Once again, the decorative influence of Asian lacquers is combined with European styles. The consolidation of the Manila Galleon route facilitated commercial and cultural relations between America, Asia and Europe, for almost 250 years (from 1565 with the Legazpi and Urdaneta expedition until the second decade of the 19th century). Galleons left New Spain for the Philippines loaded with gold, silver, native foods (sugar cane, cocoa, corn or tobacco) and animals, and also allowed the transfer of army officers, merchants or missionaries to that part of the world. On the return voyage, or *tornaviaje*, the ship brought back spices, silks, ivories and, among all these luxury items, lacquerware. Once the ship arrived at the port of Acapulco, the exotic merchandise was distributed throughout the viceroyalty, and another part, from the port of Veracruz, departed for Europe. All of this was marked by the strong stylistic influence of the numerous objects that arrived in America via the Manila Galleon from the Philippines, Japan, and China [17].

Figure 9. Portable desk decorated with scenes of David and Goliath on the inside and a courtly motif, Mexico 18th century, 41 × 56.3 × 34.7 cm. Private Collection.

The use of a monochrome background is maintained, following the guidelines and influence of Asian lacquers, which were normally black or red. On this background, layers of colour were applied by brush, and often included gold and silver. Where the metal was applied in leaf form, the mordant was the paint binder itself, i.e., chía oil, although it is traditionally accepted that by the 19th century this had been replaced by linseed oil, although our recent sources indicate the use of this oil in Mexican lacquer before that date so it is now necessary to revise this assertion.

In the present piece, the polychrome areas have been prepared with a gypsum base containing some particles of red earth and vermilion, which give it a pinkish hue, and the binder is animal glue.

The base or background of the polychromy is an orange-red colour and is composed mainly of vermilion and smaller quantities of gypsum, with animal glue as the binder, as with the preparation layer. The radiographic image shows how this layer has been applied, probably with a wide brush and with great ease in its application (Figures 10 and 11). This pictorial layer links this type of work to Asian lacquers, in particular to Japanese lacquerware, where the red base usually contains cinnabar bound with *urushi* [18,19].

Figure 10. Detail of the inner surface of the desk's lid with the David and Goliath scene.

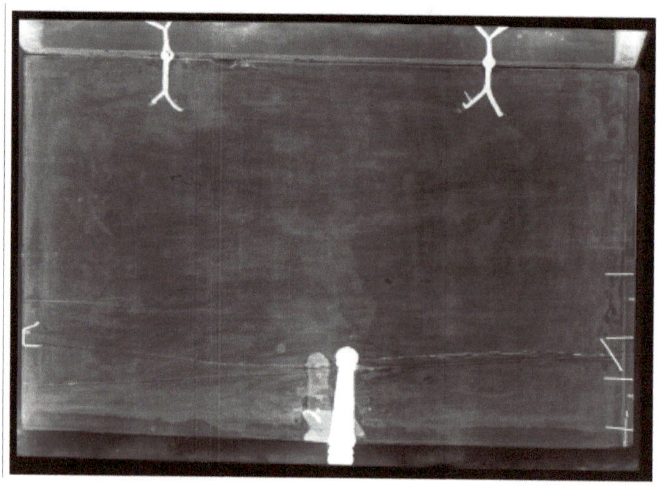

Figure 11. X-ray image of the lid.

The next pictorial layers were executed, as mentioned above, with a painterly technique, using a brush and an oil binder, specifically linseed oil.

An interesting aspect of this chest, which links it directly to Asian lacquer objects, is the presence of silver leaf in the central areas of the figurative scene, mainly on the figures. This has been adhered by means of a mordant of a proteinaceous nature with black particles embedded in it [20].

The metal leaf painted with thin layers of paint and glazes allows the silver to shine through and gives a special sparkle and luminosity to the elements represented, a technique that could also be linked to *enconchado* painting, or works made with mother-of-pearl inlays on which glazes are applied, mainly with organic dyes, as in the case of Namban objects. Thus, we can see that the yellow areas with a clear golden hue, such as the decorations on Goliath's breastplate and skirt, or David's tight-fitting sackcloth tunic or *gonela*, have been painted with a combination of lead-containing yellow with traces of a copper-containing blue and lead white, which is darkened in the shaded areas with the addition of red earth mixed with red lake.

A micro-sample taken from Goliath's blue boot revealed a single blue layer over the orange base and the silver sheet composed of indigo, lead white and calcite, with two overlayers which were probably added afterwards (Figure 12). Other blue areas, such as the skirt of the same figure, also had silver underneath.

Figure 12. Cross-section obtained from a sample taken from Goliath's blue boot. 1—Ground layer: gypsum, red earth and red lake (traces) in animal glue. 2—Vermilion and gypsum in a protein medium. 3—Indigo, lead white, calcite and traces of gypsum, earths and vermilion in a combination of protein and drying oil. 4—Colophony resin layer. 5—Carnauba wax layer.

The dark reds are based on the use of red lake/dye glazes, most probably cochineal, as it is common in America, combined with red earth, lead white, and traces of umber and copper blue.

The greens of the trees and ground vegetation have been painted in one or two layers, all based on varying amounts of copper resinate and lead white, with additions of brown earth, red earth and traces of red lead in the top-most layer to adjust the shade (Figures 13–15).

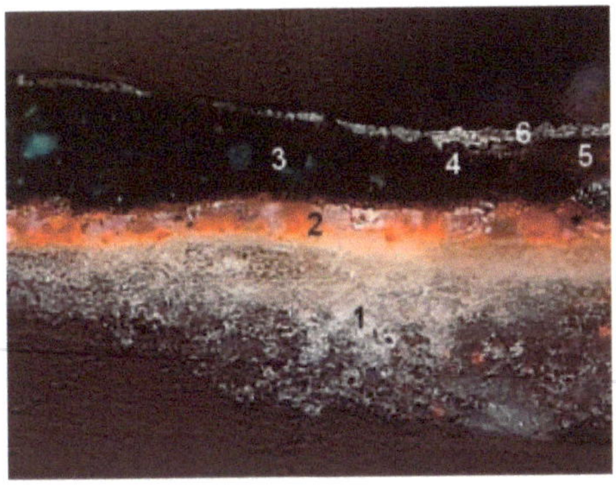

Figure 13. Sample taken from a green area in the upper left corner (200×) 1—Ground layer: gypsum with traces of vermilion, calcite and dolomite (animal glue binder). 2—Vermilion and gypsum (animal glue binder). 3—Copper resinate and lead with traces of gypsum and earths. 4—Umber, organic brown, red earth with traces of lead white and minimum. 5—Colophony resin layer. 6—Carnauba wax layer.

Figure 14. SEM image of the sample.

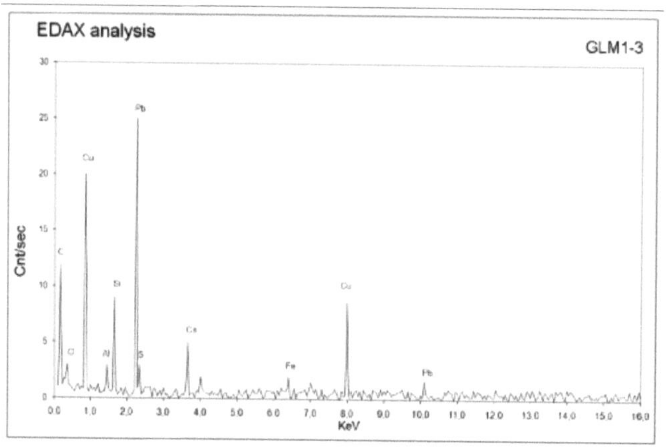

Figure 15. Micro-analysis of the green layer in the previous sample.

The black border that frames the entire scene was made with bone black, combined with smaller quantities of earths, umber, and a small amount of lead white The identification of bone black was performed by EDXRF as phosphorus and calcium peaks were detected at 2.02 and 3.69 KeV respectively.

3.3. *Survival and Innovation in Lacquer Techniques*

Olinalá Chest with Decorations of Garden City Views and Floral Arrangements, 19th Century, Ownership Inscription: Emilia Quijano and Dated: Sta Rosa 1874

This small box (Figure 16) is dated as being from 1874, and therefore belongs to the post-colonial period. It represents the continuity of the stylistic models of this type of Olinalá box, together with a clear evolution in the materials and techniques used for its decoration (Figures 17 and 18). The late 18th century and, more so, the whole of the 19th century, represented a real revolution in terms of materials available to artists in all fields of artistic creativity. It is true that the 20th century saw the beginning of a successful process of re-discovery of traditional *maque* techniques in different Mexican regions which, as we have said, dated back to pre-Hispanic times and had been lost over the centuries [21].

Figure 16. Chest from Olinalá (Guerrero state) with decorations of garden city views and floral ensembles, 19th century. Ownership inscription: Emilia Quijano and dated: Sta Rosa 1874. 25.5 × 44 × 24 cm. Private collection.

Figure 17. Side view.

Here the technique used is highly pictorial, with a palette that results from the availability of new pigments and their mixtures, which is clearly very different from the models of the 17th and 18th centuries. In the 19th century, the decorative techniques of these objects can still combine *rayado* (i.e., scraped) with inlay or with silver or gold leaf decoration; however, in this box, neither of such techniques are present. It has just been painted (Figure 19).

Figure 18. View of the lid.

Figure 19. X-ray detail.

In some samples there is a thin, irregular white-orange base, which may have been related to a 'resanding' of the wood or to a size layer in order to level out and fill in the irregularities of the wood. This has animal glue as the binder and contains anhydrite, calcite and red lead traces of red earth and clays are also detected. Their thickness varies between 0 and 60 μm depending on the "topography" of the underlying wood.

A primer, or a base for the black lacquer, was then applied, containing charcoal black, red lead, earth pigments, and gypsum. Both this preparatory layer and the subsequent pictorial layers were bound with chia oil, obtained from the seeds of *Salvia hispanica* and rich in polyhydroxylated fatty acids. Chromatographic analyses suggest the additional presence of triterpenes from the resin of *Bursera simaruba*, a species which, as already mentioned in the case of the first chest studied, is common in Central and northern South America.

The detection of chia oil confirms that this traditional American oil continued to be used during the 19th century alongside linseed oil, which was supposed to have completely replaced chia oil during the 19th century. Chromatographic examination reveals significant amounts of 16 and 18 C polyhydroxylated fatty acids consistent with *Salvia hispanica* seed oil. Chromatograms indicate the additional presence of cedrandiol, which could be an indication of American cedar (*Cendrela* sp.) resin, although it could be from the supporting wood.

The uniform appearance of the thickness and surface of the black primer layer suggests that this layer may have been polished or burnished with a stone, traditionally called quartz stone. This process is common in almost all Mexican *maque* techniques.

The pigments found are common 19th-century pigments, along with innovations introduced in the 18th century, such as Prussian blue, which was invented in Berlin by Diesbach in 1704, and other pigments inherited from earlier times. Thus, for example, the yellow used is chrome yellow, which began to be marketed in Europe around 1800, and which was mixed with Prussian blue to obtain the greens (Figures 20 and 21). The reds are exclusively red earth and vermilion, the black has been identified as charcoal black, and the white is the common lead white.

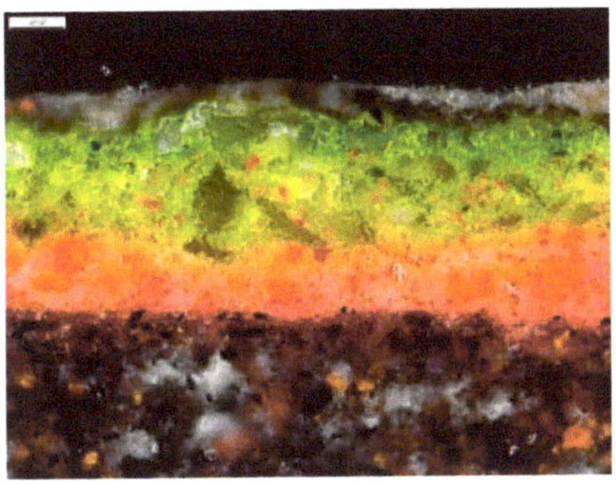

Figure 20. Cross-section (500×) of a sample taken from the green border on the lower edge, front face. The lower layer is a combination of minium, calcite, anhydrite and traces of red earth and clays, the binder is animal glue. The red layer is a mixture of chía oil with vermilion, lead white and traces of barium sulfate and earths. The green layer is a mixture of Prussian blue, chrome yellow, lead white and gypsum with traces of vermilion and carbon black, all bound in chía oil.

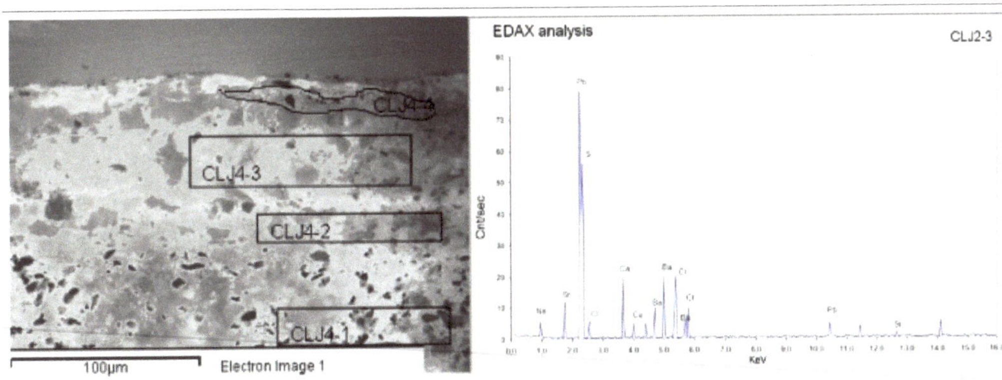

Figure 21. SEM image of the same sample and micro-analysis of the yellow layer.

All of the decorative layers have natural barium sulfate as a pigment adulterant, as was common in commercially prepared artists' colours during the 19th century. Besides the natural barium sulfate, minor amounts of gypsum are observed as an additional adulterant in all the layers analysed.

4. Conclusions

In the viceroyalty of New Spain, craftsmen adapted the characteristic decorative style of lacquer objects from Asia and their own indigenous heritage to make European types of formal furniture. This hybridisation of European forms with Asian decorative styles was not exclusive to the Spanish colonial period, as it was also found in a wider European context during the 17th and 18th centuries. Thus, the objects made in Spain that tried to imitate the Asian lacquer technique were known as *charoles*; in Italy, *lacca povera* objects were made by sticking paper cut-outs or hand-coloured engravings to the surface of the furniture and fixing them with a layer of varnish to achieve the shiny appearance of authentic lacquer; or in France, the *vernis Martin*, a technique named after the Martin brothers, who had a workshop in the 18th century in which they reproduced the much-prized Asian lacquer using European varnishes.

We cannot ignore the value of the famous *barniz de Pasto* or mopa-mopa objects, made in areas of New Spain or New Granada (Colombia, Venezuela and Ecuador) [22]. Hybrids of various cultures, these high-quality luxury objects were prized for their exotic, sophisticated decoration.

The wide diffusion of this type of object usually referred to as chinoiserie or japanning shows how these fashions traveled, not only from the Far East to American or European areas, but also from Europe to the West Indies, a true proto-globalisation with different paths and directions that lasted more than three hundred years.

Throughout the viceroyalty of New Spain, different regional styles and multiple workshops of great decorative richness developed that were dependent on the different geographical environments and regions. In this study, we have focused on the material research of three Mexican lacquer objects from different cultural and chronological periods, obtaining interesting results that show the technical diversity of this type of pieces, which has been undergoing a renewed process of rediscovery and recovery traditional techniques that have been used since the middle of the 16th century.

It is also essential to have a precise understanding of these techniques in order to be able to undertake any restoration of these works, as they are very different from the techniques used in the European decorative arts of the time (see Supplementary Materials).

Supplementary Materials: The following supporting information can be downloaded at: https://www.mdpi.com/article/10.3390/heritage6040191/s1, Supplementary Materials: Original Spanish text.

Author Contributions: Conceptualization, R.R. and A.I.; methodology, R.R.; validation, R.R., A.I. and C.B.; investigation, R.R., A.I. and C.B.; resources, A.I. and C.B.; writing—original draft preparation, R.R.; writing—review and editing, R.R.; visualization, A.I. All authors have read and agreed to the published version of the manuscript.

Funding: This research received no external funding.

Data Availability Statement: All of the results of the analyses obtained and reported in this article can be consulted by contacting us through icono.i.r@nova.es.

Acknowledgments: The authors are grateful to Valeria Orlandini, Monica Katz, Dana Melchar and Lucia Burgio for the English translation of the original article.

Conflicts of Interest: The authors declare no conflict of interest.

References

1. Ocaña, S. *Laca. Color y Brillo Novohispano*; Instituto Nacional de Antropología e Historia: Mexico City, Mexico, 2017.
2. De Orellana, M. *Mexican Lacquers. Collection, Use and Style, Franz Mayer Museum*; Artes de Mexico: Mexico City, Mexico, 2013.
3. Acuña Castrellón, P.E. *El Maque o Laca Mexicana*; El Colegio de Michoacán, Fideicomiso Felipe Teixidor y Montserrat Alfau de Teixidor: Mexico City, Mexico, 2012.
4. Guzmán Contreras, A. *Las Lacas*; Fondo Nacional para el Fomento de las Artesanías: Mexico City, Mexico, 2009.
5. Pérez Carrillo, S. *La Laca Mexicana. Desarrollo de un Oficio Artesanal en el Virreinato de la Nueva España en el Siglo XVIII*; Alianza Editorial; Ministerio de Cultura: Madrid, Spain, 1990.
6. De Cantú, G.R. Supervivencia de un Arte. In *El Arte en el Comercio con Asia*; Artes de México: Mexico City, Mexico, 1976; Volume 190, pp. 41–52.
7. González, I.M. Técnicas Pictóricas de Jícaras y Guajes Prehispánicos. Available online: https://docplayer.es/114902815-Tecnicas-pictoricas-de-jicaras-y-guajes-prehispanicos-isabel-medina-gonzalez-cnrpc-inah.html (accessed on 23 March 2023).

8. Museo Español de Arte Contemporáneo. *Catalogue of the Exhibition. Mueble Español. Estrado y Dormitorio*; Museo Español de Arte Contemporáneo: Madrid, Spain, 1990; p. 106.
9. Toussaint, M. *Pintura Colonial en México*; Universidad Nacional Autónoma de México: Mexico City, Mexico, 1990; pp. 38–51.
10. Almansa Moreno, J.M.; Martínez Jiménez, N.; Quiles García, F. *Pintura Mural en la Edad Moderna Entre Andalucía e Iberoamérica*; Universo Barroco Iberoamericano: Sevilla, Spain, 2018.
11. IIC Spanish Group. *Online Course Lacquers of the World. History and Technique*; IIC Spanish Group: Madrid, Spain, 2022.
12. Mills, J.S.; White, R. *The Organic Chemistry of Museum Objects*; Butterworth-Heinemann: London, UK, 1994; p. 36.
13. Available online: https://arche.cnrs.fr/research_projects/chia-oil/ (accessed on 23 March 2023).
14. Suazo-Ortuno, I.; Del Val de Gortari, E.; Benitez-Malvido, J. Redescubriendo un insecto extraordinario que desaparce: Llaveia axin axin. *Rev. Mex. Biodivers.* **2013**, *84*, 338–346. [CrossRef]
15. Available online: https://riunet.upv.es/bitstream/handle/10251/31805/2008_03_185_190.pdf;sequence=1 (accessed on 23 March 2023).
16. Burns, M.R.; Mosquera, S.M.; Whitmore, L.J. *Useful Trees of the Tropical Region of North America*; Publication No. 3; North America Forestry Commision: Washington, DC, USA, 1998; p. 34.
17. Ocaña Ruiz, S.I. *De Asia a la Nueva España vía Europa: Lacas Asiáticas y Achinadas en el Siglo XVIII*; Anales Instituto Investigaciones Estéticas: Mexico City, Mexico, 2017; Volume 39, pp. 131–186. [CrossRef]
18. Lu, R.; Miyakoshi, T. *Laquer Chemistry and Applications*; Elsevier: Amsterdam, The Netherlands, 2015.
19. Konthe, F. *An Unbroken History. Conserving East Asian Works of Art and Heritage*; Archetype Publications: London, UK, 2015.
20. Rivers, S.; Faulkner, R.; Pretzel, B. (Eds.) Laquer: Technical Analysis and Conservation. Incorporating postprints from the lacquer session of the IIC Hong Kong Congress 2014, IIC London 2015. In *East Asian Laquer*; Material Culture, Science and Conservation; Archetype Publications: London, UK, 2011.
21. Available online: https://carapan.com.mx/blogs/mexican-folk-art-techniques-tradditions/52888644-maque-rediscovering-an-almost-lost-pre-columbian-technique (accessed on 23 March 2023).
22. De la Mata, A.Z. El arte del barniz de pasto en la colección del Museo de América de Madrid. *An. Mus. América* **2020**, 81–98. Available online: https://www.culturaydeporte.gob.es/museodeamerica/dam/jcr:fbf666e8-f20e-481c-96c9-16f9c7e5dc16/06-anales-del-museo-de-america-xxviii-2020-zab-a-81-98.pdf (accessed on 23 March 2023).

heritage

MDPI

Article

Tres casos de objetos suntuarios de laca mexicana de entre los siglos XVI y XIX. Análisis de materiales y procedimientos pictóricos

Rafael Romero [1], Adelina Illán [1] and Clara Bondía [1,*]

Icono I&R Madrid
Clara Bondía Fernández clarabonfer@gmail.com (C.B.)
Adelina Illán Gutiérrez delyllan@nova.es (A.I.)
Correspondence: Rafael Romero Asenjo icono.i.r@nova.es Tel.: +34-915317887

Abstract: A través del estudio técnico de tres objetos de laca mexicana, fechados en los siglos XVI, XVIII y XIX, analizaremos los diferentes procedimientos de elaboración de la laca a través de los siglos con sus características locales. Apoyados en los análisis técnicos realizados de cada una de las piezas podremos describir las innovaciones materiales y tecnológicas encontradas en ellas. Además, nos referiremos a las características estilísticas particulares de los centros de producción de laca mejicana de Peribán y Olinalá. Para finalizar con unas pinceladas sobre el gusto por la laca asiática en Occidente que lleva a una corriente de influencias que circula por todos los puntos cardinales del planeta.

Keywords: Nueva España; laca; Peribán; Olinalá; artes decorativas; arte virreinal; charoles; lacca povera; vernis Martin; maque; laca mexicana

Citation: To be added by editorial staff during production.

Academic Editor: Firstname Lastname

Received: date
Revised: date
Accepted: date
Published: date

1. Introducción

Como es bien sabido el concepto de laca mexicana o *maque*, como técnica decorativa de objetos suntuarios durante el periodo virreinal mexicano, hunde sus raíces en tradiciones precedentes, concretamente en el mundo prehispánico mesoamericano [1]. A este precedente se le une la incorporación sinérgica y progresiva de diferentes influencias procedentes de las artes decorativas asiáticas y europeas; este hecho configurará una rica técnica artesanal que evolucionará en el tiempo, incorporando innovaciones materiales y técnicas que ponen de manifiesto una amplia gama de estilos, "escuelas" regionales y procedimientos de elaboración [2][3][4][5][6].

En este estudio nos centraremos en el análisis técnico de tres obras que consideramos representativas de este amplio abanico de estilos y técnicas:

En primer lugar, un baúl decorado del llamado estilo de Peribán (Michoacán), que por cuestiones iconográficas puede considerarse de los ejemplos más tempranos de esta técnica, quizás realizado en el tercer o último cuarto del siglo XVI, y que ha sido realizado mediante la técnica tradicional del embutido, heredera directa de la decoración de *jícaras* y *guajes*, recipientes tradicionales prehispánicos elaborados a partir de calabazas.

El segundo caso es un escritorio portátil o papelera del siglo XVIII con clara influencia asiática en sus decoraciones pintadas: en la tapa superior del mueble se representa la muerte de Goliat y, en la tapa frontal, una escena galante. Esta decoración a la manera de las lacas asiáticas convive con la estructura formal de este tipo de muebles: capilla central con gavetas y cuerpo superior rematado con arquillos en maderas de tonos contrastados. El estilo decorativo de estas escenas lo vinculan, además, como veremos, con la pintura de enconchados.

Finalmente, y también siguiendo la técnica de pintura o policromía, una caja de Olinalá (Guerrero) fechada en 1874, por tanto, ya de época postcolonial, manifiesta la revolución que supuso, en cuanto a materiales y técnicas disponibles para artistas, la llegada del siglo XIX, manteniendo las pautas estilísticas heredadas desde el siglo XVII y XVIII, pero perdiéndose la herencia material de los procedimientos más arcaicos.

Este estudio se ha centrado en las superficies decoradas por la técnica de la laca o maque, sin detenernos en los elementos de soporte y su estructura, como tipos de maderas, ensamblajes, etc.

2. Materiales y métodos

Con el fin de completar y mejorar la comprensión de los datos analíticos mencionados en el texto incluimos en las siguientes líneas un breve sumario de las diferentes técnicas de análisis físico-químico empleadas, así como su aplicación en los materiales analizados:

Microscopía óptica (OM). Como primera aproximación a la estructura material de los objetos se han tomado micro-muestras que fueron estudiadas mediante diferentes técnicas de microscopía, tanto de luz transmitida como de luz reflejada. El examen de esas muestras, especialmente preparadas, se realizó mediante microscopía de luz polarizada (PLM) y microscopía de fluorescencia. Microscopio Olympus BX-60 con luz visible y ultravioleta
Microscopía electrónica de barrido (SEM). Complementa y amplía enormemente las técnicas anteriores, consiguiéndose ampliaciones de imagen notables, y especialmente si se encuentra conectada a un sistema de energía dispersiva de rayos X (SEM-EDX), mediante el cual podemos conocer con exactitud la composición elemental de los constituyentes de la muestra. Nos aporta un conocimiento exacto de los materiales inorgánicos presentes, especialmente a nivel de pigmentos, cargas o adulterantes. SEM-EDX Hitachi S-3000-N con detector EDX Quantax EDX de Bruker.

Fluorescencia de rayos X (XRF). Se emplea como medio analítico de materiales inorgánicos, al igual que en el caso anterior. Aunque con ciertas limitaciones analíticas tiene la ventaja de que no es necesaria la toma de muestra, se trata de un análisis superficial de la obra de tipo no-destructivo. Equipo portatil XRF AMPTEK XR 100 (detector de Si-pin) con tubo y controlador de rayos X Eclipse III (ánodo de plata) y analizador multicanal MCA 8000A.
Espectroscopía infrarroja por transformada de Fourier (FTIR). Esta técnica espectroscópica se ha empleado para analizar principalmente capas preparatorias y capas de recubrimiento (barnices), mediante examen superficial de las muestras usando la técnica UATR (universal attenuated total reflectance). Espectrómetro IR-TF Perkin-Elmer Spectrum One con acceso universal ATR. Los análisis se llevan a cabo entre 4400 cm^{-1} y 370 cm^{-1}, en pastillas de KBr o mediante análisis superficial usando la técnica UATR (Universal Attenuated Total Reflectance).
Cromatografía en fase gaseosa/espectrometría de masas (GC-MS). Para la identificación de materiales orgánicos de naturaleza tanto lipófila como hidrófila, concretamente aglutinantes, barnices, colorantes, resinas, gomas, etc. Cromatógrafo de gases/espectrómetro de masas Agilent GC 5977/Agilent MSD 5975C. Para los análisis de sustancias lipófilas, las muestras se tratan con el reactivo de metilación Meth-prep II (método MPII). Para los hidratos de carbono y las proteínas se lleva a cabo una hidrólisis con HCl 6M asistida por microondas y una derivatización con BSTFA (método TMS) o TBDMSTFA (método TBDMS) en piridina de los ácidos grasos, aminoácidos y monosacáridos resultantes.
Cromatografía en fase líquida de alta resolución (HPLC). Se emplea principalmente para la identificación de colorantes orgánicos presentes en las muestras pictóricas. Cromatógrafo Agilent Infinity 1200 con detector DAD monitorizado a 275 nm.

3. Resultados y discusión

3.1. *Prolegómenos de las lacas Novo-hispanas*

Baúl decorado con motivos vegetales, animales míticos y escenas de cacería, estilo de Peribán, tercer o último cuarto del siglo XVI. Madera lacada. Interior policromado. Cerradura y asas originales de hierro forjado

Este extraordinario y temprano baúl decorado con policromía de laca (Figura 1, 2 y 3) se ha realizado por la técnica tradicional del embutido o incrustado, procedimiento artesanal que se trasmite directamente del periodo prehispánico con la famosas jícaras o calabazas lacadas, por artesanos probablemente indígenas (*tlacuilo:* "el que escribe pintando", lo que hoy sería un pintor), hasta comienzos del periodo virreinal [7]. La pieza presenta un modelo de cofre, quizá un mueble de estrado (según la costumbre española y portuguesa, el estrado era la estancia donde las damas se sentaban sobre alfombras y cojines sobre el suelo) [8], cuya tipología era habitual en Europa desde la Edad Media. Los herrajes están realizados con un diseño gótico tardío. Los motivos representados, que se encuadran dentro del llamado "taller de influencia manierista", combinan el carácter indígena prehispánico con decoraciones derivadas de modelos renacentistas europeos llegados a América a través de estampas y, también, muy presentes, en esos tempranos momentos, en la pintura mural [9][10]. La decoración reproduce los clásicos motivos derivados del Renacimiento: cartelas, grutescos y motivos *a candelieri*.

Figura 1. Baúl decorado con motivos vegetales, animales míticos y escenas de cacería, estilo de Peribán (estado de Michoacán), último cuarto del siglo XVI. Dimensiones: 44 x 66,5 x 34 cm. Colección privada (Vista frontal)

Figura 2. Vista trasera

Figura 3. Vista lateral

La técnica consiste en aplicar una base blanca de un material inorgánico, concretamente dolomita (*tóctetl*), y, sobre este, una base de color (*fondeado*), que habitualmente es negra, ocre o roja; estas capas solían aplicarse con la palma de la mano. Con un punzón o una espina de agave o maguey se va recortando la base de color cuando todavía no está totalmente seca, realizando los diseños y las decoraciones, dejando expuesta la base blanca de dolomita. A continuación, se incrustan, también con los dedos, los diferentes colores en las zonas recortadas. El aglutinante tradicionalmente empleado en esta técnica es una combinación oleo-resinosa compuesta de aceite de chía y de resina de aje, aunque como veremos, podía haber variaciones al contenido resinoso empleado [11].

El aceite de chía extraído de las semillas de la *Salvia hispánica*, un arbusto de la familia de las lamináceas común en zonas del centro y sur de México y otras zonas centro americanas, se empleó abundantemente por las civilizaciones pre-colombinas por sus cualidades farmacéuticas, cosméticas y alimenticias [12]. Aunque sabemos que también era un material empleado por los artesanos de la época, manteniéndose su uso en la artesanía virreinal, como en el caso que nos ocupa, y en la pintura de caballete de los siglos XVII y XVIII, como está siendo confirmado por las investigaciones más recientes (el análisis de unas pinturas del pintor mexicano Miguel Cabrera (1695-1768) llevadas a cabo por Enrique Parra (Larco Química y Arte SL) para nuestro estudio ICONO I&R confirmaron la identificación del aceite de chía como aglutinante) [13].

El ajé o axe se extraía de las hembras del insecto heminiptero *Coccus axin* (en náhuatl *axin* y en maya *niin*), parásito de ciertas especies arbóreas, que tras un laborioso proceso de refinado se obtenía un aceite altamente resistente y duradero. Los orígenes de su uso también se remontan al periodo prehispánico [14].

En el baúl que nos ocupa la base aplicada directamente sobre la madera es de dolomita pura, combinada además con menores cantidades de cuarzo, de arcillas y trazas de negro de carbón (se observaron dos grados de diferente molido: gruesas partículas de hasta 100 μm y otras más pequeñas menores de 25 μm. El análisis muestra que la capa de aceite de chía ha penetrado en la capa de dolomita subyacente (Figura 4). El aglutinante de esta capa es la cola animal, una variación al sistema tradicional que era emplear el mismo aglutinante que en las subsiguientes capas oleo-resinosas, la combinación aje-aceite de chía.

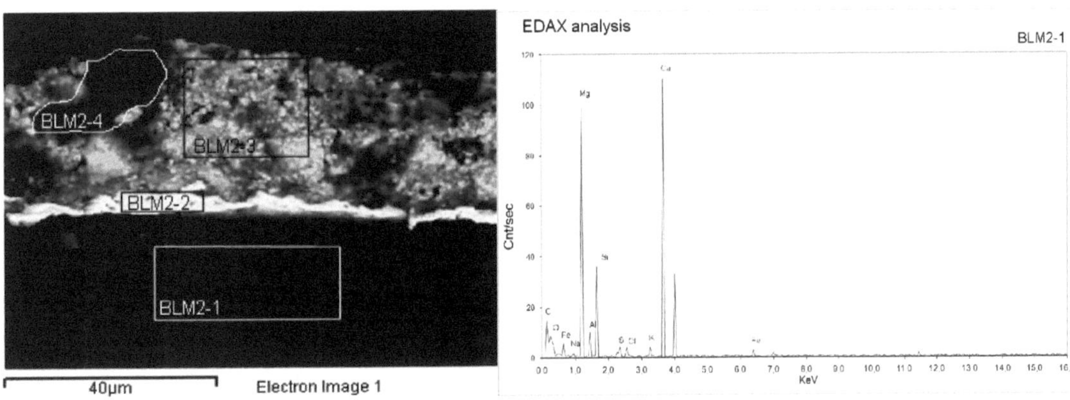

Figura 4. Imagen obtenida por microscopía electrónica de barrido (SEM) de una de las muestras tomadas y microanálisis EDX de la capa preparatoria.

La base de color de fondo se basa principalmente en el uso de negro de humo de huesos (la identificación del negro de huesos fue realizada mediante EDXRF donde se hallaron picos de calcio (3.69 y 4.01 KeV), junto con fósforo (2.02 KeV) y potasio (3.31 KeV). El aglutinante de esta capa, como en las siguientes, ha sido identificado por cromatografía de gases-espectrometría de masas (GC-MS) como una combinación de aceite de chía (*Salvia hispánica*) y resina de *Bursera simaruba*, exudación resinosa de este árbol de las *Burseraceae* también llamado palo mulato, chacaj o carate. La identificación del aceite de chía se basa en la detección de ácidos polihidroxilados mediante cromatografía de gases, mientras que en el caso de la bursera los marcadores de identificación son los compuestos hallados como el burseol y la germacrene [15]. Especie muy común desde el sudeste de Estados Unidos, América Central hasta Colombia y Venezuela [16]. Su uso está documentado desde el periodo maya en aplicaciones cosméticas y farmacéuticas, pero también como aditivo de medios aglutinantes en pinturas murales mayas del periodo pre-clásico medio (entre 900 a 300/250 a. C.).

La detección de la resina de Bursera indica que los artesanos podían disponer de materiales alternativos al uso del aje, aspecto este no documentado hasta el momento.

Las incrustaciones de color en las zonas recortadas de este estrato negro presentan combinaciones simples de pigmentos, aplicadas en un único estrato, solo los rojos presentan una fina primera capa blanca rosácea, y un segundo estrato de color rojo oscuro. La fina capa rosada (5 μm) contiene laca roja y blanco de plomo. La segunda capa es laca roja pura (25-30 μm) y está dividida en 2 sub-estratos. (Figuras 5 y 6). En ambas capas se ha utilizado laca roja de cochinilla, identificada por la presencian en los análisis de cromatografía líquida (HPLC) de ácido carmínico y de ácido flavoquermésico. La laca roja ha sido preparada con un sustrato inorgánico de dolomita, alúmina y yeso.

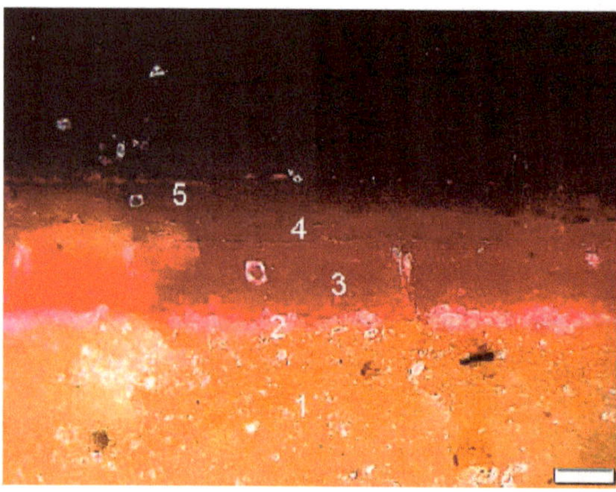

Figura 5 Corte estratigráfico (500X) de una muestra tomada de una tela púrpura en el lateral derecho del baúl, en la tapa

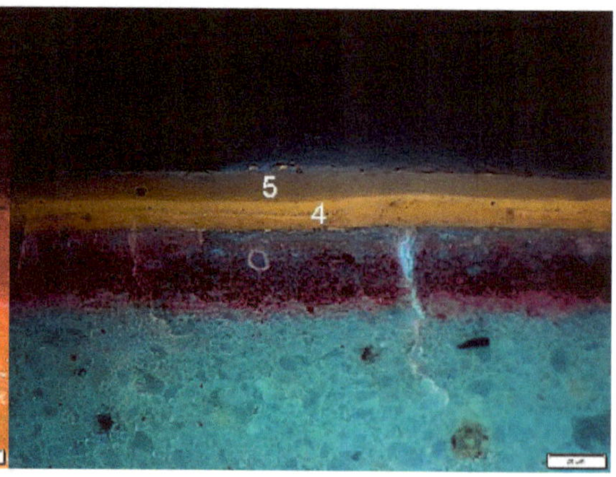

Figura 6.. La muestra anterior en iluminación ultravioleta (500X)

Los animales de color rosáceo como unicornios y otros detalles decorativos como cintas y detalles florales combinan albayalde mayoritario con trazas de la laca roja mencionada en el párrafo anterior y escasas partículas de índigo.

En el caso de los azules se ha identificado el colorante orgánico índigo, mezclado con arcillas y blanco de plomo muy finamente molido.

Los elementos marrones o de coloración parda presentan una alta proporción en tierras, aunque los análisis XRF indican también cierta cantidad de arsénico por lo que cierta cantidad de oropimento se ha añadido a la mezcla de color. Los análisis EDXRF muestran un pico de arsénico (11.73 KeV) y un aumento de los sulfuros (2.31 KeV). Su adición aportaría un matiz anaranjado o dorado a estas zonas, aunque hoy ligeramente virado a pardos verdosos (Figura 7).

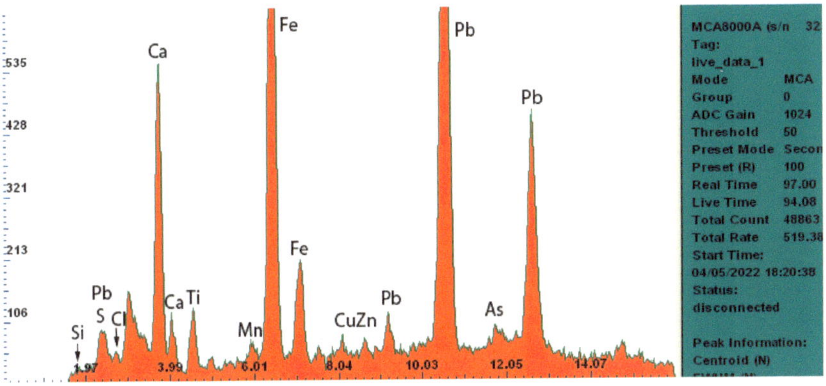

Figura 7. Análisis de fluorescencia de rayos X (EDXRF) de una decoración parda en forma de campanilla en el lateral derecho del baúl.

Los elementos naranjas como líneas perimetrales, volutas y ciertos arbustos presentan una combinación de minio de plomo y tierra amarilla, aclarado con trazas de albayalde. La identificación del rojo de plomo fue llevada a cabo tanto al microscopio como mediante análisis EDXRF, mostrando varios picos de plomo (9.20, 10.54, 12.61 y 14.76 KeV) (Figura 8). En el caso de las zonas y líneas blancas se observa una combinación de blanco de plomo mayoritario con dolomita.

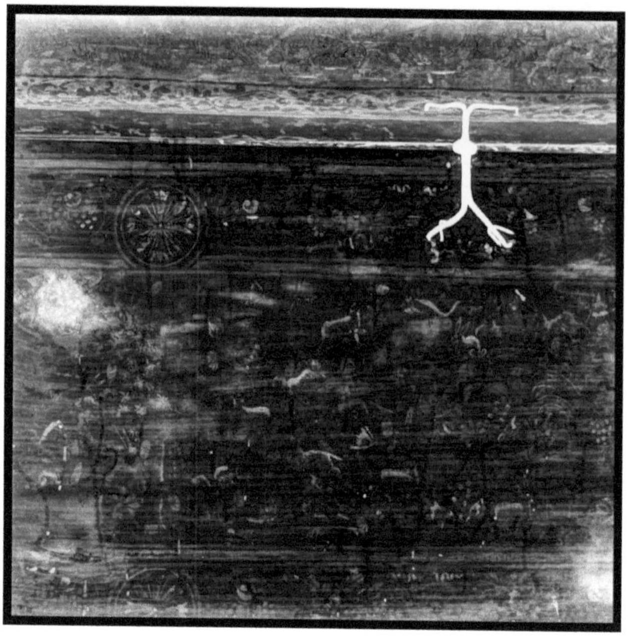

Figura 8. Detalle radiográfico del panel frontal del baúl.

Es interesante mencionar en este punto la uniformidad y espesor constante de los estratos en las muestras tomadas, que oscila levemente siempre entre los 25 y 30 μm, lo que podría confirmar la ya mencionada aplicación de las diferentes capas con la mano y dedos, además existen referencias a procesos tradicionales de pulido o bruñido de las superficies con algún tipo de piedra lo que explicaría aún más esa uniformidad de las capas de color.

Otro aspecto interesante es la cuestión la alta dureza de estas superficies policromadas, ya que paradójicamente la chía es considerada un aceite de escaso poder secante, y así se está confirmando, como afirmamos anteriormente, en el caso de la pintura de caballete virreinal mexicana. Es probable que su combinación con la bursera, o en su caso con el ajé, pueda modificar sustancialmente las propiedades físicas de estos estratos haciéndolos altamente resistentes a la acción de los disolventes convencionales. Este aspecto aún precisa de una exhaustiva investigación analítica y experimental.

En relación a este último aspecto es necesario tratar el tema de las capas finales originales de recubrimiento o protección, ya que en este baúl hemos observado, en todas las muestras una fina capa translúcida que presenta en su composición la mencionada combinación aceite de chía-bursera, a veces con escasas partículas de color arrastradas de la capa de color subyacente. Se trata, por tanto, de una capa de recubrimiento original que debe ser preservada en cualquier proceso de restauración, que no presenta apenas signos de decoloración o amarilleamiento.

3.2. Evolución hacia el estilo Rococó

Escritorio portátil decorado interiormente con escenas de David y Goliat y motivo galante, México s. XVIII

En la decoración de esta pequeña papelera (Figura 9) se observa una evolución clara en la decoración de laca o maque con respecto a la obra anterior. Junto a la evidente evolución estilística fiel a los fundamentos del estilo rococó se observa también una nueva técnica que se difundió rápidamente durante el siglo XVIII en todo el Virreinato de la Nueva España, la técnica del policromado, muy distinta a la técnica del embutido mencionada anteriormente, basada sustancialmente en técnicas pictóricas de clara raigambre europea. De nuevo, el influjo decorativo de las lacas asiáticas se combina con tipologías europeas.

La consolidación de la ruta del Galeón de Manila propició, durante casi 250 años (desde 1565 con la expedición de Legazpi y Urdaneta hasta la segunda década del siglo XIX), las relaciones comerciales y culturales entre América, Asia y Europa. El galeón partía de Nueva España hacia Filipinas cargado de oro, plata, alimentos autóctonos (caña de azúcar, cacao, maíz o tabaco) y animales, también permitía el desplazamiento de oficiales del ejército, mercaderes o misioneros a aquella parte del mundo. En el tornaviaje, la nave traía especias, sedas, marfiles y, entre todos esos objetos de lujo, llegaron los objetos de laca. Una vez la nave llegaba al puerto de Acapulco, las exóticas mercancías se distribuian por el Virreinato y, otra parte de ellas, desde el puerto de Veracruz, partía para Europa [17].

Figura 9. Escritorio portátil decorado interiormente con escenas de David y Goliat y motivo galante, México s. XVIII; 41 x 56,3 x 34,7 cm. Colección privada

Se mantiene el uso de un fondo monocromo siguiendo las pautas y el influjo de las lacas asiáticas, que normalmente era negro o rojo Sobre este fondo se aplican a pincel las capas de color, que muchas veces incluyen oro y plata. En el caso de que estos se aplicaran en lámina el mordiente era el propio aglutinante de la pintura, que era el aceite de chía, aunque es tradicionalmente aceptado que en el siglo XIX este es sustituido por el de linaza.

En la pieza que nos ocupa, las zonas policromadas se han preparado con una base de yeso que contiene algunas partículas de tierra roja y de bermellón que le aportan un matiz rosado, el aglutinante es de cola animal.

La base o fondo de la policromía es de color rojo anaranjado y se compone mayoritariamente de bermellón y menores cantidades de yeso, aglutinado, al igual que la preparación, a la cola animal. En la imagen radiográfica puede apreciarse la manera en que se ha dado esta capa, probablemente con una brocha ancha y con gran soltura en su aplicación (Figuras 10 y 11). Esta capa pictórica vincula a este tipo de obras con las lacas asiáticas, en concreto con las lacas japonesas, en las que la base roja contiene habitualmente cinabrio aglutinado con resina de urusiol [18] [19].

Figura 10. Detalle de la cara interior de la tapa con la escena de David y Goliat.

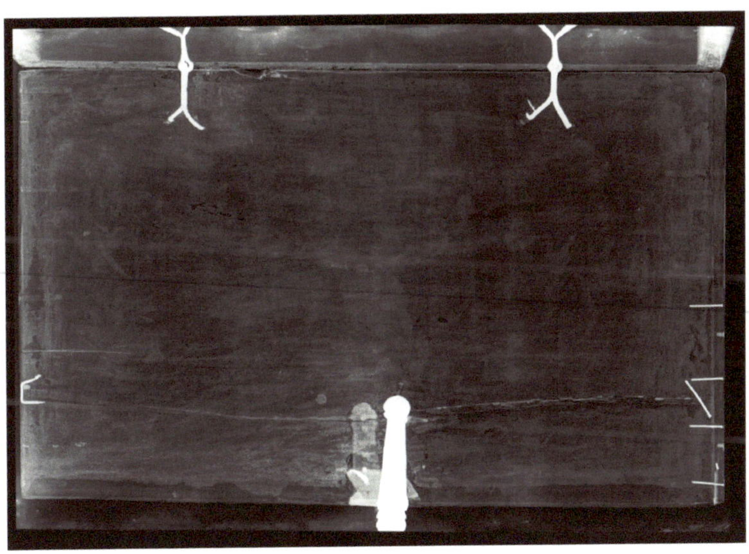

Figura 11. Imagen radiográfica de la tapa.

Los siguientes estratos pictóricos se han realizado, como se ha dicho anteriormente con una técnica eminentemente pictórica, mediante uso de pincel y un aglutinante oleoso, concretamente aceite de linaza.

Un aspecto interesante de esta caja, que la vincula directamente con los objetos asiáticos de laca es la presencia subyacente, en las zonas centrales de la escena figurativa, principalmente en las figuras, de lámina de plata. Esta se ha adherido por medio de un mordiente de naturaleza proteica que presenta partículas de negro incluidas en él [20].

Esta presencia de una base metálica sobre la que se pinta con finas capas de pintura y veladuras que la dejan translucir, permite aportar una especial vibración y luminosidad a los elementos representados, técnica que ha de vincularse así mismo con la pintura de *enconchados*, u obras realizadas con incrustaciones de nácar sobre las que se realizan veladuras, principalmente con colorantes orgánicos. Así podemos observar que las zonas amarillas de claro matiz dorado, como las decoraciones de la coraza y faldellín de Goliat, o la saya o gonela ajustada de David se han pintado con una combinación de amarillo de plomo con trazas de azul de cobre y de blanco de plomo, que se oscurece en las zonas en sombra con la adición de tierra roja mezclada con laca roja.

Una micro-muestra tomada de la bota azul de Goliat reveló, sobre la base anaranjada y la lámina de plata un único estrato azul, compuesto de índigo, blanco de plomo y calcita, con dos capas de recubrimiento muy probablemente posteriores (Figura 12). Otras zonas azules como la saya del mismo personaje presentan también plata subyacente.

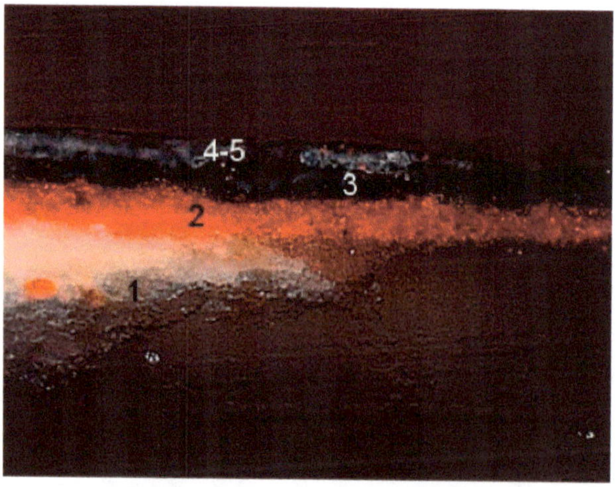

Figura 12. Corte estratigráfico obtenido a partir de una muestra tomada de la bota azul de Goliat

Los rojos oscuros se basan en el uso de veladuras de laca roja, muy probablemente de cochinilla como es común en América, combinada a tierra roja, a blanco de plomo, y a trazas de sombra y de azul de cobre.

Los verdes de las arboledas y de la vegetación de los suelos se han pintado en una o dos capas, siempre basadas en cantidades variables de resinato de cobre y de albayalde, añadiendo, para corregir el cromatismo, en el estrato más superficial cierta cantidad de tierras pardas, tierra roja y trazas de minio (Figuras 13, 14 y 15).

El borde negro que enmarca toda la escena se ha realizado con negro de humo de huesos, combinado a menores cantidades de tierras, sombra y escaso blanco de plomo (la identificación del negro de huesos fue realizada mediante EDXRF donde se hallaron picos de calcio (3.69 KeV), junto con fósforo (2.02 KeV).

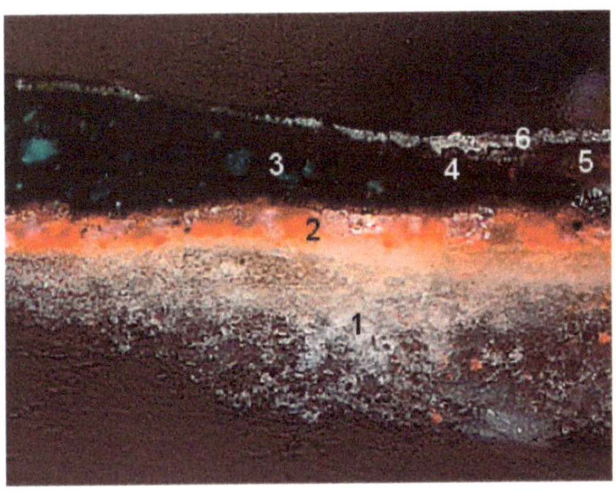

Figura 13 Muestra tomada de una zona de arboleda en la esquina superior izquierda (200X). 1. Capa preparatoria. Yeso con trazas de bermellón, calcita y dolomita (como aglutinante, cola animal) 2. Bermellón y yeso (como aglutinante, cola animal) 3. Resinato de cobre y plomo con trazas de yeso y tierras 4. Sombra, marrón orgánico, lacas rojas con trazas de blanco de plomo y minio 5. Capa de resina de colofonia 6. Capa de cera de Carnauba

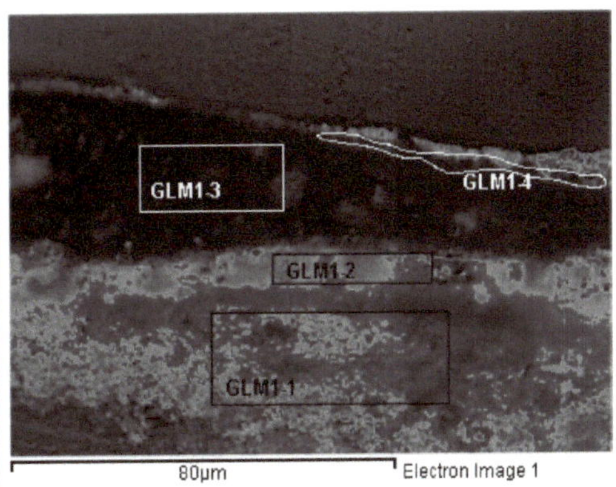

Figura 14. Imagen SEM de la muestra anterior

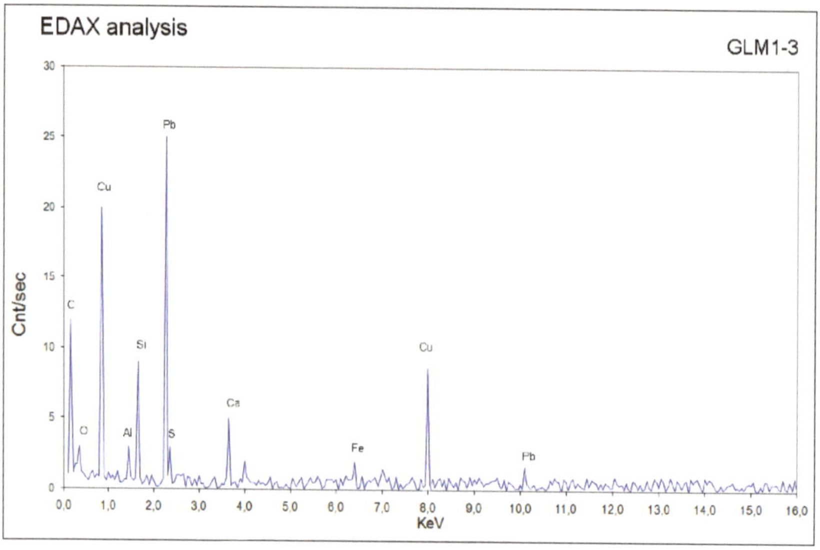

Figura 15. Micro-análisis de la capa verde

3.3. Supervivencia e innovación en las técnicas de la laca

Cofre de Olinalá con decoraciones de vistas de ciudades jardines y conjuntos florales, siglo XIX. Inscripción de propiedad: Emilia Quijano y fechado: Sta Rosa 1874

Este pequeño cofre (Figura 16, 17 y 18) fechado en 1874, y perteneciente ya por tanto al periodo post-colonial, representa la continuidad de los modelos estilísticos de este tipo de cajas de Olinalá, junto a una clara evolución en los materiales y en las técnicas empleadas para su decoración. Los momentos finales del siglo XVIII y, sobre todo, todo el siglo XIX representó una auténtica revolución en los materiales disponibles para los artistas, en todos los campos de la creatividad plástica. Cierto es que ya en el siglo XX se inició un acertado proceso de recuperación, en las diferentes comarcas mexicanas, de las técnicas tradicionales del *maque* que, como hemos dicho, se remontaban a momentos pre-hispánicos y que se habían ido perdiendo con el paso de los siglos [21].

Figura 16. Cofre de Olinalá (estado de Guerrero) con decoraciones de vistas de ciudades jardines y conjuntos florales, siglo XIX. Inscripción de propiedad: *Emilia Quijano* y fechado: *S*[ta] *Rosa 1874*. 25,5 x 44 x 24 cm. Colección particular. (Vista frontal)

Figura 17. Vista lateral

Figura 18. Vista de la tapa

Aquí la técnica empleada es eminentemente pictórica, con una variedad polícroma fruto de esa disponibilidad de nuevos pigmentos y de sus mezclas, distanciada claramente de los modelos de los siglos XVII y XVIII. Las técnicas en estos objetos todavía pueden combinar además rayados con embutidos o con decoraciones en lámina de plata u oro, sin embargo, en esta caja se ha usado exclusivamente la técnica del policromado (Figura 19).

Figura 19. Detalle radiográfico.

En algunas muestras se observa una fina e irregular base de color blanco anaranjado que debe tratarse de un "resanado" de la madera o un encolado previo con el fin de nivelar y rellenar las irregularidades de la madera. Ese se ha aglutinado a la cola animal y se compone de anhidrita, calcita y minio de plomo.

Seguidamente se ha aplicado una imprimación, o base de la laca de color negro, que contiene negro de carbón vegetal, minio de plomo, tierras y yeso. Tanto esta capa preparatoria, como las siguientes pictóricas se han aglutinado al aceite de chía, obtenido de las semillas de la *Salvia hispánica* y rico en ácidos grasos polihidroxilados. Los análisis cromatográficos sugieren la presencia adicional de triterpenos propios de la resina de *Bursera simaruba*, especie que, como ya se mencionó en el caso del primer baúl estudiado, es común en zonas de Centroamérica y norte de Sudamérica.

La detección de aceite de chía confirma que durante el siglo XIX siguió utilizándose este aceite tradicional americano junto al aceite de linaza, aceite éste que se suponía había sustituido completamente al de chía durante el siglo XIX.

El aspecto uniforme del grosor y de la superficie del estrato de imprimación negra sugiere que quizás esta capa pudo haber sido pulida o bruñida con una piedra, llamada tradicionalmente *piedra de cuarzo*. Proceso este habitual en casi todas las técnicas de *maque* mexicano.

Los pigmentos detectados son habituales del siglo XIX, junto a novedades incorporadas ya en el XVIII como el azul de Prusia, inventado en Berlín por Diesbach en 1704, y a otros pigmentos heredados de momentos anteriores. Así, por ejemplo, el amarillo empleado es amarillo de cromo, que comienza comercializarse en Europa hacia 1800, que para obtener los verdes se ha mezclado con azul de Prusia (Figuras 20 y 21). Los rojos son exclusivamente la tierra roja y el bermellón, el negro se ha identificado como de carbón vegetal y el blanco el común blanco de plomo o albayalde.

Todas las capas pictóricas presentan sulfato de bario natural como adulterante de los pigmentos, como es habitual en los colores comercialmente preparados para artistas durante el siglo XIX.

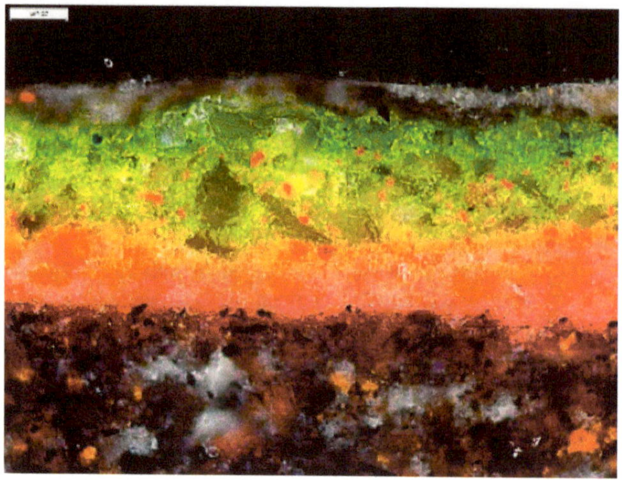

Figura 20. Corte estratigráfico (500X) de una muestra tomada de la cenefa verde en el borde inferior, cara frontal. La capa inferior es una combinación de minio, calcita, anhidrita y trazas de tierras rojas y arcillas aglutinadas a la cola animal. La capa roja es una mezcla de aceite de chía con bermellón, blanco de plomo, trazas de sulfato de bario y tierras. La capa verde es una combinación de azul de Prusia, amarillo de cromo, blanco de plomo y yeso con trazas de bermellón y negro de carbón, todo ello aglutinado al aceite de chía.

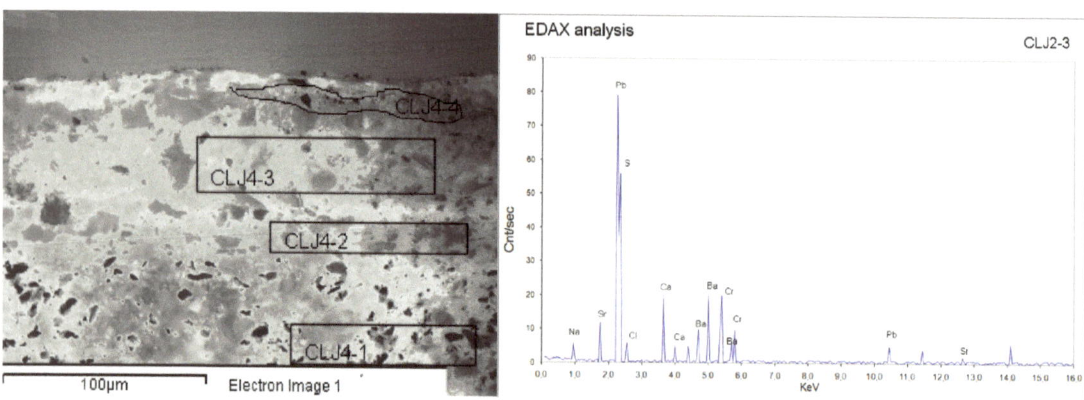

Figura 21. Imagen SEM de la misma muestra y micro-análisis de la capa amarilla

4. Conclusión

En el Virreinato de la Nueva España, los artesanos adaptan el estilo decorativo característico de los objetos de laca procedentes de Asia a los tipos formales europeos de mobiliario. Esta hibridación de formas europeas con estilos decorativos asiáticos no es exclusiva de la época colonial española, estas imitaciones de lacas asiáticas las encontramos también en un amplio contexto europeo durante los siglos XVII y XVIII. Así, en España, se realizan ~~los~~ objetos que tratan de imitar la laca asiática, que se conocen como *charoles*; en Italia, los objetos de *lacca povera*: esta técnica italiana consistía en que, se pegaban a la superficie de los muebles recortes de papel o grabados coloreados a mano que se fijaban con una capa de barniz para conseguir el aspecto brillante de la auténtica laca; o en Francia, el *vernis Martin*, técnica llamada así por los hermanos Martin, que tenían un taller en el siglo XVIII en el que reproducían la tan apreciada laca asiática.

No podemos pasar por alto el valor de los famosos objetos de pasto o *mopa-mopa*, realizados en zonas de la Nueva España o Nueva Granada (Colombia, Venezuela y Ecuador) [22]. Por su hibridación de culturas, desarrollaron un singular exotismo, manteniendo siempre unos niveles de calidad y exclusividad que hicieron de ellos objetos de auténtico lujo y refinamiento.

La amplia expansión de este tipo de objetos que vienen denominándose habitualmente como *chinoisseries* o *japanning*, muestran unas direcciones de irradiación, no solo desde extremo oriente hacia áreas americanas o europeas, sino también desde Europa hacia las Indias occidentales, una auténtica proto-globalización en diferentes sentidos y direcciones que duró más de trescientos años.

En toda la zona virreinal mexicana, dependiendo de los diferentes entornos geográficos y comarcas se desarrollaron diversos estilos regionales y múltiples talleres de gran riqueza decorativa. En este estudio nos hemos centrado en la investigación material de tres objetos de diferentes entornos culturales y cronológicos de laca mexicana, obteniendo interesantes resultados que evidencian la diversidad técnica de este tipo de piezas, que por otra parte está viviendo, desde mediados del siglo XX un renovado proceso de redescubrimiento y recuperación de las técnicas tradicionales.

Es fundamental, así mismo, el conocimiento preciso de estas técnicas para poder acometer cualquier proceso de restauración de estas obras, tan diferentes, por otra parte, a lo que suelen ser las técnicas en las artes decorativas europeas de la época.

Material complementario: La información siguiente puede ser descargada en: www.mdpi.com/xxx/s1, Supplementary Material S1: original Spanish text.

Contribuciones individuales de los autores: Conceptualización, R.R. and A.I.; metodología R.R.; validación, R.R., A.I. y C.B.; investigación, R.R., A.I. y C.B.; fuentes, A.I., C.B.; redacción—redacción del texto original, R.R.; redacción—revisión y edición, R.R.; visualización, A.I. Todos los autores han leído y revisado el texto y están de acuerdo con la versión a publicar.

Financiación: Esta investigación no ha recibido ningún tipo de financiación externa

Acceso a los datos manejados en esta investigación: Todos los resultados de los análisis llevados a cabo para la elaboración de este artículo pueden ser consultados por quién esté interesado poniéndose en con-tacto con nosotros a través de nuestro correo electrónico: icono.i.r@nova.es

Agradecimientos: Los autores agradecen a Valeria Orlandini, Monica Katz, Dana Melchar y a Lucia Burgio la traducción al inglés del texto original. Además, quieren agradecer la colaboración de: Jaime y Javier Eguiguren, José Joaquín Márquez Príes y Adriana Fernández.

Conflicto de intereses: Los autores declaran no tener ningún tipo de conflicto de intereses

Notas

1. Ocaña, S. *Laca. Color y brillo novohispano*; Instituto Nacional de Antropología e Historia: Mexico City, Mexico, 2017Zabia, A. *Las bateas de laca de Nueva España*; Ars Magazine: Madrid, Spain, 2018; pp. 104–116.
2. Vv. Aa. *Mexican Lacquers. Collection, Use and Style, Franz Mayer Museum*; Artes de Mexico: Mexico City, Mexico, 2013.
3. Acuña Castrellón, P.E. *El Maque o laca Mexicana*; El Colegio de Michoacán, Fideicomiso "Felipe Teixidor y Montserrat Alfau de Teixidor": Mexico City, Mexico, 2012.
4. Guzmán Contreras, A. *Las lacas*; Fondo Nacional para el Fomento de las Artesanías: Mexico City, Mexico, 2009.
5. Pérez Carrillo, S. *La laca mexicana. Desarrollo de un oficio artesanal en el virreinato de la Nueva España en el siglo XVIII*; Alianza Editorial, Ministerio de Cultura: Madrid, Spain, 1990.
6. Romandía De Cantú, G. Supervivencia de un Arte. In *El arte en el comercio con Asia*; Artes de México: Mexico City, Mexico, 1976; Volume 190, pp. 41–52.
7. Medina González, I. Técnicas pictóricas de jícaras y guajes prehispánicos. Available online: https://docplayer.es/114902815-Tecnicas-pictoricas-de-jicaras-y-guajes-prehispanicos-isabel-medina-gonzalez-cnrpc-inah.html (accessed on 23rd March 2023).
8. *V.v. A.a. Catalogue of the Exhibition. Mueble español. Estrado y dormitorio*; M.E.A.C.: Madrid, Spain, 1990; p. 106.
9. Toussaint, M. *Pintura colonial en México*; Universidad Nacional Autónoma de México: Mexico City, Mexico, 1990; pp. 38–51.
10. Almansa Moreno, J.M.; Martínez Jiménez, N.; Quiles García, F. *Pintura mural en la Edad Moderna entre Andalucía e Iberoamérica*; Universo Barroco Iberoamericano: Sevilla, Spain, 2018.
11. *Online Course Lacquers of the World. History and Technique*; IIC Spanish Group: Madrid, Spain 2022.
12. Mills, J.S.; White, R. *The Organic Chemistry of Museum Objects*; Butterworth-Heinemann: London, UK, 1994; p. 36.
13. Available online: https://arche.cnrs.fr/research_projects/chia-oil/ (accessed on 23rd March 2023).
14. Suazo-Ortuno, I.; del Val de Gortari, E.; Benitez-Malvido, J. Redescubriendo un insecto extraordinario que desaparce: Llaveia axin axin. *Rev. Mex. Biodivers.* **2013**, *84*, 338–346. https://doi.org/10.7550/rmb.31286.
15. Available online: https://riunet.upv.es/bitstream/handle/10251/31805/2008_03_185_190.pdf;sequence=1 (accessed on 23rd March 2023).
16. Burns, M.R.; Mosquera, S.M.; Whitmore, L.J. *Useful trees of the Tropical Region of North America*; Publication nº 3; North America Forestry Commision: Washington, DC, USA, 1998; p. 34.
17. Ocaña Ruiz, S.I. *De Asia a la Nueva España vía Europa: lacas asiáticas y achinadas en el siglo XVIII*; Anales Instituto Investigaciones Estéticas: Mexico City, Mexico, 2017; Volume 39, pp. 131–186. https://doi.org/10.22201/iie.18703062e.2017.111.2611. (Accesed on 23rd march 2023)
18. Lu, R.; Miyakoshi, T. *Laquer Chemistry and Applications*; Elsevier: Amsterdam, The Netherlands, 2015.
19. *V.v. A.a. An Unbroken History. Conserving East Asian Works of Art and Heritage, IIC 2014 Hong Kong Congress*; Archetype Publications: London, UK, 2015.
20. Rivers, S.; Faulkner, R.; Pretzel, B. (Ed.) Laquer: Technical Analysis and Conservation. Incorporating postprints from the lacquer session of the IIC Hong Kong Congress 2014, IIC London 2015; In *East Asian Laquer*; Material Culture, Science and Conservation; Archetype Publications: London, UK, 2011.
21. https://carapan.com.mx/blogs/mexican-folk-art-techniques-tradditions/52888644-maque-rediscovering-an-almost-lost-pre-columbian-technique (accesed on 23rd March 2023)
22. Museo de América Conference. Madrid, 2020. Zabía, A. El arte del barniz de pasto en la colección del Museo de América de Madrid. Anales del Museo de América, nº 28, 2020. Romero, R.; Illán, A. Bondía, C.: Consideraciones preliminares sobre la técnica y restauración de objetos de barniz de pasto o mopa-mopa. Anales del Museo de América, nº 28, 2020 pags 157-169

heritage

MDPI

Article

Lacquer and Imitation Lacquer Folding Screens in New Spain

Sonia I. Ocaña-Ruiz

División Académica de Ciencias Sociales y Humanidades, Universidad Juárez Autónoma de Tabasco, Villahermosa 86180, Mexico; ocana.r@gmail.com

Abstract: Folding screens were very popular in New Spain beginning in the late 16th century. From the second half of the 17th century on, many Chinese and some European lacquer folding screens circulated in New Spain, inspiring the development of Novohispanic lacquer, imitation lacquer, and Chinese-style folding screens. The decorative technique of these Novohispanic folding screens has not been studied, but evidence suggests that some of them were made with techniques that have pre-Columbian roots, others with European lacquer techniques, and others still with paint and varnish adapted to produce a shiny surface resembling that of Asian lacquer. Thus, 18th-century New Spain was the place where there was the widest variety of lacquer folding screens in the world. Hitherto this variety has remained unnoticed, but studying it is essential to understand to what extent the globalization of the taste for lacquer gave rise to innovative solutions in the Americas.

Keywords: folding screens; lacquer; painting; New Spain; Novohispanic; *biombo*; Mexican lacquer; *maque*

Citation: Ocaña-Ruiz, S.I. Lacquer and Imitation Lacquer Folding Screens in New Spain. *Heritage* **2023**, *6*, 4282–4315. https://doi.org/10.3390/heritage6050226

Academic Editors: Lucia Burgio, Dana Melchar and Monica Katz

Received: 14 January 2023
Revised: 7 April 2023
Accepted: 8 April 2023
Published: 11 May 2023

1. Introduction

In the historiography of Novohispanic art, there are plenty of references to both folding screens [1–5], and lacquer, mainly those made in the present-day states of Michoacán and Guerrero [6–10]. Folding screens, as well as lacquer itself, were originally Asian phenomena, which were later adopted and further developed in New Spain. Folding screens are usually made of between 2 and 24 leaves and are used to divide rooms or to be displayed against a wall. Their size, material, technique, and iconography are very diverse. Until the 16th century, all the production centers were in Asia, but the taste for folding screens expanded along with the European expansion to Asia and the Americas. As a result, in the 17th century, Spanish America became a production center itself.

Lacquer originated in East Asia, where the resin from the lacquer tree *Toxicodendron vernicifluum* was used to protect objects and, at the same time, created effects of brightness, translucency, luminosity, and depth. Asian lacquer was renowned in Spanish America from the late 16th century, thanks to the trade of the Manila Galleon. Even before this, however, Spanish *conquistadores* discovered animal-based (in present-day Mexico) and plant-based (in South America) procedures that, over time, came to be considered lacquer since their effect was like that of Asian lacquer [10,11]. From the 17th century, Asian lacquer also inspired the development of European lacquer techniques, which differed from Asian ones [12]. European lacquer procedures were known in New Spain in the 18th century [13–15].

Therefore, in Spanish America, different kinds of lacquer coexisted. They were called *maque*, after Japanese *makie* lacquer [15] (p. 145). The word *maque* has often been believed to refer solely to regional techniques that had pre-Columbian origins [15] (p. 145, note 60). Nonetheless, documentary analysis demonstrates that the word *maque* was used very liberally. Far from simply relating to a particular technique, it was used to refer to different Asian, European, and Novohispanic works that shared a similar lustrous effect.

In Novohispanic documents from the 18th century, references to lacquer folding screens include the terms lacquer (*maque*, *maqueado*, *amaqueado*, *amacado*), lacquer-like (*con pintura maqueada*), and imitation lacquer (*al remedo de maque, fingido de maque*). All these terms are used interchangeably; techniques and procedures are not clearly distinguished from each other, yet all in all, they attest to the big success of lacquer folding screens in New Spain in the 1700s. At this stage of research, when technical studies are yet to be done, it is not possible to offer a clear definition of each production. However, close attention will be paid to the specific terms used in each case, and they will be thoroughly translated throughout the paper. Additionally, the Spanish version of this essay, including all the original documentary references, is available as a Supplementary File.

In New Spain between the early 17th century and the late 18th century, the techniques, iconographies, materials, and uses of folding screens multiplied. In the same period, in Uruapan, Peribán, Quiroga, and Pátzcuaro (in the present-day state of Michoacán), Olinalá (Guerrero), and Chiapa de Corzo (Chiapas), objects were made with lacquer techniques of pre-Columbian origin, based on chia or linseed oil and the fat extracted from the female axe insect (*Llaveia axin axin*). These techniques were totally unrelated to the Asian and European ones; while pre-Columbian techniques are very important, more lacquer folding screens and other large furniture pieces exist, made with different techniques, including the lacquer and painting techniques of European origin. These works should be studied jointly to better understand the true scope of the taste for lacquer in New Spain.

Japanese lacquer was the first kind of Asian lacquer that widely circulated in Europe and Spanish America. But from the second half of the 17th century on, Chinese lacquer folding screens were better known in both areas. In New Spain, folding screens and lacquers developed independently of each other, but in the 18th century, the popularity of Chinese lacquer folding screens encouraged the manufacture of Novohispanic lacquer and imitation lacquer folding screens. Prior to this, there is no evidence that these forms were made in New Spain, hence the affirmation that they were inspired by Chinese lacquer folding screens.

The study of Novohispanic lacquer and imitation lacquer folding screens has been relatively neglected, even though some works and a few dozen documentary references are known to exist. In large cities, customers would commission folding screens from painters and coach makers; they would also sometimes order them from lacquer workshops in Michoacán and Guerrero. Therefore, by the mid-1700s, besides Chinese and European lacquer folding screens, there were different kinds of Novohispanic ones in New Spain (Figure 1). Since many works were made to order, there was a great variety: lacquer folding screens could be intended for the *estrado* (a raised platform), the bedrooms, or other places in the house. The number of leaves would vary between 6 and 24, and screens could be decorated on one or both sides. Some lacquer folding screens were luxury items—the imported ones could cost up to 625 pesos, but some others would be as little as 10 pesos.

As technical studies of Asian, European, and Spanish American lacquer advance, it becomes more easily noticeable that all of them greatly vary in their materials and procedures. The aim of this paper is not to describe all the lacquer procedures used in Novohispanic folding screens but to demonstrate that lacquer folding screens were highly popular in New Spain, which led to a still little-known technique of diversification we are yet to explore. It also aims to prove that, while Chinese lacquer screens were undoubtedly the source of inspiration for Novohispanic lacquer folding screens, they did not mean to copy them but selected some of their features, like color and certain figures, to recontextualize them in works that were generally much closer to other Novohispanic paintings than they were to Chinese art.

Figure 1. Folding screen depicting a Chinese-inspired scene, oil on canvas with stucco formed and gilded. New Spain, 18th century. Franz Mayer Museum Collection, Mexico City.

The phenomena of lacquer folding screens in New Spain include those works made in regional lacquer centers but go far beyond them. Many scholars of Novohispanic art had thought that Novohispanic lacquer folding screens were only made in Pátzcuaro. In 2022, Ronda Kasl rediscovered *Tardes americanas* (1778), which mentions a lacquer *rodastrados* (a screen for a dais) among other lacquer works made in Michoacán for the Marchioness of Cruillas, wife of the Viceroy of New Spain (1760–1766) [16,17]. A well-known quote from Francisco Ajofrín (1763) mentions that the artist José Manuel de la Cerda, based in Pátzcuaro, was making one dozen lacquer trays for the vicereine [18]. Granados y Gálvez does not explicitly refer to Pátzcuaro or De la Cerda, but the *rodastrado* and the other lacquer pieces owned by the Marchioness of Cruillas would likely have been made by De la Cerda, who was the most prestigious lacquer artist of his time.

However, New Spain was not the only place making lacquer folding screens. Lacquer folding screens were made in Spain from the late 17th century, and this paper will discuss evidence that suggests that some Novohispanic lacquer folding screens are related to those made in Europe.

The diversity of techniques and production centers has yet to be considered in the historiography, and to assess their true importance, lacquer folding screens should be studied together since this is the only way to understand their success in New Spain. While Chinese lacquer screens circulated widely in Europe, it was in New Spain where their popularity inspired the production of different types of folding screens that, while inspired by the Chinese originals, went far beyond merely copying them. Between them, Novohispanic lacquer and imitation lacquer folding screens demonstrate that the Spanish American market for Asian art was considerable, and the appetite of Spanish America for lacquer was a significant and little-known aspect of the globalization of art in the 18th century.

In Europe, lacquer from the 16th–18th centuries is usually seen as a phenomenon that only involves Asia and Europe. In the Americas, on the other hand, it is seen as a phenomenon solely relating to Asian and Spanish American (pre-Columbian-type techniques) lacquer. Direct trade between the Philippines and New Spain led to the development of unique phenomena, like Novohispanic lacquer screens, whose variety demonstrates to what extent Novohispanic lacquer contributed new dimensions to the already rich world of lacquer in this period. The study of Novohispanic lacquer allows us to better understand the early globalization of art and lacquer.

2. Materials and Methods

Documentary data used for this study about the existence of lacquered folding screens in New Spain is gathered from different sources, both published and unpublished, from the mid-17th to the late 18th century. Unpublished sources have been found at the Archivo General de la Nación de México (AGNM), the Archivo General de Notarías (AGNot), and the Archivo de Notarías de Puebla. Published sources are listed in the bibliography. This article discusses documentary references to 27 Chinese lacquer folding screens from 11 Novohispanic asset inventories from 1695–1792. Six of them were unpublished. Documentary references to 15 Novohispanic lacquer folding screens from 13 inventories from 1696–1737 are also discussed. Ten of them are unpublished, while the remaining three have been previously published. References to 12 Novohispanic Chinese-style folding screens from 11 Novohispanic asset inventories from 1716–1787 are also considered. Five of them are previously unpublished.

Documentary information discusses the features of different kinds of lacquer and lacquer-like folding screens that have been preserved to this day in different Mexican, American, and European public collections. The purpose of this article is not to comprehensively review the lacquer folding screen phenomenon in New Spain, as production was very broad and requires more documentary research, as well as technical studies. Nonetheless, information from both documents and extant works from each of the categories will be presented, and general conclusions will be drawn from them.

3. Results

3.1. Lacquer and Screens in Spanish America: An Outline

Folding screens and lacquer were known in New Spain at the end of the 16th century, thanks to trade with Manila. Both were highly popular from the beginning. The first folding screens and lacquer objects known in the Americas were Japanese [19]; both inspired different kinds of Novohispanic works [20,21]. Japanese screens of this period were usually made of painted paper. In New Spain, folding screens included *rodastrados*, decorated only on one side and displayed against the walls of a dais used by women. As they were used on a raised wooden platform, *rodastrados* were low (between 83.6 and 139 cm high). *Biombos de cama*, designed to shield beds at night, were between 205 and 250 cm high. Also popular were double-sided folding screens, which were decorated front and back. Many folding screens were painted and depicted different topics; others were made of brocade and other fabrics. Many of these screens were totally unrelated to Asian examples, aside from being the same kind of furniture form.

The best-known lacquer folding screens are Chinese Coromandel pieces, which in Europe were often disassembled so that their panels could be used to decorate other furniture or displayed on walls (Figure 2). Spain was an exception since not only were screens disassembled less often than they were in other European areas, but there were also different kinds of Spanish and Spanish American folding screens, including lacquer ones. Therefore, the taste for folding screens was not only widespread in New Spain but also in Spain, where, in the 17th and 18th centuries, more folding screens, lacquer or not, were produced than in any other European nation [22].

Figure 2. Armorial screen, Qing Dynasty 1720–1730. Peabody Essex Museum.

In New Spain, Chinese lacquer screens might cost between 50 and 500 pesos (see Tables 1 and 2), while the price range of those made of Novohispanic lacquer and imitation lacquer might be 8–80 pesos but would seldom be more than 25 pesos (see Tables 3 and 4). While Chinese screens were much more expensive than Novohispanic ones, there also were significant differences between the Chinese screens themselves. This is true even for works that are described similarly, which suggests that the appraisals—and the customers—were very aware of the features of individual works. Sometimes Asian objects would be appraised by dealers who were able to distinguish the quality of the works since they were based at Parián, a market specializing in Asian items. For their part, Novohispanic folding screens would be appraised by painters, which suggests that it was painters who would be primarily involved in their manufacture.

3.2. *Asian Lacquer Screens for the Spanish American Market*

There were Asian productions meant for specific European markets, such as the British and the Dutch [23–25]. Other works were adapted for the Spanish American market, but they are poorly known outside of the Spanish-speaking world. Foremost among them are lacquer screens. In 1769, the cargo of the galleon Nuestra Señora del Carmen from Manila to Acapulco contained, among other materials, "one box with 52 leaves of red lacquer for two folding screens" [4] (pp. 37–38). The following year a "folding screen of red lacquer with golden flowers, two sided, with 24 leaves" [26] was shipped from Manila to Acapulco.

Folding screens that had more than 20 leaves are relatively common in Novohispanic inventories, but they are very scarce in other areas. The "folding screen of red lacquer with golden flowers, two sided, with 24 leaves" was surely intended to divide a large room. Most screens that had more than 20 leaves were *rodastrados*, but that is not the case here since the work was decorated on both sides. This allows us to suppose that the screen was made to order. Little is known about Asian works commissioned by Novohispanic customers. Baena Zapatero has posited that this screen was made in Manila [4] (pp. 37–38). This is indeed a reasonable possibility since Manila was not only a distribution center of Asian works but also a production center. Nonetheless, we do not know to what extent the residents of Manila—either Chinese or Philippine—would get directly involved in the production of goods for the Novohispanic market. But since this was a very important market and many people in Manila made a living from trade, it is reasonable to assume that some Asian works shipped to New Spain—especially those that were inexpensive—would have been made in Manila. Whether lacquer screens were among the works made in Manila is an issue to be discussed in the future and will need more evidence.

Chinese red lacquer screens were uncommon outside of Spanish America, but they were highly popular in New Spain in the 18th century. As can be seen in Table 1, they often were luxury items:

Table 1. Red Chinese lacquer screens.

Chinese Lacquer Screen Description
"One red lacquer *rodastrado* also from China with 12 panels" and "one red lacquer screen from China with 10 panels." [27]
"One folding screen from China, of red and gold lacquer, with 12 panels and golden crests for 300 pesos" and "one new folding screen, from China, of red and gold lacquer, two *varas* and three *cuartas* high, with twelve panels and its golden crest for 500 pesos." [2] (p. 29)
"One *rodastrado* ... with twenty-four panels, of red and golden lacquer, and crest of the same [material] for 500 pesos", "Yt one screen from China, of red and gold lacquer, and golden crest, for 300 pesos" and "One new folding screen from China, of red and gold lacquer, two *varas* and three *cuartas* high with twelve panels and golden crest for 400 pesos." [28]

These Chinese red lacquer folding screens were undoubtedly destined for the Novohispanic luxury market. Price ranges of between 300 and 500 pesos would correspond to works made to order. Both the Marchioness of Altamira and the Marquis of Guardiola were wealthy and socially significant individuals [29]. Direct trade with Manila facilitated the spread of Asian works, which circulated widely during much of the colonial period. Hence the evolution of Novohispanic tastes gave a place to goods not found in other areas.

Double-sided Chinese lacquer folding screens which combine black and red backgrounds are also of interest. In 1737 Joseph del Barrio, Knight of Santiago, had "one folding screen with boards, twelve leaves, from China, of red and golden lacquer on one side and black on the other, in 250 pesos" and "One lacquer folding screen from China, two-sided, crimson and black, appraised for 90 pesos" [30]. While these kinds of folding screens were uncommon, the Museu do Oriente in Lisbon exhibits a Chinese lacquer folding screen whose front is red, surrounded by a black frame, whereas the backs of the screens are black (Figures 3 and 4). The work depicts a view of Macao on the front and a view of Canton on the back. The latter was an *entrepôt* between East and West, but Macao was particularly important for the Iberian market, which suggests that this folding screen—similarly to those owned by José del Barrio—might have been made for that market.

Equally evocative is an Indo-Portuguese lacquer folding screen whose background combines red and black; Portuguese figures are depicted on it, and the top of the work shows poly-lobed crests [31]. Many 18th-century Novohispanic folding screens have similar crests. These are never found in folding screens from the 17th century, which allows us to assume that the former adopted crests from contemporary Asian screens. Different items traded by the Portuguese arrived in Manila, so the folding screens described in Barrio's inventory might well have been like these Chinese and Indo-Portuguese works.

Figure 3. Screen with views of Macao and Canton. View of Macao. Second half of the 18th century, China. Museu do Oriente. Hugo Maertens/BNP Paribas–Fundação Oriente/Museu do Oriente, Lisbon.

Figure 4. Screen with views of Macao and Canton. View of Canton. Second half of the 18th century, China. Hugo Maertens/BNP Paribas–Fundação Oriente/Museu do Oriente, Lisbon.

Chinese black lacquer folding screens also circulated in New Spain. One ex-voto (votive offering) for the Virgin of Tlatocán, by José de Páez (1751), depicts a black lacquer *biombo de cama* [32] which seems to be Chinese, not Novohispanic Chinese style. Also, in 1729, the Marchioness of Altamira had "another said [*rodastrado* from China] of black lacquer with 22 panels" [27], and in 1751 the Marquis of Guardiola had "Yt another folding screen from China black and gold, 2 *varas* and three *cuartas* high, with 12 panels, in 200 pesos" [28]. These references are less numerous than those to red Chinese lacquer screens. The latter might have been more popular, but as we can see in Table 2, many references to Chinese lacquer screens do not mention color, and some of them were undoubtedly black.

Table 2. Chinese lacquer screens.

Chinese Lacquer Screen Description
"One lacquer arrimador [*rodastrado*] from China, with 23 panels, one and a half *vara* high, appraised for 115 pesos." [33]
"Ytem one lacquer folding screen from China, with 12 panels, three *varas* high appraised for 150 pesos [. . .]""Ytem one lacquer *rodastrado* from China, 23 panels, one *vara* and a half high, appraised for 150 pesos." [34]
"One folding screen. Of lacquer, from China, with 6 panels, for 50 pesos." [35]
"Two folding screens, one small, lacquered, from China . . . " [30]
"One lacquer folding screen from China, two-sided, for 200 pesos.""Another said, also lacquer from China, bigger, for 240 pesos." [2] (p. 32)
"208. One lacquer folding screen from China, two-sided, for 200 pesos.""Another said, also lacquer from China, bigger, for 240 pesos." [36]

In the same way as the folding screens previously discussed, these are also very diverse in terms of use, number of leaves, size, and price. A good example of this is "One lacquer arrimador [*rodastrado*] from China, with 23 panels, one and a half *vara* high" which in 1695 belonged to the Marchioness of San Jorge and was inherited by her uncle, Bentura de Paz. In 1695 the screen had been appraised at 115 pesos; in 1704, it was appraised at 150 pesos. This is exceptional since the 1704 document shows that many of the other objects from the 1695 inventory had depreciated [37]. Over time, if objects remained in good condition, their prices would likely remain the same but certainly not appreciate in value. Two screens that were in the inventory of the Count of Xala in 1784 and in his widow's inventory of 1792, for example, had the same value in both instances. In other entries, none of the listed references mention the incised relief work that characterizes Coromandel screens, which suggests that they did not circulate widely in New Spain. Since the wealthiest Novohispanics paid as much as 500 pesos for Chinese lacquer screens, the scarce circulation of Coromandel screens would likely be because the Novohispanics preferred works tailored to their tastes, for example, *rodastrados*, two-sided screens, and those with red backgrounds.

3.3. *European Lacquer Screens*

European lacquer screens have received little attention, despite the evidence for their existence in Italy [38], France [38] (p. 78), England [15] (pp. 170 & 172), and Germany [39]. These screens were made with European lacquer techniques. In Spain, lacquer screens, both Asian and European, were relatively popular, namely in the court of Isabella Farnese [40,41]. But the liking for them predates this: the inventory of the Knight of the Order of Santiago and former member of the Council of the Indies, Jerónimo de Eguía (1682), mentions "one folding screen from Madrid of eight panels, each one *vara* wide and two *varas* and one cuarta high, the front gold and painted with different colors and the back varnished with black paintings" [38] (p. 163). This document mentions another 'varnished folding screen' ("*un biombo . . . embarnecido*"), but it specifies that it was from India" [38] (p. 163). Both works are lost, but the reference to Madrid lets us suppose that such a screen was decorated in the capital of Spain using local lacquer techniques [42].

Years later, Isabella Farnese had lacquer screens made in Italy and Spain. The Queen's fondness for lacquer and *chinoiserie* is well known [40], so her taste for European lacquer screens comes as no surprise. The inventory, made upon her death in 1746, records "One lacquer screen with eight leaves, the background in the color of pearl shaded with different figures, and flowers cut in paper, two-sided, every leaf is one foot and nine fingers wide, six and six height" [38] (p. 391); in this case, as Ordóñez Goded has noted, the reference to cut paper corresponds to Italian *lacca povera* [38] (p. 391). The same document records "another new screen made in the Real Sitio de San Ildefonso, black background, shaded with golden bunches, flowers of different colors, and birds, everything in relief, with crest of the same [work], and a small basket of fruit in the middle" [38] (p. 392). There is also evidence that, in 1736, the Queen commissioned a European lacquer screen [42] (p. 79).

But Isabella Farnese was not the only one who liked these works. When her successor, Barbara of Portugal, died in 1758, she had "one folding screen of six leaves which is on one side of the color of olive and on the back of the color of lemon, which has golden bunches and is made of lacquer garnished with wood carved in white" [38] (p. 392). It is interesting that European lacquer used the colors pearl, olive, and lemon, unlike Asian ones, whose palette was very restricted [42] (p. 81). European lacquer, like Novohispanic lacquer, did not solely imitate Asian examples but developed solutions of its own.

In New Spain, there are a few explicit references to European lacquer, but of great interest is this record from the inventory of the Marquis of Guardiola (1751): "Yt one English red lacquer *rodastrados* in 500 pesos" [28]. This rich inventory contained 11 screens, including five Chinese lacquer and five Novohispanic ones. Therefore, the exceptional reference to an English screen must be accurate. Since it is a *rodastrado*, it must have been made expressly. By 1730, the prestigious English cabinet maker Giles Grendey, widely known for his japanned work, had made an important set of red lacquer furniture, probably for a Spanish client. The set is currently at the Lazcano Palace [43]. While little is known about the works that the wealthiest Novohispanics commissioned in Europe, their ostentatious taste for luxury screens is well known. While japanned screens are not common, one example survives, two-sided with six leaves, one of which is red and the other dark green [15] (p. 172).

A few European lacquer pieces are mentioned in Novohispanic inventories. References are found in wealthy inventories where works are appraised for very high prices. In fact, the most expensive lacquer object recorded in New Spain is "One clock by Elicot [sic for Ellicott], with music and a white lacquer box" [44] appraised for one thousand pesos in the inventory of the Count of Xala, in 1784. Therefore, the Marquis of Guardiola's English lacquer *rodastrados* suggest that in the 18th century, screens were occasionally among the luxury lacquer items that were commissioned from the prestigious English cabinet makers from New Spain.

3.4. Novohispanic Lacquer Screens

Although Chinese lacquer screens circulated widely in New Spain, domestic lacquer screens were undoubtedly more numerous and affordable to larger sectors of the population, as proved by both documentary and material evidence (Table 3).

Table 3. Novohispanic lacquer screens.

Novohispanic Lacquer Screen Description
"One lacquer folding screen from China made here." [45]
"Yt another wooden [*rodastrado*] with lacquer painting." [46]
"Yt one dorm folding screen in black lacquer, two *varas* and a half high, two *tercias* wide in *cotense*, one side, and [with] ten panels for 18 pesos." [47]
"Another *rodastrado* painted and lacquered in *cotense*, with twenty panels for 25 pesos." [48]
"Yt one new lacquer screen with ten panels in 25 pesos" and "Yt one *rodastrado*, ten panels, lacquer, in eight pesos." [49]
"Yt one little *rodastrado*, 21 panels, into two parts, lacquered, in 10 pesos." [50]
"Another [folding screen] on *cotense*, two-sided, on one side lacquered, and on the other painted, with ten panels, appraised for 50 pesos." [30]

The 1696 reference to the "lacquer folding screen from China made here" is most interesting since it is the only known case where a "screen from China made here" is found. It can be inferred that, unlike most colonial folding screens, this one was actually meant to copy Chinese designs. At this date, Novohispanic lacquer screen production was in its early stages and may not have developed decorative features that differentiated it from the Chinese. The examples of "*Criollo* lacquer screen" are similar. *Criollo*s are of pure Spanish descent but were born in Spanish America. Unlike Spanish-born individuals, they could not hold the most important political positions, so they felt disadvantaged. The term was sometimes used to refer to anything related to New Spain. In this case, the use of the word *Criollo* might indicate that Novohispanic lacquer screens were still relatively uncommon in 1708. The making of colonial lacquer screens continued throughout the 18th century, but later references did not refer to the works in the same way.

Among existing Novohispanic folding screens, there are very few that clearly copy Chinese models. Mention should be made, however, of a two-sided screen, whose front depicts the Conquest of Mexico and is signed by Pedro de Villegas in 1718 [51]. The back of the screen is particularly interesting in this context as it imitates the designs of Chinese lacquer screens, with landscape, architecture, and flowers inspired by them (Figure 5). Golden clouds borrowed from Japanese screens are included. Despite a few Western details, like a fountain, the resemblance to Chinese models is exceptionally strong.

Figure 5. Pedro de Villegas? Scene imitating Chinese lacquer screen. New Spain, 1718. Courtesy of the Ministry of Culture, Historical Museum and Park of the Castello di Miramare.

Documentary references to Chinese screens never mention materials like wood and *cotense* (a coarse fabric made of cotton or hemp), so the recording of such materials is a subtle allusion to Novohispanic origin. In Spain, painting techniques—most likely enhanced by varnish—were regularly used to create lacquer-like effects, and in 18th-century Spain, there were lacquer makers who made lacquer coaches and screens, as well as different kinds of furniture pieces. As far as we know, in New Spain, there were no European-style lacquer makers, but in the 18th century, coach makers dabbled in lacquer work, undoubtedly using European techniques [38] (p. 385). By 1730, Antonio Cuervo, a Mexico City-based coach maker, made a red lacquer cabinet [15] (pp. 174–176); the fact that the color is the same as most Chinese-style folding screens is noteworthy (Figures 6 and 7). This suggests an influence from English red lacquer furniture, which was also very popular in Spain in the first half of the 18th century, from where this fashion spread to New Spain.

Figure 6. The Museum of Fine Arts, Houston, Museum purchase funded by the Agnes Cullen Arnold Endowment Fund, 2021.537.A.B Photograph ©The Museum of Fine Arts, Houston; Thomas R. DuBrock.

Due to the lack of information about techniques used in Novohispanic lacquer screens, it is interesting to cite Silvano Acosta Jordan's comments about *chinerías* (Chinese-style solutions) in works like altarpieces and processional pedestals from the Canary Islands:

> The adaptation or interpretation of the original polychrome designs was a very interesting creative play, since when they were used on altarpieces, frames, lecterns, etc., they were not made following the elaborate original techniques, but using pictorial procedures that had been used in Europe since the Low Middle Ages ... in the Canary Islands polychrome techniques, like oil and tempera, are juxtaposed on preparations of lead white or plaster. Over these preparations a background color is applied -organic red or black, mixed with fatty or protein binder prevail. We have seen very few examples of finishings in their original state, since unfortunately their appearance has been misunderstood as aged varnishes, and they have been systematically eliminated ... [52]

Figure 7. Screen of the nations. Oil on canvas. New Spain, second half of the 18th century. Franz Mayer Museum Collection, Mexico City.

Acosta adds, referring to the painting work of an altarpiece by an anonymous artist:

> The polychromy is applied on a softwood frame, with simple butt joints reinforced with forged nails. The ground is made of plaster, and a thick layer of organic black is added over it. Depicted motifs were made with a paintbrush, using as a gold powder mixed with protein glue. Drawing was applied very delicately with a paintbrush over the gold, using the same pictorial procedure [52] (p. 41).

In New Spain, lacquer work was not governed by guilds, which therefore did not interfere with large-scale production. Could it be possible that Villegas and other painters made screens that were painted on one side and lacquered on the other? In fact, Villegas' work recalls the 1737 reference to a folding screen that was "on one side lacquered, and on the other, painted". Of note are Romero de Terreros' comments about:

> A folding screen painted with oil on canvas [which] imitated on one side a Coromandel lacquer screen so masterfully made, that only up close and by touching one would know that it was not made with a lacquered panel but with painting on canvas. At the center of a multitude of typical Chinese decorative motifs a big medallion stood out, populated [. . .] by European figures [. . .] but interpreted with an Oriental criteria [. . .] the fact that the folding screen was made in New Spain is fully demonstrated in the front, where a distinctly Mexican scene is depicted. It is therefore evident that the anonymous painter could view an authentic Chinese screen which he copied on one side, while he executed the other side freehand [53].

Although Novohispanic lacquer folding screen production lasted through the 18th century, there is no evidence that their popularity resulted in artists who specialized in them. Ordering a different artist to decorate each side would have led to a price jump. The price of 50 pesos for a ten-panel folding screen "on *cotense*, two-sided, on one side lacquered, and on the other painted" is relatively high but by no means exceptional in the Novohispanic context. The fact that the folding screen was made with fabric—even on the lacquered side—suggest that it was made in a painting workshop.

We do not know how often folding screens would be made in the workshops of Michoacán and Guerrero. Except for the reference from *Tardes americanas*, there is no evidence that folding screens would be part of their regular production. These workshops would regularly be involved in the production of bateas, sewing boxes, or small pieces of furniture. As we have seen, the making of Novohispanic lacquer screens started several decades before De la Cerda's work. Therefore, lacquer screens from Pátzcuaro would be just one part of the Novohispanic production of lacquer screens.

The prices of Novohispanic lacquer screens varied from between 8 and 25 pesos. This points to quality differences, probably derived from the fact that there were different workshops involved in this kind of work. Although price differences in Chinese screens are even more noticeable, the market for Novohispanic works was not necessarily a low-income one: in 1737, wealthy José del Barrio, Knight of the Order of Santiago, who owned many Asian objects, had one folding screen "on *cotense*, two-sided, on one side lacquered, and on the other painted, with ten panels, appraised for 50 pesos" [30]; undoubtedly it had been made in New Spain. The fact that even those who could afford original Chinese works had Novohispanic screens suggests that the latter were appreciated. Differences between Asian and Asian-inspired screens are easily noticeable. Therefore, Barrio's screen, as that signed by Villegas, suggests that privileged individuals were not only fond of Chinese art but also of Novohispanic objects that took Asian art as a starting point to make proposals of their own.

3.5. Imitation Lacquer- and Chinese-Style Novohispanic Screens

If the existence of Novohispanic lacquer screens has raised doubts about the techniques used and the workshops where they were made, the topic becomes even more complex regarding imitation lacquer screens. In Spain and other European nations, there are references to works of "genuine lacquer" ('*de charol legítimo*') and others "imitating lacquer" ('*contrahechas de charol*'); "genuine lacquer" refers to Far Eastern Asian lacquer [38] (p. 172), while "imitation lacquer" would likely refer to works of different origin [38] (p. 233). The data in Table 4 suggests that the case was a little more complex in New Spain:

Table 4. Imitation lacquer Novohispanic screens.

Imitation Lacquer Screen Description
"One new imitating lacquer screen [*fingido de maque*] for 25 pesos." [54]
"One good *rodastrado*, with eleven panels, imitating lacquer, white [*de maque blanco fingido*], appraised for 15 pesos." [2] (p. 27)
"One Chinese-style and imitating lacquer [*achinado y maqueado fingido*] *rodastrado*, 24 panels, one *vara* high, for 80 pesos." [55]

Differences between Novohispanic imitation lacquer and lacquer screens are not clear from these descriptions. Not only do both kinds of screens date from the same years but also, some imitation lacquer screens were said to be of good quality and cost the same as lacquer screens, which suggests that the imitation lacquer screens were appreciated as much as the lacquer ones. The reference from 1732 is particularly noteworthy since it records the highest price for a Novohispanic lacquer screen. This is partly because the work had 24 panels. But even so, the price is not much lower than that of "one lacquer *rodastrado* from China, with 23 panels, one *vara* and a half high, appraised for 115 pesos" [33], which in 1695 was listed in the asset of the wealthiest Marchioness of San Jorge.

The Chinese style and imitation lacquer *rodastrado* from 1732 also stands out because it is mentioned in the dowry letter of the first marriage of the prominent Count of Santiago Calimaya, which allows us to suppose that this kind of work came to be highly appreciated. Although the color is not mentioned, the work might have been similar to a *rodastrado* that first came to light in 1970 (Figure 6); it was divided into two parts, each consisting of six leaves [1] (pp. 83–86). It was only later discovered that they had previously been joined [32] (p. 92). Both sections are closely related to one another, each showing different sites in Mexico City. This is a noteworthy work that appears to have been made in a painting workshop; however, the red background imitates Chinese lacquer screens, as do the long-tailed birds inspired by the *feng-huang*.

The reference from 1720 of one "good *rodastrado*, with eleven panels, lacquer-like, white, appraised for 15 pesos" is indicative of the role of European lacquer in the development of Novohispanic lacquer screens. As already mentioned, white lacquer was first developed in Europe and was used in screens in Spain, like the "lacquer screen with eight leaves, the background in the color of pearl shaded with different figures, and flowers cut in paper, two-sided, every leaf is one foot and nine fingers wide, six and six height" [38] (p. 392) which belonged to Isabella Farnese. An exceptional reference from 1769 to "two long boxes unnumbered and unmarked which contain two white lacquer screens each with twelve leaves" [4] (p. 37), appraised for 25 pesos each, is also of interest. These works had been shipped from Canton to Manila [4] (p. 37). The fact that it is a highly unusual work shipped to a Spanish port in Asia at such a late date allows us to posit that Chinese white "lacquer" screens were produced to satisfy Spanish American demand [56]. However, true Chinese lacquer of this period could not be made in white, so these pieces would likely have a polished chalk or other white background.

That said, in Europe and the Americas, lacquer work was sometimes passed over or called "painting". In New Spain, this happened with Chinese as well as Novohispanic works [15] (p. 147). For this reason, it is difficult to know if some of the screens that the sources refer to as "Chinese style" were made in the same workshops that made the lacquer ones. But, regardless of the technique, they undoubtedly were part of the large group of Novohispanic works that were developed from Chinese lacquer screens. Nonetheless, screens were not the only works that documents describe as "Chinese style". On the contrary, many Novohispanic documents mention Chinese-style boxes, stools, tables, and wardrobes. These works would likely have been made in different kinds of workshops, and "Chinese style" would not relate to a certain technique but to certain effects achieved through different procedures.

The adjectives used in several of the references in Table 5 suggest a low quality: "old" (unlike "ancient", which is preferred for works that are appreciated despite their age), "already used", and "ordinary". Recorded prices are lower than those of lacquer and imitation lacquer screens. However, not all the works were considered as merely substitutes for good quality work; references to one "12-panel *rodastrado*, one *vara* and one *tercia* high and two *tercias* wide", with Chinese-style painting and a "one-*sesma* crest, of fake gold ... for 25 pesos" and to "one Chinese-style screen of gold, two-sided, 29 pesos" suggest a work like the one we have discussed before.

Even so, it is interesting that some Chinese-style screens are said to be "ordinary". These works were undoubtedly made in less well-known painting workshops. They must not have been commissioned but made for the open market. Since these works are lost, their details are unknown. Either way, this segment of production suggests that, although the phenomenon of Chinese lacquer screens was originally reserved for the highest income groups, by the end of the 18th century, it had extended to less wealthy Novohispanic society.

Table 5. Chinese-style lacquer screens.

Lacquer Screen Description
"Yt one Chinese-style screen of about ten panels, old, for 7 pesos." [57]
"One *rodastrado* of twelve panels, one *vara* and one *tercia* high and two *tercias* wide, painted in Chinese-style and a one-*sesma* crest, of fake gold . . . for 25 pesos." [2] (p. 28)
"Another said [screen] Chinese-style, of 8 panels, for 10 pesos." [2] (p. 28)
"One screen, two-sided, Chinese-style, two *varas* and one *tercia* high, mistreated, for 20 pesos." [2] (p. 29)
"[One screen], two-sided, of raw [fabric], Chinese-style painting." [30]
"Yt one Chinese-style screen, red, old, for 7 pesos." [58]
"One *rodastrado* with twelve panels, already used, painted in the manner of China over red with a wide golden frame, on raw *cotense*, for 14 pesos." [59]
"Two Chinese-style screens, ordinary, two *varas* high; one mistreated, for 7 pesos." [2] (p. 32)
"For one Chinese-style screen of gold, two-sided, 29 pesos". "For one ordinary screen, Chinese-style, 5 pesos." [26] (p. 237)
"One red Chinese-style *rodastrado* . . . for 10 pesos." [36]

Some screens are not only said to be Chinese style but also red. These would likely be similar to the ones we previously discussed, except for the use of varnish and the lacquer-like finish. It is also noteworthy that some documentary references mention red screens without referring to the lacquer or the Chinese or Chinese-style screens. This kind of work can be seen on several screens; for example, the "screen of the nations" of the Franz Mayer Museum in Mexico City (Figure 7), the Otto van Veen's emblems screen at the Dallas Museum of Art, and the screen with views and landscapes exhibited in the International Museum of the Baroque in Puebla. In the same manner, as all the aforementioned screens, the red ones were significantly varied in terms of quality. The fact that many red screens were made, which were otherwise totally unrelated to lacquer screens, demonstrates that once the taste for red Chinese-style screens had developed, there were so many variations that, in some cases, the Asian influence eventually disappeared.

4. Discussion

From the late 16th century, New Spain had a direct relationship with Asia, which led to the desire for screens to become a local fashion more than any other place outside of Asia. By 1700, European lacquer and generally the fashion for *chinoiserie* had expanded to the Americas and had an impact on Novohispanic lacquer screens, which makes them a good case study of the role that New Spain played in the artistic globalization of the period.

The lacquer phenomenon of the 17th and 18th centuries was very widespread due to the existence of many techniques. This is particularly true regarding lacquer screens circulating in New Spain in the 18th century. As we have seen, the first pieces to be known were Asian, mainly Chinese; some of them were adapted to Novohispanic taste, while others were similar to those circulated in other Western nations. European screens occasionally circulated as well. But it was Novohispanic screens that made this phenomenon so complex, since there were so many procedures involved, different types of workshops, and production centers, that their technique is impossible to know a priori.

This does not mean that we should give up trying to identify such techniques. On the contrary, most lacquer objects and small pieces of furniture were made in regional workshops, whose techniques are being increasingly understood. Comparing their technique with that of Novohispanic lacquer screens will be key to understanding the true scope of the lacquer phenomenon in New Spain. Comparing the procedures used in different works, such as the folding screen of the viceroy's entry that is believed to have been made in Pátzcuaro, the screens in the Franz Mayer Museum, and the ones in the Museum of Fine Arts of Houston and the Dallas Museum of Art will allow us to answer the following questions: were the lacquer techniques used for screens the same as in other objects? In what kind of workshops were they made? To what extent were painters involved in their making?

Unless future studies demonstrate otherwise, Chinese-style and red screens are likely to have only been occasionally made in regional lacquer workshops. Regarding this, it is interesting that Granados y Gálvez wrote that the lacquer from Michoacán was mostly black [16] (p. 117). Actually, very rarely do existing lacquer pieces from Michoacán have a red background.

Novohispanic lacquer screens do not result from a passive reception of Asian models since they go far beyond merely copying them. Moreover, the Asian works were themselves shaped to meet local tastes. This is a topic for future studies: although New Spain was the location where Asian screens were more successful outside of Asia, the features of those screens still are poorly known.

The circulation of Chinese lacquer screens in New Spain coincided with the arrival of European lacquer. In Madrid, lacquer screens were being made from at least 1680, so it is conceivable that some Novohispanic lacquer screens relate to European ones. While in Europe, different lacquer techniques were developed, variety was much noticeable in New Spain, where there were lacquers made with European procedures, as well as regional ones of pre-Columbian origin and painting techniques imitating lacquer, all of which were sometimes used to make folding screens.

The consequences of this variety are yet to be fully assessed. Novohispanic historiography repeats the concept that Asian art was related to luxury, although it has been demonstrated that it was not always the case. Chinese silk could be actually cheap [60], and the same is true for porcelain. As we have seen, Chinese lacquer screens were at one time expensive and indeed related to luxury. But their circulation encouraged many local centers of production, some of which served several social classes. At the same time, even though the technique and palette of European lacquer, and especially of European lacquer folding screens, exerted a significant influence over Novohispanic lacquer screens, the latter followed their own artistic paths, totally unrelated to the foreign examples.

Supplementary Materials: The following supporting information can be downloaded at: https://www.mdpi.com/article/10.3390/heritage6050226/s1, Supplementary File: original text in Spanish.

Funding: This research was funded by the Mexican Consejo Nacional para la Ciencia y la Tecnología (CONACYT) through grant A1-S-35719.

Data Availability Statement: The data presented in this study are openly available in Archivo General de la Nación de México, branches Vínculos y Mayorazgos & Civil; Archivo General de Notarías and Archivo General de Notarías de Puebla.

Acknowledgments: Translation of Spanish secondary sources is by the author. The author sincerely thanks Monica Katz, Lucia Burgio, and Dana Melchar for their help with the English version of this article; Monika Kopplin for her very helpful suggestions on the topics discussed in this paper, and Joana Fonseca, Silvia Pinna, Abraham Villavicencio, Mariana Sainz, Tania Vargas and The Museum of Fine Arts, Houston, for kindly providing figures included in this essay.

Conflicts of Interest: The author declares no conflict of interest.

References

1. Castelló Yturbide, T.; del Río de Redo, M.M. *Biombos Mexicanos*; Instituto Nacional de Antropología e Historia: Mexico City, Mexico, 1970.
2. Curiel, G. Los biombos novohispanos: Escenografías de poder y transculturación en el ámbito doméstico. In *Viento Detenido: Mitologías e Historias en el arte del* biombo; Museo Soumaya: Mexico City, Mexico, 1999; pp. 9–32.
3. Baena Zapatero, A. Chinese and Japanese Influence on Colonial Mexican Furniture: The Achinado Folding Screens. *Bull. Port. -Jpn. Stud.* **2010**, *20*, 95–123.
4. Baena Zapatero, A. Un ejemplo de mundialización: El movimiento de biombos desde el Pacífico hasta el Atlántico (s. XVII-XVIII). *Anu. Estud. Am.* **2012**, *69*, 31–62. [CrossRef]

5. Ocaña Ruiz, S.I. Conexiones transocéanicas: Nueva España y la expansión del gusto por los biombos. *Res Mobilis. Rev. Int. Investig. Mobil. Obj. Decor.* **2021**, *10*, 103–129. [CrossRef]
6. Castelló Yturbide, T. *El arte del Maque en México*; Fomento Cultural Banamex: Mexico City, Mexico, 1980.
7. Pérez Carrillo, S. *La laca Mexicana: Desarrollo de un Oficio Artesanal en el Virreinato de la Nueva España Durante el Siglo XVIII*; Alianza/Ministerio de Cultura/Dirección General de Cooperación Cultural: Madrid, Spain, 1990.
8. *Lacas: Color y brillo novohispano*; Instituto Nacional de Antropología e Historia: Mexico City, Mexico, 2017.
9. Codding, M. The Lacquer Arts of Latin America. In *Made in the Americas. The New World Discovers Asia*; Museum of Fine Arts: Boston, MA, USA, 2015; pp. 75–89.
10. Acuña Castrellón, P. *El Maque o Laca Mexicana, la Preservación de una Tradición Centenaria*; El Colegio de Michoacán-Fideicomiso "Felipe Teixidor y Montserrat Alfau de Teixidor": Zamora, Mexico, 2012.
11. Gómezjurado Garzón, A.J. *El Barniz de Pasto. Testimonio del Mestizaje Cultural en el Sur-Occidente Colombiano 1542–1777*; Ministerio de Cultura, Fundación Mundo Espiral: Pasto, Colombia, 2017.
12. Kopplin, M. *European Lacquer. Selected Works from the Museum furr Lackkunst Mairister*; Hirmer Verlag: Munich, Germany, 2010.
13. Pérez Carrillo, S. Imitación de la laca oriental en muebles novohispanos del siglo XVIII. *Cuad. Arte Colonial* **1987**, *3*, 51–78.
14. Pérez Carrillo, S.; Rodríguez de Tembleque, C. Influencias orientales y europeas. In *Lacas Mexicanas*; Museo Franz Mayer: Mexico City, Mexico, 1997; pp. 31–52.
15. Ocaña Ruiz, S. De Asia a la Nueva España vía Europa: Lacas asiáticas y achinadas en el siglo XVIII. *An. Inst. Investig. Estéticas* **2017**, *39*, 131–188. [CrossRef]
16. Granados y Gálvez, J.J. *Tardes americanas. Gobierno Gentil y Católico; Breve y Particular Noticia de Toda la Historia Indiana*; Felipe de Zúñiga y Ontiveros: Mexico City, Mexico, 1778; p. 117.
17. Kasl, R. Witnessing Ingenuity. Lacquerware from Michoacán for the Vicereine of New Spain. *Metrop. Mus. J.* **2022**, *47*, 40–55. [CrossRef]
18. Ajofrín, F. *Diario del Viaje Que Hizo a la América en el Siglo XVIII el P. Fray Francisco de Ajofrín*; Instituto Cultural Hispano-Mexicano: Mexico City, Mexico, 1964; p. 160.
19. Ocaña Ruiz, S.I.; Arimura, R. Japanese Objects in New Spain. Nanban Art and Beyond. *Colonial Lat. Am. Rev.* **2022**, *31*, 327–353. [CrossRef]
20. Ocaña Ruiz, S. Marcos enconchados: Autonomía y apropiación de formas japonesas en la pintura novohispana. *An. Inst. Investig. Estéticas* **2008**, *30*, 107–154.
21. Ocaña Ruiz, S. Las elusivas huellas de los biombos japoneses en los virreinales (siglos XVII y XVIII). In *Identidades y Redes Culturales. V Congreso Internacional de Barroco Iberoamericano*; Ministerio Cultural de Cultura y Deporte: Granada, Spain, 2021; pp. 861–869.
22. Sanz de la Higuera, F.J. Tocador y biombo en los interiores domésticos del Burgos del setecientos. Mobiliario para la vanidad. *Futuro Pasado* **2020**, *11*, 193–226. [CrossRef]
23. Impey, O.; Jörg, C. *Japanese Export Lacquer 1580–1850*; Hotei Publishing: Amsterdam, The Netherlands, 2005.
24. Impey, O. *Japanese Export Porcelain: Catalogue of the Collection of the Ashmolean Museum*; Ashmolean Museum: Oxford, UK, 2003.
25. Pierson, S. The Movement of Chinese Ceramics: Appropriation in Global History. *J. World Hist.* **2012**, *23*, 9–39. [CrossRef]
26. Baena Zapatero, A. Reflexiones en torno al comercio de objetos de lujo en el Pacífico siglos XVII y XVIII. In *A 500 Años del Hallazgo del Pacífico. La Presencia Novohispana en el Mar del Sur*; Universidad Nacional Autónoma de México: Mexico City, Mexico, 2016; pp. 217–252.
27. AGNM. Vínculos y Mayorazgos, Vol. 3, Exp. 1. 1729. Autos e inventarios de Luisa María Sánchez de Tagle, Marquesa de Altamira, Querétaro.
28. AGNM. Vínculos y Mayorazgos, Vol. 48, Exp. 7, 1751, fs. 25v, 26r y 95v. Autos e inventarios por los bienes del Marqués de Guardiola.
29. Velázquez, M. *El Marqués de Altamira y las Provincias Internas de Nueva España*; El Colegio de México: Mexico City, Mexico, 1976.
30. AGNM. Vínculos y Mayorazgos, Vol. 11, Exp. 3, 1737. Embargo de los bienes de la testamentaría de José del Barrio del Orden de Santiago.
31. Available online: https://www.christies.com/en/lot/lot-5418493 (accessed on 2 January 2023).
32. See Curiel, G.; Rubial, A. Los espejos de lo propio: Ritos públicos y usos privados en la pintura virreinal. In *Pintura y Vida Cotidiana en México 1650-195*; Fomento Cultural Banamex-Conaculta: Mexico City, Mexico, 1999; pp. 144–145.
33. Curiel, G. El efímero caudal de una joven noble. Inventario y aprecio de los bienes de la marquesa doña Teresa Francisca María de Guadalupe Retes Paz Vera (ciudad de México, 1695). *Anales del Museo de América* **2000**, *8*, 89.
34. AGNM. Civil. Vol. 179, Exp. 8, 1704. Bienes del contador Don Bentura de Paz.
35. Vargaslugo, E.; Curiel, G. *Juan Correa. Su vida y su obra, III, Cuerpo de documentos*; UNAM-Instituto de Investigaciones Estéticas: Mexico City, Mexico, 1991; p. 196.
36. AGNM. Vínculos y Mayorazgos. Vol. 59, Exp. 1, 1792. Testimonio de los inventarios extrajudiciales que se practicaron por muerte de la Sra Condesa de Xala, doña Gertrudis Ygnacia de la Cotera y Rivascacho.
37. Ocaña Ruiz, S. Gustos, estrategias y precios en Nueva España. *An. Inst. Investig. Estéticas* **2015**, *37*, 101–102.
38. Ordóñez Goded, C. De Lacas y Charoles en España: Siglos XVI-XIX. Ph.D. Dissertation, Universidad Complutense de Madrid-Facultad de Geografía e Historia-Departamento de Historia del Arte II [Moderno], Madrid, Spain, 2016; p. 73.

39. Huth, H. *Lacquer of the West. The History of a Craft and an Industry 1550–1950*; University of Chicago Press: Chicago, IL, USA; London, UK, 1971; p. 76.
40. Lavalle Cobo, T. El coleccionismo oriental de Isabel de Farnesio. In *Oriente en Palacio. Tesoros Asiáticos en las Colecciones Reales Españolas*; Patrimonio Nacional: Madrid, Spain, 2003.
41. García Fernández, M.S. Les Panneaux en laque de la chambre de Philippe V au palais de La Granja de San Ildefonso. In *Philippe V d'Espagne et L'art de Son Temps. Acts du Colloque des 7, 8 et 9 Juin 1993 á Sceaux*; V. II. Musée de l'Ile-de-France: Domaine de Sceaux, France, 1995; pp. 193–207.
42. Ordóñez Goded, C. El mueble de laca española. Conexiones con Europa y Asia. *Res Mobilis. Rev. Int. Investig. Mobil. Obj. Decor.* **2021**, *10*, 69–88. [CrossRef]
43. Ordóñez, C. Japanning en España. Un lote de muebles de laca escarlata realizado por Giles Grendey. *Estud. Moble* **2011**, *14*, 14–21.
44. Romero de Terreros, M. *Una Casa del Siglo XVIII en México*; Universidad Nacional Autónoma de México-Instituto de Investigaciones Estéticas: Mexico City, Mexico, 1957; p. 60.
45. AGNot. Not. 14, Juan Aunzibay Anaya, Vol. 93, 1696–1701. Carta de dote, Francisco Joseph de la Puerta. 1708.
46. Archivo de Notarías Puebla: Not. 2, Caja 53, 1720-21, f. 9. Antonio de Robles y Samano. Memoria e inventarios de los bienes [...] por muerte de Don Manuel de Torrija y Rojo, regidor que fue de esta nobilísima Ciudad.
47. AGNM. Vínculos y Mayorazgos, Vol. 45, Exp. 3, 1725. Testamentaría de José Gil de Rivera.
48. AGNot. Notaría 70, "Carta de dote Juan Baptista Claros", vol. 485, f. 171v. (1727).
49. AGNM. Civil. Vol. 179, Exp. 2. México, 8 de abril de 1727, casa que fue de Gertrudis Romeo difunta.
50. AGNM. Civil, Vol. 6, Exp. 1, 1732. Autos e inventarios por la muerte de Miguel de Cuevas.
51. Pinna, S. El biombo de las tres culturas. De Nueva España al Segundo Imperio. *Quiroga* **2017**, *12*, 96–110.
52. Acosta Jordan, S. De la China vienen guarnecidas... Aspectos histórico-artísticos y técnicos de las *Chinerías* en Canarias. *Rev. Hist. Canar.* **2013**, *195*, 36–37.
53. de Terreros, M.R. El palacio de Chapultepec en 1700. *An. Inst. Investig. Estéticas* **1945**, *4*, 55–56. [CrossRef]
54. Archivo de Notarías de Puebla: Not. 2, Caja 45, 1713, Antonio de Robles y Samano, f. 49. Nicolas de Guzman. Joseph de Rivero Pinctado, recibo de dote.
55. AGNOT. Not 133, esc Juan José Cruz y Aguilar, 1731–1736, vol 837, f. 153v. 21 de junio 1732. Carta de dote de Juan Xavier Joachin Altamirano Legaspi, Conde de Santiago Calamaia.
56. Baena Zapatero, A. El comercio de biombos en el Pacífico (1582–1785). In *Espacios de Tránsito: Procesos Culturales Entre el Atlántico y el Pacífico*; Montoya Ramírez, M.I., Sorroche Cuerva, M.A., Eds.; Universidad de Granada: Granada, Spain, 2014; p. 164.
57. AGNM. Civil, Vol. 17, Exp. 2. 1732. Marcelo Muñoz de Therán difunto, Ciudad de México.
58. AGNM. Vínculos y Mayorazgos, 75, Exp. 9, 1748. Joseph de Gorraes.
59. AGNM. Civil, vol 301, exp. 1, f. 19. 1727. Alonso Gutiérrez Deza.
60. Bonialian, M. *La Seda China en Nueva España a Principios del Siglo XVII. Bienes, Mercado, Comercio y Cultura del Consumo Desde México Hasta Buenos Aires*; Biblos-Instituto Mora: Buenos Aires, Argentina; Mexico City, Mexico, 2014.

heritage

Article

Los biombos de laca y a imitación de laca en Nueva España

Sonia I. Ocaña-Ruiz

Universidad Juárez Autónoma de Tabasco, División Académica de Ciencias Sociales y Humanidades, 86180 Villahermosa, Mexico; ocana.r@gmail.com

Abstract: Los biombos fueron muy populares en Nueva España desde fines del siglo XVI. Desde la segunda mitad del siglo XVII, en Nueva España circularon muchos biombos chinos de laca y algunos europeos que inspiraron el desarrollo de biombos novohispanos de laca, al remedo de la laca y achinados. La técnica de los biombos novohispanos de laca que se conservan aún no se ha estudiado, pero las evidencias sugieren que algunos se hicieron con procedimientos de origen precolombino, otros con técnicas de laca europea y otros con pintura y barnices adaptados para producir un brillo parecido al de las lacas. Así, Nueva España fue, en el siglo XVIII, el lugar del mundo donde hubo mayor diversidad de biombos de laca. Hasta ahora, esta diversidad ha permanecido casi inadvertida, pero su estudio es fundamental para advertir hasta qué punto la mundialización del gusto por la laca produjo soluciones novedosas en América.

Keywords: Biombo; laca; pintura; Nueva España; maque; novohispano

Citation: Ocaña-Ruiz, S.I. Lacquer and Imitation Lacquer Folding Screens in New Spain. Heritage 2023, 6, 4282–4299. https://doi.org/10.3390/heritage6050226

Academic Editor: Lucia Burgio, Dana Melchar and Monica Katz

Received: 14 January 2023
Revised: 7 April 2023
Accepted: 8 April 2023
Published: 11 May 2023

1. Introduction

En la historiografía del arte novohispano, abundan las referencias a los biombos [1] [2] [3] [4] [5], así como a las lacas, principalmente las virreinales hechas en Michoacán y Guerrero [6] [7] [8] [9] [10]. Tanto los biombos como las lacas son fenómenos originalmente asiáticos, que posteriormente se adaptaron y tuvieron un gran desarrollo en Nueva España. Los biombos son muebles plegables, compuestos de entre 2 y 24 hojas que sirven para dividir habitaciones o bien, para desplegarse junto a la pared. Su tamaño, material, técnica e iconografía varía notablemente. Hasta el siglo XVI, todos los centros productores se hallaban en Asia, pero con la expansión europea a Asia y América, el gusto por los biombos se extendió, sobre todo en los ámbitos hispanoamericanos, que en el siglo XVII pasaron de ser centros de consumo a centros de producción.

La laca surgió en el extremo Oriente, donde se usaron resinas vegetales para hacer barnices que protegieran los objetos y, a la vez, produjeran efectos de brillo, transparencia, luminosidad y profundidad. En la América virreinal, las lacas asiáticas fueron conocidas desde fines del siglo XVI, gracias al comercio del galeón de Manila. Poco antes, los conquistadores de América habían encontrado procedimientos de base animal (en el actual México) y vegetal (en Sudamérica) que con el tiempo identificaron como lacas, por su efecto parecido al de las lacas asiáticas [10] [11]. El conocimiento de las lacas asiáticas inspiró el desarrollo de lacas europeas, a partir del siglo XVII; estas últimas y sus técnicas de elaboración, distintas a las asiáticas[12], se conocieron en Nueva España en el siglo XVIII [13] [14] [15].

Así, en la América virreinal coexistieron distintos tipos de lacas. El nombre que recibían era "maque", tomado de las lacas japonesas *makie* [15] (p. 145). A menudo la palabra "maque" se ha asociado a las técnicas regionales de origen precolombino [15] (p. 145, nota 60). Sin embargo, el análisis documental demuestra que en realidad esa palabra se usó de manera muy liberal pues, lejos de remitir a una técnica particular, se relacionó con distintos tipos de obras que compartían el efecto de brillo.

En los documentos novohispanos del siglo XVIII, las referencias a los biombos de laca incluyen los términos maque, maqueado, amaqueado, amacado, con pintura maqueada y al remedo de maque, fingido de maque. Estos términos se usan indistintamente; las técnicas y procedimientos no se distinguen claramente entre sí pero, en conjunto, demuestran el enorme éxito de los biombos de laca en la Nueva España del siglo XVIII. En esta etapa de la investigación, en la que aún no se han hecho estudios técnicos, no es posible definir con claridad cada una de estas producciones. Sin embargo, a lo largo del texto se prestará mucha atención y se mantendrá la fidelidad a los términos específicos usados en cada caso.

Entre principios del siglo XVII y fines del siglo XVIII, en Nueva España se multiplicaron las técnicas, iconografías, materiales y usos de los biombos. En el siglo XVIII cobraron mayor importancia las lacas asiáticas hechas para el mercado hispanoamericano, así como las lacas de técnica europea; ambas influyeron en los biombos novohispanos de laca. De igual modo, en Uruapan, Peribán, Pátzcuaro (actual estado de Michoacán), Olinalá (actual Guerrero) y Chiapa de Corzo (Chiapas) se hicieron objetos con técnicas de laca de origen prehispánico, a base de aceite de chía o linaza y la grasa extraída de la hembra del insecto axe. Estas técnicas no tienen nada que ver con ni con las lacas asiáticas ni con las europeas. La importancia de estas lacas es indiscutible, pero cada vez salen a la luz más biombos y otros muebles virreinales de laca de gran tamaño, como roperos, que se hicieron con distintas técnicas, entre las que destacan los procedimientos de laca y pintura de origen europeo. El estudio conjunto de estas obras es indispensable para conocer mejor los alcances del gusto por la laca en Nueva España.

Las primeras lacas asiáticas que circularon en grandes cantidades en Europa y América fueron las japonesas. Pero a partir de la segunda mitad del siglo XVII, los biombos chinos de laca fueron muy conocidos tanto en Europa como en América. En Nueva España, los biombos y las lacas se desarrollaron de manera independiente, pero en el siglo XVIII, el éxito de los biombos de laca china estimuló la producción de biombos novohispanos de laca, o a imitación de laca. No hay indicios de que esta clase de biombos se hicieran en el siglo XVII; es decir, su detonante fueron los biombos chinos de laca.

Los biombos novohispanos de laca y los que imitan la laca han recibido relativamente poca atención, a pesar de que se conocen varios ejemplares y decenas de referencias documentales a ellos. En Nueva España los primeros biombos de laca conocidos fueron los chinos (FIG. 1), pero también circularon algunos europeos. En las ciudades grandes, los pintores y carroceros hacían biombos a petición de los clientes, y lo mismo ocurría en los talleres de laca de Michoacán y Guerrero. Así pues, a mediados del siglo XVIII, en Nueva España circulaban, además de biombos de laca chinos e ingleses, distintos tipos de biombos virreinales. Como muchas obras se hacían sobre pedido, había gran diversidad: los biombos de laca podían destinarse al estrado, al dormitorio o a otros lugares de la casa; el número de hojas variaba entre 6 y 24 y podían estar decorados por un solo lado o por los dos. Algunos biombos de laca eran de lujo -los biombos importados costaban hasta 500 pesos-, pero otros podían costar menos de diez pesos.

A medida que avanzan los estudios técnicos sobre las lacas asiáticas, europeas y americanas, se advierten mejor sus grandes variaciones en cuanto a materiales y procedimientos. Este estudio no se plantea describir todas las técnicas de laca usadas en los biombos novohispanos, sino advertir que en Nueva España los biombos de laca tuvieron un enorme éxito que llevó a una diversificación técnica que aún desconocemos y en la que es necesario profundizar. También se pretende mostrar que, aunque sin duda los biombos chinos de laca fueron la fuente de inspiración de los biombos novohispanos de laca, en la mayoría de los casos no se intentó copiarlos, sino que se seleccionaron algunas de sus características -el color y ciertas figuras- para recontextualizarlas en obras que, en general, resultan mucho más próximas al arte novohispano que al chino.

Es importante señalar que no todo el maque virreinal es achinado; muchas lacas novohispanas no muestran ningún parecido con las lacas asiáticas. Esto incluye una parte del trabajo de Pátzcuaro, que es el que más a menudo se ha considerado achinado. A la vez, el fenómeno de lo achinado comprende distintos tipos de objetos, no solo aquellos de laca. El fenómeno de los biombos de laca en Nueva España comprende los ejemplares hechos con técnicas de origen prehispánico, pero va mucho más allá. Aunque muchos estudiosos del arte virreinal habían creído que los biombos novohispanos de laca se hicieron en Pátzcuaro[18], al respecto las evidencias son muy recientes. En 2022, Ronda Kasl recuperó una fuente de 1778, *Tardes americanas*, donde se menciona un rodastrado de laca hecho en la segunda mitad del siglo XVIII para la marquesa de Cruillas, esposa del virrey de Nueva España (1760-1766) [16] [17]. Sin embargo, esta producción era solo una entre varias que se dedicaron a los biombos de laca. Desde fines del siglo XVII se hicieron biombos de laca en España y en este texto se examinan evidencias que sugieren que algunos biombos novohispanos de laca se relacionan con los ejemplares europeos.

La diversidad de técnicas y centros productores aún no ha sido considerada en la historiografía, y para aquilatar su verdadera importancia es necesario estudiar los biombos de laca en conjunto, pues solo así se puede advertir su enorme éxito en Nueva España. Si bien en Europa los biombos chinos de laca circularon profusamente, fue en Nueva España donde su éxito dio lugar a una diversidad de biombos que, aunque se inspiraron en los chinos, nunca se limitaron a copiarlos. En conjunto, los biombos novohispanos de laca y aquellos pintados a imitación de la laca demuestran que el mercado hispanoamericano del arte asiático era muy extenso y los gustos de la América virreinal son un aspecto tan significativo como poco conocido de la "mundialización artística" del siglo XVIII.

En Europa, la laca de los siglos XVI-XVIII se suele plantear como un fenómeno asiático y europeo, mientras que en América, se consideran casi exclusivamente las lacas asiáticas y las virreinales de origen precolombino. La relación comercial directa entre Filipinas y Nueva España fomentó el desarrollo de fenómenos particulares, como los biombos novohispanos de laca, cuya diversidad demuestra hasta qué punto las lacas virreinales agregaron otros fenómenos al de por sí rico contexto mundial de la laca de la época. El estudio de estas obras permite entender mejor la "primera mundialización" del arte en general y de la laca en particular.

2. Materiales y métodos

La información documental usada para este estudio sobre la existencia de biombos de laca en Nueva España se reunió de distintas fuentes, tanto publicadas como inéditas, de mediados del siglo XVII a fines del siglo XVIII. Las fuentes inéditas proceden del Archivo General de la Nación de México (AGNM), el Archivo General de Notarías (AGNot) y el Archivo de Notarías de Puebla. Las fuentes publicadas se citan en el texto. El artículo discute referencias documentales a 27 biombos de laca chinos de once inventarios de bienes novohispanos de 1695-1792. Seis de ellos son inéditos. También se discuten las referencias documentales a quince biombos de laca novohispanos de 1696-1737. Diez de ellos eran inéditos, mientras que los otros tres ya habían sido publicados. Asimismo se consideran as referencias a doce biombos novohispanos achinados de once inventarios de bienes de 1716-1787. Cinco de ellos eran inéditos.

La información documental discute las características de distintas clases de biombos de laca y a imitación de laca que se han conservado en distintas colecciones públicas de

México, Estados Unidos y Europa. El propósito de este artículo no es hacer una revisión exhaustiva del fenómeno de los biombos de laca en la Nueva España, pues el fenómeno fue muy amplio y requiere mayor investigación documental, así como estudios técnicos. No obstante, intento presentar información tanto de los documentos como de las obras conservadas de ambas categorías, y derivar conclusiones generales a partir de ellas.

3. Results

3.1 Lacas y biombos en Hispanoamérica: un panorama general

En Nueva España, los biombos y las lacas se conocieron a fines del siglo XVI, gracias al intercambio comercial con Manila. Desde el principio, ambos tuvieron un enorme éxito. Los primeros biombos y las primeras lacas que se conocieron en América fueron 'japoneses' [19]; unos y otros inspiraron distintos tipos de obras novohispanas [20] [21]. En Nueva España, los biombos se diversificaron, pues surgieron los rodastrados, decorados por un solo lado y usados para rodear las paredes del salón del estrado, destinado a las mujeres. Como los estrados se elevaban sobre una tarima, los rodastrados eran biombos bajos, de entre 83.6 cm y 139 cm. También surgieron los biombos de cama, que eran muy altos (medían entre 205 y 250 cms). Asimismo, se popularizaron los biombos de dos haces, que estaban tan decorados en el anverso como en el reverso. Había biombos pintados que representaban distintos temas, así como algunos hechos de brocado y otras telas. Muchas obras no tenían relación con los biombos asiáticos, más allá del uso del mismo tipo de mueble como soporte.

En la historiografía internacional, los biombos de laca más conocidos son los chinos de Coromandel, que en Europa a menudo se desarticularon para decorar con sus paneles muebles y muros (FIG. 2). El caso de España es particular, pues no solo esas desarticulaciones estuvieron menos extendidas que en otros ámbitos europeos, sino que también circularon distintos tipos de biombos españoles y americanos, incuyendo ejemplares de laca. Así pues, los biombos fueron especialmente gustados en Nueva España, pero también en España donde, más allá de la laca, entre los siglos XVII y XVIII se hicieron más biombos que en cualquier otra nación europea [22].

En Nueva España, los precios de los biombos de laca chinos van de los 50 a los 500 pesos, mientras que los de laca virreinal van de los 8 a los 80 pesos, pero pocas veces superan los 25 pesos. Es decir, si bien los biombos chinos eran mucho más caros que los novohispanos, también hay grandes contrastes de precios entre los propios biombos chinos. Esto se advierte incluso en obras de descripciones similares, lo que sugiere que los tasadores -y los consumidores- prestaban mucha atención a las características de las obras individuales. Entre los valuadores de los objetos asiáticos había vendedores de El Parián, el mercado especializado en productos asiáticos, quienes poseían conocimientos que les permitían distinguir la calidad de las obras. Los biombos novohispanos, en cambio, solían ser apreciados por pintores, lo que sugiere que la mayoría de las obras eran hechas por esa clase de artistas.

3.2 Biombos asiáticos de laca para el mercado Hispanoamericano

La historiografía internacional ha estudiado ciertas producciones asiáticas hechas para mercados europeos, como el inglés y el holandés [23] [24] [25]. También hubo obras adaptadas al mercado hispanoamericano, pero son poco conocidas fuera del mundo hispanoparlante. Entre ellas destacan los biombos de laca. En 1769, en el cargamento del galeón Nuestra Señora del Carmen había, entre otros materiales venidos de Manila a Acapulco, "un cajón con cincuenta y dos hojas de loza de maque colorado para dos beobos" [4] (pp. 37–38). Al año siguiente se embarcó en Manila rumbo a Acapulco un "beobo de maque colorado con flores doradas de dos caras de 24 hojas" [26].

Los biombos de más de veinte hojas aparecen con relativa frecuencia en los ajuares novohispanos, pero son muy raros en otros ámbitos. El "beobo de maque colorado con flores doradas de dos caras de 24 hojas", seguramente se destinó a dividir una habitación de gran tamaño. Los biombos de más de 20 hojas son poco frecuentes; a menudo se trata de rodastrados, pero en este caso no es así, porque la obra estaba trabajada por ambos lados. Esto permite suponer que la obra fue un encargo. Se sabe poco sobre los trabajos asiáticos hechos por comisión para los comitentes novohispanos. Baena Zapatero ha planteado la posibilidad de que este biombo se haya hecho en Manila [4] (pp. 37-38). La posibilidad es sugerente, pues Manila no fue solo un centro de distribución de productos asiáticos, sino también un centro de producción. Más allá de los sangleyes del Parián, se desconoce hasta qué punto los residentes de Manila – ya fuera de origen chino o filipino- se involucraron directamente en la elaboración de obras para el mercado novohispano. Sin embargo, por la importancia de ese mercado y porque Manila vivía en buena medida a partir del comercio, es lógico suponer que algunas obras asiáticas enviadas a Nueva España -sobre todo las que no eran muy costosas- se habían hecho en esa ciudad. Si la producción filipina incluye los biombos de laca es algo que deberá discutirse en el futuro, a la luz de más evidencias.

Los biombos chinos de laca roja circularon poco fuera de Hispanoamérica, pero fueron muy populares en Nueva España en el siglo XVIII. Como se aprecia en la siguiente tabla, a menudo se trata de obras de lujo:

Tabla 1

Chinese Lacquer Screen Description
"Un rodastrado de maque encarnado también de China de 12 tablas" y "un biobo de maque encarnado de china de 10 tablas". [27]
"Un biombo de China, maqueado de encarnado y oro, con doce tablas y sus remates dorados en 300 pesos" y "Un biombo nuevo, de la China, maqueado de encarnado y dorado, de dos varas y tres cuartas de alto, con doce tablas y sus remates dorados en 500 pesos". [2] (p. 29)
"Un rodaestrado de la misma fábrica, con veinticuatro tablas, de maque encarnado y dorado, y sus remates de lo mismo en 500 pesos", "Yt un biobo de China, maqueado de encarnado y oro, con doce tablas, y sus remates dorados, en 300 pesos" e "Yt un biobo nuevo de China, maqueado de encarnado y dorado de dos varas y tres cuartas de alto con doce tablas y sus remates dorados en 400 pesos". [28]

Sin duda, los rodastrados chinos de laca roja arriba mencionados fueron hechos para el mercado novohispano de lujo. Por los precios, de entre 300 y 500 pesos, podría incluso tratarse de obras hechas sobre pedido. Tanto la marquesa de Altamira como el marqués de Guardiola eran personajes de alto poder adquisitivo y relevancia social [29]. El contacto directo con Manila facilitó la circulación de obras asiáticas, que circularon profusamente durante buena parte de la época virreinal. De ahí que los comitentes novohispanos desarrollaran sus propios gustos, lo que dio lugar a obras de características ajenas a las de otros contextos.

También son de interés los biombos chinos de laca de dos haces que combinan los fondos negros y rojos. En 1737 Joseph del Barrio, caballero del Orden de Santiago, tenía

"Un biobo de tableros de doce hojas de China de maque encarnado y oro por un haz y por el otro negro en 250 pesos"y "Un biobo de maque de China de dos haces, con doce tablas, carmesí y negro, se avaluó en 90 pesos" [30]. Si bien esta clase de biombos son poco comunes, el Museu do Oriente de Lisboa conserva un ejemplar chino de laca cuyo anverso es rojo, rodeado por una cenefa negra, mientras que el reverso es negro. La obra muestra en el anverso una vista de Macao y en el reverso una de Cantón. Aunque esta última ciudad era un enclave para el mercado internacional, Macao lo era para mercado ibérico, lo que sugiere que este biombo -como los de Joseph del Barrio - podría haberse destinado a ese mercado.

Al respecto, también resulta sugerente un biombo indoportugués de laca roja y negra, que representa personajes portugueses y tiene remates polilobulados [31]. Muchos biombos novohispanos del siglo XVIII tienen remates parecidos. Esto no ocurre en los biombos del siglo XVII, lo que permite suponer que los del siglo XVIII tomaron la solución de los ejemplares asiáticos de esa época. A Manila llegaban distintos productos controlados por los portugueses, así que es posible que los biombos descritos en los documentos novohispanos hayan sido similares al biombo chino y el indoportugués.

Por otro lado, en Nueva España también circularon biombos chinos de laca negra. En el exvoto de la Virgen de Taltocán, de José de Páez (1751) se puede ver un biombo de cama de laca negra [32]; al parecer, se trata de un mueble chino, no novohispano achinado. Asimismo, en 1729, la marquesa de Altamira tenía "otro dicho [rodastrado de China] de maque negro con 22 tablas" [27] y en 1751 el marqués de Guardiola poseía "Yt otro biobo de China negro y dorado de 2 varas y tres cuartas de alto, con 12 tablas, en 200 pesos" [28]. Estas referencias son menos numerosas que aquellas a biombos chinos de laca rojo. Es probable que estos últimos fueran más populares, pero como se puede ver en la siguiente tabla, muchas referencias a biombos chinos de laca no mencionan el color y sin duda algunos de ellos fueron negros.

Tabla 2 Biombos de laca china

Chinese Lacquer Screen Description
"Un arrimador de maque de China, con 23 tablas, de vara y media de alto, apreciado en 115 pesos". [33]
"Ytem un biobo de maque de China de doce tablas de tres varas de alto apreciado en ciento cincuenta pesos [...]" "Ytem un arrimador de maque de China con veinte y tres tablas de vara y media de alto apreciado en ciento y cincuenta pesos". [34]
"Un biombo. De maque de China, de seis tablas en 50 pesos." [35]
"Otro dicho, también de maque de China, mayorcito, en 240 pesos." [2] (p. 32)
""208. Un biombo de maque de China de dos haces, en 200 pesos" "209. Otro dho también de maque de China mayorcito en 240 pesos" [36]

Como en el caso de los biombos antes discutidos, aquí también hay mucha diversidad en cuanto al uso, número de hojas, tamaño y precio de las obras. Destaca el caso del arrimador que en 1695 pertenecía a la marquesa de San Jorge y que fue heredado por su tío, Bentura de Paz. En 1704, la obra se apreció en 150 pesos, mientras que en 1695 se había valuado en 115 pesos. Esto es algo excepcional, pues en el documento de 1704 muchos bienes sufrieron una depreciación respecto a 1695 [37]. Con el tiempo, si las obras están en buen estado, a menudo los precios se mantienen, pero no se incrementan, como ocurre en el caso de los dos biombos que en 1784 aparecen entre los bienes del conde de Xala y en 1792 figuran en el ajuar de su viuda con el mismo precio.

Dado que ninguna de las referencias menciona el relieve característico de los biombos de Coromandel, cabe suponer que estos circularon poco en Nueva España. Como se ha visto, los novohispanos más prósperos pagaron hasta 500 pesos por los biombos de laca chinos, por lo que la escasa circulación de los ejemplares de Coromandel probablemente se deba a que en Nueva España se prefirieron las obras adaptadas a sus propios gustos, como los rodastrados, los biombos de dos haces y los de fondo rojo.

3.3 Biombos europeos de laca

Los biombos europeos de laca han recibido poca atención, a pesar de que hay pruebas de su existencia en Italia [38], Francia [38] (p. 78), Inglaterra [15] (pp. 170 y 172) y Alemania [39]. Estas obras derivan de las técnicas europeas de laca. En España los biombos de laca, tanto asiáticos como europeos, fueron relativamente populares, sobre todo en la corte de Isabel de Farnesio [40] [41]. Pero el gusto por ellos es anterior: en el inventario de bienes hecho a la muerte de Jerónimo de Eguía (1682), caballero del Orden de Santiago y consejero de Indias, se menciona "un biobo de Madrid de ocho hojas, de vara de ancho cada una y dos varas y cuarta de alto, por el haz dorado y pintado de diversos colores y por el revés enbarnizado con pinturas negras" [38] (p. 163). El documento menciona otro biombo barnizado, pero especifica que era de la India. La obra no se conserva, pero la referencia a Madrid permite suponer que fue decorada en la capital española con técnicas locales de laca [42].

Años después, Isabel de Farnesio tuvo biombos de laca, hechos en Italia y España. La afición de la reina a las lacas y a la *chinoiserie* es bien conocida[40], por lo que su gusto por los biombos europeos de laca no resulta sorprendente. El inventario de bienes hecho a su muerte, en 1746, registra "Un biombo de charol con ocho hojas, fondo color de perla matizado con diferentes figuras, y flores de papel cortado a dos haces tiene cada hoja un pie y nueve dedos de ancho seis y seis de alto" [38] (p. 391); en este caso, como ha advertido Ordóñez Goded, la referencia al "papel cortado" corresponde a la *lacca povera* italiana [38] (p. 391). El mismo documento consigna "otra mampara nueva ejecutada en el Real Sitio de San Ildefonso, fondo negro, matizado de ramos dorados, flores de distintos colores, y pájaros, todo de realce, con copete de lo mismo, y un canastillo de fruta en el medio" [38] (p. 392). También hay indicios de que en 1736, la reina había mandado a aparejar un biombo europeo de laca [42] (p. 79).

Pero no solo Isabel de Farnesio gustó de estas obras. Cuando su sucesora Bárbara de Braganza murió en 1758, tenía "un biombo de seis hojas que por un lado es de color aceituna y por el otro de limón, el cual tiene ramos de oro y es todo de charol con una guarnición de madera tallada en blanco" [38] (p. 392). Es interesante advertir que las lacas europeas empleaban los colores perla, aceituna y limón, a diferencia de las asiáticas, cuya paleta era mucho más restringida [42] (p. 81). Es decir, las lacas europeas, como las novohispanas, no se limitaron a imitar los modelos asiáticos, sino que también desarrollaron sus propias soluciones.

En Nueva España hay pocas referencias explícitas a los biombos de laca europeos, pero resulta de gran interés una mención del inventario de bienes del marqués de Guardiola de 1751: "Yt un rodastrado de maque encarnado inglés, en 500 pesos" [28]. Este rico ajuar tenía once biombos, incluyendo cinco de laca china y otros cinco novohispanos. Así pues, la excepcional referencia a un biombo inglés debe ser correcta. Dado que se trata de un rodastrado, la obra debe haberse hecho *ex profeso*. Al respecto, cabe recordar el importante lote de muebles de laca roja que Giles Grendey hizo hacia 1730, probablemente para un cliente español, y que se conserva en el palacio de Lazcano [43]. Aunque se sabe poco acerca de las obras que los personajes más ricos de la Nueva España encargaron a Europa, su gusto por la ostentación y por los biombos lujosos son bien conocidos. Por otro lado, si bien los biombos de *japanning* inglés no son comunes, se conserva un ejemplar de seis hojas y dos haces, uno de los cuales es rojo y el otro verde oscuro [15] (p. 172).

Aunque son escasas, las lacas europeas sí aparecen en los ajuares novohispanos. Las referencias conocidas se hallan en inventarios de gran poder adquisitivo y están tasadas a precios muy altos. De hecho, la laca más costosa de la que se tiene noticia en Nueva España es un "Un Relox de Elicot, con Musica y Caxa de Maque blanco" [44] tasado a mil pesos en el inventario de bienes del conde de Xala, en 1784. Así, el rodastrado de laca inglesa del marqués de Guardiola sugiere que en el siglo XVIII los biombos formaron parte, ocasionalmente, de los encargos de lacas de lujo que desde Nueva España se hacían a los prestigiosos lacadores ingleses.

3.4 *Biombos novohispanos de laca*

Aunque los biombos chinos de laca tuvieron una circulación importante en Nueva España, los biombos de laca de factura doméstica fueron más numerosos y estuvieron al alcance de sectores más amplios de la población. Al respecto, hay evidencias documentales, así como materiales:

Tabla 3 Biombos novohispanos de laca

Descripción de los biombos novohispanos de laca
"Un biobo de maque de China hecho aquí". [45]
"Un biobo de maque criollo." [46]
"Yt un biobo de cama maqueado de negro de dos varas y media de alto, dos tercias de ancho en cotense de un haz y diez tablas en dieciocho pesos." [47]
"Otro rodastrado de pintura y cotense maqueado con veinte tablas en 25 pesos." [48]
"Yt un biobo maqueado nuevo con diez tablas en veinte y cinco pesos" e "Yt un rodaestrado de diez tablas maqueado en ocho pesos". [49]
"Yt un bioguito de estrado de 21 tablas en dos pedazos amaqueado en 10 pesos." [50]
"Otro [biombo] sobre cotense, de dos haces, por un lado maqueado, y por el otro pintura, con diez tablas, se avaluó en cincuenta pesos." [30]

La referencia de 1696 al "biobo de maque de China hecho aquí" resulta de enorme interés. Se trata del único caso conocido donde se aluda a un biombo "de China hecha aquí" y se puede inferir que, a diferencia de la mayoría de los biombos virreinales, este sí pretendía copiar las soluciones chinas. Es probable que en esa época la elaboración de biombos novohispanos de laca fuera muy reciente y aún no hubiera desarrollado características distintas a las de los biombos chinos; de ahí la contradictoria afirmación de que la obra era "de China hecha aquí." El caso del "biobo de maque criollo" es similar y sugiere que los biombos novohispanos de laca hechos en Nueva España eran relativamente infrecuentes en 1708. La elaboración de biombos virreinales de laca se mantuvo durante todo el siglo XVIII, pero las referencias posteriores no vuelven a referirse a ellos en términos similares.

Entre los biombos novohispanos conservados, escasean los ejemplares que exhiban una clara voluntad de copiar los modelos chinos. Al respecto destaca, sin embargo, un biombo de dos haces, cuyo anverso representa la Conquista de México y está firmado por Pedro de Villegas en 1718 [51]. Lo que nos interesa, sin embargo, es el reverso, que imita el efecto de los biombos de laca china, con paisajes, arquitectura y flores inspirados en los aquellos, que conviven con figuras occidentalizadas, como una fuente. La obra incluye nubes doradas procedentes de los biombos japoneses pintados, pero por lo demás, la proximidad con las soluciones chinas es muy marcada.

Por otro lado, en las referencias documentales a los biombos chinos nunca se mencionan materiales como el palo y el cotense, que en los casos registrados en la tabla aluden sutilmente al origen virreinal. No sabemos qué técnicas se usaron en esta clase de biombos. El empleo de técnicas pictóricas -probablemente ayudadas por barnices- para producir efectos similares a la laca era común en España. Por otro lado, también podrían haberse utilizado técnicas similares a las de los biombos de laca europea. En España existían, en el siglo XVIII, lacadores que hicieron obras tan diversas como coches y biombos. En Nueva España, hasta donde se sabe, no existió el oficio de lacador, pero en el siglo XVIII los carroceros incursionaron en el trabajo de la laca, sin duda usando técnicas europeas [38] (p. 385). Hacia 1730, Antonio Cuervo, carrocero activo en la ciudad de México, hizo un escaparate de laca encarnada [15] (pp. 174-176); el color coincide con el de la mayoría de los biombos achinados que se conservan (Figs. 6 y 7). Esto sugiere la influencia del mueble inglés de laca roja, que también fue muy popular en España en la primera mitad del siglo XVIII, desde donde esta moda se difundió a Nueva España.

Ante la falta de información sobre la técnica empleada en los biombos novohispanos de laca, resultan de interés los comentarios de Silvano Acosta Jordan sobre el uso de chinerías en obras como retablos y peanas procesionales de las Islas Canarias:

La adaptación o interpretación de los diseños originales sobre policromías constituyó un juego creativo muy interesante, pues cuando se aplicaron sobre retablos, marcos, atriles, etc., no se hicieron siguiendo las elaboradas técnicas originales, sino bajo los procedimientos pictóricos que Europa venía aplicando desde la Baja Edad Media…en Canarias se yuxtaponen técnicas polícromas, como el óleo o temple, sobre preparaciones de blanco de plomo o yeso. Sobre estas preparaciones se aplica indistintamente un tono base de fondo, predominando los rojos o negros orgánicos, mezclados con aglutinantes grasos o proteicos. Hemos observado muy pocos ejemplos de acabados en estado original, pues desgraciadamente su apariencia ha sido interpretada como barnices envejecidos, siendo eliminados sistemáticamente… [52]

Asimismo, al hablar del trabajo pictórico de un retablo cuyo autor se desconoce, Acosta añade

La técnica polícroma parte de un trabajo de carpintería en madera de conífera ensamblado a tope y reforzado con clavos de forja. La preparación es de yeso y sobre esta se halla una capa gruesa de negro orgánico. Los motivos representados fueron ejecutados a punta de pincel, usando como medio pictórico polvo de oro aglutinado con cola proteica. El dibujo se aplicó muy delicadamente a punta de pincel sobre el dorado, empleando idéntico procedimiento pictórico [52] (p. 41).

En Nueva España, el trabajo de la laca no estaba regulado por ningún gremio, lo que no impidió que se realizara gran número de obras. ¿Sería posible que Villegas y otros pintores hicieran los dos haces de los biombos que muestran por un lado pintura y por el otro maque? De hecho, la obra de Villegas recuerda la referencia de 1737 a un biombo que tenía "Por un lado maqueado y por el otro pintura". Al respecto, tienen interés los comentarios de Romero de Terreros sobre

> un biombo pintado al óleo sobre tela [que] imitaba por un lado una mampara de laca de Coromandel, con tal maestría ejecutada, que solamente de cerca y al tacto se comprobaba que no estaba hecha de madera laqueada sino de pintura sobre lienzo. En el centro de una multitud de característicos motivos decorativos chinos se destacaba un gran medallón, poblado [...] de figuras europeas [...] pero interpretadas con criterio oriental [...] que el biombo fué confeccionado en la Nueva España lo comprueba plenamente su anverso, en el cual se representó una escena netamente mexicana. Es por lo tanto evidente que el anónimo pintor tuvo a la vista un legítimo biombo chino que copió por un lado, mientras que el otro lo ejecutó a mano libre [53].

Pese a que la producción de biombos novohispanos de laca comprende todo el siglo XVIII, no hay indicios de que fueran tan populares como para que hubiera artistas especializados en ellos. Por otro lado, el encargar cada lado del biombo a un artista distinto, habría encarecido la obra. El precio de 50 pesos por un biombo "sobre cotense, de dos haces, por un lado maqueado, y por el otro pintura" de diez tablas es relativamente alto, pero de ningún modo excepcional en el contexto novohispano. El hecho de que el soporte del biombo fuera textil -incluso en la parte maqueada- sugiere que se hizo en un taller de pintura.

No sabemos qué tan frecuente fue la elaboración de biombos en los talleres de maque de Michoacán y Guerrero. Salvo por la referencia de *Tardes americanas*, no hay evidencias de que tales muebles formaran parte de su producción habitual. En su mayoría, esos talleres consistía elaboraban bateas, costureros, o muebles pequeños. Como se ha visto, la fabricación de biombos novohispanos de maque empezó varias décadas antes que el trabajo de De la Cerda. Así, los biombos de laca de Pátzcuaro serían solo una parte del fenómeno de los biombos novohispanos de maque.

Por otro lado, los biombos novohispanos de maque tenían notables diferencias de precio: los de diez hojas podían variar entre los 8 y los 25 pesos. Esto sugiere que hubo diferencias de calidad, que sin duda también obedecen a que hubo distintos talleres que se involucraron en el trabajo. Si bien las diferencias de precio respecto a los biombos de laca china son aún más notables, el mercado de las obras novohispanas no necesariamente fue de bajo poder adquisitivo: en 1737, el próspero José del Barrio, caballero del Orden de Santiago y poseedor de muchas obras asiáticas, tenía un biombo "sobre cotense, de dos haces, por un lado maqueado, y por el otro pintura, con diez tablas, se avaluó en cincuenta pesos" [30] de indudable factura novohispana. El hecho de que incluso quienes podían permitirse obras chinas originales tuvieran biombos novohispanos, sugiere cierto reconocimiento a la calidad de las obras. Las diferencias entre las obras asiáticas y las novohispanas inspiradas en ellas son fáciles de advertir. Así, el biombo de Barrio y aquel firmado por Villegas, sugieren que los sectores privilegiados del virreinato no solo se aficionaron al arte asiático, sino también a las obras novohispanas que lo tomaron como punto de partida para hacer propuestas propias.

3.5. Biombos de laca fingida

Si la existencia de biombos novohispanos de laca plantea dudas respecto a las técnicas usadas y los talleres en las que se hicieron, el tema se vuelve aún más complejo en el caso de los biombos de maque fingido. En España y otras naciones europeas hay referencias a obras "de charol legítimo" y otras "contrahechas de charol"; los investigadores han señalado que el "charol legítimo" es la laca asiática [38] (p. 172), mientras que el "contrahecho" es la laca de otros orígenes [38] (p. 233). Sin embargo, el análisis de la siguiente tabla sugiere que el caso en Nueva España fue un poco distinto:

Tabla 4

Imitation Lacquer Screen Description
"Un biobo nuevo fingido de maque en veinte y cinco pesos" [54]
"Un rodastrado, bueno, de once tablas, de maque blanco fingido, tasado en quince pesos." [2] (p. 27)
"Un rodaestrado achinado y maqueado fingido de 24 tablas de a vara en 80 pesos." [55]

Las diferencias entre los biombos novohispanos fingidos de laca y aquellos de laca no resultan evidentes en las descripciones. Unas y otras datan de los mismos años y tanto los precios como la referencia a la buena calidad sugiere que los biombos fingidos de maque fueron al menos tan valorados como los de maque. La referencia de 1732 es de especial interés, pues se trata del precio más alto hasta ahora conocido para un biombo novohispano de maque. Esto en parte se debe a que se trata de un rodastrado de 24 tablas, seguramente hecho sobre pedido. La diferencia de precio no es muy grande respecto a "Un arrimador de maque de China, con 23 tablas, de vara y media de alto, apreciado en 115 pesos" [33], que en 1695 se hallaban entre los bienes de la rica marquesa de San Jorge.

El rodastrado achinado y maqueado fingido de 1732 también destaca porque proviene de la carta de dote del primer matrimonio del prominente conde de Santiago Calimaya, lo que permite suponer que esta clase de obras podían llegar a tenerse en muy alta estima. Aunque no se menciona el color, acaso la obra haya sido similar a un rodastrado que se dio a conocer en 1970 (Figure 6), cuando se conservaba en dos partes, cada una de las cuales tenía seis hojas [1] (pp. 83-86). Posteriormente se señaló que las obras habían estado unidas [32] (p. 92). Ambas se relacionan estrechamente entre sí, pues muestran distintos lugares de la Ciudad de México. Se trata de un trabajo notable que, al parecer, se hizo en un taller de pintura; el fondo rojo, sin embargo, imita los biombos de laca chinos, lo mismo que las aves de largas colas, inspiradas en el feng-huang.

Por su parte, la referencia de 1720 a un "rodastrado, bueno, de once tablas, de maque blanco fingido, tasado en quince pesos" es sugerente respecto al papel de la laca europea en el desarrollo de los biombos novohispanos de laca. Como se ha señalado, la laca blanca surgió en Europa y llegó a emplearse en biombos en España, como en el "biombo de charol con ocho hojas, fondo color de perla matizado con diferentes figuras, y flores de papel cortado a dos haces tiene cada hoja un pie y nueve dedos de ancho seis y seis de alto" [38] (p. 392) que perteneció a Isabel de Farnesio. Al respecto, también es de interés una excepcional referencia de 1769 a "dos cajones largos sin número ni marca que contienen dentro dos beobos de maque blanco cada uno con doce hojas", valorados en 25 pesos cada uno. Estas obras se habían enviado de Cantón a Manila [4] (p. 37). El hecho de que se trate de una obra poco común enviada al enclave español en Asia en una fecha tardía permite suponer que los biombos chinos de laca blanca surgieron para satisfacer las demandas previamente desarrolladas en Hispanoamérica [56]. Sin embargo, la verdadera laca china de este period no podia hacerse en blanco, así que es probable que estas piezas tuvieran un yeso pulido u otro fondo blanco.

Por otro lado, tanto en Europa como en América el trabajo de laca a veces era obviado o denominado "pintura". En Nueva España, esto ocurría tanto en el caso de las obras chinas como virreinales [15] (p. 147). Por esa razón, resulta difícil saber si algunos de los biombos que las fuentes llaman achinados se hicieron en los mismos talleres donde se elaboraron los biombos a los que nos hemos referido antes. Pero, al margen de la técnica, no hay duda de que formaban parte del nutrido grupo de obras virreinales que se desarrollaron a partir de los biombos chinos de laca. Ahora bien, los biombos no fueron las únicas obras que los documentos describieron como achinadas; por el contrario, en los documentos novohispanos abundan las referencias a baúles, taburetes, mesas de estrado y roperos achinados. Es probable que estas obras se hayan hecho en distintos tipos de talleres y que el adjetivo "achinado" no se relacionara con una técnica, sino con ciertos efectos que se podían lograr mediante distintos procedimientos.

Tabla 5. Biombos achinados

Descripción de los biombos achinados
"Yt un biobo achinado de unas 10 tablas viejo en 7 pesos". [57]
"Un rodastrado de 12 tablas, de vara y tercia de alto y dos tercias de ancho, de pintura achinada y remates de una sesma de oro falso a sisa, en 25 pesos". [2] (p. 28)
"Otro dicho [biombo], achinado, de 8 tablas, en 10 pesos". [2] (p. 28)
"Un biombo de dos haces, achinado, de dos varas y tercia de alto, maltratado, en 20 pesos". [2] (p. 29)
"[Un biombo] de dos haces de crudo, pintura achinada". [30]
"Un biobo de estrado de doce tablas ya servido pintado a la moda de china sobre encarnado con su zenefa de oro ancha en cotence crudo y en catorce pesos". [59]
"Dos biombos achinados, ordinarios, de dos varas de alto; el uno maltratado, en 7 pesos". [2] (p. 32)
"Un biogo achinado de oro de dos haces" y otro "ordinario achinado". [26] (p. 237)
"221. Un rodastrado encarnado achinado sin tarjas en 10 pesos". [36]

Varias de las referencias anteriores introducen adjetivos que sugieren una calidad menor: "viejo" (que contrasta con "antiguo", usado en relación con obras que se valoran no obstante el paso del tiempo), "ya servido", "ordinario". Los precios registrados son más bajos que los de los biombos de maque y fingidos de maque. Sin embargo; no todas las obras se consideraron sucedáneos del trabajo de buena calidad; las referencias al "rodastrado de 12 tablas, de vara y tercia de alto y dos tercias de ancho, de pintura achinada y remates de una sesma de oro falso a sisa, en 25 pesos" y al "biogo achinado, de oro, a dos haces, 29 pesos" sugieren un trabajo similar al que hemos comentado en los apartados anteriores.

Aún así, llama la atención que algunas menciones documentales a los biombos achinados se refieran a ellos como "ordinarios". No hay duda de que esas obras fueron hechas en talleres de pintura de poco renombre; probablemente no se trate de encargos, sino de trabajos hecho para el mercado abierto. Este trabajo se ha perdido, por lo que no está claro cuáles eran sus características. En cualquier caso, este segmento de la producción sugiere que, aunque el fenómeno de los biombos chinos de laca estuvo originalmente reservado a los grupos de mayor poder económico, a lo largo del siglo XVIII el fenómeno alcanzó también a los novohispanos de bajo poder adquisitivo.

Algunas obras no solo se describen como achinadas, sino también como encarnadas. Es probable que se trate de trabajos similares a los que comentamos en el apartado anterior, salvo por el uso de barniz y el brillo parecido al de la laca. Por otro lado, vale la pena advertir que ciertas referencias documentales mencionan biombos encarnados sin aludir ni a la laca ni a los biombos chinos o achinados[i]. Al respecto, aún se conservan varios ejemplares; por ejemplo, el biombo de las Naciones del Museo Franz Mayer de la Ciudad de México (Figure 7), el biombo de los emblemas de Otto Van Veen del Dallas Museum of Art y el biombo con vistas y paisajes que se exhibe en el Museo Internacional del Barroco de Puebla. Al igual que las obras antes discutidas, los biombos encarnados se diversificaron significativamente en términos de calidad. El que se hicieran muchos biombos de fondo rojo que carecían de cualquier otro parecido con los biombos de laca demuestra que una vez arraigado, el gusto por esta clase de biombos se diversificó tanto que, en ocasiones, la huella asiática llegó a diluirse casi totalmente.

4. Discussion

Desde fines del siglo XVI, la Nueva España tuvo una relación directa con Asia, que propició que el gusto por los biombos se arraigara localmente más que en cualquier otro lugar fuera de Asia. Hacia 1700, las lacas europeas y en general la moda de la *chinoiserie* se expandió a América y repercutió en los biombos novohispanos de laca, de modo que, en su diversidad, las obras novohispanas permiten advertir el papel que la Nueva España desempeñó en la mundialización artística de la época.

El fenómeno mundial de la laca de los siglos XVII y XVIII es muy amplio debido a la coexistencia de técnicas. Esto es particularmente cierto en relación con los biombos de laca que circularon en Nueva España en el siglo XVIII. Como se ha visto, los primeros ejemplares que se conocieron fueron asiáticos, principalmente chinos; algunos estaban adaptados al consumo novohispano mientras que otros fueron comunes a otros ámbitos occidentales. También circularon, ocasionalmente, biombos europeos. Pero lo que hizo que el fenómeno de los biombos de laca fuera realmente complejo fueron los ejemplares novohispanos, que involucraron tantos procedimientos, tipos de talleres y centros de producción, que a menudo resulta imposible saber *a priori* cuál fue la técnica empleada.

Esto no quiere decir que debamos renunciar a la identificación de las técnicas usadas en estos biombos. Todo lo contrario; la mayoría de los objetos y muebles pequeños de laca virreinal se hicieron en talleres regionales, cuyas técnicas cada vez se conocen mejor. Su comparación con la técnica de los biombos de laca virreinales conservados será fundamental para conocer mejor los verdaderos alcances el fenómeno de la laca en Nueva España. La comparación de los procedimientos empleadas en distintas obras, como el biombo de la entrada del virrey que se ha creído que fue hecho en Pátzcuaro y los ejemplares del Museo Franz Mayer, del Museum of Fine Arts de Houston y del Dallas Museum of Art sin duda permitirá responder a preguntas como ¿Las técnicas de laca empleadas en los biombos coinciden con las que se emplearon en otros objetos? ¿En qué clase de talleres se hicieron? ¿Hasta qué punto los pintores se involucraron en este trabajo?

A reserva de lo que encuentren futuros estudios, es probable que los biombos achinados y encarnados solo en casos excepcionales se hayan hecho en talleres regionales de laca. Al respecto, tiene interés mencionar que al referirse a la laca de Michoacán, Granados y Gálvez señaló que en su mayoría era negra [16] (p. 117). Esto puede apreciarse en los objetos de laca michoacanos que se conservan, en los que el uso de fondos rojos es excepcional.

En cualquier caso, los biombos novohispanos de maque no resultan de una recepción pasiva de los ejemplares asiáticos, pues rara vez intentan copiarlos sin más. Más aún, las propias obras asiáticas se moldearon para satisfacer los gustos locales. Este es un tema en el que futuros estudios deberán profundizar pues, aunque en el siglo XVIII el lugar fuera de Asia donde los biombos asiáticos fueron más exitosos fue la Nueva España, las características de esos biombos aún no se conocen lo suficiente.

A la vez, la circulación de los biombos chinos de laca en Nueva España coincidió con la llegada de las lacas europeas. Dado que en Madrid al menos desde 1680 se estaban haciendo biombos de laca, es lógico suponer que algunos biombos novohispanos de laca se relacionan con las obras europeas informadas en las asiáticas. Si bien en Europa se desarrollaron distintas técnicas de laca, la diversidad fue aún más notable en Nueva España, donde coexistieron lacas hechas con procedimientos europeos, así como regionales de origen prehispánico y técnicas de pintura que imitaban la laca, todas las cuales se emplearon, en ocasiones, para hacer biombos.

Las consecuencias de esta diversidad aún no han sido aquilatadas. En la historiografía del arte novohispano, se mantiene arraigada la idea de que el arte asiático se ligó con el lujo, pese a que se ha demostrado que no siempre fue así. La seda china podía, de hecho, ser barata [60], y lo mismo es cierto respecto a la porcelana. Como se ha visto, los biombos de laca china solían ser costosos y se ligaban, en efecto, al lujo. Pero la circulación de estas obras detonó muchas producciones locales, algunas de las cuales se extendieron a varios grupos sociales. A la vez, aunque la técnica y paleta de las lacas europeas, y de los biombos europeos de laca ejercieron una notable influencia sobre los biombos virreinales de laca, algunas de estas obras siguieron sus propios derroteros, totalmente desligadas de las obras transocéanicas.

Supplementary Materials: "La version en inglés de este artículo puede descargarse de: https://doi.org/10.3390/heritage6050226"

Financiación: Esta investigación fue financiada por el Consejo Nacional para la Ciencia y la Tecnología (CONACYT) de México mediante el proyecto A1-S-35719..

Declaración de disponibilidad de datos: Los datos presentados en este estudio están disponibles en el Archivo General de la Nación de México, ramos Vínculos y Mayorazgos y Civil; Archivo General de Notarías y Archivo General de Notarías de Puebla..

Agradecimientos: "La autora agradece a Monica Katz, Lucia Burgio y Dana Melchar por su ayuda con la versión inglesa de este texto, a Monika Kopplin por sus valiosas sugerencias respecto a los temas aquí discutidos y a Joana Fonseca, Silvia Pinna, Abraham Villavicencio, Mariana Sainz, Tania Vargas y The Museum of Fine Arts, Houston, por amablemente haber facilitado las imágenes incluidas en este texto."

Conflictos de intereses: La autora declara no tener ningún conflicto de interés.

References

1. Castelló Yturbide, T.; Marita Martínez del Río de Redo. *Biombos Mexicanos*; Instituto Nacional de Antropología e Historia: Ciudad de México, México, 1970.
2. Curiel, G. Los biombos novohispanos: escenografías de poder y transculturación en el ámbito doméstico. En *Viento Detenido: Mitologías e Historias en el arte del Biombo*; Museo Soumaya: Ciudad de México, México, 1999; pp. 9–32.
3. Baena Zapatero, A. Chinese and Japanese Influence on Colonial Mexican Furniture: The Achinado Folding Screens. *Bull. Port.-Jpn. Stud.* 2010, *20*, 95–123.
4. Baena Zapatero, A. Un ejemplo de mundialización: El movimiento de biombos desde el Pacífico hasta el Atlántico (s. XVII-XVIII). *Anu. Estud. Am.* 2012, *69*, 31–62.
5. Ocaña Ruiz, S.I. Conexiones transocéanicas: Nueva España y la expansión del gusto por los biombos. *Res Mobilis. Rev. Int. Investig. Mobil. Obj. Decor.* 2021, *10*, 103–129.
6. Castelló Yturbide, T. *El arte del Maque en México*; Fomento Cultural Banamex: Ciudad de México, México, 1980.
7. Pérez Carrillo, S. *La laca Mexicana: Desarrollo de un Oficio Artesanal en el Virreinato de la Nueva España Durante el Siglo XVIII*; Alianza/Ministerio de Cultura/Dirección General de Cooperación Cultural: Madrid, España, 1990.
8. *Lacas: color y brillo novohispano*. Instituto Nacional de Antropología e Historia: Ciudad de México, México, 2017.
9. Codding, M. The Lacquer Arts of Latin America. In *Made in the Americas. The New World Discovers Asia*; Museum of Fine Arts: Boston, EEUU, 2015, pp. 75–89.
10. Acuña Castrellón, P. *El Maque o Laca Mexicana, la Preservación de una Tradición Centenaria*; El Colegio de Michoacán-Fideicomiso "Felipe Teixidor y Montserrat Alfau de Teixidor": Zamora, México, 2012.
11. Gómezjurado Garzón, A.J. *El Barniz de Pasto. Testimonio del Mestizaje Cultural en el Sur-Occidente Colombiano 1542–1777*; Ministerio de Cultura, Fundación Mundo Espiral: Pasto, Colombia, 2017.
12. Kopplin, M. *European Lacquer. Selected Works from the Museum für Lackkunst Mairister*; Hirmer Verlag: Munich, Alemania, 2010.
13. Pérez Carrillo, S. "Imitación de la laca oriental en muebles novohispanos del siglo XVIII". *Cuad. Arte Colonial* 1987, *3*, 51–78.
14. Pérez Carrillo, S. & Rodríguez de Tembleque, C. "Influencias orientales y europeas." En *Lacas Mexicanas*; Museo Franz Mayer: Ciudad de México, México, 1997; pp. 31–52.
15. Ocaña Ruiz, S. De Asia a la Nueva España vía Europa: lacas asiáticas y achinadas en el siglo XVIII. *An. Inst. Investig. Estéticas* 2017, *39*, 131–188.
16. Granados y Gálvez, J.J. *Tardes americanas. Gobierno Gentil y Católico; Breve y Particular Noticia de Toda la Historia Indiana;* Felipe de Zúñiga y Ontiveros: Ciudad de México, México, 1778, 117.
17. Kasl, R. Witnessing Ingenuity. Lacquerware from Michoacán for the Vicereine of New Spain. *Metrop. Mus. J.* 2022, *47*, 40–55.
18. Ajofrín, F. *Diario del Viaje Que Hizo a la América en el Siglo XVIII el P. Fray Francisco de Ajofrín*; Instituto Cultural Hispano-Mexicano: Ciudad de México, México, 1964; p. 160.
19. Ocaña Ruiz, S.I.; Arimura, R. Japanese Objects in New Spain. Nanban Art and Beyond. *Colonial Lat. Am. Rev.* 2022, *31*, 327–353.
20. Ocaña Ruiz, S. Marcos enconchados: autonomía y apropiación de formas japonesas en la pintura novohispana. *An. Inst. Investig. Estéticas* 2008, *30*, 107–154.
21. Ocaña Ruiz, S. Las elusivas huellas de los biombos japoneses en los virreinales (siglos XVII y XVIII)". En *Identidades y Redes Culturales. V Congreso Internacional de Barroco Iberoamericano*; Ministerio Cultural de Cultura y Deporte: Granada, España, 2021; pp. 861–869.
22. Sanz de la Higuera, F.J. Tocador y biombo en los interiores domésticos del Burgos del setecientos. Mobiliario para la vanidad. *Futuro Pasado* 2020, *11*, 193–226.
23. Impey, O.; Jörg, C. *Japanese Export Lacquer 1580–1850*; Hotei Publishing: Amsterdam, Holanda, 2005.
24. Impey, O. *Japanese Export Porcelain: Catalogue of the Collection of the Ashmolean Museum*; Ashmolean Museum: Oxford, Inglaterra, 2003.
25. Pierson, S. The Movement of Chinese Ceramics: Appropriation in Global History. *J. World Hist.* 2012, 23, 9–39.
26. Baena Zapatero, A. Reflexiones en torno al comercio de objetos de lujo en el Pacífico siglos XVII y XVIII. In *A 500 Años del Hallazgo del Pacífico. La Presencia Novohispana en el Mar del Sur*; Universidad Nacional Autónoma de México: Ciudad de México, México, 2016, pp. 217–252.
27. AGNM, Vínculos y Mayorazgos, Vol. 3, Exp. 1. 1729. Autos e inventarios de Luisa María Sánchez de Tagle, Marquesa de Altamira, Querétaro.
28. AGNM, Vínculos y Mayorazgos, Vol. 48, Exp. 7, 1751, fs. 25v, 26r y 95v. Autos e inventarios por los bienes del Marqués de Guardiola.
29. Velázquez, M. El Marqués de Altamira y las Provincias Internas de Nueva España; El Colegio de México: Ciudad de México, México, 1976.
30. AGNM, Vínculos y Mayorazgos, Vol. 11, Exp. 3, 1737. Embargo de los bienes de la testamentaría de José del Barrio del Orden de Santiago.
31. Disponible online: https://www.christies.com/en/lot/lot-5418493 (consultado el 2 de enero de 2023).
32. Curiel, G.; Rubial, A. Los espejos de lo propio: ritos públicos y usos privados en la pintura virreinal. En *Pintura y Vida Cotidiana en México 1650-195*; Fomento Cultural Banamex-Conaculta: Ciudad de México, México, 1999; pp. 144–145.

33. Curiel, G. El efímero caudal de una joven noble. Inventario y aprecio de los bienes de la marquesa doña Teresa Francisca María de Guadalupe Retes Paz Vera (ciudad de México, 1695). *Anales del Museo de América* 2000, *8*, 89.
34. AGNM, Civil. Vol. 179, Exp. 8, 1704. Bienes del contador Don Bentura de Paz.
35. Vargaslugo, E. & Curiel, G. Juan Correa. Su vida y su obra, III, Cuerpo de documentos; UNAM-Instituto de Investigaciones Estéticas, Ciudad de México: México, 1991; p. 196.
36. AGNM, Vínculos y Mayorazgos. Vol. 59, Exp. 1, 1792. Testimonio de los inventarios extrajudiciales que se practicaron por muerte de la Sra Condesa de Xala, doña Gertrudis Ygnacia de la Cotera y Rivascacho.
37. Ocaña Ruiz, S. Gustos, estrategias y precios en Nueva España. *An. Inst. Investig. Estéticas* 2015, *37*, 101–102.
38. Ordóñez Goded, C. De Lacas y Charoles en España: Siglos XVI-XIX. Ph.D. dissertation. Universidad Complutense de Madrid-Facultad de Geografía e Historia-Departamento de Historia del Arte II [Moderno], Madrid, España, 2016; p. 73.
39. Huth, H. *Lacquer of the West. The History of a Craft and an Industry 1550-1950*; University of Chicago Press: Chicago, EEUU; Londres, Reino Unido, 1971; p. 76.
40. Lavalle Cobo, T. El coleccionismo oriental de Isabel de Farnesio. In *Oriente en Palacio. Tesoros Asiáticos en las Colecciones Reales Españolas*; Patrimonio Nacional: Madrid, España, 2003.
41. García Fernández, M.S. Les Panneaux en laque de la chambre de Philippe V au palais de La Granja de San Ildefonso. En *Philippe V d'Espagne et L'art de Son Temps. Acts du Colloque des 7, 8 et 9 Juin 1993 á Sceaux*; V. II. Musée de l'Ile-de-France: Domaine de Sceaux, Francia, 1995; pp. 193–207.
42. Ordóñez Goded, C. El mueble de laca española. Conexiones con Europa y Asia. *Res Mobilis. Rev. Int. Investig. Mobil. Obj. Decor.* 2021, *10*, 69–88.
43. Ordóñez, C. Japanning en España. Un lote de muebles de laca escarlata realizado por Giles Grendey. *Estud. Moble* 2011, *14*, 14–21.
44. Romero de Terreros, M. *Una Casa del Siglo XVIII en México*; Universidad Nacional Autónoma de México-Instituto de Investigaciones Estéticas: Ciudad de México, México, 1957; p. 60.
45. AGNot, Not. 14, Juan Aunzibay Anaya, Vol. 93, 1696–1701. Carta de dote, Francisco Joseph de la Puerta. (1708).
46. Archivo de Notarías Puebla: Not. 2, Caja 53, 1720-21, f. 9. Antonio de Robles y Samano. Memoria e inventarios de los bienes [...] por muerte de Don Manuel de Torrija y Rojo, regidor que fue de esta nobilísima Ciudad.
47. AGNM, Vínculos y Mayorazgos, Vol. 45, Exp. 3, 1725. Testamentaría de José Gil de Rivera.
48. AGNot, Notaría 70, "Carta de dote Juan Baptista Claros", vol. 485, f. 171v. (1727).
49. AGNM, Civil. Vol. 179, Exp. 2. México, 8 de abril de 1727, casa que fue de Gertrudis Romeo difunta.
50. AGNM, Civil, Vol. 6, Exp. 1, 1732. Autos e inventarios por la muerte de Miguel de Cuevas.
51. Pinna, S. El biombo de las tres culturas. De Nueva España al Segundo Imperio. *Quiroga* 2017, *12*, 96–110.
52. Acosta Jordan, S. De la China vienen guarnecidas... Aspectos histórico-artísticos y técnicos de las Chinerías en Canarias. *Rev. Hist. Canar.* 2013, *195*, 36–37.
53. de Terreros, M.R. El palacio de Chapultepec en 1700. *An. Inst. Investig. Estéticas* 1945, *4*, 55–56.
54. Archivo de Notarías de Puebla: Not. 2, Caja 45, 1713, Antonio de Robles y Samano, f. 49. Nicolas de Guzman. Joseph de Rivero Pinctado, recibo de dote.
55. AGNOT, Not 133, esc Juan José Cruz y Aguilar, 1731–1736, vol 837, f. 153v. 21 de junio 1732. Carta de dote de Juan Xavier Joachin Altamirano Legaspi, Conde de Santiago Calamaia.
56. B aena Zapatero, A. El comercio de biombos en el Pacífico (1582-1785). In *Espacios de Tránsito: Procesos Culturales Entre el Atlántico y el Pacífico*; Montoya Ramírez, M.I., Sorroche Cuerva, M.A., Eds.; Universidad de Granada: Granada, España, 2014; p. 164.
57. AGNM, Civil, Vol. 17, Exp. 2. 1732. Marcelo Muñoz de Therán difunto, Ciudad de México.
58. AGNM, Vínculos y Mayorazgos, 75, Exp. 9, 1748. Joseph de Gorraes.
59. AGNM, Civil, vol 301, exp. 1, f. 19. 1727. Alonso Gutiérrez Deza.
60. Bonialian, M. *La Seda China en Nueva España a Principios del Siglo XVII. Bienes, Mercado, Comercio y Cultura del Consumo Desde México Hasta Buenos Aires*; Biblos-Instituto Mora: Buenos Aires, Argentina; Ciudad de México, México, 2014.

heritage

Article

Mexican Lacquer at the Victoria and Albert Museum: Analysis of Three *Bateas*

Valentina Risdonne [1,*], Ludovico Geminiani [1,2], Nick Humphrey [1], Dana Melchar [1,†] and Lucia Burgio [1]

1 Victoria and Albert Museum, Cromwell Road, South Kensington, London SW7 2RL, UK; lgeminiani@uninsubria.it (L.G.); nickhu@vam.ac.uk (N.H.); dana.melchar@rijksmuseum.nl (D.M.); l.burgio@vam.ac.uk (L.B.)

2 Department of Science and High Technology, Università degli Studi dell'Insubria, Via Valleggio 11, 22100 Como, Italy

* Correspondence: v.risdonne@vam.ac.uk

† Current address: Rijksmuseum, Museumstraat 1, 1071 XX Amsterdam, The Netherlands.

Abstract: This study investigates the materials and techniques used in three Mexican platters, or *bateas*, from the Victoria and Albert Museum collection. Our analytical approach included the use of non-invasive techniques, such as infrared reflectography, scanning X-ray fluorescence, and digital microscopy, which informed limited but targeted sampling. Traditional pigments were identified, including indigo, carbon black, red lead, lead white, and orpiment, and materials such as dolomite, gypsum, ochres, and clay were also found. A red organic dye was seen but could not be identified. The stratigraphy of the objects was also investigated. The condition of the objects was also evaluated, and the results will be used to inform future conservation decisions. The findings add to the published knowledge of the materials and techniques of early colonial Mexican objects and can be of use in future investigations, facilitating exchanges and collaborations focused on this type of objects, which are rare in UK collections.

Keywords: Indigenous American lacquer; Mexican lacquer; *batea*; chia oil; *aje*; scientific analysis

Citation: Risdonne, V.; Geminiani, L.; Humphrey, N.; Melchar, D.; Burgio, L. Mexican Lacquer at the Victoria and Albert Museum: Analysis of Three *Bateas*. *Heritage* **2024**, *7*, 4647–4665. https://doi.org/10.3390/heritage7090219

Academic Editor: Silvano Mignardi

Received: 18 July 2024
Revised: 16 August 2024
Accepted: 22 August 2024
Published: 28 August 2024

1. Introduction

1.1. The V&A Bateas

The collection of pre-twentieth-century Mexican furniture and woodwork held by the Victoria and Albert Museum (V&A) is small, but not insignificant in the context of the United Kingdom, where Latin American furniture is generally rare. In a recent survey, nine pieces were identified alongside a similar number of leather artefacts that are also plausibly Mexican, although focussed research would undoubtedly provide a more accurate picture [1].

Of these nine pieces, the earliest to be acquired by the South Kensington Museum (as the V&A was called until 1899) were three large wooden platters, or *bateas*, with colourful surface decoration (V&A: 156-1866, 157-1866, 158-1866; see Figure 1). These form the focus of the research presented here[1].

The *bateas* were purchased together from the Leon dealer Villa Amil for 10 shillings, 10 shillings and £1, respectively, and are of similar dimensions, colouration, and condition. The report of the purchase, number 14793, dated 22 May 1866, was prepared by J.G. Robinson (1824–1913), effectively the museum's first curator and an energetic traveller in Spain, who can be assumed to have selected the pieces himself. The report described each as a 'Circular platter or shallow wooden bowl, painted or lacquered… Spanish 17th century work,' without providing further detail, a brevity that was not unusual in museum documentation at the time. Whether Villa Amil knew the platters to be Latin American but offered them to Robinson as Spanish on the basis that they would be more attractive to potential purchasers cannot be proved, but only six years later Robinson's attribution was corrected by Juan Facundo Riaño (1829–1901), acknowledged authority on Spanish decorative arts and from 1870 the museum's Professional Referee [2]. His report from January 1872 on museum objects acquired as Spanish 'which Señor Riaño declares not to be Spanish' includes the three platters, describing them as 'Mexican or Peruvian'[2]. The museum's official attribution remained cautious—'Spanish. (Mexican?) 17th century.'—when the pieces were published for the first time shortly afterwards in the first comprehensive catalogue, *Ancient and Modern Furniture & Woodwork in the South Kensington Museum, described with an introduction by John Hungerford Pollen* (London, 1874). All three pieces were subsequently included in the landmark Special Loan Exhibition of Spanish and Portuguese Ornamental Art at the South Kensington Museum in 1881 [3] (p.124).

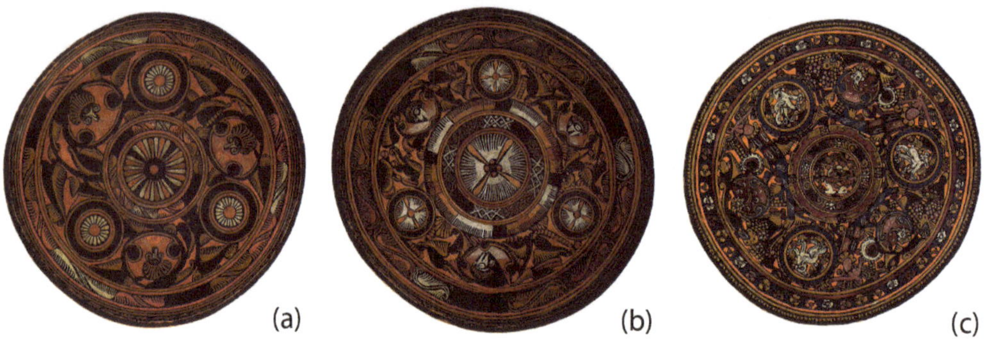

(a) (b) (c)

Figure 1. The three *bateas* sin the V&A collection. (**a**) 156-1866, height: 5.5cm, diameter: 43.0–43.7cm; (**b**) 157-1866, height: 5.4cm, diameter: 45.5–45.7cm; (**c**) 158-1866, height: 5.0cm, diameter: 42.5–43.0cm.

Although at least one of the platters was displayed during the 1960s[3], they have apparently passed an inconspicuous existence at the museum until interest in Latin American lacquer was reignited by the 2015 acquisition of *barniz de Pasto*, described elsewhere in this volume [4]. Based on generous advice from Dr Gustavo Curiel (Universidad National Autónoma de México, UNAM), Dr Mitchell Codding and Monica Katz (Hispanic Museum and Library, New York, NY, USA), the *bateas*—now photographed for the first time—were published online and attributed as having been produced in Peribán (Michoacán), c.1650-1700. Over a period of ten months in 2017–2018, one of the platters, V&A 158-1866, was exhibited in the Dr Susan Weber Gallery of Furniture as part of a trail of small displays devoted to the manifold arts of lacquer entitled 'Lustrous Surfaces', drawing attention to the quality and beauty of this work, comparatively little known in the UK [5]. At the time of writing, they appear to be the only pieces of pre-1900 Mexican lacquer in a UK museum collection to have been published online, but others must surely exist.

1.2. Mexican Lacquer Tradition

Various accounts of lacquer traditions in Mexico have been published elsewhere [6–9]. In summary, it can be observed that lacquer work dating back more than two millennia was produced at various locations, including Mexica, Purépecha, and Maya in Chiapas, Coahuila, Yucatán, Morelos, and Puebla. Large quantities of lacquered gourds and 'dishes' made from a split fruit shell were made for domestic use and used as a taxation payment. With the arrival of the Spanish in New Spain and the introduction of iron woodworking tools, lacquer techniques were adapted to serve the Spanish market, with centres of production in Peribán, Uruapan and Pátzcuaro (in the modern state of Michoacán), and Olinalá (in the state of Guerrero). Local techniques and styles seem to have been developed and applied to a wide range of artefacts, including both decorative and utilitarian objects such as boxes (including those for writing materials), chests, gourd bowls (*tecomates*), cups (*jícaras*), and large wooden platters (*bateas*). *Bateas* were the most widespread lacquer product of the colonial period, and the largest examples reached 125 cm in diameter. Peribán products were 'prized for their colourful decoration and exotic medium, gaining such fame that any large, lacquered bowl was often referred to as a *peribana* into the nineteenth century'[4]. Typical motifs—ultimately derived from European prints—covering the interior surfaces include Mannerist strapwork and an eye-catching assortment of costumed figures and creatures. From the seventeenth century, the terms used to describe lacquer work included *pinturas* (paintings) and *barnices* (varnishes). As the influence of Japanese *urushi* lacquer products became more marked in the 18th century, other terms are recorded more frequently, such as *laca* (lacquer) and *maque* (from the Japanese *maki-e*).

1.3. Materials and Techniques of Mexican Lacquer

The materiality of most Indigenous American lacquer remains under-investigated. Many characterisation studies have focused on *qeros*, Andean ceremonial cups from the pre-Columbian period, and *barniz de Pasto*, an indigenous decorative technique now primarily centred in the city of Pasto, Colombia [10]. Very few studies have targeted Mexican lacquer [11–15].

While the *barniz de Pasto* technique relies on the so-called *mopa mopa* resin as the main component in the decoration, and the *de facto* binder for any pigments and dyes; the typical binders of Mexican lacquer are chia (*Salvia hispanica*) oil or *chicalote* (*Argemone munita*) seed oil and a fatty substance obtained from the *aje* insect (*coccus axin*). These were combined with pigments, dyes and bulking agents, and applied to various types of objects.

Archaeological findings and historical accounts show that early objects were as colourful and decorated as the later *bateas* [8,16,17]. One of the oldest historical records of these techniques was produced by José Antonio de Alzate y Ramírez in 1831, who refers to Joaquin Alexo de Meave [18]. More recent studies on Mexican lacquer techniques [8,19–21] suggest that different types of Mexican lacquer can be identified from the manufacturing details which were typical of individual production centres. Objects were decorated using different types of inlay techniques, such as *embutida* or *encrostada*; *recortada* (cut-out) or *rayada* (grooved); finally, *aplicada*, where brush-painted decoration is applied to the finished lacquer surface, using pigments or metallic powders mixed with seed oil [8,19,21].

As for the pigments and dyes used in the Mexican territories, historical records and scientific studies exist for other types of objects, such as manuscripts and murals. According to Haude [22], two sixteenth-century sources are particularly valuable for studying Mexican colorants. The primary resource is the *Florentine Codex*, also known as the *Historia General de las Cosas de Nueva España*, compiled by Fray Bernardino de Sahagún in Tlatelolco, Mexico, between 1575 and 1580. Important sources of information on Aztec colourants include the *Badianus Manuscript*, also known as the *Libellus de Medicinalibus Indorum Herbis*, and the *Codex Barberini*, created by two Aztec scribes in 1552 at the Colegio de Santa Cruz in Tlatelolco, Mexico [22]. Various analytical campaigns have identified some of the materials in codices and sixteenth-century maps [22], Aztec [23,24] and early-colonial codices [25,26]. A few scientific analyses have been performed on different types of objects dating back to early colonial Mexico. Garcia-Bucio [27] has compiled a list of the main pigments used in easel paintings from that period, based on their Raman spectra. Many of these pigments were also found in a study of a 1605 painting from Mexico City [28]. Cabello's thesis [29] traces the evolution of the use of some pigments from the sixteenth to the eighteenth century, while Casanova-Gonzalez [30] studied the variability of pigments used in wall paintings. These sources allow us to evaluate how the availability of pictorial materials changed during the early colonial period of Mexico. It is expected that materials traditionally used by the Aztecs gradually disappeared, replaced by imported Spanish materials [25,26].

1.4. Research Aims

This work focuses on the analysis of three V&A *bateas* in order to add to the published knowledge of the materials and techniques found on this type of object and to facilitate comparisons between the three *bateas* and early colonial Mexican objects in other collections. Our analytical approach included the use of non-invasive techniques to inform targeted sampling. Our research will be of use in future investigations and collaborations focused on Mexican lacquer objects to make comparisons with similar items and suggest possible production dates or workshops.

2. Materials and Methods

The analysis protocol used in this study saw each *batea* first being analysed using non-invasive techniques to gather evidence about the state of the surface, the elemental composition of the decorative schemes and, where possible, stratigraphic information. Within this framework, infrared reflectography and high-resolution digital microscopy were used first, followed by scanning XRF in selected areas. These three non-invasive techniques informed the sampling, followed by the preparation of cross sections where samples were suitable. The analysis of the samples by Raman spectroscopy and scanning electron microscopy coupled with energy-dispersive X-ray analysis (SEM-EDX) provided essential stratigraphic information. This protocol was found to be the most appropriate to obtain as much information as possible while limiting the extent of invasive sampling, which is always the last resort in a museum setting.

Infrared reflectography (IRR): IRR was conducted with an Apollo IR Camera (Atik Cameras Limited, Norwich, UK) sensitive to near IR wavelengths from 900 to 1700 nm. The camera is equipped with an InGaAs line array sensor with an area of 125 × 125 px. Images were acquired with a focal aperture of F11 and a focal length of 150 mm. Two tungsten lamps were positioned symmetrically at ~45° with respect to the focal axis of the camera. A 1250 nm Short Wave Pass filter (SWP), a 1250–1510 nm Bandpass filter (BP) and a 1510 nm Long Wave Pass filter (LWP) were also used.

High-resolution digital microscopy: Digital microscopy was performed with a bench-top Hirox HRX-01 digital microscope (Hirox Japan Co., Ltd., Tokyo, Japan) and an H-1020E attachment. The images were acquired with ×10, ×30, or ×90 magnification, using a polarised ring LED light and multi-focus mode. Raking light and UV illumination (SP-AC-2016UV-RL attachment) were also used. Images were processed with the HRX-01 software version 2.24 and Adobe Photoshop 24.7.0.

Scanning X-ray fluorescence (XRF): The XRF scans were carried out using a Bruker M6 Jetstream spectrometer (Bruker Nano GmbH, Berlin, Germany) equipped with a Rh-target microfocus X-ray tube and two 60 mm^2 XFlash silicon drift detectors (SDDs). The X-ray tube was operated at 50 kV and 600 μA in air. The elemental distribution maps of the table areas were collected with a 100 μm spot size, a 180 μm step size, and a dwell time of 55–75 ms/pixel. The X-ray fluorescence spectra were calibrated, fitted, and processed using the Bruker M6 Jetstream software, version 1.6.758.0.

Sampling and cross sections: A total of 19 samples across the objects were taken from pre-existing areas of loss to investigate the stratigraphy and the methods of manufacture, according to British Standards (BS EN 16085:2012—ISBN 978 0 580 70588 5) [31].

Before sampling, a careful survey was conducted to minimize the quantity of sample collected, which was never larger than 1.0 mm across, to maintain the integrity of the object. The choice of the sampling areas was determined by many factors, such as accessibility and significance. The utmost attention was given to ensure that the samples were collected while limiting any contamination.

The samples were embedded using a mixture of Alec Tiranti TM Ltd. (Conwy, UK) clear casting resin (styrene and methyl methacrylate/polyester resin, product code: 405-210) and liquid hardener (BUTANOX M-50 methyl ethyl ketone peroxide, solution in dimethyl phthalate, product code: 405-810) in the proportion 2 mL: 1 drop. This required 48 h to cure and harden. After curing, the resin-embedded samples were polished with a Struers DAP-7 grinder using Struers waterproof silicon carbide abrasive paper from 220 to 4000 Grit. The final polish was obtained with polishing cloth and Struers AP-FF alumina suspension 0.1 μm (Struers, Rotheram, UK).

Optical microscopy: A Zeiss AxioImager M2m polarised light microscope (Carl Zeiss Microscopy GmbH, Jena, Germany) was used to acquire microphotographs of the cross sections in reflected light. The images were acquired with different magnification, as needed, under visible LED light, DAPI-filtered UV light, and AF488-filtered UV light.

Raman microscopy: A Horiba XploRA spectrometer (Horiba, Kyoto, Japan) equipped with three diode lasers (532, 638 and 785 nm) and an Olympus microscope was used for all the Raman experiments carried out on the fragments. Only the ×50 objective was used, providing an overall magnification of 500. The power at the sample was always kept below 2 mW. Most measurements were performed with the 785 nm laser, although on a few occasions the 638 nm laser was also used. Total accumulation times varied between 3 s and 3 min and no spectral manipulations were used, apart from the use of the LabSpec v.6 software proprietary ICS process when needed.

Scanning electron microscopy with energy-dispersive X-ray analysis (SEM-EDX): A Hitachi TM4000Plus II tabletop microscope (Hitachi, Tokyo, Japan) with TM4000 software version 2017, 2021 was used for the acquisition of SEM Back-Scattered Electron (BSE) images in the back-scattered and secondary electron detection modes. Oxford AZtecOne 4.3 software was used for EDS analysis to generate elemental maps of the sample. Image acquisition and EDS analysis were performed at accelerating voltages of 15 kV and 20 kV, respectively, in Low Vacuum Mode (∼60Pa).

Fourier-transform infrared spectroscopy (FTIR): FTIR-ATR (Attenuated Total Reflectance) analysis was performed using a Thermo Nicolet iS10 FTIR spectrometer (Thermo Fisher Scientific, Waltham, MA, USA) combined with a Golden Gate diamond cell attachment. Three fragments from 157-1866 (samples 3 and 4) and 158-1866 (sample 6) were positioned to cover the 2 × 2 mm window. Instrument parameters were in the range of 4000–550 cm^{-1}; the number of scans was 64; and the resolution was 4 cm^{-1}. The results obtained were searched against the IRUG and in-built databases.

3. Results

The three *bateas* display similarities and differences: they have comparable dimensions, and each is carved from a single piece of wood. The reverse of two are painted in plain black, whereas 158-1866 displays a polychrome decoration on both the front and reverse. A significant amount of fluorescent disrupted varnish can be seen on 156-1866 and 157-1866 when they are examined under UV light, while 158-1866 shows a very thin surface coating in places. All painted surfaces show various amounts of *craquelure* (Figure 2).

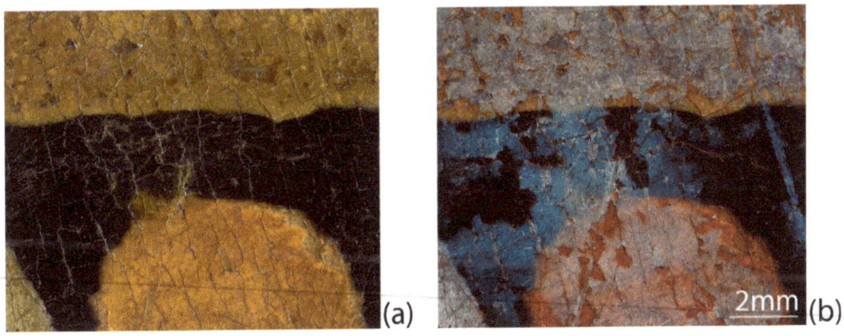

Figure 2. Detail of *batea* 156-1866 under visible (**a**) and UV (**b**) illumination, showing craquelure as well as remnants of a fluorescent natural resin varnish.

Bateas 156-1688 and 157-1866 show a similar, rather limited and muted palette, and a stylized decorative scheme (Figure 1). The third *batea* (158-1866) has a more vibrant, glossy palette, and its decoration includes small figures and creatures. Some of the details of the coloured areas appear difficult to read and may have partially changed over time. Infrared reflectography images show such details more clearly. Figure 3 shows such an example, and highlights that only the black areas are likely to contain carbon because they remain black in the infrared—this will be discussed further below.

The different areas will be discussed separately according to their colour.

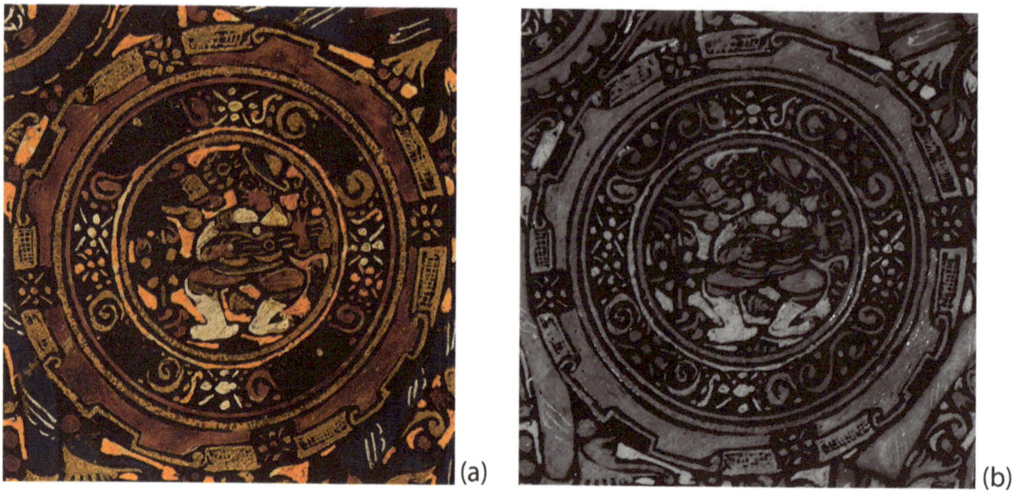

Figure 3. A detail of the central decoration of *batea* 158-1866 viewed under visible illumination (**a**) and with the infrared reflectography camera (**b**).

3.1. Black

The mapping XRF experiments reveal that the black areas are rich in iron, with small amounts of potassium, titanium, and manganese. Figure 4 shows a detail of the central roundel of *batea* 156-1866, including the relevant elemental distributions maps, and highlights the *craquelure* and the depth of the dark background's colour against the orange, white, and blue details.

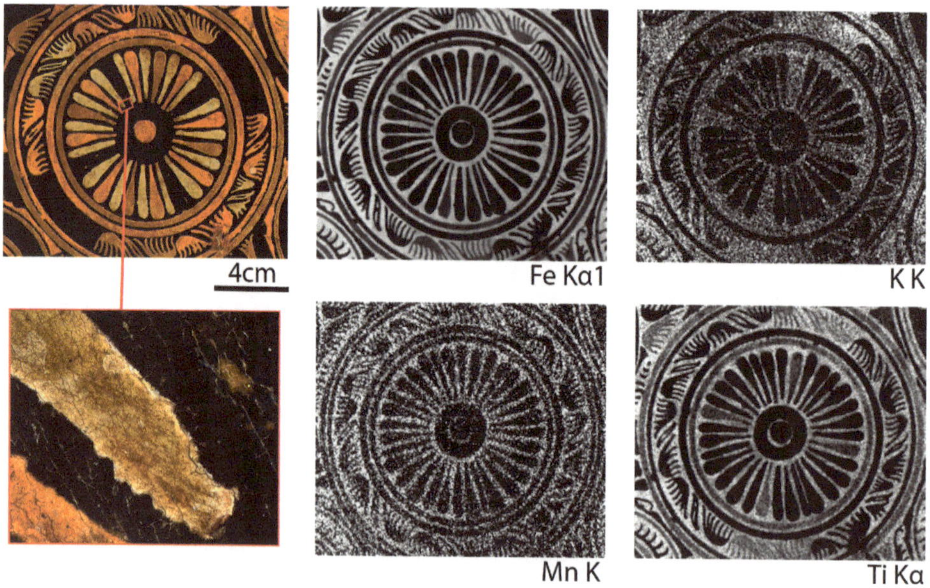

Figure 4. A detail of the central roundel of *batea* 156-1866. The elemental distribution maps show that the background primarily contains iron (Fe Kα1), potassium (K K), manganese (Mn K), and titanium (Ti Kα). A close-up within this area (see red square) shows the craquelure and the depth of the colour of the dark background against the orange, white, and blue areas.

Several samples were taken from black areas on the three *bateas* and were mounted as cross sections. The stratigraphy is consistent across the three objects, and is exemplified by sample 1 from 157-1866, shown in Figure 5. The layer structure is very simple and shows a reddish foundation layer (L1), a black layer (L2), and occasionally a varnish layer (L3). The combination of the SEM-EDX and Raman analyses shows that the foundation layer contains a reddish clay (anatase and hematite were identified by Raman), and the main component of the black layer is carbon black.

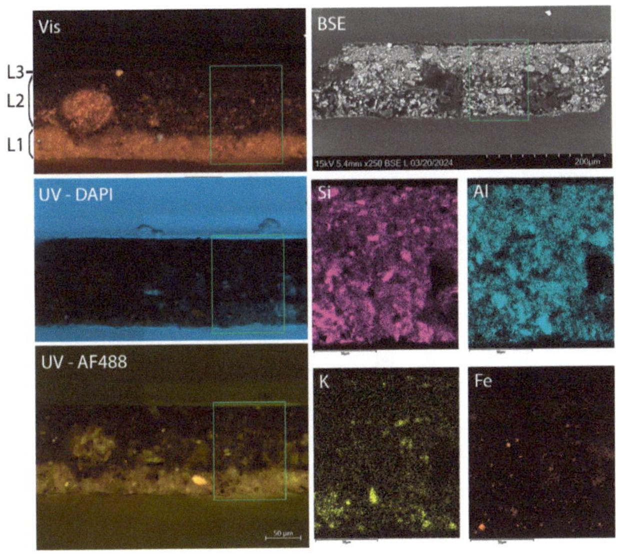

Figure 5. Representative stratigraphy of the dark background (sample 1, *batea* 157-1866). EDX analysis suggests that L1 (red foundation layer) and L2 (dark background colour) are mainly made of clay (Si Ka1, Al Ka1, K Ka1). Both layers show iron-containing red particles (Fe Ka1), and the darker colour of L2 is due to the presence of carbon black, as confirmed by Raman analysis. Note: The green square highlights the area analysed by EDX.

3.2. White

Scanning XRF analysis of the *bateas* showed that the white areas primarily contain lead and some calcium. Figure 6 shows a detail of the central roundel of *batea* 157-1866, where the white paint is made mostly of lead with some calcium, while the orange paint (discussed in Section 3.3) contains lead but not calcium. The close-up acquired with the digital microscope confirms that the lead-containing white details (blue arrow in Figure 6) are applied on an off-white foundation layer (green arrow in Figure 6).

It is important to underline that the distribution map of calcium can be misleading, as the signal of calcium emitted by the foundation layer can be unevenly shielded by heavier elements used in the decorative layer, depending on the colour and composition of the latter. However, where the lead-containing layer is missing due to loss or damage, the foundation layer is exposed, and the signal of calcium is more intense (see Figure 6, but also the following section further down).

All cross sections taken from white areas confirm that an off-white foundation layer is present, followed by a dense white layer and occasionally by a varnish layer. The Raman and SEM-EDX analyses confirmed that the foundation layer is made of dolomite ($CaMg(CO_3)_2$) and the dense white layer contains a mixture of clay and lead white (Figure 7).

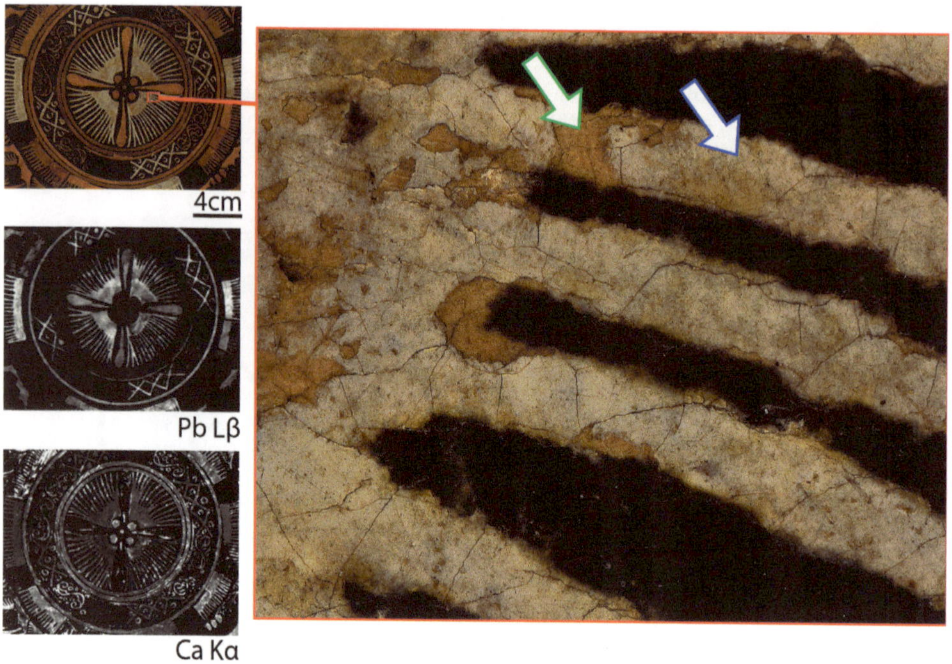

Figure 6. A detail of the central roundel of *batea* 157-1866, including lead and calcium distribution maps (Pb Lb and Ca Kα). The blue arrow marks the lead-containing white decorative layer which is applied on an off-white foundation layer (green arrow). Note how the signal of calcium from the foundation layer is more intense where the lead-containing layer is missing due to loss or damage.

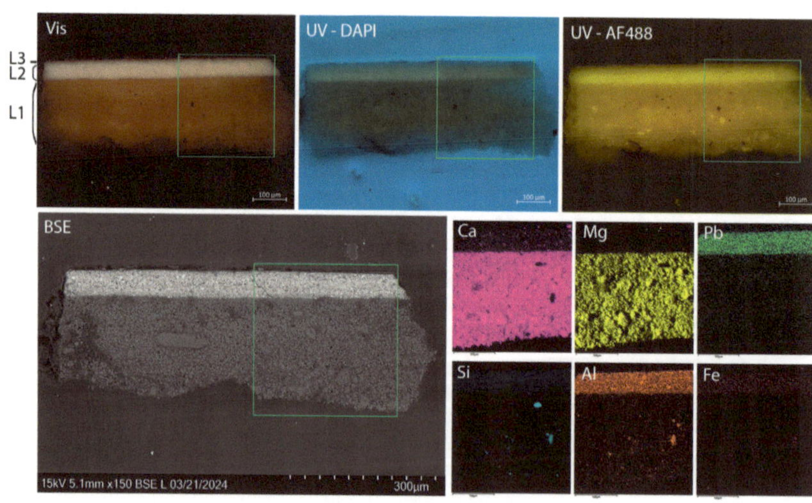

Figure 7. Sample 9, taken from 158-1866, is shown as a representative of the stratigraphy of the white decorative layer. Layer 1 is an off-white foundation layer (L1), layer 2 is the white surface colour (L2), and layer 3 is a thin, uneven layer of varnish/dirt (L3). EDX analysis suggests that L1 is mainly made of calcium (Ca Kα1) and magnesium (Mg Kα1-2) and a clay (Fe Kα1, Si Kα1 and Al Kα1 were detected too) and L2 is mainly made of lead (Pb Mα1) and a clay. Note: The green square marks the area analysed by EDX.

3.3. Orange

Orange is one of the dominant colours in the *bateas*. The scanning XRF analysis showed a strong signal for lead and the presence of calcium (Figure 8). The cross sections taken from these areas show a consistent stratigraphy across the three objects, exemplified by sample 2 from 156-1866, as shown in Figure 9: a white foundation layer is present (L1), followed by an orange layer (L2) and occasionally a varnish layer (L3). The Raman and SEM-EDX analyses confirmed that the foundation layer is made of dolomite, and the orange layer contains a mixture of clay, lead white, and red lead.

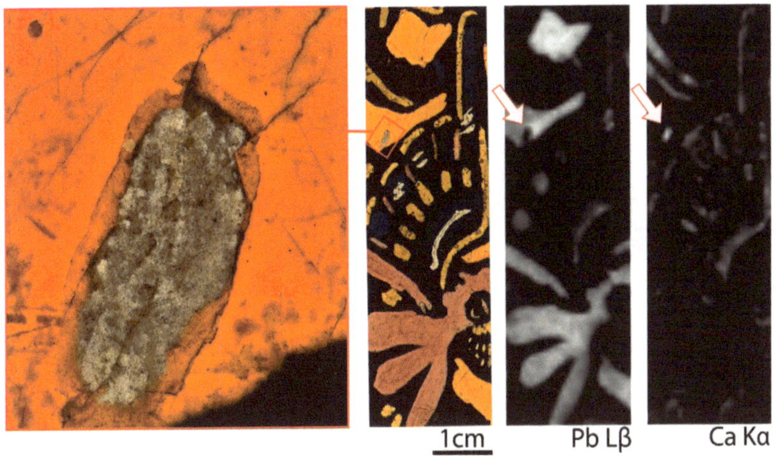

Figure 8. A detail of the orange decoration of *batea* 158-1866, including lead and calcium distribution maps (Pb Lb and Ca Kα1). The red arrows mark an area of loss in the orange layer, which reveals the Ca-containing ground. The same area is also shown close up in the red square.

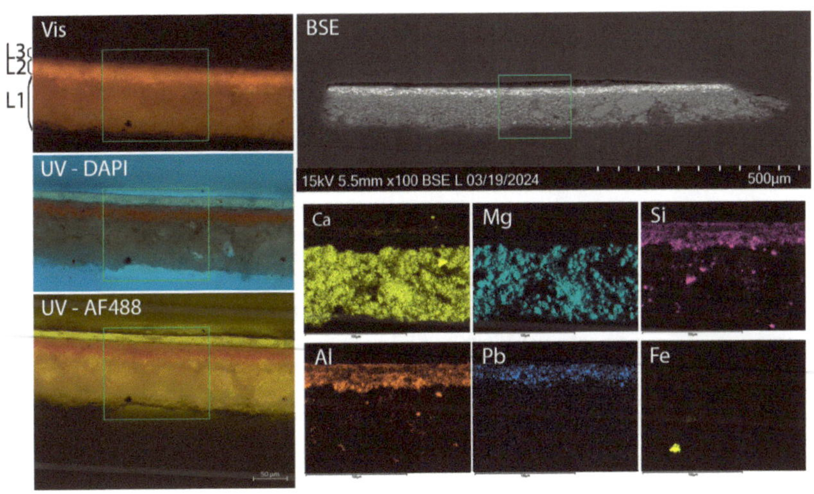

Figure 9. Representative stratigraphy of the orange decorative layer (sample 2, *batea* 156-1866): layer 1 is an off-white foundation layer (L1), layer 2 is the orange surface colour (L2), and layer 3 is a thick layer of varnish (L3). EDX analysis suggests that L1 is mainly made of calcium (Ca Kα1), magnesium (Mg Kα1-2), and some clay. Clay is the main component of L2 (Fe Kα1, Si Kα1, Al Kα1, and traces of Ti Kα1 were detected) together with lead (Pb K), which is responsible for the orange colour. Note: The green square marks the area analysed by EDX.

3.4. *Red and Maroon*

Red and/or maroon details are only present on two of the *bateas* (157-1866 and 158-1866, see close-ups in Figure 10). Scanning XRF experiments show that lead, calcium, and titanium are the main elements present, and close examination of the objects suggests that calcium is present in the foundation layer(s) (Figure 8).

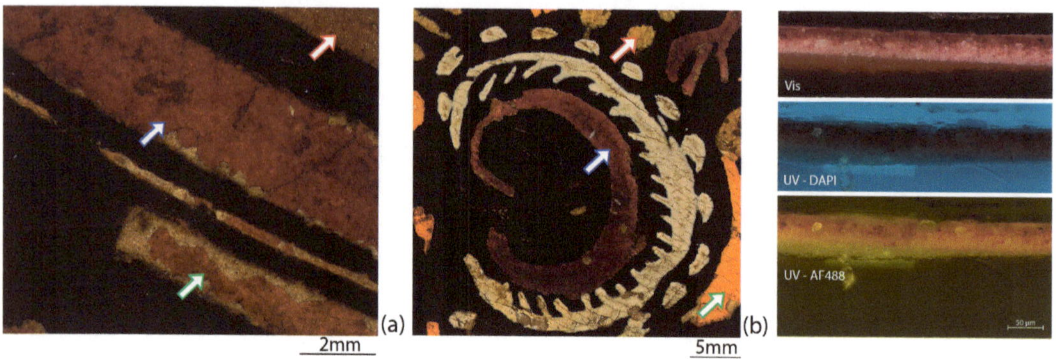

Figure 10. Details of *bateas* (**a**) 157-1866 and (**b**) 158-1866 showing the maroon-coloured decoration (blue arrows) versus the orange (green arrows) and yellow (red arrows) ones. The cross section of sample 6 from 158-1866 (shown on the right-hand side), viewed under visible and UV illumination, shows that a rich crimson material is responsible for the colour.

Figure 10 also shows the cross section of a sample taken from a maroon area (sample 6, 158-1866). The results from the optical microscopy, EDX analysis, and Raman spectroscopy support the hypotheses made after the XRF experiments: two main layers can be distinguished. The bottom one is the foundation layer made primarily of dolomite ($CaMg(CO_3)_2$). The maroon decorative layer is not homogeneous and contains silicon, aluminium, iron, and lead. A few inclusions were identified as anhydrite (calcium sulfate $CaSO_4$). Finely divided particles of lead white can be seen in higher concentration at the bottom and, very thinly, at the top of the decorative layer. The middle of the decorative layer shows a high amount of crimson particles, which are coloured with an unidentified red organic dye. The FTIR analysis of a loose fragment from this sample was inconclusive due to the overwhelming signal from the inorganic components.

3.5. *Yellow*

A dull, ochre-like yellow colour is present on all three *bateas* (red arrows, Figure 10), and as for the other coloured decoration, it is applied on an off-white layer of dolomite (see Figures 6, 8 and 10). The relevant scanning XRF and SEM-EDS maps show that arsenic and sulfur are the predominant elements, and orpiment was confirmed by Raman analysis. Silicon, aluminium, iron, potassium, and titanium can also be seen (see the XRF maps in Figure 4), suggesting the presence of yellow ochre.

Samples taken from yellow areas and mounted as cross sections reveal a simple stratigraphy with an off-white, dolomite foundation layer, a yellow decorative layer, and occasionally a surface varnish layer.

3.6. Blue and Green

The three *bateas* show different shades of blue and green, reflecting the composition of the blue decorative elements.

Batea 156-1866 shows dark-blue decorative areas (Figures 11a and 12a); 157-1866 shows green decorative elements (Figures 11b and 12b); and *batea* 158-1866 shows two different shades of blue on the front (Figures 11c and 12c,d) and green decorative elements on the back (Figures 11d and 12e). The mapping XRF experiments showed that arsenic is present in the green areas (Figure 11). The relevant samples mounted as cross sections showed a simple stratigraphy, with a foundation layer which is either white (dolomite) or reddish (a hematite-containing clay), and a blue or green layer where the blue material is always indigo, and the yellow material is always orpiment (both identified by Raman). In two of the samples (taken from 157-1866 and 158-1866) indigo and orpiment are mixed, while in a third the green colour is obtained by overlaying indigo over orpiment (Figure 12).

The bulking material in the blue or green pigments is always clay, and in some cases lead white and sulfates are also found (gypsum, $CaSO_4{\cdot}2H_2O$, and anhydrite, $CaSO_4$, were identified by Raman).

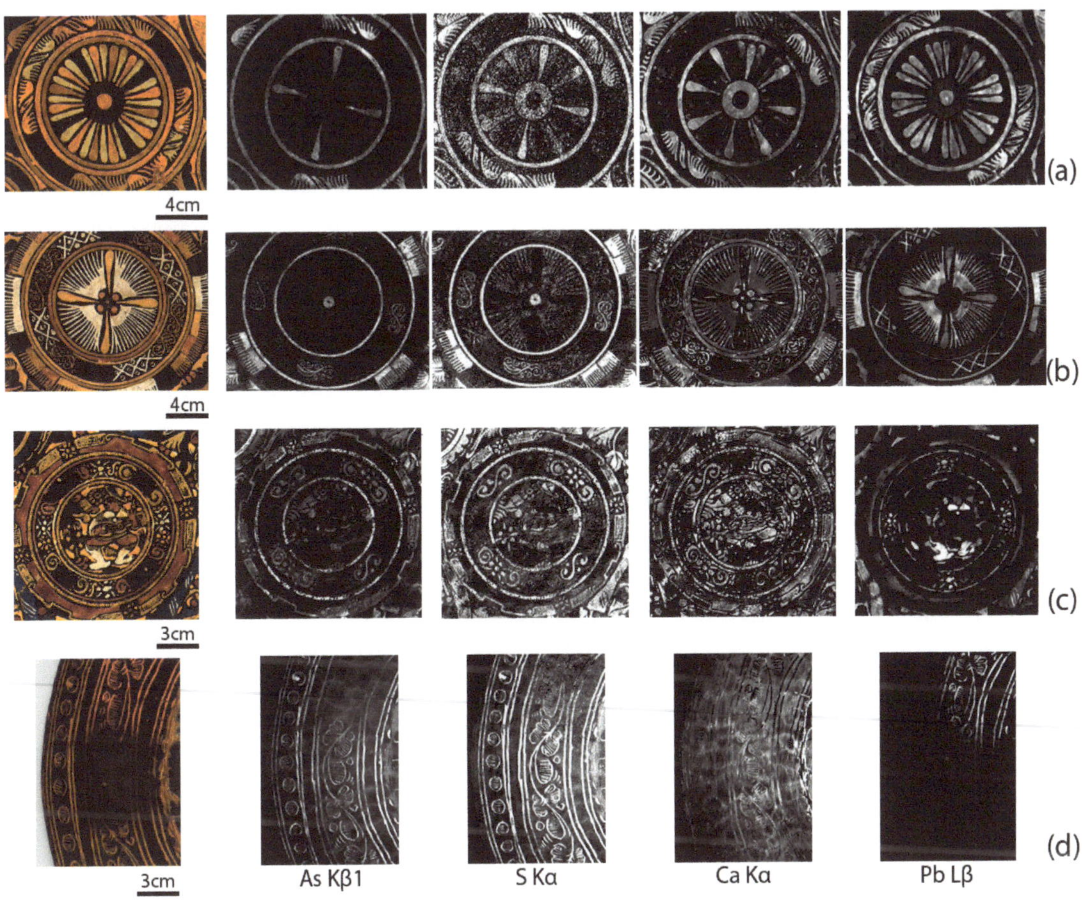

Figure 11. Elemental distribution maps of arsenic (As Kb1), sulfur (S Kα), calcium (Ca Kα), and lead (Pb Lb) for details of 156-1866 (**a**), 157-1866 (**b**), and 158-1866 front (**c**) and back (**d**), drawing attention to the composition of the green, blue, and dark-blue areas.

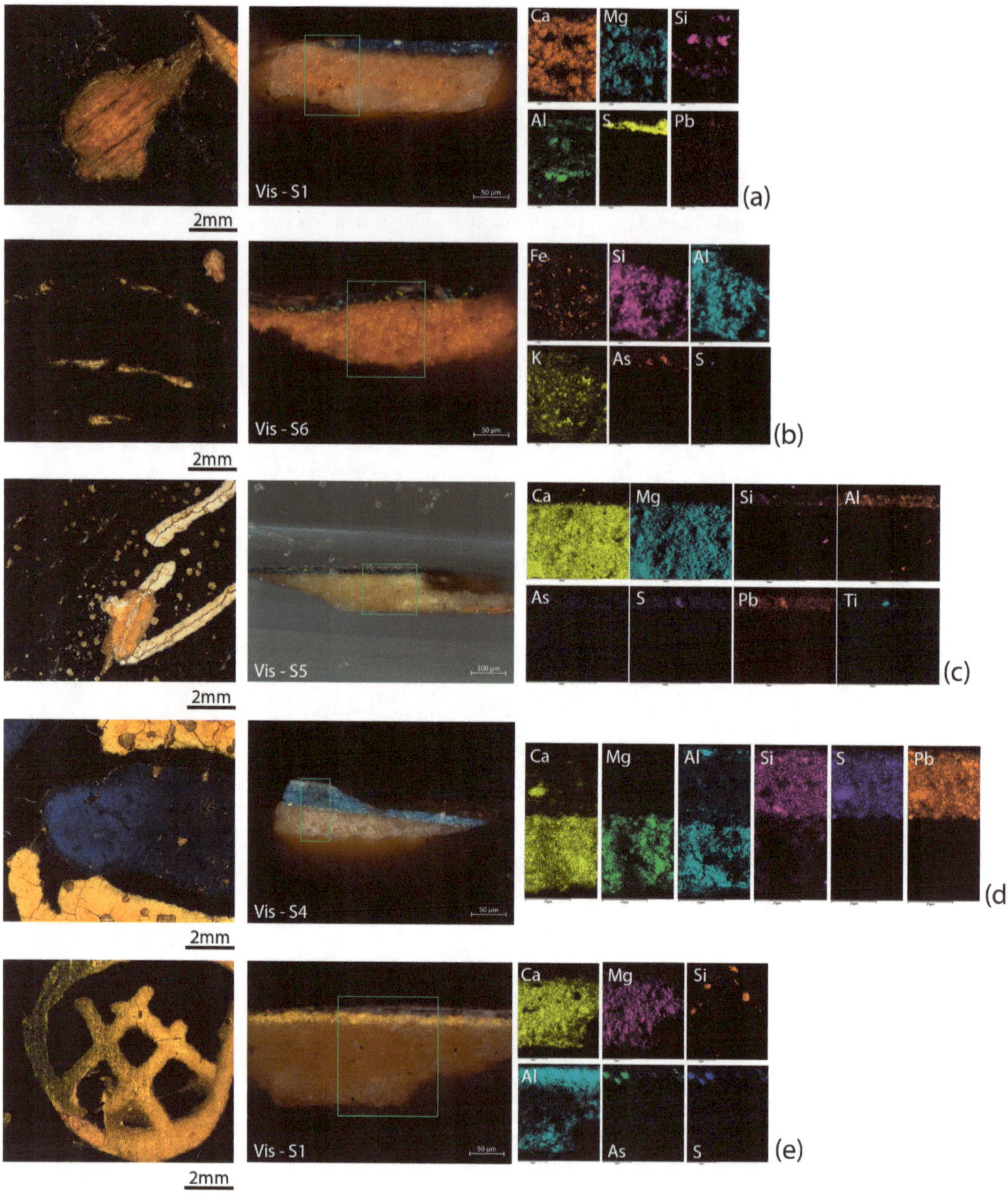

Figure 12. From left to right: detail of a representative portion of the blue/green surface with a relevant cross section under visible illumination and EDX maps of selected elements. 156-1866 (**a**), 157-1866 (**b**), and 158-1866 front (**c**,**d**) and back (**e**). Note: The green squares mark the area analysed by EDX. The following X-ray emission lines were selected: Al Kα1, As Kα1, Ca Kα1, K Kα1, Mg Kα1-2, Pb Mα1, S Kα1, Si Kα1, Ti Kα1.

4. Discussion

4.1. On the Materials and Manufacture of the V&A Bateas

The examination of the cross sections, coupled with the information derived from the visual examination of the objects and from the digital microphotographs, confirmed interesting aspects of the manufacturing technique of the *bateas*. FTIR analyses of three loose fragments of paint were conducted to obtain additional molecular information, especially for the organic materials present, but only overwhelming inorganic components could be detected (clays, carbonates and sulfates).

The results of the analyses reveal a relatively restricted palette found (with one exception) in all three *bateas*: carbon black, indigo, red lead, lead white, orpiment, and an unidentified red organic colourant. The last is found only on 157-1866 and 158-1866. Dolomite is found in the foundation layer under the coloured decorative scheme, while a red clay is the main component of the foundation for the black background areas. Other materials, such as white clay, ochres, and sulfates, are often found as extenders or bulking agents. In one case, fragments of diatomaceous earth were found in the reddish foundation layer of batea 157-1866 (see Figure A2). The pigments and dyes used conform to the range of materials available at the time in Mexico, and match what is recorded in the literature (see Section 1.3).

Figure 13 shows a schematic of the objects' stratigraphy: they appear to have been primed with a reddish foundation layer made of a red ochre or a deliberate mixture of a white clay and hematite, which was then covered with a uniform layer of carbon-based black lacquer (Figure 5). The latter was then incised according to the desired decorative plan, and the incisions were filled with an off-white layer of dolomite, devised to provide a reflective background for the coloured decoration to be applied on top of (Figure 7). This explains why all samples from the black areas display a reddish ground, while the coloured decoration is characterised by a dolomite foundation layer. In some of the samples, traces of the red ground can be seen under the off-white foundation layer (Figure 12c, sample 5). Figure 14 shows additional details where the red foundation layer is visible.

Occasionally, the dolomite foundation layer is partially contaminated by the reddish one, possibly due to excessive 'digging' during the incision phase (Figure 12a, sample 1).

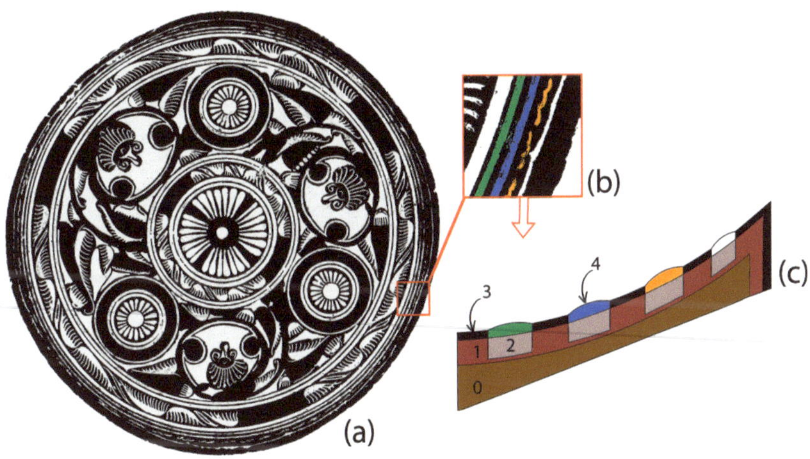

Figure 13. Schematic of the stratigraphy of *batea* 156-1866: (**a**) highlights the black background with the engraved decoration in white; (**b**) shows a detail of the decorated border including coloured decoration; (**c**) is a representative stratigraphy showing the wood substrate (0), the reddish preparation layer (1), the dolomite-filled engraving (2), the black background (3), and the coloured decoration (4).

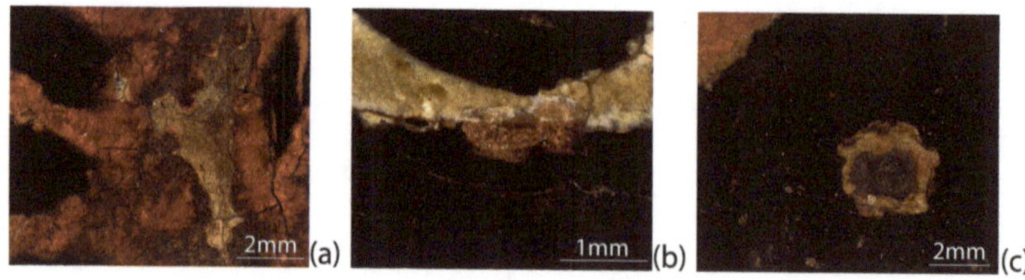

Figure 14. Details of areas of loss showing the off-white foundation (**a**) and the red foundation (**b**) on *batea* 156-1866, and both foundations on *batea* 157-1866 (**c**).

This stratigraphy is in agreement with the previously published literature, as discussed in Section 1.3.

Although the materials and techniques are similar, there is a clear difference in the appearance of the three *bateas*. *Bateas* 156-1688 and 157-1866 show a duller, more muted palette, while *batea* 158-1866 shows more vibrant, glossy colours. As the pigments and dyes identified on the three objects are the same, the difference in appearance is likely to be due to the amount of binding medium, as well as to the different state of conservation of the *bateas*. Extensive sampling to support additional organic analysis based on genomics investigation could not occur at this stage, but it is hoped that it will become possible in the future.

An additional difference is the use of colour gradients in 158-1866, which contrasts with the use of simple block colours in 156-1866 and 157-1866. The reverse of 158-1866 shows how blue and yellow paints partially overlap to create a colour gradient that goes from yellow to green to blue (Figure 15). This can be seen in the relevant cross section and XRF map (Figure 12e and Figure 11d, respectively).

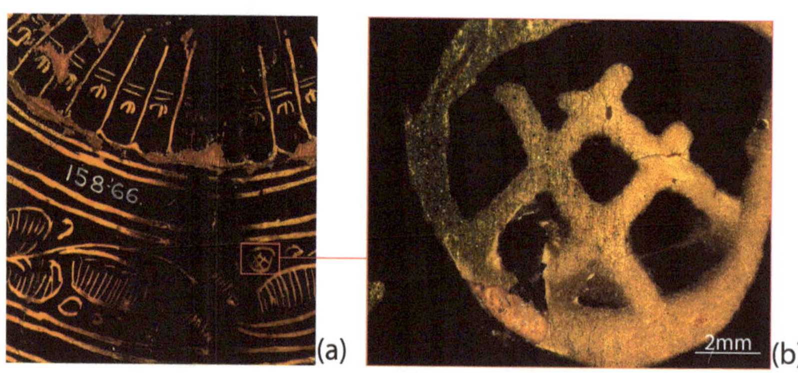

Figure 15. (**a**) Example of colour gradient seen on the reverse of *batea* 158-1866 with a red square marking (**b**) a close-up showing the transition from yellow to green.

4.2. Conservation Issues

The careful examination of the decorated surfaces using high-resolution digital microscopy also provides clues on the condition of the *bateas*:

- *Craquelure* can be seen on most surfaces (Figure 2);
- Chipped paint exposes the dolomite foundation layer in the painted areas, as well as the reddish foundation layer of the black background areas (Figure 14);
- Some of the areas of loss have been filled with colour to minimise the visual disruption to the damaged surface (Figure 16);
- UV light reveals areas where a non-original natural resin varnish is still present (Figure 2);

- Pitting can be seen in many of the coloured areas, especially the areas that have been decorated with a lead-containing pigment. Some of the pitted areas show that a dotted discolouration is present, but the pictorial layer is still adhered (Figure 17a); others show partial (Figure 17b) or full detachment (Figure 17c) where the coloured layer has been lost. The appearance of these areas suggests that metal soaps may have formed over time; these are known to have a disruptive effect on the appearance and integrity of certain types of pigmented layers [32–36].

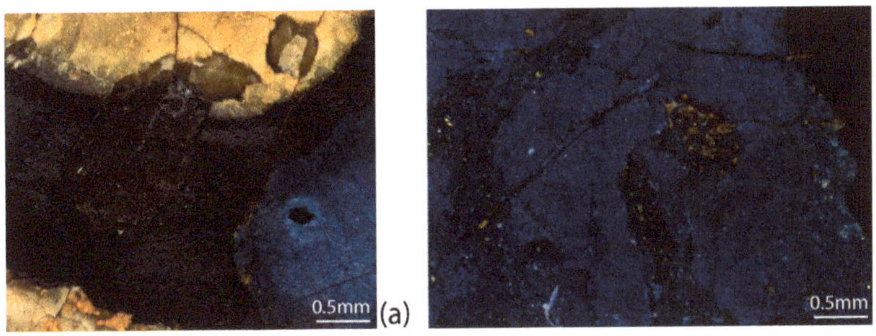

Figure 16. Details of areas where loss of the pictorial layer has been retouched with (**a**) black or (**b**) dark-blue paint to mask damage.

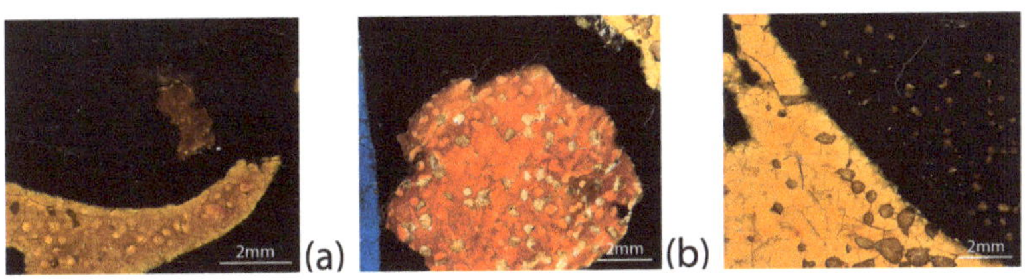

Figure 17. Degrees of pitting seen on the *bateas*: (**a**) a dotted discolouration can be seen in the yellow decoration of *batea* 156-1866, but the pictorial layer is still well adhered; (**b**) area showing both the dotted discolouration and the loss of paint in *batea* 158-1866; (**c**) full detachment of the pitting in *batea* 158-1866.

5. Conclusions

This work collates the analysis results of three Mexican *bateas* from the V&A collection. Bearing in mind that the materiality of Mexican lacquer remains under-investigated and a larger number of objects should be studied in order to collate a statistically significant corpus of results, the materials and techniques characterised in this study are in agreement with the literature in the public domain.

Traditional materials were identified, including indigo, carbon black, red lead, lead white, orpiment, dolomite, gypsum, clay, and various ochres. The composition of the binders and the identity of a red organic dye could not be identified, but it is hoped that a more extensive sampling campaign in the future will provide conclusive results on this matter.

The stratigraphy is relatively simple and includes a reddish foundation layer applied to the substrate, which is then covered with a black layer. Incisions are created where the decoration is to be applied, and then are filled with an off-white layer of dolomite, and finally with the coloured decoration.

The presence of fragments of diatomaceous earth within the orange foundation layer of one of the bateas is intriguing and raises the question of whether the presence of this material is an exception, or if this is a relatively common component that until now had simply not been recognised in samples from other objects.

Supplementary Materials: The following supporting information can be downloaded at: https://www.mdpi.com/article/10.3390/heritage7090219/s1, Supplementary Material S1: Spanish translation of this paper.

Author Contributions: Conceptualization, L.G., L.B., D.M., N.H. and V.R.; methodology, L.B. and V.R.; formal analysis, L.G., L.B. and V.R.; investigation, L.G., L.B., D.M., V.R., N.H. and D.M.; data curation, L.G., L.B. and V.R.; writing—original draft preparation, L.G., L.B., D.M., V.R. and N.H.; writing—review and editing, L.G., L.B., D.M., V.R. and N.H. All authors have read and agreed to the published version of the manuscript.

Funding: This research received no external funding.

Data Availability Statement: The original contributions presented in the study are included in the article/Supplementary Material. Original data are available on request, where sufficiently justified.

Acknowledgments: Our thanks go to Maria Goretti Mieites Alonso for translating this article into Spanish; to Emilien Leonhardt, Hirox Europe, for his advice during the use of new features of the Hirox T-stand; we are also grateful to the UKRI Arts and Humanities Research Council (reference AH/V012134/1) for funding the refurbishment of the V&A science laboratory, including the purchase of the scientific equipment used in this study.

Conflicts of Interest: The authors declare no conflicts of interest.

Appendix A

Representative Raman spectra of the main pigments and dyes identified in this study are shown in Figure A1.

Figure A2 shows a selection of SEM images of cross section 5 from *batea* 157-1866 where fragments of what appears to be diatomaceous earth can be seen. To the authors' knowledge, the presence of diatomaceous earth has not been reported before in Mexican lacquer objects. It is unclear if this occurrence is deliberate or accidental, and we are drawing attention to it to document the finding for future reference.

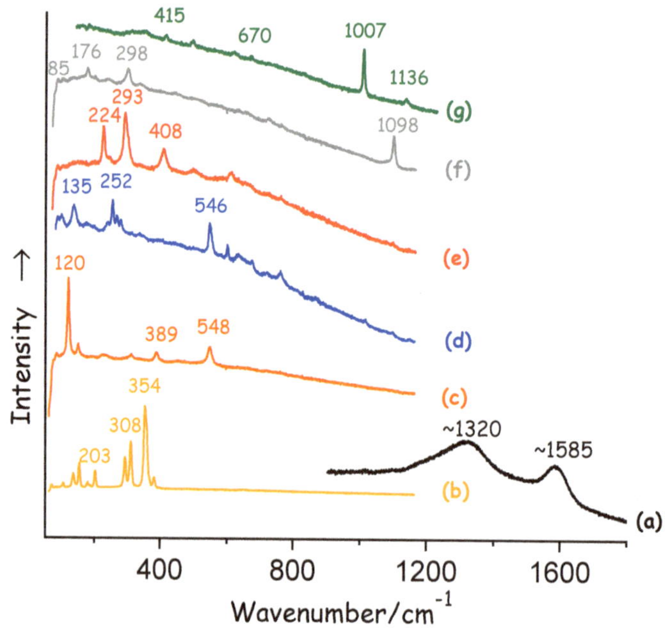

Figure A1. Representative Raman spectra of the most common pigments and dyes identified on the three *bateas*: (a) carbon black; (b) orpiment; (c) red lead; (d) indigo; (e) hematite; (f) dolomite; (g) gypsum.

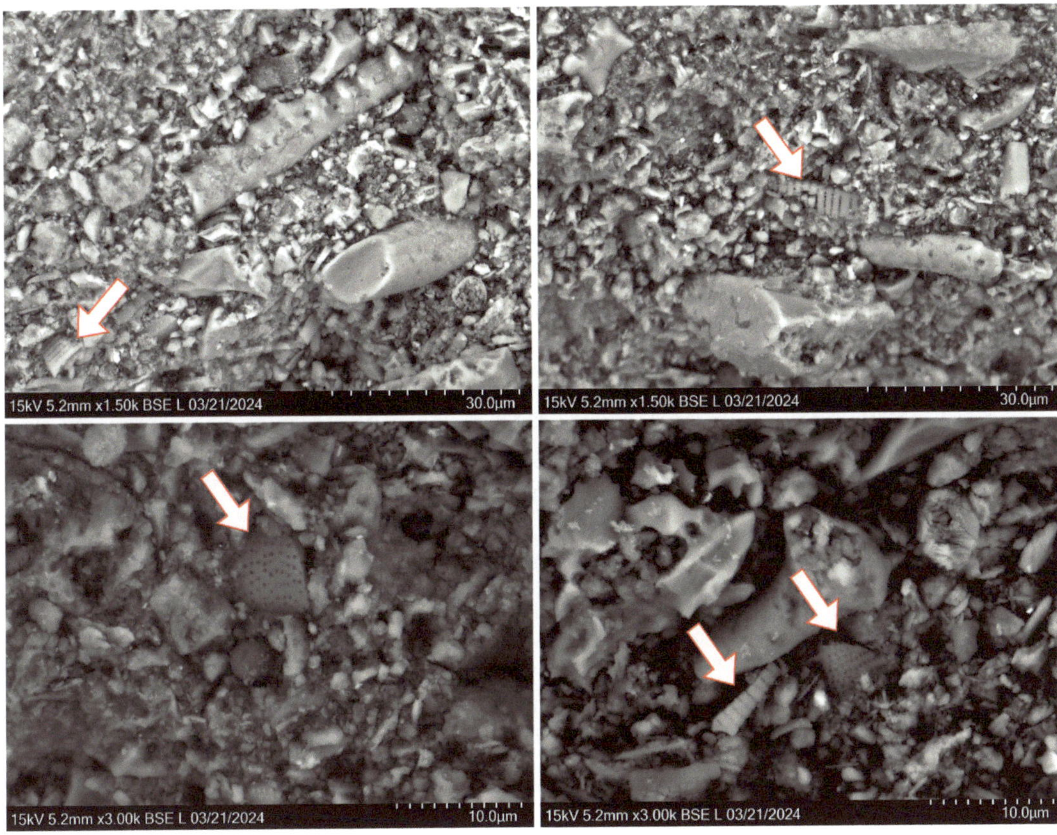

Figure A2. SEM images of the reddish foundation layer of sample 5 from *batea* 157-1866, showing fragments resembling diatomaceous earth.

Notes

1 Details about the three *bateas* can be found online on the following web pages (accessed on 23 June 2024):
- 156-1866: https://collections.vam.ac.uk/item/O368760/platter
- 157-1866: https://collections.vam.ac.uk/item/O368759/platter
- 158-1866: https://collections.vam.ac.uk/item/O368758/platter

2 V&A Museum Registered file MA/1/R741/1 (Reg. Pa. 37495/1871).

3 A Furniture Collection findings list records that 158-1866 was displayed in gallery 74 in January 1964.

4 Exhibition label from Spain and the Hispanic World—Treasures from the Hispanic Society Museum & Library, at the Royal Academy of Arts, London 21 January–10 April 2023.

References

1. Humphrey, N. Fortuitous and fragmentary: Collecting spanish furniture, woodwork and leather at the Victoria and Albert Museum, 1850–1950. In *Collecting Spain: Coleccionismo de artes decorativas españolas en Gran Bretaña y España = Colecting Spanish Decorative Arts in Britain and Spain*; Polifemo: Madrid, Spain, 2022.
2. Salvador, M.V. La deuda del South Kensington Museum con Juan Facundo Riaño. In *Collecting Spain: Coleccionismo de artes decorativas españolas en Gran Bretaña y España = Colecting Spanish Decorative Arts in Britain and Spain*; Polifemo: Madrid, Spain, 2022.
3. Robinson, J.C. *Catalogue of the Special Loan Exhibition of Spanish and Portuguese Ornamental Art: South Kensington Museum*; Chapman & Hall: London, UK, 1881.
4. Burgio, L.; Humphrey, N.; Melchar, D.; Melita, L.N.; Risdonne, V. *Mopa Mopa* and *Barniz de Pasto* at the Victoria and Albert Museum: Recent Developments. *Heritage* **2024**, *7*, 4592–4616. [CrossRef]

5. Lustrous Surfaces. Available online: https://www.vam.ac.uk/exhibitions/lustrous-surfaces (accessed on 20 June 2024).
6. Carrillo, S.P. *La Laca Mexicana: Desarrollo de un oficio artesanal en el Virreinato de la Nueva España durante el siglo XVIII*; Ministerio de Cultura, Dirección General de Cooperación Cultural: Madrid, Spain, 1990.
7. Lechuga, R.; Medina, I.; Carrilo, S.P.; Tembleque, C.R.; Wallace, M.T.; Marentes, C.B. *Lacas Mexicanas—Colección Uso y Estilo*, 2nd ed.; Museo Franz Meyer and Artes de Mexico: Mexico City, Mexico, 2003.
8. Codding, M. The Lacquer Art of Latin America. In *Made in the Americas. The New World Discovers Asia*; Carr, D., Bailey, G.A., Eds.; Museum of Fine Arts: Boston, MA, USA, 2015; pp. 74–89.
9. Kasl, R. Witnessing Ingenuity: Lacquerware from Michoacán for the Vicereine of New Spain. *Metrop. Mus. J.* **2022**, *57*, 40–55. [CrossRef]
10. Von Humboldt, A. *Sobre el barniz de Pasto. In Alexander von Humboldt en Colombia: Extractos de sus Diarios Preparados y Presentados por la Academia Colombiana de Ciencias Exactas, Físicas y Naturales y la Academia de Ciencias de la República Democrática Alemana*; Publicismo y Ediciones: Bogotá, Colombia, 1982; pp. 188–189.
11. García-Bucio, M.A.; Casanova-González, E.; Mitrani, A.; Ruvalcaba-Sil, J.L.; Maynez-Rojas, M.A.; Rangel-Chávez, I. Non-destructive and non-invasive methodology for the in situ identification of Mexican yellow lake pigments. *Microchem. J.* **2022**, *183*, 107948. [CrossRef]
12. Ocaña-Ruiz, S.I. Lacquer and Imitation Lacquer Folding Screens in New Spain. *Heritage* **2023**, *6*, 4282–4299. [CrossRef]
13. Kawamura, Y.; García Barrios, A. Influence of Japanese Namban Lacquer in New Spain, Focusing on Enconchado Furniture. *Heritage* **2024**, *7*, 1472–1495. [CrossRef]
14. Romero, R.; Illán, A.; Bondía, C. Three Studies of Luxury Mexican Lacquer Objects from the 16th to the 19th Centuries, Analysis of Materials and Pictorial Techniques. *Heritage* **2023**, *6*, 3590–3605. [CrossRef]
15. Dismukes, A.H.; Lazarte, J.L.; Centeno, S.A. New material connections in a mother-of-pearl Enconchado from the Viceroyalty of New Spain. *Herit. Sci.* **2024**, *12*, 83. [CrossRef]
16. Ocaña Ruiz, S.I. The Impact of European Lacquer on Eighteenth-Century Colonial Mexico. *Stud. Conserv.* **2019**, *64* (Suppl. 1), S53–S61. [CrossRef]
17. Codding, M. Methods for Dating the First Spanish American Lacquerwares: Seventeenth-Century *Barniz de Pasto* and Peribán Lacquer. *Heritage* **2024**, *7*, 4323–4353. [CrossRef]
18. de Meave, J.A. Memoria sobre la pintura del pueblo de Olinalán, de la jurisdicción de Tlapan. In *Gacetas de Literatura de México por D. José Antonio Alzate Ramírez*; HardPress Publishing: Madrid, Spain, 1831.
19. Iturbide, T.C. Maque (Laquer). *Artes México* **1972**, *153*, 92–101.
20. Acosta Ruiz, M.A. *El Maque de Michoacán: Su Historia y Producción en la Actualidad*; Universidad Michoacana de San Nicolás de Hidalgo: Morelia, Mexico, 2013.
21. Jenkins, K.D. Lacquer. In *Handbook of Middle American Indians, Volume 6: Social Anthropology*; University of Texas Press: Austin, TX, USA, 1967; pp. 125–137.
22. Haude, M.E. Identification of colorants on maps from the early colonial period of New Spain (Mexico). *J. Am. Inst. Conserv.* **1998**, *37*, 240–270. [CrossRef]
23. Miliani, C.; Domenici, D.; Clementi, C.; Presciutti, F.; Rosi, F.; Buti, D.; Romani, A.; Laurencich Minelli, L.; Sgamellotti, A. Colouring materials of pre-Columbian codices: Non-invasive in situ spectroscopic analysis of the Codex Cospi. *J. Archaeol. Sci.* **2012**, *39*, 672–679. [CrossRef]
24. Noeller, R.; Danielewski, A.; Giel, R.; Overgaauwb, E.; Hahn, O. Material analysis of Aztec codices in Berlin: Assignment of small fragments compiled as cutouts on one plate in Humboldt's "Atlas pittoresque du voyage". *STAR Sci. Technol. Archaeol. Res.* **2019**, *5*, 113–126. [CrossRef]
25. Zetina, S.; Ruvalcaba, J.L.; Lopez Cáceres, M.; Falcón, T.; Hernández, E.; González, C.; Arroyo, E. Non destructive in situ study of Mexican codices: Methodology and first results of materials analysis for the Colombino and Azoyu codices. In Proceedings of the 37th International Symposium on Archaeometry, Siena, Italy, 13–16 May 2008.
26. Ruvalcaba Sil, J.L.; Ramírez Miranda, D.; Aguilar Melo, V.; Picazo, F. SANDRA: A portable XRF system for the study of Mexican cultural heritage. *X-Ray Spectrom.* **2010**, *39*, 338–345. [CrossRef]
27. García-Bucio, M.A.; Casanova-González, E.; Ruvalcaba-Sil, J.L.; Arroyo-Lemus, E.; Mitrani-Viggiano, A. Spectroscopic characterization of sixteenth century panel painting references using Raman, surface-enhanced Raman spectroscopy and helium-Raman system for "in situ" analysis of Ibero-American Colonial paintings. *Philos. Trans. Math. Phys. Eng. Sci.* **2016**, *374*, 20160051. [CrossRef] [PubMed]
28. Cuadriello, J. *Ojos, Alas y Patas de Mosca: Visualidad Tecnología y Materialidad de El Martirio de san Ponciano, de Baltasar de Echave Orio*; Universidad Nacional Autónoma de México, Instituto de Investigaciones Estéticas: Mexico City, Mexico, 2018.
29. Cabello, M.M.Z. *La Paleta del Pintor Novohispano*; Universidad Nacional Autónoma De México: Mexico City, Mexico, 2013.
30. Casanova-González, E.; Maynez-Rojas, M.A.; Mitrani, A.; Rangel-Chávez, I.; García-Bucio, M.A.; Ruvalcaba-Sil, J.L.; Muñoz-Alcócer, K. An imaging and spectroscopic methodology for in situ analysis of ceiling and wall decorations in Colonial missions in Northern Mexico from XVII to XVIII centuries. *Herit. Sci.* **2020**, *8*, 91. [CrossRef]
31. *BS EN 16085:2012*; Conservation of Cultural property. Methodology for Sampling from Materials of Cultural Property. General Rules. BSI: London, UK, 2012.

32. Keune, K.; Boon, J.J. Analytical imaging studies of cross-sections of paintings affected by lead soap aggregate formation. *Stud. Conserv.* **2007**, *52*, 161–176. [CrossRef]
33. Lead Soaps. Available online: https://www.metmuseum.org/about-the-met/conservation-and-scientific-research/projects/lead-soaps (accessed on 16 April 2024).
34. Casadio, F.; Keune, K.; Noble, P.; Van Loon, A.; Hendriks, E.; Centeno, S.A.; Osmond, G. *Metal Soaps in Art*; Springer: Cham, Switzerland, 2019.
35. Centeno, S.A.; Mahon, D. The chemistry of aging in oil paintings: Metal soaps and visual changes. *Metrop. Mus. Art Bull.* **2009**, *67*, 12–19.
36. Higgitt, C.; Spring, M.; Saunders, D. Pigment-medium interactions in oil paint films containing red lead or lead-tin yellow. *Natl. Gallery Tech. Bull.* **2003**, *24*, 75–95.

heritage

Artículo

Laca Mexicana en el Victoria and Albert Museum: Análisis de Tres *Bateas*

Valentina Risdonne [1,*], Ludovico Geminiani [1,2], Nick Humphrey [1] and Dana Melchar [1] y Lucia Burgio [1]

[1] Victoria and Albert Museum, Cromwell Road, South Kensington, London SW7 2RL, UK; lgeminiani@uninsubria.it (L.G.); nickhu@vam.ac.uk (N.H.); dana.melchar@rijksmuseum.nl (D.M.); l.burgio@vam.ac.uk (L.B.)
[2] Department of Science and High Technology, Università degli Studi dell'Insubria, Via Valleggio 11, 22100 Como, Italy
* Correspondence: v.risdonne@vam.ac.uk
† Current address: Rijksmuseum, Museumstraat 1, 1071 XX Amsterdam, The Netherlands.

Resumen: Este estudio investiga los materiales y técnicas utilizados en tres bandejas *bateas* mexicanas de la colección del Victoria and Albert Museum. Nuestro enfoque analítico incluyó el uso de técnicas no invasivas, como la reflectografía infrarroja, la fluorescencia de rayos X de barrido y la microscopía digital, que sirvieron de base para un muestreo limitado pero selectivo. Se identificaron pigmentos tradicionales como el índigo, el negro de humo, el rojo de plomo, el blanco de plomo y el oropimente, y también se hallaron materiales como dolomita, yeso, ocres y arcilla. También se investigó la estratigrafía de los objetos. También se evaluó el estado de conservación de los objetos, y los resultados se utilizarán para fundamentar futuras decisiones de conservación. Los hallazgos se suman a los conocimientos publicados sobre los materiales y técnicas de los objetos mexicanos coloniales tempranos y pueden ser de utilidad en futuras investigaciones, facilitando intercambios y colaboraciones centradas en este tipo de objetos, poco frecuentes en las colecciones del Reino Unido.

Palabras clave: Laca indígena americana; laca mexicana; *batea*; aceite de chía; *aje*; análisis científico

Citation: Risdonne, V.; Geminiani, L.; Humphrey, N.; Melchar, D.; Burgio, L. Laca Mexicana en el Victoria and Albert Museum: Análisis de Tres *Bateas*. *Heritage* **2024**, 7. https://doi.org/10.3390/heritage7090219

Academic Editor: Silvano Mignardi

Received: 18 July 2024
Revised: 16 August 2024
Accepted: 22 August 2024
Published: 28 August 2024

1. Introducción

1.1. *Las bateas del V&A*

La colección de muebles y objetos de madera mexicanos anteriores al siglo XX que conserva el Victoria and Albert Museum (V&A) es pequeña, pero no insignificante en el contexto del Reino Unido, donde los muebles latinoamericanos suelen ser escasos. En un estudio reciente, se identificaron nueve piezas junto con un número similar de objetos de cuero que también parecen ser mexicanos, aunque una investigación específica proporcionaría sin duda una imagen más precisa. [1].

De estas nueve piezas, las primeras que adquirió el Museo de South Kensington (como se llamó el V&A hasta 1899) fueron tres grandes bandejas de madera o *bateas* con una colorida decoración en la superficie (V&A: 156-1866, 157-1866, 158-1866, ver Figura 1) que constituyen el objeto de la investigación que aquí se presenta (Figura 1).[1]

Figura 1. Las tres *bateas de* la colección V&A. **(a)** 156-1866, altura: 5,5cm, diámetro varía: 43,0 - 43,7cm; **(b)** 157-1866, altura: 5,4cm, diámetro varía: 45,5 - 45,7cm; **(c)** 158-1866, altura: 5,0cm, diámetro varía: 42,5 - 43,0 cm.

Fueron adquiridos juntos del marchante leonés Villa Amil por 10 chelines, 10 chelines y 1 libra respectivamente, y son de dimensiones, coloración y estado similares. El informe de la compra, número 14793 y fechado el 22 de mayo de 1866, fue redactado por J.G. Robinson (1824-1913), primer conservador del museo y enérgico viajero por España, de quien cabe suponer que seleccionó él mismo las piezas. El informe describía cada una de ellas como "bandeja circular o cuenco de madera poco profundo, pintado o lacado... obra española del siglo XVII", sin dar más detalles, una brevedad que no era inusual en la documentación de los museos de la época. No se ha podido probar si Villa Amil sabía que las fuentes eran latinoamericanas, pero se las ofreció a Robinson como españolas para que resultaran más atractivas a los posibles compradores, pero sólo seis años más tarde, la atribución de Robinson fue corregida por Juan Facundo Riaño (1829-1901), reconocida autoridad en artes decorativas españolas y, desde 1870, árbitro profesional del museo. [2]. Su informe de enero de 1872 sobre los objetos del museo adquiridos como españoles "que el señor Riaño declara que no lo son" incluye las tres bandejas, describiéndolas como "mexicanas o peruanas".[2] La atribución oficial del museo sigue siendo prudente: "Español. (¿Mexicano?) Siglo 17th ". - cuando las piezas se publicaron por primera vez poco después en el primer catálogo completo, *Ancient and Modern Furniture & Woodwork in the South Kensington Museum, described with an introduction by de John Hungerford Pollen* (Londres, 1874). Posteriormente, las tres piezas se incluyeron en la destacada Exposición Especial de Préstamo de Arte Ornamental Español y Portugués en el Museo de South Kensington en 1881. [3] (p.124).

Aunque al menos una de las bandejas se expuso durante la década de 1960[3] aparentemente han pasado una existencia discreta en el museo hasta que el interés por la laca latinoamericana se reavivó con la adquisición en 2015 del *barniz de Pasto* descrito en otra parte de este volumen [4]. Con base en la generosa asesoría del Dr. Gustavo Curiel (Universidad Nacional Autónoma de México, UNAM), y del Dr. Mitchell Codding y Mónica Katz (Hispanic Museum and Library, Nueva York), las *bateas* - fotografiadas por primera vez- fueron publicadas en línea, y atribuidas como producidas en Peribán (Michoacán), c.1650-1700. Durante un periodo de diez meses en 2017-2018 una de las bandejas, V&A 158-1866, se expuso en la Galería del Mueble de la Dra. Susan Weber como parte de un recorrido de pequeñas muestras dedicadas a las múltiples artes de la laca titulado "Superficies lustrosas", llamando la atención sobre la calidad y belleza de este trabajo, comparativamente poco conocido en el Reino Unido [5]. En el momento de escribir estas líneas, parecen ser las únicas piezas de laca mexicana anteriores a 1900 en una colección de un museo del Reino Unido que se han publicado en línea, pero seguramente deben existir otras.

1.2. La tradición mexicana de la laca

En otros lugares se han publicado diversos relatos sobre las tradiciones de la laca en México [6-9]. En resumen, se puede observar que los trabajos de laca que datan de hace más de dos milenios fueron producidos en varios lugares incluyendo Mexicas, Purépechas y Mayas en Chiapas, Coahuila, Yucatán, Morelos y Puebla. Se fabricaban grandes cantidades de calabazas lacadas y "platos" hechos con la cáscara partida de un fruto para uso doméstico, y se utilizaban como pago de impuestos. Con la llegada de los españoles a Nueva España y la introducción de herramientas de hierro para trabajar la madera, las técnicas de lacado se adaptaron para servir al mercado español, con centros de producción en Peribán, Uruapan y Pátzcuaro (en el actual estado de Michoacán) y Olinalá (en el estado de Guerrero). Las técnicas y estilos locales parecen haber sido desarrollados y aplicados a una amplia gama de artefactos que eran tanto objetos decorativos como utilitarios, tales como cajas (incluyendo aquellas para materiales de escritura), cofres, cuencos de calabaza (*tecomates*), tazas (*jícaras*) y grandes platos de madera (*bateas*). *Las bateas* eran el producto lacado más extendido del periodo colonial, y los ejemplares más grandes alcanzaban los 125 cm de diámetro. Los productos de *Peribán* eran "apreciados por su colorida decoración y su soporte exótico, y adquirieron tal fama que cualquier cuenco grande lacado se denominaba *peribana* hasta el siglo XIX".[4] Entre los motivos típicos que cubren las superficies interiores -en última instancia, derivados de grabados europeos- se encuentran las tiras manieristas y un llamativo surtido de figuras y criaturas disfrazadas. A partir del siglo XVII, los términos utilizados para describir la laca incluían *pinturas* y *barnices*. A medida que la influencia de los productos japoneses de laca *urushi* se acentúa en el siglo XVIII, se registran con más frecuencia otros términos, como *laca* y *maque* (del japonés *maki-e*).

1.3. Materiales y técnicas de la laca mexicana

La materialidad de la mayor parte de la laca indígena de América sigue estando poco investigada. Muchos estudios de caracterización se han centrado en los *qeros*, vasos ceremoniales andinos de la época precolombina, y en *el barniz de Pasto*, una técnica decorativa indígena centrada ahora principalmente en la ciudad de Pasto, Colombia [10]. Muy pocos estudios se han centrado en la laca mexicana [11-15].

Mientras que la técnica del *barniz de Pasto* se basa en la llamada resina *mopa mopa* como componente principal de la decoración, y aglutinante de *facto* de cualquier pigmento y tinte; los aglutinantes típicos de la laca mexicana son el aceite de chía (*Salvia hispanica*) o de semilla de *chicalote* (*Argemone munita)* y una sustancia grasa obtenida del insecto *aje* (*coccus axin*). Éstos se combinaban con pigmentos, tintes y agentes de carga, y se aplicaban a diversos tipos de objetos.

Los hallazgos arqueológicos y los relatos históricos muestran que los primeros objetos eran tan coloridos y decorados como las *bateas* posteriores [8, 16, 17]. Uno de los registros históricos más antiguos de estas técnicas fue elaborado por José Antonio de Alzate y Ramírez en 1831 que se refiere a Joaquin Alexo de Meave [18]. Estudios más recientes sobre las técnicas mexicanas de laca [8, 19-21] sugieren que los diferentes tipos de laca mexicana pueden identificarse a partir de detalles de manufactura que eran típicos de centros de producción individuales. Los objetos se decoraban utilizando diferentes tipos de técnicas de incrustación, como la *embutida* o la *encrostada; la recortada* o la *rayada;* y, por último, *la aplicada*, en la que la decoración pintada a pincel se aplicaba a la superficie acabada de la laca, utilizando pigmentos o polvos metálicos mezclados con aceite de semillas. [8, 19, 21].

En cuanto a los pigmentos y tintes utilizados en los territorios mexicanos, existen registros históricos y estudios científicos para otro tipo de objetos, como manuscritos y murales. Según Haude [22]dos fuentes del siglo XVI son particularmente valiosas para estudiar los colorantes mexicanos. La fuente principal es el *Códice Florentino*, también conocido como *La Historia General de las Cosas de Nueva España*, compilado por Fray

Bernardino de Sahagún en Tlatelolco, México, entre 1575 y 1580. Fuentes importantes de información sobre los colorantes aztecas son el *Manuscrito Badianus*, también conocido como *Libellus de Medicinalibus Indorum Herbis* y el *Códice Barberini*, creado por dos escribas aztecas en 1552 en el Colegio de Santa Cruz en Tlatelolco, México. [22]. Diversas campañas analíticas han identificado algunos de los materiales de los códices y mapas del siglo XVI [22], aztecas [23, 24] y códices coloniales tempranos [25, 26]. Se han realizado algunos análisis científicos de diferentes tipos de objetos que datan del México colonial temprano. García-Bucio [27] ha compilado una lista de los principales pigmentos utilizados en pinturas de caballete de ese periodo, basándose en sus espectros Raman. Muchos de estos pigmentos también se encontraron en un estudio de una pintura de 1605 de la Ciudad de México [28]. La tesis de Cabello [29] traza la evolución del uso de algunos pigmentos desde el siglo XVI hasta el XVIII, mientras que Casanova-González [30] estudia la variabilidad de los pigmentos utilizados en las pinturas murales. Estas fuentes nos permiten evaluar cómo cambió la disponibilidad de materiales pictóricos durante el periodo colonial temprano de México. Es de esperar que los materiales tradicionalmente utilizados por los aztecas desaparecieran gradualmente, siendo sustituidos por materiales españoles importados [25, 26].

1.4. Objetivos de la investigación

Este trabajo se centra en el análisis de las tres *bateas* del V&A con el fin de contribuir al conocimiento publicado sobre los materiales y técnicas que se encuentran en este tipo de objetos y facilitar las comparaciones entre las tres *bateas* y los objetos mexicanos de la época colonial temprana de otras colecciones. Nuestro enfoque analítico incluyó el uso de técnicas no invasivas para informar el muestreo específico. Nuestra investigación será de utilidad en futuras investigaciones y colaboraciones centradas en objetos mexicanos de laca, para hacer comparaciones con objetos similares y sugerir posibles fechas de producción o talleres.

2. Materiales y métodos

El protocolo de análisis utilizado en este estudio consistió en analizar primero cada *batea* mediante técnicas no invasivas, para reunir pruebas sobre el estado de la superficie, la composición elemental de los esquemas decorativos y, en la medida de lo posible, información estratigráfica. En este marco, se utilizaron en primer lugar la reflectografía infrarroja y la microscopía digital de alta resolución, seguidas del XRF de barrido en zonas seleccionadas. Estas tres técnicas no invasivas informaron el muestreo, seguido de la preparación de secciones transversales donde las muestras eran adecuadas. El análisis de las muestras mediante espectroscopía Raman y microscopía electrónica de barrido acoplada con análisis de rayos X de energía dispersiva (SEM-EDX) proporcionó información estratigráfica esencial. Se consideró que este protocolo era el más adecuado para obtener la mayor cantidad de información posible, limitando al mismo tiempo la extensión del muestreo invasivo, que es siempre el último recurso en un entorno museístico.

Reflectografía infrarroja (IRR) - La IRR se realizó con una cámara IR Apollo (Opus Instruments, Reino Unido) sensible a las longitudes de onda del IR cercano de 900 a 1700 nm. La cámara está equipada con un sensor de matriz lineal de InGaAs, con un área de 125 × 125 px. Las imágenes se adquirieron con una apertura focal de F11 y una distancia focal de 150 mm. Se colocaron dos lámparas de tungsteno simétricamente a ~45° con respecto al eje focal de la cámara. También se utilizaron un filtro de paso de onda corta (SWP) de 1250 nm, un filtro de paso de banda (BP) de 1250-1510 nm y un filtro de paso de onda larga (LWP) de 1510 nm.

Microscopía digital de alta resolución - La microscopía digital se realizó con un microscopio digital de sobremesa Hirox HRX-01 con un accesorio H-1020E. Las imágenes se adquirieron con aumentos de ×10, ×30 o ×90, luz LED anular polarizada y modo multienfoque. También se utilizó luz rasante e iluminación UV (accesorio SP-AC-2016UV-RL). Las imágenes se procesaron con el software HRX-01 y Adobe Photoshop 24.7.0.

Fluorescencia de rayos X de barrido (XRF) - Las exploraciones XRF se llevaron a cabo utilizando un espectrómetro Bruker M6 Jetstream equipado con un tubo de rayos X de microfocalización Rh-target y dos detectores de deriva de silicio (SDD) XFlash de 60 mm^2 . El tubo de rayos X funcionó a 50 kV y 600 μA, en el aire. Los mapas de distribución elemental de las zonas de la mesa se recogieron con un tamaño de punto de 100 μm, un tamaño de paso de 180 μm y un tiempo de permanencia de 55-75 ms/píxel. Los espectros de fluorescencia de rayos X se calibraron, ajustaron y procesaron utilizando el software Bruker M6 Jetstream.

Muestreo y cortes transversales - Se tomaron un total de 19 muestras en los objetos de las zonas de pérdida preexistentes para investigar la estratigrafía y los métodos de fabricación, de acuerdo con la norma británica (BS EN 16085:2012-ISBN 978 0 580 70588 5).

Antes de proceder al muestreo, se realizó un cuidadoso estudio para reducir al mínimo la cantidad de muestra recogida, que nunca fue superior a 1,0 mm de diámetro, para mantener la integridad del objeto. La elección de las zonas de muestreo estuvo determinada por muchos factores, como la accesibilidad y su relevancia. Se prestó la máxima atención para garantizar que las muestras se recogían limitando al mismo tiempo cualquier contaminación.

Las muestras se incrustaron utilizando una mezcla de resina de moldeo transparente Alec Tiranti TM Ltd. (estireno y metacrilato de metilo/resina de poliéster, código de producto: 405-210) y endurecedor líquido (BUTANOX M-50 peróxido de metiletilcetona, solución en ftalato de dimetilo, código de producto: 405-810) en la proporción 2 mL: 1 gota, que necesitó 48 h para curarse y endurecerse. Tras el curado, las muestras incrustadas en resina se pulieron con una amoladora Struers DAP-7 utilizando papel abrasivo de carburo de silicio resistente al agua de Struers, de 220 a 4000 Grit. El pulido final se obtuvo con paño de pulido y suspensión de alúmina AP-FF de Struers de 0,1 μm.

Microscopía óptica - Se utilizó un microscopio Zeiss AxioImager M2m de luz polarizada para adquirir microfotografías de las secciones transversales en luz reflejada. Las imágenes se adquirieron con diferentes aumentos, según fuera necesario, bajo luz LED visible, luz UV filtrada con DAPI y luz UV filtrada con AF488.

Microscopía Raman - Para todos los experimentos Raman realizados en los fragmentos se utilizó un espectrómetro Horiba XploRA equipado con tres láseres de diodo (532, 638 y 785 nm) y un microscopio Olympus. Sólo se utilizó el objetivo ×50, que proporciona un aumento global de 500. La potencia en la muestra se mantuvo siempre por debajo de 2 mW. La mayoría de las mediciones se realizaron con el láser de 785 nm, aunque en algunas ocasiones también se utilizó el láser de 638 nm. Los tiempos totales de acumulación variaron entre 3 segundos y 3 minutos y no se utilizaron manipulaciones espectrales, aparte del uso del proceso ICS propietario del software LabSpec cuando fue necesario.

Microscopía electrónica de barrido con análisis por dispersión de energía de rayos X (SEM-EDX) - Se utilizó un microscopio de mesa Hitachi TM4000Plus II con el software TM4000 para la adquisición de imágenes SEM de electrones retrodispersados (BSE) en el modo de detección de electrones retrodispersados y secundarios. Para el análisis EDS se utilizó el software Oxford AZtecOne 4.3 para generar mapas elementales de la muestra. La adquisición de imágenes y el análisis EDS se realizaron a un voltaje de aceleración de 15 kV y 20 kV respectivamente en un modo de bajo vacío (~ 60Pa).

El análisis de **espectroscopia infrarroja con transformada de Fourier (FTIR)** - FTIR-ATR (reflectancia total atenuada) se realizó utilizando un espectrómetro FTIR Thermo Nicolet iS10 combinado con un accesorio de célula de diamante Golden Gate. Se colocaron tres fragmentos de 157-1866 (muestras 3 y 4) y 158-1866 (muestra 6) para cubrir la ventana de 2x2 mm. Los parámetros del instrumento fueron rango 4000-550 cm-1; número de barridos: 64; resolución: 4 cm^{-1}. Los resultados obtenidos se cotejaron con las bases de datos IRUG e integradas.

3. Resultados

Las tres *bateas* presentan similitudes y diferencias: tienen dimensiones comparables y cada una está tallada en una sola pieza de madera. El reverso de dos de ellas está pintado en negro liso, mientras que 158-1866 presenta una decoración policromada tanto en el anverso como en el reverso. En 156-1866 y 157-1866 se aprecia una cantidad significativa de barniz fluorescente disgregado cuando se examinan bajo luz ultravioleta, mientras que 158-1866 muestra un recubrimiento superficial muy fino en algunas partes. Todas las superficies pintadas presentan diversos grados de craquelado (Figura 2).

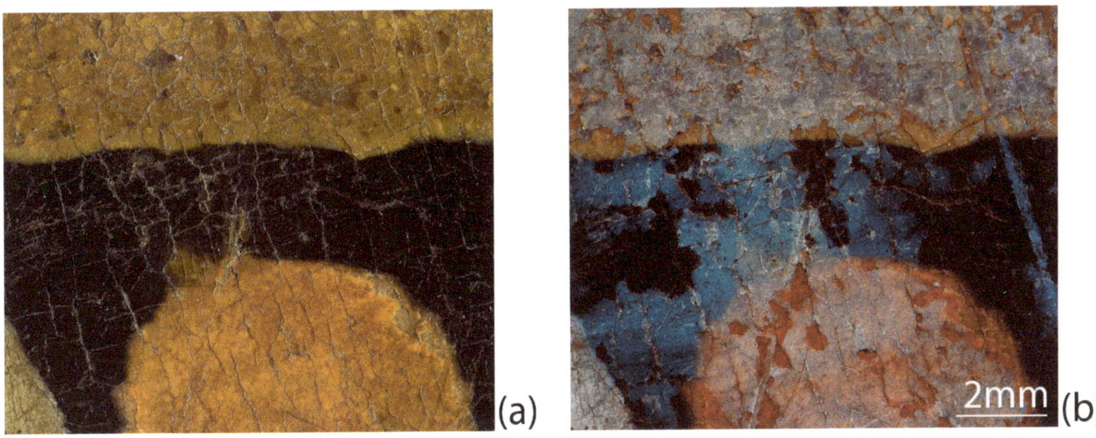

Figura 2. Detalle de *la batea* 156-1866 bajo iluminación visible **(a)** y UV **(b)**, mostrando craquelado así como restos de un barniz fluorescente de resina natural.

Las *bateas* 156-1688 y 157-1866 muestran una paleta similar, bastante limitada y apagada, y un esquema decorativo estilizado (Figura 1). La tercera *batea* (158-1866) presenta una paleta más vibrante y brillante, y su decoración incluye pequeñas figuras y criaturas. Algunos detalles de las zonas coloreadas parecen difíciles de leer y pueden haber cambiado parcialmente con el tiempo. Las imágenes de reflectografía infrarroja muestran estos detalles con mayor claridad. La Figura 3 muestra un ejemplo de este tipo y pone de manifiesto que probablemente sólo las zonas negras pueden contener carbono, ya que permanecen negras en el infrarrojo. Esto será discutido más adelante.

Las distintas zonas se tratarán por separado en función de su color.

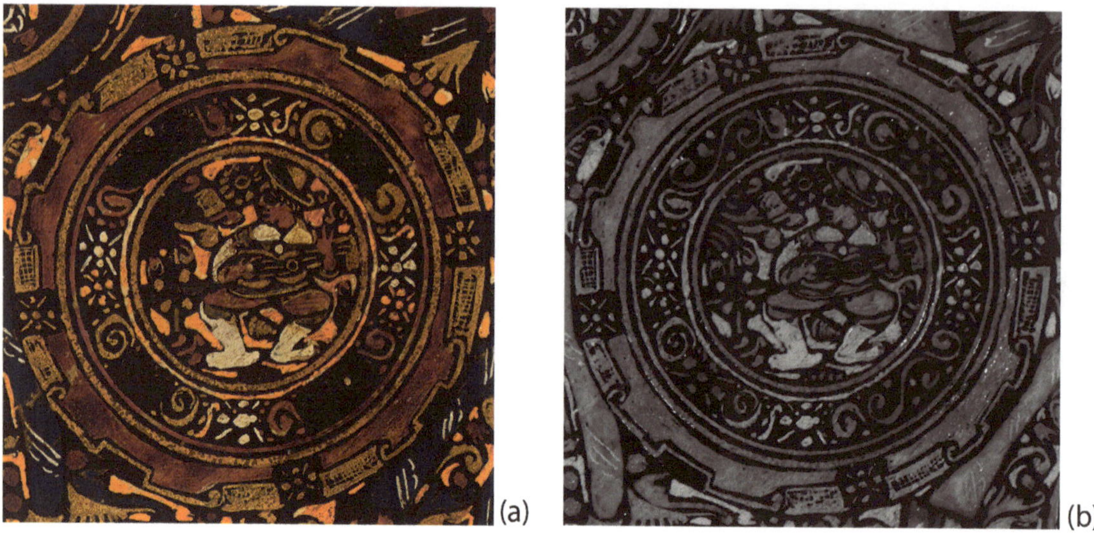

Figura 3. Detalle de la decoración central de *la batea* 158-1866 vista con iluminación visible **(a)** y con la cámara de reflectografía infrarroja **(b)**.

3.1. Negro

Los experimentos XRF de mapeo revelan que las zonas negras son ricas en hierro, con pequeñas cantidades de potasio, titanio y manganeso. La Figura 4 muestra un detalle del círculo central de *la batea* 156-1866, incluidos los mapas de distribución elemental pertinentes, y destaca el *craquelado* y la profundidad del color del fondo oscuro frente a los detalles naranja, blanco y azul.

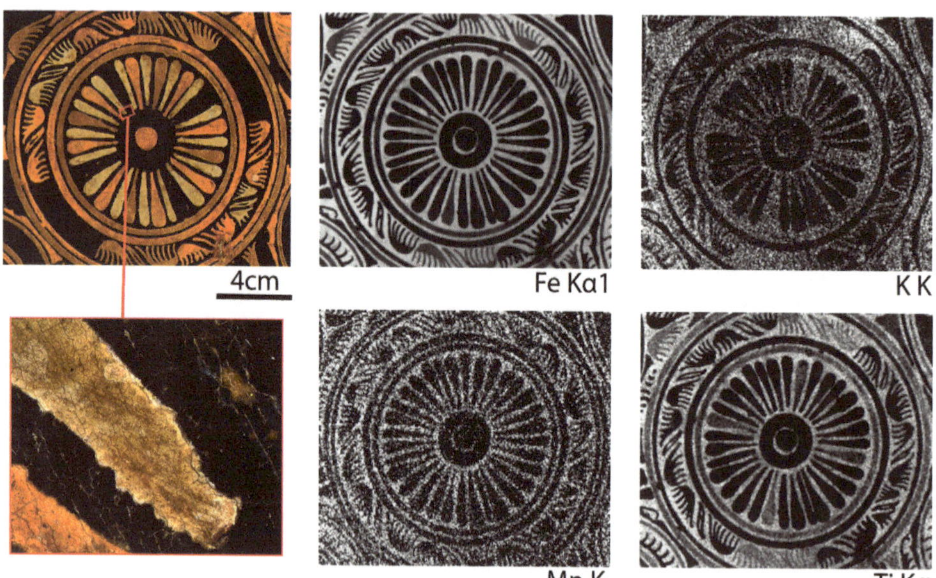

Figura 4. Detalle del círculo central de *la batea* 156-1866. Los mapas de distribución elemental muestran que el fondo contiene principalmente hierro (Fe Kα1), potasio (K K), manganeso (Mn K) y titanio (Ti Kα). Un primer plano dentro de esta zona (véase el recuadro rojo) muestra la craquelado y la profundidad del color del fondo oscuro frente a las zonas naranja, blanca y azul.

Se tomaron varias muestras de las zonas negras de las tres *bateas* y se montaron como secciones transversales. La estratigrafía es coherente en los tres objetos, y se ejemplifica con la muestra 1 de 157-1866, que se muestra en la Figura 5. La estructura de capas es muy simple y muestra una capa de base rojiza (L1), una capa negra (L2) y ocasionalmente una capa de barniz (L3). La combinación de los análisis SEM-EDX y Raman muestra que la capa de base contiene una arcilla rojiza (se identificaron anatasa y hematites por Raman), y el componente principal de la capa negra es el negro de humo.

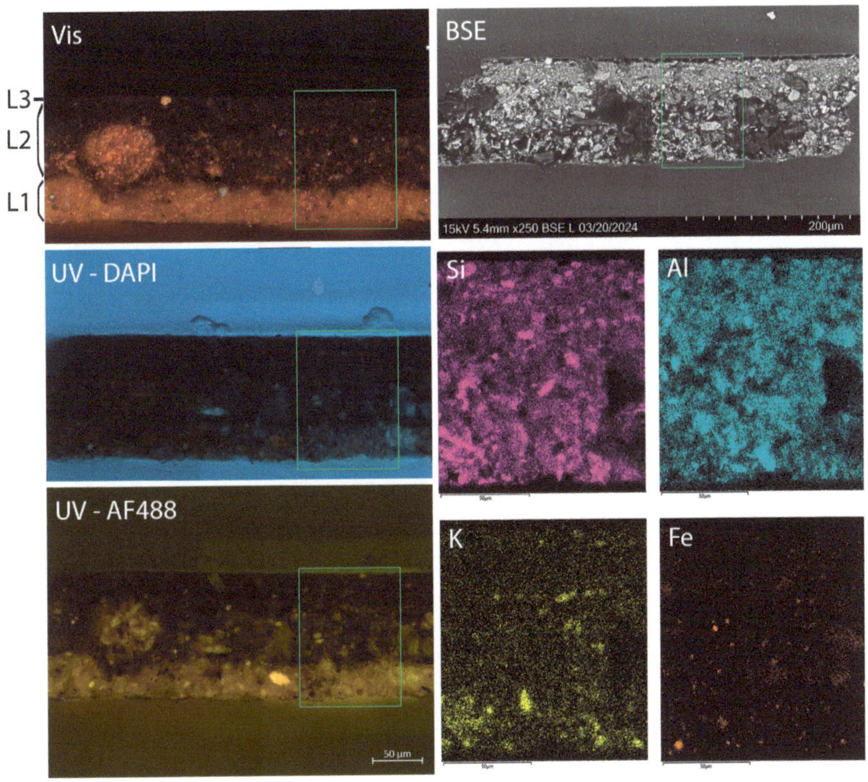

Figura 5. Estratigrafía representativa del fondo oscuro (muestra 1, *batea* 157-1866). Los análisis EDX sugieren que L1 (capa base roja) y L2 (color de fondo oscuro) están compuestas principalmente de arcilla (Si Ka1, Al Ka1, K Ka1). Ambas capas muestran partículas rojas que contienen hierro (Fe Ka1) y el color más oscuro de L2 se debe a la presencia de negro de humo, como confirma el análisis Raman. Nota: el cuadrado verde resalta la zona analizada por EDX.

3.2. Blanco

El análisis XRF de barrido de las *bateas* mostró que las zonas blancas contienen principalmente plomo y algo de calcio. La Figura 6 muestra un detalle del círculo central de *la batea* 157-1866, donde la pintura blanca está compuesta en su mayor parte de plomo con algo de calcio, mientras que la pintura naranja (comentada en el apartado 3.3) contiene plomo pero no calcio. El primer plano obtenido con el microscopio digital confirma que los detalles blancos que contienen plomo (flecha azul en la Figura 6) están aplicados sobre una capa de base blanquecina (flecha verde en la Figura 6).

Es importante subrayar que el mapa de distribución del calcio puede ser engañoso, ya que la señal de calcio emitida por la capa base puede quedar apantallada de forma desigual por elementos más pesados utilizados en la capa decorativa, dependiendo del color y la composición de esta última. Sin embargo, cuando falta la capa que contiene plomo debido a pérdidas o daños, la capa base queda expuesta y la señal de calcio es más intensa (véase la Figura 6 pero también Figura 8 más adelante).

Todas las secciones transversales tomadas de las zonas blancas confirman la presencia de una capa base blanquecina, seguida de una capa blanca densa y, ocasionalmente, de una capa de barniz. Los análisis Raman y SEM-EDX confirmaron que la capa base es de dolomita ($CaMg(CO_3)_2$), y la capa blanca densa contiene una mezcla de arcilla y blanco de plomo (Figura 7).

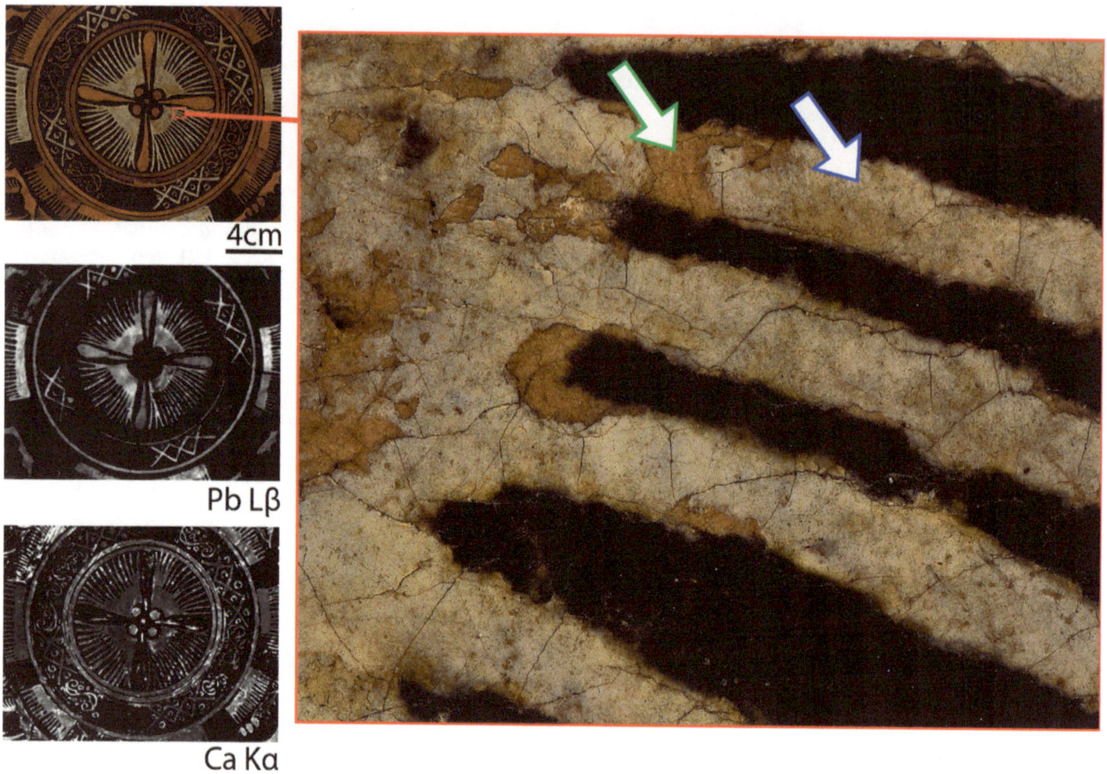

Figura 6. Detalle del redondel central de *la batea* 157-1866, incluidos los mapas de distribución del plomo y del calcio (Pb Lb y Ca Kα). La flecha azul señala la capa decorativa blanca que contiene plomo y que está aplicada sobre una capa de base blanquecina (flecha verde). Obsérvese cómo la señal de calcio de la capa base es más intensa allí donde falta la capa que contiene plomo debido a su pérdida o deterioro.

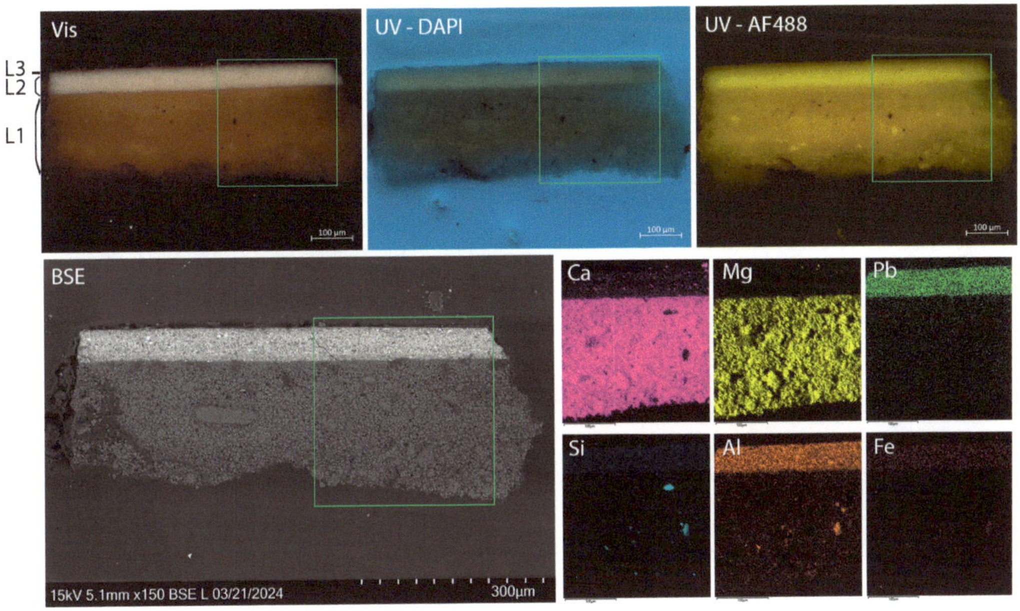

Figura 7. La muestra 9, tomada del 158-1866, es representativa de la estratigrafía de la capa decorativa blanca. La capa 1 es una capa de base blanquecina (L1), la capa 2 es el color blanco de la superficie (L2) y la capa 3 es una capa fina y desigual de barniz/suciedad (L3). Los análisis EDX sugieren que L1 está compuesta principalmente de calcio (Ca Kα1) y magnesio (Mg Kα1-2) y arcilla (también se detectaron Fe Kα1, Si Kα1 y Al Kα1) y L2 está compuesta principalmente de plomo (Pb Mα1) y una arcilla. Nota: el cuadrado verde marca la zona analizada por EDX.

3.3. *Naranja*

El naranja es uno de los colores dominantes en las *bateas*. El análisis XRF de barrido mostró una fuerte señal para el plomo y la presencia de calcio (Figura 8). Las secciones transversales tomadas de estas áreas muestran una estratigrafía consistente en los tres objetos, ejemplificada por la muestra 2 de 156-1866, mostrada en la Figura 9: se observa la presencia de una capa de base blanca (L1), seguida de una capa naranja (L2) y, ocasionalmente, de una capa de barniz (L3). Los análisis Raman y SEM-EDX confirmaron que la capa de base es de dolomita, y la capa naranja contiene una mezcla de arcilla, blanco de plomo y rojo de plomo.

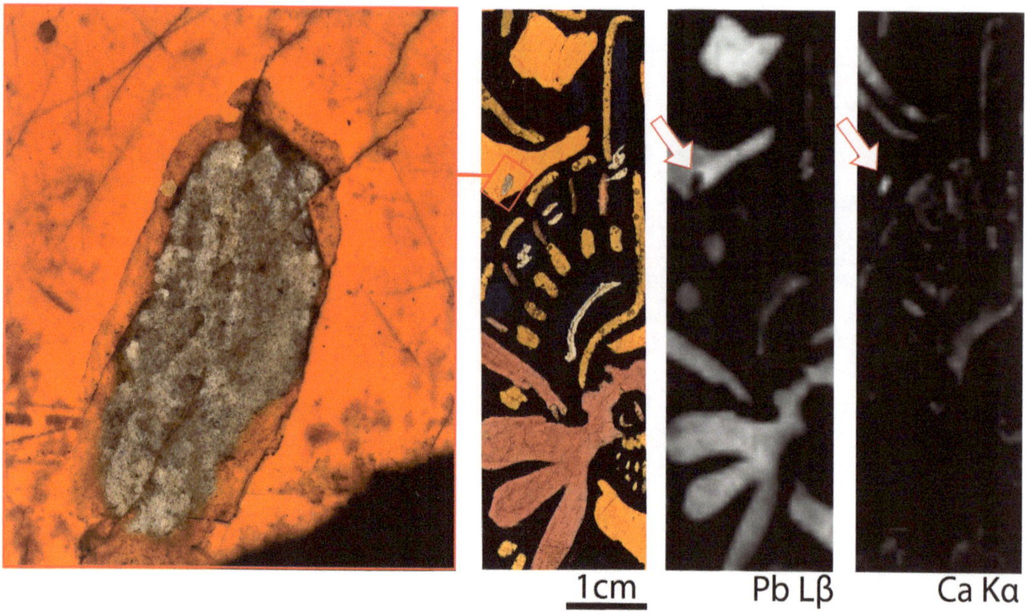

Figura 8. Detalle de la decoración naranja de *la batea* 158-1866, incluyendo mapas de distribución de plomo y calcio (Pb Lb y Ca Kα1). Las flechas rojas marcan una zona de pérdida de la capa naranja, que deja al descubierto el fondo que contiene Ca. La misma zona se muestra también en el primer plano del recuadro rojo.

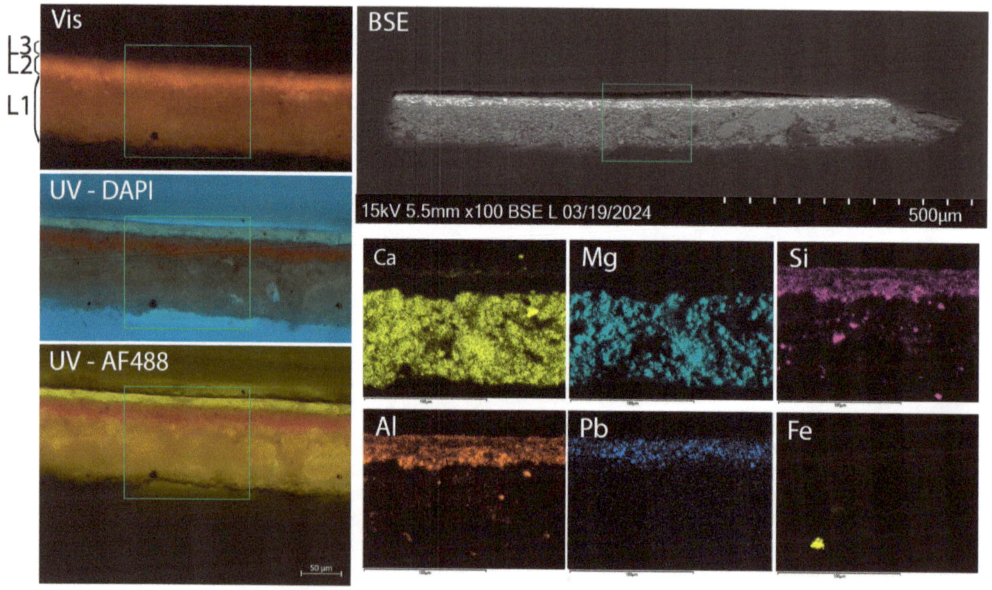

Figura 9. Estratigrafía representativa de la capa decorativa naranja (muestra 2, *batea* 156-1866): la capa 1 es una capa de base blanquecina (L1), la capa 2 es el color naranja de la superficie (L2) y la capa 3 es una gruesa capa de barniz (L3). Los análisis EDX sugieren que L1 está compuesta principalmente por calcio (Ca Kα1), magnesio (Mg Kα1-2) y algo de arcilla. La arcilla es el principal componente de L2 (se detectaron Fe Kα1, Si Kα1, Al Kα1 y trazas de Ti Kα1) junto con plomo (Pb K), responsable del color naranja. Nota: el cuadrado verde marca la zona analizada por EDX.

3.4. Rojo y granate

Los detalles rojos y/o granates sólo están presentes en dos de las *bateas* (157-1866 y 158-1866, véanse los primeros planos en la Figura 10). Los experimentos de barrido de XRF muestran que el plomo, el calcio y el titanio son los principales elementos presentes, y un examen detallado de los objetos sugiere que el calcio está presente en la capa o capas base (Figura 8).

La Figura 10 muestra también la sección transversal de una muestra tomada de una zona granate (muestra 6, 158-1866). Los resultados de la microscopía óptica, EDX y espectroscopía Raman apoyan las hipótesis formuladas tras los experimentos XRF: pueden distinguirse dos capas principales. La inferior es la capa de base compuesta principalmente de dolomita ($CaMg(CO_3)_2$). La capa decorativa granate no es homogénea y contiene silicio, aluminio, hierro y plomo. Se identificaron algunas inclusiones como anhidrita, sulfato de calcio $CaSO_4$. Se pueden observar partículas finamente divididas de blanco de plomo en mayor concentración en la parte inferior y, muy finamente, en la parte superior de la capa decorativa. La parte central de la capa decorativa muestra una gran cantidad de partículas carmesí, coloreadas con un tinte orgánico rojo no identificado. El análisis FTIR de un fragmento suelto de esta muestra no fue concluyente debido a la señal abrumadora de los componentes inorgánicos.

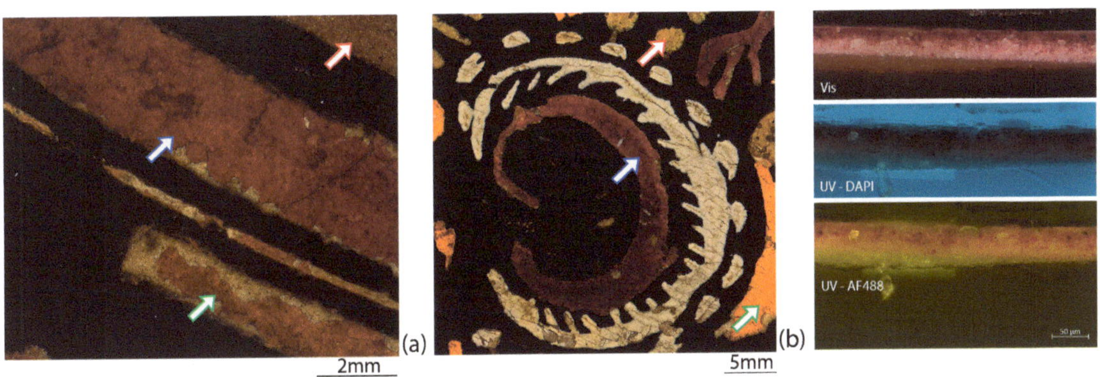

Figura 10. Detalles de *las bateas* (a) 157-1866 y (b) 158-1866 que muestran la decoración de color granate (flechas azules) frente a las de color naranja (flechas verdes) y amarillo (flechas rojas). La sección transversal de la muestra 6 de 158-1866 (mostrada en el lado derecho) vista bajo iluminación visible y ultravioleta, muestra que un rico material carmesí es el responsable del color.

3.5. Amarillo

Las tres *bateas* presentan un color amarillo ocre apagado (flechas rojas), figura 10), y como en el caso de la otra decoración coloreada, se aplica sobre una capa de dolomita blanquecina (ver Figura 6, Figuras 8 y Figura 10). Los correspondientes mapas XRF de barrido y SEM-EDS muestran que el arsénico y el azufre son los elementos predominantes, y el orpimento se confirmó mediante análisis Raman. También se observan silicio, aluminio, hierro, potasio y titanio (véanse los mapas XRF en la Figura 4), lo que sugiere la presencia de ocre amarillo.

Las muestras tomadas en las zonas amarillas y montadas como secciones transversales revelan una estratigrafía simple con una capa de base de dolomita blanquecina, una capa decorativa amarilla y, ocasionalmente, una capa de barniz superficial.

3.6. *Azul y verde*

Las tres *bateas* muestran distintas tonalidades de azul y verde, reflejo de la composición de los elementos decorativos azules.

La *batea* 156-1866 presenta zonas decorativas de color azul oscuro (Figuras 11a y 12a); la 157-1866 presenta elementos decorativos verdes (Figuras 11b y 12b); la *batea* 158-1866 presenta dos tonos diferentes de azul en el anverso (Figuras 11c, 12c y d) y elementos decorativos verdes en el reverso (Figuras 11d y 12e). Los experimentos XRF de mapeo mostraron que el arsénico está presente en las zonas verdes (Figura 11). Las muestras relevantes montadas como secciones transversales mostraron una estratigrafía simple, con una capa de base que es blanca (dolomita) o rojiza (una arcilla que contiene hematites), y una capa azul o verde donde el material azul es siempre índigo, y el material amarillo es siempre oropimente (ambos identificados vía Raman). En dos de las muestras (tomadas en 157-1866 y 158-1866) el índigo y el oropimente están mezclados, mientras que en una tercera el color verde se obtiene superponiendo índigo sobre oropimente (Figura 12).

El material de relleno de los pigmentos azules o verdes es siempre arcilla, y en algunos casos también se encuentra blanco de plomo y sulfatos (yeso, $CaSO_4 \cdot 2H_2O$ y anhidrita, $CaSO_4$, fueron identificados vía Raman).

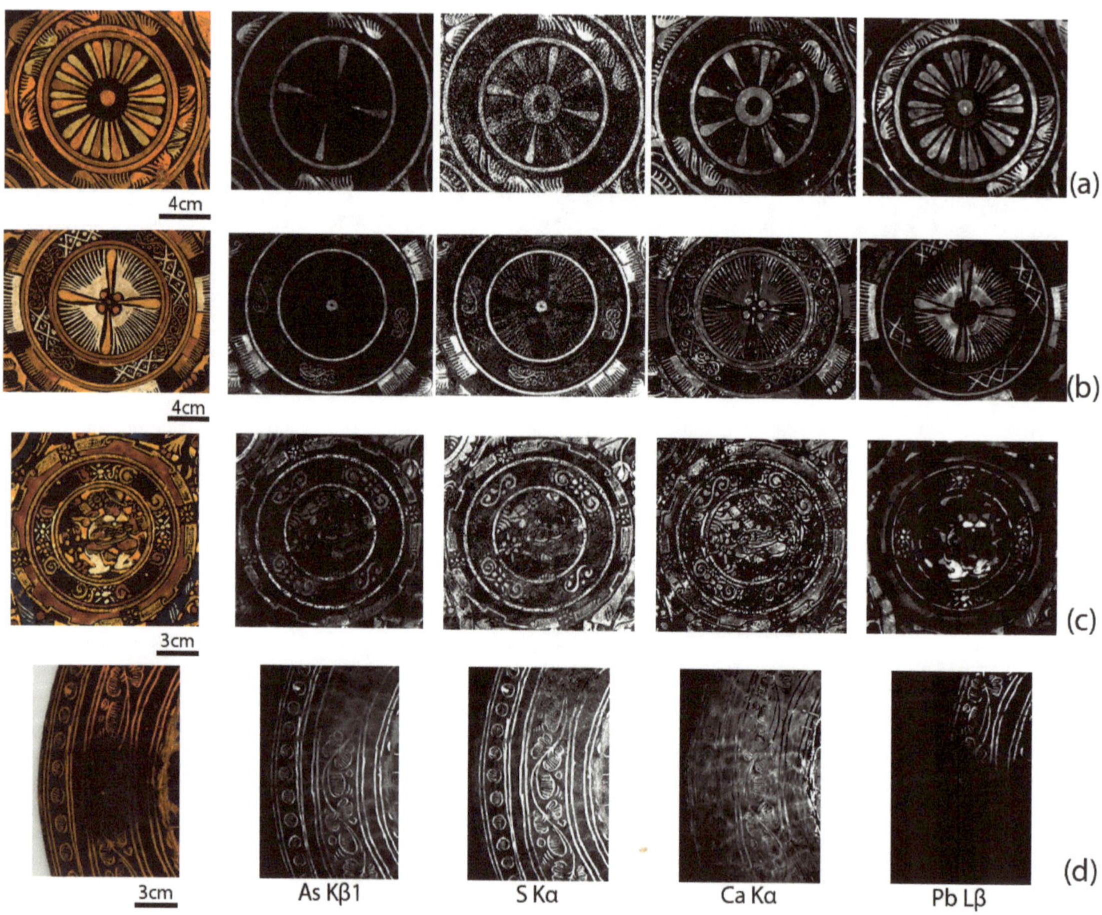

Figura 11. Mapas de distribución elemental de arsénico (As Kb1), azufre (S Kα), calcio (Ca Kα) y plomo (Pb Lb) para los detalles de 156-1866 **(a)**, 157-1866 **(b)**, 158-1866 anverso **(c)** y reverso **(d)**, destacando la composición de las zonas verde, azul y azul oscuro.

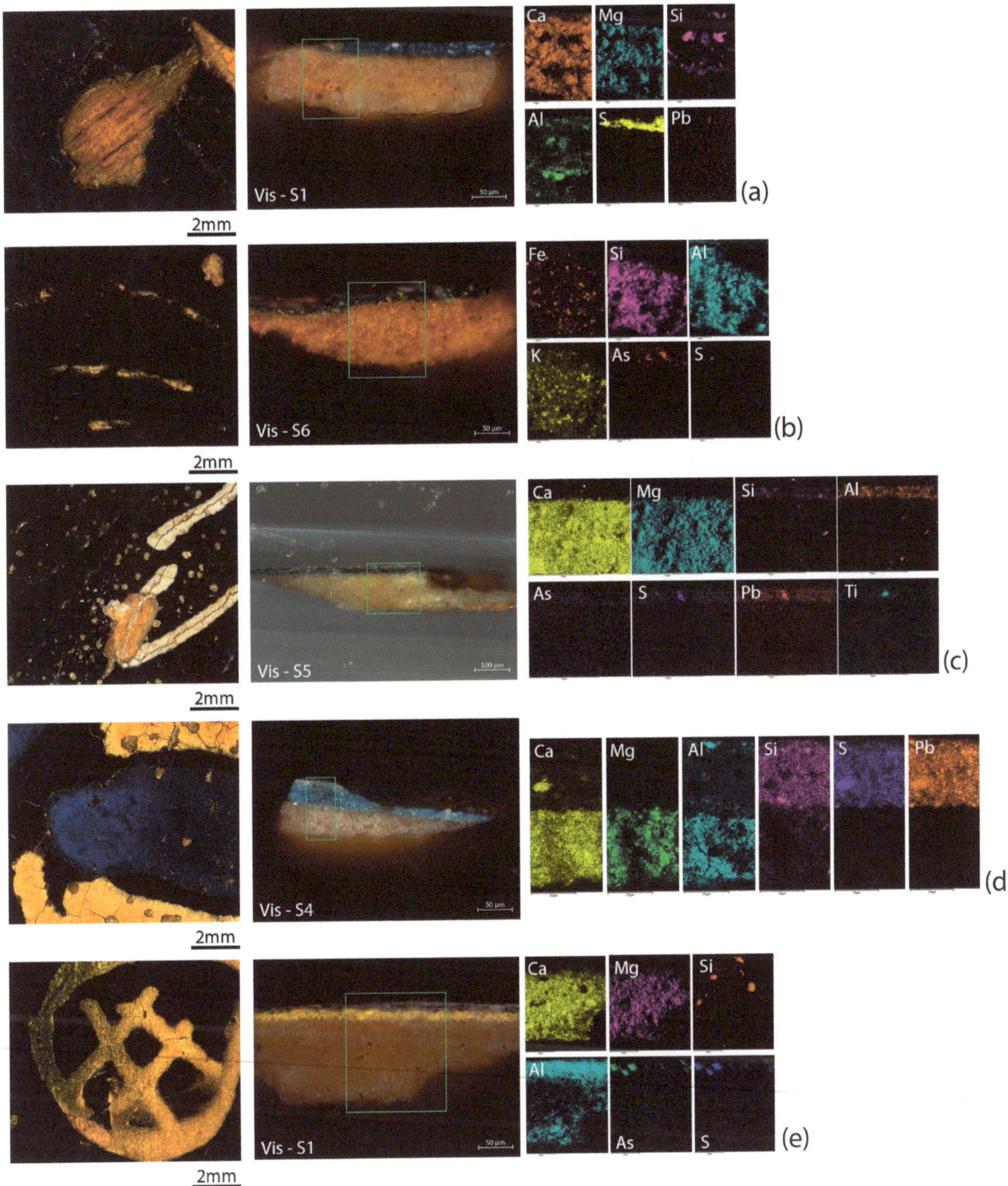

Figura 12. De izquierda a derecha: detalle de una porción representativa de la superficie azul/verde, una sección transversal relevante bajo iluminación visible y mapas EDX de elementos seleccionados. 156-1866 **(a)**, 157-1866 **(b)**, 158-1866 anverso **(c-d)** y reverso **(e)**. Nota: el cuadrado verde marca la zona analizada por EDX. Se seleccionaron las siguientes líneas de emisión de rayos X: Al Kα1, As Kα1, Ca Kα1, K Kα1, Mg Kα1-2, Pb Mα1, S Kα1, Si Kα1, Ti Kα1.

4. Discusión

4.1. Sobre los materiales y la fabricación de las bateas del V&A

El examen de los cortes transversales, unido a la información derivada del examen visual de los objetos y de las microfotografías digitales, confirmó aspectos interesantes de la técnica de fabricación de las *bateas*. Se realizó un análisis FTIR de tres fragmentos sueltos de pintura para obtener información molecular adicional, especialmente de los materiales orgánicos presentes, pero sólo se pudieron detectar los componentes inorgánicos abrumadores (arcillas, carbonatos y sulfatos).

Los resultados de los análisis revelan una paleta relativamente restringida, que se encuentra (con una excepción) en las tres *bateas*: negro de humo, índigo, rojo de plomo, blanco de plomo, oropimente y un colorante orgánico rojo no identificado. Este último sólo se encuentra en 157-1866 y 158-1866. La dolomita se encuentra en la capa base bajo el esquema decorativo coloreado, mientras que una arcilla roja es el componente principal de la base de las zonas de fondo negro. Otros materiales, como arcilla blanca, ocres y sulfatos, se encuentran a menudo como extendedores o agentes de relleno. En un caso, se encontraron fragmentos de tierra de diatomeas en la capa base rojiza de la batea 157-1866 (véase la Figura A2). Los pigmentos y tintes utilizados se ajustan a la gama de materiales disponibles en la época en México, y coinciden con lo registros bibliográficos (véase la Sección 1.3).

La Figura 13 muestra un esquema de la estratigrafía de los objetos: parecen haber sido imprimados con una capa base rojiza hecha de un ocre rojo o de una mezcla deliberada de una arcilla blanca y hematites, que luego se cubrió con una capa uniforme de laca negra a base de carbón (Figura 5). A continuación, se practicaban incisiones según el plan decorativo deseado y se rellenaban con una capa de dolomita blanquecina, concebida para proporcionar un fondo reflectante a la decoración coloreada que se aplicaría encima (Figura 7). Esto explica por qué todas las muestras de las zonas negras presentan un fondo rojizo, mientras que la decoración coloreada se caracteriza por una capa de base de dolomita. En algunas de las muestras pueden verse restos de fondo rojo bajo la capa base blanquecina (Figura 12c, muestra 5). La Figura 14 muestra detalles adicionales en los que es visible la capa base roja.

Ocasionalmente, la capa base de dolomita está parcialmente contaminada por la rojiza, posiblemente debido a una "excavación" excesiva durante la fase de incisión (Figura 12a, muestra 1).

Esta estratigrafía concuerda con la bibliografía publicada anteriormente, como se expone en la Sección 1.3.

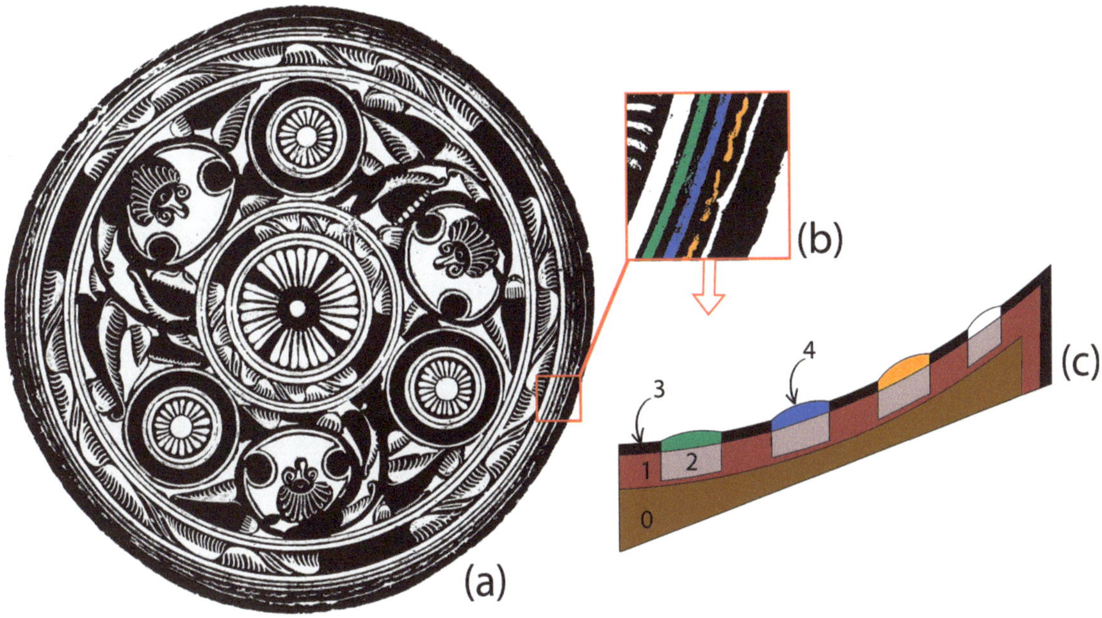

Figura 13. Esquema de la estratigrafía de la *batea* 156-1866: **(a)** destaca el fondo negro con la decoración grabada en blanco; **(b)** muestra un detalle del borde decorado que incluye decoración coloreada; **(c)** es una estratigrafía representativa que muestra el sustrato de madera (0), la capa de preparación rojiza (1), el grabado relleno de dolomita (2), el fondo negro (3) y la decoración coloreada (4).

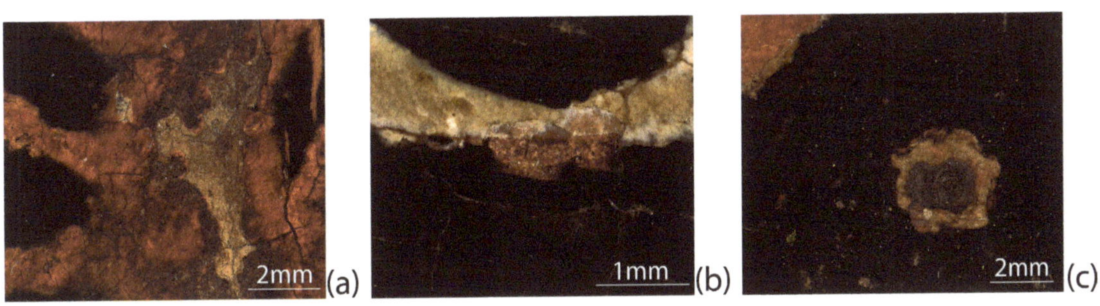

Figura 14. Detalles de las zonas de pérdida que muestran la capa base blanquecina **(a)** y la capa base roja **(b)** en *la batea* 156-1866, y ambas capas base en *la batea* 157-1866 **(c)**.

Aunque los materiales y las técnicas son similares, existe una clara diferencia en el aspecto de las tres *bateas*. *Las bateas* 156-1688 y 157-1866 muestran una paleta más mate y apagada, mientras que *la batea* 158-1866 muestra colores más vibrantes y brillantes. Dado que los pigmentos y tintes identificados en los tres objetos son los mismos, es probable que la diferencia de aspecto se deba a la cantidad de medio aglutinante, así como al diferente estado de conservación de las *bateas*. Por el momento no se ha podido realizar un muestreo exhaustivo que permita realizar análisis orgánicos adicionales basados en la investigación genómica, pero se espera que sea posible en el futuro.

Una diferencia adicional es el uso de gradientes de color en 158-1866, que contrasta con el uso de simples colores en bloque en 156-1866 y 157-1866. El reverso de la 158-1866 muestra cómo las pinturas azul y amarilla se superponen parcialmente para crear un degradado de color que va del amarillo al verde y al azul (Figura 15). Esto puede verse en la sección transversal correspondiente y en el mapa XRF (Figure Figura 12e y Figura 11d, respectivamente).

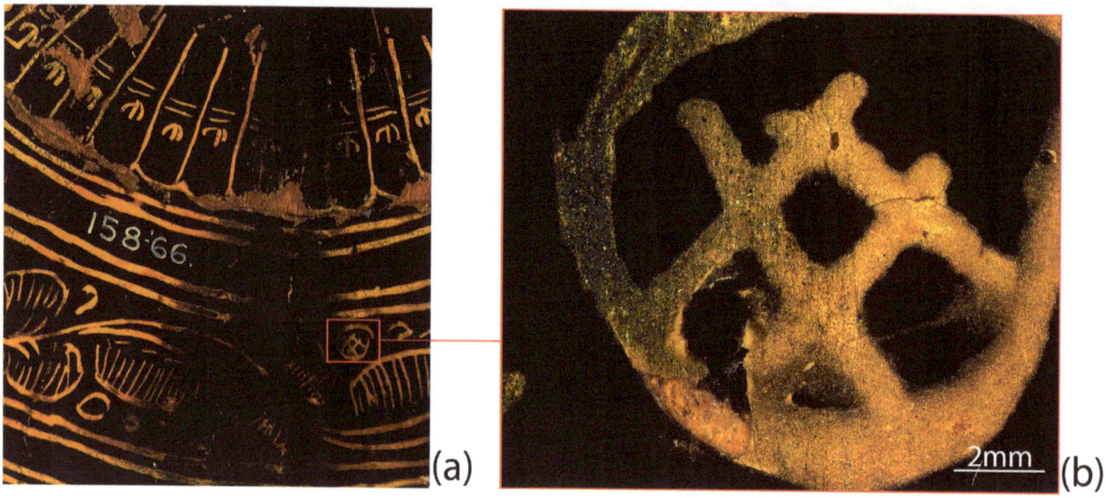

Figura 15. **(a)** Ejemplo de gradiente de color observado en el reverso de la *batea* 158-1866 y **(b)** un primer plano que muestra la transición del amarillo al verde.

4.2. Cuestiones de conservación

El examen minucioso de las superficies decoradas mediante microscopía digital de alta resolución también proporciona pistas sobre el estado de las *bateas*:

- Se observa craquelado en la mayoría de las superficies (Figura 2);
- La pintura desconchada deja al descubierto la capa base de dolomita en las zonas pintadas, así como la capa base rojiza de las zonas de fondo negro (Figura 14);
- algunas de las zonas de pérdida se han rellenado con color para minimizar la alteración visual de la superficie dañada (Figura 16);
- La luz ultravioleta revela zonas en las que aún está presente un barniz de resina natural no original (Figura 2);
- Se aprecian picaduras en muchas de las zonas coloreadas, especialmente en las que han sido decoradas con un pigmento que contiene plomo. Algunas de las zonas picadas muestran la presencia de una decoloración punteada, pero la capa pictórica sigue adherida (Figura 17a); otras muestran una decoloración parcial (Figura 17b) o desprendimiento total (Figura 17c), donde se ha perdido la capa coloreada. El aspecto de estas zonas sugiere que pueden haberse formado jabones metálicos con el tiempo; se sabe que estos tienen un efecto perturbador sobre el aspecto y la integridad de ciertos tipos de capas pigmentadas [31-35].

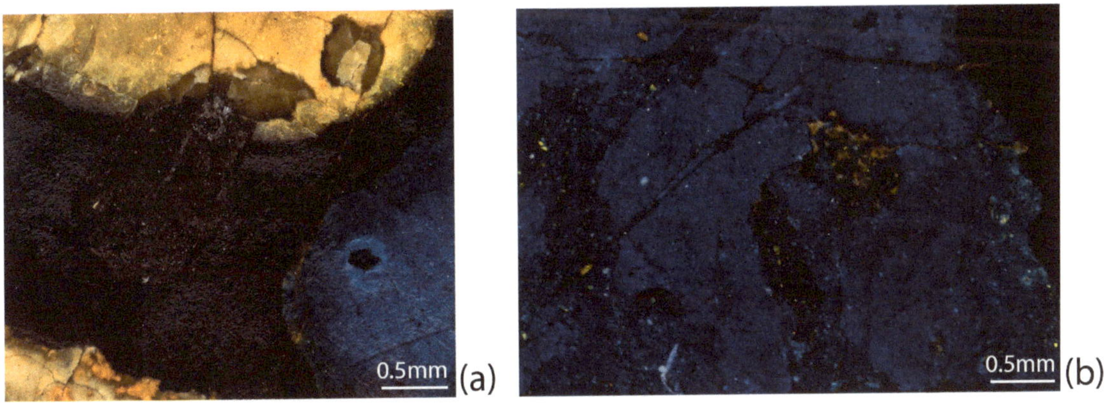

Figura 16. Detalles de zonas en las que la pérdida de la capa pictórica se ha retocado con **(a)** pintura negra o **(b)** azul oscuro para enmascarar los daños.

Figura 17. Grados de picadura observados en las *bateas*: (a) se aprecia una decoloración punteada en la decoración amarilla de la *batea* 156-1866, pero la capa pictórica sigue bien adherida; (b) zona que muestra tanto la decoloración punteada como la pérdida de pintura en la *batea* 158-1866; (c) desprendimiento total de la picadura en la *batea* 158-1866.

5. Conclusiones

Este trabajo recoge los resultados del análisis de tres *bateas* mexicanas de la colección V&A. Teniendo en cuenta que la materialidad de la laca mexicana sigue siendo poco investigada y que debería estudiarse un mayor número de objetos para cotejar un corpus de resultados estadísticamente significativo, los materiales y técnicas caracterizados en este estudio concuerdan con la bibliografía de dominio público.

Se identificaron materiales tradicionales, como índigo, negro de humo, rojo de plomo, blanco de plomo, oropimente, dolomita, yeso, arcilla y diversos ocres. No se pudo identificar la composición de los aglutinantes ni la identidad de un tinte orgánico rojo, pero se espera que una campaña de muestreo más amplia en el futuro proporcione resultados concluyentes al respecto.

La estratigrafía es relativamente sencilla, e incluye una capa de base rojiza aplicada al sustrato, que luego se cubre con una capa negra. Se realizan incisiones donde se aplicará la decoración, que se rellenan con una capa de dolomita blanquecina y, por último, con la decoración coloreada.

La presencia de fragmentos de tierra de diatomeas en la capa base naranja de una de las bateas es intrigante y plantea la cuestión de si la presencia de este material es una excepción o si se trata de un componente relativamente común que hasta ahora simplemente no se había reconocido en muestras de otros objetos.

Contribuciones de los autores: Conceptualización, L.G., L.B., D.M., N.H. y V.R.; metodología, L.B, V.R.; análisis formal, L.G., L.B. y V.R.; investigación, L.G., L.B., D.M., V.R., N.H. y D.M.;

conservación de datos, L.G., L.B. y V.R.; redacción-redacción del borrador original, L.G., L.B., D.M., V.R., N.H.; redacción-revisión y edición, L.G., L.B., D.M., V.R., N.H.. Todos los autores han leído y aceptado la versión publicada del manuscrito.

Financiación: Esta investigación no ha recibido financiación externa.

Declaración de disponibilidad de datos: Datos originales disponibles previa solicitud, cuando esté suficientemente justificada.

Agradecimientos: Nuestro agradecimiento a María Goretti Mieites Alonso por la traducción de este artículo al español; a Emilien Leonhardt, Manager Hirox Europe, por su asesoramiento durante el uso de las nuevas características del soporte en T Hirox; también agradecemos al UKRI Arts and Humanities Research Council (referencia AH/V012134/1) la financiación de la remodelación del laboratorio científico V&A, incluida la adquisición del equipo científico utilizado en este estudio.

Conflictos de intereses: Los autores declaran no tener conflictos de intereses.

Apéndice A

En la Figura A1 se muestran espectros Raman representativos de los principales pigmentos y tintes identificados en este estudio.

La Figura A2 muestra una selección de imágenes SEM de la sección transversal 5 de *la batea* 157-1866, donde pueden verse fragmentos de lo que parece ser tierra de diatomeas. Que los autores sepan, la presencia de tierra de diatomeas no ha sido reportada antes en objetos de laca mexicanos. No está claro si se trata de un hecho deliberado o accidental, por lo que llamamos la atención sobre este hallazgo con el fin de documentarlo para futuras referencias.

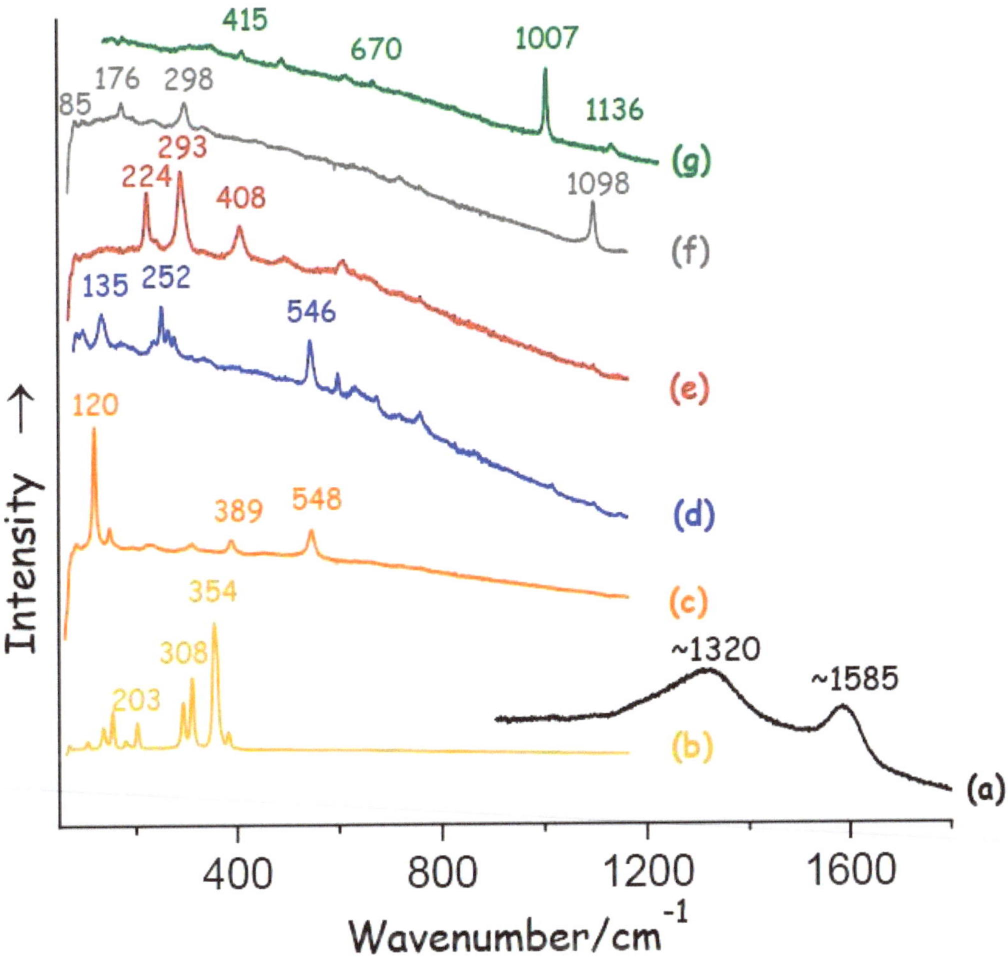

Figura A1. Espectros Raman representativos de los pigmentos y colorantes más comunes identificados en las tres *bateas*: (a) negro de humo; (b) oropimente; (c) plomo rojo; (d) índigo; (e) hematites; (f) dolomita; (g) yeso.

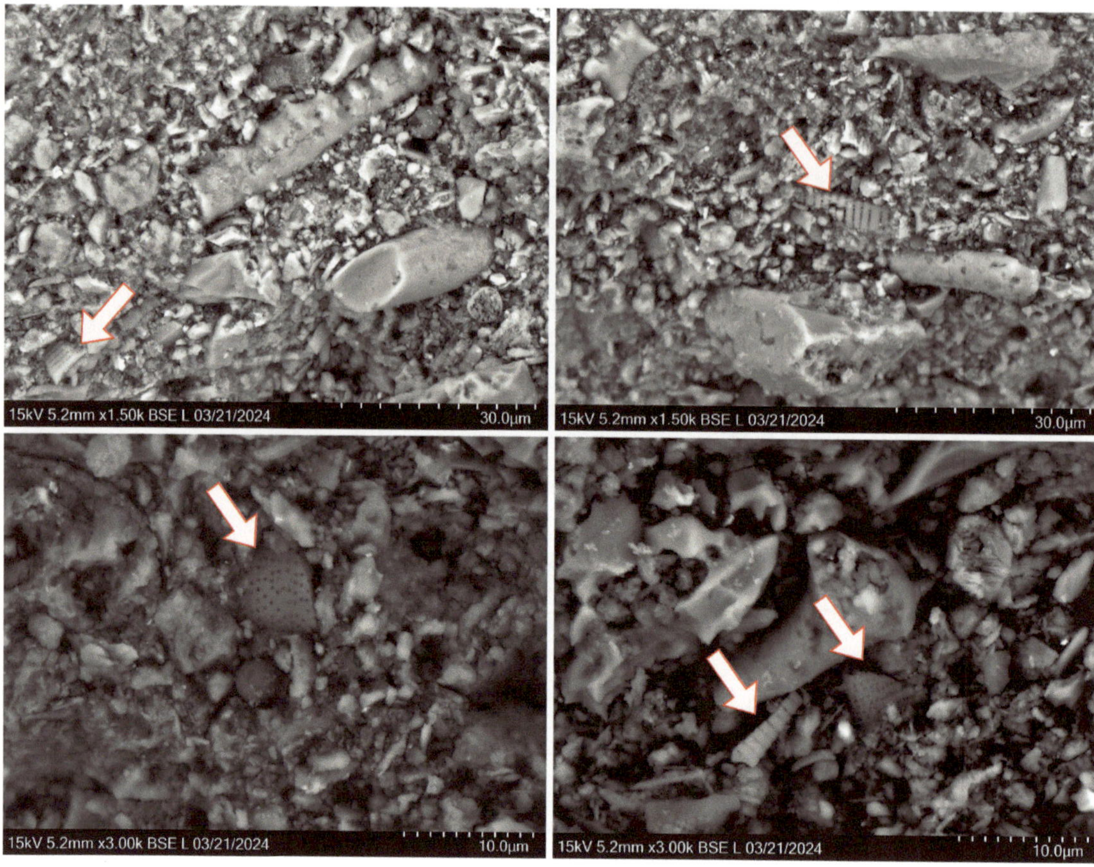

Figura A2. Imágenes SEM de la capa base rojiza de la muestra 5 de *batea* 157-1866, mostrando fragmentos parecidos a tierra de diatomeas.

Notes

[1] Encontrará información detallada sobre las tres *bateas en las* siguientes páginas web (consultadas el 23 de junio de 2024):
- 156-1866: https://collections.vam.ac.uk/item/O368760/platter
- 157-1866: https://collections.vam.ac.uk/item/O368759/platter
- 158-1866: https://collections.vam.ac.uk/item/O368758/platter

[2] V&A Museum Expediente registrado MA/1/R741/1 (Reg. Pa. 37495/1871).

[3] Una lista de hallazgos del fondo de mobiliario registra que 158-1866 se expuso en la galería 74 en enero de 1964.

[4] Etiqueta de la exposición *España y el mundo hispánico - Tesoros del Museo y Biblioteca de la Hispanic Society,* en la Royal Academy of Arts, Londres 21 de enero - 10 de abril de 2023.

Referencias

1. Humphrey, N. Fortuitous and fragmentary: collecting spanish furniture, woodwork and leather at the Victoria and Albert Museum, 1850–1950. In *Collecting Spain: Coleccionismo de artes decorativas españolas en Gran Bretaña y España = Colecting Spanish Decorative Arts in Britain and Spain*; Polifemo: Madrid, Spain, 2022.
2. Salvador, M.V. La deuda del South Kensington Museum con Juan Facundo Riaño. In Collecting Spain: Coleccionismo de artes decorativas españolas en Gran Bretaña y España = Colecting Spanish Decorative Arts in Britain and Spain; Polifemo: Madrid, Spain, 2022.
3. Robinson, J.C. Catalogue of the Special Loan Exhibition of Spanish and Portuguese Ornamental Art: South Kensington Museum; Chapman & Hall: London, UK, 1881.
4. Burgio, L.; Humphrey, N.; Melchar, D.; Melita, L.N.; Risdonne, V. *Mopa Mopa* and *Barniz de Pasto* at the Victoria and Albert Museum: Recent Developments. *Heritage* **2024**, *7*, 4592-4616. https://doi.org/10.3390/heritage7090216

5. Lustrous Surfaces. Available online: https://www.vam.ac.uk/exhibitions/lustrous-surfaces (accessed on 20 June 2024).
6. Carrillo, S.P. La Laca Mexicana: Desarrollo de un oficio artesanal en el Virreinato de la Nueva España durante el siglo XVIII; Ministerio de Cultura, Dirección General de Cooperación Cultural: Madrid, Spain, 1990.
7. Lechuga, R.; Medina, I.; Carrilo, S.P.; Tembleque, C.R.; Wallace, M.T.; Marentes, C.B. *Lacas Mexicanas—Colección Uso y Estilo*, 2nd ed.; Museo Franz Meyer and Artes de Mexico: Mexico City, Mexico, 2003.
8. Codding, M. The Lacquer Art of Latin America. In *Made in the Americas. The New World Discovers Asia*; Carr, D., Bailey, G.A., Eds.; Museum of Fine Arts: Boston, MA, USA, 2015; pp. 74–89.
9. Kasl, R. Witnessing Ingenuity: Lacquerware from Michoacán for the Vicereine of New Spain. *Metrop. Mus. J.* **2022**, *57*, 40–55.
10. Von Humboldt, A. Sobre el barniz de Pasto. In Alexander von Humboldt en Colombia: Extractos de sus Diarios Preparados y Presentados por la Academia Colombiana de Ciencias Exactas, Físicas y Naturales y la Academia de Ciencias de la República Democrática Alemana. Publicismo y Ediciones: Bogotá, Colombia, 1982; pp. 188–189.
11. García-Bucio, M.A.; Casanova-González, E.; Mitrani, A.; Ruvalcaba-Sil, J.L.; Maynez-Rojas, M.A.; Rangel-Chávez, I. Non-destructive and non-invasive methodology for the in situ identification of Mexican yellow lake pigments. *Microchem. J.* **2022**, *183*, 107948.
12. Ocaña-Ruiz, S.I. Lacquer and Imitation Lacquer Folding Screens in New Spain. *Heritage* **2023**, *6*, 4282–4299.
13. Kawamura, Y.; García Barrios, A. Influence of Japanese Namban Lacquer in New Spain, Focusing on Enconchado Furniture. *Heritage* **2024**, *7*, 1472–1495.
14. Romero, R.; Illán, A.; Bondía, C. Three Studies of Luxury Mexican Lacquer Objects from the 16th to the 19th Centuries, Analysis of Materials and Pictorial Techniques. *Heritage* **2023**, *6*, 3590–3605.
15. Dismukes, A.H.; Lazarte, J.L.; Centeno, S.A. New material connections in a mother-of-pearl Enconchado from the Viceroyalty of New Spain. *Herit. Sci.* **2024**, *12*, 83.
16. Ocaña Ruiz, S.I. The Impact of European Lacquer on Eighteenth-Century Colonial Mexico. *Stud. Conserv.* **2019**, *64* (Supp. 1), S53–S61.
17. Codding, M. Methods for Dating the First Spanish American Lacquerwares: Seventeenth-Century *Barniz de Pasto* and Peribán Lacquer. *Heritage* **2024**, *7*, 4323–4353. https://doi.org/10.3390/heritage7080204.
18. de Meave, J.A. Memoria sobre la pintura del pueblo de Olinalán, de la jurisdicción de Tlapan. In *Gacetas de Literatura de México por D. José Antonio Alzate Ramírez*; HardPress Publishing: Madrid, Spain, 1831.
19. Iturbide, T.C. Maque (Laquer). *Artes de México*; Artes De Mexico Internacionales, Inc.: 1972; Volume 153, pp. 92–101.
20. Acosta Ruiz, M.A. *El Maque de Michoacán: Su Historia y Producción en la Actualidad*; Universidad Michoacana de San Nicolás de Hidalgo: Morelia, Mexico, 2013.
21. Jenkins, K.D. Lacquer. In *Handbook of Middle American Indians, Volume 6: Social Anthropology*; University of Texas Press: Austin, TX, USA, 1967; pp. 125–137.
22. Haude, M.E. Identification of colorants on maps from the early colonial period of New Spain (Mexico). *J. Am. Inst. Conserv.* **1998**, *37*, 240–270.
23. Miliani, C.; Domenici, D.; Clementi, C.; Presciutti, F.; Rosi, F.; Buti, D.; Romani, A.; Laurencich Minelli, L.; Sgamellotti, A. Colouring materials of pre-Columbian codices: non-invasive in situ spectroscopic analysis of the Codex Cospi. *J. Archaeol. Sci.* **2012**, *39*, 672–679.
24. Noeller, R.; Danielewski, A.; Giel, R.; Overgaauwb, E.; Hahn, O. Material analysis of Aztec codices in Berlin: Assignment of small fragments compiled as cutouts on one plate in Humboldt's "Atlas pittoresque du voyage". *STAR Sci. Technol. Archaeol. Res.* **2019**, *5*, 113–126.
25. Zetina, S.; Ruvalcaba, J.L.; Lopez Cáceres, M.; Falcón, T.; Hernández, E.; González, C.; Arroyo, E. Non destructive in situ study of Mexican codices: methodology and first results of materials analysis for the Colombino and Azoyu codices. In Proceedings of the 37th International Symposium on Archaeometry, Siena, Italy, 13–16 May 2008.
26. Ruvalcaba Sil, J.L.; Ramírez Miranda, D.; Aguilar Melo, V.; Picazo, F. SANDRA: a portable XRF system for the study of Mexican cultural heritage. *X-Ray Spectrom.* **2010**, *39*, 338–345.
27. García-Bucio, M.A.; Casanova-González, E.; Ruvalcaba-Sil, J.L.; Arroyo-Lemus, E.; Mitrani-Viggiano, A. Spectroscopic characterization of sixteenth century panel painting references using Raman, surface-enhanced Raman spectroscopy and helium-Raman system for "in situ" analysis of Ibero-American Colonial paintings. *Philos. Trans. Math. Phys. Eng. Sci.* **2016**, *374*, 20160051.
28. Cuadriello, J. *Ojos, Alas y Patas de Mosca: Visualidad Tecnología y Materialidad de El Martirio de san Ponciano, de Baltasar de Echave Orio*; Universidad Nacional Autónoma de México, Instituto de Investigaciones Estéticas: Mexico City, Mexico, 2018.
29. Cabello, M.M.Z. *La Paleta del Pintor Novohispano*; Universidad Nacional Autónoma De México: Mexico City, Mexico, 2013.
30. Casanova-González, E.; Maynez-Rojas, M.A.; Mitrani, A.; Rangel-Chávez, I.; García-Bucio, M.A.; Ruvalcaba-Sil, J.L.; Muñoz-Alcócer, K. An imaging and spectroscopic methodology for in situ analysis of ceiling and wall decorations in Colonial missions in Northern Mexico from XVII to XVIII centuries. *Herit. Sci.* **2020**, *8*, 91.
31. Keune, K.; Boon, J.J. Analytical imaging studies of cross-sections of paintings affected by lead soap aggregate formation. *Stud. Conserv.* **2007**, *52*, 161–176.

32. Lead soaps. Available online: https://www.metmuseum.org/about-the-met/conservation-and-scientific-research/projects/lead-soaps (accessed on 16 April 2024).
33. Casadio, F.; Keune, K.; Noble, P.; Van Loon, A.; Hendriks, E.; Centeno, S.A.; Osmond, G. *Metal Soaps in Art*; Springer: Cham, Switzerland, 2019.
34. Centeno, S.A.; Mahon, D. The chemistry of aging in oil paintings: metal soaps and visual changes. *Metrop. Mus. Art Bull.* **2009**, *67*, 12–19.
35. Higgitt, C.; Spring, M.; Saunders, D. Pigment-medium interactions in oil paint films containing red lead or lead-tin yellow. *Natl. Gallery Tech. Bull.* **2003**, *24*, 75–95.

Notas

[1] Encontrará información detallada sobre las tres *bateas en las* siguientes páginas web (consultadas el 23 de junio de 2024):

- 156-1866: https://collections.vam.ac.uk/item/O368760/platter
- 157-1866: https://collections.vam.ac.uk/item/O368759/platter
- 158-1866: https://collections.vam.ac.uk/item/O368758/platter

[2] V&A Museum Expediente registrado MA/1/R741/1 (Reg. Pa. 37495/1871).

[3] Una lista de hallazgos del fondo de mobiliario registra que 158-1866 se expuso en la galería 74 en enero de 1964.

[4] Etiqueta de la exposición *España y el mundo hispánico - Tesoros del Museo y Biblioteca de la Hispanic Society,* en la Royal Academy of Arts, Londres 21 de enero - 10 de abril de 2023.

MDPI AG
Grosspeteranlage 5
4052 Basel
Switzerland
Tel.: +41 61 683 77 34

Heritage Editorial Office
E-mail: heritage@mdpi.com
www.mdpi.com/journal/heritage

www.ingramcontent.com/pod-product-compliance
Lightning Source LLC
Chambersburg PA
CBHW040853230926
51850CB00014BA/3429